I0753710

Systèmes à trois degrés de liberté.

Dissipation de l'énergie.

Forces gyroscopiques.

CHAPITRE IX

Mouvement d'un corps autour d'un point fixe.

Couples L, M, N, nuls.

Couples L, M, N, non nuls.

CHAPITRE X

Problèmes divers sur le mouvement des solides.

Sphère sur un plan incliné ou horizontal.

Choc des corps; application au billard.

Toupie.

Cerceau.

Bicyclette.

CHAPITRE XI

Mouvement relatif.

Système planétaire.

Mouvements à la surface de la Terre.

CHAPITRE XII

Manipulations.

Paris. — Impr. Charles Delagrave. — 3-10.

COURS

DE

MÉCANIQUE

RATIONNELLE ET EXPÉRIMENTALE

COURS
DE
MÉCANIQUE
RATIONNELLE ET EXPÉRIMENTALE

SPÉCIALEMENT ÉCRIT POUR LES PHYSICIENS ET LES INGÉNIEURS

CONFORME AU PROGRAMME DU CERTIFICAT DE MÉCANIQUE RATIONNELLE

PAR

H. BOUASSE

PROFESSEUR A LA FACULTÉ DES SCIENCES DE TOULOUSE

PARIS

LIBRAIRIE CH. DELAGRAVE

15, RUE SOUFFLOT

AVANT-PROPOS

Les postulats de la Mécanique rationnelle tiennent en quelques lignes. Comme il ne s'agit pas plus de les démontrer *que n'importe quel autre principe, un Cours de Mécanique rationnelle est une collection d'exemples qui leur servent d'illustration. Les Cours ne diffèrent donc que par le choix des exemples et l'esprit dans lequel on les traite, ce qui suffit à les rendre très dissemblables.*

La caractéristique du présent ouvrage est d'être écrit par un physicien pour rendre service aux physiciens et aux ingénieurs que les aide-mémoires ne satisfont pas. C'est un livre, du reste assez élémentaire, d'enseignement supérieur[1]. *Il est expérimental sans être technique; c'est dire qu'il s'arrête là où commence la discussion économique des méthodes et des appareils.*

Comme l'auteur prend à peu près exactement le contre-pied des méthodes de l'enseignement officiel français, il doit au lecteur de lui dire pourquoi : c'est la plus nécessaire des précautions oratoires.

Les traités français *de Mécanique rationnelle* destinés à l'enseignement *peuvent être divisés en deux groupes : les uns sont dus à des mathématiciens, les autres à des ingénieurs.*

Le mathématicien de métier ne s'occupe guère de l'application, et les cas particuliers lui répugnent. Malgré ses efforts, un problème de mécanique devient vite entre ses mains un sujet de spéculations mathématiques. J'admire que les candidats à l'Agrégation de Mathématiques résolvent les merveilleux rébus offerts à leur sagacité. Généralement un gyroscope se promène sur un hyperboloïde, qui glisse sur un tore, lequel est astreint à rouler et à pirouetter sur un hélicoïde,...; l'énoncé remplit une page de papier ministre. Ces jeunes gens résolvent le problème en sept heures, comme qui plaisante. Je n'ignore cependant pas qu'en les plaçant devant une machine d'Atwood, on les embarrasserait fort.

Il est assurément nécessaire de cultiver la Mécanique dans ses

[1] *Comme développement, il correspond à deux leçons et une conférence par semaine pendant un an, précisément à la scolarité imposée pour un certificat. Il va de soi que toutes les questions traitées ne sont pas d'égale importance* immédiate; *mais le lecteur peut être certain qu'il les rencontrera* TOUTES *s'il poursuit ses études physiques, ou s'il veut être autre chose qu'un ingénieur de second ordre.*

parties les plus abstraites; je serais désolé qu'elles ne fussent pas enseignées quelque part. Je n'ai pas l'outrecuidance de soutenir qu'il est moins indispensable aux futurs professeurs de Mécanique des Lycées de connaître les équations d'Hamilton que la machine d'Atwood. Puisque l'opinion contraire est celle de nos géomètres, je m'incline. Mais je soutiens qu'une telle éducation mécanique est absurde pour les physiciens et les ingénieurs. Je suis ici dans mon métier et n'y crains pas la contradiction.

Si les ingénieurs consentaient à rester eux-mêmes et à ne parler dans leurs livres que des choses qui leur ont servi, ne fût-ce qu'une fois et par hasard, ils écriraient des ouvrages excellents dont la brièveté ne serait pas le moindre mérite. Mais l'esprit faussé dès l'origine par l'éducation reçue, ayant vu leurs professeurs admirés pour embrouiller les questions les plus simples et cacher l'évidence sous un fatras de théorèmes, ils s'imaginent que c'est là le but suprême.

Pour imiter leurs modèles, ils font ce qu'ils peuvent. Restés excellents élèves de Spéciales, ils enfilent donc une série de propositions conduisant à des courbes « genre taupin », qu'ils discutent à l'aide de tableaux bien ordonnés; ils accumulent les exercices « genre examen de l'École Polytechnique ». Bref, ils grossissent jusqu'à cinq cents pages des ouvrages qui, excellents, tiendraient en cinquante. Du reste, peu liseurs de mémoires et ignorants de l'histoire, ils retrouvent candidement l'Amérique et assurent leur découverte par des théorèmes d'enfants précoces.

Je le répète, les Anglais sont là pour le prouver, si les ingénieurs restaient eux-mêmes, à la vérité ils n'écriraient pas des ouvrages théoriques; mais ils seraient parfaits dans un genre, non pas inférieur, mais différent.

Ces livres de science soi-disant appliquée, mais avec des prétentions à la science pure, sont un des fléaux de l'enseignement. Il en paraît sur les chronomètres, sur la balistique intérieure, sur la balistique extérieure, sur l'hydraulique, sur l'élasticité, sur tout,... tous parfaitement illisibles, tous remplis de 95 °/₀ de choses inutiles, inapplicables, erronées dans leur précision apparente. La conséquence la plus nette est de nous rendre complètement tributaires des livres étrangers et particulièrement des Anglais, chez qui nous retrouvons le bon sens qui nous a quittés.

Dans ce tournoi singulier d'où sortent tant d'ouvrages à mourir d'ennui et de dégoût, les professeurs jouent un rôle exactement inverse, mais également néfaste. Depuis quelques années il est de bon ton parmi nous d'aimer l'industrie comme on aimait la vie champêtre du temps de Rousseau; et l'on voit des théoriciens du genre le plus abstrait endosser (au figuré) le bourgeron du contremaître et s'efforcer de mettre leur science *à la portée du nombre. Cela prend une tour-*

nure « foyer du peuple » irrésistiblement comique. Leurs pataquès sans mesure feraient sourire les ouvriers, si par malheur les ouvriers pouvaient les lire.

Une de leurs marottes consiste à démontrer les propositions les plus difficiles d'une manière élémentaire, c'est-à-dire en se privant de toutes les ressources des mathématiques. Ils rappellent ces nourrices qui bêtifient pour se faire comprendre. Ils parlent petit nègre, oubliant qu'il est plus facile d'apprendre les mathématiques que d'apprendre à s'en passer.

En écrivant ce volume, j'ai sacrifié tout ce qui n'était pas d'intérêt fondamental. Quand le jeu ne valait pas la chandelle, j'ai sacrifié jusqu'à la rigueur des démonstrations. Je veux être lisible; comme dit l'autre, il est mauvais d'être parfaitement ennuyeux.

Souvent, en quelques pages, je résume des traités spéciaux toujours énormes. Je veux que le lecteur, rencontrant par hasard ces monuments typographiques, ait l'impression qu'ils sont vides. Qui n'a pas fait cette remarque devant les traités de Statique graphique, où la pauvreté du fonds et l'ampleur de la forme deviennent une manière de génie! Ils me rappellent les traités de Géométrie descriptive où trois théorèmes, à la queue leu leu et indéfiniment répétés, constituent autant de volumes.

Au surplus, je voudrais bien savoir à quoi riment toutes ces discussions algébriques sur les courbes à longue inflexion, les joints, les profils des engrenages, les trains... Avec raison les constructeurs s'en soucient comme de leur première culotte, et l'intérêt mathématique en est rigoureusement nul. Ce sont problèmes de taupins dont Watt serait demeuré stupide. D'aucuns compliquent par l'introduction du frottement dans les mécanismes : c'est à pleurer. On oublie trop que la vie est brève et les cerveaux de faible capacité. Vouloir les trop remplir, c'est préparer à l'ignorance sa meilleure excuse.

La Mécanique est une science expérimentale qu'on doit apprendre au laboratoire en faisant des expériences. Il existe des manipulations de Mécanique comme de Physique, pour la simple raison que la Mécanique est le chapitre premier de la Physique : elle ne diffère de celle-ci ni par ses méthodes, ni par ses résultats.

Je n'apprendrai rien à personne en disant que nulle part en France la Mécanique n'est enseignée comme une science expérimentale. Que l'étudiant ne s'imagine pas trouver à Toulouse, plus qu'à la Sorbonne[1]*, les appareils que je décris. Ils existent dans mon labora-*

[1] *On sait comment la Sorbonne comprend l'enseignement expérimental. Il y a quelques années, parcourant avec le jury d'Agrégation le laboratoire d'enseignement de la Sorbonne, je restai béant devant un écriteau qui surmontait les miroirs de Fresnel : « Défense aux étudiants de dérégler l'appareil ». Je n'oserais publier une telle énormité si je n'avais comme témoin le jury d'Agrégation des sciences physiques tout entier.*

toire : la Faculté à laquelle j'appartiens n'a su trouver ni le local ni l'argent nécessaires à les installer pour l'enseignement.

Une des formes du gâchis où la France est enlisée, est l'incapacité de faire le métier pourquoi on est payé, et la prétention d'en remontrer au voisin sur le métier qu'on ignore.

Aujourd'hui les Universités enseignent l'agronomie en faisant pousser un haricot dans un tube à essai, transforment en ingénieurs électriciens des gens qui ne savent pas les quatre règles, fabriquent du papier que les épiciers refuseront pour envelopper leur savon, construisent des aéroplanes,... bref, cumulent tous les ridicules et font toutes les sottises, sous l'œil ahuri d'une administration incompétente. Mais quand un de nous veut faire son métier, on essaye par tous les moyens de lui rendre la vie insupportable; il n'est tracasseries qu'on n'invente.

Si l'on n'y prend garde, d'ici vingt ans il n'existera plus d'enseignement supérieur français. L'étranger se moque ouvertement de nous; certaines récompenses que les Académies échangent à charge de revanche, et dont tout le monde connaît la valeur scientifique, ne peuvent voiler le mépris souriant dont on nous accable, et dont témoignent tous ceux qui, assistant à des congrès, ne sont pas aveuglés par l'admiration d'eux-mêmes. Nous avons perdu jusqu'au sens de l'enseignement supérieur.

L'enseignement supérieur en Mécanique ne consiste pas à épiloguer sur les principes : ils n'ont d'autre valeur logique que de « coller » avec l'expérience.

Il ne consiste pas davantage à donner de ces principes de soi-disant démonstrations qui sont des sophismes; pas davantage à se prendre la tête dans les mains et à se demander avec angoisse s'il pourrait bien arriver qu'ils ne fussent pas vrais. Toute cette pseudo-philosophie est d'une niaiserie indicible, assomme les étudiants, leur fausse l'esprit et les détourne de questions vraiment importantes. Que les mathématiciens s'amusent à créer de toutes pièces une Mécanique sur d'autres principes, je n'y vois pas d'inconvénient! Mais qu'ils ne se croient pas pour cela utiles ou philosophes! C'est une « forme » de plus, voilà tout! Et de ces formes nous en possédons des centaines!

L'enseignement supérieur en Mécanique ne consiste pas à s'atteler aux équations de Lagrange et à les traîner, en suant, tout le long d'un volume; pas davantage à raisonner toujours à partir du principe des vitesses virtuelles, comme un philosophe qui se croirait déshonoré de ne pas conclure toujours en baralipton.

L'enseignement supérieur en Mécanique ne consiste pas dans une rigueur formelle se ramenant à quelques ritournelles qu'il serait avantageux de numéroter, comme les cantates du roi Bobèche. Aussi bien c'est, pour abréger les Cours, l'expédient que proposait naguère un illustre mathématicien, sous une forme grave qui cache à peine l'ironie du fond.

L'enseignement supérieur en Mécanique consiste à regarder autour de soi et à expliquer à ses élèves ce qu'on a vu et ce qu'il faut voir. Pas une science physique n'est aussi proche de nous, n'a des applications plus vulgaires et tombant plus naturellement sous notre observation journalière. Nous ne sommes pas tous forcés d'illuminer des tubes de Röntgen, de planter des légumes et de soigner des bestiaux. Mais tous les jours nous expérimentons les conséquences d'un frottement plus ou moins grand, ne serait-ce qu'assis à notre table de travail, pour éviter que notre fauteuil ne s'échappe de dessous notre séant, ne serait-ce que pour faire tenir en place les tableaux qui ornent nos murs, pour huiler la pendule ou la serrure, pour régler le pèse-lettres.

L'enseignement supérieur en Mécanique consiste précisément à rassembler et à déduire d'un petit nombre de principes tous ces faits d'expérience vulgaire auxquels nous ne pouvons échapper. Les plus vulgaires comme la toupie, le billard et la bicyclette, ne sont ni les plus faciles ni les moins intéressants.

Voilà ce que doivent être les Cours de Mécanique rationnelle et raisonnable.

Par une suprême ironie, ils sont ordinairement confiés à des gens de haute valeur, cela va sans dire, mais qui n'ont aucun sens expérimental et pour lesquels le monde extérieur n'existe pas[1]*!*

---

[1] *Je remercie sincèrement MM. Turrière et E. Bertrand d'avoir bien voulu relire les épreuves. Les étudiants qui utiliseront cet ouvrage leur seront reconnaissants de m'avoir facilité la correction du texte.*

INTRODUCTION GÉOMÉTRIQUE

CHAPITRE I

GÉOMÉTRIE DES MASSES[1]

Nous réunissons sous ce titre la théorie des centres d'inertie ou de gravité, et la théorie des moments d'inertie. Elles sont purement géométriques et gagnent à être étudiées indépendamment de toute considération statique ou dynamique.

Centres d'inertie (ou de gravité).

1. **Définition du centre d'inertie (ou de gravité).** — Soit deux points A et C de coordonnées x_1, y_1, z_1 et x_2, y_2, z_2. Ils sont caractérisés par les quantités m_1 et m_2 positives que j'appellerai *leurs masses*, sans avoir à préciser autrement la nature de la masse.

Par définition, le centre d'inertie ou de gravité de ces masses[2] est un point B situé sur AC et tel qu'on ait :

$$\overline{AB} \cdot m_1 = \overline{BC} \cdot m_2. \quad (1)$$

Par définition encore, il est caractérisé par une masse

$$m_1 + m_2.$$

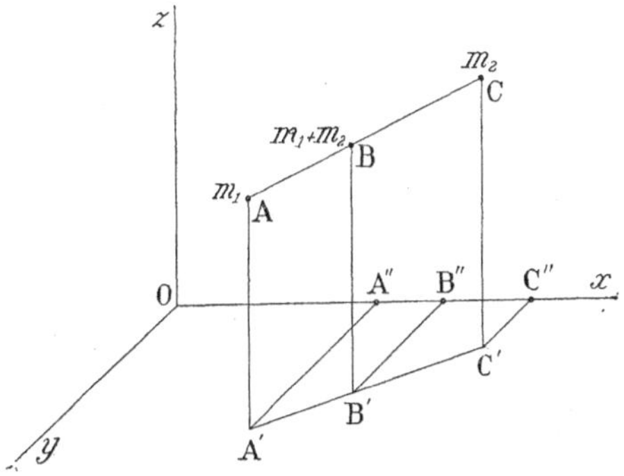

Fig. 1.

[1] Si le lecteur ne sait pas un mot de Mécanique, nous lui conseillons de parcourir tout d'abord notre Cours de Physique pour la classe de Mathématiques A (Bouasse et Brizard, Delagrave).

[2] Le terme usuel de *centre de gravité* implique l'idée d'attraction newtonienne. En général un corps ne possède pas de *centre de gravité;* l'existence d'un centre de gravité implique que les attractions sur tous les points du corps soient parallèles, ou encore que le corps soit très petit. Le terme *centre d'inertie ou centre de masses est infiniment préférable.*

Pour un nombre quelconque de points de masses m_1, m_2, ..., le centre d'inertie est le point qu'on obtient en déterminant de proche en proche les centres d'inertie : d'abord de deux points m_1 et m_2; puis du centre obtenu et du point m_3; puis du nouveau centre obtenu et du point m_4; et ainsi de suite.

Il s'agit de montrer qu'on arrive en définitive au même centre, quel que soit l'ordre dans lequel on utilise les masses; la proposition résulte immédiatement des formules donnant les coordonnées du centre pour un ordre arbitrairement choisi.

On a :
$$\frac{m_1}{\overline{BC}} = \frac{m_2}{\overline{AB}} = \frac{m_1 + m_2}{\overline{AC}}.$$

Les segments $\overline{AB}$, $\overline{BC}$, $\overline{AC}$, sont proportionnels à leurs projections $\overline{A''B''}$, $\overline{B''C''}$, $\overline{A''C''}$, sur un axe quelconque. D'où les relations :

$$\frac{m_1}{x_2 - x} = \frac{m_2}{x - x_1} = \frac{m_1 + m_2}{x_2 - x_1},$$

$$x = \frac{m_1x_1 + m_2x_2}{m_1 + m_2}. \qquad (2)$$

On trouve de même deux formules symétriques en y et z.

Cherchons le centre d'inertie du centre B ci-dessus déterminé et d'une troisième masse m_3 de coordonnées x_3, y_3, z_3.

Il suffit d'appliquer la formule (2) :

$$x' = \frac{(m_1 + m_2)x + m_3x_3}{(m_1 + m_2) + m_3} = \frac{m_1x_1 + m_2x_2 + m_3x_3}{m_1 + m_2 + m_3}.$$

La généralisation est immédiate. Pour un nombre quelconque de masses, les coordonnées du centre d'inertie sont :

$$\xi = \frac{\sum mx}{\sum m}, \qquad \eta = \frac{\sum my}{\sum m}, \qquad \zeta = \frac{\sum mz}{\sum m}. \qquad (3)$$

La forme de ces expressions prouve que l'ordre dans lequel les masses sont utilisées n'influe pas sur le résultat final.

2. **Généralisation pour un corps continu : définition de la densité.** — Soit un volume v quelconque. Découpons-le en petits volumes dv de formes quelconques et donnons-nous une fonction continue ρ des coordonnées telle que le produit ρdv représente la masse de l'élément dv. Par définition, ρ est *la densité de volume,* ou *la densité* au sens ordinaire du mot. La masse totale a pour expression :

$$M = \iiint \rho dv;$$

l'intégrale est étendue au volume entier.

Généralisons les formules (3) selon les règles ordinaires du Calcul infinitésimal. Les coordonnées du centre d'inertie du volume v sont :

$$\xi = \frac{\iiint \rho x \, dv}{\iiint \rho \, dv}, \qquad \eta = \frac{\iiint \rho y \, dv}{\iiint \rho \, dv}, \qquad \zeta = \frac{\iiint \rho z \, dv}{\iiint \rho \, dv}. \quad (4)$$

La recherche des centres d'inertie est donc ramenée à un problème de mathématiques pures.

Naturellement un volume de forme donnée n'a un centre d'inertie de position connue *a priori* que si la densité est uniforme. C'est le seul cas que nous envisagerons. Les formules se simplifient :

$$v\xi = \iiint x \, dv, \qquad v\eta = \iiint y \, dv, \qquad v\zeta = \iiint z \, dv. \quad (5)$$

3. **Cas des surfaces et des lignes.** — Le volume considéré peut être compris entre deux surfaces S très rapprochées. Découpons l'une de ces surfaces en éléments dS. Nous pouvons définir *la densité superficielle* σ comme le facteur par lequel il faut multiplier l'élément dS pour avoir la masse qui correspond à cet élément, c'est-à-dire la masse comprise dans le volume délimité par les normales à la surface S passant par le contour de l'élément dS. Le cylindre ainsi obtenu découpe dans le volume v un élément de masse σdS.

Les coordonnées du centre d'inertie ont pour expressions :

$$\xi = \frac{\iint \sigma x \, dS}{\iint \sigma \, dS}, \qquad \eta = \frac{\iint \sigma y \, dS}{\iint \sigma \, dS}, \qquad \zeta = \frac{\iint \sigma z \, dS}{\iint \sigma \, dS}. \quad (4')$$

Pour déterminer *a priori* les coordonnées du centre d'inertie d'une surface donnée, il faut supposer σ constant. Les formules se simplifient :

$$S\xi = \iint x \, dS, \qquad S\eta = \iint y \, dS, \qquad S\zeta = \iint z \, dS. \quad (5')$$

Enfin le volume peut être réduit à un filet, à un tube, comme limite à une courbe.

La densité linéaire δ est telle que δds représente l'élément de masse de l'élément ds de courbe. Les coordonnées du centre d'inertie sont :

$$\xi = \frac{\int \delta x \, ds}{\int \delta \, ds}, \qquad \eta = \frac{\int \delta y \, ds}{\int \delta \, ds}, \qquad \zeta = \frac{\int \delta z \, ds}{\int \delta \, ds}. \quad (4'')$$

Si la densité est constante, il vient :

$$s\xi = \int x \, ds, \qquad s\eta = \int y \, ds, \qquad s\zeta = \int z \, ds. \quad (5'')$$

Déterminons les centres d'inertie de quelques volumes, surfaces et courbes.

4. Remarques sur la symétrie. —

Le centre de symétrie C d'une figure est un point tel qu'à tout point A correspond un autre point A′ identique (de même masse) situé de l'autre côté du centre, sur la droite AC et à une distance $\overline{CA'} = \overline{AC}$. Le centre d'inertie d'une figure coïncide avec son centre de symétrie, si elle en admet un.

Une figure admet *un plan de symétrie* P quand, abaissant d'un point A de cette figure une perpendiculaire sur P et prolongeant d'une longueur $\overline{PA'} = \overline{AP}$, on retrouve un point A′ de la figure identique au point A. Le centre d'inertie d'une figure est donc sur tout plan de symétrie appartenant à la figure. Si le nombre des plans est supérieur à l'unité, le centre d'inertie est sur la droite d'intersection des plans (qui est un axe de symétrie), ou en leur point d'intersection quand ils se coupent en un point.

Un axe de symétrie ou de répétition L d'ordre p est une droite telle que la figure qui l'admet, possède des points identiques entre eux sommets d'un polygone régulier de p côtés, normal à l'axe et dont le centre est sur l'axe. Le centre d'inertie de la figure est donc sur tout axe de répétition lui appartenant et par suite à leur intersection s'ils sont plusieurs. On déduit de là que tous les axes de répétition d'une figure finie passent par un même point.

Si la figure est de révolution, le centre d'inertie est sur l'axe de révolution qui est un axe de répétition d'ordre infini.

5. Centre d'inertie d'un triangle, d'un trapèze, ... — Soit une courbe rapportée à des axes obliques et pour laquelle Ox est un diamètre des cordes parallèles à Oy (fig. 2). Cherchons le centre d'inertie d'une aire limitée par deux ordonnées d'abscisses x_0 et x_1 et par la courbe.

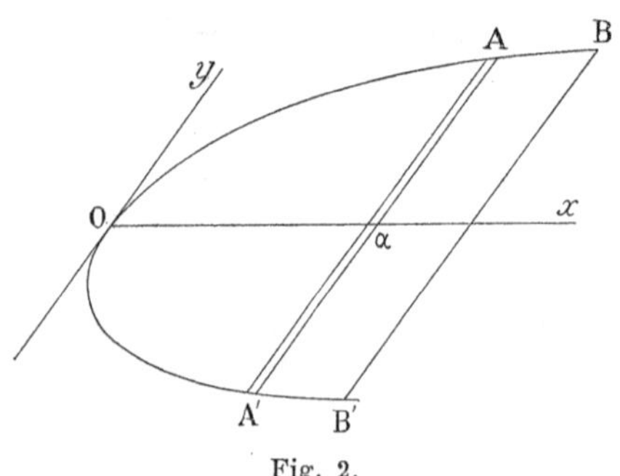

Fig. 2.

Il est certainement sur le diamètre Ox.

Le centre d'inertie d'un élément AA′ est en α; l'aire de cet élément est *proportionnelle* à $y dx$. L'abscisse du centre d'inertie est donc :

$$\xi = \frac{\int xy\, dx}{\int y\, dx};$$

les intégrales sont prises entre les limites x_0 et x_1.

En particulier, si la courbe a pour équation :

$$y = \pm A x^m,$$

on a :
$$\xi = \frac{m+1}{m+2} \frac{x_1^{m+2} - x_0^{m+2}}{x_1^{m+1} - x_0^{m+1}}.$$

Application au triangle ou au trapèze.

Ox joint le milieu des bases du trapèze; c'est la médiane du triangle. On a pour le trapèze :
$$m = 1, \qquad \xi = \frac{2}{3} \frac{x_1^3 - x_0^3}{x_1^2 - x_0^2}.$$

Dans le cas du triangle :
$$x_0 = 0, \qquad \xi = 2x_1 : 3.$$

Le centre d'inertie est sur la médiane aux deux tiers en partant du sommet.

Corollaire : les médianes se coupent en un même point.

6. **Centre d'inertie d'une pyramide, d'un cône à base plane, ...** — Supposons que le volume, rapporté à des coordonnées obliques, soit découpable par des plans parallèles au plan yOz en éléments de volume ayant leurs centres d'inertie sur l'axe Ox.

Le volume d'un élément compris entre les plans d'abscisses x et $x + dx$ est de la forme $\mathrm{K}dx$, où K est une fonction de x. Le centre d'inertie du volume compris entre les plans d'abscisses x_0 et x_1 parallèles à yOz, a pour abscisse :
$$\xi = \frac{\int \mathrm{K}x\, dx}{\int \mathrm{K}\, dx};$$
les intégrales ont x_0 et x_1 comme limites.

En particulier, soit $\mathrm{K} = \mathrm{A}x^m$, où A est une constante. On a :
$$\xi = \frac{m+1}{m+2} \frac{x_1^{m+2} - x_0^{m+2}}{x_1^{m+1} - x_0^{m+1}}.$$

Application a une pyramide tronquée a bases parallèles.

Les aires des polygones semblables déterminés par des plans parallèles aux deux bases, varient comme le carré de la distance au sommet. On a :
$$m = 2, \qquad \xi = \frac{3}{4} \frac{x_1^4 - x_0^4}{x_1^3 - x_0^3}.$$

Si la pyramide est complète :
$$x_0 = 0, \qquad \xi = 3x_1 : 4.$$

Le centre d'inertie est sur la droite qui joint le sommet au centre d'inertie de la base, aux 3 : 4 de la longueur de cette ligne à partir du sommet.

Ce résultat ne suppose rien sur le nombre des côtés du polygone de base : il est donc applicable à un cône à base plane.

7. **Volume de révolution terminé par des plans normaux à l'axe.** — Prenons l'axe de révolution pour axe Ox; nous retombons sur le problème du paragraphe précédent. Soit par exemple :

$$y = Ax^m,$$

l'équation de la courbe génératrice; les aires des cercles déterminés par des plans normaux sont proportionnelles à :

$$y^2 = A^2 x^{2m}.$$

L'abscisse du centre d'inertie est donc :

$$\xi = \frac{2m+1}{2m+2} \frac{x_1^{2m+2} - x_0^{2m+2}}{x_1^{2m+1} - x_0^{2m+1}}.$$

Calculons (fig. 3, à gauche) le centre d'inertie du solide en enton-

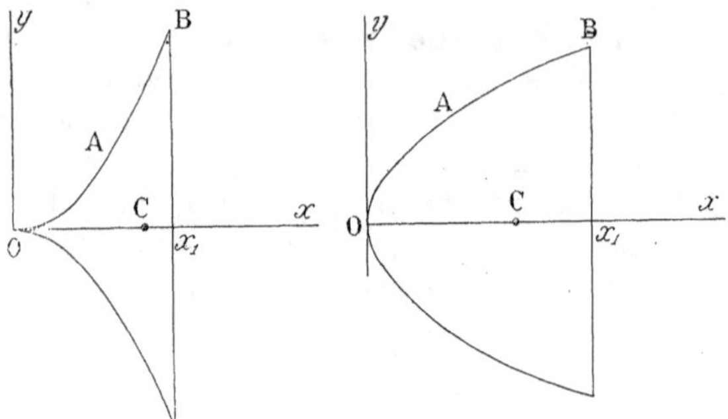

Fig. 3.

noir engendré par un arc de parabole OAB tournant autour de la tangente au sommet Ox :

$$y = Ax^2, \qquad m = 2, \qquad \xi = \frac{5}{6} x_1.$$

Calculons (fig. 3, à droite) le centre d'inertie du paraboloïde engendré par l'arc OAB tournant autour de son axe Ox :

$$y = A\sqrt{x}, \qquad 2m = 1, \qquad \xi = \frac{2}{3} x_1.$$

8. **Centres d'inertie d'un arc de cercle, d'un secteur circulaire et d'un segment** (fig. 4). —

Arc de cercle.

Soit ABC l'arc de longueur l dans la circonférence de rayon R. Son centre d'inertie est sur la droite OB qui joint le centre de la circonférence au milieu de l'arc.

L'abscisse ξ est donnée par la relation (§ 3) :

$$l\xi = \int x\, ds = R \int \cos \frac{s}{R}\, ds = 2R^2 \sin \alpha.$$

Les limites de l'intégrale sont $\pm l : 2$; l'arc s est compté à partir du point B.

On a : $2R \sin \alpha = \overline{AC} = c, \qquad \xi = \frac{cR}{l} = R \frac{\sin \alpha}{\alpha}.$

La distance du centre d'inertie au centre de la circonférence est une quatrième proportionnelle à l'arc, à la corde et au rayon.

Pour une demi-circonférence, on a :

$$c = 2R, \qquad l = \pi R, \qquad \alpha = \pi : 2, \qquad \xi = 2R : \pi.$$

Secteur circulaire.

Par des rayons décomposons le secteur AOC en triangles infiniment petits dont les centres d'inertie sont sur la circonférence A'B'C' de rayon $2R : 3$ (§ 5).

Nous sommes ramenés à déterminer le centre d'inertie de l'arc A'B'C'.

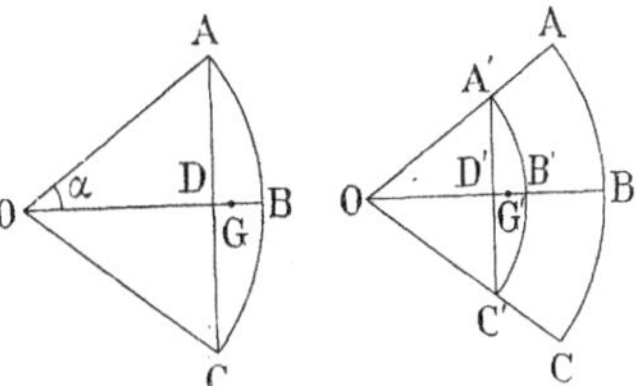

Fig. 4.

On a : $$\frac{\text{corde}\,\overline{AC}}{\text{corde}\,\overline{A'C'}} = \frac{\overline{OB}}{\overline{OB'}} = \frac{\text{arc}\,\overline{AC}}{\text{arc}\,\overline{A'C'}} = \frac{2}{3},$$

$$\xi' = \frac{2}{3}\frac{cR}{l}, \qquad \xi' = \frac{2}{3}\xi.$$

Segment ABCD.

Le centre d'inertie du triangle OAC est aux deux tiers de OD; son aire vaut $(\overline{OD}\,.\,\overline{AC}) : 2$.

Le produit de l'aire par l'abscisse du centre d'inertie est :

$$\frac{2}{3}\frac{\overline{OD}^2\,.\,\overline{AC}}{2} = \frac{c}{3}\left(R^2 - \frac{c^2}{4}\right).$$

Le centre d'inertie du secteur OABC a pour abscisse $2cR : 3l$; son aire est $Rl : 2$.

Le produit de l'aire par l'abscisse est :

$$\frac{2cR}{3l}\cdot\frac{Rl}{2} = \frac{cR^2}{3}.$$

Pour obtenir le centre d'inertie du segment ABC, il faut écrire qu'en composant (§ 1) les centres de ce segment et du triangle, on retrouve le centre du secteur :

$$\frac{cR^2}{3} = \xi''\left[\frac{Rl}{2} - \frac{c}{2}\sqrt{R^2 - \frac{c^2}{4}}\right] + \frac{c}{3}\left(R^2 - \frac{c^2}{4}\right),$$

$$\xi'' = \frac{c^3}{6Rl - 3c\sqrt{4R^2 - c^2}} = \frac{4R \sin^3 \alpha}{6\alpha - 3 \sin 2\alpha}.$$

Pour $\alpha = 0$, on retrouve bien $\xi'' = R$, ce qui est évident *a priori*.

9. Centre d'inertie d'une zone sphérique et d'un secteur sphérique. —

ZONE SPHÉRIQUE (fig. 5).

On appelle *zone* la surface décrite par un arc AB tournant autour d'un diamètre Ox.

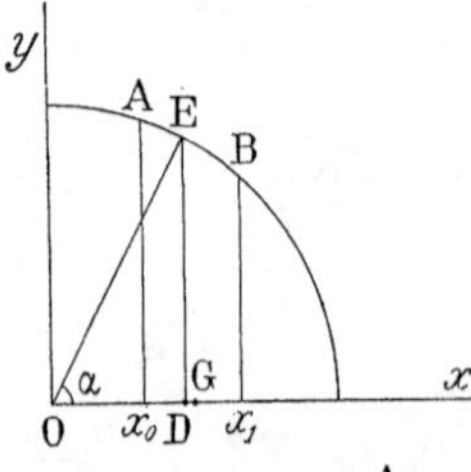

L'aire d'un élément de zone déterminé par les angles α et $\alpha + d\alpha$ est :

$$2\pi\, \overline{ED} \,.\, R d\alpha = 2\pi R^2 \sin\alpha\, d\alpha.$$

L'aire décrite par l'arc AB est :

$$S = 2\pi R^2 (\cos\alpha_1 - \cos\alpha_0) = 2\pi R (x_1 - x_0).$$

L'abscisse du centre de gravité est définie par la relation :

$$S\xi = 2\pi R^2 \int \sin\alpha \,.\, x\, d\alpha = 2\pi R^3 \int \sin\alpha \cos\alpha\, d\alpha,$$

$$S\xi = \pi R^3 (\cos^2\alpha_1 - \cos^2\alpha_0) = \pi R (x_1^2 - x_0^2),$$

$$\xi = \frac{\pi R (x_1^2 - x_0^2)}{2\pi R (x_1 - x_0)} = \frac{x_1 + x_0}{2}.$$

SECTEUR SPHÉRIQUE (fig. 5).

On appelle *secteur sphérique* le volume engendré par la révolution du secteur circulaire AOB autour de OB.

Fig. 5.

On peut le décomposer en petites pyramides dont les centres sont sur la zone A'B'C' de rayon $3R : 4$. Il reste donc à déterminer le centre d'inertie de cette zone. D'après ce qui précède, il est à égale distance de B' et de D. On a :

$$\overline{OD} = \frac{3}{4} R \cos\alpha, \qquad \overline{OB'} = \frac{3R}{4};$$

$$\overline{OG} = \frac{3}{8} R (1 + \cos\alpha) = \frac{3R}{4} \cos^2\frac{\alpha}{2}.$$

10. Théorèmes de Guldin. —

1° Soit AB une courbe de longueur $\overline{AB} = s$ (fig. 6). Son centre d'inertie G a pour ordonnée :

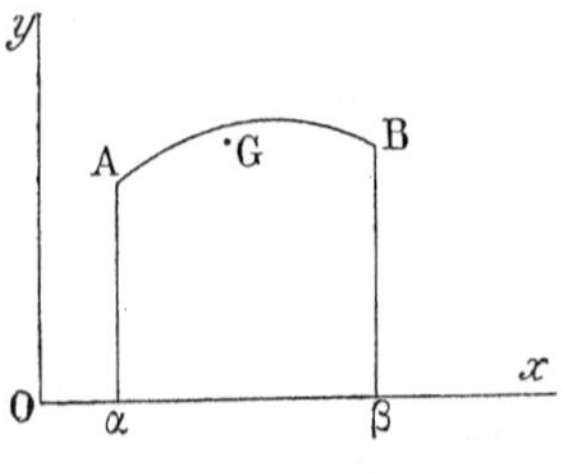

Fig. 6.

$$\eta = \frac{1}{s} \int y\, ds.$$

L'aire de la surface engendrée par la courbe tournant autour de Ox est :

$$S = 2\pi \int y\, ds.$$

D'où la relation :

$$S = 2\pi\eta \,.\, s.$$

L'aire de la surface engendrée par une courbe plane tournant autour d'une droite de son plan qu'elle ne rencontre pas, a pour mesure le produit de la longueur de la courbe par la circonférence décrite par le centre d'inertie.

Le théorème s'applique à un angle de rotation quelconque, car l'aire engendrée et le chemin parcouru par le centre d'inertie sont tous deux proportionnels à cet angle.

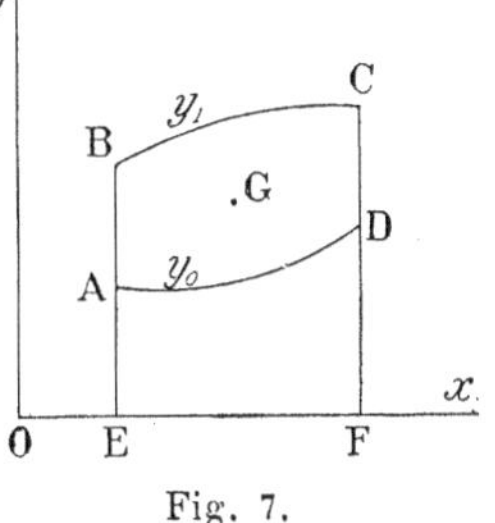

Fig. 7.

2° Soit une surface plane ABCD d'aire S, limitée par deux ordonnées EB, FC, et tournant autour de Ox (fig. 7). L'ordonnée du centre d'inertie de cette aire est :

$$\eta = \frac{1}{S}\int (y_1 - y_0)\frac{y_1 + y_0}{2}\,dx = \frac{1}{2S}\int (y_1^2 - y_0^2)\,dx.$$

Le volume V engendré par l'aire ABCD tournant autour de Ox est :

$$V = \pi \int (y_1^2 - y_0^2)\,dx.$$

D'où la relation : $\quad V = 2\pi\eta \,.\, S.$

Le volume engendré par une aire plane tournant autour d'une droite de son plan qu'elle ne rencontre pas, a pour mesure le produit de l'aire par la circonférence que décrit le centre d'inertie.

Le théorème s'applique à un angle de rotation quelconque, car le volume engendré et le chemin parcouru par le centre d'inertie sont tous deux proportionnels à cet angle.

Moments d'inertie.

11. Définition du moment d'inertie par rapport à une droite. — On appelle *moment d'inertie par rapport à une droite* la quantité :

$$I = \sum m r^2;$$

r désigne la distance de la masse m à la droite par rapport à laquelle le moment est calculé; la sommation s'étend à toutes les masses de la figure considérée.

S'il s'agit, non plus de masses distinctes, mais d'une masse continue, la somme est remplacée par une intégrale. Soit ρ la densité de volume ; on a :

$$I = \iiint r^2 \rho \, dv.$$

Les moments d'inertie par rapport aux axes ont pour expressions :

$$\mathcal{A} = \sum m(y^2 + z^2), \qquad \mathcal{B} = \sum m(z^2 + x^2), \qquad \mathcal{C} = \sum m(x^2 + y^2).$$

Nous verrons que dans les calculs s'introduisent, outre les quantités précédentes qui se ramènent aux quantités :

$$\mathcal{A}' = \sum mx^2, \qquad \mathcal{B}' = \sum my^2, \qquad \mathcal{C}' = \sum mz^2,$$

les quantités :

$$\mathcal{D} = \sum myz, \qquad \mathcal{E} = \sum mzx, \qquad \mathcal{F} = \sum mxy,$$

qu'on désigne sous les noms de *produits d'inertie*.

La théorie des *centres d'inertie* nous conduit à étudier les quantités :

$$\sum mx, \qquad \sum my, \qquad \sum mz.$$

Toutes les fonctions du premier et du second degré des coordonnées apparaissent donc dans nos calculs.

12. Moments pour toutes les droites passant par un point. — Généralement pour toutes les droites qui passent par un point O quelconque du corps étudié, les moments d'inertie ne sont pas les mêmes. Montrons que tous ces moments sont déterminés par la connaissance de six quantités.

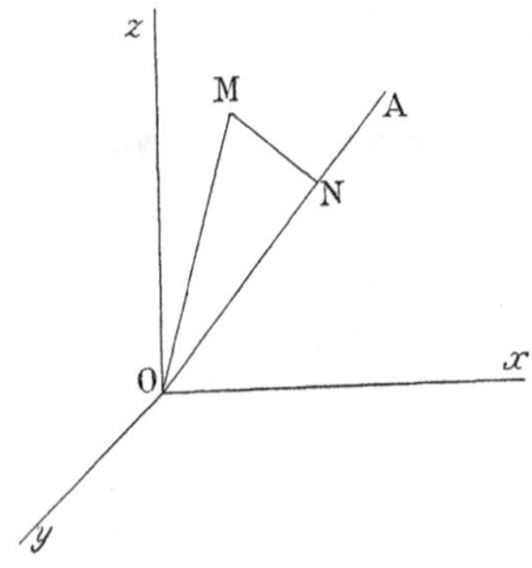

Fig. 8.

Prenons le point O pour origine des coordonnées. Menons une droite OA dont les cosinus directeurs sont α, β, γ. Déterminons le moment d'inertie pour cette droite (fig. 8).

D'un point M quelconque de coordonnées x, y, z, abaissons sur OA une perpendiculaire. Posons

$$\overline{\mathrm{MN}} = r.$$

On a :

$$\mathrm{I} = \sum mr^2 = \sum m\left(\overline{\mathrm{OM}}^2 - \overline{\mathrm{ON}}^2\right)$$

$$\mathrm{I} = \sum m\left[(x^2 + y^2 + z^2) - (\alpha x + \beta y + \gamma z)^2\right].$$

$$\mathcal{A} = \sum m(y^2 + z^2), \qquad \mathcal{B} = \sum m(z^2 + x^2), \qquad \mathcal{C} = \sum m(x^2 + y^2);$$

$$\mathcal{D} = \sum myz, \qquad \mathcal{E} = \sum mzx, \qquad \mathcal{F} = \sum mxy.$$

Il vient immédiatement :

$$\mathrm{I} = \mathcal{A}\alpha^2 + \mathcal{B}\beta^2 + \mathcal{C}\gamma^2 - 2\mathcal{D}\beta\gamma - 2\mathcal{E}\gamma\alpha - 2\mathcal{F}\alpha\beta.$$

Quand les six quantités $\mathcal{A}$, ..., $\mathcal{F}$, relatives au point O sont données, les moments sont déterminables pour toutes les droites qui passent par ce point.

13. Ellipsoïde d'inertie; axes principaux. — Posons $\mathrm{I}\varepsilon^2 = 1$. Portons sur la droite OA une longueur proportionnelle à ε, c'est-à-dire à $1 : \sqrt{I}$, inverse de la racine carré du moment d'inertie correspondant à OA. Soient X, Y, Z, les coordonnées de l'extrémité de ce vecteur; on a :

$$\mathcal{A}X^2 + \mathcal{B}Y^2 + \mathcal{C}Z^2 - 2\mathcal{D}YZ - 2\mathcal{E}ZX - 2\mathcal{F}XY = 1. \qquad (1)$$

La surface représentée par cette équation est une quadrique admettant le point O comme centre. Le moment d'inertie étant toujours réel, fini et non nul, la surface est nécessairement un ellipsoïde : *l'ellipsoïde d'inertie*. Les moments d'inertie sont donc représentés par les inverses des carrés des rayons vecteurs de cet ellipsoïde.

Rapportons l'ellipsoïde (1) à ses axes; son équation prend la forme :

$$AX^2 + BY^2 + CZ^2 = 1.$$

Les axes de l'ellipsoïde d'inertie relatifs au point O s'appellent *axes principaux d'inertie au point* O. Ils sont tels qu'on ait :

$$\sum myz = \sum mzx = \sum mxy = 0.$$

Les quantités A, B, C, sont les *moments d'inertie principaux au point* O.

Si l'ellipsoïde est de révolution, deux des quantités A, B, C, sont égales; il existe une infinité de droites passant par O et situées dans un plan (équateur de l'ellipsoïde) pour lesquelles les moments d'inertie sont égaux. Si les quantités A, B, C, sont égales, les moments d'inertie sont égaux pour toutes les droites qui passent par le point O : l'ellipsoïde est une sphère.

14. **Comparaison des moments d'inertie pour deux droites parallèles dont l'une passe par le centre d'inertie.** — Le moment d'inertie I d'un corps par rapport à un axe AB est égal au moment d'inertie I′ par rapport à un axe A′B′ parallèle et passant par le centre d'inertie G, plus le produit de la masse totale du corps par le carré de la distance h des droites AB et A′B′ (fig. 9).

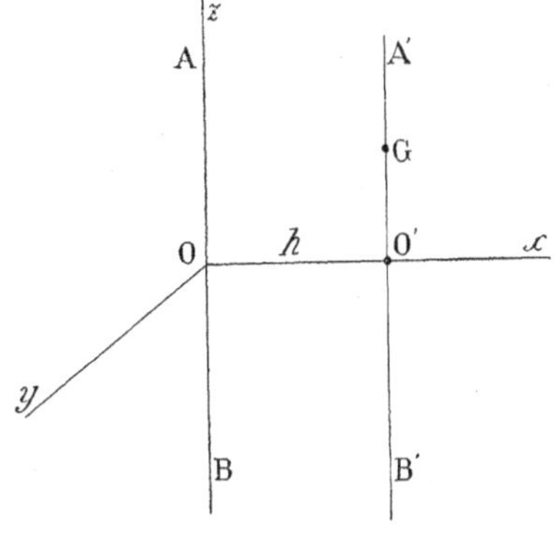

Fig. 9.

Prenons l'axe AB pour axe Oz et traçons l'axe Ox dans le plan passant par les deux droites. L'abscisse h du centre de gravité satisfait à la relation (§ 1) :

$$h\sum m = \sum mx.$$

On a par définition :

$$I = \sum m(x^2 + y^2),$$

$$I' = \sum m\left[(x-h)^2 + y^2\right] = I - 2h\sum mx + h^2\sum m.$$

D'où : $I = I' + h^2\sum m.$

Pour connaître les moments d'inertie par rapport à un axe quelconque, il suffit donc de connaître les moments d'inertie par rapport à toutes les droites passant par le centre d'inertie, et par conséquent de connaître l'ellipsoïde d'inertie relatif à ce centre.

Corollaires.

1° Tous les moments d'inertie relatifs à un corps sont connus quand on se donne la masse du corps et six quantités, à savoir : les moments principaux pour le centre d'inertie et la direction des axes principaux relatifs à ce point.

2° Le moment d'inertie relatif à une droite est toujours plus grand que le moment d'inertie relatif à une droite parallèle passant par le centre d'inertie.

15. Condition pour que les axes principaux d'un point soient parallèles aux axes principaux du centre d'inertie. — Prenons le centre d'inertie pour origine des coordonnées et les axes principaux pour axes de coordonnées. On a par conséquent :

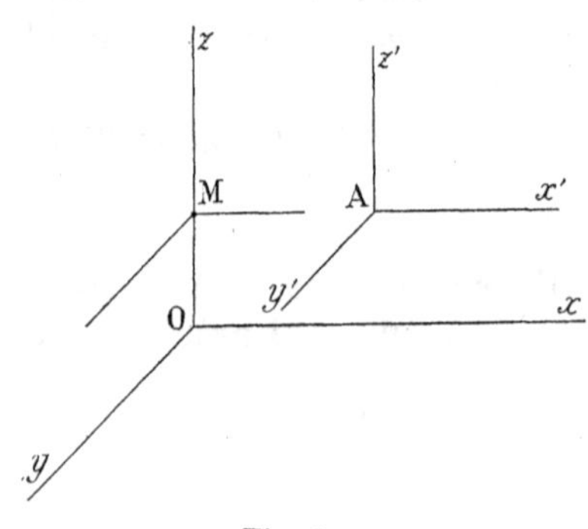

Fig. 10.

$$\sum mx = \sum my = \sum mz = 0,$$

$$\sum myz = \sum mzx = \sum mxy = 0.$$

Par le point A de coordonnées x_0, y_0, z_0, menons des axes Ax', Ay', Az', parallèles aux précédents (fig. 10).

Déterminons les quantités $\mathcal{D}$, $\mathcal{E}$, $\mathcal{F}$, relatives à ces nouveaux axes.

$$\mathcal{D} = \sum my'z' = \sum m(y-y_0)(z-z_0) = y_0z_0\sum m,$$

$$\mathcal{E} = \sum mz'x' = \sum m(z-z_0)(x-x_0) = z_0x_0\sum m,$$

$$\mathcal{F} = \sum mx'y' = \sum m(x-x_0)(y-y_0) = x_0y_0\sum m.$$

Pour que les axes Ax', Ay', Az', soient principaux pour le point A, il faut qu'on ait :

$$y_0z_0 = z_0x_0 = x_0y_0 = 0;$$

le point A *doit être sur l'un des axes principaux relatifs au centre d'inertie.*

D'une manière générale, une droite n'est axe principal que pour un de ses points. Il y a exception pour les axes principaux du centre d'inertie; nous venons de montrer qu'ils sont principaux pour tous leurs points. De plus, les deux autres axes principaux sont parallèles aux deux autres axes principaux relatifs au centre d'inertie.

16. **Points pour lesquels l'ellipsoïde d'inertie est une sphère.** — Si ces points M existent, ils doivent être sur les axes principaux du centre d'inertie O. En effet, quand l'ellipsoïde est une sphère, tout système trirectangle est un système d'axes principaux; les axes principaux du point M sont donc parallèles aux axes principaux du centre d'inertie : donc M est sur l'un de ces derniers axes.

Supposons M sur l'axe des z. Soit A′ le moment d'inertie par rapport aux deux droites parallèles à Ox et à Oy menées par M; soient A et B les moments par rapport à Ox et Oy.

On a : $$A' = B' = C';$$

$$A' = A + \overline{OM}^2 \sum m = B + \overline{OM}^2 \sum m; \qquad A = B.$$

Donc l'ellipsoïde d'inertie relatif au centre d'inertie est de révolution et admet OM comme axe de révolution.

Les moments C et C′ par rapport à Oz sont évidemment les mêmes pour les points O et M. Comme on a : $A' > A$, on doit avoir :

$$C > A.$$

Or A et C sont les inverses des carrés des axes. L'axe suivant Oz de l'ellipsoïde central est donc plus petit que l'axe suivant Ox ou Oy; *l'ellipsoïde central est donc de révolution et aplati.*

Il existe alors deux points M, situés de part et d'autre du centre d'inertie sur l'axe de révolution, à une distance h donnée par les relations : $$C = A + h^2 \sum m, \qquad h^2 = (C - A) : \sum m.$$

Si $C = A$, c'est-à-dire si l'ellipsoïde central est une sphère, il n'existe aucun autre point satisfaisant à ces conditions.

17. **Remarques sur la symétrie.** — Quand un corps possède un plan de symétrie, deux des axes principaux relatifs à tous les points de ce plan sont dans ce plan; le troisième lui est normal. Car le plan doit être de symétrie pour les ellipsoïdes d'inertie relatifs à tous ses points.

Quand un corps possède deux plans de symétrie et n'en possède que deux, ils sont nécessairement rectangulaires. L'intersection de ces plans est axe principal pour tous les points de cette droite; les deux autres axes principaux de ces mêmes points sont dans ces plans.

Quand un corps possède plus de deux plans de symétrie passant par la même droite, l'ellipsoïde d'inertie est de révolution pour tous les points de cette droite qui est axe de révolution pour l'inertie. Car un ellipsoïde ne peut sans être de révolution admettre plus de deux plans de symétrie passant par la même droite.

Quand un corps possède un axe de répétition, si cet axe est binaire, il est principal pour tous ses points; si son ordre est supérieur à deux, l'ellipsoïde est de révolution autour de l'axe de répétition.

Quand un corps possède plusieurs axes d'ordres supérieurs à deux, l'ellipsoïde d'inertie relatif au centre d'inertie (point d'intersection des axes) est une sphère.

18. **Calcul des moments d'inertie; rayons de giration.** — Le paragraphe 14 nous permet de ne calculer les moments que pour le centre d'inertie.

Nous supposerons la matière homogène (ρ constant); on définit alors *le rayon de giration* $\mathcal{R}$ par la condition :

$$I = \mathcal{R}^2 \sum m = \rho V \mathcal{R}^2. \qquad (1)$$

C'est la longueur par le carré de laquelle il faut multiplier la masse totale pour obtenir le moment d'inertie. Le moment est le même que si la masse était localisée sur un cerceau infiniment mince de rayon $\mathcal{R}$.

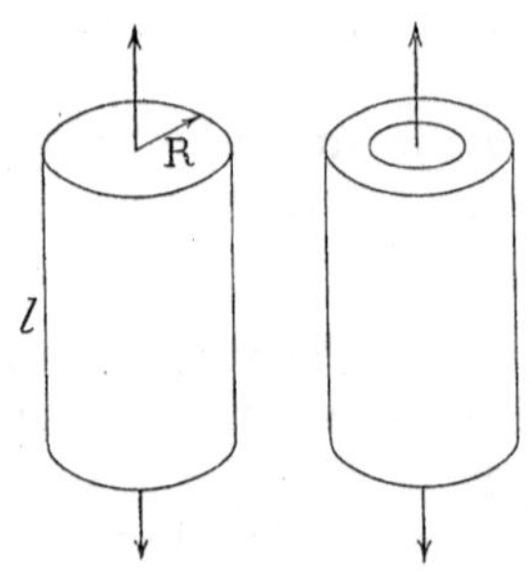

Fig. 11.

I. Cylindre de rayon R et de hauteur l; axe parallèle aux génératrices et passant par le centre de la base (fig. 11).

Décomposons le cylindre en tubes élémentaires concentriques de rayon r et d'épaisseur dr.

L'aire de la section droite est $2\pi r\,dr$; la masse du tube est $2\pi r\,dr\,.\,\rho l$; son moment d'inertie par rapport à l'axe est donc $2\pi r^3\,dr\,.\,\rho l$. On a :

$$I = \int_0^R 2\pi r^3\,dr\,.\,\rho l = \frac{\pi}{2} R^4 \rho l = (\pi R^2 \rho l)\frac{R^2}{2}.$$

$$\mathcal{R}^2 = R^2 : 2.$$

Le calcul correspond au cas de disques pour un axe perpendiculaire à leur plan et passant par leur centre. On remarque que la hauteur l n'entre pas dans $\mathcal{R}$.

C'est évident *a priori;* il revient au même d'avoir un cylindre l fois plus long ou l fois plus dense.

II. Anneau cylindrique de rayons R_0 et R_1 et de hauteur l.

C'est le même problème (fig. 11 à droite), mais l'intégration doit être faite entre R_0 et R_1.

$$I = \frac{\pi}{2}(R_1^4 - R_0^4)\rho l = [\pi(R_1^2 - R_0^2)\rho l]\frac{R_1^2 + R_0^2}{2}.$$

$$\mathcal{R}^2 = \frac{R_0^2 + R_1^2}{2}.$$

Si R_0 devient égal à R_1, $\mathcal{R} = R_1$, ce qui est évident *a priori.*

III. Cercle de rayon R et d'épaisseur dl; moment par rapport a l'un de ses diamètres (fig. 12).

Le résultat est évidemment le même quel que soit le diamètre considéré.

Soit dS un élément; prenons deux axes Ox et Oz passant par le centre du cercle.

Le moment par rapport à

Oz est : $\int \rho x^2 dl \,.\, dS$;

Ox est : $\int \rho z^2 \, dl \, dS$.

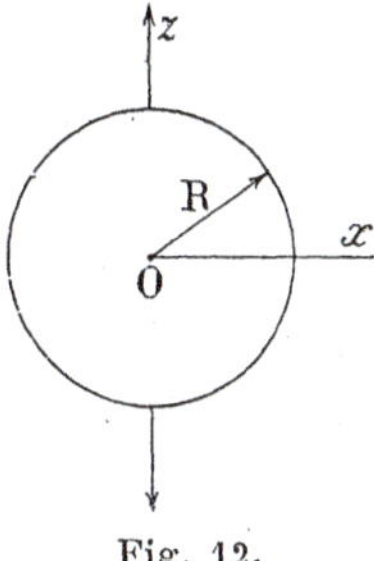

Fig. 12.

L'un ou l'autre de ces moments est donc égal à :

$$I = \frac{\rho dl}{2} \int (x^2 dS + z^2 dS) = \frac{\rho dl}{2} \int r^2 dS,$$

où r désigne la distance de l'élément à l'axe.

Pour intégrer, décomposons le cercle en couronnes de rayon r et d'épaisseur dr :

$$I = \frac{\rho dl}{2} \int_0^R 2\pi r^3 \, dr = \frac{\rho dl}{4} \pi R^4 = (\rho dl \,.\, \pi R^2) \frac{R^2}{4}.$$

$$\mathcal{R}^2 = R^2 : 4.$$

IV. Cylindre de rayon R et de longueur l; axe perpendiculaire aux génératrices et passant par le centre d'inertie (fig. 13).

Décomposons en plaques minces, normales aux génératrices, d'épaisseur dx et situées à la distance x de la section droite médiane. Appliquons le théorème du § 14 et le résultat III.

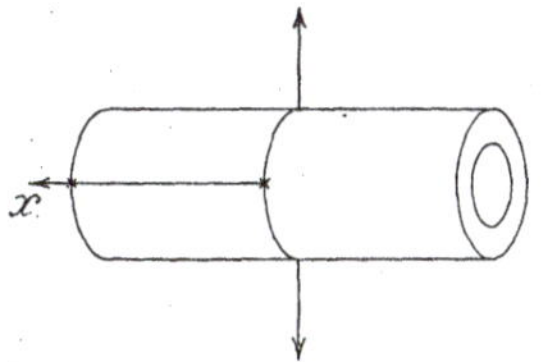

Fig. 13.

Le moment d'inertie d'une des plaques est :

$$dx \,.\, \rho \frac{\pi R^4}{4} + dx \,.\, \rho \pi R^2 \,.\, x^2.$$

Intégrons entre 0 et $l : 2$; doublons le résultat :

$$I = \pi R^2 l \rho \left[\frac{R^2}{4} + \frac{l^2}{12}\right], \qquad \mathcal{R}^2 = \frac{R^2}{4} + \frac{l^2}{12}.$$

V. Tube cylindrique de rayons R_0 et R_1 (fig. 13).

Même calcul :

$$I = \pi R_1^2 l \rho \left[\frac{R_1^2}{4} + \frac{l^2}{12}\right] - \pi R_0^2 l \rho \left[\frac{R_0^2}{4} + \frac{l^2}{12}\right].$$

La masse totale est $\pi(R_1^2 - R_0^2)l\rho$. La mettant en facteur, il vient :

$$\mathcal{R}^2 = \frac{R_0^2 + R_1^2}{4} + \frac{l^2}{12}.$$

VI. Aiguille mince.

Il faut faire dans la formule précédente (IV) : $R = 0$, $\mathcal{R}^2 = \frac{l^2}{12}$.

Ce résultat est déjà très approché pour un barreau relativement épais.

Soit : $R = 0{,}5$, $l = 10$.

Le rapport du second terme au premier est :

$$4l^2 : 12R^2 = 400 : 3 = 133.$$

VII. Prisme droit a base rectangle; axe normal a l'une des faces et passant par le centre d'inertie (fig. 14).

Le calcul se fait exactement comme pour les cas III et IV.

Soit l et h les côtés de la face perpendiculaire à l'axe :

$$\mathcal{R}^2 = \frac{h^2 + l^2}{12}.$$

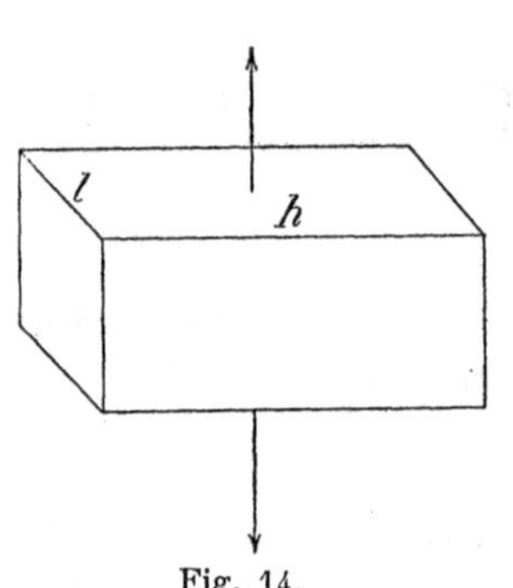

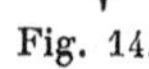
Fig. 14.

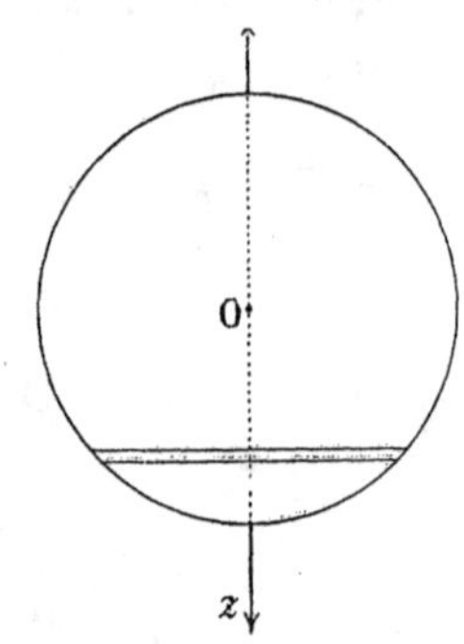

Fig. 15.

VIII. Sphère de rayon R; moment par rapport a un diamètre (fig. 15).

Décomposons la sphère par des plans perpendiculaires à l'axe Oz, en disques d'épaisseur dz et situés à une distance z du centre.

Leurs rayons r satisfont à la condition : $r^2 + z^2 = R^2$.

Le moment d'inertie de chaque disque est (I) :

$$\frac{\pi r^4}{2} \rho\, dz.$$

Il faut calculer l'intégrale :

$$\frac{\pi\rho}{2} \int_{-R}^{+R} r^4\, dz = \frac{\pi\rho}{2} \int_{-R}^{+R} (R^2 - z^2)^2\, dz.$$

Tous calculs faits, on trouve :

$$\mathcal{R}^2 = \frac{2R^2}{5}.$$

CHAPITRE II

GÉOMÉTRIE DES VECTEURS

Nous employons dans ce Chapitre les mots *force* et *couple* sans y attacher aucun autre sens que celui qui sera défini. Le lecteur doit s'abstraire de toute considération statique ou dynamique et considérer les problèmes traités comme purement géométriques. Nous pourrions tout aussi bien remplacer le mot *force* par le mot *rotation instantanée*, le mot *couple* par le mot *translation instantanée;* nous pourrions employer telles autres dénominations : rien ne serait changé aux théorèmes qui sont absolument généraux.

19. **Définition et composition des forces.** — Nous appelons *force* une grandeur dirigée, un vecteur, défini par un fragment de droite AB, ayant une longueur $\overline{AB}$ représentative de sa mesure et une direction CD (fig. 16).

Le *point d'application* est l'extrémité A du vecteur : c'est un point QUELCONQUE de la droite CD qui est la *directrice* de la force.

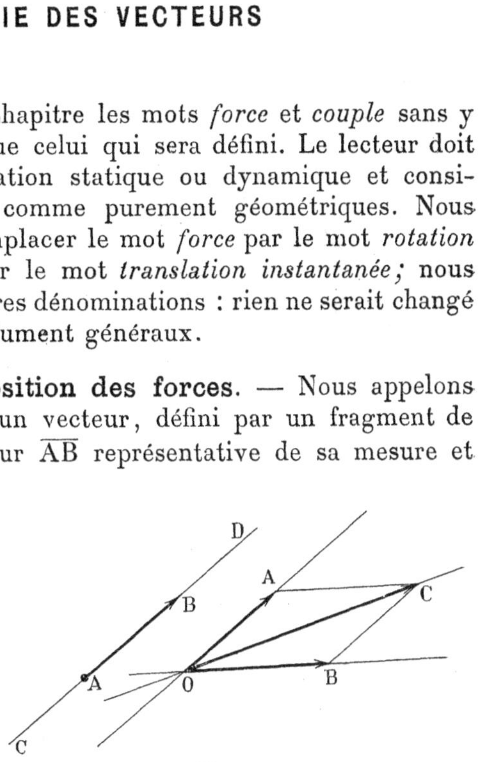

Le vecteur force est complètement défini par sa directrice, son sens et sa longueur.

Fig. 16.

Tous les théorèmes qui suivent supposent *explicitement* que le point d'application *actuel* est arbitraire le long de la directrice, *alors même qu'il serait exceptionnellement bien déterminé par la nature physique du problème.*

Considérons par exemple une force au sens propre du mot. Pour la pesanteur, le magnétisme et l'électricité, les forces sont appliquées à des éléments de volume parfaitement déterminés. Il résulte de là cette circonstance que si l'on tourne le corps, les directrices des forces appliquées à un point passent toujours par ce point. Mais pour une position *déterminée* du corps, peu importe le point d'application choisi sur la directrice actuelle. *En Mécanique abstraite,* il est donc absurde de définir, comme on le fait trop souvent, une force par sa grandeur, sa direction et son point d'application.

Par définition, la somme de deux forces $\overline{OA}$ et $\overline{OB}$, placées sur deux directrices qui se coupent en O, est un vecteur admettant comme directrice la diagonale du parallélogramme construit sur OA et OB. Sa longueur est $\overline{OC}$, son point d'application est un point quelconque de la directrice OC.

La *somme,* ou plus précisément la *somme géométrique* de deux forces, est ce qu'on appelle leur *résultante.*

De la définition de la *somme* se déduit immédiatement la définition de la *différence.*

La différence de deux forces $\overline{OC}$ et $\overline{OB}$ est la force $\overline{OA}$, qui appliquée au même point O (nous savons ce que cela signifie) et ajoutée à $\overline{OB}$ redonne $\overline{OC}$. C'est donc le vecteur $\overline{BC}$ transporté parallèlement à lui-même, de manière que sa directrice passe par le point O.

La multiplication d'un vecteur et sa division *par un nombre* consistent à changer sa longueur dans un rapport donné, sans modifier ni sa directrice, ni son sens.

Nous n'avons pas à définir le produit ou le quotient de deux vecteurs; la mise en œuvre de ces définitions constitue la Théorie des Quaternions.

Nous admettons la règle du parallélogramme. Elle ne peut se démontrer que grâce à des postulats; nous préférons la prendre pour principe et épargner au lecteur des démonstrations sans aucun intérêt, puisqu'en définitive il faut toujours en arriver à admettre gratuitement quelque proposition. La règle du parallélogramme nous servira de base pour la Théorie des vecteurs.

Il résulte immédiatement de ce qui précède que deux forces égales, de sens contraires et admettant même directrice, ont une somme nulle.

Nous admettrons, comme hypothèse supplémentaire, que nous avons le droit d'introduire autant que nous voudrons de groupes de deux forces égales, de sens contraires et admettant même directrice. *En pure logique,* c'est introduire autant de fois rien qu'il y a de groupes; *en fait,* c'est, comme nous le verrons, une hypothèse dont la légitimité n'est pas évidente.

20. **Polygone des forces.** — Des forces dont les directrices passent par le même point, sont dites *concourantes* (fig. 17).

Soit à additionner des forces concourantes 1, 2, 3, ..., non situées dans le même plan, dont nous transporterons les points d'application au point de concours. Appliquons la règle du parallélogramme successivement aux forces 1, 2, 3, ...

La somme de 1 et de 2 est le vecteur $\overline{OB}$ (non tracé); la somme de OB et de 3 est le vecteur OC; et ainsi de suite.

D'où la règle suivante : à partir du point de concours, menons successivement le vecteur 1, puis un vecteur 2′ égal et parallèle à 2, puis un vecteur 3′ égal et parallèle à 3,... et ainsi de suite. Nous obtenons ainsi un polygone *gauche* OABCDE appelé *polygone des forces*. La résultante des forces est le vecteur OE.

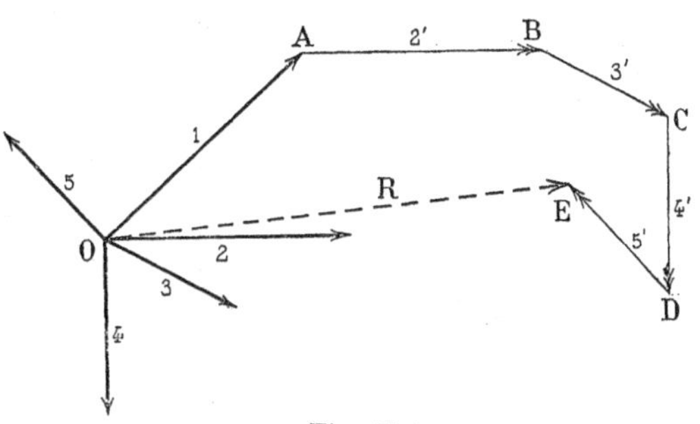

Fig. 17.

Une question se pose: obtenons-nous la même résultante OE quel que soit l'ordre d'utilisation des vecteurs?

L'affirmative résulte de ce lemme évident que la somme des projections sur une droite quelconque de plusieurs droites dirigées est indépendante de l'ordre dans lequel les droites sont utilisées. Autrement dit, la somme de plusieurs segments ayant même directrice est permutative.

Ceci posé, soit une droite D quelconque perpendiculaire à la résultante OE, fournie par l'emploi des vecteurs dans un certain ordre arbitrairement choisi. Considérons deux promeneurs : P se déplaçant sur le polygone OA ... E, P′ projection de P sur D. Lorsque P sera parvenu en E, P′ parti de O se sera déplacé sur D d'une manière que nous n'avons pas à spécifier; mais en définitive il sera revenu en O. Autrement dit la somme *algébrique* des projections des forces sur la droite D est nulle.

D'après le lemme, cette conclusion reste vraie pour un ordre quelconque dans l'emploi des vecteurs. Donc, quel que soit l'ordre utilisé, la projection du vecteur résultant sur un plan normal à OE est toujours nulle; donc le vecteur résultant possède la direction OE indépendamment de l'ordre choisi.

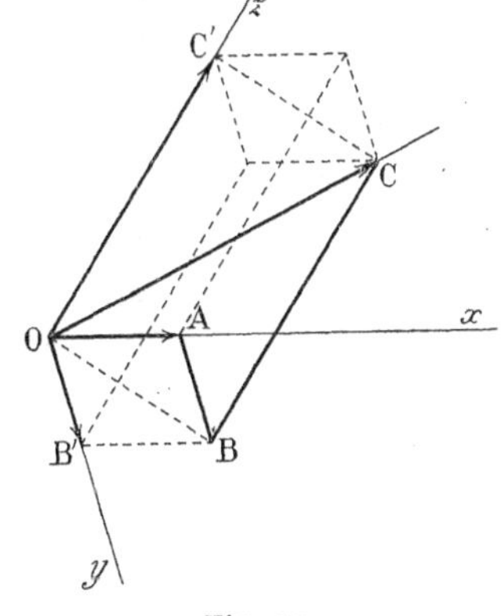

Fig. 18.

Le lemme prouve immédiatement que sa longueur n'en dépend pas davantage.

Inversement on peut remplacer un vecteur $\overline{OE}$ par les vecteurs $\overline{OA}$, $\overline{AB}$, $\overline{BC}$, ..., $\overline{DE}$, quelconques, dont les directrices sont transportées de manière à passer par le point O.

En particulier, soit Ox, Oy, Oz, trois

axes de coordonnées généralement obliques (fig. 18). Tout vecteur $\overline{OC}$ peut être remplacé par trois vecteurs $\overline{OA}$, $\overline{OB'}$, $\overline{OC'}$, parallèles aux axes. Pour les obtenir, on mène CB parallèle à Oz, BA parallèle à Oy. Si l'on veut, OC est la diagonale du parallélépipède construit sur Ox, Oy, Oz.

21. **Calcul de la résultante.** — Remplaçons chacune des forces F par ses composantes X, Y, Z, suivant trois axes *rectangulaires*. Soit α, β, γ, les cosinus directeurs de F. On a :

$$X = F\alpha, \qquad Y = F\beta, \qquad Z = F\gamma.$$

$$F^2 = X^2 + Y^2 + Z^2.$$

Opérant de même pour toutes les forces, on trouve pour les composantes de la résultante suivant les axes :

$$\mathcal{X} = \Sigma X, \qquad \mathcal{Y} = \Sigma Y, \qquad \mathcal{Z} = \Sigma Z.$$

Il est évident *a priori* que *la projection de la résultante sur une droite est égale à la somme des projections des composantes sur cette droite.*

La résultante a pour grandeur :

$$\mathcal{F}^2 = \mathcal{X}^2 + \mathcal{Y}^2 + \mathcal{Z}^2.$$

Elle fait avec les axes des angles dont les cosinus directeurs :

$$\mathcal{X} : \mathcal{F}, \qquad \mathcal{Y} : \mathcal{F}, \qquad \mathcal{Z} : \mathcal{F},$$

sont définis sans ambiguïté ; dans ces expressions $\mathcal{F}$ doit être prise positivement.

22. **Composition de plusieurs forces parallèles, de même sens, situées dans le même plan.** — Soient deux forces parallèles AB, CD, de même sens, dont nous plaçons arbitrairement les points d'application en A et C (fig. 19).

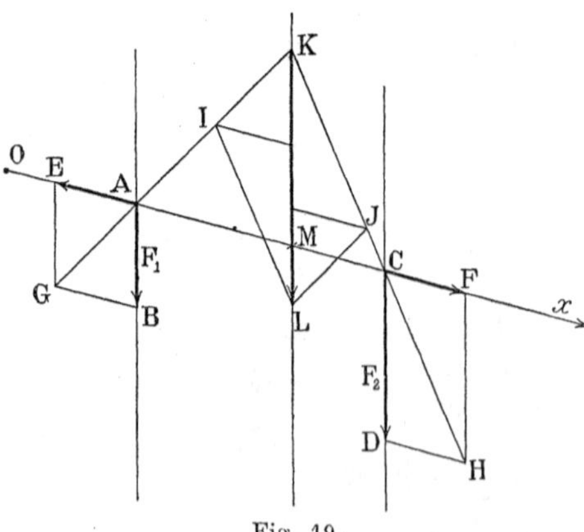

Fig. 19.

Utilisant un corollaire de l'hypothèse fondamentale, ajoutons un groupe de forces égales, opposées et de même directrice, AE et CF. Transportons les résultantes AG et CH, au point de concours K ; recomposons-les. *Nous obtenons ainsi une résultante* KL *évidemment parallèle aux forces données et égale à leur somme.*

Déterminons la position de sa directrice, par la position du point M où elle coupe AC. On a :

$$\frac{\overline{AM}}{\overline{GB}} = \frac{\overline{MK}}{\overline{AB}}, \qquad \frac{\overline{MC}}{\overline{DH}} = \frac{\overline{MK}}{\overline{CD}};$$

$$\overline{DH} = \overline{GB}; \qquad \overline{AM}\,.\,\overline{AB} = \overline{MC}\,.\,\overline{CD}.$$

Le point M *divise* AC *en deux segments qui sont en raison inverse des forces correspondantes.*

Les points A et C sont arbitraires, mais le résultat est absolument indépendant de leurs positions ; en effet, toute sécante détermine avec les mêmes droites AB, KM, CD, deux segments qui satisfont à la règle précédente.

La règle se généralise immédiatement pour un nombre quelconque de forces parallèles, de même sens, situées dans un même plan. La résultante est égale à la somme des composantes ; la position de sa directrice se calcule de la manière suivante.

Prenons une origine O et traçons une droite quelconque Ox. Soit F_1, F_2,... les forces, x_1, x_2, ... les distances au point O des traces de leurs directrices sur la droite Ox.

Calculons la distance x de la trace de la résultante des forces 1 et 2 :

$$F_1(x - x_1) = F_2(x_2 - x), \qquad x(F_1 + F_2) = F_1x_1 + F_2x_2.$$

Calculons la distance x' au point O de la trace de la résultante de la force 3 et de la résultante partielle déjà obtenue.

Il suffit d'appliquer la formule précédente :

$$x'\left[(F_1 + F_2) + F_3\right] = x(F_1 + F_2) + x_3F_3 = F_1x_1 + F_2x_2 + F_3x_3.$$

La généralisation est immédiate.

La distance ξ de la trace sur Ox de la résultante générale est :

$$\xi = \frac{\sum Fx}{\sum F}.$$

La forme de ce résultat prouve que l'ordre dans lequel on compose les vecteurs est indifférent.

23. **Remarque sur les points d'application.** — Supposons que les points d'application des forces F_1 et F_2 soient *par exception* bien déterminés et se trouvent en A et en C. Cela signifie que pendant les déplacements du système formé par les points A et C supposés invariablement liés, les forces parallèles F_1 et F_2 continuent à passer par les points A et C. La résultante peut être considérée comme ayant elle-même un point d'application parfaitement déterminé, qui est le point M de la droite AC. En effet, quelle que soit la direction des directrices AB et CD, les forces conservant le même rapport, la directrice de la résultante passe toujours par le point M.

Le résultat se généralise pour un nombre quelconque de forces parallèles, de même sens, situées dans un même plan. Le point d'application de la résultante se calcule comme le centre d'inertie des points d'application des composantes en lesquels on dispose des masses numériquement égales aux forces.

24. Composition de plusieurs forces parallèles situées dans le même plan. — Considérons deux forces parallèles, de sens contraires, AB, CD (fig. 20). Pour avoir leur résultante, choisissons leurs points d'application A et C. Ajoutons le groupe AE, CF ; transportons les résultantes AG, CH, au point de concours K ; recomposons.

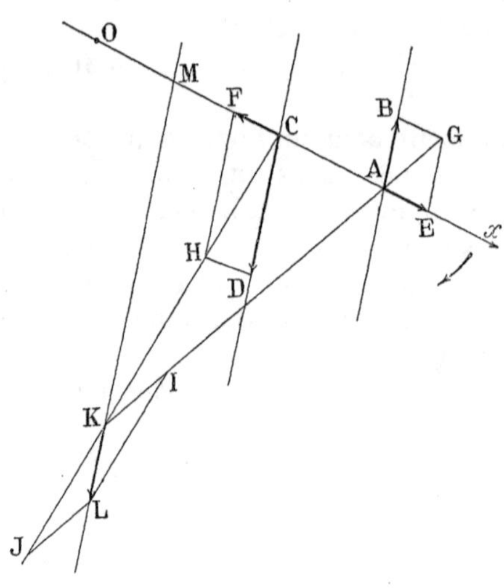

Fig. 20.

Nous obtenons une résultante $\overline{KL}$ évidemment parallèle aux forces données et égale à leur différence.

Des considérations immédiates de similitude donnent la position du point M, trace sur AC de la directrice de la résultante :

$$\overline{MA}\,.\,\overline{AB} = \overline{MC}\,.\,\overline{CD}. \quad (1)$$

La directrice cherchée est extérieure aux deux directrices AB, CD ; elle est du côté de la plus grande des forces.

Prenons une origine O quelconque. Calculons l'x du point M. La condition (1) devient :

$$(x_1 - x)F_1 = (x_2 - x)F_2; \qquad x(F_2 - F_1) = -F_1x_1 + F_2x_2.$$

Pour ramener ce résultat à la forme précédemment obtenue, il suffit d'une convention de signes. Posons que les forces sont comptées positivement vers le bas : F_1 doit être remplacée par $-F_1$. La formule devient identique à celle du § 22 :

$$x = \frac{F_1x_1 + F_2x_2}{F_1 + F_2}.$$

Un nombre quelconque de forces parallèles peut être divisé en deux groupes ; l'un contient les forces positives, l'autre les forces négatives. D'où deux résultantes. En composant les deux résultantes, on aura la résultante générale. Comme dans les diverses opérations, on emploie la même formule pour calculer la position de la directrice de la résultante, il est possible de trouver le résultat d'un seul coup. Il suffit d'appliquer la formule :

$$\xi = \frac{\sum Fx}{\sum F},$$

en convenant de donner le signe $+$ aux forces qui sont dirigées dans un sens, le signe $-$ aux forces qui sont dirigées en sens inverse.

25. **Cas général.** — Supposons enfin que les forces parallèles, de l'un ou l'autre sens, ne soient plus dans un même plan.

Considérons un plan parallèle aux forces et projetons dessus toutes les forces. La résultante de deux forces se projette évidemment suivant la résultante de leurs projections. D'où la méthode générale de calcul suivante.

Coupons par un plan quelconque le système des forces parallèles. Soit x_1, y_1 ; x_2, y_2 ; ... les coordonnées des traces des directrices par rapport à deux axes *quelconques* situés dans ce plan. Les coordonnées ξ, η, de la trace de la directrice de la résultante sont :

$$\xi = \frac{\sum Fx}{\sum F}, \qquad \eta = \frac{\sum Fy}{\sum F}.$$

Les forces sont prises avec les signes $+$ ou $-$ suivant leurs sens.

Ces formules déterminent sans ambiguïté la position de la directrice de la résultante. C'est tout ce dont nous avons généralement besoin.

Si *par exception* les points d'application des composantes sont bien déterminés, le point d'application de la résultante l'est aussi. Reprenant le raisonnement du § 23, nous trouvons immédiatement les formules donnant ses coordonnées.

Soit x_1, y_1, z_1, les coordonnées du point d'application de la force F_1, x_2, y_2, z_2, les coordonnées du point d'application de la force F_2, ..., et ainsi de suite. Les coordonnées du point d'application de la résultante sont :

$$\xi = \frac{\sum Fx}{\sum F}, \qquad \eta = \frac{\sum Fy}{\sum F}, \qquad \zeta = \frac{\sum Fz}{\sum F}.$$

Le point d'application cherché se calcule comme le centre d'inertie de masses F_1, F_2, ..., disposées aux points d'application des forces F_1, F_2, ... Nous généralisons en un sens la notion de centre d'inertie, puisque nous considérons des masses positives et des masses négatives.

Aussi bien nous pouvons calculer séparément le point d'application de la résultante des forces d'un sens, et le point d'application de la résultante des forces de l'autre sens. Nous avons deux centres de forces. On rencontre de tels calculs dans la détermination des pôles des aimants permanents.

26. Définition du couple. — On voit immédiatement dans la figure 20 que le point K de concours est à l'infini quand les forces à composer sont égales et de sens contraires. Les formules donnent le même résultat, dans le cas général, lorsque $\Sigma F = 0$.

Nous arrivons donc à cette conclusion que si la résultante de forces parallèles est nulle, sa directrice est tout entière à l'infini. Le système de deux forces parallèles, égales, de sens contraires, situées sur des droites distinctes, ne peut donc en aucune manière être assimilé à une force. Nous le considérons comme une quantité de nature spéciale que nous désignons sous le nom de *couple*.

Nous allons étudier les lois qui régissent les couples ; nous montrerons qu'on les peut représenter par des vecteurs.

27. Translation, rotation et transformation des couples. — 1° *Un couple peut être translaté où l'on veut dans son plan ou dans tout plan parallèle* (fig. 21).

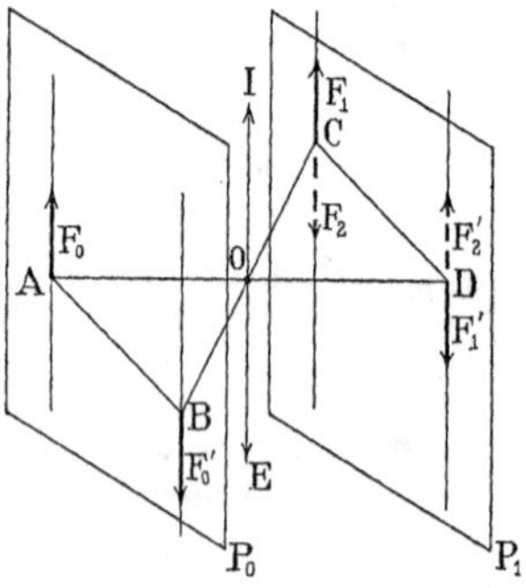

Soit F_0, F'_0, un couple dans le plan P_0. Dans un plan parallèle quelconque P_1, menons le segment CD égal et parallèle à AB. Appliquons aux extrémités de CD quatre forces, deux à deux égales et de signes contraires, et égales aux forces F_0, F'_0.

Fig. 21.

Nous créons ainsi (et c'est légitime d'après la fin du § 19) deux couples égaux et de sens contraires qui se détruisent, puisque les forces se détruisent.

Menons AD et CB ; ces lignes se coupent au point O qui les divise en parties égales. Composons F'_0 et F_2 ; nous obtenons OE. Composons F_0 et F'_2 ; nous obtenons OI égale et opposée à OE, et qui par conséquent détruit OE.

Il ne reste que le couple F_1, F'_1 ; ce qui démontre la proposition.

2° *Un couple peut être tourné comme on veut dans son plan.*

Par le milieu O de la droite GC perpendiculaire aux forces, menons une droite EOD et prenons $\overline{EO} = OD = \overline{OC}$ (fig. 22).

Appliquons aux extrémités de ED quatre forces, deux à deux opposées, égales entre elles et aux forces F_0, F'_0. Composons F_0 et F_2 ; la résultante est dirigée suivant AO. Composons F'_0 et F'_2, la résultante est dirigée suivant BO. Les quatre forces F_0, F'_0, F_2, F'_2, disparaissent. Il reste le couple F_1, F'_1 ; ce qui démontre la proposition.

3° *Un couple peut être remplacé par un couple d'égal moment.*

On appelle *moment d'un couple* le produit de la mesure d'une des forces par la mesure de la distance des deux forces, que nous appellerons *bras de levier.*

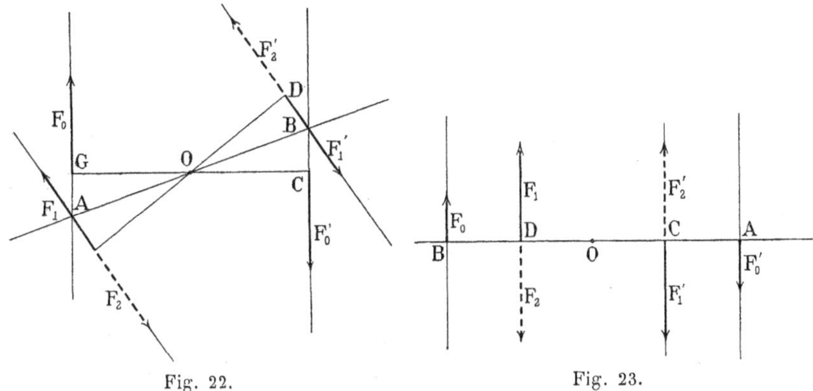

Fig. 22. Fig. 23.

Soit F_0, F'_0, les forces d'un couple. Soit O le milieu de leur distance AB (fig. 23).

Appliquons en C et D, à égale distance de O, quatre forces deux à deux opposées, égales entre elles. Leur grandeur F est déterminée par la condition :

$$\overline{OD} \cdot F = \overline{OB} \cdot F_0, \quad \text{ou encore :} \quad \overline{CD} \cdot F = \overline{AB} \cdot F_0.$$

Composons F_0 et F_2; la résultante, égale à $F_2 - F_0$, passe par le point O (§ 24). Composons F'_0 et F'_2; même conclusion. Donc ces forces se détruisent.

Il reste le couple F_1, F'_1, dont le moment est égal au moment du couple primitif; ce qui démontre la proposition.

28. **Représentation des couples.** — Un couple est donc complètement caractérisé par la direction de son plan, la grandeur de son moment et son sens. Il est donc naturel de le représenter d'une manière qui, laissant de côté les conditions accessoires, mettra seulement en évidence les conditions essentielles.

On convient de représenter un couple par un vecteur appelé axe du couple, normal au plan du couple et dont la longueur représente conventionnellement le moment du couple.

Ce vecteur n'est pas défini en position; il n'est défini qu'en direction.

Déjà, dans le cas de la force, le point d'application du vecteur n'est assujetti qu'à être sur une droite. Dans le cas du couple, il n'est assujetti à aucune condition.

Ce mode de figuration résume les propositions précédentes.

Il s'agit de définir le sens du vecteur par rapport au sens du couple. Nous devons insister sur les conventions qui relient une translation et une rotation.

La règle que nous allons appliquer est celle du tire-bouchon.

Quand un tire-bouchon ordinaire s'enfonce, on tourne *à droite ou dextrorsum*. Le tire-bouchon relie donc une translation vers le fond de la bouteille et une rotation, par une convention qu'on appelle *convention à droite.*

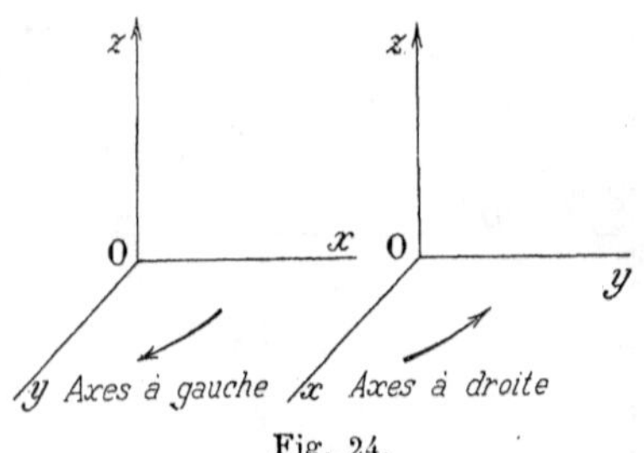

Fig. 24.

Si la vis du tire-bouchon était en sens inverse, le tire-bouchon s'enfonçant tournerait *à gauche* ou *sinistrorsum*. La convention serait à gauche.

Appliquons aux axes de coordonnées (fig. 24).

On convient d'appeler *positifs*, des déplacements vers les x, y, z, croissants; *positives*, des rotations amenant Ox sur Oy, Oy sur Oz, Oz sur Ox.

Ceci posé, la figure montre un système d'axes *à droite* et un système d'axes *à gauche*. Pour celui de droite qui est *à droite*, le tire-bouchon, avançant sur Oz, tourne *à droite* de Ox vers Oy; c'est l'inverse pour le système de gauche.

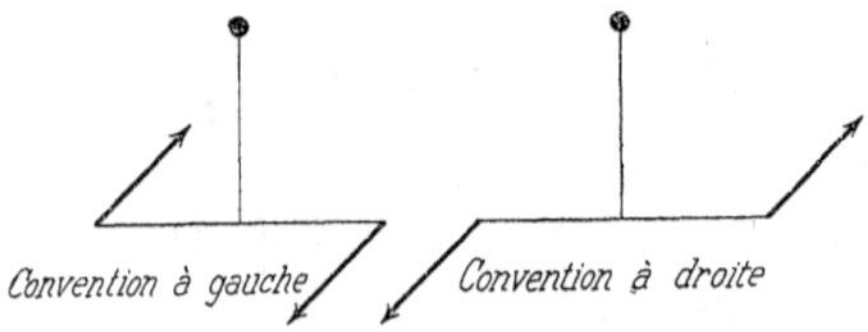

Fig. 25.

On applique la même règle pour placer le vecteur représentatif du couple (fig. 25).

Comme dans ce volume nous employons *à la manière française* des axes *à gauche*, nous utilisons pour les couples une convention *à gauche*.

29. **Composition des couples.** — Pour que la représentation des couples par des vecteurs soit admissible, il faut que la règle de composition des vecteurs s'applique aux couples. Nous allons démontrer qu'il en est bien ainsi.

Si les couples sont dans le même plan, ou dans des plans parallèles, *ils sont représentés par des vecteurs de même direction, que l'on peut supposer sur la même droite*. De plus, on peut imposer aux couples le même *bras de levier*. Dire que la règle de composition des vecteurs s'applique, revient donc à dire que la somme de deux forces ayant même directrice est égale à la somme ou à la différence des longueurs représentatives, suivant qu'elles sont de même sens ou de sens contraires.

Supposons que les vecteurs représentatifs des couples n'aient pas même direction, ou, si l'on veut, que les couples à composer ne soient ni dans le même plan, ni dans des plans parallèles. On peut toujours leur donner pour bras de levier le même segment de l'intersection de leurs plans : cela résulte immédiatement des théorèmes précédents.

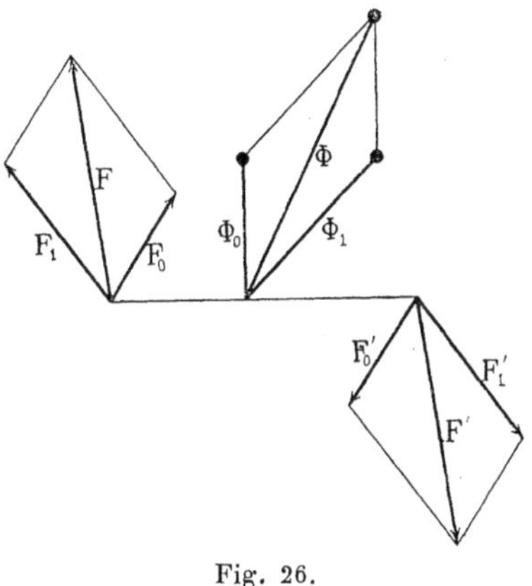

Fig. 26.

Nous sommes donc ramenés à la figure 26. Il devient évident que la résultante Φ des vecteurs représentatifs Φ_0 et Φ_1 représente bien le couple qui résulte de la composition des forces constituant les couples primitifs. Les triangles de construction ont en effet leur côtés proportionnels et respectivement deux à deux à angles droits.

Le théorème démontré pour deux couples est évidemment vrai pour un nombre quelconque.

CONCLUSION

Nous distinguons donc deux sortes de vecteurs.

Les uns (forces, rotations, ...) ont une directrice, un sens et une grandeur déterminés. Ils sont d'ailleurs appliqués à un point quelconque de leur directrice.

Les autres (couples, translations, ...) n'ont pas de directrice déterminée ; ils sont complètement définis par leur direction, leur sens et leur grandeur ; leur point d'application est arbitraire.

La règle du parallélogramme s'applique aux uns et aux autres.

Réduction générale d'un système de forces.

30. **Réduction à une force et à un couple.** — *Un système quelconque de forces peut toujours se ramener à une force passant par un point arbitrairement choisi et à un couple.* La force a même grandeur, même direction et même sens quel que soit le point choisi ; l'axe du couple est généralement incliné sur la force.

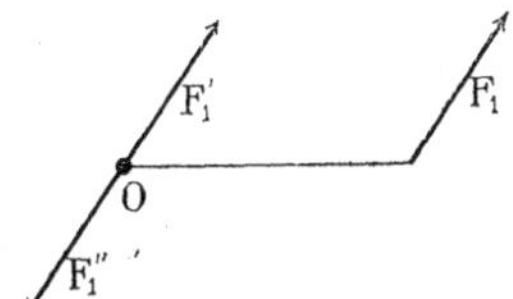

Fig. 27.

Soit F_1 l'une des forces du système, O le point choisi (fig. 27). Menons par O deux forces opposées, égales à F_1. La force F_1 est remplacée par une force F_1' parallèle passant par le point O, et par un couple.

Opérons de même sur toutes les forces, F_1, F_2, ... Nous les remplacerons : 1° par des forces égales et parallèles passant par O, et dont la résultante R est une force passant par O *mais indépendante de la position de ce point;* 2° par des couples que nous composerons en un couple unique. C. Q. F. D.

31. Réduction à une force et à un couple dont l'axe est parallèle à la force. —

Lemme. Le système d'une force R et d'un couple C (fig. 28) dont l'axe est normal à la force et dont la grandeur est M, équivaut à une force R′ parallèle, égale à la première, située dans le plan du couple à une distance h qui satisfait à la relation :

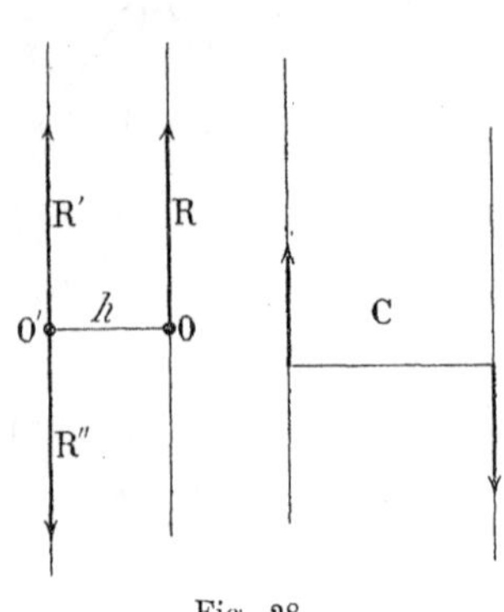

Fig. 28.

$$M = hR.$$

En effet, dans le plan parallèle au plan du couple et passant par R, considérons le point O′ à la distance h de O.

Menons les forces R′ et R″ parallèles à R. Le couple (RR″) de moment $M = hR$, et de sens inverse au couple C donné, détruit celui-ci. Il ne reste que la force R′ qui satisfait à l'énoncé.

Ceci posé, considérons le système de forces quelconques réduit à une force R et à un couple d'axe C (fig. 29). Décomposons C en deux, C′ parallèle à R et C″ normal à R. Le système (R, C″) équivaut à une force R′, égale à R, convenablement placée dans le plan normal à C″. D'ailleurs l'axe d'un couple a un point d'application arbitraire.

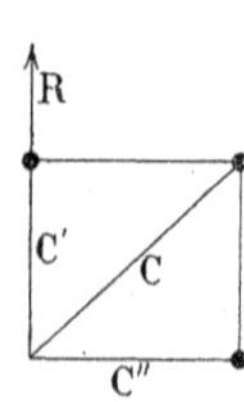

Fig. 29.

Donc le système (R, C) est remplaçable par le système (R′, C′) qui satisfait à l'énoncé.

La droite qui est la directrice de la force quand l'axe du couple est parallèle à la force, s'appelle *axe central.*

Réciproquement, la réduction ne peut se faire que d'une manière : il n'existe qu'un seul *axe central,* qu'une seule droite sur laquelle puisse se trouver la force résultante quand le plan du couple lui est normal.

Considérons en effet tout autre droite que celle qui vient d'être déterminée. Pour transporter dessus la résultante, il faut ajouter un couple dont l'axe soit normal à cette résultante et proportionnel au déplacement. Cet axe composé avec l'axe parallèle à R donne nécessairement un couple d'axe plus grand.

Appelons C_0 le moment du couple pour l'axe central, C_1 le moment du couple dont l'axe est normal à la résultante R, ψ l'inclinaison du couple résultant C sur la résultante R. On a (fig. 30) :

$$C = \sqrt{C_0^2 + C_1^2}, \qquad C_1 = Rr, \qquad \operatorname{tg} \psi = \frac{C_1}{C_0} = \frac{Rr}{C_0}, \qquad C \cos \psi = C_0.$$

La figure 30 montre clairement la disposition des vecteurs.

Le phénomène est de révolution autour de l'axe central. Pour des

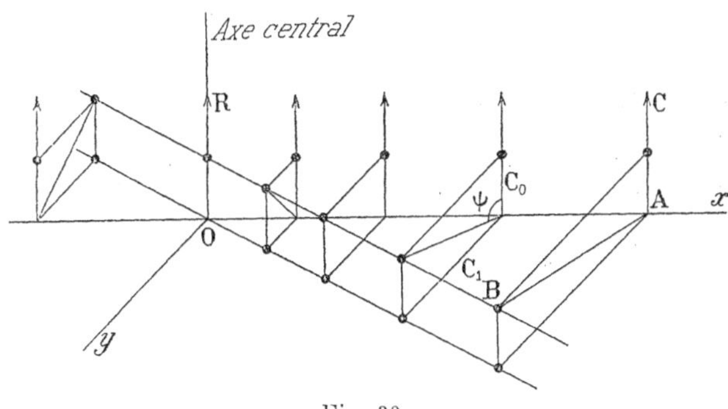

Fig. 30.

points pris à égale distance r de cet axe, les axes des couples résultants C ont même longueur et sont également inclinés sur l'axe central. Ils sont tangents à la surface du cylindre de rayon r.

Le phénomène est cylindrique, puisque nous pouvons déplacer la résultante le long de ses directrices qui sont parallèles entre elles, et prendre arbitrairement le point d'application de l'axe des couples.

Le couple est minimum pour l'axe central. On obtient ce minimum C_0 en projetant l'axe d'un couple *quelconque* C sur la directrice de la résultante correspondante, ou sur toute droite parallèle.

32. **Réduction symétrique d'un système de forces à deux forces.** — Dorénavant nous donnerons un système de forces par son axe central, sa résultante R et son couple minimum C_0 (fig. 31).

Menons une droite Ox perpendiculaire à l'axe central. Prenons $\overline{OA} = \overline{OA'}$; appliquons en A et A′ deux forces respectivement égales à R : 2. Enfin explicitons le couple C_0 en deux forces égales et opposées $\overline{AC}$ et $\overline{A'C'}$, appliquées en A et A′ normalement à Ox. On a :

$$C_0 = \overline{AA'} \,.\, AC.$$

Composons AC et $\overline{AB}$, $\overline{A'C'}$ et $\overline{A'B'}$.

Nous remplaçons le système primitif par deux forces $\overline{AD}$ et $\overline{A'D'}$, égales, également inclinées sur xOy ; elles sont tangentes au cylindre circulaire d'axe OR et passant par A et A′.

Le phénomène est cylindrique et de révolution autour de OR; on obtient le même résultat pour toute droite parallèle au plan xOy et rencontrant OR. On a :

$$\overline{AC}=C_0 : 2x, \qquad \overline{AB}=R : 2.$$

$$\operatorname{tg}\alpha=\frac{R}{C_0}x, \qquad \overline{AD}=\mathcal{R}=\frac{1}{2}\sqrt{R^2+\frac{C_0^2}{x^2}}.$$

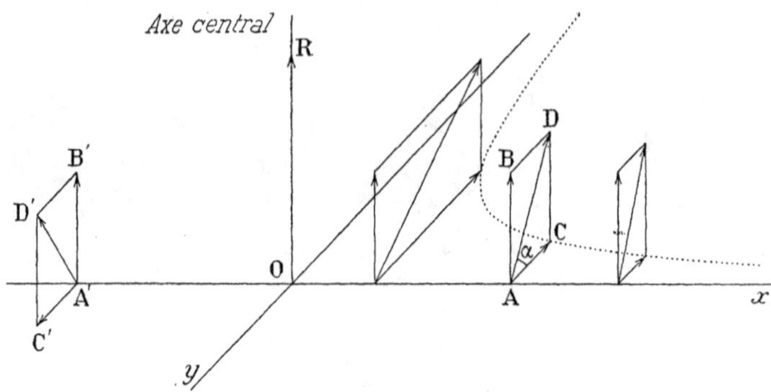

Fig. 31.

Pour $x=0$, $\alpha=0$, $\mathcal{R}=\infty$.
$\mathcal{R}$ se redresse à mesure que x croît.
Pour $x=\infty$, $\alpha=\pi : 2$, $\mathcal{R}=R : 2$.

33. **Réduction d'un système de forces à deux forces; on donne la directrice de l'une d'elles.** — Soit OA la directrice imposée. Réduisons le système de forces à la résultante R passant par O et au couple C correspondant (fig. 32).

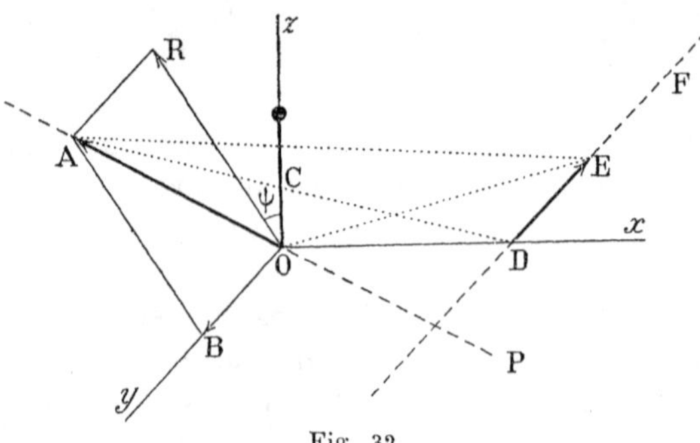

Fig. 32.

Menons le plan P perpendiculaire à C et passant par O. Le plan passant par R et la directrice imposée OA coupe le plan P suivant OB.

Explicitons enfin le couple C en deux forces $\overline{OB}$ et $\overline{DE}$ égales et opposées satisfaisant aux conditions suivantes : 1° elles reproduisent le moment C; 2° $\overline{OB}$ composée avec R donne une force dirigée suivant OA.

La seconde condition impose à $\overline{OB}$ une certaine longueur; la première place la force $\overline{\mathrm{DE}}$ (égale à $\overline{\mathrm{OB}}$) et de sens opposé à une certaine distance $\overline{\mathrm{OD}}$ de O.

Le système des forces $\overline{\mathrm{OA}}$ et $\overline{\mathrm{DE}}$, qui ne sont pas dans le même plan, est équivalent au système des forces données : la réduction cherchée est ainsi obtenue.

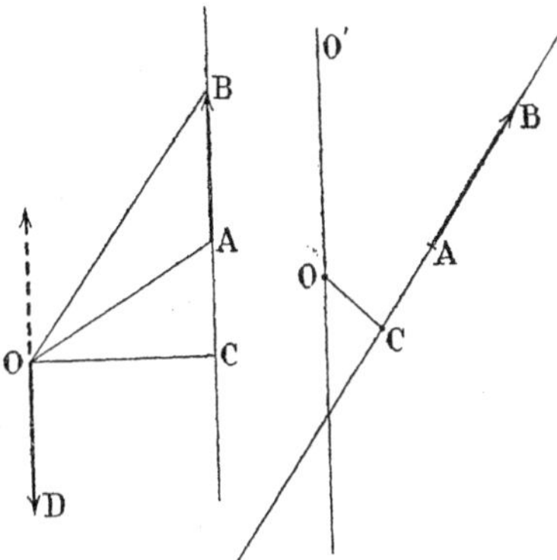

Fig. 33.

Théorème. *Le volume du tétraèdre construit sur* OA *et* DE *est constant.*

Le volume d'un tétraèdre est égal au produit du tiers de la base ODE par la hauteur. D'après la définition du moment d'un couple, on a :

$$\overline{\mathrm{ODE}} = \frac{1}{2}\,\mathrm{C}.$$

La hauteur du tétraèdre est la projection de $\overline{\mathrm{OA}}$ sur C (ou Oz), ou encore la projection de R sur C puisque la droite RA est parallèle à xOy. Le volume V cherché est donc :

$$\mathrm{V} = \frac{1}{6}\,\mathrm{RC}\cos\psi = \frac{1}{6}\,\mathrm{RC}_0,$$

d'après le § 31. Le volume du tétraèdre construit sur les deux forces est constant.

Moments.

34. **Moments d'une force par rapport à un point, par rapport à une droite.** — On appelle *moment d'une force* AB, *par rapport à un point* O (fig. 33, à gauche), le produit de la force par la distance du point à la directrice de la force. C'est par conséquent le double de l'aire $\overline{\mathrm{OAB}}$ du triangle construit avec le point O et les extrémités du vecteur comme sommets. Naturellement la position du vecteur sur sa directrice n'intervient pas.

Le moment de la force par rapport au point O n'est pas autre chose que le moment du couple obtenu (§ 30) dans la réduction d'une force à une force et un couple, quand on choisit le point O pour centre de réduction.

On appelle *moment d'une force* AB *par rapport à un axe* OO′ (fig. 33, à droite), le produit de la force projetée sur un plan normal à l'axe OO′ par la distance $\overline{\mathrm{OC}}$ de l'axe à la directrice de la force.

Les notions ici introduites ne diffèrent pas de celles dont on parle aux paragraphes précédents ; sous d'autres mots, ce sont exactement les mêmes. On le verra immédiatement par l'énoncé des propositions que nous allons démontrer.

Le moment par rapport à un point se représente par un vecteur normal au plan du triangle OAB et dont la longueur mesure le double de l'aire de ce triangle.

Faisons passer un axe quelconque par le point O ; le moment de la force par rapport à cet axe est la projection sur cet axe du moment par rapport au point.

Réciproquement le moment par rapport au point est la somme géométrique des moments par rapport à trois axes quelconques passant par ce point.

Nous retrouverons donc tous les théorèmes démontrés pour les couples.

Procédons à leur démonstration analytique.

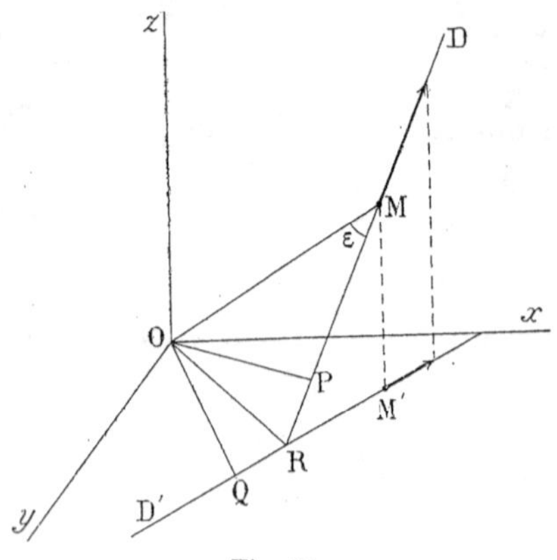

Fig. 34.

35. **Expression analytique des moments par rapport à l'origine et aux axes de coordonnées.** — 1° Soit M (x, y, z) le point d'application de la force F dont les composantes (§ 21) sont X, Y, Z. Soit α, β, γ, les cosinus directeurs de la directrice D. On a (fig. 34) :

$$X = F\alpha, \quad Y = F\beta, \quad Z = F\gamma.$$

De l'origine des coordonnées abaissons OP perpendiculaire sur D. On a :

$$\overline{OP}^2 = \overline{OM}^2 - \overline{MP}^2 = \overline{OM}^2 - \overline{OM}^2 \cos^2 \varepsilon.$$

$$\overline{OP}^2 = (x^2 + y^2 + z^2) - (\alpha x + \beta y + \gamma z)^2.$$

Des réductions simples donnent :

$$\overline{OP}^2 = (y\gamma - z\beta)^2 + (z\alpha - x\gamma)^2 + (x\beta - y\alpha)^2.$$

Le carré du moment de la force par rapport à O est donc :

$$\mathfrak{M}^2 = \overline{OP}^2 . F^2 = (yZ - zY)^2 + (zX - xZ)^2 + (xY - yX)^2.$$

2° Évaluons le moment par rapport à l'axe Oz.

Projetons D sur le plan xOy. Abaissons OQ sur D' ; le moment cherché est le produit de $\overline{OQ}$ par la projection $\sqrt{X^2 + Y^2}$ de la force sur xOy.

Nous sommes donc ramenés exactement au même problème que

ci-dessus. Il suffit de poser : $z=0$, $Z=0$, dans la solution Il reste pour expression du moment par rapport à l'axe Oz :

$$N = xY - yX.$$

Choisissant les signes de manière que la rotation se fasse de Ox vers Oy, de Oy vers Oz, de Oz vers Ox (§ 28), nous trouvons pour les moments par rapport aux trois axes :

$$L = yZ - zY,$$
$$M = zX - xZ,$$
$$N = xY - yX;$$
$$\mathcal{M}^2 = L^2 + M^2 + N^2.$$

Ces relations démontrent les théorèmes annoncés.

Remarque. On vérifiera immédiatement les relations :

$$Lx + My + Nz = 0, \qquad LX + MY + NZ = 0;$$

le vecteur L, M, N, est normal aux deux vecteurs $\overline{OM} = r$, de composantes x, y, z, et F de composantes X, Y, Z.

Nous venons donc de résoudre le problème suivant qui se retrouve à chaque page du Cours de Physique : *Chercher un vecteur* L, M, N, *normal à deux vecteurs donnés* x, y, z, *et* X, Y, Z, *et égal à leur produit multiplié par le sinus de l'angle* ε *qu'ils font entre eux :*

$$rF \sin \varepsilon,$$

c'est-à-dire égal à l'aire du parallélogramme construit sur ces deux vecteurs.

36. **Réduction analytique d'un système de forces à une force et un couple.** — Reprenons l'opération du § 30. Un système quelconque de forces dont les composantes suivant trois axes rectangulaires sont généralement représentées par X, Y, Z, et dont les points d'application ont x, y, z pour coordonnées, se ramène à une force *passant par l'origine des coordonnées* et dont les composantes sont :

$$\mathcal{X} = \Sigma X, \qquad \mathcal{Y} = \Sigma Y, \qquad \mathcal{Z} = \Sigma Z,$$

et à un couple dont les moments sont :

$$L = \Sigma(yZ - zY),$$
$$M = \Sigma(zX - xZ),$$
$$N = \Sigma(xY - yX).$$

Si on choisit comme centre de réduction un point de coordonnée *a, b, c,* la résultante conserve la même expression. Les couples composants deviennent :

$$L' = L - \sum(bZ - cY) = L - (b\mathfrak{Z} - c\mathfrak{Y}),$$
$$M' = M - \sum(cX - aZ) = M - (c\mathfrak{X} - a\mathfrak{Z}),$$
$$N' = N - \sum(aY - bX) = N - (a\mathfrak{Y} - b\mathfrak{X}).$$

1° Pour que le système se réduise à une force unique, il faut que le couple ait son axe normal à la résultante ; d'où la condition :

$$L'\mathfrak{X} + M'\mathfrak{Y} + N'\mathfrak{Z} = L\mathfrak{X} + M\mathfrak{Y} + N\mathfrak{Z} = 0.$$

Il est évident (§ 31) que si la condition est satisfaite pour un centre de réduction, elle est satisfaite pour tous les points de l'espace.

2° Pour que le système se réduise à une force unique passant par le point de coordonnées a, b, c, on doit avoir :

$$L' = M' = N' = 0 ;$$

la relation du 1° se trouve naturellement satisfaite.

3° Pour que l'axe central passe par le point a, b, c, il faut écrire qu'en ce point l'axe du couple est sur la directrice de la résultante :

$$\frac{L'}{\mathfrak{X}} = \frac{M'}{\mathfrak{Y}} = \frac{N'}{\mathfrak{Z}} = k.$$

D'où *deux* conditions *linéaires* entre *a, b, c,* définissant une droite.

4° Considérons le produit :

$$L\mathfrak{X} + M\mathfrak{Y} + N\mathfrak{Z} = L'\mathfrak{X} + M'\mathfrak{Y} + N'\mathfrak{Z} ;$$

c'est un *invariant ;* il conserve la même valeur quel que soit le centre de réduction choisi.

Or pour un point de l'axe central on a :

$$L'\mathfrak{X} + M'\mathfrak{Y} + N'\mathfrak{Z} = k(\mathfrak{X}^2 + \mathfrak{Y}^2 + \mathfrak{Z}^2) ;$$

donc cette relation est toujours satisfaite. Donc k est un invariant.

Effectivement nous savons que la projection de l'axe du couple sur la résultante est la même quel que soit le centre de réduction ; k mesure le rapport de cette projection au carré de la résultante invariable.

Travail des vecteurs.

37. **Définition.** — Le travail du vecteur F, dont le point d'application se déplace de l'élément d'arc ds, est :

$$F ds \cos\theta ;$$

θ est l'angle de la force et de l'arc pris dans le sens du mouvement.

Dans cette définition, le point d'application n'intervient pas par sa position absolue, mais par la variation de cette position. Sa position initiale est encore arbitraire sur la directrice de la force.

Le théorème fondamental de la théorie du travail des vecteurs est connu sous le nom de Varignon : *le travail de la résultante est égal à la somme des travaux des composantes,* dont la démonstration se ramène immédiatement à celle du théorème : *la projection sur une droite quelconque de la résultante est égale à la somme des projections des composantes* (§ 21).

Soit d'une manière générale X, Y, Z, les projections des forces sur trois axes rectangulaires, x, y, z, les coordonnées du point d'application; le travail de la résultante des forces, égal à la somme des travaux des composantes, a pour expression :

$$d\mathfrak{T} = \sum(\mathrm{X}dx + \mathrm{Y}dy + \mathrm{Z}dz).$$

38. **Travail des vecteurs dans la rotation autour d'un axe.** — Appliquons la formule précédente au cas d'une rotation autour de l'axe des z. Nous poserons généralement :

$$x = r\cos\theta, \qquad y = r\sin\theta, \qquad dr = dz = 0.$$

Quand θ croît, le déplacement se fait de $\mathrm{O}x$ vers $\mathrm{O}y$; la rotation est positive.

On a :

$$dx = -r\sin\theta\, d\theta = -y\, d\theta,$$
$$dy = r\cos\theta\, d\theta = x\, d\theta.$$
$$d\mathfrak{T} = \mathrm{X}dx + \mathrm{Y}dy = (x\mathrm{Y} - y\mathrm{X})d\theta = \mathrm{N}d\theta.$$

Le travail élémentaire $d\mathfrak{T}$ *dans la rotation* $d\theta$ *autour d'un axe est égal au produit* $\mathrm{N}d\theta$ *de la rotation par le moment des forces par rapport à cet axe.*

C'est précisément de cette proposition que les moments tirent leur importance fondamentale.

39. **Vecteurs définis dans un champ par un potentiel.** — Soit une fonction des coordonnées $\mathrm{V}(x, y, z)$, connue, ainsi que ses dérivées, dans un espace donné. Posons que le travail d'un vecteur dont le point d'application (*que nous supposerons bien déterminé*) passe *sur une courbe quelconque* d'un point A à un point B, est défini par la relation :

$$\mathfrak{T}_{\mathrm{AB}} = \mathrm{V}_{\mathrm{A}} - \mathrm{V}_{\mathrm{B}};$$

V_{A} et V_{B} sont les valeurs de la fonction V aux points A et B.

Nous disons que le vecteur admet le potentiel V *dans l'espace donné, qui est son champ.*

De cette définition déduisons l'expression du vecteur en fonction du potentiel en un point quelconque de son champ.

Soit deux points voisins A et B d'une courbe quelconque, dont les points sont repérés par la longueur s de l'arc compté à partir d'une origine O. Le potentiel en A est V ; il est $V+\frac{\partial V}{\partial s}ds$ en B. Soit F la projection du vecteur au point A sur la tangente à la courbe.

Le travail du vecteur quand son point d'application va de A à B, a pour expressions :

$$d\mathfrak{T}=Fds=V_A-V_B=-\frac{\partial V}{\partial s}ds;$$

d'où :

$$F=-\frac{\partial V}{\partial s}.$$

La projection de la force au point A sur une direction quelconque est égale au taux d'accroissement changé de signe du potentiel quand on se déplace dans cette direction à partir du point A.

Si les points A et B sont à une distance finie, le travail quand on va du point A au point B suivant la courbe s, est :

$$\mathfrak{T}_{AB}=-\int_A^B\frac{\partial V}{\partial s}ds=V_A-V_B;$$

conformément à la définition, il est indépendant du chemin parcouru.

Corollaire.

Les composantes de la force suivant trois axes rectangulaires sont :

$$X=-\frac{\partial V}{\partial x},\qquad Y=-\frac{\partial V}{\partial y},\qquad Z=-\frac{\partial V}{\partial z}.$$

40. **Surfaces équipotentielles; lignes et tubes de force.** — La fonction $V(x, y, z)$, étant continue dans un certain espace, reste constante le long de surfaces dites *équipotentielles*. Certaines de ces surfaces peuvent s'évanouir en une ligne ou en un point.

Quand le point d'application du vecteur se déplace sur une surface équipotentielle, son travail est identiquement nul. Le vecteur est donc normal à la surface équipotentielle qui passe par son point d'application.

Considérons d'une part le faisceau des surfaces équipotentielles, d'autre part le faisceau des courbes orthogonales à ces surfaces. Ces courbes s'appellent *lignes de force;* elles ont la propriété fondamentale d'être tangentes aux vecteurs en leurs points d'application.

Par tous les points d'une ligne fermée, menons les lignes de force, c'est-à-dire les courbes orthogonales aux surfaces équipotentielles. Nous obtenons une sorte de cylindre généralisé, qu'on appelle *tube de force.*

41. **Exemple.** — Supposons le potentiel défini par la relation :

$$V = V_0(\log r_1 - \log r_2), \qquad r_1 : r_2 = \exp(V : V_0);$$

r_1 et r_2 sont les distances à deux droites normales au tableau dont les points A et B sont les traces sur le tableau (fig. 35).

Nous poserons $\overline{AB} = 2a$; nous prendrons la droite AB comme axe des x et la droite normale au milieu de AB comme axe des y.

Les surfaces équipotentielles sont des cylindres circulaires dont les traces sur le tableau ont pour équation :

$$x^2 + y^2 - 2px + a^2 = 0, \tag{1}$$

où p est un paramètre variable. On a en effet :

$$\frac{r_1}{r_2} = \sqrt{\frac{y^2 + (x+a)^2}{y^2 + (x-a)^2}} = \sqrt{\frac{p+a}{p-a}}.$$

Ces circonférences admettent l'axe des y pour axe radical. Leur centre a pour abscisse p; leur rayon est $\sqrt{p^2 - a^2}$. Elles admettent comme limites d'une part les points A et B (rapport des distances nul ou infini), d'autre part l'axe des y (rapport égal à l'unité).

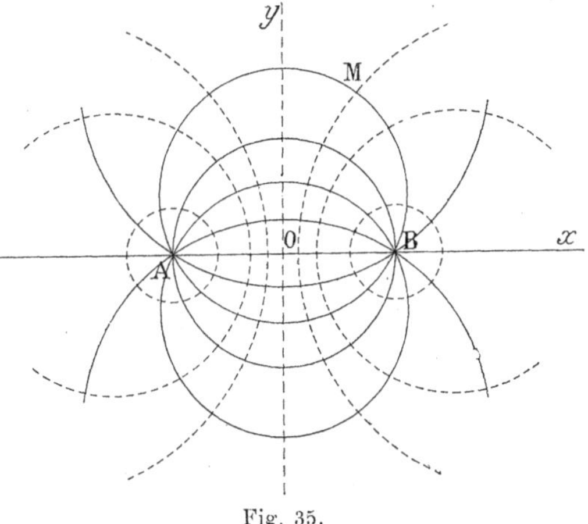

Fig. 35.

Le potentiel sur l'axe des y est précisément 0.

On a généralement sur une surface équipotentielle :

$$V = \frac{V_0}{2} \log \frac{p+a}{p-a}.$$

Les lignes de force sont des circonférences situées dans les sections droites des cylindres et passant par les droites A et B. Leur équation est :

$$x^2 + y^2 - 2qy - a^2 = 0. \tag{2}$$

Les circonférences (1) et (2) sont orthogonales; en effet le carré de la distance des centres $p^2 + q^2$, est égal à la somme des carrés des rayons $p^2 - a^2$, $q^2 + a^2$.

Les tubes de forces peuvent être limités par deux cylindres de paramètres q_1 et q_2, et par deux plans parallèles au tableau de cotes z_1 et z_2. On n'oubliera pas que le phénomène est cylindrique.

Le potentiel est positif et infini au point B, négatif et infini au point A. Les lignes de force vont vers les potentiels décroissants et par conséquent de B à A. On dit que les tubes émanent du point B et aboutissent au point A.

42. Autre exemple. —

LEMME. Considérons les deux faisceaux de courbes :

$$\text{I} \qquad r = a \sin^n \theta,$$

$$\text{II} \qquad r^n = b^n \cos \theta.$$

Je dis qu'ils sont orthogonaux (fig. 36).

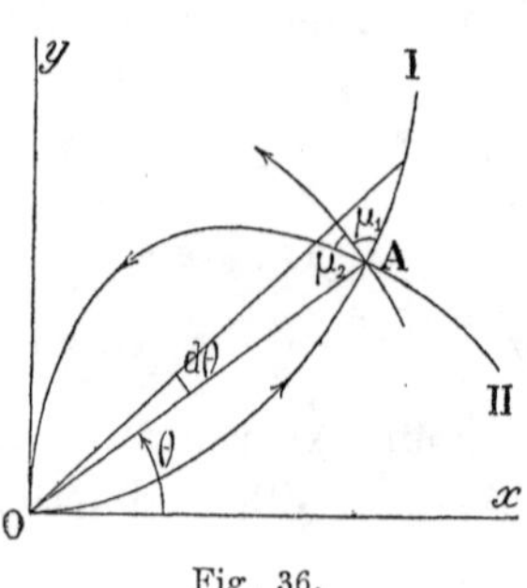

Fig. 36.

Soit deux de ces courbes se coupant au point A. Appelons μ l'angle que fait la tangente aux courbes avec la circonférence de centre O passant par le point A. On a évidemment, en grandeur et signe :

$$\operatorname{tg} \mu = \frac{dr}{r d\theta} = \frac{d \log r}{d\theta}.$$

Les courbes sont parcourues dans le sens des θ croissants ; μ est compté positivement vers l'extérieur de la circonférence à partir de celle-ci.

Ceci posé on a :

$$\text{I} \qquad \log r = \log a + n \log \sin \theta ; \qquad \operatorname{tg} \mu_1 = n \operatorname{cotg} \theta.$$

$$\text{II} \qquad n \log r = n \log b + \log \cos \theta ; \qquad -\operatorname{tg} \mu_2 = \frac{1}{n} \operatorname{tg} \theta.$$

D'où enfin : $\operatorname{tg} \mu_1 \operatorname{tg} \mu_2 = -1.$ C. Q. F. D.

Remarquons que les courbes :

$$r^n = a^n \sin \theta, \qquad r^n = a^n \cos \theta,$$

sont la même courbe qui a tourné d'un angle droit.

Ce lemme démontré, étudions de plus près un cas fondamental en Magnétisme. Prenons pour potentiel la fonction :

$$V = V_0 \frac{\cos \theta}{r^2}.$$

Les surfaces équipotentielles sont de révolution autour de Ox; elles admettent comme méridiennes les courbes :

$$\text{II} \qquad r^2 = b^2 \cos \theta.$$

D'après le lemme, les lignes de force sont planes, contenues dans les méridiens et ont pour équation :

$$\text{I} \qquad r = a \sin^2 \theta.$$

La figure 37 représente en pointillé les méridiennes des surfaces équipotentielles, en traits pleins les lignes de force.

Calculons la force en un point M. Pour cela calculons ses composantes, R suivant le rayon, T suivant la tangente à la circonférence de centre O passant par le point M. On a :

$$R = -\frac{\partial V}{\partial r} = 2V_0 \frac{\cos\theta}{r^3};$$

$$T = -\frac{\partial V}{\partial (r\theta)} = -\frac{1}{r}\frac{\partial V}{\partial \theta} = V_0 \frac{\sin\theta}{r^3}.$$

En particulier, sur l'axe des x $(\theta = 0, \quad \theta = \pi)$ la composante tangentielle est nulle; *la composante radiale est pour toutes les valeurs de x dirigée vers les x croissants.*

La force est en raison inverse du cube de la distance.

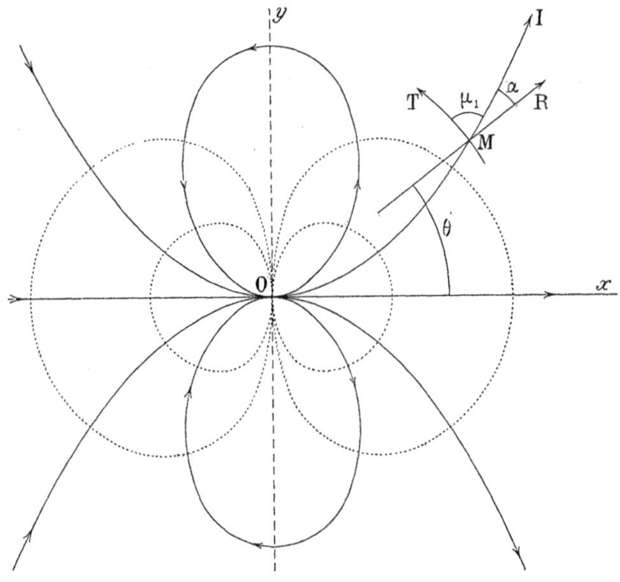

Fig. 37.

Pour tous les points de l'axe des y, la composante radiale est nulle : la force est normale à l'axe des y. *Pour toutes les valeurs de y, elle est dirigée vers les x décroissants.*

La résultante H a pour expression :

$$H = \frac{V_0}{r^3}\sqrt{4\cos^2\theta + \sin^2\theta}.$$

Elle fait avec le rayon vecteur un angle α qui satisfait à la relation :

$$\operatorname{tg}\alpha = \frac{1}{2}\operatorname{tg}\theta.$$

Le potentiel a une infinité de valeurs à l'origine O. Tout près de l'origine, il est infini pour les plus petites surfaces vers les x positifs.

Il décroît à mesure que la surface grandit ; devient nul quand elle se réduit au plan perpendiculaire au tableau et passant par Oy. A gauche de ce plan le potentiel diminue à mesure que les surfaces décroissent. Il devient $-\infty$ pour les surfaces évanouissantes, voisines de l'origine du côté des x négatifs.

43. **Potentiel ayant une infinité de valeurs au même point.** — Prenons pour surfaces équipotentielles des demi-plans s'arrêtant à une droite indéfinie dont la trace sur un plan normal est représentée en O dans la figure 38.

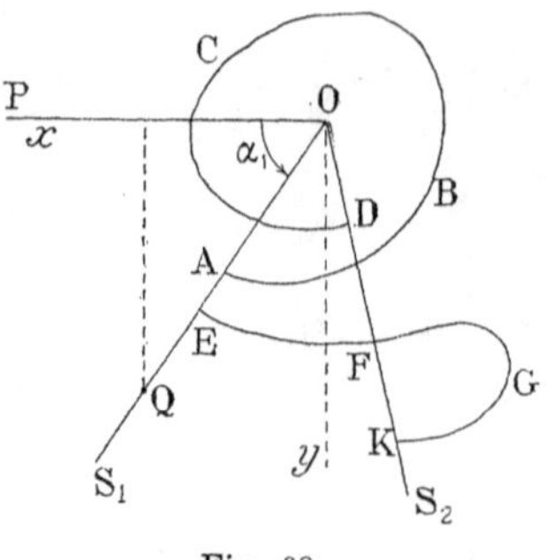

Fig. 38.

Prenons pour expression du potentiel :

$$V = V_0\alpha ;$$

α est l'angle du demi-plan considéré avec un demi-plan P pris pour origine des azimuts. A chaque demi-plan correspond une infinité d'angles α, différant entre eux d'un multiple entier de 2π ; nous devons poser :

$$V = V_0\alpha + 2k\pi V_0,$$

où α est le plus petit angle positif avec P.

Le potentiel n'est défini qu'à une constante près. Mais si la valeur absolue du potentiel qui convient à un plan S_1 est inconnue, *une fois cette valeur choisie et une trajectoire donnée,* la valeur du potentiel d'un demi-plan S_2 quelconque est parfaitement déterminée.

Soit en effet α_1 et α_2 les plus petits angles que S_1 et S_2 font avec P dans le sens positif. *Posons* pour S_1 :

$$V_1 = V_0\alpha_1 + 2k_1\pi V_0.$$

Quand nous allons de S_1 à S_2 sur la trajectoire EF, ou encore EFGK, ou sur toute autre trajectoire n'entourant pas le point O, le potentiel de S_2 est :

$$V_2 = V_0\alpha_2 + 2k_1\pi V_0.$$

Au contraire, si nous allons de S_1 à S_2 sur la trajectoire ABCD, faisant un tour autour de O dans le sens positif, le potentiel de S_2 est :

$$V'_2 = V_0\alpha_2 + 2k_1\pi V_0 + 2\pi V_0 = V_2 + 2\pi V_0.$$

En général, si la trajectoire fait n tours autour de D, n pouvant être positif ou négatif et représentant la somme algébrique des tours positifs et négatifs, on a :

$$V'_2 = V_2 + 2\pi n V_0.$$

En particulier, si l'on part du plan S_1 pour y revenir, la variation de potentiel est : $2\pi n V_0$.

Ceci posé, étudions les forces.

Les lignes de force, normales aux surfaces équipotentielles, sont des circonférences situées dans des plans parallèles au tableau et ayant leurs centres sur la droite O.

A une distance r de cette droite, la force a pour expression :

$$F = -\frac{\partial V}{\partial (r\alpha)} = -\frac{1}{r}\frac{\partial V}{\partial \alpha} = -\frac{V_0}{r}.$$

Elle est en raison inverse de la distance à la droite O, naturellement dirigée tangentiellement aux lignes de force, vers les α décroissants si V_0 est positif.

Quand on va d'un point du champ à un autre point, le travail est indépendant des trajectoires planes ou gauches suivies (c'est en cela qu'il existe un potentiel), *à la condition qu'elles fassent en définitive le même nombre de tours autour de la droite O dans le même sens* (cette restriction est la conséquence de la non-uniformité de ce potentiel).

Flux des vecteurs.

44. Flux d'un vecteur à travers une surface. — Soit S une surface, dS un de ses éléments. Soit F un vecteur défini en tous les points de la surface, et plus généralement dans une portion d'espace qui contient la surface considérée; il fait l'angle α avec la normale ON (fig. 39).

On appelle flux du vecteur à travers une portion de la surface, l'intégrale :

$$\iint F \cos\alpha \, dS,$$

étendue à cette portion. Elle n'est définie en signe que si l'on choisit un sens sur la normale, c'est-à-dire si on peut distinguer l'une de l'autre les deux faces de la surface.

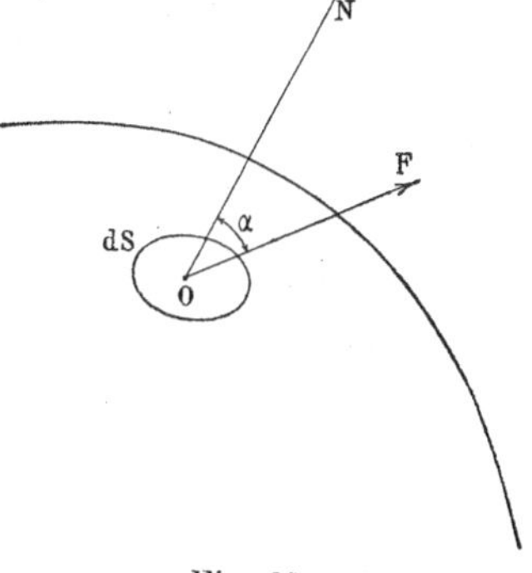

Fig. 39.

On peut donner au flux une autre forme. Soit X, Y, Z, les composantes de F en un point x, y, z, de la surface; soit l, m, n, les cosinus directeurs de la normale. On a :

$$\iint F \cos\alpha dS = \iint (lX + mY + nZ) dS.$$

En choisissant pour découper les aires dS des plans parallèles aux plans coordonnés, on a encore :

$$\iint F \cos\alpha \, dS = \iint (X dy \, dz + Y dz \, dx + Z dx \, dy).$$

Il faut pour appliquer cette formule tenir compte des conventions de signe. Considérons une droite parallèle à l'axe des x et définie par des valeurs données de y et de z.

Si la surface est fermée, un point se déplaçant sur cette droite de $x=-\infty$ à $x=+\infty$, pénètre dans l'espace limité par la surface au point d'abscisse x_1, en sort pour x_2, y rentre pour $x_3, \ldots$ Le nombre des points d'entrée et de sortie est évidemment pair. Soit X_1, $X_2, \ldots$ les valeurs correspondantes de X : nous devons écrire, en convenant de prendre la normale positivement vers l'extérieur de la surface :

$$\iint X dy\, dz = \iint (X_2 - X_1) dy\, dz + (X_4 - X_3) dy\, dz + \ldots$$

Si la surface est ouverte, nous devons compter positivement X quand la traversée se fait dans un sens supposé défini à l'avance, négativement quand elle se fait en sens contraire.

45. Flux conservatif et non conservatif. — La portion de surface à travers laquelle on considère le flux est nécessairement limitée par une courbe fermée C.

Supposons le vecteur défini dans tout l'espace et faisons passer par la courbe C une infinité de surfaces. Calculons le flux du vecteur pour les portions de toutes ces surfaces qui sont limitées par la courbe C. Si le résultat est le même, on dit que le flux est *conservatif* ou qu'il se conserve.

Nous pouvons énoncer ce qui précède en d'autres termes. Attachons à la courbe C *supposée rigide* une surface parfaitement déformable. Le flux est conservatif s'il est le même, quelle que soit la forme que nous donnions à cette surface, l'intégration étant toujours faite jusqu'au contour C.

Cette manière d'opérer a l'avantage que, la déformation de la surface étant continue, on peut toujours reconnaître les deux faces l'une de l'autre : par conséquent il n'y a pas d'ambiguïté sur le signe à donner au flux du vecteur.

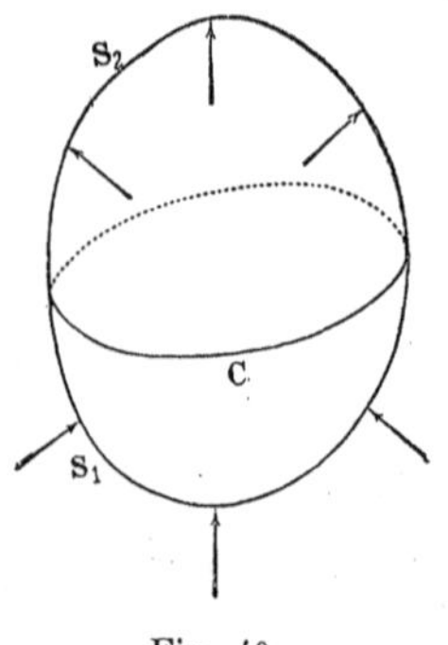

Fig. 40.

THÉORÈME. — *Si le flux est conservatif, le flux à travers une surface fermée quelconque est nul. Il est entendu que les normales sont prises toutes soit vers l'extérieur, soit vers l'intérieur de la surface fermée.*

Traçons sur la surface fermée S un contour fermé C, qui la sépare en deux parties S_1 et S_2 (fig. 40). Puisque le flux est conservatif, il est le même pour les deux surfaces *en grandeur et en signe*, à condition de prendre les normales dans le même sens (comme l'indiquent les flèches), de manière que par une déformation continue les faces correspondantes des surfaces S_1 et S_2 se superposent. On a : $\mathcal{F}_1 = \mathcal{F}_2$.

Calculons maintenant le flux à travers la surface fermée S, *les normales étant prises toutes vers l'extérieur ou toutes vers l'intérieur.* Il est clair qu'il faudra changer le signe de l'un des deux flux précédemment calculés. Donc la somme : $\mp \mathcal{F}_1 \pm \mathcal{F}_2$, est nulle.

46. **Flux à travers un parallélipipède infiniment petit : divergence d'un vecteur.** — Considérons le petit volume $dx dy dz$ déterminé par des plans parallèles aux plans des coordonnées (fig. 41). Soit X, Y, Z, les composantes du vecteur en son centre de figure G. Évaluons le flux à travers la surface *abcd* normale à l'axe des x.

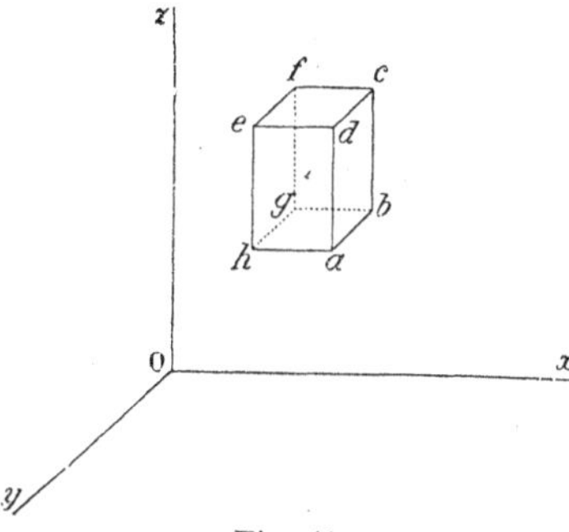

Fig. 41.

Puisque les quantités X, Y, Z, sont continues au voisinage du point G, leurs variations s'expriment linéairement en fonction des variations des coordonnées. La valeur moyenne de la composante X pour la face *abcd* est donc sa valeur au centre de figure de cette face. Le flux à travers *abcd* est par suite :

$$\left(X + \frac{\partial X}{\partial x} \frac{dx}{2}\right) dy\, dz ;$$

il *sort* du parallélipipède et doit être pris positivement.

Le flux qui *entre* à travers *efgh* est :

$$\left(X - \frac{\partial X}{\partial x} \frac{dx}{2}\right) dy\, dz ;$$

il doit être compté négativement. La résultante des deux flux est :

$$\frac{\partial X}{\partial x} dx\, dy\, dz.$$

Les vecteurs Y et Z ne donnent aucun flux à travers *abcd*. Opérons de même pour les autres faces du parallélipipède : il vient en définitive pour le flux total qui sort :

$$\left(\frac{\partial X}{\partial x} + \frac{\partial Y}{\partial y} + \frac{\partial Z}{\partial z}\right) dx\, dy\, dz = (\text{Div } F)\, dv.$$

La quantité entre parenthèses est d'une importance fondamentale ; elle s'appelle la *divergence* du vecteur X, Y, Z.

47. **Le flux d'un vecteur à travers une surface fermée est égal à l'intégrale de la divergence du vecteur étendue au volume limité par la surface.** — La proposition est évidente puisqu'elle consiste à dire que *ce qui sort de la surface fermée*

entière est la somme algébrique de ce qui sort de tous les parallélipipèdes élémentaires.

Démontrons-la cependant d'une manière directe pour habituer le lecteur à cet ordre de considérations.

Nous avons montré plus haut que l'on a :

$$\int\int X\,dy\,dz = \left[\int\int (X_2 - X_1) + (X_4 - X_3) + \ldots\right] dy\,dz.$$

Si X est une quantité continue et n'a pas de valeurs infinies entre x_1 et x_2, x_3 et x_4,... (ce que nous supposerons toujours dans l'application du théorème), on peut poser :

$$X_2 - X_1 = \int_{x_1}^{x_2} \frac{\partial X}{\partial x}\,dx, \qquad X_4 - X_3 = \int_{x_3}^{x_4} \frac{\partial X}{\partial x}\,dx \ldots$$

On a donc : $$\int\int X\,dy\,dz = \int\int\int \frac{dX}{\partial x}\,dx\,dy\,dz.$$

Opérant de même sur les intégrales :

$$\int\int Y\,dz\,dx, \qquad \int\int Z\,dx\,dy,$$

on trouve, en posant $dx\,dy\,dz = dv$:

$$\int\int F\cos\alpha\,dS = \int\int\int\left(\frac{\partial X}{\partial x} + \frac{\partial Y}{\partial y} + \frac{\partial Z}{\partial z}\right) dx\,dy\,dz = \int\int\int \text{Div}\,F\,dv.$$

Les normales à la surface sont prises positivement vers l'extérieur.

Corollaire. Condition pour que le flux soit conservatif.

Pour que le flux d'un vecteur F soit conservatif dans un espace donné, il faut qu'on ait identiquement dans tout cet espace :

$$\text{Div}\,F = 0.$$

48. **Expression de la divergence d'un vecteur en coordonnées cylindriques et en coordonnées sphériques. —**

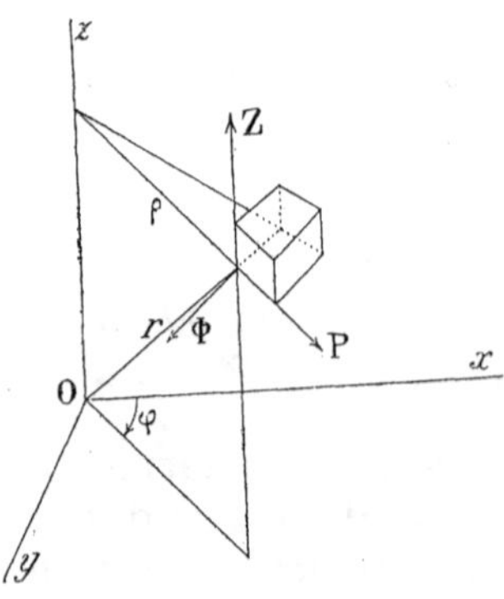

Fig. 42.

Coordonnées cylindriques (fig. 42).

Nous prenons pour coordonnées la distance z à un plan, la distance ρ à une droite Oz normale à ce plan, l'angle φ que fait le plan passant par Oz et le point considéré, avec un plan de référence zOx.

Nous décomposerons la force en trois composantes trirectangles : Z suivant Oz, P normale à Oz et passant par cette droite, Φ normale aux deux précédentes.

Elles correspondent aux trois variables : z, ρ, φ.

Le volume élémentaire correspond à une variation infiniment petite des variables. Son expression est :

$$dv = \rho d\rho \, d\varphi \, dz.$$

La divergence est le quotient par le volume de l'excès du flux qui sort de l'élément, sur le flux qui entre. Cet excès a pour expression :

$$dz \, d\varphi \, d\rho \frac{\partial}{\partial \rho}(\rho \mathrm{P}) + \frac{\partial \mathrm{Z}}{\partial z} dv + \frac{\partial \Phi}{\partial \varphi} d\varphi \, dz \, d\rho.$$

La divergence est donc :

$$\mathrm{Div}\, \mathrm{F} = \frac{\mathrm{P}}{\rho} + \frac{\partial \mathrm{P}}{\partial \rho} + \frac{\partial \mathrm{Z}}{\partial z} + \frac{1}{\rho}\frac{\partial \Phi}{\partial \varphi}.$$

Coordonnées sphériques (fig. 43).

Nous prenons pour coordonnées la distance r à un point O, la longitude φ et la colatitude ψ. On a :

$$\rho = r \sin \psi, \qquad r^2 = x^2 + y^2 + z^2.$$

Nous décomposons la force en trois composantes trirectangles :
R suivant le rayon, Φ normalement au méridien, Ψ dans le méridien et normalement au rayon.

Le volume élémentaire a pour expression :

$$dv = r^2 dr \, d\varphi \sin \psi \, d\psi.$$

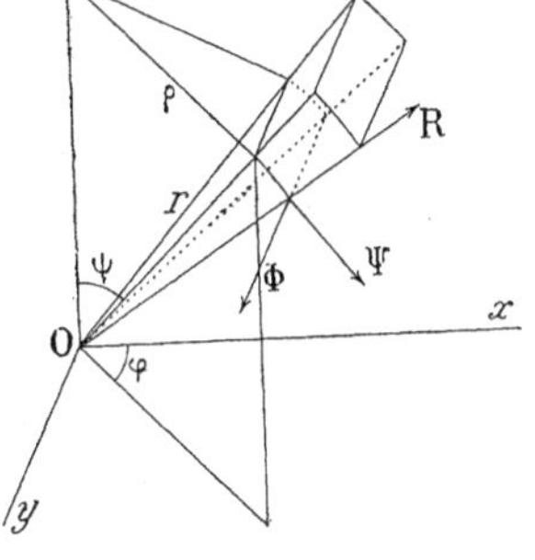

Fig. 43.

Évaluons les aires des faces de l'élément de volume :

normalement à R, $\quad r d\psi \,.\, r \sin \psi \, d\varphi = r^2 \sin \psi \, d\psi \, d\varphi$;

normalement à Ψ, $\quad dr \,.\, r \sin \psi \, d\varphi$;

normalement à Φ, $\quad r \, d\psi \, dr$.

L'excès du flux qui sort est par suite :

$$dr \sin \psi \, d\psi \, d\varphi \frac{\partial}{\partial r}(r^2 \mathrm{R}) + r \, dr \, d\psi \, d\varphi \frac{\partial}{\partial \psi}(\sin \psi \,.\, \Psi) + r \, dr \, d\psi \, d\varphi \frac{\partial \Phi}{\partial \varphi}.$$

La divergence a donc pour expression :

$$\frac{1}{r^2}\frac{\partial}{\partial r}(r^2 \mathrm{R}) + \frac{1}{r \sin \psi}\frac{\partial}{\partial \psi}(\sin \psi \,.\, \Psi) + \frac{1}{r \sin \psi}\frac{\partial \Phi}{\partial \varphi}.$$

49. **Expression du flux et de la divergence dans le cas d'un potentiel.** — Menons les normales à la surface à travers laquelle nous voulons déterminer le flux. Repérons respectivement les points de chacune de ces normales à l'aide d'une variable n mesurant la distance à une origine prise sur cette normale, distance naturellement comptée sur la normale.

Nous avons (§ 39) :

$$F\cos\alpha = -\frac{\partial V}{\partial n}, \qquad \iint F\cos\alpha\, dS = -\iint \frac{\partial V}{\partial n}\, dS.$$

DIVERGENCE EN COORDONNÉES CARTÉSIENNES.

On a :

$$\text{Div}\, F = \frac{\partial X}{\partial x} + \frac{\partial Y}{\partial y} + \frac{\partial Z}{\partial z} = -\left(\frac{\partial^2 V}{\partial x^2} + \frac{\partial^2 V}{\partial y^2} + \frac{\partial^2 V}{\partial z^2}\right) = -\Delta V.$$

Nous poserons indifféremment pour abréger :

$$\Delta V = \nabla V = \frac{\partial^2 V}{\partial x^2} + \frac{\partial^2 V}{\partial y^2} + \frac{\partial^2 V}{\partial z^2}.$$

La condition : $\nabla V = 0$, exprime en coordonnées cartésiennes que le flux est conservatif. Le symbole ∇ se lit Delta ; on donne à la condition $\nabla V = 0$, le nom *d'équation de Laplace.*

DIVERGENCE EN COORDONNÉES CYLINDRIQUES.

On a :

$$P = -\frac{\partial V}{\partial \rho}, \qquad Z = -\frac{\partial V}{\partial z}, \qquad \Phi = -\frac{\partial V}{\partial(\rho\varphi)} = -\frac{1}{\rho}\frac{\partial V}{\partial \varphi}.$$

D'où l'expression de la divergence :

$$-\text{Div}\, F = \frac{1}{\rho}\frac{\partial V}{\partial \rho} + \frac{\partial^2 V}{\partial \rho^2} + \frac{\partial^2 V}{\partial z^2} + \frac{1}{\rho^2}\frac{\partial^2 V}{\partial \varphi^2}.$$

DIVERGENCE EN COORDONNÉES SPHÉRIQUES.

On a :

$$R = -\frac{\partial V}{\partial r}, \qquad \Psi = -\frac{1}{r}\frac{\partial V}{\partial \psi}, \qquad \Phi = -\frac{1}{r\sin\psi}\frac{\partial V}{\partial \varphi}.$$

D'où l'expression de la divergence :

$$-\text{Div}\, F = \frac{1}{r^2}\frac{\partial}{\partial r}\left(r^2\frac{\partial V}{\partial r}\right) + \frac{1}{r^2\sin\psi}\frac{\partial}{\partial \psi}\left(\sin\psi\frac{\partial V}{\partial \psi}\right) + \frac{1}{r^2\sin^2\psi}\frac{\partial^2 V}{\partial \varphi^2}.$$

Cette dernière expression est compliquée, mais elle se simplifie beaucoup dans les applications.

50. Applications simples des résultats précédents. —

SURFACES ÉQUIPOTENTIELLES CYLINDRIQUES COAXIALES.

On suppose que les surfaces équipotentielles sont des cylindres circulaires admettant Oz pour axe de révolution. On demande l'expression du potentiel V en fonction de la seule variable restante ρ ; *on suppose le flux conservatif.* On a donc :

$$\nabla V = \frac{1}{\rho}\frac{dV}{d\rho} + \frac{d^2V}{d\rho^2} = 0, \qquad \rho\frac{dV}{d\rho} = \text{Constante} = V_0.$$

$$V = V_0 \log \rho + V_1.$$

Cette forme de potentiel (potentiel logarithmique) est précisément celle déjà utilisée au § 43.

La force est en raison inverse de la distance ρ à l'axe Oz.

SURFACES ÉQUIPOTENTIELLES SPHÉRIQUES CONCENTRIQUES.

On suppose que les surfaces équipotentielles sont des sphères concentriques. On demande l'expression du potentiel V en fonction de la seule variable restante r; *on suppose le flux conservatif.*

$$\nabla V = \frac{1}{r^2}\frac{d}{dr}\left(r^2 \frac{dV}{dr}\right) = 0, \qquad r^2 \frac{dV}{dr} = A.$$

$$V = -\frac{A}{r} + B.$$

Le potentiel est en raison inverse de la distance au centre des sphères; la force est centrale et en raison inverse du carré de cette distance. C'est le cas d'une masse punctiforme pesante, électrique ou magnétique, agissant en raison inverse du carré de la distance.

51. **Expression de la dilatation dans un milieu.** — Voici des formules très importantes, conséquences des paragraphes précédents.

Définissons le mouvement en tous les points d'un milieu par un vecteur dont les composantes sont u, v, w, parallèlement à trois axes formant un trièdre trirectangle (peu importe que les coordonnées soient cartésiennes, cylindriques ou sphériques). Le vecteur représentera soit le déplacement très petit de chacun des points, soit la vitesse dans le déplacement fini.

Nous voulons exprimer l'augmentation ou la diminution relatives de volume d'un élément infiniment petit pris n'importe où dans le milieu. Cela revient évidemment à exprimer le flux du vecteur *déplacement* à travers la surface qui limite cet élément. Si le vecteur u, v, w, représente la vitesse du déplacement au moment considéré, le flux de ce vecteur mesure la vitesse de dilatation relative au point considéré et au moment considéré.

La proposition est évidente. Il suffit de remarquer que la variation de volume, quand la surface limite de l'espace (fini ou infiniment petit) passe de la position 1 à la position 2 infiniment voisine (fig. 44), est la somme algébrique de tous les éléments de volume compris entre les deux surfaces. Ces éléments sont comptés positivement quand le déplacement se fait vers l'extérieur de 1 (suivant OD), négativement quand il a lieu vers

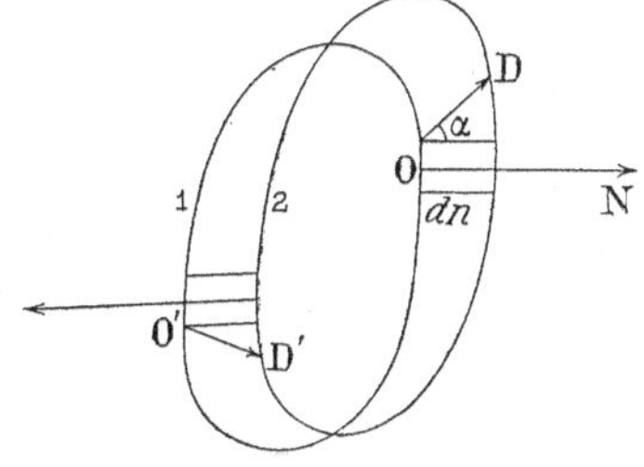

Fig. 44.

l'intérieur de 1 (suivant O'D'). La variation du volume est donc :

$$\iint dn\, dS = \iint \overline{OD} \cos \alpha\, dS ;$$

elle est précisément égale au flux du vecteur déplacement.

Ceci posé, voici les dilatations relatives Θ dans les trois systèmes de coordonnées. L'ambiguïté est impossible pour déterminer à quelle variable se rapportent les composantes u, v, w.

Coordonnées cartésiennes.

$$\Theta = \frac{\partial u}{\partial x} + \frac{\partial v}{\partial y} + \frac{\partial w}{\partial z} .$$

Coordonnées cylindriques.

$$\Theta = \frac{u}{\rho} + \frac{\partial u}{\partial \rho} + \frac{\partial w}{\partial z} + \frac{1}{\rho} \frac{\partial v}{\partial \varphi} .$$

Coordonnées sphériques.

$$\Theta = \frac{1}{r^2} \frac{\partial}{\partial r} (r^2 u) + \frac{1}{r \sin \psi} \frac{\partial}{\partial \psi} (\sin \psi \,.\, w) + \frac{1}{r \sin \psi} \frac{\partial v}{\partial \varphi} .$$

Fonctions harmoniques.

52. Définition des fonctions harmoniques. — Nous venons de voir que le flux d'un vecteur qui dépend d'un potentiel V, est conservatif ou non suivant que l'équation de Laplace :

$$\nabla V = 0, \qquad (1)$$

est satisfaite ou non.

On appelle *fonction harmonique* dans un espace donné une fonction qui, dans cet espace, est continue ainsi que ses dérivées premières et secondes, et satisfait à l'équation de Laplace.

On démontre immédiatement une propriété de ces fonctions qui intervient à chaque instant en Électrostatique. Soit V une fonction harmonique dans un espace limité par la surface S; *elle n'atteint son maximum et son minimum que sur S.*

En effet, supposons qu'elle ait un maximum ou un minimum en un point P de l'espace limité par S. Traçons une petite surface σ autour du point P. En tous les points de cette surface, le vecteur auquel V sert de potentiel est dirigé soit vers l'extérieur de la surface σ s'il s'agit d'un maximum, soit vers l'intérieur de cette surface s'il s'agit d'un minimum. Donc le flux de ce vecteur ne peut être nul, l'équation (1) ne peut être satisfaite.

On tire immédiatement comme corollaire une proposition qui se rattache au problème suivant :

Soit un volume limité par une surface S; trouver une fonction

$V(x, y, z,)$ *continue ainsi que ses dérivées premières et secondes dans tout l'espace limité par* S, *qui satisfasse à l'équation de Laplace dans cet espace, et ait des valeurs données à l'avance sur la surface* S.

Il existe toujours une solution; c'est en cela que consiste le *principe de Dirichlet* que nous ne démontrerons pas. Nous nous contenterons de prouver que *s'il existe une solution, elle est unique.*

Supposons en effet qu'il en existe deux : V et V'. Par hypothèse, ces deux fonctions sont identiques sur la surface S; leur différence y doit être identiquement nulle. Or cette différence satisfait à l'équation de Laplace dans tout le volume; donc elle y est identiquement nulle, puisque son maximum et son minimum sont nuls.

53. **Fonctions de Bessel.** — Nous signalerons ici, quitte à revenir plus loin sur leur étude, les fonctions de Bessel.

Écrivons l'équation de Laplace en coordonnées cylindriques :

$$\frac{1}{\rho}\frac{\partial V}{\partial \rho} + \frac{\partial^2 V}{\partial \rho^2} + \frac{\partial^2 V}{\partial z^2} + \frac{1}{\rho^2}\frac{\partial^2 V}{\partial \varphi^2} = 0. \qquad (1')$$

Considérons des fonctions V *qui satisfont à cette équation et peuvent se mettre sous la forme du produit de trois fonctions :*

$$\Theta_1 \text{ de } \rho, \qquad \Theta_2 \text{ de } z, \qquad \Theta_3 \text{ de } \varphi; \qquad V = \Theta_1\Theta_2\Theta_3.$$

Substituant dans l'équation (1'), il vient évidemment :

$$\frac{1}{\Theta_1}\left[\frac{1}{\rho}\frac{d\Theta_1}{d\rho} + \frac{d^2\Theta_1}{d\rho^2}\right] + \frac{1}{\Theta_2}\frac{d^2\Theta_2}{dz^2} + \frac{1}{\rho^2}\frac{1}{\Theta_3}\frac{d^2\Theta_3}{d\varphi^2} = 0. \qquad (2)$$

Pour que cette relation soit identiquement satisfaite, nous devons poser :

$$\frac{d^2\Theta_2}{dz^2} = k^2\Theta_2, \qquad \frac{d^2\Theta_3}{d\varphi^2} = -m^2\Theta_3,$$

où k^2 et m^2 sont des constantes.

Nous choisissons des signes déterminés pour les constantes; il importe peu lesquels, puisqu'il est loisible de considérer m et k comme imaginaires. L'équation (2) devient :

$$\frac{d^2\Theta_1}{d\rho^2} + \frac{1}{\rho}\frac{d\Theta_1}{d\rho} + \left(k^2 - \frac{m^2}{\rho^2}\right)\Theta_1 = 0.$$

L'intégrale est de la forme $e^{\pm kz}\cos(m\varphi + n)\,\Theta_1(k\rho)$.

Nous reviendrons plus loin sur les fonctions Θ_1 qui ont une importance capitale en Mécanique et en Physique.

54. **Harmoniques sphériques.** — Parmi les harmoniques, on distingue les *harmoniques sphériques* qui sont des fonctions homogènes de x, y, z. Leur degré n peut être positif, négatif, entier ou fractionnaire.

Rappelons qu'une fonction V *homogène de degré n* est définie par la relation : $V(tx, ty, tz) = t^n V(x, y, z)$,
ou par la relation équivalente :

$$V(x, y, z) = x^n f\left(\frac{y}{x}, \frac{z}{x}\right).$$

Euler a démontré qu'on a :

$$x\frac{\partial V}{\partial x} + y\frac{\partial V}{\partial y} + z\frac{\partial V}{\partial z} = nV.$$

Les harmoniques sphériques sont donc définis par les deux équations aux dérivées partielles simultanées :

$$\frac{\partial^2 V}{\partial x^2} + \frac{\partial^2 V}{\partial y^2} + \frac{\partial^2 V}{\partial z^2} = 0, \tag{1}$$

$$x\frac{\partial V}{\partial x} + y\frac{\partial V}{\partial y} + z\frac{\partial V}{\partial z} = nV. \tag{2}$$

Nous en donnerons d'abord quelques exemples; rappelons des formules d'usage constant. Nous poserons :

$$r^2 = x^2 + y^2 + z^2, \qquad rdr = xdx + ydy + zdz.$$

On a : $$\frac{\partial r}{\partial x} = \frac{x}{r}, \qquad \frac{\partial r}{\partial y} = \frac{y}{r}, \qquad \frac{\partial r}{\partial z} = \frac{z}{r};$$

$$\frac{\partial^2 r}{\partial x^2} = \frac{r^2 - x^2}{r^3}, \qquad \frac{\partial^2 r}{\partial y^2} = \frac{r^2 - y^2}{r^3}, \qquad \frac{\partial^2 r}{\partial z^2} = \frac{r^2 - z^2}{r^3}.$$

HARMONIQUES DE DEGRÉ 0.

1° $$V = \text{arc tg}\,(y : x).$$

On a : $$\frac{\partial V}{\partial x} = -\frac{y}{x^2 + y^2}, \qquad \frac{\partial V}{\partial y} = \frac{x}{x^2 + y^2};$$

$$\frac{\partial^2 V}{\partial x^2} = -\frac{\partial^2 V}{\partial y^2} = \frac{2xy}{(x^2 + y^2)^2}.$$

Nous avons déjà utilisé ce potentiel au § 43. En effet, soit Q un point de coordonnées x_1 et y_1 (fig. 38); on a :

$$\text{tg}\,\alpha_1 = y_1 : x_1, \qquad \alpha_1 = \text{arc tg}\,(y_1 : x_1).$$

2° Soit V_0 un harmonique sphérique de degré 0. Il satisfait à la condition :

$$x\frac{\partial V_0}{\partial x} + y\frac{\partial V_0}{\partial y} + z\frac{\partial V_0}{\partial z} = 0. \tag{2'}$$

Je dis que les fonctions :

$$r\frac{\partial V_0}{\partial x}, \qquad r\frac{\partial V_0}{\partial y}, \qquad r\frac{\partial V_0}{\partial z},$$

sont des harmoniques sphériques de degré 0.

Il suffit pour s'en convaincre de faire le calcul.

Voici par exemple les dérivées secondes de la fonction :

$$V = r \frac{\partial V_0}{\partial x}.$$

$$\frac{\partial^2 V}{\partial x^2} = \frac{r^2 - x^2}{r^3} \frac{\partial V_0}{\partial x} + \frac{2x}{r} \frac{\partial^2 V_0}{\partial x^2} + r \frac{\partial^3 V_0}{\partial x^3},$$

$$\frac{\partial^2 V}{\partial y^2} = \frac{r^2 - y^2}{r^3} \frac{\partial V_0}{\partial x} + \frac{2y}{r} \frac{\partial^2 V_0}{\partial x \partial y} + r \frac{\partial^3 V_0}{\partial x \partial y^2},$$

$$\frac{\partial^2 V}{\partial z^3} = \frac{r^2 - z^2}{r^3} \frac{\partial V_0}{\partial x} + \frac{2z}{r} \frac{\partial^2 V_0}{\partial x \partial z} + r \frac{\partial^3 V_0}{\partial x \partial z^2}.$$

Il est facile de voir que la somme est nulle. D'abord les trois derniers termes valent : $r \frac{\partial}{\partial x} (\nabla V_0) = 0.$

Les trois seconds termes valent :

$$\frac{2}{r} \frac{\partial}{\partial x} \left[x \frac{\partial V_0}{\partial x} + y \frac{\partial V_0}{\partial y} + z \frac{\partial V_0}{\partial z} \right] - \frac{2}{r} \frac{\partial V_0}{\partial x} = - \frac{2}{r} \frac{\partial V_0}{\partial x}.$$

Enfin les trois premiers valent précisément cette quantité changée de signe.

3° Nous voici assurés que les fonctions :

$$\frac{rx}{x^2 + y^2}, \qquad \frac{ry}{x^2 + y^2},$$

sont des harmoniques sphériques, à cause du 1°.

Nous vérifions sans difficulté qu'il en est de même des fonctions :

$$\frac{zx}{x^2 + y^2}, \qquad \frac{zy}{x^2 + y^2}.$$

et par conséquent des fonctions :

$$\frac{x}{r + z}, \qquad \frac{y}{r + z},$$

qui sont respectivement les différences des précédentes

On a par exemple :

$$\frac{rx}{x^2 + y^2} - \frac{zx}{x^2 + y^2} = \frac{x}{r + z}.$$

Harmoniques de degré — 1 :

$$\frac{1}{r}, \qquad \frac{1}{r} \operatorname{arc\,tg} \frac{y}{x}, \qquad \frac{x}{x^2 + y^2}, \qquad \frac{y}{x^2 + y^2},$$

Harmoniques de degré — 2 et + 1 :

$$\frac{x}{r^3}, \qquad \frac{y}{r^3}, \qquad \frac{z}{r^3}; \qquad x, \; y, \; z,$$

$$\frac{z}{r^3} \operatorname{arc\,tg} \frac{y}{x}, \qquad z \operatorname{arc\,tg} \frac{y}{x} \quad \ldots$$

55. **Théorème sur la formation des harmoniques sphériques.** — Supposons avoir trouvé un harmonique sphérique V_n de degré n; si nous le divisons par r^{2n+1}, nous avons un harmonique de degré $-(n+1)$. C'est en vertu de ce théorème que nous avons classé dans le même groupe les harmoniques de degrés $+1$ et -2.

La démonstration est immédiate. Le calcul direct prouve la relation :

$$\nabla (r^m V_n) = m(2n+m+1) r^{m-2} V_n.$$

Si on veut que la nouvelle fonction satisfasse à l'équation de Laplace, c'est-à-dire que :

$$\Delta (r^m V_n) = 0,$$

il faut écrire :

$$2n+m+1=0, \qquad m=-(2n+1).$$

56. **Harmoniques sphériques de surface.** — Les harmoniques sphériques généraux sont encore dits *harmoniques solides*. Si on divise par r^n un harmonique solide de degré n, on obtient un *harmonique de surface*. Puisque les harmoniques sont des fonctions homogènes de x, y, z, l'harmonique de surface s'exprime en fonction des cosinus des angles que fait le rayon vecteur du point considéré avec les axes de coordonnées.

Prenons les coordonnées sphériques r, φ, ψ; posons $\cos\psi = \mu$. L'harmonique de surface est une fonction de $\cos\psi$ (ou de μ) et de $\cos\varphi$.

Soit Y_n un harmonique de surface. Par définition, la fonction :

$$V_n = r^n Y_n, \tag{3}$$

est un harmonique solide. Cherchons à quelle équation Y_n doit satisfaire. Reportons-nous au § 49; on y trouve la divergence d'un vecteur exprimée en coordonnées sphériques.

L'équation de Laplace est (en supprimant les indices n) :

$$\frac{\partial}{\partial r}\left(r^2 \frac{\partial V}{\partial r}\right) + \frac{1}{\sin\psi}\frac{\partial}{\partial \psi}\left(\sin\psi \frac{\partial V}{\partial \psi}\right) + \frac{1}{\sin^2\psi}\frac{\partial^2 V}{\partial \varphi^2} = 0. \tag{4}$$

On tire immédiatement de (3) :

$$\frac{\partial}{\partial r}\left(r^2 \frac{\partial V}{\partial r}\right) = n(n+1) r^n Y.$$

L'équation (4) s'écrit :

$$n(n+1)Y + \frac{1}{\sin\psi}\frac{\partial}{\partial \psi}\left(\sin\psi \frac{\partial Y}{\partial \psi}\right) + \frac{1}{\sin^2\psi}\frac{\partial^2 Y}{\partial \varphi^2} = 0. \tag{5}$$

Prenons $\cos\psi$ pour variable à la place de ψ. On a :

$$\frac{\partial}{\partial \psi} = -\sin\psi \frac{\partial}{\partial \mu}.$$

L'équation différentielle à laquelle satisfont les harmoniques de surface, prend la forme classique :

$$n(n+1)Y+\frac{\partial}{\partial\mu}\left[(1-\mu^2)\frac{\partial Y}{\partial\mu}\right]+\frac{1}{1-\mu^2}\frac{\partial^2 Y}{\partial\varphi^2}=0. \qquad (6)$$

57. **Harmoniques sphériques de zone.** — Parmi les harmoniques sphériques de surface, il en est de particulièrement importants qu'on désigne sous le nom d'*harmoniques de zone*. Ils sont de révolution autour d'un axe que nous prendrons pour axe des z. Ils ne dépendent pas de la variable φ. On les représente par la lettre P.

L'équation se réduit à la forme suivante connue sous le nom de Legendre :

$$(1-\mu^2)\frac{d^2P}{d\mu^2}-2\mu\frac{dP}{d\mu}+n(n+1)P=0. \qquad (7)$$

La recherche des harmoniques de zone revient à la recherche des solutions de cette équation dans laquelle entre le paramètre arbitraire n.

58. **Polynômes de Legendre.** — Soit à calculer l'inverse de la distance d'un point défini par les coordonnées sphériques r, ψ, avec un point placé sur l'axe des z à la distance r' de l'origine. On peut mettre la distance sous les formes équivalentes :

$$\sqrt{r^2+r'^2-2rr'\mu}=r'\sqrt{1-\frac{2r}{r'}\mu+\frac{r^2}{r'^2}}=r\sqrt{1-\frac{2r'}{r}\mu+\frac{r'^2}{r^2}}.$$

On se trouve ainsi amené à développer en série la quantité :

$$(1-2\mu h+h^2)-\frac{1}{2}.$$

h qui doit être <1, représente $r:r'$, ou $r':r$, suivant qu'on a $r'\gtreqless r$.

Le développement suivant la règle du binôme se trouve naturellement ordonné suivant les puissances de $h(2\mu-h)$.

Si on l'ordonne suivant les puissances de h, il prend la forme :

$$(1-2\mu h+h^2)^{-\frac{1}{2}}=P_0+hP_1+h^2P_2+\ldots,$$

où P_0, P_1, P_2, ..., sont des fonctions de μ qu'on appelle *polynômes de Legendre*. Ils sont donnés par la formule générale :

$$P_n=(-1)^n\frac{r^{n+1}}{n!}\frac{\partial^n}{\partial z^n}\left(\frac{1}{r}\right)=\frac{1}{2^n n!}\frac{d^n}{d\mu^n}(\mu^2-1)^n.$$

Voici les sept premiers, dont on trouve à la fin de ce volume des tables empruntées à un mémoire de Perry (Phil. Mag. 32, 1891).

$$P_0=1,\qquad P_1=\mu,\qquad P_2=\frac{3\mu^2-1}{2},\qquad P_3=\frac{5\mu^3-3\mu}{2},$$

$$P_4-\frac{35\mu^4-30\mu^2+3}{8},\qquad P_5=\frac{63\mu^5-70\mu^3+15\mu}{8},$$

$$P_6=\frac{231\mu^6-315\mu^4+105\mu^2-5}{16},\quad P_7=\frac{429\mu^7-693\mu^5+315\mu^3-35\mu}{16}.$$

59. Propriétés des polynômes de Legendre. — Les polynômes de Legendre se déduisent les uns des autres par la formule :

$$nP_n = (2n-1)\mu P_{n-1} - (n-1)P_{n-2},$$

qui permettrait au lecteur, le cas échéant, de calculer P_8, P_9, ...

On vérifiera que les polynômes de Legendre satisfont à l'équation de Legendre, équation (7) du § 57. Ils n'en sont du reste que des solutions particulières.

Il résulte de là que les fonctions :

$$r^n P_n, \qquad r^{-n-1} P_n,$$

sont des harmoniques solides, c'est-à-dire satisfont à l'équation de Laplace; elles peuvent servir de potentiel à un vecteur dont le flux est conservatif.

La fonction $(r^2 - 2rr'\mu + r'^2)^{-\frac{1}{2}}$ peut donc être mise sous l'une des formes :

$$\sum_0^\infty \frac{r^n}{r'^{n+1}} P_n(\mu), \qquad \sum_0^\infty \frac{r'^n}{r^{n+1}} P_n(\mu),$$

suivant que l'on a $r < r'$, ou $r' < r$.

Nous citerons comme propriété intéressante des polynômes de Legendre le résultat :

$$\int_{-1}^{+1} \mu^p P_n d\mu = 0,$$

lorsque p a l'une des valeurs $0, 1, \ldots, n-1$.

Pour démontrer ce théorème qui a des applications dans la Théorie des quadratures, il suffit d'intégrer p fois par parties l'expression équivalente :

$$\int_{-1}^{+1} \mu^p \frac{d^n}{d\mu^n}(\mu^2 - 1)^n.$$

CHAPITRE III

GÉOMÉTRIE DU MOUVEMENT

Cinématique du point.

60. **Étude de la trajectoire d'un point autour d'une de ses positions.** — Avant d'introduire la notion de temps, nous devons rappeler *sans démonstrations détaillées* les propositions que la géométrie nous enseigne sur la définition d'une courbe au voisinage d'un de ses points.

TANGENTE (fig. 45).

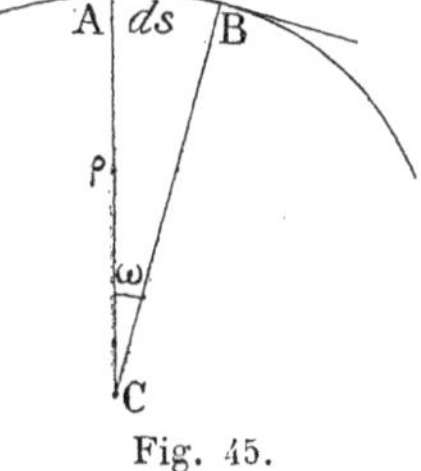

Fig. 45.

Considérons d'abord deux points voisins A et B, joignons-les. Supposons que B se rapproche indéfiniment de A : la limite de la direction AB est ce qu'on appelle *la tangente* à la courbe au point A.

Repérons les points de la courbe par la distance s à une origine quelconque 0, distance comptée sur la courbe elle-même; soit x, y, z, les coordonnées du point A. Les cosinus directeurs de la tangente sont :

$$\frac{dx}{ds}, \quad \frac{dy}{ds}, \quad \frac{dz}{ds}.$$

RAYON DE COURBURE.

Considérons les tangentes en deux points très voisins A, B. Elles n'ont pas tout à fait la même direction : appelons ω leur angle. On peut admettre que le point B se rapprochant indéfiniment du point A, ces tangentes qui ne sont pas dans un même plan quand la distance $\overline{AB} = \Delta s$ est finie, forment à la limite un plan : c'est *le plan osculateur*.

Généralement le rapport $\omega : \Delta s$, tend vers une limite finie : c'est *la courbure au point* A; le rapport inverse $\Delta s : \omega$, est *le rayon de courbure*.

Calculons ces quantités. On a :

$$\cos\omega = \frac{dx}{ds}\left(\frac{dx}{ds} + \frac{d^2x}{ds^2}ds\right) + \frac{dy}{ds}\left(\frac{dy}{ds} + \frac{d^2y}{ds^2}ds\right)$$
$$+ \frac{dz}{ds}\left(\frac{dz}{ds} + \frac{d^2z}{ds^2}ds\right),$$

$$\cos\omega = 1 + \frac{d^2x}{ds^2}dx + \frac{d^2y}{ds^2}dy + \frac{d^2z}{ds^2}dz.$$

Mais on a :

$$\left(\frac{dx}{ds} + \frac{d^2x}{ds^2}ds\right)^2 + \left(\frac{dy}{ds} + \frac{d^2y}{ds^2}ds\right)^2 + \left(\frac{dz}{ds} + \frac{d^2z}{ds^2}ds\right)^2 = 1.$$

$$ds^2\left[\left(\frac{d^2x}{ds^2}\right)^2 + \left(\frac{d^2y}{ds^2}\right)^2 + \left(\frac{d^2z}{ds^2}\right)^2\right]$$
$$= -2\left[\frac{d^2x}{ds^2}dx + \frac{d^2y}{ds^2}dy + \frac{d^2z}{ds^2}dz\right].$$

$$2\frac{1-\cos\omega}{ds^2} = \frac{\omega^2}{ds^2} = \left(\frac{d^2x}{ds^2}\right)^2 + \left(\frac{d^2y}{ds^2}\right)^2 + \left(\frac{d^2z}{ds^2}\right)^2.$$

Appelons ρ le rayon de courbure ; il vient :

$$\frac{\omega}{ds} = \frac{1}{\rho} = \sqrt{\left(\frac{d^2x}{ds^2}\right)^2 + \left(\frac{d^2y}{ds^2}\right)^2 + \left(\frac{d^2z}{ds^2}\right)^2}. \tag{1}$$

On peut dire que le point qui est placé sur la normale à la courbe, dans le plan osculateur et à une distance ρ, est le centre du cercle osculateur à la courbe au point A. On a $ds = \rho\omega$; l'arc de courbe $\overline{AB}$ est égal au rayon du cercle osculateur $\overline{CA}$ multiplié par l'angle des rayons CA et CB limitant l'arc considéré.

Plan osculateur.

Soit : $\lambda(X-x) + \mu(Y-y) + \nu(Z-z) = 0,$

son équation. Les cosinus directeurs de sa normale sont proportionnels à λ, μ, ν ; posons que λ, μ, ν, représentent ces cosinus eux-mêmes. Écrivons que le plan osculateur contient les deux tangentes voisines ; il revient au même d'écrire que sa normale est normale aux deux tangentes voisines dont les cosinus directeurs sont :

$$\frac{dx}{ds},\quad \frac{dy}{ds},\quad \frac{dz}{ds};\qquad \frac{dx}{ds} + d\frac{dx}{ds},\quad \frac{dy}{ds} + d\frac{dy}{ds},\quad \frac{dz}{ds} + d\frac{dz}{ds}.$$

D'où les relations :

$$\lambda\frac{dx}{ds} + \mu\frac{dy}{ds} + \nu\frac{dz}{ds} = 0. \tag{2}$$

$$\lambda d\frac{dx}{ds} + \mu d\frac{dy}{ds} + \nu d\frac{dz}{ds} = 0. \tag{3}$$

Normale principale.

C'est la normale à la courbe qui est dans le plan osculateur.

Soit α, β, γ, ses cosinus directeurs. Écrivons qu'elle est normale à la tangente et à la normale au plan osculateur :

$$\alpha\lambda + \beta\mu + \gamma\nu = 0, \tag{4}$$

$$\alpha \frac{dx}{ds} + \beta \frac{dy}{ds} + \gamma \frac{dz}{ds} = 0. \tag{5}$$

On vérifie que :

$$\alpha = \rho \frac{d^2x}{ds^2}, \qquad \beta = \rho \frac{d^2y}{ds^2}, \qquad \gamma = \rho \frac{d^2z}{ds^2},$$

sont les cosinus cherchés. En effet, l'équation (4) devient identique à (3) à laquelle λ, μ, ν, doivent satisfaire.

Pour vérifier (5), il suffit de remarquer que :

$$\left(\frac{dx}{ds}\right)^2 + \left(\frac{dy}{ds}\right)^2 + \left(\frac{dz}{ds}\right)^2 = 1,$$

d'où en différentiant :

$$\frac{d^2x}{ds^2}\frac{dx}{ds} + \frac{d^2y}{ds^2}\frac{dy}{ds} + \frac{d^2z}{ds^2}\frac{dz}{ds} = 0.$$

On trouve immédiatement les coordonnées ξ, η, ζ, du centre de courbure :

$$\xi = x + \rho^2 \frac{d^2x}{ds^2}, \qquad \eta = y + \rho^2 \frac{d^2y}{ds^2}, \qquad \zeta = z + \rho^2 \frac{d^2z}{ds^2}.$$

Torsion et rayon de seconde courbure.

Revenons sur les cosinus λ, μ, ν, de la normale au plan osculateur. Posons :

$$\mathrm{D}^2 = \left(\frac{dy}{ds}\frac{d^2z}{ds^2} - \frac{dz}{ds}\frac{d^2y}{ds^2}\right)^2 + \left(\frac{dz}{ds}\frac{d^2x}{ds^2} - \frac{dx}{ds}\frac{d^2z}{ds^2}\right)^2$$
$$+ \left(\frac{dx}{ds}\frac{d^2y}{ds^2} - \frac{dy}{ds}\frac{dx^2}{ds^2}\right)^2.$$

On trouve immédiatement à partir de (2) et de (3) :

$$\lambda = \frac{1}{\mathrm{D}}\left(\frac{dy}{ds}\frac{d^2z}{ds^2} - \frac{dz}{ds}\frac{d^2y}{ds^2}\right),$$

$$\mu = \frac{1}{\mathrm{D}}\left(\frac{dz}{ds}\frac{d^2x}{ds^2} - \frac{dx}{ds}\frac{d^2z}{ds^2}\right),$$

$$\nu = \frac{1}{\mathrm{D}}\left(\frac{dx}{ds}\frac{d^2y}{ds^2} - \frac{dy}{ds}\frac{d^2x}{ds^2}\right).$$

Pour définir la seconde courbure, nous procéderons comme pour la première. Nous considérerons les plans osculateurs en deux points voisins distants de Δs. Ils font un angle φ ; la *seconde courbure* est la limite du quotient $\varphi : \Delta s$; φ s'appelle l'angle de torsion. Nous pouvons appeler *second rayon de courbure* la limite inverse

$$\Delta s : \varphi = r.$$

Un calcul analogue à celui qui donne la première courbure, fournit l'expression : $\frac{1}{r} = \sqrt{\left(\frac{d\lambda}{ds}\right)^2 + \left(\frac{d\mu}{ds}\right)^2 + \left(\frac{d\nu}{ds}\right)^2}$.

61. **Vitesse et accélération d'un point.** — La vitesse du mobile au point A est un vecteur $\overline{AB}$ dirigé suivant la tangente à la trajectoire et dont la grandeur mesure la limite du quotient de l'espace parcouru par le temps employé à le parcourir (fig. 46) :

$$v = \frac{ds}{dt}.$$

C'est un vecteur ; nous ne nous attarderons pas à montrer que les règles de composition des vecteurs s'appliquent aux déplacements très petits, et par suite aux vitesses.

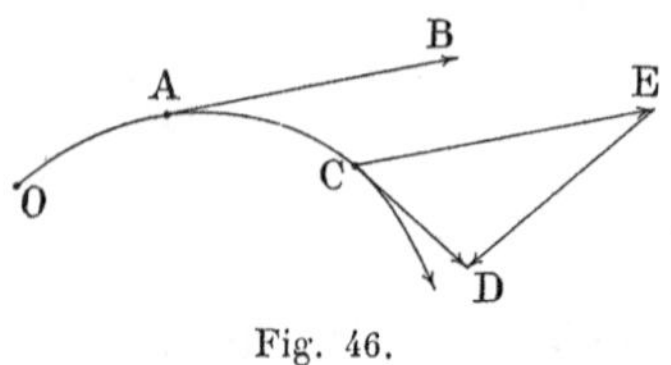

Fig. 46.

Soit OAC la trajectoire. Au point A, la vitesse est représentée par le vecteur $\overline{AB}$; au point C, elle est représentée par le vecteur $\overline{CD}$. La variation de la vitesse est le vecteur ED qu'il faut ajouter géométriquement au vecteur $\overline{AB}$ (ou $\overline{CE}$ égal et parallèle) pour obtenir le vecteur $\overline{CD}$.

Quand le point C tend vers le point A, la direction du vecteur $\overline{ED}$ tend vers une certaine limite ; le quotient $\overline{ED} : \Delta t$ tend vers une certaine valeur ; (Δt est le temps employé par le mobile pour passer de A en C).

L'accélération est un vecteur qui a pour direction la direction limite de ED, et pour grandeur la valeur limite du rapport $\overline{ED} : \Delta t$.

En définitive, l'accélération est, au quotient Δt près, une variation de vitesse ; puisque les vitesses se composent comme des vecteurs, il en est de même des accélérations. Il résulte en particulier de cette remarque que *l'accélération est la résultante des accélérations définies au moyen des composantes de la vitesse.*

Les composantes de la vitesse projetées sur trois axes sont :

$$\frac{dx}{dt}, \quad \frac{dy}{dt}, \quad \frac{dz}{dt}.$$

Les accélérations de ces composantes sont :

$$\frac{d^2x}{dt^2}, \quad \frac{d^2y}{dt^2}, \quad \frac{d^2z}{dt^2}.$$

L'accélération est donc le vecteur qui admet ces trois vecteurs pour composantes.

62. **Hodographe.** — Par une origine arbitrairement choisie, menons des vecteurs égaux et parallèles aux vitesses d'un point sur sa trajectoire. L'extrémité de ces vecteurs décrit une courbe qui est l'*hodographe* et dont nous représenterons les coordonnées par X, Y, Z. On a par définition :

$$X=\frac{dx}{dt}, \qquad Y=\frac{dy}{dt}, \qquad Z=\frac{dz}{dt}.$$

Nous réalisons ainsi une correspondance point par point du mobile A sur la trajectoire et du mobile H sur l'hodographe. La vitesse du point A est numériquement égale au rayon vecteur du point H ; l'accélération du point A est numériquement égale à la vitesse du point H.

On trouvera quelques exemples d'hodographes au § 329.

63. **Accélération tangentielle, accélération normale.** — La méthode du § 61, parfaitement correcte du reste, pour calculer l'accélération a le tort de ne pas faire intervenir explicitement les propriétés de la courbe au voisinage du point considéré.

Reprenons donc l'étude directe du problème.

Tout d'abord nous pouvons remplacer au voisinage d'un point la courbe généralement gauche par une courbe plane ayant même plan osculateur et même rayon de courbure. Ce n'est pas entièrement évident, mais on comprendra mieux pourquoi la substitution est légitime quand nous aurons déduit de l'hypothèse ses conséquences.

En second lieu nous pouvons remplacer la courbe plane par son cercle osculateur ; cela tient à ce que seules les dérivées secondes interviennent dans le calcul.

Nous pouvons alors résoudre le problème par échelons.

1° Supposons un mobile se déplaçant d'un mouvement uniforme sur un cercle. Une proposition élémentaire nous apprend que l'accélération est centripète et a pour expression (Cours de Physique à l'usage de la classe de Mathématiques) : $v^2 : \rho$,
où v est la vitesse linéaire, ρ le rayon de courbure.

2° Rétablissons le mouvement varié ; rien n'est changé dans le résultat précédent, parce que c'est la vitesse elle-même qui y intervient : ses variations infiniment petites n'ont donc aucune importance. Mais nous devons alors tenir compte d'une accélération tangentielle : $\dfrac{d^2s}{dt^2}$.

En définitive l'accélération est la résultante de deux vecteurs :

1° l'un dans le plan osculateur, suivant la normale principale, vers le centre de courbure (centripète) et de grandeur $v^2 : \rho$;

2° l'autre suivant la tangente, dans le sens du mouvement si la vitesse croît, en sens inverse si elle décroît, et de grandeur $d^2s : dt^2$.

64. Expression analytique des composantes des accélérations normale et tangentielle. — Les composantes suivant trois axes rectangulaires de l'accélération tangentielle sont :

$$\frac{d^2s}{dt^2}\frac{dx}{ds}, \qquad \frac{d^2s}{dt^2}\frac{dy}{ds}, \qquad \frac{d^2s}{dt^2}\frac{dz}{ds}.$$

Les composantes suivant les mêmes axes de l'accélération normale sont (§ 60) :

$$\alpha\frac{v^2}{\rho}=\frac{v^2}{\rho}\rho\frac{d^2x}{ds^2}=\left(\frac{ds}{dt}\right)^2\frac{d^2x}{ds^2},$$

$$\beta\frac{v^2}{\rho}=\frac{v^2}{\rho}\rho\frac{d^2y}{ds^2}=\left(\frac{ds}{dt}\right)^2\frac{d^2y}{ds^2},$$

$$\gamma\frac{v^2}{\rho}=\frac{v^2}{\rho}\rho\frac{d^2z}{ds^2}=\left(\frac{ds}{dt}\right)^2\frac{d^2z}{ds^2}.$$

On vérifiera aisément la relation :

$$\frac{d^2x}{dt^2}=\frac{d^2s}{dt^2}\frac{dx}{ds}+\left(\frac{ds}{dt}\right)^2\frac{d^2x}{ds^2},$$

et deux analogues en y et en z. Il suffit de différentier l'identité :

$$\frac{dx}{dt}=\frac{dx}{ds}\frac{ds}{dt},$$

et les identités analogues en y et en z.

Le vecteur accélération totale est dans le plan osculateur. Si la courbe est plane, il reste toujours dans le même plan. Si elle est gauche, l'accélération totale change continuellement de plan, mais son expression n'est pas modifiée.

65. Autres expressions de l'accélération. —

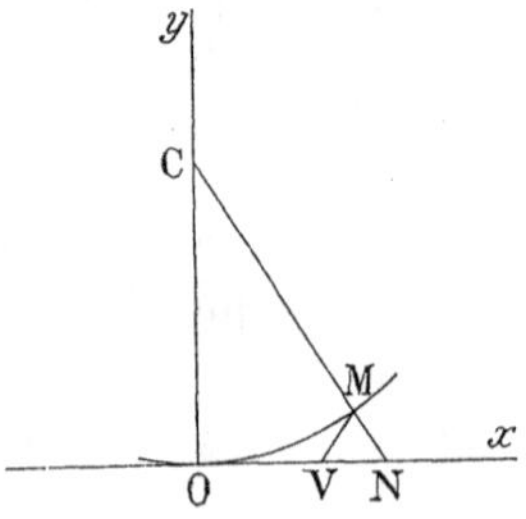

Accélération totale.

Fig. 47.

Prenons comme plan xOy le plan osculateur à la trajectoire au point O et comme axe des x la tangente à cette trajectoire (fig. 47). Le mouvement du mobile au voisinage du point O est représenté par les équations :

$$x=at+bt^2+\ldots, \qquad y=ct^2+\ldots$$

$$\frac{dx}{dt}=a+2bt+\ldots, \qquad \frac{dy}{dt}=2ct+\ldots;$$

$$\frac{d^2x}{dt^2}=2b, \qquad \frac{d^2y}{dt^2}=2c; \qquad j=\sqrt{\left(\frac{d^2x}{dt^2}\right)^2+\left(\frac{d^2y}{dt^2}\right)^2}=2\sqrt{b^2+c^2}.$$

Ceci posé, menons $\overline{\text{OV}}=a\Delta t$; a est la vitesse au point O.

Joignons VM ; je dis qu'on a : $j\overline{\Delta t}^2=2\overline{\text{VM}}$;

j est l'accélération totale. Calculons en effet la distance des points V et M dont nous connaissons les coordonnées :

coordonnées de V : $a\overline{\Delta t}$, 0 ;

coordonnées de M : $a\Delta t + b\overline{\Delta t}^2$, $c\overline{\Delta t}^2$.

$$\overline{\mathrm{VM}} = \sqrt{b^2\overline{\Delta t}^4 + c^2\overline{\Delta t}^4} = \overline{\Delta t}^2\sqrt{b^2+c^2}.$$

Ce qui démontre la proposition. Pour avoir l'accélération totale, il faut mener au point O un vecteur égal et parallèle au produit $v\Delta t$ de la vitesse en ce point par le temps Δt ; joindre l'extrémité du vecteur à la position du mobile au temps Δt : le vecteur obtenu est :

$$j\frac{\overline{\Delta t}^2}{2}.$$

L'accélération totale est la limite de j quand Δt tend vers 0.

ACCÉLÉRATIONS NORMALE ET TANGENTIELLE.

La même méthode nous permet de représenter l'accélération normale et l'accélération tangentielle.

Soit C le centre de courbure au point O ; le rayon de courbure en ce point se calcule comme suit, en remarquant que $dy : dx = 0$, au point O :

$$x = at, \qquad y = ct^2; \qquad y = \frac{c}{a^2}x^2;$$

$$\frac{1}{\rho} = \frac{d^2y}{dx^2} = \frac{2c}{a^2}.$$

Joignons CM et prolongeons en N. Je dis que $\overline{\mathrm{NM}}$ représente l'accélération normale au facteur $\overline{\Delta t}^2 : 2$ près. En effet, dans le cercle osculateur on a :

$$(2\rho + \mathrm{MN})\overline{\mathrm{MN}} = \overline{\mathrm{ON}}^2, \qquad \overline{\mathrm{NM}} = \frac{a^2\overline{\Delta t}^2}{2\rho} = 2c\frac{\overline{\Delta t}^2}{2}.$$

L'accélération tangentielle s'exprime de même en fonction de $\overline{\mathrm{VN}}$. En effet, à la limite on aura :

$$\overline{\mathrm{OM}} = \overline{\mathrm{ON}} = \sqrt{\left(a\Delta t + b\overline{\Delta t}^2\right)^2 + c^2\overline{\Delta t}^4}$$

$$= \sqrt{a^2\overline{\Delta t}^2 + 2ab\overline{\Delta t}^3} = a\Delta t + b\overline{\Delta t}^2,$$

$$\overline{\mathrm{OV}} = a\Delta t, \qquad \overline{\mathrm{VN}} = \overline{\mathrm{ON}} - \overline{\mathrm{OV}} = b\overline{\Delta t}^2 = 2b\cdot\frac{\overline{\Delta t}^2}{2}.$$

Naturellement à la limite, MN devient normale à Ox ; le triangle VMN est rectangle en N. On a :

$$\overline{\mathrm{MV}}^2 = \overline{\mathrm{MN}}^2 + \overline{\mathrm{VN}}^2,$$

ce qui est conforme aux formules précédentes.

66. Moments du vecteur vitesse : vitesse aréolaire. — La vitesse et l'accélération étant des vecteurs, il est naturel de chercher ce que représentent les moments de ces vecteurs par rapport à un point et à une droite. Nous prendrons le point pour origine des coordonnées et nous étudierons les moments par rapport à des droites passant par ce point. Trois d'entre elles formant un trièdre trirectangle nous serviront d'axes de coordonnées.

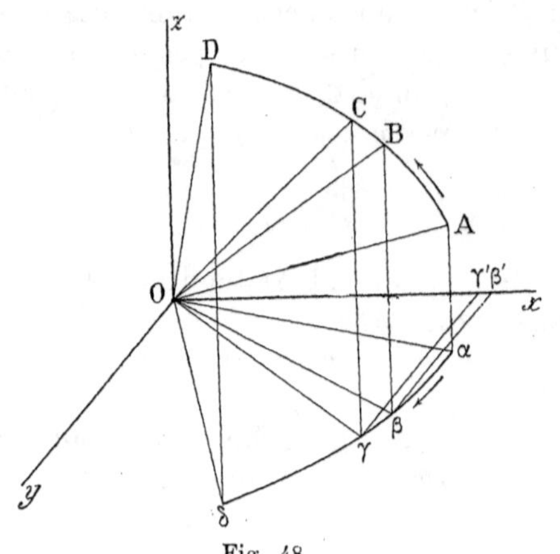

Fig. 48.

Considérons un point parcourant la trajectoire ABCD (fig. 48); le rayon vecteur mené du point O au mobile décrit une portion de surface conique et balaye la surface latérale de cette portion de cône.

D'après la définition même du moment d'un vecteur par rapport à un point (§ 34), le moment du vecteur infiniment petit $\overline{BC}$ par rapport à O est le double de l'aire du triangle infiniment petit OBC. Soit Δt le temps nécessaire pour aller de B en C. La limite du quotient $\overline{BC} : \Delta t$, est la vitesse au point B. Donc la limite du quotient par Δt du moment de $\overline{BC}$ par rapport au point O, est le double de ce qu'on peut appeler la *vitesse aréolaire*. C'est le double de la limite du quotient de l'aire balayée par le vecteur allant du point O au mobile, par le temps employé à effectuer ce parcours.

Le moment de la vitesse en B par rapport au point O a pour vecteur représentatif une droite normale à l'aire balayée OBC (plus exactement au plan qui tangente le cône suivant la génératrice OB). La longueur du vecteur représentatif mesure le double de la vitesse aréolaire.

Le moment d'un vecteur par rapport à une droite est (§ 34) la projection sur cette droite du moment du vecteur par rapport à un point *quelconque* de la droite.

Cette proposition est évidente lorsqu'il s'agit du moment du vecteur vitesse. En effet projeter le moment par rapport au point O sur la droite Oz, ou projeter la surface OBC sur le plan perpendiculaire à Oz, est (au facteur $2 : \Delta t$ près) exactement la même chose. Il est clair que l'aire de la projection $O\beta\gamma$ ne dépend pas du choix du point O sur la droite Oz.

Le moment de la vitesse par rapport à la droite Oz *représente donc le double de la vitesse aréolaire projetée sur un plan perpendiculaire à* Oz, c'est-à-dire le double de la limite du quotient de la projection de l'aire balayée par le rayon vecteur joignant le mobile en un point quelconque de Oz, par le temps employé au balayage.

Nous pouvons donc écrire, en appelant S_z la projection sur xOy de l'aire balayée :

$$\lim \frac{\overline{O\gamma\beta}}{\Delta t} = \frac{dS_z}{dt} = \frac{1}{2}\left(x\frac{dy}{dt} - y\frac{dx}{dt}\right).$$

Nous aurons donc le système de formules :

$$\left.\begin{aligned} 2\frac{dS_x}{dt} &= y\frac{dz}{dt} - z\frac{dy}{dt}, \\ 2\frac{dS_y}{dt} &= z\frac{dx}{dt} - x\frac{dz}{dt}, \\ 2\frac{dS_z}{dt} &= x\frac{dy}{dt} - y\frac{dx}{dt}, \end{aligned}\right\} \quad (1)$$

La vitesse aréolaire a pour expression :

$$\frac{dS}{dt} = \sqrt{\left(\frac{dS_x}{dt}\right)^2 + \left(\frac{dS_y}{dt}\right)^2 + \left(\frac{dS_z}{dt}\right)^2}.$$

Sans recourir à la théorie des moments, on démontre immédiatement les formules précédentes. On a :

$$\overline{O\beta\gamma} = \overline{O\gamma\gamma'} + \overline{\gamma\gamma'\beta'\beta} - \overline{O\beta\beta'},$$

$$2\overline{O\beta\gamma} = (x + dx)(y + dy) - dx(2y + dy) - xy = xdy - ydx,$$

en se limitant aux infiniment petits du premier ordre. Cette formule démontre le théorème.

67. Moments du vecteur accélération : accélération aréolaire. — Dérivons par rapport au temps les formules (1) du paragraphe précédent ; il vient :

$$\left.\begin{aligned} 2\frac{d^2S_x}{dt^2} &= y\frac{d^2z}{dt^2} - z\frac{d^2y}{dt^2}, \\ 2\frac{d^2S_y}{dt^2} &= z\frac{d^2x}{dt^2} - x\frac{d^2z}{dt^2}, \\ 2\frac{d^2S_z}{dt^2} &= x\frac{d^2y}{dt^2} - y\frac{d^2x}{dt^2}. \end{aligned}\right\} \quad (2)$$

Le double de l'accélération aréolaire est égal au moment du vecteur accélération, qu'il s'agisse du moment par rapport à un point ou du moment par rapport à une droite.

La définition de l'accélération aréolaire est immédiate. Par le point O menons deux vecteurs V_1 et V_2, normaux aux plans qui tangentent suivant OB et OC le cône balayé, et mesurent les vitesses aréolaires. Le vecteur qu'il faut additionner géométriquement au vec teur V_1 pour avoir V_2 est la variation géométrique de la vitesse aréolaire. La limite du quotient de ce vecteur par le temps Δt employé pour aller de B à C, donne la grandeur de l'accélération aréolaire. La direction limite du vecteur est la direction de cette accélération.

68. **Expression de la vitesse et de l'accélération aréolaires dans le cas de la rotation autour d'un axe fixe.** — Supposons la rotation effectuée autour de l'axe des y (fig. 49). Soit θ l'angle qui définit l'azimut d'une droite de référence, angle compté à partir de Oz vers Ox. Les coordonnées d'un point sont :

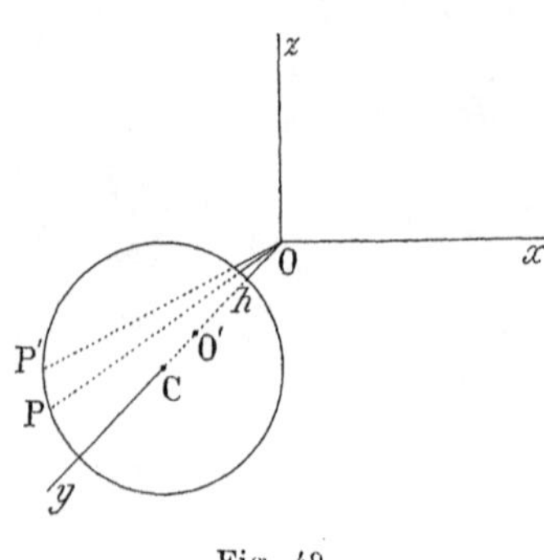

Fig. 49.

$$x = r\sin\theta, \qquad y, \qquad z = r\cos\theta.$$

Il décrit une circonférence normale à l'axe Oy; le vecteur OP décrit un cône circulaire. La coordonnée y et la distance $r = \overline{CP}$, étant constantes, on a :

$$\frac{dx}{dt} = r\cos\theta\,\frac{d\theta}{dt}, \qquad \frac{dy}{dt} = 0, \qquad \frac{dz}{dt} = -r\sin\theta\,\frac{d\theta}{dt}.$$

$$\frac{d^2x}{dt^2} = -r\sin\theta\left(\frac{d\theta}{dt}\right)^2 + r\cos\theta\,\frac{d^2\theta}{dt^2} = -x\left(\frac{d\theta}{dt}\right)^2 + z\,\frac{d^2\theta}{dt^2}.$$

$$\frac{d^2z}{dt^2} = -r\cos\theta\left(\frac{d\theta}{dt}\right)^2 - r\sin\theta\,\frac{d^2\theta}{dt^2} = -z\left(\frac{d\theta}{dt}\right)^2 - x\,\frac{d^2\theta}{dt^2}.$$

$$2\frac{dS_x}{dt} = -xy\,\frac{d\theta}{dt}, \qquad 2\frac{dS_y}{dt} = r^2\,\frac{d\theta}{dt}, \qquad 2\frac{dS_z}{dt} = -zy\,\frac{d\theta}{dt}.$$

$$2\frac{d^2S_x}{dt^2} = y\,\frac{d^2z}{dt^2} = -zy\left(\frac{d\theta}{dt}\right)^2 - xy\,\frac{d^2\theta}{dt^2},$$

$$2\frac{d^2S_y}{dt^2} = r^2\,\frac{d^2\theta}{dt^2},$$

$$2\frac{d^2S_z}{dt^2} = -y\,\frac{d^2x}{dt^2} = xy\left(\frac{d\theta}{dt}\right)^2 - yz\,\frac{d^2\theta}{dt^2}.$$

69. **Théorèmes des aires.** — Voici quelques corollaires du § 67.

1° Supposons que le mobile M décrive une trajectoire plane et de manière que la vitesse aréolaire par rapport à un point O soit constante. Il est d'abord évident que l'accélération totale est dirigée dans le plan de la trajectoire. Par hypothèse, l'accélération aréolaire est nulle; donc le moment de l'accélération totale par rapport au point O est nul. Donc l'accélération passe par le point O.

Ainsi quand les aires balayées par le vecteur OM varient proportionnellement au temps et quand la trajectoire est plane, l'accélération totale du point M passe toujours par le point O.

2° Lorsque l'accélération totale du mouvement d'un point M rencontre toujours une droite D fixe, son moment par rapport à la droite est identiquement nul.

Prenons un point O quelconque sur la droite D; projetons sur un plan P, perpendiculaire à D, l'aire balayée par le vecteur OM. La vitesse aréolaire projetée est constante. Autrement dit, l'aire balayée par le vecteur O'M' projection sur le plan P du vecteur OM, varie proportionnellement au temps.

3° Lorsque l'accélération totale du mouvement d'un point M passe toujours par un point fixe O, le point M décrit un plan. Il va sans dire que les aires balayées par le vecteur OM varient proportionnellement au temps.

En effet le point M décrit un plan parce que les plans osculateurs qui, si l'on veut, sont respectivement déterminés par l'arc de trajectoire et l'accélération en un point de cet arc, sont confondus.

Considérons en effet un arc de trajectoire et les accélérations aux deux bouts. Généralement les trois droites ne sont pas dans un même plan, d'où la torsion de la courbe. Ici, au contraire, ils le sont par hypothèse, d'où sa planéité.

70. **Travail des accélérations.** — L'accélération étant un vecteur, on peut lui appliquer la définition du travail (§ 37).

Il est d'abord évident que *l'accélération normale ne travaille pas*, puisque par définition elle est toujours normale à la trajectoire de son point d'application.

L'accélération tangentielle étant dirigée suivant le mouvement, son travail a pour expression :

$$\mathfrak{T} = \int_{s_0}^{s_1} \frac{d^2s}{dt^2}\, ds = \frac{1}{2}\left[\left(\frac{ds}{dt}\right)^2_{s=s_1} - \left(\frac{ds}{dt}\right)^2_{s=s_0}\right] = \frac{1}{2}(v_1^2 - v_0^2).$$

Le travail de l'accélération totale est donc mesuré par la moitié de la variation du carré de la vitesse.

On déduirait aussi bien ce théorème de l'expression générale de l'accélération totale :

$$\mathfrak{T} = \int_{s_0}^{s_1} \left(\frac{d^2x}{dt^2}\, dx + \frac{d^2y}{dt^2}\, dy + \frac{d^2z}{dt^2}\, dz\right) = \frac{1}{2}(v_1^2 - v_0^2).$$

Composition des translations et des rotations finies et infiniment petites.

On passe généralement sous silence le cas des translations et des rotations finies. Cette omission crée des idées d'autant plus fausses que, pour la rapidité du langage, les mécaniciens parlent de translations et de rotations *sans spécifier chaque fois qu'il s'agit de translations et de rotations infiniment petites* ou, ce qui revient au même, *de vitesses de translation et de rotation*.

Pour éviter toute difficulté, nous ne considérerons les théorèmes sur les vitesses de translation et de rotation que comme les limites des théorèmes sur les translations et les rotations finies.

71. **Composition des translations.** — La translation est un déplacement dans lequel tous les points de la figure décrivent au même instant des éléments de droites égaux, parallèles et de même sens.

La translation peut être représentée par un vecteur parallèle et égal (ou proportionnel) au déplacement d'un point quelconque de la figure. Le vecteur représentatif est déterminé en grandeur et en direction; il n'est pas déterminé en position : son point d'application est absolument arbitraire. Ce vecteur est donc de la nature de ceux qui représentent les couples (§ 29).

Les translations *même finies* se composent suivant la règle des vecteurs. L'opération est *permutative*, ce qui signifie qu'en effectuant les translations dans un ordre quelconque, on obtient finalement le même résultat.

72. **Rotation.** — La rotation est un déplacement dans lequel tous les points de la figure tournent au même instant, du même angle et dans le même sens autour d'une droite, déterminée en position, et qu'on appelle *axe de rotation*. Le déplacement total effectué, tout point de la figure est sur un cercle qui passe par la position initiale, dont le plan est normal à l'axe de rotation et dont le centre est sur l'axe; le point est à une distance angulaire de sa position initiale qui mesure la grandeur de la rotation.

La rotation finie ne peut pas être représentée par un vecteur. Comme nous allons le voir, la composition de deux rotations finies n'est pas une opération permutative; on obtient des résultats différents suivant l'ordre dans lequel on fait les rotations. Il en est de même de la composition d'une rotation et d'une translation.

C'est par l'étude de ce dernier cas très simple que nous allons commencer.

73. Composition d'une translation et d'une rotation finies. — Décomposons la translation T en deux translations, l'une T_p parallèle à l'axe de rotation, l'autre T perpendiculaire à cet axe.

L'opération T_pR se compose de deux parties qui ne sont pas de même espèce et ne peuvent se composer ; l'ensemble constitue un mouvement hélicoïdal. L'opération T_pR est permutative : on obtient le même résultat quand on commence par tourner, puis qu'on déplace ensuite le long de l'axe de rotation, ou quand on commence par déplacer pour tourner ensuite.

Considérons donc l'opération complexe TR ; nous allons voir qu'*elle équivaut à une rotation de même grandeur et de même sens autour d'un axe parallèle à* R. *Mais le nouvel axe est différent suivant que l'opération est* TR *ou* RT : *l'opération n'est pas permutative.*

Prenons comme plan du tableau un plan P normal à l'axe R, et par conséquent parallèle à la translation T. Soit R la trace et 2α l'angle de rotation dans le sens de la flèche (fig. 50).

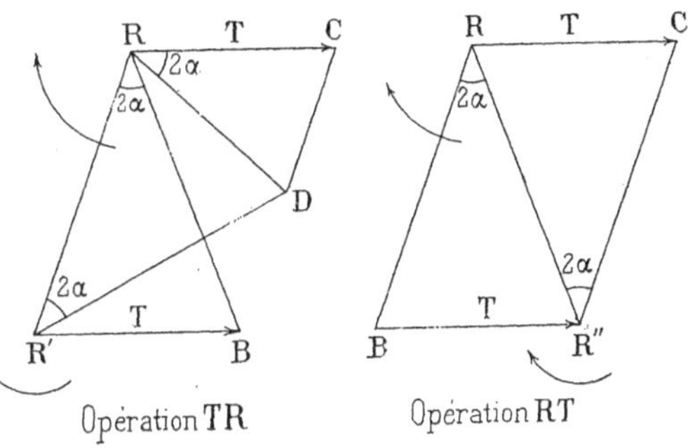

Fig. 50.

Les opérations TR ou RT laissent une figure du plan P dans ce plan ; d'ailleurs la figure n'est pas modifiée. Si donc nous trouvons un point de la figure que l'opération TR ou RT ne déplace pas, nous conclurons qu'elle est équivalente à une rotation unique autour d'un axe normal à P et passant par ce point. Les phénomènes sont en effet identiques pour tous les plans parallèles à P.

1° Considérons un triangle isoscèle d'angle $R = 2\alpha$, et dont le côté opposé est égal et parallèle à la translation T. Je dis que le point R' n'est pas déplacé par l'opération TR et qu'on a :

$$T \cdot R(2\alpha) = R'(2\alpha).$$

En effet la translation T amène R' en B, la rotation ramène B en R'. Donc l'opération TR vaut une rotation autour d'un axe R' parallèle à R.

Cette rotation est précisément 2α. Opérons en effet sur le point R. La translation l'amène en C, la rotation l'amène en D.

Évaluons l'angle $\overline{RR'D}$.

En supposant menée la hauteur du triangle RR'B, on voit immédiatement que :

$$\overline{DRB} = \pi : 2 - 3\alpha, \qquad \overline{R'RD} = \pi : 2 - \alpha = \overline{RBR'}.$$

D'ailleurs par construction $\overline{RD} = T$; donc les triangles R'RD et RR'B sont égaux; donc l'angle $\overline{RR'D}$ est bien égal à 2α.

2° Construisons le même triangle isoscèle que précédemment. Je dis que R″ n'est pas déplacé par l'opération RT et qu'on a :

$$R(2\alpha) \,.\, T = R''(2\alpha).$$

La rotation amène R″ en B, la translation ramène B en R″. Donc R″ est invariable.

Opérons sur le point R; la rotation ne le déplace pas, la translation l'amène en C. Donc la rotation autour de R″ est bien 2α.

74. **Composition d'une translation et d'une rotation infiniment petites: composition d'une vitesse angulaire et d'une vitesse translatrice finies.** — La rotation 2α et la translation T étant infiniment petites et de même ordre, les points R′ et R″ sont confondus. Ils se trouvent à une distance r du point R égale à la limite du rapport : $r = T : 2\alpha$.

L'opération devient permutative.

D'où le théorème. Quand on compose la vitesse angulaire finie ω et la vitesse translatrice finie V normale à l'axe de rotation, on ne modifie pas la vitesse angulaire; mais on déplace l'axe de rotation, parallèlement à lui-même et normalement à la vitesse V, d'une quantité : $r = V : \omega$.

En définitive, le résultat de la composition d'une vitesse angulaire finie et d'une vitesse translatrice finie de direction quelconque est un déplacement fini de l'axe de rotation sans changement de la vitesse angulaire et une vitesse translatrice dirigée parallèlement à l'axe de rotation.

Le déplacement infiniment petit est hélicoïdal.

75. **Composition de deux rotations finies concourantes ou parallèles.** — Le point de concours O des axes n'est déplacé ni par l'une ni par l'autre des rotations; c'est un point invariable par lequel passera nécessairement l'axe de la rotation qui équivaut aux deux rotations données.

En effet nous montrerons plus loin (§ 81) qu'on peut amener un solide d'une position quelconque à une autre position quelconque par une rotation suivie d'une translation, ou inversement. Ici la translation est certainement nulle, puisqu'un point est invariable. Nous sommes donc assurés que le système des deux rotations équivaut à une rotation unique.

Du point O comme centre, traçons une sphère, et soient A et B les traces des axes de rotation sur la sphère (ce que nous appellerons les *pôles de rotation*) (fig. 51).

Considérons l'opération complexe :

$$A(2\alpha)\ B(2\beta).$$

Nous supposons *d'abord* une rotation finie de l'angle 2α autour de A, *puis* une rotation finie de l'angle 2β autour de B, effectuées dans le sens des flèches. Les opérations sont représentées sur la sphère.

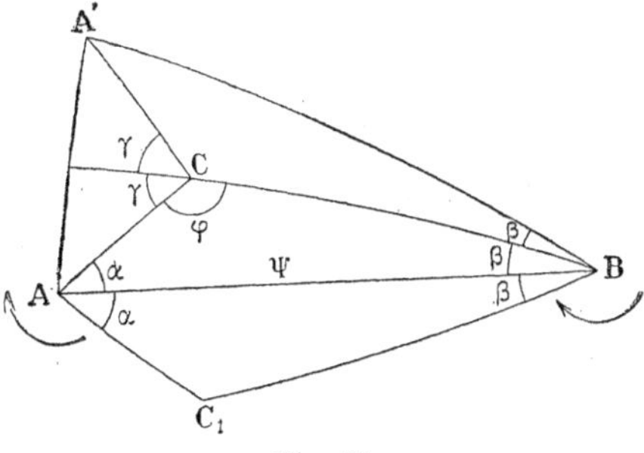

Fig. 51.

Le problème consiste à trouver un point C qui ne soit pas déplacé par l'opération AB. Avec le centre de la sphère, il déterminera l'axe de la rotation finie résultante.

Pour trouver C, traçons le grand cercle AB, le grand cercle AC faisant avec AB *en sens inverse de la rotation* A l'angle α, le grand cercle BC faisant avec BA *dans le sens de la rotation* B l'angle β.

Je dis que l'opération AB ne déplace pas le point C.

En effet, la rotation A amène C en C_1 symétrique de C par rapport au grand cercle AB; la rotation B ramène C_1 en C.

Calculons l'angle 2γ de la rotation résultante effective autour de OC.

L'opération AB amène A en A' tel que $\overline{AB} = \overline{A'B}$, $\overline{ABA'} = 2\beta$.

Le triangle sphérique ABC donne immédiatement :

$$\cos\gamma = -\cos\varphi = \cos\alpha\cos\beta - \sin\alpha\sin\beta\cos\Psi; \qquad (1)$$

Ψ est l'angle des axes A et B.

On vérifiera immédiatement que pour l'opération BA, le pôle de l'axe résultant est en C_1 symétrique de C; la rotation 2γ a évidemment la même valeur, puisque (1) est symétrique en α et β.

L'opération AB n'est pas permutative; car si l'angle de rotation 2γ reste le même, la position de l'axe dépend de l'ordre des opérations.

Axes parallèles.

La figure 51 devient plane. Il suffit de poser $\Psi = 0$, dans la formule (1). On trouve :

$$\gamma = \alpha + \beta.$$

L'axe de la rotation résultant est parallèle aux axes des rotations composantes; la rotation résultante est la somme algébrique des rotations composantes.

L'opération n'est pas permutative.

On a généralement dans le triangle sphérique ABC :

$$\frac{\sin \overline{BC}}{\sin \overline{AC}} = \frac{\sin \alpha}{\sin \beta}.$$

Cette équation devient dans le triangle plan :

$$\frac{\overline{BC}}{\overline{AC}} = \frac{\sin \alpha}{\sin \beta}.$$

76. **Composition de deux rotations infiniment petites concourantes ou parallèles; composition de deux vitesses de rotation finies autour d'axes concourants ou parallèles.** — Les rotations 2α et 2β deviennent infiniment petites; donc les points C et C_1 sont confondus sur le grand cercle AB : *l'opération devient permutative.*

Dans le triangle sphérique ACB, on a :

$$\frac{\sin \overline{BC}}{\sin \overline{AC}} = \frac{\sin \alpha}{\sin \beta} = \frac{2\alpha}{2\beta}.$$

La formule (1) donne :

$$\left(1 - \frac{\gamma^2}{2}\right) = \left(1 - \frac{\alpha^2}{2}\right)\left(1 - \frac{\beta^2}{2}\right) - \alpha\beta \cos \Psi.$$

Multipliant par 8 et négligeant les termes supérieurs aux carrés des rotations, il reste :

$$(2\gamma)^2 = (2\alpha)^2 + (2\beta)^2 + 2\,(2\alpha)\,(2\beta) \cos \Psi.$$

D'où la règle du parallélogramme et la représentation des rotations infiniment petites ou des vitesses de rotation finies par des vecteurs (fig. 52).

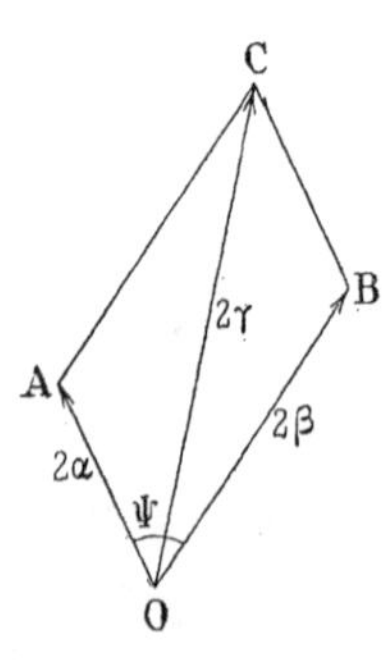

Fig. 52.

Menons suivant OA et OB, axes de rotation, et à partir du point O, deux vecteurs ω_1 et ω_2 proportionnels aux vitesses angulaires; composons ces vecteurs en un vecteur ω suivant la règle du parallélogramme. Nous pouvons remplacer les deux vitesses ω_1 et ω_2 autour de OA et de OB par une vitesse ω autour de OC, vitesse ayant pour mesure la diagonale du parallélogramme.

Axes parallèles.

Les angles de la figure 51 mesurés par les arcs $\overline{BC}$ et $\overline{AC}$ deviennent infiniment petits; on a donc :

$$\overline{AC}\,.\,2\,\alpha = \overline{BC}\,.\,2\,\beta, \qquad 2\gamma = 2\alpha + 2\beta.$$

Ces équations expriment les règles de la composition des vecteurs parallèles de même sens ou de sens contraires suivant que les rotations sont de même sens ou de sens contraires.

77. **Rotations finies, autour d'axes parallèles, égales et de sens contraires.** — Appliquant le résultat du § 75, on trouve $\gamma = 0$, la rotation résultante est nulle.

Mais on trouve aussi :

$$\overline{BC} : \overline{AC} = -1,$$

ce qui implique que l'axe soit à l'infini. Donc la résultante de deux rotations finies autour d'axes parallèles, égales et de sens contraires est une translation.

L'opération n'est pas permutative. Montrons que la translation a pour valeur :

$$2\Delta \sin \alpha; \qquad (1)$$

Δ mesure la distance des axes, 2α la rotation (fig. 53).

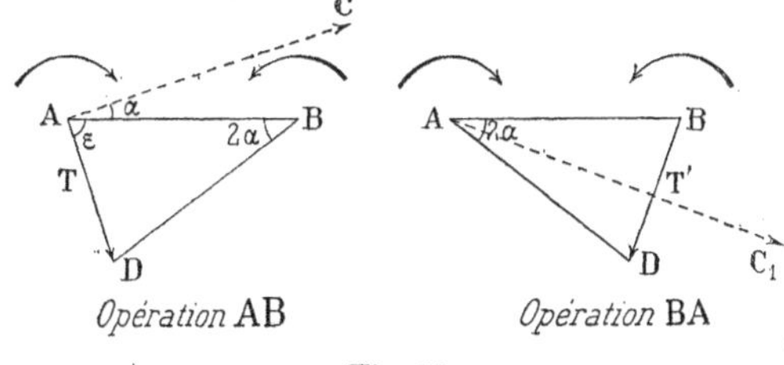

Fig. 53.

1° Appliquons l'opération AB au point A; l'opération A ne déplace pas le point A, l'opération B l'amène en D. La translation est $T = \overline{AD}$, qui satisfait bien à l'équation (1).

Menons AC perpendiculaire à AD. Nous avons :

$$2\varepsilon = \pi - 2\alpha, \qquad \overline{CAB} = \alpha.$$

C'est ce qu'on peut déduire de la figure 51 en supposant qu'elle est plane et que C s'en va à l'infini. La translation est évidemment normale à la direction vers laquelle fuit le centre de la rotation équivalente.

2° Appliquons l'opération BA au point B; le point B vient en D. La translation équivalente aux deux rotations est $T = \overline{BD}$; elle est bien normale à la direction AC dans laquelle C va à l'infini quand on applique la méthode générale.

L'opération AB n'est pas permutative. Les translations obtenues sont symétriquement inclinées sur la normale à la droite qui joint les axes de rotation.

78. **Couple de rotations infiniment petites; couple de vitesses angulaires finies.** — Si la rotation 2α est infiniment petite, la translation T est normale à la droite AB.

L'opération AB devient permutative. La valeur de la translation est :

$$2\Delta \sin \alpha = \Delta \, . \, (2\alpha),$$

produit de la rotation par le bras du levier.

C'est le moment du couple de rotation.

79. **Conclusion générale.** — De tout ce qui précède nous pouvons conclure la proposition fondamentale suivante.

Une rotation infiniment petite, ou une vitesse angulaire finie, est un vecteur de la nature d'une force. Sa directrice est déterminée; c'est l'axe de rotation. Sa grandeur et son sens sont déterminés; le point d'application ne l'est pas.

Les rotations infiniment petites ou les vitesses angulaires finies se composent suivant la règle du parallélogramme, et quand elles sont parallèles, suivant la règle qui est la limite de celle du parallélogramme.

Deux rotations infiniment petites égales, opposées, ayant même directrice, s'annulent. Inversement on peut appliquer des rotations formant de tels groupes.

Une translation est un vecteur de la nature du couple. Sa grandeur, sa direction et son sens sont seuls déterminés.

Une translation infiniment petite (ou une vitesse translatrice finie) est un couple de deux rotations infiniment petites (ou de deux vitesses angulaires finies), parallèles, égales et de sens contraires.

Il nous reste à revenir sur la proposition démontrée au § 74.

80. **Tout déplacement infiniment petit, ou tout système de vitesses angulaires et de vitesses translatrices, peut être remplacé par un mouvement hélicoïdal infiniment petit.** — D'après le § 74 il est possible de transporter l'axe d'une rotation parallèlement à lui-même, de manière qu'il passe en un point quelconque; il suffit de lui adjoindre une translation convenable. Cela revient à dire qu'on peut transporter une force parallèlement à elle-même pourvu qu'on lui adjoigne un couple.

Nous pouvons transformer le système donné en un système de rotations dont les axes passent par un point quelconque et en un système de translations.

Composons les vecteurs de même espèce.

Nous ramenons un système quelconque à une rotation R et à une translation. *Il est convenu que nous sous-entendons partout les mots infiniment petites.*

Décomposons la translation en une translation T_p parallèle à l'axe de la rotation et en une translation normale T. Nous pouvons trouver une rotation équivalente à l'opération permutative (puisqu'il s'agit véritablement de vitesses) TR; cela revient à un déplacement de l'axe de rotation.

Donc le système quelconque de déplacements peut être ramené à un mouvement hélicoïdal, c'est-à-dire à un déplacement parallèlement à un axe, et à une rotation autour de cet axe.

Cinématique du solide invariable.

81. **On peut transporter une figure d'une position à une autre position quelconque par une translation finie suivie d'une rotation finie, ou par l'opération inverse, et cela d'une infinité de manières.** — Prenons comme centres de sphères de même rayon deux *points homologues* O, O′ (c'est-à-dire deux points appartenant respectivement aux deux figures, et qui doivent coïncider à la fin de l'opération : ils sont évidemment disposés de même par rapport aux deux figures).

Les sphères coupent les figures suivant deux figures homologues.

1° La translation T amène O′ sur O : les sphères coïncident.

Il s'agit donc d'amener en coïncidence des figures superposables décrites sur la même sphère. Je dis que c'est possible par une rotation autour d'un axe OC qui doit évidemment passer par le centre de la sphère. Représentons (fig. 54) la surface sphérique.

Réduisons les figures sphériques homologues chacune à deux points A et B, A′ et B′. Joignons AA′ et BB′ par des arcs de grands cercles. Menons par les milieux de AA′ et de BB′ des grands cercles normaux aC et bC. Ils se coupent en C.

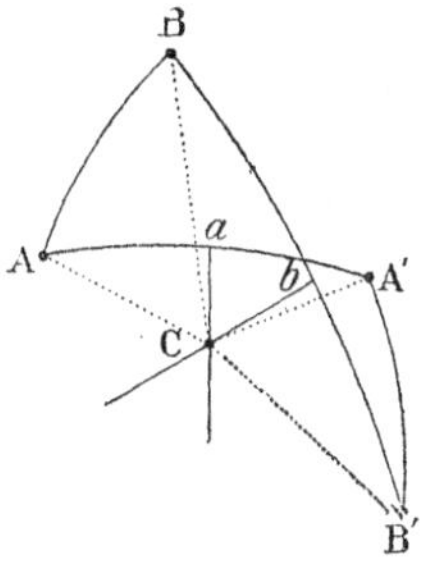

Fig. 54.

L'axe cherché passe par C. En effet, les triangles ABC et A′B′C sont superposables après une rotation de l'angle $\widehat{ACA'} = \widehat{BCB'}$.

2° Nous obtenons le même résultat en commençant par la rotation ci-dessus déterminée (le point O′ restant fixe) et finissant par la translation (qui amène O′ en O).

Remarque I. La translation dépend du choix des points homologues O et O′ ; la rotation reste la même à quelque groupe de deux points qu'on s'adresse.

Remarque II. On démontre aisément, en partant de la proposition du § 73, qu'on peut amener une figure d'une position à une autre au moyen d'un mouvement hélicoïdal fini.

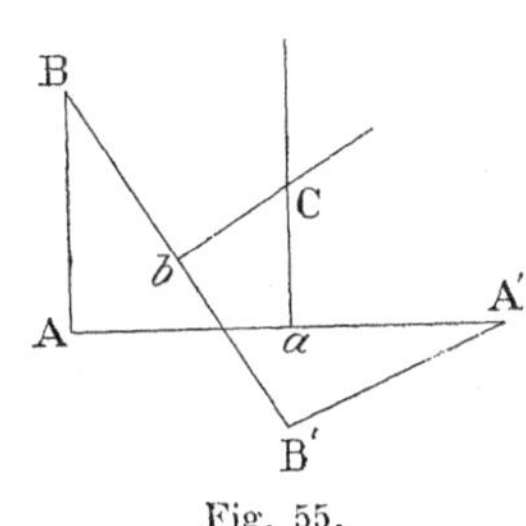

Fig. 55.

Il suffit de décomposer la translation T en deux : l'une T_p parallèle à l'axe de rotation, l'autre T_n normale à cet axe. On remplace les deux opérations T_nR ou RT_n par une seule rotation, ce qui revient à déplacer l'axe de rotation.

Remarque III. Il résulte de là que deux figures identiques mais non superposées ont toujours une ligne droite homologue commune : c'est l'axe de la vis qui les amènerait en coïncidence.

Remarque IV. On peut amener une figure plane d'une position à une autre position quelconque par une rotation autour d'un axe normal au plan. La figure 54 devient alors plane. Le point C (fig. 55) appartient aux deux figures.

82. **On peut transporter une figure d'une position à une autre position quelconque par deux rotations successives.** — Prenons un plan P quelconque de la première figure et le plan P′ homologue de la seconde. Soit A la droite d'intersection des plans P et P′. Une rotation autour de A fait coïncider P et P′. Une seconde rotation autour d'un axe perpendiculaire aux deux plans actuellement superposés amène les figures en coïncidence. Dans le rabattement de P sur P′, il faut choisir celle des deux rotations *supplémentaires* qui permet la réussite de la seconde opération.

Si les figures sont infiniment voisines, les deux axes de rotation sont l'un dans le plan P ou dans le plan P′, l'autre normal à ces plans. D'où la proposition : le déplacement élémentaire d'une figure s'obtient par deux rotations autour d'axes rectangulaires.

83. **Mouvement continu d'une figure plane dans son plan.** — Considérons une figure se déplaçant d'un mouvement continu dans son plan. Pour passer de la position F_1 à la position très voisine F_2, nous devons utiliser une rotation infiniment petite autour d'un point C_1 ; C_1 s'appelle *le centre instantané de rotation relatif à la position* F_1.

Pour passer ensuite de F_2 à F_3, de F_3 à F_4,... nous devons utiliser une série de rotations infiniment petites autour d'une série de points C_2, C_3,... qui forment une courbe continue : c'est le lieu des centres instantanés de rotation.

Il résulte de là des corollaires évidents.

1° Les normales menées au même instant sur les trajectoires de tous les points de la figure, passent par un même point qui est le centre instantané pour la position considérée.

2° Les arcs élémentaires décrits en même temps par tous les points de la figure, sont proportionnels à leurs distances au centre instantané.

3° Pour connaître le centre instantané, il suffit de connaître les tangentes aux trajectoires de deux points quelconques. Pour connaître le lieu du centre instantané, il suffit de connaître les trajectoires de deux points quelconques.

4° Connaissant le centre instantané, pour connaître la vitesse angulaire ω autour de ce centre, il suffit de connaître au même instant la vitesse linéaire V d'un point quelconque et sa distance au centre.

On a : $r\omega = \mathrm{V}$. La vitesse V′ à cet instant d'un autre point situé à la distance r', satisfait à la relation :

$$\omega = \frac{\mathrm{V}}{r} = \frac{\mathrm{V}'}{r'}.$$

84. **Le mouvement continu quelconque d'une figure plane dans son plan peut être obtenu par le roulement d'une courbe liée à la figure sur une courbe liée au plan.** — Soit ABC... (fig. 56) la courbe lieu des centres instantanés supposée liée à la figure mobile ; remplaçons-la par un polygone pour faciliter notre raisonnement et remplaçons le mouvement continu par un mouvement discontinu.

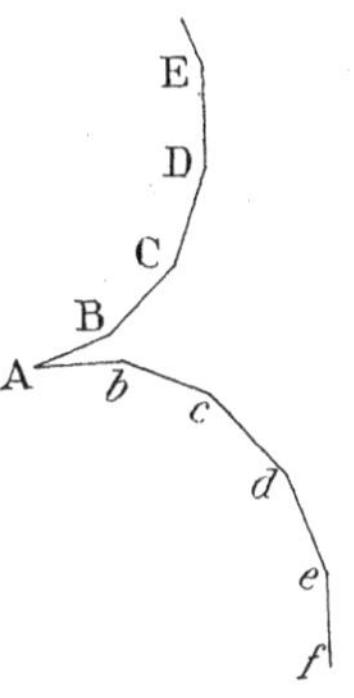

Fig. 56.

A l'instant où commence le mouvement, A est centre instantané. La rotation instantanée amène B sur b. Quand B coïncide avec b, B devient centre instantané : le petit mouvement suivant laisse B fixe, mais amène C sur c... Et ainsi de suite.

Le mouvement discontinu est obtenu par le roulement du polygone ABC... lié à la figure, sur le polygone Abc... lié au plan.

Revenons au mouvement continu. La courbe ABC... lieu des centres instantanés dans la figure mobile, c'est-à-dire lieu des points de la figure qui deviennent successivement centres instantanés, roule sur une autre courbe liée au plan et qui est seulement assujettie à avoir même longueur que la première, le roulement se faisant sans glissement.

Le centre instantané actuel est le point de tangence actuel des deux courbes.

Appelons v la vitesse du point de tangence A sur la courbe fixe Abc... Appelons ω la vitesse de rotation autour de A servant de centre instantané ; enfin soit R′ et R les rayons de courbure de la courbe mobile et de la courbe fixe au point A (fig. 57). Posons :

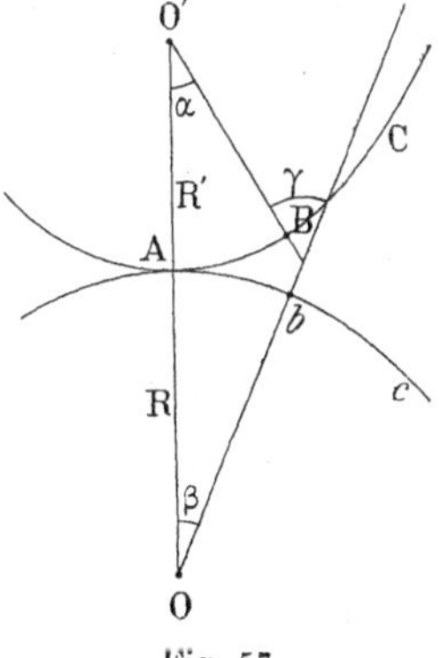

Fig. 57.

$$\overline{\mathrm{A}b} = ds.$$

Quand le point B sera venu en b, c'est-à-dire après un temps $dt = ds : v$, la droite O′B sera venue dans le prolongement de Ob ; elle aura tourné de l'angle :

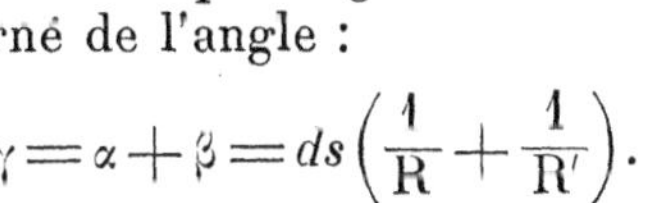

$$\gamma = \alpha + \beta = ds\left(\frac{1}{\mathrm{R}} + \frac{1}{\mathrm{R}'}\right).$$

D'où la relation :

$$\omega = v\left(\frac{1}{R} + \frac{1}{R'}\right).$$

Si les rayons de courbure étaient de même sens, il faudrait écrire la différence des courbures au lieu de la somme.

Le mouvement de roulement d'une courbe mobile sur une courbe fixe s'appelle *mouvement épicycloïdal.* L'épicycloïde est la courbe tracée par un point de la figure mobile. La *cycloïde* est l'épicycloïde dans le cas où la courbe fixe est une droite, la courbe mobile un cercle.

85. **Cycloïde; cycloïdes raccourcies et allongées (trochoïdes).** — La cycloïde est la courbe engendrée par un point inva-

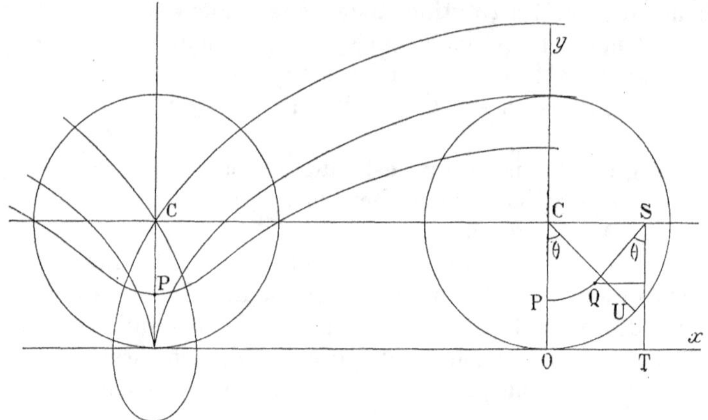

Fig. 58.

riablement lié à un cercle qui roule sur une droite. On conserve généralement le nom de cycloïde à la courbe décrite par un point du cercle. Si le point est dans le cercle à une distance $d = \overline{CP}$ (fig. 58) du centre inférieure au rayon R $(d < R)$, la cycloïde est dite *raccourcie;* elle est *allongée* si le point est hors du cercle $(d > R)$.

La figure 58 montre les trois espèces de courbes : la cycloïde possède un point de rebroussement; la cycloïde allongée a un point double et pas d'inflexion, la cycloïde raccourcie a un point d'inflexion.

Déterminons les équations de ces courbes.

Soit : $\xi = R\omega t, \qquad \eta = R,$

les coordonnées du centre C du cercle. Il est censé se mouvoir uniformément parallèlement à Ox. Quand il arrive en S, le cercle a roulé d'un angle θ tel que le point U coïncide avec T. On a :

$$\text{arc } \overline{OU} = \overline{OT}, \qquad R\theta = R\omega t, \qquad \theta = \omega t.$$

Le point lié invariablement au cercle est venu en Q : l'angle QST est égal à θ, puisque la figure QST est la figure PCU déplacée. Les coordonnées de Q sont donc :

$$x = R\theta - d\sin\theta, \qquad y = R - d\cos\theta.$$

(Il est clair que d ne représente pas une différentielle.)

La cycloïde proprement dite a pour équation :

$$x = R(\theta - \sin\theta), \qquad y = R(1 - \cos\theta).$$

Il résulte de la théorie générale (§ 84) que TQ est la normale à la courbe au point Q. On déduit aisément ce résultat des équations de la courbe.

86. Propriétés particulières de la cycloïde. — Évaluons le rayon de courbure de la cycloïde.

Posons $\omega t = \theta$, pour simplifier l'écriture. On a :

$$\frac{dx}{d\theta} = R(1 - \cos\theta) = y, \qquad \frac{dy}{d\theta} = R\sin\theta = \sqrt{2Ry - y^2},$$

$$\frac{dy}{dx} = \frac{\sqrt{2Ry - y^2}}{y} = \sqrt{\frac{2R}{y} - 1}, \qquad \frac{d^2y}{dx^2} = -\frac{R}{y^2},$$

$$\rho = 2\sqrt{2Ry}.$$

Or on a (fig. 59) :

$$\overline{TQ}^2 = R^2\sin^2\theta + y^2 = R^2 - (R - y)^2 + y^2 = 2Ry.$$

Donc le rayon de courbure au point Q vaut deux fois la distance TQ du point qui décrit la cycloïde au point de tangence du cercle générateur.

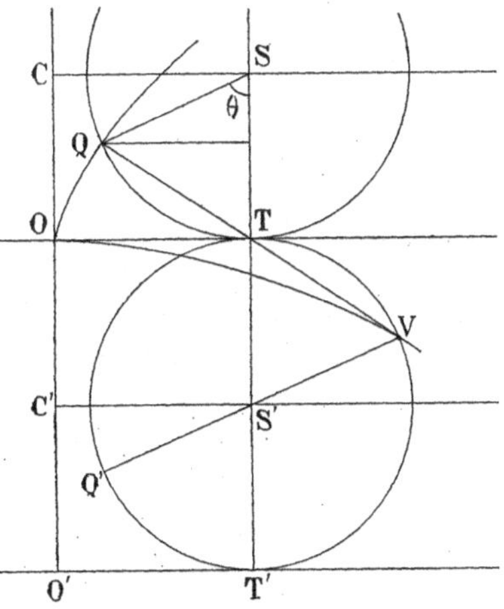

Fig. 59.

Il résulte immédiatement de là que la développée d'une cyloïde est une cycloïde égale.

Le point V appartient à la cycloïde OV engendrée par un point du cercle dont le centre décrit C'S' et qui roule sur la droite O'T'.

Le point V est en O au début de l'opération.

En effet, on a :

$$\text{arc } \overline{QT} = \overline{OT} = \text{arc } \overline{Q'T'} = O'T'.$$

Le point Q' décrit une cycloïde identique à OQ ; il en est naturellement de même du point V, au transport près de la longueur πR parallèlement à Ox.

On déduit de ce résultat la longueur d'un arc de cycloïde.

La normale à la cycloïde OQ enveloppe la cycloïde OV. Donc :

$$\text{arc}\,\overline{OV} = \overline{VQ} = 2\,\overline{TV}.$$

En particulier, la cycloïde entière est quatre fois le diamètre du cercle générateur.

87. **Paradoxe sur le cycliste.** — On s'étonne parfois que le cycliste se crotte, phénomène cependant facile à constater. Pour le moment, nous nous contenterons de poser le problème, en anticipant même sur les théorèmes de la Dynamique. Nous reviendrons là-dessus au § 326.

La boue s'attache à la roue en son point de contact avec le sol soit par cohésion, soit par capillarité lorsqu'elle est très liquide. Pour qu'elle se maintienne sur la roue, il faut que ces forces équilibrent les deux forces à laquelle la masse est soumise : pesanteur et surtout accélération centrifuge. Si nous admettons que le mouvement de translation du cycliste est uniforme, l'accélération nécessaire pour maintenir une masse sur la cycloïde est la même que si la roue tournait autour de son axe *supposé immobile.* L'accélération est centripète et égale à $mR\omega^2$, où ω est la vitesse de rotation. Pour maintenir la masse sur la cycloïde, il faut exercer une force centripète produisant cette accélération, sinon tout se passe comme si la masse était soumise à une accélération centrifuge égale et opposée à la précédente.

Conséquence : la masse a la même tendance à se détacher, quelle que soit sa position actuelle, au moins si l'on néglige l'action de la pesanteur. Cherchons l'ordre de grandeur de la force centrifuge. Soit v la vitesse linéaire du cycliste ; son expression est :

$$R\omega^2 = v^2 : R.$$

Prenons $v = 7$ mètres à la seconde (ce qui fait 25 kilomètres à l'heure) ; soit $R = 0^m,35$.

On a : $v^2 : R = 140$, soit 14 fois environ l'accélération de la pesanteur.

Une fois la masselotte de boue détachée de la roue, elle décrit un trajectoire approximativement parabolique (§ 325) qui dépend de la grandeur et de la direction de la vitesse au moment où elle se détache. Le problème consiste à montrer que certaines de ces paraboles doivent nécessairement rencontrer le cycliste. Nous reviendrons sur cette discussion au § 326 ; remarquons seulement que le point le plus bas de la roue a une vitesse nulle, mais que le point le plus haut a une vitesse horizontale *double* de celle du cycliste.

88. **Épicycloïdes.** — Un cercle de rayon R roule sur un cercle de rayon r. On demande l'équation de la trajectoire d'un point P situé à une distance d du centre du cercle mobile (fig. 60).

Nous pouvons prendre pour variable l'un des deux angles α ou θ; ils sont reliés par l'équation qui exprime le roulement sans glissement : $r\alpha = R\theta$.

Les coordonnées du point C′ sont :

$$x' = (r + R) \sin \alpha, \qquad y' = (r + R) \cos \alpha.$$

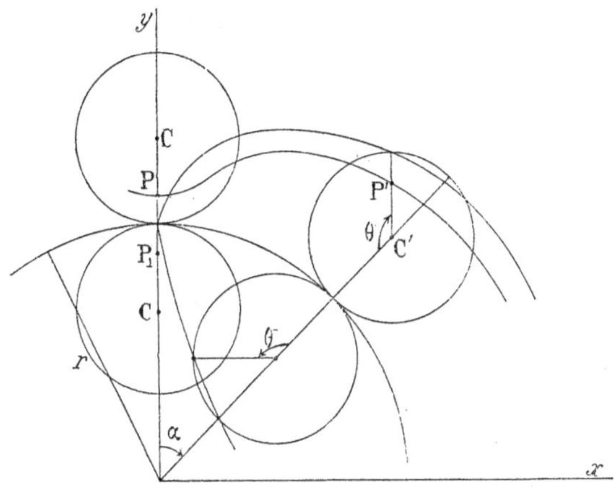

Fig. 60.

Les coordonnées du point P′ sont :

$$x = x' - d \sin [\pi - (\alpha + \theta)] = x' - d \sin (\theta + \alpha),$$

$$y = y' + d \cos [\pi - (\theta + \alpha)] = y' - d \cos (\theta + \alpha).$$

$$x = (r + R) \sin \alpha - d \sin \frac{r + R}{R} \alpha,$$

$$y = (r + R) \cos \alpha - d \cos \frac{r + R}{R} \alpha.$$

Pour retrouver les formules des cycloïdes, explicitons l'angle θ.

$$x = (r + R) \sin \frac{R\theta}{r} - d \sin \frac{r + R}{r} \theta,$$

$$y = (r + R) \cos \frac{R\theta}{r} - d \cos \frac{r + R}{r} \theta.$$

Faisons $r = \infty$. Nous pouvons remplacer dans les premiers termes du second membre le sinus par l'arc et le cosinus par l'unité; dans les seconds termes du second membre, le coefficient de θ devient l'unité. Il reste :

$$x = (r + R) \frac{R\theta}{r} - d \sin \theta = R\theta - d \sin \theta.$$

$$y - r = R - d \cos \theta;$$

ce sont les équations du § 85.

L'épicycloïde est *raccourcie* quand $d < \mathrm{R}$; la figure 60 représente une portion d'épicycloïde raccourcie.

Elle est *allongée* et présente une boucle quand $d > \mathrm{R}$.

L'épicycloïde est intérieure quand le cercle de rayon R roule à l'intérieur du cercle de rayon r.

On vérifiera immédiatement que son équation est :

$$x = (r - \mathrm{R}) \sin \alpha - d \sin \frac{r - \mathrm{R}}{\mathrm{R}} \alpha,$$

$$y = (r - \mathrm{R}) \cos \alpha + d \cos \frac{r - \mathrm{R}}{\mathrm{R}} \alpha.$$

Si le cercle qui roule admet pour diamètre le rayon du cercle immobile ($r = 2\mathrm{R}$), un point de la circonférence du cercle mobile décrit un diamètre du cercle immobile. On a :

$$d = \mathrm{R}, \qquad x = 0, \qquad y = 2\mathrm{R} \cos \alpha.$$

89. **Enveloppe d'une courbe liée à l'une des courbes roulantes.** — Soit C′ une courbe mobile roulant sur la courbe C et entraînant avec elle la courbe Γ′ (fig. 61). Dans ses positions successives, cette courbe enveloppe une courbe Γ fixe dans le plan.

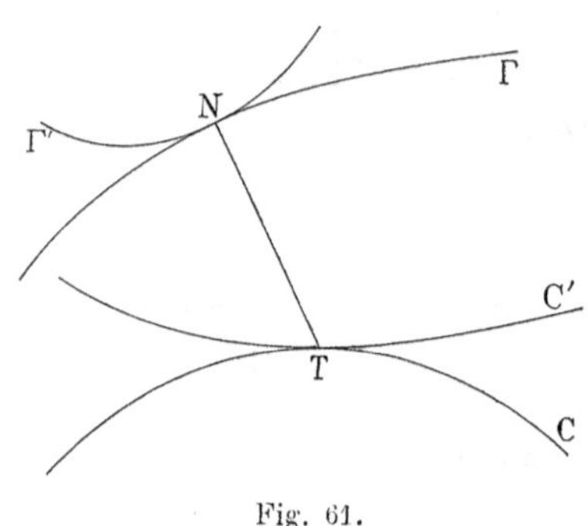

Fig. 61.

Il existe une réciprocité évidente entre les courbes Γ et Γ′ : si C roule sur C′ immobile, Γ se déplace et enveloppe la courbe Γ′.

Du point de tangence T abaissons la normale sur la courbe Γ′ ; je dis que N appartient aussi à Γ ; c'est le point de tangence de Γ′ et de son enveloppe.

Effectivement le point T est le centre instantané de rotation de la figure mobile ; donc le point N venant dans sa position voisine N′ se déplace d'abord normalement à NT et par conséquent suivant la tangente à Γ′. Le point N′ est donc sur la courbe Γ actuelle, tout en appartenant à la courbe Γ′ voisine : c'est un point de l'enveloppe ; il est infiniment peu éloigné de N. C. Q. F. D.

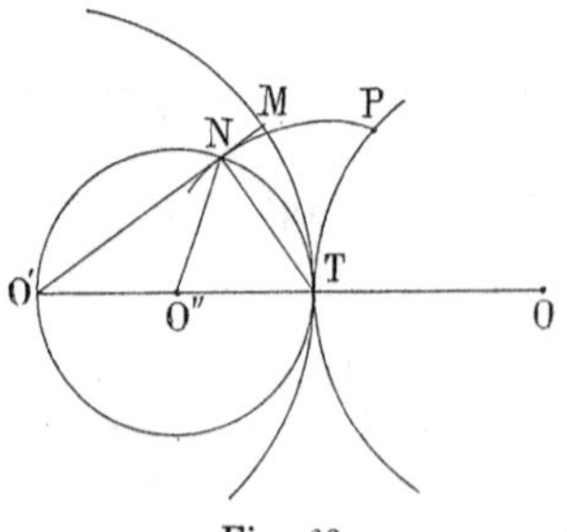

Utilisons ce théorème à prouver que l'enveloppe du rayon O′M d'un cercle de centre O′ et de diamètre 2R qui roule sur un second cercle de centre O, est l'épicycloïde décrite par un point N d'un troisième cercle O″ de diamètre R roulant sur le même cercle O (fig. 62).

Fig. 62.

Sur O′T comme diamètre, décrivons

la circonférence de centre O''. D'après le théorème précédent, le point N appartient à l'enveloppe cherchée.

Les arcs $\overline{NT}$ et $\overline{MT}$ sont égaux. Ils mesurent en effet des angles NO''T et NO'T qui sont dans le rapport 2, et qui sont angles au centre dans des circonférences dont les rayons sont dans le rapport 1 : 2.

Donc tout se passe comme si les deux circonférences de centres O et O'' roulaient simultanément sur la circonférence de centre O. Le point N décrit une épicycloïde qui est enveloppée par le rayon O'M.

90. **Théorème de Savary.** — Un théorème relie les rayons de courbure ρ et ρ' des courbes entraînées Γ et Γ' aux rayons de courbure R et R' des courbes C et C'. Il est certain *a priori* que ρ et ρ' d'une part, R et R' de l'autre doivent entrer symétriquement dans la formule cherchée.

Soit O et O' les centres de courbure des courbes C et C' correspondant au point T (fig. 63).

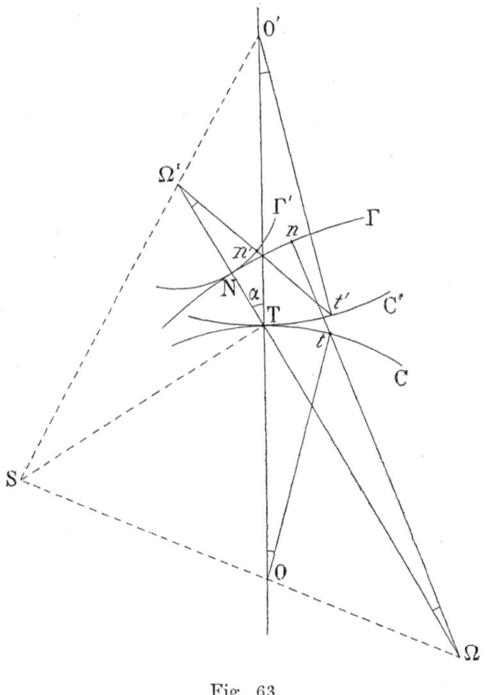

Fig. 63.

Faisons rouler C' sur C; Γ' est entraînée et enveloppe Γ qui est fixe. Dans le roulement, le point t' vient coïncider avec t; les normales Ot et O't' aux courbes C et C' se mettant dans le prolongement l'une de l'autre. Le point n' de Γ' se superpose au point n de Γ.

Faisons rouler C sur C'; Γ est entraînée et enveloppe Γ' qui est fixe. Le point n de Γ se superpose au point n' de Γ'.

Nous poserons $\overline{Tt} = \overline{Tt'} = ds.$

Soit Ω et Ω' les centres de courbure de Γ et Γ' pour le point N; ils sont sur une droite qui passe par les points T et N, puisque TN est la normale commune aux deux courbes.

On remarquera que le mouvement de Γ' sur Γ n'est pas un pur roulement. Il y a en même temps glissement.

Faisons rouler C′ sur C; Γ est fixe, n devient le nouveau point de contact des courbes Γ et Γ′, t devient le nouveau point de contact des courbes C et C′. La droite nt est normale à Γ; elle passe par le centre de courbure Ω de Γ.

Faisons rouler C sur C′; Γ′ reste fixe, n' devient le nouveau point de contact des courbes Γ et Γ′, t' devient le nouveau point de contact des courbes C et C′. La droite $n't'$ est normale à Γ′; elle passe par le centre de courbure Ω′ de Γ′.

Appelons O, O′, Ω Ω′, les angles marqués de sommets O, O′, Ω, Ω′. On a :

$$O + O' = \Omega + \Omega' = ds\left(\frac{1}{R} + \frac{1}{R'}\right).$$

Cela résulte immédiatement du § 84. En effet, quand les points t et t' se confondent, les droites Ot, O′t', et Ωt, Ω′t', sont respectivement dans le prolongement l'une de l'autre.

Le théorème est maintenant presque démontré.

Appelons α l'angle de la droite NT avec la ligne OO′; posons $\overline{TN} = p$.

Le triangle ΩTt donne :

$$\Omega \cdot \overline{\Omega T} = \overline{Tt} \cdot \cos\alpha, \qquad \Omega = \frac{ds \cos\alpha}{\rho - p}.$$

Le triangle Ω′Tt' donne :

$$\Omega' \cdot \overline{\Omega' T} = \overline{Tt'} \cdot \cos\alpha, \qquad \Omega' = \frac{ds \cos\alpha}{\rho' + p}.$$

Comparant ces formules aux précédentes, il vient :

$$\left(\frac{1}{\rho - p} + \frac{1}{\rho' + p}\right)\cos\alpha = \frac{1}{R} + \frac{1}{R'}. \tag{1}$$

Corollaire. *Les droites* OΩ *et* O′Ω′ *se rencontrent sur la perpendiculaire à* ΩTΩ′ *passant par le point* T.

Prolongeons OΩ et O′Ω′ et déterminons la distance au point T des traces de ces droites sur la perpendiculaire ST. On trouve au signe près les longueurs :

$$\frac{(\rho - p) R \sin\alpha}{R\cos\alpha - (\rho - p)}, \qquad \frac{(\rho' + p) R' \sin\alpha}{(\rho' + p) - R'\cos\alpha},$$

qui sont égales en vertu de (1).

Ces propositions sont très fréquemment employées dans la Théorie des engrenages.

91. **Mouvement d'un solide dont un point est fixe.** — Il revient au même d'étudier le déplacement d'une figure sphérique sur une sphère invariable. D'après le § 81 nous savons qu'on peut passer d'une position à une autre position quelconque au moyen d'une rotation.

Si le solide se déplace d'une manière continue, pour passer aux positions infiniment voisines successives F_1, F_2, ..., nous devons utiliser une série de rotations infiniment petites autour d'une série d'axes C_1, C_2, C_3, ... passant tous par le centre de la sphère et qui sont les *axes instantanés de rotation*.

Les traces des axes sur la sphère sont les *pôles instantanés*.

Reprenant les raisonnements du § 84, nous trouvons qu'un mouvement continu quelconque peut être obtenu au moyen du roulement sur un cône fixe d'un cône lié au solide et dont les génératrices servent successivement d'axes instantanés.

On peut encore dire que le mouvement est obtenu par le roulement sur une courbe fixe d'une courbe sphérique liée au solide et lieu des pôles instantanés de rotation. Tout mouvement continu d'un solide dont un des points est fixe, est un mouvement épicycloïdal sphérique.

92. Vitesse d'un point d'un solide dont un point est fixe, en fonction des vitesses de rotations instantanées. — Soit Ox, Oy, Oz, trois axes de coordonnées rectangulaires ; appelons p, q, r, les composantes de la vitesse de rotation suivant les axes.

Le vecteur qui représente la rotation instantanée s'obtient en composant les vecteurs p, q, r (§ 79).

La vitesse instantanée de rotation est donc :

$$\omega = \sqrt{p^2 + q^2 + r^2}.$$

Elle s'effectue autour d'un axe dont les cosinus directeurs sont :

$$p : \omega, \qquad q : \omega, \qquad r : \omega.$$

Déterminons en fonction des rotations la grandeur des composantes de la vitesse :

$$\frac{dx}{dt}, \qquad \frac{dy}{dt}, \qquad \frac{dz}{dt}.$$

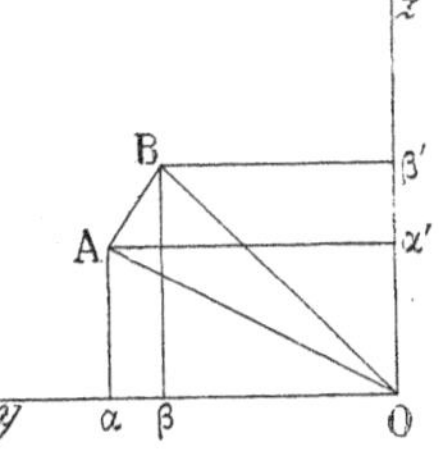

Fig. 64.

Une petite rotation pdt autour de Ox dans le sens positif (de Oy à Oz), produit les variations (fig. 64) :

$$dy = -zpdt, \qquad dz = ypdt.$$

Opérant de même avec les autres axes, on trouve immédiatement :

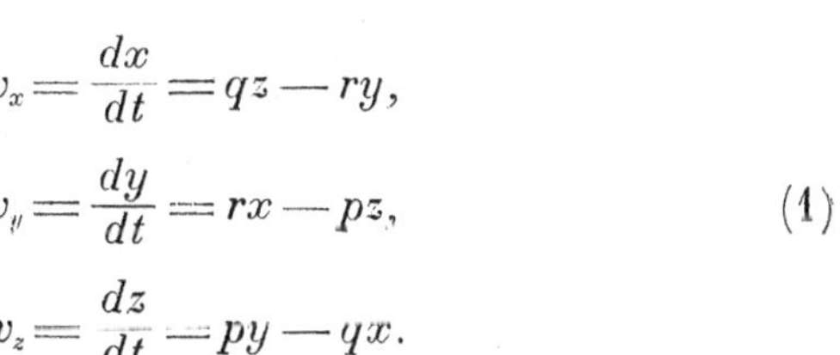

$$v_x = \frac{dx}{dt} = qz - ry,$$

$$v_y = \frac{dy}{dt} = rx - pz, \qquad (1)$$

$$v_z = \frac{dz}{dt} = py - qx.$$

On a naturellement la relation :

$$p\frac{dx}{dt}+q\frac{dy}{dt}+r\frac{dz}{dt}=0,$$

qui exprime que l'élément de trajectoire est normal à l'axe instantané de rotation.

Calculons la vitesse v du point :

$$v=\sqrt{\left(\frac{dx}{dt}\right)^2+\left(\frac{dy}{dt}\right)^2+\left(\frac{dz}{dt}\right)^2}$$

$$=\sqrt{p^2+q^2+r^2}\sqrt{(x^2+y^2+z^2)-\frac{(px+qy+rz)^2}{p^2+q^2+r^2}}.$$

On reconnaît dans cette expression le produit de la vitesse angulaire instantanée ω par la distance du point à l'axe instantané.

93. **Accélération d'un point d'un solide dont un point est fixe.** — Écrivons l'expression de la vitesse au bout du temps dt.

Les vitesses instantanées autour des trois axes sont devenues :

$$p+\frac{dp}{dt}dt, \qquad q+\frac{dq}{dt}dt, \qquad r+\frac{dr}{dt}dt.$$

D'ailleurs les coordonnées des points ont changé ; elles sont devenues, en vertu des équations (1) du paragraphe précédent :

$$x+(qz-ry)dt, \qquad y+(rx-pz)dt, \qquad z+(py-qx)dt.$$

Les nouvelles composantes de la vitesse sont donc :

$$\left(q+\frac{dq}{dt}dt\right)[z+(py-qx)dt]-\left(r+\frac{dr}{dt}dt\right)[y+(rx-pz)dt],$$

et deux expressions analogues.

D'où la valeur de l'accélération j_e dont nous désignerons les composantes par j_{ex}, j_{ey}, j_{ez} :

$$j_{ex}=\left(z\frac{dq}{dt}-y\frac{dr}{dt}\right)+q(py-qx)-r(rx-pz),$$

$$j_{ey}=\left(x\frac{dr}{dt}-z\frac{dp}{dt}\right)+r(qz-ry)-p(py-qx),$$

$$j_{ez}=\left(y\frac{dp}{dt}-x\frac{dq}{dt}\right)+p(rx-pz)-q(qz-ry).$$

94. **Roulement, pivotement et glissement d'un solide sur une surface.** — Soit un corps S que nous prendrons comme mobile, toujours tangent à une surface S_1 que nous supposerons fixe.

Classons les divers mouvements qu'il peut prendre par rapport à la surface (fig. 65).

Traçons sur S le lieu ABC... des points de contact successifs, et sur S_1 les points correspondants A, B_1, C_1, ... où les contacts auront lieu.

ROULEMENT ET PIVOTEMENT.

Il y a roulement quand les courbes σ et σ_1 roulent l'une sur l'autre sans glisser : *à chaque instant les arcs parcourus par le point de contact sur chacune des courbes sont égaux*. Le point A est immobile au moment où il sert de contact ; par lui passe l'axe instantané de rotation.

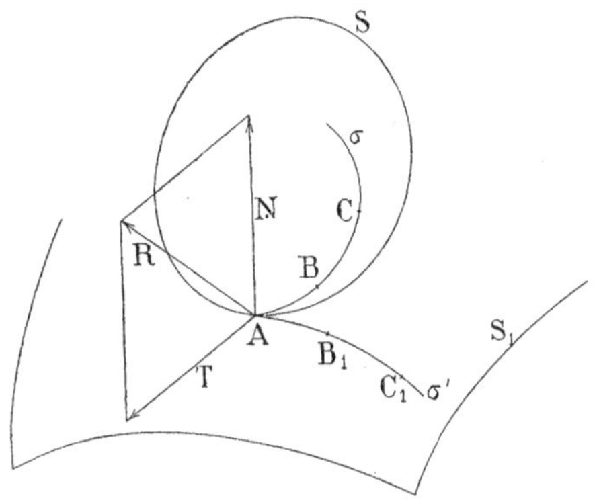

Fig. 65.

Si l'axe instantané est normal aux surfaces S et S_1, on dit qu'il y a *pivotement*.

S'il est dans le plan tangent, il y a *roulement simple*.

Dans le cas général, l'axe a une direction quelconque R. Le *roulement* se compose donc d'un *pivotement* N et d'un *roulement simple* T.

S'il y a roulement et si le contact a lieu sur plusieurs points, le roulement est nécessairement simple ; les points sont toujours en ligne droite puisqu'ils contiennent l'axe instantané. Les deux surfaces S et S_1 sont nécessairement *réglées*. Par exemple : un cylindre roulant sur un plan ou sur un cylindre parallèle, un cône roulant sur un plan ou sur un cône de même sommet.

Considérons dans le cas général les surfaces engendrées par les positions successives de l'axe instantané de rotation. Suivant que nous les considérons comme liées au corps mobile ou comme liées à la surface S immobile, elles passent par les courbes σ ou σ_1. Ce sont deux surfaces réglées qui roulent l'une sur l'autre pendant le mouvement.

GLISSEMENT.

Il y a glissement lorsque le point A n'a pas une vitesse nulle au moment où il sert de point de contact. Sa vitesse est nécessairement dirigée dans le plan tangent.

Voici deux cas particuliers importants que nous expliquerons sur des surfaces simples.

Soit un cylindre qui roule avec glissement sur un cylindre parallèle.

Supposons d'abord que deux sections droites des deux cylindres (sections de forme quelconque, bien entendu) restent toujours dans le même plan. Le roulement peut se compliquer de glissement : c'est ce qui a lieu par exemple dans le cas d'un arbre par rapport à ses coussinets.

Mais simultanément donnons à l'arbre un mouvement longitudinal; il en résultera une seconde espèce de glissement, à chaque instant dirigé suivant la droite de contact.

On peut généraliser pour deux surfaces réglées quelconques. Dans le premier cas, le déplacement d'un point quelconque de la droite de contact est normal à cette droite; dans le second, il lui est parallèle.

Mouvement relatif.

95. **Axes mobiles animés d'un mouvement de translation.** — Rapportons le point à trois axes *mobiles* Ox, Oy, Oz, animés par rapport à trois axes *fixes* $O'x'$, $O'y'$, $O'z'$, d'un mouvement de translation défini par les variations des coordonnées ξ, η, ζ, de l'origine O des axes mobiles. Nous avons à chaque instant :

$$x' = x + \xi, \qquad y' = y + \eta, \qquad z' = z + \zeta;$$

$$\frac{dx'}{dt} = \frac{dx}{dt} + \frac{d\xi}{dt},$$

et deux équations analogues en y et z;

$$\frac{d^2x'}{dt^2} = \frac{d^2x}{dt^2} + \frac{d^2\xi}{dt^2},$$

et deux équations analogues en y et z.

La vitesse absolue v_a (vitesse par rapport aux axes fixes) est donc la résultante de la vitesse relative v_r (vitesse par rapport aux axes mobiles) et de la vitesse d'entraînement v_e (vitesse des axes mobiles).

L'accélération absolue j_a est la résultante de l'accélération relative j_r et de l'accélération d'entraînement j_e.

Tandis que la première proposition est *toujours* vraie, la seconde n'est vraie que dans le cas ici posé où l'entraînement est une translation (§ 96).

Rappelons, parce qu'on l'oublie trop souvent, qu'un mouvement de translation peut être de révolution autour d'un corps. Pour qu'il n'y ait pas rotation, il faut et il suffit qu'une face ou une section déterminée du corps mobile reste constamment parallèle à elle-même. Par exemple, ce n'est pas parce que la Lune tourne autour de la Terre qu'elle est animée d'un mouvement de rotation, c'est parce qu'elle nous présente toujours la même face.

96. **Cas général : théorème de Clairault et de Coriolis.** — Soit un point P rapporté à des axes mobiles. Par rapport à ces axes considérés comme fixes, il décrit une trajectoire AR dite *relative*.

Cette trajectoire est *entraînée* par les axes dans leur mouvement.

Au bout du temps Δt, le point A de la trajectoire où se trouve le mobile P au temps 0, est venu en E suivant la courbe AE, qui définit le mouvement d'entraînement.

La trajectoire considérée dans son entier subit une translation (qui l'amène en ER') et une rotation autour d'un axe EO (qui l'amène en ER'').

Pendant ce temps, le mobile est allé de A en R sur sa trajectoire relative, et par conséquent de A en R'' sur sa trajectoire absolue.

VITESSES.

Menons en A la tangente à la trajectoire AE du point A lié aux axes mobiles. Prenons sur elle une longueur $\overline{A\varepsilon}$ qui mesure *la vitesse d'entraînement :*

$$\overline{A\varepsilon} = v_e \Delta t.$$

Menons en A la tangente à la trajectoire relative AR décrite par le mobile par rapport aux axes mobiles considérés comme fixes.

Prenons sur elle une longueur $\overline{A\rho}$ qui mesure *la vitesse relative :*

$$\overline{A\rho} = v_r \Delta t.$$

Composons ces vecteurs; nous obtenons *la vitesse absolue*, tangente à la trajectoire absolue :

$$\overline{A\alpha} = v_a \Delta t.$$

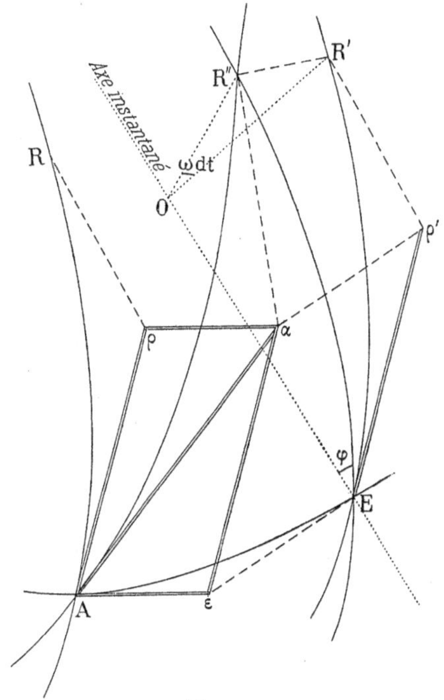

Fig. 66.

Les trajectoires sont en traits simples, les vitesses, en doubles traits, les accélérations, en traits interrompus. Vitesse d'entraînement, $A\varepsilon$, vitesse relative, $A\rho$, vitesse absolue, $A\alpha$. Accélération d'entraînement, εE, accélération relative, ρR, accélération absolue, $\alpha R''$, accélération complémentaire, R'R''. Trajectoire relative, AR, trajectoire relative transportée, ER', trajectoire relative transportée et orientée, ER'', trajectoire absolue, AR''.

ACCÉLÉRATIONS.

Appliquons la proposition du § 65.

Le vecteur $\overline{\varepsilon E}$ mesure au facteur $\overline{\Delta t}^2 : 2$ près, l'*accélération d'entraînement j_e*.

Le vecteur $\overline{\rho R}$ mesure au même facteur près l'*accélération relative j_r*.

Le vecteur $\overline{\alpha R''}$ mesure l'*accélération absolue j_a*.

Pour achever le problème, il ne reste qu'à déterminer la relation entre ces vecteurs.

ACCÉLÉRATION COMPLÉMENTAIRE.

Les figures AρR et Eρ'R' sont identiques. Représentons symboliquement l'addition géométrique par le signe $+$; on a :

$$\overline{\alpha R''} = \overline{\alpha\rho'} + \overline{\rho' R'} + \overline{R'R''}, \qquad j_a = j_e + j_r + \overline{R'R''}.$$

Le vecteur $\overline{R'R''}$ est, au facteur $\Delta t^2 : 2$ près, ce qu'on appelle l'*accélération complémentaire* J.

Son expression se trouve immédiatement.

Traçons l'axe instantané; il passe nécessairement par le point E. Appelons ω la vitesse instantanée autour de cet axe. On a :

$$\overline{R'R''} = \omega\Delta t \,.\, \overline{OR''} = \omega\Delta t \,.\, \overline{ER''} \,.\, \sin\varphi = \omega\Delta t \,.\, v_r\Delta t \,.\, \sin\varphi.$$

$$J = \frac{2\overline{R'R''}}{\overline{\Delta t}^2} = 2\omega v_r \sin\varphi\,;$$

φ représente l'angle de la trajectoire relative, ou, ce qui revient au même, de la vitesse relative avec l'axe instantané.

Ainsi l'accélération complémentaire est un vecteur à la fois perpendiculaire à la rotation autour de l'axe instantané et à la vitesse relative, égal à deux fois l'aire du parallélogramme construit sur ces deux vecteurs, et dirigé dans le sens où la rotation instantanée tend à faire tourner la pointe R' *d'une aiguille dirigée suivant la vitesse relative* ER'.

ÉNONCÉ PLUS GÉNÉRAL.

On obtient l'accélération complémentaire en décomposant la rotation ω et la vitesse relative en autant de composantes que l'on veut, en déterminant les accélérations complémentaires dues à toutes les composantes prises deux à deux et en composant les accélérations partielles obtenues.

En effet, les formules du paragraphe précédent, qui donnent les accélérations complémentaires, sont celles des moments. Le théorème revient donc à cette proposition démontrée que le moment de la résultante est égal à la résultante des moments des composantes.

Il va de soi que l'expression d'un moment étant symétrique (au signe près) par rapport aux deux vecteurs qui y entrent, le théorème s'applique aussi bien à l'un qu'à l'autre.

97. **Expression de l'accélération complémentaire.** — Nous avons à chercher l'expression d'un vecteur normal à deux vecteurs et égal à deux fois l'aire du parallélogramme construit sur eux. Le problème est complètement résolu à la fin du § 35.

Les vecteurs ont pour composantes p, q, r, et $\dfrac{dx}{dt}$, $\dfrac{dy}{dt}$, $\dfrac{dz}{dt}$.

D'où :

$$J_x = 2\left(q\frac{dz}{dt} - r\frac{dy}{dt}\right),$$

$$J_y = 2\left(r\frac{dx}{dt} - p\frac{dz}{dt}\right),$$

$$J_z = 2\left(p\frac{dy}{dt} - q\frac{dx}{dt}\right).$$

Vérifions que ces équations représentent J en signe.

Supposons la vitesse relative dirigée suivant Ox et la rotation réduite à la composante q (fig. 67). Il reste :

$$J_z = -2q\frac{dx}{dt}.$$

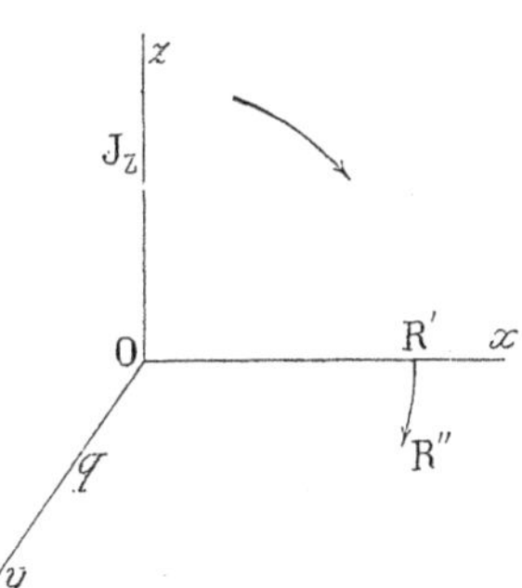

Fig. 67.

Or q positif amène Oz sur Ox; le vecteur $dx : dt$, positif, est disposé suivant OR'.

Or, d'après la règle énoncée au § 96, J_z est dirigé suivant R'R'' : il est bien négatif conformément à la formule.

L'accélération relative a pour composantes :

$$j_{rx} = \frac{d^2x}{dt^2}, \qquad j_{ry} = \frac{d^2y}{dt^2}, \qquad j_{rz} = \frac{d^2z}{dt^2};$$

enfin les composantes de l'accélération d'entraînement sont données au § 93.

98. **Démonstration analytique.** — La démonstration est très simple et satisfait mieux certains esprits (fig. 68).

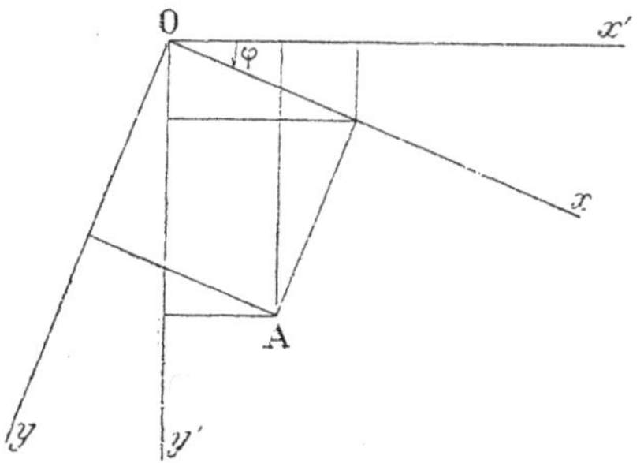

Fig. 68.

Prenons des axes fixes $Ox'y'z$ et des axes mobiles $Oxyz$; cela revient à choisir pour l'axe Oz l'axe instantané de rotation. Nous en avons le droit, car le théorème que nous voulons démontrer est évidemment indépendant des axes de coordonnées ; son expression analytique seule en dépend. On a :

$$x' = x\cos\varphi - y\sin\varphi,$$

$$y' = x\sin\varphi + y\cos\varphi.$$

Dérivons deux fois; il vient :

$$\frac{dx'}{dt} = \frac{dx}{dt}\cos\varphi - \frac{dy}{dt}\sin\varphi - (x\sin\varphi + y\cos\varphi)\frac{d\varphi}{dt},$$

$$\frac{dy'}{dt} = \frac{dx}{dt}\sin\varphi + \frac{dy}{dt}\cos\varphi + (x\cos\varphi - y\sin\varphi)\frac{d\varphi}{dt};$$

$$\frac{d^2x'}{dt^2} = \left(\frac{d^2x}{dt^2}\cos\varphi - \frac{d^2y}{dt^2}\sin\varphi\right) - 2\left(\frac{dx}{dt}\sin\varphi + \frac{dy}{dt}\cos\varphi\right)\frac{d\varphi}{dt}$$
$$- (x\cos\varphi - y\sin\varphi)\left(\frac{d\varphi}{dt}\right)^2 - (x\sin\varphi + y\cos\varphi)\frac{d^2\varphi}{dt^2}.$$

Ou encore :

$$\frac{d^2x'}{dt^2} = \left(\frac{d^2x}{dt^2}\cos\varphi - \frac{d^2y}{dt^2}\sin\varphi\right) - 2\left(\frac{dx}{dt}\sin\varphi + \frac{dy}{dt}\cos\varphi\right)\frac{d\varphi}{dt}$$
$$- \frac{x'}{\mathrm{R}}\mathrm{R}\left(\frac{d\varphi}{dt}\right)^2 - \frac{y'}{\mathrm{R}}\mathrm{R}\frac{d^2\varphi}{dt^2}.$$

$$\frac{d^2y'}{dt^2} = \left(\frac{d^2x}{dt^2}\sin\varphi + \frac{d^2y}{dt^2}\cos\varphi\right) + 2\left(\frac{dx}{dt}\cos\varphi - \frac{dy}{dt}\sin\varphi\right)\frac{d\varphi}{dt}$$
$$- \frac{y'}{\mathrm{R}}\mathrm{R}\left(\frac{d\varphi}{dt}\right)^2 + \frac{x'}{\mathrm{R}}\mathrm{R}\frac{d^2\varphi}{dt^2}.$$

Telles sont les composantes de l'accélération *absolue.*

C'est un vecteur qui, d'après les formules précédentes, est la résultante de trois vecteurs.

1° Le premier est l'accélération *relative,* c'est-à-dire l'accélération par rapport aux axes mobiles considérés comme fixes. Ses composantes *sur les axes mobiles* sont : $\frac{d^2x}{dt^2}$, $\frac{d^2y}{dt^2}$.

2° Le second est l'accélération d'*entraînement,* c'est-à-dire l'accélération d'un point lié aux axes mobiles. Il se décompose lui-même en deux vecteurs : l'un est l'*accélération centripète* de grandeur $\mathrm{R}\left(\frac{d\varphi}{dt}\right)^2$; l'autre est l'*accélération tangentielle* parallèle à la trajectoire et de grandeur $\mathrm{R}\frac{d^2\varphi}{dt^2}$.

3° Le troisième est l'*accélération complémentaire.*

Les composantes sur les axes *fixes* sont :

$$-2\left(\frac{dx}{dt}\sin\varphi + \frac{dy}{dt}\cos\varphi\right)\frac{d\varphi}{dt},$$

$$+2\left(\frac{dx}{dt}\cos\varphi - \frac{dy}{dt}\sin\varphi\right)\frac{d\varphi}{dt}.$$

Sur les axes mobiles, elles sont donc :

$$-2\frac{dy}{dt}\frac{d\varphi}{dt}, \qquad +2\frac{dx}{dt}\frac{d\varphi}{dt},$$

comme on le vérifiera aisément en projetant sur les axes Ox', Oy', un vecteur ayant ces composantes suivant les axes Ox, Oy.

Ce vecteur, qui est dans le plan Oxy, est donc normal à l'axe instantané de rotation dirigé suivant Oz. Il est normal à la vitesse relative (puisqu'il est normal à la composante de cette vitesse qui est dans le plan normal à l'axe instantané). Enfin il est bien dirigé dans le sens où la rotation instantanée tend à faire tourner la pointe d'une aiguille orientée suivant la vitesse relative.

Le problème est complètement résolu malgré le choix particulier des axes, puisque nous sommes parvenus à un énoncé où les axes n'interviennent plus.

99. **Accélération en coordonnées polaires : trajectoire plane.** — La plus simple des applications des formules précédentes est l'interprétation des formules donnant l'accélération en coordonnées polaires. Nous ferons le calcul complet pour la trajectoire plane; le théorème de Clairault nous donnera sans calcul les formules pour la trajectoire gauche. Du reste, les calculs sont à peu près identiques à ceux du paragraphe précédent.

Posons : $$x = r\cos\varphi, \qquad y = r\sin\varphi. \tag{1}$$

$$\frac{dx}{dt} = \cos\varphi\frac{dr}{dt} - r\sin\varphi\frac{d\varphi}{dt},$$
$$\frac{dy}{dt} = \sin\varphi\frac{dr}{dt} + r\cos\varphi\frac{d\varphi}{dt}; \tag{2}$$

$$\frac{d^2x}{dt} = \cos\varphi\frac{d^2r}{dt^2} - 2\sin\varphi\frac{dr}{dt}\frac{d\varphi}{dt} - r\sin\varphi\frac{d^2\varphi}{dt^2} - r\cos\varphi\left(\frac{d\varphi}{dt}\right)^2,$$
$$\frac{d^2y}{dt} = \sin\varphi\frac{d^2r}{dt^2} + 2\cos\varphi\frac{dr}{dt}\frac{d\varphi}{dt} + r\cos\varphi\frac{d^2\varphi}{dt^2} - r\sin\varphi\left(\frac{d\varphi}{dt}\right)^2. \tag{3}$$

Mais nous pouvons aussi bien considérer le rayon vecteur comme une trajectoire *relative;* le point est en effet toujours dessus. La vitesse d'entraînement est alors normale au rayon vecteur et égale à $r\frac{d\varphi}{dt}$; la vitesse relative est dirigée suivant ce rayon et vaut $\frac{dr}{dt}$. C'est précisément ce que signifient les équations (2).

Passons aux accélérations.

L'*accélération relative* est celle qui apparaîtrait seule à l'observateur lié lui-même aux axes mobiles : elle est donc dirigée suivant le rayon vecteur et a pour expression :

$$\frac{d^2r}{dt^2}.$$

L'*accélération d'entraînement* est celle d'un point qui serait invariablement fixé aux axes mobiles. Elle a deux composantes.

L'une est l'*accélération tangentielle* (parallèle à la trajectoire et par conséquent normale au rayon vecteur) :

$$r\frac{d^2\varphi}{dt^2}.$$

L'autre est l'*accélération centripète,* qui résulte du mouvement circulaire ; elle est dirigée suivant le rayon vecteur, vers l'origine des coordonnées ; elle a pour grandeur :

$$r\left(\frac{d\varphi}{dt}\right)^2.$$

Enfin l'*accélération complémentaire* est dirigée normalement à l'axe instantané de rotation et normalement à la vitesse relative. Elle est donc dans le plan de la trajectoire et normale au rayon vecteur, puisque l'axe instantané est ici invariable et coïncide avec l'axe des z. Elle a pour expression :

$$2\frac{dr}{dt}\frac{d\varphi}{dt}.$$

100. **Accélération en coordonnées polaires : trajectoire gauche.** — Prenons les coordonnées r, φ, θ, telles qu'on ait (fig. 69) :

$$x = r\cos\varphi\sin\theta,$$
$$y = r\sin\varphi\sin\theta,$$
$$z = r\cos\theta. \qquad (1)$$

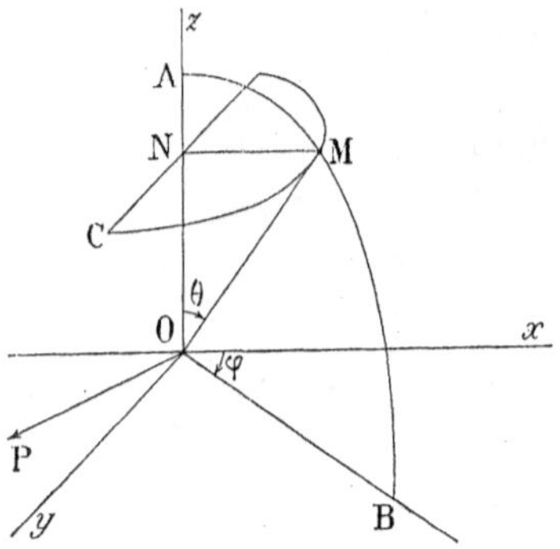

Fig. 69.

Nous pouvons écrire immédiatement les accélérations qui sont au nombre de huit. Cependant le lecteur verra par cet exemple qu'il n'est généralement pas facile d'appliquer le théorème de Clairault, et que deux dérivations des équations (1) sont un procédé sinon plus rapide, du moins plus sûr.

Nous avons à considérer deux mouvements relatifs superposés, le mouvement du rayon vecteur OM dans son plan AMB, le mouvement du plan dans l'espace.

I. Mouvement du rayon vecteur dans son plan (§ 99).

1° Accélération relative dirigée suivant OM : $\dfrac{d^2r}{dt^2}$.

2° Accélération d'entraînement tangentielle dirigée suivant la tangente à MB : $r\dfrac{d^2\theta}{dt^2}$.

3° Accélération d'entraînement centripète dirigée suivant MO :

$$r\left(\frac{d\theta}{dt}\right)^2.$$

4° Accélération complémentaire dirigée suivant la tangente à MB :

$$2\frac{d\theta}{dt}\cdot\frac{dr}{dt}.$$

II. Mouvement du plan dans l'espace autour de Oz.

5° Accélération d'entraînement tangentielle dirigée suivant MC :

$$r\sin\theta\frac{d^2\varphi}{dt^2}.$$

6° Accélération d'entraînement centripète dirigée suivant MN :

$$r\sin\theta\left(\frac{d\varphi}{dt}\right)^2.$$

7° Accélération complémentaire dirigée suivant la tangente à MC, due à la composante $dr : dt$ de la vitesse relative :

$$2\sin\theta\frac{d\varphi}{dt}\cdot\frac{dr}{dt}.$$

8° Accélération complémentaire dirigée suivant la tangente à MC, due à la composante $r\,d\theta : dt$ de la vitesse relative :

$$2\cos\theta\frac{d\varphi}{dt}\cdot r\frac{d\theta}{dt}.$$

Il serait facile de commettre des erreurs. Par exemple, des deux composantes de la vitesse relative :

$$\frac{dr}{dt},\qquad r\frac{d\theta}{dt},$$

l'une seulement intervient quand il s'agit de la rotation $d\theta$ autour de OP normale au plan ; les deux interviennent quand il s'agit de la rotation $d\varphi$ autour de Oz. On voit pourquoi ; mais l'erreur est facile d'ajouter une accélération complémentaire de trop.

CHAPITRE IV

MÉCANISMES

On appelle *mécanismes* les organes de transformation du mouvement.

L'étude détaillée des mécanismes nous entraînerait hors du cadre de cet ouvrage. Du reste, un grand nombre d'entre eux sont étudiés comme applications des principes de la Statique et de la Dynamique : ce serait faire double emploi que de les décrire ici.

Nous passerons seulement en revue ceux dont il n'est pas parlé ailleurs et que le lecteur rencontrera journellement dans l'industrie et dans les appareils de Physique.

Galets.

101. **Définition; machine d'Atwood.** — On appelle *galet* une roue de petites dimensions qui sert généralement à remplacer un frottement de glissement par un frottement de roulement (§ 94).

L'exemple classique est celui de la *machine d'Atwood*, que nous étudierons avec quelque détail (fig. 70).

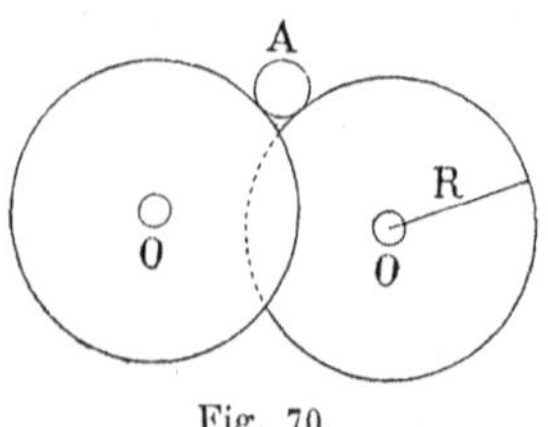

Fig. 70.

L'arbre A de la roue (non représentée) sur la jante de laquelle passe la cordelette supportant les poids, s'appuie sur les jantes de quatre galets d'axe O.

Pour comprendre l'avantage de cette disposition, on saura que le frottement est proportionnel au poids de la pièce qui frotte et que son travail est proportionnel au déplacement relatif des pièces frottantes. Nous reviendrons d'ailleurs plus longuement sur l'étude du frottement au Chapitre III de la seconde partie de ce volume.

Ceci posé, soit P le poids de la roue A, p le poids de chaque galet; soit r le rayon de l'arbre A, r' le rayon des arbres O, R le rayon des galets.

Quand les galets sont supprimés, pour un tour de A, le travail du frottement est proportionnel à $2\pi r\mathrm{P}$. Avec les galets, la rotation d'un tour pour l'arbre A correspond à un déplacement linéaire :

$$2\pi r r' : \mathrm{R},$$

de la surface des arbres O. D'où un travail de frottement total proportionnel à :

$$2\pi r \cdot \frac{r'}{\mathrm{R}} (\mathrm{P} + 4p).$$

Comme p est beaucoup plus petit que P, le facteur $\mathrm{P} + 4p$ n'est pas très supérieur à P. Toutefois, de ce chef, il y aurait désavantage à employer des galets. L'avantage provient du facteur $r' : \mathrm{R}$, qui est beaucoup plus petit que l'unité. Le frottement de roulement ajouté est généralement négligeable. En définitive, la disposition est d'autant plus avantageuse que les galets sont plus grands et leurs arbres de moindre diamètre.

102. **Galets d'interposition**. — Le type des galets d'interposition est le roulement à billes de plus en plus employé dans l'industrie. Une pièce P doit tourner sur S avec le moindre frottement. Des billes d'acier sont placées dans une gouttière creusée moitié dans P, moitié dans S. Le frottement de glissement est remplacé par le frottement de roulement.

Il ne faut cependant pas croire qu'on puisse éviter tout glissement. Les billes se touchent certainement plus ou moins; la partie inférieure de la figure 71 montre qu'il y a glissement en tous leurs points de contact. Il résulte de là qu'elles ne doivent pas être trop

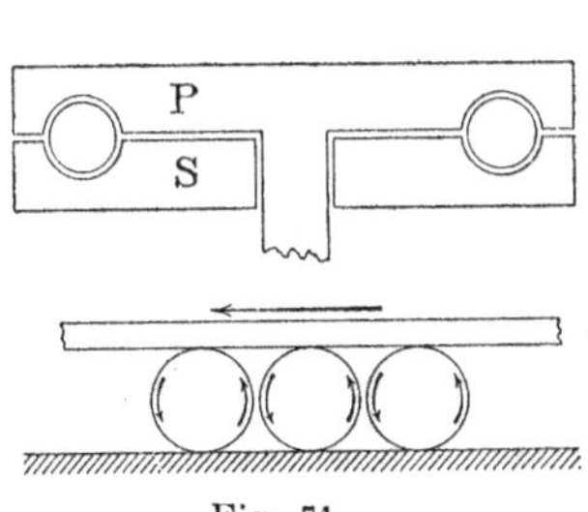

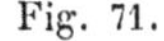

Fig. 71.

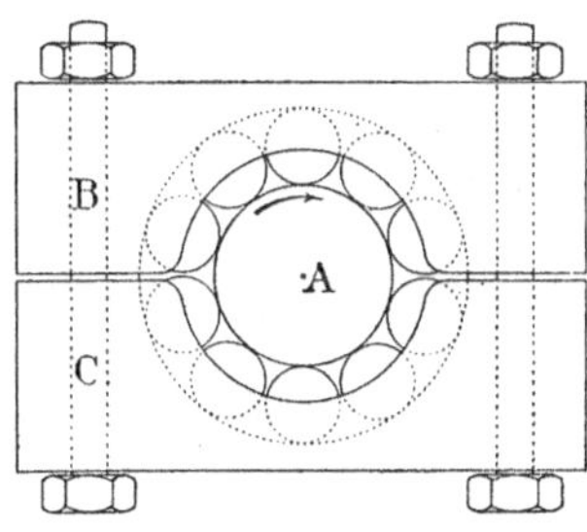

Fig. 72.

serrées, ou, si l'on veut, que placées au contact elles ne doivent pas remplir complètement la gouttière.

On emploie beaucoup dans l'industrie des *coussinets à billes* (fig. 72).

L'arbre A ne repose plus directement sur le coussinet. Il s'appuie sur une couronne de billes, maintenues par une gouttière de section demi-circulaire creusée dans les deux parties B et C du coussinet. Celles-ci sont fixées l'une à l'autre par des boulons.

Les billes serrées entre l'arbre A et le fond de la gouttière creusée dans le coussinet, forment l'équivalent d'un *train épicycloïdal* (§ 120). Nous étudierons plus loin leur mouvement.

On utilise des galets d'interposition chaque fois qu'on veut obtenir une grande mobilité.

Les plaques tournantes des chemins de fer sont montées sur des galets tronconiques aigus dont les sommets sont sur l'axe de la plaque : ils sont fous (§ 121) sur les axes AA (fig. 73). Les rails circulaires R qui reposent sur le sol et sont fixés sous la plaque, forment des cônes très obtus. La figure représente une coupe schématique de l'appareil. La conicité des galets permet un roulement sans glissement pour toutes les sections droites; s'ils étaient cylindriques, le glissement se produirait nécessairement sauf pour une section droite.

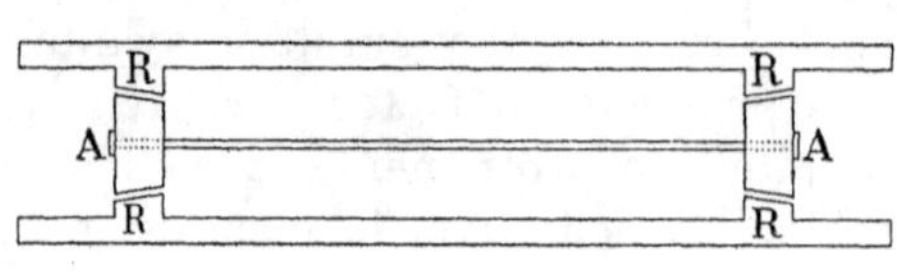

Fig. 73.

On retrouve la même disposition dans les *ponts tournants.*

103. **Obtention de vitesses angulaires variables.** — Le disque D d'axe vertical OB est animé d'une vitesse angulaire constante Ω. Il entraîne le galet M de rayon r et dont l'axe MN de direction invariable est dirigé parallèlement au rayon OA (fig. 74).

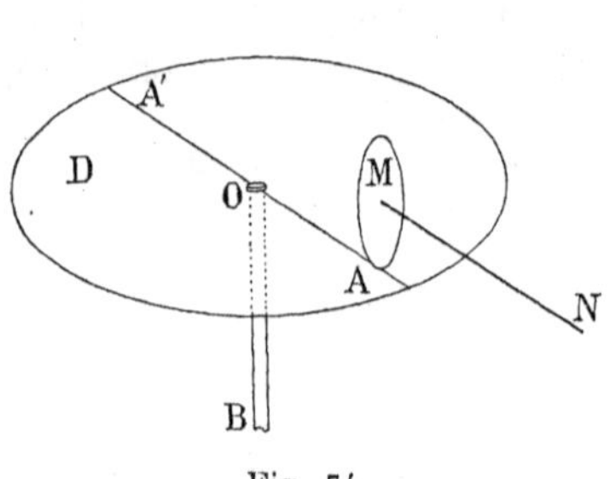

Fig. 74.

Posons $\overline{OA} = d$; appelons ω la vitesse angulaire du galet. On a :

$$\omega r = \Omega d.$$

La vitesse ω est, toutes choses égales d'ailleurs, proportionnelle au rayon d de la circonférence de contact du galet M et du disque D.

Il suffit de faire varier d en fonction du temps suivant une certaine loi pour modifier ω suivant la même loi.

On réalise par exemple des vitesses angulaires variant sinusoïdalement en liant le galet à un excentrique qui lui impose très approximativement suivant A'OA des distances d de la forme générale :

$$d = d_1 + d_2 \sin \omega t.$$

d varie entre les limites

$$d_1 + d_2 \quad \text{et} \quad d_1 - d_2.$$

Si le galet reste d'un même côté du centre O, la vitesse angulaire de l'arbre MN est toujours de même sens; elle change de sens quand le point de contact A passe sur le centre O. Elle est successivement de sens opposés quand il se déplace de A' en A.

Courbes roulantes.

104. Condition générale du roulement sans glissement. — Soit deux courbes tournant autour des centres O et O'. On demande à quelles conditions elles rouleront l'une sur l'autre sans glissement; nous dirons alors qu'elles sont *conjuguées*.

Nous admettrons, quitte à le prouver plus loin (§ 107), qu'à chaque instant leur point de contact A est sur la ligne des centres OO' (fig. 75). On a donc une première condition :

$$r + r' = \overline{OO'} = 2a, \qquad dr + dr' = 0. \qquad (1)$$

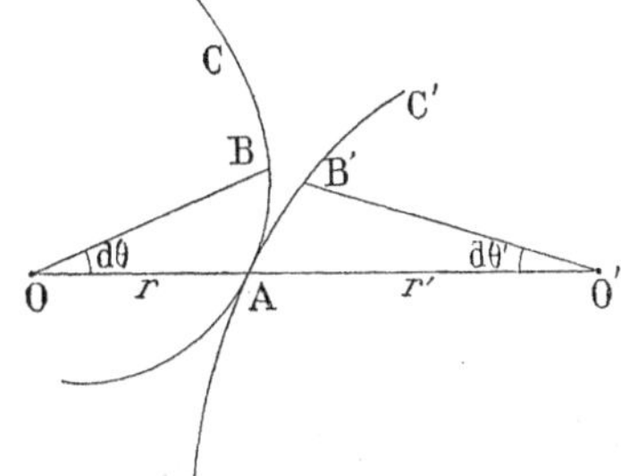

Fig. 75.

La condition de roulement doit être réalisée après une rotation quelconque et par conséquent après une rotation infiniment petite.

Écrivons donc que les arcs AB et AB' sont égaux, la condition (1) restant satisfaite. Les différentielles des arcs sont :

$$ds = \sqrt{dr^2 + r^2 d\theta^2}, \qquad ds' = \sqrt{dr'^2 + r'^2 d\theta'^2}.$$

Les conditions : $\quad ds = ds', \qquad dr = -dr',$

donnent :

$$r d\theta = r' d\theta'. \qquad (2)$$

Soit donnée l'une des courbes $r = f(\theta)$; on aura pour déterminer l'autre les relations :

$$r' = 2a - r = 2a - f(\theta),$$

$$d\theta' = \frac{r}{r'} d\theta = \frac{f(\theta)}{2a - f(\theta)} d\theta.$$

L'intégration effectuée, θ' et r' sont exprimées en fonction de la variable auxiliaire θ; l'élimination de θ fournit l'équation cherchée :

$$r' = F(\theta').$$

Remarque.

Si les courbes : $\quad r = f(\theta), \qquad r' = F(\theta'),$

sont roulantes, il en sera de même des courbes :

$$r = f(n\theta), \qquad r' = F(n\theta'),$$

où n est un nombre quelconque. Cela revient à rapprocher (ou à éloigner) les uns des autres les rayons vecteurs des deux courbes, en réduisant (ou en augmentant) leurs angles dans le même rapport.

105. **L'une des courbes est une ellipse tournant autour d'un foyer.** — Des considérations géométriques immédiates montrent que deux ellipses égales tournant autour d'un de leurs foyers, sont des courbes roulantes conjuguées, pourvu que la distance $\overline{OO'}$ des centres vaille deux fois le grand axe (fig. 76).

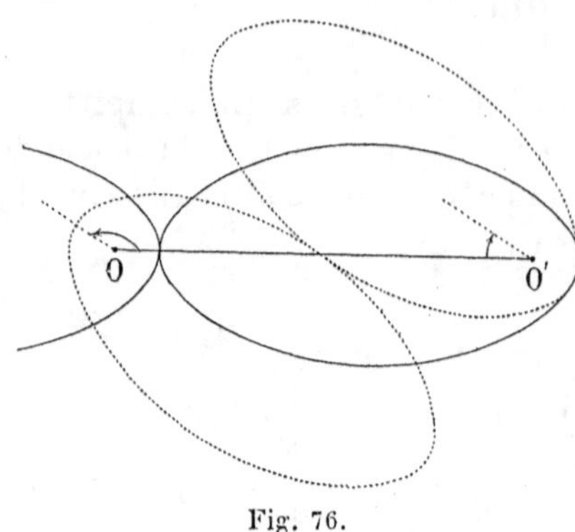

Fig. 76.

Voici le calcul comme application des formules précédentes.

L'équation d'une des ellipses est :

$$r = \frac{a(1-e^2)}{1+e\cos\theta};$$

a est le demi grand axe, c est l'excentricité $\sqrt{a^2-b^2} : a = c : a$.

Appliquant les formules du paragraphe précédent, on trouve :

$$d\theta' = \frac{(1-e^2)d\theta}{1+e^2+2e\cos\theta}, \qquad \cos\theta' = \frac{(1+e^2)\cos\theta+2e}{2e\cos\theta+1+e^2},$$

$$r' = a\frac{1+e^2+2e\cos\theta}{1+e\cos\theta}.$$

Éliminant θ entre les deux dernières équations, il reste :

$$r' = \frac{a(1-e^2)}{1-e\cos\theta'};$$

c'est l'équation de l'ellipse r, θ, qui a tourné de π.

Les vitesses angulaires sont à chaque instant très différentes pour les deux courbes. L'équation :

$$r d\theta = r' d\theta', \quad \text{peut s'écrire :} \quad r\omega = r'\omega'.$$

Le rapport des vitesses angulaires passe de :

$$\frac{1-e}{1+e}, \qquad \text{à} \qquad \frac{1+e}{1-e}.$$

D'après la remarque du § 104, les courbes d'équation :

$$r = \frac{a(1-e^2)}{1\pm e\cos n\theta},$$

sont encore des courbes roulantes conjuguées.

Pour qu'elles se ferment, on prendra n entier.

106. **L'une des courbes est une spirale logarithmique.** — Posons $r = be^{k\theta}$; l'une des courbes est une spirale logarithmique (fig. 77). Cherchons la courbe roulante conjuguée. On a :

$$d\theta' = \frac{be^{k\theta}}{2a - be^{k\theta}}\, d\theta, \qquad be^{-k\theta'} = 2a - be^{k\theta};$$

$$r' = 2a - be^{k\theta}, \qquad r' = be^{-k\theta'}.$$

La courbe conjuguée est la même spirale logarithmique. On sait que la tangente à cette courbe fait un angle constant avec le rayon vecteur qui passe par le point de contact; ce qui explique la tangence des courbes roulantes. En A et A′, l'angle de la tangente avec OO′ est le même.

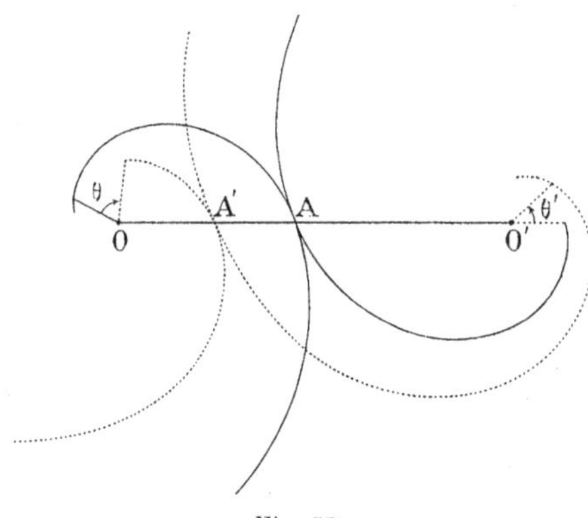

Fig. 77.

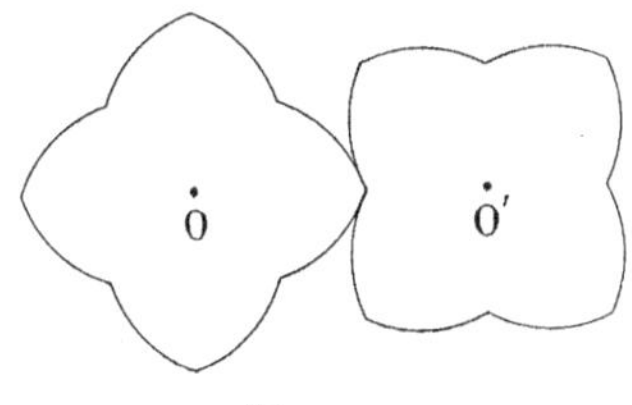

Fig. 78.

On n'utilise évidemment que des portions finies de l'une et par conséquent de l'autre spirales. On groupe les arcs utilisés de manière que leurs extrémités soient les sommets de polygones réguliers (fig. 78).

Cames; profil des dents d'engrenage.

107. **Came.** — Deux figures planes A et A′ (fig. 79), tournant dans leur plan autour des points O et O′, constituent une *came.*

On demande l'expression du rapport des vitesses angulaires ω et ω', et celle du *glissement.*

Soit M le point de contact actuel de A et de A′, et PMP′ la tangente commune. Menons MC perpendiculaire à PP′; elle coupe en C la ligne des centres OO′.

Le calcul suivant repose sur ce fait (*que nous admettrons*) : après une petite rotation, la tangente commune conserve sensiblement la même direction : elle vient en pp'.

Il résulte de là que, le point M de contact actuel, considéré comme appartenant à la figure A, se déplaçant suivant l'arc MN de centre O, le même point M, considéré comme appartenant à la figure A', décrit l'arc MN' de centre O'. (Contrairement à ce que semble indiquer la figure, MN n'est pas dans le prolongement de O'M, ni MN' dans le prolongement de OM; généralement l'angle $\overline{\mathrm{OMO'}}$ n'est pas droit.)

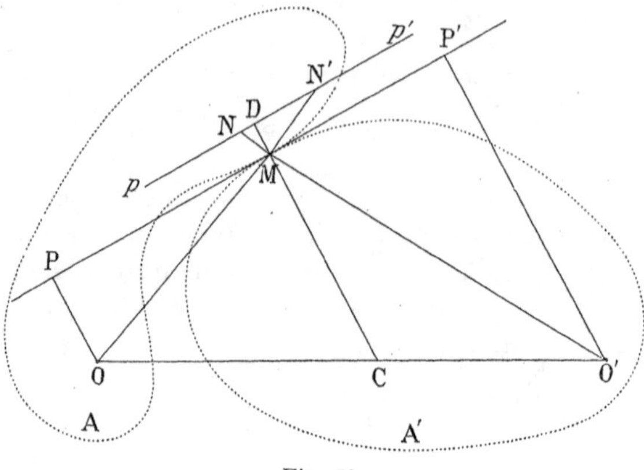

Fig. 79.

Menons les perpendiculaires OP, O'P' à la tangente commune; prolongeons CM jusqu'en D.

Dans les triangles semblables DMN et PMO, on a :

$$\frac{\overline{\mathrm{ND}}}{\overline{\mathrm{OP}}}=\frac{\overline{\mathrm{MN}}}{\overline{\mathrm{MO}}}=\frac{\overline{\mathrm{MD}}}{\overline{\mathrm{MP}}};$$

dans les triangles semblables DMN' et P'MO', on a :

$$\frac{\overline{\mathrm{N'D}}}{\overline{\mathrm{O'P'}}}=\frac{\overline{\mathrm{MN'}}}{\overline{\mathrm{MO'}}}=\frac{\overline{\mathrm{MD}}}{\overline{\mathrm{MP'}}}.$$

D'ailleurs on a :

$$\overline{\mathrm{MN}}=\overline{\mathrm{OM}}\,.\,\omega dt, \qquad \overline{\mathrm{MN'}}=\overline{\mathrm{O'M}}\,.\,\omega' dt.$$

D'où $$\omega\,.\,\overline{\mathrm{MP}}=\omega'\,.\,\overline{\mathrm{MP'}};$$

et enfin $$\omega\,.\,\overline{\mathrm{OC}}=\omega'\,\overline{\mathrm{O'C}}. \qquad (1)$$

La perpendiculaire commune MC *divise la ligne des centres en deux segments tels que le produit de la vitesse angulaire par le segment correspondant est constant.*

On a : $$\overline{\mathrm{ND}}=\overline{\mathrm{OP}}\,.\,\omega dt, \qquad \overline{\mathrm{N'D}}=\overline{\mathrm{O'P'}}\,.\,\omega' dt;$$

$$\overline{\mathrm{OC}}:\overline{\mathrm{CO'}}=(\overline{\mathrm{MC}}-\overline{\mathrm{OP}}):(\overline{\mathrm{O'P'}}-\overline{\mathrm{MC}})=\omega':\omega.$$

$$\overline{\mathrm{NN'}}=\overline{\mathrm{ND}}+\overline{\mathrm{DN'}}=\overline{\mathrm{OP}}\,.\,\omega dt+\overline{\mathrm{O'P'}}\,.\,\omega' dt=(\omega+\omega')\,\overline{\mathrm{MC}}\,.\,dt,$$

$$\frac{\overline{\mathrm{NN'}}}{dt}=(\omega+\omega')\,\overline{\mathrm{MC}}.$$

La vitesse de glissement est égale à la somme des vitesses angu-

laires multipliée par la longueur de la normale commune comprise entre le point de contact et la ligne des centres.

Nous retrouvons le résultat du § 104. Pour que le glissement soit nul, c'est-à-dire pour que le roulement existe seul, on doit avoir $\overline{MC} = 0$; le point de contact doit être sur la ligne des centres.

108. **Came des pilons.** — L'exemple suivant est une excellente introduction à la théorie des engrenages.

Proposons-nous de soulever *verticalement* une pièce guidée A′ (pilon) au moyen d'une came tournant autour de l'axe O. La tige A′ peut être censée tourner autour d'un axe O′ situé à l'infini dans la direction *horizontale* OO′ (fig. 80).

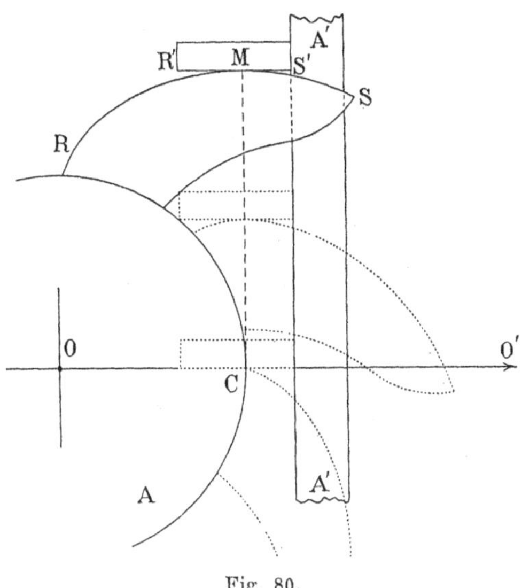

Fig. 80.

Pour déterminer le problème, posons que la translation verticale sera proportionnelle à la rotation de la came A. Il faut donc que la normale MC au point de contact des courbes glissantes passe par un point fixe C de la ligne des centres OO′. Nous pouvons prendre comme solution une développante RMS du cercle de rayon OC, et une horizontale R′MS′ liée au pilon.

Quand le cercle tourne de l'arc $\overline{CR}$, le pilon s'élève de $\overline{CM}$ précisément égal à $\overline{CR}$.

109. **Engrenages; profil en développante de cercle.** — Soit deux cercles de centres O et O′ et de rayons quelconques (fig. 81). Menons les développantes de ces cercles (RM″S, R′M″S′, par exemple) de manière qu'elles soient tangentes. D'après la définition de la développante, il suffit d'enrouler un fil autour des cercles et de tracer la courbe décrite par un des points du fil pendant le déroulement : du reste tous les points décrivent la même courbe.

Les développantes sont tangentes en un point M″ qui est sur la tangente commune aux deux cercles TT′, puisque cette droite est par construction la normale commune aux deux courbes.

Faisons tourner les cercles de manière que les développantes restent tangentes entre elles. Le point M'' décrit la ligne TT'; la normale commune passe par le point *invariable* M'.

Ainsi nous réalisons un entraînement qui jouit de la propriété fondamentale que le rapport des vitesses angulaires $\omega : \omega'$ *des deux cercles est invariable.*

Inversement, soient donnés les axes O, O', et le rapport $\omega : \omega'$; déterminons le point M' par la condition (§ 107) :

$$\omega \, . \, \overline{M'O} = \omega' \, . \, \overline{M'O'}.$$

Menons une droite arbitraire TT'; traçons les deux cercles tangents de centres O et O'. Menons les développantes de ces cercles. Ils

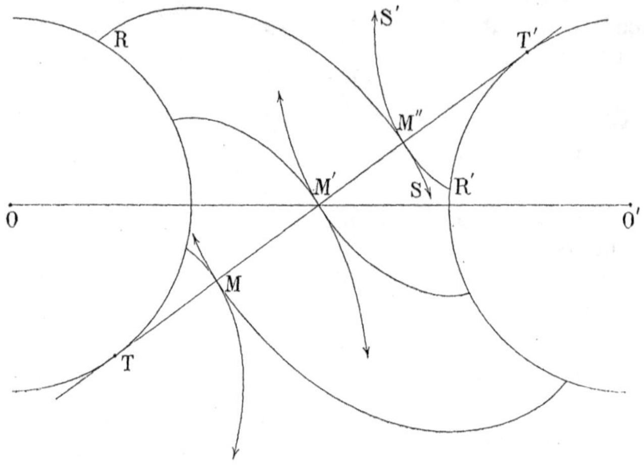

Fig. 81.

peuvent s'entraîner par le moyen de ces développantes glissant l'une sur l'autre, et le rapport des vitesses angulaires est le rapport donné.

Il y a généralement glissement, puisque le point de contact est généralement hors de la ligne des centres. Pour diminuer le glissement, il est donc avantageux de n'utiliser chaque paire de développantes qu'au voisinage de la position pour laquelle le contact est sur la ligne des centres. Les dents doivent nécessairement agir de part et d'autre de cette ligne, mais seulement dans un petit intervalle.

110. **Réalisation pratique de l'engrenage en développante de cercle** (fig. 82). — Pour obtenir un entraînement bien régulier et sans trop de frottement, on est conduit à multiplier le nombre des courbes qui s'entraînent; on obtient les *dents* de la roue d'engrenage.

Comme les roues doivent se conduire dans les deux sens, les dents ont la même forme des deux côtés. Pour ne pas affaiblir outre mesure leurs extrémités, pour que l'épaisseur ne diminue pas trop vite, on prend la tangente commune aux cercles développés presque normale à la ligne des centres OO′; ce qui revient à utiliser les développantes de cercles dont les circonférences sont très rapprochées l'une de l'autre.

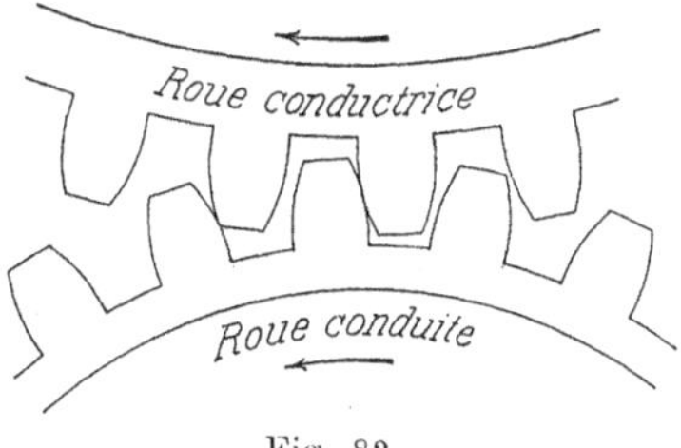

Fig. 82.

Les dents sont séparées par un intervalle qu'on appelle le *creux;* il existe naturellement une relation entre le creux et l'épaisseur de la dent, puisque les dents doivent s'engager les unes dans les autres. On s'arrange pour que plusieurs dents soient simultanément en prise.

111. **Crémaillère.** — Il y a *crémaillère* lorsqu'un des axes de rotation passe à l'infini, par conséquent lorsqu'un des mouvements circulaires devient une translation. La came à pilons constitue donc un élément de crémaillère.

Appliquons la théorie précédente à la crémaillère; nous retrouverons une solution qui admet celle du § 108 comme cas particulier.

Reprenons la figure 81; supposons que le point O′ s'éloigne indéfiniment, la tangente TMT′ restant invariable. La développante R′M″S′ deviendra de plus en plus rectiligne; elle sera remplaçable par un morceau de droite dans toute la partie accessible du plan. Cette droite est normale à TMT′. La direction de translation autour de l'axe O′ infiniment éloigné est normale à OO′; les développantes de O′ sont des droites normales à TT′ et par conséquent obliques à la translation (fig. 83).

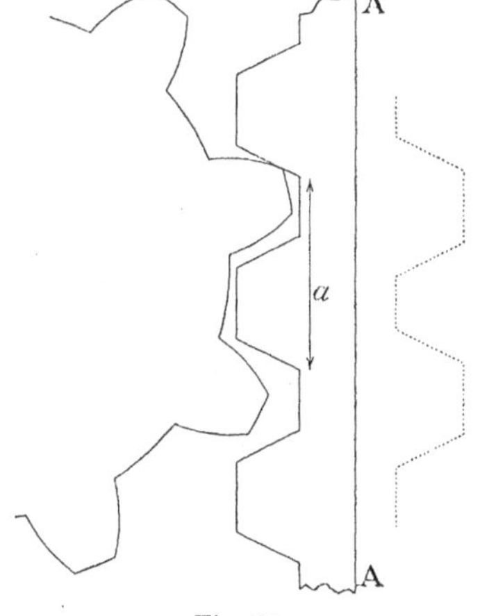

Fig. 83.

Au § 108 nous supposons comme cas particulier que TT′ est normale à la translation.

Le lecteur fera abstraction de la partie de la figure en pointillé : elle nous servira au § 218, quand nous parlerons des vis tangentes dont la théorie est identique à celle de la crémaillère.

112. **Engrenages en épicycloïdes.** — Les engrenages, nous venons de le voir, ont pour but de transmettre la vitesse angulaire ω d'un axe O à un autre axe O′, *de manière que le rapport* $\omega : \omega'$ *soit constant.*

On réaliserait évidemment cette condition en faisant rouler l'un sur l'autre deux cercles de centres O et O' et de rayons R et R' tels qu'on ait :

$$R\omega = R'\omega'.$$

L'inconvénient de ce procédé est le manque d'adhérence entre les roues. Il est cependant employé lorsque l'effort à transmettre est petit, ou lorsqu'on désire entre les arbres O et O' un accouplement *souple*. Les roues, pouvant glisser l'une sur l'autre, réalisent cette condition. Pour augmenter l'adhérence on recouvre les jantes de bandes de cuir. D'ailleurs l'adhérence peut n'être pas négligeable; c'est par adhérence que la locomotive entraîne son train.

Le roulement sans glissement des circonférences que nous venons de définir et qu'on appelle *circonférences primitives,* fournit autant de courbes *conjuguées* qu'on voudra (§ 89), maintenant un accouplement rigide des arbres avec un rapport des vitesses angulaires $\omega : \omega'$, déterminé à l'avance.

Deux méthodes donnent le résultat.

Méthode des enveloppes.

Maintenons fixe la circonférence primitive C et faisons rouler l'autre C' sur le pourtour de la première. Traçons une courbe quelconque Γ' sur le plan de C', et déterminons son enveloppe Γ pendant le roulement de C' sur C. L'enveloppe Γ est le profil conjugué de Γ'. En effet, si nous rétablissons la fixité du point O', les deux courbes Γ et Γ' restent constamment tangentes pendant les rotations autour de O et de O'; d'ailleurs le rapport $\omega : \omega'$ aura la valeur voulue, puisque tout se passe comme si les circonférences primitives roulaient l'une sur l'autre.

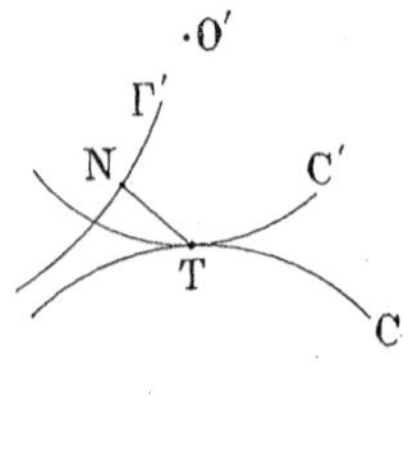

Fig. 84.

Le tracé de la courbe enveloppe Γ se fait par points.

Considérons en effet la figure 84. Le point T est le centre instantané de rotation (§ 84). Abaissons la perpendiculaire TN sur la courbe Γ'. Le point N se déplace d'abord normalement à NT et par conséquent suivant la tangente à Γ'. Il reste donc sur la courbe Γ' actuelle, tout en appartenant à la courbe Γ' voisine : c'est donc un point de l'enveloppe (§ 89).

Méthode des roulettes.

On utilise une courbe auxiliaire γ qu'on fait rouler successivement sur les circonférences primitives C et C' (fig. 85). Un des points P du plan lié à la courbe γ, décrit pendant son roulement sur C la courbe Γ sur le plan C, pendant son roulement sur C' la courbe Γ' sur le plan C'. Je dis que les courbes Γ et Γ' sont conjuguées, c'est-à-dire restent constamment tangentes pendant le roulement sans glissement des circonférences primitives.

En effet, faisons rouler simultanément γ sur C', et C' sur C maintenu fixe, de manière que les trois courbes restent constamment tangentes au même point. Le point P décrit : la courbe Γ dans son mouvement absolu; la courbe Γ' dans son mouvement relatif par rapport à C'. Les courbes Γ et Γ', décrites simultanément par le même point, sont tangentes. Elles admettent en effet pour normale la droite qui joint le point P aux centres instantanés de rotation; ces centres sont le même point pour les deux courbes, puisqu'ils coïncident avec le point de tangence des trois courbes.

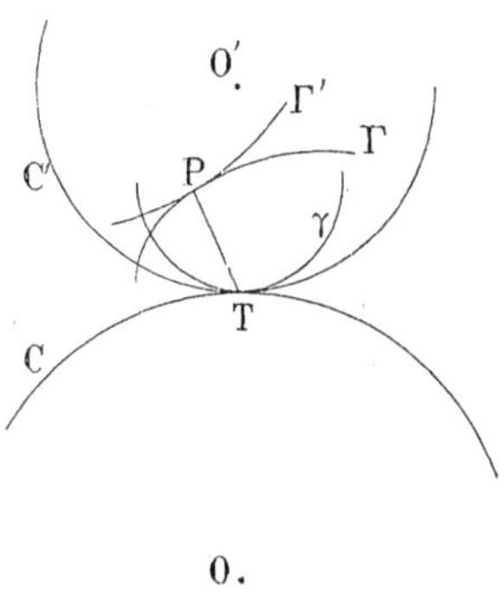

Fig. 85.

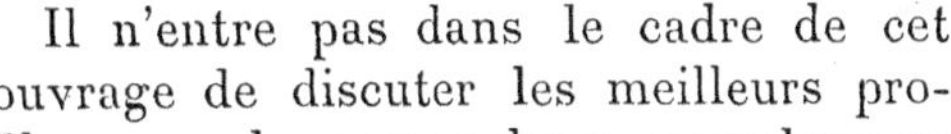

Il n'entre pas dans le cadre de cet ouvrage de discuter les meilleurs profils; nous donnerons deux exemples pour illustrer la théorie générale.

113. Engrenages à lanterne. — Dans cet engrenage on choisit pour courbe Γ' un point ou plus exactement un cercle de petit rayon. La courbe conjuguée Γ est par conséquent une épicycloïde, c'est-à-dire le lieu d'un point du cercle C' roulant sans glissement sur le cercle C.

L'une des roues est donc formée de tiges cylindriques dont les axes sont disposés symétriquement sur un cercle et qui sont maintenues par deux disques normaux à l'axe; d'où le nom de *lanterne* donné à l'appareil. Les dents de l'autre roue sont limitées par des arcs d'épicycloïdes.

114. Engrenages à flancs. — On choisit pour courbe Γ' un rayon du cercle C'. Nous avons démontré (§ 89) que dans le roulement de C' sur C, le rayon enveloppe une épicycloïde Γ décrite par un point d'une circonférence γ de rayon $R' : 2$, roulant sans glissement sur le cercle C.

Il revient au même d'appliquer la méthode des roulettes. La courbe γ est alors une circonférence de rayon $R' : 2$. Roulant sur C', un point de γ décrit un diamètre Γ' (§ 88). Roulant sur C, il décrit l'épicycloïde conjuguée Γ.

Mais cette épicycloïde présente un rebroussement sur la ligne des centres OO' (fig. 86); d'où une impossibilité mécanique.

Pour tourner la difficulté, on utilise une seconde courbe auxiliaire γ_1 roulant dans C qui roule elle-même sur C'. La courbe Γ_1 est maintenant un diamètre du cercle O, elle enveloppe une épicycloïde Γ'_1.

Chaque profil se compose donc d'une partie rectiligne qu'on appelle *flanc*, prolongée par une épicycloïde qu'on appelle *face;* le flanc d'une roue conduit la face de l'autre, et réciproquement. Le passage se fait sur les circonférences primitives (fig. 87).

Le tracé des dents de l'une des roues dépend de la circonférence

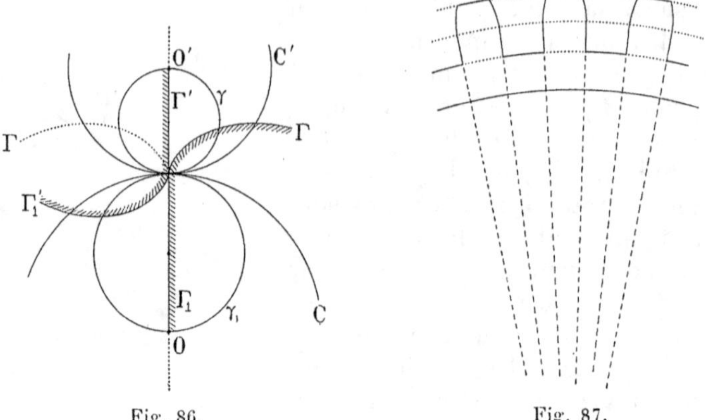

Fig. 86. Fig. 87.

primitive de l'autre roue; on ne peut pas faire conduire à une roue des roues de diamètres différents. Pour la même raison, si les axes s'éloignent ou se rapprochent, le tracé devient incorrect.

Nous n'entrerons pas dans la discussion du nombre de dents qui doivent être simultanément en prise, du jeu à laisser, etc..., toutes questions de pure technique.

Trains d'engrenage, trains épicycloïdaux.

115. **Position du problème.** — Le problème à résoudre est très différent de celui traité dans les paragraphes précédents. Il ne s'agit plus des meilleurs procédés pour entraîner une roue par une autre, avec la condition que le rapport des vitesses angulaires soit constant; il s'agit de trouver la meilleure disposition des roues, pour obtenir un rapport $\omega : \omega'$ quelconque donné. Supposons que le rapport soit $145 : 33$; on ne peut tailler commodément des roues d'engrenage ayant 145 dents. Il faut combiner plusieurs roues, réaliser ce qu'on appelle un *train*, de manière à obtenir un rapport $\omega : \omega'$ *sinon égal, du moins très approché du rapport donné.*

Nous ne considérerons plus que les circonférences primitives; peu importe le profil des dents.

On appelle *module* n d'une roue le nombre de dents. Celles-ci partagent la circonférence primitive en n parties respectivement égales à $2\pi r : n$, et qu'on appelle le *pas*. Quand deux roues de rayons r et r' engrènent l'une sur l'autre, leurs circonférences primitives roulant l'une sur l'autre, leurs pas sont égaux. Entre les nombres de dents n et n', les rayons r et r' et les vitesses angulaires ω et ω', on a donc :

$$\frac{2\pi r}{n} = \frac{2\pi r'}{n'}, \qquad r\omega = r'\omega', \qquad n\omega = n'\omega'.$$

Il est plus avantageux d'utiliser la troisième équation que la seconde, parce que le nombre de dents se compte aisément, tandis qu'il est difficile de déterminer directement les rayons des circonférences primitives.

116. **Trains d'engrenages**. — Le train élémentaire se compose d'une *roue* et d'un *pignon;* on réserve le nom de pignon à la plus petite des deux roues (fig. 88).

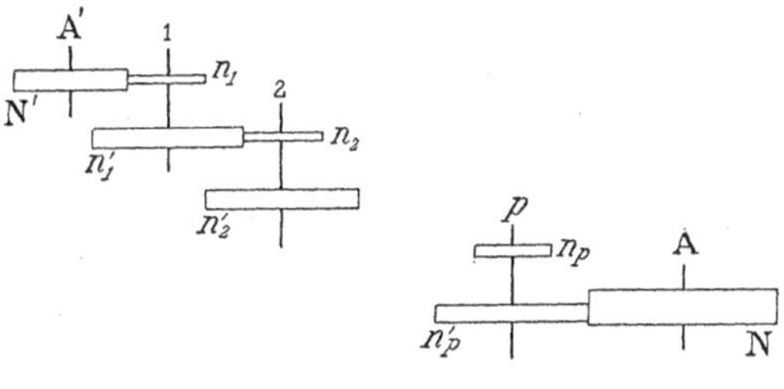

Fig. 88.

Soient deux arbres extrêmes A' et A dont les vitesses angulaires sont α' et α; ils sont séparés par p axes de vitesses $\omega_1, \ldots, \omega_p$. Appelons N' et N les modules des roues d'axes A' et A; appelons n'_i et n_i les modules du train élémentaire d'axe i.

Il est inutile de spécifier dans les formules le sens de rotation; on voit immédiatement que deux roues qui engrènent *extérieurement*, tournent en sens contraires; il suffit d'ailleurs d'intercaler une roue entre deux roues qui engrènent, pour changer le sens de rotation de toutes les roues qui suivent.

On a :

$$N'\alpha' = n_1\omega_1, \qquad n'_1\omega_1 = n_2\omega_2, \qquad n'_2\omega_2 = n_3\omega_3, \qquad \ldots.., \qquad n'_p\omega_p = N\alpha.$$

Multiplions toutes ces équations membre à membre; les vitesses intermédiaires disparaissent; il reste :

$$(N'n'_1n'_2 \ldots n'_p)\alpha' = (n_1n_2 \ldots n_pN)\alpha,$$

$$\frac{\alpha'}{\alpha} = \frac{Nn_1n_2 \quad n_p}{N'n'_1n'_2 \quad n'_p}.$$

Cette formule montre que le rapport des vitesses angulaires extrêmes s'exprime nécessairement sous forme de fraction. Tout nombre peut être mis sous cette forme avec telle approximation qu'on veut. Mais les conditions matérielles de construction exigent que le nombre des dents ne soit ni trop grand ni trop petit. D'où le problème : *déterminer au mieux le nombre des trains élémentaires et le nombre des dents de leurs roues.*

Nous n'indiquerons que la méthode d'Huyghens, basée sur les fractions continues; nous l'expliquerons sur un exemple classique.

117. Rouage lunaire. — Proposons-nous de relier deux arbres dont l'un fasse un tour en 12 heures, l'autre en une lunaison, c'est-à-dire en 29 jours, 12 heures, 44 minutes, 2 secondes.

On trouve immédiatement que le rapport des vitesses est exprimé en jours par la fraction :

$$29{,}5306 : 0{,}5 = 147653 : 2500.$$

Réduisant en facteurs premiers, il vient :

$$\frac{11 \,.\, 31 \,.\, 433}{2 \,.\, 2 \,.\, 5 \,.\, 5 \,.\, 5 \,.\, 5}.$$

Comme on ne peut utiliser une roue de 433 dents, il faut chercher une fraction approchée.

Réduisons en fractions continues :

$$\frac{147653}{2500} = 59 + \frac{153}{2500} = 59 + \frac{1}{\left(\frac{2500}{153}\right)} = 59 + \frac{1}{16 + \left(\frac{52}{153}\right)}$$

$$= 59 + \frac{1}{16 + \frac{1}{2 + \ldots}}.$$

Utilisant un nombre croissant de termes, on trouve une série de fractions (*réduites successives*) qui sont de plus en plus approchées du résultat exact. Ce sont :

$$\frac{59}{1}, \quad \frac{945}{16}, \quad \frac{1949}{33}, \quad \frac{2894}{49}, \ldots$$

On peut aussi utiliser les *réduites intercalaires*. Soit $a : b$ et $c : d$ deux réduites successives; les réduites intercalaires ont pour expressions :

$$(qa + q'c) : (qb + q'd),$$

où q et q' sont des nombres entiers.

On cherche, parmi toutes ces fractions, celles qui se décomposent en facteurs qui ne soient pas trop grands.

On a par exemple :

$$\frac{945}{16} = \frac{3 \,.\, 3 \,.\, 3 \,.\, 5 \,.\, 7}{2 \,.\, 2 \,.\, 2 \,.\, 2} = \frac{30}{8} \cdot \frac{35}{8} \cdot \frac{18}{5}.$$

Il suffit de poser :

$$N' = 30; \quad n_1 = 8, \quad n'_1 = 35; \quad n_2 = 8, \quad n'_2 = 18; \quad N = 5.$$

Les nombres de dents sont admissibles. L'erreur est à peine d'une minute par lunaison.

118. **Train épicycloïdal plan.** — On appelle *train épicycloïdal* le système formé par deux roues de rayons R et r, engrenant l'une sur l'autre. L'axe de la roue satellite r est monté sur un levier concentrique à la roue R.

La roue R peut du reste engrener avec la roue satellite extérieurement (roue R_1 de la figure 89) ou intérieurement (roue R_2 de la figure 89).

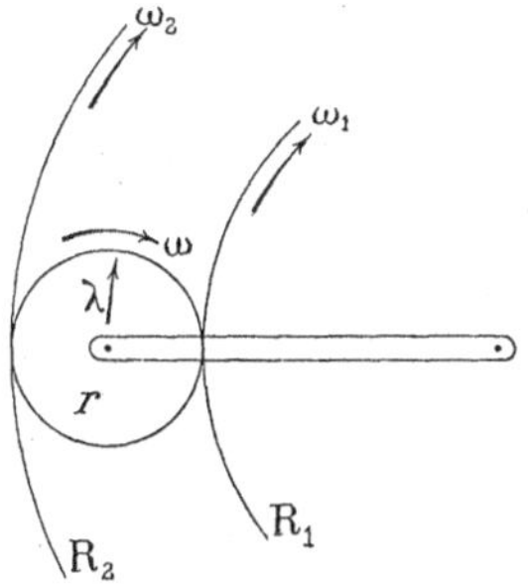

Appelons ω_1, ω_2, ω, λ, les vitesses angulaires *absolues* des roues et du levier, vitesses comptées positivement toutes dans le même sens *à partir d'une direction fixe.* Établissons les relations entre ces quantités.

Pour les trouver aisément, donnons à tout le système une vitesse angulaire $-\lambda$ égale et opposée à celle du levier qui par conséquent devient immobile.

Fig. 89.

Les vitesses angulaires des roues R_1 et R_2 deviennent : $\omega_1 - \lambda$, $\omega_2 - \lambda$. La vitesse angulaire du satellite est de même $\omega - \lambda$.

Écrivons maintenant que les vitesses angulaires sont en raison inverse des rayons des circonférences primitives, en tenant compte des signes. Il vient les deux équations :

$$r(\omega - \lambda) = -R_1(\omega_1 - \lambda),$$
$$r(\omega - \lambda) = R_2(\omega_2 - \lambda),$$

qui résolvent le problème posé. On peut se donner arbitrairement deux des quatre quantités ω_1, ω_2, ω, λ. Voici quelques exemples.

119. **Engrenage de Lahire.** — Supprimons la roue 1, rendons immobile la roue 2. Il reste :

$$\omega = -\lambda \frac{R_2 - r}{r}.$$

Comme r est plus petit que R_2, nécessairement ω et λ sont de signes contraires.

En particulier, faisons $r = R_2 : 2$; il vient : $\omega = -\lambda$. Quand le levier fait un tour, la roue fait elle aussi un tour *dans son mouvement absolu.* Expliquons ce paradoxe.

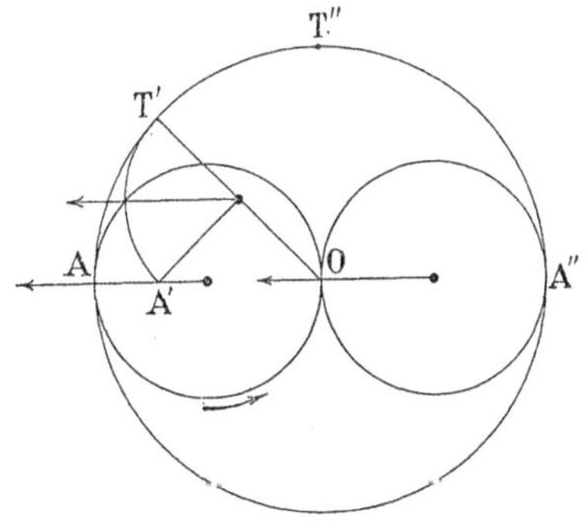

Fig. 90.

Nous savons qu'un point de la circonférence r décrit un diamètre de la circonférence R (§ 88). Après une rotation de $\pi : 4$ par exemple, le point de tangence du satellite est venu en T''. Le point A qui sert à déterminer la rotation du satellite, est venu en A'. Par rapport au levier OT, il a tourné de $\pi : 2$; mais il n'a tourné que de $\pi : 4$ par rapport à la droite horizontale *de direction invariable* qui repère les rotations *absolues*.

Quand le point de tangence est en T'', A est venu en O. Nous trouvons donc une rotation relative au levier égale à π, mais une rotation moitié moindre par rapport à l'horizontale. Et ainsi de suite.

120. **Coussinet à billes.** — On se reportera au § 102. Le cercle extérieur est animé d'une vitesse nulle, le cercle intérieur est animé d'une vitesse ω_1; on demande les expressions de ω et de λ :

$$r(\omega-\lambda)=-R_1(\omega_1-\lambda)=-R_2\lambda,$$

$$\lambda=\omega_1\frac{R_1}{R_1+R_2}, \qquad \omega=-\omega_1\frac{R_1}{r}\frac{R_2-r}{R_1+R_2}.$$

Les billes se déplacent dans le sens même de la rotation de l'arbre, puisque λ et ω sont du même signe. D'ailleurs λ est plus petit que ω; dans la pratique où R_1 et R_2 sont peu différents, λ est environ la moitié de ω.

Les billes tournent sur elles-mêmes en sens inverse de l'arbre; leur vitesse angulaire est d'autant plus grande que leur diamètre est plus petit vis-à-vis de R_1.

121. **Double train épicycloïdal plan.** — Les roues R_1 et R'_1 sont montées *folles*[1] sur l'axe A qui porte le levier (fig. 91). L'axe du système satellite formé des deux roues r et r' solidaires, tourne fou dans le levier avec une vitesse ω.

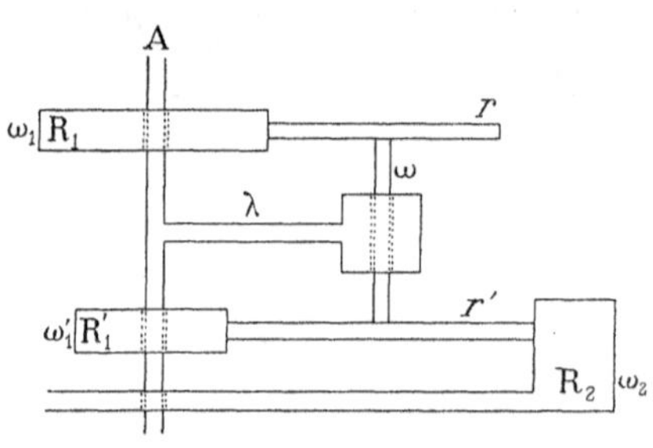

Fig. 91.

On demande la relation qui existe entre ω_1, ω'_1, ω_2 et λ.

On a évidemment la condition : $R_1+r=R'_1+r'$. (1)

Il suffit d'appliquer deux fois la formule du § 118 pour les roues engrenant extérieurement :

$$-r(\omega-\lambda)=R_1(\omega_1-\lambda), \qquad -r'(\omega-\lambda)=R'_1(\omega'_1-\lambda).$$

Éliminons ω entre ces relations, il vient :

$$\lambda\left(\frac{R_1}{r}-\frac{R'_1}{r'}\right)=\omega_1\frac{R_1}{r}-\omega'_1\frac{R'_1}{r'}. \qquad (2)$$

[1] On dit qu'une roue est montée *folle* sur un arbre quand elle peut tourner librement sur cet arbre. Cette liberté est naturellement gênée par l'inévitable frottement. Une roue qui n'est pas folle, est *calée*. Toute variation d'azimut dans le calage constitue le *décalage*.

Une des deux roues montées folles sur l'arbre A pourrait engrener intérieurement. Appelons-la R_2 et appliquons la formule correspondante du § 118.

$$-r(\omega-\lambda)=R_1(\omega_1-\lambda), \qquad r'(\omega-\lambda)=R_2(\omega_2-\lambda),$$

$$\lambda\left(\frac{R_1}{r}+\frac{R_2}{r'}\right)=\omega_1\frac{R_1}{r}+\omega_2\frac{R_2}{r'}. \qquad (2')$$

On a maintenant comme condition géométrique :

$$R_1+r=R_2-r'. \qquad (1')$$

122. Train épicycloïdal sphérique; différentiel d'automobile. — Les deux roues R_1 et R_2 ont leurs axes parallèles (fig. 92); elles tournent avec des vitesses ω_1 et ω_2.

Le bâti B tournant autour du même axe avec une vitesse λ entraîne un axe aa sur lequel est monté fou le système de deux roues d'angles solidaires r_1 et r_2. Elles tournent avec une vitesse angulaire ω.

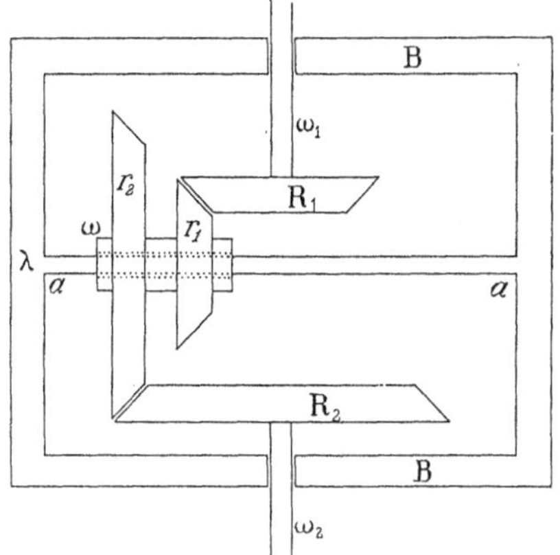

Fig. 92.

On demande la relation qui existe entre ω_1, ω_2 et λ.

Pour établir la formule, nous donnerons à tout le système une vitesse $-\lambda$ qui rend le bâti B immobile. Les vitesses ω_1 et ω_2 deviennent $\omega_1-\lambda$ et $\omega_2-\lambda$.

La vitesse ω ne change pas. Écrivons les relations, en remarquant que les roues R_1 et R_2 sont entraînées en sens inverses

$$\omega r_1=(\omega_1-\lambda)R_1, \qquad -\omega r_2=(\omega_2-\lambda)R_2,$$

$$\lambda\left(\frac{R_1}{r_1}+\frac{R_2}{r_2}\right)=\omega_1\frac{R_1}{r_1}+\omega_2\frac{R_2}{r_2}. \qquad (2')$$

En particulier supposons $R_1=R_2$, $r_1=r_2$; nous obtenons le *différentiel d'automobile* (fig. 93). La formule (2′) devient :

$$\lambda=\frac{\omega_1+\omega_2}{2}. \qquad (3)$$

Voici pour quelles raisons on utilise cet appareil.

Dans les tournants les roues doivent accomplir des chemins inégaux. Si elles sont calées sur le même axe, il y a *glissement* de l'une ou l'autre jante, et par conséquent usure de l'enveloppe. On supprime l'inconvénient pour les roues d'avant en les montant folles sur leurs axes; l'artifice n'est pas applicable aux roues d'arrière *motrices*, puisqu'elles doivent être entraînées par le moteur, nécessairement par l'intermédiaire de l'essieu sur lequel elles sont calées.

Le différentiel a pour effet de les rendre partiellement indépendantes; il suffit que la condition (3) soit satisfaite.

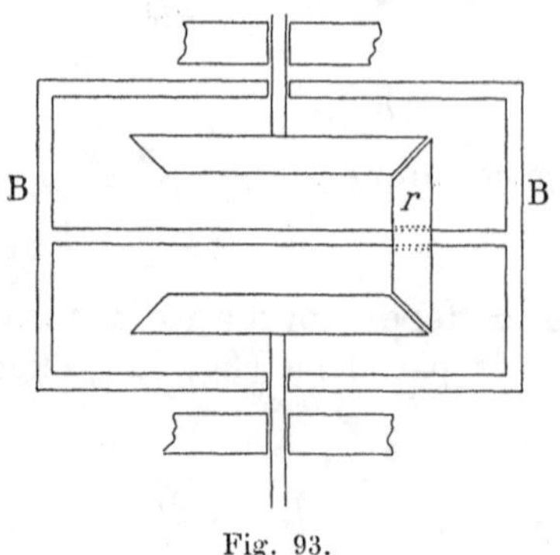

Fig. 93.

En ligne droite (*en alignement*), on a :

$$\omega_1 = \omega_2, \qquad \lambda = \omega;$$

Le moteur entraîne le bâti B, lui impose la vitesse angulaire λ; il impose par suite la même vitesse angulaire aux deux moitiés de l'essieu. Les formules donnent immédiatement $\omega = 0$; la roue satellite r ne tourne pas sur son arbre. Tout se passe donc comme si l'essieu était unique, comme si le moteur entraînait un système rigide.

En ligne courbe, les phénomènes sont différents. La roue *extérieure* prend de l'avance par rapport à la roue *intérieure;* il n'y a pas de glissement de l'enveloppe sur le sol.

C'est possible puisque la seule condition à réaliser est :

$$2\lambda = \omega_1 + \omega_2.$$

On peut même arrêter une des roues; l'autre est animée d'une vitesse double de celle qui est communiquée au bâti.

Excentriques.

123. **Excentriques à rainures, à ondes, à cadres.** — On appelle *excentriques* les appareils qui transforment un mouvement circulaire uniforme en un mouvement rectiligne alternatif suivant une loi donnée.

La came est un excentrique (§§ 107 et 108).

Les excentriques les plus simples sont à rainures ou à ondes.

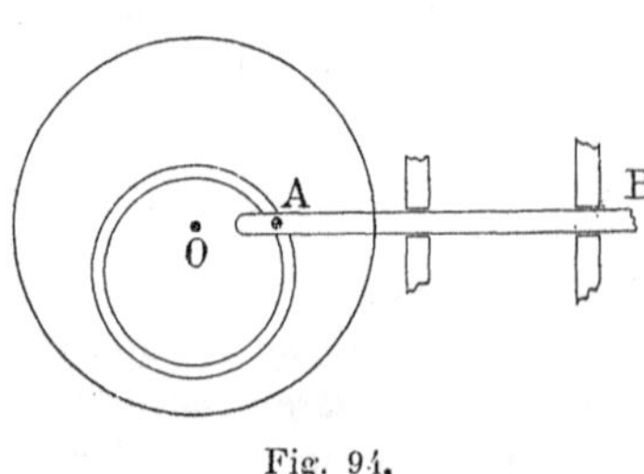

Fig. 94.

Dans *l'excentrique à rainure*, la tige *guidée* AB porte un *bouton* qui s'engage dans une rainure creusée dans un plateau. Celui-ci est monté normalement au bout de l'axe animé du mouvement uniforme de rotation (fig. 94). Par un choix convenable de la rainure, on réalise la loi alternative donnée.

Si la rainure est un cercle excentré, le mouvement de la tige est sinusoïdal.

Si la rainure est une spirale d'Archimède d'équation :

$$\rho = \rho_0 + \alpha\theta,$$

le mouvement est uniforme. Cette courbe n'étant pas fermée, il faudra fermer le cycle des opérations au moyen d'une autre courbe, par exemple au moyen d'une autre spirale.

En particulier, on peut obtenir un mouvement *alternatif uniforme dans les deux sens* au moyen d'une double spirale qui constitue *la courbe en cœur* (fig. 95). En prenant AA′ pour droite de référence, les deux spirales ont pour équations :

$$\rho = \rho_0 + a\theta,$$
$$\rho' = \rho_0 - a\theta'.$$

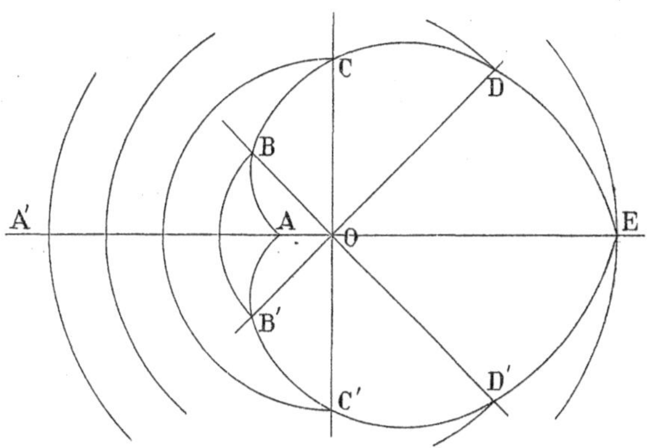

Fig. 95.

Cherchons la longueur d'un *diamètre* B′D. Il faut poser :

$$\theta - \theta' = \pi \qquad \rho + \rho' = 2\rho_0 + a\pi\,;$$

la longueur du diamètre est constante. Quand on utilise l'appareil comme excentrique à cadre (voir plus loin), on fixe sur la tige deux boutons à cette distance invariable.

Dans *l'excentrique à ondes,* la tige guidée s'appuie sur un cylindre (fig. 96) dont la section droite a un profil convenable. La tige est poussée contre la surface du cylindre par un procédé quelconque, par exemple au moyen d'un ressort.

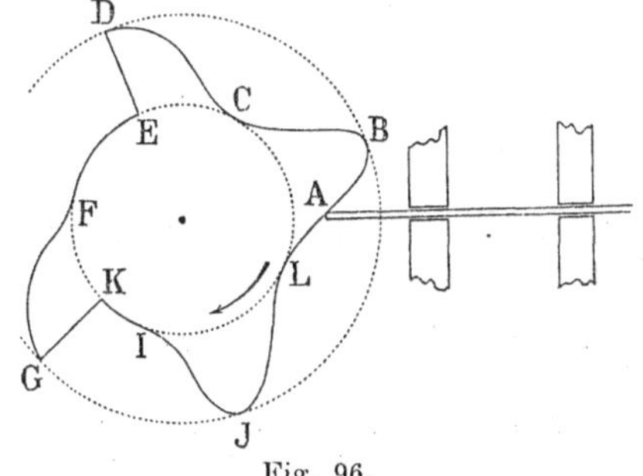

Fig. 96.

La rainure et le profil du cylindre ne peuvent avoir une forme quelconque. Nous verrons en parlant du frottement les conditions à remplir pour qu'il n'y ait pas *arc-boutement.* Par exemple, l'appareil représenté figure 96 fonctionne dans le sens de la flèche ; il ne fonctionne pas en sens inverse. Dans le premier cas, la tige retombe brusquement suivant le rayon DE ; dans le second, elle bute contre ce rayon et le système s'arrête.

Pour atténuer les frottements, la tige de la figure 96 porte souvent une roulette.

On appelle *ondes* les saillies telles que IJL, LBC.

La saillie CDE est une came. Il y a repos pour la tige quand le profil est un arc de circonférence.

Pour éviter l'emploi d'un ressort, ramenant la tige contre l'excentrique, on peut lier à la tige un cadre perpendiculaire au plan de l'excentrique. Cette disposition est identique au fond à l'emploi de deux boutons dans l'excentrique à rainure (voir plus haut). Bien entendu il faut que les *diamètres* aient une longueur constante ; par exemple, on peut utiliser la courbe en cœur.

124. **Cylindre à rainure, renvoi sinusoïdal.** — Parfois la rainure est creusée dans un cylindre dont l'axe est parallèle à la tige guidée : on a le *cylindre à rainure*. Nous admettrons qu'il tourne d'un mouvement uniforme.

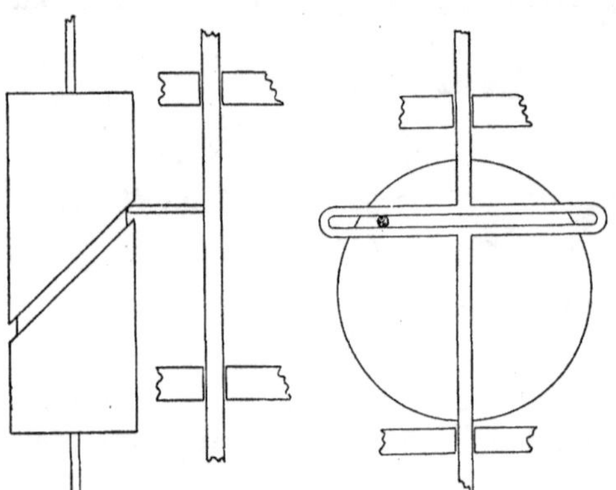

Fig. 97. Fig. 98.

Si la tige guidée doit être animée d'un mouvement uniforme, la rainure se compose évidemment d'une portion d'hélice et d'une courbe quelconque qui fermera le circuit.

Si le mouvement de la tige guidée doit être alternatif et sinusoïdal, la rainure est une ellipse (fig. 97).

Parfois la rainure est creusée dans la pièce guidée. La figure 98 représente le renvoi sinusoïdal. Quand le plateau porte-bouton tourne d'un mouvement uniforme, la tige subit une oscillation pendulaire.

125. **Excentriques à cadre parallèle.** — Les excentriques sont dits à cadre parallèle, lorsqu'ils se meuvent dans un cadre dont le plan est parallèle à leur propre plan et aux côtés duquel ils restent tangents.

Par exemple, on obtient un mouvement pendulaire de la tige guidée, ou du cadre qui en est solidaire, par la disposition représentée figure 99.

Dans *l'excentrique triangulaire* (fig. 100), le cercle est remplacé par un triangle curviligne équilatéral, tournant autour d'un de ses sommets. Les côtés sont des arcs de circonférence ayant pour centres les sommets opposés. La hauteur du cadre est égale aux rayons des circonférences.

On réalise ainsi, comme il est facile de le montrer, un mouvement alternatif avec des repos.

On vérifiera aisément que deux cas se présentent pendant une période.

1° Le côté opposé à l'axe est tangent au cadre ; le déplacement du cadre est nul.

2° Un côté adjacent à l'axe est tangent au cadre ; simultanément l'autre côté du cadre s'appuie sur le sommet opposé.

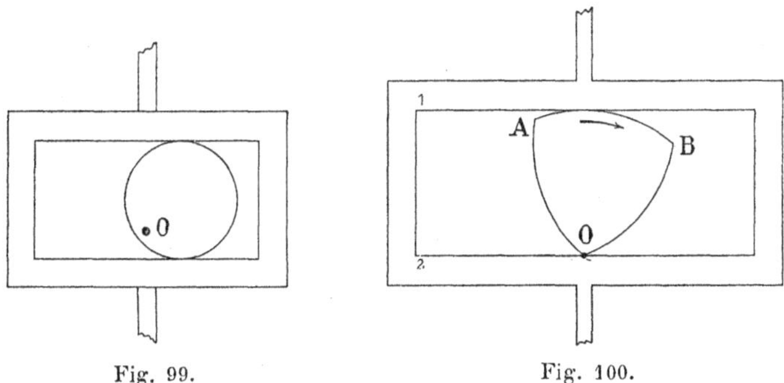

Fig. 99. Fig. 100.

Supposons que l'excentrique tourne dans le sens de la flèche. Voici les diverses situations dans une demi-période.

AB est tangent au côté 1 ; repos, l'effort transmis est nul ;

Le sommet A décrit 1 : OB est tangent à 2 *et le pousse ;*

Les sommets A et B touchent respectivement les côtés 1 et 2, ce qui n'a lieu qu'un instant ;

OA est tangent à 1 : le sommet B décrit 2 *et le pousse ;*

AB est tangent au côté 2 ; repos, l'effort transmis est nul.

Et ainsi de suite. On calcule sans difficulté la loi complète du mouvement.

D'une manière générale, la théorie des excentriques *à cadre parallèle* se confond avec la théorie des *podaires*. Ce qui intervient en effet est la distance du point O, trace de l'axe de rotation sur un plan normal, aux tangentes menées au profil de l'excentrique tracé dans ce plan.

Bielles, parallélogrammes, joints.

C'est ici que nous devrions parler du système *bielle-manivelle ;* mais il nous servira d'exemple en Statique ; le lecteur se reportera donc aux §§ 157 et sq.

126. Courbe à longue inflexion, parallélogramme de Watt. — Il s'agit de transformer un mouvement rectiligne alternatif en un mouvement circulaire alternatif.

On appelle *courbe à longue inflexion* la trajectoire d'un point d'une droite dont les extrémités s'appuient sur deux cercles. Nous supposerons les cercles égaux, de centres O et O', de rayons OA et O'A', et choisirons le point milieu M de la droite AA' (fig. 101)'.

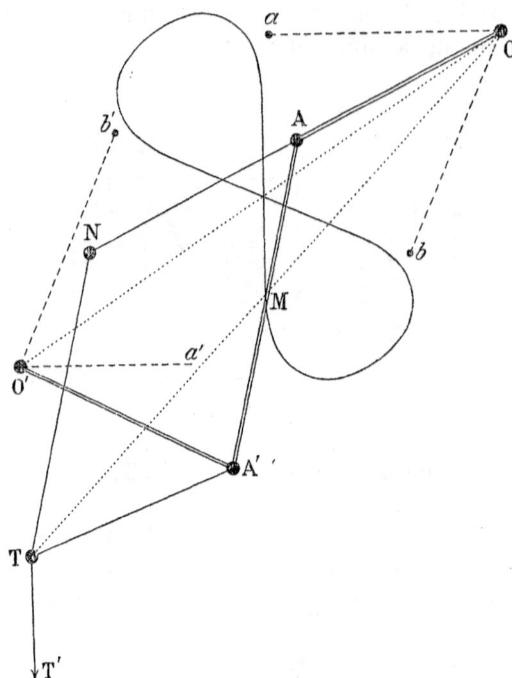

Fig. 101.

La courbe décrite est une sorte de huit. Les points d'inflexion correspondent au parallélisme des rayons : O*a* et O'*a*', O*b* et O'*b*'. On trace aisément la courbe, en construisant un système articulé au moyen de bouts de carton, de punaises pour fixer les centres O et O', de punaises renversées pour créer les articulations A et A'.

On se rend aisément compte de la raison d'être des points d'inflexion. Lorsque les rayons sont parallèles, (horizontaux, en O*a* et O'*a*' par exemple), les points *a* et *a*' décrivent des éléments de droites verticales. Tous les points de la transversale *aa*' de longueur constante décrivent donc des éléments de droites également verticales. La *longue inflexion* provient de ce que les courbes décrites par *a* et *a*' ont leurs courbures inversement disposées; le point *a* allant à la droite de la verticale correspondant au parallélisme, le point *a*' va à sa gauche; le point milieu de la transversale suit assez exactement cette verticale. Naturellement, pour les points de la transversale qui sont plus rapprochés des articulations, l'inflexion est moins longue, la courbe n'est plus symétrique.

On peut généraliser en supposant inégaux les rayons des cercles O et O'. Du reste, toute la discussion qui dérive de l'hypothèse générale n'a aucun intérêt, *sauf pour les élèves de Spéciales.*

Parallélogramme de Watt.

Pour guider un point (d'une tige de piston par exemple) *qui doit se déplacer très sensiblement en ligne droite d'un mouvement alternatif, et imposer à un arbre un mouvement circulaire alternatif,* on peut articuler la tige au point M (fig. 101). La courbe décrite est très sensiblement la tangente de longue inflexion.

Il va de soi que les rayons OA et O'A' doivent osciller autour des positions O*a* et O'*a'*; l'amplitude angulaire de ces oscillations dépend de la tolérance admise pour la rectilinéité de la trajectoire du point M.

Watt préfère une autre solution.

Prolongeons OA de $\overline{AN} = \overline{OA}$; construisons le parallélogramme articulé ANTA'. Il est évident que la droite OT passe constamment par le point M et qu'on a $\overline{OT} = 2 . \overline{OM}$.

Le point T décrit une courbe homothétique de la courbe décrite par le point M; sa trajectoire a donc une *longue inflexion, qui est deux fois plus longue que celle du point* M, *à égalité de tolérance.*

C'est au point T que Watt articule l'extrémité de la tige de piston TT' à conduire.

127. **Losange de Peaucellier** (fig. 102). — Deux tiges égales OA et OC tournent autour du point O; OA est solidaire de l'arbre auquel il s'agit d'imposer un mouvement circulaire alternatif; OC est monté sur cet arbre par l'intermédiaire d'un collier fou. En ABCD est articulé un losange; enfin le point D est maintenu par une tige FD sur une circonférence de centre F et passant par O.

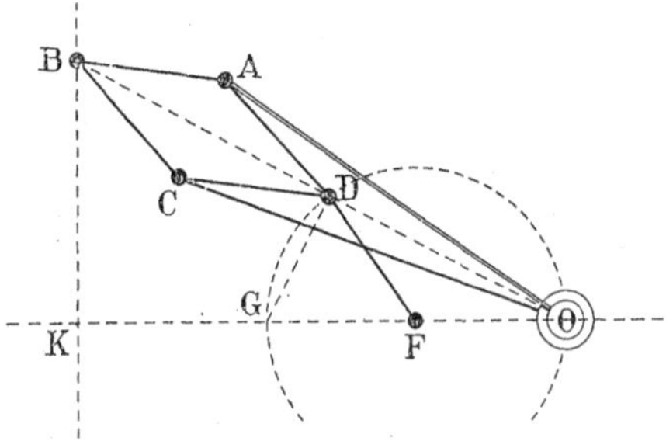

Fig. 102.

Je dis que le point B décrit une droite BK normale à FO.

Les triangles ODG, OKB, sont semblables; on a donc :

$$\overline{OD} . \overline{OB} = \overline{OG} . \overline{OK}.$$

B et D sont sur un cercle de centre A. La puissance du point O par rapport à un cercle de rayon AD est :

$$\overline{OD} . \overline{OB} = \overline{OA}^2 - \overline{AD}^2 = \text{Constante}.$$

Donc le produit $\overline{OG} . \overline{OK}$ est constant; comme G est fixe, il en est de même de K. *La perpendiculaire abaissée du point* B *sur la droite* OF *est invariable.* C. Q. F. D.

128. **Coulisse de Stephenson.** — Le disque O tourne autour de l'axe O; la *coulisse* O'A' tourne autour de l'axe O' (fig. 103). Le disque et la coulisse sont reliés par une tige AA' articulée en A et A'

qui impose un mouvement alternatif à la coulisse, quand le disque tourne d'un mouvement continu.

La pièce B'C est guidée de manière à accomplir un mouvement rectiligne alternatif; elle est articulée en B' avec une pièce BB' qui porte en B un bouton auquel on peut imposer une position arbitraire dans la rainure.

Il est clair que suivant la position imposée à B par rapport à O',

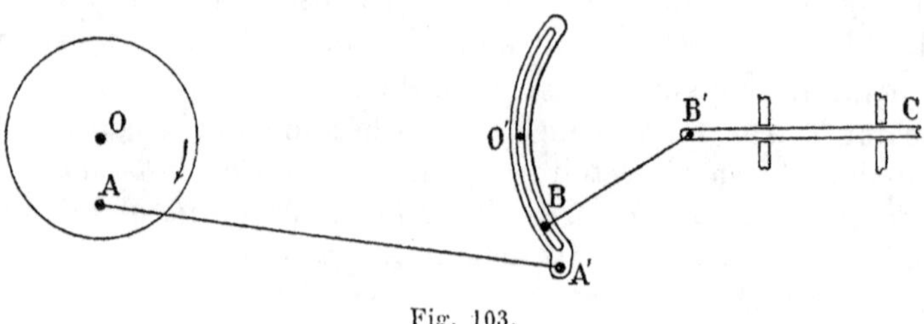

Fig. 103.

on obtiendra sensiblement pour B'C des mouvements alternatifs de la forme :

$$k \sin \omega t;$$

le coefficient k est proportionnel à O'B; il est positif ou négatif suivant que B est d'un côté de O' ou de l'autre.

L'origine des temps correspond au passage de A par la verticale de O, pour préciser, au passage inférieur. Si l'on compte positivement les déplacements de B'C vers la gauche, k est positif quand B est au-dessous de O'.

Pour que le milieu de l'oscillation de B'C soit invariable, la coulisse est un arc de circonférence ayant B' comme centre dans la position moyenne représentée.

Cet appareil porte le nom de *coulisse de Stephenson renversée;* il permet de comprendre immédiatement le fonctionnement de la *coulisse ordinaire de Stephenson* (fig. 104).

Il s'agit toujours d'obtenir un mouvement alternatif de la forme :

$$k \sin \omega t,$$

ayant un décalage constant par rapport à un axe, mais d'une amplitude variable positive ou négative. Le changement de signe correspond, si l'on veut, à un décalage de π.

La coulisse $A'A'_1$ est reliée au disque O par deux tiges AA', $A_1A'_1$. Pour simplifier, la figure représente des excentriques à bouton; mais l'appareil ne fonctionnerait pas. En réalité on utilise deux *excentriques à collier* (§ 159) calés sur l'arbre O avec un décalage de π.

Le point A' est articulé sur la tige A'D; le point D, *fixe dans chaque expérience*, peut être déplacé au moyen d'un appareil schématiquement représenté par le levier D'O''D. Dans ses déplacements, il entraîne toute la coulisse.

Enfin l'appareil, auquel on veut communiquer le mouvement alternatif, est BB'O'; il tourne autour du point fixe O'. Il est articulé en B' sur la tige B'C, guidée de manière à accomplir des oscillations rectilignes (généralement c'est la tige du tiroir).

Il est clair que les points A' et A'_1 oscillent sur leurs trajectoires (représentées en pointillé, circulaire pour A', assez compliquée mais

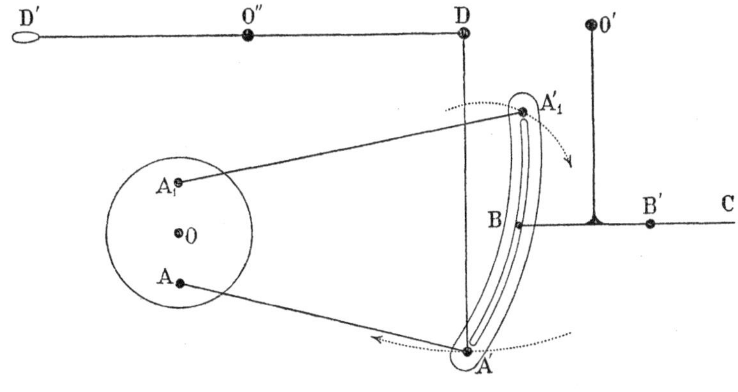

Fig. 104.

vaguement circulaire pour A'_1) *avec un décalage voisin de π, quelle que soit la position du point fixe* D.

Suivant le position du point B par rapport à la coulisse, il accomplira donc des oscillations satisfaisant à la condition imposée.

On détermine les longueurs des tiges AA', $A_1A'_1$, et le profil de la coulisse de manière qu'au milieu de ses oscillations, le point B occupe une position sensiblement invariable.

Le calcul n'a aucun intérêt. C'est par tâtonnements et graphiquement qu'on détermine les profils.

129. **Pantographe.** — C'est un appareil destiné à copier les figures en les réduisant ou les agrandissant dans un rapport donné.

Quatre tiges sont articulées de manière à former un parallélogramme, ABtC (fig. 105). Supposons fixe le point O de la droite AB. Considérons le point t sommet du parallélogramme, et le point T qui est à la fois sur le côté AC du parallélogramme et sur la droite Ot.

Quand t décrit une courbe c, T décrit la courbe homothétique C : on a en effet :

$$\overline{OT} : \overline{Ot} = OA : \overline{OB} = \text{Constante}.$$

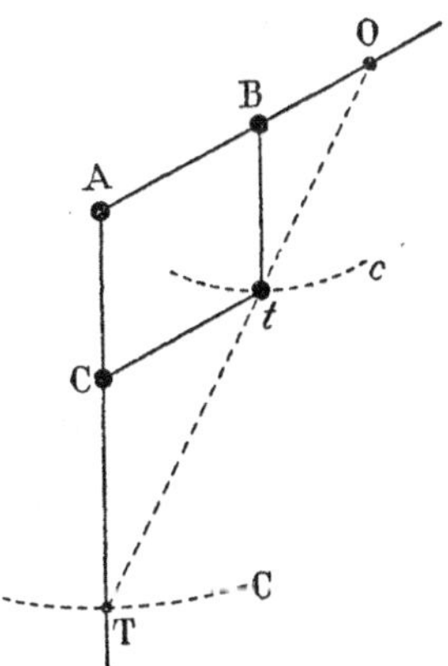

Fig. 105.

Si donc on suit avec la pointe mousse t la courbe c, le crayon T décrira la courbe C qui est la courbe c agrandie dans un rapport quelconque ; et inversement.

130. **Joints.** — Nous ne discuterons pas la théorie des joints ; nous indiquerons seulement leur construction.

Joint d'Oldham (fig. 106).

Il sert à transmettre un mouvement de rotation d'un axe à un axe *parallèle qui n'est pas rigoureusement dans le prolongement du premier.*

Les arbres portent chacun invariablement liée une *fourchette* F percée de deux trous dans lesquels *glissent* les bras d'un *croisillon* C. La figure 106 à gauche représente un des arbres, sa fourchette et le

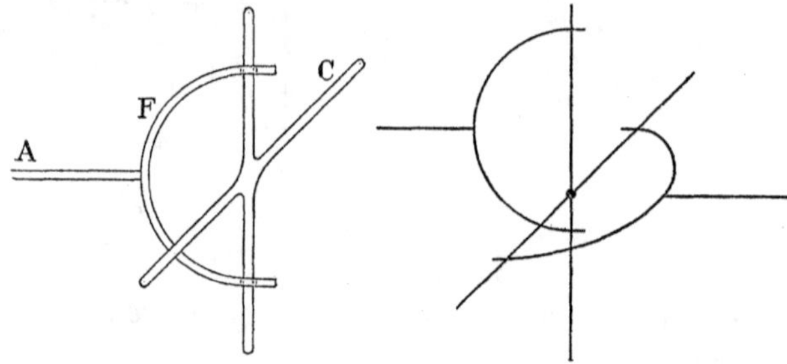

Fig. 106.

croisillon. La figure 106 à droite représente l'ensemble de l'appareil.

La transmission du mouvement se fait uniformément, puisque le croisillon est dans un plan invariable et que ses bras sont toujours normaux l'un sur l'autre.

Joint universel, hollandais ou de Cardan.

Il sert à transmettre un mouvement de rotation d'un arbre à un arbre *concourant ;* l'angle des deux arbres peut varier d'un instant à l'autre.

Les arbres portent encore des fourchettes entre lesquelles *pivotent*

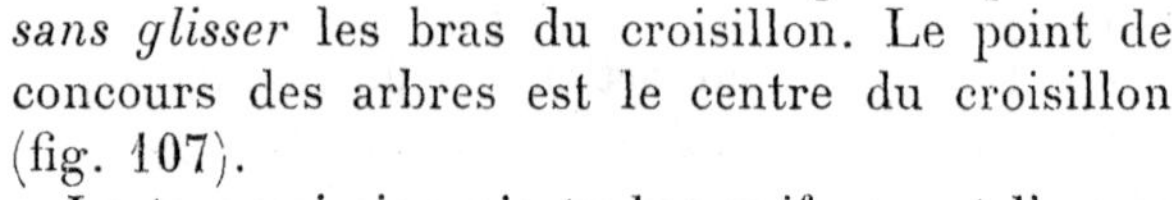
sans glisser les bras du croisillon. Le point de concours des arbres est le centre du croisillon (fig. 107).

Fig. 107.

La transmission n'est plus uniforme et l'appareil ne fonctionne bien que si l'angle des arbres n'est pas trop grand. Dans ce cas, on utilise un arbre supplémentaire relié à chacun des arbres donnés par un joint à la Cardan ; on obtient ainsi le *double joint de Hooke.*

La suspension à la Cardan est un joint universel.

Remarque. Multiplions les joints qui relient les deux arbres ; à la limite nous arrivons à les lier par une tige flexible, offrant une résistance à la torsion. C'est par un tel procédé que les meules et les fraises dont se servent les dentistes pour user les dents *sur place*, sont reliées au moteur électrique qui leur imprime le mouvement de rotation. Pour la commodité, la tige flexible est située à l'intérieur d'un cylindre creux, également flexible mais immobile, que le dentiste tient à la main.

131. **Train Renard.** — Lorsqu'une locomotive routière est attelée à un train de plusieurs voitures, la grande difficulté est d'imposer aux voitures la trajectoire exacte de la locomotive.

Cherchons à quelle condition les voitures s'inscrivent automatiquement dans la même circonférence, en les supposant identiques, à quatre roues avec avant-train mobile à cheville ouvrière (c'est-à-dire en supposant l'essieu des roues d'avant solidaire d'un timon, comme il en est généralement des voitures à quatre roues).

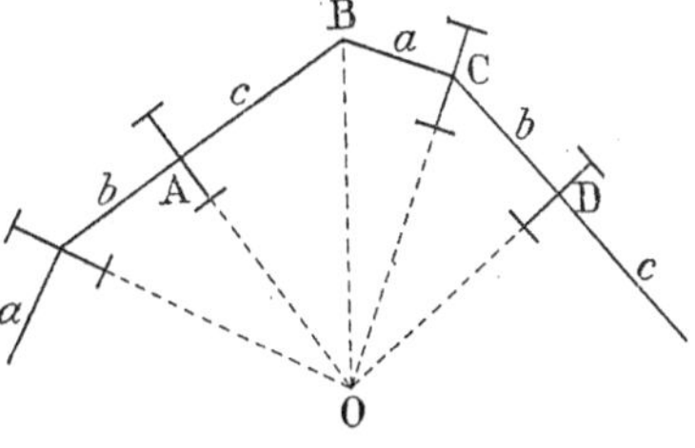

Fig. 108.

Pour qu'une voiture tourne autour du point O (fig. 108), il faut que ses essieux convergent en ce point. Écrivons que les divers essieux convergent au même point. Appelons a la longueur du timon, b *l'empatement*, c'est-à-dire la distance de la cheville à l'essieu arrière, c la queue. On a :

$$\overline{OB}^2 = \overline{OA}^2 + c^2 = a^2 + \overline{OC}^2 = a^2 + b^2 + \overline{OD}^2.$$

La condition : $\overline{OA} = \overline{OD}$, donne : $c^2 = a^2 + b^2$.

Mais pour que l'inscription soit correcte, il ne faut pas que la locomotive *tire* sur le train, car elle tend alors à le rectifier. On rend toutes les voitures en quelque sorte automobiles au moyen d'un arbre ABCD..., brisé à la cardan en A, B, C, D,... auquel la locomotive impose un mouvement de rotation et qui à son tour engrène par roue d'angle sur l'essieu arrière des voitures. Toutes les voitures se remorquent elles-mêmes.

L'arbre ne doit transmettre aucun effort longitudinal, ce qui arrive si les roues motrices de toutes les voitures sont égales. Dans le cas contraire, l'arbre peut être tendu ou pressé, mais alors il y a glissement d'un certain nombre de roues sur le sol. Si par exemple les roues motrices des voitures arrière du train sont plus grandes que les roues motrices des voitures avant, et si les roues d'angle ont même *raison*, l'arrière du train pousse l'avant. Comme les roues sont solidaires, quelques-unes doivent patiner. L'arbre est tendu et l'avant du train tire l'arrière, si les roues motrices des voitures avant sont plus grandes que celles des voitures arrière.

Embrayages, déclics et encliquetages.

132. **Embrayages fixes, rigides et élastiques.** — Les *embrayages* sont des appareils destinés à faire participer une pièce d'une machine au mouvement des autres pièces. Le *désembrayage* supprime la solidarité créée par l'embrayage; les deux opérations sont inverses.

Dans le cas le plus ordinaire, il s'agit de rendre solidaires deux axes qui sont dans le prolongement l'un de l'autre.

Si la liaison doit être permanente, on utilise un *manchon fixe d'accouplement* dans lequel pénètrent et sont invariablement fixés les deux axes.

Pour maintenir à la liaison une certaine souplesse, on peut employer un accouplement *élastique* (fig. 109). Les axes O et O′ portent des tiges normales T et T′ dont les extrémités sont reliées par un ressort TT′. Comme il est avantageux de multiplier ces tiges et de rendre l'accouplement symétrique, on emploie généra-

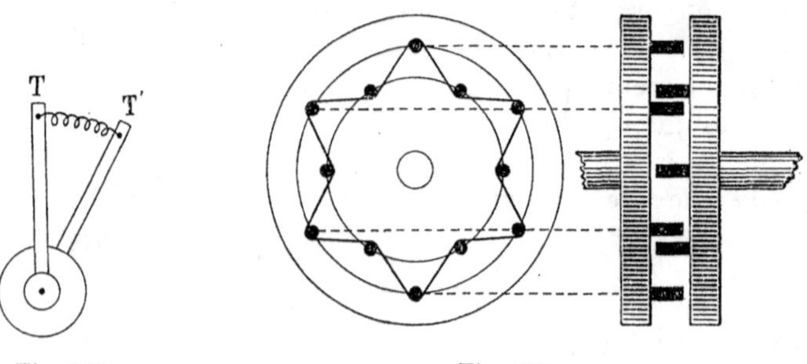

Fig. 109. Fig. 110.

lement deux plateaux normaux aux axes; n points équidistants d'une circonférence tracée sur l'un sont reliés par des ressorts à n points équidistants d'une circonférence égale tracée sur l'autre.

On emploie souvent le dispositif très simple suivant (fig. 110). Les deux plateaux parallèles et coaxiaux portent des goujons normaux à leur surface, respectivement équidistants, sur deux circonférences concentriques et de rayons différents, de manière qu'ils ne puissent buter les uns sur les autres. Une courroie de cuir passe sur tous les goujons et crée l'accouplement élastique.

133. **Embrayages par manchons mobiles.** — Le manchon mobile glisse sur un des arbres sur lequel il est monté *à prisonnier :* une languette *aa* parallèle à l'arbre permet des mouvements parallèles à celui-ci, tout en rendant le manchon solidaire de l'arbre pour

les rotations. Les déplacements du manchon se font à l'aide d'un levier qui tourne autour du point O (fig. 111). Il porte un nez **N** entrant

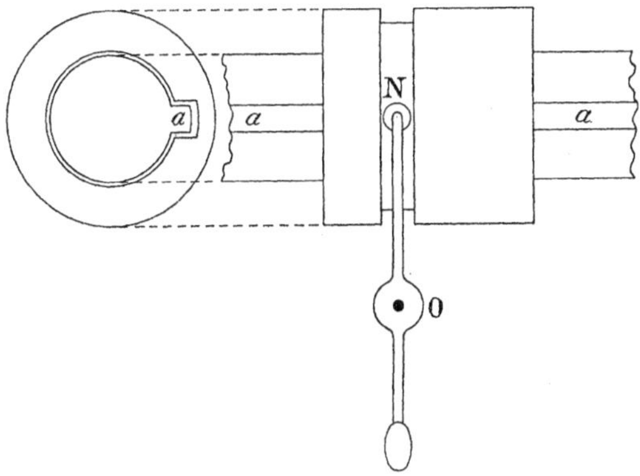

Fig. 111.

dans une gouttière creusée le long d'une section droite du manchon.

L'entraînement *par friction* (fig. 112) est obtenu au moyen d'un manchon conique mobile le long d'un des arbres, entrant dans un cône fixé à l'extrémité de l'autre arbre. Il est avantageux que les cônes soient très aigus. A la limite opposée, l'entraînement peut avoir lieu par friction d'un disque plan porté par le manchon mobile sur un disque plan fixé normalement au second axe.

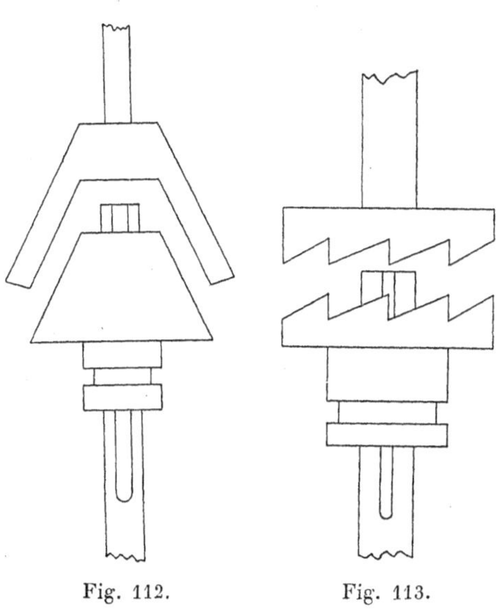

Fig. 112. Fig. 113.

L'entraînement *par griffes* (fig. 113) suppose que le manchon mobile porte des parties saillantes qui se logent dans les creux d'une pièce solidaire du second arbre.

Généralement les griffes sont obliques, telles que les représente la figure 113. On vérifiera immédiatement que l'embrayage n'est assuré que dans un sens.

134. Embrayages d'axes parallèles ou concourants. — Lorsque les axes sont parallèles, le manchon *à prisonnier* porte une roue d'engrenage qui entre en prise avec une roue montée sur l'arbre parallèle.

A ces embrayages se rattachent les *changements de vitesse* d'automobile (fig. 114).

Une série de roues de rayon R_1, R_2, R_3,... sont montées sur le

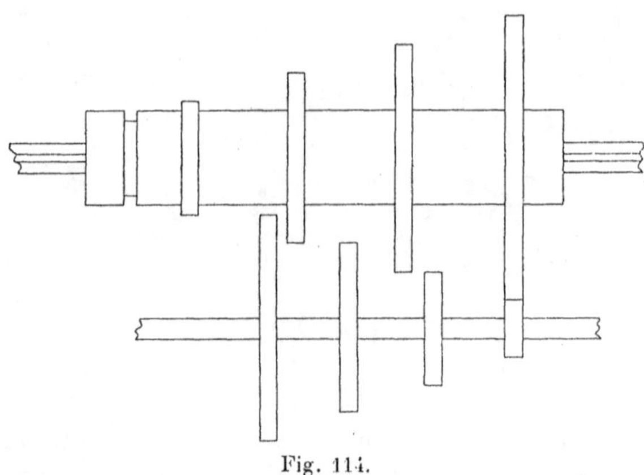

Fig. 114.

même manchon; sur l'autre arbre sont calées des roues de rayons R'_1, R'_2,... tels qu'on ait :

$$R_1 + R'_1 = R_2 + R'_2 = \dots = d,$$

d est la distance des deux arbres. En amenant en prise l'un ou l'autre des systèmes de deux roues correspondantes, on obtient des rapports de vitesses différents.

On vérifiera immédiatement que pour éviter l'embrayage simultané de deux ou plusieurs systèmes, il est nécessaire d'espacer convenablement les roues et d'une manière différente sur les deux arbres.

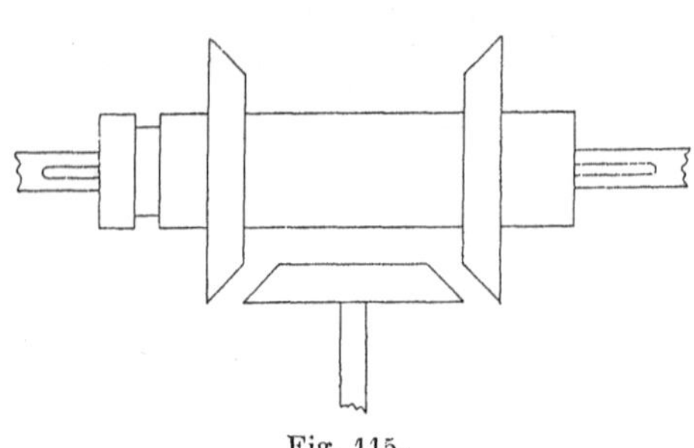

Fig. 115.

Quand les arbres sont rectangulaires, l'embrayage se fait par une roue d'angle.

Avec un manchon portant deux roues d'angles, on obtient un *changement de marche*, un renversement de la vitesse, suivant qu'on embraye d'un côté ou de l'autre (fig. 115).

135. **Encliquetage à rochet.** — On appelle *encliquetages* des appareils destinés à transformer un mouvement alternatif (généralement circulaire) en un mouvement *discontinu mais de sens invariable,* généralement circulaire, mais quelquefois rectiligne.

L'encliquetage à rochet (le plus employé) se compose d'une *roue à rochet* dont la figure 116 représente le type. Un *cliquet* A, poussé par un ressort R, ne permet que la rotation dans le sens de la flèche.

Un levier OB tourne fou autour de l'axe O.

Il porte un *rochet* CD, mobile autour de l'axe C et poussé par le ressort R'.

Le fonctionnement de l'appareil se comprend immédiatement. Toute rotation du levier dans le sens de la flèche entraîne la roue.

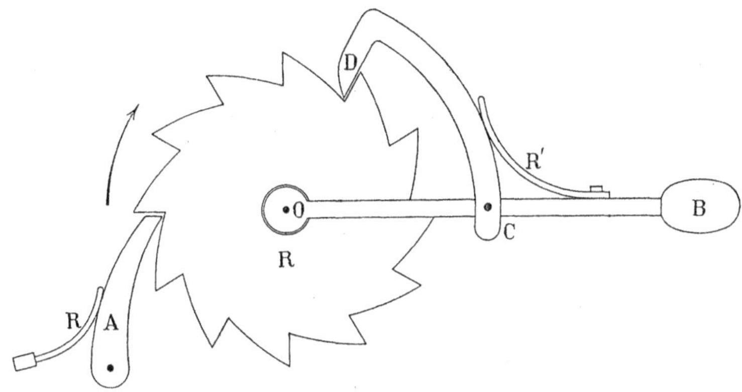

Fig. 116.

Pendant la rotation inverse, le cliquet A empêche la roue de rétrograder, et le rochet glisse sur les dents.

On transforme donc le mouvement circulaire alternatif du levier, en un mouvement circulaire discontinu de la roue.

L'encliquetage à rochet est souvent employé dans les appareils destinés à monter des fardeaux.

Remontage des chronomètres et des horloges.

Voici une intéressante application des roues à rochet : il s'agit de remonter un chronomètre ou une horloge sans qu'ils s'arrêtent, et même sans qu'il y ait perturbation dans le mouvement.

Soit R le cylindre qui supporte le poids moteur P (fig. 117). Il est solidaire de la roue à rochet R_1. Le nez B sur lequel appuie le res-

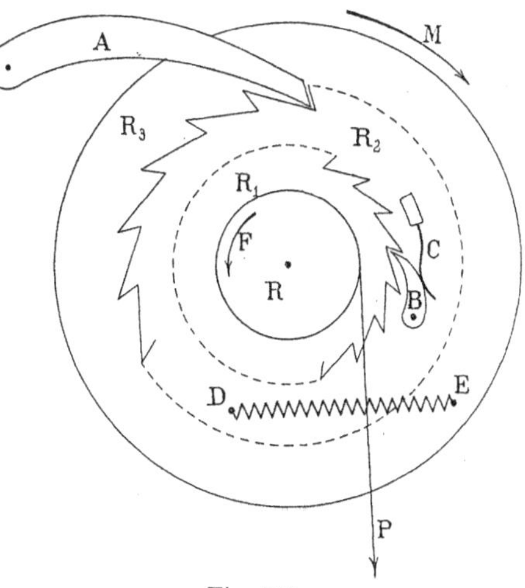

Fig. 117.

sort C rend R_1 solidaire de R_2 *quand* R_1 *tend à tourner dans le sens* M. Enfin R_2 est lié par le ressort DE au rouage R_3 faisant partie du mouvement de l'horloge ou du chronomètre. Dans ce dernier cas, le poids moteur est remplacé par un ressort.

Le poids agit donc sur le rouage R_3 grâce au rochet B et au ressort DE qui est plus ou moins allongé.

Supposons qu'on veuille remonter le poids, ce qui nécessite une rotation de R dans le sens F. Le nez B cesse de fonctionner; mais le nez A entre en jeu. Il empêche R_2 de reculer. Tant que le ressort DE reste suffisamment tendu, l'appareil continue à fonctionner. Le remontage étant toujours très bref (n'intervient que la durée d'un demi-tour de la clef, puisqu'à chaque demi-tour on lâche la clef et au besoin la roue R_2 avance d'une dent), l'horloge ne subit aucun dérangement.

136. **Déclenchements et déclics.** — Ce sont des appareils destinés à produire une certaine opération, généralement brusque, par le jeu de pièces analogues au cliquet d'arrêt des encliquetages.

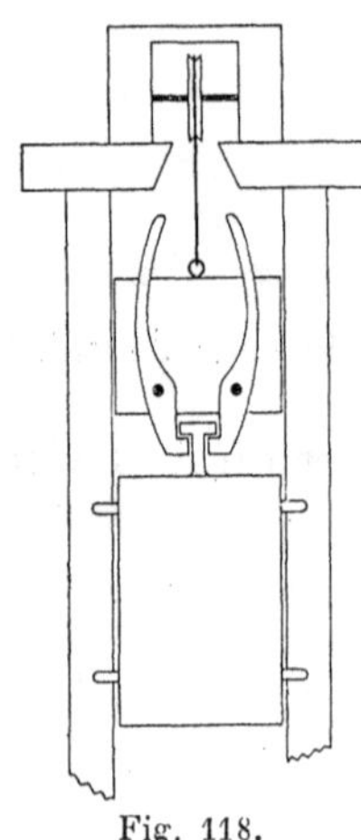
Fig. 118.

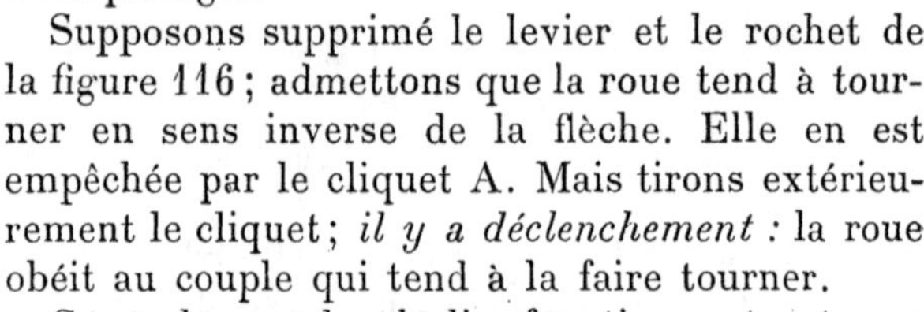

Supposons supprimé le levier et le rochet de la figure 116; admettons que la roue tend à tourner en sens inverse de la flèche. Elle en est empêchée par le cliquet A. Mais tirons extérieurement le cliquet; *il y a déclenchement :* la roue obéit au couple qui tend à la faire tourner.

Généralement les déclics fonctionnent automatiquement.

Par exemple, pour enfoncer les pilotis, on les bat avec une masse de fonte qui est le *mouton.* Le mouton, soulevé par une corde passant sur une poulie, doit être lâché quand il arrive en haut de sa course. Pour obtenir automatiquement le déclenchement, on supporte le mouton par l'intermédiaire de ciseaux, appelés *sonnette,* dont les branches supérieures sont maintenues écartées par des ressorts non représentés. Elles s'engagent dans un vide pratiqué dans la partie supérieure du bâti et qui va se resserrant. Elles sont par conséquent rapprochées; les branches inférieures sont écartées : elles abandonnent le mouton.

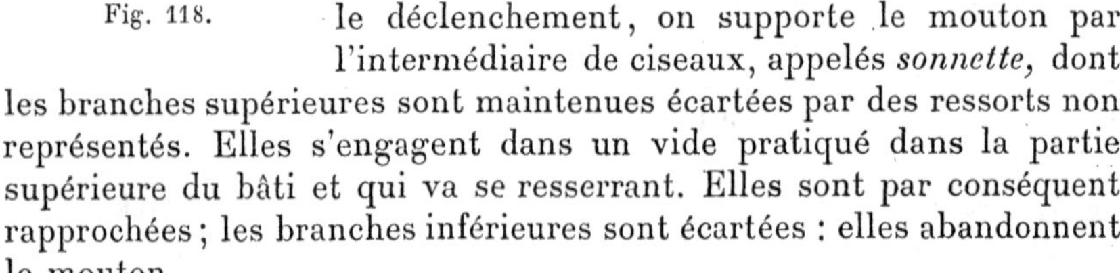

STATIQUE

CHAPITRE I

PRINCIPES GÉNÉRAUX

137. **Position de la question.** — On ne fait pas quelque chose avec rien. Il faut donc à la base d'une science, ou d'un chapitre d'une science, un principe dont on s'efforce de tirer la science ou le chapitre. Nous n'avons pas à démontrer le principe *parce que ce serait contradictoire*.

Nous n'entrerons donc dans aucune discussion sur la question de savoir si la Statique précède logiquement la Dynamique ou en est le complément. Elle peut avoir un intérêt pour le philosophe; elle n'en a aucun pour nous. Nous sommes toujours libres de traiter à part telle ou telle partie d'une science, pourvu que nous énoncions clairement le postulat duquel nous partons et qu'ensuite nous raisonnions juste. C'est à l'expérience de décider si les conséquences du postulat sont conformes aux faits, *si les faits se logent dans la forme*.

Suivant leurs goûts, les mécaniciens construisent la Statique sur l'un ou l'autre des postulats suivants : *la règle du parallélogramme, le principe du travail*[1]. Naturellement la plupart prétendent que leur méthode favorite est la meilleure.

Le débat est aussi fastidieux que vain. Les deux principes se valent en logique pure; il est loisible d'opérer de l'une ou l'autre manière. Mais comme il est utile d'être initié aux deux méthodes de raisonnement, nous les exposerons successivement. Nous concilions ainsi les opinions, tout en affirmant la relativité des hypothèses et leur valeur purement *pragmatique*. Nous terminerons ce Chapitre premier par quelques exemples simples.

---

[1] On peut encore déduire la Statique du Principe du Levier; mais il se ramène immédiatement au Principe du parallélogramme.

Principe du parallélogramme.

138. **Principe du parallélogramme. Liaisons.** — Sous ce nom nous entendons le postulat général suivant : *Les forces peuvent se traiter comme des vecteurs; tout ce que nous avons admis des vecteurs leur est immédiatement applicable.*

En particulier, le point d'application d'une force est dans tous les cas un point *quelconque* de sa directrice actuelle. La résultante de deux forces, qui ont même directrice, est leur somme algébrique. On peut sans changer l'état d'équilibre ajouter un nombre quelconque de groupes de deux forces de même directrice, égales et de sens contraires. Les forces concourantes se composent suivant la règle du parallélogramme. La composition des forces parallèles se déduit de la composition des forces concourantes, grâce aux postulats précédents.

Toutes ces propositions ne suffisent pas pour construire la Statique. Une hypothèse est encore nécessaire pour savoir ce que nous ferons des *liaisons;* commençons par les définir.

Nous appelons *liaison* tout ce qui limite les déplacements possibles des corps.

Ainsi le fil inextensible qui soutient un pendule est une *liaison*, parce qu'il empêche le pendule de s'écarter du point d'attache O du fil de plus de sa longueur l. Si nous remplaçons le fil par une barre rigide, montée à la Cardan, chaque point du pendule doit rester sur une sphère de rayon l dont le centre est en O . Si enfin nous supposons que la barre, qui était mobile en tous sens autour du point O, est maintenant fixée par un couteau ou une lame de ressort (comme dans les horloges), et par conséquent tourne autour d'un axe AB, le nombre des liaisons se trouve encore augmenté : chaque point du pendule ne peut plus se mouvoir que sur une circonférence située dans un plan normal à AB.

Les déplacements sont dits *compatibles avec les liaisons,* lorsqu'ils sont possibles sans supprimer ces liaisons.

Nous admettrons que les liaisons créent, elles aussi, des forces de la nature des vecteurs. C'est tout ce que nous pouvons dire en général sur le sujet : dans chaque cas, nous serons conduits à des hypothèses particulières, mais qui devront toujours cadrer avec notre postulat général.

139. **Tension d'un fil, tension superficielle, pressions sur une surface.** — Comme nous allons le voir à l'instant, la Statique consiste en réalité à étudier le rôle des liaisons. Il importe donc de fixer les idées du lecteur par quelques exemples fondamentaux.

La plupart des liaisons se ramènent dans la pratique à trois types.

1° Tension d'un fil.

Soit AMB le fil (fig. 119). Coupons en M et supprimons la portion MB du fil. Nous détruirons une liaison au point M; par hypothèse nous pouvons la remplacer par une force jouissant des propriétés d'un vecteur. *Nous admettrons* que cette force est dirigée suivant la tangente du fil au point M. Prise de grandeur convenable, elle maintiendra la portion AM dans l'état initial.

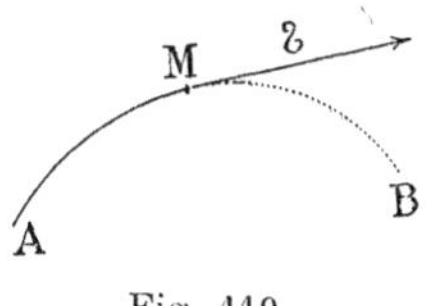

Fig. 119.

Ses dimensions sont celles d'une force (MLT^{-2}, comme nous le verrons plus tard).

2° Tension d'une surface ou tension superficielle.

Coupons la surface suivant la courbe AMB (fig. 120) et supprimons la partie 2. Nous supprimons une liaison tout le long de l'incision AMB; par hypothèse, nous pouvons la remplacer et maintenir les choses en l'état par des forces appliquées le long de AMB.

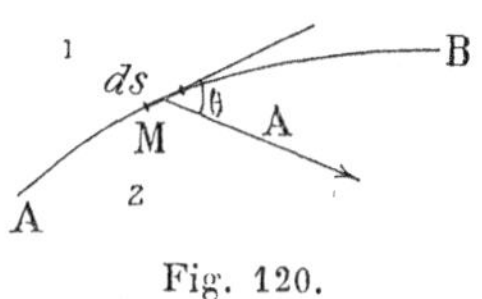

Fig. 120.

Nous admettrons qu'elles sont dans le plan tangent à la surface. Au point M, sur l'élément ds de l'incision, s'applique une force Ads dont nous savons seulement qu'elle est dans le plan tangent à la surface au point M. L'angle θ du vecteur Ads avec l'élément ds n'est pas déterminé *a priori :* il y a donc *une* indéterminée. La *tension superficielle* A a les dimensions (MT^{-2}) d'une force divisée par une longueur.

Le long de l'incision A et θ varient généralement.

Par le même point M, menons des incisions de directions différentes. D'une manière générale, A variera en grandeur et en position relativement à l'incision quand on passera d'une incision à l'autre.

Pour un store baissé par exemple, les tensions sur les coupures verticales sont nulles; les tensions sur les coupures horizontales sont normales à l'incision et croissent à mesure qu'on prend un point plus élevé : la quantité de matière à supporter augmente. Les tensions sur les coupures inclinées sont encore verticales, c'est-à-dire inclinées sur la coupure.

Comme cas particulier, on peut imaginer une surface dont la tension soit toujours normale à la coupure, la même pour toutes les incisions passant en un point, enfin la même pour tous les points. Les phénomènes sont alors complètement déterminés par une seule quantité qui est *la tension superficielle.* Il en est ainsi pour la surface qui sert à expliquer les phénomènes capillaires.

3° Tensions et pressions a l'intérieur d'un solide. — Faisons passer une section S à travers le solide (fig. 121). Supprimons toute la partie 2 du solide qui se trouve d'un côté de la surface S. Nous supprimons une liaison tout le long de cette surface ; par hypothèse, nous pouvons la remplacer et maintenir les choses en l'état au moyen de forces appliquées le long de la surface S.

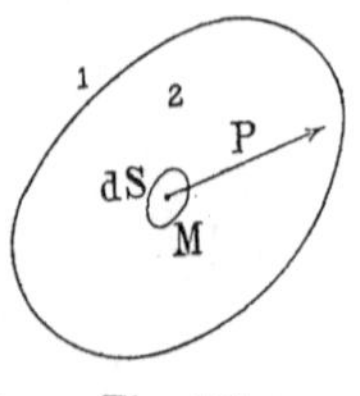

Fig. 121.

La force sur l'élément dS est de la forme PdS. Nous ne savons rien de sa direction ; il y a deux indéterminées. La *pression ou tension* P a les dimensions $(ML^{-1}T^{-2})$ d'une force divisée par une surface.

Le long de la surface S, P varie généralement en grandeur et direction.

Par le même point M, menons des sections dans des directions différentes. D'une manière générale, P variera en grandeur et position relativement à la section. On démontre (voir *Mécanique physique*) que P est connu en grandeur et position pour toutes les sections quand on se donne en chaque point six quantités.

Comme cas particulier, on peut imaginer un milieu où la pression soit toujours normale à l'incision, et même ait en chaque point toujours la même valeur quelle que soit la direction de la surface qui sert à la définir. C'est ce qui arrive pour les fluides parfaits ; sur cette hypothèse est construite l'Hydrostatique.

140. Définition et conditions générales de l'équilibre. — Les forces, et c'est là si l'on veut leur définition, tendent à mettre les corps en mouvement. Il y a équilibre lorsque ces tendances se neutralisent ; la Statique est précisément chargée d'étudier les conditions de cette neutralisation.

Quand il s'agit de l'être de raison *point matériel supposé libre dans l'espace,* les conditions sont évidentes. Il faut et il suffit pour l'équilibre que la résultante des forces, *qui sont alors nécessairement concourantes,* s'annule.

En coordonnées cartésiennes, les conditions d'équilibre s'expriment par les équations :

$$\Sigma X = 0, \qquad \Sigma Y = 0, \qquad \Sigma Z = 0.$$

Pratiquement ce cas n'a guère d'intérêt, pour des raisons évidentes.

Nous avons toujours affaire à des corps finis. On peut, il est vrai, les remplacer dans les raisonnements par un ensemble d'éléments très petits ; mais ces éléments ne sont plus libres, *ils sont liés.* D'où la conclusion déjà énoncée que *la Statique est la science des liaisons.* L'équilibre n'a lieu qu'en vertu des liaisons, et la neutralisation des forces mérite d'être définie de très près.

Il est clair qu'un homme tiré en sens contraires par ses deux mains est une liaison, jusqu'au moment où on l'écartèle. Avant de parvenir à ce cas limite, il est non moins clair que la liaison ne saurait passer pour rigide; les articulations se distendent, les os s'écartent; les os eux-mêmes ne sont pas de dimensions absolument invariables.

Si donc nous admettons que deux forces égales et opposées suivant la même directrice s'équilibrent, cela veut dire seulement qu'elles se neutralisent par rapport à la production du mouvement, et sous la condition expresse que la directrice dans son état actuel soit rigide entre les points d'application des forces. En fait, des forces ne se neutralisent jamais d'une manière absolue et par rapport à toutes leurs propriétés, à moins d'être appliquées au même point géométrique, ce qui pratiquement ne signifie rien.

La Statique n'existe donc que parce qu'il existe des liaisons; comme les liaisons ont les propriétés les plus diverses, on ne connaît pas de règle générale pour la Statique : il n'existe que des cas particuliers. Nous admettons toutefois que les liaisons se traitent comme des vecteurs : c'est en cela seulement que consiste l'hypothèse générale. Quant à la détermination des vecteurs, elle ne vient qu'après la spécification du cas traité et en vertu d'hypothèses particulières qui peuvent être quasi évidentes, mais qui n'en sont pas moins des principes distincts. Le paragraphe 139 donne trois exemples fondamentaux de cette sorte d'études.

141. **Point assujetti à rester sur une courbe.** — *Nous admettrons* qu'un point analytiquement assujetti à rester sur une courbe, peut exercer, *normalement à cette courbe,* une force quelconque équilibrée par la réaction normale de la courbe : ce sera, si l'on veut, notre définition du problème.

Admettre, ici et dans tout ce Chapitre, signifie non pas que nous négligeons par convenance personnelle de donner la démonstration, mais que toute démonstration est impossible. Démontrer c'est ramener à l'évidence. Or il n'est pas évident que la réaction d'une courbe soit normale. Dans tous les cas où nous pouvons faire l'expérience, le frottement intervient. Le postulat ne peut donc être démontré *a priori, puisque nous savons qu'il ne s'applique jamais exactement.*

Au fond, le postulat revient à donner la définition de la courbe *rigide et sans frottement.* Or on ne démontre pas une définition.

Du principe nous déduisons immédiatement les conditions d'équilibre.

La résultante de toutes les forces appliquées au point doit être normale à la courbe.

Supposons la courbe donnée en fonction d'une variable auxiliaire;

pour plus de simplicité, supposons-la donnée en fonction de l'arc s compté sur la courbe à partir d'un point quelconque :

$$x = \varphi(s), \qquad y = \chi(s), \qquad z = \psi(s).$$

La condition d'équilibre est :

$$X \frac{dx}{ds} + Y \frac{dy}{ds} + Z \frac{dz}{ds} = 0; \tag{1}$$

X, Y, Z, sont les composantes suivant les axes de la résultante des forces appliquées au point.

La force n'est donc déterminée ni en grandeur, ni en direction; elle est seulement assujettie à se trouver dans le plan normal à la courbe (à être normale à sa tangente).

La réaction R lui est égale et opposée; elle est complètement déterminée quand on se donne X, Y, Z, et que l'équilibre existe (équation (1) satisfaite).

Nous supposons que *la résistance* de la courbe n'a pas de limite. Dans le cas contraire, il faudrait exprimer *que la courbe ne casse pas*. Cette condition *dans le cas le plus simple* correspond à l'inégalité :

$$\sqrt{X^2 + Y^2 + Z^2} < R_0,$$

où R_0 est un paramètre donné.

Remarque. — La réaction R est normale à la courbe; *donc, dans tout petit déplacement compatible avec les liaisons, la force de liaison ne travaille pas*. Nous verrons que cette remarque est générale.

142. **Point assujetti à rester sur une surface.** — *Nous admettrons,* ce sera la définition d'une surface rigide parfaitement polie, qu'un point analytiquement assujetti à rester sur une surface peut exercer *normalement* à cette surface une force quelconque.

Soit : $$f(x, y, z) = 0,$$

l'équation de la surface; soit X, Y, Z, les composantes suivant les axes de la résultante des forces appliquées au point.

Les conditions d'équilibre sont :

$$X : \frac{\partial f}{\partial x} = Y : \frac{\partial f}{\partial y} = Z : \frac{\partial f}{\partial z}. \tag{1}$$

Autrement dit, les composantes peuvent être mises sous la forme :

$$X = R \frac{\partial f}{\partial x}, \qquad Y = R \frac{\partial f}{\partial y}, \qquad Z = R \frac{\partial f}{\partial z}.$$

La force est complètement déterminée en direction, elle ne l'est pas en grandeur.

Ici encore nous pouvons fixer une limite pour la *résistance* de la surface : $$\sqrt{X^2 + Y^2 + Z^2} < R_0.$$

Remarque I.

La liaison peut être *bilatérale* ou *unilatérale*.

Dire qu'elle est bilatérale signifie que la surface réagit, quand le point presse suivant la normale dans un sens ou dans l'autre; dire qu'elle est unilatérale signifie que la surface ne réagit que si le point presse dans une seule des directions de la normale à partir de la surface.

Par exemple, un point pesant attaché à un fil flexible et inextensible est assujetti à rester sur une sphère. Mais pour que la sphère réagisse, il faut que la pression s'exerce vers l'extérieur. Si la pression est *centripète*, le fil se tord ; *la surface ne réagit pas*.

Exemple plus simple : corps posé sur une table horizontale. Pour l'équilibre, il faut que la force soit verticale et dirigée vers le bas, à supposer nuls les frottements (§ 204).

Dans le cas d'une liaison unilatérale, il faut adjoindre à la condition (1) la condition que la force X, Y, Z, est dirigée vers *l'une* des directions de la normale à partir de la surface.

Remarque II.

La réaction R étant normale à la surface, son travail est nul pour tout déplacement situé dans la surface, et par conséquent compatible avec la liaison imposée.

143. **Principe de la solidification.** — On fait à chaque instant usage d'un principe très général dont voici l'énoncé : *Si des forces se font actuellement équilibre sur un système quelconque de forme variable, l'équilibre ne cessera pas en supposant que le système ou une partie du système soit rendu tout à coup invariable, c'est-à-dire vienne à se solidifier.*

Autrement dit, l'équilibre étant obtenu au moyen d'un système de liaisons, il l'est encore quand on ajoute des liaisons supplémentaires.

Inversement, si pour certaines liaisons nous arrivons à certaines conditions d'équilibre, ces conditions subsistent a fortiori *si nous supprimons une partie des liaisons.* Elles peuvent rester suffisantes après la suppression; mais elles sont assurément nécessaires.

Par exemple, les conditions d'équilibre des corps *solides* sont nécessaires dans l'équilibre de tous les systèmes possibles; elles ne sont pas nécessairement suffisantes.

On comprend l'importance de la proposition. Soit à déterminer les conditions d'équilibre pour certaines liaisons : introduisons des liaisons compatibles avec les précédentes. Nous obtenons généralement une infinité de systèmes, et pour chacun d'eux certaines conditions d'équilibre. Les conditions d'équilibre pour le premier système doivent contenir toutes les conditions relatives à tous les autres.

Par exemple, les conditions d'équilibre pour un point assujetti à rester au point M d'une surface, doivent contenir toutes les conditions relatives à un point assujetti à rester au point M sur toutes les courbes tracées sur la surface et passant au point M. Ce résultat est conforme aux hypothèses et résultats des deux paragraphes précédents. La normale à une surface est l'intersection des plans normaux à toutes les courbes tracées sur la surface et passant par le point M.

144. **Équilibre de deux points assujettis à rester à une distance invariable.** — Nous traiterons ce problème avec quelque détail, parce que nous en déduirons comme corollaire le problème de l'équilibre d'un système quelconque de points assujettis à des conditions de positions relatives.

La condition imposée est :

$$(x_1 - x_2)^2 + (y_1 - y_2)^2 + (z_1 - z_2)^2 = \text{Constante},$$

que nous écrirons :

$$\varphi(x_1, y_1, z_1, \quad x_2, y_2, z_2) = 0.$$

Appelons X_1, Y_1, Z_1; X_2, Y_2, Z_2, les composantes suivant les axes de la résultante des forces appliquées respectivement à chacun des points.

Utilisons le principe de la solidification.

Fixons le point 2; le point 1 est assujetti à se trouver sur une surface qui, dans le cas particulier, est une sphère ayant le point 2 pour centre. La réaction de cette surface est une force dirigée suivant sa normale et dont nous pouvons représenter les composantes par (§ 142) :

$$R_1 \frac{\partial\varphi}{\partial x_1}, \qquad R_1 \frac{\partial\varphi}{\partial y_1}, \qquad R_1 \frac{\partial\varphi}{\partial z_1}.$$

Procédant de même pour le point 2, nous pouvons représenter les composantes de la réaction de la sphère, sur laquelle ce point est assujetti à rester et dont le centre est en 1, par :

$$R_2 \frac{\partial\varphi}{\partial x_2}, \qquad R_2 \frac{\partial\varphi}{\partial y_2}, \qquad R_2 \frac{\partial\varphi}{\partial z_2}.$$

Mais la véritable liaison entre les deux points est représentée par une tige rigide qui les joint; donc les forces qui sont appliquées respectivement aux deux points en vertu des liaisons sont égales et de signes contraires. D'ailleurs on a :

$$\frac{\partial\varphi}{\partial x_1} = -\frac{\partial\varphi}{\partial x_2} = 2(x_1 - x_2),$$

$$\frac{\partial\varphi}{\partial y_1} = -\frac{\partial\varphi}{\partial y_2} = 2(y_1 - y_2),$$

$$\frac{\partial\varphi}{\partial z_1} = -\frac{\partial\varphi}{\partial z_2} = 2(z_1 - z_2).$$

D'où la condition : $\quad R_1 = R_2 = R.$

En définitive, écrire que deux points sont assujettis à rester à une distance invariable l'un de l'autre, revient à écrire que les forces ont pour composantes :

sur le point 1 : $$X_1 + 2R(x_1 - x_2) = X_1 + R\frac{\partial\varphi}{\partial x_1},$$
$$Y_1 + 2R(y_1 - y_2) = Y_1 + R\frac{\partial\varphi}{\partial y_1},$$
$$Z_1 + 2R(z_1 - z_2) = Z_1 + R\frac{\partial\varphi}{\partial z_1};$$

sur le point 2 : $$X_2 + 2R(x_2 - x_1) = X_2 + R\frac{\partial\varphi}{\partial x_2},$$
$$Y_2 + 2R(y_2 - y_1) = Y_2 + R\frac{\partial\varphi}{\partial y_2},$$
$$Z_2 + 2R(z_2 - z_1) = Z_2 + R\frac{\partial\varphi}{\partial z_2}.$$

Pour l'équilibre, ces six quantités sont nulles.

Remarque. — Pour tous les déplacements compatibles avec les liaisons, les forces de liaison ne travaillent pas. La condition que leur travail est nul s'exprime en effet par l'équation (§ 37) :

$$\left(R\frac{\partial\varphi}{\partial x_1}\right)dx_1 + \left(R\frac{\partial\varphi}{\partial y_1}\right)dy_1 + \ldots + \left(R\frac{\partial\varphi}{\partial x_2}\right)dx_2 + \ldots$$
$$= R\left(\frac{\partial\varphi}{\partial x_1}dx_1 + \frac{\partial\varphi}{\partial y_1}dy_1 + \ldots + \frac{\partial\varphi}{\partial x_2}dx_2 + \ldots\right) = R\,d\varphi = 0.$$

145. **Équilibre de deux points dont les coordonnées sont liées par une relation quelconque.** — Supposons que la relation $\varphi = 0$, n'exprime plus la constance de la distance des points. Le principe de la solidification nous conduit encore à appliquer les

forces (§ 142) : $R_1\frac{\partial\varphi}{\partial x_1}$, $R_1\frac{\partial\varphi}{\partial y_1}$, $R_1\frac{\partial\varphi}{\partial z_1}$, au point 1,

$R_2\frac{\partial\varphi}{\partial x_2}$, $R_2\frac{\partial\varphi}{\partial y_2}$, $R_2\frac{\partial\varphi}{\partial z_2}$, au point 2.

Je dis qu'on a encore $R_1 = R_2$.

La démonstration consiste à établir des liaisons supplémentaires qui forcent les points à décrire des courbes pour lesquelles nous puissions aisément prouver que cette condition d'équilibre est nécessaire. La réciproque du principe de la solidification nous permet de conclure que cette condition est encore nécessaire quand nous supprimons les liaisons supplémentaires.

Considérons les positions actuelles P_1 et P_2 des points 1 et 2. Du point O milieu de P_1P_2 comme centre, traçons une sphère passant par P_1 et P_2.

Supposons que le mobile 1 décrive sur cette sphère une courbe passant par P_1. A chaque position du mobile 1 correspond une surface pour le mobile 2. Imposons à ce mobile d'être sur la droite qui passe par 1 et par O; cette condition satisfaite, à chaque courbe décrite par le mobile 1 et tracée sur la sphère correspond une courbe pour le mobile 2, *courbe qui, en dehors du point* P_2, *n'est généralement pas sur la sphère.*

Mais il est possible de choisir la courbe 1 de manière que la courbe 2 soit aussi sur la sphère.

La chose se voit immédiatement sur les équations.

Soit ξ, η, ζ, les coordonnées du point O; on a :

$$\varphi = 0, \qquad (x_1 - x_2)^2 + (y_1 - y_2)^2 + (z_1 - z_2)^2 = \text{Constante},$$
$$x_1 + x_2 = 2\xi, \qquad y_1 + y_2 = 2\eta, \qquad z_1 + z_2 = 2\xi;$$

donc cinq conditions entre six quantités; il existe encore une arbitraire.

Cherchons la condition d'équilibre au voisinage des positions P_1 et P_2 pour le système formé par les mobiles 1 et 2 assujettis à rester sur une droite rigide passant par un point fixe, à égale distance du point fixe, et à satisfaire la condition $\varphi = 0$.

Il est clair que les forces X_1, Y_1, Z_1, ; X_2, Y_2, Z_2, appliquées aux mobiles 1 et 2, formant les extrémités du levier à bras égaux auquel nous avons réduit le système, doivent avoir sur les trajectoires des projections parallèles et égales. Comme les déplacements sont à chaque instant parallèles et *de sens contraires*, les projections sur les déplacements doivent être égales et *de signes contraires*.

D'où la condition :

$$X_1 dx_1 + Y_1 dy_1 + Z_1 dz_1 + X_2 dx_2 + Y_2 dy_2 + Z_2 dz_2 = 0. \qquad (1)$$

Or, pour l'équilibre, nous avons généralement :

$$X_1 + R_1 \frac{\partial\varphi}{\partial x_1} = 0, \quad \text{et deux équations analogues en } y_1 \text{ et } z_1;$$

$$X_2 + R_2 \frac{\partial\varphi}{\partial x_2} = 0, \quad \text{et deux équations analogues en } y_2 \text{ et } z_2.$$

La condition (1) devient :

$$R_1\left(\frac{\partial\varphi}{\partial x_1} dx_1 + \frac{\partial\varphi}{\partial y_1} dy_1 + \frac{\partial\varphi}{\partial z_1} dz_1\right)$$
$$+ R_2\left(\frac{\partial\varphi}{\partial x_2} dx_2 + \frac{\partial\varphi}{\partial y_2} dy_2 + \frac{\partial\varphi}{\partial z_2} dz_2\right) = 0. \qquad (2)$$

Mais, de la condition $\varphi = 0$, on tire :

$$\frac{\partial\varphi}{\partial x_1} dx_1 + \ldots + \frac{\partial\varphi}{\partial x_2} dx_2 + \ldots + \frac{\partial\varphi}{\partial z_2} dz_2 = 0. \qquad (3)$$

Comparant (2) et (3), il reste :

$$R_1 = R_2 = R.$$

En définitive, quelle que soit la relation $\varphi = 0$, les liaisons valent :

une force $R\dfrac{\partial \varphi}{\partial x_1}$, $R\dfrac{\partial \varphi}{\partial y_1}$, $R\dfrac{\partial \varphi}{\partial z_1}$, *appliquée au mobile 1,*

une force $R\dfrac{\partial \varphi}{\partial x_2}$, $R\dfrac{\partial \varphi}{\partial y_2}$, $R\dfrac{\partial \varphi}{\partial z_2}$, *appliquée au mobile 2.*

Les directions de ces forces sont complètement déterminées ; la quantité R est arbitraire.

Remarque. — Les liaisons ne travaillent pas. On a effet (§ 144) :

$$R d\varphi = 0.$$

146. Équilibre d'un système de points assujettis à des conditions de positions relatives. — Soit n points dont les coordonnées : $x_i, y_i, z_i,$ sont assujetties à satisfaire les p relations :

$$\left.\begin{array}{l} \varphi_1(x_1, y_1, z_1; \ x_2, \ldots; \ x_n, y_n, z_n) = 0, \\ \ldots\ldots\ldots\ldots\ldots \\ \ldots\ldots\ldots\ldots\ldots \\ \varphi_p(x_1, y_1, z_1; \ \ldots \qquad\qquad) = 0. \end{array}\right\} \quad (1)$$

On demande les conditions d'équilibre sous l'action des forces de composantes X_i, Y_i, Z_i, respectivement appliquées aux points d'indice i.

Considérons d'abord la première relation. Fixons tous les points sauf le point 1. Nous pouvons remplacer les liaisons par une force appliquée en 1 et de composantes :

$$R_1\frac{\partial \varphi_1}{\partial x_1}, \qquad R_1\frac{\partial \varphi_1}{\partial y_1}, \qquad R_1\frac{\partial \varphi_1}{\partial z_1}.$$

Rendons libre le point 2 et appliquons le théorème précédent. Sur ce point agit, en vertu des liaisons, une force de composantes :

$$R_1\frac{\partial \varphi_1}{\partial x_2}, \qquad R_1\frac{\partial \varphi_1}{\partial y_2}, \qquad R_1\frac{\partial \varphi_1}{\partial z_2}.$$

Et ainsi de suite. Même raisonnement pour φ_2, φ_3, ...

En définitive, les conditions d'équilibre sont $3n$ équations contenant p arbitraires $R_1, R_2, \ldots R_p$. Voici les trois qui se rapportent au point d'indice i :

$$X_i + R_1\frac{\partial \varphi_1}{\partial x_i} + R_2\frac{\partial \varphi_2}{\partial x_i} + \ldots + R_p\frac{\partial \varphi_p}{\partial x_i} = 0,$$

$$Y_i + R_1\frac{\partial \varphi_1}{\partial y_i} + R_2\frac{\partial \varphi_2}{\partial y_i} + \ldots + R_p\frac{\partial \varphi_p}{\partial y_i} = 0,$$

$$Z_i + R_1\frac{\partial \varphi_1}{\partial z_i} + R_2\frac{\partial \varphi_2}{\partial z_i} + \ldots + R_p\frac{\partial \varphi_p}{\partial z_i} = 0.$$

Pour résoudre complètement le problème, il faut éliminer les paramètres R entre les $3n$ équations; il reste $3n-p$ conditions à satisfaire.

Remarque. — Les réactions dues aux liaisons ne travaillent pas. On vérifiera comme aux §§ 144 et 145, que pour tous les déplacements compatibles avec les liaisons, cette condition s'exprime par les équations :

$$R_1 d\varphi_1 = 0, \qquad R_2 d\varphi_2 = 0, \ldots \qquad R_p d\varphi_p = 0,$$

toutes identiquement satisfaites.

147. Équilibre d'un corps rigide libre dans l'espace. — Nous savons que, d'une manière générale, un système de forces peut se réduire à une force et un couple. Cette force a la même valeur quelle que soit la directrice qu'on lui choisit. Ses composantes sur les axes sont :

$$x = \Sigma X, \qquad y = \Sigma Y, \qquad z = \Sigma Z,$$

où X, Y, Z, représentent généralement les forces appliquées aux divers points du système rigide.

Si on prend l'origine pour centre de réduction, le moment du couple a pour composantes (§ 36) :

$$L = \Sigma(yZ - zY),$$
$$M = \Sigma(zX - xZ),$$
$$N = \Sigma(xY - yX);$$

x, y, z, représentent les coordonnées du point où la force X, Y, Z, est appliquée.

Pour que le corps soit en équilibre, il faut que la résultante soit nulle ainsi que le moment du couple. Quand ces deux conditions sont satisfaites pour un centre de réduction, elles le sont pour tous les points de l'espace (§ 36).

Les conditions d'équilibre d'un corps libre sont en définitive :

$$\Sigma X = \Sigma Y = \Sigma Z = 0,$$
$$L = M = N = 0.$$

148. Équilibre d'un corps rigide dont un point est fixe (suspension à la Cardan). — La réaction du point équivaut à une force appliquée au point et de composantes X_1, Y_1, Z_1. Il faut écrire que le corps *considéré comme libre* est en équilibre sous l'action des forces appliquées, *y compris la force qui résulte de la réaction du point.*

D'où les conditions :

$$X_1 + \Sigma X = 0, \qquad Y_1 + \Sigma Y = 0, \qquad Z_1 + \Sigma Z = 0; \qquad (1)$$
$$L = M = N = 0. \qquad (2)$$

On suppose que le point fixe est pris comme origine des coordonnées. *Pour l'équilibre il suffit donc que les sommes des moments de toutes les forces par rapport à trois axes rectangulaires menés par le point fixe soient nulles.*

Les équations (1) fournissent les composantes de la réaction du point fixe. Elle ne travaille pas puisque son point application est invariable.

149. **Équilibre d'un corps rigide assujetti à tourner autour d'un axe ou qui a deux points fixes.** — Soit O et O' les points; mettons O à l'origine des coordonnées et O' sur l'axe des z à une distance h de O. Soit X_1, Y_1, Z_1; X_2, Y_2, Z_2, les composantes des forces qui représentent la réaction des points.

On peut considérer le corps comme libre à la condition de joindre ces réactions aux forces appliquées. Les équations d'équilibre deviennent :

$$X_1+X_2+\sum X=0,\quad Y_1+Y_2+\sum Y=0,\quad Z_1+Z_2+\sum Z=0;\qquad (1)$$
$$L-hY_2=0,\qquad M+hX_2=0,\qquad N=0.\qquad (2)$$

La seule condition à satisfaire qui ne contienne que les forces appliquées est $N=0$. *Elle exprime que le moment de ces forces par rapport à l'axe imposé est nul.*

Les deux autres équations (2) fournissent les réactions X_2 et Y_2, ou plus exactement les produits hX_2 et hY_2.

Si on se donne h, ou s'il est connu d'ailleurs, les deux premières équations (1) fournissent X_1 et Y_1.

Enfin la dernière équation (1) fournit la somme Z_1+Z_2.

Les réactions ne sont donc connues qu'à une ou deux indéterminées près, suivant les cas. Quand il existe un axe, il y a véritablement deux indéterminations; ce qui est évident *a priori* puisqu'on peut mettre les points O et O' où l'on veut sur l'axe.

Il est clair que les réactions des points O et O', *qui sont fixes,* ne travaillent pas.

150. **Équilibre d'un corps rigide qui s'appuie sur un plan en un, deux ou plusieurs points.**

UN POINT DE CONTACT.

Il est clair que la résultante des forces doit passer par le point de contact et doit être normale au plan (§ 142).

DEUX POINTS DE CONTACT.

Prenons le plan comme plan xOy, le premier point de contact pour origine des coordonnées et le second point sur l'axe Ox. Soit Z_1 et Z_2 leurs réactions (fig. 122).

Les équations d'équilibre sont :

$$\sum X=\sum Y=0,\qquad Z_1+Z_2+\sum Z=0;\qquad (1)$$
$$L=0,\qquad M-x_0Z_2=0,\qquad N=0.\qquad (2)$$

On tire : $Z_2 = \frac{M}{x_0}, \qquad Z_1 = -\sum Z - \frac{M}{x_0}.$

La résultante des forces doit être verticale et se trouver dans le plan vertical des points d'appui. Le point x où elle rencontre l'axe Ox est donné par la relation :

$$x(Z_1 + Z_2) = x_0 Z_2, \qquad x = -\frac{M}{\sum Z}.$$

Plusieurs points de contact.

Appelons $x_2, y_2, x_3, y_3, \ldots$ les coordonnées des points de contact; appelons $Z_1, Z_2, Z_3, \ldots$ les réactions nécessairement normales au plan. On a en particulier $x_1 = y_1 = 0$. Les conditions d'équilibre sont :

$$\sum X = \sum Y = 0, \qquad Z_1 + Z_2 + Z_3 + \ldots + \sum Z = 0. \qquad (1)$$

$$L + \sum y_1 Z_1 = 0, \qquad M - \sum x_1 Z_1 = 0, \qquad N = 0.$$

Cherchons le point x, y, par où passe la résultante. Il est donné par les équations :

$$y = \frac{\sum y_1 Z_1}{\sum Z_1} = \frac{L}{\sum Z}, \qquad x = \frac{\sum x_1 Z_1}{\sum Z_1} = -\frac{M}{\sum Z}.$$

Comme les quantités Z_1, Z_2, sont toutes positives, ces formules sont celles même qui déterminent un centre d'inertie; par suite, il faut que le point x, y, soit à l'intérieur du polygone le plus grand construit sur les points d'appui. C'est pour la même raison que le centre de gravité de plusieurs masses qui sont sur le même plan est à l'intérieur du polygone dont les sommets sont les masses les plus extérieures.

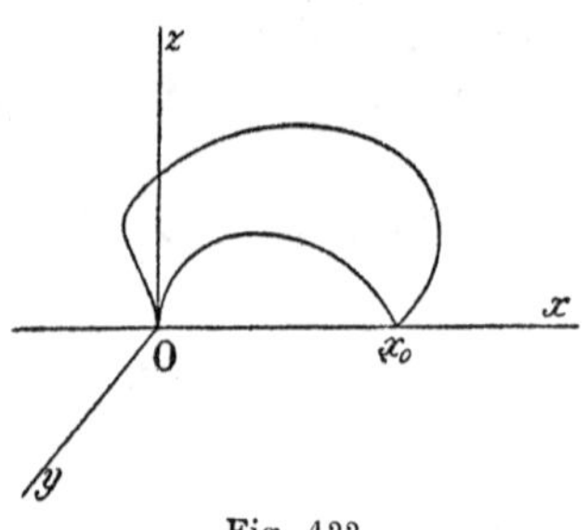

Fig. 122.

Les réactions ne sont pas déterminées lorsqu'il y a plus de trois points d'appui, ou même lorsque les trois points d'appui sont en ligne droite. Cela n'a rien d'extraordinaire : le problème que nous traitons, d'un corps rigide s'appuyant sur un plan parfaitement rigide, est absolument irréel. Dans la pratique, les pieds d'une table ou fléchissent, ou s'enfoncent plus ou moins dans le plan qui les supporte. Ce qui lève l'indétermination.

Mais ce n'est pas le lieu de discuter ce problème difficile d'Élasticité.

Principe du travail.

151. **Déplacements indépendants. Énoncé du principe.** — Considérons un point libre de se déplacer sur un plan : choisissons deux axes de coordonnées. Tout petit déplacement peut être considéré comme la résultante de deux petits déplacements parallèles aux axes : on dit qu'il y a *deux degrés de liberté* et *deux déplacements indépendants*. En effet, on peut se donner arbitrairement les deux composantes : le déplacement résultant est possible.

Considérons une usine tout entière, si compliquée qu'elle soit. Mettons en mouvement un arbre quelconque : tous les autres arbres, toutes les poulies, toutes les machines... vont se mettre en mouvement, puisque tout est solidaire[1].

Nous n'avons plus *qu'un seul degré de liberté et qu'un seul déplacement indépendant*. De même pour une montre (exception faite pour le balancier), dont tous les rouages sont liés.

Reprenons l'exemple du pendule. Supposons un fil souple et inextensible. Le point matériel qui forme le pendule peut d'abord se déplacer sur la sphère de rayon l : il a sur cette sphère deux degrés de liberté et deux mouvements indépendants. Mais à l'intérieur de cette sphère, il peut occuper une position quelconque : il y a *trois* degrés de liberté. En effet, prenons trois droites formant un trièdre trirectangle. Tout déplacement peut se décomposer en trois déplacements parallèles aux arêtes du trièdre (axes de coordonnées) ; et réciproquement, si l'on donne arbitrairement trois déplacements quelconques parallèles à ces axes, le déplacement résultant est possible, compatible avec les liaisons, pourvu que l'on ne sorte pas de la sphère.

Soit enfin un corps libre dans l'espace : le nombre des déplacements indépendants est de six. Je prends arbitrairement comme ci-dessus trois axes de coordonnées. Je peux donner au corps, soit de petites translations parallèles à chacun des axes, soit de petites rotations autour de ces axes. Or chacun de ces mouvements ne gêne en rien les autres : il existe bien six mouvements différents indépendants; le mouvement résultant est possible. Supposons que j'impose au corps un axe de rotation, le long duquel il peut glisser : il existe deux mouvements indépendants, le mouvement de rotation et le mouvement de glissement. Enfin, si le corps ne peut pas glisser sur son axe, il n'a plus qu'un degré de liberté, qu'un déplacement indépendant, le mouvement de rotation.

---

[1] On suppose, bien entendu, les courroies inextensibles et les engrenages sans temps perdu.

Ceci posé, nous admettrons le principe général suivant : *Un déplacement compatible avec les liaisons ne peut se faire sous l'action d'un système de forces, que s'il en résulte un travail positif de ces forces. Si donc le déplacement correspond à un travail nul, il ne se fera pas; le système sera en équilibre pour ce déplacement. Si cette condition est réalisée pour tous les déplacements indépendants, elle l'est pour tous les déplacements possibles, le corps reste au repos : on dit qu'il y a équilibre.*

Des forces sont équivalentes, par rapport aux déplacements d'un système de corps, lorsqu'elles fournissent le même travail pour tous les déplacements compatibles avec les liaisons : elles peuvent d'ailleurs ne pas être équivalentes pour d'autres déplacements.

152. **Expression algébrique du principe du travail.** — Soient $a, b, c, \ldots$ les variables *toutes indépendantes* qui déterminent les mouvements possibles du système. Le travail $d\mathfrak{T}$ pour un déplacement quelconque infiniment petit peut être mis sous la forme :

$$d\mathfrak{T} = \mathrm{A}da + \mathrm{B}db + \mathrm{C}dc + \ldots$$

A, B, C, ... sont des fonctions de $a, b, c, \ldots$

Les quantités A, B, C... s'appellent *forces suivant les variables* a, b, c.

Si la variable a a les dimensions d'une longueur, A est effectivement une force.

Si elle a les dimensions d'une surface, A est le quotient d'une force par une longueur; c'est une *tension superficielle* (§ 139).

Si elle a les dimensions d'un volume, A est le quotient d'une force par une surface; c'est une pression ou une tension.

Enfin si elle a des dimensions de degré zéro, si c'est un nombre, un angle par exemple, A a les dimensions d'une force multipliée par une longueur : c'est le moment d'un *couple* (§ 27).

Puisque par hypothèse les variables $a, b, c, \ldots$ sont toutes indépendantes, les conditions d'équilibre sont exprimées par les relations :

$$\mathrm{A} = 0, \qquad \mathrm{B} = 0, \qquad \mathrm{C} = 0, \ldots$$

La condition d'équilibre relative à l'une des variables, a par exemple, est $\mathrm{A} = 0$. Si cette relation est satisfaite pour un système de valeurs des variables $a, b, c, \ldots$, nous sommes assurés qu'à partir de cette position le mécanisme ne tend pas à se déformer de manière à entraîner une variation de a.

La force suivant une variable a doit être nulle pour l'équilibre, si la variation da peut être arbitrairement positive ou négative, *si le déplacement possible est bilatéral* (§ 142). Si le déplacement possible est *unilatéral,* il faut seulement pour l'équilibre que le travail correspondant à ce déplacement soit négatif, ce qui revient à dire qu'il doit s'effectuer contre la force correspondante. L'équilibre exige seulement la condition :

$$Ada < 0.$$

153. **Manière de traiter les liaisons.** — Nous avons déjà dit que la Statique est la science des liaisons. L'avantage capital du principe du travail est de permettre de ne pas expliciter les forces de liaisons, en vertu du postulat *qu'elles ne travaillent pas*. Ce postulat n'a évidemment rien de nécessaire. En fait les liaisons travaillent, car il y a toujours des frottements. Dans ce cas, le principe du travail n'est ni plus ni moins commode que le principe du parallélogramme : ils se traduisent tous deux par des inégalités.

Mais, *alors même qu'il ne serait pas légitime dans la pratique de négliger les frottements et par conséquent le travail des liaisons*, on désire souvent résoudre un problème simplifié qui indique l'allure du phénomène. Le principe du travail fournit élégamment la solution.

Nous avons fait remarquer dans tous les cas précédemment traités que les liaisons ne travaillent pas : cela va de soi, puisque nous avons négligé les frottements. Forcer un point à décrire telle courbe ou telle surface qu'on voudra, imposer à une série de points des trajectoires liées les unes aux autres, ... n'implique aucune dépense d'énergie pourvu qu'on emploie des guides rigides et parfaitement glissants. Quand un train change de direction, il presse contre les rails, peut les briser ou les déformer s'ils ne sont pas assez résistants; mais sa vitesse n'est pas diminuée pour cela, tant que les frottements n'interviennent pas.

On conçoit donc aisément la raison d'être du principe. Seules les forces appliquées travaillent. Si l'on veut que le système sorte du repos, il faut que le travail qui correspond au petit déplacement choisi ne soit pas nul. Inversement, si pour tous les déplacements compatibles avec les liaisons le travail est nul, il n'y a pas de raison pour que le système sorte du repos.

154. **Système de points assujettis à des conditions de positions relatives.** — Reprenons un des problèmes précédemment traités (§ 146). Les n points sont assujettis aux conditions :

$$\varphi_1 = 0, \qquad \varphi_2 = 0, \ \ldots\ldots, \ \varphi_p = 0. \tag{1}$$

Écrivons qu'à partir de la position actuelle, le travail des forces est nul pour tout petit déplacement compatible avec les liaisons :

$$\sum (X_i dx_i + Y_i dy_i + Z_i dz_i) = 0. \tag{2}$$

Les variations dx_i, dy_i, ... au nombre de $3n$ ne sont pas toutes indépendantes. Elles doivent satisfaire aux p relations :

$$\begin{aligned} &\frac{\partial\varphi_1}{\partial x_1} dx_1 + \frac{\partial\varphi_1}{\partial y_1} dy_1 + \dots + \frac{\partial\varphi_1}{\partial z_n} dz_n = 0, \\ &\dots\dots\dots\dots\dots \\ &\frac{\partial\varphi_p}{\partial x_1} dx_1 + \dots\dots\dots\dots + \frac{\partial\varphi_p}{\partial z_n} dz_n = 0. \end{aligned} \qquad (3)$$

Nous pouvons choisir $3n-p$ variations comme variables indépendantes, exprimer les p restantes en fonction des premières, substituer leurs valeurs dans l'équation (2) et égaler à zéro les coefficients des $3n-p$ variations qui sont indépendantes. C'est la méthode générale de calcul.

On peut procéder d'une manière plus symétrique.

Multiplions la première équation (3) par l'indéterminée R_1, la seconde par l'indéterminée R_2, ... et ainsi de suite. Ajoutons membre à membre les $p+1$ équations (2) et (3). Nous *pouvons* choisir les indéterminées de manière que les coefficients de p variations soient nuls, et nous *devons* égaler à zéro les coefficients des $3n-p$ variations restantes considérées comme variables indépendantes. D'où les $3n$ équations de la forme :

$$X_i + R_1 \frac{\partial\varphi_1}{\partial x_i} + R_2 \frac{\partial\varphi_2}{\partial x_i} + \dots + R_p \frac{\partial\varphi_p}{\partial x_i} = 0. \qquad (4)$$

Ce sont précisément celles que fournit la méthode directe.

On saisit clairement la différence des deux méthodes *équivalentes dans leurs résultats.*

Quand on n'a pas besoin de connaître les réactions, il est généralement inutile de passer par l'intermédiaire beaucoup plus long des équations (4). Dans les cas particuliers, l'élimination directe de p variations s'effectue plus aisément, grâce à des simplifications qui ne manquent jamais. Les forces de liaisons n'apparaissent donc dans les calculs à aucun instant.

Les deux exemples suivants montreront comment on applique le principe du travail.

Définissons d'abord le centre de gravité.

155. Poids des corps, centre de gravité. — La force que nous rencontrerons le plus ordinairement est le *poids*. Nous verrons au Chapitre IV qu'elle est due à l'attraction de la Terre plus ou moins modifiée par la force centrifuge. Le poids d'un élément est une des forces dont le point d'application est bien déterminé, autrement dit, dont la direction passe toujours par l'élément (§ 19).

D'une manière stricte, les poids des divers éléments d'un corps ne sont pas des forces parallèles. Toutefois, si le corps est de dimensions restreintes, nous pouvons considérer ce parallélisme comme rigoureux. Admettons par exemple que les directrices des poids passent par le centre de la Terre supposée sphérique : on sait que deux rayons terrestres dont l'angle est d'un degré coupent la surface en deux points distants de 111 kilomètres.

Le poids d'un élément varie avec la distance au centre de la Terre ; d'où résulte en toute rigueur qu'en tournant un corps, on modifie le rapport des poids des divers éléments : certains points se rapprochent du centre de la Terre, certains autres s'en éloignent. Mais le rayon terrestre étant très grand par rapport aux dimensions des corps sur lesquels nous opérons, les rapports des poids des divers éléments sont pratiquement indépendants de l'orientation du corps.

En définitive nous avons affaire à des forces parallèles et dans des rapports invariables. La théorie du § 25 s'applique donc : *nous pouvons remplacer les forces par une force unique passant par un point parfaitement déterminé et que nous appellerons centre de gravité.*

156. **Suspension bifilaire.** — Une suspension bifilaire se compose de deux fils fins AB, égaux et parallèles (fig. 123). Ils sont attachés en deux points fixes A, A, situés dans le même plan horizontal. Ils supportent une pièce BB de poids P, à laquelle on applique un couple horizontal Γ. On demande l'angle de rotation de la partie inférieure du système autour de l'axe vertical OO_1, qui passe par le milieu des droites AA et BB.

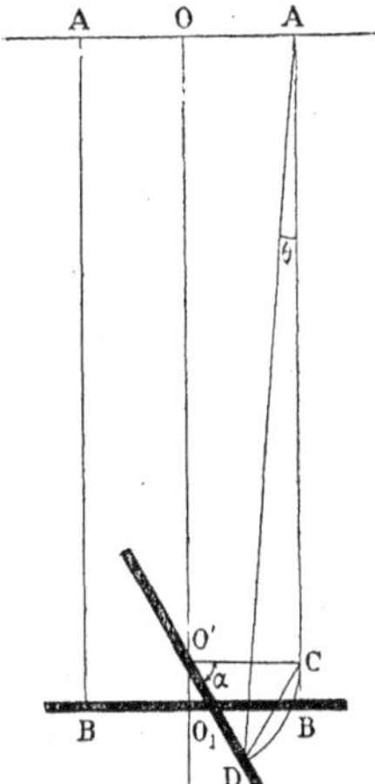

Fig. 123.

Soit l la longueur des fils, $2a$ leur distance AA, α l'angle de torsion, θ l'angle que fait l'un des fils avec sa position verticale initiale.

Le travail que l'on effectue *contre* la pesanteur quand on passe de la position initiale à la position actuelle définie par l'angle θ, est égal au produit du poids P par la hauteur O_1O' dont il a été soulevé ; son expression est

$$Pl(1 - \cos\theta).$$

Quand θ augmente de $d\theta$, le travail augmente de $Pl \sin\theta \, d\theta$.

Soit Γ le moment du couple horizontal actuellement appliqué au corps BB : c'est une fonction de l'angle α qu'il faut déterminer. Le travail effectué par ce couple pendant la rotation $d\alpha$ est $\Gamma d\alpha$ (§ 38).

L'expression générale du travail est :

$$d\mathfrak{T} = \Gamma d\alpha - Pl \sin\theta \, d\theta.$$

Mais il n'y a qu'une seule variable indépendante : il faut donc exprimer θ en fonction de α.

Comparons l'expression de DC dans les triangles O'DC et ADC.

On trouve aisément la relation : $2a\sin\frac{\alpha}{2}=l\sin\theta$; éliminons θ entre les deux équations. Écrivons enfin, pour appliquer le principe général, que le travail est nul pour une variation $d\alpha$, ce qui revient à écrire que le coefficient de $d\alpha$ est nul; il vient :

$$\Gamma=\frac{Pa^2}{l}\cdot\frac{\sin\alpha}{\sqrt{1-\frac{4a^2}{l^2}\sin^2\frac{\alpha}{2}}}.$$

Dans toutes les applications de cet appareil, $4a^2 : l^2$ est généralement très petit, de l'ordre de 1/1000 par exemple. L'angle α est lui-même petit. On peut donc poser très approximativement :

$$\Gamma=\frac{Pa^2\sin\alpha}{l},$$

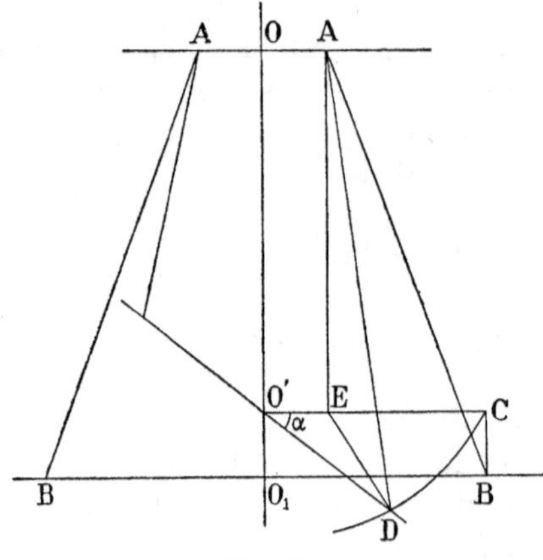

Fig. 124.

jusqu'à des angles considérables.

Enfin si α est lui-même très petit, on a : $\Gamma=\frac{Pa^2\alpha}{l}$.

Le couple appliqué au corps BB *est mesuré par la rotation* α, qu'on détermine généralement par la méthode de Poggendorff (§ 407).

Généralisation.

On peut ne plus supposer égales les distances AA et BB, tout en conservant l'égalité des fils de suspension AB. Posons donc (fig. 124) :

$$\overline{AA}=2a, \qquad \overline{BB}=2b, \qquad \overline{AB}=l.$$

Cherchons l'élévation de BB en fonction de l'angle de torsion α.

Le fil AB vient en AD. La distance $\overline{OO'}=\overline{AE}=z$, est donnée par la relation :

$$z^2=l^2-\overline{ED}^2=l^2-a^2-b^2+2ab\cos\alpha.$$

$$z^2=l^2-(b-a)^2-4ab\sin^2\frac{\alpha}{2}, \qquad zdz=-ab\sin\alpha d\alpha.$$

Le principe du travail donne la condition :

$$\Gamma d\alpha+Pdz=0.$$

$$\Gamma=-P\frac{dz}{d\alpha}=\frac{Pab}{l}\frac{\sin\alpha}{\sqrt{1-\frac{(b-a)^2}{l^2}-\frac{4ab}{l^2}\sin^2\frac{\alpha}{2}}}.$$

157. **Système bielle manivelle.** — Le système *bielle manivelle* est destiné à transformer un mouvement circulaire en un mouvement rectiligne alternatif; plus ordinairement, à entretenir un mouvement circulaire au moyen d'une force appliquée sur une tige animée d'un mouvement rectiligne alternatif (fig. 125).

La tige OA (*manivelle*) tourne autour de l'axe O; elle s'articule

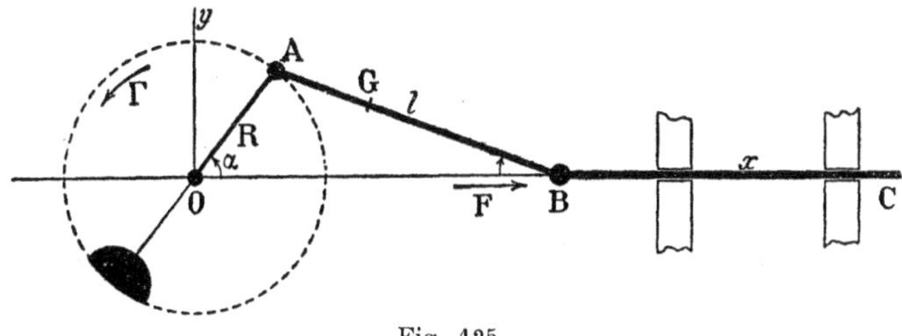

Fig. 125.

en A à la tige AB (*bielle*), qui s'articule elle-même à la tige BC. Des guides imposent à celle-ci un mouvement rectiligne.

Relions la distance $\overline{OB} = x$, à l'angle α. On a :

$$x = R\cos\alpha + l\cos\beta, \qquad R\sin\alpha = l\sin\beta;$$

$$x = R\cos\alpha + l\sqrt{1 - \frac{R^2}{l^2}\sin^2\alpha}. \tag{1}$$

Si le rapport $R : l$ est suffisamment petit, on a simplement :

$$x = l + R\cos\alpha; \tag{1'}$$

un mouvement uniforme de rotation est transformé en un mouvement alternatif pendulaire.

Écrivons qu'une force F appliquée en B suivant Ox, équilibre un couple Γ appliqué à l'axe O; le couple est positif quand il est dirigé dans le sens des α croissants. Le principe du travail donne la condition :

$$F dx + \Gamma d\alpha = 0. \tag{2}$$

Différentions (1); substituons à dx sa valeur dans (2), il vient :

$$FR\sin\alpha\left[1 + \frac{R\cos\alpha}{l} : \sqrt{1 - \frac{R^2}{l^2}\sin^2\alpha}\right] = \Gamma. \tag{3}$$

Si le rapport $R : l$ est assez petit, on a simplement :

$$FR\sin\alpha = \Gamma. \tag{3'}$$

Une force constante F produit un couple Γ essentiellement variable; il est nul pour les *points morts* : $\alpha = 0$, $\alpha = \pi$.

Le travail de la force F *constante* pour une rotation $d\alpha$ est :

$$FR\sin\alpha\, d\alpha.$$

Quand on passe d'un angle α_0 à un angle α_1, il est :

$$FR(\cos\alpha_0 - \cos\alpha_1).$$

En particulier dans le demi-tour, de $\alpha = 0$ à $\alpha = \pi$, le travail est 2FR; ce qui est évident *a priori*. Le travail moyen par unité d'angle est :

$$2FR : \pi = 0{,}64 . FR.$$

Dans le cas où $R : l$ est petit sans être très petit, on peut remplacer la formule (3) par l'expression simplifiée :

$$FR\sin\alpha\left(1 + \frac{R}{l}\cos\alpha\right) = \Gamma. \qquad (3'')$$

La formule (1) devient avec la même approximation :

$$x = l + R\cos\alpha - \frac{R^2}{2l}\sin^2\alpha. \qquad (1'')$$

On peut expliciter dans ces formules les premiers termes du développement de Fourrier :

$$\Gamma = FR\sin\alpha + \frac{FR^2}{2l}\sin 2\alpha, \qquad (3''')$$

$$x = l - \frac{R^2}{4l} + R\cos\alpha + \frac{R^2}{4l}\cos 2\alpha. \qquad (1''')$$

Puisque le phénomène est périodique, il était sûr *a priori* que nous obtiendrions des expressions de cette forme, mettant en évidence un fondamental et les harmoniques. Le développement est ici limité aux deux premiers termes.

158. **Manivelles multiples.** — Pour que nos raisonnements trouvent des applications, nous admettrons que la force F, supposée constante pour simplifier, change de signe au passage par les points morts. Nous admettrons de plus la formule réduite (3').

Pour diminuer l'irrégularité du couple Γ, on est conduit à caler plusieurs manivelles sur le même arbre. Le couple résultant s'obtient en additionnant plusieurs sinusoïdes, identiques, convenablement décalées et dont les parties négatives sont changées de signes pour satisfaire à la condition ci-dessus énoncée.

Nous voyons immédiatement que la courbe résultante se compose de fragments de sinusoïdes de même période que les sinusoïdes composantes. Mais chaque fois qu'une de celles-ci passe par 0 et par conséquent doit être retournée, la sinusoïde résultante subit un décalage brusque ; d'où résultent des points anguleux sur la courbe résultante.

Si les manivelles sont au nombre de deux et décalées de π, la courbe résultante est identique aux courbes composantes à l'amplitude près ; on ne gagne évidemment rien en régularité.

Si les manivelles sont décalées de $\pi : 2$ (*manivelle coudée*), la figure 126 représente le résultat; elle ne donne qu'une demi-période du sinus, c'est-à-dire une période du phénomène d'après l'hypothèse

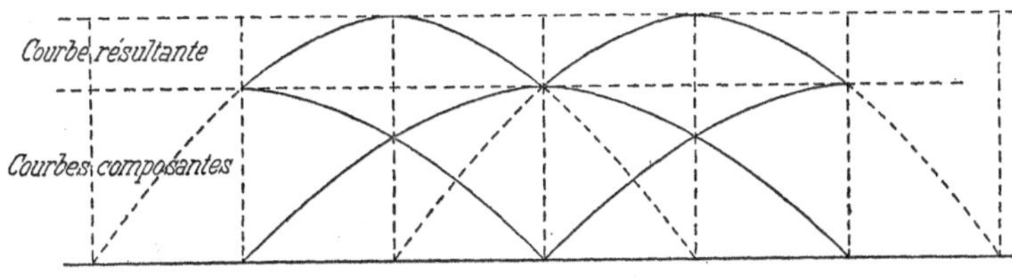

Fig. 126.

du début de ce paragraphe. Le rapport des maximums aux minimums est 1,40 ; la période du phénomène résultant est moitié moindre que pour une seule manivelle. On a prolongé en pointillé les périodes de la courbe résultante qui sont des fragments de sinusoïde.

La figure 127 donne le résultat pour trois manivelles symétrique-

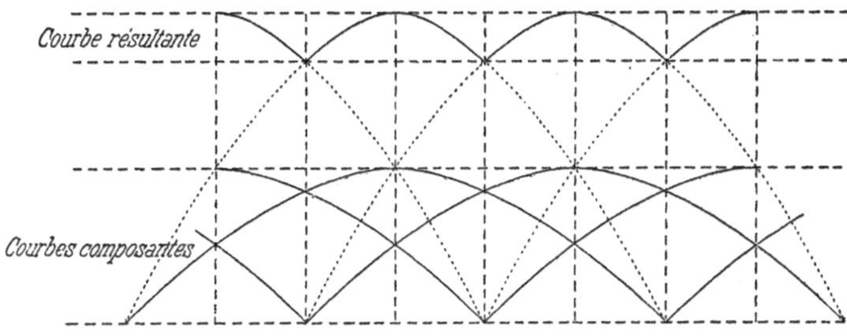

Fig. 127.

ment disposées autour de l'arbre. Le rapport des maximums aux minimums est 1,16; la période du phénomène résultant est trois fois plus petite que pour une seule manivelle.

159. **Réalisation du système bielle manivelle.** — Pour tourner, la manivelle doit être placée soit sur un bout d'axe, soit sur un *axe coudé*. Si elle est multiple, on est bien forcé d'employer le second procédé. Cette nécessité mécanique limite le nombre des manivelles. En effet il devient extrêmement difficile de mettre les bouts d'axes AB, CD, ... (fig. 128) dans le prolongement exact les uns des autres. Si on multiplie le nombre des *coussinets*, on augmente nécessairement les frottements, à cause des déformations des pièces; on risque même des ruptures.

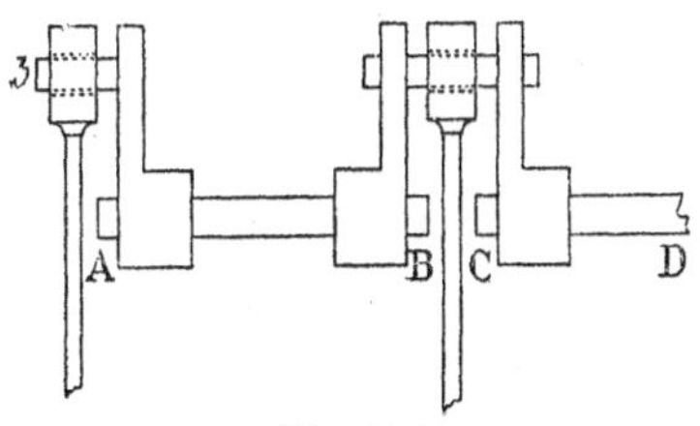

Fig. 128.

Pour éviter les axes coudés, on utilise les *excentriques circulaires à collier,* chaque fois que les efforts à transmettre ne sont pas trop grands (fig. 129). Mais le frottement du disque excentré contre le collier est grand et absorbe relativement beaucoup d'énergie.

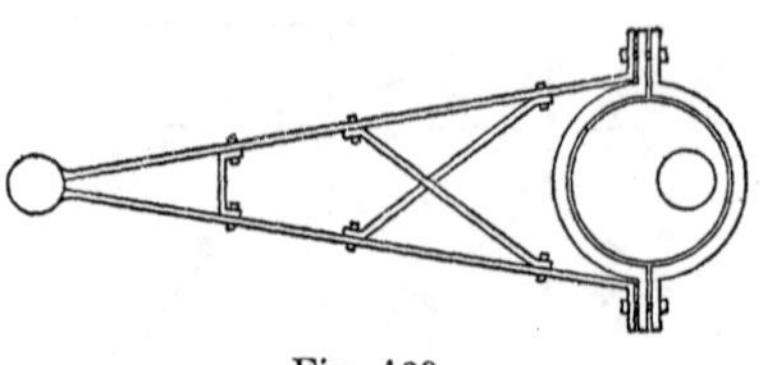

Fig. 129.

L'excentrique à collier dérive de la manivelle par l'agrandissement du *bouton b* de la figure 128.

Maintenant que nous avons expliqué sur quelques exemples la nature des deux principes, nous les emploierons indifféremment. Ils sont parfaitement équivalents; ce serait une gêne inutile que de nous astreindre à n'utiliser que l'un d'eux.

Balances.

160. **Balance à fléau.** — D'une manière générale la balance est un corps pesant de forme quelconque (que nous appellerons *fléau* pour abréger) tournant autour d'un axe O (fig. 130). En deux points du corps sont appliquées des forces P_1 et P_2 de directions invariables. Pour ne pas nous écarter des conditions de réalisation, nous supposerons l'axe horizontal et les forces P_1 et P_2 verticales. Le corps est en définitive soumis à trois forces verticales : l'une Π est son poids appliqué au centre de gravité G; les deux autres P_1 et P_2 parallèles à la première sont appliquées aux points A_1 et A_2.

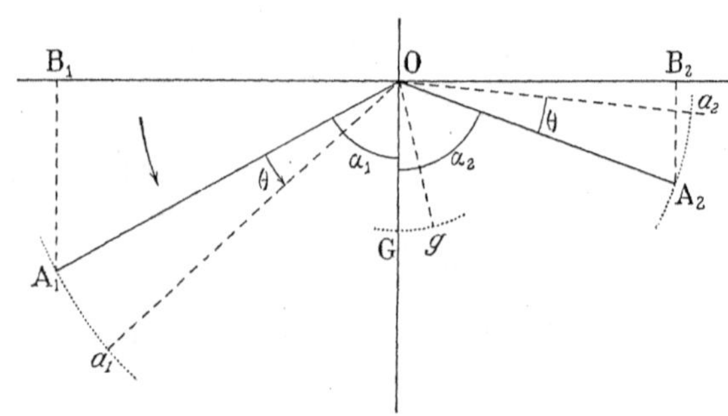

Fig. 130.

Nous appellerons *bras de la balance* les longueurs $l_1 = \overline{OA_1}$, $l_2 = \overline{OA_2}$. Nous poserons $\lambda = \overline{OG}$; c'est la distance du centre de gravité du fléau à l'axe de rotation.

Quand les forces P_1 et P_2 sont nulles (*équilibre initial*), le centre de gravité G se met sur la verticale de l'axe de rotation. Les bras font alors des angles α_1 et α_2 avec la verticale.

Appliquons les forces P_1 et P_2; cherchons la nouvelle position d'équilibre, définie par la rotation θ. Il suffit d'écrire que la somme des moments des couples qui tendent à faire tourner dans un sens, est égale à la somme des moments des couples qui tendent à faire tourner en sens opposé (§ 149). On trouve immédiatement :

$$P_1 l_1 \sin(\alpha_1 - \theta) = \Pi\lambda \sin\theta + P_2 l_2 \sin(\alpha_2 + \theta).$$

$$\operatorname{tg}\theta = \frac{P_1 l_1 \sin\alpha_1 - P_2 l_2 \sin\alpha_2}{\Pi\lambda + P_1 l_1 \cos\alpha_1 + P_2 l_2 \cos\alpha_2}. \quad (1)$$

Balance parfaite.

On cherche à réaliser les conditions suivantes qui définissent la balance *parfaite :*

$$l_1 = l_2 = l, \qquad \alpha_1 = \alpha_2 = \pi : 2.$$

Les trois points A_1, O, A_2, sont sur la même droite.

La formule devient :

$$\operatorname{tg}\theta = \frac{(P_1 - P_2)\,l}{\Pi\lambda}. \quad (2)$$

On appelle *sensibilité* σ le quotient $\operatorname{tg}\theta : (P_1 - P_2)$, ou très approximativement $\theta : (P_1 - P_2)$:

$$\sigma = l : \Pi\lambda. \quad (3)$$

La sensibilité de la balance parfaite est proportionnelle à la longueur des bras, en raison inverse du poids Π du fléau et de la distance λ du centre de gravité à l'axe de rotation. Elle est indépendante des charges P_1 et P_2.

Balance imparfaite.

Les angles α_1 et α_2 sont toujours voisins de $\pi : 2$; appelons ε_1 et ε_2 leurs compléments. On peut écrire :

$$\operatorname{tg}\theta = \frac{P_1 l_1 - P_2 l_2}{\Pi\lambda + P_1 l_1 \varepsilon_1 + P_2 l_2 \varepsilon_2}. \quad (4)$$

Du reste, l_1 diffère généralement peu de l_2. La sensibilité a pour expression :

$$\sigma = l : [\Pi\lambda + l(P_1\varepsilon_1 + P_2\varepsilon_2)]. \quad (5)$$

Elle dépend des charges et aussi des signes de ε_1 et ε_2. Comme nous le verrons plus loin, il y a des chances pour que α_1 et α_2 soient inférieurs à $\pi : 2$, c'est-à-dire que ε_1 et ε_2 soient positifs : *la sensibilité diminue alors quand les charges* P_1 *et* P_2 *augmentent.*

161. **Réalisation de la balance.** — Étudions les moyens de réaliser les conditions précédentes.

Nous venons de voir que la sensibilité ne conserve une valeur constante qu'à la condition de maintenir en ligne droite les points A_1, O, A_2; nous savons de plus qu'elle augmente quand on diminue le poids du fléau et quand on augmente sa longueur.

Ce sont là des conditions éminemment contradictoires; car si nous diminuons le poids du fléau en augmentant sa longueur, nous l'affaiblissons de manière à rendre possibles les flexions sous l'action des charges P_1 et P_2 : A_1OA_2 cesse d'être une droite, la sensibilité diminue.

Il y a plus : comme les deux bras ne sont pas parfaitement identiques, les angles α_1 et α_2 deviennent inégaux. A supposer que la balance soit parfaite pour des charges P_1 et P_2 très petites, elle cesse d'être *juste* pour des charges grandes; on entend par là que *l'index* EF (fig. 131) reprend sa position *initiale* pour des charges P_1 et P_2 qui diffèrent l'une de l'autre.

Aussi depuis longtemps ne cherche-t-on plus la sensibilité dans l'allongement indéfini des bras. On démontre en Élasticité que les *flèches* de flexion d'une poutre droite, $\varepsilon_1 l_1$ et $\varepsilon_2 l_2$ sont proportion-

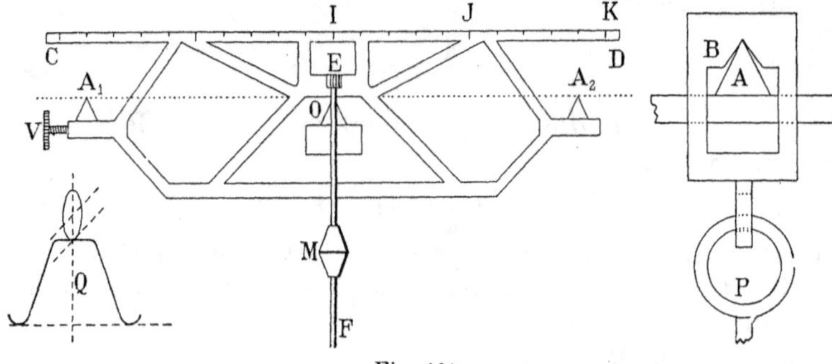

Fig. 131.

nelles aux cubes des longueurs l_1 et l_2 (voir Mécanique physique); elles mesurent les distances verticales A_1B_1, A_2B_2 (fig. 130), et interviennent directement dans la formule (5). En augmentant beaucoup les bras, on rend les erreurs dues aux flexions quasiment inévitables.

On préfère diminuer considérablement le poids du fléau en le traitant comme une véritable poutre complexe (§ 199); le raidissement et la légèreté proviennent de la forme même du profil ajouré et de la nature du métal employé pour le construire (bronze d'aluminium).

Les points A_1, O, A_2, sont les arêtes horizontales et parallèles entre elles de trois couteaux : les extrêmes sont fixés au fléau, le moyen repose sur une colonne liée au socle de la balance.

Les charges P_1 et P_2 sont les poids des plateaux et de leurs accessoires. Les plateaux reposent sur les couteaux extrêmes au moyen d'une pièce intermédiaire creusée en dièdre B (figure 131, à droite); elle porte un crochet dans lequel pénètre l'anneau P solidaire du plateau. On obtient ainsi la mobilité complète des plateaux en azimut; leurs poids s'exercent librement dans la verticale sur les arêtes des couteaux correspondants (voir la remarque du § 164).

Le réglage de la sensibilité est obtenu par le mouvement d'une masselotte M, se déplaçant à vis sur la longue aiguille indicatrice de l'azimut du fléau et avec laquelle on règle la position du centre de gravité du fléau. On reconnaît que la sensibilité augmente quand la période des oscillations devient de plus en plus grande : nous reviendrons là-dessus plus tard (§ 377).

Le réglage en azimut pour la position d'équilibre initiale est obtenu au moyen de la vis V. On ramène par exemple l'extrémité de l'aiguille au zéro d'une petite graduation portée par le socle de la balance.

162. **Pesées.** — La pesée consiste à comparer le poids d'un corps à des poids marqués.

La méthode de la double pesée implique seulement la sensibilité de la balance sans nécessiter sa justesse. On place le corps sur un des plateaux ; par une tare on amène le fléau dans un certain azimut *d'ailleurs quelconque ;* on remplace le corps par des poids marqués jusqu'au retour dans l'azimut choisi. Le poids du corps et les poids marqués sont égaux comme produisant les mêmes effets dans les mêmes conditions.

L'inconvénient de la méthode est d'exiger deux pesées.

Si la balance est juste, on peut éviter l'une d'elles en déterminant une fois pour toutes *la position d'équilibre initiale,* puis en plaçant le corps sur un des plateaux, des poids marqués sur l'autre, de manière à retrouver cette position d'équilibre.

L'artifice du *cavalier* permet de ne pas ouvrir la cage vitrée de la balance pour ajouter de petits poids (fig. 131).

La partie supérieure du fléau est constituée par un prisme horizontal gradué CD dont les traits de graduation sont marqués par des coches tracées sur la surface supérieure. Une tige horizontale parallèle à CD, et qu'on manœuvre de l'extérieur, permet de placer où l'on veut, sur le prisme CD, un *cavalier* d'aluminium représenté grossi en Q : les coches déterminent exactement sa situation. Son poids est généralement calculé de manière que, placé en K à l'extrémité de CD, il vaille un décigramme *placé dans le plateau correspondant,* ce qui ne veut évidemment pas dire qu'il pèse un décigramme.

Supposons $\overline{IK}$ divisé par des coches en dix parties égales ; placé sur la $n^{ième}$ coche, le cavalier *vaut* n centigrammes.

Un cavalier dix fois plus léger permet de peser les milligrammes.

163. **Peson.** — Le poids P à peser est appliqué au point A du fléau, à une distance l de l'axe de rotation O (fig. 130). Peu importe la forme du fléau.

On détermine P par la mesure de la rotation θ. La graduation angulaire est établie directement en poids, au lieu de l'être en degrés.

L'inconvénient de l'appareil est la non-équidistance des traits qui correspondent à des charges variant en progression arithmétique.

Supposons par exemple que la droite OA soit d'abord horizontale. La position d'équilibre est définie par la rotation θ telle que (§ 160) :

$$\operatorname{tg}\theta = \frac{Pl}{\Pi\lambda}. \tag{1}$$

En différentiant l'équation (1), on a :

$$\frac{d\theta}{dP} = \frac{l}{\Pi\lambda}\cos^2\theta.$$

La sensibilité varie comme le cosinus carré de la déviation.

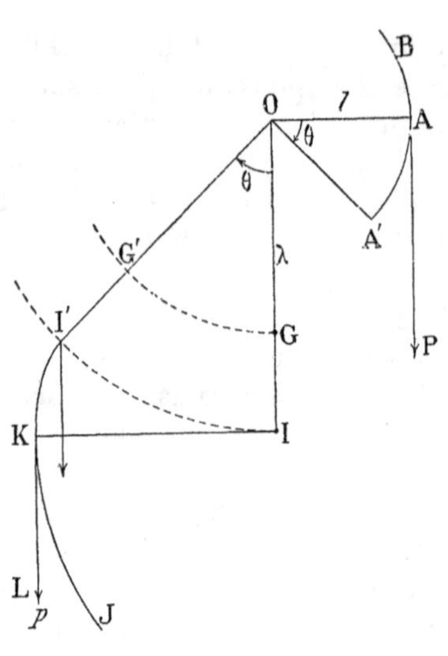

Fig. 132.

Il est possible de réaliser un peson tel que les déviations θ soient proportionnelles aux poids P (fig. 132).

Le corps P à peser est suspendu par un ruban d'acier qui s'enroule sur le cylindre circulaire BAA′ ; le couple Pl qu'il produit est indépendant de θ. Le poids p compensateur est suspendu par un ruban d'acier I′KL qui s'enroule sur la développante du cercle II′ de rayon $\overline{OI} = R$, également mobile autour du point O.

Enfin le centre de gravité G coïncide avec l'axe de rotation O : $\lambda = 0$.

Pour l'équilibre on a :

$$Pl = p \,.\, \overline{IK} = pR \,.\, \theta,$$

puisqu'en vertu de la définition de la développante, $\overline{IK} = \text{arc}\,\overline{II'}$.

164. Balance de Roberval ou à plateaux supérieurs. — Les plateaux sont *supportés* par des tiges auxquelles on assure une direction *invariable* au moyen d'un parallélogramme articulé (fig. 133).

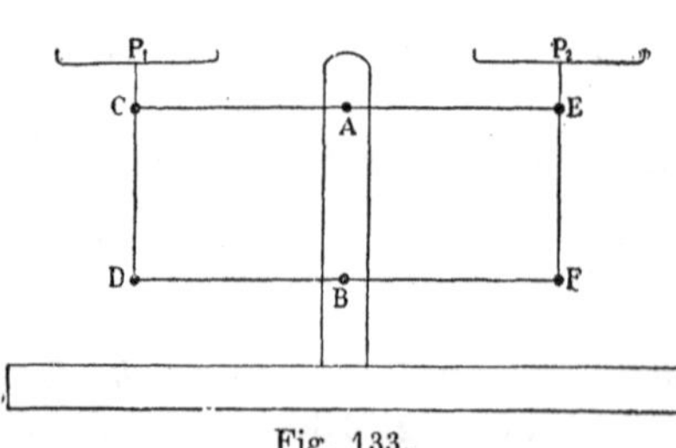

Fig. 133.

Le parallélogramme CDEF tourne autour de deux axes fixes A et B, placés au milieu de deux de ses côtés. A chaque instant les déplacements des tiges CD et EF, des plateaux P_1 et P_2, et des corps qui sont posés respectivement dessus n'importe comment, sont parallèles, égaux et de sens contraires.

En effet, les tiges CD et EF restent parallèles à la ligne des axes AB : elles subissent donc à chaque instant des mouvements de *translation* égaux (§ 71 et 95) : l'une monte quand l'autre descend.

Le principe du travail nous apprend que des poids égaux placés n'importe comment sur les plateaux, ou plus généralement liés d'une manière rigide mais quelconque aux tiges, se font équilibre. La pesée consiste à déterminer la position d'équilibre du système mobile seul, à placer les corps à peser sur l'un des plateaux, des poids marqués sur l'autre, jusqu'à ramener le système dans sa position initiale.

Cherchons à quelle condition la balance possède une position d'équilibre stable.

Admettons pour simplifier que dans la position d'équilibre à vide, les centres de gravité des fléaux sont tous deux sur la verticale AB. Soit Π_1, Π_2, les poids des fléaux; λ_1, λ_2, les distances des axes aux centres de gravité correspondants, *comptées positivement vers le bas.*

Quand la balance s'incline de θ, le couple qui tend à la ramener à la position primitive est :

$$(\Pi_1\lambda_1 + \Pi_2\lambda_2)\sin\theta,$$

en grandeur et en signe. Pour que l'équilibre soit stable, il faut que ce couple soit *positif*. Il faut donc : ou que les deux centres de gravité soient au-dessous des axes correspondants (λ_1 et λ_2 positifs); ou, si l'un est au-dessus de son axe, que l'autre soit suffisamment au-dessous du sien pour que le couple reste positif.

C'est généralement le fléau supérieur qui par sa forme assure la stabilité.

Remarque importante.

Il est important de remarquer que la nature de l'équilibre de la balance et sa sensibilité dépendent uniquement de la position des centres de gravité des fléaux; elles sont indépendantes de la position des centres de gravité des systèmes formés par chaque tige, le plateau correspondant et les poids supportés. On pourrait, par exemple, placer les plateaux au-dessous des fléaux sans rien changer à la sensibilité et aux conditions d'équilibre. La raison de ce paradoxe tient à ce que les liaisons imposent des *translations* aux tiges et aux corps qui leur sont invariablement liés.

La même remarque s'applique, et pour la même raison, à la balance ordinaire. Les conditions d'équilibre seraient complètement modifiées (§ 239) si les plateaux ne subissaient pas de simples translations, si par exemple ils étaient liés d'une manière rigide au fléau.

165. **Bascule de Quintenz.** — Soit le système OAA'O'D, tournant autour des points fixes O et O' et articulé en A et A' (fig. 134). Par hypothèse, il est en équilibre dans la position représentée pour laquelle les droites OA et O'A' sont horizontales, et la droite AA' verticale.

On demande où attacher la pièce P de manière qu'elle subisse une *translation élémentaire* pour un *petit* mouvement du système à partir de la position représentée.

Il faut l'attacher en deux points B et B′ tels qu'on ait :

$$\overline{OB} : \overline{OA} = \overline{O'B'} : \overline{O'A'} = m. \qquad (1)$$

Les points A et A′ décrivent en effet des éléments égaux de la même droite verticale : si la condition (1) est satisfaite, les points B et B′ décrivent la même fraction m de ces éléments égaux. Le rapport m est arbitraire.

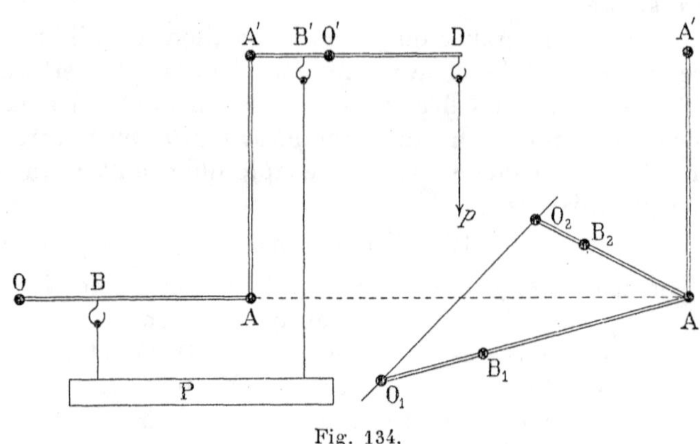

Fig. 134.

Ceci posé, pour équilibrer le poids P au moyen d'un poids p attaché en D, je dis qu'il faut qu'on ait :

$$p . \overline{O'D} = P . \overline{O'B'}. \qquad (2)$$

En effet, pendant le déplacement, le point D décrit un fragment de verticale qui est au déplacement vertical du point B′, *et par conséquent de la pièce* P *tout entière,* dans le rapport $\overline{O'D} : \overline{O'B'}$. L'équation (2) exprime donc que la somme des travaux qui correspondent au déplacement élémentaire est nulle. *Il y a équilibre.*

On fait généralement $\overline{O'D} = 10 . \overline{O'B'}$: la bascule est au dixième.

Au lieu de suspendre la pièce P en B, on peut la faire reposer au même point. Dans la pratique, on double le levier OA par un autre identique placé sur le même plan horizontal (figure 134, à droite, en perspective), de manière que la position de P soit déterminée par trois points.

CHAPITRE II

APPLICATIONS DE LA STATIQUE

Polygones et courbes funiculaires.

166. **Polygone funiculaire.** — Au § 139 nous avons défini la *tension* du fil; c'est la force dirigée dans la direction même du fil qu'il faudrait appliquer en un de ses points pour maintenir les choses en l'état, si on le coupait en ce point. Cherchons les conditions d'équilibre d'un fil parfaitement flexible (*sans raideur*) et inextensible, sous l'action d'un nombre fini de forces appliquées en quelques-uns de ses points.

Nous négligerons le poids du fil; les forces seront censément appliquées en des points distincts que nous appellerons *nœuds*.

Il résulte de là une première condition générale d'équilibre : *la tension entre deux nœuds est indépendante du point considéré;* entre deux nœuds le fil est partout *tiré* dans les deux sens par la même force.

Soit donc un fil ABCDEF, soumis à des forces 1', 1, 2, 3, 4, 2'.

Il est d'abord évident que les forces extrêmes 1' et 2' sont dans les directions mêmes des fils extrêmes AB et EF; car dans l'hypothèse contraire rien ne les empêcherait de faire tourner le fil. *Elles mesurent donc les tensions des fils extrêmes.*

Si les fils étaient attachés en A et en F, ce seraient les réactions des points d'attache qui joueraient le rôle des forces 1' et 2' et qui mesureraient les tensions des fils extrêmes.

Solidifions le système; l'équilibre doit subsister (§ 143).

D'où les propositions suivantes :

1° Les forces 1', 1, 2, 3, ..., 2', transportées au même point parallèlement à elles-mêmes, ont une résultante nulle. Autrement dit le polygone des forces se ferme (§ 147).

2° Une quelconque d'entre les forces est égale et opposée à la résultante de toutes les autres. Par exemple 1', *c'est-à-dire la tension du fil* AB *appliquée à l'extrémité* A, équilibre les forces 1, 2, 3, 4, ..., 2'.

3° Mais le raisonnement vaut pour chacun des systèmes partiels obtenus en coupant l'un des fils (BC par exemple en β). On le maintient en état par des forces égales et opposées, appliquées en β, dirigées suivant le fil, et mesurant la tension du fil. D'où la propo-

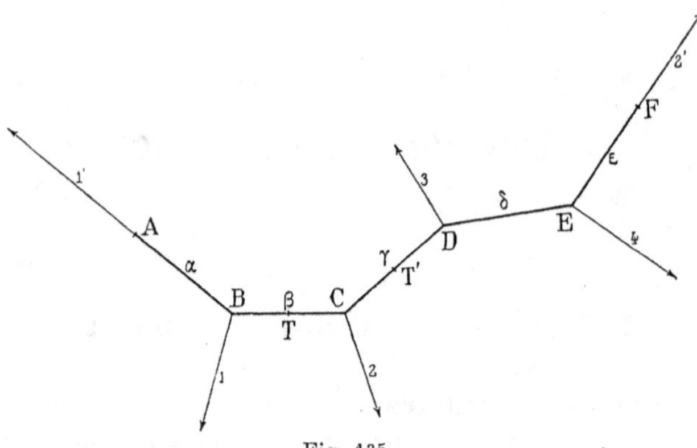

Fig. 135.

sition : *la tension de chaque fil est égale et opposée à la résultante de toutes les forces qui agissent d'un même côté de ce fil.*

4° En particulier, la proposition est applicable au système formé par deux fils, par exemple BC et CD soumis à la force 2 et à des forces T et T' (égales à leurs tensions) appliquées : T en β dans le sens CB, T' en γ dans le sens CD. Les forces T, T', 2, sont donc dans le même plan et se font équilibre.

Telles sont les conditions qui déterminent la forme du polygone *funiculaire.* Il est plan ou gauche suivant que les forces appliquées sont, ou non, dans un même plan.

A moins d'indications contraires, nous le supposerons plan.

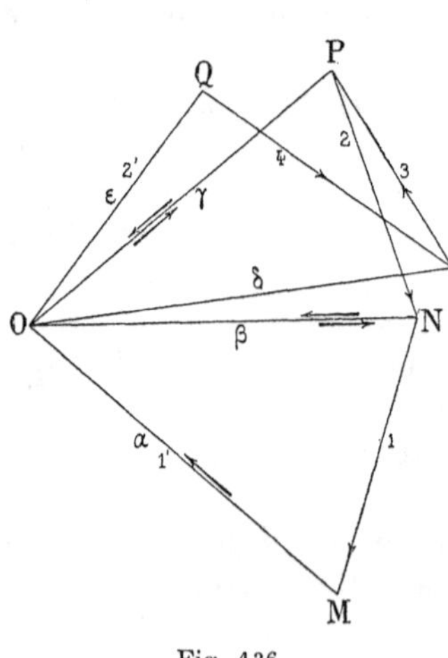

Fig. 136.

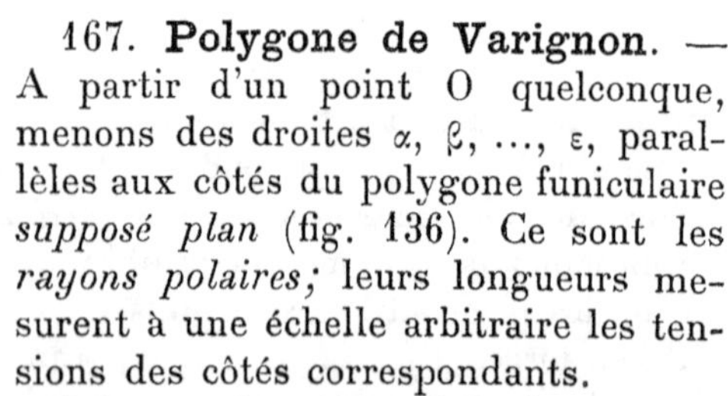

167. Polygone de Varignon. — A partir d'un point O quelconque, menons des droites α, β, ..., ε, parallèles aux côtés du polygone funiculaire *supposé plan* (fig. 136). Ce sont les *rayons polaires;* leurs longueurs mesurent à une échelle arbitraire les tensions des côtés correspondants.

Joignons les extrémités des rayons polaires ; nous décrivons le *polygone de Varignon.*

Je dis qu'il détermine les directions et les intensités des forces 1, 2, ..., appliquées aux nœuds du polygone.

Par construction, les forces 1′ et 2′ sont mesurées par les côtés extrêmes α et ε du polygone de Varignon.

Considérons le triangle OMN. Les forces $\overline{MO}$, $\overline{ON}$, $\overline{NM}$, *prises dans le sens des flèches tracées dans le triangle ou sur ses côtés,* se font équilibre (§ 20). Or $\overline{MO}$ et $\overline{ON}$ mesurent les tensions sur les côtés α et β. Donc $\overline{NM}$ mesure en grandeur et direction la force 1 appliquée au nœud B (§ 166, 4°).

Le raisonnement vaut pour un triangle quelconque. Naturellement suivant ON sont appliquées deux forces égales et de signes contraires, puisque la tension sur un fil est aussi bien dans un sens que dans le sens opposé (§ 139).

Il va de soi que le polygone 1′, 1, 2, ..., 2′ est fermé (1°, § 166).

On peut ne considérer qu'une portion du polygone de Varignon; cela revient à ne prendre qu'une portion du polygone funiculaire, ainsi que le permet le 3° du paragraphe précédent.

Nous verrons plus loin que les procédés de la *Statique graphique* reposent sur l'emploi simultané d'un polygone de Varignon et du polygone funiculaire correspondant.

168. **Balance à cordons.** — Un fil est attaché à deux points fixes A et B. Deux charges égales agissent aux points C et D; nous supposerons, pour simplifier, qu'ils divisent symétriquement la longueur du fil (fig. 137, à gauche).

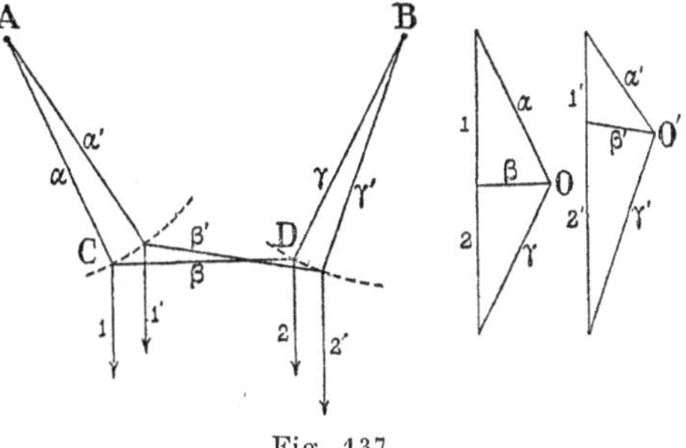

Fig. 137.

On modifie l'une des charges; la figure d'équilibre varie. On conçoit qu'une balance puisse être construite sur ce principe.

Pour trouver le rapport des charges dans les deux états d'équilibre, menons respectivement par des points O et O′ des droites parallèles aux côtés des deux polygones funiculaires. Elles coupent une verticale quelconque en deux segments qui sont entre eux comme les forces verticales appliquées (fig. 137, à droite).

169. **Polygone des ponts suspendus.** — Le tablier du pont suspendu, que nous allons étudier, est supposé homogène, c'est-à-dire qu'il pèse tout du long le même poids par mètre courant. Il est attaché au câble par des tiges verticales et équidistantes; a désignera leur équidistance (fig. 138).

On demande le polygone funiculaire.

Nous pourrons construire le polygone de Varignon à la condition de connaître :

1° la direction d'un des côtés du polygone funiculaire, AB par exemple ; nous le prendrons horizontal, il formera le milieu du pont ;

2° la tension α de ce côté.

En effet, nous tracerons OM horizontal et de longueur $\overline{\text{OM}}$ mesurant α à une échelle conventionnelle ; nous porterons bout à bout, verticalement et à la même échelle, les forces 1, 2, 3, 4, ..., *égales par hypothèses, puisqu'elles sont équidistantes et que le tablier est homogène.* Nous désignerons leur valeur par P. Les directions des côtés β, γ, ..., sont immédiatement déterminées en joignant O aux points de jonction des forces.

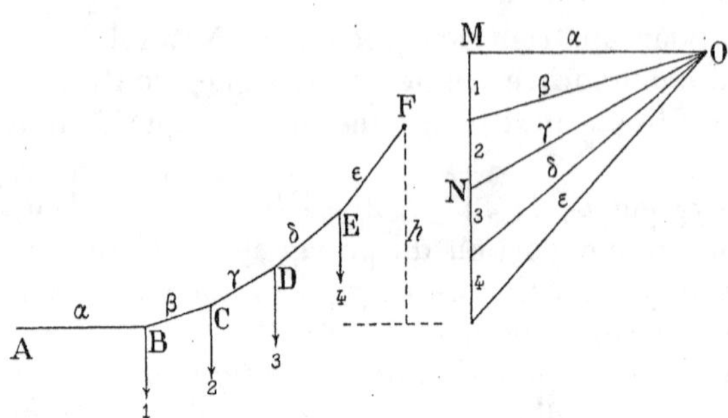

Fig. 138.

Reste donc à calculer α pour que le problème soit résolu.

Le câble s'attache en F à un point fixe. La réaction de ce point doit équilibrer les forces verticales, 1, 2, 3, ..., au nombre de n, et la tension α. Solidifions le système ABC...E : il ne doit pas tendre à tourner autour du point fixe F. Écrivons donc que la somme des moments des forces 1, 2, 3, ..., et de la tension α est nulle.

La $n^{ième}$ force B est à la distance na de F ; son moment est Pna. La première est à la distance a; son moment est Pa. Enfin soit h la flèche du pont (distance de l'horizontale AB au point d'attache) ; le moment de la tension α est $h\alpha$. D'où la condition :

$$\sum_n^1 \mathrm{P}na = \mathrm{P}a \sum_n^1 n = h\alpha, \qquad \alpha = \frac{\mathrm{P}a}{h} \frac{n(n+1)}{2}. \qquad (1)$$

On choisit une flèche h; l'équation (1) donne α ; on construit le polygone de Varignon. Le polygone funiculaire est par suite connu.

Remarque. — Plus la valeur h choisie est grande, plus α est petit ; par conséquent plus la distance OM est petite. Le polygone de Varignon donne des côtés successifs plus inclinés ; le point F est davantage au-dessus de AB ; le câble est plus courbe conformément à l'hypothèse.

On montrerait aisément que les sommets sont sur la parabole :

$$y = \frac{\mathrm{P}}{2a\alpha} x^2.$$

170. Cas où le fil passe dans des anneaux ou sur des poulies. — Si le fil passe dans un anneau ou sur une poulie et qu'on néglige les frottements, les tensions sont les mêmes de part et d'autre de l'anneau ou de la poulie. Si une force est appliquée à l'anneau ou à la monture de la poulie, l'équilibre exige qu'elle soit dirigée suivant la bissectrice des cordons correspondants.

Soit un fil attaché en A et E et passant dans des anneaux aux points B, C, D, ..., où sont appliquées des forces b, c, d, ... (fig. 139). La tension T est constante d'un bout à l'autre du fil. On a pour l'équilibre :

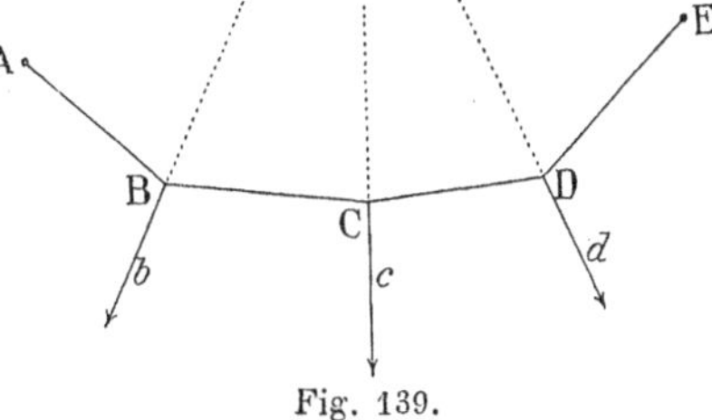

Fig. 139.

$$b = 2T\cos\frac{B}{2}, \qquad c = 2T\cos\frac{C}{2}, \ldots;$$

les forces sont entre elles comme les cosinus des moitiés des angles B, C, D, ...

171. Fils surabondants. — Supposons qu'à un nœud aboutissent n cordons (qui ne sont pas nécessairement dans un plan) et des forces en nombre quelconque que nous pouvons composer en une force F. Les conditions d'équilibre du nœud A sont au nombre de trois; il faut écrire que les projections des n tensions et de la force F sur trois axes quelconques sont nulles. Alors même que les directions des cordons sont déterminées, le problème reste indéterminé dans le cas où n est supérieur à trois. Il est de même indéterminé dans le cas d'un phénomène plan, si n est supérieur à 2.

En fait, l'indétermination n'existe pas, parce que les cordons ne sont pas inextensibles; mais il est alors nécessaire de connaître leurs propriétés élastiques: l'exemple suivant montre comment elles interviennent [(fig. 140); § 150].

Supposons quatre fils qui *non tendus* ont même longueur L; ils supportent la pièce P (fig. 140). Les fils 1 d'une part, 2 de l'autre ont mêmes propriétés élastiques. Par raison de symétrie, ils sont également allongés sous l'action de la charge P.

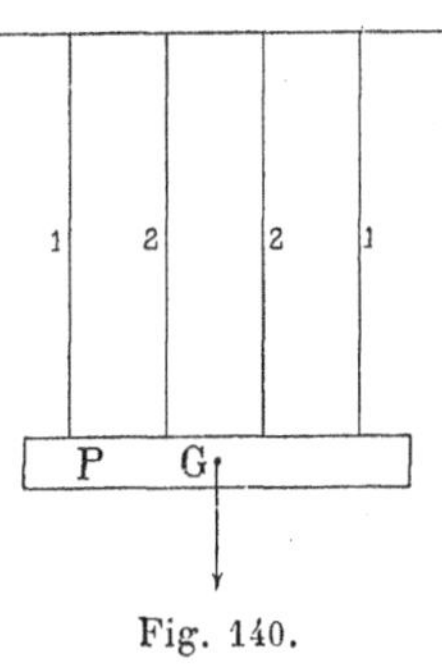

Fig. 140.

Définissons leurs propriétés élastiques par les équations :

$$P_1 = E_1\frac{\Delta L}{L}, \qquad P_2 = E_2\frac{\Delta L}{L};$$

E_1 et E_2 sont des coefficients caractéristiques des fils; $\Delta L : L$ est l'allongement relatif, le même pour tous; P_1 et P_2 sont respectivement les charges qu'ils supportent. Nous devons avoir :

$$P = 2(P_1 + P_2) = 2(E_1 + E_2)(\Delta L : L),$$

équation qui définit l'allongement relatif et par suite la distribution des charges.

Ce qui précède s'applique sans y rien changer aux barres qui constituent les frames (§§ 194 et 197).

172. **Courbe funiculaire**. — Dans les paragraphes précédents, nous supposons que les forces sont appliquées en un nombre fini de points qui sont les *nœuds* ou les sommets du polygone funiculaire. Nous supposons maintenant que les forces sont continues : le polygone devient une *courbe funiculaire*. Ce que nous avons démontré pour un côté du polygone s'applique immédiatement à un élément de la courbe (fig. 141).

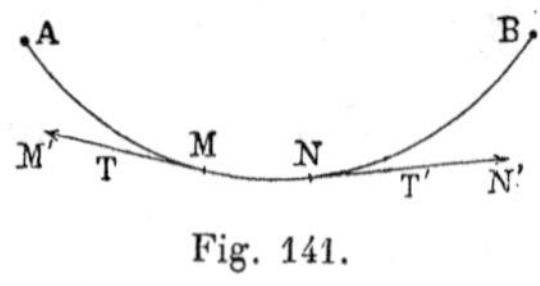

Fig. 141.

Pour qu'un élément MN du fil soit en équilibre, il faut donc que le système des tensions (T en M, T' en N), et des forces *extérieures* appliquées sur l'élément, se fassent équilibre.

Représentons par Xds, Yds, Zds, les composantes, parallèlement à trois axes, de la force extérieure Fds appliquée à l'élément $\overline{MN} = ds$; elles s'annulent évidemment si l'élément devient nul, d'où la forme choisie. La tension T et sa direction sont fonction de la position du point M considéré, et par conséquent de la distance $s = \overline{AM}$, du point M au point A origine, distance comptée sur la courbe et qui fixe la position de ce point. Les composantes de la tension T en M sont, par un choix convenable de signes :

$$-T\frac{dx}{ds}, \qquad -T\frac{dy}{ds}, \qquad -T\frac{dz}{ds}.$$

Comme les quotients $\frac{dx}{ds}$, $\frac{dy}{ds}$, $\frac{dz}{ds}$ (cosinus directeurs de la tangente au fil) sont eux-mêmes des fonctions de s et de s seulement, on peut représenter la tension en N, c'est-à-dire après l'accroissement ds de la variable, par :

$$T\frac{dx}{ds} + \frac{d}{ds}\left(T\frac{dx}{ds}\right)ds,$$

$$T\frac{dy}{ds} + \frac{d}{ds}\left(T\frac{dy}{ds}\right)ds,$$

$$T\frac{dz}{ds} + \frac{d}{ds}\left(T\frac{dz}{ds}\right)ds.$$

Écrivons les équations d'équilibre. On a évidemment :

$$\begin{aligned} &\frac{d}{ds}\left(\mathrm{T}\frac{dx}{ds}\right)+\mathrm{X}=0,\\ &\frac{d}{ds}\left(\mathrm{T}\frac{dy}{ds}\right)+\mathrm{Y}=0,\\ &\frac{d}{ds}\left(\mathrm{T}\frac{dz}{ds}\right)+\mathrm{Z}=0. \end{aligned} \tag{1}$$

Montrons que l'équilibre existe pour toute portion finie du fil.

Intégrons les équations (1) pour un arc fini de courbe, déterminé par les valeurs s_0 et s_1 de la variable s. Il vient :

$$\left(\mathrm{T}\frac{dx}{ds}\right)_{s_1}-\left(\mathrm{T}\frac{dx}{ds}\right)_{s_0}+\int_{s_0}^{s_1}\mathrm{X}\,ds=0, \tag{2}$$

et deux équations analogues en y et en z.

L'équation (2) exprime que la somme des projections sur l'axe des x des tensions aux points extrêmes de l'arc considéré, plus la somme des projections sur le même axe de toutes les forces appliquées aux divers éléments de l'arc s_1-s_0, est nulle; ou, ce qui revient au même, que, pour un arc quelconque, il y a équilibre entre les tensions aux points extrêmes et les forces appliquées aux divers points de l'arc.

Cette proposition est l'équivalent des propositions 1° et 3° du § 166.

Des transformations très simples permettent de tirer des équations générales (1) les équations suivantes qui expriment la nullité des couples élémentaires :

$$\begin{aligned} &\frac{d}{ds}\left[\mathrm{T}\left(y\frac{dz}{ds}-z\frac{dy}{ds}\right)\right]+\mathrm{Z}y-\mathrm{Y}z=0,\\ &\frac{d}{ds}\left[\mathrm{T}\left(z\frac{dx}{ds}-x\frac{dz}{ds}\right)\right]+\mathrm{X}z-\mathrm{Z}x=0,\\ &\frac{d}{ds}\left[\mathrm{T}\left(x\frac{dy}{ds}-y\frac{dx}{ds}\right)\right]+\mathrm{Y}x-\mathrm{X}y=0. \end{aligned} \tag{3}$$

Procédant comme plus haut, intégrant pour un arc fini, on montrera que les couples se font équilibre.

173. **Autre forme de ces résultats**. — En un point M, considérons le plan osculateur à la courbe funiculaire. Il est défini par les tangentes en deux points très voisins de la courbe. Donc il contient les tensions T et T′, ainsi que la force Fds qui doit leur faire équilibre. En d'autres termes, le plan osculateur du fil en un point contient la force extérieure (§ 166, 3°).

Établissons les équations d'équilibre dans le plan osculateur.

TENSION TANGENTIELLE.

Les tangentes en deux points de la courbe, distants de ds, font un angle $ds : \rho$ dont le cosinus est l'unité et le sinus l'angle lui-même. Si nous projetons les tensions $-T$ et $T + dT$ sur la direction de l'une d'entre elles, la résultante est dT.

On arrive au même résultat par l'analyse.

Multiplions les équations (1) respectivement par $\frac{dx}{ds}$, $\frac{dy}{ds}$, $\frac{dz}{ds}$, et additionnons-les. Comme on a :

$$1 = \left(\frac{dx}{ds}\right)^2 + \left(\frac{dy}{ds}\right)^2 + \left(\frac{dz}{ds}\right)^2,$$

et par suite :

$$0 = \frac{dx}{ds} \cdot d\left(\frac{dx}{ds}\right) + \frac{dy}{ds} \cdot d\left(\frac{dy}{ds}\right) + \frac{dz}{ds} \cdot d\left(\frac{dz}{ds}\right),$$

il vient immédiatement :

$$dT + (X\,dx + Y\,dy + Z\,dz) = 0;$$

dT fait équilibre à la projection de la force extérieure sur la tangente à la courbe; ce qui revient au même, *la composante tangentielle de la tension est représentée par* dT.

Si la force extérieure est normale au fil en tous ses points,

$$X\,dx + Y\,dy + Z\,dz,$$

qui représente l'élément de travail de la force par unité de longueur quand son point d'application se déplace sur le fil, est identiquement nul. On a donc $dT = 0$; la tension est constante le long du fil.

COMPOSANTE NORMALE.

Projetons les tensions $-T$ et $T + dT$ sur la normale principale menée à la courbe en un point situé, par exemple, à égale distance de M et de N. La somme des projections est :

$$\frac{T}{\rho}\frac{ds}{2} + \frac{T + dT}{\rho}\frac{ds}{2} = \frac{T\,ds}{\rho},$$

en négligeant les infiniment petits devant les quantités finies.

On arrive au même résultat par l'analyse.

Nous avons démontré au § 60 que les cosinus directeurs α, β, γ, de la normale principale ont pour expressions :

$$\alpha = \rho\frac{d^2x}{ds^2}, \qquad \beta = \rho\frac{d^2y}{ds^2}, \qquad \gamma = \rho\frac{d^2z}{ds^2}.$$

Multiplions respectivement les équations (1) par α, β, γ, et additionnons; il vient :

$$\rho\left[\frac{d^2x}{ds^2}\frac{d}{ds}\left(T\frac{dx}{ds}\right) + \frac{d^2y}{ds^2}\frac{d}{ds}\left(T\frac{dy}{ds}\right) + \frac{d^2z}{ds^2}\frac{d}{ds}\left(T\frac{dz}{ds}\right)\right] + X\alpha + Y\beta + Z\gamma = 0.$$

Développons le premier membre, simplifions au moyen de l'identité du paragraphe précédent; il reste :

$$\rho\left[\left(\frac{d^2x}{ds^2}\right)^2+\left(\frac{d^2y}{ds^2}\right)^2+\left(\frac{d^2z}{ds^2}\right)^2\right]T+X\alpha+Y\beta+Z\gamma=0.$$

La parenthèse vaut $1:\rho^2$ (§ 60) :

$$\frac{T}{\rho}+(X\alpha+Y\beta+Z\gamma)=0.$$

En définitive, la résultante des tensions sur un élément ds a pour composantes :

tangentielle dT,

normale $Tds:\rho$.

Elle fait équilibre à la force extérieure Fds située nécessairement dans le plan osculateur.

En particulier, si la force F est constante et toujours normale à la courbe, on a :

$$dT=0, \qquad F=T:\rho;$$

le rayon de courbure est constant; la courbe funiculaire est un arc de circonférence, si elle est plane.

174. **Cas où il existe un potentiel.** — Admettons que les forces dérivent d'un potentiel (§ 39). On a :

$$X=-\frac{\partial V}{\partial x}, \qquad Y=-\frac{\partial V}{\partial y}, \qquad Z=-\frac{\partial V}{\partial z}.$$

L'équation : $dT+(X\,dx+Y\,dy+Z\,dz)=0,$

devient : $dT=dV, \qquad T=V+V_0.$ (1)

Démontrons que la forme adoptée par le fil entre deux points A et B est, parmi toutes les courbes voisines joignant ces points, celle pour laquelle la quantité :

$$\int T\,ds, \tag{2}$$

est minimum, c'est-à-dire au voisinage de laquelle la *variation* de cette quantité est nulle. Cette intégrale représente le travail d'une force dont le point d'application décrit la courbe, qui est toujours dirigée suivant la tangente à la courbe et dont la grandeur est définie en tous les points de l'espace par l'équation (1).

Soit AadfB la forme du fil (fig. 142) ; considérons la courbe voisine AbceB; évaluons la différence des intégrales (2) qui correspondent à ces courbes. Nous avons tracé quelques surfaces équipotentielles.

Puisque la quantité T, que nous dépouillons de son rôle de tension pour lui donner celui de vecteur, ne dépend que du potentiel, elle a sensiblement la même valeur $V + V_0$ dans tout l'espace occupé par le quadrilatère *abcd*. D'ailleurs elle a sensiblement la même direction pour les éléments de courbe *ad* et *bc*.

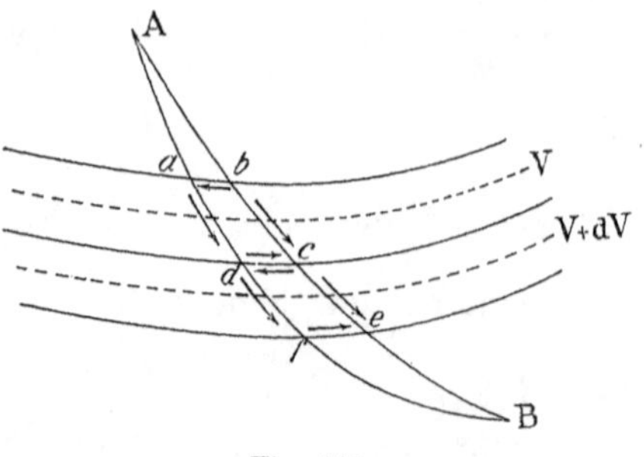

Fig. 142.

Considérons donc T *comme un vecteur constant en grandeur et direction dans tout l'espace abcd.* Sa direction y est celle même des éléments *ad* ou *bc*.

Nous voulons évaluer la différence $\mathfrak{T}_b^c(T) - \mathfrak{T}_a^d(T)$.

Nous nous appuierons sur cette proposition évidente que *le travail total d'un vecteur constant en grandeur et en direction est nul pour un parcours fermé quelconque.* D'où la relation :

$$\mathfrak{T}_b^c(T) + \mathfrak{T}_c^d(T) + \mathfrak{T}_d^a(T) + \mathfrak{T}_a^b(T) = 0.$$

Comme on a généralement $\mathfrak{T}_m^n = -\mathfrak{T}_n^m$, il vient :

$$\mathfrak{T}_b^c(T) - \mathfrak{T}_a^d(T) = \mathfrak{T}_d^c(T) - \mathfrak{T}_a^b(T).$$

Répétons le même raisonnement pour tous les quadrilatères que nous pouvons former au moyen des éléments des deux courbes, en joignant respectivement leurs traces sur les mêmes surfaces équipotentielles. Nous mettrons en évidence des différences de la forme :

$$\mathfrak{T}_a^b(T - dT) - \mathfrak{T}_a^b(T), \qquad \mathfrak{T}_d^c(T) - \mathfrak{T}_d^c(T + dT), \qquad \ldots;$$

Évaluons le travail correspondant à ce dernier groupe, par exemple, en nous rappelant que T est ici un vecteur dont la direction est celle de l'élément *ad*, $T + dT$ un autre vecteur dont la direction est celle de l'élément *df*. Les grandeurs correspondantes de ces vecteurs sont données par la relation (1).

Appelons $\delta x, \delta y, \delta z$, les variations des coordonnées quand on passe du point *d* au point *c*.

Appelons dx, dy, dz, les variations des coordonnées quand on passe du point milieu de *ad* au point milieu de *df*, et *ds* l'arc correspondant. La quantité à évaluer est donc :

$$\begin{aligned} & T\frac{dx}{ds}\delta x + T\frac{dy}{ds}\delta y + T\frac{dz}{ds}\delta z - \left[T\frac{dx}{ds} + \frac{d}{ds}\left(T\frac{dx}{ds}\right)ds\right]\delta x \\ & - \left[T\frac{dy}{ds} + \frac{d}{ds}\left(T\frac{dy}{ds}\right)ds\right]\delta y - \left[T\frac{dz}{ds} + \frac{d}{ds}\left(T\frac{dz}{ds}\right)ds\right]\delta z = \\ & - \left[\frac{d}{ds}\left(T\frac{dx}{ds}\right)ds\,\delta x - \frac{d}{ds}\left(T\frac{dy}{ds}\right)ds\,\delta y - \frac{d}{ds}\left(T\frac{dz}{ds}\right)ds\,\delta z\right]. \end{aligned}$$

Nous pouvons l'écrire :

$$ds\left[\frac{\partial V}{\partial x}\delta x+\frac{\partial V}{\partial y}\delta y+\frac{\partial V}{\partial z}\delta z\right],$$

en vertu des équations générales (1) du § 172, et des équations qui relient les composantes de la force au potentiel.

Cette quantité est nulle, puisque le déplacement δx, δy, δz, a lieu sur une surface équipotentielle. Le théorème est donc démontré.

Application.

Supposons le fil homogène et les forces réduites à son poids. Prenons l'axe des y vertical et dirigé vers le haut.

Nous avons $\quad X=0, \quad Y=-p, \quad Z=0.$

La quantité p représente le poids par unité de longueur. D'où :

$$V=py, \qquad T=py+V_0.$$

L'intégrale :

$$\int T ds=p\int y ds+V_0\int ds,$$

est minimum pour la courbe que le fil adoptera.

L'ordonnée y_0 du centre de gravité est :

$$y_0=p\int y\, ds : p\int ds=(p : P)\int y\, ds;$$

P est le poids total invariable. Nous démontrons donc que le fil homogène de longueur donnée, joignant deux points fixes, se dispose de manière que son centre de gravité soit le plus bas possible ; proposition que nous retrouverons sous une forme plus générale au § 237. Nous étudierons au § 178 la courbe en question : c'est une *chaînette.*

175. **Fil appliqué sur une surface polie. Lignes géodésiques.** — Nous pouvons admettre comme un axiome qu'*un fil tendu sur une surface parfaitement polie trace entre deux points* A *et* B *le chemin minimum* (*ou l'un des chemins minimums*). Les lignes ainsi obtenues s'appellent *lignes géodésiques,* nous verrons tout à l'heure pourquoi.

La surface parfaitement polie (§ 142) ne produisant que des réactions normales, nous savons que *la tension du fil est constante entre les points* A *et* B.

D'après le paragraphe précédent, ces deux propositions sont connexes. La tension étant constante, $\int T ds=T\int ds$, est minimum. Il en est donc ainsi de la longueur $\int ds$ de la courbe.

La réaction normale devant être dans le plan osculateur de la courbe (§ 173), il résulte que *les plans osculateurs de la courbe obtenue sont tous normaux à la surface.*

Ces deux propriétés *longueur minima, plans osculateurs normaux à la surface,* sont la conséquence l'une de l'autre, comme on le démontre aisément (fig. 143).

Menons sur la surface, par les points infiniment voisins A et B, une courbe quelconque. Prenons son plan osculateur pour plan du tableau.

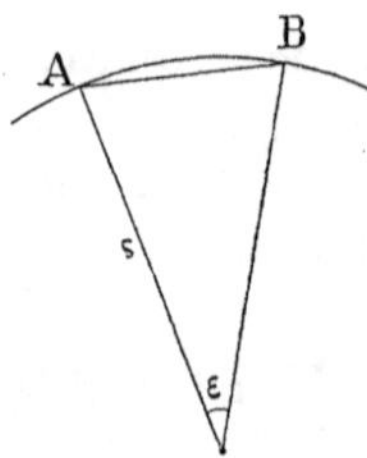

Fig. 143.

Soit O son centre de courbure, ρ son rayon de courbure. Nous avons :

$$\text{corde } \overline{AB} = c = 2\rho \sin\frac{\varepsilon}{2} = 2\rho\left(\frac{\varepsilon}{2} - \frac{\varepsilon^3}{6 \cdot 8}\right).$$

$$\text{arc } \overline{AB} = ds = \rho\varepsilon.$$

$$c = ds\left(1 - \frac{c^2}{24\rho^2}\right), \qquad ds = c\left(1 + \frac{c^2}{24\rho^2}\right).$$

La longueur c est indépendante de la courbe choisie sur la surface. Pour que ds soit minimum, il faut que ρ soit maximum, ce qui arrive lorsque le plan de la courbe est normal à la surface (théorème de Meusnier).

Voici comment on peut tracer une ligne géodésique par jalonnement (fig. 144).

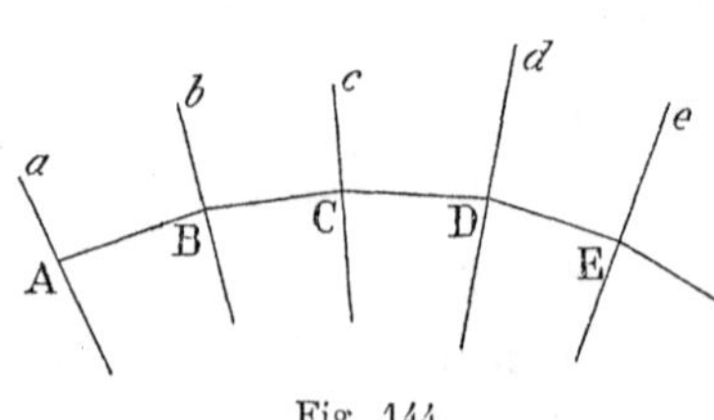

Fig. 144.

Partons d'un point A de la surface *suivant une direction arbitraire* AB.

Plantons en B un jalon Bb normal à la surface. Cherchons un point C voisin de B et tel que le jalon Cc normal à la surface soit *le mieux possible* effacé par le jalon Bb, pour l'observateur placé en A. Cherchons un point D voisin de C et tel que le jalon Dd normal à la surface soit le mieux possible effacé par le jalon Cc, pour l'observateur placé en B.

Et ainsi de suite.

Par définition, les plans osculateurs successifs de la courbe ainsi obtenue, élément par élément, contiennent deux éléments successifs AB et BC, BC et CD, ... D'après la manière de tracer la courbe, ils contiennent aussi la normale à la surface aux points intermédiaires B, C, ...

Cette construction est celle même qu'on emploie en Géodésie pour obtenir les courbes géodésiques.

On admet que le fil à plomb est normal à la surface dont on trace les lignes. Nous reviendrons plus tard là-dessus (Chapitre V).

176. **Exemples de lignes géodésiques ; comparaison avec les lignes de courbure.** — Étudions les *lignes géodésiques* de quelques surfaces simples et profitons de cette étude pour les distinguer des *lignes de courbure* dont le rôle est si important dans toutes les branches de la Physique.

Les lignes géodésiques de la sphère sont des arcs de grand cercle. Au contraire, toute courbe tracée sur la sphère est une ligne de courbure, c'est-à-dire une ligne qui en tous ses points est tangente à l'une des sections principales de la surface.

Les lignes géodésiques du cylindre circulaire de révolution sont des hélices. Nous trouvons ici un exemple d'une infinité de chemins minimums allant d'un point à un autre sur la surface.

Voici ce qu'on veut dire par là.

Si l'on pose que, pour aller de A à B sur le cylindre, on fera n tours plus une fraction de tour autour du cylindre, il n'existe qu'un chemin minimum, qui est une certaine hélice. Mais le nombre n est arbitraire; il peut varier de 0 à ∞.

Les lignes de courbure du cylindre sont les génératrices et les sections droites.

Les lignes géodésiques du plan sont des droites. Toute autre courbe tracée sur le plan, admet celui-ci pour plan osculateur en tous ses points. Au contraire, le plan osculateur de la droite est indéterminé : on peut, par exemple, le considérer comme normal au plan sur lequel elle est tracée.

Lorsqu'on peut appliquer sans déchirures ni duplicatures deux surfaces l'une sur l'autre, il est évident que, les chemins ne changeant pas de longueurs, les propriétés de minimum se conservent. Donc les lignes géodésiques se superposent. En particulier, les lignes géodésiques d'une surface développable (surface applicable sur un plan) se transforment en des droites quand on l'applique effectivement sur un plan.

Nous reviendrons plus tard sur les lignes géodésiques d'un ellipsoïde de révolution.

177. **Courbe des ponts suspendus.** — *Quand les forces* $\mathrm{F}ds$ *appliquées aux divers éléments du fil sont parallèles, il est évident que la courbe funiculaire est nécessairement plane.*

Prenons son plan pour plan xOy, menons Oy verticalement.

Admettons que les forces appliquées sur un élément sont proportionnelles à la projection horizontale de cet élément : c'est précisément l'hypothèse du tablier homogène (§ 169).

Il faut poser :
$$\mathrm{Y}ds = -\Pi\, dx,$$

où Π est une constante; le signe — provient de ce que Oy est compté positivement vers le haut.

Les équations (1) du § 172 s'écrivent :

$$\frac{d}{ds}\left(\mathrm{T}\frac{dx}{ds}\right)=0, \qquad \mathrm{T}\frac{dx}{ds}=\text{Constante}=\mathrm{T}_0,$$

$$\frac{d}{ds}\left(\mathrm{T}\frac{dy}{ds}\right)=\Pi\frac{dx}{ds}, \qquad \mathrm{T}\frac{dy}{ds}=\Pi x+\mathrm{C}.$$

Éliminons T entre les deux intégrales :

$$\frac{dy}{dx}=\frac{\Pi x}{T_0}+D, \qquad y=\frac{\Pi x^2}{2T_0}+Dx+E.$$

Prenons comme origine des coordonnées le point le plus bas, pour lequel la tangente est horizontale ; l'équation se réduit à :

$$y=\frac{\Pi x^2}{2T_0}.$$

C'est l'équation d'une parabole à axe vertical.

On la comparera à la parabole obtenue au § 169. Les équations sont identiques, car les symboles α et T_0 ont mêmes significations dans les deux cas ; $P : a$ et Π mesurent les charges par unité de longueur du plan horizontal.

Nous pourrions écrire immédiatement l'équation :

$$\frac{dy}{dx}=\frac{\Pi x}{T_0},$$

par la considération du polygone de Varignon (fig. 138), supposé d'un très grand nombre de côtés. L'inclinaison d'un élément quelconque, γ par exemple, est mesurée par l'angle MON. Or on a :

$$\operatorname{tg}\overline{\text{MON}}=\frac{dy}{dx}=\frac{\overline{\text{MN}}}{\overline{\text{OM}}}=\frac{\Pi x}{T_0}.$$

178. **Fil pesant et homogène. Chaînette.** — Supposons que les forces extérieures se réduisent à la pesanteur et que le fil soit homogène. Il se place dans le plan vertical passant par ses points d'attache. Prenons ce plan pour plan des xy, menons l'axe Oy verticalement et comptons les y positivement vers le haut.

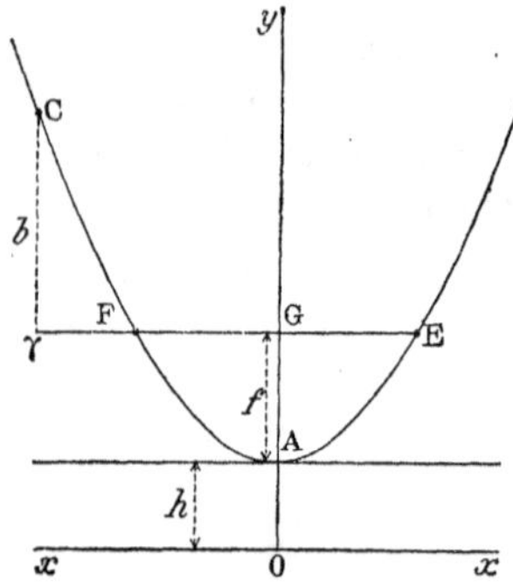

Fig. 145.

Les équations d'équilibre deviennent (fig. 145) :

$$T\frac{dx}{ds}=\text{Constante}=T_0,$$

$$\frac{d}{ds}\left(T\frac{dy}{ds}\right)=p,$$

où p désigne le poids du fil par unité de longueur.

L'équation différentielle de la courbe s'obtient en éliminant T entre ces deux équations. On trouve :

$$\frac{d}{ds}\left(\frac{dy}{dx}\right)=\frac{p}{T_0}.$$

T_0 est la tension de l'élément horizontal A, puisque c'est la valeur que prend T quand on fait $dx=ds$. Posons $T_0=ph$, c'est-à-dire exprimons T_0 par le poids d'une certaine longueur h du fil : h est le *paramètre* de la courbe funiculaire.

On vérifiera aisément que l'équation différentielle est satisfaite en posant :

$$y = \frac{h}{2}\left(e^{\frac{x}{h}} + e^{-\frac{x}{h}}\right) = h \text{ coshyp} \frac{x}{h} = h \operatorname{Ch} \frac{x}{h},$$

$$s = \frac{h}{2}\left(e^{\frac{x}{h}} - e^{-\frac{x}{h}}\right) = h \text{ sinhyp} \frac{x}{h} = h \operatorname{Sh} \frac{x}{h},$$

$$\frac{dy}{dx} = \frac{1}{2}\left(e^{\frac{x}{h}} - e^{-\frac{x}{h}}\right) = \text{ sinhyp} \frac{x}{h} = \operatorname{Sh} \frac{x}{h}.$$

Il existe des tables des sinus et cosinus hyperboliques.

On a évidemment :

$$\operatorname{Ch}^2 x - \operatorname{Sh}^2 x = 1, \qquad \frac{d \operatorname{Ch} x}{dx} = \operatorname{Sh} x, \qquad \frac{d \operatorname{Sh} x}{dx} = \operatorname{Ch} x.$$

On prend pour axe des y la verticale qui passe par le point A le plus bas de la courbe $(x=0, \ dy : dx = 0)$ et on place l'axe des x à une distance $\overline{\text{OA}} = h$ (paramètre) de la tangente horizontale.

Le point de contact A de celle-ci a donc pour coordonnées :

$$x = 0, \qquad y = h.$$

La courbe ainsi définie est la *chaînette*.

Tension le long de la chaînette.

On a :

$$T = T_0 \frac{ds}{dx} = T_0 \frac{y}{h} = py.$$

La tension en un point de la chaînette est donc égale au poids d'une longueur de fil égale à l'ordonnée. Autrement dit, elle est égale au poids d'une longueur de fil égale à la distance verticale du point considéré et du point le plus bas de la courbe, augmentée du paramètre.

La tension est évidemment minima au point A : elle vaut alors

$$T_0 = ph.$$

179. **Fils télégraphiques ou lignes électriques de faible portée.** — Supposons, ce qui arrive ordinairement, que les points d'attache E et F sont sur la même horizontale d'ordonnée y_1.

Posons : $\overline{\text{EF}} = 2\overline{\text{EG}} = 2x_1 = a;$ c'est la *portée*.

Appelons *flèche* la différence $f = y - h$.

Si la portée est assez petite par rapport au paramètre h, on peut développer les exponentielles en série et se borner aux premiers termes

$$y = h + \frac{x^2}{2h}, \qquad f = y_1 - h = \frac{x_1^2}{2h} = \frac{px_1^2}{2T_0} = \frac{p}{8T_0} a^2. \qquad (1)$$

Nous retrouvons naturellement la parabole du § 177. Si le fil est presque horizontal, on peut en effet poser $p = \Pi$.

On tire des équations (1) les lois suivantes d'une application journalière :

1° pour une même forme de courbe (même portée et même flèche), la tension T_0 au point le plus bas est proportionnelle au poids par unité de longueur; pour un métal donné, elle est proportionnelle à la section ou au carré du diamètre;

2° pour une même tension, la flèche est proportionnelle au carré a^2 de la portée;

3° pour une même portée, la flèche est en raison inverse de la tension.

Par exemple, on emploie pour les lignes télégraphiques ordinaires du fil de fer de 4 millimètres de diamètre, avec une portée de 80 mètres et une flèche de 45 centimètres. En admettant 7,82 pour poids spécifique du fer, le poids du mètre est $p = 100$ grammes. Nous tirons de ces données la valeur de $h = 1\,780$ mètres et la tension T_0 au point le plus bas : $T_0 = 175$ kilogrammes. Comme le fil a environ $12^{\text{mm}^2},6$ de section, cela ne fait que 14 kilogrammes par millimètre carré, charge égale au tiers environ de ce que le fil peut supporter sans rompre.

Nous savons que la tension n'est pas la même en tous les points; elle est T_0 et minima au point A, elle est généralement $T = py$. En particulier, aux points d'attache, elle est :

$$T_1 = p\left(h + \frac{x_1^2}{2h}\right) = T_0 + pf = ph + pf;$$

pf est généralement négligeable devant T_0, puisque f est négligeable devant h. Ainsi dans l'exemple précédent où T_0 vaut 175 kilogrammes, $pf = 48$ grammes. On peut considérer la tension comme constante.

Ce que nous venons de dire s'applique aux lignes électriques pour transport d'énergie; il faut changer seulement le poids spécifique du métal (8,9 pour le cuivre) et la tension admissible sans danger par millimètre carré.

On peut encore appliquer ces formules aux câbles télédynamiques pour transmissions directes de puissance.

La longueur du fil varie avec la température; il est facile de voir que les moindres variations de longueur influent considérablement sur la flèche. Développant la formule donnant s, on trouve en effet pour la longueur l :

$$l = 2x_1 + \frac{x_1^3}{3h^2} = 2x_1 + \frac{4f^2}{3x_1}, \qquad l - a = \frac{8a}{3}\left(\frac{f}{a}\right)^2 = \frac{8f^2}{3a}.$$

Dans cette formule, $l - a$ est la différence entre la longueur du fil et la portée. Calculons la longueur pour un rapport

$$f : a = 1 : 300$$

de la flèche à la portée, et une portée de $a = 100$ mètres. C'est à peu près les conditions normales des fils télégraphiques. On trouve :

$$l - a = \frac{100}{90000} \cdot \frac{8}{3} = 0^{m},003.$$

La différence entre la longueur et la portée n'est que de 3 millimètres.

Comme première approximation, la longueur est constante.

Donc si l'on pose des fils en été, il faut les tendre moins que si on les pose en hiver; autrement ils risquent de se rompre quand survient le froid.

180. **Lignes de longue portée. Cas général.** — Le cas général se présente quand une ligne télégraphique doit traverser une vallée. Les extrémités C et E ne sont plus sur le même plan horizontal; on est libre de prendre une flèche assez grande, de manière à diminuer la tension. Posons :

$$\overline{E\gamma} = a, \qquad \overline{C\gamma} = b, \qquad \overline{EAFC} = l;$$

a et b sont les données topographiques du problème, l est la longueur du fil qu'on veut utiliser. Appelons x', y', x'', y'' les coordonnées des points C et E. Nous avons immédiatement en fonction de x' et de x'' les quantités $l = s' - s''$, et $b = y' - y''$. D'où $l - b$ et $l + b$; d'où enfin aisément la condition :

$$\sqrt{l^2 - b^2} = h\left(e^{\frac{a}{2h}} - e^{-\frac{a}{2h}}\right),$$

équation qui permet de calculer h. On tire ensuite facilement les autres inconnues, en remarquant que $x' - x'' = a$ et en utilisant une des équations donnant $l - b$ ou $l + b$.

La tension *maxima,* qui, d'après l'équation générale $T = py$, correspond au point C le plus haut, *pour une longueur donnée,* passe par un minimum quand l croît, à partir de la valeur minimum à vol d'oiseau $\overline{CE}$ *théoriquement admissible,* jusqu'à une valeur très grande. Quand $l = \overline{CE}$, la tension est évidemment infinie, puisque cela suppose le câble rectifié. Quand l croît à partir de cette valeur, la tension en C décroît tout d'abord. Mais si la longueur du câble devient très grande, la tension est alors sensiblement proportionnelle à cette longueur, et redevient par conséquent très grande. Il existe donc une certaine longueur pour laquelle la tension *au point le plus haut* est minimum.

La tension *au point le plus bas* (ou ce qui revient au même la quantité h tirée de l'équation $T_0 = ph$) diminue au contraire d'une manière continue quand l augmente, pour tendre vers 0 quand l tend vers l'infini.

Il faut cependant observer qu'il est rare de pouvoir donner la flèche qui correspond au minimum de tension au point le plus haut; la règle pratique est donc de placer autant que possible les points d'attache sur le même niveau, et de prendre la flèche la plus longue possible.

181. **Voûtes linéaires.** — Tout ce qui précède sur les polygones et courbes funiculaires s'applique sans y rien changer à ce qu'on appelle les *voûtes linéaires. Imaginons des fils qui, par définition, puissent résister à des compressions dirigées suivant leur direction même;* changeons le sens de toutes les forces appliquées à une courbe ou à un polygone funiculaire : nous aurons une voûte linéaire en équilibre.

Par exemple, une parabole est la figure d'équilibre d'une voûte linéaire dont les éléments d'arc sont chargés proportionnellement à leur projection horizontale.

Une chaînette est la figure d'équilibre d'une voûte linéaire chargée proportionnellement à la longueur de ses éléments d'arc.

Si la pression est partout normale, sa grandeur est $T : \rho$ par unité de longueur d'arc (§ 173); T est la compression de la voûte linéaire.

Nous trouverons plus loin (§ 188) un exemple intéressant de cette transformation des propositions applicables aux cordes ou chaînes en propositions applicables aux voûtes.

Élastique.

182. **Cas particulier des forces normales.** — Nous avons démontré au § 173 que la composante de la force extérieure normale à la courbe funiculaire a pour expression $T : \rho$, par unité de longueur, où T est la tension du fil, ρ son rayon de courbure.

Nous savons aussi que si la force extérieure est partout normale, la tension est constante tout le long du fil. On a la relation :

$$F = T : \rho,$$

où F désigne la force normale par unité de longueur.

Nous sommes donc amenés à étudier des courbes définies par une relation entre leur rayon de courbure et une fonction des coordonnées.

L'une d'entre elles, connue sous le nom d'*Élastique* et découverte par J. Bernoulli, a une importance capitale. Elle se rencontre en Capillarité et en Élasticité : c'est le profil de la surface liquide qui monte par capillarité le long d'une paroi plane, et, d'une manière générale, de la surface liquide dans tous les phénomènes capillaires cylindriques; c'est la forme d'équilibre d'un arc homogène bandé, d'un fil élastique maintenu fléchi en équilibre par deux forces parallèles, opposées, dirigées suivant la même droite. Enfin c'est ici la forme d'équilibre d'un fil ou d'une voûte linéaire soumis à une pression hydrostatique.

183. **Élastique.** — L'élastique est définie par la condition suivante : *le produit du rayon de courbure* ρ *en un point par la distance* y *à une droite est constant.*

Nous posons :
$$\rho y = \rho_0 y_0 ; \qquad (1)$$
ρ_0 est le rayon de courbure pour un point remarquable d'ordonnée y_0 : nous choisissons le point d'ordonnée maxima.

Pour simplifier l'écriture, nous représenterons par y' et y'', les dérivées de y par rapport à x.

Remplaçons ρ par sa valeur en fonction des coordonnées et de leurs variations :
$$\pm y = \rho_0 y_0 \cdot y'' : (1 + y'^2)^{\frac{3}{2}}.$$
Une intégration est immédiatement possible.

Multiplions par $2dy$; il vient, en écrivant qu'on a $y = y_0$ pour $dy : dx = 0$ (ordonnée maxima) :
$$y^2 = y_0^2 - 2\rho_0 y_0 \left(1 \pm \frac{1}{\sqrt{1 + y'^2}}\right) \qquad (2)$$

Il est possible d'exprimer x en fonction de y au moyen des intégrales elliptiques, mais cela n'avance en rien la discussion de la forme des courbes qu'il vaut mieux faire sur l'équation différentielle (2).

L'expression ordinaire du rayon de courbure ne préjuge rien sur son signe ; on devrait la faire précéder du double signe $\pm$. Nous conviendrons que le rayon de courbure conserve le même signe tant que le centre de courbure se trouve d'un même côté de la courbe. Il change de signe quand le centre de courbure passe d'un côté à l'autre, ce qui arrive seulement quand le rayon de courbure s'annule ou devient infini.

Laissons de côté le premier cas qui implique $y = \infty$.

Le second implique $y = 0, \rho = \infty$. La courbe possède donc une inflexion sur l'axe des x; son rayon de courbure infini change alors de signe en même temps que y; le centre de courbure passe d'un côté de la courbe à l'autre.

Ces conventions posées, reste à donner au rayon de courbure une expression de signe convenable.

Considérons la figure 146 et convenons qu'au point A le rayon de courbure est positif : $\rho_0 > 0$ pour $y_0 > 0$.

A partir du point A, y'' est négatif ; il faut donc choisir le signe — et le conserver pour les deux courbes de cette figure.

Mais dans la figure 147, y' devient infini au point B et y'' change de signe.

Comme par hypothèse le rayon de courbure conserve son signe, c'est alors le signe $+$ qu'il faut choisir. Nous reviendrons là dessus plus loin.

Si la courbe traverse l'axe des x, elle possède sûrement des parties identiques de part et d'autre de cet axe, mais qui ne sont pas symétriques par rapport à lui; pour les déduire les unes des autres, il faut faire une translation puis prendre la symétrique par rapport à Ox. Il se peut du reste que la courbe ne traverse pas l'axe des x : d'où la classification qu'on trouvera plus loin.

Les constantes ρ_0 et y_0 sont les paramètres de la courbe étudiée. Le produit $\rho_0 y_0$ est la constante de l'équation (1); l'intégration donne comme arbitraire soit ρ_0, soit y_0, ce qui définit ρ_0 et y_0. Pour simplifier les formules, nous prendrons pour variables : y_0 et $\alpha = \rho_0 : y_0$.

Pour classer les courbes, nous fixerons uniformément la valeur de l'ordonnée maxima y_0, puis nous ferons varier ρ_0 des plus grandes valeurs positives aux plus petites.

Calculons l'inclinaison de l'élastique à sa traversée de l'axe des x. Posons $y = 0$ dans l'équation (2) et résolvons par rapport à y' :

$$y' = \pm \frac{\sqrt{4\alpha - 1}}{2\alpha - 1}.$$

La valeur $\alpha = 1 : 4$, séparera donc les élastiques en deux catégories; celles qui ont des points d'inflexion et rencontrent l'axe des x, celles qui ne le rencontrent pas. Comme intermédiaire, on trouve la courbe caractérisée par la valeur $\alpha = 1 : 4$, qui ne présente qu'une seule boucle et possède l'axe des x comme asymptote.

184. **Première catégorie;** $\alpha > 1 : 4$. — Pour de grandes valeurs de α, la courbe ressemble à une sinusoïde; nous reviendrons là-dessus plus loin.

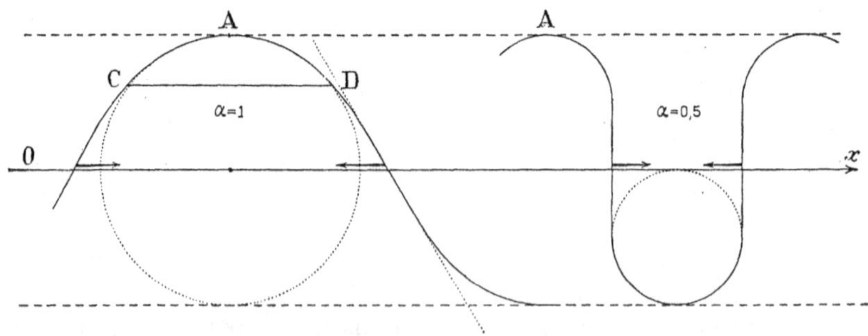

Fig. 146.

La figure 146 représente la courbe pour $\alpha = 1$; le coefficient angulaire de la tangente à la traversée de l'axe des x est $\sqrt{3}$.

A mesure que α diminue, c'est-à-dire que le rayon de courbure ρ_0

au point A d'ordonnée maxima y_0 devient une fraction de plus en plus petite de cette ordonnée, la courbe tend naturellement à se boucler.

D'abord elle coupe normalement l'axe des x pour $\alpha = 0{,}5$ (fig. 146).

Puis la tangente s'incline en sens inverse (fig. 147, à gauche).

Pour une certaine valeur de α, la courbe C se boucle exactement ; elle est finie.

Enfin pour des valeurs plus petites, mais toujours supérieures à 0,25, la courbe forme une série de boucles avec points doubles.

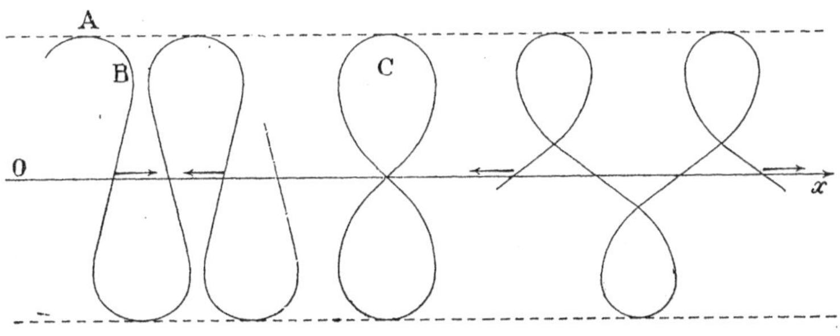

Fig. 147.

Il est facile d'obtenir toutes ces formes au moyen d'un fil mince d'acier, rectiligne quand il est abandonné à lui-même. On exerce sur les extrémités des forces égales et opposées. Elles sont dirigées l'une vers l'autre comme quand on bande un arc pour toutes les formes en deçà de la forme C ; elles sont dirigées vers l'extérieur de la portion de fil utilisé pour toutes les formes au delà de C. Naturellement aux points doubles le fil doit passer dans un petit anneau, obtenu par exemple avec un fil à coudre.

La forme C est celle d'un cerceau mince qu'on ploie sur lui-même.

Mais on réalise aussi ces formes, et nous revenons ainsi aux courbes funiculaires, en remplissant d'eau une rigole cylindrique constituée par une bande d'étoffe souple qu'on fixe à deux tiges parallèles TT (fig. 148). La pression hydrostatique est normale à l'étoffe et proportionnelle à la distance g au niveau supérieur de l'eau. Nous sommes donc dans les conditions du problème ; car, la courbure de l'étoffe étant nulle, parallèlement aux génératrices du cylindre, seuls les fils qui sont dans la section droite soutiennent le liquide : les fils parallèles aux génératrices ne sont pas tendus ; du moins leur tension n'a aucun rapport avec la sustentation du liquide

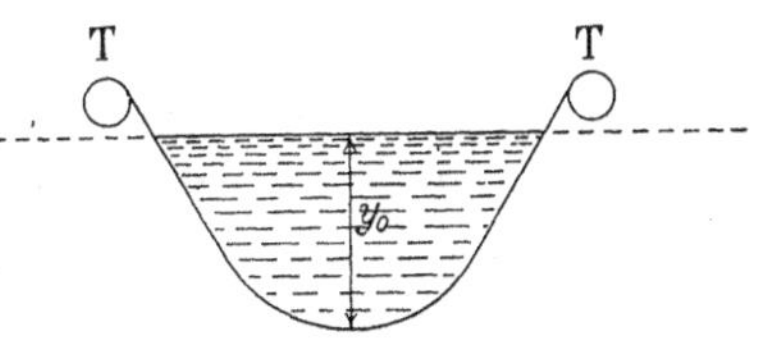

Fig. 148.

Aux extrémités du cylindre une paroi d'étoffe de forme quelconque empêche l'eau de s'écouler.

On obtient la succession des formes, en rapprochant plus ou moins les tiges parallèles auxquelles la bande d'étoffe est attachée. On modifie ainsi la courbure sur la génératrice d'ordonnée maxima; corrélativement on modifie la tension.

Remarque I.

Appelons θ l'angle que fait la tangente à la courbe avec la verticale. On a :

$$y' = \operatorname{cotg}\theta, \qquad 1 : \sqrt{1+y'^2} = \sin\theta\,;$$
$$y^2 = y_0^2 - 2\rho_0 y_0(1 \mp \sin\theta).$$

Remarque II.

Supposons que le liquide ait l'unité pour densité. La force normale exercée par unité d'arc est simplement y. La tension de la corde, *qui est constante,* est mesurée par le produit ρy. Soit à déterminer l'aire ACD limitée par la courbe (fig. 146). Il suffit d'écrire que le poids du liquide correspondant est soutenu par les projections verticales des tensions en C et en D. D'où la relation :

$$\text{Aire } \overline{\text{ACD}} = 2\rho_0 y_0 \cos\theta_1\,;$$

θ_1 est l'angle que font avec la verticale les tangentes en C ou en D.

185. **Calcul approché de la courbe funiculaire quand α est très grand.** — Résolvons l'équation (2) par rapport à y' :

$$\frac{dy}{dx} = \frac{\sqrt{y_0^2 - y^2}\sqrt{4\rho_0 y_0 - y_0^2 + y^2}}{2\rho_0 y_0 - y_0^2 + y^2}. \qquad (2')$$

Si ρ_0 est très grand devant y_0 et par conséquent devant y, on peut écrire comme première approximation :

$$\frac{dy}{dx} = \frac{\sqrt{y_0^2 - y^2}}{\sqrt{\rho_0 y_0}}, \qquad y = y_0 \cos\frac{x}{\sqrt{\rho_0 y_0}}.$$

Ainsi, comme première approximation, la courbe se confond avec une sinusoïde. C'est la forme admise dans la théorie de la déformation des prismes chargés debout (voir Mécanique Physique) :

Comme seconde approximation, nous pouvons écrire :

$$\sqrt{4\rho_0 y_0 - (y_0^2 - y^2)} = 2\sqrt{\rho_0 y_0}\left[1 - \frac{y_0^2 - y^2}{8\rho_0 y_0}\right],$$
$$2\rho_0 y_0 - (y_0^2 - y^2) = 2\rho_0 y_0 \left[1 - \frac{y_0^2 - y^2}{2\rho_0 y_0}\right];$$
$$\frac{dy}{dx} = \frac{\sqrt{y_0^2 - y^2}}{\sqrt{\rho_0 y_0}}\left(1 + \frac{3}{8}\,\frac{y_0^2 - y^2}{\rho_0 y_0}\right) = \frac{\sqrt{y_0^2 - y^2}}{\sqrt{\rho_0 y_0}}\left(1 + \frac{3y_0}{8\rho_0}\sin^2\frac{x}{\sqrt{\rho_0 y_0}}\right).$$

Les variables se séparent et l'intégration est immédiate :

$$y = y_0 \cos\left[\frac{x}{\sqrt{\rho_0 y_0}}\left(1 + \frac{3y_0}{16\rho_0}\right)\right] + \frac{3y_0^2}{32\rho_0} \sin\frac{x}{\sqrt{\rho_0 y_0}} \sin\frac{2x}{\sqrt{\rho_0 y_0}}.$$

186. **Cas intermédiaire;** $\alpha = 1 : 4$. — La courbe admet l'axe des x comme asymptote ; elle ne présente plus qu'une seule boucle (fig. 149). L'équation (2') se simplifie et devient :

$$\frac{dy}{dx} = \frac{2y\sqrt{y_0^2 - y^2}}{2y^2 - y_0^2}.$$

D'où :

$$dx = \frac{ydy}{\sqrt{y_0^2 - y^2}} - \frac{y_0^2 dy}{2y\sqrt{y_0^2 - y^2}}.$$

$$x = -\sqrt{y_0^2 - y^2} + \frac{y_0}{2}\log\frac{y_0 + \sqrt{y_0^2 - y^2}}{y}.$$

On trouve aisément l'aire limitée par une portion de la courbe,

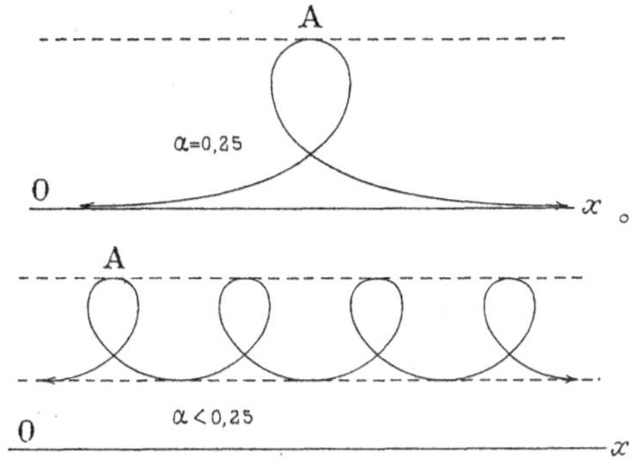

Fig. 149.

aire qui intervient dans certaines questions de physique. On a immédiatement :

$$ydx = \frac{dy}{2}\frac{2y^2 - y_0^2}{\sqrt{y_0^2 - y^2}} = \frac{1}{2}d\left[y\sqrt{y_0^2 - y^2}\right].$$

187. **Seconde catégorie ;** $\alpha < 1 : 4$. — Dans ce cas le rayon de courbure au point A d'ordonnée maxima est trop petit par rapport à cette ordonnée pour que la courbe atteigne l'axe des x, malgré l'agrandissement des rayons de courbure à mesure que y décroît

La courbe présente alors un maximum et un minimum.

Le rapport α peut décroître jusqu'à 0, auquel cas la courbe se compose d'une infinité de boucles infiniment petites situées sur l'horizontale $y = y_0$.

L'équation de la courbe est :

$$y^2 = y_0^2 - 2\rho_0 y_0 \left(1 \mp \frac{1}{\sqrt{1+y'^2}}\right);$$

le changement de signe a lieu quand la tangente devient verticale, $y' = \infty$. Les deux valeurs pour lesquelles la tangente est horizontale $(y' = 0)$ ont pour ordonnées :

$$y_0, \qquad y_1 = \sqrt{y_0^2 - 4\rho_0 y_0}.$$

Cette dernière valeur n'est réelle que si $y_0 > 4\rho_0$, $\alpha < 0{,}25$.

Pour $\alpha = 0{,}25$, on a $y_1 = 0$; pour $\alpha = 0$, on a $y_1 = y_0$. C'est le résultat annoncé ci-dessus.

Considérons les rotations de la tangente se déplaçant le long de la courbe.

Tant que α est plus grand que $0{,}25$, la tangente oscille entre les deux positions qu'elle occupe à la traversée de l'axe Ox. L'amplitude de l'oscillation part de 0 pour α très grand, est égal à π pour $\alpha = 0{,}5$, atteint 2π pour $\alpha = 0{,}25$.

Pour $\alpha < 0{,}25$, la rotation est de 2π par boucle de courbe; le nombre de boucles et par conséquent la rotation de la tangente sont indéfinis.

188. **Voûtes hydrostatiques.** — D'après ce que nous avons dit au § 181, l'élastique est la forme d'équilibre d'une voûte linéaire supportant une pression hydrostatique et formée d'un fil qui par définition résiste à des compressions dirigées suivant sa propre direction.

Statique graphique.

189. **Procédé fondamental.** — On appelle *Statique graphique* l'ensemble des méthodes qui permettent de résoudre les problèmes d'équilibre *graphiquement*, c'est-à-dire au moyen d'épures. Les solutions sont plus rapides et très suffisamment approchées.

En définitive, il s'agit toujours de composer des forces suivant la règle du parallélogramme, ou inversement de décomposer une force en des composantes suivant des directions données. Mais l'application brutale de la méthode générale serait souvent impossible pour des raisons pratiques : par exemple les forces dont on cherche la résultante, ne se coupent sur la feuille de papier dont on dispose.

On a été conduit à une méthode fondée sur les propriétés du polygone funiculaire.

Expliquons-la dans le cas de la composition de deux forces concourantes et par conséquent situées dans un plan (fig. 150).

Pour composer les forces 1 et 2, il suffit de prolonger leurs directrices jusqu'au point G de rencontre, et d'appliquer la règle du parallélogramme sur les forces 1 et 2 transportées au point G. Nous déterminons ainsi d'abord un des points de la directrice de la résultante cherchée, puis la direction de cette directrice et simultanément la grandeur de la résultante.

Mais supposons le point G hors de l'épure. Nous pouvons recou-

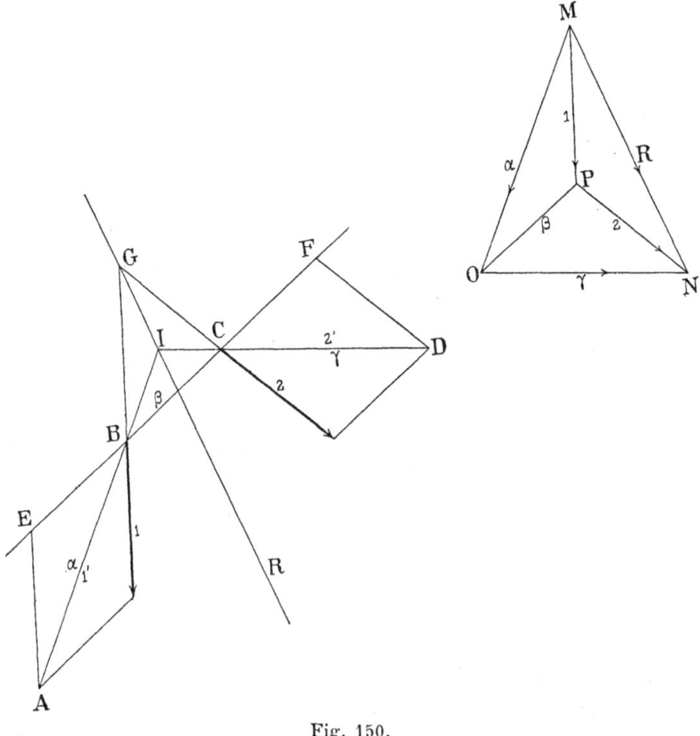

Fig. 150.

rir au procédé du § 22; menons une droite *quelconque* BC, prenons B et C pour points d'application des forces 1 et 2, ajoutons le groupe des forces $\overline{CF}$ et $\overline{BE}$ égales et opposées. Nous remplaçons les forces 1 et 2 par les forces $\overline{BA}$ et $\overline{CD}$ dont les directrices se coupent en I. Nous procédons nécessairement ainsi quand les forces sont parallèles (§ 22); le point G est alors à l'infini.

Remarquons tout de suite que le problème possède trois infinités de solutions; les points B et C sont arbitraires sur des droites données, la longueur de la force auxiliaire est également arbitraire.

Mais, dans tous les cas, les forces $\overline{BA}$ et $\overline{CD}$ obtenues se coupent sur la droite invariable R directrice de la résultante dont un point se trouve ainsi déterminé.

Remarquons aussi, et c'est précisément le fondement de la méthode générale, que $\alpha\beta\gamma$ est un polygone funiculaire en équilibre sous l'action :

1° des tensions 1′ et 2′ dirigées suivant α et γ et de grandeurs $\overline{BA}$ et $\overline{CD}$;

2° des forces 1 et 2 *supposées prises en sens contraires.*

En effet, $\overline{BA}$ se décompose en les forces 1 et $\overline{BE}$; CD se décompose en les forces 2 et $\overline{CF}$; 1 et 2 sont équilibrées par les forces égales et de sens contraires dont on suppose l'existence ; $\overline{BE}$ et $\overline{CF}$, qui sont égales, s'équilibrent par l'intermédiaire du cordon β.

Par le point O quelconque, menons des droites égales et parallèles à α, β, γ ; joignons leurs extrémités ; nous obtenons le *polygone de Varignon* (§ 167) correspondant au polygone funiculaire. Le triangle 12R donne la résultante en grandeur et direction.

Tout ceci posé, voici la méthode de composition des forces.

Soit à composer deux forces 1 et 2 dont on donne les directrices et les grandeurs.

Construisons le polygone des forces MPN. Il fournit la résultante $\overline{MN}$ en direction et grandeur ; *il ne la fournit pas en position : le problème n'est donc pas encore résolu.*

D'un point O *quelconque,* menons les droites α, β, γ, joignant O aux sommets de ce polygone *généralement ouvert.*

D'un point B quelconque pris sur la directrice 1, menons β joignant les directrices 1 et 2 ; puis γ par le point C obtenu ; puis α par le point B primitif. Les droites α, β, γ, des deux figures sont respectivement parallèles.

Prolongeons α et γ jusqu'à leur point d'intersection I ; *ce point appartient à la directrice cherchée ; le problème est maintenant résolu.*

Théorème. *On peut remplacer le système des deux forces* 1 *et* 2, *par le système des deux forces de grandeurs* $\overline{MO}$ *et* $\overline{ON}$, *respectivement placées en* $\overline{BA}$ *et* $\overline{CD}$.

La construction contient naturellement encore une *triple* indétermination ; le point O est quelconque dans le plan (deux indéterminées), le point B est quelconque sur la directrice 1 (troisième indéterminée).

190. **Généralisation.** — La généralisation est immédiate. On se reportera aux figures 135 et 136.

Soit à composer des forces 1, 2, 3, 4, toutes dans le même plan. Construisons le polygone des forces 4, 3, 2, 1 (fig. 136). Il nous donne bien la résultante $\overline{QM}$ (non tracée) en grandeur et direction ; *il ne la donne pas en position : le problème n'est pas encore complètement résolu.*

Prenons un point O quelconque et joignons-le aux sommets du polygone des forces, *polygone généralement ouvert*. Nous obtenons ainsi cinq droites α, β, γ, δ, ε. Nous sommes en possession du polygone de Varignon correspondant à un certain polygone funiculaire.

Pour construire celui-ci, prenons un point arbitraire sur l'une des directrices, par exemple le point C sur la directrice 2. Joignons les directrices 2 et 3 par la droite CD parallèle à la droite γ qui joint le point O au point de rencontre des forces 2 et 3 dans le polygone des forces.

Et ainsi de suite de proche en proche.

Nous déterminons ainsi les directions (α et ε) des côtés extrêmes du polygone funiculaire. *Ces droites prolongées fournissent un point de la directrice de la résultante cherchée : le problème est donc complètement résolu.*

Prenons sur les directions α et ε des longueurs égales aux côtés α et ε du polygone de Varignon ; la résultante du système de forces donné 1, 2, 3, 4, est précisément égale à la résultante de ces deux forces dirigées suivant les côtés extrêmes du polygone funiculaire.

Il n'y a pas d'ambiguïté sur le sens dans lequel il faut les prendre. Le polygone des forces nous apprend que la résultante est $\overline{QM}$ dans le sens QM. Elle est équivalente aux deux forces $\overline{QO}$ et $\overline{OM}$. Les forces dirigées suivant α et ε seront donc prises dans les sens AB et FE (en sens inverses des forces 1′ et 2′ qui équilibrent le système 1, 2, 3, 4).

191. Composition des forces parallèles ; centres d'inertie des aires planes. — La construction s'applique immédiatement aux forces parallèles, et par suite à la détermination des centres d'inertie ou de gravité des aires planes.

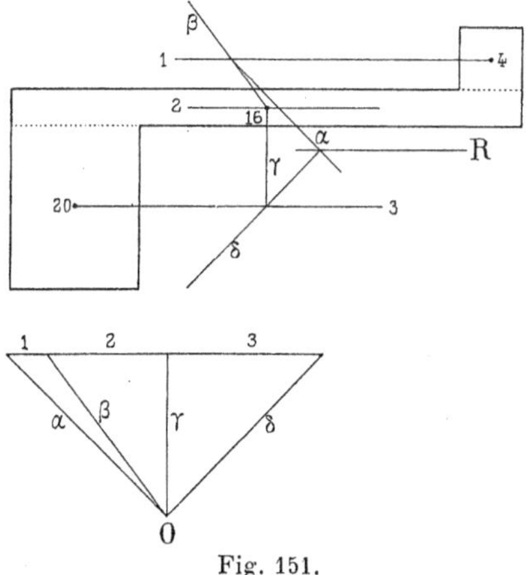

Fig. 151.

Expliquons la méthode générale sur un exemple.

Soit à déterminer le centre de gravité de l'aire représentée par la figure 151. Nous la décomposons en trois parties dont les aires et les centres de gravité partiels se trouvent aisément. Les aires sont entre elles comme les nombres 4, 16 et 20. Nous avons donc trois forces parallèles *dont nous choisissons arbitrairement la direction ;* supposons-la horizontale et traçons les directrices 1, 2, 3.

Portons bout à bout des longueurs représentatives des forces, c'est-à-dire qui soient entre elles comme les nombres 4, 16, 20. Prenons un point O quelconque et construisons le polygone de Varignon.

Construisons enfin le polygone funiculaire. L'intersection des droites extrêmes α et δ de ce polygone fournit un point de la résultante R dont nous connaissons la direction. Le centre de gravité cherché est sur cette droite.

Recommençons la même construction en prenant les directrices 1, 2, 3, dans une autre direction. Nous trouverons par le même procédé une seconde droite R' qui contient le centre de gravité. Donc il est à l'intersection de R et de R'.

Nous n'avons pas effectué cette seconde construction pour ne pas embrouiller la figure.

Généralement on prend les deux systèmes de directrices à angle droit, et on utilise le même polygone de Varignon après rotation de $\pi : 2$. Si l'on possède une équerre rectangulaire, il n'est même pas nécessaire de le construire effectivement une seconde fois.

192. **Cas où le polygone des forces se ferme.** — Pour savoir ce que la construction devient quand le polygone des forces se ferme, supposons qu'il ne se ferme pas absolument (fig. 152). Construisons le polygone de Varignon; ses côtés extrêmes α et ε sont presque confondus. Cela signifie que les côtés extrêmes du polygone funiculaire sont à très peu près parallèles, et que les forces qui les tendent, sont à peu près égales et de sens contraires.

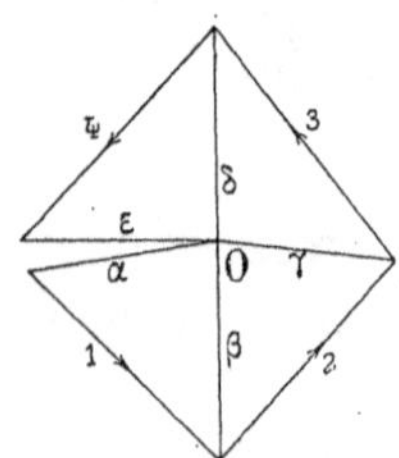

Fig. 152.

Quand le polygone des forces se ferme exactement, les côtés extrêmes du polygone funiculaire sont rigoureusement parallèles, et les forces qui les tendent sont égales et de sens contraires.

Ceci posé, deux cas peuvent se présenter.

1° *Le polygone funiculaire ne se ferme pas.*

Dans ce cas, le système des forces données se réduit à un couple (force nulle tout entière située à l'infini). En effet le polygone des forces se fermant, la résultante est nulle. D'ailleurs les côtés extrêmes du polygone funiculaire, qui sont parallèles, se coupent à l'infini.

Le moment du couple est fourni par la construction, puisqu'elle donne les deux forces égales, parallèles et opposées, équivalentes au système, ainsi que leur distance.

2° *Le polygone funiculaire se ferme.*

Dans ce cas, le système des forces données a une résultante effectivement nulle; les forces données se font équilibre.

193. **Exemples.** —

1° Soient trois forces 1, 2, 3 (fig. 153, I) complanaires, appliquées au même point A et telles que leur résultante soit nulle. Construisons en II le polygone des forces et le polygone de Varignon. Le polygone funiculaire se ferme.

Il résulte de là un intéressant théorème : *Si cinq des six lignes joignant quatre points d'un plan sont parallèles à cinq des six lignes joignent quatre autres points, la sixième ligne de l'une des figures est parallèle à la sixième ligne de l'autre.*

Il est évidemment nécessaire que parmi les cinq premiers groupes de deux lignes, les trois lignes d'une figure qui aboutissent à un point, soient parallèles aux trois lignes qui aboutissent au point correspondant de l'autre figure.

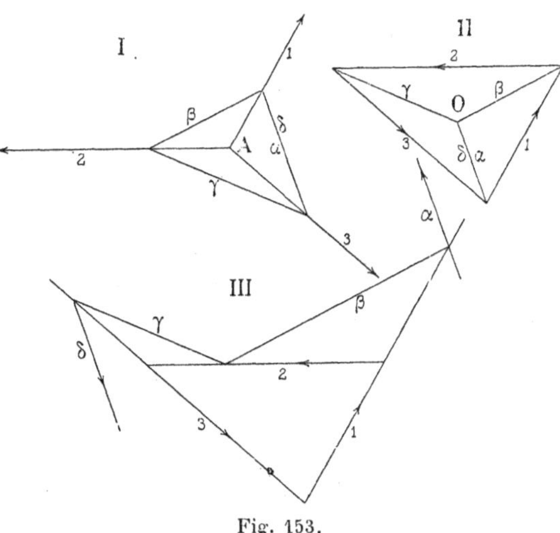

Fig. 153.

2° Soient les trois mêmes forces (fig. 153, III) agissant suivant les côtés d'un triangle, évidemment identique ou semblable au polygone des forces II. Appliquons la construction générale. Le polygone funiculaire ne se ferme pas. C'est évident *a priori,* car le moment des forces ne peut être nul pour aucun des points pris à l'intérieur du triangle.

On détermine ainsi le moment du couple résultant.

194. **Frames ou systèmes articulés sans frottement.** — On désigne sous le nom de *frame* (du mot anglais *frame,* charpente) une construction composée de barres, de tiges, de cordes, réunies par des *joints sans frottement,* par des *articulations* qui leur permettent de tourner librement les unes par rapport aux autres.

Nous supposerons dans ce qui suit que le frame est plan.

On appelle *tirant* une pièce du frame qui subit des *tensions;* elle peut être rigide ou remplacée par une corde, par une chaîne. *Son équilibre est stable;* c'est-à-dire qu'angulairement déplacée de sa position d'équilibre, elle tend à y revenir sous l'action des forces qui la sollicitent. Nous la représenterons par une simple droite avec deux flèches *ff'* qui indiquent le sens de l'action que le tirant exerce sur ses articulations A et B, ou encore le sens de ses réactions contre les forces extérieures FF (fig. 154).

On appelle *étrésillon* une pièce de frame qui subit des *compressions;* elle doit être assez rigide pour ne pas fléchir. *Son équilibre est instable;* dérangée de sa direction d'équilibre, elle ne tend pas à y revenir. Nous le représenterons par une droite avec deux flèches $f'f'$ qui indiquent le sens de l'action que l'étrésillon exerce sur ses articulations A et B, ou encore le sens de ses réactions contre les forces extérieures F'F'.

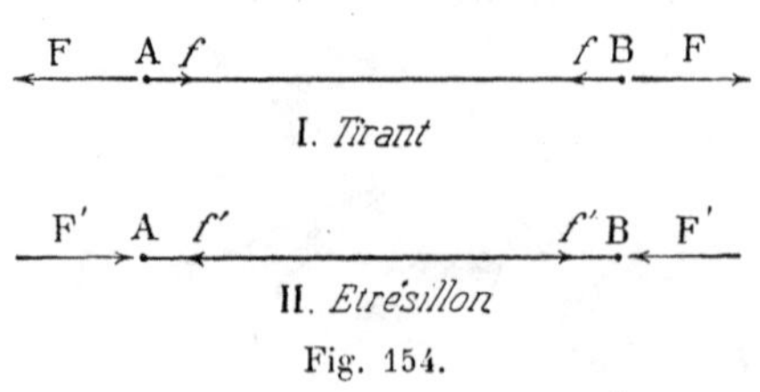

Fig. 154.

Dans tout ce qui suit, nous négligeons le poids des barres qui est le plus souvent petit par rapport aux charges que le frame est destiné à porter. Nous localisons les charges aux *nœuds* ou articulations du système. En réalité elles sont réparties plus ou moins régulièrement le long des éléments du frame qu'elles tendent à fléchir. Mais nous pouvons toujours les remplacer par des forces convenables appliquées aux extrémités de ces pièces. Si besoin est, le poids des barres se traite de même.

Il n'entre naturellement pas dans le cadre de ce Cours de donner la théorie complète des systèmes articulés; elle forme un important chapitre de la Mécanique appliquée. Nous désirons seulement par quelques exemples fixer la nature du problème.

195. **Ferme simple.** — Nous voulons supporter un toit par deux murs verticaux. Le moyen le plus simple paraît d'employer deux poutres (*arbalétriers*) AB et BC, articulées en B et reposant en A et C sur le mur : nous traiterons les points A et C comme deux articulations (fig. 155).

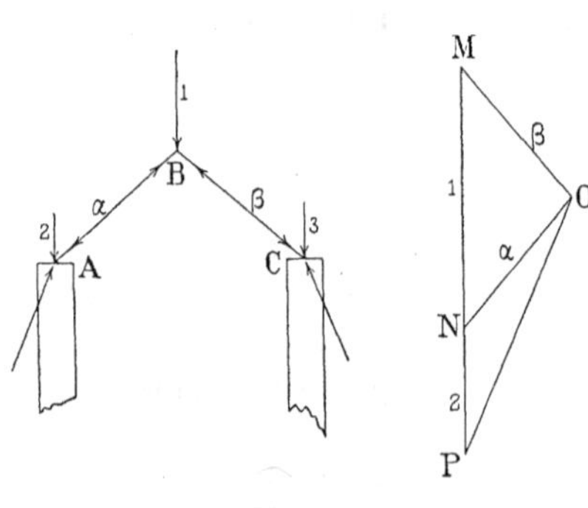

Fig. 155.

Déterminons les réactions des murs. La charge (tuiles, neige,...) est répartie le long des arbalétriers. Nous la remplacerons par des forces verticales : 1 en B, 2 et 3 en A et C; nous admettons que les forces 2 et 3 sont égales entre elles et à la moitié de 1, ce qui revient à poser que la charge continue est uniforme.

Menons une droite $\overline{MN}$ verticale mesurant la force 1, et deux droites α et β parallèles aux arbalétriers. Les segments $\overline{OM}$ et NO mesurent les *compressions* de ceux-ci.

Menons la droite NP verticale et égale à la moitié de $\overline{MN}$; joignons les points P et O. Le segment $\overline{PO}$ mesure en grandeur et direction la réaction du mur au point A.

Donc les murs tendent à s'écarter, puisque leur réaction est inclinée.

Emploi du tirant (fig. 156).

Pour éviter cet écartement, relions les points A et C par une tige rigide qui sera le *tirant* de la ferme. Cherchons les conditions d'équilibre dans l'hypothèse où la réaction des murs doit être verticale.

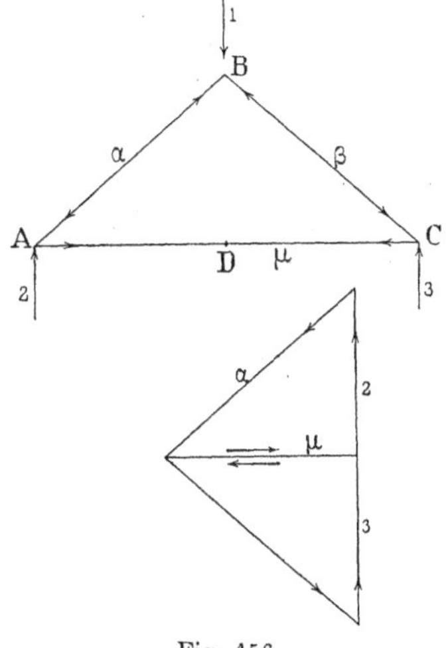

Fig. 156.

Menons une droite verticale mesurant la réaction verticale 2 du mur (moitié du poids total de la ferme chargée) ; menons deux droites respectivement parallèles à l'arbalétrier α et au tirant μ. Elles mesurent les réactions de ces pièces. Comme nous déterminons ce qui se passe en A, la figure montre immédiatement que l'arbalétrier travaille par compression et le tirant par traction.

Emploi du poinçon.

Si le tirant est constitué par une barre de fer de poids médiocre, la ferme se trouve ainsi complète, au moins si sa portée n'est pas trop grande. Mais, pour éviter que le tirant ne fléchisse outre mesure sous l'action de son propre poids, on peut faire supporter une partie de ce poids par une tige BD (non tracée) joignant le faîte B au milieu du tirant : c'est le *poinçon*. Naturellement, la charge supportée par le poinçon en D se reporte en B comme accroissement de la force verticale 1.

Dans le cas précédent, le poinçon travaille par traction ; loin de s'appuyer sur le tirant, il le soulage d'une partie de son poids qu'il reporte sur les arbalétriers.

196. **Poutre armée.** — Soit la poutre ADC (de bois ou de fer) reposant sur des appuis A et C (que pour simplifier nous supposerons au même niveau) et supportant des charges réparties d'une manière quelconque (fig. 157). Les réactions des appuis sont évidemment verticales.

Mais la poutre fléchit. Pour éviter la flexion, et partant la rupture, *on arme la poutre :* on lui adjoint d'autres pièces qui la soulageront d'une partie de sa charge, nous verrons plus loin grâce à quelles réactions complémentaires.

Adjoignons à la poutre ADC deux tirants α et β et un poinçon γ.

Décomposons la charge comprise entre A et D en deux forces verticales appliquées en A et en D; opérons de même pour la fraction DC de la poutre. Composons les forces appliquées en D en une force 2, et convenons de faire porter au poinçon cette charge 2. Il la transmet en B; en définitive elle est supportée par les tirants α et β.

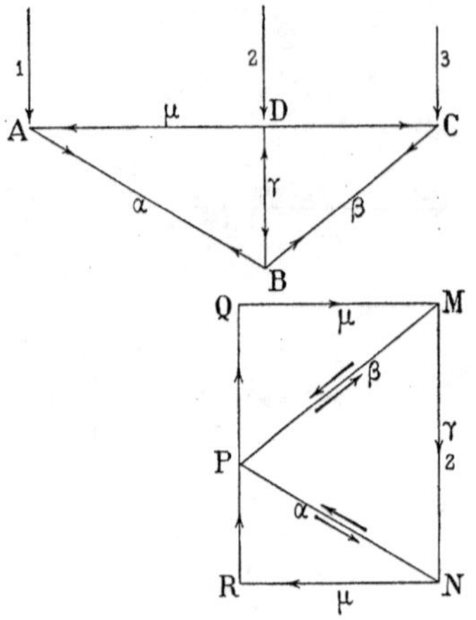

Construisons le triangle des forces au point B; $\overline{MN}$ mesure la *compression* du poinçon en B; $\overline{PM}$ et $\overline{NP}$ mesurent les *tensions* des tirants β et α.

Fig. 157.

Déterminons maintenant les conditions d'équilibre en A et C. Les réactions sur les appuis devant être verticales, les triangles NRP, MQP, donnent la compression longitudinale de la poutre et la valeur des réactions verticales.

Naturellement, les charges de la poutre AC étant normales à sa direction, sa compression a partout la même valeur (§ 173), conformément au résultat de la construction graphique. Naturellement encore, la charge 2 se retrouve répartie entre les appuis A et C, PR sur A, $\overline{QP}$ sur C. En définitive, les appuis doivent supporter le poids total de la poutre, soit la somme des forces 1, 2 et 3.

On voit grâce à quelles réactions complémentaires la poutre est soulagée. Elle se trouve maintenant comprimée de bout en bout. A la vérité une telle compression, si elle est exagérée, ne va pas sans danger : si la pièce commence à fléchir, la charge debout augmente la flexion. Mais une poutre résiste infiniment mieux à une charge debout qu'à une charge transversale.

197. **Ferme Polonceau.** — Le procédé de détermination des efforts est toujours le même. On suppose que les appuis ne supportent que des actions verticales, en d'autres termes que la ferme est simplement posée sur eux (fig. 158).

Partons de la réaction 2; menons deux droites α et ε parallèles à l'arbalétrier α et au tirant ε. Nous déterminons par le triangle MNP la compression du premier et la tension du second.

Passons au point D; menons deux droites parallèles à β et à μ; nous déterminons par le triangle PNQ les tractions de ces deux pièces.

Les autres efforts sont symétriques par rapport à NQ.

Dans les deux fermes précédentes, les arbalétriers n'ont pas de point d'appui intermédiaire; ils doivent être assez résistants pour ne pas fléchir démesurément. Dans les fermes de grandes portées, on les soutient par deux poinçons DD' et EE' normaux à leurs directions. Ils ne changent pas la compression de bout en bout des arbalétriers; mais ils les soulagent d'une partie de leur charge.

Au point D aboutissent alors quatre tiges. Il y aurait indétermination dans la répartition des efforts, si la compression des poinçons DD' et EE' ne se trouvait pas déterminée par la condition d'annuler la flèche des arbalétriers en D' et E'.

198. **Autre ferme usuelle.** — Considérons enfin une ferme formée de deux arbalétriers, deux sous-arbalétriers se croisant et

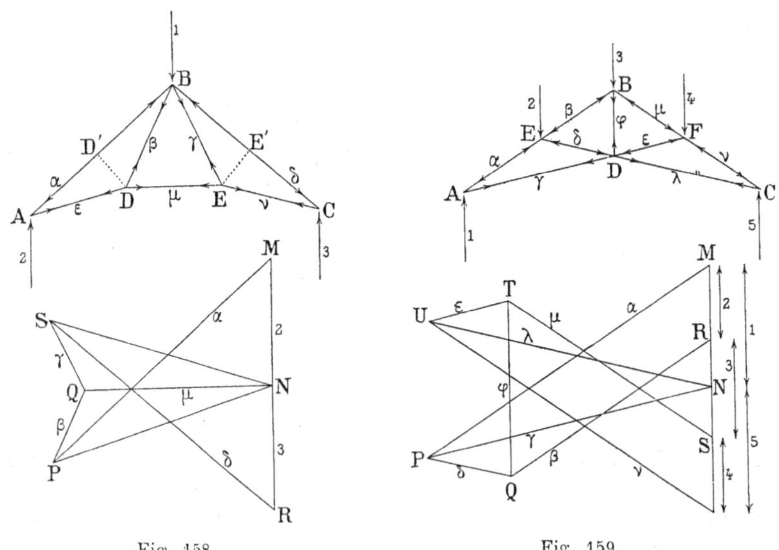

Fig. 158. Fig. 159.

d'un poinçon (fig. 159). Les charges sont 2, 3 et 4; les réactions des appuis sont 1 et 5.

On commence par déterminer les conditions d'équilibre au nœud A (triangle MNP), puis au nœud E (quadrilatère MPQR). On recommence pour l'autre côté; les figures sont symétriques.

Enfin on détermine l'équilibre au nœud B par le polygone RSTQR; on trouve ainsi l'effort le long du poinçon φ. On peut vérifier les constructions sur le nœud D au moyen du polygone QTUNPQ.

199. **Poutre droite de hauteur constante portant des charges verticales.** — Voici maintenant un exemple de détermination des efforts dans les poutres en treillis, comme celles qu'on utilise dans la construction des ponts de chemin de fer. Nous choisirons la poutre à triangles isocèles ; nous supposerons que les charges sont régulièrement réparties (fig. 160).

$\overline{MQ}$ représente la réaction verticale $1'$ d'un des appuis ; $\overline{PQ} = NP = 2\overline{MN}$, représentent l'une ou l'autre des charges 1, 2,... 5.

Au point de rencontre des barres α et β, les efforts sont déterminés par le triangle QMRQ. Donc la barre β est comprimée, la barre α est tendue.

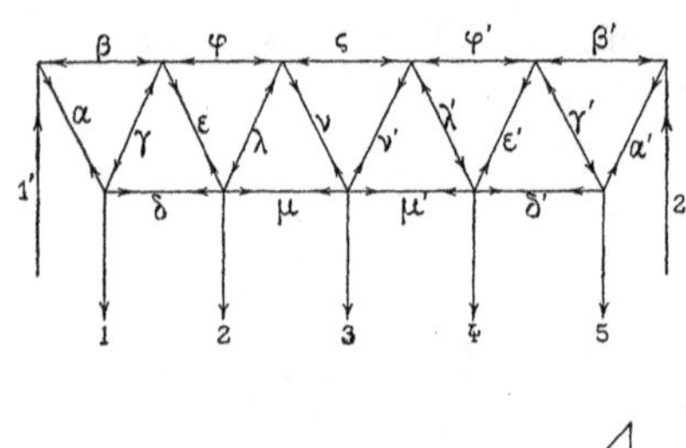

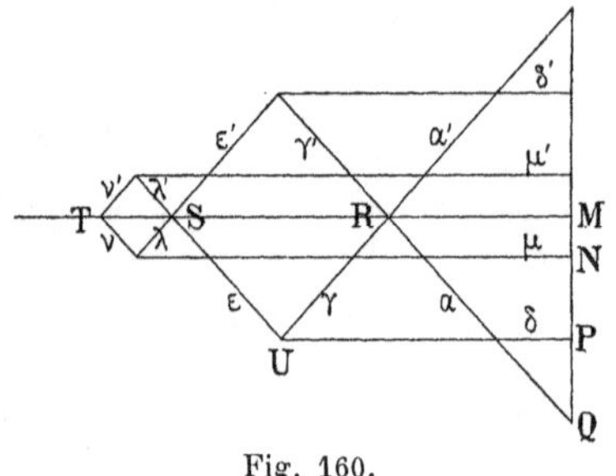

Fig. 160.

Passons au point de rencontre des barres α, γ, δ. Les efforts sont déterminés par le quadrilatère QRUPQ. Donc la barre γ est comprimée, la barre δ est tendue.

Et ainsi de suite. On vérifiera aisément les propositions suivantes.

1° Les barres supérieures sont toutes comprimées, les barres inférieures toutes tendues.

2° Les barres inclinées sont, *à commencer par les extrêmes*, alternativement tendues et comprimées. Comme elles sont en nombre pair, les deux du milieu sont traitées de la même manière.

3° Les tensions ou compressions des barres horizontales croissent des extrémités au milieu.

4° Les tensions ou compressions des barres inclinées décroissent des extrémités au milieu.

200. **Grue.** — La *grue* est une machine destinée à élever des fardeaux. Nous la réduirons à cinq tiges : un arbre vertical BD, une *volée* AD, un *tirant* AB, un autre *tirant* CB, enfin un *étrésillon* CD.

Nous admettrons d'abord avoir affaire à un système articulé ; la réaction en D doit être verticale et par conséquent la charge 1 et le contrepoids 2 doivent équilibrer leurs moments.

Commençons la détermination des efforts au nœud A (triangle NRP) ; passons au nœud B (triangle MRP), puis au nœud C (triangle MQR). Le problème est ainsi résolu. La réaction 3 est égale à la somme de la charge 1 et du contrepoids 2, puisque nous négligeons le poids des pièces.

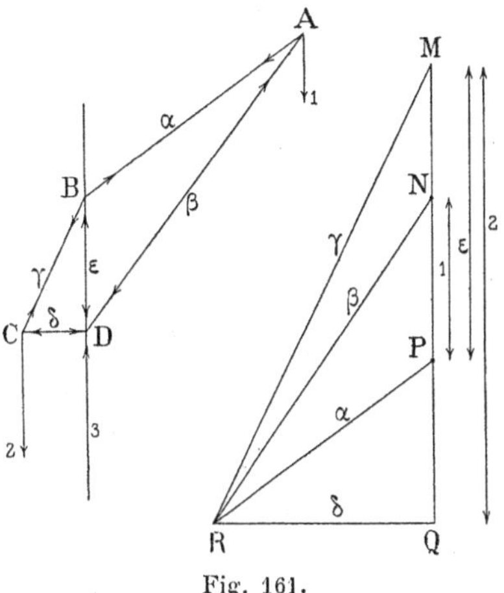

Fig. 161.

On peut supprimer le tirant γ et le contrepoids 2, pourvu que l'arbre vertical soit pris en deux points dans le sol et résiste à des efforts transversaux ; il fléchit alors plus ou moins.

CHAPITRE III

FROTTEMENTS

201. **Diverses espèces de frottements.** — On dit que deux corps *glissent* l'un contre l'autre quand leurs points de contact éprouvent à chaque instant des déplacements relatifs (§ 94).

Il naît, pendant ce déplacement, une force parallèle et toujours opposée au mouvement, dont le point d'application est au point de contact lui-même. Cette force mesure le *frottement*.

Nous pouvons immédiatement classer les frottements en deux groupes : les uns sont fonction de la vitesse relative et *s'annulent avec elle;* les autres, fonction ou non de la vitesse, *conservent une valeur finie quand la vitesse tend vers zéro*. Il est clair que seuls les frottements du second groupe interviennent pour l'équilibre, les frottements du premier s'annulant quand la vitesse tend vers zéro, c'est-à-dire quand l'équilibre a lieu.

Nous retrouverons les frottements du premier groupe (et aussi du second groupe) en Dynamique; occupons-nous pour l'instant des frottements qui conservent une valeur finie, si petite que soit la vitesse relative, et qui par conséquent peuvent s'opposer au déplacement relatif à partir du repos.

202. **Lois du frottement de glissement entre solides.** — Considérons le cas particulièrement simple de deux corps limités par des plans (fig. 162).

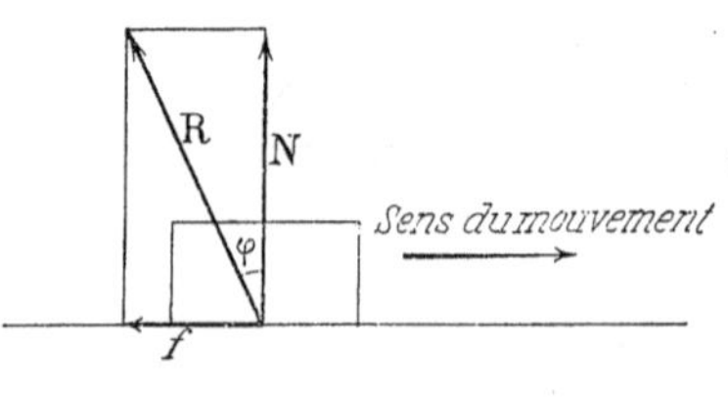

Fig. 162.

Les résultats expérimentaux sont contenus dans la formule :

$$f = k\text{N}.$$

N est la composante normale de la force qui s'exerce entre les deux plans; f est la force tangentielle qui mesure le frottement; k est un coefficient qui ne dépend que de la nature des surfaces.

Il est très remarquable que dans cette formule n'interviennent pas deux spécifications qu'on s'attend à y trouver : la vitesse relative et l'aire de la surface de contact.

1° Les expériences prouvent en effet que le frottement est le même, quelle que soit la vitesse relative des corps frottants. Mais il faut bien comprendre ce que cela signifie. Quand la vitesse est nulle, le frottement cesse d'être déterminé. Il a une valeur comprise entre 0 et la limite f; il n'acquiert cette limite f qu'au moment où la vitesse cesse d'être nulle.

Supposons un corps placé sur une table horizontale : le frottement n'intervient pas. Appuyons le doigt sur le corps tangentiellement à la table, ce qui produit une force horizontale F. Le corps ne se déplace pas tant que la force F est inférieure à $f = k\mathrm{N}$; N mesure ici le poids, k le coefficient qui caractérise les surfaces au contact.

Au début le frottement équilibre à chaque instant la force F; il a donc une valeur variable avec F jusqu'au moment où F l'emporte. Alors la force qui s'exerce est $\mathrm{F} - f$.

Nous verrons en Dynamique comment on mesure la quantité $\mathrm{F} - f$. Pour l'instant, admettons le frottement f déterminé par cette expérience elle-même : c'est la force qu'il faut exercer tangentiellement pour que le corps se décide au mouvement.

2° Le frottement f est indépendant de l'aire de la surface de contact. Assurément, quand l'aire diminue, les points de contact sont moins nombreux; mais la force normale P se répartit sur une aire moindre, la pression par unité de surface augmente. On pourrait énoncer la même loi en disant que le frottement est proportionnel à la pression et à l'aire de contact; cela revient à écrire :

$$f = k\frac{\mathrm{N}}{\mathrm{S}}\mathrm{S} = k\mathrm{N}.$$

Voici quelques nombres pour fixer les idées.

Lorsqu'on fait frotter du chêne sur du chêne *sans enduit*, $k = 0{,}4$ environ; c'est dire que pour entraîner 100 kilogrammes, il faut exercer une traction de 40 kilogrammes; on réalise ainsi une vitesse nulle, il est vrai. Si on exerce une force de $40 + p$ kilogrammes, c'est comme si, avec un frottement nul, la force était seulement de p kilogrammes.

Quand on savonne les surfaces avec du savon sec, $k = 0{,}16$; il ne faut plus que 16 kilogrammes pour imposer à 100 kilogrammes une vitesse constante. Lorsque de la fonte frotte sur de la fonte *sans enduit*, $k = 0{,}15$. La valeur de ce coefficient tombe à 0,05, quand les surfaces sont grasses et le lubrifiant convenablement renouvelé : une traction de 5 kilogrammes suffit pour entraîner 100 kilogrammes.

203. **Réaction de la surface frottée.** — Il résulte du frottement que la réaction R de la surface n'est plus normale (comparer au § 142). Elle se compose d'une force normale N, précisément égale à la force normale exercée, et d'une composante tangentielle : $f = k\mathrm{N}$.

La réaction R fait donc avec la normale un angle φ *caractéristique des surfaces au contact* (fig. 162). On a en effet :

$$\operatorname{tg} \varphi = \frac{f}{N} = k.$$

Ceci n'est vrai que lorsque la vitesse n'est pas nulle. Tant qu'elle est nulle, la réaction tangentielle peut prendre toutes les valeurs entre 0 et f; par conséquent l'angle de la réaction R avec la normale peut varier entre 0 et φ.

On a les formules :

$$R = \sqrt{N^2 + f^2} = N\sqrt{1 + k^2}, \qquad R = f\frac{\sqrt{1 + k^2}}{k}.$$

Quelques problèmes éclairciront ces notions.

204. Angle du plan incliné à partir duquel les corps commencent à glisser. — Plaçons un corps de poids P sur un plan incliné faisant l'angle α avec le plan horizontal (fig. 163). La composante de la pesanteur qui presse normalement les surfaces l'une contre l'autre est $P \cos \alpha$. La composante de la pesanteur dirigée suivant le plan incliné et qui tend à faire descendre le corps est $P \sin \alpha$. Pour que le mouvement ait lieu, il faut qu'elle soit supérieure au frottement qui résulte de la composante normale. D'où la condition :

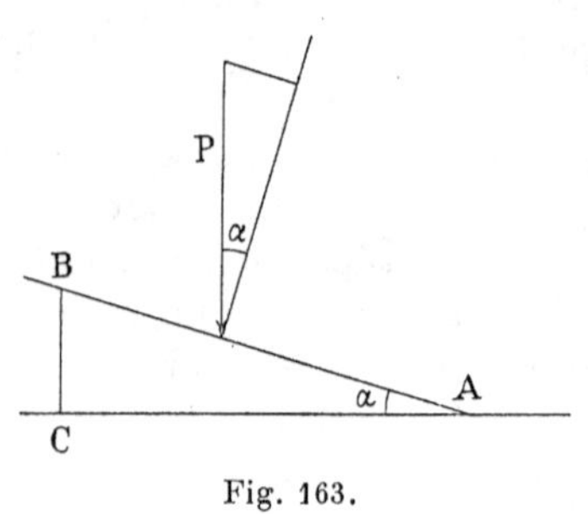

Fig. 163.

$$P \sin \alpha > kP \cos \alpha, \qquad \operatorname{tg} \alpha > k, \qquad \alpha > \varphi.$$

Ainsi l'angle α, pour lequel le corps commence à glisser, est indépendant du poids et ne dépend que du coefficient de frottement k ou, ce qui revient au même, de l'angle φ.

On a par exemple :

$$k = 0{,}15, \qquad \varphi = 8^\circ 38'; \qquad k = 0{,}40, \qquad \varphi = 22^\circ.$$

Quand on fait l'expérience, les résultats semblent contredire les conséquences de la théorie. Cela vient de la complication qu'introduit ce qu'on appelle *le frottement au départ*. Quand deux solides ont été longtemps au contact, ils sont toujours plus ou moins collés; le frottement est *momentanément* plus grand. Or cette valeur anormale intervient si l'on n'a pas pris le soin de commencer par déplacer le corps avant de déterminer l'angle α pour lequel il commence à glisser.

205. Arc-boutement. — On peut présenter le même problème sous une forme un peu différente qui nous offrira l'exemple le plus simple *d'arc-boutement*.

Nous voulons déplacer un corps sur le plan OO (fig. 164). Nous appuyons dessus dans une direction AO faisant l'angle α avec la normale au plan. Au moment du départ vers la droite, *à supposer que le glissement puisse se produire*, la réaction $\overline{OB}$ fait avec la normale ON un angle φ caractéristique des surfaces frottantes.

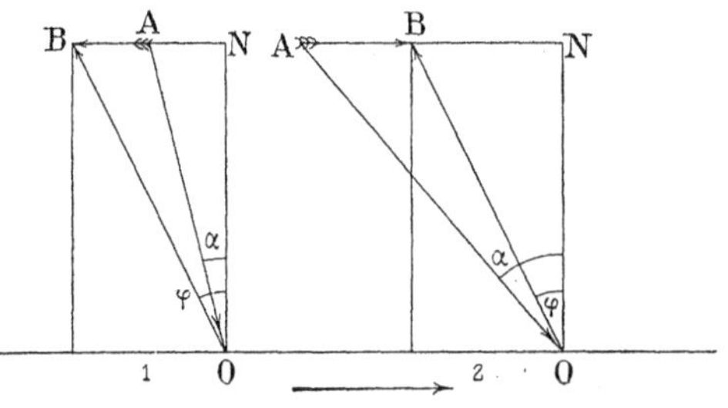

Fig. 164.

En effet, la poussée $\overline{AO}$ a une composante normale $\overline{NO}$, d'où résulte un frottement kN et une réaction représentée par $\overline{OB}$ en grandeur et direction.

La figure 164 à gauche suppose $\alpha < \varphi$. La résultante de la force exercée $\overline{AO}$ et de la réaction $\overline{OB}$ est la force $\overline{AB}$ dirigée vers la gauche. Il y a contradiction avec l'hypothèse d'un mouvement s'effectuant vers la droite. Donc le mouvement n'aura pas lieu; on dit que les pièces sont *arc-boutées*.

Nous venons de démontrer l'impossibilité du mouvement, mais non l'impossibilité du repos. Dans le cas du repos, l'angle BON n'est plus déterminé; il peut varier entre 0 et φ. Il prend précisément la valeur α telle que la réaction équilibre l'effort.

La figure 164 à droite suppose $\alpha > \varphi$. La résultante tangentielle est $\overline{AB}$ dirigée dans le sens où le mouvement doit se produire par hypothèse et se produit effectivement.

206. **Prison des bocards.** — On veut soulever le pilon ou *bocard* P à l'aide d'une force F appliquée verticalement au *mentonnet* Q (fig. 165). Le pilon glisse entre des pièces horizontales qui lui servent de guides.

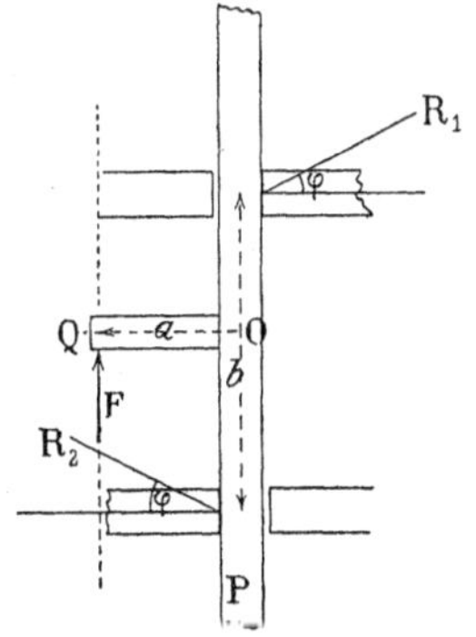

Fig. 165.

La force F tend à le faire pivoter; elle l'éloigne d'un côté de ses guides, l'appuie sur eux de l'autre côté, comme le montre la figure.

Si le frottement était nul, les réactions R_1 et R_2 des guides seraient normales. En vertu du frottement, elles font l'angle φ avec cette normale. Écrivons les équations d'équilibre.

Les réactions R_1 et R_2 sont de même grandeur, car la somme des projections des forces sur un axe horizontal doit être nulle :

$$R_1 = R_2 = R.$$

Écrivons l'égalité des moments par rapport au point O :

$$aF = bR\cos\varphi.$$

Les forces R ont des composantes verticales dont la somme est :

$$2R\sin\varphi.$$

Quelle que soit la force F appliquée au mentonnet, le bocard sera *prisonnier* si l'on a :

$$F < 2R\sin\varphi, \qquad bR\cos\varphi < 2aR\sin\varphi, \qquad \operatorname{tg}\varphi\,(=f) > b : 2a.$$

Pour qu'il n'en soit pas ainsi, il est donc avantageux de diminuer la longueur a du mentonnet et d'augmenter autant que possible la distance b des guides.

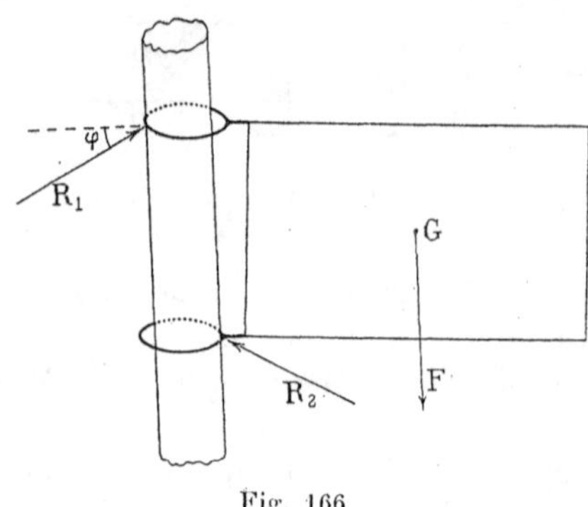

Fig. 166.

La théorie est la même pour une enseigne supportée par des anneaux passant à frottement sur un poteau de bois (fig. 166).

REMARQUE.

La condition $\operatorname{tg}\varphi = b : 2a$, signifie que les forces R_1 et R_2 se coupent sur la verticale directrice de la force F. Si elles se coupent plus près du bocard, celui-ci est prisonnier; si elles se coupent plus loin, il est libre.

207. **Valet de menuisier.** — C'est un morceau de fer au moyen duquel le menuisier assujettit les planches contre le *banc*. Il fixe le *valet* (ou *varlet*) par un coup de maillet appliqué suivant la flèche A; il le dégage par un coup de direction D (fig. 167).

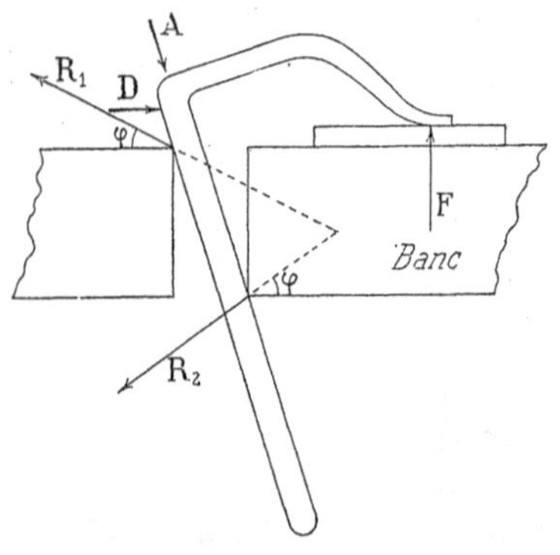

Fig. 167.

La théorie est identique à celle du bocard. La force F est équilibrée par les composantes verticales des réactions des *bords* du trou cylindrique qui est percé dans le banc et dans lequel entre *librement* le valet.

Les réactions doivent se couper en avant de la verticale qui passe par le point de contact du valet et du corps assujetti. Le poids de l'instrument aide à l'équilibre, mais d'une manière insignifiante. Il reporte un peu plus loin le point d'application de la force F (§ 24).

208. **Échelle homogène appuyée contre un mur vertical; on ne tient pas compte des frottements.** — Soit $2l$ la longueur AB de l'échelle qui pèse le même poids par unité de longueur, $2h$ la hauteur de son extrémité supérieure, P son poids, α l'angle qu'elle fait avec l'horizon. Négligeons les frottements. On demande quelles forces il faut exercer suivant AO sur le point A, ou suivant OB sur le point B pour maintenir l'échelle en équilibre.

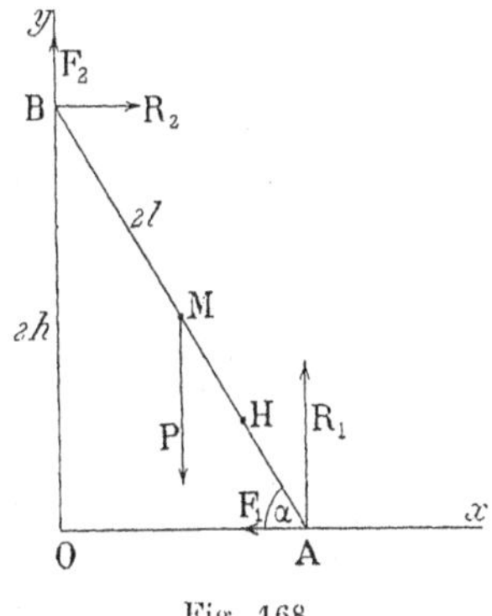

Fig. 168.

Traitons le problème par les deux méthodes (§ 137).

Principe du parallélogramme.

Puisque nous négligeons les frottements, les réactions R_1 et R_2 des plans contre lesquels l'échelle s'appuie, sont normales à ces plans. Écrivons les conditions d'équilibre en considérant comme positives les forces *représentées*.

Les sommes des projections des forces suivant Ox et suivant Oy sont nulles :

$$P = R_1 + F_2, \qquad F_1 = R_2.$$

La somme des moments des forces par rapport au point O est nulle :

$$2hR_2 + Pl\cos\alpha - 2R_1 l\cos\alpha = 0.$$

D'où :
$$2(F_1\sin\alpha + F_2\cos\alpha) = P\cos\alpha.$$

Principe du travail.

Écrivons que la somme des travaux est nulle.

$$P\,dh - 2F_2\,dh + F_1\,dx = 0.$$

Or on a :

$$x = 2l\cos\alpha, \qquad dx = -2l\sin\alpha\,d\alpha;$$
$$h = l\sin\alpha, \qquad dh = l\cos\alpha\,d\alpha.$$

D'où :
$$2(F_1\sin\alpha + F_2\cos\alpha) = P\cos\alpha.$$

La discussion du résultat est très simple. Si α est petit, il est avantageux d'utiliser une force F_2; si α est voisin de $\pi : 2$, il est avantageux d'utiliser une force F_1.

209. **Échelle appuyée contre un mur vertical; on tient compte des frottements.** —

Nous pouvons utiliser les calculs du paragraphe précédent. Mais les forces tangentielles F_1 et F_2 ne sont plus indépendantes des réactions R_1 et R_2. Elles leur sont liées par les lois du frottement.

1° *Le sol est rugueux, le mur est poli*

Posons $F_2 = 0$. Les lois du frottement donnent :

$$F_1 = kR_1 = kP.$$

Le mouvement commence quand l'équation :

$$2F_1 = P \cot\alpha, \qquad 2k = \cot\alpha,$$

est satisfaite. A mesure que k diminue, que le sol est plus glissant, il faut pour l'équilibre que α soit plus voisin de $\pi : 2$, que l'échelle soit plus verticale. Le poids de l'échelle n'intervient pas.

2° *Le mur et le sol sont rugueux.*

Supposons-leur le même coefficient de frottement.

On a : $\quad F_2 = kR_2 = kF_1, \qquad F_1 = kR_1.$

On trouve aisément :

$$F_1 = \frac{Pk}{1+k^2}, \qquad F_2 = \frac{k^2P}{1+k^2}.$$

D'où la condition :

$$\operatorname{tg}\alpha = \frac{1-k^2}{2k}.$$

210. **Modification des conditions d'équilibre quand un homme monte à l'échelle.** — Soit p son poids et $2h\rho$ la hauteur à laquelle il se trouve ; ρ est la fraction d'échelle qu'il a grimpée, en comptant à partir du bas.

En introduisant immédiatement le coefficient de frottement, les équations d'équilibre deviennent (§ 208) :

$$P + p = R_1 + kR_2, \qquad kR_1 = R_2.$$

$$2hR_2 + Pl\cos\alpha' + 2pl(1-\rho)\cos\alpha' - 2R_1 l\cos\alpha' = 0.$$

On tire de là :

$$R_1 = \frac{P+p}{1+k^2}, \qquad R_2 = k\,\frac{P+p}{1+k^2}.$$

$$\operatorname{tg}\alpha' = \frac{1-k^2}{2k} - (1-2\rho)\,\frac{p}{P+p}\,\frac{1+k^2}{2k}.$$

L'angle limite α' est plus petit que l'angle α du paragraphe précédent, si $1 - 2\rho$ est positif, c'est-à-dire si le point H est au-dessous du point M. La stabilité de l'équilibre a augmenté.

L'angle limite α' est plus grand que l'angle α, si le point H est au-dessus du point M. La stabilité de l'équilibre a diminué.

Elle est la même que précédemment si $\rho = 1$, c'est-à-dire si l'homme est au milieu de l'échelle. C'est évident *a priori;* tout se passe comme si le poids de l'échelle *homogène* avait augmenté, et nous savons qu'il n'intervient pas dans l'expression de l'angle α.

Pour la stabilité, il est avantageux d'avoir des échelles lourdes du pied.

211. Équilibre des tableaux. — On suspend les tableaux inclinés par rapport aux murailles, de manière qu'on les voie de près sous une incidence approximativement normale (fig. 169).

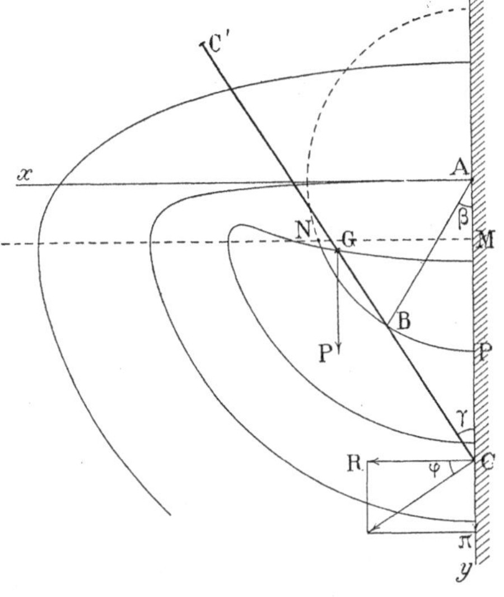

Fig. 169.

Soit CC' la projection du cadre sur un plan vertical normal au mur Ay, lui-même vertical; soit G le centre de gravité, B la projection des points d'attache des cordes dont les extrémités supérieures fixées au mur se projettent en A.

Posons :

$$\overline{AB} = c, \qquad \overline{BC} = b,$$

$$\overline{GC} = a.$$

Cherchons les conditions d'équilibre, en tenant compte du frottement du bord inférieur C contre le mur.

Déterminons la trajectoire du centre de gravité G quand on impose au cadre les déplacements compatibles avec les liaisons. On a pour les coordonnées x, y, de G :

$$x = c \sin \beta + (a - b) \sin \gamma,$$

$$y = c \cos \beta - (a - b) \cos \gamma.$$

Les angles β et γ sont liés par la relation :

$$\sin \beta : b = \sin \gamma : c. \qquad (1)$$

D'où :

$$x = \frac{ac}{b} \sin \beta,$$

$$y = c \cos \beta - \frac{a - b}{b} \sqrt{b^2 - c^2 \sin^2 \beta}\,.$$

La figure 169 représente un certain nombre de trajectoires.

La longueur $\overline{BC} = b$, est uniformément prise égale à $\overline{MN}$. On fait varier la longueur $GB = a - b$.

Pour $a = b$, la trajectoire est évidemment l'arc de cercle PBN *parcouru dans les deux sens.*

Pour $a - b$ petit, la trajectoire supérieure présente d'abord sa concavité vers le haut. Le cadre a donc une tendance à se mettre vertical, tendance équilibrée par le frottement agissant pour empêcher le déplacement du point C vers le bas.

Pour $a - b$ assez grand, la trajectoire supérieure présente sa concavité vers le bas. Le cadre a donc une tendance à se retourner, tendance équilibrée par le frottement agissant pour empêcher le déplacement du point C vers le haut.

Écrivons les équations d'équilibre : nous supposons que le mouvement du point C tend à se faire vers le haut.

Les forces sont le poids P appliqué en G, la tension T de la corde dirigée suivant BA, la réaction R normale du mur, et la composante tangentielle π qui résulte du frottement. On a :

$$\pi = R \operatorname{tg} \varphi.$$

Écrivons que la somme des projections horizontales est nulle :

$$T \sin \beta = R, \qquad \pi = T \sin \beta \operatorname{tg} \varphi.$$

Écrivons que la somme des projections verticales est nulle :

$$T \cos \beta = P + \pi = P + R \operatorname{tg} \varphi = P + T \sin \beta \operatorname{tg} \varphi.$$

D'où : $$P = T(\cos \beta - \sin \beta \operatorname{tg} \varphi) = \frac{T}{\cos \varphi} \cos (\beta + \varphi). \qquad (2)$$

Écrivons que le moment des forces par rapport au point B est nul :

$$(a - b) P \sin \gamma = Rb (\cos \gamma + \operatorname{tg} \varphi \sin \gamma) = \frac{Rb}{\cos \varphi} \cos (\gamma - \varphi).$$

$$(a - b) P \sin \gamma = Tb \frac{\sin \beta}{\cos \varphi} \cos (\gamma - \varphi). \qquad (3)$$

Pour trouver la condition d'équilibre, il faut éliminer P et T entre les équations (2) et (3). Il reste :

$$(a - b) \sin \gamma \cos (\beta + \varphi) = b \cos \beta \sin (\gamma - \varphi);$$

et en vertu de la condition (1) :

$$c(a - b) \cos (\beta + \varphi) = b^2 \cos (\gamma - \varphi).$$

Telle est la condition réalisée quand le mouvement du point C commence à se produire vers le haut.

Sans qu'il soit nécessaire de discuter les équations, on voit que la composante π est proportionnelle à $\sin \beta$. Si le point d'attache A est très éloigné, l'équilibre devient impossible. En effet, la corde est presque verticale; la composante horizontale de la tension et par suite la réaction normale du mur sont quasi nulles. Le poids P n'est pas équilibré.

212. **Équilibre du coin.** — Soit P la force qu'on exerce sur la tête du coin d'angle 2C pour le faire entrer (fig. 170).

Si les frottements étaient nuls, on aurait simplement pour l'équilibre :

$$P = 2N \sin C;$$

N est la réaction normale de chacune des pièces A.

Mais les frottements ne sont pas nuls. La force P doit équilibrer, non seulement les composantes normales exercées par les pièces A sur le coin, mais encore les composantes tangentielles; la réaction en effet s'est relevée d'un angle φ. On a :

$$P = 2N \sin C + 2f \cos C = 2N (\sin C + k \cos C).$$

$$P = 2N \frac{\sin (C + \varphi)}{\cos \varphi} = 2R \sin (C + \varphi).$$

Le coin n'entrera pas nécessairement, même si les deux pièces A sont simplement posées sur le plan B. En effet, la force P est en définitive supportée par ce plan. D'où une force tangentielle (horizontale dans la figure) qui s'exerce entre A et B et qui est pour chaque côté de l'appareil :

$$kP : 2,$$

en admettant le même coefficient de frottement pour les deux systèmes. Elle s'oppose à l'écartement des pièces AA.

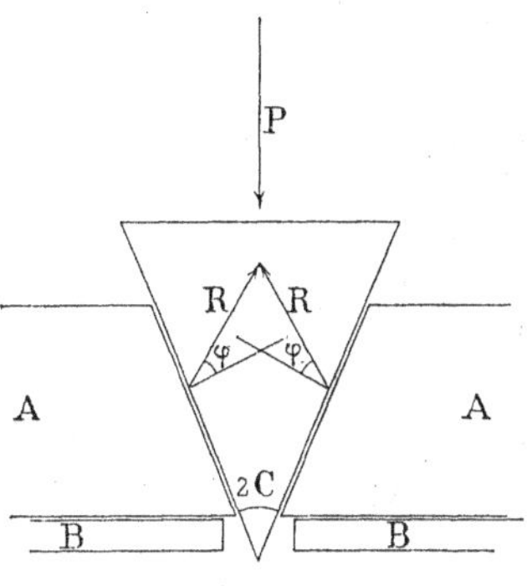

Fig. 170.

La force qui tend à écarter ces pièces, est la projection horizontale de R, c'est-à-dire : $R \cos (C + \varphi)$.

D'où la condition :

$$kP < 2R \cos (C + \varphi), \qquad k \operatorname{tg} (C + \varphi) < 1.$$

Si petit que soit C, il faut que φ soit inférieur à 45°. De plus l'angle C doit être suffisamment aigu.

Nous laissons au lecteur le soin de compléter le problème en donnant des poids arbitraires aux pièces A, et en supposant exercées sur elles des composantes horizontales F. Il est clair que, dans la pratique, cette théorie ne fournit que des ordres de grandeur. L'angle du coin étant toujours petit, il revient pratiquement au même de se donner N ou F.

213. **Traîneau.** — Un traîneau de poids P est remorqué sur un plan incliné (faisant avec l'horizon un angle α, et dont le coefficient de frottement est $k = \operatorname{tg} \varphi$) par une force R faisant avec le plan incliné l'angle β. On demande les conditions d'équilibre.

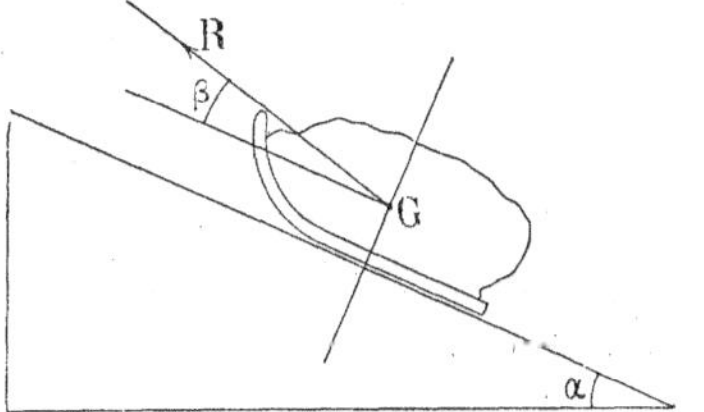

Fig. 171.

La pression normale du traîneau sur le plan incliné est :

$$P \cos \alpha - R \sin \beta.$$

La composante utile de la traction est $R \cos \beta$. On a :

$$R \cos \beta = P \sin \alpha + k(P \cos \alpha - R \sin \beta);$$

$$R = P \frac{\sin \alpha + k \cos \alpha}{\cos \beta + k \sin \beta} = P \frac{\sin(\alpha + \varphi)}{\cos(\beta - \varphi)}.$$

R est minimum quand le dénominateur est maximum ; il vient alors :

$$\beta = \varphi, \qquad R = P \sin(\alpha + \varphi);$$

on doit tirer dans une direction faisant l'angle φ avec le plan incliné ; tout se passe comme si l'angle du plan incliné avec l'horizon était augmenté de φ.

Pour le tirage horizontal, on a :

$$\beta = -\alpha, \qquad R = P \operatorname{tg}(\alpha + \varphi);$$

la force nécessaire au tirage devient infinie pour $\alpha + \varphi = \pi : 2$; il y a arc-boutement.

214. **Généralités sur les vis.** — On appelle *hélice* la trace sur un cylindre circulaire d'une droite normale à l'axe du cylindre, qui rencontre toujours cet axe et se déplace parallèlement à lui, proportionnellement à l'angle dont elle tourne autour de lui. Une génératrice du cylindre est coupée par l'hélice en un nombre infini de points équidistants. L'équidistance s'appelle *pas ;* nous le désignerons par la lettre a.

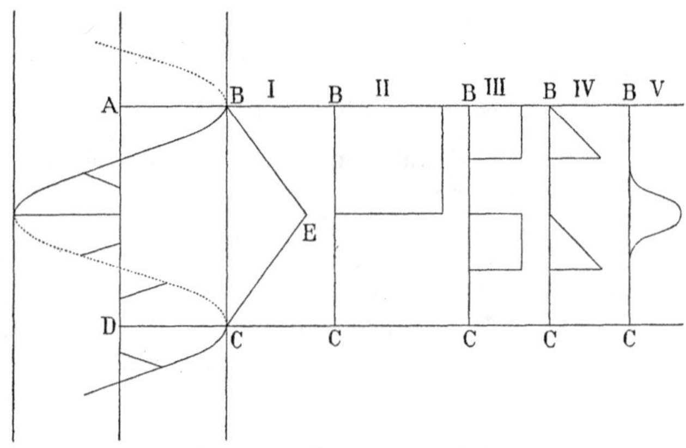

Fig. 172.

Imaginons maintenant une figure ABECD de hauteur $\overline{AD} = a$, se déplaçant de manière que AD soit toujours sur l'axe du cylindre et que le point B décrive l'hélice. La saillie BEC engendre le *filet* d'une vis.

Les figures I, II, ..., V montrent divers profils. Mais, avant de les étudier, donnons le classement usuel des vis.

On appelle *vis mécaniques* des vis métalliques dont le diamètre est généralement compris entre 6 et 100 millimètres et qui servent, soit à obtenir des mouvements plus ou moins lents, soit à établir un serrage (boulons, ...). Les *vis horlogères* sont des vis mécaniques de diamètres plus petits.

Les vis découpées dans les tubes (tuyaux de gaz, instruments d'optique) ont un pas très petit et généralement un profil assez vague.

Enfin, les *vis métalliques à bois* ont des filets très espacés et d'un profil sans grande précision; tandis que toutes les autres entrent dans une contre-partie obtenue à l'avance, ces dernières se font à elles-mêmes leur propre logement.

La figure I représente un filet *triangulaire simple* souvent employé pour les vis *en bois* de fortes dimensions (vis d'établi, ...). Le triangle est généralement : isoscèle rectangle pour le chêne, l'orme, ... qui ne sont pas très durs, équilatéral pour les bois durs, tels que le buis, le charme...

Le filet IV est *triangulaire double;* si l'on veut, le cylindre est entouré de deux systèmes d'hélices de même pas.

Les filets II et III sont *carrés simples ou doubles.* Les vis de fer de fortes dimensions adoptent généralement ce profil.

Enfin les vis ordinaires *métalliques à bois* ont le filet V.

Dans les vis qui doivent servir au serrage (boulons, ...), l'inclinaison α de l'hélice est très petite, de l'ordre de 2 à 3°; tgα est, par suite, de l'ordre de 0,04 à 0,05.

Dans les vis à bois, α est de l'ordre de 10°, tgα de l'ordre de 0,17.

Dans certaines vis spéciales, telles que celles des balanciers, α est de l'ordre de 45°. Le pas est considérable, aussi la vis est-elle multiple, triple, quadruple,... On lui donne ainsi une résistance suffisante, sans être forcé d'exagérer la saillie.

215. **Théorie élémentaire de l'équilibre de la vis.** — Supposons que la vis porte comme tête un disque de rayon r, sur le pourtour duquel nous exerçons une force tangentielle Q. A l'aide de cette force, nous équilibrons une force P qui agit sur la pointe de la vis et dans la direction de son axe (fig. 173).

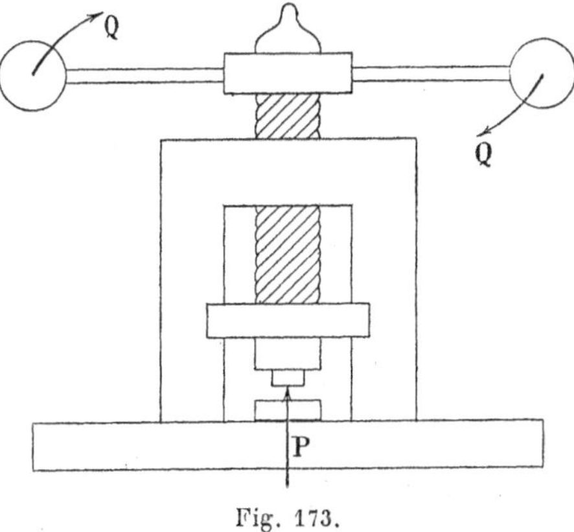

Fig. 173.

Négligeons les frottements.

Quand la tête tourne d'un tour, le travail de la force Q est $2\pi r Q$. La vis avance de la longueur de son pas a; le travail de la force P est Pa. On a pour l'équilibre :

$$2\pi r Q = Pa, \qquad Q = \frac{aP}{2\pi r}.$$

Le pas est généralement d'un petit nombre de millimètres (§ 214); r peut être beaucoup plus grand. Il est donc possible avec des vis d'exercer des pressions énormes.

Appelons r' le rayon d'un cylindre ayant pour axe l'axe de la vis et coupant les filets, par exemple, en deux moitiés. Nous pouvons définir l'inclinaison moyenne des filets par la relation :

$$2\pi r' \operatorname{tg} \alpha = a;$$

d'où l'expression :

$$Q = P\frac{r'}{r}\operatorname{tg}\alpha.$$

216. Théorie de la vis en tenant compte du frottement : serrage. — Cette théorie élémentaire de la vis n'en donne qu'une idée très imparfaite; le rôle véritable des vis a pour origine le frottement.

Pour fixer les idées, étudions la vis à filets carrés dont la théorie est plus simple. Nous sommes exactement dans le cas de la remorque par une force horizontale d'un poids le long d'un plan incliné.

Il faut poser $\beta = -\alpha$, dans les formules du § 213. D'où :

$$R = P\frac{\operatorname{tg}\alpha + k}{1 - k\operatorname{tg}\alpha} = P\operatorname{tg}(\alpha + \varphi).$$

Cette force agit à la distance r' de l'axe de la vis.

Écrivons l'égalité des moments des forces R et Q :

$$Rr' = Qr, \qquad Q = P\frac{r'}{r}\operatorname{tg}(\alpha + \varphi). \qquad (2)$$

On peut écrire l'expression (2) sous la forme :

$$Q = \frac{Pa}{2\pi r} + kP\frac{r'}{r}\,\frac{1 + \operatorname{tg}^2\alpha}{1 - k\operatorname{tg}\alpha}.$$

Q se divise en deux parties : la première correspond au frottement nul, la seconde équilibre les forces de frottement.

Par hypothèse, il s'agit du serrage; par exemple des boulons qui serrent les *éclisses* rendant solidaires tous les rails d'une voie. Il faut donc : 1° qu'on puisse serrer l'écrou sur le boulon (ou le boulon sur l'écrou, ce qui mécaniquement revient au même); 2° que de lui-même il ne puisse se desserrer.

La première condition implique que l'inclinaison des filets ne soit pas trop grande; autrement on ne pourrait pas plus visser qu'on ne peut remonter un poids le long d'un plan incliné, *en utilisant une force horizontale,* si la pente est trop grande : il y a arc-boutement.

Q doit rester fini : $\operatorname{tg}\alpha < 1 : k, \quad \alpha < \pi : 2 - \varphi$.

L'inclinaison des filets doit être inférieure au complément de l'angle de frottement.

Nous allons voir que cette condition est nécessairement réalisée.

Il faut de plus que l'écrou ne se desserre pas de lui-même. Nous sommes maintenant dans les conditions d'un poids placé sur un plan incliné et qui ne doit pas descendre spontanément : d'où la condition (§ 204) : $\operatorname{tg}\alpha < k, \quad \alpha < \varphi$.

Le coefficient de frottement fonte sur fonte étant de l'ordre de 0,14, φ est voisin de 8°. L'inclinaison des filets doit rester au-dessous de cette limite. Pratiquement (§ 214) on ne dépasse pas 3 à 4°. Il va de soi que la première condition est toujours satisfaite quand la seconde l'est : elle donne $\alpha < 82°$.

On peut envisager la question serrage du point de vue *tout théorique du rendement.*

Écrivons que le rapport de la portion de Q perdue par les frottements, à la portion correspondant au travail utile, est minimum.

Au facteur k près, ce rapport a pour expression :

$$\frac{1}{\operatorname{tg}\alpha}\,\frac{1+\operatorname{tg}^2\alpha}{1-k\operatorname{tg}\alpha} = \frac{2}{\sin 2\alpha - k(1-\cos 2\alpha)}.$$

Il est minimum pour $k\operatorname{tg}2\alpha = 1, \quad 2\alpha = \pi : 2 - \varphi, \quad \alpha = 41°$. Avec une telle inclinaison, le serrage ne serait pas stable.

217. **Vis du balancier pour la frappe des monnaies.** — Dans certains cas on ne veut pas qu'il y ait arc-boutement. Une force tangentielle Q et une force longitudinale P doivent alternativement faire fonctionner la vis (fig. 173). C'est ce qui a lieu dans le balancier employé pour la frappe des médailles, et sur la théorie duquel nous reviendrons en Dynamique.

On lance le balancier en agissant sur un levier *horizontal.*

Il descend en tournant sous l'action de son poids et du couple Qr.

Après la frappe, il ne se coince pas, mais rebondit en quelque sorte : il remonte en tournant, naturellement beaucoup au-dessous du niveau duquel il était parti.

Vu la quasi-symétrie entre les effets des forces Q et P, on donne aux filets de la vis une inclinaison voisine de 45°. Naturellement le pas est considérable : $a = 2\pi r'$; il est nécessaire d'employer une vis *multiple* (§ 214).

218. **Vis sans fin, vis tangente.** — Reprenons la figure 83 qui nous a servi à étudier la crémaillère ; remplaçons-la par un cylindre fileté. Pour cela, faisons décrire à tous les points du profil des hélices admettant comme pas la longueur a et comme axe la droite AA.

Quand nous faisons tourner la vis ainsi obtenue, la roue d'engrenage *que nous supposons d'abord infiniment mince,* et dont le plan passe par l'axe de la vis, se trouve successivement, par rapport au profil de la vis, comme elle était par rapport à la crémaillère. Pour chaque tour de la vis, elle tourne d'une dent. Tout se passe comme si la crémaillère avançait, à cette différence près que ce ne sont pas les mêmes sections axiales de la vis qui à chaque instant sont en prise.

Il résulte de là que les profils sont les mêmes que pour la crémaillère : développantes de cercle pour la roue, droites pour la vis. Très souvent la vis est à filets carrés.

Redonnons à la roue son épaisseur ; pour qu'elle soit tangente à la vis, on la constitue géométriquement au moyen d'une série de roues très minces, identiques, et qui ont tourné, les unes par rapport aux autres, d'angles tels que l'inclinaison des plans tangents aux dents ainsi formées soit celle de l'hélicoïde constituant la vis.

Il va de soi que la vis peut être à pas multiple.

On appelle *vis tangente* une vis sans fin qui se loge dans une gorge creusée dans l'épaisseur de la roue à entraîner. Le contact entre les deux pièces est beaucoup plus intime et l'on évite ainsi complètement *les temps perdus.* La vis tangente est utilisée dans les appareils de précision (fig. 174).

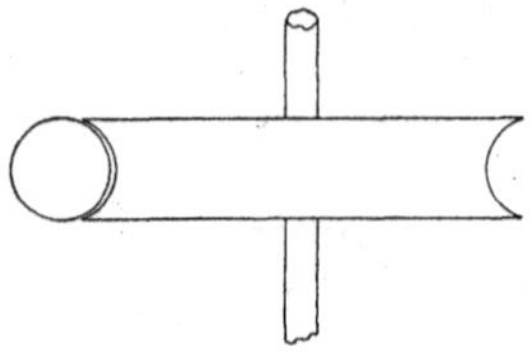

Fig. 174.

Dans la pratique, on obtient les dents en entamant la gorge (faite au tour) au moyen d'une vis en acier analogue à celle qui doit ultérieurement servir, mais capable de tarauder son propre logement. On la fait tourner en appuyant dessus la roue tenue par son axe ; la vis creuse un sillon sur tout le pourtour de la roue, à laquelle elle imprime un mouvement de rotation.

Qu'il s'agisse de vis sans fin ou de vis tangente, l'inclinaison des filets est telle que la vis entraîne le pignon, mais que le pignon ne puisse entraîner la vis.

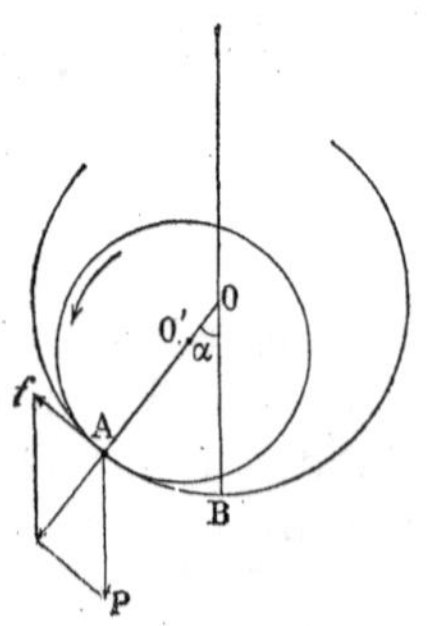

Fig. 175.

219. Tourillons. — Quand un arbre cylindrique d'axe O' tourne sur un coussinet d'axe O, il y a frottement (fig. 175).

L'expérience montre que les lois sont exactement les mêmes que dans le cas de deux surfaces planes.

Mais, à cause du frottement même, le contact ne se produit plus à la base B du coussinet. Le tourillon tend à remonter ; il n'y a plus qu'une composante $P \cos \alpha$ du poids qui agisse pour engendrer le frottement. Écrivons en effet que la résultante des forces P et f est normale au plan tangent de contact :

$$f = k\text{P} \cos \alpha = \text{P} \sin \alpha, \qquad \text{tg}\, \alpha = k;$$

$$\alpha = \varphi, \qquad f = \frac{k}{\sqrt{1+k^2}}\, \text{P} = k'\text{P}.$$

Le rayon de contact fait l'angle de frottement avec la verticale, et généralement avec la résultante des forces appliquées quand l'arbre porte des poulies tirées par des courroies.

220. **Encliquetages par arc-boutement et coincement.** — Une roue tourne autour de l'axe fixe O'. Deux pièces E sont mobiles autour des axes fixes O et sont pressées intérieurement contre la roue par des ressorts r. Je dis qu'elles permettent la rotation de la roue dans le sens de la flèche F_2 (partie droite de la figure). Quand le mouvement se produit, la roue exerce contre la pièce E, comme conséquence du frottement, une réaction R qui fait l'angle φ avec la normale, s'oppose à l'action du ressort et tend à écarter l'une de l'autre les surfaces frottantes. Le mouvement est donc possible.

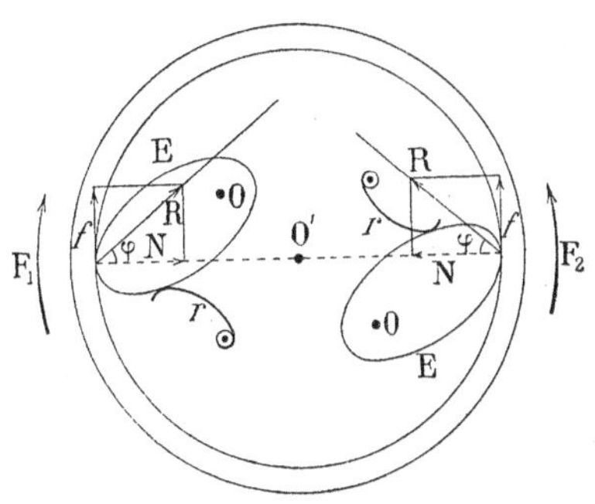

Fig. 176.

Il n'en est pas de même pour une rotation dans le sens F_1 (partie gauche de la figure). Le moment de la réaction R par rapport à l'axe O s'exerce dans le même sens que le moment de la force du ressort. Plus le frottement est grand, plus la pièce E tend à s'appuyer contre la roue et par suite à augmenter le frottement. Sa forme est choisie, et elle est disposée par rapport aux axes O et O', de telle sorte qu'il y ait *coincement*. Dans une rotation autour de O dans le sens F_1, le rayon vecteur suivant lequel elle doit tangenter la roue augmente, tandis que la distance du point O à la roue diminue.

221. **Autre encliquetage par arc-boutement.** — Une roue tourne autour de l'axe O' dans le sens de la flèche ; une pièce coudée tourne autour du point fixe O et s'appuie en raison de son poids sur la jante de la roue. Suivant la longueur de la tige et sa position par rapport à la roue, il y a ou il n'y a pas arc-boutement (fig. 177).

Pour savoir ce qu'il en est, cherchons si le moment du poids de la tige par rapport à l'axe O est de même sens que le moment de la réaction de la roue O', ou de sens contraire.

Dans la disposition figurée à droite, il n'y a pas arc-boutement, quel que soit le coefficient de frottement et par conséquent l'angle φ. Les moments par rapport au point O des forces P et R sont de sens contraires. Il en est de même dans la partie gauche de la figure gauche.

Étudions maintenant la disposition du milieu de la figure. L'arc-bou-

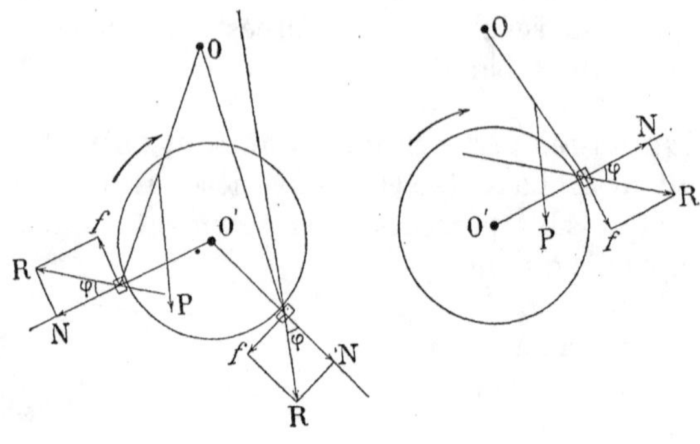

Fig. 177.

tement a lieu si le frottement est suffisant, c'est-à-dire si l'angle φ est assez grand. La réaction R passe alors de l'autre côté du point O; les moments des forces P et R sont de même sens; le frottement tend à appliquer le coude contre la jante de la roue : il tend par suite à s'exagérer.

Il est nécessaire que la tige soit assez solide, car l'arc-boutement ne va pas sans une tension considérable.

222. **Effets des enduits sur le frottement.** — Le frottement est indépendant des aires des surfaces en contact; il faut cependant qu'elles soient convenablement proportionnées à la charge totale, autrement dit que la pression (charge par unité de surface) ne soit pas exagérée. Si elles sont trop restreintes : 1° il tend à se produire une usure profonde et irrégulière; 2° les enduits sont trop rapidement éliminés.

L'enduit le meilleur est le plus fluide, *à la condition qu'on puisse le maintenir entre les surfaces frottantes*. Trop fluide comme l'eau, il est expulsé par la pression; mais si par un procédé quelconque on maintient un courant d'eau entre deux corps durs, elle constitue un excellent lubrifiant.

On peut en dire autant d'une gaine d'air interposée.

L'eau de savon est très employée pour lubrifier et rafraîchir les surfaces (forage de la fonte, ...). Le suif et les graisses conviennent aux fortes pressions : ils ne sont pas assez fluides pour les petites. L'emploi des paraffines (vaseline, etc...) se généralise.

Un navire se construit sur un plan incliné (*coulisse*). Le lancement consiste à le faire glisser jusqu'à la mer. Il faut que l'inclinaison du plan soit suffisante et que les lubrifiants soient convenables. On diminue la pression par centimètre carré en fixant à la quille une *savate* assez large qui partira avec elle. C'est entre la savate et le plan incliné que se fait le glissement et qu'on introduit le lubrifiant (suif).

Adhérence, freins. Mesure du travail.

223. **Adhérence.** — Une locomotive ne peut entraîner elle et son train que grâce à une force parallèle à la voie. Elle trouve son point d'appui dans le frottement qui se développe entre le bandage des roues *motrices* et les rails. Bien que le contact n'ait lieu que sur un petit nombre de centimètres carrés (les rails et les roues fléchissent plus ou moins, se déforment et se touchent alors autre part que sur la tangente théorique à la circonférence qui limite les roues), le frottement de l'acier sur l'acier s'oppose au *glissement*, au *patinage*. Il est en effet indépendant de la surface de contact et vaut environ 14 %, non du poids de la machine, mais *du poids supporté par les essieux moteurs*. Si le poids *utile* est vingt tonnes, la traction maxima dont la machine soit capable (pourvu que ses organes mécaniques le permettent) est de $0{,}14 \times 20 = 2{,}8$ tonnes. Si ses organes permettent un effort plus grand, ou si le frottement diminue pour une cause quelconque, l'adhérence ne suffit plus à éviter le glissement : les roues tournent sans avancer, la machine patine.

Naturellement, un lubrifiant placé sur la voie diminue le frottement ; la pluie, et surtout la boue ou le verglas, jouent pratiquement ce rôle. Par les temps humides et dans les souterrains, on ne compte plus que sur une adhérence de 10 %. En matière de tramways, on est exposé à ce que le rail soit non seulement humide, mais sale et gras ; l'adhérence diminue beaucoup.

On augmente artificiellement l'adhérence en mettant du sable sur la voie. Les locomotives ont une réserve de sable fin qu'un tuyau convenablement recourbé amène exactement en avant des roues motrices, dans l'angle qu'elles font avec la voie.

Pour augmenter la fraction du poids de la locomotive servant à l'adhérence, on couple les roues de manière à solidariser leurs mouvements de rotation (fig. 178). On arrive ainsi à rendre *adhérente* la presque totalité du poids. On a par exemple, pour remorquer des trains de grande vitesse sur fortes rampes, des machines dont 40 tonnes sur 55 reposent sur des essieux couplés.

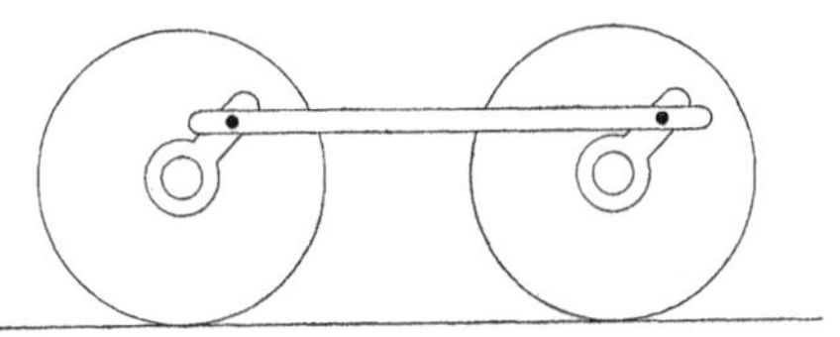

Fig. 178.

On réalise l'accouplement à l'aide de *bielles,* barres dont les extrémités (*têtes de bielle*) reçoivent des tiges fixées sur l'une et l'autre roues parallèlement à leurs axes. La figure 178 représente schématiquement le dispositif. L'accouplement a de graves défauts. On n'évite ni le glissement des roues sur les rails par l'impossibilité de réaliser deux circonférences égales, ni le ferraillement par la nécessité de laisser un certain jeu. Enfin l'inscription dans les courbes ne peut évidemment pas se faire commodément, si l'on maintient plusieurs essieux solidaires et automatiquement parallèles.

Le grand avantage de la traction électrique est de pouvoir rendre tous les essieux moteurs. L'adhérence est alors de 14 °/₀ du poids, non plus d'une partie de la voiture motrice, mais du train tout entier.

On s'imagine parfois que la machine patine davantage quand elle est attelée à un train lourd; la vérité est que le poids du train n'a aucune influence sur le patinage. Il dépend seulement du poids adhérent et de l'effort développé sur les pistons, et par conséquent sur les roues motrices. Une machine lourde et de faible puissance ne patine pas, serait-elle attelée à un mur inébranlable. Une machine légère et de grande puissance patinera, serait-elle *haut le pied,* à la condition bien entendu que l'admission de la vapeur soit de nature à développer un grand effort. Si les locomotives ont une tendance à patiner au démarrage, c'est qu'alors le mécanicien donne la vapeur de manière à obtenir une grande accélération et dépasse la limite imposée par l'adhérence de la machine.

224. **Rampes.** — L'angle α du plan de la voie avec le plan horizontal, tel que la composante de la pesanteur parallèlement à la voie fasse équilibre au frottement, est donné par la condition (§ 204) :

$$\text{tg}\,\alpha = 0{,}14, \quad \text{d'où sensiblement (en radians)} \quad \alpha = 0{,}14.$$

Donc *en utilisant l'adhérence de toutes les roues,* il est impossible à un train de gravir *sur rails lisses* des rampes dont la pente est supérieure à 14 °/₀, c'est-à-dire qui s'élèvent de plus de 140 mètres par kilomètre, qui fait avec l'horizon plus de 8°. C'est là un maximum dont cependant on s'approche; on a construit des voies avec des rampes de 10 °/₀, parcourues par des voitures *automobiles sur rail,* dont tous les essieux sont moteurs.

Ce maximum peut être théoriquement dépassé par une automobile ordinaire, l'adhérence de l'enveloppe en caoutchouc contre le sol dépassant 14 °/₀. Mais les routes atteignent exceptionnellement cette pente : une pente prolongée de 100 millièmes est déjà extraordinaire; on s'efforce de ne pas dépasser 50 millièmes ou 5 °/₀.

La pente ayant pour définition (fig. 163) :

$$\pi = \overline{\text{BC}} : \overline{\text{AB}} = \sin\alpha,$$

un poids P remorqué sur une pente π, doit être tiré par une force πP.

On s'explique aisément la faiblesse des pentes que les voies ferrées ne dépassent pas. Soit p le poids adhérent de la locomotive. Elle ne peut plus remorquer son train de poids P (y compris son propre poids) quand : $$0{,}14 \,.\, p < \pi P.$$

Or $p : P$ peut être de l'ordre de 0,1 ; d'où une pente maxima de 14 millièmes.

On cite des pentes de 29 millièmes (rampe de Capvern sur le Midi), de 33 millièmes (rampe du Brenner en Autriche) ; mais pour les gravir, on doit atteler en tête et en queue du train deux puissantes machines, et encore progresse-t-on *au pas*.

225. **Freins.** — Les freins sont des appareils destinés à appliquer des pièces de bois ou de métal (*sabot* du frein) contre la jante d'une roue, pour produire un frottement, diminuer sa vitesse et même arrêter sa rotation (*caler* la roue). Les sabots doivent prendre leur appui sur des points ne participant pas au mouvement de la roue.

Pour fixer nos idées, supposons un wagon de 20 tonnes monté sur quatre roues ; cherchons par quel moyen caler ces roues en utilisant le frottement.

Quand une roue est calée et glisse sur le rail, la force qui s'exerce entre le rail et la jante par suite du frottement est 14 % du poids qui repose sur la roue, soit :

$$0{,}14 \times 5 = 0{,}7 \text{ tonnes} = 700 \text{ kilogrammes.}$$

Il faut donc, pour caler la roue, exercer en sens inverse sur sa jante un effort au moins égal. Si le *sabot* du frein (pièce en contact) est en métal, le frottement étant encore 14 % de la pression, il faut donc que cette pression soit de 5 tonnes.

D'où ces résultats très simples.

1° La force totale avec laquelle tous les sabots d'une voiture doivent presser sur les jantes, est précisément égale au poids de la voiture, à supposer que le frottement de la jante sur le sol (rail ou route) soit le même que son frottement sur le sabot du frein.

2° La somme des efforts tangentiels auxquels les sabots sont soumis, est égale au produit du coefficient de frottement par le poids total de la voiture.

Si le nombre des sabots est de quatre, il faut dans notre exemple, pour caler les roues, presser chaque sabot contre la jante avec une force radiale d'au moins 5 tonnes, et le maintenir en place avec une force tangentielle d'au moins 700 kilos. On comprend maintenant la nécessité de puissants appareils de serrage et d'un système d'attache solide du sabot au châssis de la voiture.

La figure 179 montre un schéma du dispositif le plus ordinaire. Le levier OAD tourne autour de l'axe O solidaire du châssis C. Les sabots sont articulés à l'aide de deux tiges TT dont l'une sert de tirant, l'autre d'étrésillon (§ 194); ils sont reliés au levier par les tiges AB. Enfin la pièce CD est mue soit à la main au moyen d'une

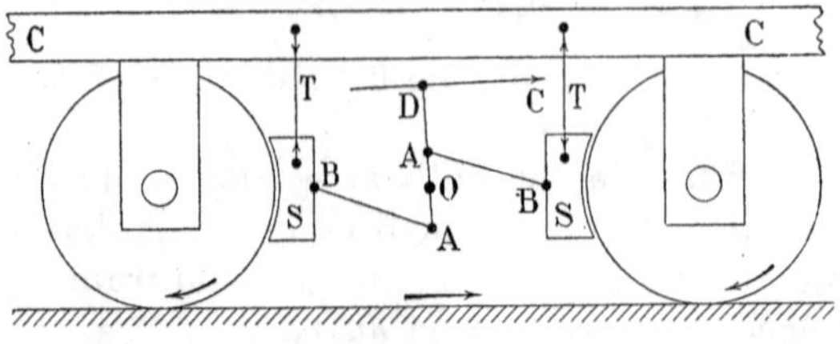

Fig. 179.

vis dont elle porte l'écrou, soit par un mécanisme quelconque (vapeur, air comprimé, vide).

Les tiges AB transmettent la pression; les tiges T équilibrent l'effort tangentiel.

On admet que l'effet des freins est plus grand si les roues ne sont pas absolument bloquées. Cela tient à ce que sur la jante bloquée l'usure du frottement crée un méplat parfaitement poli, pour lequel le coefficient de frottement est plus petit.

226. **Mesure du travail; frein de Prony.** — Le problème est de déterminer le travail disponible sur un arbre donné. La méthode du frein consiste à absorber ce travail au moyen du frottement.

Nous décrirons le frein sous la forme que lui a donnée Kretz, il y a une cinquantaine d'années (fig. 180).

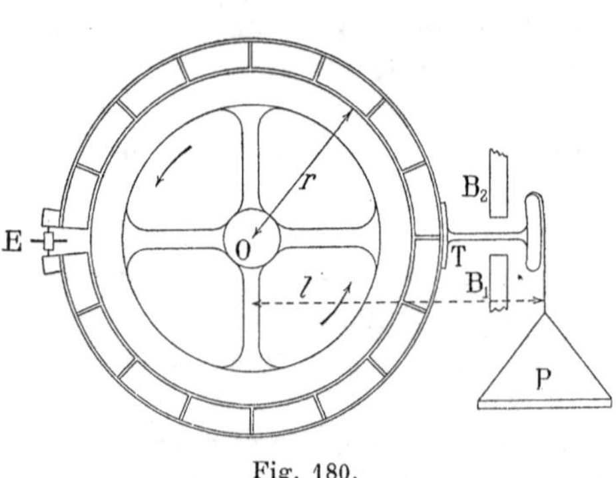

Fig. 180.

Une poulie ou volant d'assez grand diamètre est montée sur l'arbre. Elle est enveloppée d'une couronne de *voussoirs* en bois fixés sur une bande de fer; on peut serrer la couronne contre la poulie au moyen de deux vis solidaires de la bande et entrant dans un double écrou E qu'on manœuvre à l'aide d'un croisillon. A la partie diamétralement opposée est fixée une tige radiale T qui porte un plateau sur lequel on placera des poids P. Des buttoirs massifs B_1 et B_2 réduisent l'amplitude des mouvements de la couronne.

L'expérience consiste à serrer l'écrou de manière que les frottements développés maintiennent l'arbre à sa vitesse de régime. Ils absorbent alors exactement la puissance disponible. Si le mouvement a lieu dans le sens des flèches, la tige T bute contre B_2.

Quand le serrage n'est pas assez fort, la machine s'emballe ou bien son régulateur supprime l'arrivée de la vapeur; quand le serrage est trop fort, la machine ralentit ou s'arrête.

Ce premier réglage obtenu, mettons des poids P sur le plateau jusqu'à ce que la tige T reste en équilibre sans buter ni sur B_1 ni sur B_2. Connaissant le nombre n de tours par seconde de la poulie, nous avons les éléments nécessaires pour calculer le travail absorbé.

Le frottement des voussoirs contre la poulie développe des forces tangentielles qui sont à une distance r de l'axe. Désignons par Fr le moment de la résultante. Le travail de ce moment est par seconde :

$$\mathcal{T} = 2\pi n \mathrm{F} r.$$

Il nous suffit de mesurer F pour connaître $\mathcal{T}$.

Supposons qu'avant de commencer l'expérience, on ait équilibré le frein autour de l'axe O. Pendant le mouvement, le moment des poids P appliqués à la distance l de l'axe équilibre le moment des forces dues au frottement. Le poids du frein n'intervient pas.

Écrivons que les moments des forces F et P sont égaux :

$$\mathrm{P}l = \mathrm{F}r, \qquad \mathcal{T} = 2\pi n \mathrm{P}l,$$

formule dans laquelle toutes les quantités sont déterminables par l'expérience.

Les morceaux de bois chauffent beaucoup; on doit les refroidir en les mouillant à grande eau pour éviter qu'ils ne s'enflamment.

Raideur et frottement des cordes et courroies.

227. **Raideur des cordes et des courroies.** — Nous avons supposé jusqu'à présent que les cordons, fils, courroies, ... étaient parfaitement flexibles. En réalité ils ne le sont pas; ils ont une *raideur* plus ou moins grande (fig. 181).

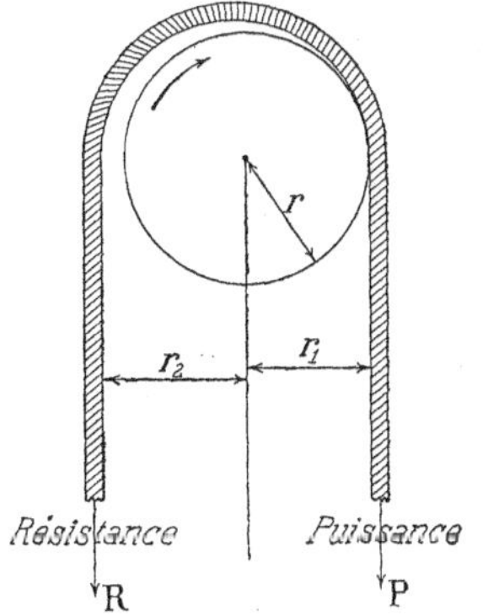

Fig. 181.

Il résulte de là qu'un câble qui passe sur une poulie ne se met en mouvement que si la puissance P est supérieure à la résistance R. Au lieu de s'appliquer exactement sur la poulie, le câble en est plus ou moins éloigné du côté de la résistance. Les deux bras du levier r_1 et r_2 (distances de l'axe de la poulie aux axes des portions parallèles du câble) sont différents.

Au moment où le mouvement commence, on a :

$$Pr_1 = Rr_2, \qquad P = R\left[1 + \frac{r_2 - r_1}{r_1}\right] = R(1+\rho).$$

La quantité $\mathcal{R} = R\rho$ mesure la *raideur* de la corde.

Il est évident *a priori*, et l'expérience confirme, que le paramètre ρ diminue quand augmente le rayon r de la poulie ; ρ est sensiblement en raison inverse de ce rayon. En toute rigueur, il n'est pas indépendant de la charge R, il diminue légèrement avec elle ; de sorte qu'on a :

$$\rho = \frac{1}{r}\left(a + \frac{b}{R}\right).$$

En d'autres termes, la raideur intervient de moins en moins, le rapport de la puissance à la résistance diminue, à mesure que la charge augmente.

Pour donner une idée des ordres de grandeur, une corde qui supporte 500 kilogrammes et passe sur une poulie de 25 centimètres de diamètre peut avoir une raideur de l'ordre de 25 kilogrammes, soit du vingtième de la charge.

Tandis qu'en Statique *théorique*, le rayon de la poulie n'intervient pas, en Statique *pratique* il importe de le prendre aussi grand que possible.

228. **Mesure de la raideur des cordes.** — La raideur des cordes se détermine par une ancienne et intéressante expérience d'Amontons (fig. 182).

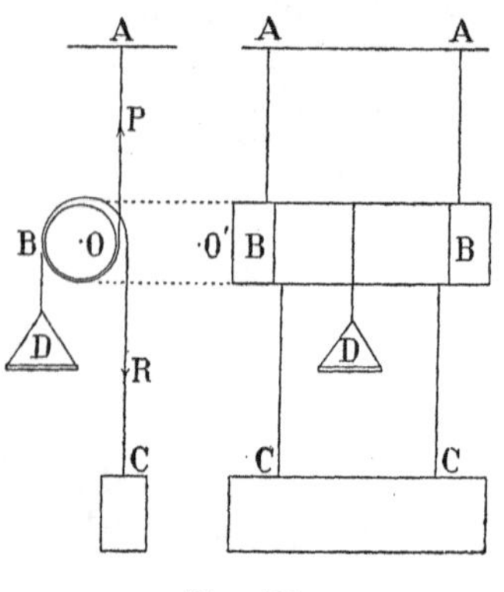

Fig. 182.

Deux cordes ABC, fixées en A, font un tour sur le cylindre B et sont tendues par une masse C. Par leur raideur, elles soutiennent le cylindre B, du moins s'il n'est pas trop lourd. Pour qu'il commence à descendre, il faut ajouter des poids sur le plateau D suspendu par une cordelette fixée au cylindre.

Soit Π le poids du cylindre et π celui de sa surcharge (poids et plateau). Évaluons la raideur. Les brins inférieur et supérieur de chaque fil sont inégalement tendus ; du reste ils ne sont pas tout à fait dans le prolongement l'un de l'autre.

Écrivons les conditions d'équilibre. On a d'abord :

$$2(P - R) = \Pi + \pi, \qquad (1)$$

qui exprime que la somme des projections verticales des forces est nulle. Prenons le moment des forces par rapport à l'axe O du cylindre; conservons les mêmes notations qu'au paragraphe précédent; négligeons le diamètre de la cordelette :

$$r\pi + 2(Pr_1 - Rr_2) = 0. \qquad (2)$$

De (1) et (2) on tire :

$$\mathcal{R} = R\,\frac{r_2 - r_1}{r_1} = \frac{\Pi}{2} + \frac{\pi}{2}\left(1 + \frac{r}{r_1}\right).$$

229. **Frottement des cordes.** — Cherchons comment s'équilibrent deux forces F_1 et F_2 agissant aux bouts d'une corde enroulée sur un cylindre fixe (fig. 183) : c'est le problème fondamental qui se pose à propos du frottement des cordes. Nous négligerons la raideur.

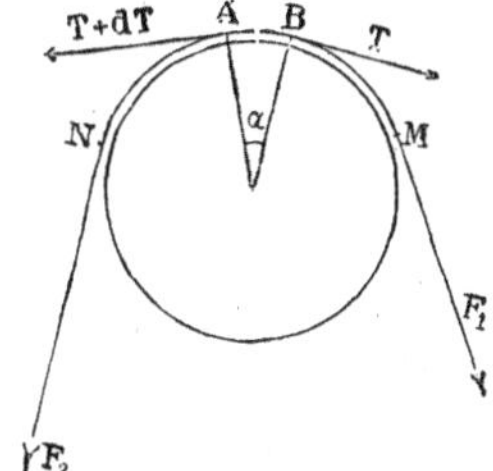

Fig. 183.

Soit R le rayon du cylindre, k le coefficient de frottement de la corde sur le cylindre. Supposons que F_2 est plus grand que F_1; le frottement s'exerce pour empêcher la corde de glisser dans le sens MN.

Soit s la longueur de la corde comptée dans le sens MN, à partir du point M où elle commence à toucher le cylindre. Aux bouts d'un élément ds s'exercent des tensions T et $T + dT$ qui n'ont pas tout à fait même direction et dont les composantes tangentielles s'équilibrent grâce au frottement qui résulte de la pression de la corde sur le cylindre. Cette pression elle-même est égale à la résultante normale des tensions.

Nous avons démontré au § 173 que la résultante tangentielle des tensions est dT, que leur résultante normale est $Tds : R$, où R est le rayon de courbure du fil, ici le rayon du cylindre. Les équations d'équilibre de l'élément ds et de la corde entière sont donc :

$$dT = k\frac{T\,ds}{R}, \qquad \log\text{nép}\,T = \frac{ks}{R} + \text{Constante}.$$

Pour déterminer la constante, écrivons que pour $s = 0$, on a $T = F_1$, que pour $s = l =$ la longueur de la corde, on a $T = F_2$.

Il vient :

$$F_2 = F_1 \exp\left(\frac{kl}{R}\right). \qquad (1)$$

Or $l : R$ est l'arc (évalué en radians) suivant lequel la corde touche le cylindre; appelons-le β. La formule devient :

$$F_2 = F_1 \exp(k\beta). \qquad (2)$$

Le rayon du cylindre a disparu.

On vérifiera immédiatement que la formule (2) s'applique à un cylindre de section quelconque (fig. 184). Aux deux points de contact

M et N, menons les normales; elles déterminent l'angle β qui entre dans la formule. En effet, l'équation différentielle peut s'écrire :

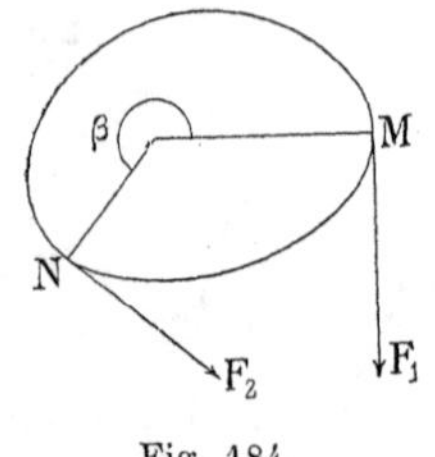

Fig. 184.

$$\frac{dT}{T} = k\frac{ds}{R} = kd\beta.$$

Voici pour fixer les idées quelques valeurs de l'exponentielle quand on prend $k = 0,5$; c'est à peu près le coefficient de frottement d'une corde contre le chêne. On exprime en tours l'arc de contact : la valeur numérique de β pour un tour est évidemment égale à 2π.

Tours	0,50	0,75	1,00	1,25	1,50	1,75	2,00.
$F_2 : F_1$	4,82	10,5	23,2	51	112	245	537.

On voit avec quelle rapidité croît le rapport des forces. On s'explique ainsi qu'avec une force F_1 minime, on puisse résister à une force considérable F_2.

230. **Homme suspendu à une corde.** — Les applications des résultats précédents sont innombrables.

Par exemple, un homme peut s'attacher à une corde qui passe sur un cylindre horizontal de bois (appui de fenêtre) et se tenir lui-même suspendu sans aucune difficulté. Soit P son poids; il le divise entre les deux brins 1 et 2, en deux parties F_1 et F_2.

Puisque la corde s'enroule d'un demi-tour, on doit avoir :

$$F_2 : F_1 = 4,82, \qquad F_1 + F_2 = P.$$

D'où :
$$F_2 = 0,83.P, \qquad F_1 = 0,17.P.$$

Si l'homme pèse 70 kilogrammes, c'est donc seulement une force de 12 kilogrammes qu'il doit exercer sur le brin 1 pour se maintenir en l'air.

Bien entendu, il serait incapable de soulever 70 kilogrammes en tirant de haut en bas sur une corde qui passerait sur un cylindre de bois; il devrait exercer un effort de 340 kilogrammes environ.

Il peut toutefois se soulever lui-même; mais l'opération se divise en deux temps.

Dans le premier temps, il soulage le brin 2 auquel il est attaché, en reportant sur le brin 1 les 83 centièmes de la charge. Dans le deuxième temps, il se redresse en prenant appui sur le brin 2. Grâce à ce balancement, il peut s'élever. Mais le travail qu'il doit dépenser est naturellement supérieur à celui qui correspond à l'élévation de son corps, à celui qu'il dépenserait par exemple en se hissant le long d'une corde dont l'extrémité supérieure serait fixe.

231. **Freins à corde ou à courroie.** — On sait que pour arrêter les bateaux on enroule un câble sur un cylindre de bois vertical. Un homme peut résister à une force énorme, se chiffrant par tonnes.

Grâce au frottement, il n'est pas nécessaire de fixer la corde du *treuil* au cylindre sur lequel elle s'enroule, pourvu qu'elle fasse plusieurs tours. Un effort insignifiant suffit pour équilibrer des charges énormes. C'est ainsi qu'on procède sur les navires avec les treuils à vapeur. Un avantage de cette disposition, c'est qu'en donnant du *mou* à la corde, on arrête instantanément l'effet du treuil.

Enfin on peut utiliser le frottement des cordes à réaliser des freins puissants (fig. 185).

Soit O une roue sur la jante de laquelle passe une courroie, ou encore une poulie dans la gorge de laquelle passe une corde. La corde est fixée en D à un point invariable, en B à un levier qui tourne autour du point A et qu'on actionne avec la poignée C.

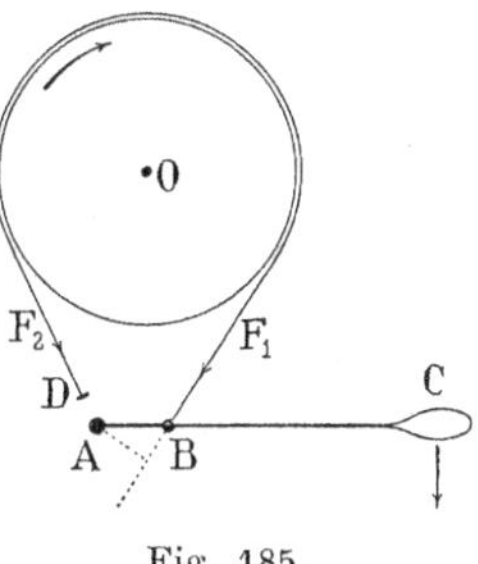

Fig. 185.

La roue tourne dans le sens de la flèche. On l'arrête rapidement en agissant sur le levier.

Pour nous rendre compte des phénomènes, fixons la roue et cherchons à déplacer la courroie en sens inverse de la flèche. La force F_1 exercée du côté B gêne le mouvement ; il faut une force considérablement plus grande du côté D pour le produire ; c'est ce que nous apprend le § 229.

Par suite, le couple qui s'exerce sur la roue et tend à l'arrêter est :

$$C = (F_2 - F_1)r = F_1\left[\exp(k\beta) - 1\right].$$

On peut rendre le frein aussi brutal qu'on le désire en augmentant l'angle β le long duquel touche la corde.

Ce frein est employé dans les omnibus. Une corde solidement fixée par l'une de ses extrémités au châssis de la voiture, s'enroule sur un cylindre métallique de petit rayon solidaire des roues arrière ; elle est manœuvrée par une pédale à la disposition du cocher. Le moindre effort suffit pour caler la roue. En calant trop brusquement, on risque de faire sauter les rayons.

232. **Courroies sans fin.** — Dans la transmission du mouvement par courroie sans fin, le frottement intervient au premier chef. Pour que l'entraînement se produise, il faut que la courroie soit assez tendue et surtout qu'elle touche les poulies suivant un angle assez grand.

Appelons T la tension du brin qui mène la poulie, t la tension du brin mené, T_0 la tension moyenne, c'est-à-dire la tension de la courroie au repos. Pour que le glissement ne se produise pas, on doit avoir entre T et t la relation : $T < t \exp(k\beta)$.

L'angle β est généralement voisin de π. L'expérience montre que pour les courroies ordinaires et des poulies de fonte, on doit avoir sensiblement : $T = 2t$.

Comme les allongements des courroies sont proportionnels aux tensions, on a : $$T + t = 2T_0.$$

En effet, l'accroissement $T - T_0$ de la tension du brin qui mène se traduit par un allongement ; d'où résulte une diminution égale $T_0 - t$ de la tension du brin mené.

Enfin soit r est le rayon de la poulie menée ; le couple qui l'entraîne est : $$(T - t)r = 2T_0 : 3r.$$

Puisque l'occasion se présente de parler de l'entraînement des poulies par des cordes, rappelons une règle qu'il ne faut jamais oublier dans le montage d'un appareil. Pour qu'une corde ne sorte pas latéralement de la gorge d'une poulie, il faut que le brin qui arrive sur elle soit dans son plan ; il importe peu que cette condition soit satisfaite pour le brin qui quitte la poulie.

Il résulte de là qu'on peut entraîner l'une par l'autre, *mais seulement dans un sens,* deux poulies dont les axes ne sont pas parallèles.

Frottement de roulement.

233. **Expérience fondamentale.** — Voici l'expérience fondamentale (fig. 186). Un cylindre de poids P est posé sur deux madriers M dont les surfaces supérieures sont dans un plan horizontal. Un cordon passe dessus et supporte deux poids Q et $Q + q$.

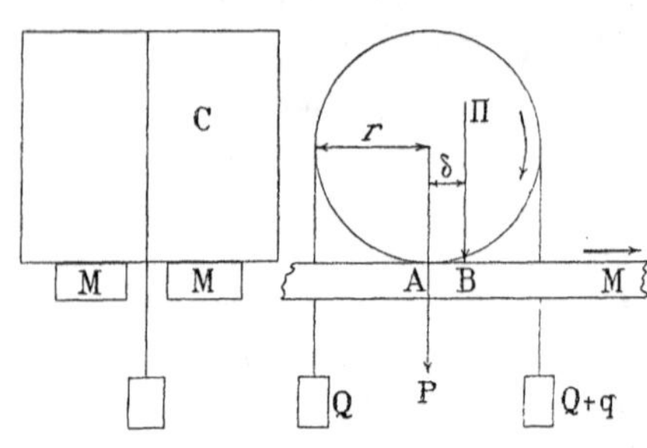

Fig. 186.

L'expérience montre que pour obtenir le roulement, il faut que la différence q soit suffisante.

L'axe instantané passant par le point A (§ 94), il revient au même de dire qu'un couple $C = qr$ est nécessaire pour le roulement.

La réaction des pièces sur lesquelles le cylindre appuie est évidemment verticale et égale à :
$$\Pi = P + 2Q + q ;$$
sa directrice passe par un point B situé à une distance $\delta = AB$ de l'axe instantané donnée par la condition :
$$\Pi\delta = qr = C.$$

On peut définir la résistance au roulement d'un corps de poids total Π en donnant cette distance δ : le roulement ne se produit que si la réaction passe un peu en avant du point de contact.

Coulomb trouva que cette distance δ est constante pour un même rouleau, quelle que soit sa charge : par suite le couple nécessaire à produire le mouvement serait proportionnel à la charge totale Π.

La résistance au roulement provient d'une déformation des corps en contact. Le cylindre entre dans le plan qui le supporte et s'aplatit lui-même. Cette déformation est très apparente sur le pneumatique d'une roue de bicyclette. Il n'y a donc rien d'étonnant à ce que la résistance croisse proportionnellement au poids, au moins varie dans le même sens.

On n'est pas d'accord sur la relation entre δ et le rayon. D'après Coulomb, la quantité δ serait aussi indépendante du rayon; il en serait par conséquent de même du couple C; la surcharge q varierait en raison inverse du rayon.

Enfin l'aire de contact semble intervenir; le frottement diminue à mesure qu'augmente la largeur des bandes sur lesquelles le contact a lieu.

234. Glissement accompagnant le roulement ou le pivotement. — Dans l'expérience précédente, le glissement est impossible, toutes les forces agissant normalement à la tangente de contact. Il n'en est généralement pas ainsi : le roulement se complique de glissement.

Par exemple : un rouleau de poids Π tiré par une force q horizontale et rencontrant son axe (fig. 187). Le moment par rapport à l'axe instantané de rotation est qr. Si le glissement avait lieu, la réaction tangentielle serait $k\Pi$. Il peut arriver que l'on ait : $q > k\Pi$. Dans ce cas, le glissement est possible. En fait, suivant les facilités relatives du roulement et du glissement, le mouvement se composera exclusivement de l'un ou de l'autre, ou encore les contiendra tous deux.

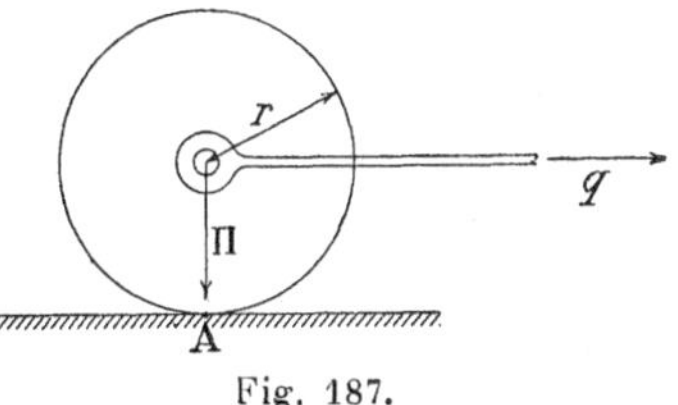

Fig. 187.

Nous aurons l'occasion de revenir sur ces problèmes au Chapitre XI de la Dynamique.

Le pivotement (§ 94) est toujours accompagné de glissement, parce qu'il est impossible qu'il ait lieu en un point géométrique. Les corps s'aplatissent au voisinage du point de contact. Il est évidemment avantageux de faire l'un des corps aussi pointu que possible au pivot, et de les prendre tous deux aussi durs que possible.

En horlogerie, des pointes d'acier pivotent sur des pierres dures.

CHAPITRE IV

ÉNERGIE POTENTIELLE

235. **Définition de l'énergie potentielle.** — On appelle *énergie potentielle* d'un système le travail que les forces agissant sur lui sont capables d'exécuter en raison de la forme, de la position et généralement de l'état actuel du système. Pour définir mathématiquement l'énergie potentielle, il faut exprimer l'état du système au moyen d'un nombre fini de variables $a, b, c, \ldots$, que nous supposons indépendantes. L'énergie potentielle W est une fonction de ces variables.

Le passage de l'état 1, caractérisé par les valeurs a_1, b_1, ..., des variables, à l'état 2, caractérisé par les valeurs a_2, b_2, ..., peut généralement s'effectuer par un nombre infini de chemins réels ou symboliques. Or, le travail effectué *par* les forces agissant sur le système, quand on passe de l'état 1 à l'état 2, est *par définition :*

$$\mathfrak{T}_1^2 = W(a_1, b_1, \ldots) - W(a_2, b_2, \ldots);$$

il est égal à la *diminution* de l'énergie potentielle. Il résulte de là que le *travail est indépendant de la voie choisie pour aller de l'état* 1 *à l'état* 2; c'est la condition indispensable à l'existence d'une énergie potentielle.

On voit quels rapports étroits existent entre l'existence d'une énergie potentielle et l'existence de forces admettant un potentiel. Mais une infinité de problèmes peuvent être résolus par la connaissance en bloc de l'énergie potentielle, sans qu'il soit nécessaire, ni quelquefois possible, d'expliciter les forces et les potentiels qu'elles admettent. La théorie actuelle est donc infiniment plus générale que la théorie des forces dérivées d'un potentiel.

L'énergie potentielle n'est généralement connue qu'à une constante additive près. Il importe peu, puisque seules ses variations interviennent.

236. **Expression des forces suivant les variables en fonction de l'énergie potentielle. Conditions d'équilibre.** — Nous avons défini plus haut (§ 152) ce qu'on appelle *force suivant une variable.*

Donnons au système un petit déplacement, naturellement compatible avec les liaisons; le travail des forces agissant sur le système a pour expression :

$$d\mathfrak{T} = \mathrm{A}da + \mathrm{B}db + \mathrm{C}dc + \ldots; \qquad (1)$$

A, B, ..., sont les forces suivant les variables a, b, ...

Admettons qu'il existe une énergie potentielle. On a par définition :

$$-d\mathfrak{T} = d\mathrm{W} = \frac{\partial \mathrm{W}}{\partial a} da + \frac{\partial \mathrm{W}}{\partial b} db + \ldots \qquad (2)$$

Identifions (1) et (2); il vient :

$$\mathrm{A} = -\frac{\partial \mathrm{W}}{\partial a}, \qquad \mathrm{B} = -\frac{\partial \mathrm{W}}{\partial b}, \ldots, \qquad (3)$$

résultat qu'on énonce en disant que *la force suivant une variable est égale au taux de diminution de l'énergie potentielle suivant cette variable.* La force est comptée positivement dans la direction où croît la variable correspondante.

Le *principe du travail* (§ 152) nous apprend qu'il y a équilibre suivant une variable a quand la force suivant cette variable est nulle. Cette condition revient à écrire : $\frac{\partial \mathrm{W}}{\partial a} = 0$.

Donc l'équilibre RELATIF A UNE VARIABLE, *pour une valeur donnée de cette variable, exige que l'énergie potentielle passe par un maximum ou un minimum* RELATIVEMENT A CETTE VARIABLE.

L'équilibre est stable, s'il y a minimum; en effet, les déplacements suivant la variable entraînent un accroissement de l'énergie potentielle : ils sont effectués contre la force correspondante.

L'équilibre est instable, s'il y a maximum.

Enfin l'équilibre est indifférent relativement à une variable, lorsque l'énergie potentielle ne dépend pas de cette variable.

L'équilibre par rapport à toutes les variables, ce qu'on entend sans plus par *équilibre,* exige que l'énergie potentielle soit maximum ou minimum pour toutes les variables. Du reste, l'équilibre peut être stable pour certaines variables, instable ou indifférent pour les autres.

Si, par rapport à une variable, le déplacement possible est unilatéral, il y a équilibre si l'énergie potentielle croît pour le déplacement possible. Il n'est pas nécessaire pour l'équilibre qu'elle passe par un minimum; il suffit que sa valeur soit plus petite que pour les valeurs voisines admissibles de la variable.

237. **Énergie potentielle et équilibre d'un système de corps pesants.** — Prenons comme axe Oz une verticale dirigée vers le haut et comme axes Oy, Ox, deux droites quelconques rectangulaires dans un plan horizontal.

Soit p le poids d'un point pesant. Son énergie potentielle est :

$$W = pz + W_0. \quad (1)$$

On comprend immédiatement à quoi correspond la constante W_0. Le travail disponible dépend non seulement de la position actuelle du point, mais encore de la hauteur du sol. Creusons un trou suivant la verticale du corps : nous augmentons son énergie potentielle. Celle-ci n'est donc fixée qu'à une constante près. Elle est W_0 dans le plan xOy, W_0 dépendant des conditions actuelles de l'expérience. Cependant, une fois W_0 arbitrairement choisi, l'énergie potentielle a une valeur parfaitement déterminée dans tout l'espace, au moins tant qu'on peut considérer le poids comme invariable en grandeur et direction.

L'énergie potentielle d'un système de points pesants est :

$$W = \sum pz + W_0 = z_0 \sum p + W_0,$$

z_0 est le z du centre de gravité du système *dans sa forme actuelle.*

La généralisation est immédiate pour un système de corps *finis* en nombre quelconque. L'énergie potentielle a pour expression :

$$W = Pz_0 + W_0 = \iiint z\rho g \, dv + W_0; \quad (2)$$

ρ est la densité (masse par unité de volume), g l'accélération de la pesanteur, z la hauteur de l'élément de volume dv au-dessus du plan de référence, z_0 la hauteur du centre de gravité du système total dans ses position et forme actuelles. L'intégrale est étendue au volume occupé par tous les corps du système.

On tire de l'équation (2) un théorème historiquement célèbre; *l'équilibre d'un système quelconque de corps pesants a lieu lorsque son centre de gravité est le plus bas possible.*

Pour appliquer le principe, il suffit donc d'exprimer z_0 en fonction des variables indépendantes a, b, c, ... qui fixent l'état du système, et d'écrire les conditions du minimum. S'il y a maximum pour une variable, l'équilibre est instable pour cette variable; si z_0 ne dépend pas d'une variable, l'équilibre est indifférent pour cette variable.

238. **Exemples.** —

1° Un fil de longueur invariable l passe sur une poulie O et supporte deux poids P et P'. L'un d'eux P est astreint à décrire une courbe plane ou gauche; on demande sur quelle autre courbe doit se trouver le poids P' pour que l'équilibre soit indifférent.

Soient r et r' les distances $\overline{OP}$ et $\overline{OP'}$; on a :

$$r + r' = l. \quad (1)$$

Calculons la *hauteur* du centre de gravité des deux poids :

$$(P + P')\,\overline{OG} = Pr\cos\varphi + P'r'\cos\varphi' = \text{Constante} = C. \quad (2)$$

Cette équation exprime que le centre de gravité qui est dans le plan horizontal passant par G est à une hauteur invariable.

Enfin la courbe décrite par P peut être considérée comme l'intersection d'une surface qu'il nous est inutile de connaître, et de la surface de révolution :

$$f_1(r, \varphi) = 0. \qquad (3)$$

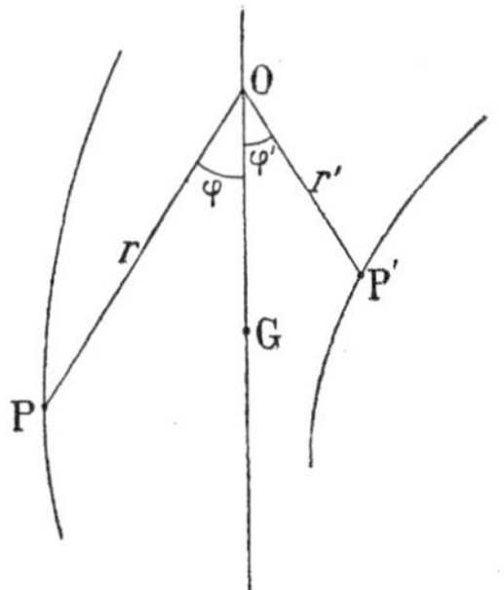

Fig. 188.

Éliminons r et φ entre les équations (1), (2), (3) ; il reste une fonction :

$$f_2(r', \varphi') = 0, \qquad (4)$$

qui représente une surface de révolution sur laquelle la courbe décrite par P' doit se trouver.

Le problème est donc indéterminé ; c'était évident *a priori,* puisque le poids P peut se déplacer sur un parallèle de la surface (3), ou le poids P' sur un parallèle de la surface (4), sans qu'il en résulte du travail.

2° Reprenons une fort vieille expérience qui n'en est pas moins intéressante (fig. 189).

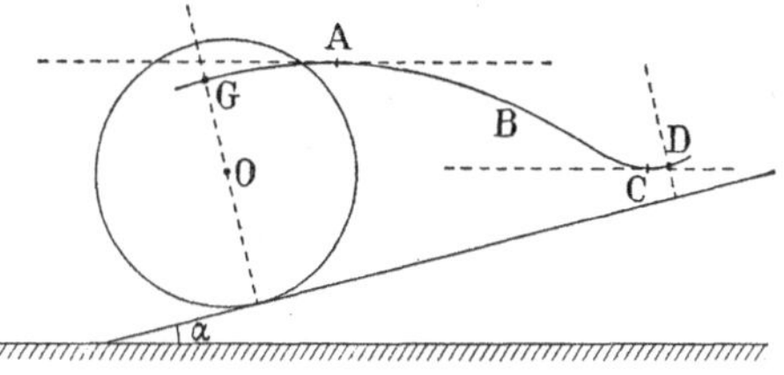

Fig. 189.

Un cylindre de bois est surchargé de plomb intérieurement et latéralement, de manière que son centre de gravité soit reporté en G, assez loin de l'axe de révolution de la surface. Placé sur un plan incliné, de manière que les génératrices soient normales à la ligne de plus grande pente, il peut remonter le long du plan.

En effet, le centre de gravité décrit une cycloïde *raccourcie* (§ 85). A partir du point A (situé après le maximum G de la cycloïde rapportée au plan incliné) jusqu'au point C (situé avant le minimum D de la cycloïde, rapportée au même plan), la remontée du cylindre correspond à une descente du centre de gravité.

Quand le centre de gravité est en A, il y a équilibre instable ; quand il est en C, il y a équilibre stable.

A mesure que l'angle α du plan augmente, les points A et C se rapprochent. La remontée n'a plus lieu quand l'angle α vaut l'angle que fait avec le plan incliné la tangente d'inflexion de la cycloïde.

239. **Remarque sur la rigidité du système.** — Il ne faut pas oublier que la position du centre de gravité et ses variations de hau-

teur dépendent essentiellement des déplacements de toutes les pièces du système.

Pour fixer les idées, reprenons la théorie de la balance (§ 160) en appliquant le principe que nous étudions.

Reportons-nous à la figure 130.

Déterminons la distance Δ du centre de gravité du système total (fléau et plateaux) au plan horizontal passant par l'axe O :

$$\Delta(P_1 + P_2 + \Pi) = P_1[H_1 + l_1 \cos(\alpha_1 - \theta)] + P_2[H_2 + l_2 \cos(\alpha_2 + \theta)] + \Pi\lambda \cos\theta.$$

Les quantités H_1 et H_2 sont les distances respectives des centres de gravité des plateaux chargés aux points A_1 et A_2, distances naturellement comptées sur la verticale, puisque les plateaux sont libres de tourner autour des points A_1 et A_2. Elles vont disparaître dans l'équation d'équilibre.

Celle-ci est fournie par la condition que Δ est un maximum par rapport à l'unique variable θ, fixant la position et la forme du système. On trouve immédiatement :

$$P_1 l_1 \sin(\alpha_1 - \theta) = P_2 l_2 \sin(\alpha_2 + \theta) + \Pi\lambda \sin\theta.$$

Mais le résultat serait entièrement différent si les plateaux étaient solidaires du fléau, de manière à ne former qu'une seule pièce rigide. En particulier, les conditions d'équilibre dépendraient au premier chef de la distance verticale au fléau de la masse surajoutée.

Il ne suffit pas pour l'équilibre que le centre de gravité soit sur la verticale du point de suspension; il faut encore qu'il soit le plus bas possible. La seconde condition est satisfaite quand la première l'est, si le corps est rigide; s'il ne l'est pas, la seconde condition n'entraîne pas la première.

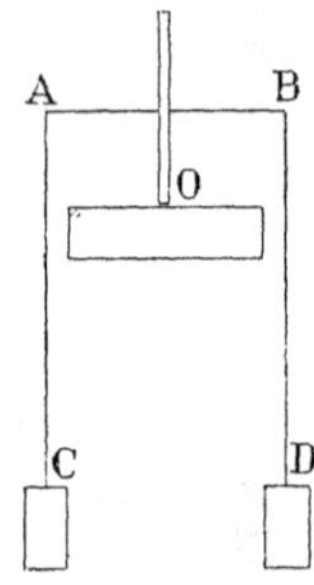

Fig. 190.

Soit par exemple le système rigide AOB (fig. 190) pouvant tourner autour du point O.

En A et B sont suspendus des poids égaux C et D suffisants pour abaisser le centre de gravité du système au-dessous du point O. Si la suspension a lieu au moyen de tiges solidaires du bras AB, formant avec lui un système rigide, l'équilibre est stable.

Si la suspension a lieu au moyen de cordes, l'équilibre est instable.

Nous laissons au lecteur le soin de discuter ce qui arrive quand une seule des masses est reliée au bras d'une manière rigide.

240. **Formes simples de l'énergie potentielle.** —

1° Corps pesant tournant autour d'un axe incliné sur l'horizon.

Un corps de poids P tourne autour d'un axe faisant l'angle ψ avec la verticale. Son centre de gravité E est à une distance $\overline{OE} = \overline{OA} = l$, de l'axe (fig. 191). On demande l'expression de l'énergie potentielle.

Plaçons l'axe de rotation dans le plan xOz; repérons par l'angle θ le centre de gravité E à partir de sa position la plus basse A. L'énergie cherchée est une fonction de θ.

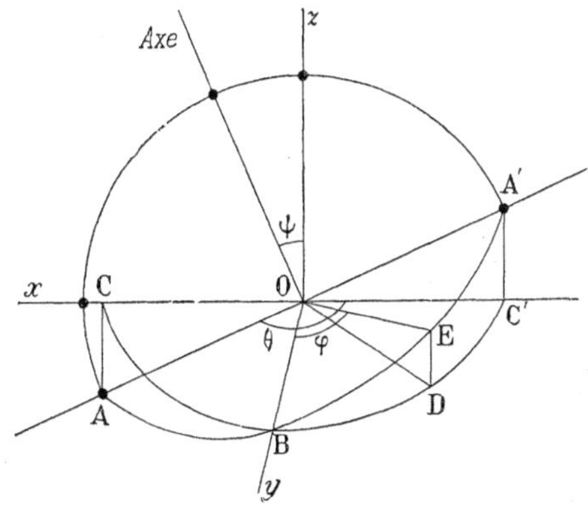

Fig. 191.

Évaluons la hauteur

$$\mathrm{ED} = z,$$

en fonction de l'angle auxiliaire φ compté à partir de la *ligne des nœuds* OB. On a :

$$\theta - \varphi = \pi : 2.$$

Traçons la circonférence ABA' décrite par le centre de gravité et sa projection sur le plan xOy. Le triangle sphérique BED, rectangle en D, donne immédiatement la relation :

$$\overline{\mathrm{ED}} = z = l \sin \varphi \sin \psi.$$

Appelons W_0 l'énergie potentielle au point le plus bas; l'énergie a donc pour expression :

$$W = W_0 + Pl(1 - \cos \theta) \sin \psi.$$

Évaluons le couple Γ qui tend à faire tourner le corps autour de son axe :

$$\Gamma = -\frac{dW}{d\theta} = -Pl \sin \theta \sin \psi.$$

Il tend à diminuer l'angle θ. L'équilibre est stable au point A $(\theta = 0)$, instable au point A' $(\theta = \pi)$.

Si l'on reste au voisinage du point A, on peut développer $\cos \theta$ en série; on a :

$$W = W_0 + \frac{Pl}{2} \theta^2 \sin \psi.$$

Le couple a alors pour expression :

$$\Gamma = -Pl\theta \sin \psi.$$

Nous allons voir de suite à quoi correspond cette forme générale d'énergie potentielle.

On obtient tous les résultats précédents intuitivement, en posant que seule intervient la composante de la pesanteur parallèle au plan dans lequel le centre de gravité doit se déplacer.

Le problème que nous venons de traiter est souvent appliqué : nous citerons par exemple les portes qui se referment d'elles-mêmes.

Il suffit que l'axe de rotation soit incliné de manière que le centre de gravité soit le plus bas quand la porte est fermée.

Nous retrouverons le même artificice dans les sismographes.

2° ÉNERGIE POTENTIELLE PROPORTIONNELLE AU CARRÉ D'UNE VARIABLE.

Dans un très grand nombre de problèmes de la Physique et parmi les plus importants, on rencontre une force proportionnelle à l'écart à partir d'une position d'équilibre, un couple proportionnel à l'angle de torsion. A supposer que la force ou le couple soient parfaitement déterminés en fonction du déplacement ou de la torsion (*absence d'hystérésis*), il est clair que l'énergie du système déformé disponible à partir d'une position donnée, est égale au travail nécessaire pour atteindre cette position. On a donc :

$$\Gamma = k\theta, \qquad W = \int_0^\theta k\theta \, d\theta = \frac{k\theta^2}{2}.$$

L'énergie potentielle est proportionnelle au carré de la variable.

C'est précisément ce que nous avons obtenu pour un corps pesant tournant autour d'un axe, lorsque l'écart à partir de la position d'équilibre est petit. Le couple est proportionnel à θ, l'énergie potentielle à θ^2.

C'est encore ce qu'on trouve dans la torsion, la flexion, et généralement toutes les déformations *parfaitement élastiques* des solides, dans la compression des liquides. L'énergie potentielle est une fonction quadratique homogène des variables, fonction qu'on peut réduire à une somme de carrés par des changements convenables dans le repérage des déformations.

Comme nous rencontrons cette forme dans un très grand nombre de problèmes de Dynamique, nous n'insistons pas pour l'instant.

241. **Un corps est simultanément soumis à la pesanteur et à un couple de torsion.** — L'énergie potentielle d'un système peut être due à diverses causes agissant simultanément, pesanteur, torsion, etc. Voici un exemple très simple d'un tel cas.

Soit un corps tournant autour d'un axe incliné sur l'horizon, comme au 1° du § 240. Nous supposons maintenant que l'axe est constitué par un fil qui se tord pendant la déformation : il n'est pas tordu quand le centre de gravité est en A', dans sa position la plus élevée par conséquent.

L'énergie potentielle a pour expression :

$$W = W_0 + Pl(1 - \cos\theta)\sin\psi + \frac{k}{2}(\pi - \theta)^2.$$

Le couple est :

$$\Gamma = -Pl\sin\theta\sin\psi + k(\pi - \theta).$$

Au voisinage de la position A', nous pouvons poser :

$$\Gamma = (\pi - \theta)(- Pl \sin \psi + k).$$

Suivant les valeurs relatives des deux termes de la seconde parenthèse, suivant que le fil l'emporte ou la pesanteur, l'équilibre en A' est stable ou instable. Supposons-le stable : le rôle de la pesanteur se réduit à diminuer apparamment la constante de torsion du fil. Tout se passe comme si le fil était plus fin qu'il n'est en réalité.

Cette disposition a été proposée pour augmenter la sensibilité des galvanomètres à cadre mobile, sans diminuer outre mesure le diamètre des fils de suspension. Le couple, qui équilibre le couple Γ, est dû au passage d'un courant dans le cadre. Celui-ci porte une petite surcharge excentrée qui amène son centre de gravité hors de l'axe de rotation constitué par les fils déformables. On règle la sensibilité de l'appareil en l'inclinant plus ou moins sur l'horizon.

Si l'on ne superpose aucun couple à ceux qui résultent de la pesanteur et de la torsion du fil, et si la position A' est d'équilibre instable, l'équilibre a lieu pour un angle θ qui satisfait à la relation :

$$- Pl \sin \psi \sin \theta + k(\pi - \theta) = 0.$$

Il est évident qu'il existe une position d'équilibre stable comprise entre $\theta = 0$, $\theta = \pi$.

242. **Pendule cycloïdal.** — On demande une courbe plane OB telle que l'énergie potentielle d'un corps pesant A qui la décrit, soit de la forme (fig. 192) :

$$W = py = ks^2; \qquad (1)$$

s est l'arc compté à partir du point O. D'après les paragraphes précédents, il revient au même de demander que la force tangentielle à la courbe soit proportionnelle à la longueur de l'arc.

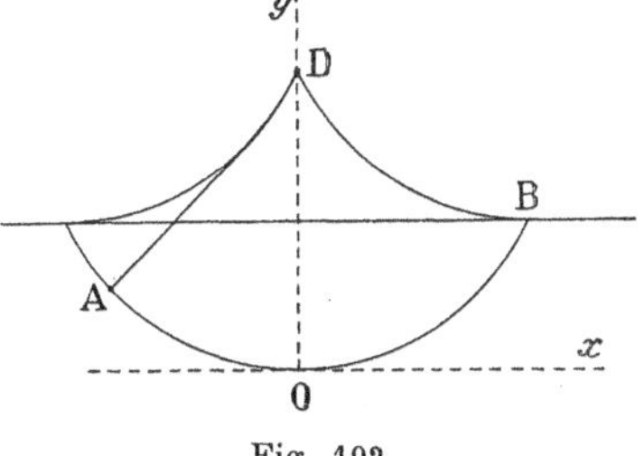

Fig. 192.

La courbe cherchée est une cycloïde tangente en O à l'horizontale Ox.

L'équation des cycloïdes rapportées aux axes Ox et Oy, est d'après le § 85 :

$$y = R(1 - \cos \theta), \qquad x = R(\theta + \sin \theta);$$
$$dy = R \sin \theta \, d\theta, \qquad dx = R(1 + \cos \theta)\, d\theta.$$

On tire aisément de là :

$$ds = 2R \cos \frac{\theta}{2} d\theta, \qquad \frac{dy}{\sqrt{y}} = \sqrt{2R} \cos \frac{\theta}{2} d\theta; \qquad ds = \sqrt{2R} \frac{dy}{\sqrt{y}}. \quad (2)$$

L'identification des conditions (1) et (2) permet de déterminer R en fonction des paramètres p et k.

Pratiquement, pour forcer le point A à décrire la cycloïde, on s'appuie sur le théorème démontré au § 86 : la développée de la cycloïde est une cycloïde égale convenablement déplacée. On attache le point A à un fil dont une extrémité est fixée en D et dont la longueur est quatre fois le rayon du cercle générateur de la cycloïde.

Nous reviendrons là-dessus en Dynamique.

243. Énergie potentielle mesurée par le flux d'un vecteur. — Les énergies potentielles peuvent avoir les formes les plus diverses. En Électromagnétisme, elles s'expriment généralement au moyen du flux d'un vecteur. Voici un exemple de ce cas.

Nous supposons qu'il s'agit du champ cylindrique qui serait effectivement dû à un fil rectiligne indéfini siège d'un courant; nous l'avons étudié aux §§ 43 et 50. Les surfaces équipotentielles sont des demi-plans limités à l'axe Oz; les lignes de force sont des circonférences; la force est en raison inverse de la distance à l'axe Oz.

Nous supposerons que *l'énergie potentielle d'un contour fermé placé dans ce champ est proportionnelle au flux du vecteur à travers le contour.* Nous savons que le flux est conservatif; donc notre hypothèse a un sens. Nous donnerons un signe au flux; il sera positif ou négatif suivant qu'il entrera par l'une ou l'autre face d'une surface, d'ailleurs arbitraire, limitée au contour.

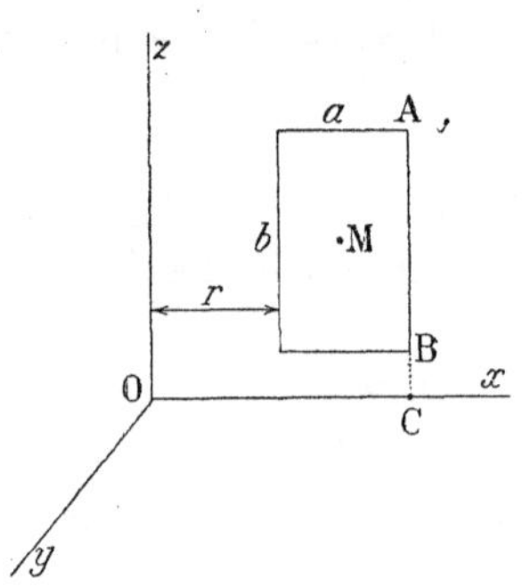

Fig. 193.

Pour fixer les idées et ne pas nous livrer à des calculs inutiles, nous prendrons un cadre plan rectangulaire, de dimensions a et b; nous nous limiterons à des cas particuliers simples (fig. 193).

1° EXPRESSION DU FLUX A TRAVERS UNE BANDE LIMITÉE PAR DEUX DROITES PARALLÈLES A L'AXE Oz ET SITUÉES DANS LE MÊME PLAN QUE LUI.

Le phénomène étant cylindrique, nous évaluerons le flux par unité de longueur.

Soit r_1 et r_2 les distances des deux droites à la droite Oz. Soit $k : r$ l'expression du vecteur. Le flux par unité de longueur est :

$$W = \int_{r_1}^{r_2} \frac{k\,dr}{r} = k \log \frac{r_2}{r_1}.$$

Posons : $$r_2 - r_1 = a;$$

il vient : $$W = k \log \frac{a + r_1}{r_1} = k \log\left(1 + \frac{a}{r_1}\right).$$

Le flux ne dépend que du rapport $a : r_1$. Nous pouvons diminuer la largeur de la bande, pourvu que nous la rapprochions de l'axe Oz dans le même rapport.

2° Cadre ayant les cotés parallèles a Oz et mobile dans le plan xOz.

L'énergie potentielle du cadre est :

$$W = \pm kb \log\left(1 + \frac{a}{r}\right),$$

suivant la face qu'il présente au flux. Nous changeons le signe par un retournement.

Pour avoir *la force suivant la variable r*, il suffit de dériver par rapport à r :

$$F = -\frac{dW}{dr} = \mp kb\left[\frac{1}{r+a} - \frac{1}{r}\right] = \pm kab\frac{1}{r(r+a)}.$$

3° Cadre ayant les cotés b parallèles a Oz et mobile autour de l'un d'entre eux (fig. 194).

Figurons une projection sur le plan xOy. Le problème revient à déterminer à quelles distances de l'axe Oz se trouvent simultanément les deux côtés du cadre qui lui sont parallèles, en fonction de la variable θ qui mesure la rotation.

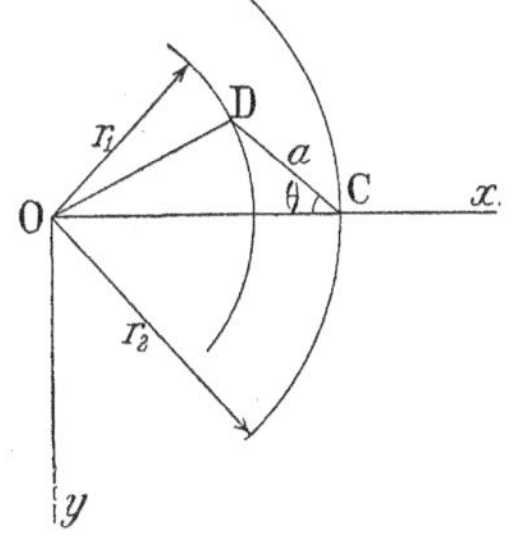

Fig. 194.

Soit r_2 la distance invariable $\overline{OC}$ du côté qui sert d'axe.

On a dans le triangle ODC :

$$r_1^2 = r_2^2 + a^2 - 2r_2 a \cos\theta.$$

Le flux à travers le cadre est en fonction de θ :

$$\pm W = k\log\frac{r_2}{r_1} = -\frac{k}{2}\log\frac{r_1^2}{r_2^2} =$$

$$-\frac{k}{2}\log\left[1 + \left(\frac{a}{r_2}\right)^2 - 2\left(\frac{a}{r_2}\right)\cos\theta\right].$$

Le couple qui fait tourner le cadre autour de l'axe C, est donc, en posant $a : r_2 = h$:

$$\Gamma = \mp\frac{dW}{d\theta} = \pm\frac{kh\sin\theta}{1 + h^2 - 2h\cos\theta}.$$

Le couple est nul pour $\theta = 0$, $\theta = \pi$. En effet, le flux et l'énergie potentielle sont maximums pour l'une de ces positions, minimums pour l'autre. Pour savoir où est le maximum, il faut régler la question de signe du flux.

Faisons h très petit, k très grand; posons $hk = \Gamma_0$. Nous sommes sensiblement dans le cas d'un champ uniforme; les lignes de force sont sensiblement parallèles et normales au plan xOz. On a:

$$\pm \Gamma = \Gamma_0 \sin \theta,$$

formule sur laquelle repose la théorie du galvanomètre à cadre mobile.

4° Cadre situé dans le plan xOz et tournant autour d'une droite normale a son plan.

Nous ne ferons pas le calcul, mais les résultats sont faciles à prévoir en gros.

L'étude de la dérivée de $1 : r$ nous apprend que si, à partir d'une position donnée, une petite surface dS s'approche de Δr, tandis qu'une petite surface d'aire égale s'éloigne de la même quantité, la compensation n'a pas lieu; le flux croît en valeur absolue.

Il résulte immédiatement de là que le cadre tournant autour de son centre de figure M est en équilibre stable ou instable, quand deux de ses côtés sont parallèles à l'axe Oz. L'alternative dépend de la manière de définir le flux positif.

Ce résultat est encore exact si l'axe de rotation se trouve sur l'une ou l'autre des droites joignant les milieux des côtés opposés.

On peut imaginer sans difficulté toute une série d'autres cas particuliers.

244. Énergie potentielle de surface: capillarité. — L'énergie potentielle peut dépendre de l'aire d'une surface.

Par exemple, toute la Capillarité est fondée sur la proposition suivante : *Sur la surface limitant deux milieux réside une énergie potentielle qui ne dépend que de l'aire de la surface, et de paramètres tels que la température, la différence de potentiel électrique, etc.*

En particulier, l'énergie potentielle par unité d'aire ne dépend pas des courbures de la surface.

Soit un système formé de milieux 1, 2, ..., n. Pour déterminer son état d'équilibre, nous devons écrire qu'une expression de la forme :

$$\sum A_{ij} S_{ij} + W, \tag{1}$$

est minima; A_{ij} représente l'énergie, par unité d'aire et dans les conditions actuelles, de la surface de contact des milieux i et j; S_{ij} représente l'aire de contact; W représente la somme des énergies potentielles dues à la pesanteur par exemple. Dans le problème actuel, les liaisons sont des conditions telles que l'existence de parois solides, indéformables par les forces en jeu, l'invariabilité d'une masse liquide et son incompressibilité pratique, etc.

Toute la Capillarité proprement dite n'est que le développement de l'équation (1). Elle a été mise sous cette forme par l'illustre Gauss. Elle se ramène donc à des problèmes qui dépendent explicitement ou implicitement de la Méthode des variations.

Attractions en raison inverse du carré des distances.

245. **Forces en raison inverse du carré des distances; potentiel correspondant.** — Nous étudierons dans les paragraphes suivants les actions en raison inverse du carré des distances.

Par hypothèse, une masse punctiforme m agit sur une autre masse m' suivant la droite mm' (force centrale), proportionnellement au produit mm' et en raison inverse du carré de la distance r :

$$F = \pm \frac{mm'}{r^2}.$$

Pour faire rentrer dans notre étude l'Électricité et le Magnétisme, nous supposerons que les masses (dont la nature importe peu) sont susceptibles de deux spécifications opposées, que nous appellerons *positive* et *négative*. Le changement d'une spécification en l'autre intervertit seulement le sens de la force : sa direction et sa grandeur restent les mêmes.

Nous prendrons, pour potentiel de *l'intensité du champ* créé sur un point P par une masse m située en un point M, la quantité :

$$V = \frac{m}{r}.$$

La grandeur du champ suivant la direction $\overline{MP}$ est par conséquent :

$$-\frac{\partial V}{\partial r} = \frac{m}{r^2}.$$

Les signes choisis conviennent parfaitement à l'Électricité et au Magnétisme, pour lesquels les agents de même dénomination se repoussent. En effet, *l'intensité d'un champ* n'est pas une force : la force n'existe qu'à l'état virtuel; elle existera réellement quand nous disposerons au point P une autre masse m'. Si nous la supposons de même dénomination que la première, la force a pour expression :

$$F = -m' \frac{\partial V}{\partial r} = \frac{mm'}{r^2};$$

elle est positive et par conséquent dirigée dans le sens où la variable r croît; elle est donc *répulsive*.

Quand il s'agira de la Gravitation universelle, où les masses de même dénomination s'attirent, nous en serons quitte pour changer le signe du potentiel; il n'y a jamais difficulté.

Quand il existe des masses punctiformes en nombre fini (ou par généralisation des masses distribuées d'une manière continue), *nous admettons que leurs actions sont indépendantes de l'existence les unes des autres*. Le potentiel, qui est une quantité scalaire, sera donc la somme algébrique des potentiels respectivement dus à chacune des masses. Nous aurons :

$$V = \sum \frac{m}{r}, \qquad V = \iiint \frac{\rho\, dv}{r},$$

suivant les cas. Voici ce que signifient ces deux expressions (fig. 195).

Pour obtenir en un point P le potentiel dû à des masses punctiformes m_1, m_2, ..., situées en des points M_1, M_2, ..., nous déterminons les distances $\overline{M_1P} = r_1$, $\overline{M_2P} = r_2$, ..., et nous faisons la somme :

$$V = \frac{m_1}{r_1} + \frac{m_2}{r_2} + \ldots = \sum \frac{m}{r}.$$

Quand les masses sont continues, nous définissons d'abord *une densité de volume* ρ ; c'est le coefficient par lequel il faut multiplier l'élément de volume dv pour obtenir l'élément de masse. Puis nous procédons comme plus haut : la somme est remplacée par une intégrale étendue à tous les volumes pour lesquels la densité n'est pas nulle.

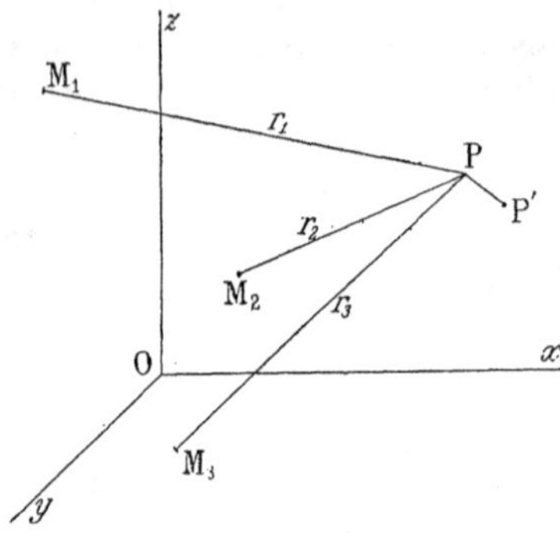

Fig. 195.

On vérifie immédiatement que *le potentiel satisfait à l'équation de Laplace en dehors des masses agissantes* (§ 49).

Il suffit de montrer que la fonction $1 : r$ y satisfait; car il en résultera que la somme d'autant de quantités $1 : r$ qu'on voudra y satisfait aussi.

Soit x, y, z, les coordonnées du point P; x_i, y_i, z_i, les coordonnées du point M_i. Donnons au point P un petit déplacement PP' et déterminons les dérivées partielles de r_i par rapport aux coordonnées x, y, z, du point P. On a :

$$r_i^2 = (x - x_i)^2 + (y - y_i)^2 + (z - z_i)^2,$$

$$r_i\, dr_i = (x - x_i)\, dx + (y - y_i)\, dy + (z - z_i)\, dz;$$

$$\frac{\partial r_i}{\partial x} = \frac{x - x_i}{r_i}, \qquad \frac{\partial r_i}{\partial y} = \frac{y - y_i}{r_i}, \qquad \frac{\partial r_i}{\partial z} = \frac{z - z_i}{r_i};$$

$$\frac{\partial}{\partial x}\left(\frac{1}{r_i}\right) = -\frac{1}{r_i^2}\frac{\partial r_i}{\partial x} = -\frac{x - x_i}{r_i^3}.$$

$$\frac{\partial^2}{\partial x^2}\left(\frac{1}{r_i}\right) = -\frac{\partial}{\partial x}\left(\frac{x - x_i}{r_i^3}\right) = -\frac{1}{r_i^3} + 3\frac{x - x_i}{r_i^4}\frac{\partial r_i}{\partial x},$$

$$\frac{\partial^2}{\partial x^2}\left(\frac{1}{r_i}\right) = -\frac{1}{r_i^3} + \frac{3(x - x_i)^2}{r_i^5} = \frac{-r_i^2 + 3(x - x_i)^2}{r_i^5}.$$

On obtient deux expressions symétriques en y et en z. Additionnant, il vient :

$$\frac{\partial^2}{\partial x^2}\left(\frac{1}{r_i}\right)+\frac{\partial^2}{\partial y^2}\left(\frac{1}{r_i}\right)+\frac{\partial^2}{\partial z^2}\left(\frac{1}{r_i}\right)=0.$$

Le flux du vecteur intensité du champ est donc conservatif en dehors des masses agissantes.

246. **Équation de Poisson.** — Il s'agit de savoir ce qui arrive près des masses agissantes. Et tout d'abord écartons une difficulté qui ne manque pas d'arrêter les débutants.

La force est en raison inverse du carré des distances; il semble donc que tout près des masses agissantes la force devienne infinie. Il n'en est rien *parce qu'on ne se rapproche infiniment près que d'une masse infiniment petite.* La force a pour expression : $\rho\, dv : r^2$. Assurément r^2 tend rapidement vers 0, mais dv s'annule encore plus rapidement. Tout le secret du fait que les forces restent finies tient dans cette remarque.

Pour étudier ce qui se passe près des masses agissantes, la méthode la plus simple est géométrique et fondée sur la considération des *angles solides* (fig. 196).

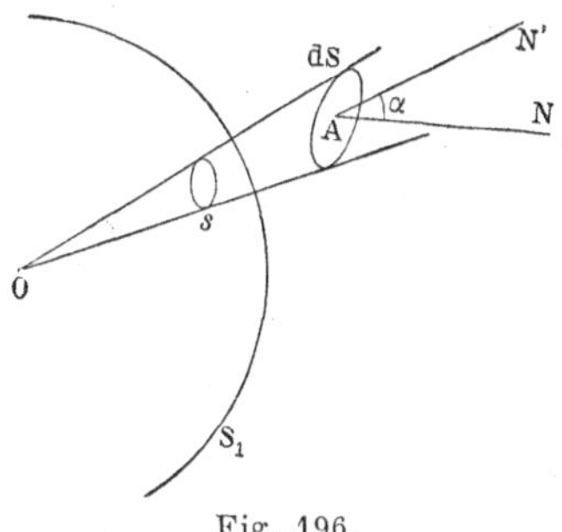

Fig. 196.

Un cône quelconque de sommet O délimite sur la sphère S_1 de centre O et de rayon 1 une aire *s qui par définition mesure l'angle solide du cône.* Il peut varier de 0 à 4π; c'est un nombre, autrement dit ses dimensions sont nulles.

Soit une surface quelconque S. Un cône de sommet O et d'angle solide infiniment petit $d\omega$ découpe sur la surface un élément d'aire dS. Soit r la distance $\overline{\text{OA}}$; soit α l'angle de la direction moyenne AN' des génératrices du cône avec la normale AN à la surface. On a évidemment :

$$d\omega=\frac{d\text{S}\cos\alpha}{r^2}.$$

Lorsque la surface a deux faces distinctes, l'angle solide est susceptible de deux déterminations, suivant que du sommet on voit l'une ou l'autre face. Généralement nous distinguerons les faces et les angles solides par les signes + et —.

Ceci posé, montrons que le flux envoyé par une masse punctiforme m à travers une surface qu'elle voit sous un angle solide infiniment petit $d\omega$, est : $m\, d\omega$.

En effet, soit dS l'élément à travers lequel nous évaluons le flux. La force est : $m : r^2$; elle est dirigée suivant AN'. Le flux est :

$$\frac{m}{r^2} dS \cos \alpha = m \, d\omega.$$

COROLLAIRES.

1° Le flux étant indépendant de la position de l'élément dS, on peut parler sans ambiguïté du flux envoyé dans un cône $d\omega$: le flux est le même à travers les éléments que découpe le cône sur des surfaces quelconques.

Cela revient à dire que le flux est conservatif hors des masses agissantes, ce que nous savons déjà (§ 245).

2° Les flux s'additionnant algébriquement (ici arithmétiquement), la proposition s'applique à un cône d'angle fini quelconque ω.

3° Nous pouvons parler sans ambiguïté du flux à travers un contour fermé; c'est le flux envoyé dans le cône qui a pour sommet le point agissant et qui s'appuie sur le contour.

4° A travers une surface fermée quelconque, le flux est :

$$m \sum d\omega = 4\pi m,$$

si le point agissant est dans la surface.

5° Si le point agissant est hors de la surface fermée, le flux total est nul. En effet, considérons le contour apparent de la surface vue du point agissant. Il la sépare en deux portions S_1 et S_2, à travers lesquelles le flux est le même en valeur absolue (3°). Mais dans l'un des cas il entre dans la surface, dans l'autre cas il sort de la surface : la somme est nulle. Nous pouvons affecter d'un signe la face externe et du signe contraire la face interne; la proposition s'énonce en disant que la somme algébrique des flux est nulle.

6° La surface fermée est traversée soit deux fois, soit un nombre pair de fois par une droite émanant du point agissant. Les propositions 4° et 5° s'appliquent, quelles que soient les complications de la surface, en considérant comme positifs les flux qui sortent et négatifs les flux qui entrent.

7° S'il y a un nombre quelconque de masses (positives ou négatives) à l'intérieur de la surface fermée, le flux total est $4\pi \sum m$. Le flux *sortant* est en excès, quand $\sum m > 0$; il est en défaut, quand $\sum m < 0$.

Exprimons analytiquement les résultats précédents. Écrivons que le flux à travers l'élément dv est égal à 4π fois la somme des masses contenues dans l'élément :

$$-\nabla V \, dv = 4\pi\rho \, dv, \qquad \nabla V + 4\pi\rho = 0,$$

où ρ est la densité de volume. Telle est *l'équation de Poisson* qui régit les variations du potentiel au voisinage des masses agissantes.

247. **Action sur un point extérieur d'une couche sphérique, uniforme, infiniment mince.** — Soit O le centre de cette couche, R son rayon, σ la densité superficielle. Évaluons le flux à travers une sphère concentrique S de rayon r. Par raison de symétrie, les lignes de force *hors de la couche* sont des rayons AB, A'B', ...; la force est constante en tous les points de S et normale à S. Soit F sa valeur, le flux de force a pour expression : $4\pi r^2 F$. Il doit être égal à $4\pi\sum m$.

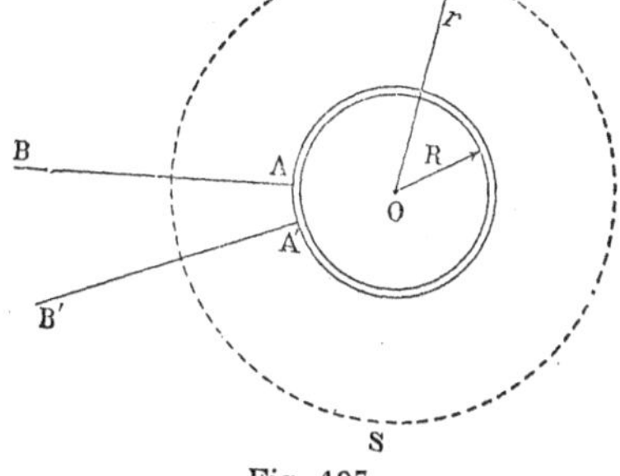

Fig. 197.

D'où : $$F = \frac{\sum m}{r^2}.$$

Donc *la force exercée en un point quelconque par une couche sphérique, uniforme, infiniment mince, est la même que si toute la masse était concentrée au centre de la couche* (Newton).

Corollaires.

1° La proposition s'applique évidemment à une couche d'épaisseur quelconque de densité constante, ou même à une couche d'épaisseur quelconque formée de couches concentriques de densités constantes.

2° Évaluons la force à la surface; il faut faire $r = R$; d'ailleurs

$$\sum m = 4\pi \, . \, R^2\sigma; \quad \text{d'où :} \quad F = 4\pi\sigma.$$

Nous verrons que cette proposition est vraie d'une manière absolument générale (§ 255).

248. **Réciproque : loi d'attraction telle qu'une couche sphérique uniforme attire comme si elle était concentrée en son centre.** — Reprenons le problème par la méthode générale (fig. 198).

Soit $F(\rho)$ le potentiel créé par la masse punctiforme unité à la distance ρ. Calculons le potentiel V créé en un point A par une couche sphérique uniforme de densité σ.

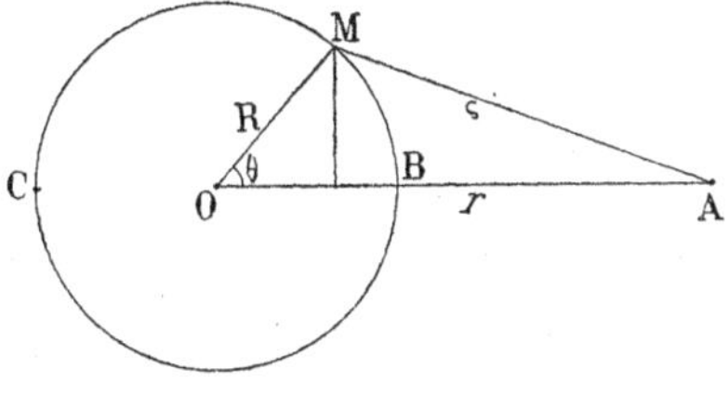

Fig. 198.

La zone comprise entre les deux cônes de demi-angles au sommet θ et $\theta + d\theta$, a pour aire : $2\pi R^2 \sin\theta \, d\theta$.

Le potentiel V est donc :

$$V = 2\pi R^2 \sigma \int_0^\pi F(\rho) \sin\theta \, d\theta = \frac{M}{2} \int_0^\pi F(\rho) \sin\theta \, d\theta.$$

On a : $\rho^2 = R^2 + r^2 - 2Rr\cos\theta, \qquad \rho d\rho = Rr\sin\theta\, d\theta;$

d'où :
$$V = \frac{M}{2Rr}\int F(\rho)\rho\, d\rho.$$

L'intégrale doit être prise de B à C, soit entre les limites

$$r - R \quad \text{et} \quad r + R.$$

Si $F(\rho) = 1 : \rho$, on retrouve bien : $V = M : r$.

Ceci posé, écrivons que tout se passe comme si la matière était concentrée au point O.

Il suffit pour cela que le potentiel soit la somme de deux fonctions ne dépendant respectivement que de r et de R. Dans les dérivations par rapport à r donnant la force au point A, la fonction du rayon R disparaît. La fonction de r est d'ailleurs connue : c'est évidemment $F(r)$.

Nous avons donc identiquement :

$$\int_{r-R}^{r+R} F(\rho)\rho\, d\rho = \psi(r+R) - \psi(r-R) = Rr[F(r) + F_1(R)].$$

Dérivons deux fois par rapport à r, et ensuite par rapport à R; appelons ψ' et ψ'' les dérivées par rapport à la variable $r+R$ ou $r-R$, suivant les cas; il vient :

$$\psi''(r+R) - \psi''(r-R) = 2R\frac{dF}{dr} + Rr\frac{d^2F}{dr^2},$$

$$\psi''(r+R) - \psi''(r-R) = 2r\frac{dF_1}{dR} + Rr\frac{d^2F_1}{dR^2}.$$

Égalons membre à membre et divisons par Rr :

$$\frac{2}{r}\frac{dF}{dr} + \frac{d^2F}{dr^2} = \frac{2}{R}\frac{dF_1}{dR} + \frac{d^2F_1}{dR^2} = \text{Constante} = C,$$

puisque les deux membres de la première de ces équations ne dépendent respectivement que d'une des variables r ou R. Pour satisfaire à cette condition, on doit avoir :

$$\frac{dF}{dr} = \frac{Cr}{3} + \frac{D}{r^2}.$$

La loi en raison inverse du carré de la distance est donc la seule loi pour laquelle l'attraction diminue avec la distance, et pour laquelle une couche sphérique uniforme attire comme si elle était concentrée en son centre.

Remarque.

Dans le cas d'une attraction proportionnelle à la distance, *tout se passe comme si la masse* M *entière était concentrée en son centre de masse, quelle que soit sa distribution.*

Soit en effet $F(\rho) = \rho^2$ le potentiel créé par une masse punctiforme.

Prenons le centre de masse du corps attirant pour origine des coordonnées. Appelons ξ, η, ζ, les coordonnées d'un point attirant, x, y, z, celles du point attiré. Le potentiel total a pour expression :

$$V = \iiint \rho^2\, dm = \iiint \left[(x-\xi)^2 + (y-\eta)^2 + (z-\zeta)^2\right] dm$$

$$= Mr^2 + \iiint R^2\, dm - 2x \iiint \xi\, dm - 2y \iiint \eta\, dm - 2z \iiint \zeta\, dm.$$

Mais l'origine étant le centre de gravité, les trois derniers termes sont nuls :

$$V = Mr^2 + \iiint R^2\, dm.$$

L'intégrale ne dépendant pas de r, l'action au point attiré ne dépend que de Mr^2.

Tout se passe bien comme si la masse entière était concentrée au centre de gravité.

Dans le cas d'une couche sphérique, on a :

$$V = M(R^2 + r^2).$$

249. **Action sur un point intérieur d'une couche sphérique, uniforme, infiniment mince.** — Soit A un point quelconque (fig. 199). Menons le diamètre AO et le plan PQ normal à ce diamètre. Traçons deux cônes infiniment petits opposés par le sommet A et d'angle solide $d\omega$: ils découpent sur la couche deux éléments dS et dS', *faisant avec les génératrices le même angle* α. Leurs charges agissent en sens contraires suivant la même direction. Les forces qu'ils exercent sont proportionnelles à :

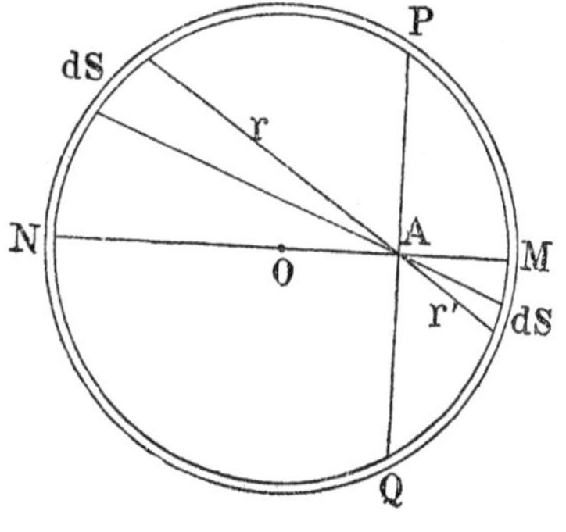

Fig. 199.

$$F = \frac{dS}{r^2} = \frac{d\omega}{\sin\alpha}, \qquad F' = \frac{dS'}{r'^2} = \frac{d\omega}{\sin\alpha};$$

elles sont donc égales : les actions des éléments considérés s'équilibrent.

Sans rien négliger, nous pouvons décomposer la surface sphérique en groupes de deux éléments dont les effets se détruisent. Pour chaque groupe, les éléments sont de part et d'autre du plan PQ. Donc l'action totale de la couche sphérique en tout point intérieur est nulle.

250. **Réciproquement, parmi toutes les lois fonction de la distance, la loi en raison inverse du carré est la seule pour**

laquelle l'action de la couche uniforme, sphérique, est nulle en tout point intérieur. — En effet, soit $\varphi(r) : r^2$ la loi de la distance. Si $\varphi(r)$ est constant, l'action est nulle.

Supposons donc que $\varphi(r)$ ne soit pas constant : nous pourrons toujours trouver deux limites r_1 et r_2 entre lesquelles $\varphi(r)$ varie dans le même sens, croisse par exemple : $d\varphi : dr > 0$.

Traçons une sphère de diamètre $r_1 + r_2$, et considérons le point A tel que :

$$\overline{AM} = r_1, \qquad \overline{AN} = r_2.$$

Pour les deux cônes opposés par le sommet, les forces sont :

$$F = \frac{dS \cdot \varphi(r)}{r^2} = \frac{d\omega}{\sin\alpha}\varphi(r), \qquad F' = \frac{dS' \cdot \varphi(r')}{r'^2} = \frac{d\omega}{\sin\alpha}\varphi(r').$$

Puisque r est plus grand que r' et que

$$d\varphi : dr > 0, \qquad \text{on a :} \qquad F > F'.$$

Cette conclusion vaut pour un groupe quelconque d'éléments dS, dS', pris de part et d'autre du plan PQ. Comme cette division en groupes ne néglige aucune partie de la surface sphérique, l'action totale de cette surface ne peut être nulle au point A.

Donc si l'action est nulle, $\varphi(r)$ est constant. CQFD.

251. **Action d'une sphère homogène sur un point situé à l'intérieur.** — Soit R le rayon de la sphère, soit r la distance du point considéré au centre de cette sphère. Toutes les couches dont les rayons sont compris entre R et r n'ont aucune action : la seule action résulte de la sphère de rayon r. Tout se passe (§ 247) comme si sa masse entière $4\pi r^3\rho : 3$ était concentrée en son centre et agissait à la distance r en raison inverse de r^2.

La force est donc radiale et égale à :

$$F = \frac{4}{3}\pi\rho\frac{r^3}{r^2} = \frac{4}{3}\pi\rho r.$$

Elle est proportionnelle à la distance au centre.

Représentons l'attraction en ordonnées en fonction de la distance r au centre portée en abscisses (fig. 200). La courbe est une droite entre $r = 0$ et $r = R$; elle devient ensuite une hyperbole cubique. Les deux courbes ne se raccordent pas tangentiellement ; elles se coupent sous un angle fini pour $r = R$. Le poids P varie d'une manière continue, mais sa dérivée $dP : dr$ présente une discontinuité pour $r = R$.

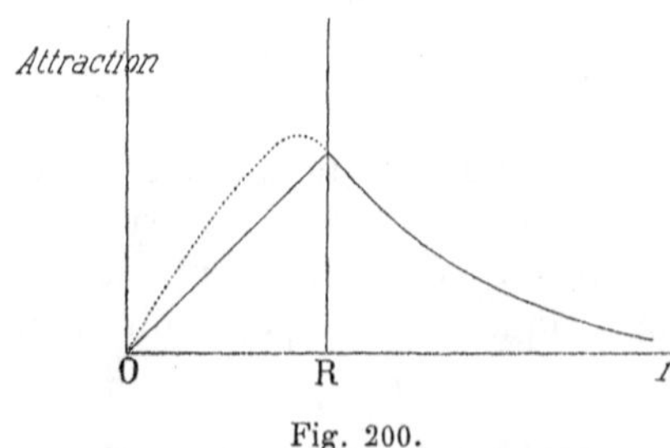

Fig. 200.

252. **Application à la Terre.** — Il est impossible même approximativement de traiter la Terre comme une sphère homogène.

Considérons-la comme formée de couches sphériques homogènes. On sait que sa densité globale moyenne est $\Delta_m = 5{,}53$ (§ 585), tandis que la densité moyenne à la surface est $\Delta_0 = 2{,}5$.

Pour aller plus loin, admettons la loi de variation :

$$\Delta = \rho_0 \left(1 - \alpha \frac{r^2}{R^2}\right),$$

où R est le rayon terrestre. La masse contenue dans une sphère de rayon r est :

$$M = 4\pi\rho_0 \int_0^r r^2 \left(1 - \alpha \frac{r^2}{R^2}\right) dr = 4\pi\rho_0 \left[\frac{r^3}{3} - \frac{\alpha r^5}{5R^2}\right].$$

Écrivons que la densité moyenne est 5,53 et que la densité à la surface est 2,5 :

$$\rho_0 \left[1 - \frac{3\alpha}{5}\right] = 5{,}53, \qquad \rho_0 (1 - \alpha) = 2{,}5.$$

On tire de là :

$$\rho_0 = 10, \qquad \alpha = 0{,}76.$$

Avec cette loi d'accroissement, la densité serait 10 au centre de la Terre.

Calculons l'attraction sur un point situé à une distance r du centre; on trouve aisément :

$$F = \frac{4}{3} \pi\rho_0 r \left(1 - \frac{3\alpha}{5} \frac{r^2}{R^2}\right) = \frac{4}{3} \pi\rho_0 r \left(1 - 0{,}46 \frac{r^2}{R^2}\right).$$

Le poids ne diminue donc pas constamment à partir de la surface; il commence par croître comme l'indique la courbe en pointillé (fig. 200). Il passe par un maximum quand la condition :

$$r : R = 0{,}85,$$

est satisfaite. Le rapport du poids maximum au poids à la surface est :

$$0{,}85 \left[1 - 0{,}46 \,.\, \overline{0{,}85}^2\right] : [1 - 0{,}46] = 1{,}06.$$

Pour calculer l'effet d'un rapprochement du centre (descente dans un puits de mine) égal à h et petit par rapport au rayon terrestre, remplaçons dans la formule r par $R - h$. Le facteur de correction devient :

$$1 + 0{,}7(h : R).$$

Il indique un accroissement de poids de l'ordre du dix-millième, au fond d'un puits de mine d'un kilomètre de profondeur; en gros ce résultat est conforme à l'expérience.

Au moyen du pendule, Airy a trouvé qu'au fond d'un puits de mine de 385 mètres, la pesanteur est augmentée de 1 : 19550 environ. Le rayon terrestre valant 6366 kilomètres en moyenne, le quotient

$h : R$ est égal à $1 : 16500$. La formule indique une augmentation de $1 : 23600$, plus petite que l'augmentation mesurée.

Il suffit d'admettre que la densité moyenne Δ_0 à la surface est inférieure à 2,5 et voisine de 2,15, pour trouver un facteur de correction :

$$1 + 0{,}85(h : R),$$

qui donne presque exactement le résultat d'Airy.

253. Potentiel créé sur la surface d'une sphère par une masse suffisamment éloignée. — Assimilons la masse agissante à un point A (fig. 198). C'est un corps *de forme quelconque* suffisamment éloigné. A mesure qu'il est plus légitime de l'assimiler à une sphère homogène ou composée de couches sphériques concentriques homogènes, on peut supposer sa distance moins petite par rapport à ses dimensions, sans qu'il en résulte d'erreur sensible provenant de la réduction à un point.

Calculons le potentiel V sur la surface d'une sphère de rayon R. A un coefficient près (masse concentrée en A), il a pour expression au point M :

$$V = \frac{1}{\rho} = 1 : \sqrt{R^2 + r^2 - 2rR\cos\theta} = 1 : r\sqrt{1 + h^2 - 2h\cos\theta},$$

en posant : $R : r = h$. Nous pouvons développer le radical en série, comme il est expliqué au § 58. Nous obtenons :

$$V = \frac{1}{r}(P_0 + hP_1 + h^2P_2 + \ldots).$$

Explicitons les polynômes P de Legendre ; il vient :

$$V = \frac{1}{r} + \frac{R}{r^2}\cos\theta + \frac{R^2}{r^3}\,\frac{3\cos^2\theta - 1}{2} + \frac{R^3}{r^4}\,\frac{5\cos^3\theta - 3\cos\theta}{2} + \ldots$$

Cette expression très importante est à la base de la Théorie des marées. Le point A est le Soleil ou la Lune.

Nous n'insisterons pas ici ; nous retrouverons la question en Mécanique physique.

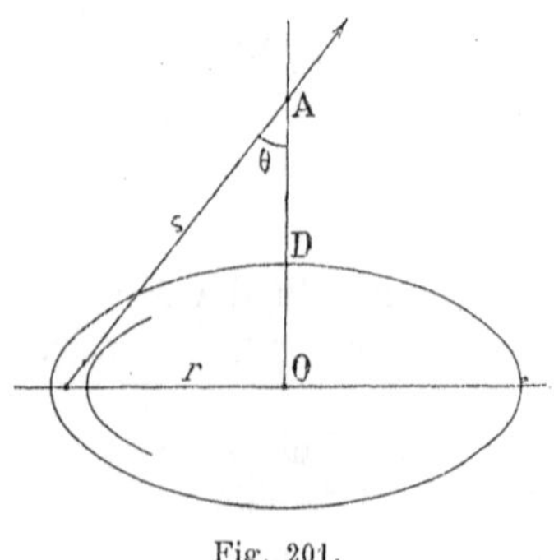

Fig. 201.

254. Action d'un plan recouvert d'une couche uniforme de densité superficielle σ. — Par raison de symétrie, la force F que nous cherchons est dirigée suivant la normale AO abaissée du point A considéré sur le plan agissant. Additionnons donc toutes les composantes suivant AO des forces f dues à chaque élément de la couche.

Décomposons la couche en anneaux de centre O, de rayon r et d'épaisseur dr. La force exercée en A, suivant AO, par un tel anneau, est :

$$dF = 2\pi\sigma \frac{r\,dr}{\rho^2} \cos\theta = 2\pi\sigma \sin\theta\, d\theta, \qquad F = 2\pi\sigma(1 - \cos\theta).$$

Pour le plan indéfini, il faut poser : $\theta = \pi : 2$; d'où le résultat classique :

$$F = 2\pi\sigma.$$

255. **Discontinuité produite par une couche de densité σ. Équation de passage.** — Appelons 1 et 2 les deux parties du milieu situées de part et d'autre de la couche.

La couche peut être répartie sur une surface quelconque, et la densité peut être variable d'un point à l'autre ; au voisinage de la surface, les effets sont les mêmes que si la densité était constante et la surface plane et indéfinie.

Soit F_1 la composante de la force normale à la couche en un point du milieu 1 très voisin de cette couche ; elle est comptée positivement vers le milieu 1.

Soit de même F_2 la composante de la force normale à la couche, en un point du milieu 2 très voisin ; elle est comptée positivement vers le milieu 2.

Nous savons (§ 254) que la couche de densité σ, (qui peut être considérée comme plane et indéfinie en vertu de la proximité du point agi), exerce une action normale et égale à $2\pi\sigma$. S'il n'y avait dans l'espace que cette couche pour produire le champ, on aurait simplement :

$$F_1 = F_2 = 2\pi\sigma, \qquad F_1 + F_2 = 4\pi\sigma.$$

Mais, à l'action de la surface agissante, s'ajoute un champ *continu* qui donne en valeur absolue la même composante normale de part et d'autre de la surface. *Avec nos conventions de signes*, il produit de part et d'autre de la surface des composantes égales et de signes contraires. Nous avons donc encore :

$$F_1 + F_2 = 4\pi\sigma,$$

où F_1 et F_2 sont maintenant les composantes normales totales.

Repérons les normales vers les deux milieux au moyen des distances n_1 et n_2 comptées sur elles à partir d'origines quelconques et dans les sens convenus. On a (§ 39) :

$$F_1 = -\frac{\partial V}{\partial n_1}, \qquad F_2 = -\frac{\partial V}{\partial n_2}; \qquad \frac{\partial V}{\partial n_1} + \frac{\partial V}{\partial n_2} + 4\pi\sigma = 0.$$

Les composantes tangentielles de la force sont évidemment continues : la discontinuité ne porte que sur les composantes normales.

Si la force est nulle d'un côté de la couche, elle est normale à la couche et égale à $4\pi\sigma$ de l'autre côté.

Le théorème est dû à Laplace ; il sert à tout instant en Électricité statique. Nous en verrons une application au § 270.

CHAPITRE V

FIGURE DE LA TERRE

Tant comme application des potentiels et de l'attraction des ellipsoïdes (dont les physiciens ne pourraient se passer en Électricité et en Magnétisme) que comme illustration du rôle du pendule (qui tient tant de place dans l'enseignement secondaire et supérieur), il est utile d'exposer le problème de la Géodésie, tout en laissant de côté les questions trop difficiles.

Ainsi le lecteur apprendra, avantage qui n'est pas négligeable, la relativité de plusieurs notions fondamentales dont il a coutume d'user avec une entière sécurité.

Toutefois il pourra passer ce Chapitre dans une première lecture.

Étude géométrique de l'ellipsoïde terrestre.

256. **Formules relatives à l'ellipse en fonction de la latitude.** — Soit représentée (fig. 202) la méridienne de l'ellipsoïde de révolution aplati auquel nous assimilons la Terre; posons :

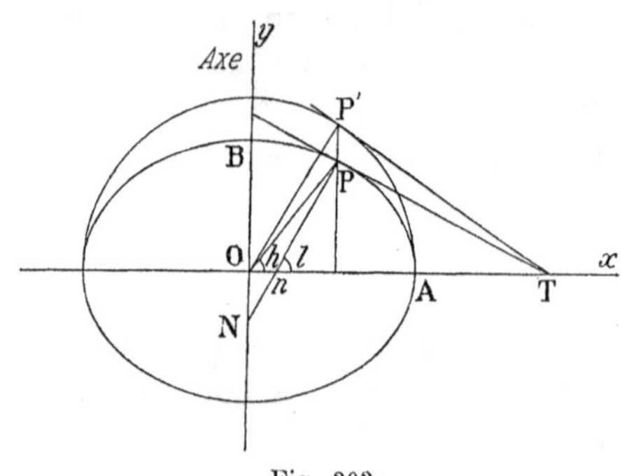

Fig. 202.

$$\overline{OA} = a, \qquad \overline{OB} = b.$$

On appelle *excentricité* la quantité :

$$\sqrt{a^2 - b^2} : a = e;$$

d'où : $b = a\sqrt{1 - e^2}$.

On utilise souvent une seconde espèce d'*excentricité* définie par la relation :

$$\sqrt{a^2 - b^2} : b = E; \quad \text{d'où :} \quad a = b\sqrt{1 + E^2}.$$

On vérifiera immédiatement l'équation :

$$(1 - e^2)(1 + E^2) = 1, \qquad E^2 - e^2 = e^2E^2;$$

donc, partout où nous négligerons les termes en e^4 ou en E^4, nous poserons $e^2 = E^2$.

On appelle *aplatissement* ou *ellipticité* la quantité :

$$(a - b) : a = \alpha.$$

On trouve aisément :

$$2\alpha - \alpha^2 = e^2, \qquad \text{et par approximation :} \qquad \alpha = \frac{e^2}{2} + \frac{e^4}{8}.$$

Nous posons donc $\alpha = e^2 : 2$, chaque fois que nous négligeons les termes en e^4.

On utilise quelquefois l'aplatissement défini par la relation :

$$(\alpha - b) : b = \beta.$$

On a : $$(1 - \alpha)(1 + \beta) = 1, \qquad \beta - \alpha = \alpha\beta\,;$$

donc, partout où nous négligeons les termes en e^4 ou en E^4, nous poserons $\alpha = \beta$.

Pour fixer les idées sur les approximations qui vont suivre, on a pour l'ellipsoïde terrestre :

$$\alpha = 1 : 300 = 0{,}00333, \qquad e^2 = 0{,}00666.$$

Les termes en e^4 sont de l'ordre du vingt-millième; *or les quantité α et e^2 ne sont guère connues à plus du centième.*

C'est donc en toute légitimité que nous poserons :

$$e^2 = E^2, \qquad \alpha = \beta.$$

Nous prendrons pour variable la *latitude l;* c'est l'angle de la normale PN avec le grand axe de l'ellipse OA, c'est-à-dire avec l'équateur de l'ellipsoïde aplati. Nous utiliserons de plus :

la latitude réduite, $\lambda = \overline{P'OA}$;

la latitude géocentrique, $h = \overline{POA}$.

Considérant l'ellipse comme la projection d'un cercle, on a immédiatement : $$\operatorname{tg} h = \frac{b}{a} \operatorname{tg} \lambda.$$

Menons les tangentes PT et P'T à l'ellipse et au cercle.

Les angles $\overline{PTO}$ et $\overline{P'TO}$ étant les compléments de l et de λ, on a :

$$\operatorname{tg} \lambda = \frac{b}{a} \operatorname{tg} l, \qquad \text{et par suite :} \qquad \operatorname{tg} h = \frac{b^2}{a^2} \operatorname{tg} l.$$

Evaluons x et y (coordonnées de P) en fonction de l. On a :

$$\frac{x^2}{a^2} + \frac{y^2}{b^2} = 1, \qquad \frac{dy}{dx} = -\frac{b^2 x}{a^2 y} = -\frac{1}{\operatorname{tg} l}.$$

$$x = \frac{a^2 \cos l}{\sqrt{b^2 \sin^2 l + a^2 \cos^2 l}} = \frac{a \cos l}{\sqrt{1 - e^2 \sin^2 l}},$$

$$y = \frac{b^2 \sin l}{\sqrt{b^2 \sin^2 l + a^2 \cos^2 l}} = \frac{a(1 - e^2) \sin l}{\sqrt{1 - c^2 \sin^2 l}}. \qquad (1)$$

On appelle *petite normale* la longueur $n = \overline{Pn}$, *grande normale* la longueur $N = \overline{PN}$.

$$N = \frac{x}{\cos l} = \frac{a}{\sqrt{1 - e^2 \sin^2 l}}, \qquad n = \frac{y}{\sin l} = \frac{a(1-e^2)}{\sqrt{1-e^2\sin^2 l}} = N(1-e^2).$$

257. **Rayon de courbure, arc d'un degré.** — Partons de la formule :

$$-\rho = \left[1 + \left(\frac{dy}{dx}\right)^2\right]^{\frac{3}{2}} : \frac{d^2y}{dx^2} = 1 : \left(\sin^3 l \frac{d^2y}{dx^2}\right).$$

On a :

$$\frac{d^2y}{dx^2} = \frac{d}{dx}\left(\frac{dy}{dx}\right) = \frac{1}{\sin^2 l}\frac{dl}{dx}, \qquad \rho = \frac{dx}{dl}\frac{1}{\sin l}.$$

On trouve aisément, en différentiant la formule donnant x en fonction de l :

$$\frac{dx}{dl} = \frac{-a(1-e^2)\sin l}{(1-e^2\sin^2 l)^{\frac{3}{2}}}, \qquad \rho = \frac{a(1-e^2)}{(1-e^2\sin^2 l)^{\frac{3}{2}}}.$$

L'arc d'un degré de méridienne est sensiblement :

$$A = \rho\pi : 180;$$

dans l'expression de ρ, on remplacera l par la latitude moyenne.

Négligeons les puissances de e^2 supérieures à la seconde; la formule se simplifie :

$$A = \frac{\pi a(1-e^2)}{180} + \frac{3}{2}\frac{\pi a}{180} e^2 \sin^2 l.$$

L'arc de méridienne d'un degré croît de l'équateur au pôle d'une quantité proportionnelle au carré du sinus de la latitude.

258. **Rectification d'un arc d'ellipse compris entre deux latitudes l_0 et l_1.** — La différentielle de l'arc se tire immédiatement de la formule donnant le rayon de courbure :

$$ds = \rho dl = \frac{a(1-e^2)dl}{(1-e^2\sin^2 l)^{\frac{3}{2}}}.$$

La quantité e^2 étant très petite, nous pouvons développer en série par la formule du binôme :

$$(1-e^2\sin^2 l)^{-\frac{3}{2}} = 1 + \frac{3}{2}e^2\sin^2 l + \frac{15}{8}e^4\sin^4 l + \frac{35}{16}e^6\sin^6 l + \dots$$

Nous pouvons remplacer les puissances du sinus par leur expression en fonction des cosinus des multiples de l'arc, et nous borner aux termes en e^4, ce qui est largement suffisant. On a :

$$\sin^2 l = \frac{1}{2} - \frac{\cos 2l}{2}, \qquad \sin^4 l = \frac{3}{8} - \frac{\cos 2l}{2} + \frac{\cos 4l}{8},$$

$$ds : dl = a(1 - e^2)(\mathrm{A} + \mathrm{B} \cos 2l + \mathrm{C} \cos 4l + \ldots),$$

$$\mathrm{A} = 1 + \frac{3}{4} e^2 + \frac{45}{64} e^4,$$

$$-\mathrm{B} = \frac{3}{4} e^2 + \frac{15}{16} e^4, \qquad \mathrm{C} = \frac{15}{64} e^4.$$

Effectuons les calculs, intégrons entre les limites l_0 et l_1 ; il vient en définitive :

$$s = a \left[\left(1 - \frac{1}{4} e^2 - \frac{3}{64} e^4\right)(l_1 - l_0) \right.$$

$$\left. + \left(\frac{3}{8} e^2 + \frac{3}{32} e^4\right)(\sin 2l_1 - \sin 2l_0) + \frac{15}{256} e^4 (\sin 4l_1 - \sin 4l_0) \right]. \quad (1)$$

Si donc on connaît deux arcs de méridienne s, d'amplitude $l_1 - l_0$, et de latitude moyenne $l = (l_1 + l_0) : 2$, on pourra, grâce à la formule (1), déterminer a et e^2, c'est-à-dire le rayon équatorial de l'ellipsoïde et le carré de son excentricité (ou, ce qui revient au même, le double de son aplatissement). On trouve, m étant l'amplitude :

$$s = a \left[\left(1 - \frac{1}{4} e^2 - \frac{3e^4}{64}\right) m \right.$$

$$\left. + \left(\frac{3}{4} e^2 + \frac{3}{16} e^4\right) \sin m \cos 2l + \frac{15}{128} e^4 \sin 2m \cos 4l \right].$$

On procédera par approximations successives, ne conservant d'abord que les premiers termes du développement, et remplaçant ensuite dans le reste les inconnues par les résultats trouvés.

259. **Application à la Terre.** — Théoriquement, et sans qu'il soit nécessaire d'insister sur les opérations géodésiques, on conçoit comme possible de déterminer la forme de la Terre sans poser aucune hypothèse. Enserrons-la *tout entière* dans un polyèdre d'un très grand nombre de faces, dont les sommets sont des points remarquables (clochers, pics, signaux de nature quelconque). Mesurons les triangles formés par ces points : nous les pouvons considérer comme plans. Plaçons-nous sur un des signaux, et déterminons l'angle, avec une droite invariable de référence, des plans de tous les triangles qui y aboutissent : nous en possédons une fort commode, *la verticale* ou *direction du fil à plomb;* nous ne lui demanderons que d'être invariable.

Il va de soi que nous pourrons construire une figure semblable à celle de la Terre.

Mais il est non moins évident que si nous attendions le résultat de ce travail diabolique pour avoir une idée de la forme de notre demeure, nous pourrions quitter l'espoir de l'acquérir de notre vivant. Nous verrons d'ailleurs plus loin que l'opération, correcte en théorie, est pratiquement impossible.

On procède d'une façon exactement inverse; *on procède comme dans toutes les parties de la Physique :* on fait une hypothèse et l'on regarde comment les faits *peu nombreux* que l'on connaît veulent bien s'y loger

Or, ici, l'hypothèse est si naturelle qu'elle a frappé les premiers qui se sont occupés de la question : Newton, Clairault, Laplace. On remarque que la majeure partie de notre globe est couverte d'eau; de plus, l'expérience vulgaire apprend que la déclivité des plus grands fleuves est très faible; d'où la conclusion que la surface terrestre ne s'éloigne pas beaucoup de ce qu'elle serait, si elle était entièrement couverte d'eau.

Les mécaniciens se sont alors demandé quelle doit être la surface d'équilibre d'une masse fluide homogène, animée d'un mouvement rotatoire d'ensemble uniforme, sous l'influence des attractions mutuelles entre ses parties suivant la loi énoncée par Newton. Ils ont trouvé que l'ellipsoïde de révolution satisfait aux conditions imposées : nous démontrerons plus loin ce théorème (§ 276).

Admettons donc que la surface terrestre est un ellipsoïde de révolution aplati suivant son axe, et essayons de vérifier l'hypothèse.

Nous ne serions guère plus avancé si l'hypothèse ne fournissait pas un renseignement supplémentaire : *la pesanteur* (*c'est-à-dire la résultante de l'attraction mutuelle des parties de l'ellipsoïde et de la force centrifuge conséquence de la rotation*, § 278) *est normale à la surface moyenne des mers qui est une surface de niveau, une surface équipotentielle du potentiel résultant de la gravité et de la force centrifuge.*

Ce que vaut ce système d'hypothèses, c'est aux résultats qu'il faut le demander; toute discussion *a priori* serait privée de bases.

Opérons comme s'il était correct, nous verrons ensuite.

260. **Coordonnées géographiques.** — Rappelons les définitions des coordonnées géographiques, afin d'en bien montrer la relativité.

Elles s'appuient sur l'hypothèse que la Terre tourne d'un mouvement uniforme; elles sont rapportées à une droite de référence qui est la verticale (c'est-à-dire la direction de la pesanteur), dont *a priori* nous ne savons rien.

Nous appelons méridien d'un lieu, le plan qui passe par la verticale de ce lieu et par la direction de l'axe de la Terre. Nous nous garderons bien de dire : *qui passe par la verticale du lieu et l'axe de la Terre,* parce que ce serait poser que la verticale coupe cet axe, ce dont nous ne savons absolument rien, et ce qui du reste doit être généralement faux.

Par définition, sont sur le même méridien géographique les lieux qui simultanément voient passer la même étoile dans leur méridien.

Il résulte immédiatement de cette définition que les lieux de même méridien géographique ne sont pas nécessairement dans le même plan; ils se disposent généralement sur une courbe gauche quelconque.

Nous trouvons donc deux définitions du méridien géographique :

1° La définition élémentaire : *le méridien géographique d'un lieu est le plan passant par ce lieu et par l'axe de rotation de la Terre.* Elle est théoriquement simple; malheureusement nous ne connaissons aucun procédé expérimental qui nous dise si deux ou plusieurs points sont ou non dans un même plan passant par l'axe de rotation de la Terre. Cela tient à ce qu'*expérimentalement* l'axe de la Terre ne nous est donné *qu'en direction.*

2° La définition *expérimentale* rappelée ci-dessus *nécessite l'emploi de la verticale.* En fait, elle supprime le méridien en tant que plan. Si on veut considérer l'ensemble des points à l'intérieur de la Terre, le méridien est une surface gauche.

L'hypothèse de l'uniformité de la rotation terrestre nous permet de repérer les courbes gauches méridiennes à partir de l'une d'elles prise pour repère : la cote s'appelle *longitude.*

Nous retrouverons les mêmes considérations dans la définition des *parallèles* et de la *latitude.*

La *colatitude* d'un lieu est l'angle de sa verticale avec la direction de l'axe de la Terre, direction déterminée par le mouvement apparent des étoiles; la *latitude* est le complément de la colatitude. Les parallèles sont les lieux de même latitude.

Impossible de conclure que les parallèles sont des plans normaux à l'axe de rotation. Cela impliquerait que les verticales de la trace d'un tel plan sur la surface terrestre coupent l'axe au même point, ce dont nous ne savons absolument rien. Les lieux de la surface terrestre qui ont même latitude sont *a priori* sur une courbe gauche quelconque.

Mêmes difficultés, quoique d'un autre ordre, pour la définition des *lignes géodésiques.* Nous avons vu au § 175 qu'on les obtient en jalonnant une surface *quelconque* par des jalons *normaux* à la surface, de manière que le jalon de numéro n efface le mieux possible le jalon de numéro $n+1$, pour l'observateur placé au pied du jalon $n-1$.

Dans le tracé expérimental d'une géodésique, l'hypothèse est donc qu'on pourra disposer des jalons suivant la normale *à la surface terrestre.*

Or la verticale n'est évidemment pas normale à la surface *réelle.* Elle est normale à une surface *a priori* inconnue, dont nous ne connaissons que la direction du plan tangent; de sorte que nous traçons une courbe de longueur minima sur une surface que nous ne connaissons pas : nous voici vraiment bien avancés.

L'hypothèse de l'ellipsoïde nous sauve du désespoir.

Elle pose : 1° que les verticales coupent l'axe de la Terre, ce qui transforme les méridiens en plans; 2° que les verticales en tous les points qui sont sur la trace d'un plan normal à l'axe le coupent en un même point, ce qui aplanit les parallèles. Jusqu'ici l'hypothèse implique seulement que la Terre admet *pour son attraction* une symétrie de révolution. Mais elle va plus loin; elle pose que la surface terrestre diffère extrêmement peu d'un ellipsoïde aplati, et que la verticale est normale à cet ellipsoïde. Du coup elle légitime la définition des géodésiques et rend possible la mise en œuvre des résultats expérimentaux.

261. **Résultats des opérations géodésiques.** — Disons tout de suite que les résultats se concilient avec l'hypothèse aussi mal que possible, étant donné que la Terre diffère peu d'une sphère et qu'il s'agit seulement d'un terme de correction. Les résultats anciens ne concordent pas et les modernes ne valent pas mieux. Naturellement on leur applique la méthode de discussion qui consiste à les affubler de *poids* arbitraires, *ce qui est une mauvaise plaisanterie;* mais on a beau torturer les nombres, la concordance se refuse à apparaître.

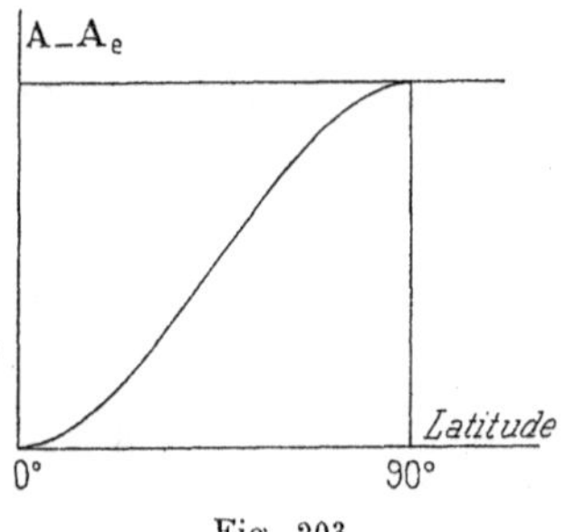

Fig. 203.

Il résulte des équations du § 257, que la longueur du degré croît de l'équateur au pôle proportionnellement au carré du sinus de la latitude (fig. 203).

Naturellement, les expériences confirment *en gros* ce résultat. Il est sûr qu'en gros la Terre ressemble à un ellipsoïde aplati. Mais si on étudie par exemple les mesures de Delambre pour la France, on trouve que :

de Dunkerque au Panthéon, la diminution du degré est. .			$10^m,33$
du Panthéon à Évreux,	«	«	$63^m,15$
d'Évreux à Carcassonne,	«	«	$25^m,34$
de Carcassonne à Mont-Juich, l'augmentation du degré est			$3^m,90.$

La longueur moyenne du degré de méridienne à travers la France est : $111^{km},130 = 111\,130^{m}$.

La valeur de l'aplatissement calculé à partir de ces nombres est :

$$e^2 : 2 = \alpha = 1 : 148 = 0{,}00676,$$

double de l'aplatissement moyen que nécessitent les expériences du pendule et la théorie de la Lune.

Pour fixer les idées, rappelons que, d'après la définition du mètre, le degré moyen vaut :

$$10^7 : 90 = 111\,111^{m}.$$

Si on admet l'aplatissement de $1 : 300$, la différence de longueur du degré au pôle et du degré à l'équateur est de 370 mètres.

262. **Définition historique du mètre.** — Aujourd'hui nous appelons *mètre* la longueur à $0°$ d'une certaine règle conservée dans un certain bâtiment. Mais la définition historique est toute différente.

On prend pour unité de longueur la dix-millionième partie du quart du méridien terrestre.

Cette définition n'a de sens que si tous les méridiens sont égaux, si la surface terrestre est de révolution.

Supposons mesuré un arc d'amplitude m et de latitude moyenne l. On a (§ 258) :

$$s = a\left[\left(1 - \frac{e^2}{4} - \frac{3e^4}{64}\right) m \right.$$
$$\left. + \left(\frac{3e^2}{4} + \frac{3e^4}{16}\right) \sin m \cos 2l + \frac{15}{128} e^4 \sin 2m \cos 4l \right].$$

Le quart du méridien a pour expression :

$$m = \pi : 2, \qquad l = \pi : 4; \qquad Q = \frac{a\pi}{2}\left(1 - \frac{e^2}{4} - \frac{3e^4}{64}\right).$$

Ainsi, la mesure de Q en une unité arbitraire (la toise par exemple) ne peut être obtenue, à partir de la mesure avec cette même unité d'un arc s d'amplitude m et de latitude moyenne l, qu'à la condition de connaître e^2.

Nous venons de voir avec quelle erreur grossière on évalue l'aplatissement $\alpha = e^2 : 2$, quand on utilise seulement les mesures faites en France. La comparaison des mesures faites en France et au Pérou a donné à la Commission du mètre nommée par la Constituante la valeur :

$$e^2 = 0{,}00598, \qquad \alpha = 0{,}00299 = 1 : 344,$$

nombre plus approché de la réalité, mais encore très erroné.

C'est alors qu'on résolut de reprendre les mesures (dont il est parlé au paragraphe précédent) de Dunkerque à l'île Formentera au delà de Barcelone, de manière à obtenir un arc dont la latitude moyenne soit exactement 45°. L'avantage de cette circonstance est d'annuler $\cos 2l$ et de supprimer les termes en e^2 dans le quotient $s : Q$. En effet on a alors :

$$\frac{s}{Q} = \frac{2m}{\pi} - \frac{15}{64} e^4 \frac{\sin 2m}{\pi}.$$

Connaissant m par des mesures astronomiques, s (en toises) par la triangulation, *admettant pour* e^2 *la valeur* $1 : 334$, on peut calculer la valeur en toises du quart du méridien, et par conséquent la valeur en toises de sa dix-millionième partie, c'est-à-dire du mètre. Ce qu'on fit.

Mais si l'on introduit dans les calculs la valeur correcte de l'aplatissement déterminé *depuis* par le pendule et les méthodes astronomiques, on trouve pour la distance du pôle à l'équateur :

10'001'877 mètres.

L'erreur serait de 2 kilomètres environ.

263. **Causes de l'incertitude des résultats géodésiques.** — Les résultats précédents n'ont rien qui puisse nous étonner. Qu'il y ait, dans la direction de la pesanteur, ce qu'on appelle conventionnellement des *perturbations locales*, est plus que probable *a priori*. Cela signifie simplement que les verticales ne sont pas perpendiculaires à la surface fictive par laquelle nous voulons remplacer la Terre; en d'autres termes, la direction du fil à plomb n'est pas indépendante de la distribution des masses *au voisinage* du lieu d'observation. Nous aurons l'occasion de revenir là-dessus.

Mais si cette distribution change la direction du fil à plomb, elle a beaucoup moins d'influence sur la grandeur même de l'attraction. Les expériences avec le pendule donnent des résultats beaucoup plus concordants, ce qui est, indépendamment de la nature de ces résultats, une preuve que les causes accidentelles de variation (qu'on appelle conventionnellement les *erreurs accidentelles*) sont moins à craindre.

Aussi procède-t-on en définitive de la manière suivante. On admet que la surface de référence pour la forme de la Terre est un ellipsoïde de révolution, dont l'aplatissement est déterminé par le pendule, d'accord avec les phénomènes astronomiques. On compare les résultats géodésiques aux résultats déduits de cette hypothèse; tout ce qui diffère trop sensiblement devient *perturbation locale*.

Étudions donc quelles sont les attractions dues à un ellipsoïde.

Attraction des ellipsoïdes.

Pour étudier la figure de la Terre, nous pourrions limiter notre étude à un ellipsoïde de révolution ayant un aplatissement très petit (§ 279). La concordance des faits et de cette hypothèse est telle qu'une complication plus grande est encore inutile. Mais les physiciens ont besoin de quelques résultats plus généraux ; d'où le développement que nous donnons à l'attraction des ellipsoïdes.

Nous suivons la méthode de Chasles ; elle est longue, mais claire ; on y suit aisément la marche des idées. L'expression *homoïd* est empruntée au traité de Tait et Thomson.

264. Définitions. —

1° On appelle *homoïd* une couche *mince* comprise entre deux surfaces *homothétiques* (semblables et semblablement placées) (fig. 204).

Soit BB′, CC′, les surfaces qui limitent la couche ; soit O le centre de similitude. L'épaisseur ε au point B est mesurée par la distance des plans tangents qui correspondent aux points homologues B et C. Elle est proportionnelle à la perpendiculaire $p = \overline{\mathrm{OP}}$, menée du centre de similitude sur le plan tangent au point B.

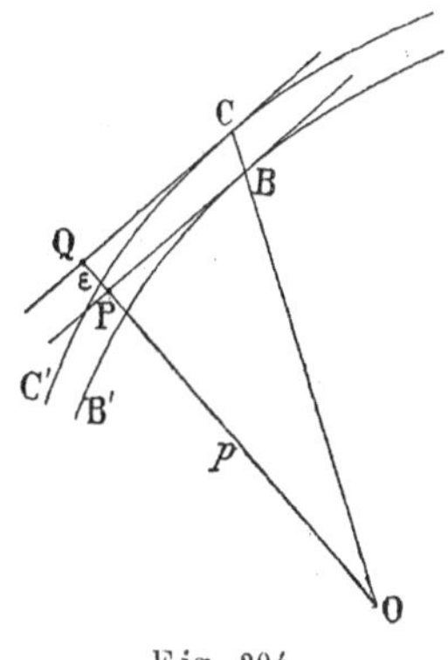

Fig. 204.

Soit en effet θ et $\theta + d\theta$ les rapports de similitude des surfaces considérées par rapport à une surface semblable de référence. On a évidemment :

$$\varepsilon : p = d\theta : \theta.$$

Un *homoïd elliptique* est une couche mince comprise entre deux ellipsoïdes semblables, concentriques et semblablement placés ; par exemple comprise entre les ellipsoïdes :

$$\frac{x^2}{a^2} + \frac{y^2}{b^2} + \frac{z^2}{c^2} = 1, \qquad \frac{x^2}{a^2} + \frac{y^2}{b^2} + \frac{z^2}{c^2} = \theta^2. \qquad (1)$$

2° On appelle *ellipsoïdes homofocaux* des ellipsoïdes dont les sections principales sont décrites des mêmes foyers.

Ils rentrent dans l'équation générale :

$$\frac{x^2}{a^2 + \lambda} + \frac{y^2}{b^2 + \lambda} + \frac{z^2}{c^2 + \lambda} = 1 ; \qquad (2)$$

λ est le paramètre variable qui définit le faisceau des surfaces.

3° Soit deux ellipsoïdes :

$$\frac{x^2}{a^2} + \frac{y^2}{b^2} + \frac{z^2}{c^2} = 1, \qquad \frac{x'^2}{a'^2} + \frac{y'^2}{b'^2} + \frac{z'^2}{c'^2} = 1,$$

On appelle *points correspondants* deux points respectivement pris sur l'un et l'autre ellipsoïdes dont les coordonnées satisfont aux relations :

$$\frac{x}{a}=\frac{x'}{a'}, \qquad \frac{y}{b}=\frac{y'}{b'}, \qquad \frac{z}{c}=\frac{z'}{c'}.$$

265. **Action d'un homoïd elliptique homogène sur un point intérieur.** — Elle est nulle. C'est la généralisation du théorème de Newton (§ 249).

Par le point A et le centre des ellipsoïdes faisons passer un plan (fig. 205). Il les coupe suivant deux ellipses concentriques et homothétiques, admettant par conséquent les mêmes systèmes de diamètres conjugués. Par le point A menons une droite *abcd*; les cordes *ad* et *bc* ont le même milieu M; d'où l'égalité :

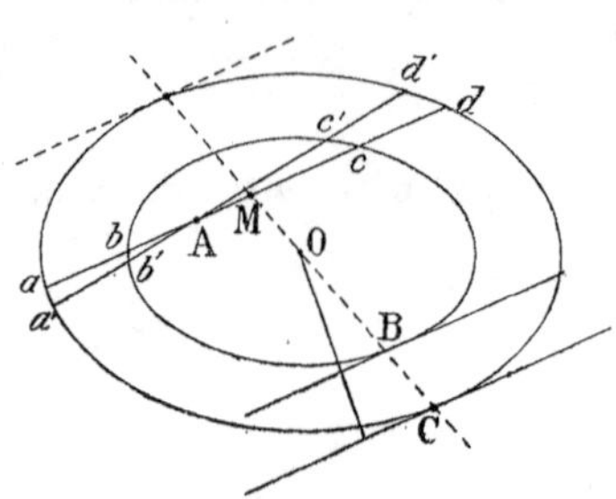

Fig. 205.

$$\overline{ab}=\overline{cd}.$$

Ceci posé, par le point A menons deux cônes infiniment petits, opposés par le sommet et d'angle solide $d\omega$. Je dis qu'ils découpent dans l'homoïd des volumes dont les actions au point A sont égales et de sens contraires. En effet, la force exercée en A par l'un ou l'autre volume a pour expression :

$$\int\frac{r^2 d\omega\, dr}{r^2}=\int d\omega\, dr=d\omega\int dr=d\omega\,.\,\overline{ab}=d\omega\,.\,\overline{cd}.$$

On verra, comme au § 249, que nous pouvons, sans rien négliger de l'homoïd, le découper en groupes de deux éléments de volume dont les effets se détruisent.

266. **Application à l'Électricité statique.** — La densité *superficielle* σ d'une couche d'électricité en équilibre sur une surface conductrice est, par définition, proportionnelle à l'épaisseur de la couche fictive de densité *solide* (ou de volume) uniforme. Soit ε l'épaisseur comptée suivant la normale à la surface conductrice (fig. 204), dS l'élément de surface pris au voisinage du point B ou C, δ la densité solide. On pose :

$$\delta\varepsilon d\text{S}=\sigma d\text{S}.$$

Pour obtenir la densité σ d'une couche d'électricité en équilibre sur un ellipsoïde conducteur portant une charge totale M, (c'est-à-dire d'une couche exerçant une action nulle en tout point à l'intérieur de l'ellipsoïde), on imaginera donc une surface concentrique et homothétique extrêmement voisine de l'ellipsoïde donné, et on évaluera la distance ε des plans tangents en deux points homologues, B et C par exemple. Soit :

$$\frac{x^2}{a^2}+\frac{y^2}{b^2}+\frac{z^2}{c^2}=1,$$

l'ellipsoïde conducteur. Appelons $1+d\theta$ le rapport de similitude, p la distance au centre du plan tangent au point x, y, z; ε l'épaisseur de la couche.

Le volume des deux ellipsoïdes et le volume de la couche sont :

$$\frac{4}{3}\pi abc, \qquad \frac{4}{3}\pi abc(1+d\theta)^3, \qquad 4\pi abc\,.\,d\theta.$$

Soit M la masse totale d'électricité ; on a :

$$M=4\pi\delta\,.\,abc\,.\,d\theta, \qquad \sigma=\varepsilon\delta=\delta p\,.\left(\frac{d\theta}{\theta}\right)_{\theta=1}=\frac{M}{4\pi abc}p.$$

Reste à évaluer la distance p à l'origine du plan tangent au point x, y, z, de l'ellipsoïde. Le plan tangent a pour équation :

$$X\frac{x}{a^2}+Y\frac{y}{b^2}+Z\frac{z}{c^2}=1\,;$$

d'où : $p=1:\sqrt{\frac{x^2}{a^4}+\frac{y^2}{b^4}+\frac{z^2}{c^4}}, \qquad \sigma=\frac{M}{4\pi abc}:\sqrt{\frac{x^2}{a^4}+\frac{y^2}{b^4}+\frac{z^2}{c^4}}.$

Ce qui résout le problème.

267. **Correspondance par points et par éléments de volume de deux homoïds.** — Considérons, d'une part, l'homoïd limité par les ellipsoïdes :

$$\frac{x^2}{a^2}+\frac{y^2}{b^2}+\frac{z^2}{c^2}=1, \qquad \text{et} \qquad =(1+\alpha)^2, \tag{1}$$

d'autre part, l'homoïd limité par les ellipsoïdes :

$$\frac{x^2}{a'^2}+\frac{y^2}{b'^2}+\frac{z^2}{c'^2}=1, \qquad \text{et} \qquad =(1+\alpha)^2. \tag{2}$$

Pour les faire correspondre deux à deux points par points, il suffit de poser : $\qquad \frac{x}{a}=\frac{x'}{a'}, \qquad \frac{y}{b}=\frac{y'}{b'}, \qquad \frac{z}{c}=\frac{z'}{c'}. \qquad (3)$

Les points x, y, z, appartiennent à l'un des ellipsoïdes (1) ; les points x', y', z', appartiennent à l'ellipsoïde (2) correspondant.

Au surplus, la correspondance a lieu pour toute la série des ellipsoïdes intermédiaires qu'on obtient en faisant varier le paramètre α entre 0 et sa valeur actuelle α; à chaque ellipsoïde (1) correspond point par point un ellipsoïde (2), *la loi de correspondance restant toujours exprimée par les relations* (3).

La correspondance en volume élément par élément va de soi. Les volumes correspondants sont limités par des points correspondants.

On a évidemment : $\frac{dx\,dy\,dz}{abc} = \frac{dx'\,dy'\,dz'}{a'b'c'}$;

autrement dit, les volumes des éléments correspondants sont comme les volumes de deux ellipsoïdes correspondants quelconques de l'une et l'autre séries.

Tout ce qui précède est vrai quel que soit le choix des quantités a, b, c, a', b', c'. Comme cas particulier, on peut supposer satisfaites les relations :

$$a^2 - a'^2 = b^2 - b'^2 = c^2 - c'^2 :$$

les ellipsoïdes correspondants sont homofocaux.

268. **Théorème : soit deux couples de points correspondants sur des ellipsoïdes homofocaux : M, P, sur l'ellipsoïde 1, M', P', sur l'ellipsoïde 2; on a :**

$$\overline{MP'} = \overline{M'P}.$$

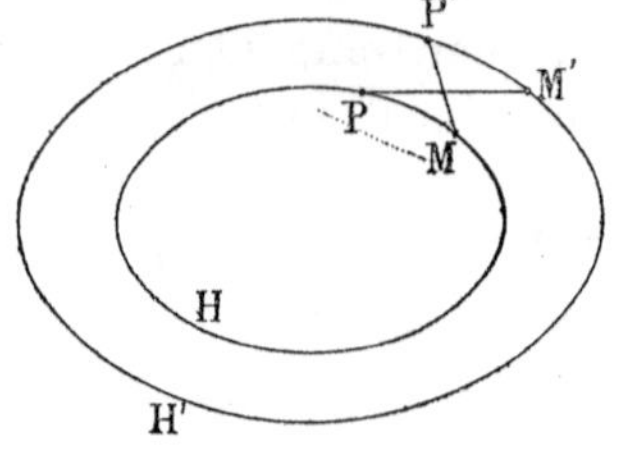

Fig. 206.

Soit x, y, z, les coordonnées du point M ; ξ, η, ζ, celles du point P. Les coordonnées des points correspondants sont accentuées. Les ellipsoïdes ont pour équations :

$$\frac{x^2}{a^2} + \frac{y^2}{b^2} + \frac{z^2}{c^2} = 1, \qquad \frac{x^2}{a'^2} + \frac{y^2}{b'^2} + \frac{z^2}{c'^2} = 1.$$

On a par définition :

$$\frac{x}{a} = \frac{x'}{a'}, \ldots ; \qquad \frac{\xi}{a} = \frac{\xi'}{a'}, \ldots$$

$$\overline{MP'}^2 = (x - \xi')^2 + (y - \eta')^2 + (z - \zeta')^2 = \left(x - \xi\frac{a'}{a}\right)^2 + \ldots$$

$$\overline{M'P}^2 = (x' - \xi)^2 + (y' - \eta)^2 + (z' - \zeta)^2 = \left(x\frac{a'}{a} - \xi\right)^2 + \ldots$$

$$\overline{MP'}^2 - \overline{M'P}^2 = (x^2 - \xi^2)\frac{a^2 - a'^2}{a^2} + (y^2 - \eta^2)\frac{b^2 - b'^2}{b^2} + (z^2 - \zeta^2)\frac{c^2 - c'^2}{c^2}$$

$$= (a^2 - a'^2)\left[\left(\frac{x^2}{a^2} + \frac{y^2}{b^2} + \frac{z^2}{c^2}\right) - \left(\frac{\xi^2}{a^2} + \frac{\eta^2}{b^2} + \frac{\zeta^2}{c^2}\right)\right] = 0;$$

en vertu des hypothèses que les ellipsoïdes sont homofocaux et que les points M et P sont sur l'ellipsoïde 1.

269. **Potentiel d'un homoïd homogène sur un point extérieur.** — Démontrons d'abord le théorème suivant : *le potentiel d'un homoïd homogène* H *en un point* P' *de l'homoïd* H' *homofocal cor*

respondant, est au potentiel de l'homoïd H′ *au point* P *correspondant de* P′, *comme sont entre eux les volumes abc et a′b′c′.*

En effet, les potentiels dont il est parlé ont pour expressions :

$$V=\iint \rho \frac{dv}{\overline{MP'}}, \qquad V'=\iint \rho \frac{dv'}{\overline{M'P}}.$$

Dans ces intégrales, M et M′ sont les points variables où nous prenons les volumes dv et dv'; P et P′ sont les points fixes.

Découpons les homoïds H et H′ (figurés par un simple trait dans la figure 206) en éléments de volume correspondants dv et dv'; on a :

$$dv : abc = dv' : a'b'c'.$$

A tout élément $dv : \overline{MP'}$ de l'intégrale V correspond un élément de l'intégrale V′ contenant l'élément de volume dv' correspondant à dv, et la distance $\overline{M'P}$ correspondant à $\overline{MP'}$. On a :

$$\overline{MP'}=\overline{M'P}, \qquad \frac{dv}{abc\,.\,\overline{MP'}}=\frac{dv'}{a'b'c'\,.\,\overline{M'P}}, \qquad \frac{V}{abc}=\frac{V'}{a'b'c'}.$$

Comme les volumes totaux des homoïds sont eux-mêmes dans le rapport $abc : a'b'c'$, on peut dire que *les potentiels* V *et* V′ *aux points correspondants* P *et* P′ *sont comme les volumes des homoïds.*

COROLLAIRES.

1° *Les surfaces équipotentielles de l'attraction d'un homoïd* H *sur tout point extérieur sont des ellipsoïdes homofocaux de* H.

En effet, nous avons montré, au § 265, que le potentiel V′ de H′ est le même sur tout point intérieur; il est donc le même en tous les points P de l'homoïd H. Réciproquement, V est le même pour tous les points de H′, qui par suite est une surface équipotentielle.

2° Conséquemment, l'action d'un homoïd en un point extérieur Q est normale à l'ellipsoïde homofocal qui passe par ce point.

3° Traçons un faisceau d'ellipsoïdes homofocaux. Soit H_1, H_2 et H′, trois de ces ellipsoïdes. Utilisons les ellipsoïdes H_1 et H_2, pour former deux homoïds, c'est-à-dire traçons deux ellipsoïdes respectivement concentriques, semblables, semblablement placés à H_1 et à H_2, et tels que les volumes des couches soient comme $a_1b_1c_1 : a_2b_2c_2$.

Ils admettent l'un et l'autre comme surface équipotentielle l'ellipsoïde homofocal H′.

Déterminons leurs potentiels en un point de H′. Nous aurons :

$$\frac{V_1}{a_1b_1c_1}=\frac{V_2}{a_2b_2c_2}=\frac{V'}{a'b'c'}.$$

Donc, deux homoïds homofocaux déterminent en un point extérieur des potentiels qui sont entre eux comme leurs volumes.

4° En un point d'un homoïd homogène, le champ extérieur dû à cet homoïd lui-même est normal à la surface extérieure, qui est la première des surfaces équipotentielles.

C'est le complément de la proposition du § 266. Une couche d'électricité répandue sur un ellipsoïde suivant la loi indiquée produit un potentiel constant à l'intérieur; elle est elle-même une surface équipotentielle et exerce une action normale sur tout point voisin.

270. **Attraction d'un homoïd sur un point extérieur.** — Commençons par déterminer l'action d'un homoïd H sur un point de sa surface.

L'action d'un homoïd sur un point qui est à sa surface se déduit immédiatement du théorème général de Laplace (§ 255) : *Quand on traverse une couche dont la densité superficielle est* σ *au point de traversée, la discontinuité normale de la force est* $4\pi\sigma = 4\pi\delta\varepsilon$*. Quand à l'intérieur de la couche le potentiel est constant et la force par conséquent nulle, la force extérieure en un point de la surface est normale à cette surface et égale à* $4\pi\sigma = 4\pi\delta\varepsilon$.

Soit θ et $\theta + d\theta$ les paramètres qui définissent les ellipsoïdes limitant l'homoïd H par rapport à un ellipsoïde de référence semblable et semblablement placé. On a (§ 264) :

$$\varepsilon : p = d\theta : \theta, \qquad \varepsilon = p d\theta : \theta.$$

La force a donc pour expression :

$$4\pi\delta p \,.\, d\theta : \theta.$$

Nous pouvons supposer la densité solide δ égale à l'unité et prendre pour expression de la force normale, due à un homoïd en un point de sa surface :

$$F = 4\pi p \,.\, d\theta : \theta.$$

Soit a, b, c, les demi-axes de la surface intérieure de l'homoïd H; $a + da$, $b + db$, $c + dc$, les demi-axes de la surface extérieure;

on a : $$\frac{d\theta}{\theta} = \frac{da}{a} = \frac{db}{b} = \frac{dc}{c};$$

de sorte qu'on peut écrire :

$$F = 4\pi p\, da : a = 4\pi p\, db : b = \ldots$$

Ainsi est déterminée l'action *à la surface* de l'homoïd.

Soit maintenant le point agi A *hors de* l'homoïd. Pour trouver la force, faisons passer par le point A un homoïd C homofocal au premier. Sa surface extérieure aura donc pour équation :

$$\frac{x^2}{a^2 + \lambda} + \frac{y^2}{b^2 + \lambda} + \frac{z^2}{c^2 + \lambda} = 1;$$

elle est assujettie à passer par le point A : ce qui détermine λ.

Son volume doit être le même que le volume de l'homoïd H (§ 269).

Posons :

$$a'^2 = a^2 + \lambda, \qquad b'^2 = b^2 + \lambda, \qquad c'^2 = c^2 + \lambda.$$

On doit avoir :

$$\frac{da}{a}=\frac{db}{b}=\frac{dc}{c}, \qquad \frac{da'}{a'}=\frac{db'}{b'}=\frac{dc'}{c'};$$

et par conséquent :

$$abc\frac{da}{a}=a'b'c'\frac{da'}{a'}.$$

L'action de l'homoïd homofocal C en un point A de sa surface est :

$$4\pi p'\frac{da'}{a'}=4\pi p'\frac{da}{a}\frac{abc}{a'b'c'}.$$

Nous savons par le corollaire 3° du § 269 qu'elle est égale à l'action de l'homoïd intérieur H, au même point.

La force cherchée est par conséquent normale à l'homoïd C; ses cosinus directeurs sont ceux de la normale au point A :

$$\frac{p'x}{a'^2}, \qquad \frac{p'y}{b'^2}, \qquad \frac{p'z}{c'^2},$$

puisque p' représente la longueur de la perpendiculaire menée du centre au plan tangent en A.

271. Potentiel en un point extérieur. — Puisque nous savons calculer l'action de l'homoïd en tout point extérieur, nous pouvons calculer le potentiel de proche en proche. Il s'exprime tout naturellement par une intégrale prise suivant une ligne, puisqu'il représente le travail d'une masse qu'on prend à l'infini et qui s'approche jusqu'au point considéré.

Nous allons repérer l'espace au moyen des ellipsoïdes équipotentiels :

$$\frac{x^2}{a^2+\lambda}+\frac{y^2}{b^2+\lambda}+\frac{z^2}{c^2+\lambda}=1. \tag{1}$$

Quand nous passons de l'un à l'autre, le potentiel varie de la même quantité, quel que soit le chemin choisi; λ sert donc de paramètre d'intégration.

Soit x, y, z, le point considéré sur l'ellipsoïde (1). Le plan tangent en ce point est :

$$\frac{xX}{a^2+\lambda}+\frac{yY}{b^2+\lambda}+\frac{zZ}{c^2+\lambda}=1.$$

La distance p' à l'origine est :

$$p'=1:\sqrt{\frac{x^2}{(a^2+\lambda)^2}+\frac{y^2}{(b^2+\lambda)^2}+\frac{z^2}{(c^2+\lambda)^2}}.$$

Différentions l'équation (1); il vient :

$$2\left(\frac{xdx}{a^2+\lambda}+\frac{ydy}{b^2+\lambda}+\dots\right)=\left[\frac{x^2}{(a^2+\lambda)^2}+\frac{y^2}{(b^2+\lambda)^2}+\dots\right]d\lambda=\frac{d\lambda}{p'^2}.$$

Les cosinus directeurs de la normale, au voisinage du point x, y, z, sont : $p'x:(a^2+\lambda)$, $p'y:(b^2+\lambda)$, $p'z:(c^2+\lambda)$.

Tout ceci posé, allons de l'ellipsoïde C à l'ellipsoïde homofocal voisin ; avançons-nous de dx, dy, dz, dans le sens de la normale. Nous obtenons pour la distance dn des deux ellipsoïdes :

$$dn = \frac{p'xdx}{a^2+\lambda} + \frac{p'ydy}{b^2+\lambda} + \frac{p'zdz}{c^2+\lambda} = \frac{d\lambda}{2p'}.$$

Nous connaissons donc : d'une part la force F, d'autre part la distance normale dn de deux surfaces équipotentielles voisines ; nous connaissons par suite la variation du potentiel (au signe près qui dépend des conventions) :

$$-\mathrm{F}dn = d\mathrm{V}, \qquad -d\mathrm{V} = \frac{d\lambda}{2p'} \cdot 4\pi p' \frac{da}{a} \frac{abc}{\sqrt{(a^2+\lambda)(b^2+\lambda)(c^2+\lambda)}}.$$

Il suffit maintenant d'intégrer à partir de l'infini où $\lambda = \infty$, jusque sur la surface homofocale de l'ellipsoïde attirant H et passant par le point extérieur où l'on calcule l'attraction :

$$\mathrm{V} = -2\pi abc \frac{da}{a} \int_\infty^\lambda \frac{d\lambda}{\sqrt{(a^2+\lambda)(b^2+\lambda)(c^2+\lambda)}}.$$

272. **Potentiel dû à un ellipsoïde homogène.** — Nous devons décomposer l'ellipsoïde homogène par une série d'ellipsoïdes concentriques, semblables et semblablement placés :

$$\frac{x^2}{a^2} + \frac{y^2}{b^2} + \frac{z^2}{c^2} = \theta^2.$$

Nous obtiendrons donc, entre ces ellipsoïdes, des homoïds dont nous savons calculer l'action. A chacun d'eux, correspondent des surfaces équipotentielles d'équation :

$$\frac{x^2}{\theta^2a^2+\lambda} + \frac{y^2}{\theta^2b^2+\lambda} + \frac{z^2}{\theta^2c^2+\lambda} = 1. \qquad (1)$$

Il va de soi que tous ces faisceaux de surfaces équipotentielles sont différents ; peu importe d'ailleurs.

La quantité λ est une fonction de θ. Une fois choisi l'homoïd, défini par la variable θ, et dont l'épaisseur est fixée par la variation $d\theta$, nous écrivons que l'ellipsoïde homofocal (1) passe par le point où nous voulons calculer le potentiel ; ce qui fournit une relation entre λ et θ^2.

L'expression du potentiel total se déduit immédiatement de là. Remplaçons :

$$a,\ b,\ c,\quad da:a \quad \text{par} \quad a\theta,\ b\theta,\ c\theta,\quad d\theta:\theta.$$

Intégrons entre $\theta=0$ et $\theta=1$; nous utilisons ainsi tout l'ellipsoïde.

$$V=-2\pi abc\int_0^1\theta^2 d\theta\int_\infty^\lambda\frac{d\lambda}{\sqrt{(\theta^2a^2+\lambda)(\theta^2b^2+\lambda)(\theta^2c^2+\lambda)}}.$$

Nous obtenons une expression très analogue en supposant, au lieu d'un ellipsoïde homogène, un ellipsoïde décomposé en couches concentriques, semblables, séparément homogènes. Il suffit d'introduire la densité $\delta=f(\theta)$ sous le premier signe $\int$.

Cette expression est mal commode parce que λ est une fonction de θ. Transformons-la en faisant bien attention au sens des symboles. Posons : $\lambda=\theta^2u$.

Nous pouvons écrire la seconde intégrale, *dans laquelle* θ *doit être considérée comme une constante :*

$$\frac{1}{\theta}\int_\infty^\lambda\frac{d\lambda:\theta^2}{\sqrt{(a^2+\lambda:\theta^2)(b^2+\lambda:\theta^2)(c^2+\lambda:\theta^2)}}$$
$$=\frac{1}{\theta}\int_\infty^u\frac{du}{\sqrt{(a^2+u)(b^2+u)(c^2+u)}}.$$

Lorsque θ est choisi, u s'en déduit par l'équation (1) modifiée; c'est la racine positive de cette équation :

$$\frac{x^2}{a^2+u}+\frac{y^2}{b^2+u}+\frac{z^2}{c^2+u}=\theta^2. \qquad (1')$$

Nous pouvons donc écrire le potentiel sous la forme :

$$V=2\pi abc\int_0^1\theta d\theta\int_u^\infty\frac{du}{\sqrt{(a^2+u)(b^2+u)(c^2+u)}}.$$

La seconde intégrale effectuée nous donne une fonction de u, que nous exprimons en θ au moyen de l'équation (1'), ce qui permet la seconde intégration. On peut naturellement éviter d'exprimer la fonction de u au moyen de θ, en explicitant $\theta d\theta$ sous forme d'une fonction de u. Il suffit de différentier (1') où x, y, z, sont des constantes, puisqu'elles représentent les coordonnées du point où l'on calcule le potentiel :

$$-2\theta d\theta=\left[\frac{x^2}{(a^2+u)^2}+\frac{y^2}{(b^2+u)^2}+\frac{z^2}{(c^2+u)^2}\right]du.$$

Il faut enfin changer les limites. Pour $\theta=0$, on a $u=\infty$; pour $\theta=1$, u prend la valeur q qui est la racine positive de l'équation :

$$\frac{x^2}{a^2+q}+\frac{y^2}{b^2+q}+\frac{z^2}{c^2+q}=1. \qquad (2)$$

Le potentiel s'écrit :

$$V = \pi abc \int_q^\infty \left[\frac{x^2}{(a^2+u)^2} + \frac{y^2}{(b^2+u)^2} + \frac{z^2}{(c^2+u)^2} \right] \times \left[\int_u^\infty \frac{du}{\sqrt{(a^2+u)(b^2+u)(c^2+u)}} \right] du.$$

Si l'ellipsoïde est formé de couches concentriques séparément homogènes, mais dont la densité est variable de l'une à l'autre, δ s'introduit dans la première intégrale ; on ne peut simplifier davantage.

Quand l'ellipsoïde est homogène, on va plus loin.

Posons :

$$1 : \sqrt{(a^2+u)(b^2+u)(c^2+u)} = f(u), \qquad \int_u f(u)\,du = \varphi(u).$$

Intégrons par parties la quantité :

$$S = \int_q^\infty \frac{\varphi(u)\,du}{(C+u)^2} = -\left[\frac{\varphi(u)}{C+u} \right]_q^\infty - \int_q^\infty \frac{\varphi'(u)\,du}{C+u}.$$

On voit aisément que cette expression a pour valeur :

$$S = \frac{1}{C+q} \int_q^\infty f(u)\,du - \int_q^\infty \frac{f(u)\,du}{C+u}.$$

Appliquons la même transformation aux trois intégrales doubles ; c'est-à-dire faisons successivement $C = a^2,\ b^2,\ c^2$. Tenons compte de l'équation (**2**). Il vient :

$$V = \pi abc \int_q^\infty \left[1 - \left(\frac{x^2}{a^2+u} + \frac{y^2}{b^2+u} + \frac{z^2}{c^2+u} \right) \right] \frac{du}{\sqrt{(a^2+u)(b^2+u)(c^2+u)}}.$$

Si le point attiré est à la surface de l'ellipsoïde, l'équation (2) devient :

$$\frac{x^2}{a^2} + \frac{y^2}{b^2} + \frac{z^2}{c^2} = 1. \qquad (2')$$

Les intégrations ont pour limite inférieure $q = 0$.

273. **Action d'un ellipsoïde homogène sur un point extérieur.** — Il faut calculer les dérivées de V par rapport à x, y, z, *sans oublier que la limite q dépend de x, y, z, en vertu de l'équation* (**2**).

$$-\frac{\partial V}{\partial x} = 2\pi abcx \int_q^\infty \frac{du}{(a^2+u)\sqrt{(a^2+u)(b^2+u)(c^2+u)}}$$
$$-\pi abc \frac{\partial q}{\partial x} \left[1 - \left(\frac{x^2}{a^2+q} + \frac{y^2}{b^2+q} + \frac{z^2}{c^2+q} \right) \right] \frac{1}{\sqrt{(a^2+q)(b^2+q)(c^2+q)}}.$$

Le second terme est nul en vertu de (2). Il reste donc :

$$-\frac{\partial V}{\partial x} = 2\pi abcx \int_q^\infty \frac{du}{(a^2+u)\sqrt{(a^2+u)(b^2+u)(c^2+u)}},$$

et deux expressions symétriques pour

$$-\frac{\partial V}{\partial y}, \qquad -\frac{\partial V}{\partial z}.$$

274. **Action sur un point intérieur.** — Nous ne devons considérer que l'ellipsoïde semblable à l'ellipsoïde donné et passant par le point x, y, z (comparer au § 251). La quantité θ^2 est fournie par l'équation :

$$\frac{x^2}{a^2}+\frac{y^2}{b^2}+\frac{z^2}{c^2}=\theta^2.$$

Le point étant à la surface de l'ellipsoïde utile (§ 265), on a :

$$-\frac{\partial V}{\partial x} = 2\pi\theta^3 abcx \int^\infty \frac{du}{(\theta^2a^2+u)\sqrt{(\theta^2a^2+u)(\theta^2b^2+u)(\theta^2c^2+u)}},$$

ou, divisant tout par θ^3, et prenant pour variable une nouvelle quantité u égale à $u : \theta^2$, ce qui ne change pas les limites d'intégration :

$$-\frac{\partial V}{\partial x} = 2\pi abcx \int_0^\infty \frac{du}{(a^2+u)\sqrt{(a^2+u)(b^2+u)(c^2+u)}} = 2\pi abc\mathrm{L}x.$$

Nous pouvons donc écrire :

$$-\frac{\partial V}{\partial x} = 2\pi abc\mathrm{L}x, \qquad -\frac{\partial V}{\partial y} = 2\pi abc\mathrm{M}y, \qquad -\frac{\partial V}{\partial z} = 2\pi abc\mathrm{N}z.$$

Et par conséquent :

$$V = V_0 + \pi abc(\mathrm{L}x^2 + \mathrm{M}y^2 + \mathrm{N}z^2).$$

Ces quantités L, M, N, ne dépendent pas de x, y, z; ce sont des paramètres constants pour un ellipsoïde a, b, c, donné.

On conclut de là que les actions de deux ellipsoïdes homogènes, semblables et de même densité, sur des points homologues de leurs surfaces, sont dirigées de même, et proportionnelles à leurs dimensions homologues.

C'est là un théorème très souvent utilisé par les physiciens pour l'étude du Magnétisme induit dans lès corps assimilables à des ellipsoïdes.

Figure de la Terre déduite de l'attraction.

Étudions les attractions dans le cas d'un ellipsoïde de révolution d'excentricité très petite, par conséquent différant peu d'une sphère. Comparons-les aux attractions mesurées par le pendule, comme on l'expliquera longuement au Chapitre IV de la Dynamique. Pour l'instant il nous suffit de savoir que l'attraction en un point est proportionnelle à la longueur du pendule simple battant la seconde.

275. **Attraction d'un ellipsoïde de révolution aplati sur un point de sa surface.** — Posons $a=b$, et, pour nous conformer aux notations du § 256, appelons b le demi-petit axe de l'ellipsoïde dirigé suivant l'axe de révolution; c'est dire que nous remplaçons c par b.

On a :
$$X=2\pi a^2bx\int_0^\infty \frac{du}{(a^2+u)^2\sqrt{b^2+u}},$$
$$Y=2\pi a^2by\int_0^\infty \frac{du}{(a^2+u)(b^2+u)^{\frac{3}{2}}}.$$

Posons : $$a^2+u=\frac{e^2a^2}{s^2},\qquad b^2+u=e^2a^2\frac{1-s^2}{s^2}.$$

e représente l'excentricité : $a^2e^2=a^2-b^2$.

Substituons dans X et Y. On trouve aisément :
$$X=-\frac{4\pi bx}{e^3a}\int_e^0 \frac{s^2ds}{\sqrt{1-s^2}},\qquad Y=-\frac{4\pi by}{e^3a}\int_e^0 \frac{s^2ds}{(1-s^2)^{\frac{3}{2}}}.$$

On a :
$$\int \frac{s^2ds}{(1-s^2)^{\frac{3}{2}}}=\frac{s}{\sqrt{1-s^2}}-\int\frac{ds}{\sqrt{1-s^2}}=\frac{s}{\sqrt{1-s^2}}-\text{arc sin}\, s.$$
$$\int \frac{s^2ds}{\sqrt{1-s^2}}=\frac{1}{2}\left(\text{arc sin}\, s-s\sqrt{1-s^2}\right).$$

Pour $s=0$, les valeurs des intégrales sont nulles. D'où, en multipliant par la densité et en explicitant la masse M de l'ellipsoïde :
$$X=\frac{3}{2}\frac{M}{e^3a^3}x\left(\text{arc sin}\, e-e\sqrt{1-e^2}\right),$$
$$Y=3\frac{M}{e^3a^3}y\left(\frac{e}{\sqrt{1-e^2}}-\text{arc sin}\, e\right).$$

Au lieu de l'excentricité e, Laplace utilisait l'excentricité E reliée à e par les équations (§ 256) :

$$e^2 = \frac{a^2 - b^2}{a^2}, \qquad E^2 = \frac{a^2 - b^2}{b^2}; \qquad (1 - e^2)(1 + E^2) = 1.$$

Les expressions de la force deviennent :

$$\begin{aligned} X &= \frac{3}{2} \frac{M}{E^3 b^3} x \left(\operatorname{arc\,tg} E - \frac{E}{1 + E^2} \right), \\ Y &= 3 \frac{M}{E^3 b^3} y (E - \operatorname{arc\,tg} E). \end{aligned} \qquad (1)$$

Développons en série dans l'hypothèse que E est suffisamment petit :

$$\operatorname{arc\,tg} E = E - \frac{E^3}{3} + \frac{E^5}{5} - \dots, \qquad (1 + E^2)^{-1} = 1 - E^2 + E^4 - \dots;$$

$$X = \frac{Mx}{b^3}\left(1 - \frac{6}{5} E^2\right), \qquad Y = \frac{My}{b^3}\left(1 - \frac{3}{5} E^2\right).$$

Pour aller plus loin, reprenons les formules du § 256 donnant x et y. En posant $e^2 = E^2$, on a :

$$x = a \cos l + \frac{aE^2}{2} \cos l \sin^2 l,$$

$$y = a \sin l + \frac{aE^2}{2} (-2 \sin l + \sin^3 l).$$

Substituons dans X et dans Y :

$$X : \frac{M}{b^3} = a \cos l + \frac{aE^2}{2} \cos l \left(\sin^2 l - \frac{12}{5} \right),$$

$$Y : \frac{M}{b^3} = a \sin l + \frac{aE^2}{2} \sin l \left(\sin^2 l - \frac{16}{5} \right).$$

D'où en définitive :

$$(\sqrt{X^2 + Y^2}) : \frac{M}{b^3} = F = F_e \left(1 + \frac{E^2}{10} \sin^2 l \right).$$

276. **Figure d'équilibre d'une masse fluide animée d'un mouvement de rotation d'ensemble.** — Reprenons la question de la figure de la Terre par la méthode de Clairaut. Son hypothèse est qu'elle dépend des lois de l'Hydrostatique, qu'elle est à peu près celle d'une masse fluide qui se serait durcie après avoir pris sa forme d'équilibre. L'hypothèse est légitimée par le fait que la Terre est en majeure partie recouverte d'eau, et que la surface d'affleurement solide ne diffère pas beaucoup de ce que serait la surface liquide supposée complète, ainsi que le prouve la faible déclivité des fleuves.

Nous sommes donc conduits à chercher quelles sont les formes d'équilibre d'une masse fluide tournant d'un mouvement d'ensemble autour d'un axe. Elles sont multiples; nous n'étudierons que l'une d'entre elles : l'ellipsoïde de révolution.

Nous supposerons la masse homogène.

A la vérité, le problème est de Dynamique. Mais nous n'utiliserons que ce résultat élémentaire : soit Oy l'axe de rotation; la force centrifuge, sur un élément de masse m, est normale à Oy, proportionnelle à la distance x à cet axe et au carré de la vitesse angulaire ω; elle a donc pour expression : $m\omega^2 x$.

Explicitons la masse dans les formules (1) du § 275; introduisons la constante G de la gravitation jusqu'ici négligée ; il vient :

$$\frac{\mathrm{GM}}{\mathrm{E}^3 b^3} = \frac{4}{3}\pi a^2 b \delta \mathrm{G} \frac{1}{\mathrm{E}^3 b^3} = \frac{4}{3}\pi\delta\mathrm{G}\frac{1+\mathrm{E}^2}{\mathrm{E}^3}.$$

Récrivons l'expression des forces, X normale à l'axe de révolution, Y parallèle à cet axe. Choisissons les signes de manière que les forces soient négatives : elles sont en effet attractives et par conséquent dirigées du côté de l'origine :

$$\mathrm{X} = 2\pi\delta\mathrm{G}\frac{x}{\mathrm{E}^3}[\mathrm{E} - (1+\mathrm{E}^2)\operatorname{arc\,tg}\mathrm{E}] = -\Omega_1^2 x,$$

$$\mathrm{Y} = 4\pi\delta\mathrm{G}\frac{y}{\mathrm{E}^3}(1+\mathrm{E}^2)(\operatorname{arc\,tg}\mathrm{E} - \mathrm{E}) = -\Omega_2^2 y.$$

La force centrifuge a pour composantes :

$$\mathrm{X}' = \omega^2 x, \qquad \mathrm{Y}' = 0.$$

L'équation différentielle de la courbe méridienne de la surface libre du liquide se trouve, en écrivant que la force lui est normale, qu'elle est une ligne de niveau :

$$(\Omega_1^2 - \omega^2)x\,dx + \Omega_2^2 y\,dy = 0.$$

La surface libre est un ellipsoïde de révolution. Identifions-le avec l'ellipsoïde dont la courbe méridienne est :

$$\frac{x^2}{a^2} + \frac{y^2}{b^2} = 1, \qquad x^2 + (1+\mathrm{E}^2)y^2 = a^2.$$

$$(\Omega_1^2 - \omega^2)(1+\mathrm{E}^2) = \Omega_2^2.$$

Résolvant par rapport à ω^2, il vient :

$$\frac{\omega^2}{2\pi\delta\mathrm{G}} = \frac{(3+\mathrm{E}^2)\operatorname{arc\,tg}\mathrm{E} - 3\mathrm{E}}{\mathrm{E}^3} = \frac{2u}{3}. \qquad (1).$$

277. Discussion du résultat. —

VALEURS TRÈS PETITES DE L'APLATISSEMENT.

Supposons le mouvement de rotation très lent : l'aplatissement est petit. On peut développer en série le second membre de l'équation (1).

On a : $\operatorname{arc\,tg} E = E - \frac{E^3}{3} + \frac{E^5}{5}, \qquad \frac{\omega^2}{2\pi\delta G} = \frac{4E^2}{15}.$

Comparons les valeurs que prennent *à l'équateur* la force centrifuge et la gravité ; leur rapport u est :

$$u = \omega^2 a : \frac{4}{3}\pi\delta G a = \frac{2E^2}{5} = \frac{4}{5}\frac{E^2}{2}.$$

Or $E^2 : 2$ ne diffère pas sensiblement de $e^2 : 2$. Cette quantité mesure l'*aplatissement* α (§ 256). *Donc l'aplatissement est égal aux* 5/4 *du rapport de la force centrifuge mesurée à l'équateur, à l'attraction à la surface :* $\alpha = \frac{5}{4} u.$

L'expérience donne pour ce rapport :

$$u = 1 : 289 = 0{,}00346.$$

L'aplatissement calculé par cette voie est donc :

$$\alpha = (1 : 289)(5 : 4) = 1 : 232 = 0{,}00431.$$

D'où l'on tire pour l'excentricité :

$$e^2 = 0{,}00862, \qquad e = 0{,}0928.$$

Ces nombres sont beaucoup trop forts pour convenir à la Terre. Mais ce résultat, célèbre dans l'histoire de la Géodésie, suppose légitime de calculer la figure de la Terre comme celle d'une masse liquide homogène en équilibre. Nous savons combien cette hypothèse est éloignée de la réalité (§ 252).

VALEURS QUELCONQUES DE L'APLATISSEMENT.

Sans faire aucune hypothèse sur la valeur de E, construisons la courbe (1) en prenant E pour variable, u pour fonction. C'est une affaire de pur et simple calcul.

La courbe débute par la branche de parabole que nous avons calculée ci-dessus : $u = 2E^2 : 5.$

Elle passe par un maximum pour $E = 2{,}56$. La valeur correspondante de u est 0,337. Elle diminue ensuite et tend asymptotiquement vers zéro.

La figure 207 représente la marche de la fonction.

Ainsi, pour des vitesses très grandes, c'est-à-dire pour des forces centrifuges très grandes par rapport à l'attraction, l'ellipsoïde de révolution n'est pas une figure d'équilibre des masses fluides homogènes. C'est tout ce que le calcul précédent puisse montrer.

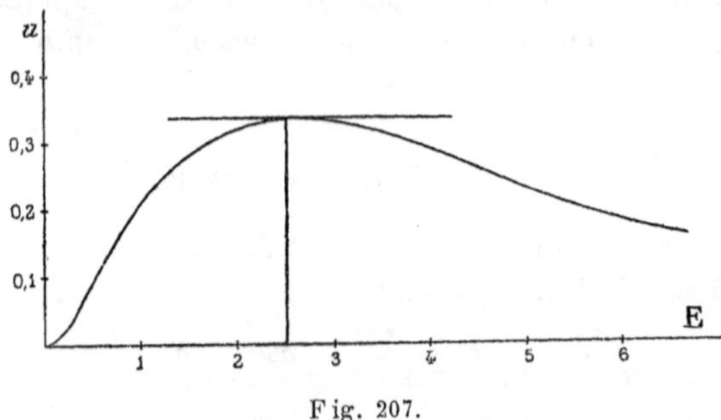

Fig. 207.

Au-dessous d'une vitesse angulaire, déterminée par la valeur $u=0,337$, à chaque aplatissement correspondent deux vitesses possibles.

278. **Direction et variations d'intensité de la pesanteur.** — Il est important de ne pas confondre les mots *pesanteur* et *gravité*. La pesanteur est la force qui entraîne l'unité de masse ; la gravité est la force qui provient des attractions, qui par conséquent s'exercerait seule sur les corps si la masse ne tournait pas.

Déterminons la direction de la pesanteur dans l'hypothèse de Clairault.

Nous allons montrer que *la pesanteur en un point, pesanteur qui est par hypothèse normale à la surface limite, est inversement proportionnelle à la distance du centre de l'ellipsoïde au plan tangent à la surface en ce point.*

Le théorème n'est pas exact pour un ellipsoïde immobile, serait-il homogène et de révolution ; la pesanteur se réduirait alors à la gravité. Il n'est exact que parce que nous supposons à sa surface extérieure la forme d'équilibre qui convient à la vitesse de rotation.

La démonstration est immédiate. Nous avons (§ 276) :

$$X+X'=(-\Omega_1^2+\omega^2)x, \qquad Y=-\Omega_2^2 y.$$

Le carré de la résultante est :

$$(\Omega_1^2-\omega^2)^2x^2+\Omega_2^4y^2\,;$$

elle est donc proportionnelle à :

$$x^2+y^2(1+E^2)^2,$$

en vertu de l'équation qui exprime que la force est normale à la surface de l'ellipsoïde.

Mais la distance du centre au plan tangent est :

$$p=1:\sqrt{\left(\frac{x^2}{a^4}+\frac{y^2}{b^4}\right)}=a^2:\sqrt{x^2+y^2(1+E^2)^2}\,. \qquad (1)$$

La résultante est donc bien inversement proportionnelle à cette distance.

Calculons le terme variable de cette résultante ; il suffit d'introduire, dans l'équation (1), les valeurs de x^2 et y^2 tirées des équations (1) du § 256. Remarquons qu'on peut remplacer e^2 par E^2 quand on se limite aux termes en e^2. Il vient :

$$p = a\left(1 - \frac{E^2}{2}\sin^2 l\right) = a : \left(1 + \frac{E^2}{2}\sin^2 l\right).$$

Soit g_p et g_e les accélérations au pôle et à l'équateur. On a donc :

$$g = g_e\left(1 + \frac{E^2}{2}\sin^2 l\right), \qquad \frac{E^2}{2} = \frac{g_p - g_e}{g_e} = \alpha.$$

La pesanteur croît de l'équateur au pôle; la variation est proportionnelle au carré du sinus de la latitude. L'aplatissement est mesuré par le quotient de la différence de la pesanteur au pôle et à l'équateur par la pesanteur à l'équateur.

Rapprochons du résultat du paragraphe précédent :

$$\gamma = \frac{g_p - g_e}{g_e} = \alpha = \frac{5}{4}u.$$

Ces résultats satisfont à la formule célèbre de Clairault-Laplace :

$$\alpha + \gamma = \frac{5}{2}u,$$

qui s'applique, comme nous allons le montrer, aux sphéroïdes hétérogènes.

279. **Sphéroïde de révolution et admettant l'équateur pour plan de symétrie, recouvert d'une couche liquide en équilibre.** — Il semble que le problème d'un sphéroïde uniquement déterminé par sa symétrie soit indéterminé ou d'une complication quasiment infinie. Il n'en est rien : la solution de première approximation est immédiate pour un sphéroïde s'écartant peu de la sphère.

Prenons pour potentiel les fonctions les plus simples compatibles avec la symétrie et satisfaisant à l'équation de Laplace : il faut en effet que le flux de force soit conservatif en dehors des masses agissantes. Introduisons donc les polynômes de Legendre.

Appelant r la distance au centre du sphéroïde, nous posons (§ 58) :

$$V = \frac{GM}{r}\left[1 + \frac{A}{2r^2}(1 - 3\sin^2 l)\right].$$

Nous laissons de côté le polynôme P_2 en sin l, dont l'existence ne serait pas conciliable avec le plan de symétrie équatorial.

Introduisons la force centrifuge. On peut la considérer comme dépendant du potentiel :

$$\frac{\omega^2 x^2}{2} = \frac{\omega^2 r^2 \cos^2 l}{2}.$$

Le potentiel total est en définitive :

$$V = \frac{GM}{r}\left[1 + \frac{A}{2r^2}(1 - 3\sin^2 l) + \frac{\omega^2 r^3}{2GM}\cos^2 l\right]. \qquad (1)$$

La pesanteur n'est pas tout à fait dirigée suivant le rayon, mais peu s'en faut. On aura donc très approximativement :

$$g = -\frac{\partial V}{\partial r} = \frac{GM}{r^2}\left[1 + \frac{3A}{2r^2}(1 - 3\sin^2 l) - \frac{\omega^2 r^3}{GM}\cos^2 l\right]. \quad (2)$$

Enfin, la surface libre étant liquide, il faut écrire qu'elle est de niveau : le potentiel y est constant. Ce qui fournit l'équation de la méridienne du sphéroïde :

$$r = B\left[1 + \frac{A}{2r^2}(1 - 3\sin^2 l) + \frac{\omega^2 r^3}{2GM}\cos^2 l\right].$$

Avec une approximation très suffisante, nous pouvons remplacer r par sa valeur approximative B dans les termes petits du second membre :

$$r = B\left[1 + \frac{A}{2B^2}(1 - 3\sin^2 l) + \frac{\omega^2 B^3}{2GM}\cos^2 l\right]. \qquad (3)$$

Le problème est ainsi complètement résolu.

Explicitons les données de l'expérience.

Nous pouvons remplacer dans (2) r par B, puis mettre g sous la forme :

$$g = g_e(1 + \gamma\sin^2 l), \qquad \gamma = \frac{g_p - g_e}{g_e} = \frac{2\omega^2 B^3}{GM} - \frac{3A}{2B^2}.$$

Le rapport u de la force centrifuge équatoriale à la pesanteur équatoriale est :

$$u = \frac{\omega^2 B^3}{GM}.$$

Enfin, les rayons équatorial a et polaire b, et l'aplatissement α sont :

$$a = B\left[1 + \frac{A}{2B^2} + \frac{\omega^2 B^3}{2GM}\right], \qquad b = B\left(1 - \frac{A}{B^2}\right);$$

$$\alpha = \frac{a - b}{a} = \frac{3A}{2B^2} + \frac{\omega^2 B^3}{2GM}.$$

D'où la célèbre condition de Clairault-Laplace :

$$\alpha + \gamma = \frac{5}{2}u.$$

280. **Réduction des expériences au niveau de la mer.** — Les expériences avec le pendule ne se font pas au niveau de la mer ; il faut donc leur faire subir une correction sur laquelle on a beaucoup discuté et dont la signification et la grandeur restent douteuses.

Rien ne serait plus simple si l'on s'élevait au-dessus de la Terre, en ballon par exemple. L'attraction se faisant comme si toute la masse était concentrée au centre, on aurait :

$$g = g_0\left(\frac{R}{R+h}\right)^2 = g_0\left(1 - 2\frac{h}{R}\right) = g_0(1 - 3{,}14\,.\,10^{-7}\,h).$$

R est le rayon terrestre, h la hauteur à laquelle on se trouve au-dessus de la surface ; le coefficient numérique suppose que h est exprimé en mètres.

Mais les choses ne se présentent pas ainsi ; on est généralement sur un sol à peu près plat, formant ce qu'en Géographie on appelle un plateau. Faut-il tenir compte de l'épaisseur du plateau ?

Nous savons (§ 254) qu'une masse homogène, de densité Δ_0, comprise entre deux plans parallèles d'épaisseur h, produit une attraction normale, indépendante de la distance et qui a pour valeur :

$$2\pi\Delta_0 h.$$

Appelons Δ_m la densité moyenne de la Terre.

L'attraction totale a pour expression :

$$g = \frac{4}{3}\pi R\Delta_m\left(1 - \frac{2h}{R}\right) + 2\pi\Delta_0 h,$$

$$g = \frac{4}{3}\pi R\Delta_m\left[1 - \frac{h}{R}\left(2 - \frac{3}{2}\frac{\Delta_0}{\Delta_m}\right)\right].$$

On a sensiblement (§ 252) : $\Delta_0 = \Delta_m : 2$; d'où la correction :

$$g = g_0\left[1 - \frac{5}{4}\frac{h}{R}\right], \qquad g_0 = g\left[1 + \frac{5}{4}\frac{h}{R}\right] = g\,[1 + 1{,}96\,.\,10^{-7}\,h\,],$$

où h est exprimé en mètres.

Les expériences semblent prouver que la correction *de plateau* ne doit pas être faite.

On explique ce singulier résultat en disant qu'une élévation du sol correspond à une diminution de densité au-dessous du plateau. Du reste, si on admettait la correction *de plateau*, on devrait tenir compte, dans les observations faites en mer, de la petitesse de la densité du liquide qui n'est que le cinquième de la densité moyenne : on n'y a pas songé et les résultats n'en concordent que mieux.

Que tout cela soit parfaitement satisfaisant pour l'esprit, il serait imprudent de l'affirmer.

281. **Représentation des résultats obtenus avec le pendule.** — La théorie indique que l'accélération de la pesanteur (proportionnelle à la longueur du pendule simple qui bat la seconde) varie comme le carré du sinus de la latitude. Appelons g_e l'accélération à l'équateur, g_m l'accélération à la latitude 45° ; on peut poser indifféremment :

$$g = g_e(1 + \gamma\sin^2 l), \qquad g = g_m(1 - \gamma'\cos 2l)\,; \qquad \gamma' = \gamma : (2 + \gamma).$$

Les expériences concordent bien avec ces formules, beaucoup mieux que les mesures d'arc de méridienne ; les anomalies sont moins nombreuses et d'amplitudes moindres (§ 263).

On admet comme valeurs les plus probables :

$$\gamma = 0{,}00520, \qquad \gamma' = 0{,}00259.$$

Les mesures absolues donnent pour g et pour la longueur L du pendule simple battant la seconde :

$$g = 980{,}6\,(1 - 0{,}00259 \cos 2l),$$
$$L = 993{,}6\,(1 - 0{,}00259 \cos 2l)\,;$$
$$g = 978{,}1\,(1 + 0{,}00520 \sin^2 l),$$
$$L = 991{,}0\,(1 + 0{,}00520 \sin^2 l).$$

Le rapport u de la force centrifuge à la pesanteur équatoriale est connu avec une grande approximation :

$$u = 0{,}00347, \qquad 5u : 2 = 0{,}00867.$$

La formule de Clairault donne pour l'aplatissement :

$$\alpha = 0{,}00867 - 0{,}00520 = 0{,}00347 = 1 : 288.$$

Nous devons ajouter qu'Helmert propose d'élever le coefficient γ jusqu'à la valeur 0,00531, ce qui donne pour l'aplatissement :

$$\alpha = 0{,}00867 - 0{,}00531 = 0{,}00336 = 1 : 300.$$

Ces nombres fixent la précision actuelle des mesures.

Étude des surfaces de niveau autour d'un point.

282. **Expression de la force et de ses variations au moyen du potentiel.** — Prenons pour axes la verticale dirigée vers le haut et deux droites rectangulaires quelconques Ox et Oy dans le plan horizontal (fig. 208). Le potentiel V de la pesanteur est dû à l'attraction et à la force centrifuge (§ 278) ; la première partie satisfait à l'équation de Laplace hors des masses agissantes, la seconde n'y satisfait pas.

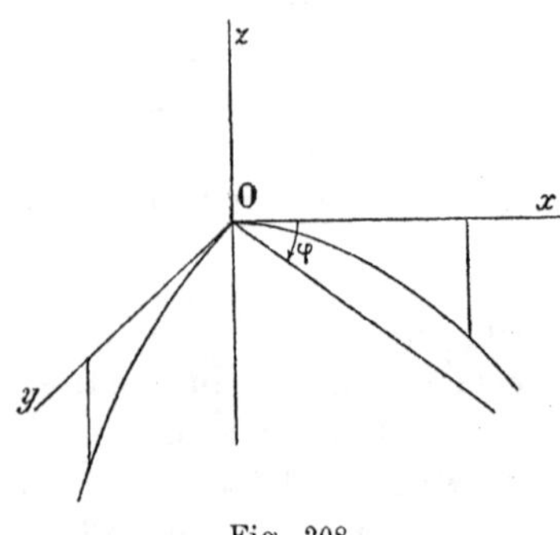

Fig. 208.

Il s'agit d'exprimer les composantes de la pesanteur X, Y, Z, et leurs variations au moyen des dérivées partielles premières et secondes du potentiel par rapport à x, y, z. Entre toutes les dérivées existent les relations :

$$\frac{\partial X}{\partial y} = \frac{\partial Y}{\partial x} = -\frac{\partial^2 V}{\partial x \partial y},$$

$$\frac{\partial Y}{\partial z} = \frac{\partial Z}{\partial y} = -\frac{\partial^2 V}{\partial y \partial z},$$

$$\frac{\partial Z}{\partial x} = \frac{\partial X}{\partial z} = -\frac{\partial^2 V}{\partial z \partial x},$$

$$\mathrm{Div}\,(X, Y, Z) = -\left(\frac{\partial^2 V}{\partial x^2} + \frac{\partial^2 V}{\partial y^2} + \frac{\partial^2 V}{\partial z^2}\right) = 2\omega^2;$$

ω est la vitesse angulaire du mouvement de rotation terrestre.

Avec la disposition d'axes choisie, on a :

$$X = 0, \qquad Y = 0, \qquad Z = -g.$$

Cherchons les courbures R_x et R_y au point O des sections de la surface équipotentielle par les plans xOz, yOz.

On a : $$\frac{\partial V}{\partial x} dx + \frac{\partial V}{\partial y} dy + \frac{\partial V}{\partial z} dz = 0,$$

sur une surface équipotentielle. La courbe d'intersection par le plan xOz satisfait donc à la relation :

$$\frac{\partial V}{\partial x} dx + \frac{\partial V}{dz} dz = 0, \qquad \frac{dz}{dx} = -\frac{\partial V}{\partial x} : \frac{\partial V}{\partial z}.$$

La tangente de cette courbe à l'origine étant horizontale, la courbure a pour expression :

$$\frac{1}{R_x} = \frac{d^2 z}{dx^2} = -\frac{\partial^2 V}{\partial x^2} : \frac{\partial V}{\partial z} = \frac{1}{g} \frac{\partial^2 V}{\partial x^2}.$$

Au signe près, on a les formules :

$$\frac{1}{R_x} = \frac{1}{g} \frac{\partial^2 V}{\partial x^2}, \qquad \frac{1}{R_y} = \frac{1}{g} \frac{\partial^2 V}{\partial y^2}.$$

La position des centres de courbure correspondants se détermine sans ambiguïté.

Les rayons de courbure principaux satisfont à la relation :

$$\frac{1}{R_1} + \frac{1}{R_2} = \frac{1}{g}\left(\frac{\partial^2 V}{\partial x^2} + \frac{\partial^2 V}{\partial y^2}\right).$$

Le théorème de Meusnier donne pour la différence des rayons de courbure principaux :

$$\frac{1}{R_1} - \frac{1}{R_2} = \frac{1}{g \cos 2\varphi}\left(\frac{\partial^2 V}{\partial x^2} - \frac{\partial^2 V}{\partial y^2}\right).$$

φ est l'angle que fait la section principale 1 avec le plan xOz.

Pour déterminer l'angle φ, le même théorème de Meusnier fournit la relation : $\operatorname{tg} 2\varphi = 2\frac{\partial^2 V}{\partial x \partial y} : \left(\frac{\partial^2 V}{\partial x^2} - \frac{\partial^2 V}{\partial y^2}\right).$

La ligne de force au point O est d'abord dirigée suivant Oz; ses cosinus directeurs sont, au signe près :

$$\frac{\partial V}{\partial x}\frac{1}{g}, \quad \frac{\partial V}{\partial y}\frac{1}{g}, \quad \frac{\partial V}{\partial z}\frac{1}{g},$$

c'est-à-dire

$$0, \ 0, \ -1.$$

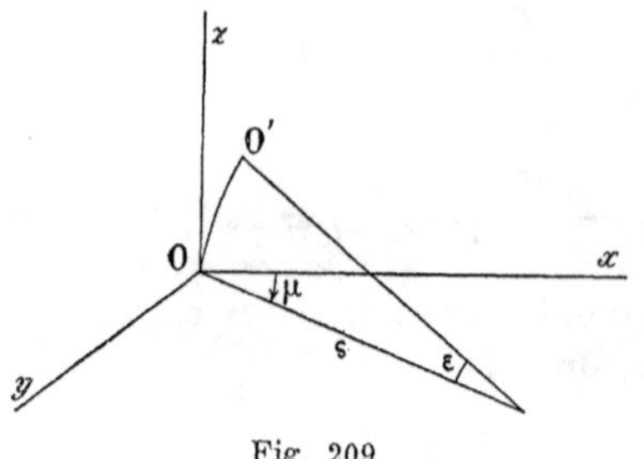

Fig. 209.

Au point voisin O' (fig. 209), ils deviennent :

$$\frac{\partial^2 V}{\partial x \partial z}\frac{dz}{g}, \quad \frac{\partial^2 V}{\partial y \partial z}\frac{dz}{g},$$

$$\frac{\partial V}{\partial z}\frac{1}{g} + \frac{\partial^2 V}{\partial z^2}\frac{dz}{g}. \qquad (1)$$

Déterminons l'angle de contingence ε et le rayon de courbure correspondant; on a :

$$\varepsilon\rho = dz, \qquad \rho = g : \sqrt{\left(\frac{\partial^2 V}{\partial x \partial z}\right)^2 + \left(\frac{\partial^2 V}{\partial y \partial z}\right)^2}.$$

Faisons passer un plan par Oz et par la droite dont les cosinus directeurs sont (1). Déterminons sa projection sur xOy. L'angle qu'elle fait avec Ox est :

$$\cos \mu = \frac{\partial^2 V}{\partial x \partial z} : \sqrt{\left(\frac{\partial^2 V}{\partial x \partial z}\right)^2 + \left(\frac{\partial^2 V}{\partial y \partial z}\right)^2}.$$

Voici enfin le tableau des variations de la pesanteur :

$$\frac{\partial g}{\partial x} = \frac{\partial^2 V}{\partial x \partial z}, \qquad \frac{\partial g}{\partial y} = \frac{\partial^2 V}{\partial y \partial z};$$

$$\frac{\partial g}{\partial z} = \frac{\partial^2 V}{\partial z^2} = -g\left(\frac{1}{R_1} + \frac{1}{R_2}\right) - 2\omega^2.$$

283. **Variation de g avec la hauteur (von Jolly).** — Une balance porte aux extrémités de son fléau deux doubles plateaux reliés par une tige d'une vingtaine de mètres de longueur (fig. 210). Utilisons quatre sphères de même verre et de même volume, les unes vides, les autres pleines de mercure; celles-ci pèsent environ 5 kilogrammes.

Plaçons les sphères pleines en 1 et 3, les sphères vides en 2 et 4. Parfaisons l'équilibre au moyen de poids. Échangeons alors les sphères 3 et 4 ; l'équilibre est détruit. La sphère actuellement en 4 a augmenté de poids comme conséquence de son rapprochement de la Terre.

Cherchons l'ordre de grandeur de la variation prévue.

Le facteur de correction se réduit à (§ 280) :

$$1 + 2h : \mathrm{R} = 1 + 3{,}14 \,.\, 10^{-7} h;$$

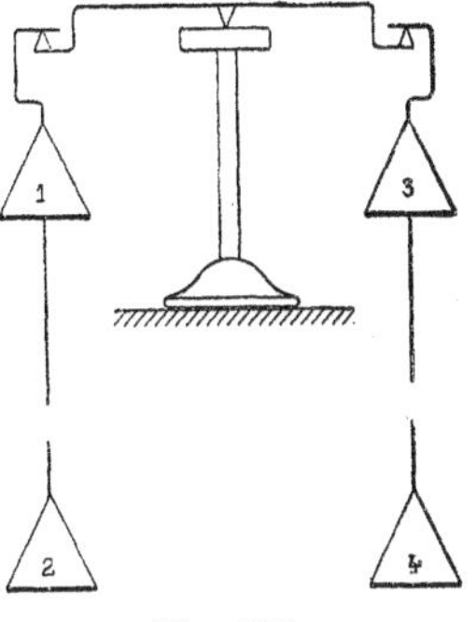

Fig. 210.

h est exprimée en mètres. Pour 20 mètres et 5 kilogrammes, la variation prévue est donc en milligrammes :

$$6{,}28 \,.\, 10^{-6} \,.\, 5 \,.\, 10^{6} = 31^{\mathrm{mg}}{,}40.$$

Elle est parfaitement accessible aux procédés actuels de pesée. Les résultats expérimentaux sont très voisins.

La balance utilisée est assez sensible pour mesurer l'attraction qui résulte de l'introduction sous le plateau d'une sphère de plomb de six tonnes environ. Elle permet donc de mesurer la constante de l'attraction, et par conséquent la densité moyenne terrestre.

Les erreurs dans ces expériences proviennent des inévitables courants d'air contre lesquels la balance et les tiges de suspension sont soigneusement défendues.

284. **Étude expérimentale du champ de la pesanteur au voisinage d'un point** (**Eötvös**). — Soit un corps mobile autour d'un axe vertical. Évaluons le couple auquel il est soumis du fait des variations de la pesanteur.

Soit X_o, Y_o, Z_o, les composantes de la pesanteur au centre de gravité du corps, centre que nous prenons pour origine des coordonnées.

Comme les variations sont très petites, nous écrirons :

$$\mathrm{X} = \mathrm{X}_o + \frac{\partial \mathrm{X}}{\partial x} x + \frac{\partial \mathrm{X}}{\partial y} y + \frac{\partial \mathrm{X}}{\partial z} z,$$

$$\mathrm{Y} = \mathrm{Y}_o + \frac{\partial \mathrm{Y}}{\partial x} x + \frac{\partial \mathrm{Y}}{\partial y} y + \frac{\partial \mathrm{Y}}{\partial z} z,$$

$$\mathrm{Z} = \mathrm{Z}_o + \frac{\partial \mathrm{Z}}{\partial x} x + \frac{\partial \mathrm{Z}}{\partial y} y + \frac{\partial \mathrm{Z}}{\partial z} z;$$

x, y, z, sont les coordonnées des points du corps ; les dérivées partielles qu'elles ont en facteur sont des constantes qui caractérisent le lieu de l'expérience.

Le couple auquel le corps est soumis est :

$$\Gamma = \iiint (x\mathrm{Y} - y\mathrm{X})\, dm =$$

$$\iiint \left[x^2 \frac{\partial \mathrm{Y}}{\partial x} - y^2 \frac{\partial \mathrm{X}}{\partial y} + xy \left(\frac{\partial \mathrm{Y}}{\partial y} - \frac{\partial \mathrm{X}}{\partial x} \right) + xz \frac{\partial \mathrm{Y}}{\partial z} - yz \frac{\partial \mathrm{X}}{\partial z} \right] dm. \quad (1)$$

Cherchons l'expression de cette quantité dans deux cas simples.

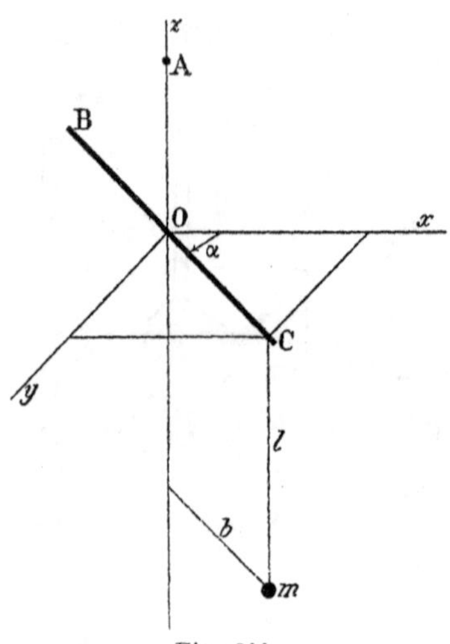

Fig. 211.

Premier type de balance de torsion (fig. 211).

Imaginons une simple tige creuse horizontale BOC chargée à ses bouts de deux masses m et supportée par un fil très fin AO. Négligeons ses dimensions en hauteur et assimilons-la à une droite pesante.

On a :

$$x = r\cos\alpha, \quad y = r\sin\alpha;$$

$$x^2 - y^2 = r^2\cos 2\alpha, \quad 2xy = r^2\sin 2\alpha.$$

Appelons I le moment d'inertie de la barre par rapport à l'axe Oz. Substituons dans (1) les expressions des dérivées des composantes de la pesanteur en fonction du potentiel. Il vient :

$$-\Gamma = \frac{\partial^2 V}{\partial x \partial y} I \cos 2\alpha + \left(\frac{\partial^2 V}{\partial y^2} - \frac{\partial^2 V}{\partial x^2}\right) I \frac{\sin 2\alpha}{2}.$$

Second type de balance de torsion.

On l'obtient en suspendant l'une des charges de masse m par un fil de longueur l. Soit b le bras de levier. On a :

$$\int xzdm = blm\cos\alpha, \qquad \int yzdm = blm\sin\alpha.$$

Le couple est :

$$-\Gamma' = -\Gamma + \frac{\partial^2 V}{\partial y \partial z} blm\cos\alpha - \frac{\partial^2 V}{\partial x \partial z} blm\sin\alpha.$$

285. **Nature des expériences.** —

1° Supposons le fil de suspension AO *sans torsion*, c'est-à-dire ne pouvant opposer aucun couple à l'action de la pesanteur. Utilisons le premier type de balance.

La condition $\Gamma = 0$ signifie que la barre est dans l'une des sections principales de la surface équipotentielle passant par le point O (§ 282). L'une des sections correspond à l'équilibre stable, l'autre à l'équilibre instable.

Prenons pour sections principales les plans xOz et yOz (fig. 212).

Il faut, pour l'équilibre stable, que la barre soit le plus possible dans la surface équipotentielle la plus basse, dans la surface 2 par conséquent, puisque l'axe Oz est tourné vers le haut.

Il faut donc qu'elle se mette dans la section de *moindre* courbure.

Au voisinage d'une section principale, le couple devient (au signe près) :

$$\Gamma = gI\alpha : R;$$

il est proportionnel à la courbure de la surface équipotentielle dans cette section.

Le couple est maximum à 45° des sections principales.

2° Utilisons un fil dont la constante de torsion ne soit plus nulle. Soit $C\theta$, le couple qui correspond à la torsion θ. Déterminons l'azimut de la barre *par rapport* à la cage à un point de laquelle l'extrémité supérieure du fil est attachée.

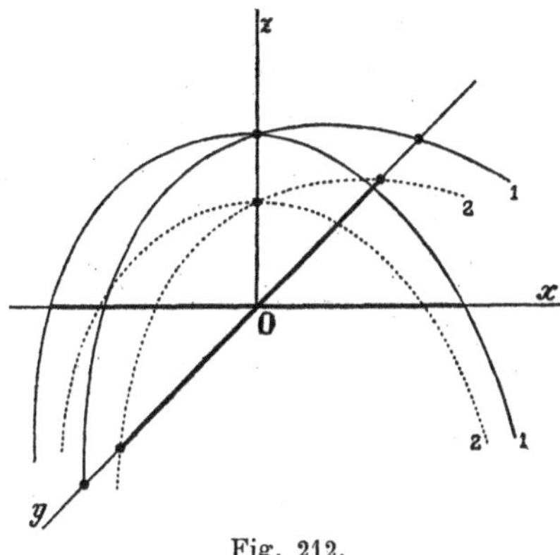

Fig. 212.

Si les variations de la pesanteur n'intervenaient pas, l'azimut relatif resterait invariable. Pour un fil assez fin, l'effet de ces variations n'est pas négligeable; l'azimut de la barre relativement à la cage dépend de l'azimut de la cage relativement au sol. Pour l'équilibre on a :

$$C\theta = \Gamma.$$

Par exemple, voici les variations d'azimut relatif quand on passe de l'une à l'autre des positions :

$$\alpha = 0, \qquad \alpha = \pi : 2; \qquad C\Delta\theta = 2I \frac{\partial^2 V}{\partial x \partial y},$$

$$\alpha = \pi : 4, \qquad \alpha = 3\pi : 4; \qquad C\Delta\theta = I\left(\frac{\partial^2 V}{\partial x^2} - \frac{\partial^2 V}{\partial y^2}\right).$$

3° On peut aussi déterminer la durée d'oscillation (§ 403). Elle est :

$$T_0 = 2\pi \sqrt{I : C},$$

quand on néglige le couple Γ. Elle devient :

$$T = 2\pi \sqrt{\frac{I}{C \pm gI : R}} = T_0 \mp \frac{T_0^3}{8\pi^2} \frac{g}{R},$$

quand on tient compte des variations de la pesanteur et qu'on opère dans l'une ou l'autre des sections principales. C'est alors que les durées sont maximum et minimum.

4° Les mêmes expériences, recommencées avec la balance de torsion du second type, fournissent deux autres dérivées partielles secondes de la fonction $V(x, y, z)$. En utilisant au surplus la méthode de la balance ordinaire (§ 283), on détermine complètement la forme des surfaces de niveau au voisinage d'un point.

Attraction sur un point éloigné.

286. Attraction d'un corps de forme quelconque sur un point éloigné. — Rapportons le corps à son centre d'inertie comme origine, à ses trois axes principaux d'inertie comme axes de coordonnées (fig. 213).

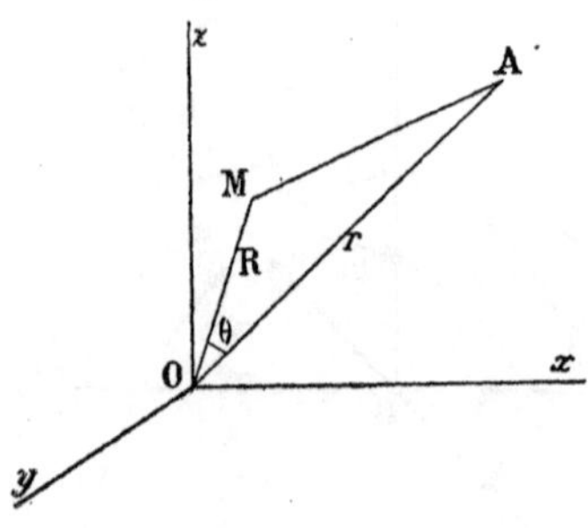

Fig. 213.

Soient X, Y, Z, les coordonnées d'un de ses points, ρ la densité en ce point. Nous cherchons l'attraction sur un point éloigné A situé à une distance r et dont les coordonnées sont x, y, z.

D'après ce qui précède, nous avons:

$$\iiint X\rho\, dv = \iiint Y\rho\, dv = \iiint Z\rho\, dv = 0\,;$$

nous exprimons ainsi que le centre d'inertie est à l'origine;

$$\iint XY\rho\, dv = \iint YZ\rho\, dv = \iint ZX\rho\, dv = 0\,;$$

nous exprimons ainsi que les axes sont principaux d'inertie.

Enfin nous poserons :

$$A = \iiint (Y^2 + Z^2)\, \rho dv,$$

$$B = \iiint (Z^2 + X^2)\, \rho dv,$$

$$C = \iiint (X^2 + Y^2)\, \rho dv.$$

Ce qui donne :

$$\iiint X^2 \rho dv = \frac{B + C - A}{2},$$

$$\iiint Y^2 \rho dv = \frac{C + A - B}{2},$$

$$\iiint Z^2 \rho dv = \frac{A + B - C}{2}.$$

Le potentiel que nous voulons calculer au point A, a pour définition :

$$V = \iiint \frac{\rho dv}{MA} = \iiint \frac{\rho dv}{\sqrt{R^2 + r^2 - 2Rr\cos\theta}}.$$

Développons en série (§ 58); conservons les premiers termes; il vient :

$$V=\frac{1}{r}\iiint \rho dv+\frac{1}{r^2}\iiint R\cos\theta . \rho dv+\frac{1}{r^3}\iiint R^2\frac{3\cos^2\theta-1}{2}\rho dv.$$

Il suffit maintenant de remplacer $R\cos\theta$ par sa valeur et d'exprimer les intégrales au moyen des quantités ci-dessus définies :

$$rR\cos\theta = Xx+Yy+Zz.$$

La seconde intégrale disparaît; elle devient en effet :

$$\frac{1}{r^3}\left[x\iiint X\rho dv+y\iiint Y\rho dv+z\iiint Z\rho dv\right].$$

La troisième s'exprime immédiatement en fonction de A, B, C; il reste :

$$V=\frac{M}{r}+\frac{1}{2r^5}\left[x^2(B+C-2A)+y^2(C+A-2B)+z^2(A+B-2C)\right].$$

Dérivons par rapport à x, y, z. Le premier terme du potentiel donne une force en raison inverse du carré de la distance, identique à l'action de la masse totale au centre, à l'origine des coordonnées. Les composantes de la force due au second terme sont :

$$X=-\frac{3}{2}\frac{x}{r^5}\left\{B+C-2A+\frac{5}{r^2}\left[y^2(A-B)+z^2(A-C)\right]\right\},$$

$$Y=-\frac{3}{2}\frac{y}{r^5}\left\{C+A-2B+\frac{5}{r^2}\left[z^2(B-C)+x^2(B-A)\right]\right\},$$

$$Z=-\frac{3}{2}\frac{z}{r^5}\left\{A+B-2C+\frac{5}{r^2}\left[x^2(C-A)+y^2(C-B)\right]\right\}.$$

Si le corps est de révolution autour de l'axe des Z, posons $A=B$:

$$X=-\frac{3}{2}\frac{x}{r^5}(C-A)\left(1-\frac{5z^2}{r^2}\right),$$

$$Y=-\frac{3}{2}\frac{y}{r^5}(C-A)\left(1-\frac{5z^2}{r^2}\right),$$

$$Z=-\frac{3}{2}\frac{z}{r^5}(C-A)\left[-2+\frac{5(x^2+y^2)}{r^2}\right].$$

287. **Couple exercé par un point très éloigné sur un corps de forme quelconque.** — Nous venons de calculer la force exercée sur un point suffisamment éloigné par un corps de forme quelconque, uniquement défini par son ellipsoïde d'inertie. En vertu de l'égalité de l'action et de la réaction, nous trouverions évidemment le même résultat pour les forces exercées par le point sur le corps.

Les formules précédentes vont donc nous servir pour déterminer le couple directeur que le point éloigné exerce sur le corps.

Les composantes de ses moments ont pour expressions (au signe près) :

$$L = yZ - zY = \frac{3}{r^5}(B - C)yz,$$

$$M = zX - xZ = \frac{3}{r^5}(C - A)zx,$$

$$N = xY - yX = \frac{3}{r^5}(A - B)xy.$$

Dans le cas d'un corps de révolution, il reste :

$$A - B = 0, \qquad L = \frac{3}{r^5}(A - C)yz,$$

$$N = 0; \qquad M = \frac{3}{r^5}(C - A)zx.$$

Le couple s'annule pour $z = 0$, ce qui est évident *a priori*.

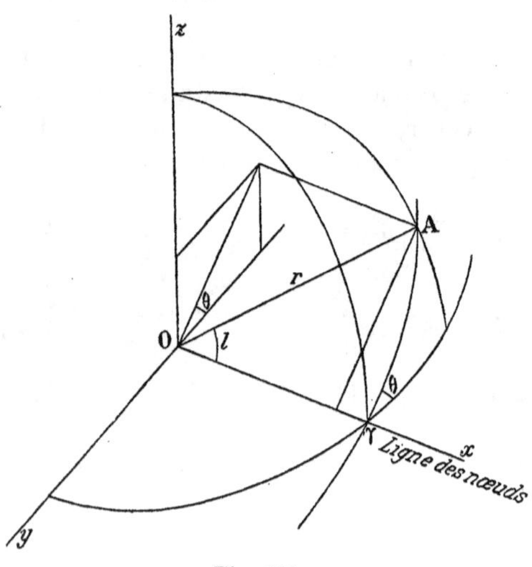

Fig. 214.

Imaginons que le corps soit de révolution (fig. 214) et que le point attirant A décrive un cercle dans un plan faisant avec xOy l'angle θ. Sa position est définie sur ce plan par l'angle $\overline{xOA} = l$.

Dans la disposition de la figure on a :

$$x = r \cos l,$$
$$-y = r \sin l \cos \theta,$$
$$z = r \sin l \sin \theta.$$

Les composantes du couple deviennent :

$$L = \frac{3}{r^3}(C - A)\sin^2 l \cos\theta \sin\theta = \frac{3}{2r^3}(C - A)\cos\theta \sin\theta\,(1 - \cos 2l);$$

$$M = \frac{3}{r^3}(C - A)\sin l \cos l \sin\theta = \frac{3}{2r^3}(C - A)\sin\theta \sin 2l.$$

Le couple s'annule évidemment pour $l = 0$, $l = \pi$.

Nous retrouverons ces formules dans l'explication de la précession des équinoxes.

DYNAMIQUE

CHAPITRE I

THÉORÈMES GÉNÉRAUX

288. **Énoncé du principe de la Dynamique.** — Toute la Dynamique tient en trois propositions :

I. *Chaque élément de volume est caractérisé par un paramètre appelé sa masse.*

II. *Par définition, la force d'inertie d'un élément de volume est un vecteur, parallèle au vecteur accélération, de sens contraire, et dont la grandeur est celle du vecteur accélération multipliée par la mesure de la masse.*

III. Principe : *Il y a équilibre à chaque instant entre toutes les forces appliquées à l'élément de volume, y compris la force d'inertie.* Ce principe a été énoncé d'une manière absolument générale par d'Alembert dont il porte le nom ; mais il était connu et appliqué par Huyghens et Newton.

Toute démonstration a priori de ces propositions est un non-sens. Nous devons les développer par voie déductive et comparer leurs conséquences avec les faits. La Dynamique n'est donc plus qu'une question de calcul, qu'un recueil d'exemples fondés sur des hypothèses particulières. La comparaison de la théorie et des phénomènes se fait par les méthodes ordinaires de la Physique expérimentale.

La proposition III ramène les problèmes de la Dynamique à ceux de la Statique. En particulier, interviennent nécessairement les liaisons et les suppositions plus ou moins arbitraires que nous faisons sur ces quantités et leur rôle. Nous poserons qu'elles peuvent être remplacées par des forces convenables, ce qui leur rend applicable le principe.

On a beaucoup discuté sur l'opportunité du nom *forces d'inertie* donné au vecteur défini dans la proposition II. Ces sortes de débats sont prodigieusement vains et fastidieux ; il est une règle de logique qu'on semble oublier : *on ne discute pas les définitions de mots*. Tous les termes de la Physique sont mal choisis, l'étant par les premiers à en avoir besoin qui naturellement ignorent la nature des choses à nommer. Pourtant on ne change pas la nomenclature tous les dix ans[1].

Quelques auteurs se demandent si la proposition III est rigoureuse. Quand on excepte certains phénomènes électriques et quand on se borne à la Mécanique proprement dite, elle l'est certainement à l'heure actuelle, étant donnée la précision des expériences; elle l'est donc absolument, car nous ne connaissons pas d'autre absolu. Rien n'est amusant comme l'attitude des savants qui s'imaginent la Mécanique battue en brèche par la Théorie des Ions; ils se décernent automatiquement le brevet auquel ils ont manifestement droit.

289. **Formules générales.** — Appelons X, Y, Z, les composantes suivant les trois axes de la résultante de toutes les forces appliquées à la masse punctiforme m, *y compris les forces de liaison.* Le principe général de la Dynamique se traduit par les équations :

$$m\frac{d^2x}{dt^2}=X, \qquad m\frac{d^2y}{dt^2}=Y, \qquad m\frac{d^2z}{dt^2}=Z. \tag{1}$$

Pour un système quelconque de masses, nous avons, en additionnant les équations analogues écrites pour toutes les masses :

$$\begin{aligned} \Sigma m\frac{d^2x}{dt^2}&=\Sigma X, \\ \Sigma m\frac{d^2y}{dt^2}&=\Sigma Y, \\ \Sigma m\frac{d^2z}{dt^2}&=\Sigma Z. \end{aligned} \tag{I}$$

Multiplions la troisième équation (1) par y, la seconde par $-z$, additionnons; il vient :

$$m\left(y\frac{d^2z}{dt^2}-z\frac{d^2y}{dt^2}\right)=m\frac{d}{dt}\left(y\frac{dz}{dt}-z\frac{dy}{dt}\right)=yZ-zY, \tag{2}$$

et deux équations symétriques obtenues par permutation circulaire. Nous retrouvons dans le second membre les moments des forces par rapport aux axes : L, M, N (§ 35).

Additionnons les équations analogues pour toutes les masses; il vient le système :

$$\begin{aligned} \frac{d}{dt}\Sigma m\left(y\frac{dz}{dt}-z\frac{dy}{dt}\right)&=\Sigma L, \\ \frac{d}{dt}\Sigma m\left(z\frac{dx}{dt}-x\frac{dz}{dt}\right)&=\Sigma M, \\ \frac{d}{dt}\Sigma m\left(x\frac{dy}{dt}-y\frac{dx}{dt}\right)&=\Sigma N. \end{aligned} \tag{II}$$

[1] Ces considérations s'appliquent au terme *force vive* que nous définirons plus loin.

Les systèmes d'équations I et II traduisent complètement le principe fondamental et sont absolument généraux; ils sont toute la Dynamique au même titre que le principe III.

Mais ici une remarque s'impose. Ces équations ont la forme précédente, parce que nous supposons les points matériels rapportés à des axes fixes. Comme cette hypothèse, nullement nécessaire, est souvent gênante, donnons tout de suite à ces équations une forme qui ne suppose rien sur les axes.

Prenons trois axes mobiles et soit à l'instant considéré v_x, v_y, v_z, les composantes de la vitesse *absolue* rapportée à ces axes. Le système I s'écrit :

$$\sum m \frac{d}{dt} v_x = \sum X,$$
$$\sum m \frac{d}{dt} v_y = \sum Y, \qquad \text{(I')}$$
$$\sum m \frac{d}{dt} v_z = \sum Z.$$

Le second devient :

$$\sum m \left(y \frac{d}{dt} v_z - z \frac{d}{dt} v_y \right) = \sum L,$$
$$\sum m \left(z \frac{d}{dt} v_x - x \frac{d}{dt} v_z \right) = \sum M, \qquad \text{(II')}$$
$$\sum m \left(x \frac{d}{dt} v_y - y \frac{d}{dt} v_x \right) = \sum N.$$

Nous exprimons purement et simplement le principe fondamental, en ne supposant rien sur la mobilité des axes auxquels nous rapportons le corps. Nous verrons l'importance de ces remarques en traitant le cas général du mouvement d'un solide.

290. **Forces extérieures, intérieures, de liaison.** — Avant d'aller plus loin, établissons entre les forces appliquées au système une classification commode.

On appelle *forces extérieures* celles qui proviennent de causes extérieures au système. Par exemple, s'il s'agit du système solaire, les forces extérieures sont celles que produisent les étoiles. *A priori* ces forces sont quelconques. Nous en désignerons les composantes par les symboles X_e, Y_e, Z_e.

On appelle *forces intérieures* celles qui mesurent les actions mutuelles des éléments de volume du système; nous en désignerons les composantes par X_i, Y_i, Z_i.

Nous admettons que les forces intérieures vont deux par deux, égales et de signes contraires, dirigées suivant la même directrice. C'est en cela que consiste le *principe de l'égalité de l'action et de la réaction;* il n'y a pas plus à le démontrer *a priori* que n'importe quel autre principe; il vaut ce qu'il vaut, c'est à l'expérience de dire *quand* il est applicable.

Dans un système rigide, les liaisons jouent le rôle de forces intérieures. Nous ADMETTONS que la rigidité provient d'actions mutuelles, égales et opposées, entre tous les éléments du volume dans lesquels on peut décomposer le système.

Quand le système n'est pas rigide, les forces intérieures sont les attractions d'espèces quelconques, que nous supposerons encore telles que le principe de l'égalité de l'action et de la réaction soit satisfait.

On a donc :

$$\sum X_i = 0, \qquad \sum Y_i = 0, \qquad \sum Z_i = 0.$$

Les *forces de liaison* tiennent lieu des conditions analytiques qu'on pose entre les points; nous reviendrons plus loin sur la manière de les traiter.

Théorème des forces vives.

291. Théorème des forces vives. — Multiplions la première équation (1) du § 289 par dx, la seconde par dy, la troisième par dz; additionnons. Faisons la somme pour toutes les masses dont se compose le système. Il vient :

$$\sum m\left(\frac{d^2x}{dt^2}dx + \frac{d^2y}{dt^2}dz + \frac{d^2z}{dt^2}dz\right) = \sum(\mathrm{X}dx + \mathrm{Y}dy + \mathrm{Z}dz) = \sum d\mathcal{T}. \qquad (1)$$

Appelons v la vitesse de la masse m; on a :

$$\frac{1}{2}d\,.\,v^2 = \frac{1}{2}d\left[\left(\frac{dx}{dt}\right)^2 + \left(\frac{dy}{dt}\right)^2 + \left(\frac{dz}{dt}\right)^2\right]$$
$$= \frac{d^2x}{dt^2}dx + \frac{d^2y}{dt^2}dy + \frac{d^2z}{dt^2}dz.$$

L'équation (1) s'écrit :

$$\frac{d}{dt}\sum\frac{mv^2}{2} = \sum d\mathcal{T}, \qquad \left[\sum\frac{mv^2}{2}\right]_1^2 = \sum\mathcal{T}_1^2. \qquad \text{(III)}$$

Elle exprime le théorème ABSOLUMENT GÉNÉRAL des forces vives.

Appelons *force vive* d'un point la quantité *scalaire* $mv^2 : 2$.

La variation de la force vive totale du système, entre les temps 1 *et* 2, *est égale à la somme des travaux de toutes les forces du système, tant extérieures qu'intérieures ou de liaisons, entre ces mêmes temps.*

Le théorème est *absolument général;* mais il ne faut pas oublier que les liaisons peuvent travailler ; elles peuvent donc modifier la force vive. Aussi bien il est toujours loisible de considérer une force comme liaison : c'est une pure affaire de mots.

Les forces intérieures qui vont généralement par groupes de deux égales et de signes contraires, travaillent si leurs points d'application ne sont pas à des distances invariables.

292. **Décomposition de la force vive.** — Transportons l'origine des coordonnées au centre d'inertie dont les coordonnées actuelles sont ξ, η, ζ.

Les coordonnées deviennent :

$$x' = x - \xi, \qquad y' = y - \eta, \qquad z' = z - \zeta.$$

On a :

$$\sum m\left(\frac{dx}{dt}\right)^2 = \sum m\left(\frac{dx'}{dt}\right)^2 + 2\frac{d\xi}{dt}\sum m\frac{dx'}{dt} + \left(\frac{d\xi}{dt}\right)^2\sum m.$$

Or les coordonnées x', y', z', sont rapportées au centre d'inertie; on a :

$$\sum mx' = 0, \qquad \sum my' = 0, \qquad \sum mz' = 0.$$

D'où :

$$\sum\frac{mv^2}{2} = \frac{1}{2}\sum m\left[\left(\frac{dx'}{dt}\right)^2 + \left(\frac{dy'}{dt}\right)^2 + \left(\frac{dz'}{dt}\right)^2\right] + \frac{u^2}{2}\sum m;$$

u est la vitesse du centre d'inertie.

La force vive d'un système est égale à la force vive calculée en supposant immobile le centre d'inertie, plus la force vive de la masse totale concentrée au centre d'inertie.

293. **Force vive dans un mouvement de rotation.** — Nous reviendrons plus tard (§ 520) sur l'expression générale de la force vive pour un corps tournant autour d'un axe variable. Supposons ici l'axe invariable. Soit I le moment d'inertie par rapport à cet axe, et ω la vitesse angulaire.

La force vive d'un point qui est à une distance r de l'axe est :

$$\frac{mr^2}{2}\omega^2.$$

La force vive totale est donc :

$$\mathrm{I}\frac{\omega^2}{2}.$$

On comparera utilement cette expression à celle de la force vive dans le mouvement de translation.

294. Principe de la conservation de l'énergie. — Le *principe de la conservation de l'énergie* est essentiellement différent du *théorème des forces vives.* Mais les débutants éprouvent la plus grande difficulté à les bien distinguer; c'est pourquoi il est bon de les opposer. L'exemple suivant éclaircira la question.

Un pendule oscille; nous connaissons l'une des forces appliquées : c'est la pesanteur. Le principe fondamental de la Dynamique, et *par suite* le théorème des forces vives qui en est une conséquence nécessaire, nous permettent d'en déterminer les effets; nous verrons qu'à chaque passage par la verticale, la vitesse angulaire doit se retrouver toujours la même.

Or elle diminue. COMME NOUS VOULONS QUE LE PRINCIPE DE LA DYNAMIQUE, ET PAR SUITE LE THÉORÈME DES FORCES VIVES, SOIENT TOUJOURS SATISFAITS, nous disons qu'il existe une force, autre que la pesanteur, dont le travail total par oscillation est négatif : c'est elle que nous appelons le *frottement.*

Il n'y a pas à discuter cette échappatoire; elle est nécessaire. Ceux qui ne sont pas contents n'ont qu'à installer la Dynamique sur un autre fondement. Mais tant que nous admettons le principe énoncé au § 288, nous devons conclure comme plus haut.

C'est alors qu'intervient *le principe tout différent de la conservation de l'énergie.*

Pour des raisons sur lesquelles il n'y a pas à insister ici, NOUS VOULONS QUE L'ÉNERGIE SE CONSERVE. Par énergie nous entendons l'*énergie potentielle,* c'est-à-dire la possibilité de faire du travail (§ 235), l'*énergie cinétique,* c'est-à-dire la somme des forces vives de toutes les masses en mouvement, et *toutes les autres espèces d'énergie que nous aurons besoin d'imaginer pour que l'énergie totale se conserve.*

Il va de soi que notre volonté d'admettre que l'énergie se conserve est subordonnée au résultat de l'expérience. Des expériences particulières, une heureuse intuition ou des idées préconçues ont suggéré un principe très général. Des expériences indéfiniment variées ont à juger de la valeur de ce principe. Dépouillés de toute grandiloquence, c'est à de tels procédés logiques que se ramènent la découverte et l'utilisation de tous nos principes.

Reprenons notre exemple. Nous voulons maintenant que l'énergie se conserve. Or le pendule finit par s'arrêter : nous avons certainement perdu de l'énergie potentielle, ou de l'énergie cinétique, suivant qu'au début de l'expérience nous prenons le pendule au bout d'une de ses oscillations (vitesse nulle, énergie potentielle maxima), ou au passage par la verticale (vitesse maxima, énergie potentielle nulle). Nous nous satisfaisons en disant que les supports, que l'air se sont échauffés. L'échauffement est si petit qu'il est indémontrable. Mais les principes servent précisément à combler les lacunes de l'expérience, à en fournir le résultat quand elle est impossible [1].

295. Cas où les forces obéissent à un potentiel. — Supposons que chacune des forces obéisse à un potentiel. Le potentiel étant une quantité scalaire, il suffit d'additionner les potentiels, dont dépendent respectivement les diverses forces, pour obtenir le potentiel total V. L'équation III devient :

$$\left[\sum \frac{mv^2}{2}\right]_1^2 = V_1 - V_2, \qquad \left[\sum \frac{mv^2}{2}\right]_1^2 + V_2 - V_1 = 0. \quad \text{(III')}$$

Mais V est aussi bien l'énergie potentielle du système.

Par exemple, soit un corps de masse m dans le champ de la pesanteur. Rapportons à des coordonnées cartésiennes ; prenons pour axe Oz la verticale dirigée vers le haut.

$$V = V_1 + mgz, \qquad -\frac{\partial V}{\partial z} = -mg;$$

mgz représente, à une constante près, le travail qui est disponible du fait de la situation actuelle du corps dans l'espace.

L'équation (III') s'énonce alors en disant que *la somme de l'énergie potentielle et de l'énergie cinétique est constante.* Le principe de la conservation de l'énergie se trouve satisfait sans faire intervenir d'autre forme d'énergies que les énergies proprement mécaniques.

On tire de (III') un intéressant corollaire : *la force vive est maxima quand le système passe par une position d'équilibre stable; elle est minima quand le système passe par une position d'équilibre instable.*

La démonstration résulte immédiatement du § 236.

---

[1] C'est une aimable plaisanterie de soutenir que le principe de la conservation de l'énergie se ramène à dire que *dans les transformations physiques* QUELQUE CHOSE *se conserve.* D'abord, pour qu'une telle proposition ait un sens, il faut que le QUELQUE CHOSE soit formé de parties mathématiquement homogènes et physiquement interchangeables, ce que nous appellerons pour faire court, de parties *de même nature;* la tautologie ou l'indétermination disparaissent déjà. Mais si nous ajoutons que ce quelque chose est *de la nature d'une énergie,* ce qui a un sens unique et parfaitement net *du point de vue expérimental,* et qu'il se conserve sous cette forme générale, nous retombons sur le principe tel qu'il a été toujours énoncé.

Il est vrai que d'autres se sont avisés de soutenir que les parties de la somme, constante d'après par le principe, ne sont pas de même nature. Nous ne renouvellerons pas une discussion célèbre où intervient un iota de plus ou de moins et qui fit un schisme. Nous faisons de la physique et non de la métaphysique, et laissons à d'autres le soin d'épater à peu de frais.

Il y a dans les principes et dans les théories une part suffisante d'arbitraire et d'artificiel pour qu'on n'y ajoute pas bénévolement. L'énergie cinétique et l'énergie potentielle sont expérimentalement interchangeables *avec une perte négligeable sans contradiction,* voilà tout ce qui nous sert comme mécaniciens ; libre à tous de soutenir qu'*au vrai* elles ne sont pas de même nature : nous conseillons ces discussions pour les jours de pluie.

296. Unités mécaniques. Système du kilogrammètre. — Pour fixer les idées, nous devons rappeler les conventions des Physiciens au sujet des unités.

Les unités mécaniques les plus naturelles, *celles dont on se sert toujours en définitive,* font partie de ce qu'on appelle le système du *kilogrammètre.*

On prend pour unité de masse la masse du kilogramme, pour unité de poids le poids du kilogramme, enfin le mètre pour unité de longueur.

On sait que la force du kilogramme appliquée à la masse du kilogramme lui communique par seconde une accélération de $g = 9^m,81$ à Paris. Puisqu'en vertu du principe du § 288, il y a proportionnalité entre les forces appliquées à la même masse et les accélérations, puisque d'autre part les accélérations imprimées par la même force à des masses différentes sont en raison inverse de ces masses, l'accélération γ (en mètres par seconde) imprimée à la masse m (en kilogrammes-masse) par la force F (en kilogrammes-poids) est :

$$\gamma = g \frac{F}{m}. \tag{1}$$

Si $F = m$, c'est-à-dire si la masse et le poids s'expriment par le même nombre, *ont même mesure,* on a évidemment $\gamma = g$.

Cherchons l'équivalence numérique entre le travail et la force vive.

L'unité de travail est le *kilogrammètre;* c'est le travail effectué par la pesanteur quand un kilogramme descend d'un mètre de hauteur.

Soit un kilogramme masse tombant en chute libre. Au bout d'une seconde, il a parcouru le chemin $g : 2$. Le travail de la pesanteur est $g : 2$ kilogrammètres. La vitesse du corps est devenue g. Donc $g : 2$ kilogrammètres valent l'énergie cinétique d'un corps de masse unité animé d'une vitesse g.

Ce résultat suffit pour trouver la formule générale.

Nous devons écrire :

$$\mathfrak{T} = A \frac{mv^2}{2};$$

le coefficient A est seul inconnu. Posons $m = 1$, $\mathfrak{T} = g : 2$, $v = g$; il vient $A = 1 : g$.

$$\mathfrak{T} = \frac{mv^2}{2g} = 0,0510 \,.\, mv^2 \text{ kilogrammètres.} \tag{2}$$

Une masse d'un kilogramme, animée d'une vitesse d'un mètre par seconde, possède une énergie cinétique de 0,0510 kilogrammètre.

Rappelons qu'une *grande calorie,* quantité de chaleur nécessaire pour élever un kilogramme d'eau de 0° à 1°, vaut 425 kilogrammètres. Le *cheval vapeur* est la puissance capable d'effectuer 75 kilogrammètres à la seconde.

297. **Unités C. G. S.** — Le système précédent a un défaut, du reste beaucoup plutôt théorique que pratique.

L'accélération de là pesanteur varie d'un point à l'autre du globe.

La formule (1) du paragraphe précédent exige, pour la détermination de l'accélération due à une force connue en kilogrammes-poids *en un lieu donné,* que l'on connaisse l'accélération de la pesanteur en ce lieu.

Il est évidemment plus simple, *en théorie au moins,* de se passer de l'intermédiaire du kilogramme-poids et de mesurer la force par l'accélération qu'elle produit sur une masse unité. Par raison de commodité, on préfère comme unités le gramme-masse au kilogramme-masse, le centimètre au mètre; on aboutit au système C. G. S.

La *dyne* est donc la force qui imprime en une seconde une vitesse d'un centimètre par seconde au gramme-masse. L'unité de travail, *erg,* est le travail d'une dyne dont le point d'application se déplace d'un centimètre. Les formules (1) et (2) deviennent :

$$\gamma = F : m, \qquad \mathfrak{T} = mv^2 : 2.$$

Un gramme-poids *de Paris,* qui imprime au gramme-masse une accélération de 981 centimètres par seconde, vaut 981 dynes.

Un gramme-poids *de l'équateur* vaut 978 dynes.

Quelque avantage qu'on trouve à supprimer le coefficient g *dans les formules,* il ne faut pas oublier qu'il réapparaît dans la pratique. Les forces se déterminent toujours *en grammes-poids du lieu où on opère.* Pour les réduire en unités absolues, on est forcé de connaître l'accélération de la pesanteur en ce lieu. Ajoutons que les mesures dont la précision excède le millième, sont rares, et que la pesanteur ne varie pas d'un millième quand on se déplace à travers les pays où la science est développée.

La dyne vaut donc un peu plus d'un milligramme. L'unité de travail étant très petite, on lui préfère le *joule* qui vaut 10^7 (dix millions d'ergs), soit environ un dixième de kilogrammètre. L'unité de puissance est le *watt;* c'est la puissance capable du travail d'un joule par seconde, soit d'un dixième de kilogrammètre environ par seconde.

L'unité usuelle est le *kilowatt;* le cheval-vapeur vaut 735 watts.

Nous admettons connue la définition de la seconde (Voir Cours de Physique pour la classe de Mathématiques A, § 44, Bouasse et Brizard, Delagrave).

Mouvement du centre d'inertie.

298. **Mouvement du centre d'inertie.** — Remplaçons dans les équations (I), X par $X_e + X_i$, Y par $Y_e + Y_i$, Z par $Z_e + Z_i$. Englobons les forces de liaison parmi les forces intérieures. Nous avons :

$$\sum X_i = 0, \qquad \sum Y_i = 0, \qquad \sum Z_i = 0.$$

Soit ξ, η, ζ, les coordonnnées du centre d'inertie, défini par les équations :

$$\xi \sum m = \sum mx, \qquad \eta \sum m = \sum my, \qquad \zeta \sum m = \sum mz.$$

Remarquons que, les masses m se déplaçant, la position du centre d'inertie est généralement variable, non seulement dans l'espace absolu, mais encore par rapport aux masses constitutives du système.

Posons $\sum m = M$. Dérivons les équations une fois et deux fois par rapport au temps. Il vient :

$$M \frac{d\xi}{dt} = \sum m \frac{dx}{dt},$$

et deux équations symétriques en y et z;

$$M \frac{d^2\xi}{dt^2} = \sum m \frac{d^2x}{dt^2},$$

et deux équations symétriques en y et z.

Le vecteur dont les composantes sont :

$$m\frac{dx}{dt}, \qquad m\frac{dy}{dt}, \qquad m\frac{dz}{dt},$$

est *la quantité de mouvement;* les Anglais l'appellent *momentum.* On a donc la proposition suivante :

Les vecteurs représentant les quantités de mouvement de chaque point du système admettent comme vecteur résultant un vecteur qui représente la quantité de mouvement du centre d'inertie où serait condensée la masse entière du système.

Même proposition pour les forces d'inertie.

Ceci posé, les équations (I) deviennent :

$$M \frac{d^2\xi}{dt^2} = \sum X_e, \qquad M \frac{d^2\eta}{dt^2} = \sum Y_e, \qquad M \frac{d^2\zeta}{dt^2} = \sum Z_e.$$

Le centre d'inertie du système se meut comme un point dont la masse serait égale à la somme des masses et qui serait sollicité par les forces extérieures.

Corollaire. *S'il n'existe que des forces intérieures, ou si les forces extérieures ont une somme nulle (se réduisent à un couple), le centre d'inertie se meut d'un mouvement rectiligne et uniforme. Comme cas particulier, il reste immobile.*

Par exemple, les mouvements volontaires d'un animal dans sa chute ne peuvent modifier la trajectoire du centre d'inertie; en effet, *à la condition de négliger la résistance de l'air,* les forces qui entrent en jeu pendant la déformation sont intérieures.

Nous reviendrons plus loin sur les mouvements de rotation qu'il peut s'imprimer.

La trajectoire du centre d'inertie d'un obus qui éclate reste la même, *toujours à supposer qu'on puisse négliger la résistance de l'air.* Il est important de remarquer que dans les exemples précédents les forces extérieures sur chaque point (pesanteur) ne sont pas modifiées par les mouvements de l'animal ou l'éclatement de l'obus.

Mais imaginons qu'une planète éclate; il n'est pas exact de dire que le mouvement du centre d'inertie des morceaux de la planète continue sans modification. Car l'éclatement aurait pour effet de modifier les forces extérieures; certaines masses se rapprocheraient du soleil et seraient plus attirées; d'autres s'éloigneraient et seraient moins attirées. Toutefois le nouveau centre d'inertie se mouvrait comme un point de même masse totale, sollicité par les *nouvelles* forces extérieures transportées en ce point parallèlement à elles-mêmes. De même, du fait de l'éclatement de l'obus, la résistance de l'air, qui n'est généralement pas négligeable, est complètement modifiée; la trajectoire du centre d'inertie ne reste donc pas la même que si l'obus n'avait pas éclaté : le théorème permet cependant de la calculer, *si toutes ces nouvelles résistances de l'air sur les morceaux de l'obus sont connues.*

299. **Application au pendule balistique, au recul des armes à feu, aux fusées.** — Nous aurons l'occasion de revenir à propos des impulsions sur des applications de ce théorème.

Le pendule balistique en est une (§ 435).

Signalons pour le moment le recul des armes à feu.

Supposons un fusil monté de manière à se déplacer librement dans le sens de sa longueur. Pendant tout le temps que le projectile est dans le canon de l'arme, les gaz de la poudre exercent des forces égales et de sens inverses sur le fusil et sur la balle; ce sont des forces *intérieures.* Le centre d'inertie du système formé des deux corps de masses M et m doit rester invariable. On a donc :

$$(\mathrm{M}+m)\xi=\mathrm{M}x_1+mx_2; \qquad \frac{d\xi}{dt}=0, \qquad \mathrm{M}v_1+mv_2=0.$$

Les *quantités de mouvement* Mv_1 et mv_2 sont donc égales et de signes contraires, *à tout instant*, pourvu que les forces extérieures soient négligeables. Il est clair que si le fusil est appuyé contre l'épaule d'un tireur, il prend une vitesse moindre que quand il est libre : la pression de l'épaule est une force extérieure.

Comparons les travaux emmagasinés : ils sont entre eux comme les forces vives :

$$\frac{w}{W} = \frac{mv_2^2}{Mv_1^2} = \frac{M}{m}.$$

Aussi, bien que les quantités de mouvements soient égales, l'énergie emmagasinée par la balle surpasse de beaucoup celle qui reste perdue dans le fusil sous forme cinétique; elles sont en raison inverse des masses.

La théorie précédente suppose négligeable la masse de la poudre ou, ce qui revient au même, la masse des gaz qu'elle produit. Ceux-ci prennent une vitesse de même sens que celle de la balle; il est donc nécessaire que la pression ne soit pas exactement la même en avant et en arrière de l'espace occupé par les gaz. Le recul du fusil doit être un peu plus grand que ne le fait prévoir la vitesse de la balle, abstraction faite de la masse des gaz. Si l'on admet que les gaz ont la vitesse même de la balle, m doit représenter la somme des masses de la poudre et de la balle.

La même théorie explique l'ascension des *fusées*.

Les fusées vulgaires sont des tubes de carton fermés à la partie antérieure, remplis de poudre et portant à l'arrière comme gouvernail une longue baguette de bois. On allume la poudre à l'aide d'une mèche postérieure. L'inflammation de la poudre produit des gaz qui se dégagent avec une grande vitesse par l'orifice arrière. D'où projection en avant du corps de la fusée.

Théorème des aires.

300. **Théorème des aires.** — Reprenons les équations générales (II). Remarquons que deux forces égales, de sens contraires et de même directrice, (comme les liaisons intérieures et les forces intérieures satisfaisant au principe de l'égalité de l'action et de la réaction), ont un moment total nul par rapport à un axe quelconque.

Remarquons, en second lieu, que les premiers membres contiennent les moments par rapport aux axes des vecteurs *accélération* qui correspondent aux diverses masses (§ 67). Les équations fondamentales (II) peuvent donc s'écrire :

$$2\sum m\frac{d^2S_x}{dt^2}=\sum L_e,$$

$$2\sum m\frac{d^2S_y}{dt^2}=\sum M_e,$$

$$2\sum m\frac{d^2S_z}{dt^2}=\sum N_e.$$

A chaque instant, la somme des produits de chaque masse par la projection de l'accélération aréolaire sur l'un des axes de coordonnées, est égale à la moitié de la somme des moments des forces extérieures par rapport au même axe.

Rappelons que S est l'aire balayée par un rayon vecteur qui va de l'origine au point considéré ; nous représentons cette aire par un vecteur normal. La vitesse et l'accélération aréolaires sont la vitesse et l'accélération définies pour ce vecteur.

Cas ou les forces extérieures ont un moment nul.

Si les forces extérieures ont un moment nul par rapport à un axe, l'axe des x par exemple, on a :

$$\sum m\frac{d^2S_x}{dt^2}=0, \qquad \sum m\frac{dS_x}{dt}=\text{Constante}.$$

La quantité $\sum mS_x$ varie proportionnellement au temps.

D'où le théorème : si les forces extérieures ont un moment nul par rapport à une droite, (si par exemple elles admettent une résultante qui rencontre cette droite), la somme des produits de chaque masse par la projection, sur un plan normal à la droite, de l'aire balayée par le rayon vecteur *partant d'un point quelconque de la droite* et aboutissant à la masse, varie proportionnellement au temps.

Si les moments des forces extérieures sont nuls par rapport aux trois axes de coordonnées (ce qui arrive si les forces extérieures sont nulles, ou si elles se réduisent à une résultante passant par l'origine), les trois quantités :

$$\sum mS_x, \qquad \sum mS_y, \qquad \sum mS_z,$$

varient proportionnellement au temps. *Donc, la somme des produits de chaque masse par l'aire balayée par un rayon vecteur, allant de l'origine à la masse, varie proportionnellement au temps.*

Remarque.

Nous supposons dans ce qui précède que l'origine des coordonnées est fixe. Le théorème subsiste en la supposant mobile, à la condition que son mouvement soit rectiligne et uniforme.

Appelons α, β, γ, ses coordonnées; on a par hypothèse :

$$\frac{d^2\alpha}{dt^2}=\frac{d^2\beta}{dt^2}=\frac{d^2\gamma}{dt^2}=0.$$

Prenons ce point comme origine des coordonnées ; on a, entre les anciennes et les nouvelles coordonnées, les relations :

$$x = \alpha + x_1, \qquad y = \beta + y_1, \qquad z = \gamma + z_1.$$

$$\sum m\left(y\frac{d^2z}{dt^2} - z\frac{d^2y}{dt^2}\right) = \sum m\left(y_1\frac{d^2z_1}{dt^2} - z_1\frac{d^2y_1}{dt^2}\right)$$

$$+ \frac{d^2\gamma}{dt^2}\sum my_1 - \frac{d^2\beta}{dt^2}\sum mz_1 + \beta\sum m\frac{d^2z_1}{dt^2} - \gamma\sum m\frac{d^2y_1}{dt^2}.$$

Les quatre derniers termes sont nuls, deux par la condition que le point pris pour origine se déplace uniformément en ligne droite, deux parce qu'on suppose que les forces sont toutes intérieures. Ce qui démontre la proposition énoncée.

En particulier, on peut prendre pour origine des coordonnées le centre de gravité du système. C'est par exemple ce que l'on fera en étudiant le mouvement de notre système solaire.

301. **Plan du maximum des aires; plan invariable.** — Reprenons la même théorie sous une autre forme.

A chaque instant et pour chaque point, nous pouvons définir un vecteur passant par l'origine et dont les composantes sont :

$$m\left(y\frac{dz}{dt} - z\frac{dy}{dt}\right) = 2m\frac{dS_x}{dt},$$

$$m\left(z\frac{dx}{dt} - x\frac{dz}{dt}\right) = 2m\frac{dS_y}{dt},$$

$$m\left(x\frac{dy}{dt} - y\frac{dx}{dt}\right) = 2m\frac{dS_z}{dt}.$$

C'est le produit du moment de la vitesse par la masse ; les Anglais l'appellent *moment of momentum.*

Additionnons géométriquement tous les vecteurs qui correspondent aux divers points. Nous obtenons ainsi un certain vecteur de composantes A, B, C. Les équations II s'interprètent en disant que la vitesse de l'extrémité de ce vecteur est égale au vecteur qui mesure le moment total des forces.

Le plan P perpendiculaire au vecteur A, B, C s'appelle *plan du maximum des aires,* nom qui n'est exact qu'en un certain sens. C'est sur ce plan qu'il faut projeter toutes les aires balayées dans le temps *dt* par des droites allant de l'origine aux différents points, pour obtenir, *non pas la projection maxima* (c'est en ce sens que l'appellation est inexacte), mais le maximum de la somme des produits des projections par les masses correspondantes.

Si nous décomposons toutes les masses en masses égales, et si nous considérons la somme des aires balayées par toutes ces masses égales, le plan P est alors rigoureusement le plan du maximum des aires projetées.

Généralement, le plan P varie de position à chaque instant. Mais supposons nuls les moments des forces extérieures par rapport aux trois axes de coordonnées : les composantes A, B, C, sont invariables. Le plan du maximum des aires est fixe ; on l'appelle *plan invariable*. Sa normale fait avec les axes de coordonnées les angles dont les cosinus sont :

$$\frac{A}{\sqrt{A^2+B^2+C^2}}, \quad \frac{B}{\sqrt{A^2+B^2+C^2}}, \quad \frac{C}{\sqrt{A^2+B^2+C^2}}.$$

302. **Corps rigide tournant autour d'un axe fixe.** — Soit Oz l'axe de rotation supposé fixe (fig. 215). Considérons un point A du corps qui se déplace dans le plan xOy. Repérons sa position au moyen de l'angle θ que fait la droite OA avec l'axe des x. Tout autre point du corps sera répéré par sa hauteur z au-dessus du plan xOy, par la variable $\theta+\theta_1$, où θ_1 est une constante caractéristique du point considéré, et enfin par sa distance r à l'axe des z.

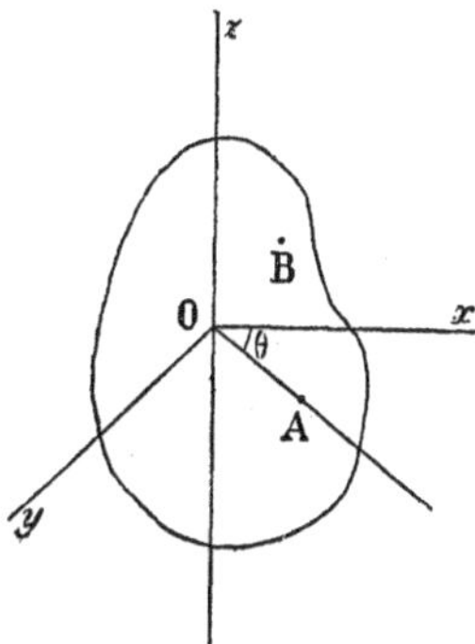

Fig. 215.

Nous avons appelé *cylindriques* ces coordonnées (§ 48).

La projection sur le plan xOy de l'aire balayée pendant le temps dt par le rayon vecteur allant du point O à un point B du corps, est :

$$r^2 \frac{d\theta}{dt} dt.$$

Le théorème du § 300 nous permet de poser :

$$\sum mr^2 \frac{d^2\theta}{dt^2} = \frac{d^2\theta}{dt^2} \sum mr^2 = M. \qquad (1)$$

M est le moment des forces *extérieures* par rapport à l'axe Oz. Les forces de liaison n'interviennent pas ; les réactions de l'axe Oz rencontrant cet axe ont un moment nul par rapport à lui.

La quantité $I = \sum mr^2$ est (§ 11) le moment d'inertie par rapport à Oz. Nous avons en définitive :

$$I \frac{d^2\theta}{dt^2} = M. \qquad (2)$$

Le théorème des forces vives est évidemment satisfait.

La vitesse d'un point est : $rd\theta : dt$; la force vive totale du corps est par suite :

$$\frac{1}{2} \sum mr^2 \left(\frac{d\theta}{dt}\right)^2 = \frac{I}{2}\left(\frac{d\theta}{dt}\right)^2.$$

Le travail élémentaire du couple M est M$d\theta$ (§ 38).

Le théorème des forces vives s'exprime par l'équation :

$$\frac{I}{2}\left[\left(\frac{d\theta}{dt}\right)^2\right]_1^2 = \int_1^2 M d\theta,$$

qu'il suffit de dériver par rapport à θ pour retrouver l'équation (2).

Si le couple est nul, il vient :

$$d\theta : dt = \text{Constante}.$$

La vitesse angulaire est constante ; le théorème des aires est ainsi satisfait.

303. **Théorème des aires dans le cas d'un système déformable tournant autour d'un axe.** — Si le corps, qui tourne autour d'un axe invariable, n'est pas rigide, l'équation (1) du paragraphe précédent doit être maintenue sous la forme :

$$\sum mr^2 \frac{d^2\theta}{dt^2} = M. \qquad (1)$$

Considérons le cas où le couple M est nul, et, pour fixer les idées, imaginons le corps divisé en deux parties 1 et 2, de moments d'inertie I_1 et I_2 et dont nous repérerons les azimuts au moyen des variables θ_1 et θ_2. L'équation (1) s'écrit :

$$I_1 \frac{d\theta_1}{dt} + I_2 \frac{d\theta_2}{dt} = \text{Constante}.$$

La figure 216 représente un appareil facilement réalisable.

Le cadre CC est suspendu à un fil très fin qu'on peut considérer comme *sans torsion;* ce sera la partie 1 du système. La partie 2 est constituée par un axe vertical tournant entre deux pivots fixés au cadre. Il porte un levier horizontal sur lequel se déplacent deux masses m permettant de faire varier le moment d'inertie I_2.

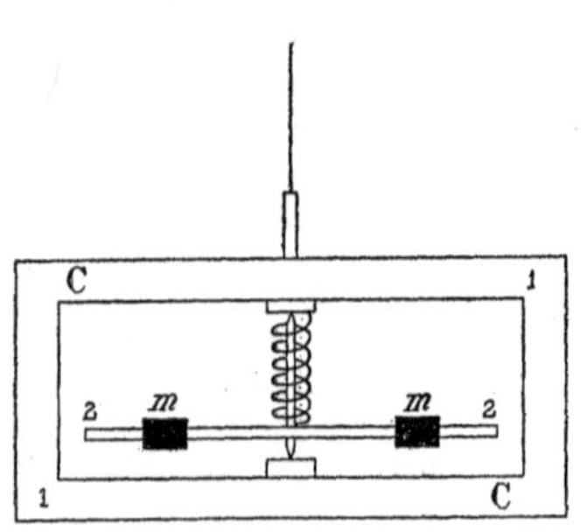

Fig. 216.

Les parties 1 et 2 sont reliées par un ressort à boudin dont nous pouvons négliger le moment d'inertie.

Par une rotation convenable du levier, bandons le ressort ; fixons le levier au cadre par un fil à coudre et laissons le système revenir au repos. Brûlons alors le fil.

Les vitesses initiales étant nulles, les équations :

$$I_1 \frac{d\theta_1}{dt} + I_2 \frac{d\theta_2}{dt} = 0, \qquad I_1\theta_1 + I_2\theta_2 = \text{Constante},$$

sont toujours satisfaites. Grâce à un choix convenable des origines des azimuts, par exemple en prenant pour azimuts nuls ceux qui correspondent à la position pour laquelle le ressort est débandé, on peut écrire :

$$I_1\theta_1 + I_2\theta_2 = 0. \qquad (2)$$

Le couple dû au ressort est alors proportionnel à $\theta_1 - \theta_2$.

Les équations du mouvement de chaque partie du système considérée isolément sont :

$$\begin{aligned} I_1 \frac{d^2\theta_1}{dt^2} &= -C(\theta_1 - \theta_2), \\ I_2 \frac{d^2\theta_2}{dt^2} &= \quad C(\theta_1 - \theta_2). \end{aligned} \qquad (3)$$

Comme nous aurons l'occasion de le montrer en détail au § 337, les oscillations des parties 1 et 2 sont sinusoïdales et décalées de π. Posons :

$$\theta_1 = \Theta_1 \sin \omega t, \qquad \theta_2 = \Theta_2 \sin(\omega t - \pi) = -\Theta_2 \sin \omega t.$$

Substituons dans (2); il vient la condition :

$$I_1\Theta_1 = I_2\Theta_2 ;$$

les amplitudes Θ_1 *et* Θ_2 *sont en raison inverse des moments d'inertie.*

C'est ce qu'on montre aisément en déplaçant les masses m.

Substituons dans l'une ou l'autre des équations (3); appelons T la période :

$$\omega = \frac{2\pi}{T}, \qquad \omega^2 = C\left(\frac{1}{I_1} + \frac{1}{I_2}\right), \qquad T = 2\pi\sqrt{\frac{1}{C} : \left(\frac{1}{I_1} + \frac{1}{I_2}\right)}.$$

La période d'oscillation du système dépend des moments d'inertie des deux oscillateurs.

304. **Possibilité pour un système uniquement soumis à des forces intérieures de tourner autour d'un axe, toutes les pièces revenant à la fin de l'opération dans leurs situations respectives.** — Ce problème correspond au fait suivant : *un chat tenu par les quatre pattes, et qu'on laisse tomber d'une certaine hauteur, arrive toujours sur ses pieds.* Il faut donc que, pendant la chute, il tourne d'un demi-tour autour d'un axe horizontal. Or les forces sont toutes intérieures, car la résistance de l'air est négligeable.

C'est donc un fait d'expérience qu'un système déformable uniquement soumis à des forces intérieures peut tourner d'un angle quelconque autour d'un axe A, les différentes pièces du système revenant en définitive à leurs situations respectives initiales.

La théorie interprète le fait avec la plus grande aisance.

Pour que la rotation soit possible, il faut que certaines pièces puissent osciller autour de l'axe, tandis que certaines autres modifient le moment d'inertie par rapport au même axe.

Reprenons l'appareil représenté figure 216. Supposons qu'*au bout des oscillations,* les masses m se transportent brusquement et alternativement soit aux extrémités de la barre, soit tout près de l'axe. Il en résultera que le moment d'inertie du système 2 sera I'_2 quand la barre va dans un sens, I''_2 quand elle va en sens contraire. Remarquons que l'opération n'implique aucun travail, (ce qui d'ailleurs importe peu), mais surtout qu'elle laisse immobile le centre d'inertie du système, (ce qui est conforme au § 298).

Nous pouvons déterminer les azimuts successifs absolus des parties du système au bout des oscillations, en nous appuyant sur les deux propositions suivantes :

1° les déplacements sont en raison inverse des moments d'inertie;

2° le ressort doit être bandé de la même manière au bout de toutes les oscillations, puisque rien n'absorbe d'énergie dans notre appareil et que l'énergie potentielle du ressort est proportionnelle au carré $(\theta_1 - \theta_2)^2$ de la différence des azimuts des parties 1 et 2 de l'appareil (§ 240).

Sans qu'il soit nécessaire de faire aucun calcul, il est évident qu'il n'y aura pas compensation : après chaque oscillation complète, le système aura tourné du même angle dans le même sens.

Ceci posé, admettons que le chat puisse décomposer son corps en deux parties sensiblement égales, suffisamment mobiles l'une par rapport à l'autre. L'axe horizontal passe à travers le corps dans le sens de la longueur; les deux parties sont constituées par l'avant-train et l'arrière-train. L'animal étend ou replie les pattes de devant ou de derrière : admettons, pour simplifier le raisonnement, qu'il puisse ainsi donner à l'une ou l'autre partie de son corps l'un des deux moments d'inertie i ou I $(i < I)$ par rapport à l'axe.

Il veut tourner dans un sens que nous appellerons positif. Il donne à son avant-train le moment i et à son arrière-train le moment I, et tourne son avant-train dans le sens positif. L'arrière-train tourne dans le sens négatif, mais d'un angle moindre.

Il donne alors le moment I à son avant-train et le moment i à son arrière-train; il tourne son arrière-train dans le sens positif. L'avant-train tourne dans le sens négatif, mais d'un angle moindre.

Quand les deux parties du corps sont de nouveau dans le prolongement l'une de l'autre, le corps entier a tourné d'un certain angle dans le sens positif.

Si compliqué que semble ce procédé, il est seul conforme avec les principes de la Mécanique.

305. **Autre forme d'expérience.** — Imaginons un plateau P suspendu par un fil très fin, ou encore fixé à un axe vertical monté sur pivots, de manière qu'il soit le plus mobile possible (fig. 217).

Il porte une sorte de toupie T également montée sur pivots et dont le disque est suffisamment lourd. La toupie est équilibrée statiquement et dynamiquement (§ 363) par une masse M. On la lance avec une corde et on abandonne le plateau sans vitesse.

Analysons les phénomènes.

Négligeons les frottements de l'air et supposons d'abord le disque T assez mobile sur ses pivots et assez bien équilibré, pour que les frottements entre lui et son support soient négligeables. Il conserve donc une vitesse sensiblement uniforme.

Corrélativement, le plateau P *reste immobile.*

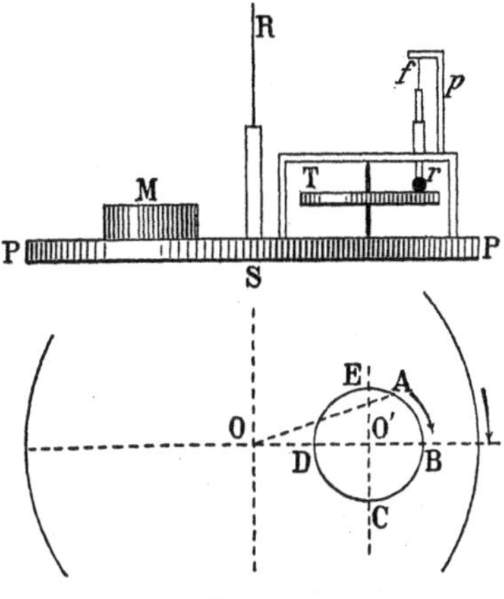

Fig. 217.

En effet, cherchons la projection sur le plan horizontal de l'aire balayée par le rayon vecteur allant d'un point quelconque de l'axe RS à un point du corps tournant. Celui-ci décrit une circonférence ABCDE; il est aisé de voir que l'aire totale balayée *par tour* par le vecteur qui émane du point O, est égale à l'aire du cercle *comptée dans le sens de la flèche.*

Soit I_1 le moment d'inertie du corps T par rapport à son axe, I le moment d'inertie du système tout entier par rapport à RS; le théorème des aires fournit la relation :

$$I_1 \frac{d\theta_1}{dt} + I \frac{d\theta}{dt} = \text{Constante};$$

θ_1 est l'azimut de la toupie par rapport aux axes liés au plateau, θ est l'azimut du plateau par rapport à des axes fixes. Appelons ω_1 la vitesse angulaire initiale de la toupie; il vient :

$$I_1 \frac{d\theta_1}{dt} + I \frac{d\theta}{dt} = I_1\omega_1, \qquad I \frac{d\theta}{dt} = I_1\left(\omega_1 - \frac{d\theta_1}{dt}\right).$$

Si la vitesse de la toupie reste constante et égale à ω_1, *la vitesse du plateau reste nulle.*

Mais, en brûlant un fil à coudre *f*, laissons retomber sur le disque un tampon *r* qui produit un frottement. La vitesse de la toupie diminue, corrélativement la vitesse du plateau augmente. Le plateau prend un mouvement de rotation *dans le sens* de la rotation de la toupie; celle-ci l'entraîne en quelque sorte.

Il arrive un moment où la vitesse relative de la toupie devient nulle. Le système total est alors animé d'une vitesse angulaire ω telle que :

$$\omega I = \omega_1 I_1.$$

L'opération ne va pas sans une perte d'énergie. Les énergies cinétiques sont au début W_1 et à la fin W :

$$W_1 = \frac{I_1\omega_1^2}{2}, \qquad W = \frac{I\omega^2}{2}; \qquad \frac{W}{W_1} = \frac{I\omega^2}{I_1\omega_1^2} = \frac{\omega}{\omega_1} = \frac{I_1}{I}.$$

306. **Troisième forme d'expérience.** — Disposons sur le plateau un moteur électrique M équilibré statiquement et dynamiquement par la masse M'. Il met en rotation le disque T dans un sens que nous appellerons *positif*. Un tampon *t* permet d'augmenter le frottement entre le disque et le bâti du moteur (fig. 218).

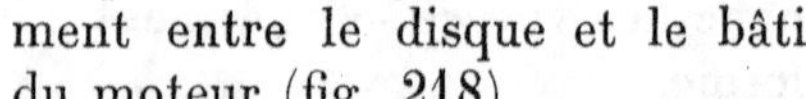

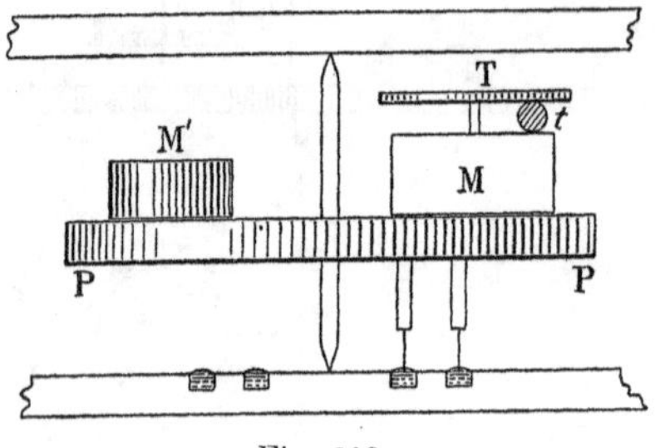

Fig. 218.

Le courant nécessaire au moteur est amené par des contacts plongeant dans des rigoles circulaires pleines de mercure : le frottement est négligeable. Conservons les notations du paragraphe précédent.

Supposons que le disque T ait pris une vitesse *uniforme;* abandonnons alors le plateau P. *Il reste immobile quels que soient les frottements entre le disque et le reste du système.*

Supprimons le courant, le plateau est entraîné dans le sens positif; réinstallons le courant, le plateau est entraîné dans le sens négatif tandis que le disque l'est dans le sens positif.

Tous ces phénomènes se déduisent aisément du fait qu'il n'existe que des forces intérieures. En particulier, les deux dernières propositions expliquent la première où le régime est permanent. En vertu des frottements, le disque tend à entraîner le plateau dans le sens de sa propre rotation; mais les forces nécessaires pour maintenir sa vitesse constante prennent leur appui sur le plateau et tendent à le faire tourner en sens contraire. Ces deux systèmes de forces intérieures s'équilibrent exactement : le plateau reste immobile, si on l'abandonne sans vitesse.

Nous ne saurions trop conseiller au lecteur de répéter toutes ces expériences en en variant les conditions.

Principe du travail virtuel.

307. **Equation générale fondée sur le principe du travail virtuel.** — Nous ne saurions trop le répéter : la Dynamique *entière* réside dans cette proposition : *Il y a équilibre à chaque instant entre toutes les forces appliquées à chaque élément de volume, y compris les forces d'inertie.* Autant de manières d'exprimer cet équilibre, autant

de formes logiquement indiscernables des équations fondamentales de la Dynamique.

Nous avons démontré que, pour exprimer l'équilibre, il revient exactement au même d'utiliser le principe du parallélogramme ou celui du travail virtuel. Cherchons sous quel aspect apparaît le postulat général de la Dynamique quand on met en œuvre le second principe.

Écrivons donc que, DANS LA SITUATION ACTUELLE DU SYSTÈME, *le travail de toutes les forces (y compris celles d'inertie) est nul pour tous les déplacements compatibles avec les liaisons,* TELLES QU'ELLES EXISTENT ACTUELLEMENT.

Le lecteur voudra bien méditer les mots deux fois soulignés; sur eux viennent buter des générations entières d'étudiants. Ils expliquent pourtant l'adjectif *virtuel* qui entre dans le nom du principe.

En effet, il s'agit ici, non pas de déterminer le travail *effectif* des forces dans les déplacements réels, mais d'écrire que ces forces se font actuellement équilibre. La mise en œuvre du principe du travail virtuel est la mise en œuvre d'un procédé GÉOMÉTRIQUE capable d'exprimer que la résultante de certains vecteurs est nulle. Il ne faut pas chercher une raison d'être mécanique à un théorème de Géométrie pure.

Au reste, les exemples suivants montrent de quoi il retourne, mieux qu'une dissertation.

308. **Expression analytique du principe du travail virtuel; équation de d'Alembert-Lagrange.** — En coordonnées cartésiennes, nous devons écrire :

$$\Sigma\left[\left(X - m\frac{d^2x}{dt^2}\right)\delta x + \left(Y - m\frac{d^2y}{dt^2}\right)\delta y + \left(Z - m\frac{d^2z}{dt^2}\right)\delta z\right] = 0; \quad \text{(IV)}$$

ou, ce qui revient au même :

$$\Sigma m\left(\frac{d^2x}{dt^2}\delta x + \frac{d^2y}{dt^2}\delta y + \frac{d^2z}{dt^2}\delta z\right) = \Sigma\,(X\delta x + Y\delta y + Z\delta z). \quad \text{(IV)}$$

Les δx, δy, δz, sont les *déplacements virtuels;* ils sont compatibles avec les liaisons au temps t; ils sont généralement différents des déplacements réels.

Autrement dit, soit (§ 146) :

$$\varphi_1 = 0, \qquad \varphi_2 = 0, \qquad \dots \qquad \varphi_p = 0,$$

les p conditions auxquelles sont assujetties les coordonnées des n points du système. A la différence du § 146, elles peuvent contenir le temps explicitement; ce qu'on exprime en disant que les liaisons dépendent du temps.

Les dx_1, dy_1, dz_1, ... satisfont aux équations :

$$\frac{\partial \varphi_1}{\partial x_1} dx_1 + \dots + \frac{\partial \varphi_1}{\partial z_n} dz_n + \frac{\partial \varphi_1}{\partial t} dt = 0,$$

$$\cdots\cdots\cdots\cdots\cdots$$

$$\frac{\partial \varphi_p}{\partial x_1} dx_1 + \dots + \frac{\partial \varphi_p}{\partial z_n} dz_n + \frac{\partial \varphi_p}{\partial t} dt = 0.$$

Au contraire, les δx_1, δy_1, δz_1, satisfont aux équations :

$$\frac{\partial \varphi_1}{\partial x_1} \delta x_1 + \dots + \frac{\partial \varphi_1}{\partial z_n} \delta z_n = 0,$$

$$\cdots\cdots\cdots\cdots\cdots$$

$$\frac{d \varphi_p}{\partial x_1} \delta x_1 + \dots + \frac{\partial \varphi_p}{\partial z_n} \delta z_n = 0.$$

L'équation IV a la même forme que l'équation (1) du § 291 d'où nous tirons le théorème des forces vives. Mais ici l'intégration est impossible : le théorème des forces vives ne s'applique donc que si l'on tient compte du travail des liaisons. Insistons sur ce paradoxe.

309. **Paradoxe sur le théorème des forces vives.** — Nous savons que l'emploi du principe du travail virtuel comme procédé analytique d'expression de l'équilibre des vecteurs, élimine les liaisons qui PAR HYPOTHÈSE ne travaillent pas. Mais des liaisons qui ne travaillent pas, en supposant les déplacements compatibles avec ce qu'elles sont au temps t (*déplacements virtuels*), peuvent travailler quand il s'agit des déplacements réels. D'où ce paradoxe que le théorème des forces vives, *qui est pourtant absolument général*, *semble* ne plus s'appliquer quand les liaisons dépendent du temps.

Cela tient à ce qu'*en étudiant les déplacements virtuels,* on supprime automatiquement le travail de ces liaisons, travail qui n'est généralement pas nul quand elles dépendent du temps. Il va de soi que la variation de force vive des masses n'est pas égale au travail des forces qui ne sont pas *conventionnellement* de liaison, c'est-à-dire que le procédé de calcul employé n'élimine pas ; il faut ajouter le travail des liaisons.

Ces remarques sont fondamentales ; elles sont d'ailleurs à peu près incompréhensibles dans leur énoncé abstrait. Le seul moyen d'en montrer l'intérêt est d'étudier en détail quelques exemples.

310. **Exemple d'application du principe du travail virtuel.** — Un point M se déplace dans le plan xOy (fig. 219). Il est tenu par un fil qui passe dans un anneau O et dont la longueur r est arbitrairement variable. On a :

$$r = f(t). \qquad (1)$$

On demande la trajectoire du point M qui n'est soumis à aucune autre force que celle qui remplace la liaison.

Pour appliquer le principe du travail virtuel, nous arrêtons le système dans sa position actuelle; nous écrivons qu'il y a équilibre entre toutes les forces, y compris celles d'inertie. Nous donnons donc un petit déplacement compatible avec les liaisons *actuelles*, ce qui revient à amener le point M en M′ sur la circonférence de centre O et de rayon r, *qui n'est pas la trajectoire réelle* MM_1.

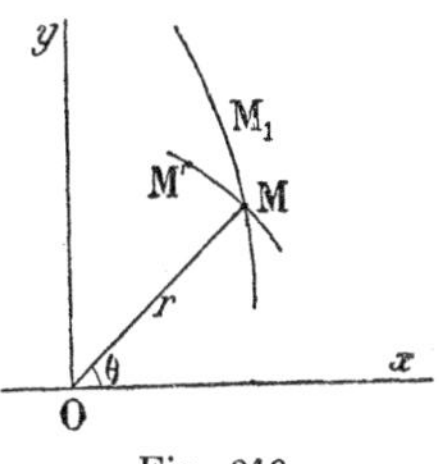

Fig. 219.

Nous écrivons alors que le travail est nul.

Or les forces se réduisent ici à la force d'inertie. Nous exprimons donc qu'elle est dirigée suivant OM, normalement à la trajectoire virtuelle. D'où l'équation de condition :

$$\frac{d^2x}{dt^2} : x = \frac{d^2y}{dt^2} : y, \qquad y\frac{d^2x}{dt^2} - x\frac{d^2y}{dt^2} = 0;$$

$$\frac{d}{dt}\left(r^2\frac{d\theta}{dt}\right) = 0, \qquad r^2\frac{d\theta}{dt} = \text{Constante} = \text{C}. \tag{2}$$

Nous aurions pu écrire cette condition comme corollaire du théorème des aires.

L'équation (2) est valable quelle que soit la loi (1) suivant laquelle on tire sur le fil, ou suivant laquelle on l'abandonne. Du reste le problème est complètement résolu si l'on donne $f(t)$. On a :

$$r = f(t), \qquad \theta = \int \frac{\text{C}\,dt}{[f(t)]^2}.$$

Il est aisé de voir que la liaison travaille; l'énergie cinétique W du point varie. Supposons-lui la masse unité.

On a : $$2\text{W} = \left(\frac{dr}{dt}\right)^2 + r^2\left(\frac{d\theta}{dt}\right)^2 = \left(\frac{dr}{dt}\right)^2 + \frac{\text{C}^2}{r^2}.$$

Application.

Soit $r = at$; il vient :

$$\theta = \frac{\text{C}}{a^2}\left(\frac{1}{t_0} - \frac{1}{t}\right), \qquad \theta = \frac{\text{C}}{a}\left(\frac{1}{r_0} - \frac{1}{r}\right). \tag{3}$$

Le point décrit une *spirale hyperbolique*.

Nous pouvons mettre l'équation (3) sous la forme :

$$\theta_0 - \theta = \frac{\text{C}}{ar}; \tag{3'}$$

θ_0 est l'azimut de l'asymptote.

L'énergie cinétique a pour expression :

$$2\text{W} = a^2 + \frac{\text{C}^2}{r^2}.$$

Elle diminue à mesure que r augmente. La force que le fil exerce sur la masse (force de liaison) est :

$$\frac{dW}{dr}=-\frac{C}{r^3}.$$

Le signe — indique que la force est dirigée vers le point O.

D'où une seconde manière de traiter le problème.

Considérons une masse soumise à une force *centrale :*

$$F=-C:r^3;$$

c'est-à-dire à une force qui passe par un point fixe. On demande sa trajectoire.

La liaison a disparu. Il faut écrire :

$$\frac{d^2x}{dt^2}=-\frac{C}{r^3}\frac{x}{r}, \qquad \frac{d^2y}{dt^2}=-\frac{C}{r^3}\frac{y}{r}.$$

Multiplions la première par $-y$, la seconde par x et additionnons :

$$x\frac{d^2y}{dt^2}-y\frac{d^2x}{dt^2}=0.$$

C'est l'équation qui exprime le théorème des aires.

Multiplions la première par dx, la seconde par dy; additionnons :

$$\frac{1}{2}d.v^2=-\frac{C}{r^4}(x\,dx+y\,dy)=-\frac{C}{r^3}dr, \qquad v^2=\frac{C}{r^2}+a^2.$$

Nous retrouvons bien les résultats précédemment obtenus.

Cette exemple montre clairement comment interviennent les liaisons, comment l'application du principe du travail virtuel *pour exprimer l'équilibre* les élimine, et comment il paraît ne plus se trouver d'accord avec le théorème des forces vives : tout s'explique quand on n'oublie pas que *d'une manière générale les liaisons travaillent.*

L'équation de d'Alembert-Lagrange exprime simplement qu'un certain vecteur est nul, ou qu'il y a équilibre entre certaines forces. Les travaux réels n'y interviennent pas.

311. **Second exemple**. — Voici un second exemple symétrique du précédent où la liaison consiste à donner arbitrairement l'autre coordonnée polaire θ. Un corps est assujetti à glisser dans un tube rectiligne parfaitement poli qui tourne autour de l'origine suivant une loi :

$$\theta=F(t). \qquad (1)$$

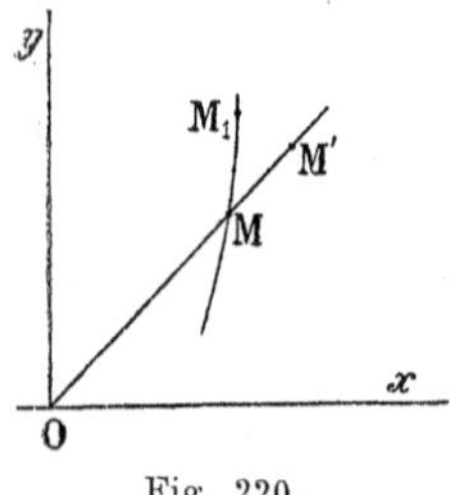

Fig. 220.

On demande la trajectoire (fig. 220).

Nous arrêtons le système dans sa position actuelle. Nous donnons un petit déplacement compatible avec les liaisons *actuelles*, ce qui revient à amener le point M en M' sur le rayon OM; la trajectoire réelle MM_1 est généralement très différente.

Les forces se réduisent à la force d'inertie. Nous exprimons donc qu'elle est normale à MM'.

D'où la condition : $$x\frac{d^2x}{dt^2}+y\frac{d^2y}{dt^2}=0, \qquad (2)$$

qui doit être satisfaite quelle que soit la relation (1).

Exprimons (2) en coordonnées polaires. On a :

$$r\,dr=x\,dx+y\,dy;$$

$$r\frac{d^2r}{dt^2}+\left(\frac{dr}{dt}\right)^2=\left(\frac{dx}{dt}\right)^2+\left(\frac{dy}{dt}\right)^2+\left(x\frac{d^2x}{dt^2}+y\frac{d^2y}{dt^2}\right)=v^2.$$

Exprimons la vitesse en fonction de r et de θ; il reste :

$$\frac{d^2r}{dt^2}=r\left(\frac{d\theta}{dt}\right)^2. \qquad (2')$$

Telle est l'équation à satisfaire quelle que soit (1).

Ici encore la liaison travaille; l'énergie cinétique n'est pas invariable.

Application.

Supposons que le tube poli soit animé d'une vitesse angulaire uniforme ω. L'équation (2') devient :

$$\theta=\omega t; \qquad \frac{d^2r}{dt^2}=\omega^2r, \qquad r=Ae^{\omega t}+Be^{-\omega t}.$$

Le point décrit une *spirale logarithmique*.

L'énergie cinétique a pour expression :

$$2W=\left(\frac{dr}{dt}\right)^2+r^2\left(\frac{d\theta}{dt}\right)^2=2\omega^2(A^2e^{2\omega t}+B^2e^{-2\omega t}).$$

Nous traiterons à nouveau ce problème au § 604, en étudiant les mouvements relatifs.

Équations de Lagrange.

312. **Coordonnées généralisées.** — Les équations de d'Alembert-Lagrange (§ 308) ne sont vraiment utiles que sous la forme proprement dite *de Lagrange*, où sont explicitées les variables indépendantes.

L'état actuel d'un système est généralement défini par les valeurs d'un certain nombre de variables *indépendantes* $a, b, c, \ldots$, auxquelles les coordonnées de tous les points sont reliées par des équations de la forme :

$$\begin{aligned} x&=f_1(t, a, b, c, \ldots),\\ y&=f_2(t, a, b, c, \ldots),\\ z&=f_3(t, a, b, c, \ldots). \end{aligned} \qquad (1)$$

Le problème consiste à supprimer l'intermédiaire des coordonnées cartésiennes dont nous n'avons pas besoin, et à exprimer le principe de la Dynamique au moyen des variables $a, b, c, \ldots$

C'est un simple changement de coordonnées.

Nous représenterons par x' la dérivée *totale* de x par rapport au temps. Nous écrirons donc :

$$x' = \frac{\partial x}{\partial t} + \frac{\partial x}{\partial a} a' + \frac{\partial x}{\partial b} b' + \ldots \qquad (2)$$

Nous représenterons, comme plus haut par $\delta x, \delta y, \ldots$, les *déplacements virtuels*. Pour les définir, on suppose le temps invariable et on donne un déplacement compatible avec les liaisons telles qu'elles sont à l'instant considéré. On a donc par définition :

$$x' dt = \delta x + \frac{\partial x}{\partial t} dt,$$

$$\delta x = \frac{\partial x}{\partial a} \delta a + \frac{\partial x}{\partial b} \delta b + \frac{\partial x}{\partial c} \delta c + \ldots \qquad (3)$$

Le travail virtuel a pour expression :

$$d\mathfrak{T} = \mathrm{A}\delta a + \mathrm{B}\delta b + \mathrm{C}\delta c + \ldots \qquad (4)$$

Dans les équations de Lagrange n'entrent que les coordonnées généralisées $a, b, c, \ldots$, et les forces A, B, C, ..., suivant les variables $a, b, c, \ldots$

Il est évident *a priori* que le problème est possible, car le système est déterminé géométriquement par les coordonnées généralisées, mécaniquement par les forces qui leur correspondent.

313. **Lemmes préliminaires.** —

Lemme I.

Des équations (2) et de la définition des dérivées partielles, il résulte immédiatement la relation :

$$\frac{\partial x'}{\partial a'} = \frac{\partial x}{\partial a},$$

et de même pour les autres variables. Pour qu'il en soit ainsi il faut que $a', b', c', \ldots$ n'entrent pas dans les équations de condition (1), ce que nous avons supposé.

Lemme II.

Dérivons[1] l'équation (2) par rapport à a :

$$\frac{\partial x'}{\partial a} = \frac{\partial^2 x}{\partial a\, \partial t} + \frac{\partial^2 x}{\partial a^2} a' + \frac{\partial^2 x}{\partial b\, \partial a} b' + \ldots \qquad (5)$$

---

[1] N'hésitons pas à rappeler des vérités élémentaires.

Il est bien clair *par définition* que :

$$\frac{\partial b'}{\partial a} = \frac{\partial}{\partial a}\left(\frac{db}{dt}\right) = \frac{d}{dt}\left(\frac{\partial b}{\partial a}\right) = 0;$$

car b est une variable *indépendante* qui doit *par définition* rester invariable quand nous nous occupons des variations de a. On a non moins évidemment :

$$\frac{\partial a'}{\partial a} = \frac{\partial}{\partial a}\left(\frac{da}{dt}\right) = \frac{d}{dt}\left(\frac{\partial a}{\partial a}\right) = \frac{d}{dt}\left(\frac{da}{da}\right) = \frac{d}{dt}(1) = 0.$$

Le second membre de cette équation peut être considéré comme la dérivée totale :

$$\frac{d}{dt}\frac{\partial x}{\partial a}.$$

En effet, $\frac{\partial x}{\partial a}$ est une certaine fonction de a, b, c, ... Sa dérivée totale par rapport au temps a pour expression :

$$\frac{d}{dt}\frac{\partial x}{\partial a}=\frac{\partial^2 x}{\partial a\,\partial t}+\frac{\partial}{\partial a}\left(\frac{\partial x}{\partial a}\right)\frac{da}{dt}+\frac{\partial}{\partial b}\left(\frac{\partial x}{\partial a}\right)\frac{db}{dt}+\dots,$$

$$\frac{d}{dt}\frac{\partial x}{\partial a}=\frac{\partial^2 x}{\partial a\,\partial t}+\frac{\partial^2 x}{\partial a^2}a'+\frac{\partial^2 x}{\partial a\,\partial b}b'+\dots,$$

c'est-à-dire précisément l'équation (5). Nous écrirons donc :

$$\frac{\partial x'}{\partial a}=\frac{d}{dt}\frac{\partial x}{\partial a}.$$

Expression de la force vive.

Elle est par définition :

$$\mathrm{T}=\sum\frac{m}{2}(x'^2+y'^2+z'^2).$$

Pour l'exprimer en fonction des coordonnées généralisées, il faut substituer les valeurs des dérivées totales tirées de (2), puis éliminer x, y, z, ..., au moyen des équations (1).

La fonction T contient généralement les puissances 1 et 2 des vitesses a', b', c', ...

Si les équations (1) ne renferment pas explicitement le temps, T est une fonction quadratique homogène des vitesses a', b', ...

314. **Établissement des équations de Lagrange.** — On a :

$$mx'=\frac{\partial \mathrm{T}}{\partial x'},\qquad mx''=m\frac{d^2x}{dt^2}=\frac{d}{dt}\frac{\partial \mathrm{T}}{\partial x'}.$$

Le principe fondamental de la Dynamique a pour expressions équivalentes :

$$\sum\left(m\frac{d^2x}{dt^2}\delta x+m\frac{d^2y}{dt^2}\delta y+m\frac{d^2z}{dt^2}\delta z\right)=\sum(\mathrm{X}\delta x+\mathrm{Y}\delta y+\mathrm{Z}\delta z);$$

$$\sum\left(\delta x\frac{d}{dt}\frac{\partial \mathrm{T}}{\partial x'}+\delta y\frac{d}{dt}\frac{\partial \mathrm{T}}{\partial y'}+\delta z\frac{d}{dt}\frac{\partial \mathrm{T}}{\partial z'}\right)=\mathrm{A}\delta a+\mathrm{B}\delta b+\mathrm{C}\delta c+\dots \tag{6}$$

Changeons de coordonnées, en utilisant les relations (3).

Considérons tous les termes du premier membre où entre la variation δa. On a identiquement :

$$\delta a\sum\frac{\partial x}{\partial a}\frac{d}{dt}\frac{\partial \mathrm{T}}{\partial x'}=\delta a\sum\frac{d}{dt}\left(\frac{\partial \mathrm{T}}{\partial x'}\frac{\partial x}{\partial a}\right)-\delta a\sum\frac{\partial \mathrm{T}}{\partial x'}\frac{d}{dt}\frac{\partial x}{\partial a}.$$

On a (lemme I) :

$$\sum \frac{d}{dt}\left(\frac{\partial T}{\partial x'}\frac{\partial x}{\partial a}\right) = \frac{d}{dt}\sum \frac{\partial T}{\partial x'}\frac{\partial x'}{\partial a'} = \frac{d}{dt}\frac{\partial T}{\partial a'}.$$

On a (lemme II) :

$$\sum \frac{\partial T}{\partial x'}\frac{d}{dt}\frac{\partial x}{\partial a} = \sum \frac{\partial T}{\partial x'}\frac{\partial x'}{\partial a} = \frac{\partial T}{da}.$$

Identifions dans les équations (6) les coefficients des variables indépendantes :

$$\frac{d}{dt}\frac{\partial T}{\partial a'} - \frac{\partial T}{\partial a} = A,$$

$$\frac{d}{dt}\frac{\partial T}{\partial b'} - \frac{\partial T}{\partial b} = B,$$

. . . .

Ce sont les équations de Lagrange.

Existence d'un potentiel.

On dit qu'il existe un potentiel V, quand la différentielle du travail prend la forme (§ 39) :

$$d\mathfrak{T} = -\frac{\partial V}{\partial a}da - \frac{\partial V}{\partial b}db - \frac{\partial V}{\partial c}dc - \ldots = -dV.$$

Les équations de Lagrange prennent la forme :

$$\frac{d}{dt}\frac{\partial T}{\partial a'} - \frac{\partial T}{\partial a} + \frac{\partial V}{\partial a} = 0.$$

Posons $T - V = H$; nous pouvons écrire :

$$\frac{d}{dt}\frac{\partial T}{\partial a'} - \frac{\partial H}{\partial a} = 0;$$

H est *la fonction de Lagrange;* c'est la différence de l'énergie cinétique et de l'énergie potentielle.

On peut encore écrire, puisque V ne dépend que des coordonnées a, b, c, ..., et non des vitesses a', b', c', ... :

$$\frac{d}{dt}\frac{\partial H}{\partial a'} - \frac{\partial H}{\partial a} = 0.$$

315. **Théorème des forces vives.** — Montrons que les équations de Lagrange redonnent le théorème des forces vives, *à la condition que les liaisons soient indépendantes du temps.* Nous savons qu'alors T est est une fonction quadratique homogène de a', b', c', ... On a par conséquent (§ 54) :

$$\sum a'\frac{\partial T}{\partial a'} = 2T. \qquad (1)$$

Ceci posé, multiplions les équations de Lagrange respectivement par da, db, ..., et additionnons. Il vient :

$$\sum a'd\frac{\partial \mathrm{T}}{\partial a'} - \sum da\frac{\partial \mathrm{T}}{\partial a} = \mathrm{A}da + \mathrm{B}db + \ldots,$$

$$\sum d\left(a'\frac{\partial \mathrm{T}}{\partial a'}\right) - \sum\left(\frac{\partial \mathrm{T}}{\partial a'}da' + \frac{\partial \mathrm{T}}{\partial a}da\right) = \mathrm{A}da + \mathrm{B}db + \ldots;$$

et, en vertu de l'identité (1) et de la définition de la différentielle totale :

$$2d\mathrm{T} - d\mathrm{T} = d\mathrm{T} = \mathrm{A}da + \mathrm{B}db + \ldots$$

Cette équation exprime le théorème des forces vives : la variation de la force vive est égale au travail total effectué par les forces.

Théorème de la moindre action.

316. **Énoncé du théorème (Maupertuis).** — L'intérêt pratique de ce théorème est médiocre dans toutes les questions que nous avons à considérer. Nous nous contenterons donc de l'énoncer sans en donner la démonstration.

Supposons les liaisons indépendantes du temps et les forces dérivées d'un potentiel.

Considérons un système qui passe de la situation 1 à la situation 2. Il y a généralement *pour chacun de ses points* une infinité de trajectoires possibles; les lois de la Dynamique imposent une certaine trajectoire parmi cette infinité.

Considérons un système de trajectoires *possibles;* repérons-le par la longueur s de l'arc compté sur chaque trajectoire ; évaluons en chaque point quelle serait la vitesse de chaque masse en vertu du théorème des forces vives. Effectuons pour chaque masse l'intégrale :

$$\int_1^2 mv\, ds,$$

et faisons la somme de toutes les intégrales analogues pour toutes les masses du système.

Le théorème nous apprend que les trajectoires effectivement décrites sont celles pour lesquelles :

$$\sum\int_1^2 mv\, ds$$

est minimum ou maximum relativement à la valeur que prend cette quantité si on introduit de nouvelles liaisons dans le système, limitant ainsi le nombre de trajectoires possibles.

Par exemple, une masse se meut sur une surface parfaitement polie, sans qu'aucune force agisse sur elle, autre que la réaction (normale) de la surface. Le théorème des forces vives nous apprend que sa vitesse est constante. Les lignes qu'elle décrit sont donc telles que l'intégrale :

$$\int_A^B ds,$$

soit minimum. Cette condition définit les *lignes géodésiques* (§ 175).

CHAPITRE II

DYNAMIQUE DU POINT

Il semble que la Dynamique du point ne doive présenter aucun intérêt. Le point n'existe pas; c'est un être de raison. Mais dans une infinité de problèmes, qui seraient trop compliqués si l'on tenait compte du détail, il suffit de considérer le corps comme réduit à un point matériel pour avoir une vue suffisamment nette et exacte des phénomènes.

Il ne faut donc pas prendre le titre de ce Chapitre au pied de la lettre; plus justement, au lieu de *dynamique du point*, on devrait parler de solutions approximatives de problèmes complexes.

Chute libre.

317. **Mesure d'un temps au moyen d'un corps tombant en chute libre.** — Il ne viendrait aujourd'hui à l'idée de personne de mettre en doute la loi fondamentale de la Dynamique et de chercher à la vérifier par des mesures expérimentales *directes;* pas davantage de soutenir que la pesanteur n'est pas une force pratiquement constante tant qu'on ne s'éloigne pas trop d'un lieu donné. Tout le monde admet par conséquent qu'un corps tomberait en chute libre d'un mouvement uniformément accéléré, si aucune force ne s'ajoutait à la pesanteur. En pratique, la résistance de l'air diminue la vitesse.

L'accélération de la pesanteur n'est pas déterminée par l'étude des corps tombant en chute libre; nous trouverons plus loin (Chapitre III) une méthode infiniment plus précise. Au contraire, les corps tombant en chute libre permettent de déterminer des durées, dans l'hypothèse que le mouvement est uniformément accéléré, et que l'accélération de la pesanteur est déterminable une fois pour toutes en chaque lieu.

Ce renversement dans l'utilisation des phénomènes est habituel. Au début on étudiait la loi de la chute des corps comme le phénomène le plus simple, pour affermir les principes de la Dynamique. Aujourd'hui qu'une infinité de conséquences lointaines ont mis ces principes hors de doute, on admet en quelque sorte les lois de la chute des corps pour s'en servir comme mesure du temps.

Par exemple, pour déterminer le temps de pose qui correspond à un obturateur de chambre photographique, on photographie une bille brillante (grosse bille pour automobile) tombant devant une graduation en centimètres.

Sur une bande de papier noir mat de 20 centimètres de largeur, on trace à la craie ou à la gouache une graduation en centimètres sur une longueur par exemple de 2 mètres. On fixe cette graduation verticalement et on l'éclaire fortement.

C'est tout près, en avant d'elle, que tombe la bille lâchée sans vitesse du zéro de la graduation.

Le temps qu'elle met à aller du trait n_1 au trait n_2 est :

$$\Delta t = \sqrt{\frac{2}{g}}\left(\sqrt{n_2} - \sqrt{n_1}\right), \qquad (g = 981),$$

formule dans laquelle n_1 et n_2 sont exprimés en centimètres.

L'expérience consiste à relever sur le cliché la position de la trace lumineuse de la bille par rapport aux divisions de la graduation. La seule difficulté de l'expérience consiste à faire fonctionner l'obturateur ni trop tôt ni trop tard.

Sensibilité.

La méthode est d'autant plus sensible qu'à un intervalle de temps t donné correspond un intervalle Δn plus grand. Or, on a sensiblement :

$$\Delta t = \sqrt{\frac{2}{g}}\,\Delta\sqrt{n} = \sqrt{\frac{2}{g}}\,\frac{\Delta n}{2\sqrt{n}}, \qquad \Delta n = \sqrt{2gn}\,.\,\Delta t.$$

La sensibilité de la méthode croît donc proportionnellement à la racine carrée du chemin moyen déjà parcouru par la bille au moment où on la photographie.

On arrive au même résultat par un autre raisonnement. Soit v la vitesse au moment où l'on photographie, et t le temps qui s'est écoulé à partir du lâché de la bille. On a :

$$v = gt, \qquad \Delta n = v\Delta t = gt\Delta t.$$

La sensibilité est proportionnelle au temps qu'a duré la chute t avant l'ouverture de l'obturateur.

318. **Chronographe Le Boulangé**. — Le chronographe Le Boulangé est un instrument très ingénieux utilisé dans l'artillerie pour mesurer de très petites durées. Il est fondé sur le principe suivant.

Le projectile coupe successivement les circuits de deux électroaimants E, E′, qui supportent deux tiges de fer, F, F′. Celles-ci tombent en chute libre avec un retard Δt qui est précisément la quantité à mesurer (fig. 221).

Considérons deux points P et P′, pris respectivement sur les deux tiges et qui sont au même niveau quand les électros maintiennent les tiges en place. Les espaces qu'ils ont parcourus au bout du temps t, et la différence de ces espaces sont :

$$e = \frac{1}{2} g t^2, \qquad e' = \frac{1}{2} g (t + \Delta t)^2; \qquad \Delta e = g t \Delta t.$$

Pour que la mesure précise du petit temps Δt soit possible, il faut donc laisser les tiges tomber librement un temps t suffisant, et mesurer alors la différence d'altitude Δe de deux points qui étaient initialement au même niveau.

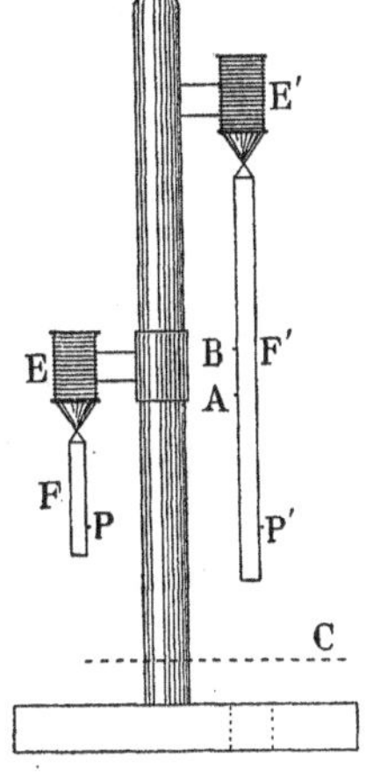

Fig. 221.

Voici par quel artifice on y parvient. La tige F tombe sur un mécanisme (non représenté) et déclenche un couteau qui se déplace dans le plan horizontal C. Le couteau trace une encoche sur un tube de zinc (métal mou) qui recouvre la tige F′ comme une chemise. L'encoche se fait donc après le lâché de F, un temps t égal au temps de la chute de F, et au temps nécessaire pour le déclenchement et pour le déplacement du couteau.

Au moyen d'un commutateur spécial, rompons simultanément les circuits de E et de E′ : le couteau trace une encoche sur F′, par exemple en A. La distance $\overline{AC}$ permet de calculer le temps t.

Recommençons l'expérience, mais cette fois en mettant entre les ouvertures des deux circuits le temps Δt. Le couteau trace une encoche sur F′, par exemple en B.

La connaissance des distances verticales $\overline{AC} = n_1$, et $\overline{BC} = n_2$, permet de calculer Δt par la formule du § 317.

On modifie la sensibilité de l'appareil en plaçant l'électro E plus ou moins haut. On fait ainsi varier le temps t.

Pour juger de la précision de l'appareil, calculons la vitesse de F′ après un mètre de chute ; elle est :

$$v = \sqrt{2g} = 4^{m},43 = 4\,430 \text{ millimètres.}$$

Le millième de seconde correspond à un déplacement $4^{mm},4$.

Mouvement dans un milieu résistant.

319. **Détermination de la grandeur du frottement entre solides.** — Un corps qui tombe en chute libre est animé d'un mouvement uniformément accéléré. On peut admettre en effet que la pesanteur est une force constante. Il en sera de même chaque fois que la force sera constante, d'où qu'elle provienne.

Voici, comme exemple, la méthode expérimentale de Coulomb pour déterminer la valeur du frottement entre solides, dont nous avons énoncé par anticipation les lois au Chapitre III de la Statique.

Imaginons un traîneau de poids P, dont la base AB est un plan qui glisse sur un plan horizontal CD (fig. 222), et qu'on charge uniformément de manière que la pression (c'est-à-dire le quotient du poids par la surface) soit la même en tous les points. Il est tiré par le poids P′ à l'aide d'une corde qui passe sur une poulie.

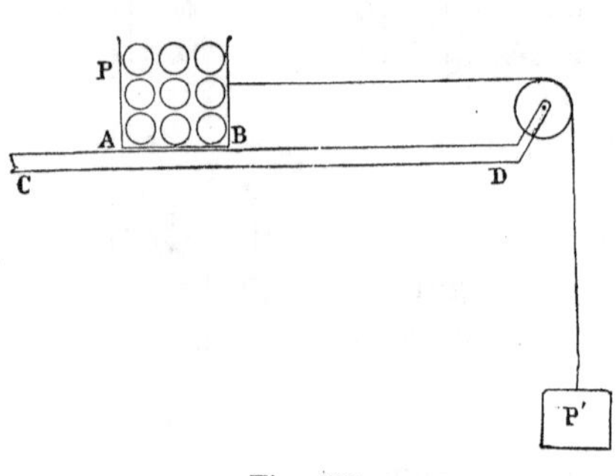

Fig. 222.

L'expérience démontre que le mouvement que prend ce système est uniformément accéléré : donc *la force f de frottement est indépendante de la vitesse.*

On peut la calculer facilement.

Soit γ l'accélération du mouvement expérimentalement déterminée et exprimée en mètres par secondes; soit $g = 9^{m},81$ l'accélération de la pesanteur. La force motrice est le poids P′; la force retardatrice est le frottement f; la masse à mouvoir est $P' + P$, en négligeant la masse de la corde et le moment d'inertie de la poulie.

D'où :
$$\gamma = g\,\frac{P' - f}{P' + P}\cdot$$

L'appareil est une machine d'Atwood (§ 357) dont les frottements sont majorés.

Modifions le poids P ; l'expérience montre que f est proportionnel à P. Tout en conservant le même poids P, modifions l'aire du plan de contact AB ; le frottement est indépendant de cette aire. Nous pouvons donc poser (§ 202) :
$$f = kN,$$

où k est un coefficient qui caractérise les surfaces frottantes, quelle que soit l'aire de la surface de contact.

320. **Freins.** — Étudions le frein du point de vue dynamique; on se reportera au § 225 pour la disposition des appareils et leur mode de fonctionnement.

Bloquons toutes les roues d'un train de 200 tonnes.

C'est exactement comme si nous agissions contre le train avec une force sensiblement constante de $200 \times 0,14 = 28$ tonnes; c'est comme si le train avait à tirer ce poids. Nous produisons donc une accélération *négative* égale au 14 centièmes de l'accélération g de la pesanteur.

Soit $g = 9^m,81$; $9^m,81 \times 0,14 = 1^m,37$. Soit v la vitesse du train à chaque instant, v_0 la vitesse initiale au temps 0, quand on bloque les freins, e l'espace parcouru (en mètres) à partir de la position au temps 0. On a :

$$v = v_0 - 1,37 \,.\, t, \qquad e = v_0 t - 0,69 \,.\, t^2.$$

Le temps que le train met à s'arrêter et l'espace alors parcouru sont donnés par les formules :

$$t = v_0 : 1,37, \qquad e = v_0^2 : 2,74.$$

Voici les résultats pour les différentes vitesses v_0 exprimées en kilomètres à l'heure, et v_0' exprimées en mètres à la seconde :

v_0	40^k	60^k	80^k	100^k	120^k
v_0'	$11^m,1$	$16^m,7$	$22^m,2$	$27^m,8$	$33^m,3$
t	8, 1	12 ,2	16 ,2	20 ,3	24 ,4
e	45	102	180	282	405

Ainsi, un train lancé à la vitesse de 100 kilomètres à l'heure ne peut s'arrêter qu'après 20 secondes et un parcours de près de 300 mètres. La manœuvre du frein demandant quelques secondes, et toutes les roues n'étant pas nécessairement bloquées, ces nombres sont au-dessous de la vérité.

Nous négligeons, il est vrai, la résistance de l'air et le frottement des diverses pièces du train les unes contre les autres et contre les rails. Ces quantités dépendent de la vitesse; nous retrouverons le problème un peu plus loin (§ 323).

321. **Problème de la balistique intérieure.** — Comme exemple de questions se rattachant à la Dynamique du point, énonçons le problème de la Balistique intérieure.

On cherche comment varie la vitesse d'un projectile dans le tube d'un canon.

Définissons sa position par l'abscisse x; soit P la pression des gaz, S la surface sur laquelle elle agit, m la masse du projectile. L'équation du mouvement est donc :

$$m \frac{d^2x}{dt^2} = \text{PS}. \tag{1}$$

La pression P dépend de la loi de combustion de la matière explosive. Appelons z la fraction de la charge qui est transformée en gaz au temps t. A mesure que celle-ci brûle, la forme et la surface des grains ou des brins se modifient ; la vitesse de combustion, mesurée par le quotient $dz : dt$, varie donc avec la quantité déjà brûlée.

L'expérience montre qu'elle varie aussi avec la pression P.

On a donc généralement :

$$\frac{dz}{dt} = f(z)\varphi(\mathrm{P}). \qquad (2)$$

Enfin, le gaz produit par la combustion se détend et se refroidit. La pression P n'est donc pas proportionnelle à z. Par exemple, en admettant une loi de détente analogue à la loi adiabatique de détente d'un gaz parfait, on a une expression de la forme :

$$\mathrm{P}(x - x_0)^n = \mathrm{A}z, \qquad (3)$$

ou une expression encore plus compliquée. En définitive, nous avons trois relations entre les trois fonctions du temps P, x, z; le problème est donc résolu. Le travail des expérimentateurs consiste à déterminer la forme et les constantes des relations (2) et (3).

322. **Frottement fonction de la vitesse.** — Supposons le corps soumis à une force fonction de la vitesse.

On a les expressions identiques :

$$m\frac{d^2x}{dt^2} = \varphi(v), \qquad m\frac{dv}{dt} = \varphi(v), \qquad mv\frac{dv}{dx} = \varphi(v).$$

La solution s'obtient immédiatement par des quadratures :

$$t = t_0 + m\int_{v_0}^{v}\frac{dv}{\varphi(v)}, \qquad x = x_0 + m\int_{v_0}^{v}\frac{vdv}{\varphi(v)}. \qquad (1)$$

On écrira qu'au temps $t = t_0$, la vitesse est v_0 et la distance à l'origine est x_0.

Des équations (1) on déduira l'expression de x en fonction de t.

Remarque.

D'une manière générale, la fonction $\varphi(v)$ se développe en série :

$$\varphi(v) = a - bv - cv^2 \ldots$$

D'après la nature même du problème, les coefficients b, c, ... sont tous négatifs, ce qui signifie que le frottement est une force retardatrice, quelle que soit la vitesse. Si la proposition est théoriquement contestable, elle ne l'est pratiquement pas.

Quant à la constante a, elle représente la force proprement dite qui peut être accélératrice ou retardatrice.

Si elle est retardatrice, on parviendra à la vitesse nulle ; après quoi le phénomène se modifiera.

Si elle est accélératrice, on parviendra nécessairement à la vitesse constante qui correspond à une racine de l'équation :

$$\varphi(v)=0.$$

Ainsi, un corps abandonné dans l'atmosphère (où nous supposerons la pesanteur constante) tend nécessairement vers une vitesse limite, quelle que soit la loi de résistance de l'air.

Remarquons enfin que, dans la plupart des cas usuels, il suffit de conserver un seul terme en v, soit bv, soit cv^2, soit quelquefois dv^3.

323. **Frottement proportionnel à la vitesse.** — Soit :

$$\varphi(v)=a-bv.$$

On tire immédiatement de là :

$$t=t_0-\frac{m}{b}\log\frac{a-bv}{a-bv_0}, \qquad v=\left(v_0-\frac{a}{b}\right)\exp\left[-\frac{b}{m}(t-t_0)\right]+\frac{a}{b}.$$

Nous pouvons résoudre par rapport à x; il vient :

$$x-x_0=-\frac{m}{b}(v-v_0)-\frac{ma}{b^2}\log\frac{a-bv}{a-bv_0}.$$

1° Force accélératrice $(a>0)$.

Supposons par exemple qu'un corps parte du repos sous l'influence d'une force accélératrice constante, dans un milieu qui résiste proportionnellement à la vitesse.

Il est d'abord évident que la vitesse tend vers la limite : $V=a:b$.

Pour $t=t_0=0$, nous avons $v_0=0$. D'où :

$$t=-\frac{m}{b}\log\left(1-\frac{b}{a}v\right), \qquad v=\frac{a}{b}\left[1-\exp\left(-\frac{bt}{m}\right)\right].$$

Pour $t=0$, faisons $x=0$; il vient :

$$x=\frac{at}{b}-\frac{am}{b^2}\left[1-\exp\left(-\frac{bt}{m}\right)\right].$$

2° Force retardatrice $(a<0)$; application aux chemins de fer.

L'expérience a montré que les frottements de toutes natures, qui s'opposent, *en palier et en alignement*, à la marche des trains, pouvaient être représentés en bloc par une formule telle que :

$$-F=-(a+bv).$$

On utilise souvent la formule :

$$F=1,5+0,1\,v;$$

F est exprimée en kilogrammes par tonne de train, v en mètres par seconde.

Par exemple, contre un train de 300 tonnes à la vitesse de 60 kilomètres s'exerce, en palier et en alignement, une force, provenant de la résistance de l'air, des frottements des pièces les unes contre les autres et contre les rails, égale à :

$$300\,[1{,}5 + 0{,}1\,.\,60] = 2\,250 \text{ kilogrammes.}$$

Pour maintenir cette vitesse, il faut donc que la machine fournisse un travail par seconde égal au chemin parcouru ($16^{m},7$) multiplié par cette force :

$$16{,}7 \times 2250 = 37\cdot575 = 501 \times 75.$$

Sa puissance est de 500 chevaux-vapeur environ. En fait, elle doit être beaucoup plus grande, car la résistance à vaincre croît notablement dans les courbes et dans les rampes. Au surplus, un train de 300 tonnes, y compris la machine, est relativement léger.

Quoi qu'il en soit, remplaçons dans les formules a par $-a$. Supposons que pour $x=0$, la vitesse soit v_0; cherchons le chemin x qui doit être parcouru avant que la vitesse ne devienne nulle.

On trouve :

$$x = \frac{m}{b}\left[v_0 - \frac{a}{b}\log\left(1 + \frac{b}{a}v_0\right)\right].$$

Admettons la formule numérique donnée ci-dessus et calculons les phénomènes.

Ramenons tout au système du kilogrammètre. La vitesse étant exprimée en mètres par seconde, la résistance en kilogrammes par kilogramme de train est :

$$F = 1{,}5 \times 10^{-3} + 10^{-4} \times 3{,}6\,.\,v.$$

L'accélération est donc :

$$\gamma = \frac{a + bv}{m} = 9{,}81\,[1{,}5 \times 10^{-3} + 10^{-4} \times 3{,}6\,.\,v].$$

Elle serait en effet $9^{m},81$, si la force d'un kilogramme était appliquée à la masse d'un kilogramme; de plus nous savons qu'il y a proportionnalité entre les forces appliquées à la même masse et les accélérations qu'elles produisent.

On tire de là pour la distance x évaluée en mètres, la vitesse v_0 étant donnée en mètres par seconde :

$$x = 283\,[v_0 - 4{,}17\log(1 + 0{,}24\,v_0)].$$

Supposons par exemple une vitesse de 72 kilomètres à l'heure, soit 20 mètres à la seconde; il vient (en remarquant qu'il s'agit de logarithmes népériens, et qu'on les obtient en multipliant les logarithmes vulgaires par 2,30) :

$$x = 283\,[20 - 4{,}17 \times 1{,}755] = 4154 \text{ mètres.}$$

Ce nombre donne une idée de la distance d'arrêt, à supposer que les freins ne fonctionnent pas.

L'accroissement des frottements avec la vitesse explique que la vitesse d'une rame de wagons abandonnée, même sur de fortes rampes, ne dépasse pas une certaine limite.

Sur une rampe de n millièmes, l'accélération due à la pesanteur est : $n \times 9{,}81 \times 10^{-3}$. Écrivons qu'elle équilibre le frottement :

$$1{,}5 \times 10^{-3} + 10^{-4} \times 3{,}6 \,.\, v = 0{,}001 \,.\, n.$$

D'où :
$$v = 2{,}78 \,.\, n - 4{,}17.$$

Si n vaut 10, autrement dit si la rampe est de 1 %, on trouve $v = 23^{m},6$ à la seconde, soit 75 kilomètres à l'heure environ.

Il faut, bien entendu, que la rampe soit assez longue pour que la limite soit approximativement atteinte.

La formule donne $v = 0$ pour $n = 1{,}5$. Cela signifie que pour de très faibles rampes de l'ordre du millième, la rame ne tend pas à démarrer.

324. Frottement proportionnel au carré de la vitesse. — Soit :
$$\varphi(v) = a - cv^2.$$

Suivant le signe de a, l'intégration se fait avec des fonctions exponentielles ou des fonctions circulaires. Nous devons donc immédiatement distinguer deux cas.

1° Force accélératrice : $a > 0$.

Posons $V^2 = a : c$; V désigne la vitesse limite. Admettons que pour $t = 0$, on ait $x = 0$, $v = 0$, ce qui nous débarrasse des constantes d'intégration. L'expérience consiste par exemple à lâcher un corps dans l'atmosphère, en supposant la résistance proportionnelle au carré de la vitesse.

On a :
$$t = \frac{m}{c}\int \frac{dv}{V^2 - v^2}, \qquad t = \frac{m}{2cV}\log\frac{V + v}{V - v},$$

On peut résoudre par rapport à v :

$$v = V\left[\exp\left(\frac{mt}{cV}\right) - \exp\left(-\frac{mt}{cV}\right)\right] : \left[\exp\left(\frac{mt}{cV}\right) + \exp\left(-\frac{mt}{cV}\right)\right].$$

On trouve aisément :

$$x = \frac{m}{c}\log\frac{1}{2}\left[\exp\left(\frac{mt}{cV}\right) + \exp\left(-\frac{mt}{cV}\right)\right].$$

2° Force retardatrice : $a < 0$.

Remplaçons a par $-a$:

$$\varphi(v) = -(a + cv^2) = -c(V^2 + v^2);$$

$$t - t_0 = -\frac{m}{c}\int\frac{dv}{V^2 + v^2} = -\frac{m}{cV}\int\frac{d(v : V)}{1 + (v : V)^2} = -\frac{m}{cV}\operatorname{arctg}\frac{v}{V}.$$

Si au temps $t=0$ le corps est lancé avec la vitesse v_0, on a :

$$t=\frac{m}{cV}\left(\operatorname{arctg}\frac{v_0}{V}-\operatorname{arctg}\frac{v}{V}\right).$$

Le corps s'arrête au bout d'un temps :

$$t=\frac{m}{cV}\operatorname{arctg}\frac{v_0}{V}.$$

325. **Projectile dans un milieu non résistant.** — Supposons un projectile se mouvant dans un milieu non résistant (fig. 223).

La force se réduit à l'action de la pesanteur. Le mouvement hori-

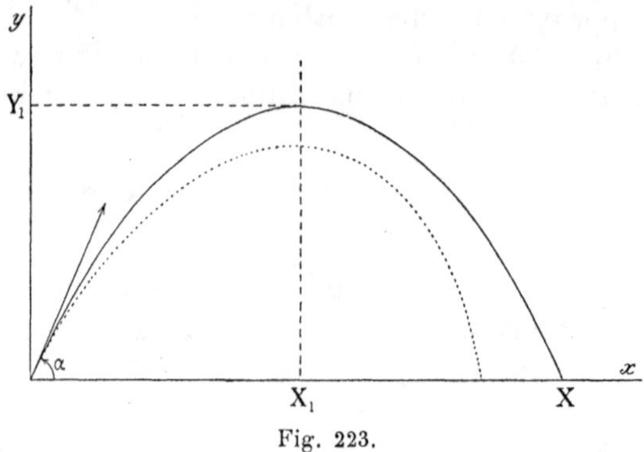

Fig. 223.

zontal est uniforme, le mouvement vertical est uniformément varié. Soit V la vitesse initiale, α l'angle de départ. On a :

$$x=V\cos\alpha\,.\,t,\qquad y=V\sin\alpha\,.\,t-\frac{1}{2}gt^2. \tag{1}$$

Éliminant t entre ces équations, il vient :

$$y=x\operatorname{tg}\alpha-\frac{gx^2}{2V^2\cos^2\alpha}.$$

La trajectoire est une parabole à axe vertical.

La *portée* X a pour expression :

$$(y=0),\qquad X=V^2\sin 2\alpha : g.$$

Elle est maxima pour $\alpha=45°$; elle est alors double de la hauteur à laquelle monte un corps lancé verticalement avec la même vitesse V. Deux angles équidistants de 45° en plus et en moins donnent la même portée.

La hauteur Y_1 du point le plus haut est :

$$Y_1=V^2\sin^2\alpha : g.$$

La vitesse en un point quelconque est fournie par le théorème des forces vives (§ 296) : $v^2=V^2-2gy.$

Enfin la durée T du trajet s'obtient en substituant X à x dans la première équation (1) :

$$T = \frac{X}{V\cos\alpha} = \frac{2V\sin\alpha}{g} = \sqrt{\frac{2}{g}}\sqrt{X\,\mathrm{tg}\,\alpha}.$$

326. **Problème du cycliste crotté.** — Reprenons le problème posé au § 87. Nous avons montré que les masselottes de boue se détacheront avec des vitesses qui dépendent du point de départ déterminé par l'angle θ (fig. 224).

Nous supposons le mouvement de translation du cycliste uniforme et égal à $R\omega$; pour faciliter la discussion du problème, imprimons à tout le système une vitesse égale à $R\omega$ et de sens contraire. Nous immobiliserons ainsi la machine, les roues continuant à tourner.

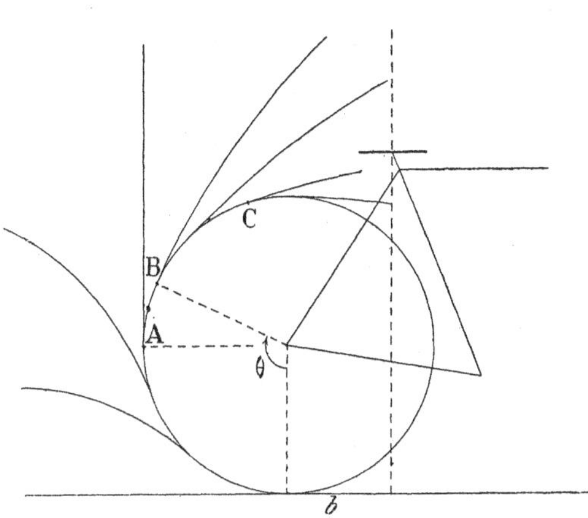

Fig. 224.

La vitesse au départ de la masselotte de boue sera donc (§ 86) :

$$\frac{dx}{dt} = -R\omega\cos\theta, \qquad \frac{dy}{dt} = R\omega\sin\theta.$$

Écrivons qu'au temps 0, le mobile occupe les coordonnées actuelles, ce qui détermine les constantes. La trajectoire a pour équation :

$$x = -R\sin\theta - R\omega\cos\theta\,.\,t,$$

$$y = R(1-\cos\theta) + R\omega\sin\theta\,.\,t - \frac{1}{2}gt^2.$$

Le cycliste ne sera crotté que si cette parabole le rencontre.

Remplaçons-le par une verticale située à la distance b en avant de l'axe de la roue arrière, dont l'abscisse est par suite :

$$x_1 = b.$$

La condition de rencontre est :

$$-R\sin\theta - R\omega\cos\theta\,.\,t = b, \qquad t = -(b + R\sin\theta) : R\omega\cos\theta.$$

Encore faut-il qu'au moment où le projectile traverse la verticale du cycliste, il soit à bonne hauteur. C'est ce qu'indique l'équation donnant y dans laquelle on remplace t par la valeur précédente.

La discussion ne présente aucune difficulté. Il est clair que les masselottes qui se détachent au point A ont la verticale pour trajectoire *relative*; le cycliste ne les reçoit pas. Celles qui se détachent en C arrivent sous la selle. Le cycliste ne reçoit que celles qui émanent d'un arc BC, naturellement à la condition que la vitesse ω soit suffisante.

Dans la discussion numérique, on prendra $R = 0^m,35$. La condition de crottage est que y varie entre 70 centimètres et 140 centimètres environ. On pourra prendre $v = 7$ mètres par seconde pour vitesse linéaire, et $b = R : \sqrt{2}$, ce qui est approximativement exact et simplifie les calculs pour la valeur remarquable $\theta = 3\pi : 4$. On remarquera que la quantité $g : \omega^2$, qui s'introduit dans la valeur de y, est très petite pour les hypothèses énoncées. Cela revient à dire que, pour les valeurs pas trop grandes de t, tout se passe comme si les trajectoires des masselottes de boue étaient rectilignes.

Pour θ compris entre 0 et $\pi : 2$, les paraboles absolues et relatives sont tournées en sens contraires.

Pour obtenir les trajectoires absolues, il suffit de rétablir le terme $R\omega t$ supprimé dans l'expression de l'abscisse x.

Nous conseillons au lecteur de vérifier la discussion en faisant tourner autour d'un axe horizontal immobile une roue dont il immergera la jante dans un vase plein d'eau. L'expérience est très brillante.

327. **Problème principal de la balistique extérieure.** — Les artilleurs désignent sous le nom de *problème principal de la balistique extérieure*, l'étude du mouvement dans un milieu homogène, immobile, résistant, d'un point matériel soumis à une force constante en grandeur et direction. Dans l'espèce, il s'agit du déplacement d'un boulet sphérique dans l'air immobile ; on suppose que le projectile ne monte pas assez haut pour qu'il soit nécessaire de tenir compte de la variation de la pesanteur ; le vent est censé nul ; on admet que la pression atmosphérique, et généralement les conditions atmosphériques, sont invariables en tous les points de la trajectoire.

Nous ne supposerons d'abord rien sur la résistance, sinon qu'elle s'exerce suivant la trajectoire elle-même.

Désignons par r la force tangentielle due au frottement, par i l'angle que fait la tangente à la trajectoire avec l'horizon ; les équations du mouvement sont :

$$\frac{d^2x}{dt^2} = -r\cos i = -r\frac{dx}{ds}, \qquad (1)$$
$$\frac{d^2y}{dt^2} = -r\sin i - g = -r\frac{dy}{ds} - g.$$

Éliminons r entre ces équations, il vient :

$$\frac{dx}{dt}\frac{d^2y}{dt^2} - \frac{dy}{dt}\frac{d^2x}{dt^2} = -g\frac{dx}{dt}.$$

Or on a :

$$\operatorname{tg} i = \frac{dy}{dx} = \frac{dy}{dt} : \frac{dx}{dt}, \qquad \frac{di}{\cos^2 i} = d\left[\frac{dy}{dt} : \frac{dx}{dt}\right].$$

On tire de là :

$$\frac{di}{dt} = -\frac{g}{v}\cos i, \qquad \frac{d \operatorname{tg} i}{dt} = -\frac{g}{v\cos i}. \tag{2}$$

Il est intéressant d'obtenir directement ces dernières équations.

La résistance de l'air est tangentielle : par conséquent, elle n'influe pas sur la courbure de la trajectoire. Soit ρ le rayon de courbure; écrivons que la force normale à la trajectoire dont l'expression est $v^2 : \rho$, est égale à la composante de la pesanteur normale à la trajectoire :

$$-\frac{v^2}{\rho} = g\frac{dx}{ds} = g\cos i.$$

Or on a :

$$\frac{1}{\rho} = \frac{d^2y}{dx^2}\frac{dx^3}{ds^3} = \frac{d}{dx}\operatorname{tg} i \cdot \frac{dx^3}{ds^3};$$

d'où :

$$v\frac{ds}{dt}\frac{dx^3}{ds^3}\frac{d}{dx}\operatorname{tg} i = -g\cos i, \qquad \frac{d\operatorname{tg} i}{dt} = -\frac{g}{v\cos i}.$$

Récrivons les équations fondamentales :

$$\frac{d^2x}{dt^2} = -r\cos i = -r\frac{dx}{ds}; \tag{1'}$$

$$\frac{di}{dt} = -\frac{g}{v}\cos i, \qquad \frac{d\operatorname{tg} i}{dt} = -\frac{g}{v\cos i}. \tag{2}$$

Il est facile de montrer que, si la trajectoire était connue, il serait possible de calculer la vitesse en tous ses points et la résistance de l'air.

Pour simplifier l'écriture, posons :

$$y' = \frac{dy}{dx}, \qquad y'' = \frac{d^2y}{dx^2}.$$

La seconde équation (2) s'écrit :

$$\frac{d^2y}{dx^2}\frac{dx}{dt}\frac{ds}{ds} = -\frac{g}{v\cos i}; \qquad \text{d'où :} \qquad v^2 = -g\frac{1+y'^2}{y''}. \tag{3}$$

Cette même équation s'écrit :

$$v^2\cos^2 i = \left(\frac{dx}{dt}\right)^2 = -\frac{g}{y''};$$

d'où, dérivant par rapport au temps :

$$2\frac{dx}{dt}\frac{d^2x}{dt^2} = \frac{g}{y''^2}\frac{dy''}{dt} = \frac{gy'''}{y''^2}\frac{dx}{dt}, \qquad \frac{d^2x}{dt^2} = \frac{gy'''}{2y''^2}.$$

En vertu de (1), la résistance r a pour expression :

$$r = -\frac{d^2x}{dt^2} : \frac{dx}{ds} = -g\frac{y'''}{2y''^2} : \frac{dx}{ds} = -\frac{gy'''}{2y''^2}\sqrt{1+y'^2}. \tag{4}$$

328. Résistance proportionnelle à une puissance de la vitesse. — Supposons la résistance proportionnelle à une puissance de la vitesse : $r = bv^n$.

Cherchons l'allure de la trajectoire. L'équation (1) devient :

$$\frac{d^2x}{dt^2} = -bv^n \frac{dx}{ds}. \qquad (1)$$

Il est impossible d'obtenir des formules aisées à calculer, même dans ce cas particulièrement simple. On est conduit à remplacer la vitesse v, dans l'expression de la résistance, par sa projection $v \cos i$ sur l'axe des x. Autrement dit, on remplace la quantité variable $\cos i$ par sa valeur moyenne $1 : \theta$. L'équation (1) s'écrit :

$$\frac{d^2x}{dt^2} = -b\theta^{n-1}\left(\frac{dx}{dt}\right)^n, \qquad \frac{du}{dt} = -b\theta^{n-1}u^n, \qquad (2)$$

en posant $dx : dt = u$. Rappelons que pour $t = 0$, $u = V \cos \alpha$.

L'équation (2) s'intègre immédiatement. On a donc u en fonction de t. On trouve de même aisément t et u en fonction de x.

Transportons $u = f(x)$ dans l'équation (2) du paragraphe précédent qui peut s'écrire :

$$y'' = -g : v^2 \cos^2 i, \qquad \frac{dy'}{dx} = -g : \left(\frac{dx}{dt}\right)^2;$$

intégrons deux fois ; on trouve y en fonction de x.

Nous laissons au lecteur le soin de faire tous ces calculs. Le résultat est facile à prévoir. La trajectoire est celle qui correspond au vide, avec un terme de correction transformant, comme première approximation, la parabole quadratique en une parabole cubique :

$$y = x \operatorname{tg} \alpha - \frac{gx^2}{2 \cos^2 \alpha}\left[\frac{1}{V^2} + Kx\right].$$

La portée est donnée par la formule :

$$\frac{\sin 2\alpha}{gX} = \frac{1}{V^2} + KX.$$

La trajectoire est figurée en pointillé sur la figure 223.

La constante K de la formule se détermine par l'expérience.

Est-il besoin d'ajouter que ce problème est l'un de ceux où les anciens bons élèves de Spéciales montrent avec le plus d'ardeur leur savoir faire ?

329. Hodographe. — Nous avons défini l'*hodographe* au § 62. C'est une courbe telle que le rayon vecteur issu d'un point fixe, et aboutissant à un point de la courbe, représente en grandeur et direction la vitesse d'un mobile aux divers points de sa trajectoire. Les questions précédentes nous offrent quelques exemples d'hodographes simples.

Nous devons poser :

$$X = \frac{dx}{dt}, \qquad Y = \frac{dy}{dt}.$$

Si le frottement est nul (§ 325), l'hodographe est une droite verticale ABC. La vitesse minima $\overline{OB}$, correspond au point le plus haut de la parabole.

Si le frottement est proportionnel à la vitesse, les équations du mouvement sont :

$$\frac{d^2x}{dt^2} = -b\frac{dx}{dt}, \qquad \frac{dX}{dt} = -bX;$$

$$\frac{d^2y}{dt^2} = -b\frac{dy}{dt} - g, \quad \frac{dY}{dt} = -bY - g.$$

L'hodographe est la droite :

$$X = a(bY + g).$$

La constante arbitraire a se détermine par la condition que la droite passe par le point A, extrémité du vecteur représentant la vitesse du projectile au départ. On n'atteint le point E qu'après un temps infini ; la vitesse horizontale est alors nulle, la vitesse verticale $\overline{OE}$ est constante et égale à $g : b$.

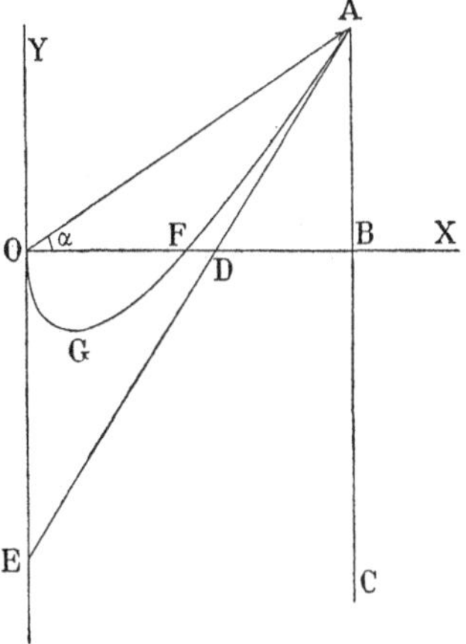

Fig. 225.

Dans un milieu dont la résistance croît à mesure que y diminue, la vitesse verticale tend vers 0 ; l'hodographe prend une forme telle que AFGO.

Raccordements.

330. Position du problème ; dévers de la voie. — Pour forcer un point matériel à décrire une trajectoire de courbure $1 : R$ au point considéré, il faut exercer dans le plan osculateur de cette courbe une force centripète (c'est-à-dire dirigée vers le centre de courbure) produisant l'accélération $v^2 : R$.

Soit m la masse du corps en kilogrammes-masse, g l'accélération de la pesanteur au lieu où l'on opère. La force, évaluée en kilogrammes-poids de ce lieu et nécessaire pour imposer la courbure $1 : R$, est :

$$F = \frac{m}{g}\frac{v^2}{R}.$$

Ceci posé, considérons un véhicule roulant tel qu'un wagon, une voiture, une bicyclette. Les forces appliquées sont la pesanteur verticale et la réaction $\mathcal{R}$ exercée par la voie. Transportons ces forces au centre d'inertie. La réaction se compose de deux parties : l'une verticale et dirigée vers le haut qui équilibre la pesanteur; l'autre horizontale et dirigée vers le centre de courbure qui oblige le centre d'inertie à décrire sa trajectoire courbe.

Soit α l'angle de la réaction du sol avec la verticale; on a dans le système du kilogrammètre :

$$\mathcal{R} \cos\alpha = m, \qquad \mathcal{R} \sin\alpha = \frac{m}{g}\frac{v^2}{\mathrm{R}}; \qquad \operatorname{tg}\alpha = \frac{v^2}{g\mathrm{R}}.$$

Dans le système CGS, on écrirait :

$$\mathcal{R} \cos\alpha = mg, \qquad \mathcal{R} \sin\alpha = \frac{mv^2}{\mathrm{R}}; \qquad \operatorname{tg}\alpha = \frac{v^2}{g\mathrm{R}}.$$

La formule donnant l'angle α est naturellement la même.

Dans les applications, α est généralement petit. On peut poser :

$$\alpha = v^2 : g\mathrm{R},$$

v est mesuré en mètres par seconde, $g = 9^{\mathrm{m}},81$, R est évalué en mètres.

Occupons-nous d'abord des chemins de fer; nous reviendrons ensuite sur la construction des vélodromes.

On appelle *dévers de la voie* le surhaussement du rail extérieur en vue d'incliner le plan de la voie vers le centre de courbure.

Nous venons de voir que la réaction du sol fait avec la verticale un angle α. Si le plan de la voie est horizontal, la réaction n'est pas normale au plan de la voie : d'où pression sur le rail extérieur, déraillement possible, *ripage de la voie* (glissement en bloc), usure excessive. On évite évidemment ces inconvénients en donnant au plan de la voie l'inclinaison α sur l'horizon, auquel cas la réaction devient normale à ce plan. Le train tend de lui-même à parcourir une trajectoire courbe, comme une bille lancée sur un plan incliné.

Soit l l'écartement des rails ($1^{\mathrm{m}},50$ d'axe en axe, $1^{\mathrm{m}},44$ entre les bords intérieurs, pour l'écartement *normal*). Le surhaussement h est donné par la formule :

$$h = l\alpha = lv^2 : g\mathrm{R}. \tag{1}$$

Supposons par exemple la vitesse de 72 kilomètres à l'heure (soit 20 mètres à la seconde), et le rayon de courbure de 600 mètres; on trouve :

$$h = (1,5 \times 400) : (9,81 \times 600) = 10 \text{ centimètres environ.}$$

Naturellement le surhaussement dépend de la vitesse. Il est par conséquent impossible de satisfaire à la condition (1) pour toutes les vitesses avec lesquelles les trains peuvent parcourir la portion de voie considérée. Pour calculer les dévers, on prend généralement la vitesse *moyenne* de marche des trains les plus rapides. Naturellement les trains les plus lents pressent sur le rail intérieur ; les trains rapides eux-mêmes, dont la vitesse réelle est plus grande que la vitesse moyenne, pressent sur le rail extérieur. On aboutit ainsi à un compromis qui a l'avantage de ne pas exagérer le dévers.

331. **Raccordements.** — Ainsi le dévers de la voie est une fonction de la courbure ; pratiquement on le prend proportionnel à la courbure $1 : R$, et calculé pour la vitesse moyenne des trains rapides.

Mais on conçoit l'impossibilité de passer brusquement d'un dévers nul à un dévers fini. Il faut nécessairement une transition entre le plan horizontal qui correspond à l'alignement et le cône qui correspond à la courbe. Le problème des raccordements consiste à chercher le meilleur raccordement, c'est-à-dire parmi les plus rationnels celui dont l'exécution est suffisamment aisée.

Le tracé primitif d'une voie se compose toujours d'alignements A'AM, ND, raccordés par des arcs de cercle MN. Pour intercaler le raccordement, il faut donc : soit déplacer le centre du cercle sur la bissectrice des alignements, l'amener de O en O' par exemple (*raccordement à rayon conservé*), soit diminuer le rayon du cercle (*raccordement à centre conservé*) (fig. 226).

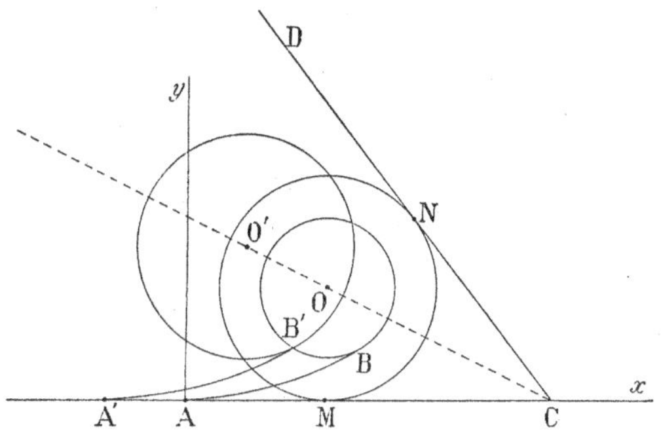

Fig. 226.

Quoi qu'il en soit, le problème complet revient à chercher une courbe tangente en A à l'axe Ax, et dont le rayon de courbure, infini en A, diminue progressivement jusqu'au point B qui est donné. La courbe est alors normale à une droite OB donnée et son rayon de courbure a une valeur R donnée (fig. 227).

Mais quand on utilise pour le raccordement une courbe tangente en A à l'axe des x, dont le rayon de courbure est alors infini, *et qui au surplus ne possède qu'une constante arbitraire* (nous verrons qu'on opère généralement ainsi), il est clair qu'on ne peut se donner le point B, la tangente en B et le rayon de courbure en B, ce qui fait trois conditions.

Dans le raccordement à rayon conservé, on se donne R ; on laisse indéterminées les positions du centre de courbure et du point de tangence. Dans le raccordement à centre conservé, on se donne la position du centre de courbure ; on laisse indéterminés le rayon de courbure et le point de tangence.

Reste à fixer la loi de variation de la courbure $1 : \rho$. Trois hypothèses se présentent, pratiquement aussi rationnelles les unes que les autres. On pose que la courbure est proportionnelle (fig. 227) :

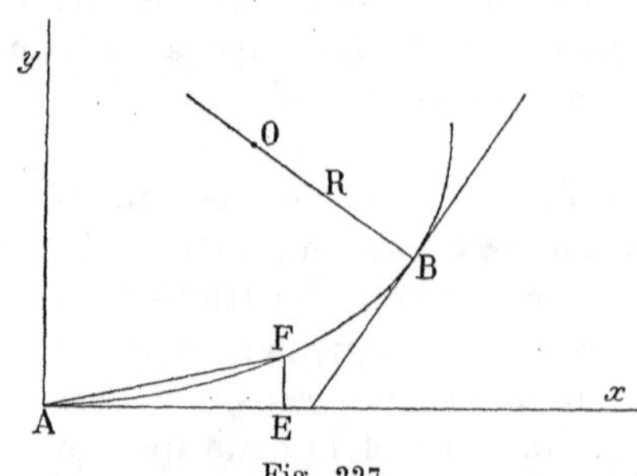

Fig. 227.

soit à l'abscisse AE : on a la *radioïde aux abscisses ;*

soit à la corde AF : on a la *radioïde aux cordes ;*

soit à l'arc AF : on a la *radioïde aux arcs.*

L'élastique (§ 182) peut être considéré comme une *radioïde aux ordonnées.*

332. **Radioïde aux abscisses.** — La courbure a pour expression :

$$\frac{1}{\rho}=\frac{d^2y}{dx^2}:\left[1+\left(\frac{dy}{dx}\right)^2\right]^{\frac{3}{2}}.$$

Écrivons qu'elle est proportionnelle aux abscisses. L'équation de la courbe est :

$$ax=\frac{d^2y}{dx^2}:\left[1+\left(\frac{dy}{dx}\right)^2\right]^{\frac{3}{2}}.$$

Raccordements paraboliques.

Quand le raccordement ne diffère pas trop d'une droite, on peut négliger $(dy : dx)^2$ devant l'unité. Il reste :

$$\frac{1}{\rho}=\frac{d^2y}{dx^2}=\frac{x}{C}, \qquad y=\frac{x^3}{6C},$$

en déterminant les constantes de manière qu'à l'origine la courbe soit tangente à l'axe des x et possède une courbure nulle. On dit que le raccordement est *parabolique*. On prend pour valeur numérique de la constante C des nombres d'autant plus petits que le rayon R de la circonférence à raccorder à l'alignement est plus grand.

Cas général.

Posons $dy : dx = t$; il vient :

$$\frac{dt}{dx}=\frac{x}{C}(1+t^2)^{\frac{3}{2}}, \qquad \frac{x^2}{2C}=\int_0^t \frac{dt}{(1+t^2)^{\frac{3}{2}}}=\frac{t}{\sqrt{1+t^2}}.$$

Posons $x^2 : 2C = z^2$; résolvons par rapport à t et remplaçons t par sa valeur. On peut écrire :

$$y=\sqrt{2C}\int\frac{z^2dz}{\sqrt{1-z^4}}.$$

Posons $z = \cos\varphi$. Il vient :

$$y = -\sqrt{C}\int \frac{\cos^2\varphi\, d\varphi}{\sqrt{1 - \frac{1}{2}\sin^2\varphi}}.$$

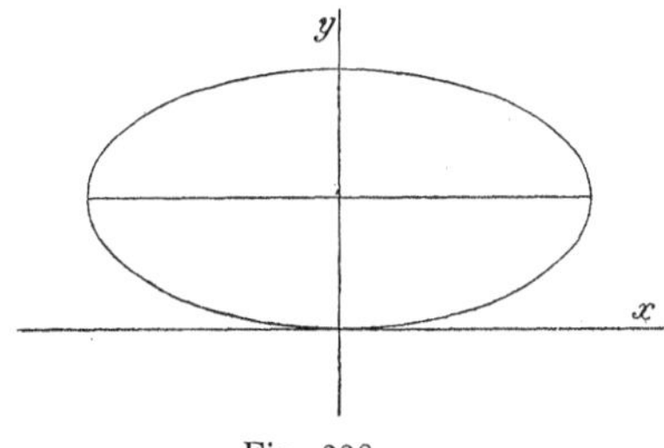

Fig. 228.

Il est facile de ramener cette intégrale elliptique aux formes ordinaires des intégrales de première et de seconde espèce :

$$y = \sqrt{C}\int \frac{d\varphi}{\sqrt{1 - \frac{1}{2}\sin^2\varphi}} - 2\sqrt{C}\int d\varphi \sqrt{1 - \frac{1}{2}\sin^2\varphi}\,.$$

La figure 228 représente la radioïde aux abscisses.

333. **Radioïde aux cordes.** — Prenons la courbe en coordonnées polaires. On démontre aisément que le rayon de courbure en fonction de : $\frac{dr}{d\theta} = r'$. et de $\frac{d^2r}{d\theta^2} = r''$, a pour expression :

$$\rho = (r^2 + r'^2)^{\frac{3}{2}} : [r^2 + 2r'^2 - rr''].$$

Ceci posé, il est facile de voir que la courbe :

$$r^2 = 3C \sin 2\theta,$$

a une courbure proportionnelle au rayon vecteur.

$$\frac{1}{\rho} = \frac{r}{C}.$$

C'est une double *lemniscate de Bernoulli* représentée par la figure 229.

Dans la pratique on n'utilise que les paraboles cubiques et les lemniscates qui correspondent à un petit nombre de valeurs de C et dont on a dressé des tables. La constante C a

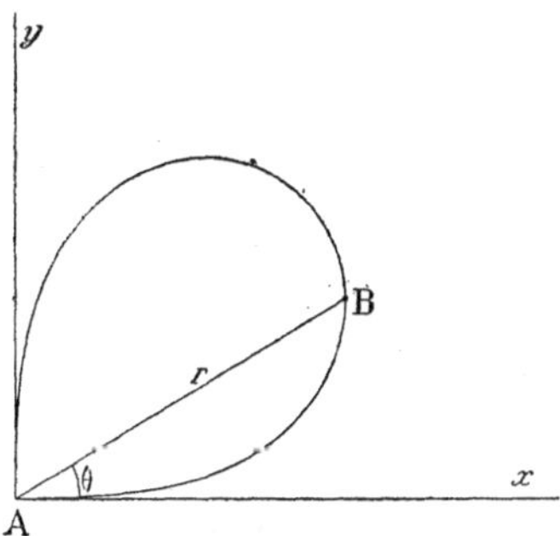

Fig. 229.

les dimensions du carré d'une ligne. Voici les valeurs admises (en mètres carrés) :

24000, 12000, 6000, 3000, 1500, 750.

On choisit l'une ou l'autre suivant les conditions du raccordement. Les rayons de courbure des voies à écartement normal descendent rarement au-dessous de 300 mètres. Si l'on pose $C=6000$, il faut 20 mètres comptés sur l'axe des abscisses ou sur la corde pour atteindre le rayon de la circonférence.

334. **Radioïde aux arcs.** — Considérons une courbe définie par les équations :

$$dx = a\cos u dv, \qquad dy = a \sin u dv. \tag{1}$$

Soit ds l'élément d'arc ; on a :

$$ds = \sqrt{dx^2+dy^2} = adv; \qquad dy : dx = \operatorname{tg} u;$$

u est donc l'angle que fait la tangente à la courbe avec l'axe des x; c'est une fonction de la variable auxiliaire v, et par conséquent de l'arc.

Évaluons le rayon de courbure. On a par définition :

$$\rho du = ds = adv, \qquad \frac{1}{\rho} = \frac{1}{a}\frac{du}{dv}. \tag{2}$$

Toute courbe, dont le rayon de courbure est donné en fonction de l'arc, peut donc se mettre sous la forme :

$$x = a\int_0^v \cos u\, dv, \qquad y = a\int_0^v \sin u\, dv,$$

où u est une fonction de s ou de v définie par l'équation (2).

En particulier, supposons la courbure proportionnelle à l'arc. Posons :

$$\frac{1}{\rho} = \frac{\pi}{a} v = \frac{\pi}{a^2} s; \qquad \text{il vient :}$$

$$u = \frac{\pi}{2} v^2.$$

La courbe cherchée est définie par les équations :

$$x = aG_0^v = a\int_0^v \cos\frac{\pi}{2} v^2\, dv, \qquad y = aF_0^v = a\int_0^v \sin\frac{\pi}{2} v^2\, dv. \tag{3}$$

Les intégrales F et G sont bien connues sous le nom d'*intégrales de Fresnel;* on en trouvera des tables à la fin du tome IV de notre Cours de Physique ; nous en donnons plus loin le début. La courbe (3) est une spirale représentée (fig. 230) ; elle est fort employée dans l'étude de la diffraction. Son rayon de courbure est infini à l'origine ; il diminue progressivement et tend vers 0 en s'approchant des points asymptotiques J.

La radioïde aux arcs satisfait absolument au problème du raccordement : la courbure, et par conséquent le dévers, varient réguliè-

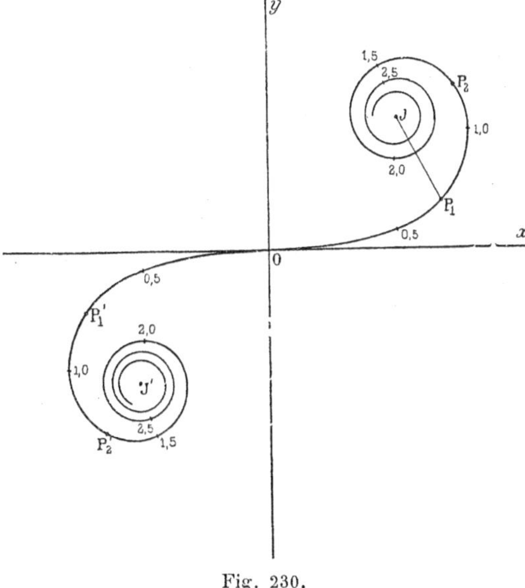

Fig. 230.

rement à mesure qu'on se déplace sur la courbe, proportionnellement au chemin parcouru.

335. **Conditions de virage d'une bicyclette.** — Cherchons les conditions d'équilibre d'une bicyclette tournant sur un plan incliné dont l'angle avec le plan horizontal est β.

La résultante de la pesanteur et de la force centrifuge doit être dans le plan de la machine ; ce plan fait donc avec la verticale un angle α donné par la formule :

$$\operatorname{tg} \alpha = \frac{v^2}{gR}.$$

Mais, pour que la machine ne dérape pas, il faut que l'angle de son plan avec la normale au plan incliné soit inférieur à l'angle de frottement φ (§ 204). Posons[1] :

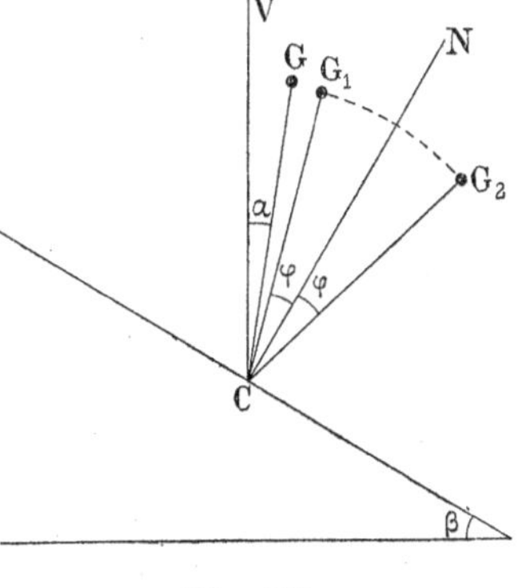

Fig. 231.

$$p = \operatorname{tg} \beta, \qquad f = \operatorname{tg} \varphi.$$

Ceci posé, il est facile de voir que, pour tourner *sans déraper* sui-

[1] p n'est pas ce qu'on appelle habituellement la pente (§ 224).

vant une trajectoire de rayon R et dont le centre de courbure est vers le bas de la pente, la vitesse doit être comprise entre deux limites (fig. 231).

Limite inférieure.

Le centre de gravité est en G_1. On a :

$$\alpha = \beta - \varphi, \qquad \operatorname{tg}(\beta - \varphi) = \frac{v_1^2}{gR}; \qquad v_1^2 = gR\frac{p-f}{1+pf}.$$

Limite supérieure.

Le centre de gravité est en G_2. On a :

$$\alpha = \beta + \varphi, \qquad \operatorname{tg}(\beta + \varphi) = \frac{v_2^2}{gR}; \qquad v_2^2 = gR\frac{p+f}{1-pf}.$$

Le cycliste n'est en équilibre que si sa vitesse est comprise entre les limites v_1 et v_2 pour un rayon de courbure R de la trajectoire.

Si l'angle β est inférieur à φ, si par conséquent p est inférieur à f, la limite inférieure de vitesse disparaît ; on peut aller en toute sûreté aussi lentement qu'on veut. La limite supérieure subsiste. Comme f est de l'ordre de 0,3, la pente n'est jamais assez forte pour que $1 - pf$ devienne négatif.

336. **Construction des vélodromes.** — Tout ce que nous avons dit des raccordements des voies ferrées s'applique exactement aux vélodromes. Ils se composent généralement de deux alignements parallèles AB, ED, réunis par des courbes BC, DC, dont la courbure varie progressivement (fig. 232). Il semble naturel de choisir pour raccorder les alignements deux morceaux de la radioïde aux arcs, symétriques par rapport à l'axe CC′ de la piste.

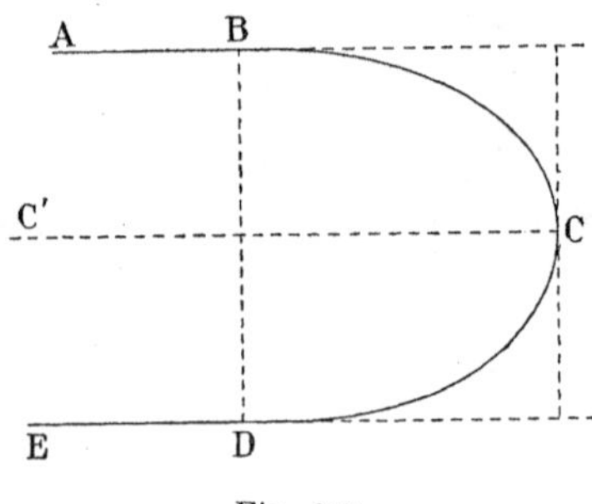

Fig. 232.

On a :

$$\frac{dy}{dx} = \operatorname{tg}\frac{\pi}{2}v^2;$$

on utilisera donc la portion de courbe qui va de l'origine (points B et D) au point C où la tangente a tourné de $\pi : 2$ et qui correspond à $v = 1$. Voici le tableau des intégrales G et F, multipliées par 10^4 :

v	G	F	v	G	F
0,0	0	0	0,6	5811	1105
0,1	1100	5	0,7	6597	1721
0,2	1999	42	0,8	7230	2493
0,3	2994	141	0,9	7648	3398
0,4	3975	334	1,0	7799	4383
0,5	4923	647			

Attraction proportionnelle à la distance.

337. **Oscillations d'un point peu écarté de sa position d'équilibre.** — La question que nous allons traiter se retrouve à toutes les pages des Cours de Mécanique physique et d'Optique : *Un point est écarté de sa position d'équilibre; il y est rappelé par une force proportionnelle à l'écart; on demande d'étudier son mouvement.*

Tout se passe comme s'il était attiré par sa position d'équilibre proportionnellement à la distance.

Nous supposerons d'abord que le mobile est lâché sans vitesse, ou lâché avec vitesse dans la direction même de la position d'équilibre. La trajectoire se réduit évidemment à une droite.

L'équation du mouvement est :

$$m \frac{d^2x}{dt^2} + ax = 0. \qquad (1)$$

La constante a étant positive (force attractive), l'intégrale générale se met sous la forme :

$$x = \mathrm{A} \sin(\omega t - \alpha), \quad \text{avec la condition :} \quad \omega^2 = a : m.$$

Le mouvement est périodique; A mesure l'*amplitude*, c'est-à-dire le plus grand écart de part et d'autre de la position d'équilibre; la *phase* α détermine le moment où le mobile passe à sa position d'équilibre, par rapport à l'origine choisie pour le temps; A et α sont les constantes *arbitraires* d'intégration.

La période T est déterminée par la condition qu'après un nombre n quelconque de périodes, le mobile se retrouve au même endroit avec la même vitesse. Il faut donc que l'arc ait crû du nombre entier n de fois 2π. D'où la condition :

$$\omega t + n\omega \mathrm{T} - \alpha = \omega t - \alpha + 2\pi n,$$

$$\omega = \frac{2\pi}{\mathrm{T}}, \qquad \mathrm{T} = \frac{2\pi}{\omega} = 2\pi \sqrt{\frac{m}{a}}.$$

Le mouvement est permanent; il y a conservation de l'énergie; l'amplitude ne décroît pas. En fait, l'amplitude décroît toujours; nous verrons que la période n'est pas pour cela sensiblement modifiée (§ 411).

Le mouvement du mobile est *sinusoïdal, simple, harmonique, pendulaire;* ces noms sont équivalents.

On a une représentation excellente du mouvement, en faisant tourner un disque horizontal portant un goujon vertical excentrique. On place l'œil *assez loin* sur la ligne OO′ normale au plan P et dans le plan du disque (fig. 233). La projection du goujon sur le plan P oscille harmoniquement quand le disque tourne d'un mouvement uniforme.

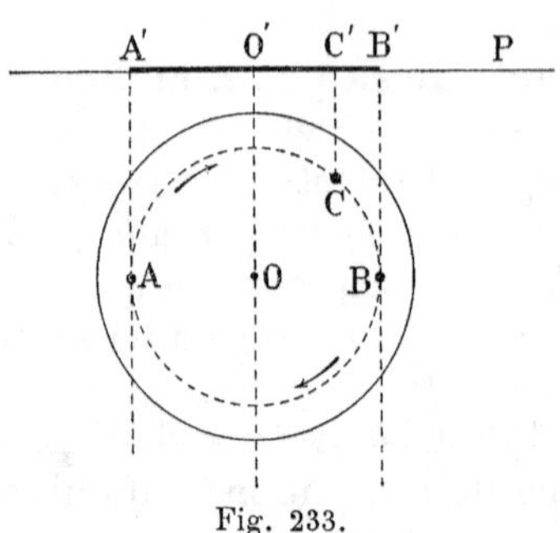

Fig. 233.

Portons les déplacements en ordonnées, les temps en abscisses. Nous obtenons une sinusoïde (fig. 234). La variation de l'amplitude modifie la valeur de l'ordonnée maxima ou minima ; la variation de la phase transporte en bloc la courbe parallèlement à l'axe des abscisses. La période est mesurée par la distance des points O et D ou B et F.

Pour réaliser trois mouvements sinusoïdaux de même période, *décalés* régulièrement les uns par rapport aux autres de 60° (*système triphasé*), on placera sur le disque de la figure 233 trois goujons formant les sommets d'un triangle équilatéral dont O est le centre. Pour un système *tétraphasé*, les goujons seront aux sommets d'un carré, et ainsi de suite.

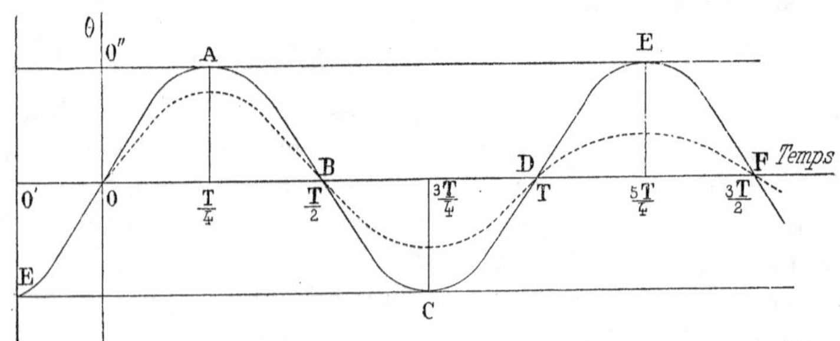

Fig. 234.

On appelle *fréquence* le nombre de vibrations par seconde ; on a donc :

$$n = \frac{1}{T} = \frac{\omega}{2\pi}.$$

Par définition, l'*intensité* du mouvement est mesurée par le carré de l'amplitude.

338. **Généralisation.** — Le mouvement pendulaire a pour caractéristique que *les oscillations sont isochrones*, c'est-à-dire que leur durée est indépendante de l'amplitude.

Mais il est très rare que la force soit rigoureusement proportionnelle à l'écart. D'une manière générale, on doit poser :

$$m \frac{d^2x}{dt^2} = -\varphi(x).$$

Développons la fonction $\varphi(x)$ suivant les puissances croissantes de x :

$$m\frac{d^2x}{dt^2} = -(ax + bx^2 + cx^3 + \ldots). \qquad (1)$$

Nous n'introduisons pas de constante dans le second membre, parce que nous prenons la position d'équilibre comme origine des coordonnées.

Nous montrerons au § 432 comment il est possible d'intégrer l'équation (1) quand les coefficients b, c, ... sont petits. Nous donnerons au § 430 une méthode générale pour la correction à introduire dans la valeur de la période.

Pour que le mouvement soit symétrique par rapport à la position d'équilibre, il faut que les puissances paires de x disparaissent dans le second membre.

Quoi qu'il en soit, le mouvement sera très sensiblement pendulaire, à la condition que l'amplitude soit assez petite, et que les coefficients b, c, ... ne soient pas trop grands vis-à-vis de a. C'est toujours ainsi que le problème des oscillations se pose dans les applications. La période est :

$$T = 2\pi\sqrt{\frac{m}{a}},$$

où a est le coefficient de l'écart dans le développement de la force suivant les puissances croissantes de cet écart.

Nous retrouverons ces notions en étudiant les oscillations d'un corps tournant autour d'un axe.

339. **Oscillations rectilignes, expériences.** — Pour obtenir des vibrations rectilignes, suspendons un poids P soit à un ressort à boudin, soit à une corde de caoutchouc (fig. 235).

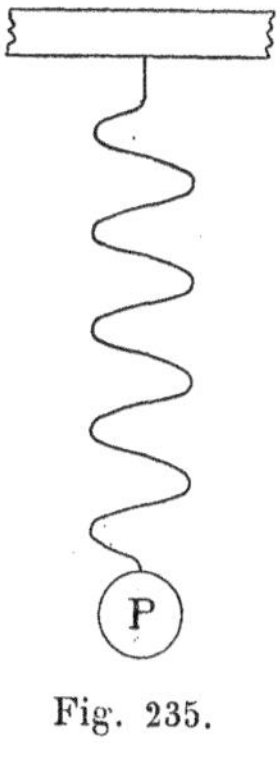

Sous l'action de cette charge, la longueur devient L. Il importe peu de savoir suivant quelle loi le ressort ou la corde se sont allongés. En fait, l'allongement du ressort est sensiblement proportionnel à la charge, tant qu'elle ne dépasse pas une certaine limite; l'allongement de la corde de caoutchouc ne l'est pas du tout. Dans le cas actuel, il suffit d'admettre qu'*à partir de cette longueur* L, les petits allongements sont proportionnels aux accroissements de la charge, les petites diminutions de longueur proportionnelles aux diminutions de la charge.

P

Fig. 235.

Posons : $\qquad F = aY; \qquad (1)$

Y mesure la variation de longueur à partir de la longueur L; a est une fonction de L *qui joue le rôle de constante dans notre expérience;* F est la force qu'il faut appliquer pour produire l'allongement Y.

Le poids P est équilibré, *pour la longueur* L, par la réaction élastique du corps déformé. A la masse P s'applique donc une force qui tend à la soulever, si la longueur du ressort est supérieure à L (poids P inférieur à la réaction élastique), qui tend à l'abaisser, si la longueur est inférieure à L (poids P supérieur à la réaction élastique).

Puisque nous admettons la formule (1), nous retombons dans la théorie des paragraphes précédents.

En réalité, le phénomène est beaucoup plus complexe qu'il ne paraît, et l'expérience correcte difficilement réalisable par ce procédé. Une onde vibratoire se propage le long du ressort ou du caoutchouc. Nous étudierons ce qui se passe au § 482.

Pour que le mouvement de la masse P soit simple, il faut qu'elle soit considérable par rapport à celle du ressort, ou, ce qui revient au même, que la période de son oscillation soit très grande par rapport au temps que le mouvement oscillatoire met à parcourir le ressort. On se heurte alors à une autre difficulté : si la masse P est considérable, le poids P l'est aussi; le ressort est démesurément tendu.

Le problème est donc de faire agir le ressort sur une masse dont on équilibre le poids. Nous verrons (§ 403) que ce n'est pas impossible. Mais le problème se trouve transformé, on introduit des rotations; nous reviendrons là-dessus plus loin.

340. **Mouvement dans un plan d'un point attiré par un centre fixe proportionnellement à la distance.**

— Considérons un élément de trajectoire AB du point mobile P attiré par le centre O proportionnellement à la distance. Il n'y a pas de raison pour que le mobile sorte du plan OAB; donc la trajectoire est dans un plan que nous prenons pour plan des xOy.

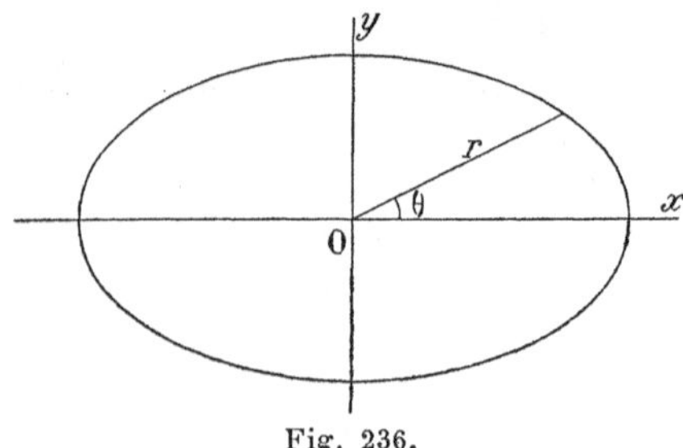

Fig. 236.

Les équations du mouvement sont :

$$\frac{d^2x}{dt^2} + ax = 0, \qquad \frac{d^2y}{dt^2} + ay = 0. \tag{1}$$

Les intégrales générales sont :

$$x = \mathrm{A} \sin(\omega t - \alpha), \qquad y = \mathrm{B} \sin(\omega t - \beta); \tag{2}$$

avec la condition : $\omega^2 = a$.

Éliminons t entre les équations (2); il vient l'ellipse :

$$\frac{x^2}{\mathrm{A}^2} + \frac{y^2}{\mathrm{B}^2} - \frac{2xy}{\mathrm{AB}} \cos(\alpha - \beta) = \sin^2(\alpha - \beta).$$

Rapportons-la à ses axes et changeons l'origine des temps; les équations (2) prennent la forme simple :

$$x = A_0 \cos \omega t, \qquad y = B_0 \sin \omega t.$$

Vérifions le théorème des aires. La vitesse aréolaire a pour expres

sion : $$2\frac{dS}{dt} = x\frac{dy}{dt} - y\frac{dx}{dt} = \omega AB \sin(\beta - \alpha) = \omega A_0 B_0.$$

Elle est constante. Explicitons la période; il vient en intégrant :

$$S = S_0 + \frac{\pi AB}{T} \sin(\beta - \alpha) = S_0 + \frac{\pi A_0 B_0}{T},$$

formule évidente *a priori* d'après le théorème des aires.

Le mouvement elliptique que nous venons d'étudier a une importance capitale. Toute l'Optique roule sur lui. Les particules fictives de l'éther, déplacées dans un milieu isotrope, sont ramenées à leur position d'équilibre par des forces proportionnelles à l'élongation.

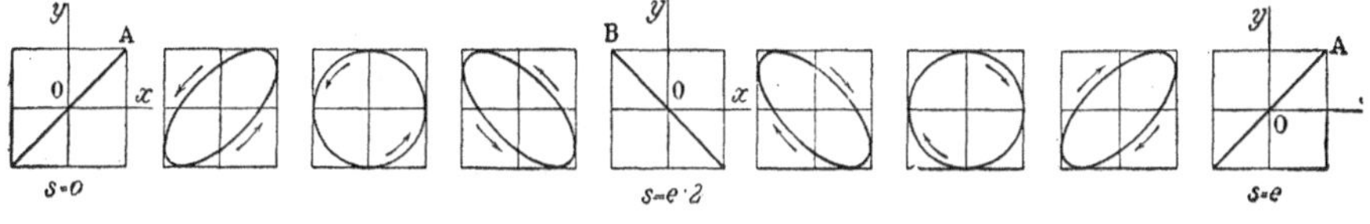

Fig. 237.

Nous supposons que les phases α et β des mouvements constituants sont invariables. Si, pour une raison quelconque, elles changent, l'ellipse se déforme tout en restant inscrite dans le même rectangle, dont les côtés mesurent le double des amplitudes A et B.

La figure 237 montre la succession des formes de l'ellipse dans le cas où A et B sont égaux. On posera :

$$\alpha - \beta = 2\pi s : e.$$

341. **Mouvement dans un plan ; forces conservatrices d'énergie.** — Supposons que, par rapport à deux droites convenablement choisies et que nous prenons pour axes de coordonnées, on puisse poser :

$$\frac{d^2x}{dt^2} + ax = 0, \qquad \frac{d^2y}{dt^2} + by = 0. \qquad (1)$$

L'intégration est immédiate; on a :

$$x = A \sin(\omega_1 t - \alpha), \qquad y = B \sin(\omega_2 t - \beta), \qquad (2)$$

avec les conditions :

$$\omega_1^2 = a, \qquad \omega_2^2 = b.$$

Le mouvement résulte de la composition de deux oscillations harmoniques, à angle droit, *dont les périodes ne sont plus les mêmes.*

Pour que la courbe décrite soit fermée, il faut qu'on ait :

$$m\omega_1 = n\omega_2, \qquad nT_1 = mT_2,$$

où m et n sont des entiers que nous pouvons supposer premiers entre eux. Après m périodes de l'un des mouvements, et par conséquent après n périodes de l'autre, tout revient dans l'état initial.

1° Supposons qu'il en soit ainsi.

Les courbes sont inscrites dans des rectangles de côtés 2A et 2B.

Cherchons comment elles dépendent des paramètres α et β.

Quand nous changeons l'origine des temps, nous ne modifions pas la forme des courbes. Cela revient cependant à remplacer :

$$\omega_1 t \text{ par } \omega_1 t + \omega_1\theta, \qquad \omega_2 t \text{ par } \omega_2 t + \omega_2\theta.$$

La forme des courbes ne dépend donc plus de la différence $\alpha - \beta$; elle dépend de la différence :

$$\frac{\alpha}{\omega_1} - \frac{\beta}{\omega_2}.$$

Il est facile de voir que nous obtiendrons toutes les formes possibles en posant :

$$x = A \sin(\omega_1 t - \delta), \qquad y = B \sin(\omega_2 t - \delta), \qquad (3)$$

et en faisant varier δ de 0 à 2π.

Le calcul des courbes se fait très simplement. La figure 238 représente le cas de *l'octave :*

$$x = \sin(2\omega t - \delta), \qquad y = \sin(\omega t - \delta).$$

Le changement de sens de circulation du mobile se produit sur

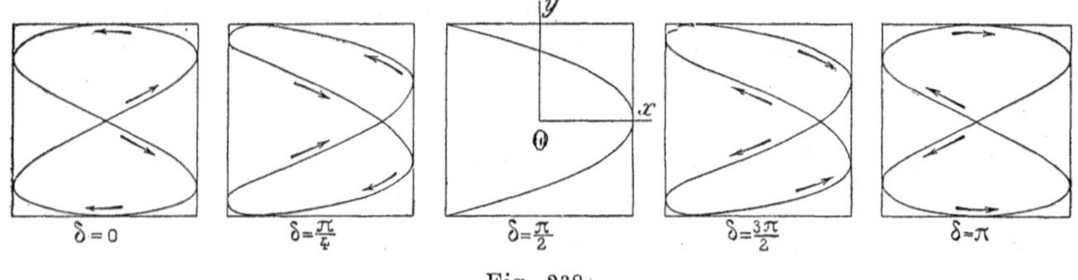

Fig. 238.

une courbe parcourue successivement dans les deux sens; par suite le sens de circulation y est indéterminé. La figure représente la moitié du phénomène total. Quand δ varie de π à 2π, on obtient des courbes symétriques par rapport à une verticale.

2° Si la condition :

$$m\omega_1 = n\omega_2,$$

où m et n sont des entiers, n'est satisfaite qu'approximativement, la courbe n'est pas fermée. Soit :

$$\omega_1' = \omega_1 - \varepsilon, \qquad \omega_2' = \omega_2 - \varepsilon,$$

des valeurs voisines de ω_1 et ω_2 et dont le rapport est rationnel. Les équations du mouvement peuvent s'écrire sous la forme (3), à la condition de poser :

$$\delta = \varepsilon t.$$

Tout se passe comme dans le premier cas, mais avec un δ lentement variable. On observe donc *successivement* toutes les courbes pour lesquelles les fréquences sont en rapport rationnel.

C'est en cela que consistent les *battements* pour deux mouvements à angle droit.

342. **Caléidophone.** — Nous pouvons réaliser très aisément les mouvements précédemment étudiés, au moyen du *caléidophone* de Wheatstone ou des dispositions analogues (fig. 239).

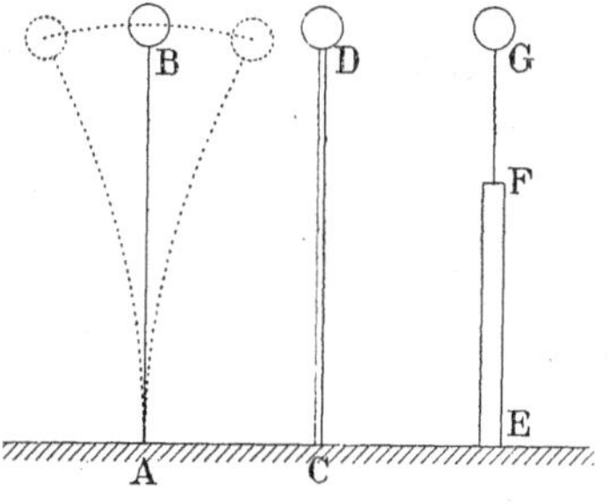

Fig. 239.

Une lame métallique AB est fixée dans un étau. La figure la représente vue par la tranche. Elle porte une bille métallique plus ou moins lourde. On démontre que tout se passe comme si cette balle était soumise à une force proportionnelle à l'écart à partir de la position d'équilibre. Son centre oscille donc suivant la loi pendulaire, à la vérité sur une circonférence, mais approximativement sur la droite normale à la lame pour la position d'équilibre.

Remplaçons la lame par une *tige* cylindrique de section circulaire. Le centre de la balle décrit une ellipse.

A la vérité, la section de la tige n'étant jamais rigoureusement circulaire, l'ellipse se déforme, d'autant plus lentement que la condition est plus près d'être satisfaite.

Même phénomène si la tige est à section carrée.

Si la tige est à section rectangle, les vibrations dans les deux directions principales (directions parallèles aux côtés du rectangle) n'ont pas la même période. On est dans le cas général. Le rapport $m : n$ dépend du rapport des côtés a et b du rectangle.

On peut encore réaliser le cas général avec un appareil qui fournit un rapport $m : n$ quelconque. On soude à angle droit deux *lames* EF et FG. La longueur $\overline{FG}$ est invariable ; mais on peut faire varier $\overline{EF}$, en prenant la lame plus ou moins loin dans l'étau. La période de la vibration normale au tableau ne dépend que de $\overline{EF}$; la période de la vibration parallèle au tableau ne dépend que de $\overline{FG}$.

Le rapport $m : n$ n'étant jamais rigoureusement rationnel, les courbes se déforment d'autant plus lentement que le réglage est mieux fait.

343. **Mouvement dans un plan; forces dissipatrices ou accumulatrices d'énergie.** — Généralisons le problème du § 341.

Posons :

$$\begin{aligned} \frac{d^2x}{dt^2} + ax + py = 0, \\ \frac{d^2y}{dt^2} + qx + by = 0. \end{aligned} \qquad (1)$$

Cherchons à quelle condition on peut ramener le système (1) au système (1) du § 341.

Multiplions la première équation par dx, la seconde par dy; additionnons. Nous obtenons :

$$d(v^2) + 2ax\,dx + 2by\,dy + 2py\,dx + 2qx dy = 0.$$

1° Pour que les forces soient conservatrices d'énergie, *condition nécessaire pour qu'il soit possible de retomber dans le problème du* § 341, il faut que $d(v^2)$ soit une différentielle exacte; d'où la condition :

$$p = q.$$

Posons alors :

$$2W = ax^2 + by^2 + 2pxy;$$

les équations (1) s'écrivent :

$$\frac{d^2x}{dt^2} = -\frac{\partial W}{\partial x}, \qquad \frac{d^2y}{dt^2} = -\frac{\partial W}{\partial y}. \qquad (2)$$

Il est maintenant facile, par un changement d'axes de coordonnées, de ramener les équations (1) à la forme des équations (1) du § 341. Prenons, comme nouveaux axes de coordonnées, les axes de l'ellipse :

$$ax^2 + by^2 + 2pxy = 1;$$

elle s'écrit :

$$a'x^2 + b'y^2 = 1.$$

Or les équations (2) sont *de forme invariante*, puisqu'elles expriment des propositions indépendantes des axes de coordonnées. On a donc par rapport aux nouveaux axes, Ox', Oy' :

$$\frac{d^2x}{dt^2} + a'x = 0, \qquad \frac{d^2y}{dt^2} + a'y = 0.$$

2° Supposons maintenant p différent de q. Écrivons :

$$p = r + s, \qquad q = r - s;$$

$$dU = d(ax^2 + by^2 + 2rxy) + 2s(ydx - xdy) = dW + 2s(ydx - xdy).$$

dU n'est plus une différentielle exacte. La quantité $y\,dx - x\,dy$ représente (au signe près) deux fois l'aire dS balayée par le rayon vecteur qui émane de l'origine et aboutit au mobile. On a donc :

$$d(mv^2) + dW - 4s\,dS = 0.$$

Les forces ne sont plus conservatrices d'énergie. Suivant la trajectoire, la force vive reprend des valeurs différentes lorsque le mobile revient au même point. La perte (ou le gain) d'énergie est proportionnelle à l'aire balayée par le vecteur qui part de l'origine et aboutit au mobile.

Il est facile de voir qu'on superpose aux forces qui entrent en jeu quand $dU = dW$, une force normale au rayon vecteur et proportionnelle à la distance.

D'où résulte immédiatement qu'on peut généralement, par un choix convenable d'axes, ramener les équations (1) à la forme :

$$\frac{d^2x}{dt^2} + ax + sy = 0, \qquad \frac{d^2y}{dt^2} + by - sx = 0. \tag{1'}$$

Les termes multipliés par le coefficient s portent le nom de termes *rotationnels*.

344. **Étude du mouvement précédent : stabilité de la trajectoire.** — Substituons dans les équations (1') la solution :

$$x = Ae^{i\omega t}, \qquad y = Be^{i\omega t}. \tag{2}$$

Il vient :

$$A(-\omega^2 + a) = -sB, \qquad B(-\omega^2 + b) = sA;$$

$$(\omega^2 - a)(\omega^2 - b) + s^2 = 0, \qquad \omega^4 - (a+b)\omega^2 + ab + s^2 = 0;$$

$$\omega^2 = \frac{a+b}{2} \pm \sqrt{\frac{(a-b)^2}{4} - s^2}.$$

Cherchons à quelles conditions les trajectoires sont stables, c'est-à-dire à quelles conditions le mobile ne se collera pas à l'origine ou ne s'écartera pas indéfiniment de l'origine.

Il faut évidemment que les intégrales soient des fonctions circulaires et non des fonctions exponentielles ; cela exige que ω soit réel, c'est-à-dire que ω^2 soit réel et positif. D'où les conditions :

$$a + b > 0, \qquad 4s^2 < (a-b)^2, \qquad ab + s^2 > 0.$$

S'il en est ainsi, nous trouverons des intégrales générales de la forme :

$$x = x_0 \sin(\omega t - \alpha) + x_1 \sin(\omega t - \beta),$$
$$y = y_0 \sin(\omega t - \alpha) + y_1 \sin(\omega t - \beta),$$

avec les conditions deux à deux *équivalentes* :

$$x_0(-\omega^2 + a) = -sy_0, \qquad y_0(-\omega^2 + b) = sx_0; \tag{3}$$
$$x_1(-\omega^2 + a) = -sy_1, \qquad y_1(-\omega^2 + b) = sx_1.$$

La solution générale se compose donc de deux vibrations *indépendantes* (intégrales particulières), d'amplitudes x_0, y_0, d'une part ; x_1, y_1, de l'autre. A chacune d'elles correspond une des racines positives de l'équation bicarrée en ω.

Nous avons bien ainsi les quatre constantes arbitraires nécessaires : α, β, puis x_0 et x_1 par exemple ; y_0 et y_1 s'ensuivent en vertu de (3).

Il y a dans cette solution un très curieux paradoxe ; comment pouvons-nous obtenir des trajectoires stables avec des forces qui ne sont pas conservatrices d'énergies ?

Écrivons les équations (1') sous la forme :

$$\frac{d^2x}{dt^2} + X = 0, \qquad \frac{d^2y}{dt^2} + Y = 0. \tag{4}$$

Substituons la solution (2) ; remarquons que :

$$\frac{d^2x}{dt^2} = -\omega^2 x, \qquad \frac{d^2y}{dt^2} = -\omega^2 y.$$

Les équations (2) deviennent :

$$-\omega^2 x + X = 0, \qquad -\omega^2 y + Y = 0; \qquad \frac{X}{x} = \frac{Y}{y}.$$

Nous écrivons donc en définitive que la force est dirigée parallèlement au rayon vecteur qui joint le mobile à l'origine.

Considérons maintenant l'une des intégrales particulières :

$$x = x_0 \sin(\omega t - \alpha), \qquad y = y_0 \sin(\omega t - \alpha).$$

La phase étant la même, l'oscillation est rectiligne et d'une direction telle que la force soit toujours dirigée suivant la trajectoire. La force normale au rayon vecteur, force qui dépend du coefficient s, ne travaille donc pas ; conséquemment, quand on revient au même point, on y revient avec la même vitesse.

Il résulte de ce raisonnement que, si nous imposons au mobile une trajectoire circulaire, il existe sur cette trajectoire des positions d'équilibre. Mais la question mérite d'être reprise par une autre méthode.

345. Stabilité et instabilité des oscillations. — Transformons les équations (1') en coordonnées polaires ρ et θ (fig. 240).

Nous nous garderons bien de changer tout bêtement de coordonnées ; nous profiterons des propriétés invariantes pour opérer intuitivement.

Les équations (1') expriment qu'il existe :

1° une énergie potentielle :

$$W = \frac{1}{2}(ax^2 + by^2) = \frac{1}{2}(a\cos^2\theta + b\sin^2\theta)\rho^2;$$

c'est un invariant de position ;

2° une force normale au rayon vecteur, proportionnelle à la distance à l'origine, et, avec les signes choisis, tendant à faire tourner le mobile dans le sens négatif (sens amenant l'axe Oy sur l'axe Ox) ; c'est encore un invariant.

Ceci posé, nous pouvons écrire immédiatement les équations du mouvement :

$$\rho \frac{d^2\theta}{dt^2} = -\frac{\partial W}{\rho \partial \theta} - s\rho, \qquad \frac{d^2\theta}{dt^2} = (a-b)\sin\theta\cos\theta - s;$$
$$\frac{d^2\rho}{dt^2} = -\frac{\partial W}{\partial \rho} = -\rho\,(a\cos^2\theta + b\sin^2\theta). \tag{1''}$$

Imaginons que le mobile soit astreint à tourner sur un cercle. La première équation (1″) fournit la loi du mouvement. Le carré de la vitesse angulaire est :

$$\left(\frac{d\theta}{dt}\right)^2 = \Theta_0 - \frac{1}{2}(a-b)\cos 2\theta - 2s\theta. \tag{5}$$

Il existe des positions d'équilibre statique; elles sont fournies par la condition :

$$\sin\theta\cos\theta = s : (a-b). \tag{6}$$

Or cette condition est précisément celle qu'on obtient en éliminant ω^2 entre les deux équations (3) :

$$s(x_0^2 + y_0^2) = (b-a)x_0y_0, \qquad s\rho^2 = (b-a)\sin\theta\cos\theta \,.\, \rho^2.$$

On retrouve bien ce que nous avons prévu : les deux vibrations simples, qui composent l'intégrale générale, s'effectuent suivant les rayons vecteurs d'équilibre.

1° Soit d'abord $s = 0$. On a les quatre positions d'équilibre P, Q, R, S.

Posons : $a > b > 0$; les forces composantes sont centripètes.

En un point A, la résultante ne passe pas par le centre; le rapport de la composante suivant Ox à la composante suivant Oy étant *supérieur* à $\overline{O\alpha} : \overline{A\alpha}$, la force résultante passe par un point C *au delà* du centre. Donc l'équilibre est *instable* en P et par conséquent en Q. Le point écarté des positions P ou Q ne tend pas à y revenir.

En un point E, le même raisonnement montre que la résultante passe par un point G, *en deçà* du centre O. Donc l'équilibre est *stable* en S et par conséquent en R. Le point écarté des positions S et R tend à y revenir.

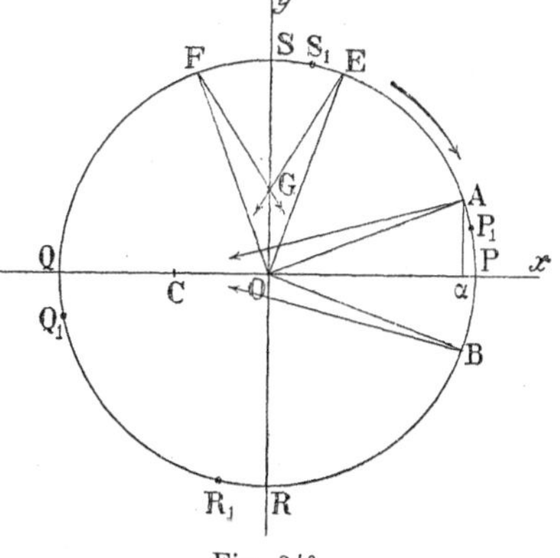

Fig. 240.

2° Supposons maintenant s différent de zéro. Admettons $s > 0$; la force qui en dépend est donc dirigée dans le sens de la flèche. Elle est constante en grandeur, puisque la distance ρ reste invariable par hypothèse.

Les positions d'équilibre sont déplacées. La composante tangentielle due aux forces qui dépendent du potentiel W devant s'opposer à la force qui dépend de s, les positions d'équilibre viennent en P_1, S_1, Q_1, R_1, dont la distance angulaire aux points correspondants P, S, Q, R, est égale au plus petit angle défini par la condition (6).

L'équilibre est stable en S_1 et R_1, instable en P_1 et Q_1. Si le mobile est lâché au voisinage de S_1 et R_1 avec une vitesse suffisamment petite, il oscillera donc autour de ces positions. Si la vitesse est trop grande, il pourra dépasser la position d'équilibre instable; dès lors son mouvement cessera d'être oscillatoire, pour devenir continu. Sa vitesse croîtra au delà de toute limite, puisqu'en vertu de (5), elle augmente de $\sqrt{4\pi s}$ à chaque tour.

Il résulte immédiatement de cette discussion que des deux vibrations fondamentales étudiées au paragraphe précédent, l'une est stable et l'autre instable. Cela signifie que si le mobile décrit la trajectoire *rectiligne* qui correspond à la première et *en est légèrement écarté*, sa nouvelle trajectoire différera extrêmement peu de l'ancienne; si au contraire il décrit l'oscillation *rectiligne* instable, pour peu qu'il soit écarté de sa trajectoire, il se mettra à décrire une trajectoire toute différente.

Attraction en raison inverse du carré de la distance.

346. **Quelques propriétés de l'ellipse.** — Considérons l'ellipse :

$$\frac{x^2}{a^2}+\frac{y^2}{b^2}=1.$$

La distance $\overline{OF}$ du centre aux foyers F et F′ est $c=\sqrt{a^2-b^2}$; a et b sont les demi-axes principaux. On appelle *excentricité* le rapport (§ 256) :

$$e=\frac{\sqrt{a^2-b^2}}{a}=\frac{c}{a}; \qquad 1-e^2=\frac{b^2}{a^2}.$$

Écrivons l'équation de l'ellipse en coordonnées polaires; prenons F comme origine et appelons r et θ les coordonnées; θ est *l'anomalie vraie*. On a, en appelant encore x et y les coordonnées :

$$\frac{(x+c)^2}{a^2}+\frac{y^2}{b^2}=1; \qquad x=r\cos\theta, \qquad y=r\sin\theta.$$

On vérifiera aisément la relation :

$$r=\frac{a(1-e^2)}{1+e\cos\theta}. \tag{1}$$

Elle s'écrit en effet :

$$r + ex = \frac{b^2}{a}, \qquad x^2 + y^2 = \left(\frac{b^2}{a} - ex\right)^2.$$

On trouve aisément :

$$\left(\frac{dr}{d\theta}\right)^2 = -\frac{r^4}{a^2(1-e^2)} + \frac{2r^3}{a(1-e^2)} - r^2. \tag{2}$$

Ceci posé, cherchons à résoudre le problème suivant : *Exprimer comment doit varier* θ *en fonction du temps pour que les aires balayées par le rayon vecteur* $\overline{\mathrm{FB}} = r$, *varient proportionnellement au temps.*

La solution est immédiate en considérant l'ellipse comme la projection du cercle de rayon a dont le plan fait avec le plan de l'ellipse un angle de cosinus $b : a$.

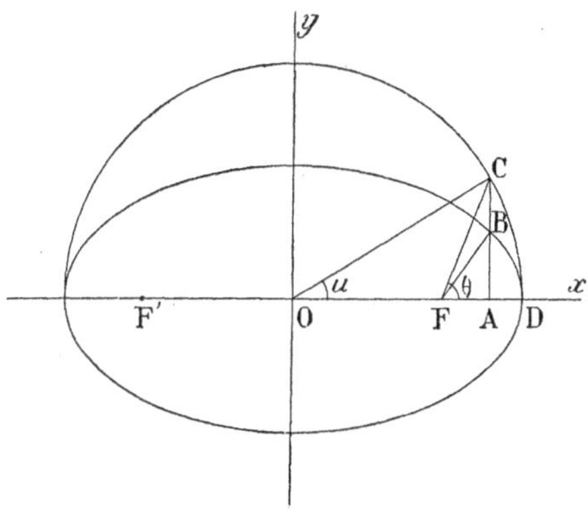

Fig. 241.

Écrivons donc que l'aire FCD prise dans le cercle varie proportionnellement au temps :

$$\overline{\mathrm{FCD}} = \overline{\mathrm{OCD}} - \overline{\mathrm{OCF}} = \frac{a^2}{2}(u - e \sin u) = \mathrm{C}t,$$

$$u - e \sin u = \omega t, \qquad \omega = 2\pi : \mathrm{T}; \tag{3}$$

T est la période du mouvement ; ωt est *l'anomalie moyenne*. Or on a :

$$\overline{\mathrm{FBD}} = \overline{\mathrm{FCD}} \,.\, (b : a).$$

Si la première aire varie proportionnellement au temps, il en est de même de la seconde.

Relions les coordonnées r et θ à l'angle u qu'on appelle *anomalie excentrique*.

On a d'après (1) et dans les triangles OCA et FBA :

$$\mathrm{FA} = r \cos\theta = \overline{\mathrm{OA}} - \overline{\mathrm{OF}} = a \cos u - ea,$$

$$r(1 + e\cos\theta) = r + ea\cos u - e^2 a = a(1 - e^2),$$

$$r = a(1 - e\cos u). \tag{4}$$

Substituons à r sa valeur dans (1) ; il vient :

$$\cos u = \frac{e + \cos\theta}{1 + e\cos\theta}, \qquad \mathrm{tg}^2 \frac{u}{2} = \frac{1-e}{1+e}\,\mathrm{tg}^2\frac{\theta}{2}. \tag{5}$$

La deuxième formule s'obtient en formant les expressions

$$1 - \cos u, \qquad 1 + \cos u,$$

et en divisant membre à membre.

347. **Problème de Képler; série de Lagrange.** — Le problème de Képler consiste à trouver l'expression des coordonnées θ et r en fonction du temps. Théoriquement, le problème est résolu par l'intermédiaire de la variable auxiliaire u et des équations (3), (4) et (5). Mais on conçoit l'avantage d'une expression directe.

Elle est fournie par la série de Lagrange, très convergente quand l'excentricité e est petite. Voici quelques excentricités d'orbites planétaires pour fixer les idées :

Mercure.	Vénus.	Terre.	Mars.	Jupiter.	Saturne.	Uranus.	Neptune.
0,203	0,007	0,017	0,093	0,048	0,056	0,047	0,009

On n'oubliera pas que pour $e=0$, l'orbite est un cercle; c'est une parabole pour $e=1$, $(b^2 : a^2=0)$.

La plus grande excentricité est celle de la petite planète Istria (0,349).

Le calcul se fait par approximations successives.

Indiquons-le pour u. Comme première approximation on a :

$$u=\omega t; \qquad u=\omega t+e\sin u=\omega t+e\sin\omega t;$$

formule déjà plus approchée. Continuons; on a :

$$u=\omega t+e\sin u=\omega t+e\sin[\omega t+e\sin\omega t].$$

Développons le second membre et bornons-nous aux termes en e^2; il reste :

$$u=\omega t+e\sin\omega t+\frac{e^2}{2}\sin 2\omega t.$$

Et ainsi de suite.

Série de Lagrange.

L'expression précédente rentre dans une série beaucoup plus générale due à Lagrange et dont les applications sont nombreuses.

Soit une fonction u reliée à la variable x par la formule :

$$u=x+ef(u). \qquad (1)$$

On suppose que e est une quantité assez petite pour qu'on puisse développer u en série convergente ordonnée par rapport aux puissances croissantes de e.

Considérons u comme une fonction de e; nous pouvons écrire :

$$u=\psi(e)=\psi(0)+\frac{e}{1}\psi'(0)+\frac{e^2}{1\,.\,2}\psi''(0)+\frac{e^3}{1\,.\,2\,.\,3}\psi'''(0)+\dots \qquad (2)$$

Identifions (1) et (2). Dérivons (1) par rapport à e :

$$\frac{\partial u}{\partial e}=f(u)+ef'(u)\frac{\partial u}{\partial e}; \qquad (3)$$

faisons $e=0$. Il vient :

$$u=x, \qquad u=\psi(0); \qquad \psi'(0)=f(x).$$

Dérivons (3) par rapport à e :

$$\frac{\partial^2 u}{\partial e^2} = 2f'(u)\frac{\partial u}{\partial e} + ef''(u)\left(\frac{\partial u}{\partial e}\right)^2 + ef'(u)\frac{\partial^2 u}{\partial e^2}.$$

Faisons $e = 0$:

$$\frac{\partial u}{\partial e} = f(x), \qquad \frac{\partial^2 u}{\partial e^2} = 2f'(x)f(x) = \frac{d}{dx}[f(x)]^2.$$

Identifions avec (2) :

$$\psi''(0) = \frac{d}{dx}[f(x)]^2.$$

Et ainsi de suite. On trouve la série :

$$u = x + ef(x) + \frac{e^2}{1.2}\frac{d}{dx}[f(x)]^2 + \frac{e^3}{1.2.3}\frac{d^2}{dx^2}[f(x)]^3 + \dots \quad (4)$$

En particulier, si nous posons :

$$x = \omega t, \qquad f(u) = \sin u,$$

il vient :

$$u = \omega t + e\sin\omega t + \frac{e^2}{1.2}.2\sin\omega t\cos\omega t + \dots$$

Généralisation de la série de Lagrange.

Soit maintenant une fonction $r = F(u)$, de la quantité u définie par l'équation (1). On demande de la développer en une série ordonnée suivant les puissances croissantes de e.

Nous poserons comme plus haut :

$$r = \Psi(e) = \Psi(0) + \frac{e}{1}\Psi'(0) + \frac{e^2}{1.2}\Psi''(0) + \dots$$

On a :

$$\frac{\partial F}{\partial e} = F'(u)\frac{\partial u}{\partial e}, \quad (5)$$

et pour $e = 0$, en vertu de l'équation (3) :

$$\frac{\partial F}{\partial e} = F'(x)f(x) = \Psi'(0).$$

Dérivons (5) par rapport à e; faisons $e = 0$; utilisons les formules précédemment trouvées :

$$\frac{\partial^2 F}{\partial e^2} = F''(u)\left(\frac{\partial u}{\partial e}\right)^2 + F'(u)\frac{\partial^2 u}{\partial e^2},$$

$$\frac{\partial^2 F}{\partial e^2} = F''(x)[f(x)]^2 + 2f'(x)f(x)F'(x) = \frac{d}{dx}\left\{F'(x)[f(x)]^2\right\}.$$

Et ainsi de suite. D'où la formule générale :

$$F(u) = F(x) + \frac{e}{1}F'(x)f(x) + \frac{e^2}{1.2}\frac{d}{dx}\left\{F'(x)[f(x)]^2\right\}$$
$$+ \frac{e^3}{1.2.3}\frac{d^2}{dx^2}\left\{F'(x)[f(x)]^3\right\} + \dots$$

Par exemple, nous avons :

$$r : a = 1 - e \cos u = \mathrm{F}(u);$$
$$\mathrm{F}'(u) = e \sin u, \qquad f(u) = \sin u.$$

Il vient :

$$r : a = 1 - e \cos x + e^2 \sin^2 x + \frac{e^3}{2} \frac{d \sin^3 x}{dx} + \ldots$$
$$r : a = 1 - e \cos \omega t - \frac{e^2}{2} (\cos 2 \omega t - 1) - \ldots$$

On trouverait de même pour le développement de l'anomalie vraie θ :

$$\theta = u + 2\left(\lambda \sin u + \frac{\lambda^2}{2} \sin 2 u + \frac{\lambda^3}{3} \sin 3 u + \ldots\right),$$

en posant : $$\lambda = e : (1 + \sqrt{1 - e}).$$

348. **Cas de l'hyperbole et de la parabole.** — L'hyperbole rapportée à son centre est en coordonnées cartésiennes :

$$\frac{x^2}{a^2} - \frac{y^2}{b^2} = 1.$$

Posons : $$c = \sqrt{a^2 + b^2}, \qquad e = c : a.$$

L'excentricité e est supérieure à 1 ; elle était inférieure pour l'ellipse. Elle est égale à 1 pour la parabole. Transportons l'origine au foyer : $$\frac{(x + c)^2}{a^2} - \frac{y^2}{b^2} = 1.$$

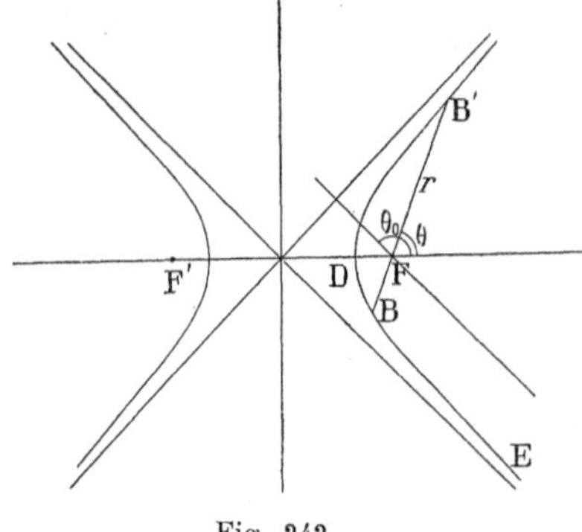

Fig. 242.

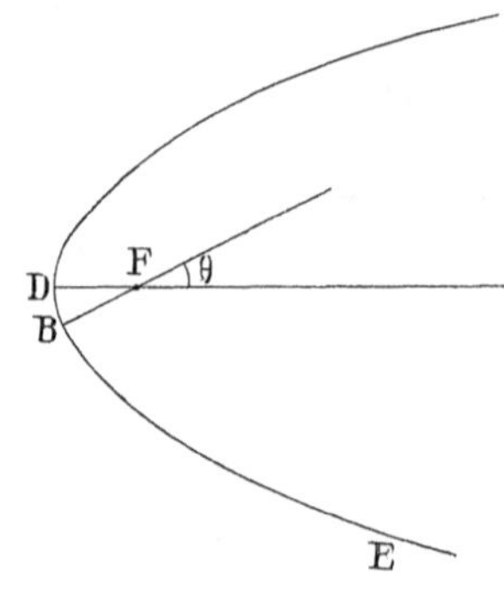

Fig. 243.

Introduisons les coordonnées polaires (fig. 242) :

$$r = \frac{1 + e \cos \theta}{a(1 - e^2)}.$$

θ variant entre 0 et θ_0, on décrit la branche DBE de l'hyperbole ; r varie entre $a(1 - e) = a - c = -(c - a)$, pour $\theta = 0$, et $-\infty$ pour $\theta = \theta_0$.

L'équation différentielle (2) subsiste; mais le coefficient de r^4 est positif. Le terme en r^3 conserve son signe, car le coefficient et la variable ont simultanément changé de signe.

Enfin considérons la parabole rapportée à son foyer (fig. 243) :

$$y^2 = 2px + p^2.$$

On peut l'identifier avec l'équation :

$$r = -\frac{p}{1+\cos\theta}.$$

Quand θ varie de 0 à π, r passe de $-p:2$ à $-\infty$.

L'équation différentielle (2) devient :

$$\left(\frac{dr}{d\theta}\right)^2 = -\frac{2r^3}{p} - r^2. \qquad (2')$$

Supposons la courbe parcourue de manière que les aires balayées soient proportionnelles au temps employé à les parcourir. Cherchons à relier r et θ au temps t. On a :

$$r^2 d\theta = C\,dt, \qquad dt = B\frac{d\theta}{(1+\cos\theta)^2},$$

où B est une constante. On vérifiera que l'intégrale est :

$$t = \frac{B}{2}\left(\operatorname{tg}\frac{\theta}{2} + \frac{1}{3}\operatorname{tg}^3\frac{\theta}{2}\right).$$

Pour $t=0$, on a $\theta=0$; on suppose donc que le mobile passe au sommet de la parabole à l'origine des temps.

En définitive, *étant donné le signe des valeurs acceptables du rayon vecteur,* l'équation différentielle (2) ou (2') a toujours le troisième terme du second membre négatif, le second terme positif; quant au premier :

il est négatif pour l'ellipse,
il est nul pour la parabole,
il est positif pour l'hyperbole.

Nous allons comprendre l'intérêt de ces remarques.

349. **Mouvement d'un point attiré par un centre fixe en raison inverse du carré de la distance.** — Soit un point de masse m attiré par un centre fixe F de masse M, en raison inverse du carré de la distance et proportionnellement au produit des masses. La force d'attraction F à la distance r est :

$$F = G\frac{mM}{r^2};$$

G s'appelle la *constante de la gravitation.*

Considérons un arc BB' de trajectoire; il est clair qu'il n'y a aucune raison pour que le mobile sorte du plan FBB'. La trajectoire est donc plane. Soit r et θ les coordonnées polaires par rapport au centre d'attraction. On a :

$$r^2 d\theta = C dt, \tag{1}$$

où C est une constante.

Le travail de la force F est égal à la variation de la quantité $GMm : r$, c'est-à-dire à la variation du potentiel $GM : r$, multipliée par la masse m sur laquelle la force F est appliquée. Soit v la vitesse de m; le théorème des forces vives donne :

$$d \cdot \frac{mv^2}{2} = d \frac{GMm}{r}, \qquad v^2 = C' + \frac{2GM}{r}. \tag{2}$$

En coordonnées polaires, on a :

$$v^2 = \left(\frac{dr}{dt}\right)^2 + r^2\left(\frac{d\theta}{dt}\right)^2 = \left(\frac{dr}{dt}\right)^2 + \frac{C^2}{r^2} = C' + \frac{2GM}{r}, \tag{3}$$

d'après les conditions (1) et (2). On tire de là :

$$\left(\frac{dr}{dt}\right)^2 = C' + \frac{2GM}{r} - \frac{C^2}{r^2}, \qquad \left(\frac{d\theta}{dt}\right)^2 = \frac{C^2}{r^4}.$$

Divisant membre à membre ces deux équations, il reste :

$$\left(\frac{dr}{d\theta}\right)^2 = \frac{C'}{C^2} r^4 + \frac{2GM}{C^2} r^3 - r^2. \tag{4}$$

Il résulte de la comparaison de cette équation (4) et des équations différentielles des coniques ci-dessus étudiées, que le mobile décrit une conique.

La nature de la courbe dépend seulement du signe de C′ et par conséquent [éq. (2)] de la vitesse v du mobile quand il est à la distance r du centre d'attraction; la direction de cette vitesse n'intervient pas. Précisons la signification de l'équation (2).

Si le mobile était parti de l'infini sans vitesse et parvenu à la distance r sous l'influence de l'attraction, le travail total effectué par la gravitation sur l'unité de masse serait égal à la valeur du potentiel à cette distance : soit $GM : r$.

En vertu du théorème des forces vives, la vitesse serait :

$$V = \sqrt{2GM : r}\ .$$

L'équation (2) nous apprend que si la vitesse actuelle v est supérieure à V, la courbe est une hyperbole. Si elle est égale à V, c'est une parabole. Si elle est inférieure à V, c'est une ellipse. On comprend immédiatement la raison de ces conditions.

Identifions les équations (2) du § 346 et (4) du § 349 :

$$-\frac{1}{a^2(1-e^2)} = \frac{C'}{C^2}, \qquad \frac{1}{a(1-e^2)} = \frac{GM}{C^2}; \qquad \frac{1}{a} = -\frac{C'}{GM}.$$

L'équation (2) devient :

$$v^2 = \frac{2GM}{r} - \frac{GM}{a}, \qquad a = \frac{r}{2} \frac{V^2}{V^2 - v^2}. \tag{5}$$

Les relations (5) expriment que *la vitesse en un point quelconque de l'ellipse est la même que si le mobile était parti sans vitesse du cercle du rayon 2a et était venu en sa position actuelle sous l'influence du centre d'attraction.*

Elles expriment encore que, *non seulement la nature de la conique, mais encore la grandeur du grand axe dépendent de la vitesse v à la distance r, et non de la direction de cette vitesse.*

Construction de la trajectoire (fig. 245).

Soit M le mobile, MN sa vitesse *toujours directe* (§ 350), S le Soleil. Joignons SM; la droite MQ, sur laquelle est le second foyer S', est complètement déterminée par la condition :

$$\text{angle}\ \overline{NMS'} = \text{angle}\ \overline{N'MS}.$$

Puisque la vitesse v est connue ainsi que la distance $\overline{MS} = r_1$, le grand axe est connu et par suite r_2 en vertu de la condition :

$$r_1 + r_2 = 2a.$$

Donc S' est connu. On a pour l'*excentricité* : $e = \overline{SO} : a$.

L'anomalie vraie, $\theta = \overline{PSM}$, étant connue, on en déduit l'anomalie excentrique u par la formule (§ 346) :

$$\operatorname{tg}\frac{u}{2} = \sqrt{\frac{1-e}{1+e}}\operatorname{tg}\frac{\theta}{2}.$$

D'où enfin, connaissant l'époque t qui correspond aux anomalies θ ou u, on tire le temps τ de passage au périhélie par la formule :

$$\omega(t-\tau) = u - e\sin u.$$

Soit T la période, c'est-à-dire la durée d'une révolution. En vertu de l'équation (1), on a :

$$2\pi ab = 2\pi a^2\sqrt{1-e^2} = CT, \qquad GM = \frac{4\pi^2 a^3}{T^2}.$$

Les carrés des périodes de différents astres attirés par le même centre fixe sont comme les cubes des grands axes.

C'est la seconde loi de Képler.

350. **Éléments d'une orbite.** — Pour permettre au lecteur de comprendre une description succincte du système solaire, nous devons rappeler quelques définitions (fig. 244).

Nous rapporterons les courbes décrites par les astres à l'écliptique au moyen de la longitude et de la latitude célestes. Menons une sphère ayant pour centre le Soleil; soit AγB le plan de la trajectoire terrestre ou *écliptique*. Comptons les angles sur ce plan à partir du *point vernal* γ (longitudes) dans le sens AγB du déplacement de la Terre (sens direct).

La latitude d'un point P sera donc l'arc de grand cercle Pπ.

Ceci posé, on détermine le plan de l'orbite d'un astre par son inclinaison sur l'écliptique, $P\Omega\pi = i$, et par la longitude $\gamma S\Omega$ du *nœud ascendant* Ω ; autrement dit, par l'angle que la *ligne des nœuds* (trace $S\Omega$ du plan de l'orbite sur l'écliptique) fait avec la ligne $S\gamma$ des équinoxes.

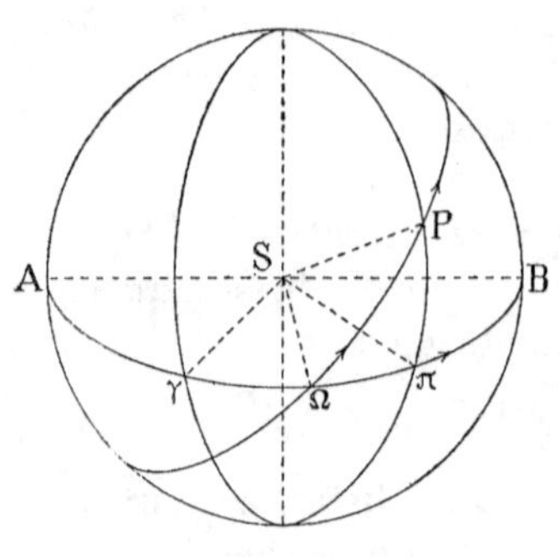

Fig. 244.

On appelle *ligne des apsides* le grand axe de l'ellipse décrite par l'astre ; ses extrémités sont le *périhélie* et *l'aphélie*. La position de l'ellipse dans son plan est déterminée par la *longitude du périhélie*, c'est-à-dire par l'angle que fait la ligne des équinoxes $S\gamma$ avec la trace $S\pi$ du plan $SP\pi$ normal à l'écliptique et passant par la ligne des apsides. Le sens de la demi-droite $S\pi$ est déterminé par la condition que l'astre soit le plus rapproché du Soleil quand il est sur SP (*périhélie*).

L'ellipse est déterminée par son demi-grand axe a et son excentricité e.

Enfin la position de l'astre sur son orbite à une époque déterminée est fournie par la connaissance de l'époque du passage au périhélie.

En tous six éléments : deux pour fixer le plan de l'orbite (longitude du nœud ascendant, inclinaison), un pour fixer la situation de l'orbite dans son plan (longitude du périhélie), deux pour fixer la forme et la grandeur de l'orbite (grand axe, excentricité), un pour fixer la position de l'astre sur l'orbite à une époque connue.

La période ne constitue pas un septième élément indépendant, parce qu'elle est reliée à la longueur du grand axe par une des lois de Képler.

Ceci posé, l'observation montre que : 1° les planètes se meuvent toutes dans le même sens (sens direct) ; 2° les plans de leurs orbites sont peu inclinés les uns sur les autres : les inclinaisons de Mercure, de Vénus et de Saturne sont 7°0′, 3°23′ et 2°30′ ; celles des autres planètes principales sont encore plus petites ; seules certaines planètes secondaires ont des inclinaisons notables ; 3° leurs excentricités sont petites : leurs orbites sont presque circulaires.

Parmi les comètes, une dizaine sont périodiques ; leurs orbites sont des ellipses très allongées. L'excentricité, généralement supérieure à 0,5, s'approche beaucoup de l'unité pour quelques-unes d'entre elles. Cependant la distance à l'aphélie de celles qui s'éloignent *le plus* du Soleil ne dépasse pas beaucoup la distance moyenne de Neptune au Soleil. Il faut attribuer leur invisibilité à leur manque d'éclat.

Les autres comètes ont des orbites qu'on ne peut distinguer de paraboles. Ce qui revient à dire que l'arc sur lequel on les observe est trop petit pour préciser la trajectoire elliptique ou hyperbolique qu'elles décrivent. L'excentricité est si voisine de l'unité que mieux vaut *la poser* égale à l'unité. Les éléments de l'orbite se réduisent à cinq. Cependant, pour quelques comètes, il semble que la trajectoire soit nettement hyperbolique ; elles n'apparaissent qu'une fois et se perdent pour toujours dans l'espace.

Les comètes se meuvent sur leurs trajectoires soit dans le sens direct (comme les planètes), soit dans le sens rétrograde. Les inclinaisons sont souvent grandes.

Chaque fois qu'une comète apparaît, on calcule les éléments de sa trajectoire, supposée parabolique, et on les compare aux éléments des comètes consignées dans un catalogue spécial. S'ils coïncident à peu près avec les éléments d'une comète déjà étudiée, on soupçonne l'existence d'une comète périodique : il n'y a plus qu'à attendre une nouvelle période pour que l'hypothèse soit confirmée ou détruite.

351. **Perturbations.** — Il n'entre pas dans notre plan de faire une étude tant soit peu étendue des perturbations ; nous voulons seulement poser le problème. Nous en dirons encore quelques mots au § 582.

Imaginons qu'outre la force en raison inverse du carré des distances émanant d'un point que nous imaginons fixe (nous verrons au § 581 comment on lève cette restriction), existent d'autres forces *petites et presque parallèles au même plan* (écliptique) : elles produisent *une perturbation.* La trajectoire ne sera plus rigoureusement une ellipse immobile et décrite selon la loi des aires.

Mais en vertu de l'hypothèse que les forces perturbatrices sont petites, nous pourrons continuer à considérer la trajectoire comme une ellipse *dont les éléments sont variables.* A chaque instant le mobile sera censé décrire une ellipse tangente à la trajectoire réelle, parcourue avec la même vitesse que la trajectoire réelle, et telle que, si les perturbations disparaissaient subitement, elle serait la trajectoire rigoureuse.

Envisageons le problème de ce point de vue, en nous limitant à une trajectoire plane.

Les équations du mouvement d'un corps de masse m, attiré par l'origine fixe en raison inverse du carré des distances, sont :

$$\frac{d^2x}{dt^2} + \mathrm{GM}\frac{x}{r^3} = 0, \qquad \frac{d^2y}{dt^2} + \mathrm{GM}\frac{y}{r^3} = 0. \tag{1}$$

Nous savons que le mobile décrit une ellipse caractérisée par :
son grand axe a,
son excentricité e,
l'angle φ que fait son grand axe avec l'axe des x,
le temps τ auquel elle passe, par exemple, au périhélie.

La période est reliée au grand axe par la loi de Képler.

Supposons maintenant l'existence de forces perturbatrices. Dans le problème astronomique elles admettent toutes un potentiel; posons donc :

$$\left.\begin{aligned} \frac{d^2x}{dt^2} + \mathrm{GM}\frac{x}{r^3} &= \frac{\partial \mathrm{R}}{\partial x}, \\ \frac{d^2y}{dt^2} + \mathrm{GM}\frac{y}{r^3} &= \frac{\partial \mathrm{R}}{\partial y}; \end{aligned}\right\} \quad (2)$$

R est la *fonction perturbatrice*.

Dans les cas (1) et (2), la solution peut être mise sous la forme :

$$x = f(t, a, e, \varphi, \tau), \qquad y = \mathrm{F}(t, a, e, \varphi, \tau). \quad (3)$$

Mais dans le cas des équations (1), a, e, φ, τ, sont des constantes. Dans le cas des équations (2), ce sont des fonctions du temps. Du reste, si brusquement je les considère comme des constantes (ce qui revient à supprimer la perturbation), les solutions (3) deviennent *par hypothèse* acceptables pour les équations (1).

Comme on dispose de quatre fonctions arbitraires pour deux équations à satisfaire, on peut écrire deux conditions supplémentaires. Elles expriment précisément que la vitesse est la même à chaque instant sur l'ellipse (a, e, φ, τ, constants) et sur la trajectoire réelle (a, e, φ, τ, fonctions du temps). Il faut écrire :

$$\left.\begin{aligned} \frac{\partial f}{\partial a}da + \frac{\partial f}{\partial e}de + \frac{\partial f}{\partial \varphi}d\varphi + \frac{\partial f}{\partial \tau}d\tau &= 0, \\ \frac{\partial \mathrm{F}}{\partial a}da + \frac{\partial \mathrm{F}}{\partial e}de + \frac{\partial \mathrm{F}}{\partial \varphi}d\varphi + \frac{\partial \mathrm{F}}{\partial \tau}d\tau &= 0; \end{aligned}\right\} \quad (4)$$

$$\frac{dx}{dt} = \frac{\partial f}{\partial t}, \qquad \frac{dy}{dt} = \frac{\partial \mathrm{F}}{\partial t}. \quad (5)$$

Cherchons ce que devient le problème.

Grâce aux équations (4), nous avons par deux dérivations :

$$\left.\begin{aligned} \frac{d^2x}{dt^2} &= \frac{\partial^2 f}{\partial t^2} + \frac{\partial^2 f}{\partial t\partial a}\frac{da}{dt} + \frac{\partial^2 f}{\partial t\partial e}\frac{de}{dt} + \frac{\partial^2 f}{\partial t\partial \varphi}\frac{d\varphi}{dt} + \frac{\partial^2 f}{\partial t\partial \tau}\frac{d\tau}{dt}, \\ \frac{d^2y}{dt^2} &= \frac{\partial^2 \mathrm{F}}{\partial t^2} + \frac{\partial^2 \mathrm{F}}{\partial t\partial a}\frac{da}{dt} + \frac{\partial^2 \mathrm{F}}{\partial t\partial e}\frac{de}{dt} + \frac{\partial^2 \mathrm{F}}{\partial t\partial \varphi}\frac{d\varphi}{dt} + \frac{\partial^2 \mathrm{F}}{\partial t\partial \tau}\frac{d\tau}{dt}. \end{aligned}\right\} \quad (6)$$

Mais considérant a, e, φ, τ, comme des constantes, on doit avoir :

$$\frac{\partial^2 f}{\partial t^2} + \mathrm{GM}\frac{x}{r^3} = 0, \qquad \frac{\partial^2 \mathrm{F}}{\partial t^2} + \mathrm{GM}\frac{y}{r^3} = 0. \quad (7)$$

D'où enfin :

$$\frac{\partial^2 f}{\partial t \partial a}da+\frac{\partial^2 f}{\partial t \partial e}de+\frac{\partial^2 f}{\partial t \partial \varphi}d\varphi+\frac{\partial^2 f}{\partial t \partial \tau}d\tau=\frac{\partial R}{\partial x}dt;$$
$$\frac{\partial^2 F}{\partial t \partial a}da+\frac{\partial^2 F}{\partial t \partial e}de+\frac{\partial^2 F}{\partial t \partial \varphi}d\varphi+\frac{\partial^2 F}{\partial t \partial \tau}d\tau=\frac{\partial R}{\partial y}dt. \qquad (8)$$

Les équations (4) et (8) résolvent le problème. La substitution de quatre équations du premier ordre à deux du second serait illusoire si *par hypothèse* les quantités *da, de,...* n'étaient pas très petites par rapport à *dt*. Il sera donc permis de substituer les valeurs *constantes* approchées de *a, e,...* à leurs valeurs *variables* exactes, dans les valeurs obtenues pour *da, de,...* par résolution du système des équations (4) et (8). On sera donc ramené à des quadratures pour calculer les parties variables de *a, e,...*

Nous supposons connue la fonction perturbatrice R; on la calculera au moyen des positions approchées des astres. Le développement en série de cette fonction dans chaque cas particulier est la principale occupation des astronomes. Nous n'insisterons pas sur ces questions éminemment techniques; elles font la joie et le tourment des mathématiciens.

352. **Perturbation tangentielle (force tangente à la trajectoire).** — Montrons sans calcul comment interviennent les perturbations. Étudions successivement l'action d'une perturbation *tangentielle* à la trajectoire, d'une perturbation *normale* à la trajectoire, enfin d'une perturbation *orthogonale* au plan de l'orbite. Nous les assimilerons à des impulsions (§ 298).

Une perturbation tangentielle augmente ou diminue la vitesse actuelle, sans changer sa direction. En vertu de la formule (5) du § 349 :

$$v^2=GM\left(\frac{2}{r}-\frac{1}{a}\right),$$

tout accroissement de v augmente a et par suite augmente la période; toute diminution de v diminue a et par suite diminue la période.

Mais si a augmente brusquement, r_1 conservant sa valeur, r_2 augmente; S′ vient S'_1 (fig. 245).

Donc la ligne des apsides tourne dans le sens direct si le mobile est dans la moitié PEA de la trajectoire, dans le sens inverse si le mobile est dans la moitié PFA. N'oublions pas que le mobile est toujours censé tourner dans le sens direct (fig. 244).

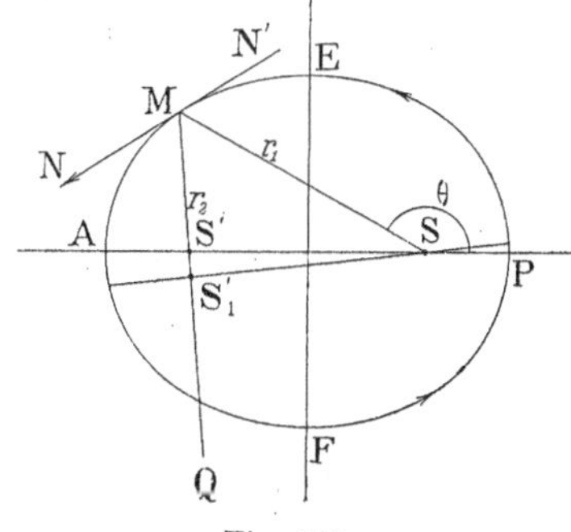

Fig. 245.

La conclusion est inverse si la perturbation diminue la vitesse (force tangentielle retardatrice).

Cherchons enfin la variation de l'excentricité. Montrons qu'une force *accélératrice* tangentielle accroît l'excentricité dans la moitié FPE du parcours, la diminue dans la moitié EAF, ne la modifie pas en E et en F.

Au périhélie, l'excentricité a pour expression :

$$e = \frac{2a - 2r_1}{2a} = 1 - \frac{r_1}{a}.$$

Si a augmente, r_1 restant invariable, e augmente.

A l'aphélie, l'excentricité a pour expression :

$$e = \frac{r_1 - r_2}{2a} = \frac{2r_1 - 2a}{2a} = \frac{r_1}{a} - 1.$$

Si a augmente, r_1 restant invariable, e diminue.

Enfin supposons l'astre en E (ou F). On a (fig. 246) :

$$e = \frac{\overline{SS'}}{2a}, \qquad e' = \frac{\overline{SS'} + \overline{GH}}{2a + 2\Delta a};$$

$$\overline{S'G} = 2\Delta a, \qquad \frac{\overline{GH}}{\overline{S'G}} = \frac{\overline{S'O}}{\overline{S'E}} = \frac{\overline{SS'}}{2a}, \qquad \overline{GH} = 2e\Delta a;$$

$$e' = e\,\frac{2a + 2\Delta a}{2a + 2\Delta a} = e.$$

Par exemple, l'effet de la résistance d'un milieu très rare sur le mouvement d'une planète serait de diminuer indéfiniment le grand axe et la période ; de faire osciller la ligne des apsides ; enfin d'imposer à l'excentricité une oscillation autour d'une valeur régulièrement décroissante.

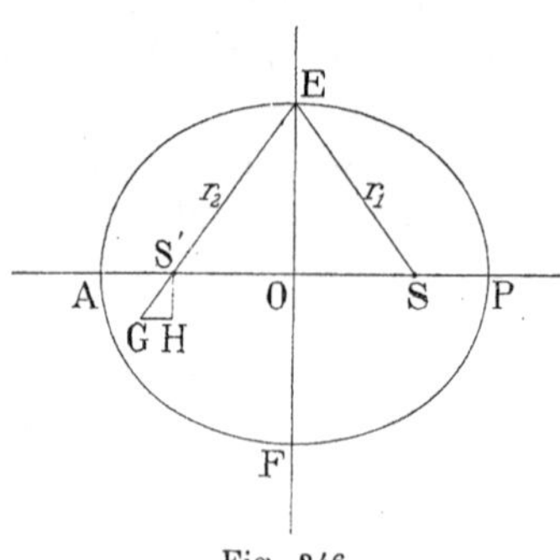

Fig. 246.

En effet, la force étant retardatrice et croissant avec la vitesse, e diminue dans l'arc FPE, précisément là où la vitesse a ses plus grandes valeurs et par conséquent agit davantage.

353. **Perturbation normale (force normale à la trajectoire).** — Elle ne modifie pas la vitesse et par suite laisse le grand axe inaltéré (fig. 247).

Supposons-la dirigée vers l'intérieur de l'orbite. Elle modifie la direction de la vitesse et par suite de la droite qui contient le second foyer S'_1. Connaissant la direction de cette droite, il faut, pour obtenir le nouveau foyer, mener une circonférence avec M comme centre et $\overline{MS'} = r_2$ comme rayon.

D'où résulte que la direction de la ligne des apsides reste inaltérée quand le mobile est en I et en J, puisque IS' et JS' sont normales sur AP. Le long de l'arc JPI une perturbation dirigée vers l'intérieur de l'orbite déplace la ligne des apsides dans le sens direct; le long de l'arc IAJ, la ligne des apsides rétrograde.

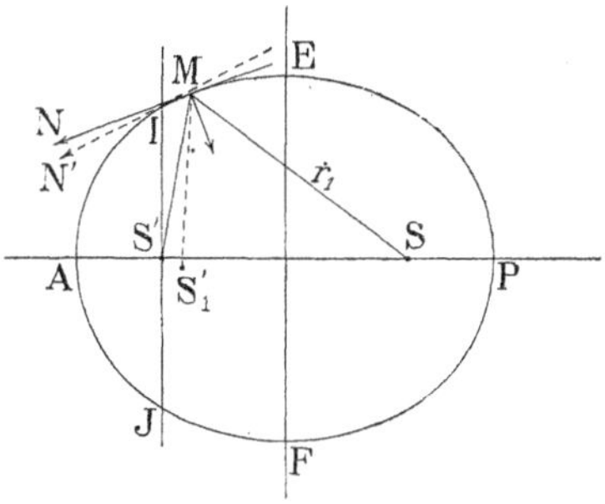

On vérifie aisément qu'une perturbation dirigée vers l'intérieur de l'orbite diminue l'excentricité quand le mobile est sur l'arc PEA, l'augmente quand le mobile est sur l'arc AFP.

Fig. 247.

Les conclusions sont inverses si la perturbation normale est dirigée vers l'extérieur de l'orbite.

354. **Perturbation orthogonale (force normale au plan de l'orbite).** — Supposons qu'elle s'exerce vers le plan de l'écliptique : elle produit alors une variation périodique de l'inclinaison et une rétrogradation de la ligne des nœuds. Son action, étant toujours normale à la trajectoire, ne modifie aucun des éléments qui en définissent la forme (fig. 248).

L'inclinaison décroît après le passage aux nœuds, sur les parcours TU, VW, par conséquent. Elle croît avant le passage aux nœuds, sur les parcours UV, WT, par conséquent. Cela résulte immédiatement de la figure 248. En M, par exemple, la trajectoire est déviée de MN en MP sous l'influence d'une force dirigée vers l'écliptique (ici le plan xOy) : l'inclinaison diminue.

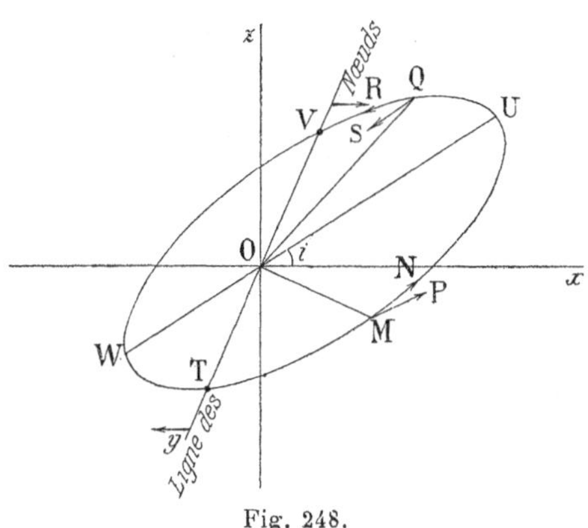

Fig. 248.

La même figure rend évidente *la rétrogradation des nœuds*. Le nouveau plan de l'orbite, devant passer par OM et MP, coupe l'écliptique suivant une droite OT' qui est dans le quadrant $-xOy$. De même le nouveau plan de l'orbite, devant passer par OQ et QS, coupe l'écliptique suivant une droite OV' qui est dans le quadrant $-yOx$.

355. **Variations séculaires et périodiques; stabilité de notre système.** — Les perturbations sont *séculaires* ou *périodiques* suivant

que leur expression en fonction du temps contient le temps par ses puissances, ou le contient sous une fonction circulaire.

Dans le premier cas les effets s'accumulent; dans le second les éléments oscillent autour d'une valeur moyenne.

Par exemple, les nœuds de la Lune rétrogradent d'un tour complet en 18 ans 2/3; la longitude de la ligne des nœuds s'exprime en fonction du temps, *entre autres,* par un terme contenant en facteur la première puissance du temps; c'est une variation séculaire. Le plan de l'orbite de la Lune oscille autour d'une inclinaison moyenne ($5^\circ 8' 48''$); c'est une variation périodique.

En développant la fonction perturbatrice et en effectuant les calculs dont on a donné une idée au § 350, on est parvenu à ce résultat capital que les grands axes des orbites ne présentent que des variations périodiques, d'où résulte l'invariabilité des durées moyennes des révolutions planétaires.

Au contraire, les excentricités, les longitudes du nœud ascendant et du périhélie, l'inclinaison sur l'écliptique subissent des variations séculaires. Les excentricités éprouvant des variations différentes pour les diverses planètes, il n'est pas impossible que leurs orbites se coupent. Mais Lagrange a prouvé que les variations séculaires des excentricités et de l'inclinaison ne sont que des variations périodiques à très longue période. Tout ceci nous rassure sur la stabilité de notre système, non seulement pour quelques milliers de siècles, mais jusqu'à la consommation des temps. C'est une consolation appréciable de penser que le système planétaire sera sensiblement tel qu'il est aujourd'hui, longtemps après que le dernier astronome sera mort près de la dernière lunette!

CHAPITRE III

CORPS TOURNANT AUTOUR D'UN AXE

356. **Équation du mouvement.** — Nous avons démontré au § 302 que l'équation du mouvement d'un corps solide tournant autour d'un axe fixe est :

$$I\frac{d^2\theta}{dt^2} = \Gamma; \qquad (1)$$

I est le moment d'inertie par rapport à l'axe de rotation; θ est l'angle qui repère l'azimut du corps; Γ est le moment par rapport à l'axe de rotation, de toutes les forces appliquées au corps.

Si le couple est constant, l'équation (1) s'intègre immédiatement :

$$\frac{d\theta}{dt} = \frac{\Gamma}{I}t + a, \qquad \theta = \frac{1}{2}\frac{\Gamma}{I}t^2 + at + b;$$

la vitesse angulaire varie proportionnellement au temps; l'azimut est une fonction parabolique du temps.

En fait, s'introduit ordinairement un frottement qui est fonction de la vitesse angulaire. Nous poserons :

$$I\frac{d^2\theta}{dt^2} = \Gamma - \varphi(\omega), \qquad \omega = \frac{d\theta}{dt}.$$

Nous ne répéterons pas pour les mouvements de rotation ce que nous avons dit pour les mouvements de translation (§§ 319 et sq.). Les équations, et par conséquent les solutions, sont de mêmes formes. En particulier, la vitesse tend asymptotiquement vers la valeur :

$$\varphi(\omega) = \Gamma.$$

Le frottement sur l'air est utilisé pour régulariser le mouvement, par exemple au moyen des régulateurs dits *à ailettes*, dans les tournebroches et la sonnerie des horloges; nous les retrouverons plus loin.

357. **Machine d'Atwood.** — Le mode de suspension de la poulie de la machine d'Atwood est décrit au § 101. Étudions-en le fonctionnement dynamique.

Appelons I le moment d'inertie de la poulie, I' le moment d'inertie de chacun des galets. Soit R_p, r, R, les rayons de la poulie, de l'arbre A et des galets; soit Ω et ω les vitesses angulaires de la poulie et des galets. On a :

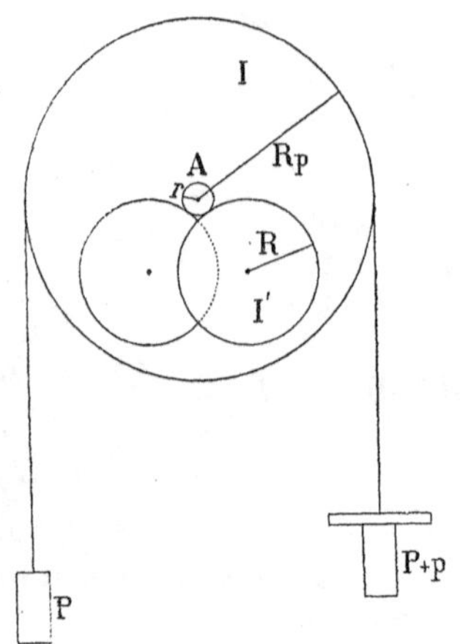

Fig. 249.

$$R\omega = r\Omega.$$

Enfin appelons v les vitesses égales et de sens contraires des masses $P+p$ et P suspendues au cordonnet; nous négligeons la masse de celui-ci. On a :

$$v = R_p\Omega; \qquad \Omega = \frac{v}{R_p}, \qquad \omega = \frac{rv}{RR_p}.$$

Écrivons l'équation des forces vives quand les masses ont parcouru une hauteur h :

$$\frac{1}{2}I\Omega^2 + 4\left(\frac{1}{2}I'\omega^2\right) + \frac{1}{2}(2P+p)v^2 = pgh;$$

$$v^2\left[\frac{I}{R_p^2} + 4I'\frac{r^2}{R^2R_p^2} + 2P + p\right] = 2pgh.$$

A cause de la petitesse du rapport $r:R$, le second terme du premier membre est généralement négligeable. Soit m la masse de la poulie : supposons qu'elle se compose d'un anneau étroit relié à l'arbre A par des bras très légers; on a sensiblement :

$$I = mR_p^2; \qquad \text{d'où :} \qquad v^2[m+2P+p] = 2pgh.$$

Un corps tombant en chute libre prend, après le parcours h, une vitesse déterminée par la relation :

$$V^2 = 2gh.$$

Donc tout se passe comme si l'intensité de la pesanteur était réduite dans le rapport :

$$p:[m+2P+p].$$

Dans la théorie élémentaire, on néglige m devant $2P+p$. C'est illégitime, car m est généralement de beaucoup supérieur à $2P+p$. On trouve donc pour g des nombres trop petits.

Les frottements interviennent de deux manières. Les frottements des axes sur les galets ou les tourillons jouent le rôle de forces constantes, indépendantes de la vitesse; elles diminuent la valeur apparente de g d'une quantité constante. Les frottements contre l'air sont sensiblement proportionnels à la vitesse. Le mouvement n'est donc plus uniformément accéléré; la vitesse tend vers une valeur asymptotique.

Pour toutes ces causes, la machine d'Atwood ne saurait prétendre à une grande précision; elle n'en reste pas moins un remarquable appareil d'étude pour les débutants en Mécanique.

358. **Pressions sur l'axe.** — Nous supposons l'axe de rotation invariable; par axe il faut entendre, non pas l'arbre réel, mais la droite autour de laquelle se fait la rotation.

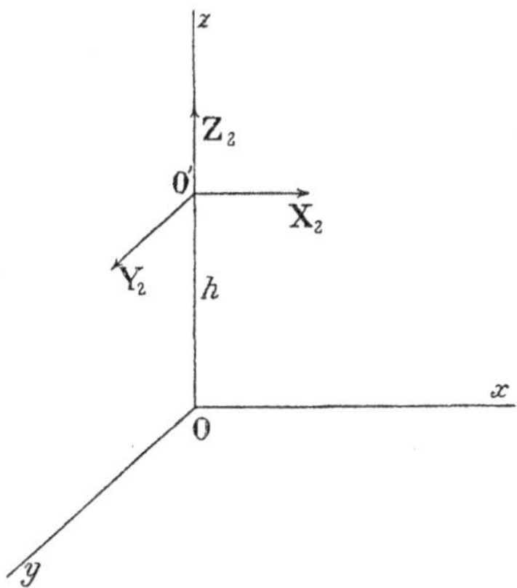

Fig. 250.

On peut remplacer la condition d'un axe fixe par celle de deux points fixes *arbitrairement* choisis sur l'axe que nous prendrons pour axe Oz (fig. 250). Nous placerons l'un à l'origine des coordonnées O, l'autre en O' à une distance h de l'origine sur l'axe Oz; ses coordonnées sont donc : 0, 0, h.

Écrivons les équations de la Dynamique pour l'ensemble des points, en nous souvenant que le z de chaque point est constant. Outre les forces extérieures de composantes X, Y, Z, il faut introduire les réactions X_1, Y_1, Z_1, X_2, Y_2, Z_2, appliquées aux points O et O' du corps.

Appelons ξ, η, ζ, les coordonnées du centre d'inertie :

$$\mu\xi = \sum mx, \qquad \mu\eta = \sum my, \qquad \mu\zeta = \sum mz;$$

μ est la masse totale. On a généralement :

$$\begin{aligned} \sum m \frac{d^2x}{dt^2} &= X + X_1 + X_2, \\ \sum m \frac{d^2y}{dt^2} &= Y + Y_1 + Y_2, \\ \sum m \frac{d^2z}{dt^2} &= Z + Z_1 + Z_2. \end{aligned} \tag{1}$$

Posons : $\qquad x = r\cos\theta, \qquad y = r\sin\theta.$

$$\frac{d^2x}{dt^2} = -r\cos\theta\left(\frac{d\theta}{dt}\right)^2 - r\sin\theta\frac{d^2\theta}{dt^2} = -x\left(\frac{d\theta}{dt}\right)^2 - y\frac{d^2\theta}{dt^2};$$

$$\frac{d^2y}{dt^2} = -r\sin\theta\left(\frac{d\theta}{dt}\right)^2 + r\cos\theta\frac{d^2\theta}{dt^2} = -y\left(\frac{d\theta}{dt}\right)^2 + x\frac{d^2\theta}{dt^2}.$$

$$\begin{aligned} -\mu\xi\left(\frac{d\theta}{dt}\right)^2 - \mu\eta\frac{d^2\theta}{dt^2} &= X + X_1 + X_2, \\ -\mu\eta\left(\frac{d\theta}{dt}\right)^2 + \mu\xi\frac{d^2\theta}{dt^2} &= Y + Y_1 + Y_2, \\ 0 &= Z + Z_1 + Z_2. \end{aligned} \tag{2}$$

Écrivons maintenant les équations exprimant qu'il y a équilibre dynamique autour des axes Oy, Ox (équations des moments); l'équation qui exprime l'équilibre dynamique autour de l'axe Oz est celle même du § 356. Les composantes X_1, Y_1, Z_1, disparaissent, puisque la force correspondante passe par l'origine et conséquemment par les axes Ox et Oy. La force appliquée au point O' donne les couples :

$$-hY_2 \quad \text{autour de } Ox, \qquad hX_2 \quad \text{autour de } Oy.$$

On a :

$$\begin{aligned} \sum m\left(y\frac{d^2z}{dt^2} - z\frac{d^2y}{dt^2}\right) &= L - hY_2, \\ \sum m\left(z\frac{d^2x}{dt^2} - x\frac{d^2z}{dt^2}\right) &= M + hX_2. \end{aligned} \tag{3}$$

Introduisons les coordonnées cylindriques :

$$\begin{aligned} \left(\frac{d\theta}{dt}\right)^2 \sum myz - \frac{d^2\theta}{dt^2}\sum mzx &= L - hY_2, \\ -\left(\frac{d\theta}{dt}\right)^2 \sum mzx - \frac{d^2\theta}{dt^2}\sum myz &= M + hX_2. \end{aligned} \tag{4}$$

Les équations (2) et (4) résolvent complètement le problème des pressions sur l'axe.

Elles supposent connue la loi du mouvement, déterminée par la troisième équation (4) que nous n'avons pas récrite et qui est celle même du § 356.

Comme les inconnues sont au nombre de six (X_1, Y_1, Z_1, X_2, Y_2, Z_2), et que nous n'avons que cinq équations, il y a nécessairement une indétermination. Elle porte sur les composantes Z_1 et Z_2 dont nous ne pouvons déterminer que la somme :

$$Z_1 + Z_2 = -Z.$$

Les équations (4) donnent X_2 et Y_2. Transportons ces valeurs dans les équations (2); nous calculons immédiatement X_1 et Y_1.

359. **Cas particuliers.** —

1° Si le corps n'est soumis à aucune force extérieure, on a les conditions : $\quad X = Y = Z = 0, \qquad L = M = N = 0.$

La vitesse angulaire ω autour de l'axe Oz est constante. Les équations déterminant les pressions sur l'axe deviennent :

$$-\mu\xi\omega^2 = X_1 + X_2, \qquad -\mu\eta\omega^2 = Y_1 + Y_2, \qquad 0 = Z_1 + Z_2; \tag{2'}$$

$$-\omega^2\sum myz = hY_2, \qquad -\omega^2\sum mzx = hX_2. \tag{4'}$$

A) X_2 et Y_2 sont nulles si le corps tourne autour d'un axe principal d'inertie par rapport au point O (§ 13).

B) Si l'axe Oz est principal pour le point O et si de plus il contient le centre d'inertie (ce qui revient à dire qu'il est principal pour tous ses points), les composantes X_1, X_2, Y_1, Y_2, sont nulles. On peut d'ailleurs supposer que Z_1 et Z_2 (qui sont égales et de signes contraires) sont séparément nulles.

Dans le cas A), le corps lancé autour de Oz conserve Oz comme axe de rotation, alors même que le point fixe O' est supprimé. En effet les réactions de ce point sont nulles.

Dans le cas B), le corps conserve l'axe invariable Oz de rotation, alors même qu'il est absolument libre.

2° Supposons le corps libre. Cherchons la condition pour qu'il tourne indéfiniment autour de Oz, *bien que les forces extérieures ne soient pas nulles.*

Il faut qu'elles se réduisent à un couple N ayant Oz comme axe. Il faut de plus que Oz soit un axe principal pour O et passe par le centre d'inertie. Le corps lancé autour de Oz continuera à tourner autour de cet axe.

En effet, le couple N n'entre pas dans les équations contenant les réactions de l'axe.

360. **Force centrifuge.** — On retrouve les résultats précédents par une méthode intéressante et que nous aurons l'occasion d'utiliser plus loin.

Soit un corps tournant autour de l'axe Oz *avec une vitesse angulaire constante.*

La force centrifuge sur la masse m située à une distance r de l'axe a pour expression : $m\omega^2 r$. Ses composantes sont :

$$m\omega^2 x, \qquad m\omega^2 y.$$

On peut la considérer comme dérivant d'un potentiel (§ 276 et 279) :

$$V = -\frac{m\omega^2}{2}(x^2+y^2) = -\frac{\omega^2 I}{2};$$

on reconnaît l'expression de l'énergie cinétique (§ 293).

Le corps auquel on impose la vitesse de rotation ω tend à s'orienter, sous l'influence des forces centrifuges supposées seules, de manière que le potentiel soit minimum, c'est-à-dire que le moment d'inertie par rapport à l'axe de la rotation imposé Oz soit maximum. D'où quelques corollaires intéressants :

1° Si le corps est mobile autour d'un point de l'axe Oz autour duquel on lui impose la vitesse angulaire ω, il s'oriente de manière que l'axe Oz soit un des axes de l'ellipsoïde d'inertie. L'équilibre est stable quand c'est le grand axe, instable quand c'est le petit (§ 13).

2° Si le corps est mobile autour d'un axe parallèle et invariablement lié à Oz, il résulte du § 14 que le centre d'inertie tend à se mettre dans le plan des deux axes; c'est alors que le moment d'inertie par rapport à Oz est maximum ou minimum.

3° Si le corps est mobile autour de son centre d'inertie invariablement lié à Oz, un des axes de l'ellipsoïde d'inertie correspondant au centre d'inertie tend à se placer parallèlement à Oz (§ 14); l'équilibre est stable si c'est le petit.

4° Si le corps est mobile autour d'un point quelconque invariablement lié à Oz, il résulte du 2° que le centre d'inertie tend à se placer dans le plan passant par Oz et le point donné.

La résultante de toutes les forces centrifuges est :

$$\begin{aligned} X' &= \omega^2 \sum mx = \omega^2 \mu\xi, \\ Y' &= \omega^2 \sum my = \omega^2 \mu\eta, \\ Z' &= 0. \end{aligned} \tag{1}$$

Donc la force centrifuge résultante est la même que si toute la masse était concentrée au centre d'inertie; ce qui ne veut pas dire qu'on la peut toujours remplacer par une force unique passant par ce centre.

Pour savoir ce qui en est, cherchons le moment résultant de toutes les forces centrifuges. Utilisant les notations du § 12, on a :

$$\begin{aligned} L &= -\omega^2 \sum myz = -\mathcal{D}\omega^2, \\ M &= \ \ \omega^2 \sum mzx = \ \ \mathcal{E}\omega^2, \\ N &= 0. \end{aligned} \tag{2}$$

Pour que la force centrifuge pût être remplacée par une force unique passant par le centre d'inertie, il faudrait que :

$$L = -\omega^2 \mu\xi\zeta, \qquad M = \omega^2 \mu\eta\zeta;$$

c'est-à-dire :

$$\frac{\mathcal{D}}{\xi} = \frac{\mathcal{E}}{\eta}. \tag{3}$$

En particulier, il en est ainsi quand le corps se réduit à une plaque mince normale à l'axe de rotation. Prenons le moment des forces centrifuges par rapport à un axe parallèle à Oz et passant par le centre d'inertie. Appliquons les formules du § 36. Il vient immédiatement $N' = 0$, ce qui démontre la proposition. Du reste, on peut la déduire du § 14 et de l'expression ci-dessus donnée du potentiel V.

On tire des propositions précédentes les corollaires du § 359. En effet, pour qu'un corps lancé autour d'un axe continue à tourner autour de cet axe, il faut que la force centrifuge ait un effet nul.

La condition $X' = Y' = Z' = 0$ revient à faire passer l'axe de rotation par le centre d'inertie.

La condition $L' = M' = N' = 0$ exige que l'axe soit principal d'inertie. Il faut naturellement de plus que les forces extérieures soient nulles, ou se réduisent à un couple N dont l'axe soit parallèle à l'axe de rotation choisi.

361. Exemples. — Comme ces considérations sont importantes et délicates, donnons des exemples simples dont le calcul se pousse à bout et qui fournissent d'intéressantes manipulations.

1° Le système se compose de deux masses punctuelles égales, placées dans le plan xOz (fig. 251).

Mettons leur centre d'inertie G sur l'axe Ox. Posons $\overline{OG} = a$; appelons $2l$ la distance des masses. Les forces centrifuges appliquées aux masses sont :

$$F = m\omega^2(a - l \sin \alpha),$$
$$F' = m\omega^2(a + l \sin \alpha).$$

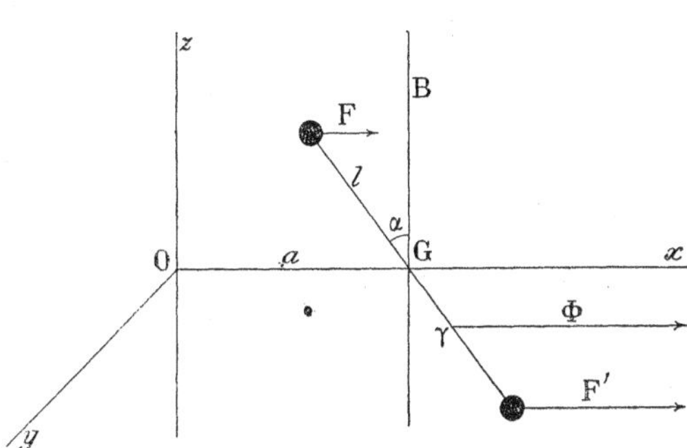

Fig. 251.

On a :

$$\Phi = F + F' = 2m\omega^2 a.$$

La force centrifuge Φ résultante est la même que si toute la masse était concentrée au centre d'inertie; mais elle est appliquée en un point γ qui diffère de G.

Posons : $\lambda = \overline{G\gamma}$.

On a : $F(l + \lambda) = F'(l - \lambda)$, $\lambda = l^2 \sin \alpha : a$.

Le moment autour de l'axe des y est :

$$M = -\lambda \cos \alpha \,.\, \Phi = -2m\omega^2 a\lambda \cos \alpha = -m\omega^2 l^2 \sin 2\alpha.$$

C'est ce que donnent les formules générales du paragraphe précédent.

2° Le système se compose de deux masses punctuelles égales, placées dans le plan xOy (fig. 252). Les forces centrifuges ne sont plus parallèles; elles passent par l'origine des coordonnées. Elles sont d'ailleurs proportionnelles à OM et à ON. Leur résultante est dirigée suivant la diagonale du parallélogramme construit sur OM et ON; elle passe par conséquent par le centre d'inertie G.

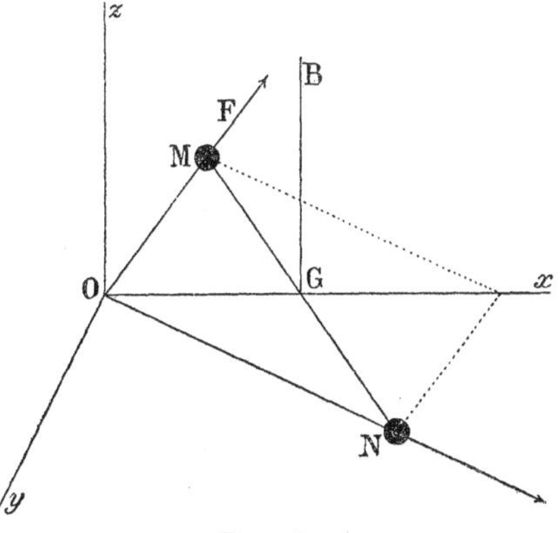

Fig. 252.

Généralisons ces résultats.

Quel que soit le corps, menons par le centre d'inertie deux plans rectangulaires, l'un P_1 passant par l'axe de rotation, l'autre P_2 normal à cet axe.

Si le corps est symétrique par rapport à P_1 (fig. 251), la force résultante est dans ce plan et normale à l'axe de rotation : elle ne passe pas nécessairement par le centre d'inertie (Exemple 1°).

Si le corps est symétrique par rapport à P_2 (fig. 252), la force résultante est dans ce plan, normale à l'axe de rotation; *elle passe par le centre d'inertie.* En effet, prenons le plan P_2 pour plan xOy. A toute valeur x ou y correspondent deux valeurs égales et de signes contraires de z avec des masses identiques; on a par suite :

$$\mathcal{D} = \mathcal{E} = 0.$$

D'où résulte que l'équation (3) du § 360 est toujours satisfaite.

362. **Autre exemple.** — Un triangle isoscèle rectangle homogène pesant peut tourner autour de l'axe A horizontal et solidaire de la droite verticale PQ, elle-même animée d'une vitesse angulaire ω. Quand l'axe PQ ne tourne pas, le triangle repose par le point C sur l'axe. On demande la vitesse ω telle que la pression sur l'axe au point C devienne nulle.

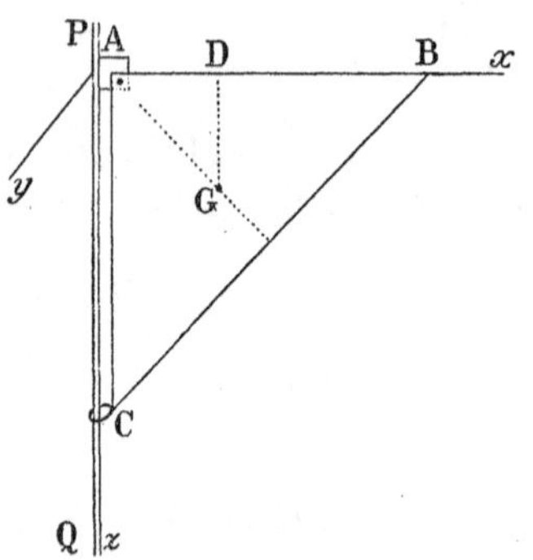

Fig. 253.

Appelons a le côté AB du triangle. Son aire est $a^2 : 2$; soit m la masse par unité d'aire; le poids appliqué au point G est $gma^2 : 2$.

On vérifiera immédiatement que l'x du point G est $a : 3$. Le moment du poids par rapport à Oy est donc :

$$gma^3 : 6.$$

Évaluons le moment de la force centrifuge par rapport au même axe.

La masse de l'élément $dx\,dz$ est $m dx\,dz$; la force centrifuge est $m\omega^2 x\,dx\,dz$; le moment de cette force par rapport à Oy est (au signe près) : $$m\omega^2 xz\,dx\,dz.$$

Le moment total est donc :

$$m\omega^2 \iint xz\,dx\,dz = \frac{m\omega^2}{2}\int z^2 x\,dx = \frac{m\omega^2}{2}\int_0^a (a-x)^2\,x\,dx.$$

Égalons les deux couples, il vient :

$$\frac{gma^3}{6} = \frac{m\omega^2 a^4}{24}, \qquad \omega = 2\sqrt{g : a}.$$

On voit encore aisément que la résultante des forces centrifuges ne passe pas par le centre d'inertie. Elle passe plus haut.

En effet, la somme des forces centrifuges est la même que si toute la masse était concentrée au centre d'inertie. Elle est donc :

$$\frac{ma^2}{2} \cdot \frac{a}{3} \omega^2 = \frac{ma^3\omega^2}{6}.$$

Si elle passait par le centre d'inertie, son moment par rapport à Oy serait :

$$\frac{ma^3\omega^2}{6} \cdot \frac{a}{3} = \frac{m\omega^2 a^4}{18}.$$

Or nous avons trouvé un résultat qui n'est que les 3/4 de celui-ci.

363. **Corps dynamiquement équilibrés.** — Les propositions précédentes ont une importance capitale; elles expliquent le soin qu'il faut prendre, d'équilibrer *par rapport à l'inertie* tous les corps qui doivent tourner autour d'un axe *qui n'est pas matériellement fixé*. Par exemple un corps oscille sous l'influence de l'élasticité de torsion d'un fil auquel il est librement suspendu et qui produit un couple horizontal. Pour que tout se ramène à un mouvement de rotation autour du fil, il faut, non seulement que le centre de gravité soit dans le prolongement du fil, ce qui est automatiquement obtenu (au moins très approximativement, si le fil n'est pas trop raide), mais encore que la verticale du fil soit un axe principal d'inertie du centre de gravité. Si cette condition n'est pas réalisée, le mouvement se complique immédiatement d'oscillations pendulaires.

Mêmes remarques quand un aimant oscille sous l'influence du champ terrestre.

Le moyen le plus simple de réaliser les conditions est de donner au corps oscillant une forme de révolution et de s'arranger de manière que l'axe de révolution soit vertical. Ce procédé n'est évidemment pas toujours applicable, comme le prouve l'exemple de l'aimant.

Il faut équilibrer *par rapport à l'inertie* un corps tournant très vite autour d'un axe *même matériellement fixé*, si l'on ne veut pas que les pressions sur l'axe le faussent rapidement, ou produisent des frottements trop considérables. Il faut s'arranger de manière : 1° que l'axe de rotation passe par le centre d'inertie et soit un axe principal d'inertie; 2° que les forces motrices se réduisent à un couple normal à l'axe.

Volants.

364. **Position du problème.** — Supposons une machine parvenue à l'état de régime; elle est animée d'un mouvement périodique. Puisque la vitesse de toutes les pièces redevient la même au bout de chaque période, les travaux s'équilibrent pour une période; on peut dire que, dans cet intervalle, la somme des travaux positifs dus aux puissances balance la somme des travaux négatifs dus aux résistances.

Mais cette égalité n'ayant généralement pas lieu à tout instant, les vitesses des diverses pièces ne sont pas constantes; elles ne le redeviennent que périodiquement.

Les volants servent à limiter l'amplitude des variations.

Le volant est donc une pièce d'un moment d'inertie suffisant et animée d'une vitesse de rotation Ω assez grande pour que les moindres variations de la vitesse correspondent à un gain ou à une perte notable d'énergie cinétique. L'énergie cinétique a pour expression :

$$W = \frac{1}{2} I\Omega^2; \qquad \text{d'où :} \qquad \Delta W = I\Omega \,.\, \Delta\Omega = \lambda I \Omega^2.$$

Nous posons $\Delta\Omega = \lambda\Omega$; λ est *le coefficient de régularisation.* Il signifie que nous ne tolérons pas entre la vitesse maxima et la vitesse minima une plus grande différence que la fraction λ de la vitesse de régime.

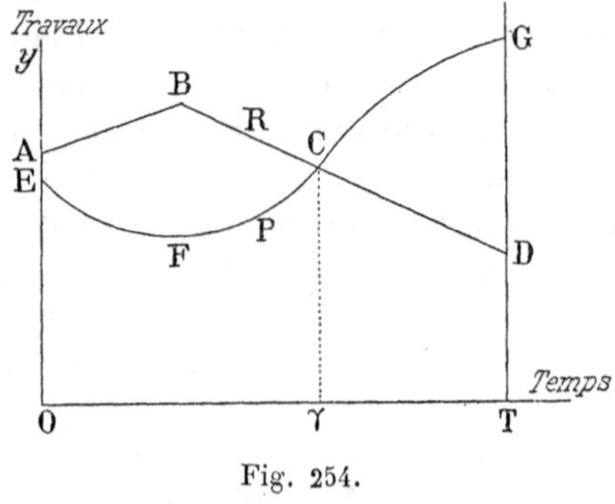

Fig. 254.

Ceci posé, représentons (fig. 254) les travaux en fonction du temps. Le travail pendant le temps dt est $d\mathfrak{T} = y\,dt$.

Nous obtenons deux courbes, l'une pour la puissance, l'autre pour la résistance. Dans le temps $\overline{OT}$ représentant la période, les deux sommes de travaux doivent être égales, ce qui implique l'égalité des aires OEFCGT et OABCDT.

Pendant une partie $\overline{O\gamma} = \tau$ de la période, les travaux résistants l'emportent; la compensation se fait pendant l'autre partie.

La vitesse est maxima aux temps 0, T et généralement kT ;
elle est minima au temps τ, $\tau + T$, et généralement $\tau + kT$.

Écrivons que la variation de vitesse du volant compense précisément le travail S représenté par l'une ou l'autre des aires égales EABCF, CGD. Il vient la condition :

$$\lambda I \Omega^2 = S.$$

A la vérité, toutes les pièces mobiles de la machine servent plus ou moins de volant; nous réaliserons donc *a fortiori* la régularité exigée, si nous ne tenons compte que des variations de vitesse du volant seul. Nous pouvons même, sans erreur sensible, réduire le volant à un anneau et ne pas tenir compte des bras qui relient cet anneau à l'axe. Soit alors M la masse du volant, R le rayon moyen de l'anneau; on a la condition :

$$\lambda \Omega^2 M R^2 = S.$$

Dans le système du kilogrammètre, il faut écrire :

$$\lambda\Omega^2 MR^2 = gS.$$

Montrons par quelques exemples comment s'applique la théorie générale.

365. **Manivelle unique à simple effet.** — On se reportera au § 157. Par hypothèse, une force constante F est appliquée à la bielle; c'est la puissance. La machine étant à simple effet, elle ne travaille que la moitié du temps. Pendant un tour son travail est donc $2r$F.

Par hypothèse, un couple constant Γ est appliqué à l'arbre O (résistance); pour une période (tour) son travail est $2\pi\Gamma$ (fig. 255).

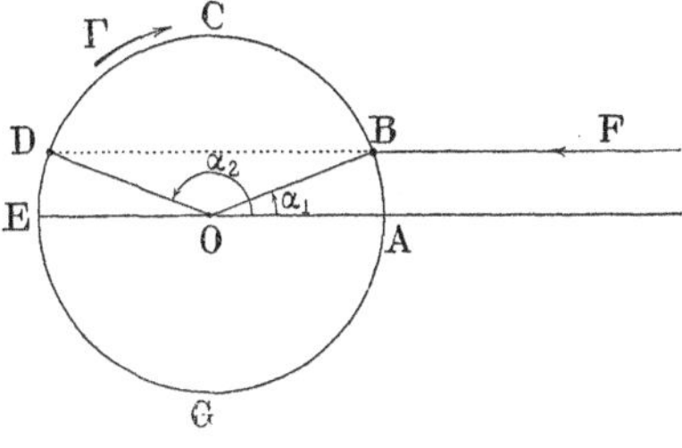

Fig. 255.

Le régime une fois atteint, les travaux se balancent pour chaque période :

$$\mathfrak{T} = 2rF = 2\pi\Gamma. \qquad (1)$$

Cherchons pour quelles positions du système les travaux *élémentaires* sont égaux. Nous devons écrire que les forces se font équilibre. La condition est :

$$Fr \sin\alpha = \Gamma, \qquad (2)$$

en négligeant le carré du rapport $l : r$ devant l'unité.

D'où en vertu de (1) :

$$\sin\alpha = 1 : \pi, \qquad \alpha_1 = 18°33', \qquad \alpha_2 = 161°27'.$$

Quand le bouton de la manivelle parcourt l'arc BCD, la vitesse passe de son minimum en B, à son maximum en D. Les travaux sont entre α_1 et α_2, pour la puissance :

$$Fr\int_{\alpha_1}^{\alpha_2} \sin\alpha\, d\alpha = Fr(\cos\alpha_1 - \cos\alpha_2) = 2FR\cos\alpha_1;$$

pour la résistance :

$$\Gamma(\alpha_2 - \alpha_1) = 2\Gamma\left(\frac{\pi}{2} - \alpha_1\right).$$

La différence des travaux est :

$$S = 2Fr\cos\alpha_1 - 2\Gamma\left(\frac{\pi}{2} - \alpha_1\right) = \mathfrak{T}\left[\cos\alpha_1 - \frac{1}{2} + \frac{\alpha_1}{\pi}\right] = 0{,}552 \,.\, \mathfrak{T}.$$

D'où la condition de régularisation :

$$\lambda\Omega^2 MR^2 = 0{,}552 \,.\, g\mathfrak{T}.$$

Évaluons la vitesse Ω par le nombre n de tours par minute, le travail $\mathfrak{T}$ par tour d'après la puissance φ en chevaux-vapeur :

$$n = \frac{\Omega}{2\pi} \cdot 60, \qquad \varphi = \frac{\mathfrak{T}}{75}\frac{n}{60}.$$

La formule devient :

$$MR^2 = 222 \,.\, 10^6 \,.\, \frac{\varphi}{\lambda n^3}.$$

La solution précédente est très mauvaise. Nous ne l'avons traitée que comme exercice. Il ne viendrait à l'idée de personne d'utiliser une machine à manivelle unique et à simple effet.

366. Manivelle unique à double effet; manivelles multiples. — La période du phénomène est maintenant un demi-tour. Écrivons que les travaux de la puissance et de la résistance se compensent pour un *demi-tour :*

$$\mathcal{T} = 2r\mathrm{F} = \pi\Gamma.$$

Cherchons pour quelles positions du système les travaux *élémentaires* sont égaux :

$$\mathrm{F}r \sin\alpha = \Gamma, \qquad \sin\alpha = 2 : \pi,$$

$$\alpha_1 = 39°32', \qquad \alpha_2 = 140°28'.$$

On a comme plus haut :

$$\mathrm{S} = 2\mathrm{FR}\cos\alpha_1 - 2\Gamma\left(\frac{\pi}{2} - \alpha_1\right) = \mathcal{T}\left[\cos\alpha_1 - 1 + \frac{2\alpha_1}{\pi}\right],$$

$$\mathrm{S} = 0{,}210 \,.\, \mathcal{T}, \qquad \lambda\Omega^2\mathrm{MR}^2 = 0{,}210 \,.\, g\mathcal{T}.$$

$\mathcal{T}$ représente le travail par demi-tour. Si on introduit le travail par tour, il vient :

$$\lambda\Omega^2\mathrm{MR}^2 = 0{,}105 \,.\, g\mathcal{T}.$$

Comme plus haut; exprimons la vitesse Ω par le nombre n de tours par minute, le travail par tour au moyen de la puissance en chevaux-vapeur. La formule devient :

$$\mathrm{MR}^2 = 0{,}424 \,.\, 10^6 \,.\, \frac{\varphi}{\lambda n^3}.$$

On calcule aisément, d'après les mêmes principes, les volants nécessaires pour une manivelle double et généralement pour une manivelle multiple (§ 158). Le tableau suivant contient les résultats. Posons :

$$\mathrm{MR}^2 = \mathrm{K}\varphi : \lambda n^3.$$

Manivelle	unique	double	triple	quadruple
K=	$4240 \,.\, 10^2$	$424 \,.\, 10^2$	$84 \,.\, 10^2$	$51 \,.\, 10^2$

Toutes choses égales d'ailleurs, le moment d'inertie du volant nécessaire à la régularisation est dix fois moindre avec une manivelle double qu'avec une manivelle unique.

367. Construction des volants. — Le coefficient λ de régularisation est ordinairement compris entre 1/20 et 1/40. Pour les filatures par exemple, et dans les industries où la régularité est absolument nécessaire, on va jusqu'à 1/60.

Le volant est ordinairement constitué par un anneau de fonte relié à l'axe par des bras de même métal. S'il est de petites dimensions, il est obtenu d'une seule pièce; sinon il est constitué par plusieurs pièces réunies aussi solidement que possible.

Le danger des volants est l'éclatement. Ils doivent en effet résister à la force centrifuge dont l'expression est $m\Omega^2R$, pour une masse m. Elle agit de deux manières. Si l'anneau est d'une seule pièce, elle tend à en écarter les parties et à distendre l'anneau tangentiellement; elle tend à rompre les bras, si l'anneau est fait de plusieurs morceaux liés à ceux-ci. Nous retrouverons ces questions comme application de la Théorie de l'Élasticité dans la Mécanique physique.

Régulateurs.

368. **Régulateur de Watt.** — Un arbre vertical entraîne deux tiges articulées en B et C et pouvant se déplacer dans un plan passant par l'axe (fig. 256). Elles portent deux masses métalliques égales, généralement sphériques; elles sont reliées par des tiges articulées, égales, à un manchon M qui peut glisser sur l'axe.

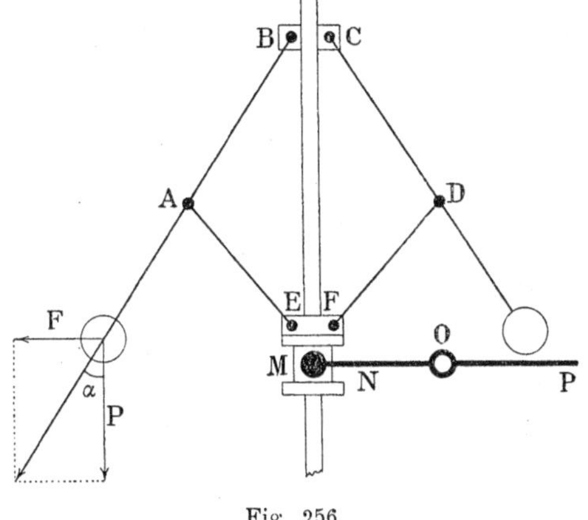

Fig. 256.

Quand les boules se déplacent dans le plan vertical, le manchon se déplace lui-même le long de l'axe. Il entraîne un bouton terminant le levier NP qui peut tourner autour du point O dans le plan de la figure. On conçoit l'utilisation du déplacement d'un point P de ce levier pour produire une opération quelconque (ouverture ou fermeture d'un robinet, rupture d'un courant électrique, ...).

Cherchons les conditions d'équilibre quand l'appareil est animé d'une vitesse angulaire uniforme ω autour de l'axe vertical.

Si nous négligeons le poids des tiges devant celui des masses sphériques, la théorie est très simple. Il suffit d'écrire que la pesanteur et la résultante des forces centrifuges donnent une résultante dans les directions BA ou CD. Ces deux forces sont appliquées aux centres des sphères (§ 361).

Soit l la distance du centre des sphères aux articulations supérieures (que nous supposerons coïncider avec l'axe); on a :

$$F = m\omega^2 l \sin\alpha, \qquad P = mg; \qquad \operatorname{tg}\alpha = \frac{l\omega^2 \sin\alpha}{g};$$

d'où enfin :
$$\cos\alpha = \frac{g}{\omega^2 l}.$$

Posons : $\omega = \frac{2\pi}{T}$; on peut écrire : $T = 2\pi\sqrt{\frac{l\cos\alpha}{g}}$.

Les boules ne commencent à s'écarter de l'axe que si $\cos\alpha$ est réel, c'est-à-dire < 1. Il faut que la vitesse angulaire soit supérieure à : $\sqrt{\frac{g}{l}}$; la période est alors : $T = 2\pi\sqrt{\frac{l}{g}}$.

A mesure que la vitesse angulaire croît au-dessus de cette limite inférieure, $\cos\alpha$ décroît, α croît. A cause des propriétés du cosinus, la période demeure très sensiblement la même tant que α reste petit.

L'angle α étant une fonction de ω, il en est de même de la position du manchon et par suite d'un point P quelconque du levier qu'il commande. On conçoit que le déplacement du levier ferme plus ou moins le robinet d'admission de la vapeur dans une machine à vapeur, introduise une résistance électrique dans le circuit de la dynamo qui conduit l'appareil, agisse sur un frein qui, absorbant de l'énergie, réduise automatiquent la vitesse.

369. **Régulateur parabolique ; solution de Farcot.** — Le régulateur de Watt est très imparfait. Il ne peut agir sur les organes de régulation dont nous venons de parler, que si l'écart des boules varie, et par conséquent si la vitesse est modifiée : ce qui est contradictoire dans un régulateur.

Bien avant Watt, Huyghens avait indiqué le principe d'un appareil tel qu'une masse mobile décrive toute sa course pour une variation insignifiante de la vitesse angulaire.

Cherchons sur quelle courbe doit se déplacer un mobile pour qu'il soit en équilibre dans toutes les positions, sous l'influence de la pesanteur et de la force résultant *d'une certaine vitesse angulaire* ω.

Il faut écrire que la résultante de la force centrifuge et de la pesanteur est constamment normale à la courbe, ou, ce qui revient au même, que le travail virtuel de ces deux forces est nul :

$$m\omega^2 x\,dx - mg\,dy = 0, \qquad \omega^2 x^2 = 2gy.$$

Le mobile doit décrire une parabole d'axe vertical (fig. 257).

La solution théorique précédente est difficilement réalisable. Elle consiste à suspendre les masses par des lames élastiques s'appuyant sur la développée de la parabole. Ce n'est pas pratique.

Farcot eut l'idée de maintenir le mode ordinaire d'articulation, en plaçant les axes d'articulation notablement en dehors de l'axe de rotation. Les tiges portant les boules sont *croisées* (fig. 258). Il est aisé de comprendre ce qu'on obtient par cet artifice.

Soit $\mu\nu$ (fig. 257) la partie de la parabole qu'on veut utiliser. Aux points μ et ν correspondent les centres de courbure M et N. Par un point O intermédiaire menons l'axe de rotation : la circonférence de centre O et qui passe par les points μ et ν, se confond très approximativement avec l'arc de parabole entre ces points μ et ν.

Si la vitesse angulaire actuelle est inférieure ou supérieure à la

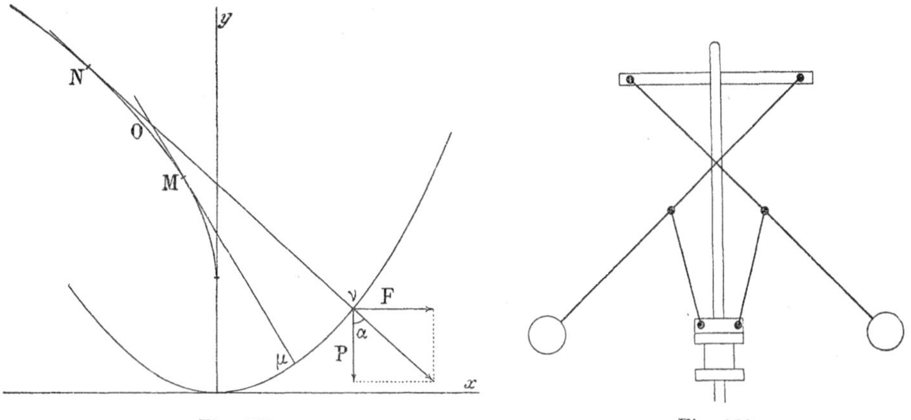

Fig. 257. Fig. 258.

vitesse ω pour laquelle la parabole a été construite, l'équilibre est impossible. Si elle est inférieure, les boules sont au bas de leur course; si elle est supérieure, les boules sont au haut de leur course. Le passage se fait brusquement d'une position limite à l'autre. Pour la vitesse ω, les boules sont n'importe où sur le cercle osculateur de la parabole.

Cependant il ne faut pas croire que la réalisation d'un isochronisme absolu soit désirable. Dès que la vitesse deviendrait légèrement supérieure ou inférieure à la vitesse de régime, le système se déformerait sans jamais rester dans une position d'équilibre intermédiaire. Par exemple, le levier ouvrirait en grand l'admission et *ne quitterait cette position que pour une vitesse légèrement supérieure à la vitesse de régime;* il irait alors brusquement à l'autre extrémité de sa course, supprimant complètement l'admission; et ainsi de suite. Ces oscillations brusques de position seraient une cause d'oscillation de la vitesse. Aussi bien les appareils les plus isochrones ne le sont jamais, ne serait-ce qu'en vertu des inévitables frottements.

370. **Régulateurs à ressorts.** — Nous ne voulons pas étudier tous les régulateurs; il y en a plusieurs centaines, de constructions différentes; leur discussion est un fatras sans intérêt. Nous voulons seulement mettre en évidence les principes.

Les deux régulateurs, que nous allons décrire, suppriment à peu près complètement l'action de la pesanteur et la remplacent par des ressorts.

Étudions l'équilibre des masses m sous l'action des forces centrifuges et du ressort AB (fig. 259).

Nous supposons le ressort complètement détendu lorsque l'angle α

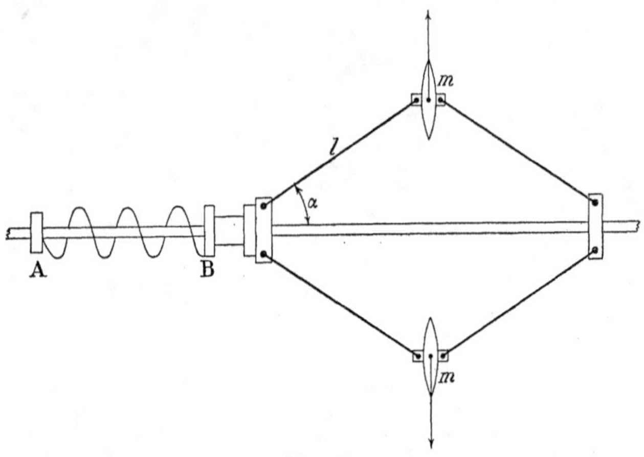

Fig. 259.

est nul; quand l'allongement est x, la tension du ressort déformé est Ex. Nous négligeons le poids des tiges et faisons coïncider les articulations avec l'axe de rotation.

Quand nous déformons le système, le point d'application de la force centrifuge se déplace de :

$$d(l \sin \alpha) = l \cos \alpha \, d\alpha.$$

Son travail virtuel est donc :

$$2m\omega^2 l \sin \alpha \, . \, l \cos \alpha \, d\alpha = 2m\omega^2 l^2 \sin \alpha \cos \alpha \, d\alpha.$$

Lorsque α croît de $d\alpha$, l'extrémité du ressort B se déplace de :

$$x = 2l(1 - \cos \alpha); \qquad dx = 2l \sin \alpha \, d\alpha.$$

Le travail virtuel est :

$$-\mathrm{E}x \, dx = -\mathrm{E} \, . \, 4l^2(1 - \cos \alpha) \sin \alpha \, d\alpha.$$

Écrivons que la somme des travaux virtuels est nulle :

$$m\omega^2 \cos \alpha = 2\mathrm{E}(1 - \cos \alpha), \qquad \cos \alpha = \frac{2\mathrm{E}}{2\mathrm{E} + m\omega^2}$$

La pesanteur n'intervient pas, quelle que soit l'inclinaison de l'axe sur l'horizon. En effet, quand une des masses monte, l'autre descend d'une quantité égale.

Tel quel, l'appareil n'est pas isochrone; à chaque valeur de ω correspond un angle α bien déterminé.

371. **Régulateur de Foucault.** — Les articulations fixes sont maintenant à la partie inférieure de l'appareil, en B et en C; le manchon M est à la partie supérieure (fig. 260). Le parallélogramme articulé ABCDFE est un losange et l'on a :

$$\overline{RA} = \overline{AE}, \quad \overline{SD} = \overline{DF}.$$

Quand l'appareil se déforme, les centres d'inertie R et S des boules décrivent une horizontale : la pesanteur est pratiquement éli-

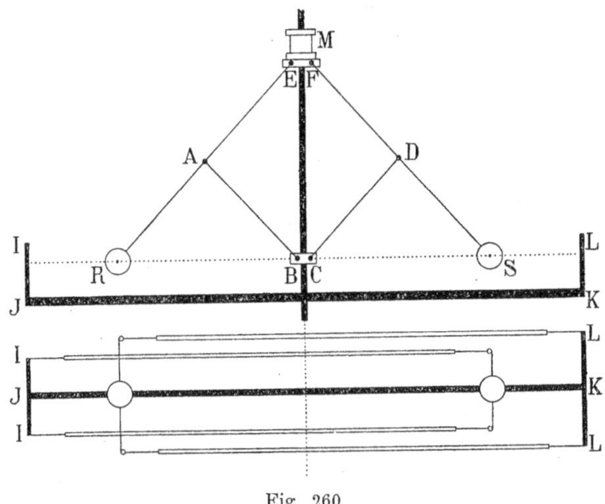

Fig. 260.

minée. Tout se passe comme si les boules glissaient sur une tringle horizontale.

La projection horizontale de l'appareil représente le système de ressorts qui ramènent les boules vers l'axe. Pour ne rien compliquer, on ne les a pas figurés sur la projection verticale; ils sont représentés par un double trait sur la projection horizontale. Une de leurs extrémités est fixée à un bâti IJKL rigidement lié à l'axe de rotation.

On s'arrange de manière que leur tension soit nulle, quand les boules sont sur l'axe de rotation, à supposer bien entendu qu'elles puissent effectivement prendre ces positions.

Quand l'appareil tourne, les boules sont sollicitées par deux espèces de force qui sont les unes et les autres proportionnelles à la distance r

des points R et S à l'axe de rotation. Appelons E la constante de l'ensemble des ressorts. L'équation d'équilibre est :

$$2mr\omega^2 = Er, \qquad 2m\omega^2 = E. \qquad (1)$$

La position des boules est indéterminée quand l'équation (1) est satisfaite ; l'équilibre est indifférent. Le régulateur est isochrone ; pour peu que la vitesse soit inférieure ou supérieure à la vitesse déterminée par l'équation (1), les boules viennent le plus près possible de l'axe ou sont rejetées à l'autre extrémité de leur course.

La théorie de l'appareil se complique du fait que le manchon est pesant et surtout qu'il doit conduire un appareil régulateur proprement dit.

372. **Manipulation.** — Voici une expérience très instructive.

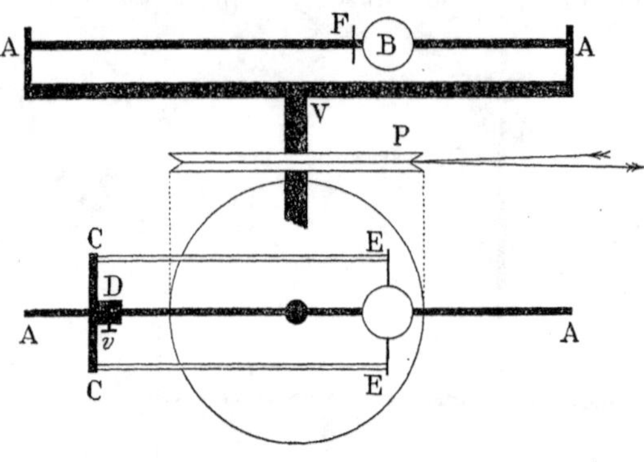

Fig. 261.

Une boule est enfilée sur une tringle AA à laquelle on peut donner un mouvement de rotation autour d'un axe vertical V, au moyen d'une poulie P entraînée par un petit moteur électrique (fig. 261). On limite la course de la boule par des goujons F qui entrent dans la tringle.

La boule est tirée (voir la projection horizontale) par des ressorts figurés en doubles traits. On peut déplacer les extrémités C des ressorts, extrémités fixes par rapport à la tringle, en modifiant la position de la coulisse D. Elle est rendue solidaire de la tringle par une vis de pression v.

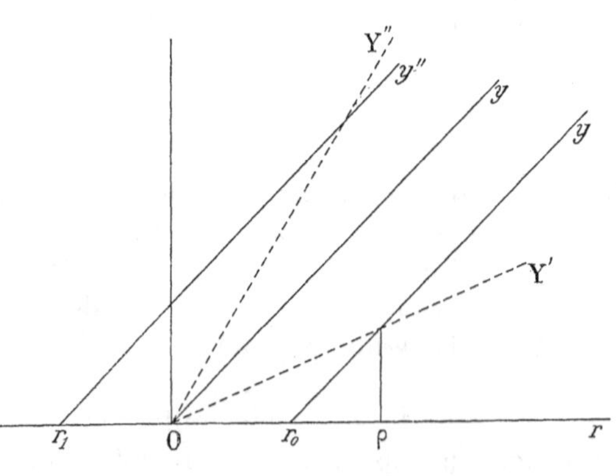

Fig. 262.

Représentons (fig. 262) les tensions des ressorts et la résultante de la force centrifuge en fonction de la distance r à l'axe.

La droite représentative des tensions a la même inclinaison, quelle que soit la position de la coulisse D ; le déplacement de la coulisse la transporte parallèlement à elle-même. Nous avons représenté trois droites y', y, y'', qui supposent : y', que le ressort ne commence à être tendu que si la boule est déjà à une certaine distance r_0 de l'axe; y, que le ressort est juste détendu quand la boule est sur l'axe; y'', que le ressort est alors déjà tendu.

La droite Y, figurant la force centrifuge, passe toujours par l'origine. Son inclinaison varie proportionnellement au carré de la vitesse angulaire.

Ceci posé, installons un goujon F de manière que le centre de la boule ne puisse venir à une distance de l'axe moindre que ρ; augmentons progressivement la vitesse.

Premier cas.

$$y' = E(r - r_0), \qquad Y = m\omega^2 r.$$

L'équilibre a lieu pour :

$$y' = Y; \qquad r = \frac{Er_0}{E - m\omega^2}.$$

Il existe une position r d'équilibre *stable*, à la condition que $m\omega^2 < E$; ce qui revient à dire que les deux courbes y' et Y se coupent. On a nécessairement $r > r_0$.

L'équilibre est stable parce que, pour toute position de la boule plus rapprochée de l'axe, c'est la force centrifuge qui l'emporte; elle éloigne la boule de l'axe. Pour toute position plus éloignée, c'est le ressort qui l'emporte; il rapproche la boule de l'axe.

Donc pour une certaine vitesse ω_0 telle que :

$$m\omega_0^2\rho = E(\rho - r_0),$$

la boule cessera d'appuyer sur le goujon F. Pour toute vitesse supérieure à ω_0, mais restant inférieure à $\Omega = \sqrt{E : m}$, il y a équilibre stable. La position d'équilibre passe à l'infini pour $\omega = \Omega$.

Second cas.

$$y' = Er, \qquad Y = m\omega^2 r.$$

Ce cas est étudié au paragraphe précédent. L'équilibre est indifférent pour $\omega = \Omega$. Il n'existe du reste que pour cette valeur de la vitesse angulaire.

Troisième cas.

$$y' = E(r + r_1), \qquad Y = m\omega^2 r; \qquad r = \frac{Er_1}{m\omega^2 - E}.$$

Il ne peut y avoir équilibre que si $\omega > \Omega$. Mais l'équilibre est toujours instable. En effet, pour toute position de la boule plus rapprochée de l'axe, c'est la tension du ressort qui l'emporte et qui rapproche encore la boule davantage; pour toute position plus éloignée, c'est la force centrifuge.

Donc, pour une certaine vitesse ω_1, la boule cessera d'appuyer sur le goujon. Pour toute vitesse supérieure, elle viendra buter contre le support de la tringle, prenant la plus grande valeur de r compatible avec la construction de l'appareil.

Si nous diminuons alors la vitesse, la boule reste appuyée sur le support jusqu'à ce que la vitesse ait suffisamment décru; brusquement alors la boule se décolle; elle se rapproche autant que possible de l'axe.

373. **Régulateur à anneau.** — Le régulateur à anneau (fig. 263) consiste en un anneau de fer qui peut tourner autour d'un de ses diamètres. Celui-ci est fixé normalement à l'arbre qui l'entraîne dans sa rotation. Un ressort tend à coucher l'anneau sur l'arbre; la force centrifuge tend à amener son plan normalement à l'arbre (§ 360).

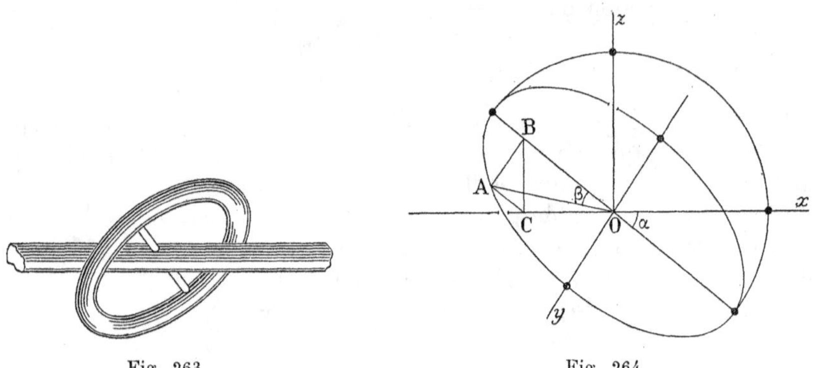

Fig. 263. Fig. 264.

Cherchons les conditions d'équilibre. Pour ne pas nous livrer à des calculs pénibles et sans intérêt, nous réduirons l'anneau à sa circonférence centrale.

Prenons l'axe Oy comme diamètre entraîné, l'axe Ox comme axe de rotation (fig. 264). Cherchons le moment des forces centrifuges par rapport à Oy; il mesure le couple qui tend à placer l'anneau normalement à l'arbre. Repérons les points A de l'anneau par l'angle β que fait le rayon vecteur OA avec le diamètre OB normal au diamètre entraîné. Soit m la masse de l'anneau par unité d'angle.

La force centrifuge sur l'élément de masse $md\beta$ est :

$$md\beta \,.\, \omega^2 \,.\, \overline{\mathrm{AC}}.$$

Comme nous cherchons son moment par rapport à Oy, décomposons-la en deux composantes proportionnelles à $\overline{\mathrm{CB}}$ et $\overline{\mathrm{BA}}$; négligeons $\overline{\mathrm{BA}}$ qui est parallèle à Oy.

Le moment de la force centrifuge de l'élément considéré est donc :

$$d\mathrm{C} = md\beta \,.\, \omega^2 \,\overline{\mathrm{CB}} \,.\, \overline{\mathrm{OC}}.$$

Soit r le rayon de l'anneau. On a :

$$\overline{OB} = r\cos\beta, \qquad \overline{CB} = r\cos\beta\sin\alpha, \qquad \overline{OC} = r\cos\beta\cos\alpha.$$

$$2dC = m\omega^2 r^2 \sin 2\alpha \,.\, \cos^2\beta \,.\, d\beta.$$

Pour avoir le couple total, il faut intégrer entre les limites

$$\beta = 0, \qquad \beta = 2\pi :$$

$$C = \frac{\pi}{2} m\omega^2 r^2 \sin 2\alpha = K \sin 2\alpha.$$

Le couple dû aux forces centrifuges est représenté par une demi-sinusoïde, en fonction de l'angle α que fait avec l'axe de rotation Ox le plan de l'anneau (fig. 265). Le couple est nul pour $\alpha = 0$, $\alpha = \pi : 2$.

Quand ω croît, la sinusoïde grandit. Nous l'avons représentée pour deux valeurs de la vitesse.

Supposons le couple dû au ressort antagoniste représenté par une droite en fonction de l'angle α. Pour nous limiter au cas usuel, posons que le ressort est encore tendu quand l'anneau est couché sur l'arbre. Usons du même mode de représentation qu'au paragraphe précédent; il est facile de discuter les conditions d'équilibre.

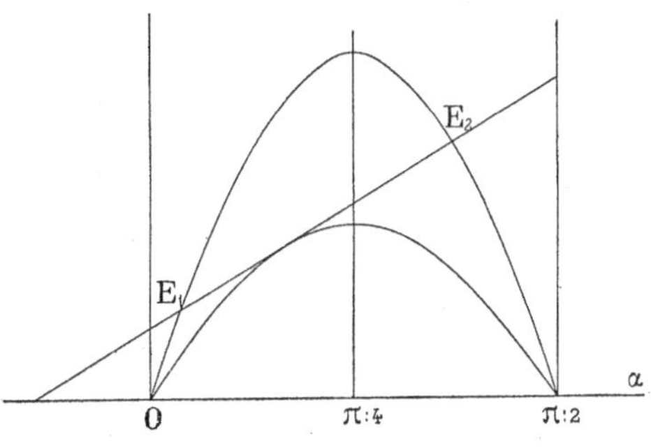

Fig. 265.

L'équilibre n'est possible que si la vitesse est suffisante pour que la sinusoïde soit tangente à la droite. Pour toute vitesse inférieure, l'anneau reste couché sur l'arbre.

Pour les vitesses supérieures, la droite des tensions et la sinusoïde des forces centrifuges se coupent en deux points : d'où deux positions d'équilibre.

Celle qui correspond au plus petit angle α_1 est instable; l'autre, qui correspond à l'angle α_2, est stable.

En effet, pour $\alpha < \alpha_1$, c'est le ressort qui l'emporte; pour tout angle α tel qu'on ait $\alpha_2 > \alpha > \alpha_1$, c'est la force centrifuge; enfin pour $\alpha > \alpha_2$, c'est encore le ressort.

374. **Tachymètres.** — On appelle *tachymètres* des appareils destinés à mesurer la vitesse angulaire d'un arbre.

Il est clair que tous les régulateurs précédents peuvent être transformés en tachymètres, *à la condition qu'ils ne soient pas isochrones.*

Les appareils où la pesanteur intervient ne peuvent servir que si l'axe de rotation a une position déterminée, verticale ordinairement.

Les appareils qui utilisent les ressorts ne présentent pas cet inconvénient.

La grande difficulté consiste à obtenir un appareil d'un réglage *industriel* facile, c'est-à-dire dont la graduation soit simple. Ce n'est pas le cas des appareils précédents.

Reprenons par exemple celui du § 370; fixons un repère sur le levier qui est mû par le manchon, et déterminons la vitesse par la position de ce repère le long d'une graduation. On a :

$$x = 2l(1 - \cos\alpha), \qquad \cos\alpha = 1 - \frac{x}{2l} = \frac{2E}{2E + m\omega^2}.$$

Le déplacement du manchon est très loin d'être proportionnel à la variation de la vitesse.

Les tachymètres usuels sont souvent fondés sur des principes très différents. Par exemple, une petite dynamo, mue par l'arbre dont on veut mesurer la vitesse, envoie son courant dans un ampèremètre. On peut faire en sorte que l'intensité soit proportionnelle à la vitesse; d'où une mesure de celle-ci. On a l'avantage d'utiliser ainsi des appareils de construction courante (voir aussi § 476).

375. **Régulateurs d'absorption.** — On appelle *régulateurs d'absorption ou de destruction* des appareils qui détruisent l'excédent de travail moteur. En général ils accroissent un frottement. Nous avons déjà rencontré, sous le nom de *régulateur à ailettes* (§ 356), un tel appareil. Décrivons quelques dispositifs plus rationnels.

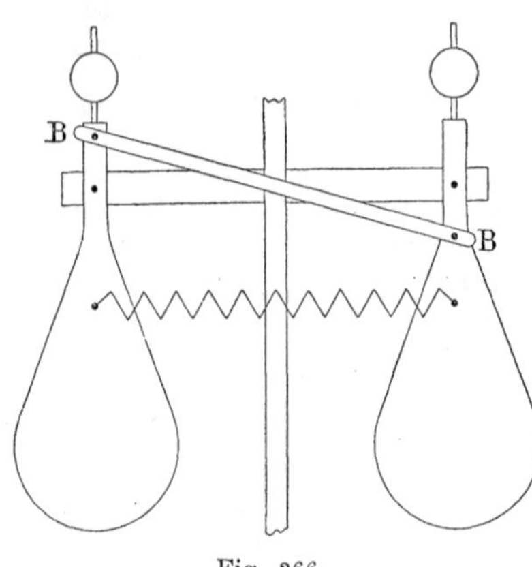

Fig. 266.

L'un des plus employés est dû à Foucault (fig. 266). Un régulateur à ressort isochrone, analogue à celui du § 371, porte deux ailettes qui s'écartent de l'axe, lorsque la vitesse dépasse une certaine valeur. Pour des vitesses notables, le couple dû au frottement sur l'air croît à peu près comme le carré de la vitesse linéaire, et par conséquent, pour une vitesse angulaire donnée, à peu près comme le carré de la distance à l'axe du centre de surface des ailettes. Une petite bielle BB oblige les deux ailettes à s'écarter de l'axe symétriquement.

La figure 267 représente schématiquement un dispositif qui utilise le frottement de deux solides. L'axe entraîne un régulateur à ressort analogue à celui du § 372. Le cylindre AB est fixe. Si la vitesse dépasse une limite, le mobile M frotte contre la surface interne du cylindre. Un goujon D maintient l'avant du mobile toujours très près de cette surface.

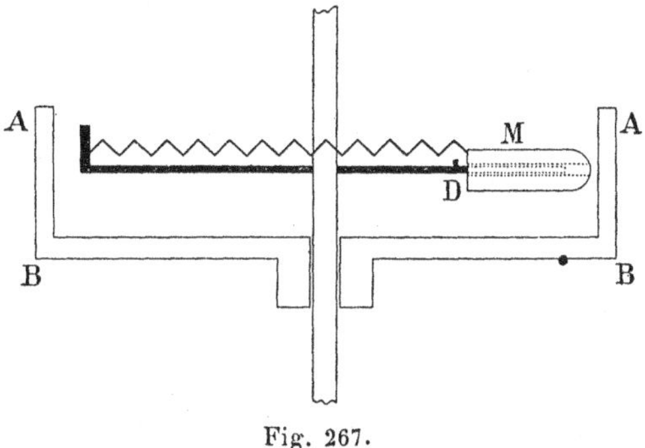

Fig. 267.

Quand on utilise un régulateur d'absorption, il faut naturellement que le travail moteur soit en excès sur le travail résistant de régime.

376. **Régulateurs d'accélération.** — Les appareils précédents sont des régulateurs *de vitesse;* pour qu'ils fonctionnent, il faut que la vitesse se soit plus ou moins écartée de la vitesse de régime. On peut construire des régulateurs dits *d'accélération*, qui obéissent, non plus à des variations de vitesse déjà réalisées, mais à des tendances à la variation de vitesse. Pratiquement, on réunit dans le même appareil les deux principes.

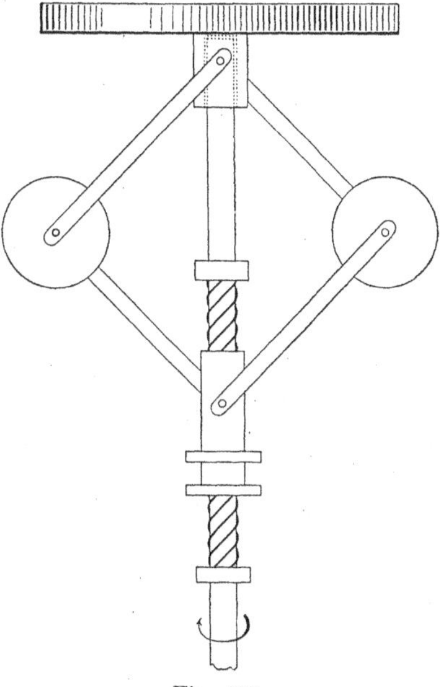

Fig. 268.

La figure 268 représente un dispositif simple.

Le régulateur, analogue à celui de Watt, n'a plus aucune articulation invariablement liée à l'axe. Le manchon est fileté ainsi que l'axe. La partie supérieure du régulateur est un volant qui repose sur l'extrémité de l'axe, à frottement plus ou moins dur.

Supposons d'abord que le régulateur et l'axe aient tous deux la vitesse de régime. Brusquement ralentissons l'axe qui tourne, par hypothèse, dans le sens de la flèche. L'inertie du régulateur le force à continuer son mouvement; d'après le sens d'enroulement du filet, on vérifiera que les boules descendent. Le *ralentissement* de l'arbre joue exactement le même rôle qu'une diminution *réalisée* de vitesse.

Ce serait l'inverse, si brusquement l'axe accélérait son mouvement; le régulateur retarderait sur l'axe, d'où élévation des boules.

Les frottements tendent à égaliser les vitesses entre le régulateur et l'arbre. Quand les accélérations sont petites, le régulateur reprend son rôle habituel de régulateur de vitesse; les boules tombent si la vitesse est au-dessous de la vitesse de régime; elles s'élèvent dans le cas contraire.

Équilibre des machines.

Dans les paragraphes suivants, nous traitons rapidement une question pratiquement très importante, dont la première partie aurait pu trouver place dans le Chapitre I (§§ 298 et sq.) à propos du mouvement du centre d'inertie, mais dont la seconde nécessitait la connaissance des propriétés du mouvement autour d'un axe. Il s'agit d'étudier l'effet des déplacements alternatifs ou circulaires de masses sur la stabilité des machines, par suite d'expliquer les trépidations des machines fixes et les mouvements oscillatoires des machines mobiles telles que les locomotives.

377. **Déplacements du centre d'inertie.** — Quand un système n'est soumis qu'à des forces intérieures, nous savons que son centre d'inertie décrit une droite avec une vitesse constante ou nulle. Si le centre d'inertie ne se déplace pas suivant cette loi, il existe sûrement des forces extérieures.

Ceci posé, considérons une locomotive se mouvant en alignement et d'un mouvement *moyennement uniforme*. Le travail dû à la vapeur compense donc *moyennement* les résistances passives.

Mais le piston est animé par rapport au châssis d'un mouvement alternatif; chaque point des bielles d'accouplement décrit un cercle par rapport au châssis; chaque point des bielles motrices décrit une trajectoire plus compliquée. Le centre d'inertie de la machine ne décrit donc une droite d'un mouvement uniforme *qu'en moyenne*. En réalité, il subit des oscillations complexes par rapport à la partie invariable de la machine.

Les conséquences de ces oscillations sont faciles à prévoir.

Si le centre d'inertie de certaines pièces *s'abaisse* sous l'influence des forces intérieures, il faudrait, pour qu'on pût se passer de forces extérieures, que le centre d'inertie d'autres pièces s'élevât. S'il n'en est pas ainsi, il faut que certaines forces extérieures servent à maintenir fixe le centre d'inertie du reste de la machine. Par conséquent, la pression de la machine sur le sol *diminue*.

La conclusion est inverse si certaines pièces *s'élèvent;* la pression de la machine sur le sol *augmente.* Dans le premier cas, la machine tend à sortir des rails; dans le second, elle tend à les écraser.

De même, si le centre d'inertie de certaines pièces va *vers l'avant* de la machine, le centre d'inertie des autres devrait aller vers l'arrière pour qu'on pût se passer de forces extérieures; comme il n'en est pas ainsi, l'effort que la machine exerce sur le train, *diminue.* Inversement, si le centre d'inertie de certaines pièces va *vers l'arrière* de la machine, son effort de traction *augmente.*

Le déplacement des pièces peut ne pas être symétrique de part et d'autre du plan vertical passant longitudinalement au milieu de la voie; il peut s'effectuer sur l'avant ou sur l'arrière de la machine. D'où la classification des mouvements oscillatoires que les paragraphes suivants élucideront :

	MOUVEMENTS RECTILIGNES PARALLÈLES AUX AXES	MOUVEMENTS CIRCULAIRES AUTOUR DES AXES
Axe longitunal Ox.	Recul ou va-et-vient.	Roulis.
Axe transversal Oz.	»	Tangage.
Axe vertical Oy.	Galop.	Lacet.

378. **Déplacements alternatifs des pièces mobiles.** — Cherchons les déplacements des centres d'inertie des pièces suivantes (fig. 125 du § 157) :

1° piston avec sa tige de masse P totale;

2° bielle motrice de masse B; le centre d'inertie G est à la fraction b de la droite AB à partir de A;

3° manivelle et bouton de masse totale m; le centre d'inertie est à la distance r_1 de l'axe O;

4° bielle d'accouplement de masse A (§ 223); les axes d'accouplement sont à la distance r_2 de l'axe O.

Nous supposons le corps de pompe horizontal et prenons l'axe Ox dans le sens OB, l'axe Oy vertical. Les coordonnées du point A sont : $$x' = \mathrm{R} \cos \alpha, \qquad y' = \mathrm{R} \sin \alpha.$$

Le point B a pour abscisse :

$$x = \mathrm{R} \cos \alpha + l \sqrt{1 - \frac{\mathrm{R}^2}{l^2} \sin^2 \alpha} = \mathrm{R} \cos \alpha + l - \frac{\mathrm{R}^2}{2l} \sin^2 \alpha,$$

à la condition que le rapport $\mathrm{R} : l$ ne soit pas trop grand.

Le point G a pour coordonnées :

$$(1 - b)x' + bx = \mathrm{R} \cos \alpha + bl - \frac{b\mathrm{R}^2}{2l} \sin^2 \alpha,$$

$$(1 - b)y' = (1 - b)\, \mathrm{R} \sin \alpha.$$

Les coordonnées ξ, η, du centre d'inertie des pièces mobiles sont proportionnelles aux sommes des produits des masses des diverses pièces, par les coordonnées de leurs centres d'inertie respectifs. Écrivons ces produits, en laissant de côté les quantités constantes qui n'ont rien à voir dans le problème actuel ; ne conservons donc que les termes fonctions de α :

$$[mr_1 \pm Ar_2 + (P + B)R] \cos\alpha - \frac{R^2}{2l}(P + Bb)\sin^2\alpha,$$

$$[mr_1 \pm Ar_2 + BR(1 - b)] \sin\alpha.$$

Telles sont les parties variables des produits $\mu\xi$, $\mu\eta$, des coordonnées du centre d'inertie des pièces mobiles par la masse μ totale de ces pièces.

Le double signe correspond aux deux manières différentes dont on cale habituellement la manivelle d'accouplement. Pour le signe $+$, l'un des axes extrêmes de la bielle d'accouplement est le bouton même de la manivelle; pour le signe $-$, cet axe est diamétralement opposé à la manivelle. Généralement on utilise le premier mode de calage.

Remarquons que la période du terme en $\sin^2\alpha$ est moitié moindre que la période des termes en $\cos\alpha$ et en $\sin\alpha$; cette dernière est un tour de roue, la première est un demi-tour.

379. **Emploi du contrepoids.** — Le déplacement du centre d'inertie est donc notable et, comme les mouvements sont rapides, il en résulte des variations considérables de la pression sur les rails (*équilibre vertical* insuffisant) et de l'effort de traction (*équilibre horizontal* insuffisant).

Pour pallier ces inconvénients, on utilise le contrepoids (fig. 125). C'est une masse considérable, venue de fonte avec la roue et placée sur le rayon *opposé* à la manivelle. On introduit ainsi le même terme *négatif* dans les coefficients de $\sin\alpha$ et de $\cos\alpha$: tout se passe comme si une bielle d'accouplement de masse convenable était calée à l'opposé de la manivelle.

Nous diminuons ainsi considérablement les coefficients de $\sin\alpha$ et de $\cos\alpha$; mais nous ne pouvons annuler que l'un ou l'autre de ces coefficients. Il n'est donc pas possible de réaliser simultanément l'équilibre horizontal et l'équilibre vertical, d'abord à cause du terme en $\sin^2\alpha$ dont la période est un demi-tour (nous allons voir grâce à quelle circonstance il disparaît), ensuite à cause de l'inégalité des coefficients de $\sin\alpha$ et de $\cos\alpha$.

On préfère de beaucoup sacrifier l'équilibre horizontal; l'effort de traction varie périodiquement, il y a *recul* ou *va-et-vient*. L'équilibre vertical est indispensable pour éviter *le galop* et par suite les déraillements.

Nous ne tenons compte dans ce qui précède que d'un côté de la machine. Nous savons (§ 158) que pour régulariser la traction, on utilise deux manivelles calées à angle droit. Nous aurons donc les déplacements du centre d'inertie des pièces qui sont de l'autre côté de la machine, en remplaçant α par $\alpha+\pi : 2$, c'est-à-dire $\sin\alpha$ par $\cos\alpha$, $\cos\alpha$ par $-\sin\alpha$, $\sin^2\alpha$ par $\cos^2\alpha$. Mais on a :

$$\sqrt{2}\,(\cos\alpha-\sin\alpha)=\cos\left(\alpha+\frac{\pi}{4}\right),\qquad \sqrt{2}\,(\sin\alpha+\cos\alpha)=\sin\left(\alpha+\frac{\pi}{4}\right).$$

Les termes en $\cos\alpha$ et $\sin\alpha$ conservent donc la même forme. Au terme en $\sin^2\alpha$ s'ajoute un terme de même coefficient en $\cos^2\alpha$; d'où un terme constant *dont l'effet est nul.*

Ainsi nous n'aurons plus à tenir compte du terme dont la période est un demi-tour. Quant aux deux autres termes, le contrepoids nous permet de les diminuer tous les deux et d'annuler l'un ou l'autre.

380. **Mouvements oscillatoires circulaires.** — Quand un système n'est soumis qu'à des forces intérieures, ou quand les forces extérieures ont un moment total nul par rapport à une droite, nous savons (§ 300) que la somme des produits de chaque masse, par la projection, sur un plan normal à la droite, de l'aire balayée par un rayon vecteur, partant d'un point quelconque de la droite et aboutissant à la masse, varie proportionnellement au temps.

Menons trois axes : l'axe longitudinal Ox parallèle à la voie et passant par le centre d'inertie moyen de la machine, l'axe vertical Oy, enfin l'axe transversal Oz perpendiculaire aux deux autres.

Cherchons quelle est la somme des projections sur les plans coordonnés des produits de chaque masse par l'aire balayée par un rayon vecteur allant de l'origine à la masse considérée.

Elles ont pour expressions :

$$\sum m\left(y\frac{dz}{dt}-z\frac{dy}{dt}\right)=-\sum mz\frac{dy}{dt},$$

$$\sum m\left(z\frac{dx}{dt}-x\frac{dz}{dt}\right)=\sum mz\frac{dx}{dt},$$

$$\sum m\left(x\frac{dy}{dt}-y\frac{dx}{dt}\right),$$

puisque les pièces se déplacent dans des plans parallèles à xOy.

Roulis.

Supposons que la quantité :

$$\sum mz\frac{dy}{dt}=\frac{d}{dt}\sum mzy,$$

ne soit pas constante, mais varie périodiquement. Il résulte de cette hypothèse que le couple autour de Ox (axe longitudinal) n'est pas nul, mais est une fonction périodique du temps. La machine oscille donc autour de sa grande dimension : c'est le mouvement de *roulis*.

Pour calculer $\sum mzy$, les pièces mobiles étant relativement plates, nous pouvons multiplier le $\sum my$ qui correspond à la pièce par le z de son centre d'inertie, c'est-à-dire par la distance de ce centre à un plan vertical passant par le milieu de la voie.

Nous obtiendrons donc pour l'ensemble de la machine un terme :

$$[mr_1z_1 \pm Ar_2z_2 + BR(1-b)z_3] (\sin\alpha + \cos\alpha).$$

Les contrepoids introduiront dans le crochet un terme négatif multiplié par la distance Z de leur centre d'inertie au plan xOy.

Il résulte de cette arbitraire Z que nous pourrons simultanément satisfaire à la condition d'équilibre vertical (§ 379) et supprimer le roulis. La place de la projection des contrepoids sur le plan xOy étant déterminée, il suffira de les éloigner convenablement de ce plan.

Lacet.

Pour qu'il n'y ait pas d'oscillations autour de l'axe vertical Oy (lacet), il faut que :

$$\sum mz \frac{dx}{dt} = \frac{d}{dt} \sum mzx = 0, \qquad \sum mzx = \text{Constante}.$$

Le lacet a donc une cause analogue à celle du va-et-vient. On peut l'annuler, mais en sacrifiant l'équilibre vertical. Nous n'insistons pas sur le détail du calcul qui est identique au précédent.

Nous laissons aussi de côté le tangage comme trop compliqué.

381. **Résonance.** — Tous les mouvements que nous venons de considérer, étant alternatifs et sinusoïdaux, exigent pour se produire des accélérations elles-mêmes sinusoïdales. Il est facile de voir, en différentiant deux fois $\sin \omega t$, que la grandeur des réactions est proportionnelle au carré de la vitesse angulaire ω^2.

L'expérience montre cependant que les mouvements de la machine sont particulièrement désordonnés à une vitesse *dite critique*, qui n'est pas nécessairement la plus grande à laquelle elle soit soumise. Cela tient à ce qu'une partie de la machine est montée sur des ressorts, et possède par conséquent une durée d'oscillation propre. Quand la vitesse est telle que la période des perturbations dues au déplacement alternatif des pièces mobiles, est précisément égale à la période propre, il y a *résonance;* les oscillations augmentent beaucoup d'amplitude.

Nous reviendrons longuement sur ces phénomènes au Chapitre VII.

CHAPITRE IV

PENDULE CIRCULAIRE

382. **Pendule; équation du mouvement.** — Un pendule est un corps de forme quelconque pouvant tourner autour d'un axe horizontal et soumis à la pesanteur seule.

On dit parfois qu'un tel pendule est *composé*, par opposition avec le pendule *simple* où la masse est par hypothèse concentrée en un point.

Soit l la distance du centre d'inertie à l'axe de rotation, p le poids du corps supposé appliqué en ce point (fig. 269). Pour une élongation θ, le corps est soumis à un couple de moment :

$$\Gamma = -pl \sin \theta = -\mathrm{C} \sin \theta.$$

Le signe — indique que le couple agit dans le sens des θ décroissants, tend à ramener le corps à sa position d'équilibre pour laquelle on a : $\theta = 0$.

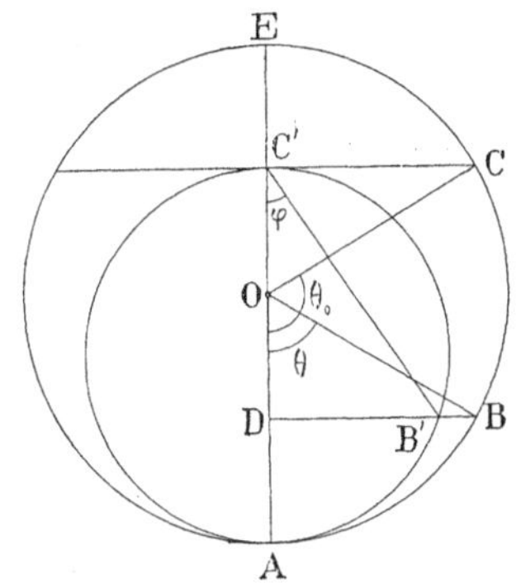

Fig. 269.

L'équation du mouvement est :

$$\mathrm{I} \frac{d^2\theta}{dt^2} = -\mathrm{C} \sin \theta.$$

On effectue immédiatement une première intégration.

Appelons θ_0 l'*amplitude*, c'est-à-dire l'élongation maxima ; il vient :

$$\mathrm{I}\left(\frac{d\theta}{dt}\right)^2 = 2\mathrm{C}(-\cos \theta_0 + \cos \theta),$$

équation qui résulte du théorème des forces vives (§ 291). On peut l'écrire :

$$\sqrt{\frac{\mathrm{C}}{\mathrm{I}}}\, dt = \frac{d\theta}{\sqrt{2(-\cos\theta_0 + \cos\theta)}} = \frac{d(\theta : 2)}{\sqrt{\sin^2(\theta_0 : 2) - \sin^2(\theta : 2)}}.$$

Elle se met sous une forme type au moyen d'un changement de variable. Soit O la trace de l'axe, $\overline{\mathrm{OA}}$ la longueur l.

Menons l'horizontale CC′ par le point C le plus élevé qu'atteigne le centre d'inertie ; nous définissons ainsi un point C′. Sur AC′ comme diamètre traçons une circonférence.

A tout point B de la circonférence décrite par le centre d'inertie correspond un point B′ de la circonférence auxiliaire. A tout angle θ correspond un angle φ déterminé par la verticale EOA et la droite C′B′.

Relions θ et φ ; on a :

$$\overline{AD} = l(1 - \cos\theta) = 2l\sin^2\frac{\theta}{2},$$

$$\overline{AC'} = l(1 - \cos\theta_0) = 2l\sin^2\frac{\theta_0}{2}$$

$$\overline{AD} = \text{corde}\ \overline{AB'} \,.\, \sin\varphi, \qquad \text{corde}\ \overline{AB'} = \overline{AC'}\sin\varphi, \qquad \overline{AD} = \overline{AC'}\sin^2\varphi.$$

D'où :

$$\sin^2\frac{\theta}{2} = \sin^2\frac{\theta_0}{2}\cdot\sin^2\varphi.$$

Quand θ varie de $-\theta_0$ à $+\theta_0$, l'angle φ varie de $-\pi : 2$ à $+\pi : 2$.

Substituons φ à θ. Le temps mis pour aller de A à B est fourni par l'équation :

$$\sqrt{\frac{C}{I}}\, t = \int_0 \frac{d\varphi}{\sqrt{1 - \sin^2\frac{\theta_0}{2}\sin^2\varphi}}.$$

Posons $\sin\frac{\theta_0}{2} = k$; k s'appelle le module. La période vaut quatre fois le temps nécessaire pour aller de A à C, point pour lequel $\varphi = \pi : 2$. Elle a donc pour expression :

$$T = 4\sqrt{\frac{I}{C}}\int_0^{\frac{\pi}{2}} \frac{d\varphi}{\sqrt{1 - k^2\sin^2\varphi}}.$$

383. **Petites amplitudes.** — Pour de très petites oscillations, on a :

$$k = 0, \qquad T = 2\pi\sqrt{\frac{I}{C}}.$$

Les oscillations ont une période indépendante de l'amplitude : on dit qu'*elles sont isochrones*. Si les oscillations ne sont pas assez petites pour que k soit négligeable, on développe le dénominateur en série en se bornant aux premiers termes. On a par la formule du binôme :

$$(1 - k^2\sin^2\varphi)^{-\frac{1}{2}} = 1 + \frac{1}{2}k^2\sin^2\varphi + \frac{1\,.\,3}{2\,.\,4}k^4\sin^4\varphi + \ldots$$

Une formule connue donne :

$$\int_0^{\frac{\pi}{2}} (\sin\varphi)^{2p}\, d\varphi = \frac{1\,.\,3\,.\,5\ldots(2p-1)}{2\,.\,4\,.\,6\ldots\quad 2p}\,\frac{\pi}{2}.$$

D'où enfin :

$$T=2\pi\sqrt{\frac{I}{C}}\left[1+\left(\frac{1}{2}\right)^2k^2+\left(\frac{1.3}{2.4}\right)^2k^4+\left(\frac{1.3.5}{2.4.6}\right)^2k^6+\dots\right].$$

Si k est petit, on peut le remplacer par $\theta_0 : 2$. D'où le développement usuel : $$T=2\pi\sqrt{\frac{I}{C}}\left[1+\frac{\theta_0^2}{16}+\dots\right].$$

384. **Manipulation; enregistrement de la loi des petites oscillations.** — L'oscillation du pendule est *sinusoïdale, harmonique* ou *simple,* quand elle est de petite amplitude (§ 337).

On peut vérifier le fait par l'expérience suivante, qui est instructive de bien des manières.

Un pendule entretenu par un mouvement d'horlogerie (il suffit de prendre une horloge comme on en fabrique encore pour la campagne) oscille perpendiculairement au tableau (fig. 270). Il porte à sa base une plaque métallique p normale au tableau et percée d'un trou dans lequel est sertie une lentille l.

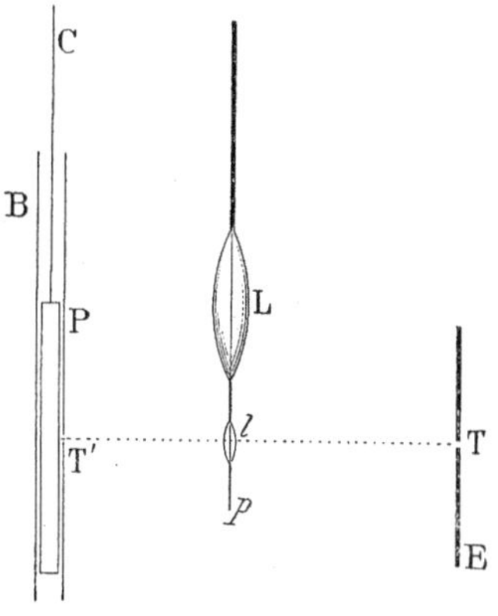

Fig. 270.

Un écran E est percé d'un très petit trou T qu'on éclaire fortement; l'image de T à travers l se fait en T' sur une plaque photographique appliquée contre une lourde plaque métallique P. Celle-ci est suspendue à la corde C qui s'enroule sur un des axes d'un mouvement d'horlogerie (mouvement de gros tournebroche) réglé par une ailette. La plaque est protégée par une boîte B percée au niveau de T' d'une large fente horizontale.

Sous l'action du poids de la plaque P, le cliché prend rapidement une vitesse verticale constante de quelques centimètres à la seconde. Quand le pendule oscille, l'image T' décrit très sensiblement un morceau de droite horizontale suivant la loi pendulaire :

$$\theta=\theta_0\sin\omega t,\qquad \omega=\frac{2\pi}{T},\qquad T=2\pi\sqrt{\frac{I}{C}}.$$

On enregistre donc sur le cliché une sinusoïde.

Il est avantageux de donner au pendule une grande longueur, d'abord pour que la trajectoire de T' soit plus exactement rectiligne, ensuite pour ne pas être obligé d'imposer au cliché une vitesse verticale trop grande, la durée d'oscillation croissant avec la longueur du pendule, comme nous le verrons plus loin.

385. **Grandes amplitudes.** — Pour de grandes amplitudes, nous devons utiliser l'intégrale elliptique :

$$u = \int_0^{\frac{\pi}{2}} \frac{d\varphi}{\sqrt{1 - k^2 \sin^2 \varphi}},$$

qu'on appelle *intégrale complète de première espèce; u* est une fonction du module k dont on trouvera une table à la fin du volume. On y pose $k = \sin \alpha$; α varie de degré en degré de 0 à 90°.

Dans le problème que nous traitons, on a :

$$k = \sin \alpha = \sin \frac{\theta_0}{2}, \qquad \theta_0 = 2\alpha.$$

La figure 271 représente en abscisses les amplitudes θ_0, en ordon-

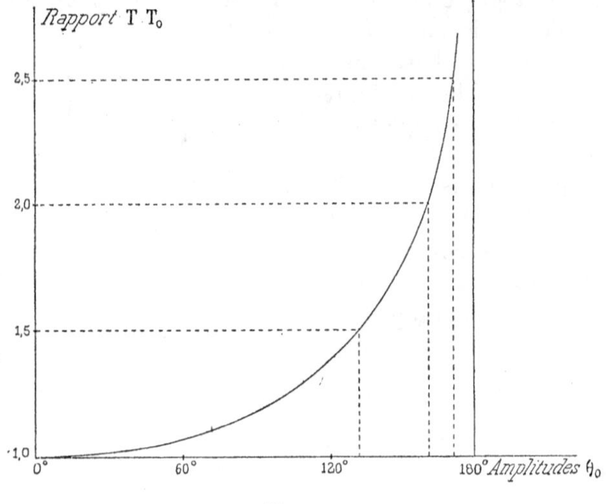

Fig. 271.

nées le rapport $T : T_0$ de la période T pour $\theta = \theta_0$, à la période T_0 pour la limite $\theta_0 = 0$. Elle montre par exemple que pour obtenir des périodes qui soient 3, 4, 5 demi-fois la période T_0, il faut des amplitudes de 133°, 160° et 171°.

L'isochronisme des petites oscillations tient à ce que cette courbe rencontre normalement l'axe des ordonnées.

Pour $\theta_0 = \pi$, $k = 1$, le rapport $T : T_0$ est infini. C'était à prévoir, puisque nous partons d'une position d'équilibre et y revenons *sans vitesse*. Il n'y a pas plus de raison pour la quitter que pour y revenir jamais. Le cas est limite et parfaitement irréalisable.

La vitesse est maxima au bas de la course, au passage par la verticale. Sa valeur Ω est immédiatement connue par le théorème des forces vives :

$$\frac{I}{2}\Omega^2 = C(1-\cos\theta_0) = 2C\sin^2\frac{\theta_0}{2} = 2Ck^2, \qquad \Omega = 2k\sqrt{\frac{C}{I}}.$$

Pour de très petites oscillations, il vient :

$$\Omega = 4\pi k : T.$$

Quand le pendule part sans vitesse de la verticale, la vitesse maxima est : $\Omega = 4\pi : T.$

386. **Manipulation.** — Voici comment on peut vérifier les résultats précédents. Un cercle gradué de grand rayon (de 50 centimètres à 1 mètre) est dressé verticalement (fig. 272). Autour d'un axe horizontal passant par le centre du cercle tournent deux bras, indépendamment l'un de l'autre. Le premier B_1 porte un électroaimant ; une vis de pression permet de le fixer dans un azimut quelconque. L'autre bras B_2 est monté sur pivots ; il porte une masse de fer M ; on repère sa position par rapport au cercle, quand il est maintenu par l'attraction de l'électro.

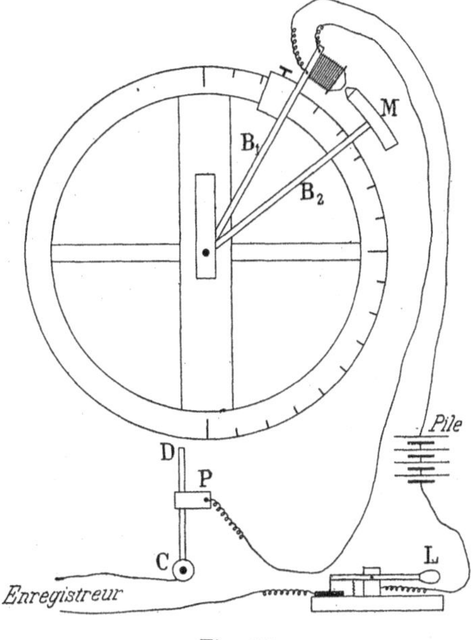

Fig. 272.

Coupons le circuit de l'électro ; le bras B_2 tourne autour de son axe. Quand le centre d'inertie du corps jouant le rôle de pendule passe par la verticale, il pousse la tige CD qui peut tourner autour de l'axe C et est prise à frottement doux dans la pince métallique P. Le circuit est de nouveau rompu.

La durée du quart d'oscillation est mesurée par le temps qui s'écoule entre les deux ruptures du circuit. Voici comment on peut la mesurer (fig. 273).

Un disque R, d'assez grand moment d'inertie, est solidaire d'un cylindre coaxial r. Si on lâche la cordelette C, le cylindre l s'appuie sur r (sous l'action de son poids et du ressort b) ; quand R tourne, il forme avec r une sorte de petit laminoir, et entraîne une bande de papier *télégraphique* dont on voit à gauche le réservoir. La bande passe sur l'arc AB et sous les tire-lignes t.

Le lecteur se reportera maintenant à la projection horizontale de la figure.

Les tire-lignes *t* verticaux sont fixés à des bras horizontaux tournant autour d'axes verticaux *a*. Ils portent les armatures de deux électroaimants et sont ramenés par des ressorts à boudin; ils butent alors sur la pièce G. Quand on envoie un courant dans un électro, il se produit un déplacement du trait laissé sur la bande par le tire-ligne correspondant.

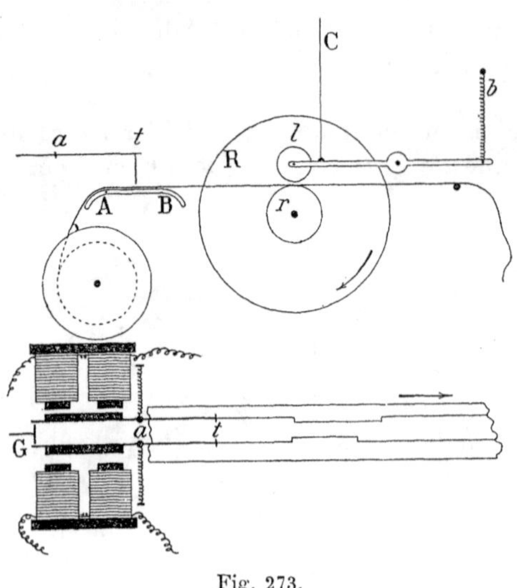

Fig. 273.

Ceci posé, voici la marche d'une expérience.

Un des électros est électriquement relié à une horloge donnant la seconde. Cela signifie que toutes les secondes l'horloge envoie un courant dans l'électro. La trace laissée par le tire-ligne correspondant porte des coches qui marquent les secondes.

L'autre électro est dans le circuit de l'appareil représenté par la figure 272. On peut le rompre de deux manières, soit à l'aide du levier L, soit au moyen de la tige CD.

Supposons que le courant passe, que la pièce M soit maintenue par l'électro et que le disque R tourne sans entraîner la bande. On lâche la cordelette C, on coupe le circuit à l'aide du levier : la bande est entraînée et le poids M tombe. L'électro trace une coche sur le papier.

On a le soin de laisser retomber aussitôt le levier L; le circuit est de nouveau fermé.

Quand M arrive sur la verticale, il pousse le levier CD; d'où nouvelle rupture du circuit et nouvelle coche sur le papier. La distance sur le papier des deux coches, comparée à la distance de deux coches de la trace de l'autre tire-ligne, donne en secondes le quart de la période d'oscillation.

On ne laisse pas le papier se dérouler indéfiniment pour ne pas l'user inutilement.

387. **Rotation continue.** — Supposons qu'au passage supérieur par la verticale la vitesse ne soit pas nulle. Le pendule tourne alors toujours dans le même sens, avec une période qu'il s'agit de déterminer (fig. 274).

Puisque la vitesse ne dépend que de la hauteur du centre d'inertie, soit C′ l'horizontale de laquelle il faudrait lâcher le centre d'inertie pour retrouver les vitesses réelles. Posons : $\overline{AC'} = 2l_0$. On a :

$$\frac{I}{2}\left(\frac{d\theta}{dt}\right)^2 = -pl(1 - \cos\theta) + 2pl_0. \quad (1)$$

C'est l'équation des forces vives où la constante est convenablement déterminée.

Prenons pour nouvelle variable l'angle φ :

$$\varphi = \theta : 2, \qquad 1 - \cos\theta = 2\sin^2\varphi.$$

Enfin posons : $k^2 = l : l_0$. Le paramètre k est donc égal à 1, lorsqu'on passe sans vitesse au point E (cas limite du problème précédent) ; il tend vers 0 lorsque la vitesse en E tend vers l'infini.

L'équation (1) se transforme aisément et devient :

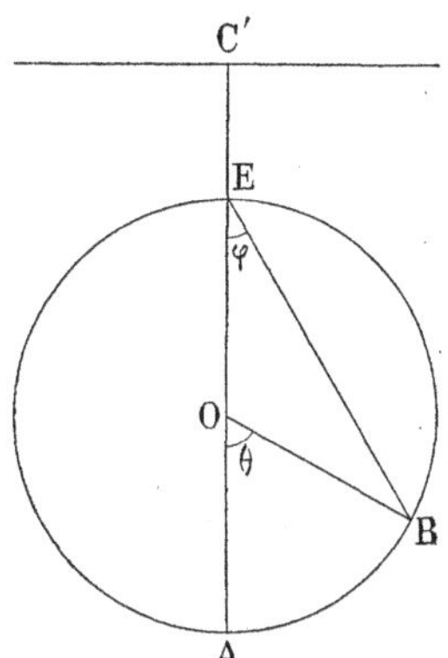

Fig. 274.

$$dt\sqrt{\frac{C}{I}} = k\frac{d\varphi}{\sqrt{1 - k^2\sin^2\varphi}}.$$

Pour obtenir la durée d'une révolution complète, il faut intégrer entre 0 et $\pi : 2$ et multiplier par 2. On trouve :

$$T = 2k\sqrt{\frac{I}{C}}\int_0^{\frac{\pi}{2}}\frac{d\varphi}{\sqrt{1 - k^2\sin^2\varphi}}.$$

La vitesse angulaire passe par un maximum Ω_0 au point A, un minimum Ω_1 au point E. L'équation (1) donne aisément :

$$\Omega_0 = 2\sqrt{\frac{C}{I}}\cdot\frac{1}{k}, \qquad \Omega_1 = 2\sqrt{\frac{C}{I}}\sqrt{\frac{1}{k^2} - 1}.$$

Pour $k = 1$, on retrouve la valeur précédemment déterminée pour Ω_0. Naturellement, on a $\Omega_1 = 0$.

A mesure que k diminue, Ω_0 et Ω_1 diffèrent de moins en moins ; elles deviennent égales et très grandes quand k tend vers 0.

Pour des valeurs suffisamment petites de k, c'est-à-dire pour des vitesses en E assez grandes, on peut développer en série. On trouve immédiatement d'après le § 378 :

$$T = \pi k\sqrt{\frac{I}{C}}\left[1 + \left(\frac{1}{2}\right)^2 k^2 + \dots\right] = \frac{2\pi}{\Omega_0}\left[1 + \left(\frac{1}{2}\right)^2 k^2 + \dots\right].$$

Il est clair que pour une vitesse en A assez grande, les variations de vitesse dues à la pesanteur sont insignifiantes et qu'on a :

$$T = 2\pi : \Omega_0.$$

L'erreur sur la période est par défaut, puisque c'est la vitesse maxima que nous utilisons. Le coefficient de correction est donc positif.

388. Tension du fil ou de la tige d'un pendule simple. — Nous nous sommes arrangés de manière à ne pas expliciter les liaisons; il est avantageux parfois de les considérer. Écrivons les équations en x et z du mouvement d'un pendule simple; nous prendrons l'axe des z positivement vers le bas (fig. 275).

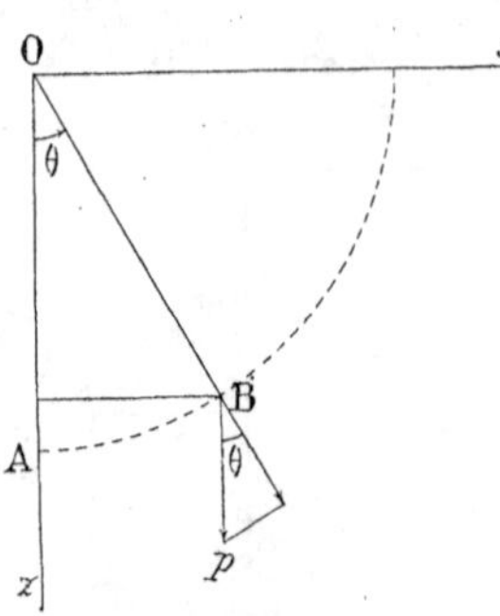

Fig. 275.

Soit $\mathcal{T}$ la tension du fil comptée positivement dans le sens OB; ses composantes sur les axes sont :

$$-\mathcal{T}x : l, \qquad -\mathcal{T}z : l.$$

Les équations du mouvement deviennent :

$$m\frac{d^2x}{dt^2}+\frac{\mathcal{T}x}{l}=0, \qquad m\frac{d^2z}{dt^2}+\frac{\mathcal{T}z}{l}-mg=0. \qquad (1)$$

Multiplions-les respectivement par x et z, additionnons :

$$m\left(x\frac{d^2x}{dt^2}+z\frac{d^2z}{dt^2}\right)+\mathcal{T}l-mgz=0. \qquad (2)$$

Des différentiations successives donnent :

$$x^2+z^2=l^2, \qquad xdx+zdz=0;$$

$$\left(x\frac{d^2x}{dt^2}+z\frac{d^2z}{dt^2}\right)+\left[\left(\frac{dx}{dt}\right)^2+\left(\frac{dz}{dt}\right)^2\right]=0.$$

Le crochet représente le carré de la vitesse v^2; on a donc :

$$\mathcal{T}l=mgz+mv^2, \qquad \mathcal{T}=mg\cos\theta+m\frac{v^2}{l}. \qquad (3)$$

Nous aurions pu écrire immédiatement cette relation; en effet : $mg\cos\theta$ est la projection du poids sur la direction du fil; $mv^2 : l$ est la tension nécessaire pour compenser la force centrifuge.

La tension est maxima pour $\theta=0$, d'abord parce que $\cos\theta$ est égal à l'unité, ensuite parce que la force centrifuge est maxima, la vitesse étant elle-même maxima.

Remplaçons v par sa valeur tirée de l'équation des forces vives :

$$mv^2=2pl(\cos\theta-\cos\theta_0), \qquad \mathcal{T}=mg(3\cos\theta-2\cos\theta_0).$$

Tension moyenne.

Calculons la tension moyenne pour une oscillation très petite.

$$\frac{1}{T}\int_0^T \mathcal{T}dt=\frac{mg}{T}\int_0^T\left[1-\frac{3\theta^2}{2}+\theta_0^2\right]dt$$

$$=mg\left[1+\theta_0^2\right]-\frac{3mg\theta_0^2}{2T}\int_0^T \sin^2\omega t\,dt=mg\left[1+\frac{\theta_0^2}{4}\right].$$

La tension moyenne est supérieure au poids. Tirons sur le fil; pour élever le poids de $-dz$, il faut fournir un travail plus grand que l'accroissement de l'énergie potentielle correspondant à cette variation de hauteur. Il faut donc que l'énergie cinétique croisse. On se reportera au § 417 pour la suite de la discussion.

FIL REMPLACÉ PAR UNE TIGE RIGIDE.

Reprenons les notations du § 387. On a :

$$mv^2 = -2mgl(1-\cos\theta) + 4mgl_0,$$
$$\mathfrak{T} = mg[3\cos\theta - 2 + 4l_0 : l].$$

Si l_0 est assez petit et θ assez grand, $\mathfrak{T}$ peut être négatif. C'est évident *a priori*, car la tige supporte alors le poids qui se trouve au-dessous de l'horizontale Ox. Si la vitesse est assez grande (l_0 assez grand), $\mathfrak{T}$ est toujours positif; la tige est toujours tendue.

389. **Réaction de l'axe d'un pendule composé.** — Reportons-nous au § 358, et remarquons que la rotation se fait actuellement autour de l'axe des y.

Les moments L et N sont nuls. On peut admettre, comme condition ordinairement réalisée par construction, que l'axe de rotation est principal d'inertie pour l'origine des coordonnées, origine que nous choisissons sur la verticale du centre d'inertie pour le pendule au repos.

Les réactions X_2 et Z_2 sont donc nulles.

Le problème se ramène à calculer les réactions X_1 et Z_1 de l'origine. Nous appellerons $-\mathfrak{T}$ le vecteur dont X_1 et Z_1 sont les composantes. On a :

$$\xi = l\sin\theta, \qquad \zeta = l\cos\theta.$$

Les équations (2) du § 358 deviennent :

$$\mu l\cos\theta\frac{d^2\theta}{dt^2} - \mu l\sin\theta\left(\frac{d\theta}{dt}\right)^2 = X_1,$$
$$-\mu l\sin\theta\frac{d^2\theta}{dt^2} - \mu l\cos\theta\left(\frac{d\theta}{dt}\right)^2 = \mu g + Z_1.$$

Multiplions ces équations respectivement par $\sin\theta$ et $\cos\theta$; additionnons :

$$-(X_1\sin\theta + Z_1\cos\theta) = \mathfrak{T} = \mu g\cos\theta + \mu l\left(\frac{d\theta}{dt}\right)^2.$$

C'est l'équation (3) du paragraphe précédent, puisque μ désigne la masse totale. On a en effet :

$$X_1 = -\mathfrak{T}\sin\theta, \quad Z_1 = -\mathfrak{T}\cos\theta; \quad X_1\sin\theta + Z_1\cos\theta = -\mathfrak{T}.$$

390. **Axe de suspension et axe d'oscillation.** — Soit I' le moment d'inertie autour d'un axe parallèle à l'axe de rotation et pas-

sant par le centre d'inertie; soit μ la masse totale du pendule et ρ le rayon de giration défini par l'équation (§ 18) :

$$I' = \mu\rho^2.$$

Nous avons la relation (§ 14) :

$$I = I' + \mu l^2 = (\rho^2 + l^2)\,\mu.$$

Que l'amplitude soit petite ou grande, la durée d'oscillation ne dépend que de l'amplitude maxima et de la quantité :

$$\sqrt{\frac{I}{C}} = \sqrt{\frac{(\rho^2 + l^2)\,\mu}{pl}} = \sqrt{\frac{1}{g}\left(l + \frac{\rho^2}{l}\right)}.$$

Il résulte immédiatement de cette formule que la durée d'oscillation est respectivement la même autour de toutes les génératrices de chacun des cylindres circulaires 1, 2, 1', 2', ... admettant comme axe une droite passant par le centre d'inertie (fig. 276). En effet, pour toutes les génératrices de chacun de ces cylindres, l et ρ^2 sont les mêmes.

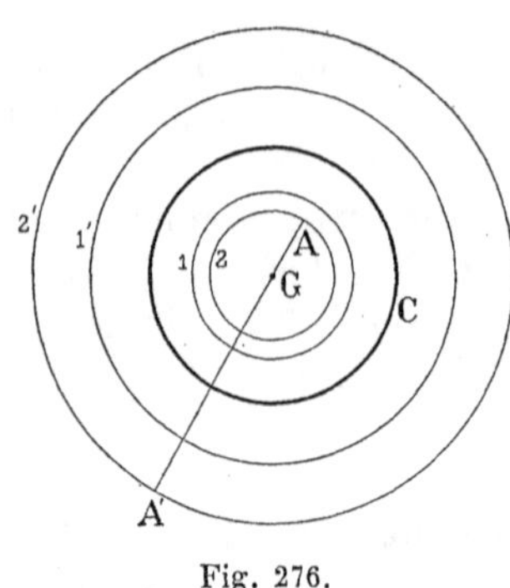

Fig. 276.

Mesurons la durée d'oscillation autour d'un axe distant de l du centre d'inertie, puis la durée d'oscillation autour d'un axe parallèle au premier et distant de $l' = \rho^2 : l$. La nouvelle période est donnée par la formule dans laquelle on remplace l par l'; *elle est la même que précédemment.*

Il existe donc une infinité d'axes parallèles, formant les génératrices d'un cylindre circulaire 1', pour lesquels la durée d'oscillation est la même que pour les génératrices du cylindre concentrique 1. A tout cylindre 1, 2, ... dont les génératrices ont une direction donnée, correspond un cylindre conjugué 1', 2', ... pour lequel la durée d'oscillation est la même. Leurs rayons satisfont à la relation :

$$ll' = \rho^2.$$

On appelle *axes réciproques* deux axes parallèles A et A', appartenant à l'un et l'autre systèmes de cylindres (2 et 2' par exemple), situés de part et d'autre du centre d'inertie et comprenant ce centre dans leur plan. L'un est dit *axe de suspension,* l'autre *axe d'oscillation, et réciproquement.* Les points de l'axe d'oscillation oscillent autour de l'axe de suspension comme s'ils appartenaient à un pendule simple de longueur :

$$\overline{AA'} = \Delta = l + l' = l + \frac{\rho^2}{l},$$

égale à la distance des axes A et A'.

Le système des cylindres 1, 2, ..., 1', 2', ..., admet un cylindre *double* C de rayon :

$$\lambda = \rho.$$

La longueur du pendule simple synchrone est 2ρ. *Sa durée d'oscillation est minima.*

Faisons osciller un corps autour d'un axe de direction invariable (ρ invariable), situé à une distance l variable du centre d'inertie. La durée d'oscillation est infinie quand l est nul. Elle décroît très vite quand l augmente, passe par son minimum pour $l = \rho$, puis croît lentement pour devenir de nouveau infinie pour $l = \infty$ (fig. 277).

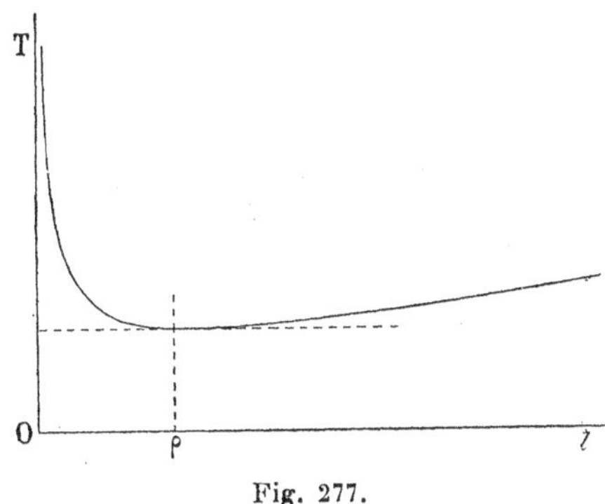

Fig. 277.

391. **Pendule simple, pendule de Borda.** — C'est un lieu commun des Mécaniques élémentaires de dire que le pendule simple est irréalisable. Il est beaucoup plus exact et plus intéressant de montrer qu'une balle métallique homogène de rayon R, suspendue au bout d'un fil très léger de longueur $l - R$, réalise un pendule simple de longueur l avec une très grande approximation, à la seule condition que $l : R$ soit assez grand.

Le carré du rayon de giration d'une sphère par rapport à un diamètre est (§ 18) : $\rho^2 = 2R^2 : 5$.

La période *vraie* pour de petites oscillations est donc :

$$T = 2\pi\sqrt{\frac{l}{g}\left(1 + \frac{2R^2}{5l^2}\right)} = 2\pi\sqrt{\frac{l}{g}}\left(1 + \frac{R^2}{5l^2}\right).$$

L'erreur relative faite sur la période, en assimilant le pendule composé à un pendule simple de longueur l, est : $R^2 : 5l^2$.

Par exemple, faisons :

$$R = 1, \quad l = 100; \quad R^2 : 5l^2 = 1 : 25000.$$

L'erreur est absolument négligeable, si les mesures ne sont pas d'une extrême précision. Elle est du reste facile à calculer.

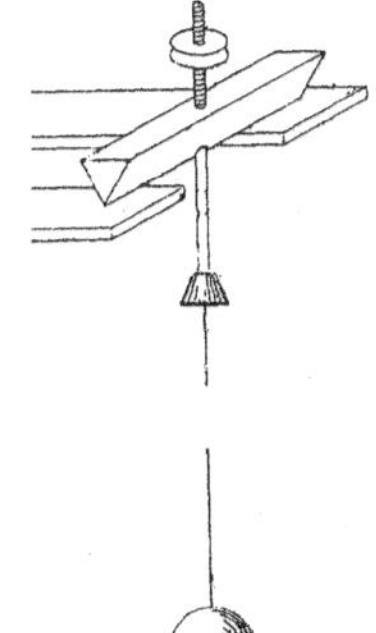
Fig. 278.

C'est avec un tel pendule que Borda fit à la fin du XVIIIe siècle ses mémorables expériences sur la mesure de g. Le fil de suspension était métallique et fin; il était attaché à la queue d'une monture (fig. 278) dont, à l'aide d'un bouton mobile sur une vis, on réglait le mouvement oscillatoire de manière qu'il ait la même durée que celui du pendule. Son influence était éliminée par cet artifice.

Nous verrons plus loin (§ 397) comment on comparait la période du pendule à la seconde d'une horloge, elle-même étalonnée par des comparaisons astronomiques. Connaissant T en secondes de temps moyen, déterminant les dimensions du pendule, on pouvait calculer l'accélération g de la pesanteur.

392. Pendules composés de formes particulières. — Étudions quelques formes particulières de pendules composés.

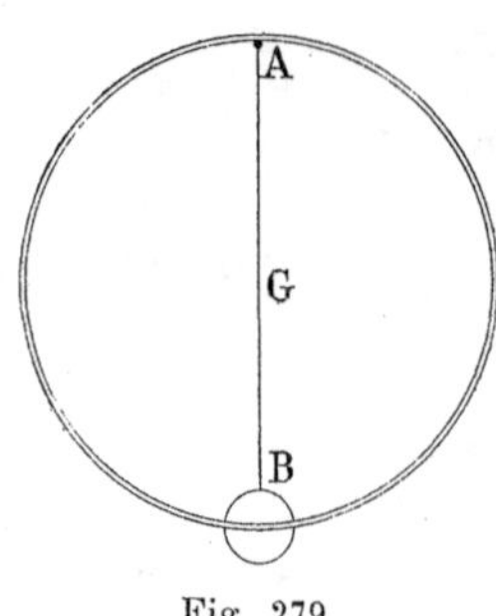

Fig. 279.

Cerceau (fig. 279).

Posons un cerceau circulaire de rayon R sur un clou A. Sa période est la même que celle du pendule simple dont la longueur (distance du clou au centre de la balle) est égale au diamètre 2R du cerceau.

En effet, le moment d'inertie du cerceau par rapport à un axe passant par le centre G est $m\text{R}^2$, en supposant la masse concentrée sur la circonférence moyenne. Le moment d'inertie par rapport à l'axe A est donc $2m\text{R}^2$. La période est :

$$\text{T} = 2\pi\sqrt{\frac{2m\text{R}^2}{gm\text{R}}} = 2\pi\sqrt{\frac{2\text{R}}{g}}.$$

Elle est celle d'un pendule simple de longueur 2R.

Plaque métallique percée de trous.

Nous recommandons comme manipulation l'expérience suivante. On prend une feuille de zinc ou de laiton rectangulaire de côtés a et b. Le centre d'inertie est au centre de symétrie. On calculera le rayon de giration (§ 18) :

$$\rho^2 = (a^2 + b^2) : 12.$$

On tracera des circonférences de rayons l et l' satisfaisant à la relation : $ll' = \rho^2$.

En particulier, on tracera le cercle *double* $l = \rho$.

En quelques points pris au hasard sur les circonférences, on percera de petits trous. On vérifiera la théorie en déterminant la durée d'oscillation autour d'axes passant par les trous. Il suffit de prendre un clou horizontal comme axe matériel. On tracera la courbe de la figure 277.

Planche rectangulaire homogène (fig. 280).

Si l'une des dimensions du rectangle est très grande par rapport à l'autre, on a simplement :

$$\rho^2 = a^2 : 12.$$

Disposons un axe de manière qu'il soit en A tout près de l'extrémité de la planche ; on a :

$$l = \frac{a}{2}, \qquad l + \frac{\rho^2}{l} = \frac{2a}{3}.$$

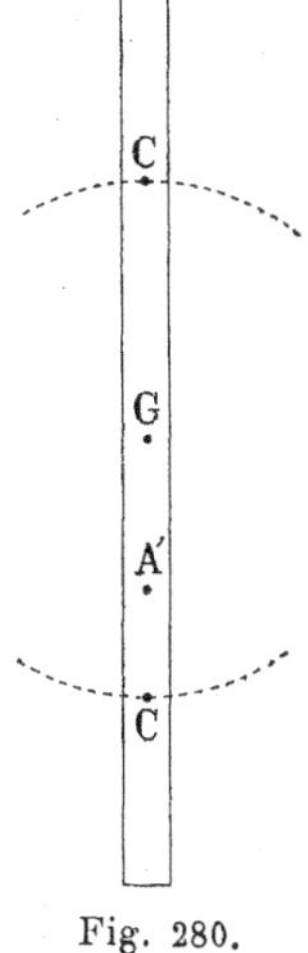

Fig. 280.

L'axe d'oscillation A' est aux 2 : 3 de la planche. Pour vérifier ce résultat, il suffit de planter deux clous aux points A et A' et de se servir d'un support analogue à celui représenté dans la figure 278.

Les axes autour desquels la période est minima sont à une distance 0,289 . a du centre d'inertie G.

DISQUE PLAT TOURNANT AUTOUR D'UNE PARALLÈLE A SON AXE.

On a : $\rho^2 = R^2 : 2.$

L'axe de période minima est à une distance

$$R : \sqrt{2} = 0,70 . R$$

de l'axe du disque.

SPHÈRE TOURNANT AUTOUR D'UNE PARALLÈLE A UN DIAMÈTRE.

L'axe de période minima est à une distance $R : \sqrt{0,40} = 0,63 . R$ du centre.

393. **Métronome.** — Le métronome est un pendule entretenu dont on modifie le moment d'inertie par le déplacement d'une masse m; on change en même temps le couple dû à la pesanteur (fig. 281).

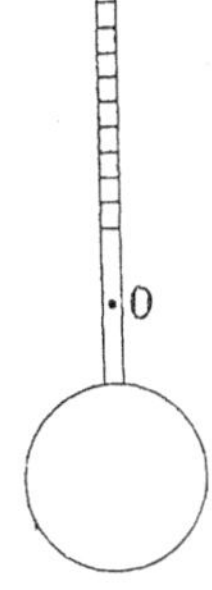

Fig. 281.

Appelons $\overline{OG} = x$, la distance du centre d'inertie de la masse m à l'axe de suspension O ; x est compté positivement vers le haut. Soit M et x_1 la masse du reste de l'appareil et la distance (comptée positivement) de son centre d'inertie à l'axe O. Pour déterminer la position l du centre d'inertie de l'ensemble (qui se trouve ordinairement au-dessous de l'axe O), nous avons la relation :

$$(M + m)\, l = Mx_1 - mx. \qquad (1)$$

Cherchons la position m pour laquelle le centre d'inertie est reporté au point O. Il suffit d'écrire $l = 0$. D'où :

$$Mx_1 = mx_0.$$

L'équation (1) devient :

$$(M + m)\, l = m\,(x_0 - x).$$

Le moment d'inertie du système entier est de la forme (§ 14) :

$$I = I_0 + mx^2.$$

On a pour la fréquence des *petites oscillations :*

$$N = \frac{1}{T} = \frac{1}{2\pi}\sqrt{\frac{mg\,(x_0 - x)}{I_0 + mx^2}}. \qquad (2)$$

La fréquence est nulle pour $x = x_0$; elle croît ensuite à mesure que x décroît, que la masselotte s'abaisse. Elle prend la plus grande valeur matériellement possible quand la masselotte touche l'axe O.

On conçoit que la tige ne soit pas prolongée assez loin pour qu'on atteigne $x = x_0$; outre que ces oscillations très lentes n'ont aucun intérêt, l'appareil fonctionnerait très mal pour la raison suivante.

La formule (2) suppose les amplitudes très petites, ce qui n'est pas vrai dans la pratique. Quand on élève la masselotte, les oscillations prennent une période plus grande et *en même temps* l'amplitude croît jusqu'à atteindre 70 à 80°. Cela tient à ce que l'échappement, réglé pour une certaine période, ne l'est plus pour une autre (§ 437). Le pendule finit par buter contre ses supports.

Le maximum de la fréquence N correspond à la condition :

$$mx^2 - 2mxx_0 - I_0 = 0. \qquad (3)$$

Il n'y a pas de racine comprise entre O et x_0.

Nous reviendrons plus loin sur cette équation.

La courbe utile des fréquences est représentée dans la figure 282.

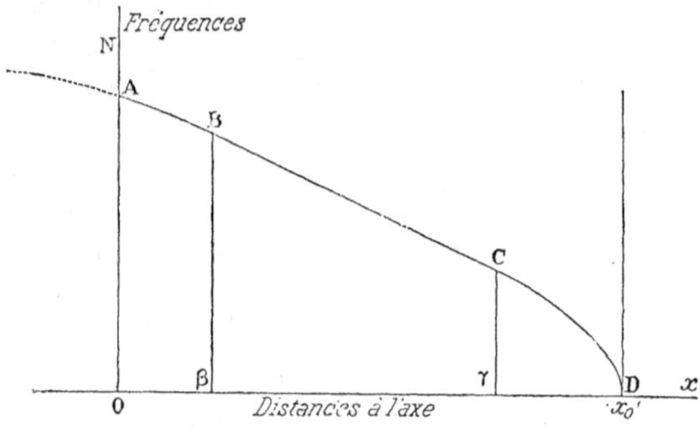

Fig. 282.

La tangente pour $x = x_0$ est verticale. Une partie BC de la courbe est quasiment rectiligne; c'est celle qu'on utilise. On vérifiera sur un métronome que la graduation *pratique* $N = f(x)$ est linéaire.

394. **Curseur pour changer la période d'un pendule.** — On appelle *curseur* une masse m qui se déplace sur la tige d'un pendule entre l'axe de suspension et la lentille principale (fig. 283). On demande comment ce déplacement influe sur la période.

Le lecteur reconnaît un problème identique à celui du *métronome.*

Seul le signe de x se trouve changé. Comptons maintenant les x positivement vers le bas. La fréquence est :

$$\mathrm{N}=\frac{1}{\mathrm{T}}=\frac{1}{2\pi}\sqrt{\frac{mg(x_0+x)}{\mathrm{I}_0+mx^2}}. \qquad (2')$$

Le maximum est donné par la formule :

$$mx^2+2mx_0x-\mathrm{I}_0=0. \qquad (3')$$

$$x=-x_0\pm\sqrt{x_0^2+\frac{\mathrm{I}_0}{m}}=-x_0\left[1\pm\left(1+\frac{\mathrm{I}_0}{2mx_0^2}\right)\right],$$

à la condition que le mx_0 soit assez petit devant I_0.

Les deux racines sont donc :

$$x'=\frac{\mathrm{I}_0}{2mx_0}, \qquad x''=-2x_0-\frac{\mathrm{I}_0}{2mx_0}.$$

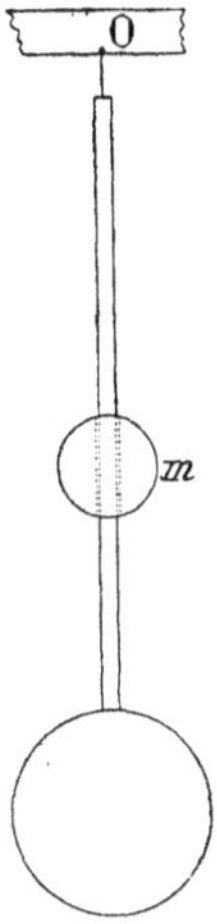

La seconde racine est négative et supérieure en valeur absolue à x_0 ; elle ne convient ni au problème actuel, ni au problème précédent. La première est positive et acceptable.

Donc, si le curseur est d'abord en haut de sa course et descend, la fréquence commence par croître, passe par un maximum et diminue ensuite.

Fig. 283.

La figure 284 représente la courbe complète des fréquences.

Quand, au début du siècle dernier, les horlogers se sont avisés d'utiliser le curseur, ils ont été fort surpris du phénomène qu'ils

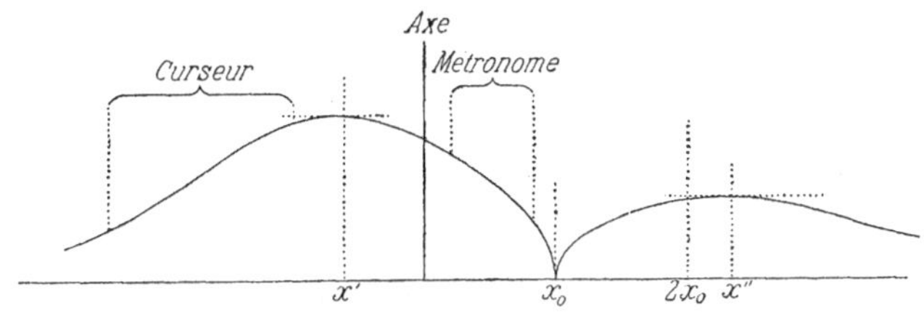

Fig. 284.

observèrent et qui du reste avait été prévu et étudié par Huyghens. La remontée du curseur à partir de sa position la plus basse commençait bien, suivant leur attente, par augmenter la fréquence ; mais à partir d'un certain point son rôle s'annulait, pour s'intervertir ensuite.

Un peu de réflexion suffisait pourtant à prévoir le phénomène. Quand on soulève le curseur, on diminue bien le moment d'inertie ; mais on diminue aussi le couple moteur.

Reprenons le calcul sous une forme plus générale.

Soit un pendule de masse totale M dont le centre d'inertie est à une distance x_1 de l'axe de suspension et dont le moment d'inertie est I_0. Pour des oscillations de petites amplitudes, la fréquence est :

$$N = \frac{1}{2\pi}\sqrt{\frac{gMx_1}{I_0}}.$$

Ajoutons une petite masse m à la distance x; on a, avec une approximation très suffisante :

$$N' = \frac{1}{2\pi}\sqrt{\frac{gMx_1 + gmx}{I_0 + mx^2}} = N\left[1 - \frac{mx^2}{2I_0} + \frac{mx}{2Mx_1}\right].$$

La masse n'a aucune action quand :

$$x = X = \frac{I_0}{Mx_1};$$

c'est évident *a priori;* elle est alors placée sur l'axe d'oscillation réciproque de l'axe de suspension.

La masse a une action maxima quand le crochet est maximum :

$$x = \frac{X}{2} = \frac{I_0}{2Mx_1}.$$

Corrélativement, Huyghens avait reconnu qu'il existe à peu près au milieu de la tige d'un pendule à lentille un point au-dessus et au-dessous duquel le curseur produit le même effet sur le réglage. On voit avec quelle simplicité la théorie interprète ce résultat.

395. **Pendules compensateurs.** — Soit un pendule formé d'une matière homogène. Quand toutes ses dimensions sont multipliées par un même coefficient k, le moment d'inertie I devient Ik^2, le paramètre C devient Ck. La durée d'oscillation : $T = 2\pi\sqrt{I : C}$, est multipliée par $\sqrt{k}$. La période d'un pendule homogène croît donc comme la racine carrée du binôme de dilatation :

$$\sqrt{1 + \alpha t} = 1 + \alpha t : 2.$$

Le coefficient α est de l'ordre de 0,000·01 pour l'acier. La période augmente donc sensiblement d'un demi-centmillième par degré, de 5 centmillièmes pour dix degrés. Une telle variation de température produit un retard d'environ 4 secondes par jour.

Pour éviter les corrections, on utilise les pendules compensateurs.

Il ne s'agit pas de maintenir le centre d'inertie à une distance fixe de l'axe; il faut assurer la constance du rapport I : C. D'après ce qui précède, il est impossible d'obtenir ce résultat au moyen d'un pendule de matière homogène; il doit contenir au moins deux substances se dilatant différemment.

Le compensateur à grille (fig. 285) est construit avec des tiges d'acier et des tiges de laiton ou de zinc. Choisissons ce dernier métal qui est beaucoup plus dilatable que le laiton, et par conséquent que l'acier. Le compensateur est alors très simple. Des tiges d'acier *ab*, *cd* (doublées pour la symétrie), sont reliées par une barre de zinc. Sous l'influence d'une élévation de température, les tiges d'acier abaissent la lentille, la barre de zinc la soulève. En choisissant convenablement la longueur de la barre de zinc, on arrive par tâtonnements à rendre constant le rapport I : C.

Pour régler l'appareil, on utilise une étuve à température variable. Le coefficient de dilatation du zinc est voisin de 0,000'03.

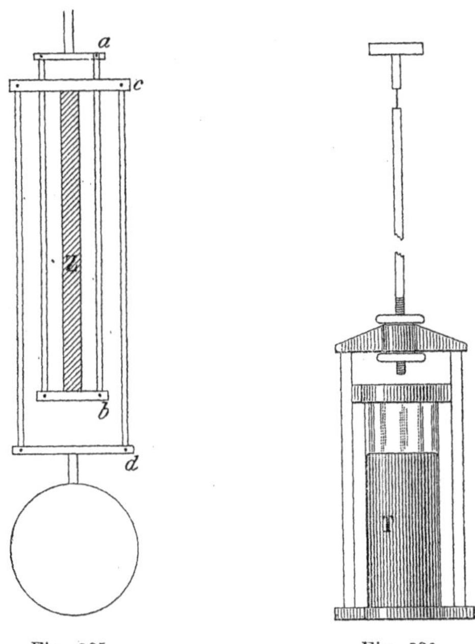

Fig. 285. Fig. 286.

Le défaut capital du compensateur à grille réside dans les frottements, surtout quand on emploie le laiton avec lequel le nombre des barres doit être porté de cinq à neuf. De plus le métal le plus dilatable travaille par compression, d'où, à la longue, d'inévitables flexions et la nécessité d'un nouveau réglage.

On peut réaliser la compensation par l'emploi du mercure (fig. 286). La lentille est remplacée par un tube T de verre ou mieux de fer, dans lequel on verse du mercure en quantité convenable. Le coefficient de dilatation cubique du mercure est 0,000'18. Si on néglige la dilatation transversale du tube de fer, la colonne de mercure se dilate linéairement avec le coefficient 0,000'18, dix-huit fois plus grand par conséquent que celui de l'acier. La hauteur de la colonne de mercure nécessaire pour la compensation dépend de la dilatation du tube ; elle est de l'ordre d'une dizaine de centimètres.

Le pendule de Graham est peu volumineux; les tiges travaillent par traction. On lui reproche que la tige obéit à la variation de température plus vite que le mercure dont l'épaisseur est beaucoup plus grande. Il y aurait retard à la compensation.

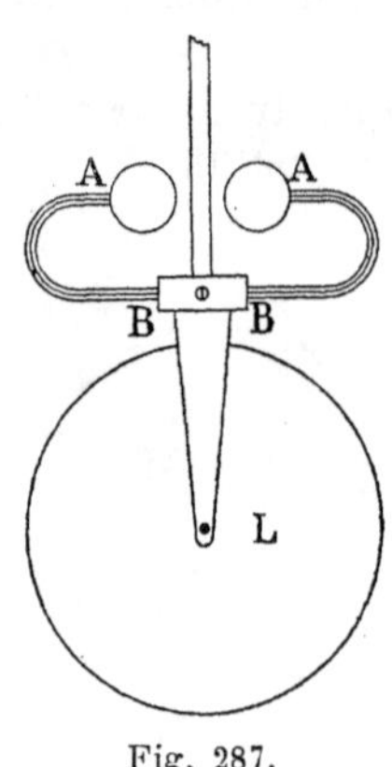

Fig. 287.

On peut encore compenser au moyen de bilames AB (fig. 287) formées de deux métaux dilatables, le plus dilatable en dedans, dans la disposition figurée. Quand la température s'élève, la lentille L s'abaisse, mais les boules A s'élèvent et font compensation. On règle l'appareil en déplaçant les boules A le long des bilames, en modifiant par conséquent l'action de celles-ci.

On a proposé d'utiliser des pendules en verre; le verre est peu dilatable, mais il est fragile. On emploie fréquemment le sapin *fortement verni*. Il est peu dilatable, mais sa longueur dépend de l'état hygrométrique : le vernissage diminue cette influence. On le choisit bien sec et à fil droit. Pour éviter les torsions, on refend la tige, on retourne les morceaux obtenus et on recolle.

Mesure de g.

Le problème de la mesure de l'intensité du champ de la pesanteur est des plus intéressants pour illustrer la théorie du pendule. On a rarement à effectuer des mesures avec la précision que comportent la détermination du paramètre fondamental g. Mais il est bon de voir mettre en œuvre toutes les ressources de la technique et de discuter en détail *une* expérience.

396. **Mesure de la période : méthode des passages.** — La *méthode des passages* est surtout utilisée lorsqu'on ne possède comme garde-temps qu'un chronomètre. Voici en quoi elle consiste.

On trace sur le pendule dont on veut déterminer la période en fonction de la seconde de temps moyen (par l'intermédiaire de la seconde sidérale), un trait fin qu'on vise avec une lunette. Quand le pendule est au repos, l'image du trait coïncide avec le réticule de la lunette. Le pendule étant en marche, on note les instants du passage de l'image du trait sur le réticule, *dans un sens déterminé*.

Pour avoir une approximation suffisante, il faut opérer sur un temps très long. Il semble nécessaire de compter un très grand nombre d'oscillations, de l'ordre d'une dizaine de mille. L'expérience montre qu'il est quasiment impossible de ne pas se tromper, sans parler de l'insupportable ennui d'une telle besogne.

Mais elle est parfaitement inutile.

Supposons qu'au début de l'opération, on détermine la durée Δ_1 de n_1 oscillations (par exemple la durée de 500 oscillations), et que l'approximation sur la mesure soit $0^s,1$ au commencement et à la fin. L'erreur est $0^s,2$. S'il s'agit d'un pendule battant à peu près la seconde, les 500 oscillations font 1 000 secondes. La durée d'oscillation T est donc connue à 1/5000 près.

Recommençons l'expérience et, *sans compter les oscillations,* déterminons seulement le temps Δ_2 qui s'écoule entre deux passages. Soit n_2 le nombre *encore inconnu* d'oscillations. Je dis qu'il est possible de le déterminer grâce à la première expérience, *pourvu qu'il ne soit pas trop grand.*

Utilisons la période T_1 déjà obtenue et faisons le quotient :

$$\Delta_2 : T_1 = n'_2.$$

Généralement n'_2 n'est pas un nombre entier; *le nombre n_2 qu'il faut choisir est l'entier le plus voisin de n'_2,* à la seule condition d'être sûr que l'erreur sur n'_2 est inférieure à une demi-unité en plus ou en moins. Or, d'après nos hypothèses, T_1 et par conséquent n'_2 sont connus à 1/5000 près : il faut donc que n'_2 soit inférieur à 2500. Admettons la même précision expérimentale que plus haut : le nombre n_2, et par conséquent la période T, sont maintenant connus avec une approximation de 1 : 12500.

Mais rien n'empêche de continuer et, *sans jamais plus compter des nombres d'oscillations,* d'opérer sur des temps de plus en plus grands et d'obtenir des approximations de plus en plus satisfaisantes.

On admet que l'erreur est de l'ordre de $0^s,1$ pour chaque passage, soit $0^s,2$ pour l'opération. S'il s'agit d'un pendule battant la seconde, c'est-à-dire dont la période est 2 secondes, l'erreur relative sur la période est :

$$0,1 : N = 1 : (10.N),$$

où N est le nombre d'oscillations.

On reproche à la méthode des passages que, par suite de l'amortissement, les passages ne se font pas de la même manière au commencement et à la fin de l'opération. L'équation personnelle (différence entre le temps vrai et le temps marqué par l'observateur) n'intervient pas de la même manière au commencement et à la fin. Les erreurs ne se retranchent pas. Dans le calcul précédent, nous admettons bien qu'elles s'ajoutent, mais nous les limitons à $0^s,1$. Or elles peuvent être beaucoup supérieures pour certains observateurs : la méthode perd toute précision.

397. **Mesure de la période : méthode des coïncidences. —** Cette méthode consiste à comparer *directement* la marche du pendule à étudier à celle du pendule d'une horloge, qui enregistre lui-même le nombre total de ses oscillations.

Les plans d'oscillation des deux pendules sont parallèles; *dans leurs positions d'équilibre,* deux fils prolongeant leurs tiges se projettent l'un sur l'autre pour un observateur *convenablement* placé. S'il regarde les fils à travers une lunette, il peut faire coïncider leurs images avec le réticule.

Supposons peu différentes les durées d'oscillations des pendules. Mettons-les en marche et admettons, pour simplifier le raisonnement, qu'aussitôt après le lancement les images des fils passent *simultanément* sur le réticule et avec des vitesses de même sens.

Soit T la durée d'oscillation du pendule P à étudier, T′ celle du pendule P′ de l'horloge de comparaison : soit $T' > T$. Le pendule P avance donc sur le pendule P′. Bientôt les images des fils ne passent plus simultanément sur le réticule de la lunette, c'est-à-dire par leurs positions d'équilibre. Le fil de P passe avant le fil de P′.

L'avance augmente; elle devient 1/2 oscillation : les fils passent alors simultanément sur le réticule de la lunette, mais avec des vitesses opposées. L'avance de P continue à croître. Enfin, au bout d'un temps Δ_1, l'avance de P est d'une oscillation entière : il y a encore coïncidence des fils lors de leur passage sur le réticule de la lunette avec des vitesses de même sens. Soit n le nombre des oscillations de P′, $n+1$ celui de P ; on a :

$$\Delta_1 = n\,T' = (n+1)T. \qquad (1)$$

Or le nombre n est donné par l'horloge; T′, exprimé en secondes de temps moyen (§ 297), résulte de la comparaison des indications de l'horloge au jour sidéral; on a tout ce qu'il faut pour calculer T en fonction de la seconde de temps moyen.

Rien n'empêche de déterminer le temps qui s'écoule entre $k+1$ coïncidences. On a :

$$\Delta_k = nT' = (n+k)T.$$

Nous supposons dans notre raisonnement que les coïncidences ont nécessairement lieu, et que leurs époques sont bien déterminées : ceci demande quelques explications.

Il n'y a aucune raison pour que les pendules passent jamais *au même instant* par leurs positions d'équilibre. Mais si rien n'oblige l'existence de coïncidences *mathématiques,* il est clair que les coïncidences *physiques* auront toujours lieu, à la seule condition que les périodes soient suffisamment voisines et les amplitudes suffisamment petites. *Corrélativement* l'époque de la meilleure coïncidence sera *grossièrement* déterminée; *les pendules paraîtront en coïncidence pour un nombre relativement grand de coïncidences approchées successives.*

L'équation (1) doit être remplacée par l'équation :

$$(n+\delta)T' = (n+\delta+1)T. \qquad (2)$$

D'où :

$$\frac{T}{T'}=\frac{n+\delta}{n+\delta+1}=\frac{n}{n+1}\left(1+\frac{\delta}{n}\right):\left(1+\frac{\delta}{n+1}\right)$$
$$=\frac{n}{n+1}\left[1+\frac{\delta}{n(n+1)}\right];$$

n est grand devant l'unité : l'erreur relative est donc $\delta : n^2$.

Comme on n'emploie que des oscillations de petites amplitudes, les pendules conservent leur mouvement pendant plusieurs heures, *pourvu que les couteaux soient bien travaillés*. L'exemple numérique suivant, emprunté au mémoire de Borda, montre la précision de la méthode. Admettons que les coïncidences se fassent toutes les 50 minutes, que l'on puisse observer 5 coïncidences, c'est-à-dire faire durer l'expérience pendant $4\times50=200$ minutes $=3^h20^m$, et qu'il y ait une incertitude de 30 secondes sur l'instant des coïncidences, c'est-à-dire que pendant 15 oscillations il soit impossible de distinguer les fils l'un de l'autre, lors de leur passage sur le réticule. En mettant les choses au pis, cela fait une erreur de 60 secondes, soit une minute sur 200. Mais cette erreur de $1 : 200$ sur le nombre n ne porte que sur une correction très petite. Les durées T' et T diffèrent en effet très peu. En 50 minutes, soit 3 000 secondes, il y a 1 501 *oscillations* de l'horloge et 1 500 du pendule qu'on lui compare. La différence relative est très approximativement de $1 : 1\,500$. Une erreur de $1 : 200$ sur cette différence est donc une erreur de

$$1 : (1\,500\times200)=1 : 300\,000$$

sur la quantité T à mesurer.

398. **Réalisation de la méthode des coïncidences.** — En visant avec une lunette deux objets qui, nécessairement, ne sont pas à la même distance, on obtient des images peu nettes; un perfectionnement notable consiste à projeter les plans d'oscillations l'un sur l'autre avec une lentille placée entre les deux pendules; on peut ainsi, sans diminuer la netteté des images, éloigner autant qu'on le veut les pendules l'un de l'autre et éviter qu'ils ne s'influencent par résonance.

On améliore la méthode d'observation par le dispositif suivant (fig. 288).

La figure montre en projections verticale et horizontale les extrémités du pendule P et du balancier B de l'horloge de comparaison. La lentille L donne de la pointe P du pendule une image qui se forme dans le plan d'une fente B portée par le balancier de l'horloge. Lorsque les appareils sont au repos, l'image de P apparaît sur la fente *symétriquement*, comme la montre la figure 289 B. L'éclairage est obtenu à l'aide d'une fente E *voisine* du pendule P et sur laquelle des miroirs et des lentilles envoient un faisceau de lumière. Enfin on vise dans le plan B à l'aide de la lunette ou du microscope V.

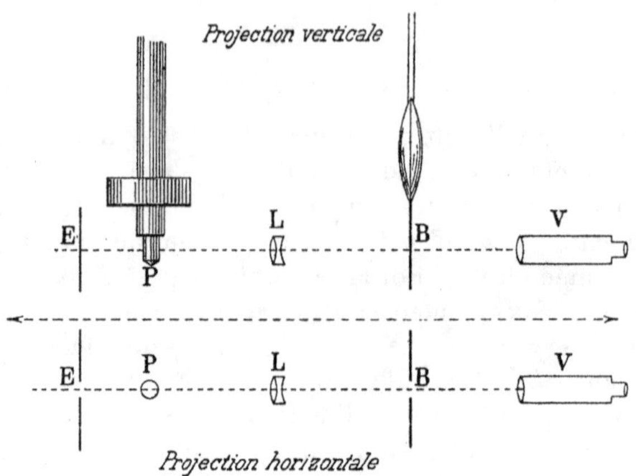

Fig. 288.

Lorsque le balancier oscille, on n'aperçoit la fente B dans la lunette que lorsqu'elle coïncide avec l'image (approximative) de E, c'est-à-dire quand elle passe par la verticale. Si les deux pendules oscillent et sont loin de la coïncidence, la fente B apparaît vide, formant fenêtre (figure 289 A), au moment de son passage par la verticale. Si la coïncidence approche, l'image de P empiète sur la fenêtre; au moment de la coïncidence, l'image de P se détache symétriquement sur la fenêtre : *les filets ab, cd, sont égaux.*

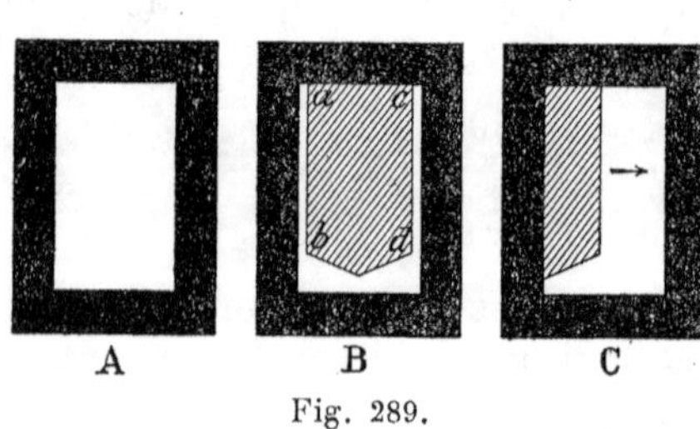

Fig. 289.

Pour déterminer l'oscillation de coïncidence, il est préférable de noter les numéros d'ordre des oscillations pour lesquelles, par exemple, le filet de gauche apparaît, puis le filet de droite disparaît. La moyenne donne le numéro d'ordre de l'oscillation pour laquelle la position est symétrique, c'est-à-dire pour laquelle la coïncidence a lieu.

399. **Pendule réversible de Kater; manipulation.** — Nous avons démontré ci-dessus (§ 390) le théorème suivant :

Étant donné un axe de rotation, il en existe toujours un second parallèle au premier, situé dans le plan passant par le premier et le centre d'inertie, tel que la durée d'oscillation autour des deux axes soit la même. De plus, cette durée est celle d'un pendule simple dont la longueur serait égale à la distance Δ *des deux axes :*

$$T = 2\pi \sqrt{\frac{\Delta}{g}}.$$

Dans le pendule de Kater (fig. 290), les deux axes O et O', représentés par les arêtes de deux couteaux, sont fixes. La distance $\Delta = \overline{OO'}$ est donnée. La masse m_1 est invariablement liée à la règle qui porte les couteaux. Il s'agit, par le déplacement d'une masse mobile m_2 le long de la règle, d'amener à l'égalité les durées d'oscillations autour des deux couteaux. Cette condition n'est réalisable que si la masse mobile a été prise assez grande et si sa course est suffisante.

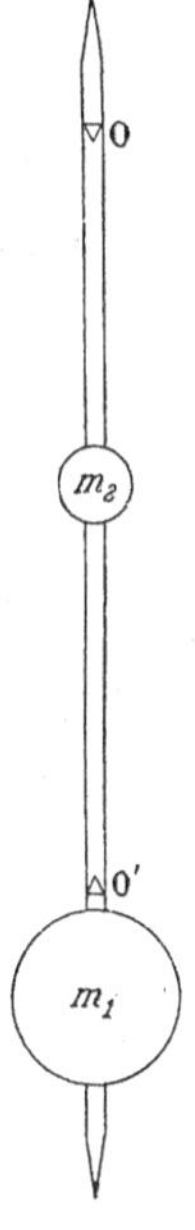

Fig. 290.

De la mesure de la distance Δ des couteaux et de la durée commune d'oscillation T (par comparaison avec une horloge réglée sur le temps sidéral, et par conséquent sur le temps moyen), on déduira la valeur de g.

Il est commode de faire les tâtonnements d'une manière systématique. Supposons la tige OO' graduée. *Le pendule oscillant autour de l'axe* O, déplaçons la masse m_2 ; déterminons la courbe PQ des périodes en fonction de la position de m_2 entre les points O et O' (fig. 291).

Retournons le pendule, déterminons la nouvelle courbe MN, bien plus inclinée que la première, des périodes en fonction de la position de m_2. Elles se coupent en un point R qui donne une première approximation de la position de m_2 pour laquelle les périodes sont égales. Le tâtonnement est ainsi singulièrement abrégé.

Cette expérience est excellente pour se familiariser avec la mesure des durées et les mouvements oscillatoires.

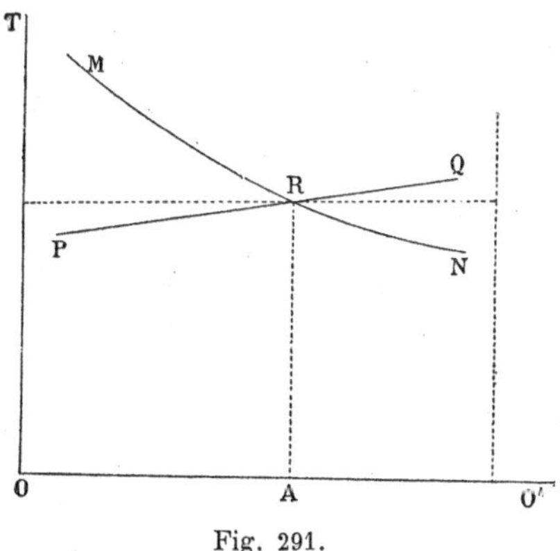

Fig. 291.

Pour mesurer g avec précision, on préfère opérer autrement.

400. Pendule de Bessel. — Le pendule est symétrique par rapport aux couteaux *quant à sa forme extérieure;* il ne doit pas être symétrique quant à sa masse. Donc il est muni de deux disques circulaires D de même grosseur, fixés normalement à la tige dans des positions semblables par rapport aux couteaux ; l'un est plein, l'autre creux et parfaitement étanche (fig. 292).

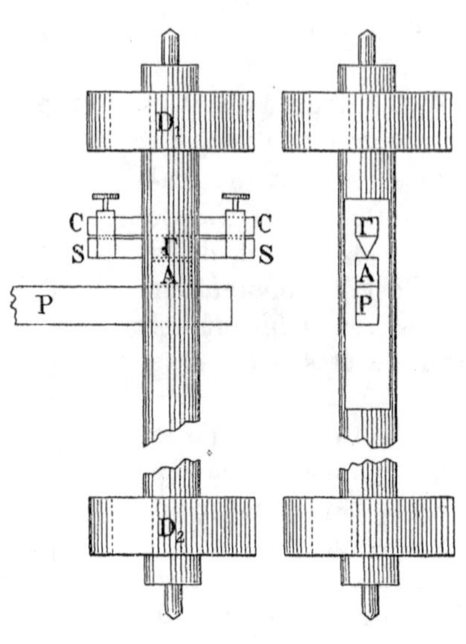

Fig. 292.

Les couteaux sont interchangeables. Il n'y a aucun moyen de réglage, on s'arrange seulement par construction, de manière que les périodes T et T′ soient très voisines.

Soit ρ le rayon de giration autour d'un axe parallèle aux couteaux passant par le centre d'inertie. On n'a plus $ll'=\rho^2$; il faut poser :

$$\rho^2 = ll' + \mu, \qquad \frac{\rho^2}{l} = l' + \frac{\mu}{l}, \qquad \frac{\rho^2}{l'} = l + \frac{\mu}{l'},$$

$$T^2 = \frac{4\pi^2}{g}\left(l + l' + \frac{\mu}{l}\right), \qquad T'^2 = \frac{4\pi^2}{g}\left(l + l' + \frac{\mu}{l'}\right);$$

d'où :

$$\tau^2 = \frac{4\pi^2}{g}(l + l') = \frac{lT^2 - l'T'^2}{l - l'}.$$

τ est calculable avec une grande approximation pourvu que T et T′ soient très peu différents ; il faut évidemment mesurer l et l', mais une grande approximation n'est pas nécessaire. Posons en effet :

$$T'^2 = T^2 + \varepsilon^2,$$

il vient :

$$\tau^2 = T^2 - \frac{\varepsilon^2 l'}{l - l'}.$$

Pour déterminer le centre d'inertie et par conséquent l et l', on fait reposer le pendule dont la tige est creuse et cylindrique, sur un double tronc de cône en acier, formant une sorte de gorge, mobile à l'aide d'une vis de rappel autour de l'axe commun des deux cônes. En faisant tourner lentement ce support, on amène le pendule en équilibre : le centre d'inertie du pendule et l'axe du support sont alors dans le même plan vertical. On parvient ainsi à déterminer l et l' facilement à un dixième de millimètre près. En général $l = 2l'$ par construction ; $l - l'$ vaut donc plus de 30 centimètres, le facteur du terme de correction est très bien déterminé (à 1/3000 environ dans notre hypothèse); puisque ε est petit, la correction est très petite, l'approximation de 1/3000 sur l et l' est plus que suffisante.

Là n'est pas le principal avantage de la méthode, comme nous le verrons plus loin.

La figure 292 représente schématiquement l'appareil. Sur le support S invariablement lié au pendule, s'appuie le couteau CCΓ qui est maintenu par des brides et des vis de pression. Le couteau repose sur le plan d'agate A porté par la potence P. Il existe au-dessus du disque D_2 un second dispositif symétrique non représenté. Le pendule est nécessairement évidé pour laisser passer la potence et le plan d'agate. Dans la partie droite de la figure, on a supprimé le support S pour montrer la relation entre le couteau et son appui.

401. **Influence de la courbure de la section droite du couteau.** — La suspension par couteau est très supérieure à la suspension ordinaire par ressorts, quand il s'agit de connaître exactement la position de l'axe de rotation.

Mais les couteaux n'ont pas une arête géométrique; Lagrange remarqua que leur section droite peut être assimilée dans sa partie utile à un cercle dont le rayon de courbure atteint facilement 200 microns. Nous sommes donc ramenés au problème suivant qui est un excellent exercice et dont on fera une bonne manipulation : *Un pendule est suspendu par un cylindre circulaire qui roule sans glisser sur un plan fixe : on demande la loi du mouvement* (fig. 293).

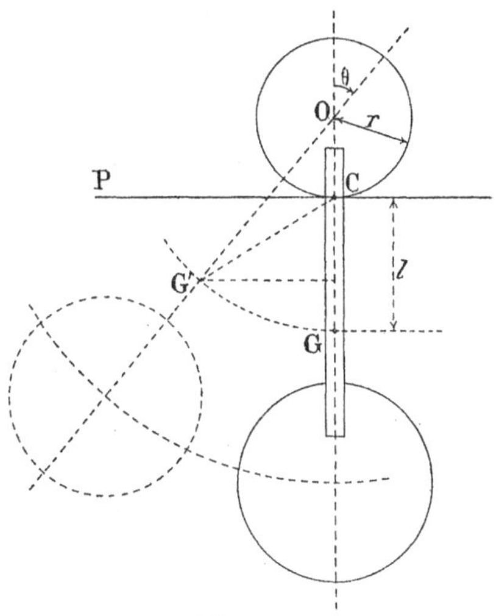

Fig. 293.

A chaque instant, le pendule admet comme axe instantané de rotation l'arête C de tangence du cylindre avec le plan P. Cherchons l'expression du moment d'inertie autour de cet axe. Nous appelons comme précédemment ρ le rayon de giration autour d'un axe passant par le centre d'inertie et parallèle aux génératrices du cylindre, r le rayon du cylindre, l la distance $\overline{GC}$ du cylindre au centre d'inertie. Pour une inclinaison θ, on a :

$$\overline{G'C}^2 = (r+l)^2 + r^2 - 2r(r+l)\cos\theta = l^2 + 4r(r+l)\sin^2(\theta : 2).$$

Le rayon de giration autour de l'axe instantané quand l'inclinaisan est θ, est donc : $\rho^2 + l^2 + 4r(r+l)\sin^2(\theta : 2)$.

Le centre d'inertie est au-dessus de la position du centre d'inertie pour l'équilibre, d'une quantité :

$$(r+l)(1-\cos\theta).$$

L'équation exprimant le théorème des forces vives est donc :

$$[\rho^2+l^2+4r(r+l)\sin^2(\theta:2)]\left(\frac{d\theta}{dt}\right)^2=2g(r+l)(\cos\theta-\cos\theta_0).$$

Le terme en $\sin^2(\theta:2)$ du premier membre est négligeable pour de petites oscillations, tant à cause de la petitesse de $\sin^2(\theta:2)$ que du coefficient r par lequel il est multiplié. Nous pouvons sans erreur sensible réduire l'équation à :

$$(\rho^2+l^2)\left(\frac{d\theta}{dt}\right)^2=2g(r+l)(\cos\theta-\cos\theta_0).$$

C'est l'équation ordinaire du mouvement d'un pendule dont la distance de l'axe au centre d'inertie est l, à la condition de remplacer l'intensité de la pesanteur :

$$g \quad \text{par} \quad g\left(1+\frac{r}{l}\right).$$

Ceci posé, soient r_1 et r_2 les rayons des deux couteaux. Complétons les équations du § 400. On a :

$$T^2=\frac{4\pi^2}{g}\left(l+l'+\frac{\mu}{l}\right)\left(1-\frac{r_1}{l}\right);$$

$$T'^2=\frac{4\pi^2}{g}\left(l+l'+\frac{\mu}{l'}\right)\left(1-\frac{r_2}{l}\right),$$

$$\tau_1^2=\frac{lT^2-l'T'^2}{l-l'}=\frac{4\pi^2}{g}(l+l')\left(1+\frac{r_2-r_1}{l-l'}\right).$$

On peut éliminer le terme en r_1 et r_2, en recommençant les expériences après avoir échangé les couteaux. On trouve :

$$\tau_2^2=\frac{4\pi^2}{g}(l+l')\left(1+\frac{r_1-r_2}{l-l'}\right).$$

D'où :

$$\tau_1^2+\tau_2^2=\frac{8\pi^2}{g}(l+l').$$

402. **Rôle du milieu ambiant.** — L'action de l'air est multiple. S'il n'agissait que par sa viscosité, nous verrons plus loin (§ 411) que la durée d'oscillation ne serait pas sensiblement augmentée.

Mais l'action de l'air accroît la durée d'oscillation, tant par l'entraînement d'une queue gazeuse qui augmente la masse à mouvoir, que par la diminution du poids qui tend à mouvoir cette masse (application du principe d'Archimède). Bessel, à qui sont dus les premiers travaux sur cette question, disait que le pendule se meut dans l'air comme il le ferait dans le vide, en supposant attachée au centre d'inertie une masse supplémentaire dépendant de toutes les conditions de l'expérience.

On tient suffisamment compte de cette perturbation au moyen d'un facteur de la forme $\left(1+\frac{\gamma}{l}\right)$ ou $\left(1+\frac{\gamma}{l'}\right)$.

Si le pendule est symétrique, l'action de l'air est la même après retournement du pendule ; elle s'élimine donc dans le calcul de τ, tout comme s'élimineraient les rayons de courbure, si l'on avait $r_2=r_1$.

Ainsi le pendule réversible, symétrique, à couteaux interchangeables de Bessel, élimine par quatre expériences les principales perturbations, à la condition que les mesures soient effectuées dans les mêmes conditions d'amplitude.

Nous reviendrons plus tard (Chapitre VIII) sur les perturbations dues à l'élasticité du support.

Mesure des couples et des moments d'inertie.

403. **Pendule de torsion.** — On appelle *pendule de torsion* le système formé d'un fil flexible, encastré verticalement par son extrémité supérieure et supportant une masse de forme *a priori* quelconque. Quand le système est abandonné à lui-même, le centre d'inertie de cette masse se met automatiquement dans la verticale du fil ; généralement on s'arrange de manière que cette droite soit un axe principal d'inertie pour le centre d'inertie et par conséquent pour tous ses points (§ 15).

Nous savons qu'alors la masse, lancée autour de la verticale, continue à tourner autour d'elle, que les forces extérieures soient nulles, ou qu'elles se réduisent à un couple d'axe vertical (§ 359).

La pesanteur est équilibrée par la tension du fil.

Nous admettrons que la réaction élastique du fil est donnée par la formule :

$$\Gamma=\frac{\pi}{2}\mu\frac{\theta R^4}{L}=C\theta\,;$$

μ s'appelle le *coefficient de rigidité*; R est le rayon en centimètres, L la longueur en centimètres ; θ est l'angle de torsion en radians.

On a alors, quelle que soit l'amplitude :

$$T=2\pi\sqrt{\frac{I}{C}},$$

où I est le moment d'inertie de l'oscillateur autour de l'axe de rotation.

L'ordre de grandeur du coefficient μ pour le cuivre est $4\,.\,10^{11}$.

Généralement on emploie comme unités, pour les longueurs, non plus le centimètre, mais le millimètre ; pour les forces, non plus la dyne-centimètre, mais le gramme-centimètre. Le coefficient doit être divisé par $9{,}81 \cdot 10^5$. On remplace le rayon par le diamètre, ce qui divise encore le coefficient par 16. Enfin on bloque de manière à écrire :

$$\Gamma = \gamma \frac{\theta D^4}{L}.$$

Il vient :

$$\gamma = \mu \frac{\pi}{2} \frac{1}{9{,}81 \cdot 10^5} \frac{1}{16} = \mu \, 10^{-7}.$$

Voici quelques nombres pour fixer les idées :

Fer : $\gamma = 76 \cdot 10^3$; cuivre : $\gamma = 40 \cdot 10^3$; argent : $\gamma = 27 \cdot 10^3$.

Soit, par exemple, un fil de cuivre d'un mètre de long $(L = 1000)$ et d'un millimètre de diamètre $(D = 1)$; quel est le couple en grammes-centimètres nécessaire pour le tordre d'un radian, soit 57° environ $(\theta = 1)$?

On a :

$$C = 40 \cdot 10^3 \frac{1}{10^3} = 40 \text{ grammes-centimètres.}$$

Pour un fil de fer, on trouverait 75 grammes-centimètres.

Il est bon de se rendre compte de la petitesse des couples mis en jeu dans un appareil de torsion, afin de comprendre son rôle dans la mesure des couples. Il faut pour tordre un fil d'argent d'un millimètre de diamètre et d'un mètre de long, de l'angle d'un radian, 27 grammes-centimètres environ. Si le fil a un diamètre d'un dixième de millimètre, soit 10 fois plus petit, le couple est $10\,000 = 10^4$ fois plus petit. Nous sommes ramenés à 2,7 milligrammes-centimètres, soit environ 2,64 ergs. Mais la méthode de Poggendorff (§ 414) permet d'apprécier aisément les 10 secondes d'arc, soit environ le 1/20˙000 de radian. En définitive, on mesure des couples qui ne dépassent pas $1{,}3 \cdot 10^{-4}$ ergs. Rien n'empêche dans bien des cas de prendre un fil plus fin.

404. **Détermination en valeur absolue d'un couple et d'un moment d'inertie. Manipulations.** — La détermination de C en valeur absolue implique la connaissance de I, et réciproquement. Il s'agit de trouver une seconde équation ne contenant encore comme inconnues que I et C; car la détermination directe du moment d'inertie du corps oscillant, d'après sa masse et sa forme géométrique, est généralement impossible, cette forme ne pouvant être choisie assez simple.

La méthode générale consiste à augmenter le moment d'inertie d'une quantité *connue* I′.

On obtient alors une nouvelle durée d'oscillation T' donnée par la formule :

$$T' = 2\pi\sqrt{\frac{I + I'}{C}}.$$

De ces deux équations, on tire :

$$I = I' . \frac{T^2}{T'^2 - T^2}, \qquad C = \frac{4\pi^2 I'}{T'^2 - T^2},$$

expressions qui résolvent le problème.

Voici comment on applique la méthode (fig. 294). Deux masses *m*, *de forme géométrique simple*, peuvent être placées à des distances connues *d* de l'axe AB autour duquel oscille le système. Le moment d'inertie de chacune de ces masses est $(\rho^2 + d^2)m$, en appelant ρ le rayon de giration autour d'un axe parallèle à l'axe AB et passant par le centre de gravité de chaque masse. Ce rayon de giration est directement calculé d'après la forme géométrique.

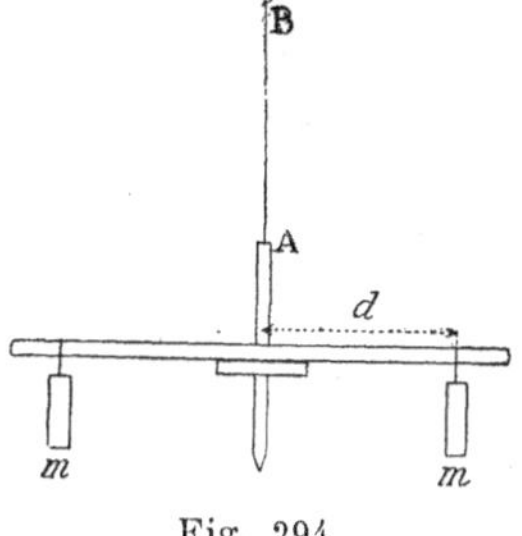

Fig. 294.

On peut, dans une première expérience, faire osciller le système sans ces masses, puis dans une seconde le faire osciller avec ces masses, placées à une distance *d* connue de l'axe. L'inconvénient de cette méthode est de changer le poids de l'oscillateur d'une expérience à l'autre.

On peut encore faire deux expériences avec deux distances *d* aussi différentes que possible. On connaît dans les deux techniques la quantité I' dont le moment d'inertie est augmenté ; on a tout ce qui est nécessaire pour calculer C et I en valeurs absolues.

Le lecteur fera avec des fils de très intéressantes manipulations.

Laissant invariable l'oscillateur, limitant, par une pince fixe et placée à diverses hauteurs, la longueur utile du fil qui produit le couple, il vérifiera la loi des longueurs. Le couple est en raison inverse de la longueur ; la durée d'oscillation est proportionnelle à la racine carrée de la longueur.

Pour déterminer la constante absolue du fil, il utilisera, comme il est dit plus haut, des masses dont il calculera le moment d'inertie. Des cylindres, des prismes de plomb ou de laiton, sont faciles à obtenir dans les laboratoires et font bien l'affaire. Il mesurera les dimensions à l'aide d'un pied à coulisse.

Il ne mesurera pas directement le diamètre du fil ; le résultat serait par trop inexact, à cause des variations possibles du diamètre qui entre à la quatrième puissance.

Il mesurera le poids, la longueur et la densité, par suite le volume : cette dernière opération fournira une excellente occasion d'apprendre à se servir d'une balance.

On trouvera au § 414 la description de la méthode d'observation.

Le même appareil permet de démontrer que les ressorts spiraux plans (ressorts de petites pendules) ou les ressorts à boudins cylindriques produisent des couples proportionnels à l'angle de torsion.

On suspendra l'oscillateur par un fil très mince dont on déterminera la constante. *Tout en conservant le fil,* on installera le ressort spiral plan ou hélicoïdal. On vérifiera que les oscillations effectuées sous l'influence *de la somme* des couples dus au fil et au ressort, sont encore isochrones, et on déterminera la nouvelle constante C de torsion. Le moment de l'oscillateur doit être très grand par rapport à celui du ressort, pour qu'on puisse négliger celui-ci.

Les expériences précédentes sont très heureusement complétées par celles du § 608.

405. Moment magnétique d'un aimant; champ magnétique. Tout ce que nous avons dit du pendule composé s'applique à un aimant permanent oscillant dans un champ uniforme.

L'état intérieur d'un corps aimanté d'une manière permanente est complètement défini quand on se donne en chaque point un vecteur $\mathfrak{J}$ (de composantes A, B, C) appelé *intensité d'aimantation.* Soit dv un élément de volume. On appelle *moment magnétique* de cet élément le vecteur, parallèle à $\mathfrak{J}$, de composantes :

$$A dv, \qquad B dv, \qquad C dv.$$

On admet que dans un champ d'intensité H (représenté par un vecteur de composantes X, Y, Z), l'élément est soumis à un couple dont l'axe est normal au plan des vecteurs $\mathfrak{J}$ et H, et dont la grandeur est l'aire du parallélogramme construit sur ces vecteurs.

Il résulte immédiatement de là que les composantes du couple auquel est soumis l'élément sont (§ 35) :

$$(BZ - CY)\,dv, \qquad (CX - AZ)\,dv, \qquad (AY - BX)\,dv.$$

Ceci posé, considérons un corps aimanté placé dans un champ uniforme, c'est-à-dire tel que le vecteur H soit constant en grandeur et direction. Il est soumis à un couple dont les composantes sont :

$$L = Z\int B dv - Y\int C dv = Z\mathcal{B} - Y\mathcal{C},$$

$$M = X\int C dv - Z\int A dv = X\mathcal{C} - Z\mathcal{A},$$

$$N = Y\int A dv - X\int B dv = Y\mathcal{A} - X\mathcal{B}.$$

Le corps aimanté *placé dans un champ uniforme* est assimilable à une particule dont le moment magnétique a pour composantes :

$$\mathcal{A} = \iiint A dv, \qquad \mathcal{B} = \iiint B dv, \qquad \mathcal{C} = \iiint C dv.$$

L'étude des oscillations d'un aimant autour d'un axe se déduit immédiatement de là.

Prenons l'axe de rotation pour axe des z. Seul intervient le couple N. Choisissons l'axe Ox parallèle à la projection du champ H sur le plan xOy; il faut poser $Y = 0$. Enfin appelons M le vecteur $\sqrt{\mathcal{A}^2 + \mathcal{B}^2}$, et θ l'angle qu'il fait avec l'axe Ox.

On a :
$$N = -MX \sin \theta.$$

L'équation du mouvement est :
$$I \frac{d^2\theta}{dt^2} = -MX \sin \theta.$$

Nous sommes ramenés au pendule composé. En particulier, les oscillations sont isochrones, si leurs amplitudes sont petites.

406. **Autre manière de présenter les mêmes hypothèses.** — Voici une manière de présenter les mêmes hypothèses qui a l'avantage d'introduire des centres d'inertie et des flux.

Le milieu étant magnétiquement défini par le vecteur $\mathfrak{J}$, posons :
$$\rho = -\left(\frac{\partial A}{\partial x} + \frac{\partial B}{\partial y} + \frac{\partial C}{\partial z}\right) = -\,\text{Div.}(A, B, C);$$
$$\sigma = \mathfrak{J} \cos \varphi.$$

ρ sera, en grandeur et en signe, la densité de volume d'une masse fictive que nous appellerons *magnétisme;* ρdv sera donc la quantité *positive ou négative* de magnétisme que renferme l'élément dv. Nous admettrons que cette masse, placée dans un champ magnétique H, subit une force $\rho H dv$, dans le sens du vecteur H si elle positive, dans le sens inverse si elle est négative. Ce qui revient à dire que la force a pour composantes, en grandeurs et en signes :
$$\rho X dv, \qquad \rho Y dv, \qquad \rho Z dv.$$

Voilà pour l'intérieur du corps. Passons à la surface.

En tout point de la surface, la normale *dirigée vers l'extérieur* fait avec le vecteur $\mathfrak{J}$ l'angle φ. Nous admettons l'existence sur la surface d'une densité superficielle de magnétisme représentée en grandeur et en signe par $\sigma = \mathfrak{J} \cos \varphi$. La masse supportée par l'élément d'aire dS est donc :
$$\mathfrak{J} dS \cos \varphi = \sigma dS.$$

Par hypothèse, le champ H agit sur cette masse superficielle comme sur les masses intérieures.

Ceci posé, cherchons l'action d'un champ *uniforme* sur un corps aimanté comme on voudra, c'est-à-dire pour lequel on se donne une distribution arbitraire du vecteur $\mathfrak{J}$.

THÉORÈME.

La masse totale de magnétisme est nulle.

Cela revient à dire que la relation :

$$-\iiint\left(\frac{\partial A}{\partial x}+\frac{\partial B}{\partial y}+\frac{\partial C}{\partial z}\right)dx\,dy\,dz+\iint \mathfrak{J}\cos\varphi\,dS=0,$$

est vérifiée, quelle que soit la surface fermée d'intégration. C'est évident, car l'une et l'autre de ces expressions représentent (au signe près) le flux du vecteur A, B, C, à travers la surface (§ 47). Comme elles sont de signes contraires, la somme est nulle.

Corollaire I.

Les composantes de l'action d'un champ uniforme quelconque sont nulles. L'action est purement directrice.

Corollaire II.

Déterminons les centres d'inertie respectifs de toutes les masses positives et de toutes les masses négatives ; nous les appelons *pôles* de l'aimant. Le théorème nous apprend qu'aux pôles peuvent être considérées comme concentrées des masses égales et de signes contraires.

La théorie des oscillations de l'aimant dans un champ *uniforme* se déduit immédiatement de là. Il peut être considéré comme un pendule ayant deux centres d'inertie de mêmes masses, le champ produisant sur ces centres des forces égales et de signes contraires.

Dans bien des cas, la position des pôles se calcule aisément.

Soit par exemple un cylindre circulaire d'aimantation uniforme et parallèle aux génératrices, terminé par des sections droites. Le magnétisme se réduit à deux couches de densité $\pm\mathfrak{J}$, recouvrant les sections droites ($\varphi=0$). Les pôles sont les centres de ces sections. Le moment magnétique du corps est un vecteur passant par ces pôles et dont la grandeur est :

$$\mathfrak{J}.LS=\mathfrak{J}.V;$$

L est la longueur du cylindre, S est l'aire de la section droite, V le volume.

407. **Manipulation avec des aimants.** — Les oscillations des aimants permettent d'instructives expériences.

En particulier, nous conseillons de faire osciller autour d'un axe vertical, en le suspendant par un fil métallique fin, un système de deux aimants montés sur une masse métallique et pouvant prendre une inclinaison arbitraire sur l'horizon. On pourra faire ainsi varier le moment d'inertie et en même temps le couple (composante utile du moment magnétique). La mesure des durées d'oscillation dans le champ terrestre fournira des vérifications du calcul pour toutes les inclinaisons.

408. **Manipulation avec un caoutchouc ou un ressort à boudin.** — Reprenons (fig. 295) l'expérience dont il est parlé au § 339.

Un ressort à boudin (ou un caoutchouc) est fixé en un point A à une pièce qu'on peut déplacer soit verticalement, soit horizontalement. Une barre tourne autour de l'axe horizontal O ; elle porte deux lourdes masses M et M′ qu'on peut déplacer le long de la barre et fixer à l'aide de vis de pression.

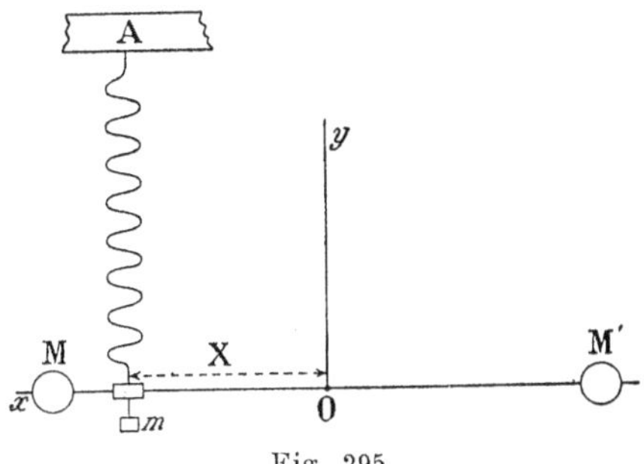

Fig. 295.

Nous admettrons qu'à partir d'une longueur quelconque L du ressort (dont la longueur est L_0 quand la tension est nulle) il faut, pour produire un *petit* allongement Y, un accroissement de force EY. Cela n'implique en aucune manière que la force soit proportionnelle à l'allongement total $L-L_0$; la force est une fonction *a priori* quelconque de cet allongement. Nous admettons seulement que Y est assez petit pour qu'au voisinage de $Y=0$, nous puissions remplacer par un élément de droite la courbe reliant la force à l'allongement total $L-L_0$. En d'autres termes, E qui est généralement une fonction de $L-L_0$ sera considérée comme une constante pour de petites variations de longueur Y au voisinage de la longueur actuelle L (Voir § 339).

La tension du ressort est équilibrée par une masse convenable *m*, de manière que la barre soit horizontale quand les masses M et M′ sont équidistantes de part et d'autre de l'axe O.

Dans le mouvement du système, nous n'avons plus à tenir compte de la pesanteur.

Soit I le moment d'inertie de la barre et des masses M, M′, *m*; l'équation du mouvement est :

$$I\frac{d^2\theta}{dt^2}+EYX=0.$$

Mais on a sensiblement :

$$Y=\theta X;$$

d'où : $$I\frac{d^2\theta}{dt^2}+EX^2.\theta=0, \qquad T=2\pi\sqrt{\frac{I}{EX^2}}=\frac{2\pi}{X}\sqrt{\frac{I}{E}}.$$

L'expérience consistera à modifier la distance X, tout en laissant le ressort vertical et tendu de la même manière : on vérifiera la constance du produit TX. Assurément, quand on éloigne la masse *m* de l'axe O, le moment d'inertie I croît. Mais l'accroissement est négligeable si les masses M et M′ sont grandes.

On pourra changer la position des masses et étudier les variations de I. Soit x leur distance à l'axe O; on vérifiera que I est de la forme :

$$I = I_0 + I_1 x^2.$$

Enfin on changera la tension du ressort et on déterminera pour diverses tensions la valeur du paramètre E. S'il s'agit d'un ressort à boudin, on vérifiera que E est sensiblement indépendant de l'allongement total $L - L_0$; ce qui signifie que la fonction reliant la tension à l'allongement total est linéaire. Il n'en est plus ainsi si on utilise un caoutchouc.

Nous conseillons au lecteur d'effectuer ces manipulations avec le plus grand soin et de déterminer toutes les quantités en valeurs absolues.

CHAPITRE V

AMORTISSEMENT ET ENTRETIEN DES MOUVEMENTS OSCILLATOIRES

Frottements.

409. **Frottement proportionnel à la vitesse, couple proportionnel à l'élongation.** — L'équation du mouvement est :

$$I\frac{d^2\theta}{dt^2}+f\frac{d\theta}{dt}+C\theta=0. \qquad (1)$$

Le corps tourne autour d'un axe; il est ramené à sa position d'équilibre par un couple $\Gamma=C\theta$, proportionnel à l'élongation θ. Il subit une force $f\frac{d\theta}{dt}$, toujours opposée au déplacement actuel et proportionnelle à la vitesse : elle constitue le *frottement*.

Suivant la valeur de la constante f *qui mesure le frottement*, l'intégrale de l'équation (1) est un mouvement sinusoïdal amorti (périodique) ou un mouvement apériodique. Dans ce dernier cas, le corps écarté de sa position d'équilibre y revient sans osciller.

Pour que le mouvement soit périodique, il faut que f soit assez petit pour satisfaire à la condition :

$$4CI-f^2>0.$$

L'intégrale est : $$\theta=\theta_0 e^{-\lambda t}\sin\omega t. \qquad (2)$$

Substituons (2) dans (1); il vient comme conditions :

$$\omega=\frac{2\pi}{T'}, \qquad T'=2\pi\sqrt{I:\left[C-\frac{f^2}{4I}\right]}, \qquad \lambda=\frac{f}{2I}.$$

Les oscillations sont encore isochrones. Le mobile passe à sa position d'équilibre $\theta=0$, avec une vitesse de même sens (points A, C, E, ... de la figure 296), à des temps séparés par un nombre entier de fois la période T'.

Les passages à la position d'équilibre avec des vitesses de sens contraires se font à des intervalles $T' : 2$, égaux à la moitié de la période.

Les passages aux points α, β, γ, ..., de vitesses nulles, se font aux temps donnés par la condition :

$$\frac{d\theta}{dt}=0, \qquad e^{-\lambda t}[-\lambda \sin \omega t+\omega \cos \omega t]=0, \qquad \operatorname{tg} \omega t=\frac{\omega}{\lambda}.$$

Comme λ est généralement très petit vis-à-vis de ω (nous donne-

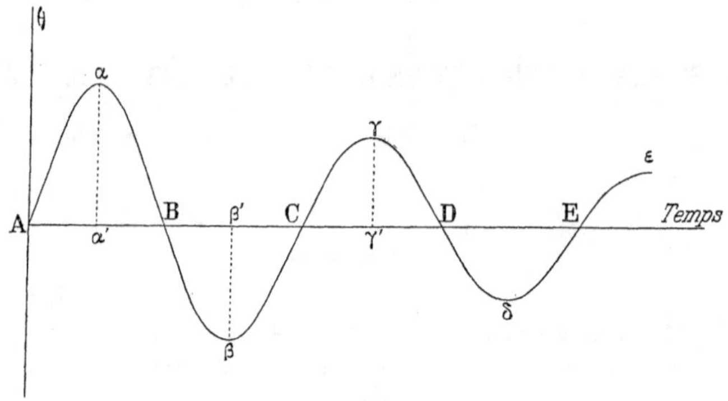

Fig. 296.

rons tout à l'heure des nombres), $\omega : \lambda$ est très grand. L'angle ωt est donc voisin de $\pi : 2$, et un peu plus petit que $\pi : 2$.

Posons $\omega t=\pi : 2-\varepsilon$; développons en série :

$$\operatorname{tg} \omega t=\operatorname{tg}\left(\frac{\pi}{2}-\varepsilon\right)=\operatorname{cotg} \varepsilon=\frac{\omega}{\lambda}, \qquad \operatorname{tg} \varepsilon=\frac{\lambda}{\omega}, \qquad \varepsilon=\frac{\lambda}{\omega}.$$

$$\overline{A\alpha'}=\frac{\pi}{2\omega}-\frac{\lambda}{\omega^2}=\frac{T'}{4}-\frac{\lambda}{\omega^2}.$$

On trouverait évidemment de même :

$$\overline{\alpha' B}=\frac{T'}{4}+\frac{\lambda}{\omega^2}.$$

La demi-oscillation n'est donc pas coupée en deux parties égales par le passage à la vitesse nulle. Le temps nécessaire pour aller de la position d'équilibre à l'élongation maxima est un peu plus petit que le temps nécessaire pour revenir à la position d'équilibre.

Expérimentalement, cela n'a aucune importance, parce qu'on ne mesure jamais les durées d'oscillations à partir des positions de vitesse nulle ; elles seraient trop mal déterminées.

410. **Variation des amplitudes.** —

Les amplitudes décroissent en progression géométrique.

Soient Θ_1 et Θ_2 les amplitudes consécutives du même côté de la position d'équilibre, $\alpha\alpha'$, $\gamma\gamma'$, par exemple. D'après ce qui précède, le mobile y parvient à des temps t et $t+T'$.

On a donc

$$\Theta_1 = \theta_0\omega^{-\lambda t}\sin\omega t, \qquad \Theta_2 = \theta_0^{-\lambda t-\lambda T'}\sin(\omega t+\omega T').$$

Que t corresponde ou non à un maximum pour $\sin\omega t$, toujours est-il qu'on a :

$$\omega T' = 2\pi, \qquad \sin\omega t = \sin(\omega t + \omega T').$$

D'où :

$$\Theta_1 : \Theta_2 = e^{\lambda T'}.$$

Le rapport est constant : les amplitudes décroissent donc en progression géométrique.

On remarquera que le résultat est plus général que cet énoncé. *Les amplitudes obtenues aux temps* $t+kT'$, *où* t *est quelconque et* k *est la suite des nombres entiers, forment une progression géométrique.* Mais la proposition n a d'intérêt pratique que pour les amplitudes (élongations maxima). Les temps consécutifs d'observation diffèrent alors *automatiquement* de T' ; de plus, comme l'élongation est maxima, une petite erreur sur les temps d'observation est sans importance.

Si λ est petit, on a :

$$e^{\lambda T'} = 1 + \lambda T',$$

$$\lambda T' = \frac{\Theta_1 - \Theta_2}{\Theta_2} = \delta.$$

La quantité δ qui mesure la diminution relative d'amplitude est immédiatement accessible à l'expérience.

411. **Période T sans amortissement, T' avec amortissement.** — Comparons la période T' avec amortissement à la période T sans amortissement. On a :

$$T = 2\pi\sqrt{\frac{I}{C}}, \qquad \frac{T'}{T} = 1 : \sqrt{1-\frac{f^2}{4IC}} = 1 + \frac{f^2}{8IC} = 1 + \frac{f^2T^2}{32\pi^2I^2}.$$

Or :

$$\delta = \lambda T' = \frac{fT'}{2I} = \frac{fT}{2I} \quad \text{sensiblement.}$$

D'où :

$$\frac{T'}{T} = 1 + \frac{\delta^2}{8\pi^2}.$$

Admettons par exemple que la diminution relative d'amplitude soit d'un dixième, $\delta = 0,1$. C'est déjà un amortissement considérable. Les amplitudes forment la série :

100, 91, 83, 75, 68, 62, 57, 52, 47, ...

On trouve :

$$T' : T = 1,000\,127 ;$$

la différence dépasse à peine un dix-millième. D'où la proposition très importante :

Un frottement proportionnel à la vitesse ne modifie pas sensiblement la durée d'oscillation pourvu qu'il ne soit pas trop grand.

Du reste la variation est très facile à déterminer.

Ce résultat ne vaut évidemment que pour f petit. Si f croît beaucoup, T', qui d'abord ne dépend pas de f, croît ensuite énormément et devient infini pour une certaine valeur de f. Nous sommes ainsi amenés aux phénomènes apériodiques.

412. **Énergie absorbée.** — Reprenons la question d'une manière plus générale. Supposons que l'amortissement soit une fonction quelconque de la vitesse, développable en série suivant les puissances croissantes de la vitesse. L'équation du mouvement est :

$$I\frac{d^2\theta}{dt^2}+C\theta+f_1v+f_2v^2+f_3v^3+\ldots=0,\qquad v=\frac{d\theta}{dt}.$$

Comme les termes amortissants ne sont par hypothèse que des perturbations, posons comme première approximation :

$$\theta=\Theta\sin\omega t.$$

Le travail des frottements pendant une demi-oscillation, de

$$t_1=-T:4 \qquad \text{à} \qquad t_2=T:4,$$

est :

$$W=\int_{t_1}^{t_2}(f_1v+f_2v^2+f_3v^3+\ldots)d\theta,$$

expression dans laquelle il suffit de remplacer v par la valeur approchée $\Theta\omega\cos\omega t$.

Posons :

$$I_n=\int_{-\frac{\pi}{2}}^{+\frac{\pi}{2}}\cos^{n+1}\beta\,.\,d\beta;$$

$$I_1=\frac{\pi}{2},\qquad I_2=\frac{4}{3},\qquad I_3=\frac{3\pi}{8},\qquad I_4=\frac{16}{15},\qquad I_5=\frac{5\pi}{16}.$$

On a *par demi-oscillation :*

$$W=f_1I_1\omega\Theta^2+f_2I_2\omega^2\Theta^3+f_3I_3\omega^3\Theta^4+\ldots$$

Nous choisissons les limites t_1 et t_2, parce qu'entre elles le cosinus ne change pas de signe. Or par nature les frottements doivent toujours produire un travail négatif. Quand n est pair, il faut changer le signe de f au bout des oscillations. Pour obtenir l'énergie absorbée pour une période entière, il suffit de multiplier par deux l'expression que nous avons trouvée.

Au bout des oscillations, l'énergie potentielle (de déformation, s'il s'agit d'un fil parfaitement élastique) est :

$$C\int_0^{\Theta}\theta\,d\theta=\frac{C\Theta^2}{2}.$$

Quand l'élongation décroît de $\Delta\Theta$, cette énergie varie d'une quantité qui doit compenser l'absorption due aux forces amortissantes.

Si nous mesurons le $\Delta\Theta$ du même côté de la position d'équilibre, c'est-à-dire pour une période, nous avons donc :

$$C\Theta \,.\, \Delta\Theta = 2W, \qquad \frac{\Delta\Theta}{\Theta} = \frac{2}{C}[f_1 I_1 \omega + f_2 I_2 \omega^2 \Theta + \ldots].$$

En particulier, si le frottement est proportionnel à la vitesse, on a :

$$I_1 = \frac{\pi}{2}, \qquad \frac{\Delta\Theta}{\Theta} = \delta = \frac{\pi f_1 \omega}{C} = \frac{f_1 T}{2I}.$$

C'est la formule trouvée plus haut (§ 411).

D'une manière générale, l'amortissement δ s'exprime par un développement où se trouvent les puissances de ω ou de $1 : T$ qui entrent dans le développement du frottement en fonction de la vitesse.

Cet exemple est intéressant, comme montrant la manière de traiter les perturbations.

413. **Mouvements apériodiques.** — Si le frottement est suffisant, le mouvement cesse d'être périodique. L'intégrale devient :

$$\theta = e^{-\lambda t}\left(Ae^{-kt} + Be^{kt}\right),$$

avec les conditions :

$$\lambda = \frac{f}{2I}, \qquad k = \lambda\sqrt{1 - \frac{4CI}{f^2}} = \frac{1}{2I}\sqrt{f^2 - 4CI}.$$

Les constantes d'intégrations sont A et B.

Écrivons que pour $t = 0$, la vitesse est nulle et l'élongation θ_0 ; l'intégrale générale devient :

$$\theta = \theta_0 \frac{e^{-\lambda t}}{2k}\left[(k - \lambda)e^{-kt} + (k + \lambda)e^{kt}\right].$$

Si f est énorme, $k = \lambda$; on a sensiblement $\theta = \theta_0$. Le mobile ne tend plus à revenir à sa position d'équilibre.

Quel que soit f, le mobile met un temps infini à revenir à sa position d'équilibre. Il arrive à une fraction déterminée $\theta_1 : \theta_0$, de l'élongation initiale au bout d'un temps qui croît à mesure que f croît et qui devient infini en même temps que f.

Racines égales.

Si les racines sont égales, l'intégrale est :

$$\theta = e^{-\lambda t}(A + Bt), \qquad \text{avec la condition :} \qquad \lambda = \sqrt{C : I}.$$

Écrivons que pour $t = 0$, la vitesse est nulle et l'élongation θ_0 ; l'intégrale générale devient :

$$\theta = \theta_0 e^{-\lambda t}(1 + \lambda t).$$

Le mobile arrive à une fraction déterminée de son élongation initiale en un temps t donné par la relation : $\lambda t =$ Constante. Il est paradoxal qu'il diminue quand le frottement augmente. Mais dans le cas limite où nous sommes, le frottement est lié aux autres caractéristiques de l'appareil; on ne peut le faire varier, *les racines restant égales,* qu'en modifiant le couple ou le moment d'inertie. Pour que λ croisse, il faut que le couple augmente ou que le moment d'inertie diminue, *conditions qui diminuent la période de l'oscillateur non soumis à des frottements.* Il n'est pas étonnant que les mouvements *avec frottement* deviennent plus rapides.

414. Manipulations. — L'expérience la plus simple consiste à utiliser le dispositif du § 404, en installant un système amortisseur.

L'air suffit à amortir les oscillations; on peut admettre que *pour les mouvements très lents que nous étudions,* le frottement est proportionnel à la vitesse.

L'amortissement d'un pendule de torsion est dû, non seulement à l'air, mais encore au fil. Sans insister sur le mécanisme de l'absorption d'énergie, toujours est-il que la matière déformée en absorbe. Pour de très petites oscillations, on admet généralement que le frottement est proportionnel à la vitesse.

Pour se rendre compte des phénomènes, on diminue autant que possible ces absorptions en utilisant un mince fil d'acier et en donnant à l'oscillateur une forme sur laquelle l'air ait peu de prise : un système cylindrique réalise cette dernière condition. On crée alors un frottement supplémentaire variable.

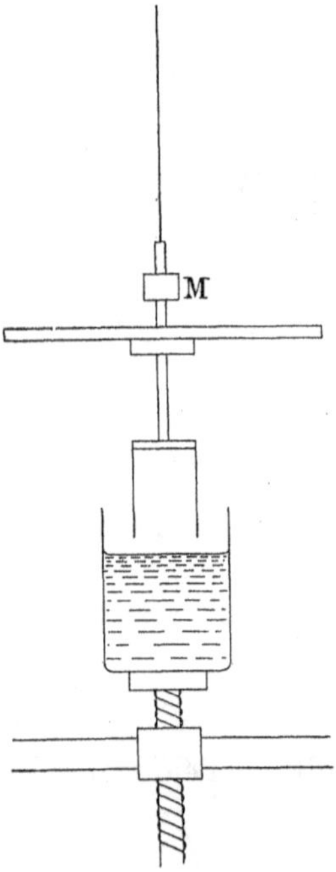

M

Fig. 297.

Par exemple, on plonge plus ou moins dans un liquide une surface cylindrique mince liée à l'oscillateur (fig. 297). Une vis permet de soulever le vase contenant le liquide. Le frottement est à peu près exactement proportionnel à la vitesse et à la surface immergée. En modifiant le liquide, on vérifie que sa nature influe beaucoup sur la grandeur des phénomènes.

Un autre procédé consiste (fig. 298) à utiliser les phénomènes d'induction électrique. On démontre qu'un disque D (de cuivre rouge par exemple), tournant dans un champ invariable (dû à l'aimant NS par exemple), subit un frottement proportionnel à la vitesse. On fait varier le frottement en éloignant plus ou moins l'aimant.

On mesure les amplitudes par la méthode de Poggendorff (fig. 299).

On vise une échelle à l'aide d'un viseur, par réflexion sur le miroir vertical M lié à l'oscillateur. Comme échelles on utilise des règles en bois mince, graduées en millimètres, qu'on cloue sur des formes circulaires en bois BB. On en fait ainsi des circonférences dont le centre doit coïncider avec l'axe de rotation de l'oscillateur.

Quand le miroir tourne, l'image de la règle se déplace par rapport

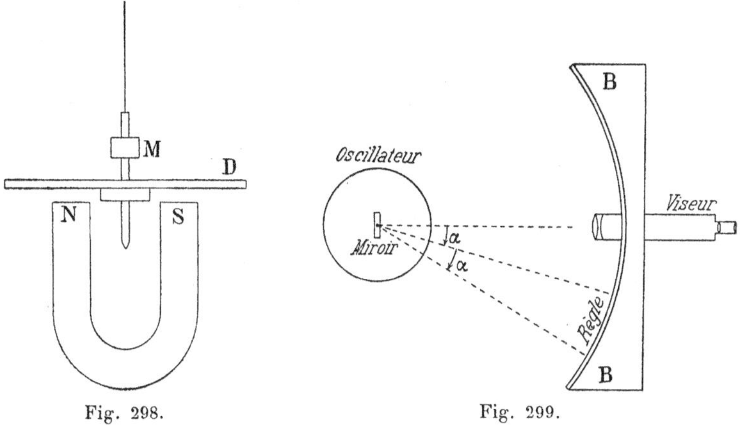

Fig. 298. Fig. 299.

au réticule de la lunette. On démontre immédiatement que si le miroir tourne de l'angle α, les traits de la règle qui viennent sur le réticule sont à une distance *angulaire* 2α de ceux qui s'y trouvaient précédemment (fig. 299).

Si la règle est à un mètre de l'axe de l'oscillateur, un degré de rotation du miroir vaut un déplacement de :

$$17^{mm},45 \times 2 = 34^{mm},90.$$

On observe aisément au 1/10 de millimètre, soit environ au 1/360 de degré, soit encore à 10 secondes d'arc près.

Équation et fonctions de Bessel.

A la question du frottement sur les corps oscillants se rattache une série de problèmes dont les solutions dépendent de *l'équation et des fonctions de Bessel*. Comme elles interviennent à chaque instant en Physique, nous allons montrer comment la Mécanique en fournit une représentation très simple. C'est un excellent exemple de l'aide réciproque que les sciences mathématiques appliquées fournissent aux sciences mathématiques pures, quand il s'agit d'acquérir une idée générale de l'allure des fonctions.

415. Équation de Bessel. — On appelle *équation de Bessel* l'équation différentielle du second ordre :

$$\frac{d^2\theta}{dt^2}+\frac{1}{t}\frac{d\theta}{dt}+\left(1-\frac{n^2}{t^2}\right)\theta=0; \qquad (1)$$

n est un nombre quelconque que nous supposerons généralement entier.

Les *fonctions de Bessel* sont des intégrales *particulières* de l'équation (1).

Étudions d'abord les propriétés de l'intégrale générale.

Nous avons affaire au mouvement d'un mobile sollicité par une force $C\theta$ et soumis à un frottement $fd\theta : dt$. Si l'on veut, c'est le mouvement oscillatoire d'un pendule dans un milieu résistant; mais les coefficients C et f sont maintenant des fonctions du temps.

Après un temps suffisant, C devient constant, f s'annule. D'où la conclusion évidente : le mouvement tend comme limite vers une oscillation pendulaire très lentement amortie.

Pour une valeur suffisante du temps *et un intervalle assez petit,* on pourra donc toujours poser :

$$\frac{d^2\theta}{dt^2}+\theta=0, \qquad \theta=\theta_0\sin\omega t+\theta_1\cos\omega t; \qquad \omega=\frac{2\pi}{T}=1, \qquad T=2\pi.$$

Le phénomène tend donc à être périodique avec 2π pour période.

A la vérité, θ_0 et θ_1 sont des fonctions lentement décroissantes du temps.

Ne considérons que les valeurs positives de t. Pour $t=0$, le frottement est infini; mais sauf pour $n=0$, la force est également infinie et tend à écarter le corps de sa position d'équilibre.

416. Fonctions J de Bessel. — Les fonctions J de Bessel sont des intégrales particulières de l'équation de Bessel pour les valeurs entières de n. Elles sont définies par les séries :

$$J_n(t)=\frac{t^n}{2^n n!}\left[1-\frac{t^2}{2.(2n+2)}+\frac{t^4}{2.4.(2n+2)(2n+4)}\right.$$
$$\left.-\frac{t^6}{2.4.6.(2n+2)(2n+4)(2n+6)}+\ldots\right]. \qquad (1)$$
$$n!=1.2.3\ldots n, \qquad 0!=1.$$

Ce sont des intégrales particulières : en effet nous posons que pour $t=0$, $J_n=0$, excepté pour J_0 qui vaut 1.

Nous nous donnons de plus la vitesse initiale.

On a pour $t=0$: $\qquad \dfrac{dJ_n}{dt}=0,$

excepté J_1 pour laquelle on a : $\dfrac{dJ_1}{dt}=\dfrac{1}{2}.$

La fonction J_n satisfait bien à l'équation de Bessel.

Considérons en effet deux termes consécutifs qui sont de la forme, au facteur $\pm 2^n n!$, près :

$$-\frac{t^{n+2s}}{2.4\dots 2s.(2n+2)(2n+4)\dots(2n+2s)},$$

$$\frac{t^{n+2s+2}}{2.4\dots(2s+2).(2n+2)\dots(2n+2s+2)}.$$

Les termes qui seront en t^{n+2s} après la substitution dans l'équation différentielle, proviennent de l'un ou l'autre de ces termes : trois proviennent du second, un du premier. Négligeant les facteurs communs, on vérifiera l'identité :

$$(n+2s+2)(n+2s+1)+(n+2s+2)$$
$$-(2s+2)(2n+2s+2)-n^2=0.$$

Voici quelques formules fondamentales reliant entre elles les fonctions de Bessel. On a : $\frac{dJ_n}{dt}=\frac{n}{t}J_n-J_{n+1}.$ (2)

Pour vérifier cette identité, il suffit d'utiliser le terme en t^{n+2s+2} (ci-dessus écrit et appartenant à J_n) où l'on rétablira le facteur $[1:(2^n n)!]$, et le terme suivant de J_{n+1} :

$$\frac{1}{2^{n+1}(n+1)!}\,\frac{t^{n+1+2s}}{2.4\dots 2s.(2n+6)\dots(2n+2s+2)}.$$

On a encore : $\frac{dJ_n}{dt}=\frac{1}{2}(J_{n-1}-J_{n+1}).$ (3)

Éliminant $dJ_n : dt$, entre (2) et (3), il reste :

$$J_{n-1}-\frac{2n}{t}J_n+J_{n+1}=0. \quad (4)$$

La formule (3) ne s'applique pas à $n=0$; on vérifie l'identité :

$$\frac{dJ_0}{dt}=-J_1. \quad (5)$$

Il est facile d'obtenir les dérivées successives des fonctions J en fonction les unes des autres; il suffit de dériver (3) :

$$\frac{d^2J_n}{dt^2}=\frac{1}{2}\left(\frac{dJ_{n-1}}{dt}-\frac{dJ_{n+1}}{dt}\right)=\frac{1}{4}\left[(J_{n-2}-J_n)-(J_n-J_{n+2})\right],$$

$$4\frac{d^2J_n}{dt^2}=J_{n-2}-2J_n+J_{n+2}. \quad (6)$$

Et ainsi de suite.

Conformément au § 415, on démontre que la valeur asymptotique de $J_0(t)$ est : $J_0(t)=\sqrt{\frac{2}{\pi t}}\cos\left(t-\frac{\pi}{4}\right).$ (7)

Voici les zéros de cette dernière fonction ; on donne au-dessous les zéros exacts de J_0 :

2,36	5,50	8,64	11,78	14,92	18,06	21,21
2,40	5,52	8,65	11,79	14,93	18,06	21,21

La différence est insignifiante à partir du sixième.

Comme on a exactement : $d\mathfrak{J}_0/dt = -J_1$,

il résulte de la formule (7) que les zéros de J_1 sont bientôt exactement intermédiaires aux zéros de J_0 ; et inversement. Voici les premiers zéros de J_1 et les valeurs intermédiaires :

0 3,83 7,02 10,17 13,32 16,47 19,62
1,92 5,43 8,60 11,75 14,90 18,04

En d'autres termes, les zéros sont donnés par les formules :

pour J_0 $\qquad t = (k - 0{,}25)\pi$,

pour J_1 $\qquad t = (k - 0{,}75)\pi$,

sauf pour les petites valeurs entières de k qui est le numéro d'ordre du zéro.

417. **Pendule de longueur variable**. — Le problème suivant utilise les fonctions de Bessel. Voici d'abord la question usuelle qui lui a donné naissance : une benne est remontée dans un puits de mine ; elle oscille ; on demande quelle est l'influence sur les oscillations de l'enroulement de la corde sur le treuil.

Reprenons les équations du § 388 pour le pendule simple ; rapportons-les à l'unité de masse :

$$\frac{d^2x}{dt^2} + \frac{\mathfrak{T}x}{l} = 0, \qquad \frac{d^2z}{dt^2} + \mathfrak{T}z - g = 0.$$

Ces équations restent vraies dans tous les cas, que l soit constant ou non. Éliminons $\mathfrak{T}$:

$$\left(z\,\frac{d^2x}{dt^2} - x\,\frac{d^2z}{dt^2}\right) + gx = 0.$$

Les conditions : $z = l\cos\theta$, $x = l\sin\theta$, donnent :

$$\left(z\,\frac{d^2x}{dt^2} - x\,\frac{d^2z}{dt^2}\right) = \frac{d}{dt}\left(z\,\frac{dx}{dt} - x\,\frac{dz}{dt}\right) = \frac{d}{dt}\left(l^2\,\frac{d\theta}{dt}\right).$$

D'où l'équation différentielle :

$$\frac{d}{dt}\left(l^2\,\frac{d\theta}{dt}\right) + gl\sin\theta = 0.$$

Pour les petites amplitudes (les seules que nous considérons), elle se réduit à :

$$\frac{d^2\theta}{dt^2} + \frac{2}{l}\,\frac{dl}{dt}\,\frac{d\theta}{dt} + \frac{g\theta}{l} = 0. \tag{1}$$

Bornons-nous au cas où la longueur varie proportionnellement au temps : $l = a + bt$, $\frac{d\theta}{dt} = b\frac{d\theta}{dl}$, $\frac{d^2\theta}{dt^2} = b^2\frac{d^2\theta}{dl^2}$;

$$\frac{d^2\theta}{dl^2} + \frac{2}{l}\frac{d\theta}{dl} + \frac{g}{b^2}\frac{\theta}{l} = 0. \qquad (2)$$

Posons $l\theta = \Theta$, $\lambda = b^2 l : g$. L'équation (2) devient :

$$\frac{d^2\Theta}{d\lambda^2} + \frac{\Theta}{\lambda} = 0. \qquad (3)$$

Les équations (2) et (3) se ramènent aisément à l'équation de Bessel d'ordre 1 ; par conséquent, des *solutions particulières* de (2) et (3) sont immédiatement calculables par les tables de la fonction J_1.

Posons : $\Theta = \frac{\psi}{2} J(\psi)$, $\psi = 2\sqrt{\lambda}$.

On a :

$$\frac{d\psi}{d\lambda} = \frac{1}{\sqrt{\lambda}} = \frac{2}{\psi}, \qquad \frac{d^2\psi}{d\lambda^2} = -\frac{2}{\psi^2}\frac{d\psi}{d\lambda} = -\frac{4}{\psi^3};$$

$$\frac{d\Theta}{d\lambda} = \frac{d\Theta}{d\psi}\frac{d\psi}{d\lambda} = \frac{d\Theta}{d\psi}\frac{2}{\psi}, \qquad \frac{d^2\Theta}{d\lambda^2} = -\frac{4}{\psi^3}\frac{d\Theta}{d\psi} + \frac{4}{\psi^2}\frac{d^2\Theta}{d\psi^2}.$$

Substituons dans l'équation (3), il vient la nouvelle forme :

$$\frac{d^2\Theta}{d\psi^2} - \frac{1}{\psi}\frac{d\Theta}{d\psi} + \Theta = 0. \qquad (4)$$

Il ne reste plus qu'à exprimer Θ et ses dérivées en fonction de J ; il n'y a aucune difficulté, puisque ce sont des fonctions de la même variable ψ. Substituant dans (4), on trouve :

$$\frac{d^2J}{d\psi^2} + \frac{1}{\psi}\frac{dJ}{d\psi} + \left(1 - \frac{1}{\psi^2}\right)J = 0, \qquad (5)$$

qui est l'équation de Bessel d'ordre 1.

Les formes (2), (3), (4), (5), sont équivalentes. Le lecteur s'amusera à leur trouver des interprétations mécaniques.

Comme solution particulière, on a la fonction J_1 :

$$\theta = \frac{b}{\sqrt{g}}\frac{1}{\sqrt{l}} J_1\left(\frac{2b}{\sqrt{g}}\sqrt{l}\right).$$

Admettons cette solution particulière ; cherchons à quels temps ou, ce qui revient au même, à quelles longueurs correspondent les élongations maxima. Il faut que :

$$\frac{d}{dy}\left[\frac{1}{y}J_1(y)\right] = 0, \qquad \frac{dJ_1}{dy} - \frac{J_1}{y} = 0, \qquad y = \frac{2b}{\sqrt{g}}\sqrt{l}.$$

D'après la formule (2) du § 416, cela revient à écrire :

$$J_2\left[\frac{2b}{\sqrt{g}}\sqrt{l}\right] = 0. \qquad (6)$$

Réciproquement, nous serons sûrs que la solution particulière convient, si nous lâchons le pendule hors de la verticale et sans vitesse angulaire pour une des longueurs en nombre infini qui satisfont à la condition (6).

Allure du phénomène.

On se rend immédiatement compte de l'allure du phénomène en étudiant l'équation (1).

Suivant que le poids descend ou monte, la vitesse $dl : dt$ est positive ou négative, le frottement est un frottement au sens ordinaire du mot (force qui s'oppose au mouvement) ou un frottement négatif (force dirigée dans le sens du mouvement).

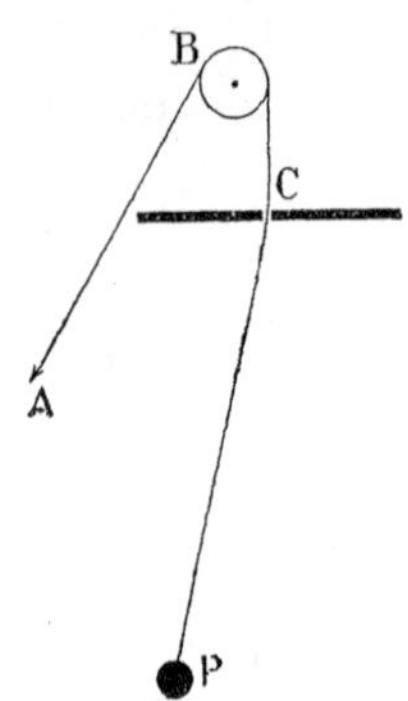

Fig. 300.

Le lecteur fera l'expérience (fig. 300). Il constatera que si on tire sur le fil AB, l'amplitude des oscillations augmente ; elle diminue si on laisse descendre le pendule.

Comme l'amplitude croît pendant le raccourcissement du pendule, et décroît pendant son allongement, il ne s'ensuit pas *a priori* que l'énergie cinétique maxima augmente. En effet, maintenons au pendule une longueur constante l: l'énergie cinétique maxima, ou encore la somme constante de l'énergie cinétique et de l'énergie potentielle *pour cette longueur* l a pour expression : $mgl\theta_0^2 : 2$.

418. **Fonctions** I **de Bessel.** — Remplaçons dans l'équation de Bessel t par ti $(i^2 = -1)$. Elle prend la forme :

$$\frac{d^2\theta}{dt^2} + \frac{1}{t}\frac{d\theta}{dt} - \left(1 + \frac{n^2}{t^2}\right)\theta = 0. \tag{1}$$

Nous avons maintenant un mouvement apériodique. La force tend toujours à éloigner le mobile de sa position d'équilibre ; pour un temps t suffisant *et un intervalle assez petit*, le frottement devenant nul et la force proportionnelle à l'écart, la solution est exponentielle. Nous retrouvons donc avec des coefficients variables les deux cas précédemment traités (§§ 409 et sq.) pour des coefficients constants.

Le mobile s'éloigne indéfiniment et avec des vitesses croissantes.

Comme solutions *particulières* de (1), nous considérons les *fonctions* I *de Bessel* définies par la relation :

$$\mathrm{I}_n(t) = i^{-n}\mathrm{J}_n(it),$$

$$\mathrm{I}_n = \frac{t_n}{2^n n!}\left[1 + \frac{t^2}{2(2n+2)} + \frac{t^4}{2.4.(2n+2)(2n+4)} + \cdots\right]. \tag{1}$$

On démontrera comme précédemment les propriétés :

$$\frac{dI_n}{dt} = \frac{n}{t} I_n + I_{n+1}, \tag{2}$$

$$\frac{dI_n}{dt} = I_{n-1} - \frac{n}{t} I_n, \tag{3}$$

$$I_{n+1} + \frac{2n}{t} I_n - I_{n-1} = 0, \tag{4}$$

$$\frac{dI_0}{dt} = I_1. \tag{5}$$

Entretien d'une oscillation par déplacement de la position d'équilibre ou du centre d'inertie.

419. **Déplacement brusque de la position d'équilibre.** — Soit un mobile qui se meut suivant la loi (courbe AOC... de la figure 301) :

$$\theta = \theta_0 \sin \omega t, \qquad u = \omega \theta_0 \cos \omega t; \tag{1}$$

u représente sa vitesse pour l'élongation actuelle θ. Brusquement on

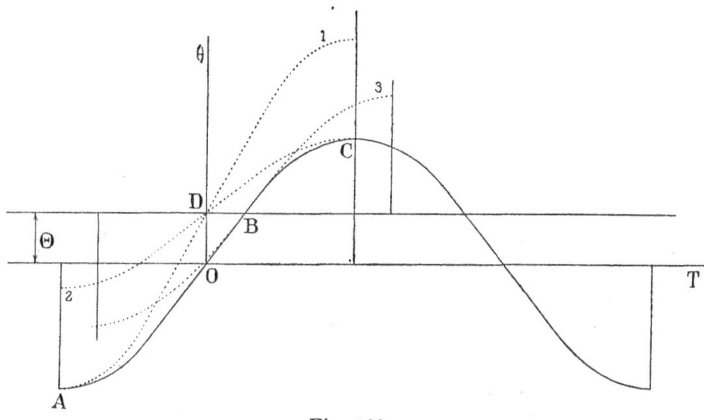

Fig. 301.

amène la position d'équilibre dans l'azimut Θ. On ne change évidemment pas la période de l'oscillation; elle continue à se faire suivant la même loi, mais autour de l'azimut Θ. On doit poser :

$$\theta' = \Theta + \theta'_0 \sin(\omega t - \alpha), \qquad u' = \omega \theta'_0 \cos(\omega t - \alpha). \tag{2}$$

Déterminons la nouvelle amplitude θ'_0 et la phase α, par la condition que :

$$\theta = \theta', \qquad u = u',$$

quand s'est effectué le changement, c'est-à-dire pour le temps défini par la condition :

$$\theta = \theta_0 \sin \omega t.$$

Les équations à satisfaire sont :

$$\theta_0(\theta - \Theta) = \theta_0'\theta \cos\alpha - \theta_0'\sqrt{\theta_0^2 - \theta^2}\sin\alpha,$$

$$\theta_0\sqrt{\theta_0^2 - \theta^2} = \theta_0'\sqrt{\theta_0^2 - \theta^2}\cos\alpha + \theta_0'\theta\sin\alpha.$$

Élevons au carré et additionnons; divisons membre à membre; il vient :

$$\theta_0'^2 = \theta_0^2 + \Theta^2 - 2\theta\Theta, \qquad \operatorname{tg}\alpha = \frac{\Theta\sqrt{\theta_0^2 - \theta^2}}{\theta_0^2 - \Theta\theta}. \tag{3}$$

DISCUSSION.

Si le changement s'effectue quand le mobile est aux points A et C de la courbe figurative de son mouvement (points pour lesquels la vitesse est nulle), on a :

$$\theta = \mp\theta_0; \qquad \operatorname{tg}\alpha = 0, \qquad \alpha = 0; \qquad \theta_0' = \theta_0 \pm \Theta.$$

Le changement de phase est nul; c'est alors que l'amplitude varie le plus. Les nouvelles sinusoïdes sont les courbes en pointillé 1 et 2, tangentes à la sinusoïde primitive respectivement en A ou en B. Leurs maximums, minimums et zéros sont synchrones des maximums, minimums et zéros de la sinusoïde primitive.

Si le changement se fait pour $\theta = 0$, on a :

$$\theta_0'^2 = \theta_0^2 + \Theta^2, \qquad \operatorname{tg}\alpha = \Theta : \theta_0.$$

Le changement de phase est maximum quand $\theta = \Theta$, c'est-à-dire quand le changement s'effectue lorsque le mobile passe au point B. On a :

$$\theta_0'^2 = \theta_0^2 - \Theta, \qquad \operatorname{tg}\alpha = \Theta : \sqrt{\theta_0^2 - \Theta^2}.$$

Le changement de phase est représenté *en temps* par la distance BD.

Si le déplacement Θ est assez petit pour qu'on puisse négliger son carré, il reste :

$$\delta\theta_0 = -\Theta\sin\omega t, \qquad \delta\alpha = \frac{\Theta}{\theta_0}\cos\omega t.$$

420. **Manipulations.** — L'expérience vulgaire montre que, pour lancer un pendule tenu à la main, on imprime à l'extrémité supérieure de petits déplacements horizontaux lorsque le pendule atteint ses positions extrêmes. Pour diminuer l'amplitude des oscillations, on procède de même, mais en changeant le sens des petits mouvements.

On réalise ainsi assez exactement la condition $\theta = \pm\theta_0$, étudiée au paragraphe précédent; mais l'expérience est réitérée toutes les demi-oscillations.

La théorie ne s'applique au pendule que si les oscillations sont assez petites, puisque c'est seulement à cette condition que la loi sinusoïdale est vérifiée.

Elle s'applique bien plus rigoureusement à un pendule de torsion;

d'où une intéressante manipulation. On fixe l'extrémité supérieure du fil à une pièce tournant autour d'un axe vertical et à laquelle on peut imprimer un petit déplacement angulaire limité par des buttoirs. La figure 302 la représente vue d'en haut.

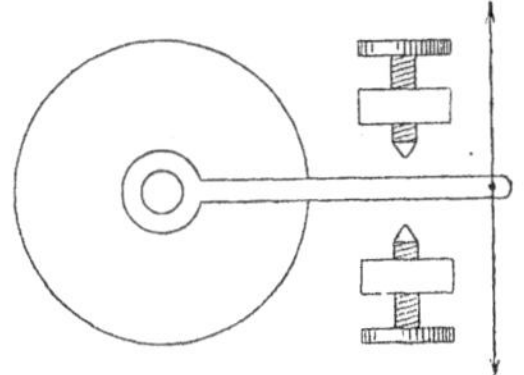

Fig. 302.

Si on opère exactement au bout des oscillations, on modifie l'amplitude sans toucher à la phase ; on ne change pas la période. Il serait cependant assez difficile d'obtenir par ce procédé une constance absolue de la période, car $\operatorname{tg}\alpha$ varie relativement vite au voisinage de $\theta=\theta_0$. Le procédé est au contraire excellent pour maintenir une amplitude constante malgré les frottements.

421. **Déplacement continu du point de suspension d'un pendule.** — Nous avons démontré au § 95 que *l'accélération absolue est égale à l'accélération relativement à un système d'axes entraînés, plus l'accélération d'entraînement, à la condition que le mouvement d'entraînement soit une translation.*

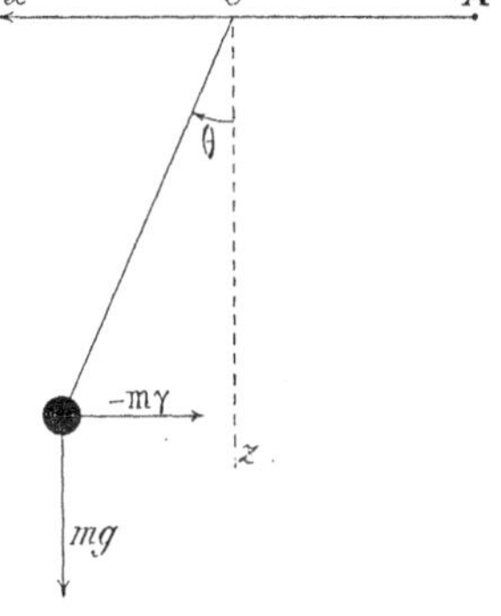

Fig. 303.

Imaginons un pendule dont le point de suspension décrive une droite horizontale suivant une loi quelconque. Prenons pour axe de référence la verticale qui passe par le point de suspension (fig. 303) ; soit :

$$\gamma=\frac{d^2x}{dt^2},$$

l'accélération du point de suspension O (*accélération d'entraînement*).

Pour obtenir le mouvement relatif, nous devons donc appliquer au centre d'inertie du pendule, verticalement la pesanteur mg, horizontalement la force $-m\gamma$. D'où l'équation rigoureuse du mouvement :

$$\mathrm{I}\frac{d^2\theta}{dt^2}+ml(g\sin\theta+\gamma\cos\theta)=0.$$

Si les amplitudes sont petites, l'équation se simplifie :

$$\mathrm{I}\frac{d^2\theta}{dt^2}+ml(g\theta+\gamma)=0.$$

Si le pendule peut être réduit à un point pesant, il reste :

$$l\frac{d^2\theta}{dt^2}+g\theta+\gamma=0. \qquad (1)$$

Nous retrouverons ce problème au Chapitre VII sur les oscillations entretenues.

Cas particulier.

Bornons-nous pour l'instant au cas où le point O est animé d'un mouvement de même période que celui du pendule. Posons :

$$\theta = \theta_0 \sin \omega t - \theta_1 t \cos(\omega t - \delta), \qquad x = x_0 \sin(\omega t - \delta).$$

Substituons dans l'équation (1); il vient :

$$\omega = \sqrt{g : l}, \qquad \theta_1 = \frac{\omega x_0}{2l}.$$

On peut écrire la valeur de θ sous la forme :

$$\theta = \Theta \sin(\omega t - \Delta),$$

$$\Theta^2 = \theta_0^2 + \theta_1^2 t^2 - 2\theta_0\theta_1 t \sin \delta, \qquad \operatorname{tg} \Delta = \frac{\theta_1 t \cos \delta}{\theta_1 t \sin \delta - \theta_0}.$$

Soit maintenant x_0 assez petit pour qu'on puisse négliger le terme en θ_1^2; il reste :

$$\Theta^2 = \theta_0^2 - 2\theta_0\theta_1 t \sin \delta, \qquad \Delta = 0. \tag{2}$$

L'oscillation ne change pas de forme; seule son amplitude varie à mesure que dure l'expérience.

Calculons cette variation d'une autre manière.

Multiplions les deux termes de l'équation (1) par $ml\,d\theta$, et intégrons pour une oscillation entre deux passages à la position d'équilibre. Le second terme disparaît; il reste :

$$\left[\frac{ml^2}{2}\left(\frac{d\theta}{dt}\right)^2\right]_0^T = \left[\frac{ml^2}{2}\Theta^2\omega^2\right]_0^T = -\int_0^T ml\gamma\,d\theta.$$

$$\int_0^T \gamma\,d\theta = -\Theta x_0\omega^3 \int_0^T \sin(\omega t - \delta)\cos \omega t\,dt = \Theta x_0 \omega^3 \frac{T}{2}\sin \delta.$$

D'où la condition :

$$\Delta\left[\frac{ml^2}{2}\Theta^2\omega^2\right]_0^T = -ml\Theta x_0\omega^3\frac{T}{2}\sin \delta.$$

La variation de Θ^2 entre les temps 0 et T, est $\Theta^2 - \theta_0^2$; toute réduction faite, il reste :

$$\Theta^2 = \theta_0^2 - 2\theta_0\theta_1 T \sin \delta,$$

et par conséquent la formule (2), quand on fait durer indéfiniment l'expérience.

Discussion et expérience.

L'amplitude reste constante pour $\delta = 0$, $\delta = \pi$.

Elle est au contraire le plus variable possible pour :

$$\delta = \frac{\pi}{2}, \qquad \delta = \frac{3\pi}{2}.$$

Tout ceci confirme ce que l'expérience vulgaire nous apprend.

La figure 304 montre les positions correspondantes de la masse du pendule et de l'extrémité supérieure du fil pour le meilleur lancement. La phase de cette extrémité est *en avance* de $\pi : 2$; on a alors $\delta = -\pi : 2$. En effet, tant que le pendule redescend (de 1 à 2), l'extrémité supérieure du fil se trouvant entre les positions 1 et 2, la force (qui est accélératrice) est plus grande que si l'extrémité restait immobile en 1. Au contraire, quand le pendule remonte (de 2 à 3),

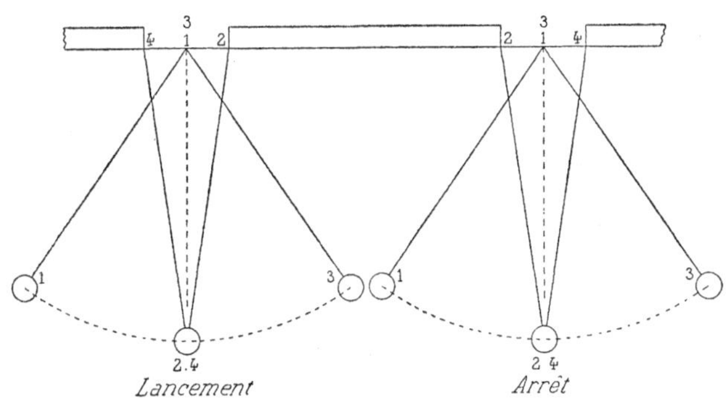

Fig. 304.

la force (qui est retardatrice) est plus petite que si l'extrémité supérieure restait immobile en 1.

De même pour l'autre moitié de l'oscillation.

Pour arrêter le pendule, on change de π la phase du mouvement de l'extrémité supérieure.

Quand on lance le pendule à la main, le mouvement communiqué au point de suspension n'est pas strictement sinusoïdal; on retombe sur la théorie du § 419.

Nous trouvons que l'amplitude ne varie pas pour :

$$\delta = 0, \qquad \delta = \pi.$$

Reprenons ce cas particulier. Posons :

$$\theta = \theta_0 \sin \omega t, \qquad x = \rho\theta_0 \sin \omega t.$$

L'équation (1) est satisfaite avec la valeur de ω :

$$\omega = \sqrt{g : (l + \rho)}\,.$$

Tout se passe comme si la longueur du pendule était augmentée si les mouvements ont une différence de phase nulle $(\rho > 0)$, diminuée si le décalage est de π $(\rho < 0)$.

Nous aurons l'occasion d'utiliser au § 462 l'équilibre relatif du pendule sous l'influence de son poids et de l'accélération de son extrémité supérieure.

422. Entretien par déplacement du centre de gravité. — Un pendule simple de masse m, de poids p et de longueur l oscille avec une amplitude θ_0. Au passage par la verticale nous diminuons *brusquement* de Λ la longueur du fil de suspension (fig. 305).

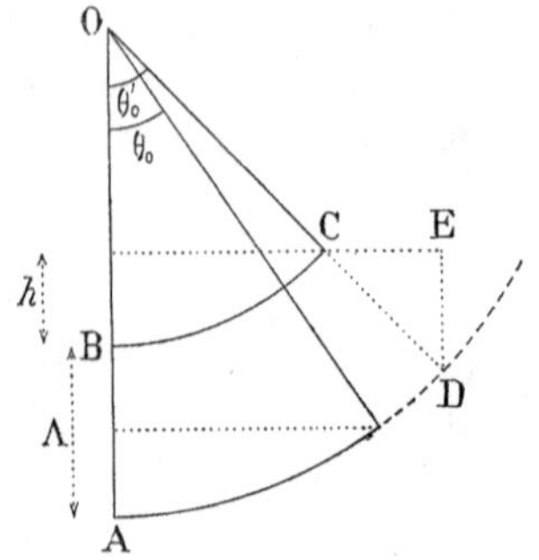

Fig. 305.

Nous pouvons admettre (ce n'est rien moins qu'évident) que le travail dépensé pour obtenir ce raccourcissement est :

$$\mathcal{T} = p\Lambda.$$

Voici la difficulté rencontrée dans cette évaluation. Quand le mobile passe par la position d'équilibre, la vitesse angulaire est $\theta_0\omega$, puisque le mouvement est représenté par l'équation :

$$\theta = \theta_0 \sin \omega t.$$

La force centrifuge est donc : $m\theta_0^2\omega^2 l$.

Elle augmente la tension du fil; on est tenté d'en tenir compte dans l'évaluation du travail de raccourcissement. Mais si, *par hypothèse,* on diminue *brusquement* la longueur du fil, on modifie la trajectoire *qui devient rectiligne,* sauf tout à fait au début, où son rayon de courbure est très petit. Le travail de la force centrifuge est par conséquent négligeable.

Nous n'avons pas modifié la vitesse *linéaire du mobile normalement au fil;* sa vitesse angulaire est donc après le raccourcissement :

$$\theta_0 \omega l : (l - \Lambda).$$

D'une manière plus générale, la force vive du mobile n'étant pas changée, il doit parvenir à une élongation θ_0' qui corresponde à la même hauteur h que précédemment au-dessus du niveau de passage par la verticale. D'où la condition :

$$h = (l - \Lambda)(1 - \cos \theta_0') = l(1 - \cos \theta_0). \qquad (1)$$

Lorsque le mobile est en C, ramenons-le en D suivant la trajectoire CD. Il descend de $\overline{\text{ED}}$; nous récupérons un travail :

$$\mathcal{T}' = p\Lambda \cos \theta_0'.$$

Mais alors il repart du point D et parvient au point A avec une vitesse supérieure à celle du précédent passage; l'amplitude a passé de θ_0 à θ_0'; son énergie a augmenté de :

$$W = pl(\cos \theta_0 - \cos \theta_0').$$

Montrons que cette énergie est fournie par le travail exécuté en tirant sur le fil : $\qquad W = \mathcal{T} - \mathcal{T}'.$

On vérifiera en effet que la condition :

$$pl(\cos\theta_0 - \cos\theta'_0) = p\Lambda(1 - \cos\theta'_0),$$

est identique à la condition (1).

L'entretien des oscillations d'une escarpolette se ramène pour la majeure partie au phénomène précédent. Alternativement l'opérateur fléchit les jambes et se redresse.

Impulsions.

423. **Impulsion appliquée à un corps tournant autour d'un axe fixe.** — Soit Γ le moment du couple appliqué. Nous avons à chaque instant, en appelant u la vitesse angulaire :

$$I\frac{d^2\theta}{dt^2} = \Gamma, \qquad I\,du = \Gamma\,dt.$$

Nous supposons que la durée d'action du couple est très petite. Nous appelons *impulsion* ou *percussion* l'intégrale par rapport au temps :

$$\mathfrak{J} = \int \Gamma\,dt = I\int du = Iu_2 - Iu_1.$$

L'impulsion est donc mesurée par la variation de la quantité Iu, produit du moment d'inertie par la vitesse angulaire, qui joue dans le problème actuel le même rôle que la *quantité de mouvement* dans le cas des déplacements linéaires.

424. **Application au pendule.** — Un pendule, d'abord au repos, reçoit une impulsion $\mathfrak{J}$. On demande jusqu'à quelle élongation il ira, à partir de sa position d'équilibre. On néglige les frottements.

Écrivons que le travail effectué contre les forces de la pesanteur est égal à l'énergie cinétique au départ. Soit p le poids, l la distance du centre d'inertie à l'axe de rotation; pour une élongation θ, le travail contre la pesanteur est :

$$pl(1 - \cos\theta) = 2pl\sin^2\frac{\theta}{2}.$$

La vitesse angulaire au départ est : $u = \mathfrak{J} : I$.

L'énergie cinétique est : $\dfrac{Iu^2}{2} = \dfrac{\mathfrak{J}^2}{2I}$.

L'équation donnant θ est donc :

$$2pl\sin^2\frac{\theta}{2} = \frac{\mathfrak{J}^2}{2I}.$$

D'où :

$$\mathfrak{J} = 2\sqrt{plI}\,.\,\sin\frac{\theta}{2}.$$

On a plus simplement : $\mathfrak{J}=\sqrt{plI}\,.\,\theta$, si θ est assez petit pour qu'on puisse poser : $\sin\frac{\theta}{2}=\frac{\theta}{2}$.

Dans ce dernier cas, on peut donner à la formule des expressions souvent utilisées. Soit T la durée d'oscillation du pendule :

$$T=2\pi\sqrt{\frac{I}{pl}}\,.$$

On tire de là : $$\theta=\frac{\mathfrak{J}}{\sqrt{plI}}=\frac{2\pi\mathfrak{J}}{Tpl}\,.$$

Les raisonnements précédents s'appliquent à un corps mobile autour d'un axe, soumis à l'action d'un couple $C\theta$ proportionnel à l'angle d'écart avec la position d'équilibre (galvanomètre balistique).

On a : $$\theta=\frac{\mathfrak{J}}{\sqrt{IC}}=\frac{2\pi\mathfrak{J}}{TC}\,.$$

425. **Impulsion appliquée sur un corps mobile autour d'un axe dans le cas où le frottement est proportionnel à la vitesse.** — L'équation du mouvement est :

$$I\frac{d^2\theta}{dt^2}+f\frac{d\theta}{dt}+C\theta=\theta.$$

Soit $\mathfrak{J}$ l'impulsion : le corps part du repos au temps $t=0$ avec une vitesse angulaire $u_0=\left(\frac{d\theta}{dt}\right)_0=\mathfrak{J}:I$.

Mouvement périodique.

Supposons d'abord l'intégrale de la forme

$$\theta=\theta_0 e^{-\lambda t}\sin\omega t.$$

La vitesse a généralement pour expression :

$$u=\theta_0 e^{-\lambda t}\left[-\lambda\sin\omega t+\omega\cos\omega t\right].$$

La condition initiale est donc :

$$u_0=\mathfrak{J}:I=\theta_0\omega.$$

D'où l'intégrale : $$\theta=\frac{u_0 T}{2\pi}e^{-\lambda t}\sin\omega t.$$

L'amplitude (élongation maxima) est donnée sensiblement par :

$$\sin\omega t=1\,,\qquad t=T:4\,,\qquad \theta=\frac{u_0 T}{2\pi}e^{-\lambda\frac{T}{4}}=\frac{\mathfrak{J}T}{2\pi I}e^{-\lambda\frac{T}{4}}\,.$$

Puisqu'on a très sensiblement :

$$T=2\pi\sqrt{\frac{I}{C}}\,,\qquad \text{il vient enfin :}\qquad \theta=\frac{2\pi\mathfrak{J}}{TC}e^{-\lambda\frac{T}{4}};$$

c'est la même formule que plus haut, à un facteur constant près.

MOUVEMENT APÉRIODIQUE.

Supposons maintenant le mouvement apériodique. Écrivons que pour $t = 0$, la vitesse angulaire est u_0, et l'élongation nulle, $\theta = 0$.

Dans le cas général, on a :

$$\theta = \frac{u_0}{2k} e^{-\lambda t}\left[-e^{-kt} + e^{kt}\right].$$

Écrivons que la vitesse est nulle, c'est-à-dire l'élongation maxima : le temps doit satisfaire à une équation où u_0 n'entre pas ; sa valeur t_1 ne dépend donc que de λ et de k, c'est-à-dire des constantes de l'appareil. Autrement dit, le mobile met à aller jusqu'à l'élongation maxima un temps indépendant de la vitesse initiale. L'élongation maxima est proportionnelle à la vitesse initiale u_0, puisque le rapport $\theta : u_0$ est égal à une fonction du temps t dans laquelle la variable t prend une valeur constante.

Dans le cas particulier où les racines sont égales, on a :

$$\theta = u_0 t \, . \, e^{-\lambda t}.$$

L'élongation maxima, donnée par la condition $\frac{d\theta}{dt} = 0$, arrive au temps $t = 1 : \lambda = \sqrt{\mathrm{I : C}}$; elle a pour expression :

$$\theta = \frac{u_0}{\lambda e} = \frac{\mathfrak{J}}{e\mathrm{I}\lambda} = \frac{\mathfrak{J}}{e\sqrt{\mathrm{IC}}}.$$

Imaginons qu'il soit possible de supprimer l'amortissement ; la période deviendrait $\mathrm{T} = 2\pi\sqrt{\mathrm{I : C}}$. Introduisons cette valeur dans la formule, il vient : $\theta = \frac{2\pi\mathfrak{J}}{\mathrm{TC}} \cdot \frac{1}{e}.$

L'appareil est e fois, soit environ trois fois moins sensible avec l'amortissement *critique* que sans amortissement.

En définitive, quelle que soit la grandeur du frottement, *supposé proportionnel à la vitesse*, l'impulsion est mesurée en valeur relative par l'angle d'écart à partir de la position d'équilibre.

426. **Travail correspondant à une impulsion déterminée.** — Voici une remarque fondamentale : *A une impulsion déterminée ne correspond pas une quantité de travail déterminée.*

Ce n'est qu'à la fin du XVIIIe siècle qu'on a précisé le rôle des deux intégrales : *travail* (intégrale du vecteur force le long d'un parcours), *impulsion* (intégrale du vecteur par rapport au temps). La fameuse dispute du XVIIIe siècle *sur la force des corps*, à laquelle tout le monde prit part, même Voltaire, a pour cause la confusion entre les notions fondamentales de travail et d'impulsion. Les uns mesuraient la force des corps par la *force vive* (équivalente au travail), les autres par la *quantité de mouvement* (équivalente à l'impulsion). Il va de soi que la lutte pouvait durer longtemps; les adversaires combattaient dans des plans différents.

Cherchons à quel travail correspond une impulsion.

Soit Γ le couple à chaque instant, θ le déplacement, u la vitesse angulaire.

Le travail est : $$\mathfrak{T} = \int \Gamma d\theta = \int u \,.\, \Gamma dt.$$

Il est donc impossible de le calculer quand on connaît seulement l'impulsion $\mathfrak{J} = \int \Gamma dt,$ à moins d'hypothèses particulières. Nous allons voir à quel point les hypothèses influent sur le résultat.

1° Supposons d'abord le corps au repos *et le couple extérieur nul.* Impossible alors de considérer la vitesse comme constante, puisque le rôle de l'impulsion est précisément de faire passer cette vitesse de 0 à une certaine valeur Δu. Remplaçons la vitesse par sa valeur moyenne; le travail est :

$$\mathfrak{T} = \frac{\Delta u}{2} \mathfrak{J} = \frac{\mathfrak{J}^2}{2I}.$$

Il est d'autant plus petit que le moment d'inertie du corps percuté est plus grand.

Sans changer le couple C, modifions le moment d'inertie par l'adjonction de deux masses égales, symétriquement disposées par rapport au centre d'inertie du pendule, ou par rapport à l'axe de rotation du corps oscillant sous l'influence de l'élasticité de torsion d'un fil : la durée d'oscillation augmente. Corrélativement, à une même impulsion $\mathfrak{J}$ correspond une élongation maxima θ plus petite, car l'énergie potentielle pour l'angle θ conserve la même expression $C\theta^2 : 2$.

2° Supposons encore le corps au repos et *le couple extérieur non nul,* égal à Γ_0.

Nous ne pouvons plus même prévoir le signe du travail exécuté par l'impulsion. Un exemple bien simple prouve le fait.

Un oscillateur se trouve exactement au bout de son oscillation; nous profitons de l'instant où il est immobile pour produire l'impulsion. Admettons, pour faciliter la discussion, qu'on la puisse considérer comme due à un couple constant Γ :

$$\mathfrak{J} = \Gamma\tau.$$

Si $\Gamma = \Gamma_0$, le couple auquel était soumis l'oscillateur est équilibré; il reste immobile le temps τ : le travail de l'impulsion est nul.

Si $\Gamma > \Gamma_0$, l'oscillateur est soumis à un couple $\Gamma - \Gamma_0$ tendant à accroître l'amplitude. Le travail est $(\Gamma - \Gamma_0)\Delta\theta$, que nous pouvons encore prendre égal à $\mathfrak{J}^2 : 2I$, mais à la condition d'appeler $\mathfrak{J}$ l'impulsion correspondant, non plus au couple Γ, mais au couple $\Gamma - \Gamma_0$. Pour les mécaniciens, Γ étant toujours énorme devant toutes les autres forces en jeu, il importe peu; mais pour les physiciens qui appellent impulsions des forces relativement grandes et de durées relativement courtes, mais qui sont toujours de l'ordre de grandeur des autres forces, la distinction est essentielle.

Enfin si $\Gamma < \Gamma_0$, le travail de l'impulsion est négatif: l'oscillateur parviendra en un point plus rapproché de sa position d'équilibre avec une vitesse moindre que sans l'impulsion; celle-ci est incapable de s'opposer efficacement au couple Γ_0 pour arrêter l'oscillateur, et *a fortiori* pour augmenter l'amplitude.

3° Si la vitesse est quelconque au moment de l'impulsion, le terme où entre la variation de la vitesse, qui était principal dans les cas précédents, devient ici secondaire.

Nous pouvons prendre comme travail de l'impulsion :

$$\mathfrak{T} = \mathfrak{J}\left(u + \frac{\Delta u}{2}\right),$$

Δu représentant la variation de la vitesse pendant que dure l'impulsion, variation due à l'impulsion et *aux autres forces existant simultanément.* Il serait illégitime de remplacer dans la formule :

$$\Delta u \quad \text{par} \quad \mathfrak{J} : \mathrm{I}.$$

Tout ceci prouve que si la notion d'impulsion est commode, sauf exceptions elle ne représente quelque chose de net que quand on peut expliciter la force ou le couple en fonction du temps; mais alors l'impulsion n'est plus que le nom d'une certaine intégrale, ou encore un artifice de raisonnement.

427. **Insuffisance de la percussion pour l'étude des phénomènes.** — Voici une expérience simple qui met autrement en évidence l'insuffisance de cette notion (fig. 306).

L'un des plateaux d'une balance est chargé de poids. A l'autre est fixé un prolongement P auquel s'attache en A un fil plus ou moins élastique. L'expérience consiste à lâcher un corps de poids p d'une hauteur invariable h, et à observer si le prolongement

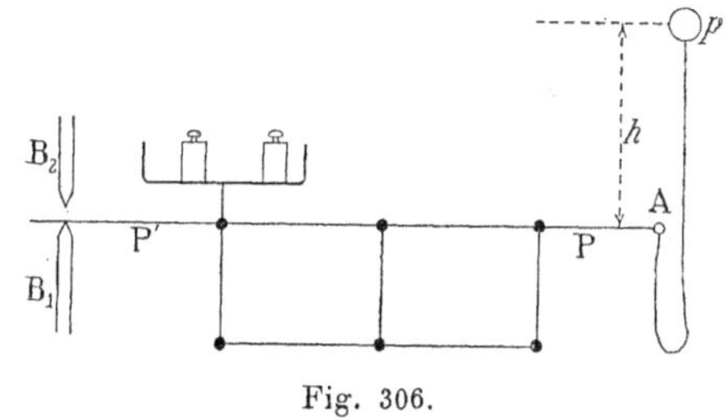

Fig. 306.

P' quitte le buttoir B_1 et choque le buttoir voisin B_2. On est averti du choc par la fermeture d'un circuit électrique à travers un galvanomètre.

On peut faire varier la hauteur h, le poids p, la longueur L et la constante élastique E du fil, c'est-à-dire le coefficient par lequel il faut multiplier l'allongement l pour avoir la tension du fil.

Il est évident que la condition indispensable pour que le prolongement P′ quitte le buttoir B_1, est que cette tension devienne supérieure à une certaine limite, *condition qui dépend essentiellement de la nature du fil.*

Écrivons, en effet, que la vitesse du poids est nulle, ou, ce qui revient au même, que les travaux s'équilibrent pour un allongement l_0 :

$$2p(h+L+l_0)=El_0^2.$$

L'énergie potentielle due à l'allongement du fil est en effet : $El_0^2 : 2$. On tire de là :

$$F=l_0E=p\left[1+\sqrt{1+2(h+L)\frac{E}{p}}\right].$$

Cette force maxima F croît à mesure qu'augmente le rapport $E : p$. Si le poids est attaché avec un caoutchouc de grosse section, une hauteur de chute suffit à déplacer les plateaux, qui est insuffisante quand on utilise un caoutchouc plus mince.

Calcul des impulsions.

Évaluons les impulsions, c'est-à-dire les intégrales par rapport au temps des forces qui agissent sur le corps p et sur le point A.

Quand le poids commence à allonger le fil, sa vitesse est :

$$V=\sqrt{2g(h+L)}.$$

L'impulsion qu'il reçoit alors jusqu'au moment où il s'arrête a une valeur bien déterminée et indépendante de la nature du fil ; elle est mesurée par la quantité de mouvement initiale :

$$\mathfrak{J}=\int(El-p)dt=m\sqrt{2g(h+L)}.$$

L'impulsion reçue par la balance n'est pas égale à la précédente : elle dépend de la nature du fil. L'intégrale par rapport au temps de la force appliquée en A est :

$$\mathfrak{J}'=\int El\,dt.$$

Tout ce que nous savons *a priori*, c'est que $\mathfrak{J}'$ est plus grand que $\mathfrak{J}$. En effet, $\mathfrak{J}$ annule seulement la vitesse que possède le poids au moment où il commence à allonger le fil, tandis que $\mathfrak{J}'$ annule, non seulement cette vitesse, mais encore celle que la pesanteur, qui continue à agir, fournit au mobile jusqu'à son arrêt.

Pour calculer exactement $\mathfrak{J}'$, il faut utiliser la loi d'allongement :

$$El=p\left[1+\sqrt{1+2(h+L)\frac{E}{p}}\sin\left(\sqrt{g\frac{E}{p}}\,.\,t\right)\right].$$

On vérifie cette formule en écrivant que pour $l=0$, on a $dl : dt=V$; qu'au milieu de l'oscillation $(t=0)$, la tension du fil équilibre le poids du corps : $El = p$; enfin qu'au bout de l'oscillation $(t = \pi : 2)$, on a $l = l_0$. On se reportera aussi au § 339.

L'impulsion $\mathfrak{J}'$ reçue par la balance surpasse d'autant plus $\mathfrak{J}$, est par suite d'autant plus grande, que E est plus petit ; c'est cependant alors qu'il y a moins de chance pour que le poids p soulève le plateau.

Quand le fil s'allonge peu, on peut poser $\mathfrak{J} = \mathfrak{J}'$. L'impulsion sur le point A est immédiatement connue. Elle produit cependant les effets les plus différents suivant la nature de la ficelle ou du caoutchouc qu'on emploie.

Fil a peu près inextensible.

Si le choc est extrêmement brusque, le phénomène est entièrement renversé. C'est qu'alors il faut tenir compte de la loi de transmission de l'ébranlement le long du fil, tandis que, dans le raisonnement précédent, nous admettons que la tension est à chaque instant la même tout le long de ce fil.

Une expérience vulgaire est à citer. Dans les foires, les bateleurs posent les extrémités d'un manche à balai sur deux verres; d'un coup violent en son milieu, ils le cassent sans que les verres aient le moindre mal. Un coup moins violent casserait les verres, mais non le manche à balai. Dans le premier cas, l'effort n'a pas le temps de se transmettre aux verres; le bois est brisé avant, ce qui change les conditions du problème.

De même pour le fil. Un choc trop brusque peut, sans casser le fil, amener des vibrations, mais non soulever le plateau de la balance.

Nous insistons sur ces considérations, parce que nombre de physiciens s'imaginent qu'on peut calculer l'effet d'un coup de marteau indépendamment de la nature des matières qui forment le marteau et l'objet sur lequel on frappe.

428. **Influence d'une ou plusieurs percussions à certains points d'une oscillation sinusoïdale.** — Soit $\theta = \theta_0 \sin \omega t$, la loi d'oscillation d'un pendule. Lorsqu'il est dans l'azimut θ, on lui imprime une petite impulsion qui modifie sa vitesse angulaire actuelle u de δu; on demande ce qui résulte pour la durée d'oscillation.

On a : $\theta = \theta_0 \sin \omega t$, $u = \omega\theta_0 \cos \omega t$; $\operatorname{tg} \omega t = \omega\theta : u$.

Le temps nécessaire pour aller de l'azimut $\theta = 0$ à l'azimut actuel, est donc :

$$t_1 = \frac{1}{\omega} \operatorname{arctg} \frac{\omega\theta}{u}.$$

A partir de cet azimut, le pendule continuant son oscillation parvient à l'amplitude θ_0 dans le temps :

$$t_2 = \frac{1}{\omega}\left(\frac{\pi}{2} - \operatorname{arctg} \frac{\omega\theta}{u}\right).$$

Supposons que, dans l'azimut θ, on donne une petite impulsion qui modifie la vitesse angulaire de δu. Le pendule continue l'oscillation avec une vitesse un peu plus grande; le temps qu'il emploie pour parvenir à l'élongation maxima est :

$$t'_2 = \frac{1}{\omega}\left(\frac{\pi}{2} - \operatorname{arctg}\frac{\omega\theta}{u+\delta u}\right).$$

L'accroissement de durée est donc :

$$\frac{1}{\omega}\left[\operatorname{arctg}\frac{\omega\theta}{u} - \operatorname{arctg}\frac{\omega\theta}{u+\delta u}\right] = \frac{\theta\delta u}{\omega^2\theta_0^2}.$$

Cette formule donne d'intéressants résultats.

Si l'impulsion a lieu lors du passage à la position d'équilibre ($\theta = 0$), la durée de l'oscillation n'est pas modifiée. On s'efforcera donc qu'il en soit ainsi dans tous les échappements (voir plus loin); car ils produisent précisément une petite impulsion.

Le résultat était bien évident *a priori* puisque, la durée d'oscillation étant indépendante de l'amplitude, elle l'est par suite de la vitesse au passage par la position d'équilibre.

1° Supposons que les impulsions utilisées augmentent toujours la valeur absolue de la vitesse (fig. 307).

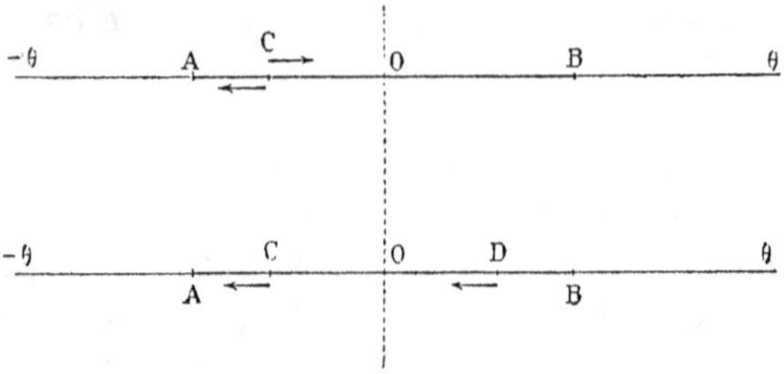

−θ A C O B θ

−θ C O D θ

A B

Fig. 307.

Le mobile allant de O en C reçoit une impulsion quand il passe en C; elle est par hypothèse dirigée dans le sens CA. Il est clair qu'elle augmente la durée de l'oscillation. Car le mobile a accompli le parcours OC avec une vitesse plus petite qu'il ne conviendrait pour la vitesse qu'il a désormais en quittant le point C.

Si le mobile revenant en C reçoit une nouvelle impulsion (par hypothèse dans le sens CO), la durée d'oscillation sera diminuée, car le mobile parcourt l'espace CO avec une vitesse plus grande qu'il ne conviendrait pour la vitesse possédée en arrivant en C.

Deux impulsions au point C égales, et qui toutes deux augmentent la valeur absolue de la vitesse, laissent donc à la durée d'oscillation sa valeur première. La formule nous apprend, en effet, que les variations de durée sont égales et de signes contraires; les δu correspondant aux deux passages ont même valeur absolue, mais l'une des impulsions augmente la valeur absolue de la vitesse qui est négative, $\delta u < 0$; l'autre augmente la valeur absolue de la vitesse qui est positive, $\delta u > 0$.

De même, deux impulsions égales en C et en D, *le mobile allant dans le même sens,* ne modifient pas la durée. Les δu sont de mêmes signes, les θ de signes contraires. Si donc il est impossible de produire l'impulsion lors du passage par la position d'équilibre, on obtient le même effet par deux impulsions symétriques.

2° Il est aussi aisé de prévoir les phénomènes lorsque l'impulsion diminue la valeur absolue de la vitesse. Par exemple, nous avons vu qu'une impulsion accélératrice en C augmente la durée de l'oscillation. Quand le mobile revient en C, une impulsion de même sens, et par conséquent retardatrice, augmente aussi la durée de l'oscillation. Cela se comprend immédiatement; le parcours $\overline{CO}$ sera effectué avec une vitesse *relativement* trop petite.

D'où un résultat intéressant et que nous retrouverons plus loin.

Nous donnons à un mobile oscillant une série de percussions égales et *de même sens,* séparées par un intervalle $T+\varepsilon$; T est la période de l'oscillateur sans amortissement. Comme la période des deux phénomènes n'est pas la même, les impulsions successives ne correspondent pas à la même position de l'oscillateur. Supposons qu'elles correspondent successivement à tous les points de l'oscillation qui sont *à gauche* de la position d'équilibre, et que l'impulsion soit elle-même dirigée vers *la gauche; la période moyenne de l'oscillateur est augmentée* (§ 487).

De la valeur T, elle passe à la valeur $T+\varepsilon'$; on a généralement $\varepsilon' < \varepsilon$.

429. **Représentation par un vecteur.** — Nous pouvons figurer l'oscillation au moment du choc par un vecteur OA (§ 477). La longueur $\overline{OA}$ représente l'amplitude θ_0; l'angle φ est ce que j'appellerai *le décalage :* c'est la mesure *en angle* du temps qui s'est écoulé depuis le passage à la position d'équilibre, au moment où l'impulsion a lieu. Cela revient à poser : $\omega t = \varphi$.

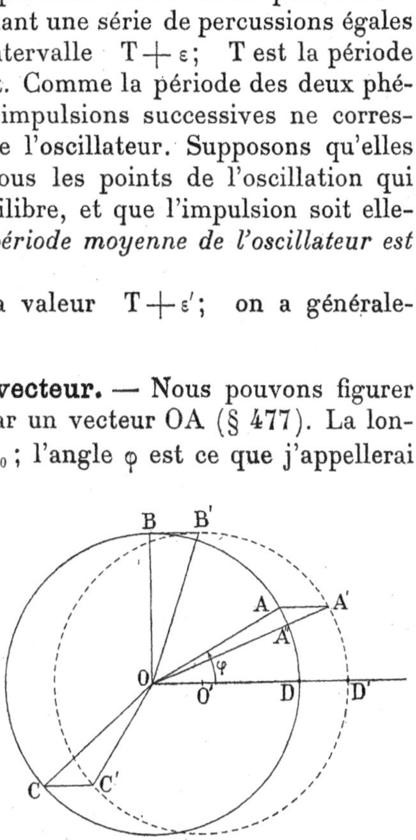

Cherchons comment l'impulsion modifie le vecteur représentatif.

Nous avons vu au § 428 qu'une impulsion, mesurée par la variation de vitesse δu, amène un retard :

Fig. 308.

évalué en temps, $\delta t = \dfrac{\theta \delta u}{\omega^2 \theta_0^2}$;

évalué en angle, $-\delta\varphi = \dfrac{\theta \delta u}{\omega \theta_0^2}$.

Il faut le signe — devant $\delta\varphi$, parce que si la période se trouve allongée, le décalage est diminué ; le temps que l'oscillateur a mis pour venir de sa position d'équilibre est diminué, non pas en valeur absolue, mais par rapport à la nouvelle période.

Posons : $$\theta = \theta_0 \sin \omega t = \theta_0 \sin \varphi ;$$

il vient : $$-\theta_0 \delta\varphi = \frac{\delta u}{\omega} \sin \varphi = p \sin \varphi ;$$

p est une mesure de la percussion : c'est une grandeur $T\delta u : 2\pi$ ayant les dimensions d'une amplitude et représentée par le vecteur $\overline{OO'}$.

Cherchons la variation de l'amplitude. On a :

$$u = \omega\theta_0 \cos \varphi, \qquad \delta u = \omega\delta\theta_0 \cos \varphi - \omega\theta_0 \sin \varphi \, \delta\varphi ;$$

$$\delta u = \omega\delta\theta_0 \cos \varphi + \delta u \sin^2 \varphi, \qquad \delta\theta_0 = \frac{\delta u}{\omega} \cos \varphi = p \cos \varphi .$$

En définitive, nous trouvons les expressions :

$$\theta_0 \delta\varphi = -p \sin \varphi, \qquad \delta\theta_0 = p \cos \varphi .$$

Menons du point O′ comme centre une circonférence de rayon $\overline{OA}$.

Pour obtenir la variation d'un vecteur quelconque $\overline{OA}$, il faut mener la parallèle AA′ à la droite de référence et joindre OA′.

On a en effet :

$$\overline{AA''} = -\theta_0\delta\varphi = \overline{AA'} \cos \overline{A'AA''} = p \sin \varphi, \qquad \overline{A''A'} = p \cos \varphi .$$

On retrouve tous les résultats du paragraphe précédent.

Si l'impulsion a lieu au passage par la position d'équilibre, le vecteur $\overline{OD}$ devient $\overline{OD'}$; il y a variation d'amplitude sans décalage.

Si l'impulsion a lieu au bout des oscillations, le vecteur $\overline{OB}$ vient en $\overline{OB'}$; il y a décalage sans variation d'amplitude.

Ce mode de représentation nous servira plus loin à discuter l'entretien par une série de chocs périodiques (§ 487).

430. **Oscillations à peu près sinusoïdales.** — Sur le mobile agissent : 1° une force proportionnelle à l'élongation ; 2° d'autres forces quelconques suffisamment petites par rapport à la première. On peut regarder ces forces comme procédant par impulsions successives infiniment petites. Si, pour l'azimut θ, l'une d'elles F produit une variation δu de vitesse angulaire, elle change la durée d'oscillation de $\theta\delta u : \omega^2\theta_0^2$.

Mais le principe de la conservation de l'énergie donne la condition :

$$\mathrm{F}d\theta = \mathrm{I}d\frac{u^2}{2} = \mathrm{I}u\delta u ; \quad \text{d'où :} \quad \frac{\theta\delta u}{\omega^2\theta_0^2} = \frac{\mathrm{F}\theta dt}{\mathrm{I}\omega^2\theta_0^2} .$$

Ainsi la période de l'oscillation troublée par de petites forces diffère de la période de l'oscillation rigoureusement sinusoïdale d'une quantité immédiatement calculable par l'intégrale :

$$\int \frac{F\theta dt}{I\omega^2\theta_0^2}. \tag{1}$$

Comme c'est correction, il suffit d'y supposer le mouvement rigoureusement sinusoïdal.

431. **Forces agissant sur l'amplitude et n'agissant pas sur la durée.** — Les amortissements proportionnels à des puissances de la vitesse sont dans ce cas. Nous avons vu au § 428 comment ils interviennent sur l'amplitude. Il est évident, d'après ce qui précède, qu'ils n'interviennent pas sur la durée. Ils jouent en effet le rôle de percussions agissant toujours pour diminuer la vitesse absolue. Au signe près, nous sommes dans le cas 1° du § 423. Il y a compensation.

Le quart de période pendant lequel le mobile va de la position d'équilibre à l'amplitude maxima, est raccourci d'une quantité τ; mais le quart de période pendant lequel le mobile retourne de l'élongation maxima à la position d'équilibre, est rallongé d'autant.

Il est très facile de calculer cette quantité τ.

Le terme qui dépend de la puissance $n^{ième}$ de la vitesse est :

$$f_n v^n = f_n \theta_0^n \omega^n \cos^n \omega t,$$

$$\int \frac{F\theta dt}{I\omega^2\theta_0^2} = -\frac{1}{I}\frac{f_n}{n+1}\theta_0^{n-1}\omega^{n-3}\cos^{n+1}\omega t,$$

soit, pour un quart d'oscillation :

$$\frac{1}{I}\frac{f_n}{n+1}\theta_0^{n-1}\omega^{n-3}.$$

Or nous avons trouvé pour l'amortissement δ par oscillation entière (§ 412) :

$$\delta_n = \frac{2f_n I_n \omega^n \theta_0^{n-1}}{C}.$$

Il vient en définitive pour le temps τ :

$$\tau = \frac{\delta_n T}{4\pi(n+1)I_n}.$$

On a par exemple pour le frottement proportionnel à la vitesse :

$$I_1 = \frac{\pi}{2}, \qquad \delta_1 = \frac{f_1 T}{2I} = \lambda T; \qquad \tau = \frac{\lambda}{\omega^2}.$$

C'est la formule du § 410.

Nous savons que la compensation n'est pas absolument rigoureuse : la durée d'oscillation augmente un peu du fait des actions amortissantes.

432. Forces agissant sur la durée et n'agissant pas sur l'amplitude. — Supposons l'équation du mouvement de la forme :

$$I\frac{d^2\theta}{dt^2}+C_1\theta+C_2\theta^2+C_3\theta^3+\ldots=0.$$

Nous considérons les termes en θ^2, θ^3, ..., comme de simples perturbations. La formule générale du § 428 nous permet de calculer immédiatement leur action sur la durée.

Il n'y a plus compensation, au moins dans la demi-oscillation qui va de la position d'équilibre à la position d'équilibre. Les forces perturbatrices conservent en effet la même direction; nous sommes dans le cas 2° du § 428.

Une distinction est ici nécessaire.

1° Les forces qui dépendent des puissances impaires de l'élongation changent de signe en passant par la position d'équilibre. Donc la compensation, qui ne se fait pas pour une demi-oscillation, ne se fait pas davantage pour une oscillation entière. Si les coefficients C_3, C_5, ..., sont positifs, la durée est diminuée, comme il résulte immédiatement du § 428; elle est augmentée si les coefficients sont négatifs.

2° Les forces qui dépendent des puissances paires ne changent pas de signe. L'oscillation est dissymétrique; *il y a compensation pour les variations de durée.*

Si l'on change le signe des forces au passage par la position d'équilibre, de manière que l'oscillation reste symétrique, il va de soi que la compensation n'a plus lieu.

Ceci posé, calculons la correction. On a :

$$\frac{F\theta\, dt}{I\omega^2\theta_0^2}=\frac{C_n\,\theta_0^{n-1}}{I\omega^2}\sin^{n+1}\omega t\,.\,dt.$$

Posons comme au § 412 :

$$I_n=\int_0^\pi \sin^{n+1}\beta\,.\,d\beta.$$

La correction pour une demi-période (de la position d'équilibre à la position d'équilibre) est :

$$\tau'=\frac{C_n\theta^{n-1}I_n}{I\omega^3}=\frac{C_n}{C_1}\frac{\theta_0^{n-1}I_n}{\omega}=\frac{C_n}{C_1}T\theta_0^{n-1}\,.\,\frac{I_n}{2\pi}.$$

Cas particuliers.

1° $$n=2;\qquad I_2=\frac{4}{3};$$

$$\tau'=\frac{C_2}{C_1}\theta_0\frac{2T}{3\pi}.$$

La période modifiée T' est donc :

$$T'=T\left(1-\frac{4}{3\pi}\frac{C_2}{C_1}\theta_0\right)=T\left(1-0{,}423\,\frac{C_2}{C_1}\theta_0\right).$$

Ce résultat suppose que l'oscillation reste symétrique, par suite qu'on change le signe de C_2 au passage par la position d'équilibre. Nous admettons de plus que le terme de correction $C_2\theta^2$ est positif; sinon la période serait augmentée au lieu d'être diminuée.

Dans le cas où l'on ne change pas le signe de C_2, nous savons qu'il y a compensation.

2° $$n=3, \qquad I_3=\frac{3\pi}{8}; \qquad \tau'=\frac{3}{16}\frac{C_3}{C_1}T\theta_0^2.$$

La période modifiée est donc :

$$T'=T\left(1-\frac{3}{8}\frac{C_3}{C_1}\theta_0^2\right).$$

Quand il s'agit d'une force pendulaire, on a :

$$C_1\sin\theta=C_1\left(\theta-\frac{\theta^3}{6}\right)=C_1\theta+C_3\theta^3, \qquad C_3=-\frac{C_1}{6}.$$

D'où : $$T'=T\left(1+\frac{\theta_0^2}{16}\right);$$

c'est la formule bien connue donnée au § 383.

433. **Percussion sur l'axe.** — Un corps tournant autour d'un axe (que nous prendrons pour axe Oz, fig. 309) est mis en mouvement par une percussion; on demande quelles sont les réactions sur l'axe et à quelles conditions elles sont nulles.

Reprenons les équations (2) et (4) du § 358. Intégrons-en les deux membres par rapport au temps, dans le petit intervalle t_2-t_1 qui correspond à la percussion.

$$\int_{t_1}^{t_2}\left(\frac{d\theta}{dt}\right)^2 dt \quad \text{est négligeable devant :} \quad \int_{t_1}\frac{d^2\theta}{dt^2}\,dt=\Delta u.$$

Cela résulte de la définition même de l'impulsion. Les équations se simplifient. Conservons pour désigner les impulsions les lettres qui représentaient les forces ; il vient :

$$\begin{aligned} &X+X_1+X_2+\mu\eta\,\Delta u=0,\\ &Y+Y_1+Y_2-\mu\xi\,\Delta u=0, \qquad (2)\\ &Z+Z_1+Z_2=0;\\ &-\Delta u\sum mzx=L-hY_2,\\ &-\Delta u\sum myz=M+hX_2. \qquad (4)\end{aligned}$$

Rappelons que ξ et η sont les coordonnées du centre d'inertie; μ désigne la masse totale.

Soit α, β, γ, les coordonnées du point d'application Q de la force qui percute ; X, Y, Z, sont les composantes de la percussion. On a pour les composantes du couple percutant :

$$L = \beta Z - \gamma Y, \qquad M = \gamma X - \alpha Z.$$

Les équations (2) et (4) résolvent complètement le problème posé.

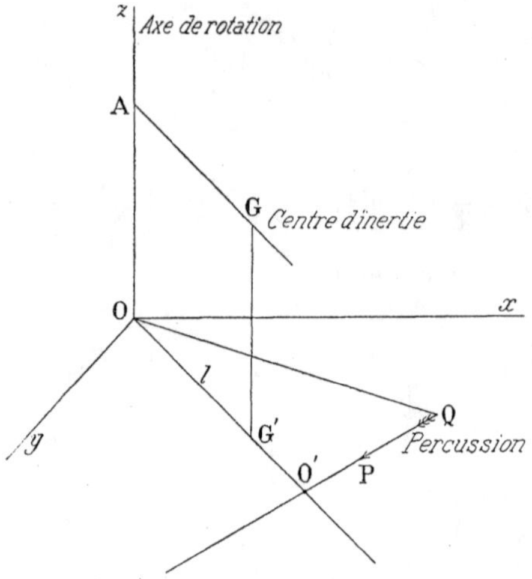

Cherchons les conditions pour que les percussions sur l'axe soient nulles. Il vient :

$$\begin{aligned} &X + \mu\eta\,\Delta u = 0, \\ &Y - \mu\xi\,\Delta u = 0, \qquad (2') \\ &Z = 0. \end{aligned}$$

Cette dernière équation nous apprend que *la percussion appliquée est dans un plan normal à l'axe de rotation.* En second lieu, *elle est normale au plan qui passe par l'axe de rotation et le centre d'inertie.* On a en effet :

$$\xi X + \eta Y = 0.$$

Fig. 309.

Les équations (4) deviennent :

$$\left.\begin{aligned} -\Delta u \sum mzx &= -\gamma Y, \\ -\Delta u \sum myz &= \quad \gamma X. \end{aligned}\right\} \quad (4')$$

Elles sont satisfaites pour :

$$\sum mzx = \sum myz = 0, \qquad \gamma = 0.$$

Or rien n'empêchait de prendre le plan xOy passant par le point d'application de la percussion. Les conditions reviennent à écrire que l'axe de rotation est principal pour le point O où il perce le plan qui lui est normal et qui passe par la percussion.

Pour que la percussion soit complètement déterminée, il faut connaître sa distance à l'axe. Reprenons les deux premières équations (2') ; elles donnent :

$$N = \alpha Y - \beta X = \mu(\alpha\xi + \beta\eta)\Delta u = I\Delta u,$$

en vertu du § 423.

Or $\alpha\xi + \beta\eta$, c'est le produit de la projection $\overline{OO'}$ de $\overline{OQ}$ sur $\overline{OG'}$ par $\overline{OG'}$. On a donc :

$$\mu\,\overline{OG'}\,.\,\overline{OO'} = I = \mu(\rho^2 + l^2),$$

où ρ est le rayon de giration par rapport à un axe vertical passant par G ; $l = \overline{OG'}$.

D'où enfin : $$\overline{OO'} = \frac{\rho^2}{l} + l.$$

O' est le centre d'oscillation correspondant au point O.

En définitive, il n'y a pas percussion sur l'axe à la condition :

1° que la percussion QP soit normale au plan OAG passant par l'axe de rotation OA et le centre d'inertie G;

2° que l'axe de rotation OA soit un des axes principaux d'inertie relatifs au point O où il perce le plan OO'P qui lui est normal et passe par la percussion;

3° que la distance OO' soit égale à $l + \frac{\rho^2}{l}$, où l est la distance du centre d'inertie G à l'axe, ρ le rayon de giration relativement à la droite GG' passant par le centre d'inertie et parallèle à OA. Le point O' s'appelle *centre de percussion.*

Par exemple, si on veut lancer le pendule de Kater (§ 399) d'abord au repos sans percussion sur l'axe, il suffit de frapper sur le second axe, horizontalement et dans le plan d'oscillation. Les conditions 1° et 3° sont ainsi satisfaites. La seconde est satisfaite par construction.

Réciproquement, si un corps est en mouvement autour d'un axe, on peut l'arrêter brusquement sans percussion sur l'axe, en appliquant une force instantanée comme il vient d'être dit.

434. **Théorie du marteau.** — On va comprendre maintenant la théorie du marteau (fig. 310).

Le marteau est généralement une masse considérable et très ramassée portée par un manche *long et léger*. Quand on l'utilise, il tourne autour d'un axe OA passant dans la main, par l'extrémité du manche et *perpendiculaire à un plan de symétrie.* Grâce à la forme ramassée de la masse lourde, le rayon de giration par rapport à la droite GG' parallèle à OA et passant par le centre de gravité, est très petit; $\rho^2 : l$ est donc très petit. On comprend dès lors que la percussion appliquée au centre de la partie plate, et passant près du centre d'inertie, donne une percussion nulle sur la main. Le bec B du marteau est d'ailleurs placé de manière à reporter le centre de gravité entre O et O' comme le veut la théorie.

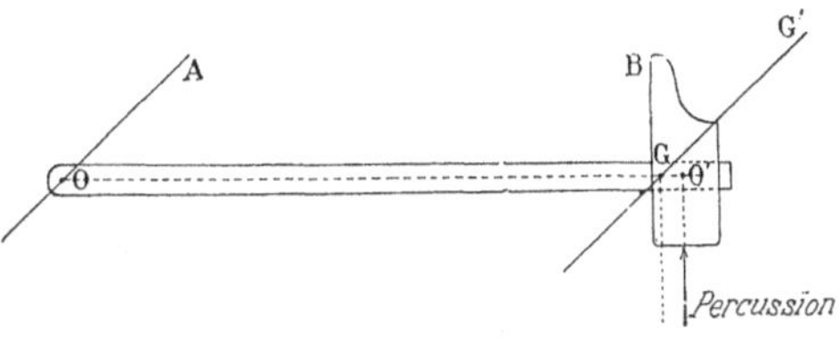

Fig. 310.

Quand l'axe de rotation passe par le centre d'inertie, il éprouve toujours une percussion, puisque le centre de percussion est alors à l'infini. Si donc on veut lancer un corps autour d'un tel axe, sans qu'il y ait percussion, il faut, conformément à la théorie générale du § 433, employer un couple normal à l'axe et faire en sorte que cet axe soit principal d'inertie. Ces remarques ont des applications très importantes dans les appareils tels que galvanomètres à aimant et à cadre mobile, etc.

435. **Pendule balistique.** — Le pendule balistique servait couramment à déterminer la vitesse des projectiles quand on ne leur donnait pas les vitesses et les masses énormes auxquelles nous sommes maintenant habitués. Il pourrait encore servir pour déterminer les vitesses des balles de fusil. Nous le décrivons parce qu'il fournit une excellente manipulation (fig. 311).

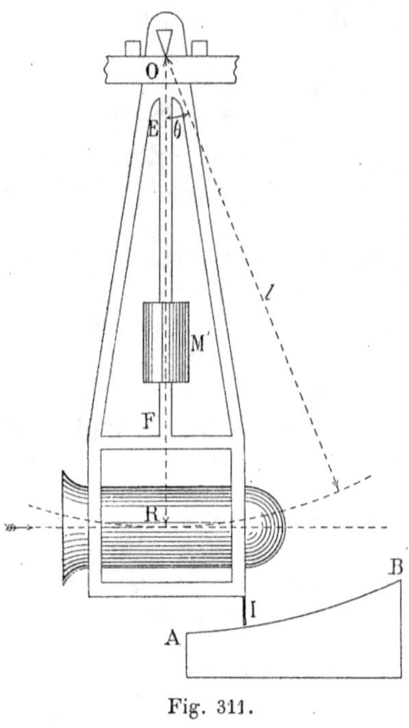

Fig. 311.

Un récipient tronconique de fer R est rempli de sable et fermé à l'avant par une mince feuille de plomb pour que le sable ne s'écoule pas. Il est supporté par un pendule à couteau construit en fers cornières, de manière à avoir une grande rigidité. Le centre d'oscillation du pendule est sur l'axe de révolution du récipient R.

Appelons I le moment d'inertie de l'ensemble, l la distance de l'axe de suspension au centre de percussion.

L'expérience consiste à envoyer dans le récipient R, horizontalement et suivant son axe, un projectile de masse m et de vitesse linéaire v.

Quand on se servait effectivement de l'appareil pour déterminer la vitesse des boulets, le canon était placé à une dizaine de mètres du pendule. Un écran de bois percé d'un trou était disposé près du pendule, pour arrêter le vent des gaz de la poudre.

Écrivons que la même impulsion fait passer la vitesse linéaire du projectile de la valeur v à la valeur lu, et simultanément la vitesse angulaire du pendule de 0 à u. Il vient :

$$\int \mathrm{F}\,dt = m(v - lu), \qquad \int \mathrm{F}l\,dt = l\int \mathrm{F}\,dt = \mathrm{I}u;$$

$$\mathrm{I}u = ml(v - lu), \qquad v = u\,\frac{\mathrm{I} + ml^2}{ml}.$$

On est donc conduit à déterminer la vitesse angulaire de départ u.

Pour cela on mesure l'angle θ d'élongation maxima, au moyen d'un curseur poussé sur l'arc AB par l'index I lié au pendule.

Soit M la masse du pendule, L la distance de son centre d'inertie à l'axe de suspension.

Soit λ cette distance lorsque le projectile est introduit dans le récipient. On a : $(M+m)\lambda = ML + ml.$

Quand l'appareil a tourné de l'angle θ, le travail de la pesanteur est : $$g(M+m)\lambda(1-\cos\theta) = 2g(ML+ml)\sin^2\frac{\theta}{2}.$$

L'énergie cinétique au départ de la verticale est :

$$u^2(I+ml^2) : 2.$$

D'où les relations :

$$u = 2\sin\frac{\theta}{2}\sqrt{g\frac{ML+ml}{I+ml^2}}, \qquad v = 2\sin\frac{\theta}{2}\frac{\sqrt{g(ML+ml)(I+ml^2)}}{ml}.$$

De la formule, on peut faire disparaître le moment d'inertie en remarquant que la longueur l (distance de l'axe de suspension au centre de percussion) est la longueur du pendule simple synchrone. Soit T la période ; on a :

$$T = 2\pi\sqrt{\frac{l}{g}} = 2\pi\sqrt{\frac{I}{gML}}, \qquad \text{d'où :} \qquad I = MLl;$$

et enfin : $$v = 2\sin\frac{\theta}{2}\sqrt{\frac{g}{l}}\,\frac{ML+ml}{m}.$$

Pour vérifier que l'axe horizontal du récipient R contient le centre de percussion, il suffit de suspendre un pendule simple de même axe O et de longueur l, et de vérifier que sa durée d'oscillation est la même que celle du pendule balistique.

436. **Manipulation.** — La manipulation s'effectue avec un fusil monté sur son *trépied de tir* pour être sûr de la visée. Elle consiste, non seulement à déterminer la vitesse de la balle à diverses distances, mais encore à vérifier la théorie du centre de percussion (§ 433).

En déplaçant une masse M' le long de la tige EF, on peut modifier la position du centre de percussion, le faire passer soit au-dessous, soit au-dessus de l'axe du récipient R. On s'aperçoit alors que l'impulsion due aux balles fait glisser le couteau sur son plan de suspension supposé poli et horizontal.

Si le centre de percussion est *au-dessous* de l'axe du récipient, le couteau glisse *dans le sens* du mouvement de la balle, dans le sens de l'impulsion.

Si le centre de percussion est *au-dessus* de l'axe du récipient, le couteau glisse *en sens inverse* du mouvement de la balle, en sens inverse de l'impulsion.

Le couteau reste immobile malgré le poli du plan de suspension, quand la balle frappe le pendule au centre de percussion, ce qu'on vérifiera comme il est indiqué à la fin du paragraphe précédent.

On peut faire la même expérience avec le pendule de Kater. Pour le mettre en mouvement à la main, *sans risque de déranger le couteau,* il faut agir à la hauteur de l'autre couteau.

Échappements.

Nous avons démontré ci-dessus que pour ne pas changer la période d'un pendule, il était nécessaire de lui fournir *au passage par la verticale* l'énergie que les frottements lui enlèvent. Les *échappements* sont les appareils remplissant ce rôle. Simultanément ils permettent la mise en marche discontinue de rouages destinés à compter les oscillations du pendule.

Nous allons décrire les combinaisons mécaniques les plus intéressantes. Nous négligerons les plus imparfaites, aujourd'hui abandonnées ou qui devraient l'être, par exemple les *échappements à recul.*

437. **Échappements à repos; ancre de Graham.** — Le plus célèbre des échappements est celui de Graham. Il appartient à la classe des *échappements à repos*, nous verrons tout à l'heure pourquoi.

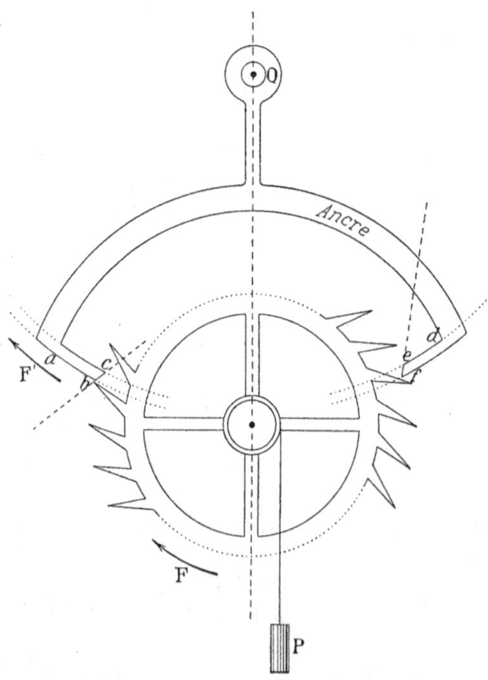

Fig. 312.

La roue de centre O′ tend à tourner dans le sens F sous l'influence du poids P. Elle porte des dents que nous figurons triangulaires ; nous verrons que seule leur pointe entre en prise, de sorte que le profil peut être quelconque, à la condition qu'il soit suffisamment évidé pour ne pas gêner le mouvement des autres pièces (fig. 312).

L'*ancre* tourne autour de l'axe O; elle porte deux becs *abc, def,* qui constituent toute sa partie utile; le reste peut avoir une forme quelconque, à la condition d'être suffisamment évidé. Les parties *ab*, *de*, sont *les repos d'entrée et de sortie;* les parties *bc*, *ef*, sont *les inclinés d'entrée et de sortie.*

Considérons l'appareil dans la position figurée. Nous supposons l'ancre liée au pendule; elle se déplace actuellement dans le sens de la flèche F'. *Le pendule passe par la verticale.*

L'échappement a donc lieu à gauche. La pointe d'une dent va courir sur l'incliné *bc*, appuyer dessus et donner à l'ancre, et par suite au pendule, une petite impulsion.

Mais alors la pointe d'une dent de la partie droite de la figure bute contre le repos *ed*. *Comme le profil ed est un arc de circonférence ayant le point* O *pour centre, il y a repos;* c'est dire que l'azimut de la roue reste invariable pendant une demi-oscillation environ du pendule. Naturellement la pointe de la dent frotte contre le repos dans un sens, puis en sens inverse; d'où absorption d'énergie.

Après une demi-oscillation, l'échappement a lieu à droite de la figure. La pointe glisse en appuyant sur l'incliné de sortie *ef*, donnant au pendule une petite impulsion et fournissant l'énergie nécessaire à l'entretien de son mouvement.

Mais alors la pointe d'une dent de gauche bute sur le repos *ab* d'entrée, dont le profil est un arc de circonférence ayant le point O pour centre, ... Et ainsi de suite.

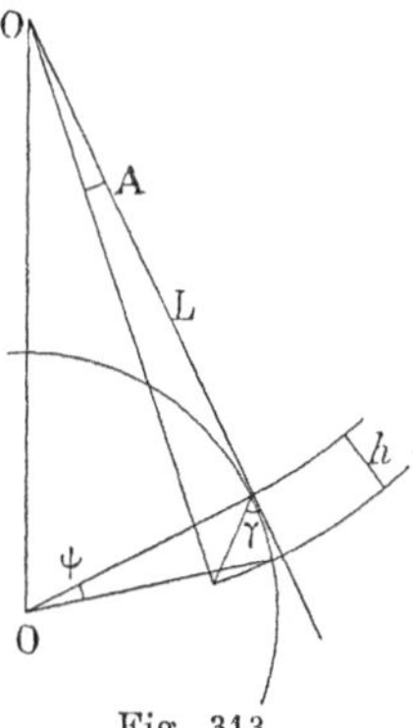

Fig. 313.

L'expérience et la théorie montrent que l'échappement *tangent* est avantageux (fig. 313). Le bec (considérablement grossi sur la figure) est au point de contact de la tangente menée du point O à la circonférence, lieu des pointes des dents de la roue d'échappement.

On appelle *levée* l'angle A dont tourne l'ancre pendant que la pointe d'une dent est en prise avec l'incliné du bec. Entre la hauteur h du bec, son inclinaison γ et la levée, on a la relation :

$$h \operatorname{tg} \gamma = \mathrm{AL}.$$

On fait généralement $\gamma = 25^\circ$; $\operatorname{tg} \gamma$ vaut environ 0,5. La levée est de l'ordre de 1 à 2°, soit en radian 0,017 à 0,035.

L'énergie fournie par la roue ne dépend que de l'angle ψ parcouru pendant la levée, abstraction faite des frottements.

438. **Échappement à chevilles.** — C'est encore un *échappement à repos*. Il est schématiquement représenté dans la figure 314.

Une roue O' est tirée par le poids P dans le sens de la flèche; elle porte des goujons a, a', a'', ..., implantés normalement à son plan. La pièce ABO, qu'on appelle *fourchette*, est liée au pendule, tourne autour du même axe O et le suit dans ses mouvements de va-et-vient.

Par construction, quand le pendule passe par sa position d'équilibre, la droite O*a* passe par les deux points *m* et *n*.

Au moment où nous commençons notre raisonnement, la fourchette tourne dans le sens *f*. Le goujon *a* s'appuie sur le *repos* du bec B qui est un cercle de centre O; la roue reste immobile.

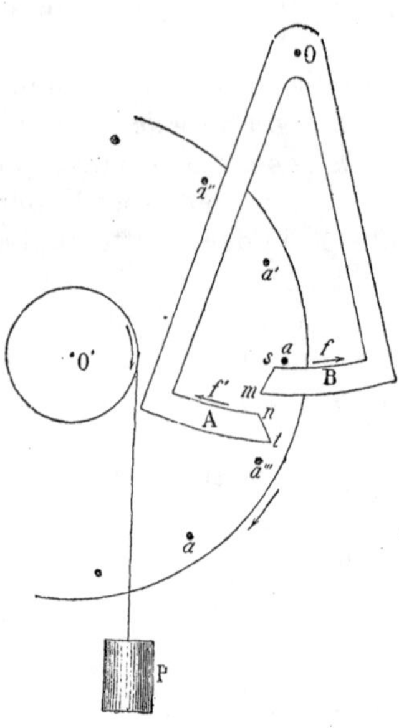

Fig. 314.

Le point *s* arrive sous le goujon *a* qui glisse sur *l'incliné sm*. La roue O' se met à tourner; le goujon *a* repousse le pendule dans le sens de son mouvement et lui donne une petite impulsion.

Il tombe alors sur le bec A, un peu au delà du point *n*, et glisse sur le *repos* de ce bec : la roue redevient immobile.

Le pendule continue son mouvement dans le sens *f*, puis revient dans le sens *f'*. Quand le goujon *a* arrive en *n*, la roue O' se met à tourner; le goujon glisse sur l'incliné du bec A, fournit une certaine énergie au pendule et échappe définitivement. Mais alors le goujon *a'* entre en prise avec le repos du bec B : les phénomènes se reproduisent.

Dans cet échappement comme dans tous les échappements à repos, la roue ne tourne que pendant une très petite fraction de la période. Les impulsions ont lieu très près du passage par la verticale; elles ne modifient pas la période du pendule.

439. **Échappement à cylindre.** — La figure 315 représente une coupe de l'appareil. Au ressort régulateur (qui est ici un ressort spiral et dont l'oscillation a nécessairement une amplitude considérable) est fixé coaxialement un *cylindre* évidé qui tourne autour de l'axe O. Il oscille entre les positions *ac* d'un côté, *df* de l'autre.

La roue d'échappement porte des dents dont les seules parties utiles sont la pointe *g* et le plan incliné *gh*; le reste peut avoir une forme quelconque, à la condition d'être suffisamment évidé pour ne pas gêner les oscillations du cylindre.

La pointe *g* butera, soit sur la partie *extérieure* du cylindre *ef*, soit sur la partie *intérieure ab*. L'échappement est *à repos*, car pendant la butée la roue est immobile. Quand la butée est *intérieure*, la dent est disposée comme la figure l'indique en pointillé. On remarquera que le plan *gh mis en place* coupe diamétralement le cylindre.

Les impulsions sont communiquées au cylindre pendant les échap-

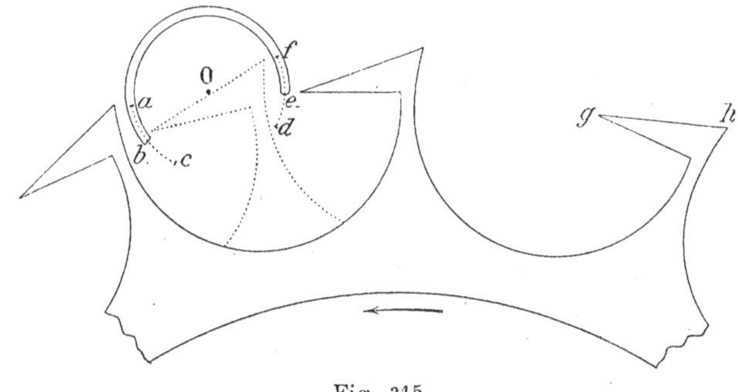

Fig. 315.

pements; le plan *gh* de la dent glisse en appuyant contre la paroi *e* à l'entrée (imprimant un accroissement de vitesse dans le sens *ef*), contre la paroi *b* à la sortie (imprimant un accroissement de vitesse dans le sens inverse *ba*).

440. **Échappement libre à ancre.** — Dans les échappements *libres,* le régulateur est soustrait à l'action de la roue d'échappement pendant toute son oscillation, *sauf aux passages par la position d'équilibre* où : 1° il déclenche l'échappement, ce qui diminue sa force vive; 2° aussitôt après, il reçoit de la roue d'échappement une impulsion qui compense non seulement la perte d'énergie immédiatement précédente, mais encore la perte qu'il a subie du fait des frottements pendant la demi-oscillation tout entière.

La partie droite de la figure 316 montre le ressort spiral régulateur R fixé par l'une de ses extrémités au bâti P du chronomètre, par l'autre à l'axe O″ du balancier (en forme de volant). Celui-ci porte un goujon *g* qui oscille par exemple entre les positions *a* et *b*.

La partie droite de la figure représente la roue d'échappement, et l'ancre mobile autour de l'axe O.

L'ancre est parfaitement libre. On produit des échappements en appuyant avec le doigt tantôt d'un côté de l'axe O, tantôt de l'autre : ce sont ces déclenchements que le régulateur doit effectuer.

Pour cela l'ancre est terminée par une sorte de fourche.

A l'instant où l'appareil est représenté, le balancier se meut dans le sens *f;* le goujon est entré dans la fourche et, poussant sur le bec *m,* fait échapper la dent *p*. Celle-ci pousse alors sur *l'incliné q,* donne une impulsion à l'ancre dans le sens *f'*. Le bec *n* de la fourche rattrape le goujon et le lance dans le sens *f*. Grâce à l'inclinaison de la fourche, le goujon échappe de lui-même ; l'oscillation du balancier redevient libre pour un peu moins d'une demi-oscillation.

Au retour, le goujon retrouve le bec *m* dans la position où il l'a laissé. Il entre donc librement dans la fourche. Il pousse sur le bec *n*,

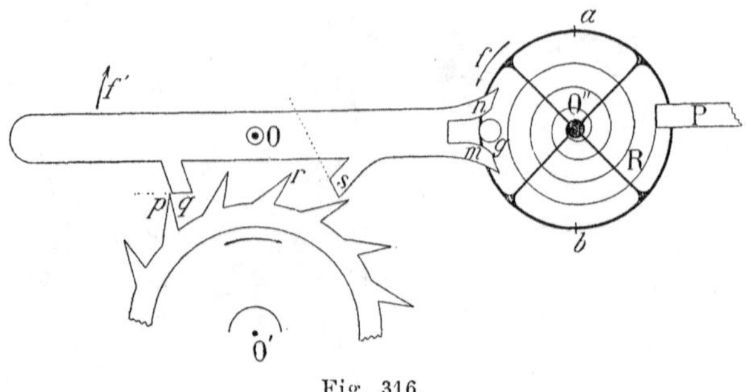

Fig. 316.

fait échapper la dent *r* qui bute à ce moment sur le repos du bec *s* de l'ancre. De ce chef le régulateur ralentit. Mais aussitôt l'échappement commencé, la pointe *r* glisse sur l'incliné du bec *s*, rejette vers le haut la fourche de l'ancre. Le bec *m* de l'ancre rattrape le goujon et le lance vers le point *a*... Et ainsi de suite.

441. **Échappement à détente.** — Dans l'échappement *libre à détente et à coup perdu*, le déclenchement de la roue d'échappement ne se produit qu'à un passage sur deux par la position d'équilibre ; d'où le nom de *à coup perdu*. Corrélativement le balancier ne reçoit d'impulsion qu'une seule fois par oscillation complète.

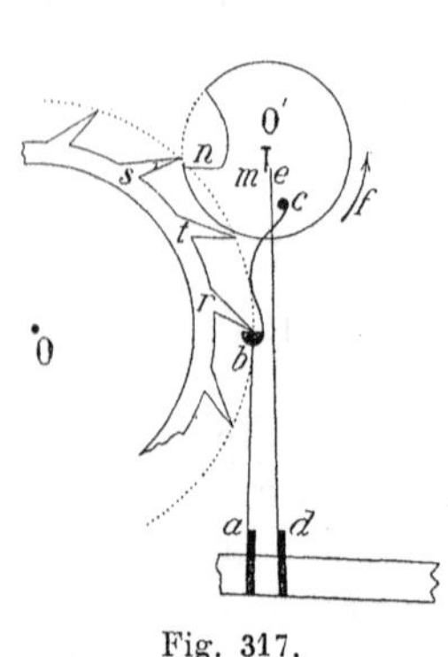

Fig. 317.

La figure 317 représente l'appareil.

La pièce O′ est solidaire du ressort spiral régulateur ; elle oscille autour de l'axe O′ ; elle passe librement entre les dents de la roue d'échappement *dans leur position actuelle*.

Une dent de la roue d'échappement repose sur le demi-cylindre *b* de la pièce *abc*, montée sur le ressort *ab*. Enfin *de* est un ressort très léger que peut actionner le doigt *m* solidaire de la pièce O′.

O′ est actuellement dans sa position d'équilibre et se meut dans le sens *f*. Le doigt *m* bute sur le ressort *de*, l'applique sur le goujon *c* solidaire de *abc* qu'il entraîne ; la dent *r* échappe au cylindre *b*.

Corrélativement la dent *s* attaque l'incliné *n* et communique au régulateur une impulsion. Mais le doigt *m* échappe au ressort *e* ; le repos b revient à sa position d'équilibre et reçoit la dent t. La roue d'échappement est à nouveau immobilisée.

Le régulateur continue son oscillation et revient. Au moment de passer par la position d'équilibre, le doigt m, *qui est maintenant à droite de* e, rencontre e, *échappe; rien ne se produit*. Le régulateur fait donc librement à peu près une oscillation.

Et ainsi de suite.

442. Échappement pour pendule entretenu électriquement. — Le pendule électrique de Hipp ne contient aucun rouage. Le mécanisme se réduit à un ressort léger qr, à une palette d'acier p très mobile autour de l'axe O, enfin à un petit pilier m porté par le pendule et creusé d'une coche à sa partie supérieure (fig. 318 et 319).

Si les oscillations du pendule ont une amplitude suffisante, la palette passe librement d'un côté à l'autre du pilier m. Mais si l'amplitude diminue par trop, un coincement se produit, dont la figure 319 montre le mécanisme. Le pendule est censé au bout droit de sa course; il revient vers la gauche. La palette, qui n'a pas pu échapper, est prise dans la

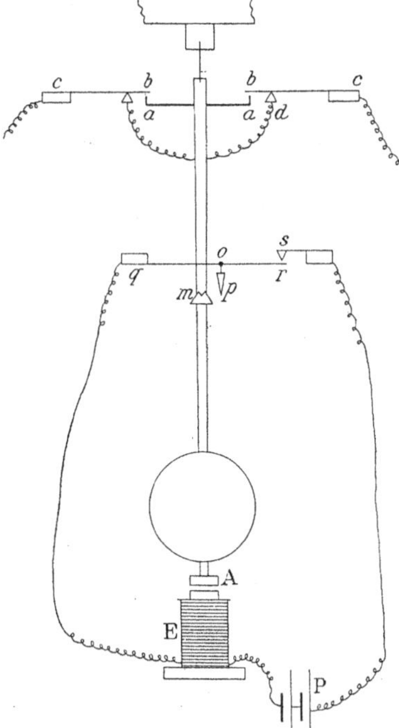

Fig. 318.

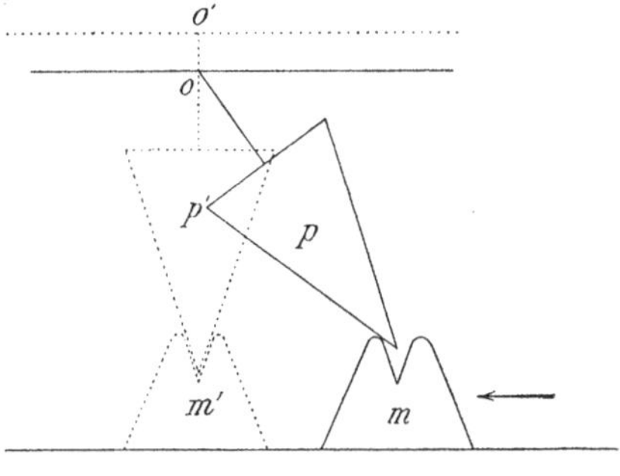

Fig. 319.

coche. Elle est soulevée, le ressort monte de OO'; un contact s'établit entre r et s. Le circuit de l'électro E est fermé; il attire l'armature A.

Il suffit d'admettre que l'électro est non pas exactement dans la verticale d'équilibre, mais un peu à gauche, pour que son attraction crée un couple par rapport à l'axe du pendule et par conséquent produise un lancement vers la gauche.

L'impulsion n'est donnée que toutes les quinze ou vingt oscillations complètes; l'appareil est donc essentiellement à amplitude variable. Mais il est très simple et quasiment indéréglable : il bat généralement la demi-seconde.

Il sert à envoyer, toutes les demi-secondes, des courants de faible durée. Pour cela il porte une pièce horizontale terminée par deux nez *aa*. Quand le pendule est dans la verticale, le circuit *cbaabc* est fermé. Dès que le pendule sort de la verticale, il coupe ce circuit à droite ou à gauche. D'où un courant de durée faible et facilement réglable.

On utilise ces émissions pour synchroniser d'autres pendules, pour actionner des compteurs, pour marquer les demi-secondes sur les appareils enregistreurs, ...

CHAPITRE VI

PENDULE CONIQUE. APPLICATIONS

443. **Équations du mouvement.** — Nous appelons *pendule conique* une petite masse M assujettie à rester sur une sphère. Il revient au même de dire que nous nous proposons d'étudier le mouvement le plus général d'un pendule simple, constitué par une masse petite suspendue à un fil très fin et inextensible.

On réalisera les expériences au moyen d'une masse sphérique suspendue par un fil d'acier aussi fin que possible ; l'acier étant très résistant, le fil peut être extrêmement fin (quelques dixièmes de millimètre de diamètre).

A la vérité, nous particularisons ainsi le problème, car la masse ne reste sur la sphère que si la tension du fil est positive. Il faut qu'elle soit dans l'hémisphère inférieur. Pour que l'expérience soit aussi générale que l'énoncé, nous supposerons la masse fixée à l'extrémité d'une tige rigide montée sur une suspension à la cardan.

Prenons pour axes de coordonnées la verticale Oz dirigée vers le bas et deux axes Ox, Oy, dans le plan horizontal passant par le point O de suspension (fig. 320). Soit l la distance $\overline{\mathrm{OM}}$. Nous emploierons aussi le système de coordonnées θ (colatitude), angle de OM avec l'axe des z, ψ longitude comptée à partir du plan xOz. On a :

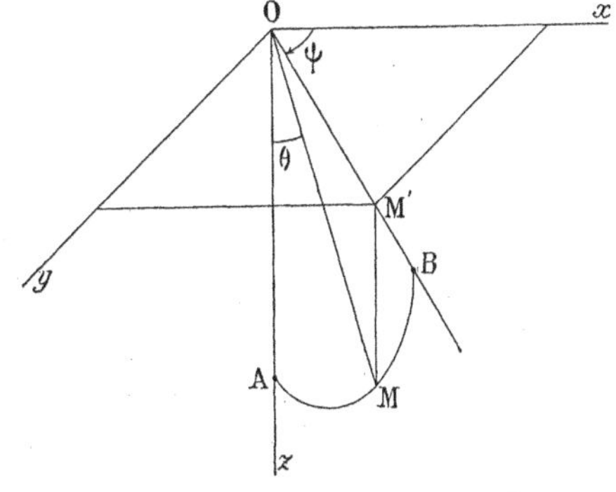

Fig. 320.

$$x = l \sin\theta \cos\psi,$$
$$y = l \sin\theta \sin\psi,$$
$$z = l \cos\theta.$$

Nous poserons encore :

$$r = \overline{\mathrm{OM'}} = l \sin\theta.$$

Les deux équations du mouvement sont immédiatement fournies

par le principe des forces vives et la remarque que le moment des forces par rapport à l'axe Oz est nul.

Cette dernière condition donne (§ 300) :

$$r^2 \frac{d\psi}{dt} = \text{Constante}, \qquad \sin^2\theta \frac{d\psi}{dt} = a. \tag{1}$$

Soit v la vitesse du point. On peut la considérer comme la résultante de deux vitesses rectangulaires : $ld\theta/dt$, suivant le méridien; $rd\psi/dt$ suivant le parallèle.

$$v^2 = l^2\left(\frac{d\theta}{dt}\right)^2 + r^2\left(\frac{d\psi}{dt}\right)^2 = l^2\left[\left(\frac{d\theta}{dt}\right)^2 + \sin^2\theta\left(\frac{d\psi}{dt}\right)^2\right].$$

Le théorème des forces vives donne :

$$v^2 = -2gl(1-\cos\theta) + 4gl_0 = 2gl\cos\theta + 2g(2l_0 - l);$$

$$\left(\frac{d\theta}{dt}\right)^2 + \sin^2\theta\left(\frac{d\psi}{dt}\right)^2 = \frac{2g}{l}\cos\theta + \frac{2g}{l}\left(2\frac{l_0}{l} - 1\right).$$

Posons : $2g : l = b$, $l_0 : l = \lambda$; remplaçons $d\varphi/dt$, par sa valeur tirée de (1); il vient :

$$\left(\frac{d\theta}{dt}\right)^2 + \frac{a^2}{\sin^2\theta} = b\cos\theta + b(2\lambda - 1). \tag{2}$$

Les équations (1) et (2) résolvent le problème posé.

444. Autre manière d'établir les équations du mouvement. — Nous nous sommes arrangés de manière à ne pas expliciter la force de liaison qui est ici la tension $\mathfrak{T}$ du fil ou la réaction normale de la surface. Mettons-la en évidence; écrivons les équations en x, y, z. Les composantes de $\mathfrak{T}$ suivant les axes sont :

$$-\mathfrak{T}x : l, \qquad -\mathfrak{T}y : l, \qquad -\mathfrak{T}z : l.$$

Les équations rapportées à l'unité de masse sont :

$$\begin{aligned} &\frac{d^2x}{dt^2} + \frac{\mathfrak{T}x}{l} = 0, \\ &\frac{d^2y}{dt^2} + \frac{\mathfrak{T}y}{l} = 0, \\ &\frac{d^2z}{dt^2} + \frac{\mathfrak{T}z}{l} - g = 0. \end{aligned} \tag{3}$$

Multiplions la première par $-y$, la seconde par x et additionnons.

Il vient : $$x\frac{d^2y}{dt^2} - y\frac{d^2x}{dt^2} = \frac{d}{dt}\left(x\frac{dy}{dt} - y\frac{dx}{dt}\right) = 0.$$

C'est l'équation (1) du § 443.

Pour obtenir l'équation (2), il suffit de multiplier les équations (3) respectivement par dx, dy, dz, et d'additionner. La tension est multipliée par : $\qquad xdx + ydy + zdz = ldl = 0$

445. Cas de très petites oscillations au voisinage du point A. La troisième équation (3) fournit immédiatement :

$$z = l, \qquad \frac{d^2z}{dt^2} = 0, \qquad \mathfrak{T} = g;$$

$$\frac{d^2x}{dt^2} + \frac{gx}{l} = 0, \qquad \frac{d^2y}{dt^2} + \frac{gy}{l} = 0. \qquad (4)$$

La trajectoire est une *ellipse immobile* représentée par les équations : $x = x_0 \sin \omega t, \qquad y = y_0 \sin(\omega t - \delta).$

Le sens de rotation du mobile sur l'ellipse dépend de la valeur de la phase. La période est :

$$T = \frac{2\pi}{\omega} = 2\pi\sqrt{\frac{l}{g}}.$$

On peut considérer le mouvement comme résultant de la composition des mouvements de deux pendules simples, isochrones et n'agissant pas l'un sur l'autre. C'est ce qui résulte immédiatement de la forme des équations (4) où les variables sont séparées.

Tout se passe comme pour une masse mobile dans un plan, attirée par un centre fixe (origine des coordonnées dans le plan) avec une force proportionnelle à la distance $r = l\theta$, à ce centre. La force attractive a pour valeur : $g\theta = gr : l$.

L'ellipse est balayée par le rayon vecteur aboutissant au mobile de manière que les aires varient proportionnellement au temps. C'est ce qu'exprime l'équation (1) du § 443 ; les variables r et φ sont maintenant les coordonnées polaires de l'ellipse.

Nous retrouvons la question déjà traitée au § 340.

446. Manipulation. — L'expérience se fait avec un pendule constitué par un long fil fin AB (fig. 321), de 2 ou 3 mètres de longueur, et une sphère métallique *lourde* S. On prendra par exemple une sphère de laiton, comme le commerce en fournit pour l'ornementation des lits métalliques, et on la remplira de plomb ; on utilisera encore une boule de fonte comme l'industrie en fabrique pour les régulateurs de machines à vapeur. Une pointe P trace sa trajectoire sur un plan de sable (ou plus exactement sur une sphère de sable de grand rayon).

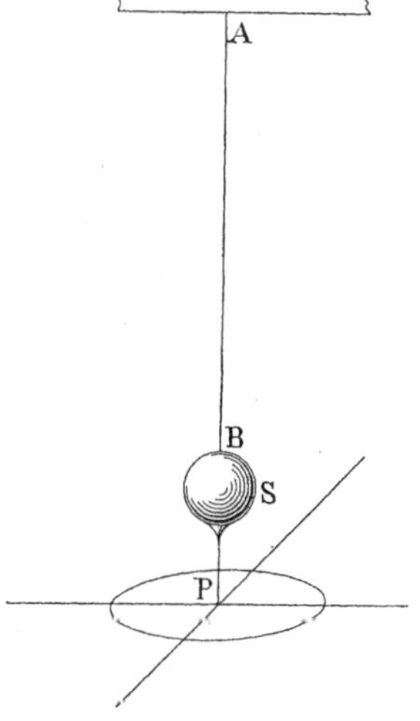

Fig. 321.

La trajectoire est une ellipse dont le rapport des axes dépend de la vitesse et de la direction de lancement.

Naturellement le mouvement s'amortit.

La pointe décrit par conséquent une spirale circulaire ou elliptique qui reste creusée dans le sable. L'expérience est très simple et très jolie.

447. **Cas où le mobile décrit des parallèles.** — Si le mobile décrit un parallèle, r et θ sont constants. Il résulte de (1) que $d\psi/dt$ est aussi constant : le parallèle est décrit avec une vitesse angulaire uniforme : $2\pi : \mathrm{T} = \omega = a : \sin^2\theta$.

Le théorème des forces vives ne donne rien, car si le point décrit un parallèle, aucune force ne travaille ; la vitesse est constante.

Les équations du mouvement en x, y, z, sont :

$$x = l \sin\theta \sin\omega t,$$

$$y = -l \sin\theta \cos\omega t,$$

$$z = l \cos\theta.$$

Substituons dans les équations (3). On a pour déterminer T et θ :

$$\mathfrak{T} = \omega^2 l, \qquad g = \mathfrak{T}\cos\theta = \omega^2 l \cos\theta ;$$

$$\cos\theta = \frac{1}{\omega^2}\frac{g}{l}, \qquad \mathrm{T} = 2\pi\sqrt{\frac{l}{g}\cos\theta}\,. \tag{5}$$

Ainsi à toute vitesse angulaire ω *supérieure* à $\omega_0 = \sqrt{g : l}$, correspond un angle θ. Pour que la masse continue à tourner sur le parallèle θ, il suffit qu'elle soit lancée tangentiellement à ce parallèle avec la vitesse angulaire correspondante.

L'angle θ est nécessairement compris entre 0 et $\pi : 2$, comme on le voit immédiatement en remarquant que la résultante de la force horizontale *centrifuge* et de la pesanteur verticale doit être dirigée suivant le rayon pour être équilibrée par les liaisons.

Si la vitesse est inférieure à ω_0, la masse reste en équilibre stable au point A, le plus bas qu'elle puisse occuper.

Si le poids, au lieu d'être suspendu à un fil, est lié à une sphère, il peut aussi rester en équilibre instable au point diamétralement opposé.

En effet, les équations (3) sont satisfaites pour

$$x = y = 0, \qquad z = \pm l, \qquad \mathfrak{T} = \pm g.$$

Nous reviendrons plus loin sur les applications de ce cas particulier.

448. **Cas général.** — Montrons que dans le cas général le point se déplace sur la sphère entre deux parallèles de colatitude θ_0 et θ_1 ; nous supposerons $\theta_0 < \theta_1$. On a :

$$dt = \pm d\theta : \sqrt{b\cos\theta - \frac{a^2}{\sin^2\theta} + b(2\lambda - 1)}\,.$$

Multiplions le second membre haut et bas par $\sin\theta$, remplaçons sous le radical $\sin^2\theta$ par $1-\cos^2\theta$; il reste :

$$dt = \pm\frac{\sin\theta\, d\theta}{\sqrt{b}} : \sqrt{-\cos^3\theta-(2\lambda-1)\cos^2\theta+\cos\theta+(2\lambda-1)-\frac{a^2}{b}}.$$

La composante $d\theta : dt$ de la vitesse s'annule quand s'annule la quantité sous le radical; la vitesse est alors horizontale. D'après la nature même du problème, si le point ne décrit pas un parallèle, il est certain que la vitesse $d\theta : dt$ s'annule au moins deux fois. Appelons $\cos\theta_0$, $\cos\theta_1$, et ρ les trois racines de la quantité sous le radical égalée à 0, racines certainement réelles.

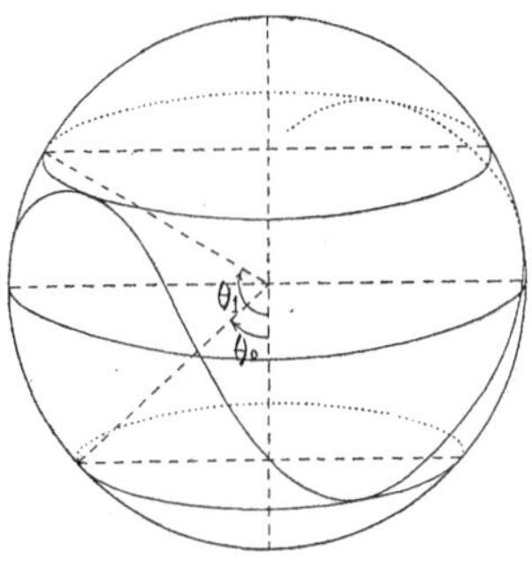

Fig. 322.

Dire que les racines sont réelles ne signifie pas qu'il existe un troisième cosinus acceptable; nous allons précisément montrer que la troisième racine ρ est plus petite que -1.

D'après les propriétés des racines des équations algébriques, nous avons :

$$\cos\theta_0\cos\theta_1+\rho(\cos\theta_0+\cos\theta_1)=-1, \qquad \rho=-\frac{1+\cos\theta_0\cos\theta_1}{\cos\theta_0+\cos\theta_1}.$$

Nous pouvons poser :

$$\cos\theta_0 = 1-\varepsilon_0, \qquad \cos\theta_1 = 1-\varepsilon_1,$$

où ε_0 et ε_1 sont certainement des quantités positives. D'où :

$$\rho = -\frac{2-(\varepsilon_0+\varepsilon_1)+\varepsilon_0\varepsilon_1}{2-(\varepsilon_0+\varepsilon_1)} = -1-\frac{\varepsilon_0\varepsilon_1}{2-(\varepsilon_0+\varepsilon_1)}.$$

Or le second terme du second membre est sûrement négatif, puisqu'on a : $\varepsilon_0+\varepsilon_1<2$.

Donc la troisième racine ρ est certainement inférieure à -1; elle ne peut représenter un cosinus réel.

Donc le point oscille entre les parallèles de colatitudes θ_0 et θ_1.

Quand il est sur le parallèle inférieur θ_0, sa vitesse horizontale est plus grande qu'il ne convient pour qu'il reste sur ce parallèle. La force centrifuge l'emporte : il remonte.

Quand il est sur le parallèle supérieur θ_1, deux cas peuvent se présenter. Si $\theta_1>\pi:2$, quelle que soit la vitesse, il ne peut être en équilibre; il faut qu'il redescende. Si $\theta_1<\pi:2$, sa vitesse horizontale est plus petite qu'il ne convient pour qu'il reste sur ce parallèle; la force centrifuge ne peut donner avec le poids une composante dirigée suivant la liaison; le pendule redescend.

Aux divers passages sur les parallèles θ_0 et θ_1, il recouvre respectivement la même vitesse. En effet, il est à la même hauteur : le théorème des forces vives exige que la vitesse redevienne la même.

D'où la conclusion que les phénomènes se répètent identiquement entre un maximum et un minimum successifs, ou inversement.

Par analogie avec le pendule circulaire, nous appelons période T, *deux fois* le temps qui s'écoule entre deux passages consécutifs sur le parallèle θ_0 (ou sur le paralèle θ_1).

On peut écrire en explicitant les racines :

$$dt = \pm \frac{\sin\theta\, d\theta}{\sqrt{b}} : \sqrt{(\cos\theta_0 - \cos\theta)(\cos\theta - \cos\theta_1)\left(\cos\theta + \frac{1+\cos\theta_0\cos\theta_1}{\cos\theta_0+\cos\theta_1}\right)}. \quad (1)$$

449. **Calcul de la période.** — Le temps croît nécessairement, dt est donc nécessairement positif; $\sin\theta$ est positif par nature ainsi que b. Donc, quand on va de θ_0 à θ_1, il faut prendre le signe $+$; quand on va de θ_1 à θ_0, il faut prendre le signe —.

Pour calculer la période, nous ferons un changement de variable. Nous poserons :

$$\cos\theta = \cos\theta_1 \sin^2\varphi + \cos\theta_0 \cos^2\varphi,$$
$$\sin\theta\, d\theta = 2(\cos\theta_0 - \cos\theta_1)\sin\varphi\cos\varphi\, d\varphi.$$

Quand θ passe de θ_0 à θ_1, φ varie de 0 à $\pi : 2$. On trouve aisément :

$$\cos\theta_0 - \cos\theta = (\cos\theta_0 - \cos\theta_1)\sin^2\varphi,$$
$$\cos\theta - \cos\theta_1 = (\cos\theta_0 - \cos\theta_1)\cos^2\varphi.$$

Substituons dans (1) après avoir posé :

$$k^2 = \frac{\cos^2\theta_0 - \cos^2\theta_1}{1 + 2\cos\theta_0\cos\theta_1 + \cos^2\theta_0}.$$

On trouve :

$$dt = \sqrt{\frac{2l}{g}}\sqrt{\frac{\cos\theta_0 + \cos\theta_1}{1 + 2\cos\theta_0\cos\theta_1 + \cos^2\theta_0}}\, \frac{d\varphi}{\sqrt{1 - k^2\sin^2\varphi}}.$$

Nous sommes donc ramenés aux intégrales elliptiques de première espèce. En particulier, la période a pour expression :

$$T = 4\sqrt{\frac{2l}{g}}\sqrt{\frac{\cos\theta_0 + \cos\theta_1}{1 + 2\cos\theta_0\cos\theta_1 + \cos^2\theta_0}} \int_0^{\frac{\pi}{2}} \frac{d\varphi}{\sqrt{1 - k^2\sin^2\varphi}};$$

le tableau de la page 667 donne les valeurs de l'intégrale.

Quand θ_0 et θ_1 sont très petits, le coefficient qui précède l'intégrale vaut $1 : \sqrt{2}$; l'intégrale vaut $\pi : 2$. On a :

$$T = 4\sqrt{\frac{2l}{g}}\,\frac{1}{\sqrt{2}}\,\frac{\pi}{2} = 2\pi\sqrt{\frac{l}{g}},$$

valeur connue.

Supposons $\theta_0 = 0$, ce qui transforme le pendule conique en un pendule circulaire ; on retrouve la valeur :

$$k = \sin \frac{\theta_1}{2}.$$

Enfin posons $\theta_0 = \theta_1$; il semble que nous devions retrouver les résultats du § 447 sur le pendule parcourant un parallèle. On a $k = 0$, l'intégrale vaut $\pi : 2$. Mais il vient :

$$T' = 4\pi \sqrt{\frac{l}{g}} \sqrt{\frac{\cos \theta_0}{1 + 3\cos^2 \theta_0}}, \quad \text{et non pas :} \quad T = 2\pi \sqrt{\frac{l}{g}} \sqrt{\cos \theta_0}.$$

On a évidemment : $2T > T' > T.$

Nous allons trouver plus loin l'explication de ce fait bizarre : elle réside dans la définition de la période pour le pendule conique.

Pour ce qui va suivre, nous avons intérêt à mettre la période sous une forme un peu différente. On a :

$$dt = \sqrt{\frac{2l}{g}} \sqrt{\cos \theta_0 + \cos \theta_1} \frac{d\varphi}{A},$$

$$A = \sqrt{(1 + 2\cos\theta_0 \cos\theta_1 + \cos^2\theta_0)\cos^2\varphi + (1 + 2\cos\theta_0\cos\theta_1 + \cos^2\theta_1)\sin^2\varphi}.$$

Quand φ varie de 0 à $\pi : 2$, A décroît régulièrement de :

$$A_0 = \sqrt{1 + 2\cos\theta_0\cos\theta_1 + \cos^2\theta_0}, \quad \text{à} \quad A_1 = \sqrt{1 + 2\cos\theta_0\cos\theta_1 + \cos^2\theta_1}.$$

On a donc immédiatement deux valeurs entre lesquelles gît la période :

$$T > 2\pi \sqrt{\frac{2l}{g}} \sqrt{\frac{\cos\theta_0 + \cos\theta_1}{1 + 2\cos\theta_0\cos\theta_1 + \cos^2\theta_0}},$$

$$T < 2\pi \sqrt{\frac{2l}{g}} \sqrt{\frac{\cos\theta_0 + \cos\theta_1}{1 + 2\cos\theta_0\cos\theta_1 + \cos^2\theta_1}}.$$

450. **Calcul de l'angle Ψ.** — Il s'agit de déterminer la différence d'azimut Ψ entre les passages par un minimum et le maximum consécutif, ou inversement ; c'est-à-dire l'*azimut parcouru dans un quart de période*. On a (§ 443) :

$$d\psi = \frac{a\,dt}{\sin^2\theta}, \qquad \psi = \int_0^t \frac{a\,dt}{\sin^2\theta}. \tag{1}$$

Calculons la valeur de a en fonction de $\cos\theta_0$ et de $\cos\theta_1$. D'après les propriétés des racines des équations algébriques, on a (§ 448) :

$$-(2\lambda - 1) = \cos\theta_0 + \cos\theta_1 + \rho,$$

$$(2\lambda - 1) - a^2 : b = \rho \cos\theta_0 \cos\theta_1.$$

On tire aisément de là :

$$a = \sqrt{b} \frac{\sin\theta_0 \sin\theta_1}{\sqrt{\cos\theta_0 + \cos\theta_1}}.$$

Nous obtiendrons aisément deux limites entre lesquelles Ψ' est sûrement compris. Il suffit de remplacer dans l'expression de dt le dénominateur variable A par ses limites A_0 et A_1.

$$\frac{2\sin\theta_0\sin\theta_1}{A_1}\int_0^{\frac{\pi}{2}}\frac{d\varphi}{\sin^2\theta}>\Psi'>\frac{2\sin\theta_0\sin\theta_1}{A_0}\int_0^{\frac{\pi}{2}}\frac{d\varphi}{\sin^2\theta}.$$

Reste à déterminer la valeur de l'intégrale. On a :

$$\frac{1}{\sin^2\theta}=\frac{1}{1-\cos^2\theta}=\frac{1}{2}\left[\frac{1}{1-\cos\theta}+\frac{1}{1+\cos\theta}\right],$$

$$2\int\frac{d\varphi}{\sin^2\theta}=\frac{d\varphi}{(1-\cos\theta_1)\sin^2\varphi+(1-\cos\theta_0)\cos^2\varphi}$$

$$+\frac{d\varphi}{(1+\cos\theta_1)\sin^2\varphi+(1+\cos\theta_0)\cos^2\varphi}.$$

Or on sait que :

$$\int_0^{\frac{\pi}{2}}\frac{d\varphi}{p\sin^2\varphi+q\cos^2\varphi}=\frac{1}{\sqrt{pq}}\operatorname{arc\,tg}\left(\sqrt{\frac{p}{q}}\operatorname{tg}\varphi\right)\Bigg|_0^{\frac{\pi}{2}}=\frac{\pi}{2}\frac{1}{\sqrt{pq}}.$$

Ce dernier résultat est immédiatement fourni par la considération de l'aire d'une ellipse en coordonnées polaires et rapportée à son centre. D'où :

$$\int_0^{\frac{\pi}{2}}\frac{d\varphi}{\sin^2\theta}=\frac{\pi}{4}\left[\frac{1}{\sqrt{(1-\cos\theta_1)(1-\cos\theta_0)}}+\frac{1}{\sqrt{(1+\cos\theta_1)(1+\cos\theta_0)}}\right]$$

$$=\frac{\pi}{4}\frac{\sqrt{(1+\cos\theta_1)(1+\cos\theta_0)}+\sqrt{(1-\cos\theta_1)}\sqrt{1-\cos\theta_0}}{\sin\theta_1\sin\theta_0}$$

$$=\frac{\pi}{2}\cos\frac{\theta_1-\theta_0}{2}\frac{1}{\sin\theta_0\sin\theta_1}=\frac{\pi}{4}\frac{\sqrt{2+2\cos\theta_0\cos\theta_1+2\sin\theta_0\sin\theta_1}}{\sin\theta_0\sin\theta_1}.$$

On tire de là pour les limites de Ψ' :

$$\Psi'<\frac{\pi}{2}\sqrt{\frac{2+2\cos\theta_0\cos\theta_1+2\sin\theta_0\sin\theta_1}{1+2\cos\theta_0\cos\theta_1+\cos^2\theta_1}},$$

$$\Psi'>\frac{\pi}{2}\sqrt{\frac{2+2\cos\theta_0\cos\theta_1+2\sin\theta_0\sin\theta_1}{1+2\cos\theta_0\cos\theta_1+\cos^2\theta_0}}.$$

Considérons par exemple la limite inférieure ; nous pouvons écrire :

$$\Psi'>\frac{\pi}{2}\sqrt{1+\frac{1-\cos^2\theta_0+2\sin\theta_0\sin\theta_1}{1+2\cos\theta_0\cos\theta_1+\cos^2\theta_0}}>\frac{\pi}{2}.$$

Ainsi Ψ' est constamment supérieur à $\pi : 2$.

On comprend maintenant le sens du résultat du paragraphe précédent quand le pendule décrit un parallèle. La période n'est pas égale

à un tour; elle est supérieure à un tour. Aussi bien les deux limites deviennent alors égales à : $\pi : \sqrt{1+3\cos^2\theta_0}$. La période en arc est donc :
$$4\pi : \sqrt{1+3\cos^2\theta_0}.$$

La période en temps est multipliée par : $2 : \sqrt{1+3\cos^2\theta_0}$.
Ce facteur vaut 1 pour $\theta_0 = 0$; il vaut 2 pour l'autre limite $\theta_0 = \pi : 2$.

451. **Forme de la projection horizontale.** — Supposons d'abord θ_0 et θ_1 assez petits pour qu'on puisse négliger $(\theta_1 - \theta_0)^2$, ou, ce qui revient au même, remplacer $\theta_0^2 + \theta_1^2$, par $2\theta_0\theta_1$. Les quantités A_0 et A_1 sont sensiblement égales entre elles et à :
$$\sqrt{1+3\cos\theta_0\cos\theta_1} = \sqrt{4 - \frac{3}{2}(\theta_0^2+\theta_1^2)} = 2\sqrt{1-\frac{3}{4}\theta_0\theta_1} = 2\left(1-\frac{3}{8}\theta_1\theta_0\right).$$

On a donc très exactement :
$$\Psi' = \pi : A = \frac{\pi}{2}\left(1+\frac{3}{8}\theta_0\theta_1\right).$$

Ainsi l'arc décrit entre un maximum et le minimum consécutif, ou inversement, est un peu plus grand que $\pi : 2$, d'une quantité de l'ordre du carré de l'amplitude.

On peut dire que *la trajectoire du centre de gravité projetée sur le*

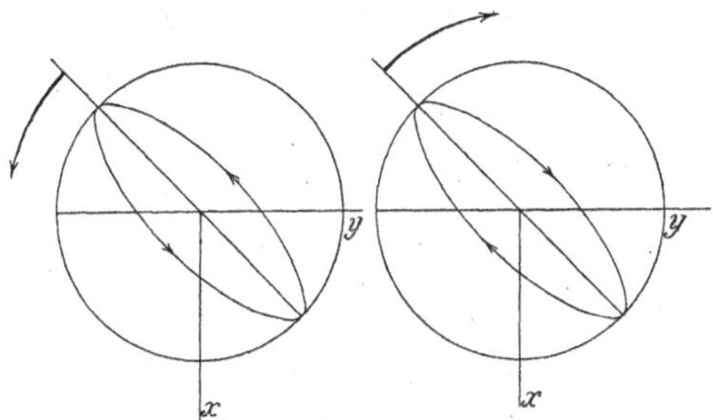

Fig. 323.

plan horizontal est encore une ellipse, mais qui tourne autour de son centre avec une vitesse uniforme égale à :
$$\frac{3\pi}{16}\theta_0\theta_1 \cdot \frac{4}{T} = \frac{3\pi}{16}\theta_0\theta_1 \cdot \frac{4}{2\pi}\sqrt{\frac{g}{l}} = \frac{3}{8}\theta_0\theta_1\sqrt{\frac{g}{l}},$$
dans le sens suivant lequel le mobile se déplace lui-même sur l'ellipse (fig. 323).

Considérons maintenant le cas général.

La figure 324 à gauche suppose $\theta_1 < \pi : 2$. La projection horizontale de la trajectoire ne touche donc pas la projection de l'équateur. On reconnaît encore la forme elliptique avec le déplacement des points de tangence aux deux parallèles θ_0 et θ_1 dans le sens du mouvement du mobile.

La figure 324 à droite suppose $\theta_1 > \pi : 2$. La projection horizontale

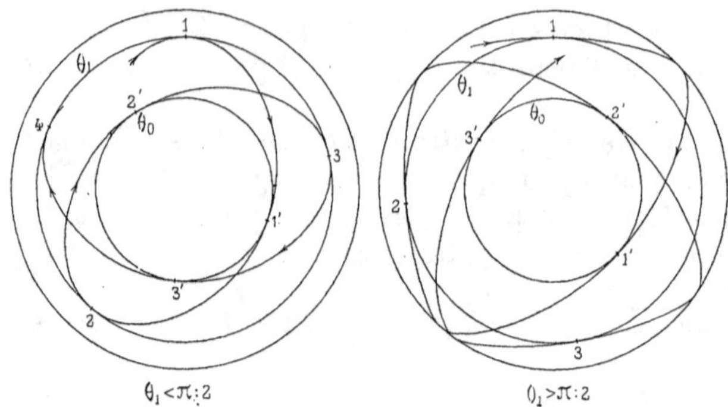

Fig. 324.

de la trajectoire touche l'équateur entre deux tangentes consécutives aux parallèles de colatitudes θ_0 et θ_1. Naturellement la forme de la courbe s'éloigne de plus en plus de l'elliptique.

452. **Réalisation des courbes, manipulation.** — Pour étudier les trajectoires on peut utiliser l'appareil représenté fig. 321, tant que θ_0 et θ_1 sont petits. On lance plus fortement, après avoir eu le soin de limiter le sable par une surface sensiblement sphérique, ce qu'on obtient aisément à l'aide d'une planche courbe ou d'un cerceau ayant un rayon convenable.

On voit les ellipses tourner comme le veut la théorie.

Dans le cas de plus grandes oscillations, on fait osciller un pendule portant une très petite lampe électrique. On la photographie avec un objectif *d'axe vertical* disposé sur la verticale du point de suspension, assez loin au-dessous du pendule pour que la projection ne soit pas trop déformée.

Si les amplitudes ne sont pas trop grandes, on peut encore disposer sous le pendule un réservoir à encre ou à sable fin qui s'écoulent et tracent sur un papier la trajectoire de l'extrémité de l'ajutage.

Utilisation du pendule conique comme régulateur.

453. **Horloges à pendules coniques.** — Un pendule conique décrivant un parallèle fait un tour dans le temps (§ 447) :

$$T = 2\pi\sqrt{\frac{l}{g}\cos\theta} = 2\pi\sqrt{\frac{l}{g}}\left(1 - \frac{\theta^2}{4}\right) = T_0\left(1 - \frac{\theta^2}{4}\right). \quad (1)$$

Comparons cette formule à celle du pendule circulaire (§ 383) :

$$T' = T_0\left(1 + \frac{\theta^2}{16}\right). \qquad (2)$$

Quand les amplitudes sont petites, on a $T = T' = T_0$; la période du pendule conique est égale à celle du pendule circulaire de même longueur. Quand l'amplitude croît, T diminue, tandis que T' augmente. Les deux pendules ont leurs oscillations isochrones, ce qui veut dire que :

$$\frac{dT}{d\theta} = \frac{dT'}{d\theta} = 0, \quad \text{pour} \quad \theta = 0.$$

On peut utiliser le pendule conique à la régulation des horloges; l'avantage évident de cette disposition est la suppression de l'échappement, le remplacement d'un mouvement saccadé par un mouvement continu. Parfois cette modification constitue un désavantage, par exemple pour la détermination des *passages* en Astronomie *à l'œil et à l'oreille*. Il est nécessaire d'entendre le bruit de l'échappement.

L'axe vertical AB est lié à l'appareil à régler (fig. 325). Il porte une fourchette F dans laquelle entre librement la pointe P fixée à la masse du pendule. Celui-ci est attaché en O sur la verticale de l'axe AB.

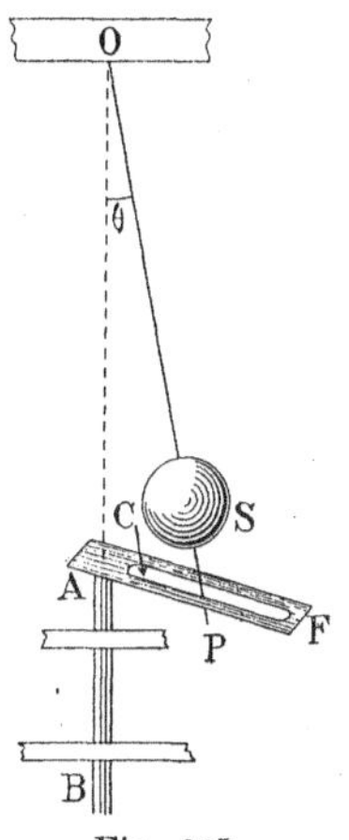

Fig. 325.

Tant que la vitesse angulaire de l'axe AB est inférieure à une certaine limite, la pointe P repose sur l'extrémité C de la fourchette. Dès que la vitesse de l'axe devient telle que la durée du tour égale $T < T_0$, le pendule s'écarte de la verticale avec laquelle il fait un angle θ_0 donné par la formule (1).

Mais, *et c'est en cela que consiste la régulation*, dès qu'il s'écarte de la verticale, le frottement sur l'air croît très vite; d'autre part, son écart avec la verticale est relativement considérable pour peu que T surpasse T_0. De sorte que la moindre différence $T_0 - T$ donne un angle θ_0 relativement grand, augmente par suite le frottement, et corrélativement diminue la vitesse. En définitive, le fonctionnement est exactement le même que pour le pendule ordinaire.

La figure 325 suppose que le pendule est supporté par un fil. En réalité il est suspendu par une tige montée à la cardan. Cette monture diffère du cardan décrit au § 130; elle est à ressort et représentée fig. 326.

La pièce fixe O porte deux lames minces faisant ressorts CC; la pièce E qui termine le pendule porte deux autres ressorts DD. Les pièces O et E sont dans deux plans rectangulaires. Elles sont reliées par une pièce formée d'une colonne I à laquelle sont fixés deux bras A et B dans deux plans rectangulaires. A ces bras sont fixés les ressorts. La figure montre les projections sur deux plans verticaux rec-

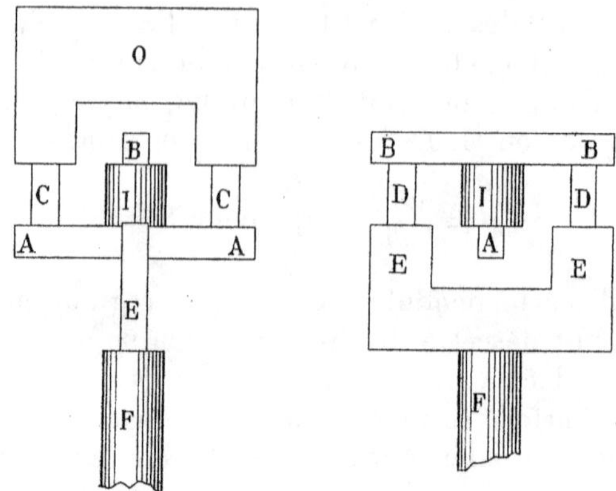

Fig. 326.

tangulaires. Le système équivaut à un cardan, à la condition que les ressorts soient identiques et que leurs milieux soient dans le même plan horizontal.

454. **Accroissement du frottement par augmentation de l'angle** θ_0. — Nous supposons au paragraphe précédent que l'accroissement du frottement *de l'air* suffit à la régulation quand θ_0 augmente, et que, par conséquent, pour la même vitesse angulaire, la vitesse *linéaire* de la sphère croît. Si l'appareil à régler met en jeu des travaux considérables, il n'en est plus ainsi : l'accroissement de θ_0 doit créer un frottement supplémentaire aussi considérable qu'on le désire.

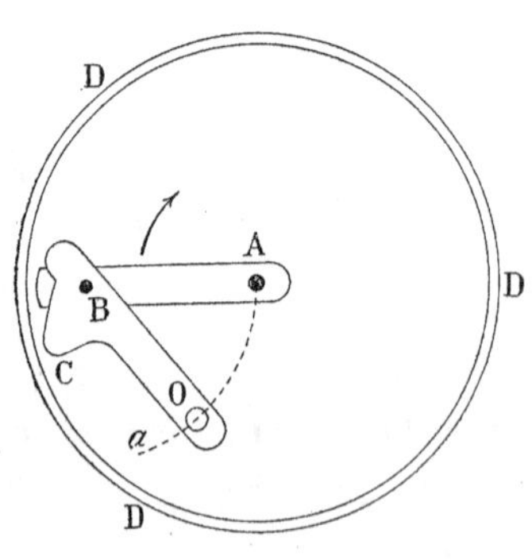

Fig. 327.

On peut utiliser le dispositif du § 375.

En voici un autre (fig. 327) souvent employé (voir plus loin, § 457).

A est le bout de l'axe du rouage qui est dans la verticale du point de suspension du pendule conique. L'axe porte normalement le doigt AB sur lequel est articulé en B le doigt BO. En O est un œil dans lequel entre la pointe du pendule conique. Quand la vitesse angulaire de l'axe augmente, le pendule tend à s'écarter de la verticale ; l'œil O décrit la circonférence Aα par rapport au doigt AB. Le nez C vient frotter contre la paroi intérieure du cylindre fixe d'acier D.

Pour adoucir les frottements et les régler, on dispose en C un tampon ou une brosse de filasse. On réalise ainsi une sorte de frein dont l'action croît avec la tendance du pendule conique à s'écarter de la verticale.

455. **Emploi d'un train différentiel.** — Le pendule conique permet un réglage au moyen d'un train différentiel (fig. 328).

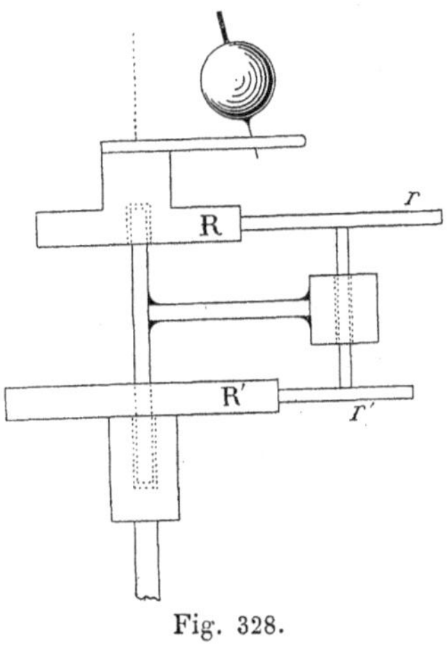

Fig. 328.

Soit R' le dernier rouage du système à régler. Il est relié à la roue R sur laquelle agit le pendule, par le train r, r' (voir § 121).

Soit ω et ω' les vitesses angulaires des roues R et R'; soit λ la vitesse angulaire de l'arbre porte-train; on a (§ 121) :

$$\lambda\left(\frac{R}{r}-\frac{R'}{r'}\right)=\omega\frac{R}{r}-\omega'\frac{R'}{r'}.$$

Faisons $R=r$; il reste :

$$\lambda\left(1-\frac{R'}{r'}\right)=\omega-\omega'\frac{R'}{r'}.$$

Quand l'arbre porte-train est immobile ($\lambda=0$), on a simplement :

$$\omega'=\omega r' : R'.$$

En tournant l'arbre porte-train dans un sens ou dans l'autre, on augmente ou l'on diminue d'aussi peu qu'on veut la vitesse angulaire ω'. D'où une remise à l'heure qui peut être automatique.

456. **Utilisation du pendule conique pour réaliser des fractions connues de seconde (Bouasse).** — On a souvent besoin dans les laboratoires de produire des signaux lumineux périodiques, distants d'un intervalle de temps connu, de l'ordre de 0,1 à 1 seconde. Il est bon qu'on puisse de temps à autre réétalonner l'appareil. Outre que les diapasons ne sont commodes que pour l'inscription directe (style fixé sur le diapason et agissant sur une plaque enfumée), le problème tourne dans un cercle vicieux dès qu'on n'a pas confiance dans l'étalonnage du constructeur.

La solution qui suit ne présente d'autre inconvénient que le prix nécessairement élevé de l'appareil, bien qu'à la rigueur on le puisse construire soi-même (fig. 329).

Un pendule conique entraîne un disque d'aluminium, de 40 centimètres de diamètre. Il est fendu d'un trait de scie suivant 12 rayons équidistants, sur une longueur de quelques centimètres à partir du pourtour. Ces fentes découvrent, tous les douzièmes de période, une fente étroite éclairée par une lampe Nernst. Des prismes à réflexion totale renvoient la lumière horizontalement. De petits volets permettent de couvrir de 1 à 11 fentes ; on obtient donc à volonté 12, 6,

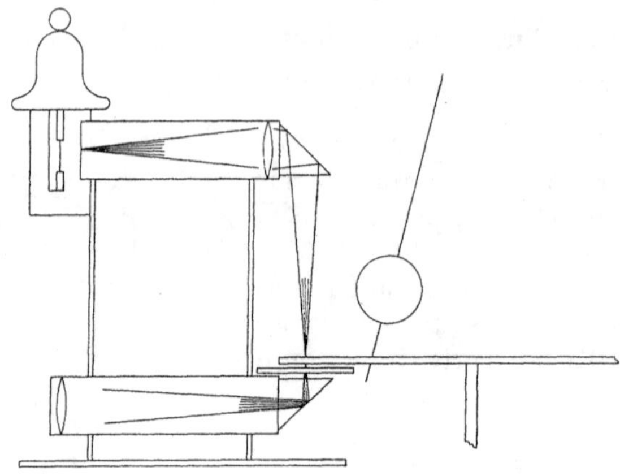

Fig. 329.

4, 3, 2, 1 éclairs équidistants par période du pendule. Rien n'empêche de prendre 24 fentes au lieu de 12 ; mais ce dernier nombre suffit généralement. La période du pendule est commodément de 2 secondes.

457. **Oscillation d'une tige rigide chargée d'un poids.** — Nous savons qu'une tige cylindrique (§ 342) se conduit exactement comme un pendule conique, au moins pour les petites amplitudes. Elle peut donc servir à régler un appareil. Pour ne pas exagérer l'encombrement et pourtant avoir des durées assez longues sans être forcé de trop diminuer la section de la tige, on en enroule une partie sous forme de ressort à boudin (fig. 330). La partie rectiligne porte

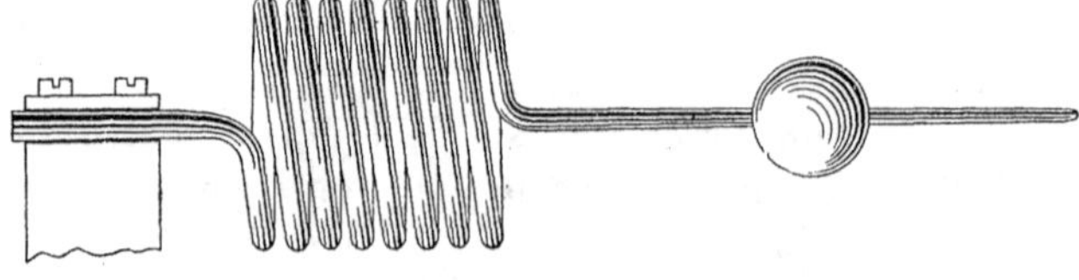

Fig. 330.

une sphère ; on règle la période en faisant varier sa position le long de la tige. L'extrémité de celle-ci entre dans la fourchette de la figure 325 ou dans l'œil de la figure 327.

Le régulateur à tige est employé dans les télégraphes Hughes et Baudot : voici en quelques mots le principe du premier de ces appareils.

TÉLÉGRAPHE HUGHES.

Deux appareils placés aux deux extrémités d'une ligne doivent être exactement synchronisés, de façon que l'émission d'un courant par le premier produise l'impression d'une certaine lettre par le second.

Imaginons un *chariot* qui tourne autour d'un axe, décrit en une demi-seconde une circonférence et passe, sans les heurter, au-dessus de vingt-huit goujons régulièrement espacés et reliés aux touches d'un clavier. En appuyant sur une touche, on relève le goujon correspondant qui est alors rencontré par le chariot : un courant est lancé dans la ligne.

Imaginons, à l'autre bout de la ligne, une roue portant radialement vingt-huit caractères et tournant au-dessus d'une bande de papier qui se déplace uniformément. A chaque émission de courant, un électro applique le papier contre la roue : un caractère s'imprime.

Il est clair que si le chariot et la roue des types tournent synchroniquement, l'abaissement d'une touche produira l'impression d'un caractère. Si leur phase relative est convenable, le caractère imprimé sera précisément celui qui correspond à la touche.

Sismographes.

458. **Nature du problème.** — La détermination des mouvements du sol (ou *Séismes*), qui fait l'objet de la *Sismologie* (ou *Séismologie*), irait de soi si l'on possédait des repères fixes. En fait, le sol entraîne avec lui les objets qui reposent dessus. Heureusement il ne les entraîne pas tous avec la même vitesse; de sorte que si nous ne possédons aucun repère rigoureusement fixe, nous pouvons obtenir des repères dont la fixité *au moins momentanée* soit aussi complète qu'il est désirable. Il suffit de réaliser des masses suffisamment lourdes, reliées au sol de la manière la plus lâche possible, c'est-à-dire soustraites autant que possible à l'action *motrice* de la pesanteur.

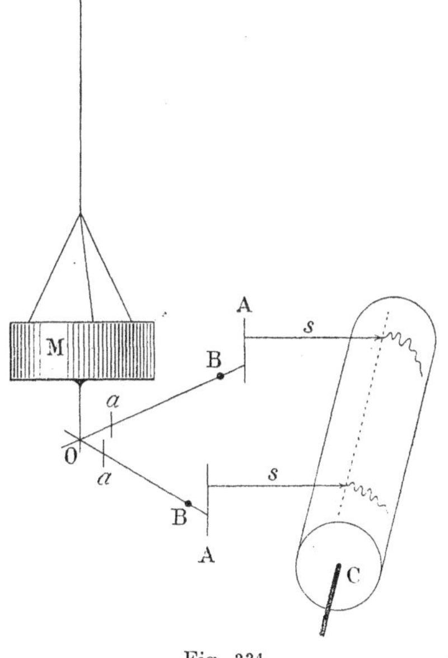

Fig. 331.

Par suite, le plus simple des *sismographes* pour mouvements horizontaux du sol est une masse lourde M suspendue à un fil très long. Plus long est le fil, mieux la masse est soustraite à l'action motrice horizontale de la pesanteur; corrélativement, plus sa période d'oscillation est longue. Elle nous servira de point fixe (fig. 331).

A son extrémité inférieure est fixé un style qui se meut dans deux coulisses creusées dans les bras courts de deux leviers rectangulaires tournant autour des axes verticaux a. Par l'intermédiaire des articulations B, ces leviers agissent sur les axes verticaux A, et par suite sur les styles horizontaux s qui en sont solidaires. On obtient sur le cylindre horizontal C, recouvert de papier enfumé, deux graphiques qui correspondent à deux composantes du mouvement horizontal du sol.

L'inconvénient de cet appareil est son encombrement. Un pendule ayant une période de 2 secondes est long d'un mètre environ; un pendule ayant une période de 10 secondes est long de 25 mètres. Or un bon sismographe doit osciller aussi lentement, pour que ses déplacements propres ne gênent pas l'inscription des déplacements du sol.

De cette condition dérivent les appareils décrits dans les paragraphes suivants.

459. **Axe de rotation incliné sur l'horizon; pendule dit horizontal.** — Si l'axe de rotation d'un pendule est incliné d'un angle i sur la verticale, chacun de ses points décrit un plan incliné de l'angle i sur l'horizon. Tout se passe comme pour un pendule ordinaire d'axe horizontal; mais seule intervient la composante de la pesanteur normale à l'axe de rotation (§ 241) :

$$p \sin i.$$

La ligne de plus grande pente du plan normal à l'axe de rotation joue le rôle de verticale : pour l'équilibre, elle contient le centre d'inertie.

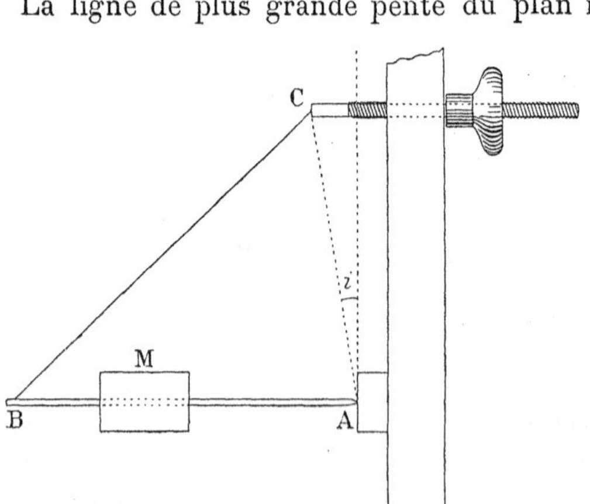

Fig. 332.

On prendra comme exemple d'un tel pendule les portes qui se referment seules par suite de la non-verticalité de leur axe de rotation (portes des passages à niveau, ...).

La période du pendule ordinaire doit être multipliée par $1 : \sqrt{\sin i}$.

La figure 332 représente un pendule très employé en *Sismologie*, sous le nom de *pendule horizontal*. Une masse très lourde (qui peut atteindre plusieurs centaines de kilogrammes) glisse sur une tige AB, dont la pointe A fait pivot sur une pièce lourde solidement liée au sol et entraînée par lui dans ses mouvements. Le fil CB est fixé en C à une pièce permettant d'avancer ou de reculer le point d'attache C, et par conséquent de modifier l'inclinaison i de l'axe de rotation, appelée *angle de stabilité*. On impose au pendule une période aussi longue qu'on veut. On atteint aisément 20 secondes.

C'est une excellente manipulation que d'étudier le fonctionnement de cet appareil (changement de i, déplacement de la masse, ...).

Avec deux appareils parallèles ou à angles droits, on répète très aisément les expériences de composition d'oscillations parallèles ou rectangulaires (§§ 473 et 340).

460. **Pendule duplex.** — Soit un pendule ordinaire dont l'extrémité supérieure est fixée en A. Appelons m sa masse, p son poids, l la distance $\overline{AG}$ de son centre d'inertie au point A, I son moment d'inertie par rapport à un axe horizontal quelconque passant par A.

Soit un second pendule *renversé* qui s'appuie au point B situé sur la verticale du point A. Accentuons ses caractéristiques.

Les deux pendules sont rendus solidaires par le procédé suivant. La sphère S est creusée d'un canal diamétral cylindrique, dans lequel entre la boule b terminant le second pendule. Dans la figure 333, la sphère S est coupée en deux pour montrer le dispositif. Soient :

$$L = \overline{Ab}, \qquad L' = \overline{Bb};$$

on a : $$\theta L = \theta' L'. \qquad (1)$$

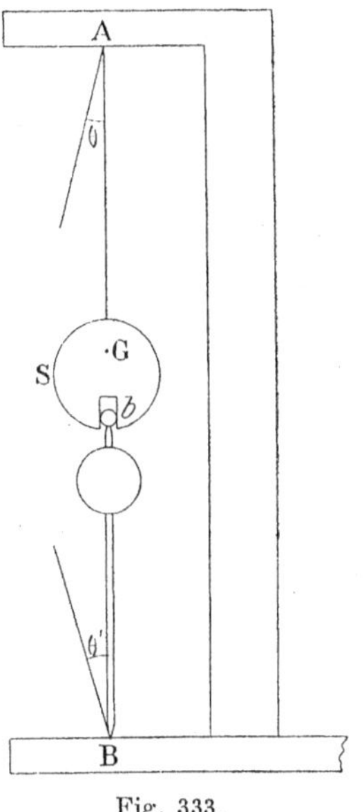

Fig. 333.

Écrivons les équations du mouvement. Comme nous nous bornons aux petites amplitudes, nous pouvons calculer la période en supposant plane l'oscillation du point b. Nous n'avons alors qu'une seule équation à considérer.

Soit θ_0, θ'_0 les élongations maxima ; l'énergie potentielle est :

$$W = pl(\cos\theta - \cos\theta_0) - p'l'(\cos\theta' - \cos\theta'_0) = \frac{pl}{2}(\theta_0^2 - \theta^2) - \frac{p'l'}{2}(\theta_0'^2 - \theta'^2).$$

Le signe — devant le second terme provient de ce que le pendule inférieur est au voisinage d'une position d'équilibre *instable*.

Le théorème des forces vives donne :

$$I\left(\frac{d\theta}{dt}\right)^2 + I'\left(\frac{d\theta'}{dt}\right)^2 = pl(\theta_0^2 - \theta^2) - p'l'(\theta_0'^2 - \theta'^2).$$

Utilisons la condition (1) ; multiplions partout par L'^2 :

$$(IL'^2 + I'L^2)\left(\frac{d\theta}{dt}\right)^2 = (plL'^2 - p'l'L^2)(\theta^2 - \theta_0^2). \qquad (2)$$

Comparant avec les résultats obtenus pour le pendule composé (§ 382), on trouve la période :

$$T = 2\pi\sqrt{\frac{IL'^2 + I'L^2}{plL'^2 - p'l'L^2}}. \qquad (3)$$

En particulier, supposons les pendules constitués par deux masses placées aux extrémités des tiges A*b* et B*b*; posons :

$$l = L, \qquad l' = L'; \qquad I = ml^2, \qquad I' = m'l'^2;$$

il vient :

$$T = 2\pi\sqrt{\frac{ll'}{g}\frac{m+m'}{ml'-m'l}}. \qquad (3')$$

Les équations (3) et (3′) montrent qu'on peut obtenir des périodes longues avec des dimensions restreintes. Faisons par exemple :

$$m = m', \qquad l = 1 \text{ mètre}, \qquad l' = 1^{m},25;$$

d'où

$$T = 2\pi\sqrt{\frac{10}{g}}.$$

Tout se passe comme si on avait un pendule de 10 mètres, avec une hauteur de $2^{m},25$ seulement.

461. **Pendule de Wiechert.** — Pour résoudre le même problème, obtenir une durée d'oscillation considérable sans un encombrement inadmissible (*pendule quasiment astatique*), Wiechert emploie une masse M énorme (on est allé jusqu'à plusieurs milliers de kilogrammes), placée en équilibre instable sur la pointe P qui repose sur le sol (en réalité par l'intermédiaire d'une suspension à la cardan).

Le point A de cette masse est articulé sur deux systèmes de tiges *à angle droit* l'un de l'autre.

La figure 334 n'en représente qu'un.

Il faut d'abord transformer l'équilibre instable en équilibre stable. Pour cela, la tige OBCD qui tourne autour de l'axe horizontal O, est tirée par deux ressorts antagonistes RR. Si les ressorts sont assez puissants, c'est-à-dire si le coefficient E, par lequel il faut multiplier l'allongement pour avoir la tension, est assez grand, l'équilibre devient stable ; il l'est *pour toutes les directions,* puisque par hypothèse il existe deux systèmes identiques rectangulaires.

En second lieu, il faut amortir les oscillations ; c'est à quoi sert le cylindre E articulé sur le levier OCD, suspendu par deux fils et se déplaçant dans un cylindre de rayon peu supérieur. Le frottement est dû à l'air. On peut rendre le système presque apériodique (§ 413).

Enfin il faut multiplier les déplacements du pendule. On y parvient par le jeu de leviers $\overline{OB}$, $\overline{OD}$; $\overline{IJ}$, $\overline{KL}$. L'amplification est mesurée par le rapport :

$$(\overline{OD}\,.\,\overline{KL}) : (\overline{OB}\,.\,\overline{IJ}).$$

Quand le sol se déplace, il entraîne les pièces S, S. Le point A

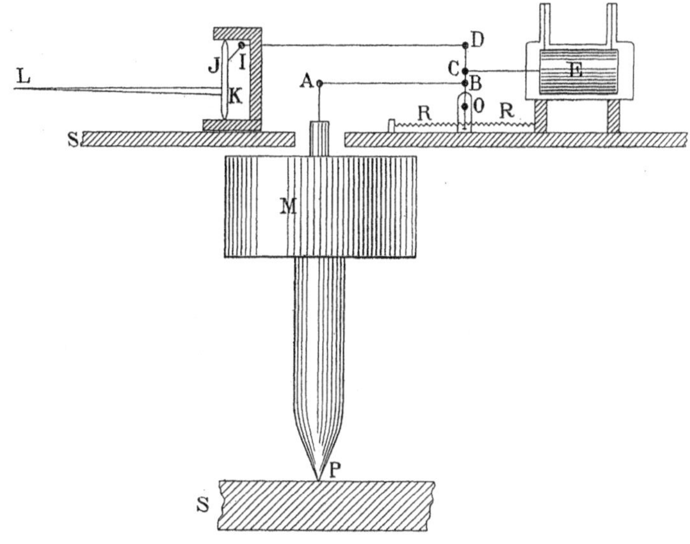

Fig. 334.

reste momentanément fixe; d'où un déplacement de l'extrémité L mesurant, en l'amplifiant, le mouvement du sol dans la direction AB.

Le système à angle droit mesure au même instant le mouvement du sol dans la direction rectangulaire.

Si le sol n'accomplit qu'un seul déplacement, le point A du pendule finit par reprendre lentement, sans oscillation appréciable, du moins avec des oscillations très lentes et très amorties, sa position d'équilibre par rapport à la nouvelle situation du sol. Si le sol oscille, le point A du pendule reste quasiment immobile, vu la durée de ses propres oscillations.

Le lecteur trouvera dans notre Mécanique Physique la discussion des résultats obtenus avec les sismographes.

462. Emploi du pendule pour déterminer l'accélération des trains. — Nous pouvons rapprocher de la sismologie l'emploi du pendule dans la détermination de l'accélération imprimée à un véhicule ; à la différence près cependant que cet emploi n'est pratique que si l'accélération est relativement faible.

Nous avons démontré au § 95 que *l'accélération absolue est égale à l'accélération relativement à un système d'axes entraînés, plus l'accélération d'entraînement, à la condition que le mouvement d'entraînement soit une translation.*

Nous pouvons donc traiter les problèmes par rapport à des axes entraînés par le véhicule *supposé animé d'un mouvement de translation varié,* comme si ces axes étaient fixes, à la condition de joindre aux forces une accélération égale et opposée à l'accélération du véhicule.

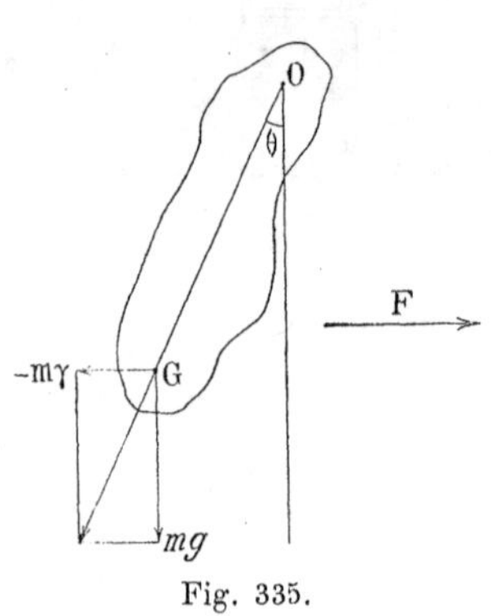

Fig. 335.

Soit F (fig. 335) la direction dans laquelle progresse le wagon dont on veut déterminer l'accélération γ (direction de la voie). Un pendule peut tourner autour d'un axe O horizontal et normal à la voie. Pour savoir quelle est sa position d'équilibre, il faut appliquer au centre d'inertie G deux forces, l'une mg verticale, l'autre $-m\gamma$ dirigée parallèlement à la voie (sensiblement horizontale). En effet, l'accélération γ étant la même pour tous les points, les forces sont proportionnelles aux masses ; la résultante est donc une force passant par le centre d'inertie.

Dans le cas d'une voie horizontale, l'angle θ de la droite OG avec la verticale est donné par la relation :

$$\operatorname{tg} \theta = \gamma : g.$$

Cet angle est généralement petit. Supposons le cas d'une locomotive tirant sur un train de 300 tonnes avec une force de 10 tonnes. Le rapport $\gamma : g$ est égal à $1 : 30$, puisque l'accélération g correspond à un poids de 300 tonnes tirant sur une masse de 300 tonnes.

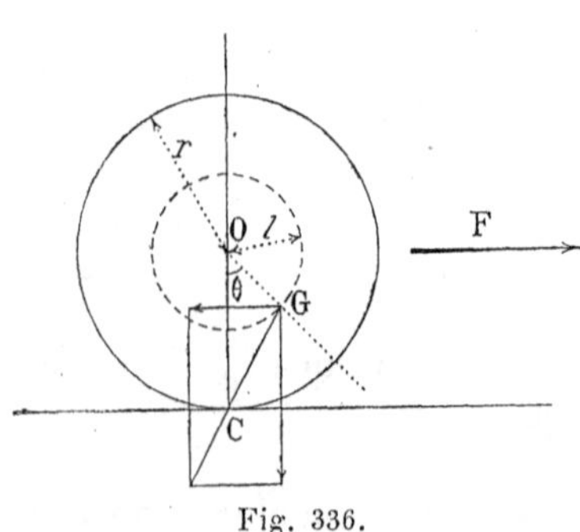

Fig. 336.

Nos hypothèses sont du reste exagérées.

La tangente $1 : 30$ correspond à un angle $\theta = 2°$ environ.

L'appareil ne serait pas assez sensible : on tourne la difficulté par des procédés analogues à ceux employés en Sismologie (fig. 336).

Le pendule est remplacé par un cylindre de centre O, roulant sur un chemin parallèle à la voie, et dont le centre d'inertie G peut être aussi rapproché qu'on veut du centre de courbure O. Écrivons que la résultante des deux accélérations, γ horizontale et g verticale, passe par la génératrice de contact C, ou, ce qui revient au même, que la somme des couples, par rapport à l'horizontale passant par C et normale à la voie, est nulle. On a :

$$gl \sin \theta = \gamma(r - l \cos \theta).$$

Pour atteindre cette position d'équilibre à partir de la position ordinaire d'équilibre, le roulement du cylindre est : $\rho = r\theta$.

Si θ est petit, on peut écrire :

$$gl\theta = \frac{gl\rho}{r} = \gamma(r - l), \qquad \gamma = g\theta \frac{l}{r - l} = g \frac{\rho}{r} \frac{l}{r - l}.$$

L'appareil est devenu plus sensible dans le rapport $(r - l) : l$.

Comme pour les sismographes, il est nécessaire de produire un amortissement : nous ne pouvons insister sur ces détails de pure technique.

CHAPITRE VII

OSCILLATIONS ENTRETENUES

Les Physiciens confondent sous le terme de Résonance deux groupes de questions qu'il importe de distinguer.

Dans le premier, on suppose qu'une force est imposée à un oscillateur : c'est une des données du problème. Elle est généralement périodique ou sinusoïdale amortie. Nous étudions ce cas dans le présent Chapitre sous le titre d'*oscillations entretenues*.

Une telle hypothèse est le plus souvent simpliste. En général l'oscillateur réagit sur le système qui produit la force; les vibrations excitées deviennent à leur tour excitatrices. En définitive, nous avons affaire à un système complexe dont les parties vibrent tout autrement que si elles étaient isolées. C'est là le vrai problème de la *Résonance* merveilleusement résolu par Lagrange et qu'illustrent de très curieuses et très nombreuses expériences. Il fait l'objet du Chapitre suivant.

Rappel de quelques propositions d'analyse.

463. **Représentation d'une fonction par une série trigonométrique.** — Soit donnée une fonction $F(t)$, absolument quelconque, entre deux limites t_1 et t_2 de la variable. Posons :

$$T = t_2 - t_1, \qquad \omega = 2\pi : T.$$

Fourrier a énoncé qu'on pouvait toujours représenter la fonction $F(t)$ par la série :

$$\begin{aligned} F(t) = {} & A_1 \sin \omega t + A_2 \sin 2\omega t + \dots + A_n \sin n\omega t + \dots \\ & + B_0 + B_1 \cos \omega t + B_2 \cos 2\omega t + \dots + B_n \cos n\omega t + \dots, \end{aligned} \tag{1}$$

ou par la série équivalente :

$$\begin{aligned} F(t) = B_0 + a_1 \sin(\omega t - \alpha_1) + a_2 \sin(2\omega t - \alpha_2) + \dots \\ + a_n \sin(n\omega t - \alpha_n) + \dots \end{aligned} \tag{2}$$

Calculons les coefficients de la série (1). Multiplions les deux membres de (1) par $\sin m\omega t$ ou $\cos m\omega t$; intégrons entre 0 et T. Nous trouvons trois sortes d'intégrales définies.

$$\int_0^T \sin m\omega t \cos n\omega t \,.\, dt = \frac{1}{2}\int_0^T [\sin(m+n)\omega t + \sin(m-n)\omega t]\, dt,$$

qui est nulle quels que soient les entiers m et n;

$$\int_0^T \sin m\omega t \sin n\omega t \,.\, dt = \frac{1}{2}\int_0^T [\cos(m-n)\omega t - \cos(m+n)\omega t]\, dt,$$

qui est nulle quand m diffère de n, et vaut $T : 2$ quand $m = n > 0$;

$$\int_0^T \cos m\omega t \cos n\omega t \,.\, dt = \frac{1}{2}\int_0^T [\cos(m-n)\omega t + \cos(m+n)\omega t]\, dt,$$

qui est nulle quand m diffère de n, vaut $T : 2$ quand $m = n > 0$, et enfin T quand $m = n = 0$.

D'où la valeur cherchée des coefficients de la série 1 :

$$A_n = \frac{2}{T}\int_0^{} \sin n\omega t \,.\, F(t) \,.\, dt, \qquad B_n = \frac{2}{T}\int_0^T \cos n\omega t \,.\, F(t) \,.\, dt,$$

$$B_o = \frac{1}{T}\int_0^T F(t)\, dt.$$

Connaissant A_n et B_n, on calculera a_n et α_n par les formules :

$$a_n^2 = A_n^2 + B_n^2, \qquad \operatorname{tg} \alpha_n = - B_n : A_n,$$

qui résultent de l'identification des séries (1) et (2).

Nous ne supposons rien sur la fonction $F(t)$. Il est d'ailleurs évident que les séries (1) et (2) [qui représentent $F(t)$ dans l'intervalle de t_1 à t_2], représentent généralement une fonction périodique admettant T comme période. D'où résulte que les séries (1) et (2) représenteront $F(t)$ pour toutes les valeurs de la variable, si $F(t)$ est une fonction périodique qui admet T comme période.

Employons le langage de l'Acoustique; nous dirons *qu'un son périodique quelconque peut toujours être considéré comme la somme de sons simples* [*série* (2)] *dont les fréquences sont double, triple, quadruple... de la fréquence de l'un deux. Celui-ci, qui est le plus grave, s'appelle fondamental ou premier harmonique; les autres s'appellent second, troisième,... harmoniques.*

Nous admettons ici sans la démontrer la valeur du développement; c'est une question de mathématiques pures qui n'est pas de notre ressort.

Remarque.

Si la fonction $F(t)$ est périodique et admet T pour période, il est évident que dans le calcul des coefficients, on peut prendre pour limites d'intégration, au lieu de 0 et T, deux quantités quelconques, pourvu que leur différence soit égale à T. Par exemple, on peut intégrer entre $-T:2$ et $+T:2$.

464. Exemples de développements trigonométriques. — Soit à développer en série trigonométrique la fonction périodique représentée par la courbe OABCDE, EFGHKI,... (fig. 337).

Posons : $$\overline{OA} = kT, \overline{OD} = k'T.$$

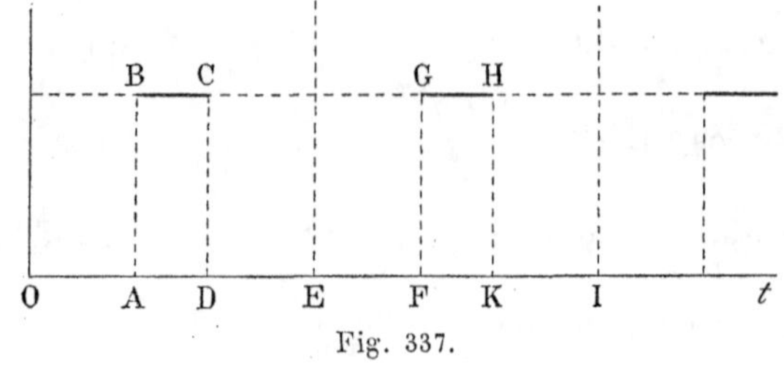

Fig. 337.

La fonction est donc partout nulle, sauf dans les intervalles $\overline{AD}$, $\overline{FK}$,... de grandeur $(k'-k)T$, où elle est constante et égale à F.

On a :

$$A_n = \frac{2F}{T}\int_{kT}^{k'T} \sin n\omega t \,.\, dt = \frac{F}{n\pi}(\cos 2\pi kn - \cos 2\pi k'n),$$

$$B_n = \frac{2F}{T}\int_{kT}^{k'T} \cos n\omega t \,.\, dt = \frac{F}{n\pi}(\sin 2\pi k'n - \sin 2\pi kn),$$

$$B_0 = (k'-k)F.$$

En particulier, posons $k=0$, $k'=1:2$. Il vient, en divisant les deux membres de la série par F :

$$\frac{\pi}{2} = \sin \omega t + \frac{1}{3}\sin 3\omega t + \frac{1}{5}\sin 5\omega t + \ldots \qquad (1)$$

Le développement représente bien $\pi:2$ quand t varie entre 0 et $T:2$, entre T et $3T:2$,... Mais il est nul identiquement quand t varie entre $T:2$ et T, $3T:2$ et 2T,... Nous pouvons trouver une infinité de développements trigonométriques représentant la même constante dans la première moitié de la période, et représentant une fonction arbitraire dans la seconde moitié.

Il est incorrect de dire que nous développons une constante en série trigonométrique. La série (1) représente non pas la constante $\pi:2$, mais bien une fonction prenant $\pi:2$ comme valeur dans une partie de la période, et 0 dans une autre partie.

465. **Autres exemples.** — Voici trois autres exemples empruntés à Fourrier et représentés par les courbes de la figure 338.

$$\text{I}\quad F_1(x) = \frac{\pi}{4} - \frac{2}{\pi}\left(\frac{\cos x}{1^2} + \frac{\cos 3x}{3^2} + \frac{\cos 5x}{5^2} + \ldots\right).$$

$$\text{II}\quad F_2(x) = \frac{\sin x}{1} - \frac{\sin 2x}{2} + \frac{\sin 3x}{3} - \frac{\sin 4x}{4} + \ldots$$

$$\text{III}\quad F_3(x) = \frac{2}{\pi}\left(\frac{\sin x}{1^2} - \frac{\sin 3x}{3^2} + \frac{\sin 5x}{5^2} - \frac{\sin 7x}{7^2}\right).$$

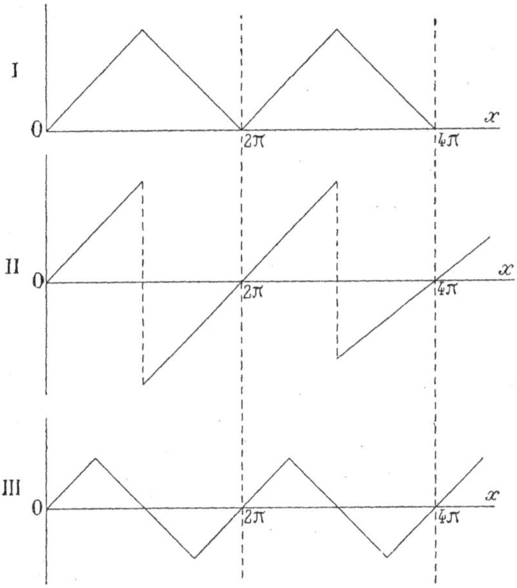

I

0 2π 4π x

II

0 2π 4π x

III

0 2π 4π x

Fig. 338.

Pour effectuer les intégrations, on usera des formules :

$$mx \sin mx\, dx = \cos mx\, dx - d(x \cos mx),$$

$$mx \cos mx\, dx = -\sin mx\, dx + d(x \sin mx).$$

La période est ici 2π.

Ainsi, voilà trois développements parfaitement équivalents entre 0 et $\pi : 2$. Ils représentent tous les trois $x : 2$. En particulier, faisons $x = \pi : 2$; la première série ne donne rien ; les deux dernières deviennent :

$$\frac{\pi}{4} = \frac{1}{1} - \frac{1}{3} + \frac{1}{5} - \frac{1}{7} + \ldots$$

$$\frac{\pi^2}{8} = \frac{1}{1} + \frac{1}{9} + \frac{1}{25} + \frac{1}{49} + \ldots$$

Il va de soi qu'en dehors de l'intervalle 0 et $\pi : 2$, les séries ne sont plus équivalentes. Les figures 338 représentent les courbes correspondantes.

466. Développement des valeurs absolues d'un sinus ou d'un cosinus. — Il est clair que le sinus et le cosinus sont à eux-mêmes leur propre développement en série trigonométrique. Mais cherchons à développer non plus le sinus, mais une nouvelle fonction égale aux valeurs absolues du sinus. Elle reprend la même valeur pour x et $x+\pi$ (fig. 339).

On trouve aisément :

$$\frac{\pi}{4}\,\mathrm{F}(x)=\frac{1}{2}-\frac{\cos 2x}{1\,.\,3}-\frac{\cos 4x}{3\,.\,5}-\frac{\cos 6x}{5\,.\,7}-\dots$$

Entre 0 et π, le développement vaut identiquement $(\pi \sin x : 4)$. Mais il vaut $(-\pi \sin x : 4)$ entre π et 2π.

Un courant alternatif *redressé* est représenté par la série précédente.

Il est intéressant de voir une fonction impaire telle que le sinus développée au moyen d'une fonction paire ; mais le fait de ne prendre que les valeurs absolues transforme la fonction impaire qu'est le sinus, en une fonction paire.

467. Principes des petits mouvements. — Soit un corps soumis à une force périodique quelconque, ou à plusieurs forces périodiques quelconques. Nous pouvons les remplacer par un certain nombre de séries trigonométriques qui, analytiquement, sont absolument équivalentes aux forces données. Mais, d'une manière générale, il n'est pas permis, pour avoir le mouvement du corps, de déterminer les phénomènes pour chaque mouvement simple constituant ces séries, et d'additionner les résultats obtenus.

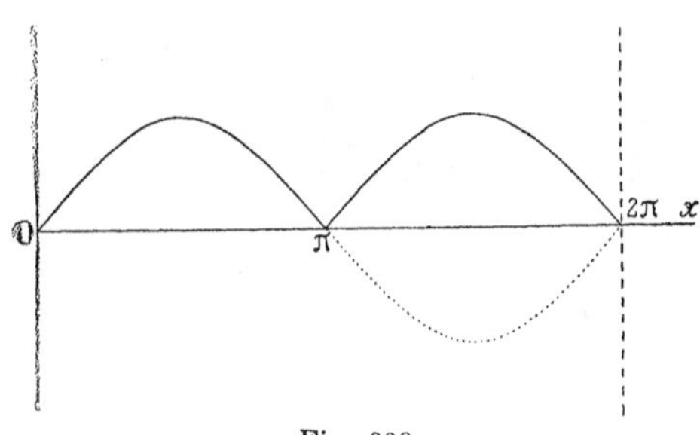

Fig. 339.

Nous montrerons au § 481 sur un exemple quelle erreur grossière on ferait.

Toutefois cette séparation du problème en problèmes plus simples est licite, si l'équation différentielle du mouvement est linéaire et à coefficients constants.

Par exemple soit l'équation :

$$\mathrm{I}\,\frac{d^2\theta}{dt^2}+f\,\frac{d\theta}{dt}+\mathrm{C}\theta=\mathrm{F}(t),$$

où I, f, C, sont des constantes, $\mathrm{F}(t)$ une fonction périodique du temps ou la somme de plusieurs fonctions périodiques. Nous remplacerons

$F(t)$ par la somme de plusieurs développements trigonométriques :

$$\begin{aligned} F(t) = B_0 + a_1 \sin(\omega t - \alpha_1) + a_2 \sin(2\omega t - \alpha_2) + \dots \\ + a'_1 \sin(\omega' t - \alpha'_1) + a'_2 \sin(2\omega' t - \alpha'_2) + \dots \\ + a''_1 \sin(\omega'' t - \alpha''_1) + \dots \end{aligned}$$

Nous chercherons l'action des différents termes. La solution générale est la somme des solutions particulières ainsi obtenues.

C'est en cela que consiste le *principe des petits mouvements.*

Nous ramenons donc l'étude de l'action d'une force périodique quelconque à l'étude de l'action d'une force sinusoïdale par rapport au temps.

Force imposée sinusoïdale non amortie.

468. **Position de la question.** — Nous allons poser le problème sur une expérience particulière, celle même que nous conseillons au lecteur d'étudier pratiquement dans tous ses détails. Il ne comprendra bien la question que s'il s'est donné la peine sinon de monter un appareil, du moins de manipuler avec un appareil tout monté.

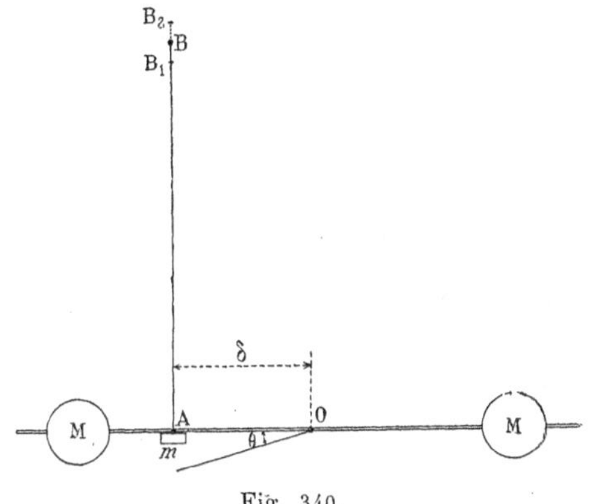

Fig. 340.

Une barre (fig. 340) tourne autour de l'axe horizontal O et porte deux masses M, M, dont on peut faire varier la distance à l'axe. Le centre d'inertie du système coïncide avec l'axe ; la pesanteur n'intervenant pas, les oscillations auraient une période infinie.

Attachons en A un ressort à boudin dont l'extrémité supérieure est fixée en B.

Pour équilibrer la tension du ressort quand la barre est horizontale, ajoutons une masselotte m. Dans ces conditions, le moment d'inertie du système oscillant est I.

Soit E la constante par laquelle il faut multiplier l'allongement du ressort pour avoir la force correspondante (§ 339). La partie du couple, due au ressort et non équilibrée par la masselotte m, est :

$$\Gamma = E\delta^2\theta,$$

lorsque la barre s'incline de l'angle θ.

Quand le point B est fixe, l'équation du mouvement de la barre autour de son axe est :

$$I\frac{d^2\theta}{dt^2}+f\frac{d\theta}{dt}+\Gamma=0. \qquad (1)$$

Nous supposons que le frottement est proportionnel à la vitesse. Nous admettons de plus que la durée d'oscillation est assez grande pour que la déformation du ressort puisse être considérée comme identique en tous ses points; c'est dire que l'accroissement de longueur se répartit à tout instant uniformément le long du ressort. Nous reviendrons plus loin sur les phénomènes dans le cas où cette hypothèse n'est pas exacte (§ 482).

Aux §§ 409 et suivants nous avons longuement étudié les propriétés du mouvement représenté par l'équation (1).

Supposons maintenant qu'on imprime au point B une oscillation verticale définie par l'équation :

$$x=x_0 \sin \omega t;$$

x est compté positivement vers le bas, de même que θ.

Dans ces conditions, le couple a pour expression :

$$E\delta(\delta\theta-x);$$

$\delta\theta-x$ représente en effet l'allongement du ressort.

L'équation du mouvement devient :

$$I\frac{d^2\theta}{dt^2}+f\frac{d\theta}{dt}+C\theta=A\sin\omega t, \qquad (2)$$

en posant : $C=E\delta^2, \qquad A=E\delta x_0.$

Quant le point B descend, quand par conséquent x croît, la tension du ressort diminue.

C'est comme si on appliquait une force dans le sens des θ croissants. Cette force, nulle quand B est au milieu de sa course, suit les variations de B. Le paramètre A est une quantité positive.

Le problème que nous traitons a donc l'énoncé général suivant : *Un corps est soumis à une force proportionnelle à sa distance θ à sa position d'équilibre, et qui tend à l'y ramener; le frottement est proportionnel à la vitesse. On impose une force périodique sinusoïdale :*

$$F=A\sin\omega t;$$

on demande la loi du mouvement.

La solution a été donnée dans tout son détail par Helmholtz, il y a une cinquantaine d'années; elle est exposée avec un grand luxe d'expériences dans son Acoustique.

Depuis, une infinité de Physiciens (en particulier Cornu) ont repris le problème, du reste sans ajouter un seul mot à ce qu'avait dit leur devancier dont ils n'ont pas l'air de soupçonner l'existence. L'appareil que nous décrivons a été étudié par nous pour l'étude des propriétés élastiques du caoutchouc et des substances fortement absorbantes d'énergie.

469. **Manipulation.** — Avant d'aller plus loin, montrons comment il est possible de réaliser l'expérience.

Le pendule représenté dans la figure 341 est entretenu électriquement. En passant par la position d'équilibre, sa pointe agit sur une petite pièce métallique, mobile autour de l'axe O et terminée par un bout de papier jouant le rôle de ressort. Quand le pendule va dans le sens de la flèche *f*, la pièce métallique obéit et ferme le circuit de deux bobines (grâce à un fil de cuivre plongeant alors dans un godet de mercure). Les connexions sont telles qu'il en résulte des actions concordantes sur les pôles de l'aimant A : d'où entretien du mouvement du pendule. Quand celui-ci passe par la verticale en sens inverse, il fléchit le papier sans que la pièce métallique se déplace. Cela est nécessaire, car si le courant était alors fermé, il agirait pour arrêter le pendule.

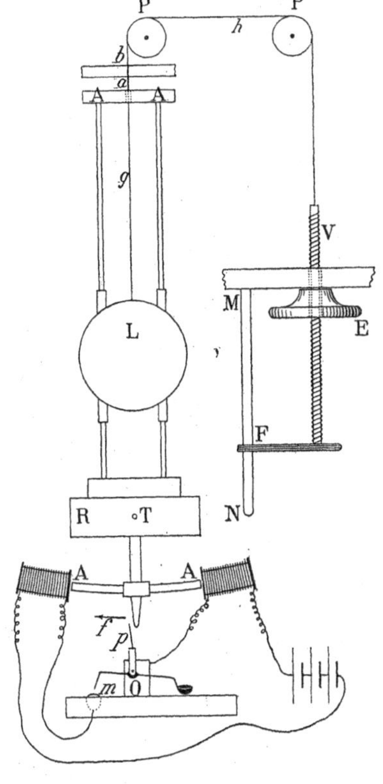

Fig. 341.

En réglant convenablement la résistance du circuit, on peut maintenir l'amplitude à la grandeur qu'on désire.

Pour modifier la période

$$T = 2\pi : \omega,$$

sans arrêter l'expérience (§ 394), on déplace la lentille L au moyen d'un fil d'acier qui passe sur deux poulies P et s'attache à l'extrémité d'une vis V. En agissant sur l'écrou E, on allonge ou on diminue la période du pendule. Une fourche F, fixée à l'extrémité de la vis, prend entre ses cornes la tige fixe MN et empêche la vis de tourner : autrement le fil serait tordu et casserait au bout de peu de temps.

Enfin il faut entraîner le point B, extrémité supérieure du ressort. La figure 342 représente les deux pointes qui servent de couteau au pendule. On éloigne ainsi autant qu'on le désire le point B du pendule, ce qui est nécessaire comme nous le verrons plus loin (§ 474).

En déplaçant le point B sur le bras transversal BI, on modifie l'amplitude de l'oscillation du point B, amplitude représentée par x_0 au

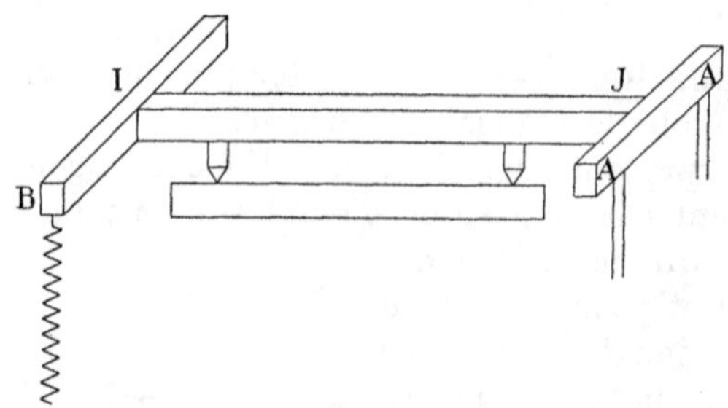

Fig. 342.

paragraphe précédent. Comme le pendule est en porte à faux, on alourdit l'extrémité I de la pièce IJ, ce qui n'a pas d'inconvénients.

470. **Solution de l'équation du mouvement.** — L'intégrale générale de l'équation (2) se compose de deux parties.

L'une est l'intégrale de l'équation privée du second membre; nous l'avons longuement étudiée aux §§ 409 et sq. Nous savons qu'elle fournit un mouvement oscillatoire de période :

$$T' = 2\pi\sqrt{I : \left(C - \frac{f^2}{4I}\right)},$$

amorti, soit périodique, soit apériodique, suivant la grandeur du paramètre f. La période T' diffère généralement fort peu de la période :

$$T = 2\pi\sqrt{I : C},$$

qui correspond au frottement nul.

A cette intégrale générale de l'équation privée de second membre, il faut ajouter une intégrale particulière de l'équation avec second membre; elle constitue précisément la solution du problème dont nous nous occupons. Elle est :

$$\theta = \frac{A \sin \varepsilon}{f\omega} \sin(\omega t - \varepsilon) = \theta_0 \sin(\omega t - \varepsilon),$$

avec la condition : $$\operatorname{tg} \varepsilon = \frac{f\omega}{C - \omega^2 I}.$$

Ainsi, après un temps suffisant pour que la partie amortie du phénomène (intégrale générale de l'équation privée du second membre) disparaisse, on obtient une vibration d'amplitude constante et dont la période est celle même de la force périodique imposée. Son amplitude est fonction des divers paramètres définissant cette force; il existe généralement un certain décalage entre la force et la vibration.

CAS PARTICULIER.

Un cas particulier échappe à l'analyse précédente; c'est celui où l'on aurait $f=0$.

Lorsque $C-\omega^2I$ n'est pas nul, il suffit de poser : $\sin\varepsilon=\operatorname{tg}\varepsilon$, pour obtenir :

$$\theta_0=\frac{A}{C-\omega^2 I}.$$

La difficulté n'existe donc que si $C-\omega^2I=0$, c'est-à-dire si la période de la force imposée est précisément égale à la période propre du corps oscillant. Nous avons (§ 421) dans ce cas pour solution : $\theta=\theta_1 t\cos\omega t$, avec la condition : $\theta_1=-A:2I\omega$.

Ainsi l'on n'arrive jamais à un mouvement d'amplitude constante; l'amplitude croît indéfiniment. Il est tout naturel que nous trouvions une valeur infinie pour l'amplitude limite.

En fait, il existe toujours un amortissement, de manière que si ce cas particulier ne pouvait être passé sous silence, son intérêt pratique est minime.

471. Énergie transmise au corps oscillant. — A chaque instant le couple qui tend à faire tourner l'oscillateur *vers le bas*, est :

$$A\sin\omega t-C\theta;$$

quand l'oscillateur se déplace de $d\theta$, il lui est donc fourni un travail :

$$(A\sin\omega t-C\theta)\,d\theta.$$

Pendant une oscillation complète, il reçoit l'énergie :

$$\int_0^T(A\sin\omega t-C\theta)\,d\theta=A\theta_0\pi\sin\varepsilon.$$

L'énergie moyenne reçue est :

$$W=\frac{A\theta_0\pi\sin\varepsilon}{T}=\frac{A^2\sin^2\varepsilon}{2f}.$$

On peut la calculer autrement.

Puisque l'amplitude est constante, l'énergie reçue est égale à l'énergie absorbée par les frottements :

$$\int_0^T f\frac{d\theta}{dt}\,d\theta=\omega^2\theta_0^2 f\int_0^T\cos^2(\omega t-\varepsilon)\,dt.$$

En substituant à θ_0 sa valeur, nous obtenons l'expression de l'énergie absorbée par oscillation :

$$\pi A^2\sin^2\varepsilon:f\omega.$$

Divisant par la période $2\pi:\omega$, on retrouve l'expression ci-dessus donnée de l'énergie moyenne.

Elle est maxima pour $\sin\varepsilon=1$.

On a alors : $C=\omega^2 I$. *L'énergie w fournie à l'oscillateur est donc* *maxima quand la période du son excitateur est égale à ce que serait la période propre du corps excité, si l'amortissement f était nul.*

C'est pourquoi la vibration de période (que pour abréger nous appellerons le *son* de période) :

$$T = 2\pi\sqrt{\frac{I}{C}},$$

s'appelle *son de plus forte résonance.* Si l'amortissement est faible, la période T diffère très peu de la période T' du *son propre.*

Nous poserons : $\Omega = 2\pi : T.$

Appelons W l'énergie transmise pour le son de plus forte résonance Ω. On a :

$$w = W \sin^2 \varepsilon.$$

472. Résonance d'un appareil donné quand varie la période de la force excitatrice. — On maintient invariables les paramètres de l'appareil excité, ainsi que l'amplitude A de la force excitatrice ; on modifie seulement la période de cette force, ou, ce qui revient au même, la quantité ω. Pratiquement, on élève ou on abaisse la lentille du pendule, et on modifie la résistance du circuit de manière à maintenir constante son amplitude.

1° Soit $i = \omega : \Omega$, *l'intervalle musical* entre le son excitateur et le son de plus forte résonance. On a :

$$\operatorname{tg} \varepsilon = \frac{f\omega}{C - \omega^2 I} = \frac{f}{I\Omega}\,\frac{i}{1 - i^2};$$

tg ε reprend la même valeur *au signe près,* sin² ε reprend la même valeur quand on remplace i par $1 : i$. La transmission d'énergie ne dépend donc que de l'intervalle ; un son excitateur en fournit autant, qu'il soit par exemple un ton *au-dessus* ou un ton *au-dessous* du son de plus forte résonance de l'appareil entretenu. Les décalages ε sont égaux et de signes contraires.

2° Prenons comme seconde variable la quantité :

$$\alpha = \frac{f}{2I\Omega} = \frac{\lambda}{\Omega}.$$

La quantité $f : 2I$ est définie au § 409. C'est d'elle que dépend l'amortissement d'après le facteur $e^{-\lambda t}$. Pendant une période T du son de plus forte résonance, et par conséquent très sensiblement pendant une période T' du son propre, l'amplitude de l'oscillation du corps est diminuée dans le rapport :

$$\exp(-\lambda T) = \exp\left(-\frac{2\pi\lambda}{\Omega}\right) = \exp(-2\pi\alpha);$$

α exprime donc l'amortissement pendant une période T.

Grâce aux variables i et α, on peut écrire :

$$\text{tg}\,\varepsilon = \frac{2\alpha i}{1 - i^2}.$$

3° Discutons la valeur du rapport :

$$w : W = \sin^2 \varepsilon,$$

quand i varie de 0 à ∞. On a :

$$w = W \sin^2\varepsilon = 4\alpha^2 W : \left[\left(\frac{1}{i} - i\right)^2 + 1\right].$$

La courbe est représentée en trait plein dans la figure 343. Les points M et N sur une même horizontale correspondent au même

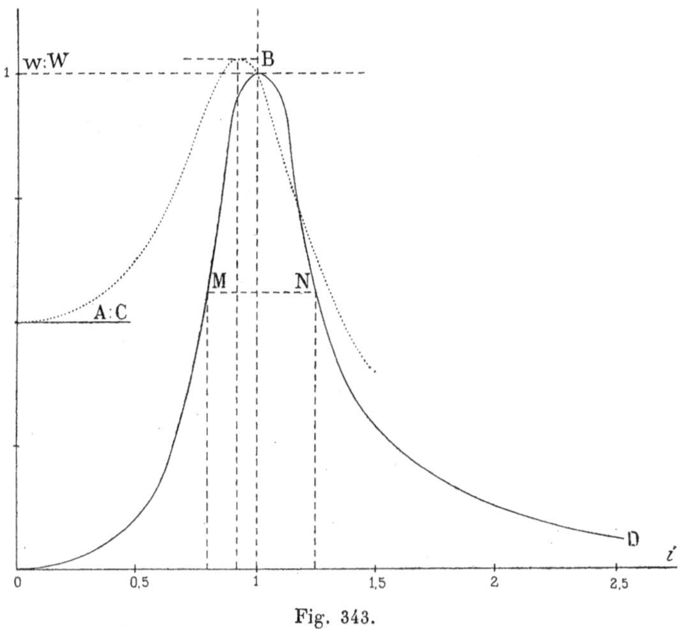

Fig. 343.

intervalle i ou $1 : i$. La courbe est une *cloche* dyssymétrique, avec un maximum très aigu pour $i = 1$.

4° Variation de l'amplitude.

L'amplitude θ_0 de la vibration excitée est :

$$\theta_0 = \frac{A}{f}\frac{\sin\varepsilon}{\omega} = \frac{A}{\sqrt{(C - \omega^2 I)^2 + f^2\omega^2}};$$

C, I, f, A, sont donnés. Le maximum de θ_0 a lieu pour le minimum du dénominateur considéré comme fonction de ω^2. On vérifiera que la période correspondante est :

$$T'' = 2\pi\sqrt{I : \left(C - \frac{f^2}{2I}\right)}.$$

Elle n'est égale ni au son de plus forte résonance T, ni au son propre T'. On a $T'' > T$. On pouvait aisément le prévoir.

L'énergie W d'une vibration :

$$\theta = \theta_0 \sin(\omega t - \varepsilon),$$

est proportionnelle à $\theta_0^2\omega^2$, ou encore à $\theta_0^2 : T^2$. Le carré de l'amplitude est donc proportionnel à wT^2. L'amplitude maxima ne correspond donc pas à la période qui rend l'énergie maxima ; elle correspond à une période un peu plus grande qui, tout en laissant w quasiment invariable, augmente le second facteur du produit.

L'ω correspondant au maximum de θ_0 est donc plus petit que Ω ; la valeur de la variable i correspondante est < 1.

Pour $\omega = 0$, θ_0 tend vers une limite finie, ce qui était évident *a priori*. Nous n'avons plus qu'un phénomène *statique* représenté par l'équation :

$$C\theta = A \sin \omega t.$$

L'accélération et la vitesse ont disparu de l'équation du mouvement [(2) du § 468].

Le maximum θ_0 de θ est donc $A : C$, conformément à l'expression générale de θ_0.

Prenons cette quantité pour unité ; la courbe $\theta_0 = f(i)$ est représentée en pointillé sur la figure 343.

473. **Champ de résonance**. — Maintenons invariables les paramètres C, I, A ; *traçons, pour chaque valeur de f, la courbe de l'énergie transmise w en fonction de l'intervalle i* (fig. 344).

Posons $A = 1$; on a :

$$2w = f : \left[I^2\Omega^2\left(\frac{1}{i} - i\right)^2 + f^2 \right].$$

Pour $i = 1$, on a : $w = 1 : 2f$.

L'ordonnée maxima des courbes est en raison inverse de f ou de α qui lui est proportionnel.

L'ordonnée devient nulle, quel que soit f, pour $i = 0$, $i = \infty$, qui sont les limites de variation de i.

w passe brusquement de sa valeur maxima à une valeur nulle, si f est nul, si l'amortissement est extrêmement faible.

Mais ceci demande une explication.

Nous avons vu que pour $i = 1$, $f = 0$, l'amplitude maxima était sans limite. Effectivement, à chaque oscillation, on fournit de l'énergie qui n'est jamais perdue, puisque les frottements sont nuls. La forme de l'intégrale est différente pour ce cas particulier (§ 470).

Au contraire pour $i \gtreqless 1$, $f = 0$, nous rentrons dans le cas général. L'amplitude a une valeur parfaitement déterminée. Corrélativement, on ne fournit aucune énergie, puisque l'amplitude étant constante, l'énergie absorbée par les frottements est nulle. En définitive, pour $f=0$, la courbe des amplitudes est analogue à la courbe en pointillé de la figure 343, à la différence près qu'elle admet une asymptote verticale correspondant à $i=1$; la courbe des énergies reçues se réduit aux deux droites rectangulaires : axe des i, ordonnée d'abscisse $i=1$.

Revenons au cas où $f>0$.

Il est facile de voir que les courbes qui correspondent à deux valeurs f_1 et f_2 $(f_1<f_2)$ du frottement se coupent nécessairement. La courbe 1 est *au-dessus* de 2 au voisinage de $i=1$, elle est *au-dessous* au voisinage de $i=0$, ou quand i devient très grand.

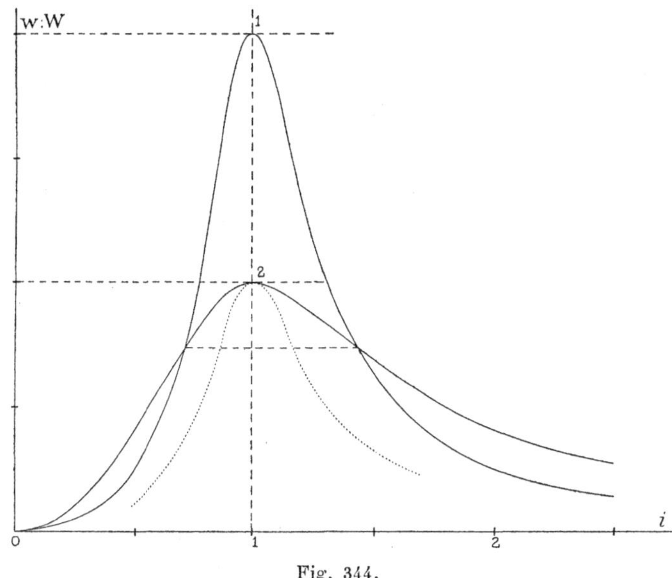

Fig. 344.

En effet, écrivons que les courbes se coupent :

$$2w=\frac{f_1}{z+f_1^2}=\frac{f_2}{z+f_2^2}, \tag{1}$$

où z est variable de 0 $(i=1)$ à ∞ $(i=0$, ou $i=\infty)$.

La condition (1) revient à écrire :

$$z=f_1f_2. \tag{2}$$

Or, quels que soient f_1 et f_2, il existe toujours une valeur réelle de z qui satisfait à la condition (2).

La figure 344 représente en traits pleins deux courbes du système.

Si l'amortissement du corps excité est grand, l'amplitude maxima de la vibration n'est pas grande ; mais la hauteur du son excitateur peut différer notablement de la hauteur de plus forte résonance, sans que cette amplitude tombe à une très petite fraction de sa valeur maxima.

Si au contraire l'amortissement est très petit, l'amplitude maxima est énorme; mais la moindre variation du son excitateur la fait tomber à une très petite fraction de sa valeur maxima. Les diminutions *relatives* sont beaucoup plus rapides.

Pour qu'on se rende compte des variations relatives, on a réduit la courbe 1 de manière que les maximums des courbes 1 et 2 soient les mêmes; la courbe obtenue est représentée en pointillé.

474. Différence de phase entre la force excitatrice et la vibration excitée. — Il existe un décalage ε entre le son excitateur et le son excité :

$$F = A \sin \omega t, \qquad \theta = \theta_0 \sin(\omega t - \varepsilon);$$

ε représente un *retard* de la vibration sur la force. On a :

$$\operatorname{tg} \varepsilon = \frac{\omega f}{C - \omega^2 I} = \frac{1}{I} \frac{f\omega}{\Omega^2 - \omega^2}.$$

Quand l'énergie transmise est maxima, on a :

$$\Omega = \omega, \qquad \operatorname{tg} \varepsilon = \infty, \qquad \varepsilon = \pi : 2.$$

Quand $\Omega > \omega$, quand par conséquent la période de la force est plus grande que la période du son de plus forte résonance :

$$\operatorname{tg} \varepsilon > 0, \qquad \varepsilon < \pi : 2.$$

Quand $\Omega < \omega$, quand par conséquent la période de la force est plus petite que la période du son de plus forte résonance :

$$\operatorname{tg} \varepsilon < 0, \qquad \varepsilon > \pi : 2.$$

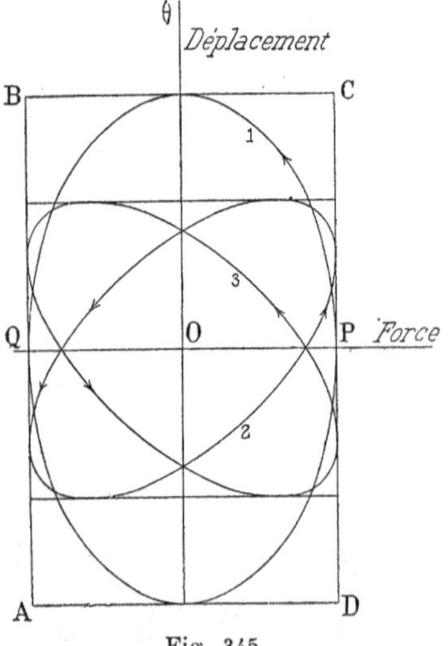

Fig. 345.

Pour nous représenter la signification mécanique de ces résultats, reprenons la figure 340.

Supposons le décalage égal à $\pi : 2$. Au moment où nous regardons l'appareil, la barre est horizontale et le point A va vers le bas (vers les θ croissants). Le point B est *en avance* de $\pi : 2$ sur le point A; il est donc en B_1 à l'extrémité inférieure de sa course (x maximum) et commence à se mouvoir vers le haut (vers les x décroissants).

Portons en abscisses la force F, en ordonnées le déplacement θ. Nous obtenons l'ellipse 1 (fig. 345) dont les axes sont parallèles aux axes de coordonnées et qui est parcourue dans le sens de la flèche.

Quant $\Omega > \omega$ (ce qui correspond à une augmentation de la période de la force), ε devient inférieur à $\pi : 2$; l'ellipse est figurée en 2.

Si $\Omega < \omega$ (si nous diminuons la période de la force), l'ellipse est figurée en 3.

Toutes ces ellipses tournent dans le même sens ; A étant invariable, elles sont toutes tangentes à deux verticales d'abscisses $\pm A$. Elles admettent comme limites l'ellipse évanouissante QP.

C'est pour $i = 1$, que ε varie le plus vite possible. L'ellipse se déforme donc rapidement, en restant très sensiblement inscrite dans le rectangle ABCD, puisque θ_0 passe par un maximum pour $i = 1$.

D'où une méthode très importante (*explicitement proposée par Helmholtz*) pour déterminer la période de plus forte résonance d'un oscillateur : *on l'entretient par une force sinusoïdale de période connue et arbitrairement variable; on détermine la période pour laquelle les vibrations de la force et du corps sont en quadrature.*

Nous ne saurions trop engager le lecteur à vérifier ces phénomènes.

Une légère complication de l'appareil décrit permet de réaliser les ellipses dont il vient d'être parlé (fig. 340, 341 et 346). Le pendule

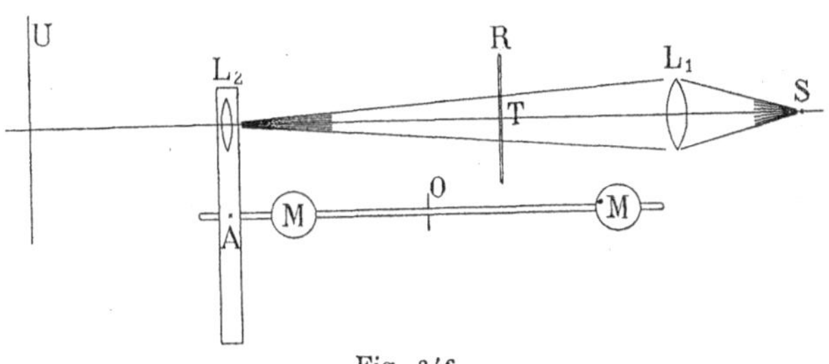

Fig. 346.

entretenu porte une plaque de laiton R percée d'un petit trou T qu'on éclaire à l'aide d'une source lumineuse S et d'une lentille L_1. L'oscillateur porte une lentille L_2. Tandis que le trou T décrit sensiblement une horizontale, le centre optique de la lentille L_2 décrit sensiblement une verticale. On obtient l'ellipse sur le tableau U qui est le plan conjugué de la plaque R par rapport à la lentille L_2.

On comprend maintenant pourquoi il est nécessaire d'éloigner du pendule entretenu le point d'attache B du ressort. Il doit être dans l'aplomb du point A de l'oscillateur.

On peut installer sous l'oscillateur des pots pleins d'huile dans lesquels oscillent des cylindres fixés à l'oscillateur ; on fait ainsi varier le frottement et par suite le coefficient f.

475. **Exemples de phénomènes de résonance.** — Le nombre des exemples quasiment vulgaires est infini; en voici quelques-uns pour fixer les idées.

1° On soude au support d'un gyroscope une tige métallique, parallèlement à l'axe de rotation; on la saisit verticalement dans un étau (fig. 347).

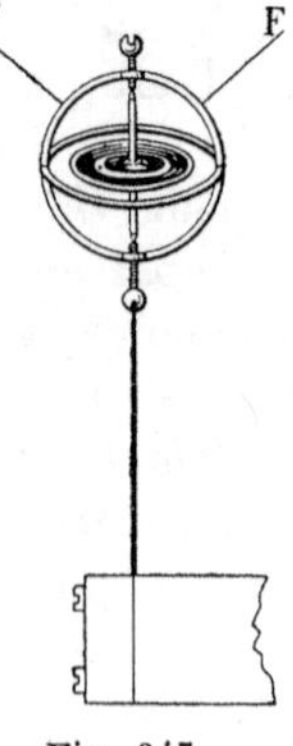

Fig. 347.

On lance le disque du gyroscope. Comme il n'est jamais absolument centré, il donne de petites percussions à son support. Pour une certaine vitesse de rotation, la période des percussions est égale à la période des vibrations du système sous l'influence de l'élasticité de flexion de la tige. Il y a résonance. On voit l'amplitude des oscillations (généralement coniques) de la tige croître, puis décroître quand la vitesse de rotation du disque est devenu trop petite.

2° Dans l'expérience précédente, la résonance a lieu pour de très petites vitesses de rotation, la masse du gyroscope étant grande et les vibrations de longue période. Pour avoir une résonance avec une vitesse quelconque, on soude au support du gyroscope des lames (ou fils) métalliques F de périodes propres variées. Elles entrent en vibrations (coniques si ce sont des fils) quand la vitesse de rotation passe par une valeur convenable.

3° Un navire est entretenu en oscillation par la houle dont la période est régulière (roulis et tangage). Si la période de la houle est égale à la période du navire en eau calme, l'amplitude des oscillations croît excessivement : le navire peut être en danger. D'où la préoccupation des ingénieurs de donner au navire une période propre très supérieure à celle de la houle (Voir Mécanique-Physique).

4° Nous avons vu (§ 381) qu'une locomotive a une période propre d'oscillation sous l'influence des ressorts de suspension sur lesquels une partie de son poids repose. Il y a résonance, pour une certaine vitesse, entre les diverses forces périodiques dues à l'inertie, et l'oscillateur constitué par les ressorts et la masse qu'ils soutiennent.

476. **Mesure d'une fréquence par la résonance; tachymètres.** — Pour mesurer la fréquence des courants alternatifs, on emploie très fréquemment des jeux de lames d'acier accordées sur des sons dont les fréquences varient régulièrement de 50 à 200 (fig. 348).

On déplace devant le jeu de ces lames un électro traversé par le courant alternatif. On détermine quelle lame prend l'amplitude maxima.

Soit n la fréquence du courant alternatif. *Au signe près,* il atteint $2n$

fois par seconde son intensité maxima. L'attraction étant indépendante du signe du courant, et par conséquent du sens de l'aimantation, l'électro exerce sur la lame une force constante, *plus une force périodique de fréquence* $2n$; ce qu'exprime l'identité :

$$2 \sin^2 \omega t = 1 - \cos 2\omega t.$$

La force constante ne joue aucun autre rôle que de déplacer la position d'équilibre.

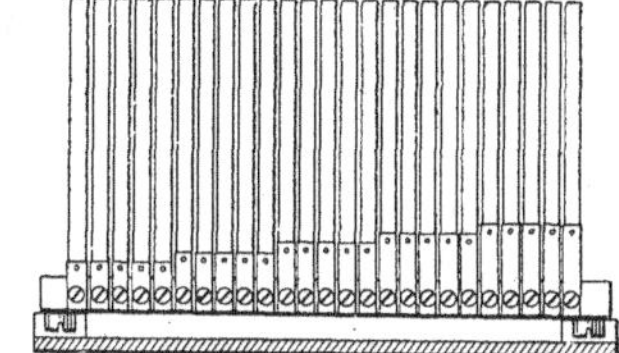

Fig. 348.

Avec les lames que nous avons dites, l'appareil permet de déterminer des fréquences de 25 à 100. La mesure se fait avec une précision de 1 %, ce qui est largement suffisant, sans tâtonnement si l'on dispose à poste fixe un électro sous chaque lame.

Sur le même principe on a construit des tachymètres, c'est-à-dire des appareils destinés à mesurer la vitesse de rotation d'un axe. Une sorte de petit alternateur à fer tournant (fig. 349) envoie des courants alternatifs dans l'appareil précédent. D'après la construction de l'alternateur, on connaît le rapport du nombre de tours par seconde de son axe à la fréquence du courant. De la mesure de celle-ci, on déduit celui-là.

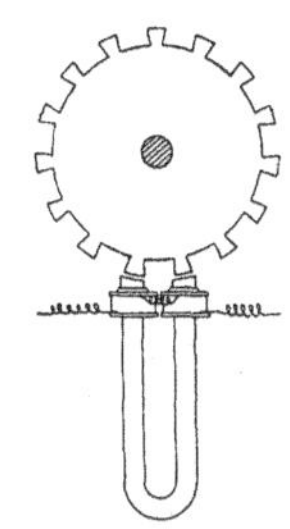

Fig. 349.

On peut remplacer le jeu de lames par un simple fil d'acier plus ou moins tendu, ou plus ou moins long, devant lequel est un électro traversé par le courant alternatif. De la tension ou de la longueur pour la résonance maxima, on déduit la fréquence.

On peut encore monter un jeu de lames vibrantes sur le bâti de la machine dont on veut déterminer la vitesse de rotation : c'est l'application de l'expérience 2° du paragraphe précédent, où la machine sert de gyroscope et où les lames vibrantes sont étalonnées.

477. **Règle de Fresnel; résonance sous l'action de plusieurs forces de même période.** — Faisons agir sur le même mobile plusieurs forces *de même période,* mais d'amplitudes et de phases différentes. Elles produiraient *agissant isolément* des mouvements permanents de même direction et de même période, mais d'amplitudes A, B, C,... et de phases α, β, γ,...

D'après la forme linéaire admise pour l'équation du mouvement, nous obtiendrons le mouvement général en additionnant les solutions particulières (§ 467). Nous obtiendrons assurément un mouvement résultant de même direction et de même période que les constituants; il s'agit de calculer son amplitude R et sa phase ρ.

Pour cela identifions les deux membres de l'équation :

$$A \sin(\omega t - \alpha) + B \sin(\omega t - \beta) + \ldots = R \sin(\omega t - \rho);$$

$$A \sin \alpha + B \sin \beta + \ldots = R \sin \rho,$$

$$A \cos \alpha + B \cos \beta + \ldots = R \cos \rho;$$

$$R^2 = \sum A^2 + 2 \sum AB \cos(\alpha - \beta), \qquad \operatorname{tg} \rho = \sum A \sin \alpha : \sum A \cos \alpha.$$

Ces équations fournissent les valeurs de R et de ρ.

On donne à ce calcul une interprétation géométrique connue sous le nom de *règle de Fresnel*. A partir d'une demi-droite de référence quelconque OX (fig. 350), décrivons dans le sens de la flèche f (sens positif arbitrairement choisi) des angles égaux à α, β,... supposés positifs.

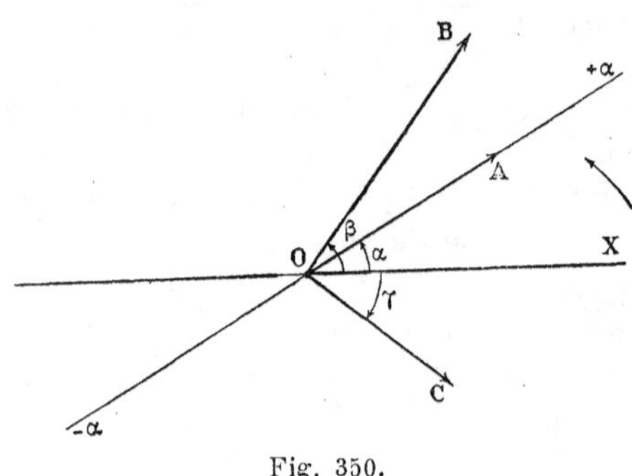

Fig. 350.

S'ils sont négatifs, on les décrira en sens inverse de la flèche f.

Portons dans la direction $(O, +\alpha)$ définie par l'angle α, une longueur proportionnelle à A, si A est positif; portons-la en sens inverse, dans la direction $(O, -\alpha)$, si A est négatif.

Nous définissons ainsi des vecteurs OA, OB,... qui représentent respectivement en grandeurs et en signes les groupes de quantités A, α; B, β;...

Composons ces vecteurs; le vecteur résultant représente les quantités R, ρ.

Cela résulte immédiatement des équations de conditions que les quantités R et ρ doivent satisfaire.

Nous supposons dans ce qui précède les mouvements donnés par des sinus. Admettons que l'un deux se présente sous la forme :

$$A \cos(\omega t - \alpha).$$

Nous avons identiquement :

$$\cos(\omega t - \alpha) = \sin\left[\frac{\pi}{2} - (\omega t - \alpha)\right] = -\sin\left(\omega t - \alpha - \frac{\pi}{2}\right).$$

On construit donc le vecteur en cosinus comme un vecteur en sinus, puis on le fait tourner de $\pi : 2$ dans le sens négatif; opération qui revient à le faire tourner de $\pi : 2$ dans le sens positif et à le retourner bout pour bout, conformément à la formule.

Enfin soit un mouvement :

$$a = A \sin(\omega t - \alpha);$$

représentons la vitesse :

$$\frac{da}{dt} = A\omega \cos(\omega t - \alpha).$$

Il résulte immédiatement de la règle précédente que la quantité : da/dt, est représentée par le vecteur figuratif de a, multiplié par ω et tourné de $\pi : 2$ dans le sens négatif.

Voici un corollaire de la Règle de Fresnel fréquemment utilisé en Électricité et Optique. Des vecteurs égaux, symétriquement disposés autour du point O, ont une résultante nulle. Il résulte de là que les deux sommes suivantes sont nulles :

$$\sin\alpha + \sin\left(\alpha + \frac{2\pi}{n}\right) + \sin\left(\alpha + \frac{4\pi}{n}\right) + \ldots \quad + \sin\left(\alpha + \frac{2(n-1)\pi}{n}\right) = 0,$$

$$\cos\alpha + \cos\left(\alpha + \frac{2\pi}{n}\right) + \cos\left(\alpha + \frac{4\pi}{n}\right) + \quad + \cos\left(\alpha + \frac{2(n-1)\pi}{n}\right) = 0.$$

478. **Battements.** — Supposons que le mobile oscille sous l'influence de deux forces qui lui imposeraient, agissant isolément, des mouvements de même direction mais de périodes un peu différentes :

$$a = A \sin(\omega t + \omega' t), \qquad b = B \sin(\omega t - \omega' t).$$

Il est inutile d'introduire une phase, parce que, les périodes étant différentes, on peut toujours *pratiquement* choisir l'origine des temps de manière que pour $t = 0$, a et b soient simultanément nuls.

Le mouvement résultant a pour expression :

$$r = a + b = \sin \omega t [A \cos \omega' t + B \cos \omega' t] + \cos \omega t [A \sin \omega' t - B \sin \omega' t].$$

Posons : $$r = R \sin(\omega t - \rho).$$

Cela revient à considérer le son résultant comme de période $T = 2\pi : \omega$, mais d'amplitude et de phase variables. On a :

$$R^2 = A^2 + B^2 + 2AB \cos 2\omega' t, \qquad \operatorname{tg} \rho = -\frac{A - B}{A + B} \operatorname{tg} \omega' t.$$

L'*intensité* R^2 passe donc par une série de maximums :

$$R^2 = (A + B)^2, \qquad 2\omega' t = 2k\pi;$$

et de minimums :

$$R^2 = (A - B)^2, \qquad 2\omega' t = (2k + 1)\pi.$$

La fréquence du phénomène est :

$$n' = \frac{2\omega'}{2\pi} = \frac{\omega + \omega'}{2\pi} - \frac{\omega - \omega'}{2\pi};$$

elle est égale à la différence des fréquences des phénomènes constituants. On a ce qu'on appelle des *battements*.

Comme la phase ρ est variable, la fréquence du mouvement résultant est elle-même variable.

Elle est définie par la quantité :

$$\Omega = \omega - \frac{d\rho}{dt}.$$

Cela revient à poser dans un petit intervalle, $\rho = \rho_0 + \rho_1 t$, où ρ_0 et ρ_1 sont des constantes, et à écrire le mouvement résultant sous la forme :

$$r = \mathrm{R} \sin\left[(\omega - \rho_1)t - \rho_0\right].$$

Evaluons Ω :

$$\Omega = \omega + \omega' \frac{\mathrm{A}^2 - \mathrm{B}^2}{\mathrm{A}^2 + \mathrm{B}^2 + 2\mathrm{AB}\cos 2\omega' t}.$$

Ω varie donc entre des limites qui correspondent à :

$$\cos 2\omega' t = \pm 1,$$

c'est-à-dire aux instants pour lesquels l'intensité R^2 a elle-même ses valeurs maxima et minima.

1° Aux maximums d'intensité :

$$\mathrm{N} = \omega + \omega' \frac{\mathrm{A} - \mathrm{B}}{\mathrm{A} + \mathrm{B}}.$$

La hauteur est comprise entre celles des mouvements composants; elle est plus voisine de la hauteur du mouvement le plus intense.

2° Aux minimums d'intensité :

$$\mathrm{N} = \omega + \omega' \frac{\mathrm{A} + \mathrm{B}}{\mathrm{A} - \mathrm{B}}.$$

La hauteur est supérieure à celle du mouvement le plus intense si celui-ci est plus haut que l'autre; elle lui est inférieure, si le mouvement le plus intense est aussi le plus grave.

On obtient aisément des battements en faisant agir sur l'oreille des sons de périodes peu différentes. Supposons deux tuyaux ouverts parfaitement accordés montés sur une soufflerie. Il suffit d'approcher la main de l'extrémité de l'un d'eux pour entendre des battements dont on fait varier la période à son gré. On utilise commodément ce dispositif pour étudier les variations de hauteur signalées plus haut.

On peut donner les marées comme exemple de battements. Elles se produisent sous les influences combinées de la Lune et du Soleil. Les périodes de circulation de ces astres autour de la Terre ne sont pas les mêmes : d'où battements. L'amplitude de la marée est (*avec un décalage convenable*) maxima quand les astres sont en conjonction ou en opposition, minima quand ils sont en quadrature.

479. Résonance sous l'influence d'un son complexe. Résonateurs. — Nous devons supposer le son complexe excitateur décomposé en sons simples. Pour qu'il y ait résonance d'un corps, il faut que le son propre de ce corps soit assez voisin de l'un des sons constituant le son excitateur.

D'où la théorie des résonateurs.

Un bon résonateur est un corps : 1° ne pouvant émettre qu'un son simple; 2° ayant un amortissement α extrêmement petit. La première condition n'est pas indispensable, pourvu que les sons propres du corps soient assez distants pour qu'on ne puisse les confondre. La seconde est essentielle : si elle n'est pas réalisée, le corps vibre pour toute une série continue de sons voisins du son propre.

Un corps qui, une fois excité, résonne pendant longtemps, comme un diapason, peut prendre sous l'influence d'un son *exactement à l'unisson* une amplitude considérable. Mais pour peu qu'on modifie la hauteur du son excitateur, l'amplitude tombe sensiblement à zéro (§ 473).

Les cordes sont d'excellents résonateurs. Il suffit d'écarter les étouffoirs d'un piano et de chanter devant. Si l'on donne un des sons de la corde libérée de ses étouffoirs, *ou l'un des harmoniques de ces sons*, elle se met à vibrer. Le son d'une corde n'étant pas simple, elle entre en vibration non seulement pour le son fondamental, mais sous l'influence de l'un quelconque de ses harmoniques.

Pour exciter au contraire une vibration notable d'une membrane tendue, il faut une action relativement énorme, parce que l'amortissement est très grand; mais le son excitateur n'a besoin que d'être très grossièrement accordé sur le son de plus forte résonance de la membrane.

La membrane d'un phonographe est un mauvais résonateur; ce n'est que grâce à son imperfection comme résonateur qu'elle peut jouer le rôle qu'on lui assigne.

480. Loi d'Ohm. Analyse des sons par l'oreille. Timbre. — L'analyse des sons par l'oreille résulte d'une loi physiologique soupçonnée par Rameau et formulée par Ohm.

L'oreille perçoit séparément, et comme les sons constituant un accord, les sons simples en lesquels le théorème de Fourrier (§ 463) *nous apprend à décomposer un son complexe.*

L'oreille peut donc *analyser* les sons.

L'oreille n'a la sensation d'un son *unique* que pour les vibrations sinusoïdales. Un son complexe produit donc exactement la même sensation qu'un accord; naturellement, l'effet musical dépend du nombre des sons simples et de leurs intensités relatives : c'est en cela que consiste le *timbre*.

On sait que les vibrations excitées dans l'oreille s'y amortissent vite. Toutefois l'amortissement n'est pas instantané; si des sons chacun de courte durée sont assez voisins dans le temps, on ne les entend plus distincts. On conclut immédiatement de là que les parties de l'oreille qui sont excitées au maximum par un certain son, le sont encore *notablement* par un son faisant avec le premier un intervalle musical appréciable. On admet que l'énergie moyenne de la vibration par influence d'un des organes récepteurs de l'oreille est réduite à peu près au 1/10 de sa valeur maxima pour un écart de 1/2 ton. Cela revient à admettre[1] que, cet organe *vibrant seul,* l'oscillation y tombe au 1/10 de son intensité en dix périodes.

Il peut donc exister, sans contradiction, dans l'oreille des organes récepteurs distincts et en nombre fini; cependant, le son montant d'une manière continue, la sensation peut varier d'une manière continue. C'est qu'un son simple de hauteur donnée n'agit pas uniquement sur un organe récepteur, *un résonateur auriculaire;* il agit principalement sur un organe, mais encore notablement sur les organes voisins. L'ensemble de ces sensations forme la sensation d'un son simple.

L'oreille n'est donc pas absolument assimilable à un piano.

On appelle *son musical* une vibration périodique, exprimable par conséquent au moyen d'une série trigonométrique (§ 463) :

$$F(t) = B_0 + a_1 \sin(\omega t - \alpha_1) + a_2 \sin(2\omega t - \alpha_2) + \dots$$

A priori, le timbre est donc une fonction des paramètres a_1, a_2..., α_1, α_2,... Toutefois, si l'on admet que l'un quelconque des organes récepteurs de l'oreille ne peut simultanément vibrer pour un fondamental et ses harmoniques (ce qui résulte des considérations précédentes), on ne s'explique pas que les phases puissent intervenir. Il semble bien qu'en fait seules les amplitudes a_1, a_2,... fixent le timbre par leurs valeurs relatives. Quelques physiciens ont prétendu qu'il dépendait aussi des phases; mais leurs expériences ne sont rien moins que démonstratives.

Le timbre est d'autant plus criard que les harmoniques supérieurs ont des intensités plus grandes par rapport à l'intensité du fondamental[2].

481. **Autre forme de l'équation du mouvement; sons résultants.** — Nous supposons dans les pages précédentes que le corps excité jouit de propriétés mécaniques particulièrement simples; éloigné de sa position d'équilibre, il tend à y revenir proportionnel-

---

[1] Il faut poser dans les formules du § 472 :

$$w : W = 0{,}1, \qquad \log i = 0{,}025.$$

On tire alors la valeur de α.

[2] Je renvoie le lecteur désireux de connaître ces questions avec plus de détail à un volume de la collection *Scientia, Bases physiques de la Musique.*

lement à l'écart. Mais cette hypothèse n'est pas nécessaire; *le corps excité peut être dyssymétrique, comme le tympan.* La théorie et l'expérience montrent qu'alors un son simple faisant p vibrations par seconde peut exciter non seulement le son de hauteur p, mais tous les harmoniques de hauteur $2p$, $3p$...; que deux sons simples, faisant p et q vibrations par seconde et agissant simultanément, peuvent exciter, outre leurs propres harmoniques, les sons $p-q$ (différentiel du premier ordre), $p+q$ (additionnel du premier ordre), $2p-q$, $2q-p$, $2p+q$, $2q+p$,...

On les nomme *sons résultants.*

L'analyse suivante démontre cette proposition.

L'équation générale du mouvement (en négligeant le terme amortisseur et en limitant aux deux premiers termes le développement en série de la force) est de la forme :

$$I\frac{d^2\theta}{dt^2}+C_1\theta+C_2\theta^2+P\sin 2\pi pt+Q\sin(2\pi qt+\delta)=0. \quad (1)$$

Le corps écarté de sa position d'équilibre, et abandonné à lui-même ($P=0$, $Q=0$), y revient sous l'influence de la *force dyssymétrique :*

$$C_1\theta+C_2\theta^2,$$

différente pour deux valeurs égales et de signes contraires de θ.

Il s'agit de trouver l'intégrale générale.

Développons la solution en série par rapport à un paramètre auxiliaire ε.

Nous poserons :

$$\theta=\varepsilon\theta_1+\varepsilon^2\theta_2+\varepsilon^3\theta_3+\dots; \quad P=\varepsilon P_1, \quad Q=\varepsilon Q_1.$$

Substituons dans (1) et égalons séparément à 0 les coefficients des diverses puissances de ε qui est petit. Nous faisons ainsi une série d'approximations.

Comme première approximation, nous aurons :

$$I\frac{d^2\theta_1}{dt^2}+C_1\theta_1+P_1\sin 2\pi pt+Q_1\sin(2\pi qt+\delta)=0. \quad (2)$$

Cela revient à négliger le terme en θ^2. Nous n'écrivons pas l'intégrale qui correspond à l'équation du mouvement privée des termes périodiques, parce que nous supposons le résonateur suffisamment amorti, malgré que nous négligions le terme amortissant pour ne pas compliquer l'écriture. Nous reviendrons du reste là-dessus plus loin.

Nous savons que le corps obéissant à l'équation (2) donne les sons de hauteur p et q. C'est le problème habituel de l'entretien des oscillations traité dans les pages précédentes; il y a superposition pure et simple des effets des sons excitateurs.

La seconde approximation donne :

$$I\frac{d^2\theta_2}{dt^2}+C_1\theta_2+C_2\theta_1^2=0. \qquad (3)$$

Il faut introduire à la place de θ_1 l'intégrale précédemment trouvée dont la partie permanente est de la forme :

$$\theta_1=P'_1\sin 2\pi pt+Q'_1\sin(2\pi qt+\delta).$$

Développons les carrés des sinus et leurs produits : nous aurons l'expression de θ_1^2 en fonction de :

$$\sin 2\pi(2p)t,\quad \sin 2\pi(2q)t,\quad \sin 2\pi(p-q)t,\quad \sin 2\pi(p+q)t.$$

Substituant dans (3), nous retombons sur une équation de la forme (2) : elle nous apprend que, *comme seconde approximation,* le corps excité donne, outre les deux premiers harmoniques de hauteurs $2p$ et $2q$, les sons résultants du premier ordre de hauteurs $p-q$ et $p+q$. Naturellement, si les sons excitateurs sont faibles, l'amplitude des harmoniques et des sons résultants est très petite; mais elle croît vite quand les sons excitateurs deviennent de plus en plus forts.

La troisième approximation donne :

$$I\frac{d^2\theta_3}{dt^2}+C_1\theta_3+2C_2\theta_1\theta_2=0. \qquad (4)$$

Nous n'aurions qu'à répéter les raisonnements et les calculs précédents pour prouver l'existence des sons de hauteurs :

$$3p,\ 3q,\ 2p+q,\ 2q+p,\ 2p-q,\ 2q-p.$$

Bien entendu, si p ou q sont nuls, il ne reste que les harmoniques $2q$, $3q$... ou $2p$, $3p$...

On connaît depuis très longtemps l'existence des sons résultants (1740).

Le tympan est particulièrement dyssymétrique; il est fortement tiré *vers l'intérieur* par le manche du marteau; il n'y a donc rien d'étonnant à ce que l'oreille, *excitée par un son simple intense,* fasse entendre non seulement ce son, mais encore ses harmoniques; qu'*excitée par deux sons simples intenses,* elle fasse entendre les sons résultants.

Ces sons ne prennent d'ailleurs pas naissance *nécessairement dans l'oreille;* ils peuvent parfaitement exister dans une masse d'air fortement ébranlée, et généralement dans un corps quelconque où l'on ne peut pas supposer la force linéaire en fonction de la déformation.

Remarque.

Nous aurions pu traiter par la même méthode l'équation :

$$I\frac{d^2\theta}{dt^2}+C_1\theta+C_2\theta^2=0.$$

On trouve l'intégrale :

$$\theta = \theta_0 \sin \omega t - \frac{C_2\theta_0^2}{3C_1}(1 + \cos^2 \omega t).$$

On peut en tirer les résultats du § 432.

D'abord, la période n'a pas changé.

Ensuite, θ s'annule très sensiblement pour :

$$\sin \omega t_0 = \frac{2C_2}{3C_1}\theta_0, \qquad t_0 = \frac{2C_2}{3C_1}\frac{\theta_0}{\omega} = \frac{C_2 T\theta_0}{3C_1\pi}.$$

D'où résulte que la période est coupée par les zéros de θ en deux parties inégales. Les zéros correspondent aux temps :

$$t_0, \qquad \frac{T}{2} - t_0, \qquad T + t_0, \ldots$$

D'où :

$$\tau' = \frac{C_2}{C_1}\theta_0 \frac{2T}{3\pi}.$$

C'est la formule du § 432.

482. **Amortissement des vibrations du sol par les suspensions en caoutchouc.** — Reprenons le problème énoncé au § 468. *Mais supposons que la vibration imposée au point* B *ait une période assez courte pour qu'on ne puisse plus admettre une répartition égale de la déformation tout le long du ressort ou du caoutchouc* AB. Dans ces conditions, la théorie précédemment donnée ne s'applique pas : nous allons reprendre le problème, en supposant pour simplifier que les frottements sont nuls.

Nous admettons que les ébranlements longitudinaux se transmettent dans un cylindre très long par rapport à son diamètre d'après l'équation aux dérivées partielles (voir Mécanique Physique, tome I du Cours de Physique) :

$$\frac{\partial^2 u}{\partial t^2} = V^2 \frac{\partial^2 u}{\partial x^2}; \qquad (1)$$

u est ici le déplacement vertical du point dont la distance au point B est x. Nous aurons une solution de cette équation en posant :

$$u = U \sin\left(\frac{2\pi x}{\lambda} + \varepsilon\right) \sin 2\pi \frac{t}{T}. \qquad (2)$$

λ est la longueur d'onde, T est la période. On a :

$$VT = \lambda, \qquad V = \sqrt{gE : \rho};$$

V est la vitesse de propagation reliée aux paramètres du fil par la formule dite de Newton que nous admettrons ; g est l'accélération de la pesanteur, ρ est le poids spécifique, E le coefficient par lequel il faut multiplier l'allongement pour avoir la force avec laquelle le ressort réagit par unité de section droite.

Les quantités U et ε sont des paramètres à déterminer.

Imposons au point B une oscillation d'amplitude U_0; nous devons avoir, pour $x=0$, $u=U_0 \sin 2\pi \frac{t}{T}$.

L'intégrale prend donc la forme :

$$u=\frac{U_0}{\sin \varepsilon} \sin\left(\frac{2\pi x}{\lambda}+\varepsilon\right) \sin 2\pi \frac{t}{T}. \qquad (3)$$

Elle ne contient qu'une arbitraire ε que nous déterminerons à l'aide de l'équation du mouvement du corps suspendu.

Pour simplifier, nous supposerons que le système se réduit à la masse m, le reste de l'oscillateur étant supprimé (fig. 340).

Écrivons que l'oscillation de cette masse est due à la force qui résulte de la déformation du dernier élément de la corde. Par unité de section droite cette force est $E\frac{\partial u}{\partial x}$. Soit S l'aire de la section droite; la force totale en grandeur et en signe est donc :

$$-E\frac{\partial u}{\partial x}S;$$

$\partial u/\partial x$ est la valeur de ce quotient pour l'extrémité A du caoutchouc, c'est-à-dire pour $x=L$.

D'où l'équation du mouvement de la masse m :

$$m\frac{\partial^2 u}{\partial t^2}=-E\frac{\partial u}{\partial x}S.$$

De la relation entre la vitesse de propagation V, la longueur d'onde λ et la période T, et de la formule de Newton, on tire :

$$V^2=\frac{\lambda^2}{T^2}=\frac{gE}{\rho}, \qquad -ES=-\frac{(\rho S\lambda)\lambda}{gT^2}=-\frac{p\lambda^2}{T^2}.$$

L'équation du mouvement de la masse m devient :

$$m\frac{\partial^2 u}{\partial t^2}=-\frac{p\lambda^2}{T^2}\frac{\partial u}{\partial x}; \qquad (4)$$

p est la masse de l'unité de longueur du caoutchouc; $p\lambda$ est la masse d'une longueur du caoutchouc égale à la longueur d'onde dans le caoutchouc, du son imposé au point B.

Écrivons que, pour $x=L$, l'intégrale (3) satisfait à la condition (4); il vient :

$$\operatorname{tg}\left(2\pi\frac{L}{\lambda}+\varepsilon\right)=\frac{p\lambda}{2\pi m}.$$

Soit U_1 l'amplitude de l'oscillation de la masse m que nous supposons grande vis-à-vis de $p\lambda$; on obtient, en confondant le sinus et la tangente d'angles petits :

$$\frac{U_1}{U_0}=\frac{1}{\sin \varepsilon}\sin\left(\frac{2\pi L}{\lambda}+\varepsilon\right)=\frac{p\lambda}{2\pi m}\frac{1}{\sin \varepsilon}.$$

Si donc la masse m est grande vis-à-vis de la masse $p\lambda$ d'une longueur du caoutchouc égale à la longueur d'onde λ du son imposé, U_1 est toujours très petit par rapport à U_0, excepté quand $\sin \varepsilon = 0$. Il y a toujours un nœud près de la masse *m;* elle joue approximativement le rôle de point fixe. Il n'existe donc pas nécessairement un ventre au niveau du point B (fig. 340), puisque la longueur L du caoutchouc n'est pas nécessairement un nombre impair de quarts de longueur d'onde.

Mais il peut arriver que L soit un nombre entier de demi-longueurs d'onde, ou plus exactement soit tel que ε égale 0. Le calcul donne alors pour U_1 une valeur infinie. Il ne faut pas prendre cette solution au pied de la lettre ; il y a dans les hypothèses des simplifications illégitimes qui sont la cause de ce résultat *quantitativement* inadmissible.

Si nous tenions compte de l'absorption d'énergie dans la transmission par le caoutchouc, nous trouverions que cette amplitude, *toutes choses égales d'ailleurs,* diminue rapidement *avec la longueur* L. Mais, *à cet amortissement près,* U_1 est, pour un son donné, une fonction périodique de L.

Pratiquement, quand L n'est pas voisin d'un nombre entier de demi-longueurs d'onde du mouvement vibratoire imposé au point B, l'amplitude U_1 de l'oscillation de la masse suspendue est très petite.

Quand L est un nombre entier de demi-longueurs d'onde, il existe simultanément un nœud au voisinage de la masse *m* et un nœud au point B ; la solution *quantitativement* inadmissible $U_1 = \infty$ tient à ce que ce dernier nœud coïncide avec une amplitude *qui est imposée* et qui par conséquent n'est pas nulle. Corrélativement, bien qu'il y ait un nœud au voisinage de la masse *m,* c'est alors que l'amplitude de son mouvement est la plus grande possible. Au ventre intermédiaire, l'amplitude peut être considérablement plus grande que l'amplitude imposée en B.

C'est par ces considérations qu'on explique l'amortissement des trépidations du sol par une suspension en tubes de caoutchouc. La période de ces trépidations est de l'ordre de $0^s,01$; on ne peut admettre que la déformation se répartisse uniformément le long du caoutchouc : c'est bien la théorie actuelle qui s'applique et non celle du § 468. Si la trépidation était un son simple, il serait avantageux que la longueur du tube fût un nombre impair de quarts de longueur d'onde du son imposé. Il y aurait très approximativement un nœud *effectif* au point d'attache de la masse suspendue. Bien entendu, la trépidation n'étant pas un son simple, le phénomène n'est plus périodique en fonction de la longueur du caoutchouc. Il y a avantage à prendre le tube le plus long possible à cause de l'amortissement.

Il faudrait aussi tenir compte des vibrations transversales : le problème est identique.

Force imposée sinusoïdale amortie.

483. **Position de la question.** — Jusqu'ici nous avons négligé la partie de la solution de l'équation (2) (§ 470) qui est l'intégrale générale de l'équation (1). En effet, l'étude du régime variable, qui précède le régime permanent, n'a pas grand intérêt pratique.

Il n'en est plus de même quand la force d'entretien cesse d'être permanente et se réduit elle-même à une fonction sinusoïdale amortie du temps. La solution amortie reprend alors une importance capitale, puisque la solution particulière de l'équation avec second membre est elle-même une fonction sinusoïdale amortie du temps.

Soit la force imposée :

$$F = Ae^{-\mu t} \sin(\omega t - \alpha).$$

L'équation du mouvement devient :

$$I\frac{d^2\theta}{dt^2} + f\frac{d\theta}{dt} + C\theta = Ae^{-\mu t} \sin(\omega t - \alpha). \qquad (2)$$

Posons comme précédemment :

$$\omega' = 2\pi : T', \qquad T' = 2\pi\sqrt{I : \left(C - \frac{f^2}{4I}\right)}.$$

On vérifiera par substitution que l'équation (2) admet la solution :

$$\theta = \theta_0 e^{-\mu t} \sin(\omega t - \varepsilon_0) + \theta_1 e^{-\lambda t} \sin(\omega' t - \varepsilon_1). \qquad (3)$$

Le premier terme représente *l'oscillation forcée;* elle a même période et même amortissement que la force imposée. Les constantes θ_0 et ε_0 se trouvent directement en substituant le premier terme dans l'équation (2).

Le second terme représente *l'oscillation libre :* sa période T' est la période propre du corps abandonné à lui-même. Les constantes θ_1 et ε_1 (*qui sont les arbitraires d'intégration*) se déduisent des conditions à satisfaire quand débute le phénomène, par exemple au temps $t = 0$.

Il importe de remarquer que la constante α n'est pas arbitraire. Prenons $t = 0$ pour début du phénomène. La force excitatrice est alors dans une certaine phase de son oscillation amortie, phase imposée par l'expérience et que spécifie la constante α.

Le calcul des diverses quantités qui entrent dans la solution (3) est d'une invraisemblable complication et du reste absolument inutile. *Nous limiterons immédiatement le problème par l'hypothèse que ω et ω' diffèrent peu.*

484. **Conditions initiales.** — On prend généralement les conditions initiales suivantes :

$$\theta = 0, \qquad d\theta/dt = 0, \qquad \text{pour} \qquad t = 0;$$

le corps sur lequel agit la force est immobile au temps 0 et dans sa position d'équilibre.

D'où les relations :

$$\theta_0 \sin \varepsilon_0 + \theta_1 \sin \varepsilon_1 = 0\,;$$
$$\theta_0(\mu \sin \varepsilon_0 + \omega \cos \varepsilon_0) + \theta_1(\lambda \sin \varepsilon_1 + \omega' \cos \varepsilon_1) = 0. \qquad (4)$$

On peut simplifier ces équations.

Alors même que l'amortissement est très grand, μ et λ sont de petits nombres vis-à-vis de ω et de ω'. Le facteur amortissant est en effet *pour une période :*

$$\exp(-\mu T) = \exp(-2\pi\mu : \omega).$$

Pour le facteur amortissant 0,434, les amplitudes des oscillations successives forment la série :

1000, 434, 188, 81, 35,...

La décroissance est énorme. Cependant on a :

$$2\pi\mu : \omega = 1, \qquad \mu : \omega = 0{,}16.$$

Malgré l'amortissement rapide, c'est-à-dire l'importance du coefficient μ, le rapport $\mu : \omega$ est déjà petit.

Il résulte de là que les équations (4) peuvent s'écrire sans grande erreur : $\varepsilon_0 = \varepsilon_1, \qquad \theta_0 = -\theta_1.$

Les premières oscillations, représentées par les deux termes du second membre de l'équation (3), *sont donc égales et de signes contraires.* Elles cessent bientôt de l'être, parce que les périodes ne sont pas rigoureusement égales, non plus que les coefficients λ et μ.

485. **Excitation très amortie agissant sur un oscillateur sans amortissement.** — Déterminons d'une manière générale θ_0 et ε_0. Substituons donc la solution :

$$\theta = \theta_0 e^{-\mu t} \sin \omega t,$$

dans l'équation :

$$I\frac{d^2\theta}{dt^2} + f\frac{d\theta}{dt} + C\theta = Ae^{-\mu t}\sin\left[\omega t - (\alpha - \varepsilon_0)\right].$$

Le changement momentané de l'origine des temps simplifié considérablement les calculs. On a les conditions :

$$\theta_0[I\mu^2 - I\omega^2 - f\mu + C] = A\cos(\alpha - \varepsilon_0),$$
$$\theta_0[-2\mu\omega I + f\omega] = -A\sin(\alpha - \varepsilon_0).$$

Additionnons les carrés; il vient :

$$\theta_0^2 = A^2 : \left[(I\mu^2 - I\omega^2 - f\mu + C)^2 + (2\mu\omega I - f\omega)^2\right].$$

Écrivons maintenant que l'oscillation est sans amortissement : $f = 0_0$ Il reste :

$$\theta_0 = A : \sqrt{(I\mu^2 - I\omega^2 + C)^2 + 4\mu^2\omega^2 I^2}\,.$$

Or, d'après ce que nous avons démontré au paragraphe précédent, θ_0 est égal et de signe contraire à θ_1. La vibration 0 s'éteindra rapidement, puisqu'elle a le même amortissement que la force; subsistera seule la vibration 1, dont par hypothèse l'amortissement est nul.

Si on étudie le phénomène oscillatoire dans le résonateur, on lui trouvera naturellement la période ω' propre au résonateur, et non pas la période ω, qui caractérise la force. En effet, la vibration de période ω est éteinte dès les premières oscillations.

Pour augmenter l'intensité des phénomènes, il est préférable de réaliser l'accord $(\omega = \omega')$; mais qu'il en soit ainsi ou non, la période observée est toujours la même.

A la limite, tout se passe comme si l'on donnait un coup à un timbre : la force du corps intervient sur l'amplitude et non sur le son rendu.

On peut chercher la courbe représentant le rapport $\theta_0 : A$. C'est une courbe en cloche dyssymétrique, dont le maximum correspond très sensiblement à la condition $\omega = \omega'$.

486. **Amortissements de même ordre.** — Nous avons dit que le cas absolument général est à peu près inextricable comme calcul et d'ailleurs inutile à considérer. Nous avons déjà supposé que ω et ω' diffèrent peu; nous ferons de plus l'hypothèse que μ et λ sont très voisins.

On peut alors mettre la solution sous la forme :

$$\theta = \Theta \sin(mt + m'),$$

où Θ est une fonction du temps et m la moyenne entre ω et ω'.

Quand les périodes et les amortissements sont parfaitement égaux $(\omega = \omega', \ \lambda = \mu)$, on trouve que Θ croît puis décroît d'une manière continue. Quand l'égalité n'est pas parfaite, il y a des battements; la fonction Θ est périodique.

Pour intéressants que soient ces phénomènes, les calculs sont si compliqués que nous n'insisterons pas.

La télégraphie sans fil offre de curieuses applications des questions posées dans les paragraphes précédents.

Entretien par impulsions discontinues.

487. **La force excitatrice est réduite à une impulsion périodique.** — Supposons la période de l'impulsion voisine de la période de plus forte résonance de l'oscillateur, et l'amortissement suffisant. Montrons que l'oscillateur se synchronisera sur l'impulsion. Raisonnons sur un pendule (fig. 351).

Remarquons d'abord qu'une fois la synchronisation obtenue, l'impulsion agit dans le sens du mouvement ; autrement le pendule s'arrêterait.

Nous avons démontré (§ 428), et il est d'ailleurs évident sans calcul, que si l'impulsion se produit moins d'un quart de période avant le passage par la verticale (fig. 351 à gauche), la période de l'oscillateur *synchronisé* est plus courte que la période propre. En effet, il parcourt l'angle $\overline{PO}$ avec une vitesse plus grande que celle qui correspond à l'amplitude actuelle $\overline{AO}$. Donc si la période propre du pendule est supérieure à la période de la force d'entretien, celle-ci doit agir en un certain point de l'arc AO, moins d'un quart de période avant le passage par la verticale. La variation de période est d'autant plus grande que l'impulsion a lieu plus près du point A.

Si l'impulsion se produit moins d'un quart de période après le passage par la verticale (fig. 351 à droite), la période de l'oscillateur *entretenu* est plus longue que la période propre. En effet, le pendule a parcouru l'arc $\overline{OP}$ avec une vitesse plus petite que celle qui correspond à l'amplitude actuelle OB. Donc si la période propre du pendule est plus courte que la période de la force d'entretien, celle-ci doit agir en un certain point de l'arc $\overline{OB}$, moins d'un quart de période après le passage par la verticale.

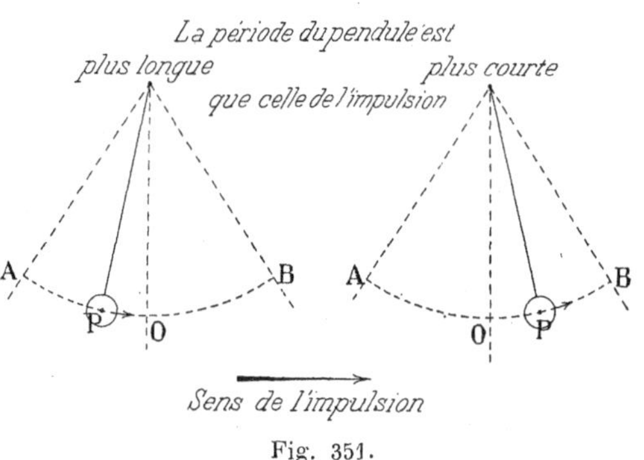

Fig. 351.

Si le pendule a exactement la période d'entretien, l'impulsion a lieu au moment du passage par la verticale : la durée de l'oscillation n'est pas modifiée.

S'il se produit deux impulsions dans un temps à peu près égal à la période propre du pendule, il faut qu'elles soient alternativement de sens contraires, ce qui ramène les périodes à être voisines.

La synchronisation n'est possible que si le pendule est suffisamment amorti. En effet, la variation de période du pendule dépend de la variation de la vitesse due à l'impulsion.

Pour que la première soit notable, il faut, toutes choses égales d'ailleurs, que la seconde le soit. Mais nous ne pouvons augmenter la vitesse en un point de l'oscillation et *maintenir cependant l'amplitude constante*, qu'à la condition qu'une autre cause diminue la vitesse, ce qui revient à dire qu'un amortissement suffisant est nécessaire.

On peut calculer en gros les conditions à satisfaire pour que la synchronisation soit possible. Admettons la période de l'impulsion plus grande que la période propre de l'oscillateur. Supposons que le choc ait lieu exactement au bout de l'oscillation (àu moment où la vitesse devient nulle) et tende à accroître l'amplitude. C'est alors que son effet sur la période est maximum. Soit $C\theta_0$ le couple au moment où commence l'impulsion. Enfin assimilons l'impulsion à un couple Γ durant le temps τ.

Il est d'abord facile de calculer l'allongement maximum de la période.

Le mobile reviendra au repos et l'on sera au bout de la *nouvelle* oscillation après un temps τ_1 tel que la somme des accélérations soit nulle. D'où la condition, en supposant que le déplacement de l'oscillateur ne soit pas trop grand :

$$\Gamma\tau - C\theta_0\tau_1 = 0, \qquad \tau_1 = \mathfrak{J} : C\theta_0.$$

C'est du reste ce que donne la formule générale du § 428.

$$\tau_1 = \theta_0\delta u : \omega^2\theta_0^2 = \mathfrak{J} : \omega^2 I\theta_0 = \mathfrak{J} : C\theta_0.$$

Le travail est loin d'être aussi bien déterminé. Il dépend de la valeur relative de Γ et de Γ_0, ou, si l'on veut, de τ et de τ_1.

Supposons le choc très brusque ; le travail aura sa valeur maxima : $\mathfrak{T} = \mathfrak{J}^2 : 2I$.

Comparant les deux formules, il vient :

$$2I\mathfrak{T} = C^2\theta_0^2\tau_1^2, \qquad \frac{\tau}{T} = \frac{1}{2\pi}\sqrt{\frac{\mathfrak{T}}{C\theta_0^2 : 2}},$$

$\mathfrak{T}$ est le travail absorbé par oscillation (si la percussion n'a lieu qu'une fois par oscillation) ; $C\theta_0^2 : 2$ est l'énergie potentielle au bout de l'oscillation ; $\tau : T$ est la fraction dont la période est allongée par la percussion. Telle est la condition limite de synchronisation.

Dans le cas où l'impulsion n'est pas très brusque, il faut multiplier le second membre par un facteur plus grand que l'unité dépendant de la loi de l'impulsion.

488. **Remarque sur la synchronisation.** — Ainsi, tandis qu'il y a toujours synchronisation, *quelle que soit la différence des périodes,* quand la force d'entretien est sinusoïdale, il n'y a pas nécessairement synchronisation quand elle agit par chocs discontinus.

On ne peut pas assimiler les deux phénomènes.

Assurément un choc périodique peut être développé suivant la série de Fourrier. Nous avons montré au § 464 que s'il provient d'une force constante agissant pendant un temps très court, les coefficients des divers termes de la série sont entre eux comme les inverses des nombres entiers successifs : *la série converge très lentement.* C'est donc une erreur de dire avec Cornu qu'une force périodique très petite équivaut toujours à la force pendulaire *fondamentale* (premier terme de la série de Fourrier qui la représente).

S'il en était ainsi, on n'obtiendrait jamais de *battements* dans l'entretien au moyen de chocs périodiques, quels que soient l'amortissement et la différence des périodes. On obtiendrait seulement une amplitude extrêmement petite; nous laissons de côté le mouvement *propre* du corps, qu'on peut toujours supposer nul grâce à des conditions initiales convenables. Nous allons voir au contraire que les battements sont le cas général de l'entretien par chocs discontinus.

Nous avons déjà mis le lecteur en garde (§ 426) contre l'idée qu'une impulsion est quelque chose de complètement défini, qu'il suffit d'avoir constante pour que tous les phénomènes qui en dépendent se trouvent bien déterminés. Par exemple, un condensateur, se déchargeant dans un circuit, produit une impulsion électro-magnétique bien déterminée, proportionnelle à la quantité d'électricité qu'il contient. De là à conclure que la valeur des contacts qui ferment le circuit n'a aucune importance, il n'y a qu'un pas *trop aisément franchi*. On suppose toujours implicitement que le choc est très court et *très intense*, hors de proportion avec les autres forces en jeu, *ce qui est pratiquement presque toujours faux*.

Cornu a proposé de synchroniser les horloges à pendule avec une horloge mère qu'il suffirait de surveiller. Il paraît singulier de commencer par amortir un pendule pour avoir le plaisir de le synchroniser. Du reste l'expérience a prouvé que, dans l'état actuel de la construction des horloges et *pour le très petit nombre de cas où il faut une précision extrême* (astronomie), le mieux est encore d'employer des horloges autonomes avec les échappements ordinaires. *A fortiori* dans le cas le plus fréquent où une grande précision est inutile. Une horloge de 35 francs suffit à *toutes* les expériences de la physique; pour s'en assurer, qu'on fasse le compte des résultats connus avec une erreur moindre qu'un millième! Une horloge réglée à cette précision donnerait une erreur *accidentelle* de 86 secondes par jour. Même construite par un charron de village, il lui serait impossible d'être aussi mauvaise, si seulement elle voulait marcher.

489. **Cas d'un amortissement très petit.** — Nous engageons vivement le lecteur à réaliser l'expérience suivante.

Des courants instantanés sont fournis toutes les secondes par une horloge dont le pendule agit sur un système de contacts tels que celui représenté dans la figure 318. Plus simplement encore, on arme l'extrémité du pendule (fig. 352) d'un fil de cuivre PP, qui touche les surfaces du mercure contenu dans deux nacelles de porcelaine NN, et ferme le circuit CD au passage par la verticale. Les nacelles ont un centimètre de largeur sur cinq de longueur environ; on en voit la grande dimension. Le mercure dépasse leurs bords sans s'écouler, grâce à la tension superficielle. Le pendule oscille normalement au tableau.

La figure 353 représente le pendule entretenu. Pour que l'impulsion soit à peu près indépendante de l'élongation, le pendule porte, au-dessus du couteau C, un aimant horizontal NS. Les courants instantanés envoyés par l'horloge passent dans une bobine fixe B, dont les spires sont horizontales. Les courants y créent un champ vertical, et

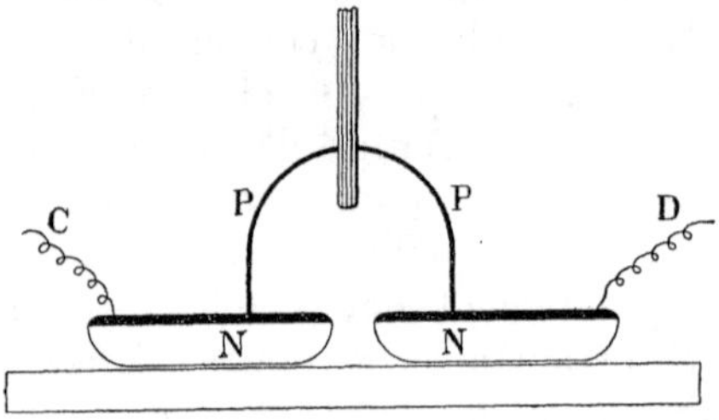

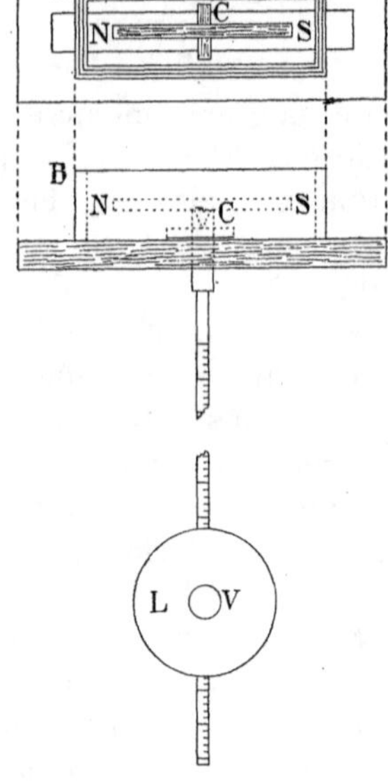

Fig. 352.

Fig. 353.

donnent à l'aimant une impulsion à peu près indépendante de l'inclinaison du pendule, pourvu que celle-ci reste petite.

Le sens de l'impulsion étant invariable, on s'arrange de manière que la durée d'oscillation du pendule entretenu soit à peu près une seconde ; la période de son battement est voisine d'une demi-seconde. On modifie la période en déplaçant la lentille L, qui se déplace sur une tige graduée et qu'on fixe avec la vis de pression V.

L'amortissement de l'appareil est très petit. On peut l'augmenter en fixant au bas du pendule et dans le plan d'oscillation une plaque de cuivre rouge devant laquelle on dispose un aimant. Les raisonnements qui suivent supposent l'amortissement négligeable.

Voici quels sont les phénomènes.

Supposons d'abord le pendule immobile : soit T sa période propre, Θ la période de l'impulsion.

Envoyons les courants instantanés. On trouve que l'amplitude croît, décroît, croît à nouveau... ; il se produit de véritables battements avec retours périodiques à l'amplitude nulle. La période B du phénomène satisfait à la relation :

$$\frac{1}{B} = \pm\left(\frac{1}{T} - \frac{1}{\Theta}\right), \qquad n\Theta = (n \pm 1)T = B,$$

où n est un nombre entier. Dans la période B du *battement*, il y a n périodes de l'impulsion, $n \pm 1$ périodes du pendule *supposé libre*.

Dans le cas général où le pendule ne part pas du repos, il y a encore variation périodique de l'amplitude ; mais le minimum n'est plus nul. La période B du phénomène reste la même.

Il n'y a plus synchronisation, en ce sens que la période du pendule ne devient pas égale à celle de l'impulsion. Comme l'impulsion agit sur la période *d'une manière variable* (puisqu'elle a lieu en des points variables de l'oscillation), la période du pendule cesse d'être constante. Nous allons montrer cependant qu'il peut exister une demi-synchronisation ou une synchronisation *moyenne*. Cela signifie que la période B, qui contient n périodes de l'impulsion et $n \pm 1$ périodes du pendule *libre*, peut contenir $n \pm 1 : 2$ ou n périodes du pendule *percuté*.

490. **Discussion.** — Supposons $\Theta > T$; tous les signes seraient changés dans le cas contraire. Écrivons $\Theta - T = \varepsilon$.

Le lecteur se reportera au § 429 où nous représentons par un vecteur l'effet d'une impulsion.

Soit O1 la droite de référence (fig. 354) ; $\overline{OA}$ le vecteur représentatif de l'oscillation avant le premier choc ; son décalage est φ.

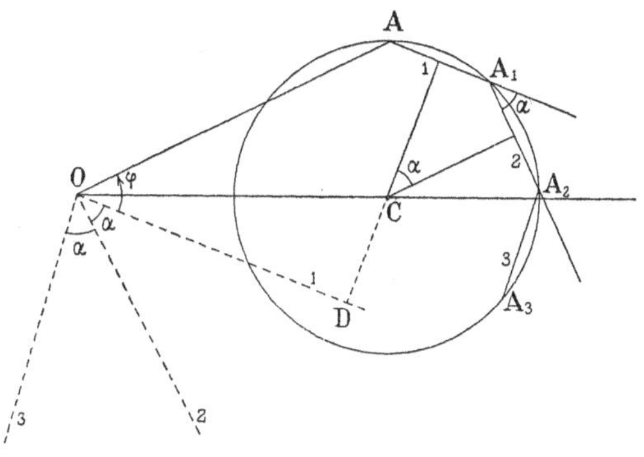

Fig. 354.

L'impulsion p amène l'extrémité du vecteur en A_1, de manière que AA_1 soit parallèle à O1 ; d'où la variation de décalage $\delta_1\varphi$, qui est ici négative.

Cette construction rappelée, produisons une série d'impulsions égales aux temps équidistants :

$$\tau, \qquad \tau + T + \varepsilon, \qquad \tau + 2T + 2\varepsilon, \ldots$$

Les décalages correspondants seront :

$$\varphi, \qquad \varphi + \delta_1\varphi + \alpha, \qquad \varphi + \delta_1\varphi + \delta_2\varphi + 2\alpha, \ldots,$$

en posant : $\omega\tau = \varphi, \qquad \omega\varepsilon = \alpha.$

Menons des droites O1, O2, O3,... faisant entre elles l'angle α. Comme ε est positif par hypothèse, α doit correspondre à une augmentation du décalage.

Le vecteur $\overline{OA_1}$ (non tracé) représente l'oscillation au moment du second choc, par rapport à la droite de référence O2, puisqu'il fait précisément avec O2 l'angle $\varphi + \delta_1\varphi + \alpha$ (ne pas oublier que $\delta_1\varphi$

est négatif). Pour obtenir le vecteur représentatif de l'oscillation immédiatement après le second choc, nous n'aurons donc qu'à mener $\overline{A_1A_2}$ parallèle à O2 et égal à p. D'où le nouveau vecteur $\overline{OA_2}$.

Et ainsi de suite.

En définitive, pour obtenir l'effet d'une série d'impulsions périodiques égales, nous mènerons donc une série de vecteurs égaux faisant les uns avec les autres le même angle α. Il est clair que les points A, A_1, A_2,... sont sur une circonférence.

Calculons son rayon R. On a immédiatement, en vertu de la petitesse relative du vecteur p :

$$R\alpha = p, \qquad R = pT : 2\pi\varepsilon. \qquad (1)$$

Déterminons la distance $\overline{OC}$. Appelons θ_0 l'amplitude initiale; on a :

$$\overline{OC} = \sqrt{(\theta_0 \sin\varphi - R)^2 + \theta_0^2 \cos^2\varphi} = \sqrt{\theta_0^2 + R^2 - 2R\theta_0 \sin\varphi}\ . \quad (2)$$

Les formules (1) et (2) déterminent complètement le phénomène.

La période du phénomène est le temps mis au point A pour parcourir le cercle entier :

$$B = (T+\varepsilon)\frac{2\pi}{\alpha} = (T+\varepsilon)\frac{T}{\varepsilon} = \frac{\Theta T}{\Theta - T}, \qquad \frac{1}{B} = \frac{1}{T} - \frac{1}{\Theta}.$$

C'est le résultat ci-dessus énoncé.

1° Cercle extérieur au point O.

Si l'amplitude initiale est assez grande et R assez petit, c'est-à-dire si l'impulsion est assez petite et le rapport $\varepsilon : T$ assez grand, le cercle est extérieur au point O. Les impulsions produisent simplement une petite perturbation d'amplitude et de phase. L'amplitude varie très sensiblement entre les limites $\theta_0 \pm R$. Le décalage redevient le même périodiquement; il n'y a pas synchronisation *moyenne*.

2° Cercle passant par le point O.

La condition est :

$$\overline{OC} = R, \qquad \theta_0 = 2R\sin\varphi; \qquad \delta\varphi = \alpha : 2.$$

Ainsi, lorsque les conditions sont telles que le cercle passe par le point O (par exemple, lorsque le pendule est arrêté au commencement de l'expérience), le décalage produit par chaque impulsion est constant; sa valeur en temps est la moitié de la quantité $\Theta - T = \varepsilon$. C'est du reste évident sur une figure; l'angle inscrit $d\varphi$ a pour mesure la moitié de l'arc qui mesure l'angle au centre α.

Dès lors on s'explique le curieux paradoxe suivant. Si les impulsions ne changeaient pas le décalage de l'oscillation, la période B de la variation de l'amplitude contiendrait n périodes Θ de l'impulsion et $n + \frac{1}{2}$ périodes du pendule. On aurait donc :

$$n\Theta = \left(n + \frac{1}{2}\right)T = B, \qquad \frac{1}{B} = 2\left(\frac{1}{T} - \frac{1}{\Theta}\right);$$

la période B serait deux fois plus courte que ne l'indique l'expérience. Il faut donc que les impulsions rapprochent l'une de l'autre les périodes de l'impulsion et de l'oscillation, de manière à doubler la période B. C'est précisément ce qu'indique la formule précédente. Chaque impulsion produit un décalage $d\varphi = \alpha : 2$. Or, dans la période, il y a $2\pi : \alpha$ impulsion; d'où en tout un retard :

en angle, $\dfrac{2\pi}{\alpha} d\varphi = \dfrac{\alpha}{2} \dfrac{2\pi}{\alpha} = \pi$, en temps $\dfrac{T}{2}$.

Le cas intermédiaire que nous étudions correspond donc à une demi-synchronisation moyenne[1]. Pendant le temps $n\Theta$, le pendule *entretenu* n'en fait plus que $n + \dfrac{1}{2}$.

3° Cercle contenant le point O.

Ici la synchronisation *moyenne* est complète. L'allongement de la période du pendule est tel que dans la période B, il y a le même nombre n de périodes des deux phénomènes. Le décalage n'oscille plus autour d'une valeur moyenne comme dans le 1°; il varie de 2π dans chaque période B.

Pour réaliser ce cas, il faut que R soit assez grand, c'est-à-dire l'impulsion p assez grande et la différence ε assez petite.

On peut avoir comme cas particulier :

$$\overline{OC} = 0; \qquad \text{ce qui entraîne :} \qquad R = \theta_0, \qquad \sin\varphi = 1.$$

L'amplitude est constante. L'impulsion a lieu pour l'élongation maxima, ce qui ne change pas l'amplitude; elle a une valeur en rapport avec l'amplitude imposée et la différence ε :

$$p = 2\pi\varepsilon\theta_0 : T.$$

---

[1] Cornu, qui s'imaginait avoir découvert la synchronisation, énonce dans son mémoire, outre des faits depuis longtemps connus, une série de propositions plus que contestables. En particulier, nous conseillons au lecteur son étude de l'entretien par chocs discontinus comme un modèle à ne pas imiter. Nous avons cité plus haut l'un de ses *théorèmes* (§ 488). Dans le désir d'être *élégant*, il finit par tout noyer dans un délayage sans nom. Entre autres choses, il démontre *expérimentalement* que la dérivée d'une exponentielle est une exponentielle, et que la dérivée d'un sinus est un cosinus : c'est de l'art pour l'art. Tout son mémoire est le fait d'un expérimentateur excellent, étonnamment ignorant et qui raisonne comme un taupin.

Je le cite parce qu'il est merveilleusement représentatif d'une école trop nombreuse en France, ayant horreur des mathématiques, s'imaginant que la science date de leurs travaux, farouchement hostiles à tout progrès, gâtant des qualités réelles d'expérimentateur par une ignorance candide et une étroitesse de vue prodigieuse. Toute leur vie, ce sont des taupins.

CHAPITRE VIII

RÉSONANCE

491. **Position du problème. Vibrations principales.** — Le problème de la résonance consiste à étudier le mouvement de plusieurs systèmes oscillant autour de leurs positions d'équilibre et réagissant les uns sur les autres. Comme nous le verrons, la division en plusieurs systèmes ne répond à rien de réel et ne saurait qu'induire en erreur. En fait, nous nous occupons d'un système complexe *ayant un certain nombre de degrés de liberté* et dont les diverses parties oscillent en réagissant les unes sur les autres.

La disposition du système complexe est à chaque instant donnée par *n coordonnées généralisées* en nombre égal aux degrés de liberté ; nous désignons les coordonnées par $a, b, c, \ldots$ les vitesses correspondantes par $a', b', c', \ldots$, les accélérations par $a'', b'', c'', \ldots$

Pour établir les équations du mouvement, nous exprimons l'énergie cinétique et le potentiel en fonction des coordonnées généralisées, et nous utilisons les équations de Lagrange.

Ce qui domine le sujet est la recherche des *vibrations principales,* c'est-à-dire des modes stables de vibration[1]. Pour chaque mouvement principal, le système revient périodiquement dans sa configuration initiale, et les vibrations de chaque partie constitutive du système sont permanentes, du moins il n'y a pas d'amortissement. Un système est complètement connu, lorsqu'on a déterminé ses modes caractéristiques de vibration, qui sont généralement en même nombre que les coordonnées généralisées.

Dans ce Chapitre, nous admettrons sans donner les démonstrations plusieurs théorèmes d'algèbre pure. Ce n'est pas qu'elles soient particulièrement difficiles ; mais nous tenons à ne pas couper notre exposé par des considérations qui, en définitive, sont plus à leur place dans un Cours d'Analyse. Nous n'hésitons pas à procéder ainsi,

---

[1] C'est le problème d'Optique ondulatoire qui consiste à trouver les vibrations se propageant sans déformation.

parce que les calculs de tous les exemples sont poussés à bout et deviennent la démonstration des propositions générales dans des cas particuliers.

Systèmes conservatifs d'énergie.

492. **Équations de Lagrange.** — Soient $a, b, c, \ldots$ les coordonnées généralisées. Quand les équations qui relient les coordonnées $x, y, z, \ldots$ des divers points du système aux coordonnées généralisées $a, b, c, \ldots$ ne contiennent pas explicitement le temps (ce que nous supposerons toujours), nous savons (§ 313) que la force vive est une fonction quadratique homogène des vitesses $a', b', c', \ldots$ Nous poserons donc :

$$2T = A_1 a'^2 + A_2 b'^2 + \ldots + 2A_{12} a'b' + 2A_{13} a'c' + \ldots$$

Les A sont généralement des fonctions des coordonnées $a, b, c, \ldots$ *Mais comme il s'agit de petites oscillations, nous les supposerons constants et égaux à leurs valeurs pour la position d'équilibre autour de laquelle le système oscille, et pour laquelle on a :* $a = b = c \ldots = 0$.

Nous admettons que les forces dérivent d'un potentiel. Comme elles doivent s'annuler pour la position d'équilibre, nous pouvons mettre le potentiel sous la forme :

$$2V = 2V_0 + B_1 a^2 + B_2 b^2 + \ldots + 2B_{12} ab + 2B_{13} ac + \ldots$$

Cela revient à développer le potentiel par rapport aux puissances croissantes des coordonnées généralisées et à négliger les termes supérieurs aux carrés. Toujours par suite de l'hypothèse qu'il s'agit de petites oscillations, *nous traiterons les* B *comme des constantes.*

Ceci posé, les équations de Lagrange sont (§ 314) :

$$\left.\begin{array}{l}(A_1 a'' + A_{12} b'' + A_{13} c'' + \ldots) + (B_1 a + B_{12} b + B_{13} c + \ldots) = 0, \\ (A_{21} a'' + A_2 b'' + A_{23} c'' + \ldots) + (B_{21} a + B_2 b + B_{23} c + \ldots) = 0, \\ \ldots\ldots\ldots\ldots\ldots\ldots\ldots\ldots \\ \ldots\ldots\ldots\ldots\ldots\ldots\ldots\ldots \\ (A_{n1} a'' + A_{n2} b'' + \ldots\ldots) + (B_{n1} a + \ldots\ldots\ldots) = 0.\end{array}\right\} \quad (1)$$

Nous écrivons tantôt A_{ij}, tantôt A_{ji}, pour la symétrie des équations; il est évident que :

$$A_{ij} = A_{ji}, \qquad B_{ij} = B_{ji}.$$

On a pour solution les n vibrations complexes :

$$\left.\begin{array}{l}a = a_1 \sin(\omega_1 t - \delta_1) + a_2 \sin(\omega_2 t - \delta_2) + a_3 \sin(\omega_3 t - \delta_3) + \ldots \\ b = b_1 \sin(\omega_1 t - \delta_1) + b_2 \sin(\omega_2 t - \delta_2) + b_3 \sin(\omega_3 t - \delta_3) + \ldots \\ c = c_1 \sin(\omega_1 t - \delta_1) + c_2 \sin(\omega_2 t - \delta_2) + c_3 \sin(\omega_3 t - \delta_3) + \ldots \\ \ldots\ldots\ldots\ldots\ldots\ldots\ldots\ldots\end{array}\right\} \quad (2)$$

Substituons l'une des vibrations complexes (la première par exemple) dans les équations (1) ; il vient comme conditions :

$$a_1(A_1\omega^2 - B_1) + b_1(A_{12}\omega^2 - B_{12}) + c_1(A_{13}\omega^2 - B_{13}) + \ldots = 0$$
$$a_1(A_{21}\omega^2 - B_{21}) + b_1(A_2\omega^2 - B_2) + c_1(A_{23}\omega^2 - B_{23}) + \ldots = 0 \quad (3)$$
$$\ldots\ldots\ldots\ldots\ldots\ldots\ldots\ldots\ldots$$

Pour être satisfait, le système (3) exige qu'on ait :

$$\begin{vmatrix} A_1\omega^2 - B_1 & A_{12}\omega^2 - B_{12} & A_{13}\omega^2 - B_{13} & \ldots \\ A_{21}\omega^2 - B_{21} & A_2\omega^2 - B_2 & A_{23}\omega^2 - B_{23} & \ldots \\ A_{31}\omega^2 - B_{31} & A_{32}\omega^2 - B_{32} & A_3\omega^2 - B_3 & \ldots \\ \ldots & \ldots & \ldots & \ldots \end{vmatrix} = 0.$$

Ce déterminant égalé à 0 représente une équation du $n^{ième}$ degré en ω^2. On démontre que toutes les racines ω^2 sont réelles. Comme nous admettons que les oscillations se font autour d'une position d'équilibre stable, il faut de plus que toutes les racines ω^2 soient positives, de manière que les racines ω soient réelles.

Soient calculées les n racines ω_1^2, ω_2^2, ... ω_n^2. Prenons-en une, ω_i^2 par exemple; substituons-la dans le système (3). Nous pouvons calculer les amplitudes a_i, b_i, c_i, ... en fonction de l'une d'elles prise arbitrairement. Nous recommencerons pour chacune des racines.

Les $2n$ constantes arbitraires des n équations différentielles simultanées du second ordre sont les n phases δ_1, δ_2, ... δ_n, et les n amplitudes arbitraires dont nous venons de prouver l'existence.

493. **Vibrations principales.** — Quand on connaît un système de coordonnées généralisées a, b, c, ... au nombre de n, on peut en trouver une infinité d'autres en reliant n nouvelles quantités aux premières par un système d'équations linéaires à coefficients arbitraires.

On démontre que, parmi tous ces systèmes, il en est un qui ramène la force vive à la forme :

$$2T = a'^2 + b'^2 + c'^2 + \ldots,$$

et simultanément le potentiel à la forme :

$$2V = 2V_0 + B_1a^2 + B_2b^2 + \ldots;$$

ou inversement. C'est là un pur théorème d'algèbre sur les fonctions quadratiques homogènes qui n'a rien à voir avec la définition mécanique des quantités T et V.

Expliquons pour trois variables le sens du théorème.

Soient deux ellipsoïdes 1 et 2 ayant même centre. Par une première rotation des axes de coordonnées, je peux prendre pour axes les axes de l'ellipsoïde 1 ; par des dilatations convenables de l'espace (changements d'échelles sur les axes), je peux donner à cet ellipsoïde l'équation d'une sphère; enfin, par une nouvelle rotation des axes, je peux les amener à coïncider avec les axes de l'ellipsoïde 2, *ce qui laisse inaltérée la forme de l'équation de l'ellipsoïde* 1, *qui est maintenant celle d'une sphère.* Donc trois substitutions linéaires ramènent les équations des deux ellipsoïdes à la forme :

$$x^2+y^2+z^2=R^2, \qquad Ax^2+By^2+Cz^2=D.$$

Or il est clair qu'on peut obtenir le même résultat d'un seul coup, un nombre quelconque de substitutions linéaires consécutives pouvant être remplacé par une seule convenablement choisie.

D'ailleurs on voit immédiatement la possibilité du théorème général.

Pour supprimer les doubles produits des deux formes quadratiques, il faut disposer de deux fois $n(n-1):2$ arbitraires, soit en tout de n^2-n arbitraires. Pour égaler à l'unité les n coefficients des carrés de l'une des formes, il faut disposer de n arbitraires. D'où la nécessité de n^2 arbitraires. C'est précisément le nombre des coefficients d'un système de n équations linéaires reliant deux groupes de n quantités.

Supposons la transformation effectuée; les équations de Lagrange deviennent :

$$a''+B_1a=0,$$
$$b''+B_2b=0,$$
$$\cdots\cdots$$

Le mouvement le plus général est alors :

$$a=a_0\sin\left(\sqrt{B_1}\,t-\delta_1\right),$$
$$b=b_0\sin\left(\sqrt{B_2}\,t-\delta_2\right),$$
$$\cdots\cdots\cdots\cdots$$

Les $2n$ constantes d'intégration sont a_0, b_0, ...; δ_1, δ_2, ...

Les vibrations ainsi déterminées sont dites principales.

Elles sont absolument indépendantes; nous pouvons choisir arbitrairement leurs amplitudes et leurs phases. Elles se superposent sans se troubler. Mais, cela est essentiel, il ne faut pas s'imaginer qu'elles correspondent respectivement au mouvement de quelque partie distincte du système mécanique. Au contraire, chaque vibration principale se compose généralement d'un mouvement d'ensemble de toutes les parties dont les déplacements sont entre eux dans des rapports complètement déterminés. L'amplitude de la vibration de l'une des parties détermine l'amplitude des vibrations de toutes les autres; les phases des vibrations qui constituent chaque vibration principale sont les mêmes.

Remarque.

Pour fondamentale que soit la considération des vibrations principales, il est bon de remarquer que leur détermination donne lieu aux calculs mêmes du § 492. Réciproquement, quand on a résolu le déterminant de Lagrange et trouvé le système (2) du § 492, on peut déterminer immédiatement les vibrations principales.

Écrivons le système (2) sous la forme :

$$\begin{aligned} a &= a_1\Theta + a_2\Phi + a_3\Psi + \dots \\ b &= b_1\Theta + b_2\Phi + b_3\Psi + \dots \\ c &= c_1\Theta + c_2\Phi + c_3\Psi + \dots \\ &\dots\dots\dots\dots \end{aligned}$$

Résolvons par rapport à Θ, Φ, Ψ, ...; ces nouvelles variables s'expriment linéairement en fonction de a, b, c, ...; ce sont les variables principales.

494. Cas où le déterminant de Lagrange égalé à zéro a des racines égales. — Si le déterminant de Lagrange égalé à zéro a deux racines égales ω_1 et ω_2, il peut se présenter deux cas.

Ou bien la solution est de la forme :

$$\begin{aligned} a &= (a_1 + a_2 t)\sin(\omega_1 t - \delta_1) + a_3 \sin(\omega_3 t - \delta_3) + \dots, \\ b &= (b_1 + b_2 t)\sin(\omega_1 t - \delta_1) + b_3 \sin(\omega_3 t - \delta_3) + \dots, \\ c &= \dots\dots\dots\dots\dots\dots ; \end{aligned}$$

ou bien il y a indétermination pour les coefficients a_1, b_1, c_1, ... Au lieu que tous les coefficients de même indice soient déterminés quand nous prenons arbitrairement l'un d'entre eux, nous pouvons arbitrairement en choisir deux s'il y a deux racines égales, trois s'il y a trois racines égales,...

Il résulte de la nature même du problème que la seconde hypothèse est seule admissible. Toute difficulté disparaît du reste si on considère les vibrations principales. Un certain nombre d'entre elles ont même période : peu importe, puisqu'elles sont parfaitement indépendantes.

Mais dans le cas des racines égales, l'indétermination fait qu'on peut trouver une infinité de systèmes de vibrations principales. Par exemple, si a et b sont deux variables principales *de même période*,

$$m = a\cos\alpha + b\sin\alpha, \qquad n = a\sin\alpha - b\cos\alpha,$$

sont aussi des variables principales, puisqu'on a identiquement :

$$m^2 + n^2 = a^2 + b^2.$$

Les fonctions T et V conservent la même forme simple pour les variables m, n.

Par exemple, pour le pendule conique ordinaire et des vibrations petites, tout système de plans rectangulaires verticaux passant par le point de suspension détermine un système de vibrations principales.

495. **Variation du nombre des degrés de liberté.** — Voici un important théorème : *Quand on enlève au système oscillant un ou plusieurs degrés de liberté, en établissant de nouvelles liaisons, les nouvelles périodes sont comprises entre les anciennes.*

Soit :

$$2T = a'^2 + b'^2 + c'^2 + \dots + m'^2 + n'^2,$$
$$2V = 2V_0 + \omega_1^2 a^2 + \omega_2^2 b^2 + \omega_3^2 c^2 + \dots + \omega_m^2 m^2 + \omega_n^2 n^2,$$

la force vive et le potentiel exprimés au moyen des n variables principales. Établissons une relation :

$$f(a, b, c, \dots) = 0, \quad (1)$$

entre les variables, ce qui diminue d'une unité les degrés de liberté. Puisqu'il s'agit de petites oscillations, nous pouvons développer (1) en série et nous limiter à :

$$a\alpha + b\beta + c\gamma + \dots + m\mu + n\nu = 0,$$

où α, β, γ, ... sont des constantes. Il vient :

$$2T = a'^2 + b'^2 + \dots + m'^2 + \frac{1}{\nu^2}(\alpha a' + \beta b' + \dots + \mu m')^2,$$

$$2V = 2V_0 + \omega_1^2 a^2 + \omega_2^2 b^2 + \dots + \omega_m^2 m^2 + \frac{\omega_n^2}{\nu^2}(\alpha a + \beta b + \dots + \mu m)^2.$$

La variable n a disparu.

Écrivons les nouvelles équations de Lagrange :

$$a'' + \omega_1^2 a + \frac{\alpha}{\nu^2}(\alpha a'' + \beta b'' + \dots \mu m'') + \frac{\alpha\omega_n^2}{\nu^2}(\alpha a + \beta b + \dots + \mu m) = 0.$$

Or :
$$\alpha a'' + \beta b'' + \dots + \mu m'' = -\nu n'',$$
$$\alpha a + \beta b + \dots + \mu m = -\nu n.$$

D'où :
$$a'' + \omega_1^2 a - \alpha\left(\frac{n''}{\nu} + \omega_n^2 \frac{n}{\nu}\right) = 0,$$
$$b'' + \omega_2^2 b - \beta\left(\frac{n''}{\nu} + \omega_n^2 \frac{n}{\nu}\right) = 0,$$
$$\dots\dots\dots\dots$$
$$n'' + \omega_n^2 n - \nu\left(\frac{n''}{\nu} + \omega_n^2 \frac{n}{\nu}\right) = 0.$$

La dernière de ces équations est une pure identité.

On peut encore écrire :

$$a'' + \omega_1^2 a - \alpha q = 0,$$
$$b'' + \omega_1^2 b - \beta q = 0,$$
$$\dots\dots$$

Substituons dans ce système la solution :

$a = A \sin \omega t, \quad b = B \sin \omega t, \quad n = N \sin \omega t; \quad q = Q \sin \omega t.$

Il vient comme conditions :

$$\alpha A + \beta B + \ldots + \nu N = 0,$$
$$A(\omega_1^2 - \omega^2) - \alpha Q = 0,$$
$$B(\omega_2^2 - \omega^2) - \beta Q = 0,$$
$$\cdots\cdots\cdots$$
$$N(\omega_n^2 - \omega^2) - \nu Q = 0.$$

D'où, par substitution dans la première condition :

$$\frac{\alpha^2}{\omega_1^2 - \omega^2} + \frac{\beta^2}{\omega_2^2 - \omega^2} + \ldots + \frac{\nu^2}{\omega_n^2 - \omega^2} = 0.$$

Cette équation en ω^2 admet $n-1$ racines, qui sont évidemment comprises entre les n quantités ω_1^2, ω_2^2, ... ω_n^2. Représentons la valeur

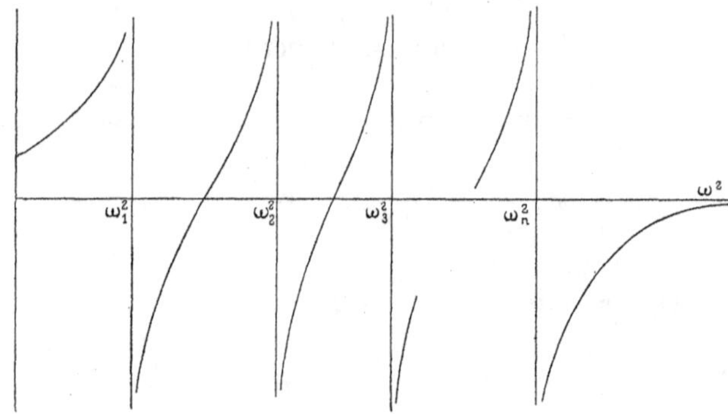

Fig. 355.

du premier membre en fonction de ω^2; supposons les quantités ω_1, ω_2, ... rangées par ordre de grandeur. On obtient la courbe ci-contre (fig. 355).

Il résulte de là que l'établissement d'une liaison ramène de n à $n-1$ le nombre des variables principales : *les $n-1$ périodes du nouveau système sont comprises entre les n périodes de l'ancien.*

496. **Remarque sur les systèmes non conservatifs.** — Nous supposons dans les paragraphes précédents que les forces dérivent d'un potentiel.

Il en résulte la condition :

$$B_{ij} = B_{ji}.$$

Considérons brièvement le cas général. Les équations de Lagrange (1) du § 492 conservent la même forme pour les petits mouvements, mais la condition précédente n'est plus satisfaite.

On démontre qu'il est possible de les simplifier ; elles deviennent :

$$a'' + B_1 a + B_{12} b + B_{13} c + \ldots = 0,$$
$$b'' + B_{21} a + B_2 b + B_{23} c + \ldots = 0,$$
$$\ldots\ldots\ldots = 0,$$

avec les conditions : $B_{ij} + B_{ji} = 0.$

Dans le cas des forces conservatrices d'énergie, non seulement la somme est nulle, mais il en est de même pour chacun des termes.

Multiplions la première équation par da, la seconde par $db, \ldots$; additionnons et intégrons ; il vient :

$$\sum \Delta a'^2 + \sum \Delta B_1 a^2 + \sum 2 \int B_{12}(b \, . \, da - a \, . \, db) = 0.$$

Le signe Δ représente la variation de la quantité sur laquelle il opère, entre les limites d'intégration.

La troisième somme n'est pas une différentielle exacte. La variation de l'énergie du système ne dépend pas seulement de la variation de configuration quand on passe d'un état 1 à un autre état 2 ; elle dépend des états intermédiaires.

Nous avons étudié longuement, aux §§ 343 et sq., le cas particulier de deux variables, c'est-à-dire les équations différentielles simultanées :

$$a'' + B_1 a + Bb = 0,$$
$$b'' + B_2 b - Ba = 0 :$$

Systèmes à deux degrés de liberté.

Nous engageons le lecteur à ne lire ce qui suit que devant les appareils décrits. Qu'il les construise lui-même si l'Université où il travaille est trop pingre pour les lui fournir.

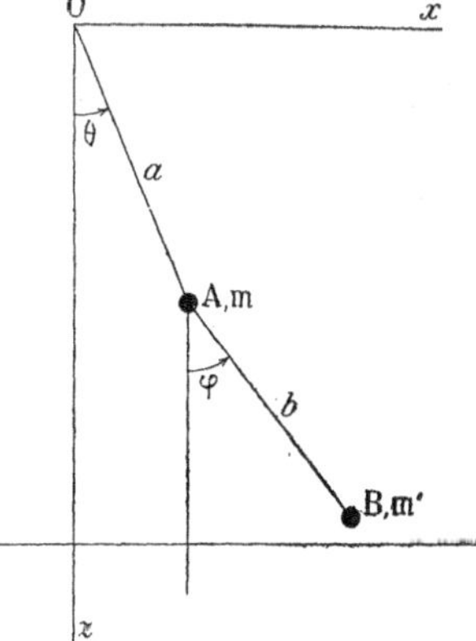

Fig. 356.

497. **Double pendule**. — Deux points pesants A et B, de masses m et m', sont attachés par des cordes inextensibles de longueurs a et b. On demande le mouvement du système dans un plan vertical que nous prendrons pour plan xOz (fig. 356).

Appliquons les équations de Lagrange, et pour cela cherchons l'expression de la force vive et du travail élémentaire.

On a :

$$x = a \sin\theta, \qquad z = a\cos\theta,$$
$$x_1 = a\sin\theta + b\sin\varphi, \qquad z_1 = a\cos\theta + b\cos\varphi;$$
$$\left(\frac{dx}{dt}\right)^2 + \left(\frac{dz}{dt}\right)^2 = a^2\theta'^2,$$
$$\left(\frac{dx_1}{dt}\right)^2 + \left(\frac{dz_1}{dt}\right)^2 = a^2\theta'^2 + b^2\varphi'^2 + 2ab\,.\,\theta'\varphi'\cos(\varphi-\theta);$$
$$2T = ma^2\theta'^2 + m'\left[a^2\theta'^2 + b^2\varphi'^2 + 2ab\,.\,\theta'\varphi'\cos(\varphi-\theta)\right].$$

Le potentiel a pour expression :

$$V = V_0 - mga\cos\theta - m'g(a\cos\theta + b\cos\varphi).$$

D'où les équations de Lagrange :

$$a(m+m')\theta'' + bm'\varphi''\cos(\varphi-\theta) - bm'\sin(\varphi-\theta)\varphi'^2 + (m+m')g\sin\theta = 0,$$
$$a\cos(\varphi-\theta)\theta'' + b\varphi'' + a\theta'^2\sin(\varphi-\theta) + g\sin\varphi = 0.$$

Elles sont rigoureuses.

Bornons-nous au cas où φ et θ sont petits. Les équations se simplifient; nous remplaçons les cosinus par l'unité, les sinus par les arcs; nous négligeons les termes où entrent le carré de la vitesse ou le produit de deux vitesses :

$$a(m+m')\theta'' + bm'\varphi'' + (m+m')g\theta = 0,$$
$$a\theta'' + b\varphi'' + g\varphi = 0.$$

Grâce à la seconde de ces équations, la première se simplifie; il reste :

$$\left.\begin{aligned} am\theta'' - m'g\varphi + (m+m')g\theta &= 0,\\ a\theta'' + b\varphi'' + g\varphi &= 0.\end{aligned}\right\} \qquad (1)$$

Nous sommes ramenés à la forme normale [éq. (1), § 492].

Substituons dans les équations (1) la solution :

$$\theta = \theta_0 \sin\omega t, \qquad \varphi = \rho\,\theta_0\sin\omega t.$$

Il vient :

$$am\omega^2 - (m+m')g + \rho m'g = 0,$$
$$a\omega^2 + (b\omega^2 - g)\rho = 0,$$
$$\omega^2 = \frac{a+b}{2ab}\,\frac{m+m'}{m}\,g \pm \sqrt{\frac{(a+b)^2}{4a^2b^2}\left(\frac{m+m'}{m}\right)^2 g^2 - \frac{m+m'}{m}\,\frac{g^2}{ab}}\,.$$

498. **Discussion.** — Pour pousser plus loin la discussion, supposons $a=b$, $m=m'$. Nous engageons le lecteur à étudier expérimentalement ce cas; il utilisera deux balles de plomb suffi-

samment lourdes reliées par deux fils *métalliques* très fins, ou deux cordelettes *tressées* de manière qu'elles ne se détordent pas (fig. 357).

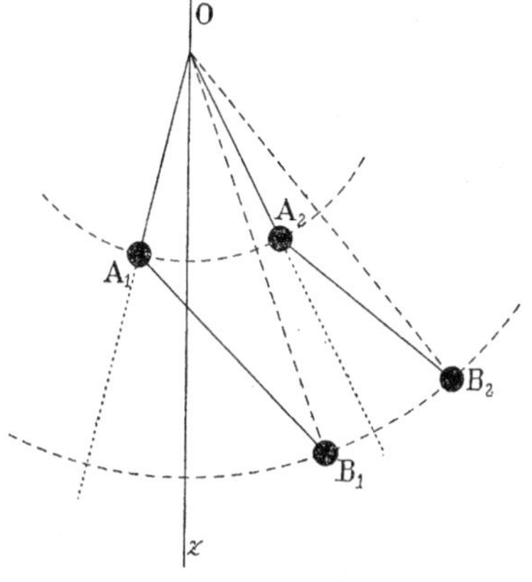

Fig. 357.

Les équations de condition deviennent :

$$\left.\begin{array}{l} a\omega^2 - 2g + \rho g = 0, \\ a\omega^2 + (a\omega^2 - g)\rho = 0\,; \end{array}\right\} \quad (1)$$

$$\omega^2 = \frac{g}{a}\left(2 \pm \sqrt{2}\right);$$

$$\omega_1^2 = 3{,}414 \cdot \frac{g}{a},$$

$$\omega_2^2 = 0{,}586 \cdot \frac{g}{a}.$$

Les périodes sont :

$$T_1 = 2\pi\sqrt{\frac{a}{g}} \times 0{,}541, \qquad T_2 = 2\pi\sqrt{\frac{a}{g}} \times 1{,}307.$$

Si les deux masses formaient deux pendules distincts de longueur a et $2a$, leurs périodes seraient :

$$T' = 2\pi\sqrt{\frac{a}{g}}, \qquad T'' = 2\pi\sqrt{\frac{a}{g}} \times 1{,}414.$$

Supprimons un degré de liberté ; nous ne le pouvons qu'en fixant le pendule A : le pendule B n'a plus qu'un degré de liberté et sa période est T'. On a :

$$T_1 < T' < T_2,$$

conformément au théorème du § 495 : la nouvelle période est comprise entre les deux anciennes.

Déterminons les vibrations principales.

Pour cela, cherchons les élongations initiales telles qu'apparaisse une seule des oscillations. Il suffit qu'une des équations (1) soit satisfaite ; l'autre l'est alors nécessairement, puisque les périodes sont déterminées précisément pour qu'il en soit ainsi. Le rapport ρ des amplitudes imposées (élongations initiales) est donné par la formule :

$$\frac{1}{\rho} = \frac{-g}{a\omega^2 - 2g} = \mp \frac{1}{\sqrt{2}} = \mp 0{,}707.$$

Pour le signe —, on a la disposition initiale OA_1B_1 et la période T_1. Pour le signe +, on a la disposition initiale OA_2B_2 et la période T_2, qui est 2,41 fois plus grande que T_1. Dans les deux cas, l'oscillation est stable ; elle se répète indéfiniment. Dans la pratique, il faudrait tenir compte de l'amortissement.

Pour des amplitudes initiales quelconques, on obtient la superposition des deux oscillations. Le phénomène, *en réalité très simple,* est d'apparence compliquée.

499. **Autre double pendule.** — Deux barres tournent autour des axes horizontaux O et O′ et portent des masses au moyen desquelles on peut faire varier leurs moments d'inertie I et I′. Des ressorts de longueur a et b les relient entre elles et à un point fixe (fig. 358). En définitive, c'est le pendule du § 408 doublé.

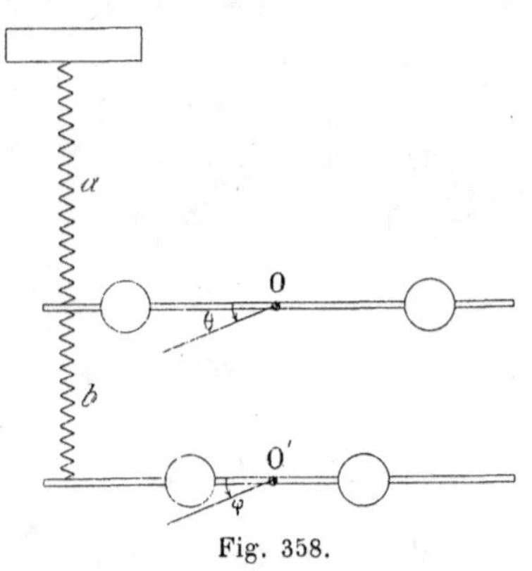

Fig. 358.

Le double de la force vive du système est :

$$2T = I\theta'^2 + I'\varphi'^2.$$

Appelons X la distance des points d'attache des ressorts aux axes. Soient E et E′ leurs modules. La pesanteur n'intervient pas; l'énergie potentielle du système des ressorts est :

$$W = \frac{X^2}{2}\left[\frac{E}{a}\theta^2 + \frac{E'}{b}(\varphi - \theta)^2\right].$$

Considérons en effet le ressort du haut. Par définition du module, quand l'unité de longueur s'allonge de θX, la force croît de $E\theta X$. Si le ressort a une longueur a, le même allongement produit une force a fois plus petite; le travail est donc :

$$\int_0^{\theta X} \frac{E\theta X}{a}\, d(\theta X) = \frac{E}{2a}\theta^2 X^2.$$

De même pour le ressort du bas, en remarquant que c'est la différence $\varphi - \theta$ qui intervient dans l'allongement.

Posons : $X^2E : a = \alpha, \qquad X^2E' : b = \beta.$

Il vient : $2W = \alpha\theta^2 + \beta(\varphi - \theta)^2.$

Les équations de Lagrange sont :

$$\begin{aligned} I\theta'' + \alpha\theta - \beta(\varphi - \theta) &= 0, \\ I'\varphi'' + \beta(\varphi - \theta) &= 0; \end{aligned} \qquad (1)$$

équations évidentes et qu'on aurait pu écrire immédiatement. La discussion est identique à celle des paragraphes précédents.

Par exemple, faisons $I = I'$, $\alpha = \beta$. Les équations deviennent :

$$-I\omega^2 + 2\alpha - \alpha\rho = 0,$$
$$-I\rho\omega^2 + \alpha\rho - \alpha = 0;$$

$$I^2\omega^4 - 3\alpha I\omega^2 + \alpha^2 = 0, \qquad \omega^2 = \frac{\alpha}{2I}(3 \pm \sqrt{5});$$

$$\frac{T_2}{T_1} = \sqrt{\frac{5,236}{0,764}} = 2,62; \qquad \rho_1 = 1,618, \qquad \rho_2 = -0,618 = -\frac{1}{\rho_1}.$$

Si l'on abandonne les barres sans vitesses avec les amplitudes initiales dans les rapports ρ_1 et ρ_2, on obtient seulement une des oscillations de période T_1 ou T_2.

Elle se maintient indéfiniment, abstraction faite de l'amortissement : c'est une des vibrations principales.

500. **Double pendule de torsion.** — Un fil métallique est fixé en A et D. Il porte en B et C deux barres de même moment d'inertie I. On a : $\overline{AB} = \overline{CD} = a$; $\overline{BC} = b$.

Nous donnons ces conditions pour simplifier l'écriture; les phénomènes sont les mêmes dans le cas général. On peut remplacer le fil BC par un fil plus long et de moindre diamètre, pourvu que le couple par unité d'angle reste le même : on se reportera au § 403, pour savoir quand cette condition est réalisée.

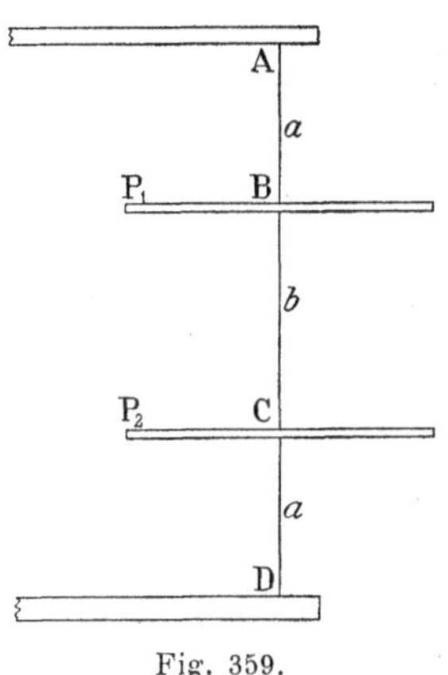

Fig. 359.

Les positions des barres P_1 et P_2, qui oscillent dans un plan normal à AD, sont déterminées par les angles θ et φ qu'elles font avec leurs positions d'équilibre.

Soit γ le coefficient par lequel il faut multiplier la torsion de l'unité de longueur du fil (torsion évaluée en radian), pour avoir le couple. L'énergie potentielle W du système est donnée par l'équation :

$$2W = \mu\left[\frac{\theta^2 + \varphi^2}{a} + \frac{(\theta - \varphi)^2}{b}\right].$$

En effet, le couple du fil AB pour la torsion θ est $\mu\theta : a$; le travail élémentaire de torsion à partir de l'azimut θ est $\mu\theta d\theta : a$.

Le travail à dépenser pour effectuer la torsion totale θ est :

$$\int_0^\theta \frac{\mu\theta d\theta}{a} = \frac{\mu\theta^2}{2a}.$$

Le travail à dépenser pour effectuer la torsion φ du fil CD est de même : $\mu\varphi^2 : 2a$.

Enfin la torsion du fil intermédiaire est $\theta-\varphi$; d'où le troisième terme.

Le double de l'énergie cinétique est :

$$2T=I(\theta'^2+\varphi'^2).$$

Les équations de Lagrange sont :

$$I\theta''+\mu\left(\frac{\theta}{a}+\frac{\theta-\varphi}{b}\right)=0, \qquad I\varphi''+\mu\left(\frac{\varphi}{a}-\frac{\theta-\varphi}{b}\right)=0.$$

Substituons la solution :

$$\theta=\theta_0 \sin \omega t, \qquad \varphi=\rho\theta_0 \sin \omega t.$$

On trouve aisément :

$$\omega_1^2=\frac{\mu}{I}\frac{1}{a}, \qquad \omega_2^2=\frac{\mu}{I}\left(\frac{1}{a}+\frac{2}{b}\right),$$

$$\frac{T_2}{T_1}=\sqrt{1+\frac{2a}{b}}, \qquad \rho_1=1, \qquad \rho_2=-1.$$

Pour obtenir l'une ou l'autre des oscillations principales, il faut donc que les amplitudes initiales soient égales, de même sens ou de sens contraires.

L'avantage de ce système de double pendule sur les précédents est de permettre des oscillations principales aussi voisines qu'on le désire. Pour rendre le rapport $T_2 : T_1$ voisin de l'unité, il suffit de prendre le fil BC ou très long, ou très fin, ce qui revient exactement au même. On réalise alors de curieux *battements*.

501. **Transfert de l'énergie**. — Nous pouvons mettre les mouvements sous la forme :

$$\begin{aligned} 2\theta &= \frac{\psi_0}{\omega_1}\sin(\omega_1 t-\delta_1)+\frac{\chi_0}{\omega_2}\sin(\omega_2 t-\delta_2), \\ 2\varphi &= \frac{\psi_0}{\omega_1}\sin(\omega_1 t-\delta_1)-\frac{\chi_0}{\omega_2}\sin(\omega_2 t-\delta_2). \end{aligned} \qquad (1)$$

Donnons comme conditions initiales que les pendules sont dans leur position d'équilibre pour $t=0$, $(\theta=\varphi=0)$; le pendule P_2 est sans vitesse $(\varphi'=0)$, le pendule P_1 est lancé avec une certaine vitesse. Les équations (1) deviennent :

$$2\theta=\psi_0\left(\frac{1}{\omega_1}\sin\omega_1 t+\frac{1}{\omega_2}\sin\omega_2 t\right),$$

$$2\varphi=\psi_0\left(\frac{1}{\omega_1}\sin\omega_1 t-\frac{1}{\omega_2}\sin\omega_2 t\right).$$

Au temps 0, l'énergie est entièrement cinétique et localisée dans le pendule P_1. Il oscille et entraîne le pendule P_2, dont l'amplitude, d'abord nulle, croît lentement. Corrélativement l'amplitude de P_1 décroît.

Supposons le fil BC suffisamment fin et long ; les périodes principales sont donc très voisines.

Au bout du temps :

$$t_0 = \pi : (\omega_1 - \omega_2),$$

tel que l'on ait : $\omega_2 t - \omega_1 t = \pi$,

et *aussi pour les temps voisins, puisque* ω_1 *diffère peu de* ω_2, on a θ extrêmement petit ; P_1 est quasiment immobile ; toute l'énergie a passé au pendule P_2. Tandis qu'au début de l'opération les deux termes périodiques de θ étaient sensiblement égaux et de même signe, ceux de φ sensiblement égaux et de signes contraires, c'est maintenant ceux de θ qui se retranchent, ceux de φ qui s'ajoutent.

Au bout du temps $2t_0$, les choses reprennent leur état initial. Et ainsi de suite.

Nous avons donc un transfert périodique de l'énergie qui passe d'une barre à l'autre. Les oscillations de chacune des barres présentent des battements (§ 478).

Du point de vue analytique, chaque barre est animée de deux mouvements oscillatoires d'*amplitudes constantes* qui se superposent. C'est à leur superposition qu'est dû le phénomène complexe observable.

502. **Pendules aimantés.** — Voici un second exemple où les variables principales sont facilement mises en évidence, et où l'on constate le transfert de l'énergie.

Deux barreaux d'acier aimantés, de masses m, sont suspendus par des fils égaux et oscillent dans le même plan vertical. Leurs positions sont définies par les variables θ et φ (fig. 360).

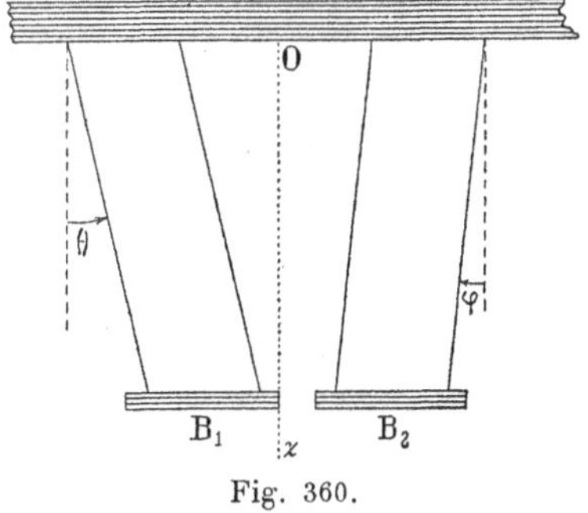

Fig. 360.

Les variables principales sont évidemment définies par la condition :

$$\psi = \theta + \varphi, \qquad \chi = \theta - \varphi.$$

Poser $\psi = 0$, c'est dire que les pendules font des oscillations de même période et de même phase. Ils restent à des distances invariables : les forces dues aux aimants ne travaillent pas. La période est celle d'un pendule de même longueur l; on a :

$$\omega_1 = \sqrt{\frac{g}{l}}.$$

Poser $\chi = 0$, c'est dire que les pendules font des oscillations symétriques par rapport à la verticale Oz. C'est alors que les forces dues aux aimants travaillent le plus. Si les pôles voisins sont de noms contraires, la période est allongée; elle est raccourcie, si les pôles sont de même nom. Dans le premier cas, l'action des aimants s'oppose à celle de la pesanteur ; dans le second, elle s'y ajoute.

Admettons les barreaux assez longs pour que leurs actions se réduisent à l'attraction ou à la répulsion des extrémités en regard, que nous réduirons à des points aimantés. On a :

$$2T = ml^2(\theta'^2 + \varphi'^2),$$

$$2V = mgl(\theta^2 + \varphi^2) + \frac{a}{b + l(\varphi - \theta)};$$

a et b sont deux constantes qui dépendent : la première de l'intensité des pôles, la seconde de leur position. Au degré d'approximation admis, on peut écrire :

$$2V = mgl(\theta^2 + \varphi^2) + \frac{a}{b}\left[1 - \frac{l}{b}(\varphi - \theta) + \frac{l^2}{b^2}(\varphi - \theta)^2\right].$$

Nous pouvons négliger le terme en $\varphi - \theta$; nous le ferions disparaître par un changement de coordonnées. Il correspond à la modification dans les positions d'équilibre due à l'action réciproque des aimants. Les fils qui les supportent oscillent non pas autour de la verticale, mais bien autour de positions inclinées symétriques par rapport à Oz.

Posons comme plus haut :

$$\psi = \theta + \varphi, \qquad \chi = \theta - \varphi;$$

ψ et χ sont les variables principales. Il vient :

$$2T = \frac{ml^2}{2}(\psi'^2 + \chi'^2),$$

$$2V = mgl\,\frac{\psi^2 + \chi^2}{2} + \frac{al^2}{b^3}\chi^2.$$

On trouve, pour les ω des vibrations principales :

$$\omega_1 = \sqrt{\frac{g}{l}}, \qquad \omega_2 = \sqrt{\frac{g}{l} + \frac{2a}{mb^3}} = \sqrt{\frac{g}{l}}\sqrt{1 + \frac{2al}{mb^3g}}.$$

La période T_2 est plus courte que T_1 s'il y a répulsion $(a > 0)$, plus longue s'il y a attraction $(a < 0)$.

En particulier, pour $2al = -mb^3g$, la période T_2 devient infinie.

Nous pouvons répéter exactement ce que nous avons dit plus haut pour le transfert d'énergie.

503. **Autres manières de lier les pendules.** —

1° Imaginons les pendules P_1 et P_2 oscillant dans le même plan, autour d'axes portés par des pièces aussi immuables que possible.

Ils sont indépendants, au moins si l'on néglige les courants d'air dus à chacun d'eux et agissant légèrement sur l'autre (fig. 361).

Nous pouvons les accoupler de bien des manières. Nous pouvons, par exemple, attacher en deux de leurs points a et b un caoutchouc mince ou un ressort à boudin ab tendus. La tension modifie un peu les positions d'équilibre, c'est-à-dire change les origines à partir desquelles nous compterons les angles θ et φ pour que les positions d'équilibre correspondent à $\varphi=\theta=0$.

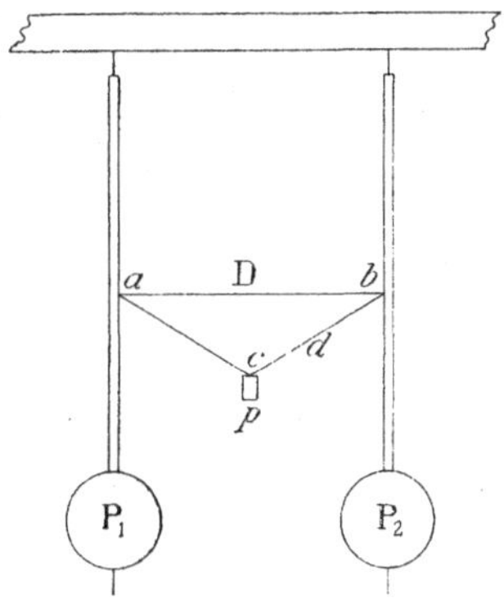

Fig. 361.

De plus, elle exerce sur l'un et l'autre pendules des forces égales et de signes contraires, qui donnent lieu à des couples égaux et contraires si les points d'attache a et b sont à égale distance des axes. Les couples sont de la forme :

$$A(\varphi-\theta).$$

Les équations du mouvement sont, par suite :

$$ml^2\theta''+mgl\theta+A(\varphi-\theta)=0,$$
$$ml^2\varphi''+mgl\varphi+A(\theta-\varphi)=0.$$

Nous sommes ramenés au problème précédent.

On peut encore suspendre une petite masse p à deux fils ac, bc. Mais on réalise moins exactement la force variant proportionnellement à la distance des pendules, ou, ce qui revient au même, à la différence $\varphi-\theta$.

Soit D la distance des pendules et d la longueur des fils ac ou cb. On trouve aisément pour la composante horizontale de l'action du poids :

$$pD : \sqrt{4d^2-D^2}\,.$$

Il faut donc prendre des fils très longs (d très grand par rapport à D) pour que la composante de l'action du poids soit proportionnelle à la distance D.

2° On peut encore supposer que les pendules oscillent dans des plans parallèles, autour d'axes situés dans le prolongement l'un de l'autre. L'accouplement se fait soit par un caoutchouc ou par un ressort à boudin ab tendus, soit par un poids (fig. 362).

Appelons x et y les déplacements des points a et b des pendules, déplacements comptés positivement quand les pendules viennent en avant du tableau. La distance des points a et b après le déplacement est :

$$D^2+(x-y)^2.$$

La tension $\mathfrak{T}$ du caoutchouc est donc sensiblement constante, rigoureusement constante à notre degré d'approximation. *Mais au lieu d'être normale au plan d'oscillation, elle est maintenant inclinée dessus d'un angle :*

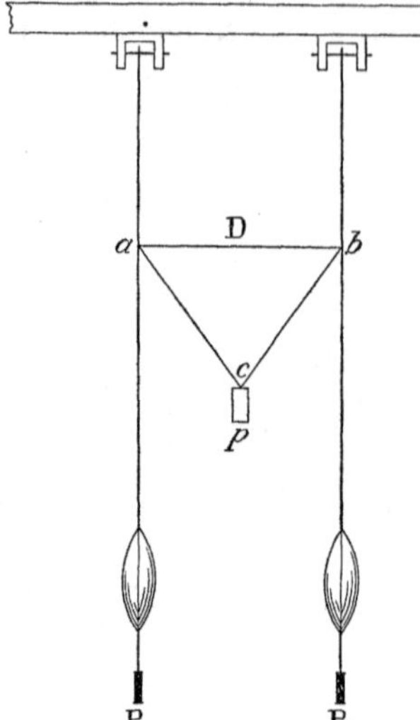

Fig. 362.

$$\alpha = (y - x) : \mathrm{D}.$$

La composante normale aux pendules et située dans les plans d'oscillation est :

$$\alpha \mathfrak{T} = \alpha (y - x) : \mathrm{D}.$$

Nous sommes donc ramenés aux équations du paragraphe précédent.

Même théorie avec la seconde disposition utilisant un petit poids p.

Toutes choses égales d'ailleurs, l'accouplement est beaucoup plus lâche pour les pendules oscillant dans des plans parallèles, que pour des pendules oscillant dans le même plan.

504. **Accouplement de deux circuits réagissant l'un sur l'autre par induction.** — Les exemples précédents ont la plus grande analogie avec le problème du couplage de deux circuits traversés par des courants alternatifs et agissant l'un sur l'autre du fait de leur induction mutuelle (Voir tome V du Cours de Physique).

Les équations différentielles simultanées à satisfaire sont :

$$\mathrm{R}_1 x = \frac{\mathrm{Q}_1}{\mathrm{C}_1} - \mathrm{L}_1 \frac{dx}{dt} - \mathrm{M} \frac{dy}{dt}; \qquad -\frac{d\mathrm{Q}_1}{dt} = x;$$

$$\mathrm{R}_2 y = \frac{\mathrm{Q}_2}{\mathrm{C}_2} - \mathrm{L}_2 \frac{dy}{dt} - \mathrm{M} \frac{dx}{dt}; \qquad -\frac{d\mathrm{Q}_2}{dt} = y.$$

Bornons-nous au cas où les résistances R_1 et R_2 sont négligeables. Elles interviennent comme amortissements. Les oscillations étudiées sont donc non amorties. Différentions les équations ; elles deviennent :

$$\mathrm{L}_1 x'' + \mathrm{M} y'' + \frac{x}{\mathrm{C}_1} = 0, \qquad \mathrm{L}_2 y'' + \mathrm{M} x'' + \frac{y}{\mathrm{C}_2} = 0.$$

Appelons ρ le rapport de l'amplitude de la vibration y à l'amplitude de la vibration x.

Les équations de condition sont :

$$\left(\mathrm{L}_1 \omega^2 - \frac{1}{\mathrm{C}_1}\right) + \mathrm{M}\omega^2 \rho = 0, \qquad \rho\left(\mathrm{L}_2 \omega^2 - \frac{1}{\mathrm{C}_2}\right) + \mathrm{M}\omega^2 = 0;$$

$$\mathrm{M}^2 \omega^4 = \left(\frac{1}{\mathrm{C}_1} - \mathrm{L}_1 \omega^2\right)\left(\frac{1}{\mathrm{C}_2} - \mathrm{L}_2 \omega^2\right).$$

On trouvera le développement du calcul au Tome V de notre Cours de Physique.

Systèmes à trois degrés de liberté.

Nous allons étudier avec quelque détail le cas historiquement célèbre des pendules sympathiques d'Huyghens. Voici d'abord une expérience qui réalise la disposition théoriquement la plus simple.

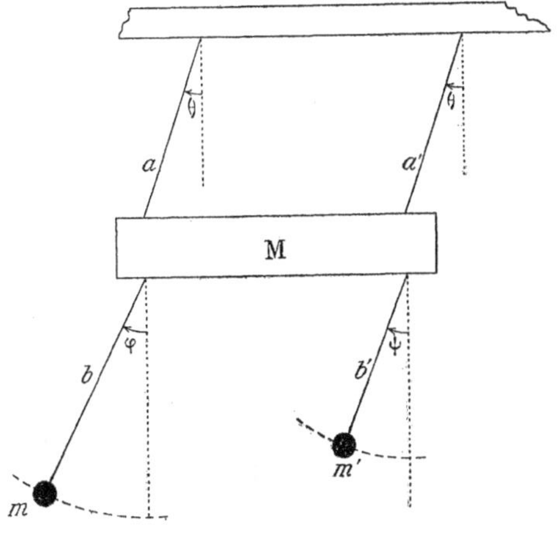

Fig. 363.

505. **Pendule triple.** — L'appareil est représenté par la figure 363. En réalité, les fils de suspension doivent être doubles pour que les oscillations soient contraintes toutes trois de se faire parallèlement au tableau.

Reprenant la théorie du § 497, écrivant les équations de Lagrange et simplifiant, on trouve le système :

$$\begin{aligned} &a(M+m+m')\,\theta''+bm\varphi''+b'm'\psi''+(M+m+m')\,g\theta=0,\\ &a\theta''+b\varphi''+g\varphi=0, \qquad\qquad (1)\\ &a\theta''+b'\psi''+g\psi=0. \end{aligned}$$

Cela revient à écrire :

$$\begin{aligned} 2T&=(M+m+m')\,a^2\theta'^2+mb^2\varphi'^2+m'b'^2\psi'^2+2mab\varphi'\theta'+2m'ab'\psi'\theta',\\ 2V&=2V_0+a(M+m+m')\,g\theta^2+bmg\varphi^2+b'm'g\psi^2. \end{aligned}$$

La première équation de Lagrange s'écrit :

$$aM\theta''+Mg\theta+mg(\theta-\varphi)+m'g(\theta-\psi)=0.$$

Son interprétation est immédiate. Elle signifie que la masse M se meut sous l'influence de son propre poids et aussi des tractions que les pendules inférieurs exercent dessus. Par exemple, le poids mg du pendule de droite doit être projeté sur une perpendiculaire à la corde soutenant le pendule supérieur.

506. **Discussion.** — Pour rendre très simple l'exposé des phénomènes, considérons le cas où les deux pendules inférieurs sont identiques. On a :

$$\begin{aligned} 2T&=(M+2m)\,a^2\theta'^2+mb^2(\varphi'^2+\psi'^2)+2mab\theta'(\varphi'+\psi');\\ 2V&=2V_0+(M+2m)\,g\theta^2+mg(\varphi^2+\psi^2). \end{aligned}$$

On vérifie immédiatement qu'on ramène ces quantités à ne contenir que les carrés des variables par la substitution :

$$\psi = \Theta_1 + \Theta_2 + \Theta_3,$$
$$\varphi = - \Theta_1 + \Theta_2 + \Theta_3,$$
$$\theta = A\Theta_2 + B\Theta_3.$$

On vérifiera la relation :

$$AB = -2m : (M + 2m).$$

Θ_1, Θ_2, Θ_3, sont les *variables principales;* elles correspondent aux phénomènes élémentaires, aux oscillations *stationnaires*.

La variable Θ_1 indique des déplacements à chaque instant égaux et de signes contraires des pendules inférieurs. La masse M reste évidemment immobile; ce qu'exprime analytiquement le fait que θ ne dépend pas de Θ_1.

Les deux autres oscillations principales correspondent aux oscillations principales du pendule double (§ 497).

Dans l'une Θ_2 ($A > 0$), les pendules inférieurs ont à chaque instant des élongations égales et de même sens; le pendule supérieur a lui-même une élongation de même sens et d'amplitude relative convenable A.

Dans l'autre Θ_3 ($B < 0$), les pendules inférieurs ont encore à chaque instant des élongations égales et de même sens, le pendule supérieur a une élongation de sens contraire et d'amplitude B.

Les périodes des trois mouvements stationnaires Θ_1, Θ_2, Θ_3 sont différentes.

La période de Θ_1 est évidemment la même que si les pendules inférieurs étaient isolés. On a :

$$T_1 = 2\pi \sqrt{\frac{b}{g}}.$$

Les périodes T_2 et T_3 sont immédiatement fournies par le § 497; il suffit de remplacer m' par $2m$, m par M :

$$\omega^2 = \frac{a+b}{2ab} \frac{M+2m}{M} g \pm \sqrt{\frac{(a+b)^2}{4a^2b^2} \left(\frac{M+2m}{M}\right)^2 g^2 - \frac{M+2m}{M} \frac{g^2}{ab}}.$$

La période T_2 est certainement supérieure à T_1. Mais la période T_3 est généralement inférieure à T_1.

Si M l'emporte énormément sur m, on trouve :

$$\omega_2 = \sqrt{\frac{g}{a}}, \qquad \omega_3 = \sqrt{\frac{g}{b}}.$$

L'un des mouvements a la période du pendule supérieur seul; l'autre a la période des pendules inférieurs. Si M est grand devant m, sans qu'on puisse négliger m, la période d'un des mouvements est voisine de celle du pendule supérieur, la période de l'autre voisine de celle du pendule inférieur.

Si b l'emporte énormément sur a, il existe une racine :

$$\omega^2 = \sqrt{\frac{g}{a}} \sqrt{\frac{M + 2m}{M}}.$$

Quant à l'autre, elle est sûrement très petite.

507. **Cas général.** — On voit immédiatement quels sont les phénomènes dans le cas général où les pendules inférieurs ne sont pas égaux.

Il y aura toujours trois oscillations principales. *Pour aucune d'entre elles le pendule* M *ne reste immobile.*

L'oscillation Θ_1 correspond à des déplacements des pendules inférieurs, de sens contraires, mais d'amplitudes différentes. Ils sont synchronisés grâce aux déplacements du pendule supérieur. Les trois pendules passent en même temps par leurs positions d'équilibre; l'accélération du pendule supérieur joue le rôle d'un accroissement de masse d'un pendule inférieur, si les mouvements sont synchrones, d'une diminution de masse, si les pendules sont décalés de π [deux dernières équations (1)]. Donc si le pendule supérieur a une oscillation *de même sens* que le pendule inférieur *le plus court,* il y a sûrement rapprochement des périodes des pendules inférieurs : la synchronisation est possible.

Pour les deux autres oscillations principales, les pendules inférieurs vont dans le même sens; le pendule supérieur va dans le même sens pour Θ_2, en sens contraire pour Θ_3. La différence avec le premier cas est la non-égalité des amplitudes des pendules inférieurs. Leur synchronisation est à ce prix.

Si nous lançons un des pendules n'importe comment, le phénomène est dû à la superposition des trois oscillations principales; il est généralement inextricable. D'où la confusion des résultats expérimentaux des physiciens, qui n'étaient pas guidés par des considérations théoriques précises. La discussion des apparences complexes est sans aucun intérêt; du reste on peut les calculer avec la plus grande facilité dès que les vibrations principales sont connues.

Une erreur grossière consiste à dire que les pendules *se synchronisent.* De deux choses l'une. Ou l'on a affaire à l'une des oscillations principales; *alors les mouvements ne se synchronisent pas : ils sont synchrones,* ce qui n'est pas du tout la même chose. Ou l'on a affaire à la superposition de deux ou de trois oscillations principales; alors la synchronisation n'a jamais lieu. A la vérité, il peut arriver qu'une des oscillations principales s'amortisse plus vite que les autres, auquel cas il est aussi incorrect de dire que les pendules se synchronisent, bien qu'en définitive il ne reste qu'un mouvement permanent de période unique. En effet, le mouvement qui subsiste, existait dès le début de l'expérience ; il était seulement mélangé à d'autres mouvements.

Un cas intéressant est celui pour lequel les pendules inférieurs diffèrent peu et où la masse M est grande. Il existe alors deux vibrations principales de périodes très voisines. Pratiquement elles prédomineront, de sorte que tout se passera comme si nous n'avions que deux degrés de liberté. Nous obtiendrons les battements des deux pendules inférieurs, s'ils sont lancés sans précaution d'aucune sorte.

508. **Pendules sympathiques.** — Un très grand nombre d'expériences sur les pendules ont été faites avec l'appareil représenté dans la figure 364. Les pendules oscillent dans le même plan ; leurs couteaux de suspension reposent sur une barre rigide CD montée sur une tige verticale *élastique* AB.

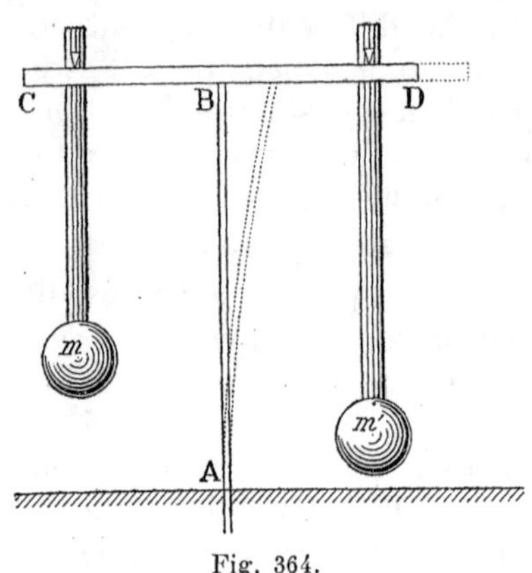

Fig. 364.

Les déformations de AB étant petites, le déplacement de la barre CD se réduit à une petite oscillation horizontale. Il suffit d'admettre que la flexion de la tige verticale est proportionnelle à la composante horizontale de la force agissant sur son extrémité B, pour être ramené à la théorie des paragraphes précédents.

Soit x une variable fixant la position de la barre CD. La théorie exposée au § 462 permet d'écrire immédiatement les deux équations :

$$\begin{aligned} x'' + b\varphi'' + g\varphi = 0, \\ x'' + b'\psi'' + g\psi = 0, \end{aligned} \qquad (1)$$

tout à fait semblables aux dernières équations (1) du § 505.

Nous avons de plus l'équation :

$$\mathrm{A}x'' + \mathrm{B}x - mg\varphi - m'g\psi = 0, \qquad (2)$$

qui exprime le mouvement du support ; $mg\varphi$ et $m'g\psi$ sont les composantes *horizontales* de la pression des pendules sur la barre CD. Le coefficient B mesure la réaction de la tige verticale fléchie. Enfin A est une quantité de la nature d'une masse ; elle mesure l'équivalent de la masse du système ABCD.

Nous admettrons, ce qui est le cas de la plupart des appareils utilisés pour vérifier cette théorie, que $\mathrm{A}x''$ est toujours négligeable devant $\mathrm{B}x$. Cela suppose que la masse ABCD est relativement petite par rapport à la réaction de flexion ; ou encore que les oscillations propres du système ABCD ont une période relativement courte.

Cette hypothèse ramène le système à ne plus avoir en apparence que deux variables principales. En réalité, nous laissons de côté une des oscillations principales dont la période est incomparablement plus courte que la période des deux autres.

Dérivons deux fois par rapport au temps ce qui reste de l'équation (2), substituons dans (1) ; on trouve :

$$Bx'' - mg\varphi'' - m'g\psi'' = 0,$$

$$(mg + Bb)\,\varphi'' + m'g\psi'' + gB\varphi = 0,$$

$$mg\varphi'' + (m'g + Bb')\,\psi'' + gB\psi = 0;$$

$$\left[(mg + Bb)\,\omega^2 - gB\right]\left[(m'g + Bb')\,\omega^2 - gB\right] = mm'g^2\omega^4.$$

La discussion est analogue à celles de plusieurs des paragraphes précédents. Si les pendules sont identiques, les vibrations principales correspondent respectivement à des amplitudes égales et de sens contraires (x est identiquement nul), et à des amplitudes égales et de même sens. Dans le premier cas, la période est la même que si la tige AB était rigide; dans le second, elle est un peu plus grande.

509. **Diapason, pincette; cordes vibrantes.** — 1° On emploie un diapason donnant un son très grave; une pincette fait bien l'affaire. Elle est solidement fixée sur son support.

Quand on fait vibrer les lames à la manière ordinaire (fig. 365, I), l'élasticité du support n'intervient pas. Quand au contraire on fait vibrer les lames dans le même sens (fig. 365, II), la flexion du support intervient pour allonger un peu la période.

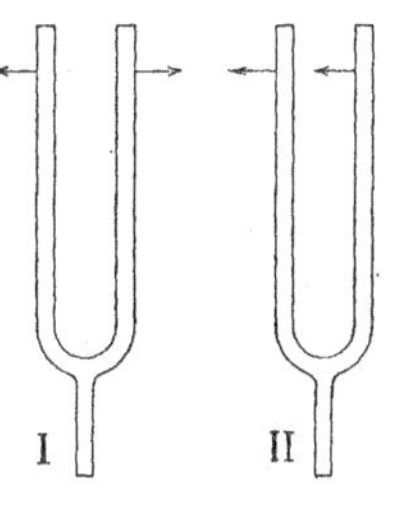

Fig. 365.

Corrélativement, en excitant l'appareil par un coup sur l'une des branches, on constate que l'énergie passe alternativement d'une branche à l'autre.

Le phénomène n'est pas observable, soit quand le support est absolument rigide, soit au contraire quand il ne l'est pas du tout, par exemple quand on tient le diapason à la main.

2° A la place d'un diapason, on peut employer des verges rigides implantées dans la pièce horizontale du T de l'expérience précédente (fig. 364). En les choisissant de manière qu'elles aient à peu près la même période propre, on obtiendra les deux vibrations principales de période égale à la période propre et de période voisine. En frappant n'importe comment sur l'une des tiges, on observe les battements et le transfert d'énergie par l'intermédiaire de la tige verticale élastique du T.

3° Mêmes expériences en montant deux cordes identiques sur une contrebasse.

Si on les ébranle simultanément soit en sens contraires, soit dans le même sens avec des amplitudes égales, on n'entendra pas de battements. On aura réalisé l'une ou l'autre des vibrations principales. Mais si on ébranle une seule corde, *alors même qu'elles seraient parfaitement à l'unisson*, on verra le transfert d'énergie. On entendra même des battements au moment où l'une des cordes possède l'amplitude maxima, tandis que l'amplitude de l'autre est nulle.

Quand les cordes oscillent dans le même sens, leur période est un peu plus grande que quand elles oscillent en sens contraires. Dans le premier cas, elles mettent en branle le support, ce qu'elles ne font pas dans le second.

Inversement, si l'on amène les deux cordes à rendre des sons peu différents et qu'on les ébranle en même temps avec un archet, *elles pourront donner l'unisson sans faire de battements.*

Dissipation de l'énergie.

510. **Fonction dissipatrice.** — Nous admettrons que les forces du système se divisent en deux groupes. Les premières dépendent d'un potentiel et sont *conservatrices* d'énergie; les secondes correspondent aux frottements et sont *non conservatrices ou dissipatrices* d'énergie.

Nous insisterons sur le cas où le travail de ces forces se présente sous la forme :

$$d\mathfrak{T} = \sum(\mu_1 x' dx + \mu_2 y' dy + \mu_3 z' dz);$$

x', y', z', sont les vitesses du point considéré; μ_1, μ_2, μ_3 sont des constantes qui mesurent la grandeur des frottements supposés proportionnels aux vitesses.

Considérons la fonction :

$$-\mathrm{F} = \sum \frac{1}{2}(\mu_1 x'^2 + \mu_2 y'^2 + \mu_3 z'^2).$$

Exprimons x', y', ... en fonction des coordonnées généralisées a, b, c, ...

On a généralement :

$$\begin{aligned} x &= f_1(t, a, b, c, \ldots), \\ y &= f_2(t, a, b, c, \ldots), \\ z &= f_3(t, a, b, c, \ldots); \end{aligned} \tag{1}$$

et ainsi de suite pour tous les points;

$$x' = \frac{\partial x}{\partial t} + \frac{\partial x}{\partial a} a' + \frac{\partial x}{\partial b} b' + \cdots \tag{2}$$

Si les coordonnées x, y, z, ... sont reliées aux coordonnées généralisées par des équations qui ne dépendent pas explicitement du temps (ce que nous supposerons par la suite), la fonction F est une fonction quadratique homogène des vitesses généralisées a', b', c', ...

Il s'agit de montrer qu'on a identiquement :

$$-\left(\frac{\partial F}{\partial a'} da + \frac{\partial F}{\partial b'} db + \dots\right) = \sum (\mu_1 x' dx + \mu_2 y' dy + \mu_3 z' dz).$$

En vertu de la relation (2), on a (§ 313) :

$$-\frac{\partial F}{\partial a'} = \sum \left(\mu_1 x' \frac{\partial x'}{\partial a'} + \dots\right) = \sum \left(\mu_1 x' \frac{\partial x}{\partial a} + \dots\right).$$

D'où :

$$\begin{aligned}
-\left(\frac{\partial F}{\partial a'} da + \frac{\partial F}{\partial b'} db + \dots\right) &= \sum \mu_1 x' \left(\frac{\partial x}{\partial a} da + \frac{\partial x}{\partial b} db + \dots\right), \\
&+ \sum \mu_2 y' \left(\frac{\partial y}{\partial a} da + \frac{\partial y}{\partial b} db + \dots\right), \\
&+ \dots \\
&= \sum (\mu_1 x' dx + \mu_2 y' dy + \dots).
\end{aligned}$$

Ce qu'il fallait démontrer.

En définitive, les équations de Lagrange prennent la forme :

$$\frac{d}{dt}\frac{\partial T}{\partial a'} - \frac{\partial T}{\partial a} + \frac{\partial V}{\partial a} + \frac{\partial F}{\partial a'} = 0,$$

$$\frac{d}{dt}\frac{\partial T}{\partial b'} - \frac{\partial T}{\partial b} + \frac{\partial V}{\partial b} + \frac{\partial F}{\partial b'} = 0.$$

511. **Conservation et dissipation d'énergie.** — Reprenons le raisonnement qui nous a conduit au théorème des forces vives (§ 315).

Puisque nous supposons que les équations (1) ne contiennent pas le temps explicitement, T et F sont toutes deux des fonctions quadratiques homogènes des vitesses généralisées. La seule différence est que les masses m sont par nature positives, tandis que les coefficients μ sont par nature négatifs.

T étant une fonction de a, b, c, ..., a', b', c', ..., on a :

$$\frac{dT}{dt} = \frac{\partial T}{\partial a} a' + \frac{\partial T}{\partial a'} a'' + \dots,$$

$$\sum \frac{\partial T}{\partial a} a' = \frac{dT}{dt} - \sum \frac{\partial T}{\partial a'} a''.$$

D'ailleurs, T étant une fonction quadratique homogène de a', b', c', ..., on a :

$$2T = \frac{\partial T}{\partial a'} a' + \frac{\partial T}{\partial b'} b' + \dots$$

D'où :

$$2\frac{dT}{dt} = \sum \frac{d}{dt}\frac{\partial T}{\partial a'} \cdot a' + \sum \frac{\partial T}{\partial a'} a'',$$

$$\frac{dT}{dt} = \sum \frac{d}{dt}\frac{\partial T}{\partial a'} \cdot a' - \left[\frac{dT}{dt} - \sum \frac{\partial T}{\partial a'} a''\right];$$

$$\frac{dT}{dt} = \sum \left(\frac{d}{dt}\frac{\partial T}{\partial a'} - \frac{\partial T}{\partial a}\right) a'.$$

Ceci posé, multiplions la première équation de Lagrange par a', la seconde par b', ...; additionnons. Remarquons que V est une fonction des coordonnées généralisées :

$$\frac{dV}{dt} = \frac{\partial V}{\partial a} a' + \frac{\partial V}{\partial b} b' + \dots;$$

que F est une fonction quadratique homogène de a', b', c', ...; il vient :

$$\frac{d}{dt}(T + V) = -\sum \frac{\partial F}{\partial a'} a' = -2F.$$

F est donc la moitié de la dérivée totale par rapport au temps de la somme $T + V$ qui représente l'énergie totale; 2F *est le taux suivant lequel l'énergie se dissipe. D'où son nom de fonction dissipatrice.*

Si $F = 0$, identiquement, nous retrouvons le théorème des forces vives (§ 315) :

$$T + V = \text{Constante}.$$

512. **Cas particulier des petites oscillations.** — Nous allons supposer que la fonction dissipatrice est une fonction quadratique homogène des vitesses généralisées *à coefficients constants;* c'est là que s'introduit l'hypothèse de la petitesse des oscillations.

Rapportons donc les trois fonctions T, V, F, aux coordonnées principales, c'est-à-dire à celles qui réduisent, comme nous l'avons dit, les expressions de T et de V. On a :

$$2T = a'^2 + b'^2 + c'^2 + \dots$$

$$2V = 2V_0 + B_1 a^2 + B_2 b^2 + \dots$$

$$2F = C_1 a'^2 + C_2 b'^2 + \dots + 2C_{12} a' b' + \dots$$

En général, il n'est pas possible de simplifier davantage simultanément l'expression de ces fonctions.

Les équations de Lagrange deviennent :

$$a'' + B_1 a + C_1 a' + C_{12} b' + C_{13} c' + \dots = 0, \qquad (1)$$

et des équations symétriques pour b, c, ... Il résulte de la manière dont sont obtenues ces équations que l'on a :

$$C_{ij} = C_{ji}.$$

Les équations (1) montrent que l'amortissement d'une vibration principale dépend de l'existence des autres vibrations principales.

Elles ne sont donc pas absolument indépendantes les unes des autres. Elles le deviennent seulement quand par hasard la réduction de la fonction F se fait en même temps que la réduction des deux autres fonctions T et V.

Reprenons le cas général. Posons :

$$a = a_0 e^{i\omega t}, \qquad b = b_0 e^{i\omega t}, \ \ldots,$$

a_0, b_0, ... peuvent être des quantités imaginaires. Il est entendu que, toutes opérations effectuées, on ne conservera que les quantités réelles.

Si les frottements étaient nuls, il viendrait :

$$\omega_1 = \sqrt{B_1}, \qquad \omega_2 = \sqrt{B_2}, \ \ldots$$

Pour déterminer a_0, b_0, ..., nous avons les équations :

$$a_0(\omega^2 - B_1 - iC_1\omega) - b_0 C_{12} i\omega - c_0 C_{13} i\omega - \ldots = 0, \qquad (2)$$

et des équations symétriques pour b_0, c_0, ...

Pour que ces équations soient satisfaites simultanément, il faut écrire :

$$\begin{vmatrix} \omega^2 - B_1 - iC_1\omega & -iC_{12}\omega & -iC_{13}\omega & \ldots \\ -iC_{21}\omega & \omega^2 - B_2 - iC_2\omega & -iC_{23}\omega & \ldots \\ \cdot & \cdot & \cdot & \cdot \\ -iC_{n1}\omega & -iC_{n2}\omega & \ldots & \ldots \end{vmatrix} = 0.$$

Les solutions de cette équation sont généralement de la forme $\omega' + i\omega''$, où les quantités ω' et ω'' sont réelles. Si les coefficients C sont assez petits pour que leurs carrés soient négligeables, les parties réelles des solutions diffèrent très peu des quantités ω_1, ω_2, ... qui correspondent aux frottements nuls. D'ailleurs, les parties imaginaires $i\omega''$ donneront des exponentielles réelles de la forme $e^{-\omega'' t}$.

Nous avons donc affaire à des mouvements sinusoïdaux amortis, tels que ceux longuement étudiés aux §§ 409 et sq. Leurs périodes diffèrent extrêmement peu de celles des mouvements non amortis (§ 411).

Imaginons calculées les racines du déterminant égalé à zéro. Elles sont donc de la forme :

$$\omega_1 = \omega'_1 + i\omega''_1, \qquad \omega_2 = \omega'_2 + i\omega''_2, \qquad \ldots$$

Substituons-en une dans les équations (2), ω_1 par exemple. Nous pourrons choisir arbitrairement l'amplitude a_0, *qui est une quantité réelle ou imaginaire :* cela revient à dire que nous pourrons choisir l'amplitude et la phase de cette vibration. Nous tirons alors des équations (2) les valeurs b_0, c_0, ..., qui sont généralement des quantités imaginaires.

Les vibrations de toutes les variables qui correspondent au même système principal, n'auront donc pas la même phase; leurs amplitudes sont complètement déterminées quand on se donne l'une d'entre elles. Il est important de remarquer que s'il s'agit de la racine ω_1, les rapports $b_0 : a_0$, $c_0 : a_0$, ... sont très petits et sont de l'ordre de grandeur des coefficients C. Ils s'annulent en même temps que ces coefficients. De même pour les autres racines ω_2, ...

Ainsi, quand les frottements existent, il n'y a plus à proprement parler de vibrations principales. Quel que soit le choix des coordonnées généralisées, nous ne pourrons plus en trouver pour lesquelles la variation de l'une n'agit pas sur les autres. Nous pourrons simplement en trouver pour lesquelles la variation de l'une agit le moins possible sur les autres : nous pouvons leur conserver le nom de principales.

513. **Cas de deux variables.** — Faisons le calcul complet dans le cas de deux variables :

$$\begin{aligned} 2T &= a'^2 + b'^2, \\ 2V &= 2V_0 + B_1 a^2 + B_2 b^2, \\ 2F &= C_1 a'^2 + 2Ca'b' + C_2 b'^2. \end{aligned}$$

Les équations de Lagrange sont :

$$\begin{aligned} a'' + B_1 a + C_1 a' + Cb' = 0, \\ b'' + B_2 b + C_2 b' + Ca' = 0. \end{aligned} \tag{1}$$

Substituons la solution :

$$a = a_0 e^{i\omega t}, \qquad q = b_0 e^{i\omega}.$$

$$\begin{aligned} -\omega^2 a_0 + B_1 a_0 + i\omega C_1 a_0 + i\omega C b_0 = 0, \\ -\omega^2 b_0 + B_2 b_0 + i\omega C_2 b_0 + i\omega C a_0 = 0. \end{aligned} \tag{2}$$

L'équation de condition est :

$$(-\omega^2 + B_1 + i\omega C_1)(-\omega^2 + B_2 + i\omega C_2) + \omega^2 C^2 = 0.$$

Les solutions approchées sont les quantités réelles :

$$\omega_1 = \sqrt{B_1}, \qquad \omega_2 = \sqrt{B_2}.$$

Il est facile de voir par substitution que les solutions plus approchées sont :

$$\omega_1 + i\frac{C_1}{2} = \sqrt{B_1} + i\frac{C_1}{2}, \qquad \omega_2 + i\frac{C_2}{2} = \sqrt{B_2} + i\frac{C_2}{2};$$

on néglige les carrés des quantités C. Donc le mouvement dont la période est ω_1 admet un amortissement qui se traduit par le facteur $\exp\left(-\frac{C_1 t}{2}\right)$; *c'est précisément le facteur amortissant de la variable a soustraite à l'action de la variable b.* De même le mouvement dont la période est ω_2 admet le facteur amortissant $\exp\left(-\frac{C_2 t}{2}\right)$.

Reste à trouver le rapport $a_0 : b_0$; pour cela substituons dans la seconde équation (2) ; remarquons que le produit de b_0 par l'un des coefficients C est négligeable. Il reste :

$$\frac{a_0}{b_0} = \frac{iC\sqrt{B_1}}{B_1 - B_2}.$$

Cela veut dire que les amplitudes réelles sont dans le rapport :

$$C\sqrt{B_1} : (B_1 - B_2),$$

mais que les deux mouvements sont décalés de $\pi : 2$ l'un par rapport à l'autre.

On peut poser :

$$\begin{cases} a = a_0(B_1 - B_2)\exp\left(-\frac{C_1 t}{2}\right)\sin\left(\sqrt{B_1}\, t - \delta_1\right), \\ b = a_0 C\sqrt{B_1}\exp\left(-\frac{C_1 t}{2}\right)\sin\left(\sqrt{B_1}\, t + \frac{\pi}{2} - \delta_1\right); \end{cases}$$

$$\begin{cases} a = b_0 C\sqrt{B_2}\exp\left(-\frac{C_2 t}{2}\right)\sin\left(\sqrt{B_2}\, t + \frac{\pi}{2} - \delta_2\right), \\ b = b_0(B_2 - B_1)\exp\left(-\frac{C_2 t}{2}\right)\sin\left(\sqrt{B_2}\, t - \delta_2\right). \end{cases}$$

514. **Manipulation.** — L'appareil représenté figure 366 permet de vérifier toutes les conséquences de la théorie.

Deux doubles bobines B_1 et B_2 sont suspendues chacune par deux bifilaires (§ 156) dans le champ uniforme de deux aimants en fer à cheval. Elles portent chacune un miroir qui permet de déterminer leurs azimuts par la méthode de Poggendorff, et une barre horizontale sur laquelle glissent deux masselottes qui permettent de changer leurs moments d'inertie.

L'une des bobines B_1' du système 1 communique avec l'une des bobines B_2' du système 2 à travers la résistance R.

Les autres bobines B_1'' et B_2'' se ferment respectivement sur les résistances R_1 et R_2.

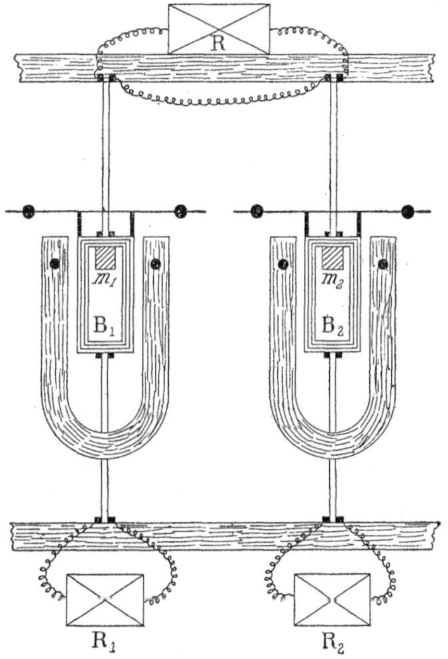

Fig. 366.

Sans qu'il soit nécessaire d'insister sur la théorie des courants induits, on admettra les faits suivants.

1° Il naît par induction dans les bobines B''_1, B''_2 des courants qui sont, toutes choses égales d'ailleurs, proportionnels à leur vitesse actuelle et en raison inverse des résistances de leurs circuits. On fait varier ces résistances au moyen des boîtes R_1 et R_2. Ces courants gênent le mouvement qui les produit (loi de Lenz); ils fournissent respectivement *une partie* des termes C_1a' et C_2b' des équations différentielles.

2° Il naît par induction dans le système des bobines B'_1 et B'_2 un courant qui dépend des vitesses simultanées a' et b'. On admettra que ce courant fournit des termes amortissants de la forme :

$$c_1a' + Cb', \qquad c_2b' + Ca'.$$

Les premiers termes complètent respectivement les termes C_1a', C_1b' des équations; les autres fournissent les actions mutuelles des deux systèmes.

3° L'ensemble des deux bifilaires donne respectivement pour chaque système les termes directeurs B_1a et B_2b. On modifie les coefficients B_1 et B_2 en écartant plus ou moins les fils (§ 156).

4° En déplaçant les masselottes, on change proportionnellement tous les coefficients des deux équations différentielles, puisqu'on prend l'unité pour coefficient de l'accélération dans les équations du mouvement.

Il sera bon d'employer des aimants tels que ceux des galvanomètres à cadres mobiles. Chaque aimant est composé de plusieurs aimants superposés. On en prendra quatre, et on les disposera en deux groupes de deux, légèrement écartés l'un de l'autre, de manière à laisser passer le bifilaire du bas.

On fera le bifilaire avec des fils d'argent de 150 microns de diamètre par exemple.

Expériences.

1° Supposons les périodes égales. Lançons le cadre 1; l'autre se met à osciller peu à peu. Tandis que l'amplitude du cadre 1 diminue continuement, celle du cadre 2 croît d'abord, passe par un maximum et diminue ensuite.

L'amortissement est une moyenne des deux amortissements.

2° Le phénomène est plus intéressant quand les périodes qui correspondent aux amortissements nuls diffèrent. Pour déterminer exactement ces périodes, il suffit de rendre les résistances R_1, R_2, R infinies, ce qui revient à interrompre les circuits; la résistance de l'air est toujours pratiquement négligeable. On vérifiera que le système entier peut osciller avec l'une ou l'autre des périodes; mais il faut pour cela réaliser des rapports d'amplitudes et un décalage convenables. Le rapport des amplitudes diminue à mesure que les périodes s'écartent l'une de l'autre : ce qu'on exprime quelquefois en disant que la synchronisation devient alors impossible. Cette proposition est incorrecte : la synchronisation est toujours possible, mais elle peut correspondre à une amplitude quasi nulle de l'oscillation d'une des variables.

Forces gyroscopiques.

515. **Forces gyroscopiques.** — Les équations du mouvement peuvent contenir les vitesses sans qu'il en résulte une absorption d'énergie : on dit alors qu'il existe des *forces gyroscopiques.* Il faut pour cela que les conditions suivantes soient satisfaites :

$$C_1 = C_2 = \ldots = 0, \qquad C_{ij} + C_{ji} = 0.$$

Les équations générales pour les petits mouvements prennent la forme :

$$\begin{aligned} a'' + B_1 a + C_{12} b' + C_{13} c' + \ldots &= 0, \\ b'' + B_2 b + C_{21} a' + C_{23} c' + \ldots &= 0, \\ \ldots\ldots\ldots\ldots\ldots &= 0. \end{aligned} \qquad (1)$$

Substituons dans ces équations la solution :

$$a = a_0 e^{i\omega t}, \qquad b = b_0 e^{i\omega t}, \qquad \ldots$$

Pour que les équations obtenues soient compatibles, il faut qu'on ait :

$$\begin{vmatrix} -\omega^2 + B_1 & i\omega C_{12} & i\omega C_{13} & \ldots \\ i\omega C_{21} & -\omega^2 + B_2 & i\omega C_{23} & \ldots \\ i\omega C_{31} & \ldots & \ldots & \end{vmatrix} = 0. \qquad (2)$$

Le déterminant développé ne contient que des puissances paires de ω. Toutes les racines en ω^2 sont réelles, et si les petits déplacements se font autour d'une position d'équilibre stable, nous sommes assurés qu'elles sont positives, et par conséquent que les périodes sont réelles.

Il est évident que les forces gyroscopiques n'introduisent aucune dissipation d'énergie.

En effet, multiplions les équations (1) respectivement par da, db, ...; additionnons. Il reste :

$$\sum a'' da + \sum B_1 a da = d \sum \left(\frac{a'^2}{2} + B_1 \frac{a^2}{2} \right) = 0;$$

équation qui exprime la conservation de l'énergie; les forces gyroscopiques ont disparu.

516. **Cas de deux variables.** — Développons les calculs pour deux variables.

$$\begin{aligned} a'' + B_1 a + C b' &= 0, \\ b'' + B_2 b - C a' &= 0. \end{aligned}$$

Posons : $a = a_0 \sin \omega t, \qquad b = b_0 \cos \omega t.$

Il vient par substitution :

$$a_0(-\omega^2 + B_1) - C\omega b_0 = 0,$$
$$b_0(-\omega^2 + B_2) - C\omega a_0 = 0;$$
$$(\omega^2 - B_1)(\omega^2 - B_2) = C^2\omega^2;$$
$$\omega^4 - (B_1 + B_2 + C^2)\omega^2 + B_1B_2 = 0.$$

Nous trouverons au § 544 une très intéressante application de ces formules. Nous verrons qu'alors C est considérable devant B. On a sensiblement : $\omega = \frac{\sqrt{B_1B_2}}{C}$,

tandis qu'en l'absence des forces gyroscopiques, on a les racines :

$$\omega' = \sqrt{B_1}, \qquad \omega'' = \sqrt{B_2}.$$

517. **Vibrations des électrons (Lorentz).** — Les vibrations des électrons, dans lesquelles on voit actuellement les vibrations des sources lumineuses, offrent un intéressant exemple de forces gyroscopiques.

Les équations peuvent se ramener à la forme (1) (§ 515), et les périodes sont fournies par le déterminant (2) égalé à zéro. Les imaginaires disparaissent; les vibrations sont non amorties malgré la présence des forces proportionnelles à la vitesse. L'équation (2) en ω^2 fournit n racines réelles et positives.

Dans la Théorie électromagnétique de la lumière, les coefficients C (proportionnels au champ magnétique H) sont très petits. Les racines de l'équation (2) sont donc très voisines des quantités :

$$\omega_1 = \sqrt{B_1}, \qquad \omega_2 = \sqrt{B_2}, \qquad \ldots,$$

qui correspondent à un champ nul.

1° Supposons d'abord les n quantités $\omega_1, \omega_2, \ldots$ inégales. Le système possède n vibrations principales dont les périodes sont différentes. Calculons la période ω voisine de ω_1. Quand les C sont très petits, on peut remplacer ω par $\omega_1 = \sqrt{B_1}$ partout, sauf dans le terme $-\omega_1^2 + B_1$. Pour déterminer ce terme, on a donc une équation du premier degré, qu'on simplifie en négligeant tous les termes qui contiennent plus de deux facteurs C. On trouve ainsi une variation $\omega^2 - \omega_1^2$, et par suite une variation $\omega - \omega_1$, proportionnelles à H^2.

2° Le cas où deux quantités ω_1 et ω_2 sont égales ne donne rien de particulier.

3° Supposons que l'on ait : $\omega_1 = \omega_2 = \omega_3$. C'est le cas d'un mobile qui a trois vibrations principales de même période quand les forces gyroscopiques sont nulles : c'est le cas d'un électron quand le champ magnétique est nul.

Quand le champ n'est plus nul, il existe trois périodes qui sont voisines de ω_1. Comme première et très suffisante approximation, elles sont données par l'équation :

$$\begin{vmatrix} \omega^2 - \omega_1^2 & - i\omega_1 C_{12} & - i\omega_1 C_{13} \\ - i\omega_1 C_{21} & \omega^2 - \omega_1^2 & - i\omega_1 C_{23} \\ - i\omega_1 C_{31} & - i\omega_1 C_{32} & \omega^2 - \omega_1^2 \end{vmatrix} = 0,$$

avec la condition gyroscopique : $C_{ij} + C_{ji} = 0$.

$$(\omega^2 - \omega_1^2)\left[(\omega^2 - \omega_1^2)^2 - \omega_1^2 (C_{12}^2 + C_{23}^2 + C_{31}^2)\right] = 0.$$

Les trois racines sont donc :

$$\omega = \omega_1, \qquad \omega = \omega_1 \pm \frac{1}{2}\sqrt{C_{12}^2 + C_{23}^2 + C_{31}^2}\,.$$

La variation de la période est ici proportionnelle à H, tandis que dans le premier cas elle était proportionnelle à H^2.

Le phénomène de Zeemann consiste précisément à faire agir un champ d'intensité suffisante sur une source monochromatique. Elle possède alors trois périodes distinctes, l'ancienne et deux nouvelles admettant l'ancienne comme moyenne : la différence est proportionnelle à l'intensité du champ (triplet).

4° On procède de même pour un système ayant quatre degrés de liberté et des vibrations principales de même période quand les termes gyroscopiques sont nuls. Le déterminant égalé à zéro a quatre colonnes. Développons-le ; on trouve une équation de la forme :

$$(\omega^2 - \omega_1^2)^4 + M(\omega^2 - \omega_1^2)^2 + N = 0\,;$$

M est proportionnel à H^2, N est proportionnel à H^4. On a pour racines : $(\omega^2 - \omega_1^2)^2 = \alpha^2$, $\quad (\omega^2 - \omega_1^2)^2 = \beta^2$,

où α et β sont des quantités proportionnelles à H. D'où enfin :

$$\omega^2 = \omega_1^2 \pm \alpha, \qquad \omega^2 = \omega_1^2 \pm \beta\,;$$

la vibration monochromatique initiale est transformée en un quadruplet.

Ces résultats sont généraux. S'il existe n fréquences égales dans le système complexe qui émet la radiation, une raie spectrale sera décomposée en n raies distinctes symétriques par rapport à la raie primitive. Si n est impair, une des nouvelles raies occupe la place de l'ancienne. Il était évidemment *a priori* que le nombre des raies qui apparaissent sous l'action du champ, ne pouvait pas être supérieur au nombre de vibrations principales. Si le champ magnétique tire trois raies d'une raie primitive, il faut que le nombre des vibrations principales, existant antérieurement au champ, soit au moins de trois.

CHAPITRE IX

MOUVEMENT D'UN CORPS AUTOUR D'UN POINT FIXE

518. **Considérations générales.** — Il semble que le problème du mouvement d'un corps autour d'un point fixe soit de pure théorie : sauf des cas très particuliers, les corps ne sont pas fixés par un point. Mais le mouvement d'un corps absolument libre se ramène immédiatement à celui d'un corps *ayant pour point fixe son centre d'inertie.*

En effet, considérons un corps libre. Appliquons à chaque instant à tous ses points une accélération égale et de sens contraire à l'accélération actuelle du centre d'inertie. C'est comme si nous appliquions à tous ses points des forces parallèles et proportionnelles à leurs masses ; c'est enfin comme si nous appliquions au corps supposé rigide une force passant par le centre d'inertie.

Nous avons détruit le mouvement du centre d'inertie qui est devenu point fixe ; *nous n'avons pas changé la série des rotations instantanées autour de ce point,* puisque tout s'est réduit à appliquer une force passant par ce point même.

En définitive, le problème du mouvement d'un corps libre se réduit à deux problèmes.

Appliquant toutes les forces au centre d'inertie (§ 298), nous déterminons son mouvement.

Considérant le centre d'inertie comme fixe, nous déterminons les rotations autour de lui.

Il ne faut pas conclure de là que les deux problèmes peuvent généralement se traiter indépendamment l'un de l'autre. Quand les forces dépendent de la situation dans l'espace, il va de soi que les mouvements de rotation autour du centre d'inertie influent sur les mouvements de translation de ce centre, et inversement ; de sorte que, sauf exceptions, les six équations différentielles ne peuvent s'intégrer que simultanément.

519. **Repérage de la position d'un corps et représentation de son mouvement.** — Soit O le point fixe ; soit Ox, Oy, Oz, les trois axes principaux d'inertie du corps pour le point O (fig. 367).

1° Pour définir la position du corps, rapportons les axes Ox, Oy, Oz, liés au corps *et par conséquent mobiles*, à trois axes rectangulaires *fixes dans l'espace* Ox', Oy', Oz'.

Nous utiliserons les coordonnées de direction θ, φ, ψ.

L'intersection OA du plan xOy avec le plan x'Oy' est *la ligne des nœuds*. Son angle ψ avec Ox' s'appelle *précession*. L'axe Ox fait avec

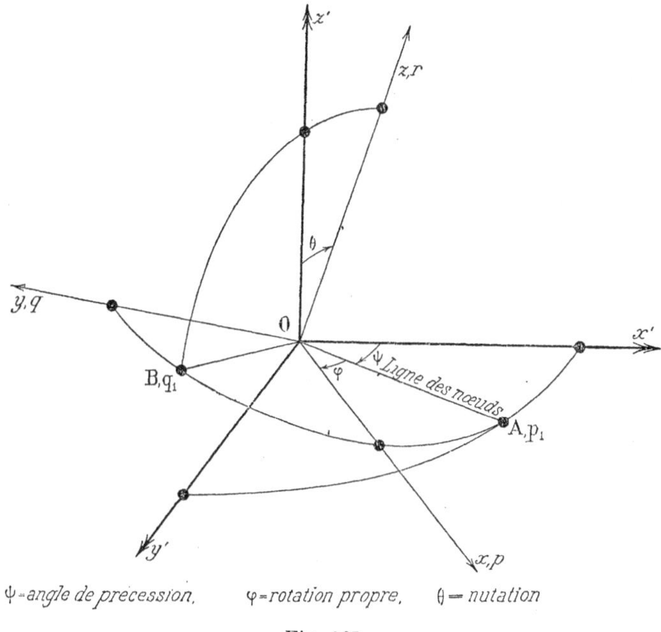

Fig. 367.

la ligne des nœuds un angle φ appelé *rotation propre*. Enfin Oz fait avec Oz' l'angle θ appelé *nutation*.

2° Pour définir le mouvement du corps dont le point O est fixe, nous donnerons ses vitesses de rotation instantanées autour des axes mobiles : p autour de Ox, q autour de Oy, r autour de Oz. Elles sont représentées par des vecteurs menés sur ces axes.

L'axe instantané de rotation et la vitesse ω autour de cet axe s'obtiennent en composant les vecteurs p, q, r.

Nous pouvons encore définir le mouvement par les vitesses instantanées de rotation autour des axes OA, OB, Oz : p_1 autour de la ligne des nœuds OA, q_1 autour de sa perpendiculaire OB, r autour de Oz. On a :

$$\begin{aligned} p_1 &= p\cos\varphi - q\sin\varphi, \\ q_1 &= p\sin\varphi + q\cos\varphi. \end{aligned} \qquad (1)$$

Il est beaucoup plus commode de discuter les problèmes sur les coordonnées θ, φ, ψ, dont nous désignerons les dérivées par rapport au temps par les symboles θ', φ', ψ'.

Écrivons que la somme des projections sur une direction quelconque de p, q, r, d'une part, et de θ', ψ', φ', de l'autre, sont égales.

θ' est dirigé sur la ligne des nœuds, normalement au plan $z'Oz$,
φ' sur l'axe Oz, normalement au plan xOy,
ψ' sur l'axe Oz', normalement au plan $x'Oy'$.

PROJECTIONS SUR	OA	OB	Oz
φ'	0	0	φ'
θ'	θ'	0	0
ψ'	0	$\psi' \sin\theta$	$\psi' \cos\theta$
p	$p\cos\varphi$	$p\sin\varphi$	0
q	$-q\sin\varphi$	$q\cos\varphi$	0
r	0	0	r

D'où les relations :

$$\begin{aligned} \theta' &= p\cos\varphi - q\sin\varphi, \\ \psi'\sin\theta &= p.\sin\varphi + q\cos\varphi, \\ \varphi' + \psi'\cos\theta &= r; \end{aligned} \tag{2}$$

et par suite :

$$\begin{aligned} p &= \theta'\cos\varphi + \psi'\sin\theta\sin\varphi, \\ q &= -\theta'\sin\varphi + \psi'\sin\theta\cos\varphi, \\ r &= \varphi' + \psi'\cos\theta. \end{aligned} \tag{3}$$

D'autre part : $$\theta' = p_1, \qquad \psi'\sin\theta = q_1. \tag{4}$$

520. **Expression de la vitesse d'un point et de la force vive totale en fonction de** p, q, r. — Nous allons traiter le problème pour un corps absolument libre; nous supposerons ensuite que le point O est fixe.

Nous avons fait passer par le point O trois axes Ox', Oy', Oz' *de directions invariables.*

Ils sont donc fixes si le point O est fixe; sinon ils sont animés d'un mouvement *de translation*. Pour avoir leur position, il suffit de rapporter le point O à trois axes *absolument* fixes $\Omega\xi$, $\Omega\eta$, $\Omega\zeta$, que nous prendrons parallèles à Ox', Oy', Oz'.

Les coordonnées du point O sont ξ, η, ζ.

Nous avons ensuite placé dans le corps *et invariablement par rapport à lui* trois axes Ox, Oy, Oz, qui coïncident avec les axes principaux d'inertie pour le point O. Pour définir le mouvement de ces axes, et par conséquent du corps, nous pouvons les rapporter aux axes Ox', Oy', Oz' (au moyen des coordonnées θ, ψ, φ); nous pouvons encore les rapporter à eux-mêmes considérés comme fixes. Ce qui revient à dédoubler le système, à en considérer un comme fixe par rapport auquel l'autre se déplacera. Bien entendu, dans ce dernier cas, notre système de référence change à chaque instant. Du point de vue dynamique, il importe peu, puisque les forces produisent des variations des vitesses actuelles; pourvu que nous puissions spécifier ces vitesses, nous pouvons exprimer l'action des forces.

Les projections des vitesses d'un point, de coordonnées x, y, z, par rapport aux axes Ox, Oy, Oz, sont (§ 92) :

$$v_x = qz - ry,$$
$$v_y = rx - pz,$$
$$v_z = py - qx.$$

Si le point O est mobile, il faut ajouter les projections des vitesses de ce point : nous les désignerons par ξ', η', ζ'.

Les composantes des vitesses totales, par rapport à des axes absolument fixes, sont donc à chaque instant :

$$\xi' + qz - ry,$$
$$\eta' + rx - pz,$$
$$\zeta' + py - qx.$$

Exprimons la force vive totale T. On a par définition :

$$2\mathrm{T} = \sum [m(\xi' + qz - ry)^2 + m(\eta' + rx - pz)^2 + \ldots].$$

Posons comme d'habitude (§ 12) :

$$\mathrm{A} = \sum m(y^2 + z^2), \qquad \mathrm{B} = \sum m(z^2 + x^2), \qquad \mathrm{C} = \sum m(x^2 + y^2);$$
$$\mathrm{D} = \sum myz, \qquad \mathrm{E} = \sum mzx, \qquad \mathrm{F} = \sum mxy.$$

Il vient :

$$2\mathrm{T} = (\xi'^2 + \eta'^2 + \zeta'^2) \sum m + \mathrm{A}p^2 + \mathrm{B}q^2 + \mathrm{C}r^2$$
$$- 2\mathrm{D}qr - 2\mathrm{E}rp - 2\mathrm{F}pq + 2\xi' q \sum mz - 2\xi' r \sum my + \ldots$$

1° Le point O est immobile.

L'expression de 2T se simplifie, d'autant que les axes sont principaux d'inertie et qu'on a :

$$\mathrm{D} = \mathrm{E} = \mathrm{F} = 0.$$

Il reste : $$2\mathrm{T} = \mathrm{A}p^2 + \mathrm{B}q^2 + \mathrm{C}r^2.$$

On arrive à cette formule par une autre voie.

Soit I le moment d'inertie par rapport à l'axe instantané de rotation dont les cosinus directeurs sont α, β, γ. On a (§ 12) :

$$I = A\alpha^2 + B\beta^2 + C\gamma^2.$$

D'ailleurs : $$\frac{\alpha^2}{p^2} = \frac{\beta^2}{q^2} = \frac{\gamma^2}{r^2} = \frac{1}{p^2 + q^2 + r^2} = \frac{1}{\omega^2},$$

où ω est la vitesse instantanée autour de l'axe instantané.

La force vive est donnée par la formule (§ 293) :

$$2T = I\omega^2 = Ap^2 + Bq^2 + Cr^2,$$

tout comme si l'axe instantané était de direction invariable.

2° Le point O est mobile.

Pour que la formule se simplifie, il faut que le point O soit centre d'inertie. On a alors :

$$\sum mx = \sum my = \sum mz = 0,$$

$$2T = (\xi'^2 + \eta'^2 + \zeta'^2) \sum m + Ap^2 + Bq^2 + Cr^2.$$

D'où cette proposition très importante, qui est du reste le corollaire de ce que nous avons dit au § 518 : *L'énergie cinétique d'un corps libre de masse totale* M *est égale à l'énergie cinétique de la masse* M *supposée concentrée en son centre d'inertie, plus l'énergie cinétique de rotation autour de ce centre considéré comme fixe* (Voir une autre démonstration au § 292).

Il résulte de cette proposition qu'on peut bien ramener les problèmes du corps absolument libre aux problèmes du corps ayant un point fixe, à la condition de prendre pour point fixe le centre d'inertie.

Ce théorème démontré, revenons au cas du point O fixe. *Ce point n'est pas nécessairement le centre d'inertie;* il est quelconque dans le corps.

521. Expression des moments des quantités de mouvements (moment of momentum des Anglais, moment angulaire). — On appelle *moment des quantités de mouvement,* ou *moment angulaire,* un vecteur dont les composantes sont :

$$\sum m(yv_z - zv_y), \qquad \sum m(zv_x - xv_z), \qquad \sum m(xv_y - yv_x).$$

Les Anglais le désignent sous le nom de *moment of momentum;* ils appellent en effet *momentum,* ce que nous appelons quantité de mouvement (§ 298).

On a :

$$\sum m(xv_y - yv_x) = \sum m[r(x^2 + y^2) - pzx - qyz] = rC - pE - qD.$$

Les composantes du moment angulaire sont donc généralement :

$$pA - qF - rE, \qquad qB - rD - pF, \qquad rC - pE - qD.$$

Si les axes sont principaux d'inertie, les composantes sont simplement : $$Ap, \qquad Bq, \qquad Cr.$$

522. **Équations d'Euler.** — Exprimons les équations fondamentales (II') (§ 289) dans le système actuel de coordonnées.

Nous avons, en dérivant les expressions des composantes de la vitesse (§ 520) ou encore d'après le § 93 :

$$\frac{d}{dt}v_x = z\frac{dq}{dt} - y\frac{dr}{dt} + q(py - qx) - r(rx - pz);$$

$$\frac{d}{dt}v_y = x\frac{dr}{dt} - z\frac{dp}{dt} + r(qz - ry) - p(py - qx),$$

$$\frac{d}{dt}v_z = y\frac{dp}{dt} - x\frac{dq}{dt} + p(rx - pz) - q(qz - ry).$$

Rapportons le corps à ses axes principaux. Il vient :

$$\begin{aligned} \sum m\left(y\frac{d}{dt}v_z - z\frac{d}{dt}v_y\right) &= A\frac{dp}{dt} + (C - B)qr = L, \\ \sum m\left(z\frac{d}{dt}v_x - x\frac{d}{dt}v_z\right) &= B\frac{dq}{dt} + (A - C)rp = M, \qquad (2) \\ \sum m\left(x\frac{d}{dt}v_y - y\frac{d}{dt}v_x\right) &= C\frac{dr}{dt} + (B - A)pq = N. \end{aligned}$$

Ce sont les équations d'Euler. Elles expriment les variations instantanées des rotations p, q, r, autour des axes principaux, en fonction des couples ayant au même instant pour axes ces mêmes axes principaux.

Très simples de forme, elles sont cependant d'un emploi restreint quand il s'agit de discuter un problème particulier, parce que les couples sont généralement donnés par rapport aux axes fixes Ox', Oy', Oz', et non par rapport aux axes mobiles Ox, Oy, Oz. Nous les transformerons plus loin en y introduisant les coordonnées θ, φ, ψ.

523. **Interprétation des équations d'Euler.** — Les équations d'Euler s'interprètent en disant que *le vecteur qui représente la vitesse absolue de l'extrémité* μ *du moment angulaire* $\mathfrak{M}$, *est identique au vecteur qui représente le couple appliqué au même instant.*

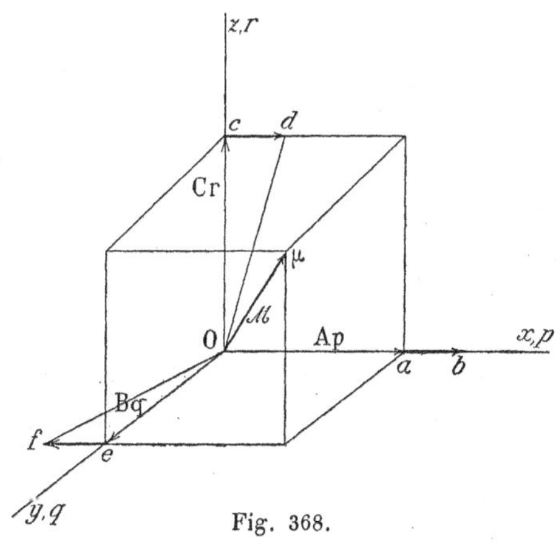

Fig. 368.

Prenons la première équation (2). Cherchons la vitesse du point μ parallèlement à l'axe des x. Elle a trois composantes (fig. 368).

La première $A dp : dt$, vient de l'allongement de la composante Ap.

La seconde $Cr \cdot q$, vient de la rotation du vecteur Cr sous l'action de la composante q. Elle est dirigée vers les x positifs, puisque les rotations sont positives lorsqu'elles produisent des mouvements dans les sens de Ox à Oy, de Oy à Oz, de Oz à Ox.

La troisième $Bq \cdot r$, vient de la rotation du vecteur Bq sous l'action de la composante r. Elle est dirigée vers les x négatifs.

La proposition énoncée se traduit par l'équation :

$$A\frac{dp}{dt} + (C - B)qr = L.$$

Nous démontrons bien que le vecteur identique au couple appliqué est le vecteur représentatif de la vitesse *absolue* du point μ. Il ne faut pas oublier en effet que les axes Ox, Oy, Oz, sont comme dédoublés en un système d'axes fixes et un système d'axes mobiles qui coïncident au commencement du petit intervalle de temps pour lequel nous raisonnons.

Couples L, M, N, nuls.

524. **Cas où les forces extérieures sont nulles.** — Si les forces extérieures sont nulles $(L = M = N = 0)$, les équations d'Euler se simplifient.

Il résulte d'abord du paragraphe précédent que le point μ extrémité du vecteur Ap, Bq, Cr, est fixe dans l'espace absolu.

Raisonnons par rapport aux axes mobiles Ox, Oy, Oz, qui sont les axes de l'ellipsoïde d'inertie :

$$Ax^2 + By^2 + Cz^2 = 1. \qquad (1)$$

Le point μ, fixe dans l'espace absolu, décrit par rapport à ces axes une trajectoire située sur la sphère de rayon G :

$$A^2p^2 + B^2q^2 + C^2r^2 = G^2 = \text{Constante}. \qquad (2)$$

Écrivons que la force vive est invariable :

$$Ap^2 + Bq^2 + Cr^2 = 2T = \text{Constante}. \qquad (3)$$

On peut tirer les équations (2) et (3) des équations d'Euler.

Multiplions-les respectivement par p, q, r; additionnons et intégrons; il vient :

$$Ap\frac{dp}{dt} + Bq\frac{dq}{dt} + Cr\frac{dr}{dt} = 0,$$

$$Ap^2 + Bq^2 + Cr^2 = 2T,$$

où T est une constante d'intégration; c'est l'équation (3).

Multiplions les équations d'Euler respectivement par Ap, Bq, Cr; il vient :

$$A^2p\frac{dp}{dt} + B^2q\frac{dq}{dt} + C^2r\frac{dr}{dt} = 0,$$

$$A^2p^2 + B^2q^2 + C^2r^2 = G^2,$$

où G^2 est une constante d'intégration.

Ceci posé, menons l'axe instantané de rotation; prolongeons-le jusqu'à sa rencontre en M avec l'ellipsoïde d'inertie; menons le plan tangent P au point M de coordonnées X, Y, Z; étudions les propriétés de ce plan tangent (fig. 369).

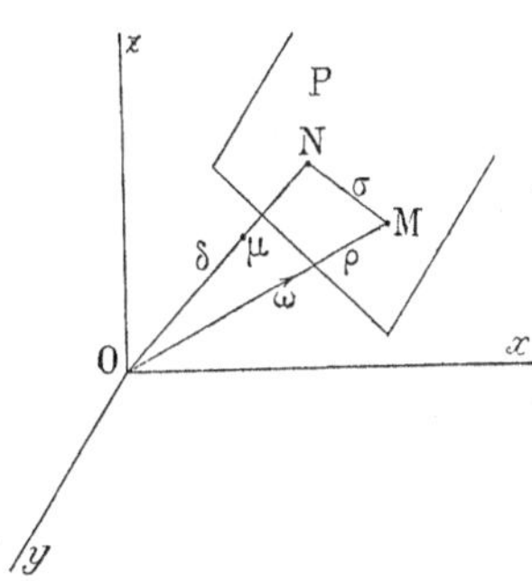

Fig. 369.

1° *Je dis que sa distance* δ *au centre de l'ellipsoïde d'inertie est invariable.*

En effet le plan P a pour équation :

$$AXx + BYy + CZz = 1.$$

Sa distance δ à l'origine est :

$$\delta = 1 : \sqrt{A^2X^2 + B^2Y^2 + C^2Z^2}.$$

Posons $\overline{OM} = \rho$. On a :

$$\frac{\omega}{\rho} = \frac{p}{X} = \frac{q}{Y} = \frac{r}{Z} = \frac{Ap}{AX} = \frac{Bq}{BY} = \frac{Cr}{CZ},$$

$$\frac{\omega}{\rho} = \frac{\sqrt{A^2p^2 + B^2q^2 + C^2r^2}}{\sqrt{A^2X^2 + B^2Y^2 + C^2Z^2}} = G\delta.$$

D'après la définition de l'ellipsoïde d'inertie, ρ^2 est l'inverse du moment d'inertie I par rapport à l'axe instantané de rotation. On a :

$$\frac{\omega^2}{\rho^2} = \omega^2 I = 2T = G^2\delta^2.$$

Donc δ est invariable puisque G et T le sont.

2° *Je dis que le plan* P *est invariable dans l'espace absolu.*

On a :
$$\frac{p}{X} = \frac{q}{Y} = \frac{r}{Z} = \frac{\omega}{\rho} = \sqrt{2T}.$$

Le plan P a pour équation :

$$Apx + Bqy + Crz = \sqrt{2T}.$$

Il est donc normal au vecteur invariable dans l'espace absolu Ap, Bq, Cr. Le plan P est le plan (§ 301) du maximum des aires, invariable dans l'espace quand les couples sont nuls.

Le point N est donc fixe dans l'espace; le point μ, extrémité du vecteur Ap, Bq, Cr, est sur la droite ON, à une distance $O\mu$ de l'origine également invariable. On a :

$$\delta = \overline{ON} = \frac{\sqrt{2T}}{G}, \qquad \overline{O\mu} = G.$$

525. **Polodie.** — Tout se passe en définitive comme si l'ellipsoïde d'inertie *de centre fixe* O roulait sur un plan P également fixe, en restant tangent à ce plan (§ 94). L'axe instantané de rotation OM est la droite qui va du centre de l'ellipsoïde au point de tangence. La

vitesse instantanée $\omega = \rho\sqrt{2T}$, est proportionnelle à la longueur ρ du rayon vecteur $\overline{OM}$.

On appelle *polodie* le lieu *sur l'ellipsoïde* des points M. Il est défini par la condition que le plan tangent soit à une distance invariable du centre de l'ellipsoïde d'inertie :

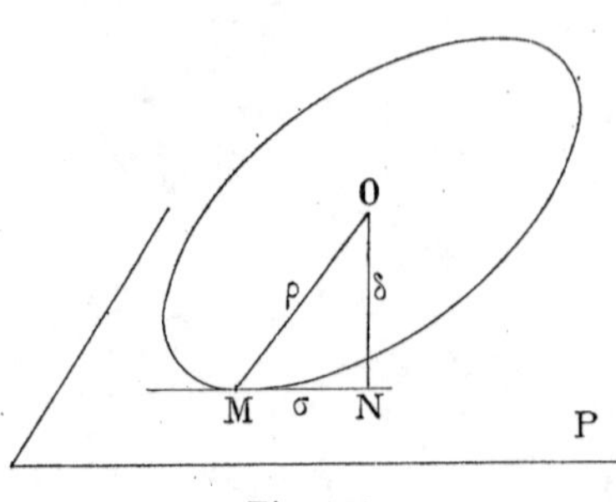

Fig. 370.

$$Ax^2 + By^2 + Cz^2 = 1. \quad (1)$$

On a :

$$\delta = 1 : \sqrt{A^2x^2 + B^2y^2 + C^2z^2},$$

$$A^2x^2 + B^2y^2 + C^2z^2 = 1 : \delta^2. \quad (2)$$

Retranchons l'équation (2) de l'équation (1) après avoir divisé les deux membres de celle-ci par δ^2; il vient :

$$A\left(\frac{1}{\delta^2} - A\right)x^2 + B\left(\frac{1}{\delta^2} - B\right)y^2 + C\left(\frac{1}{\delta^2} - C\right)z^2 = 0. \quad (3)$$

L'équation (3) représente un cône du second degré dont le sommet est à l'origine et qui passe par le lieu cherché.

Posons $A > B > C$. Par définition même de la quantité δ, δ^2 doit avoir pour limite supérieure $1 : C$, pour limite inférieure $1 : A$.

Si δ prend l'une ou l'autre de ses valeurs limites, le cône (3) devient :

$$B(A - B)y^2 + C(A - C)z^2 = 0,$$

$$A(A - C)x^2 + B(B - C)y^2 = 0.$$

Dans le premier cas, le cône se réduit à l'axe des x $(y = z = 0)$: la polodie est constituée par les extrémités de cet axe.

Dans le second, le cône se réduit à l'axe des z $(x = y = 0)$: la polodie est constituée par les extrémités de cet axe.

Si l'on a : $1 : \delta^2 = B$, le cône devient :

$$A(A - B)x^2 - C(B - C)z^2 = 0;$$

il est formé par deux plans *réels*, tandis que dans les deux cas précédents ces plans étaient *imaginaires*. On a :

$$\frac{z}{x} = \sqrt{\frac{A}{C}\,\frac{A - B}{B - C}}. \quad (4)$$

La polodie se réduit donc à deux ellipses planes.

La polodie est donc généralement composée de deux courbes fermées, symétriques par rapport aux plans de symétrie de l'ellipsoïde, entourant les sommets du petit axe (axe Ox, faisceau I), ou les sommets du grand axe (axe Oz, faisceau II). Comme cas limites, elle se réduit à deux points qui sont les sommets de l'un ou l'autre de ces axes. Comme cas intermédiaire, elle se compose de deux ellipses planes.

Pour obtenir les projections de la polodie sur les plans coordonnés, il suffit d'éliminer x, y, ou z, entre les équations (1) et (2).

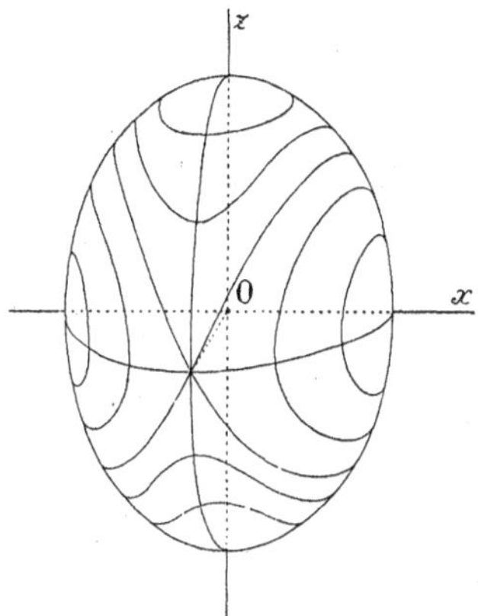

Fig. 371.

Les faisceaux I et II se projettent sous formes de morceaux d'hyperboles sur le plan xOz :

$$\delta^2[A(A-B)x^2 - C(B-C)z^2] = 1 - B\delta^2.$$

Elles admettent toutes les mêmes asymptotes qui sont définies par l'équation (4).

Les faisceaux I et II se projettent sous formes d'ellipses sur les deux autres plans coordonnés. Sur le plan yOz, le faisceau I, qui entoure Ox, se projette sous forme d'ellipses entières ; le faisceau II, sous forme de fragments d'ellipses. C'est l'inverse pour les projections sur le plan yOx. Voici leurs équations :

$$\delta^2[B(A-B)y^2 + C(A-C)z^2] = A\delta^2 - 1,$$
$$\delta^2[A(A-C)x^2 + B(B-C)y^2] = 1 - C\delta^2.$$

526. **Herpolodie.** — L'*herpolodie* est le lieu des points de contact de l'ellipsoïde d'inertie avec le plan tangent invariable. C'est généralement une courbe non fermée, tangente à deux cercles dont les centres coïncident avec le pied N de la perpendiculaire abaissée du point O, centre de l'ellipsoïde d'inertie, sur le plan invariable P.

Appelons σ le rayon vecteur de l'herpolodie (fig. 370) ; on a généralement :

$$\sigma^2 = \rho^2 - \delta^2.$$

Comme ρ varie entre deux limites et que δ est invariable, σ varie lui-même entre deux limites ; d'où la proposition précédente (fig. 372).

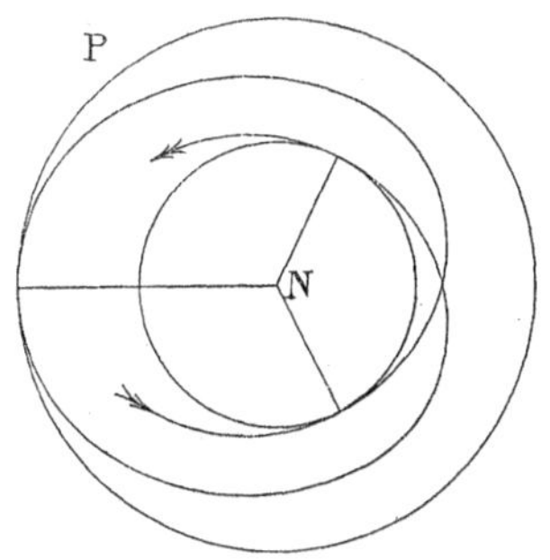

Fig. 372.

Quand le corps tourne autour des axes Ox et Oz, l'herpolodie se réduit à des points. Les deux cercles limites sont confondus et ont un rayon nul.

Il n'en est plus de même quand la condition :

$$B\delta^2 = 1, \qquad G^2 = 2BT,$$

est satisfaite. Elle signifie que la distance δ est précisément égale à l'axe moyen de l'ellipsoïde d'inertie. Dans

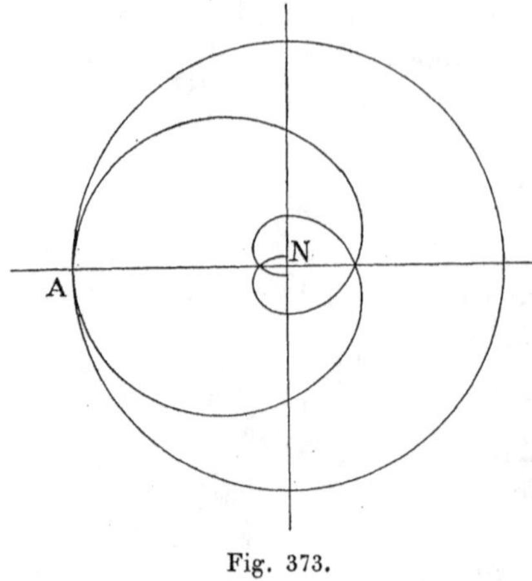

Fig. 373.

ce cas, la polodie se compose des ellipses intermédiaires. Quant à l'herpolodie (fig. 373), elle est comprise entre un cercle de rayon σ_1 et un cercle de rayon nul.

On démontre que c'est une double spirale admettant le point N comme point asymptote. Sa longueur est du reste invariable; chaque branche de spirale, entre le point le plus éloigné A et le point asymptote N, a pour longueur un quart de l'ellipse intermédiaire.

527. **Stabilité.** — Si le corps commence à tourner autour du grand axe ou autour du petit axe de l'ellipsoïde d'inertie, il continue indéfiniment sa rotation autour de ces axes : la polodie se réduit en effet à un point. La rotation est stable : cela signifie que si le corps est soumis momentanément à une force extérieure et un peu dérangé de sa position, sa nouvelle polodie est une courbe fermée très rapprochée du point autour duquel il tournait.

Si au contraire il tourne autour de l'axe moyen, la stabilité est nulle. A peine dérangé, il prend pour polodie une courbe fermée autour de l'un des deux autres axes; le mouvement est alors complètement modifié.

Exceptionnellement, il peut avoir pour nouvelle polodie l'une des deux ellipses intermédiaires. Le point de tangence se mettra à parcourir la double spirale : le corps tendra donc à se retourner bout pour bout; mais il ne parviendra à décrire l'herpolodie complète qu'en un temps infini.

528. **Corps de révolution.** — Faisons dans les paragraphes précédents $A = B$. Il est évident, d'après la figure 371, que la polodie devient une courbe plane normale à l'axe Oz; c'est un parallèle de l'ellipsoïde d'inertie qui est de révolution (fig. 374).

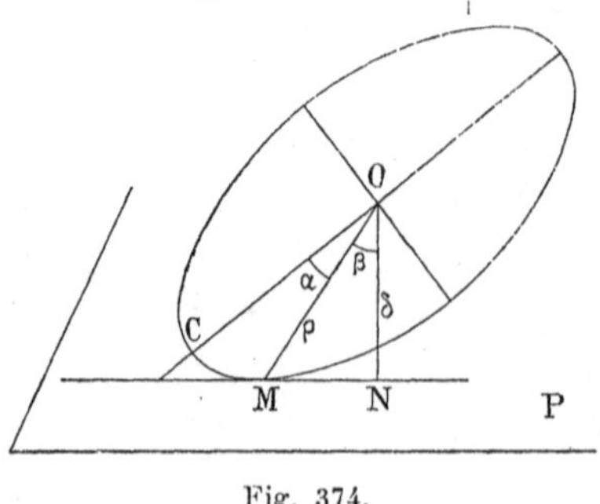

Fig. 374.

L'axe instantané OM fait un angle constant α avec l'axe principal d'inertie OC; la normale ON au plan invariable fait avec OC un angle constant β. On a :

$$r = \omega \cos \alpha, \qquad p^2 + q^2 = \omega^2 \sin^2 \alpha;$$

$$G^2 = \omega^2(A^2 \sin^2 \alpha + C^2 \cos^2 \alpha), \qquad 2T = \omega^2(A \sin^2 \alpha + C \cos^2 \alpha);$$

$$\operatorname{tg} \beta = \frac{A}{C} \operatorname{tg} \alpha; \qquad \cos \beta = \frac{C \cos \alpha}{\sqrt{A^2 \sin^2 \alpha + C^2 \cos^2 \alpha}},$$

$$\sin \beta = \frac{A \sin \alpha}{\sqrt{A^2 \sin^2 \alpha + C^2 \cos^2 \alpha}}.$$

Ainsi le phénomène entier se calcule aisément. La vitesse angulaire du corps est constante; l'herpolodie est un cercle de rayon MN. Les lignes fondamentales OM, ON, OC, décrivent des cônes circulaires par rapport au corps ou dans l'espace absolu.

Les lignes OC et OM sont toujours dans le même plan avec ON. Elles tournent autour de ON avec une vitesse angulaire Ω qui satisfait à la relation :

$$\Omega \sin \beta = \omega \sin \alpha.$$

On l'établit en écrivant que le déplacement du point C peut être aussi bien considéré comme une rotation de vitesse ω autour de OM ou une rotation de vitesse Ω autour de ON.

En définitive, un corps dont l'ellipsoïde d'inertie est de révolution, qui est lancé n'importe comment autour d'un point fixe et qui n'est soumis à aucune force, est animé d'un mouvement *de précession uniforme sans nutation.*

Nous allons voir qu'il peut encore en être ainsi quand le corps est soumis à un couple (§ 531).

Couples L, M, N, non nuls.

529. **Corps de révolution autour de l'axe** Oz. — Pour ne pas compliquer outre mesure un sujet qui n'est pas simple, nous nous limiterons dès l'instant au cas d'un corps de révolution.

Nous rapporterons le corps aux axes OA, OB, Oz (fig. 367) : nous poserons $A = B$.

Dérivons par rapport au temps les équations (1) du § 519 :

$$\frac{dp_1}{dt} = \frac{dp}{dt} \cos \varphi - \frac{dq}{dt} \sin \varphi - q_1 \frac{d\varphi}{dt},$$

$$\frac{dq_1}{dt} = \frac{dp}{dt} \sin \varphi + \frac{dq}{dt} \cos \varphi + p_1 \frac{d\varphi}{dt}.$$

Soient L_1, M_1, N, les moments des couples par rapport à OA, OB, Oz :

$$L_1 = L \cos \varphi - M \sin \varphi,$$

$$M_1 = L \sin \varphi + M \cos \varphi.$$

Multiplions la première équation d'Euler par $\cos \varphi$, la seconde par

$-\sin\varphi$; additionnons. Multiplions la première par $\sin\varphi$, la seconde par $\cos\varphi$ et additionnons. Il vient :

$$A\frac{dp_1}{dt}+(C-A)rq_1+Aq_1\frac{d\varphi}{dt}=L_1,$$
$$A\frac{dq_1}{dt}+(A-C)rp_1-Ap_1\frac{d\varphi}{dt}=M_1, \qquad \text{(II)}$$
$$C\frac{dr}{dt}=N.$$

Enfin utilisons les formules (4) du § 519; nous obtenons le système :

$$A\frac{d\theta'}{dt}+(C-A)\sin\theta\cos\theta\,\psi'^2+C\sin\theta\,\psi'\varphi'=L_1,$$
$$A\sin\theta\frac{d\psi'}{dt}-(C-2A)\cos\theta\,\psi'\theta'-C\theta'\varphi'=M_1, \qquad \text{(III)}$$
$$C\left(\frac{d\varphi'}{dt}+\frac{d\psi'}{dt}\cos\theta-\theta'\psi'\sin\theta\right)=N.$$

On peut donner à ces équations une forme plus commode. Ajoutons membre à membre les deux premières après les avoir multipliées respectivement par θ' et $\psi'\sin\theta$. Multiplions la seconde par $\sin\theta$.

$$A\frac{d}{dt}(\theta'^2+\psi'^2\sin^2\theta)=2(L_1\theta'+M_1\psi'\sin\theta),$$
$$A\frac{d}{dt}(\psi'\sin^2\theta)+C(\varphi'+\psi'\cos\theta)\frac{d(\cos\theta)}{dt}=M_1\sin\theta, \qquad \text{(IV)}$$
$$C\frac{d}{dt}(\varphi'+\psi'\cos\theta)=N.$$

La force vive T du corps est donnée par la relation :

$$2T=A(\theta'^2+\psi'^2\sin^2\theta)+C(\varphi'+\psi'\cos\theta)^2.$$

530. **Emploi des équations de Lagrange.** — C'est un excellent exercice de déduire les équations précédentes III ou IV des équations de Lagrange.

Écrivons la force vive et le travail élémentaire $d\mathfrak{T}$ en fonction de p, q, r :

$$2T=Ap^2+Bq^2+Cr^2, \qquad d\mathfrak{T}=(Lp+Mq+Nr)dt.$$

Mais nous ne pouvons pas prendre p, q, r, comme coordonnées généralisées. Ces variables déterminent le mouvement à chaque instant, mais non la position. Pour connaître la position actuelle, il faut avoir déterminé leurs valeurs successives en fonction du temps, à partir d'une position connue.

Changeons donc de variables et introduisons les coordonnés θ, φ, ψ. Bornons-nous au cas d'un corps de révolution autour de l'axe Oz.

On a : $2T = A(\theta'^2 + \psi'^2 \sin^2\theta) + C(\varphi' + \psi' \cos\theta)^2$:

$$d\mathfrak{T} : dt = (\theta' \cos\varphi + \psi' \sin\theta \sin\varphi)L + (-\theta' \sin\varphi + \psi' \sin\theta \cos\varphi)M + (\varphi' + \psi' \cos\theta)N.$$

Introduisons les quantités L_1, M_1 :

$$d\mathfrak{T} : dt = \theta' L_1 + \psi'(M_1 \sin\theta + N \cos\theta) + \varphi' N.$$

Enfin rappelons que, par rapport à une variable θ, l'équation de Lagrange s'écrit : $$\frac{d}{dt}\left(\frac{\partial T}{\partial \theta'}\right) - \frac{\partial T}{\partial \theta} = \Theta,$$

où Θ est le coefficient de $d\theta$ dans l'expression du travail.

On retrouve immédiatement la première et la troisième équation (III). Il suffit de former les équations de Lagrange pour les variable θ et φ. L'équation qui correspond à la variable ψ est :

$$\frac{d}{dt}\left[A\psi' \sin^2\theta + C(\varphi' + \psi' \cos\theta)\cos\theta\right] = M_1 \sin\theta + N \cos\theta.$$

Il suffit de retrancher membre à membre de cette équation la troisième équation (III) multipliée par $\cos\theta$, puis de diviser les deux membres par $\sin\theta$ pour retrouver la deuxième équation (III) qui nous manque.

La marche inverse de celle que nous venons de suivre permettrait aisément d'établir les équations d'Euler à partir de celles de Lagrange appliquées aux variables θ, φ, ψ.

531. **Mouvement stationnaire sans nutation.** — Cherchons à quelles conditions un corps pesant est animé d'une vitesse angulaire constante φ' autour de son axe de révolution et d'une vitesse angulaire constante de précession ψ'.

Il faut poser dans les équations III :

$$\theta' = 0, \qquad d\varphi' : dt = d\psi' : dt = 0.$$

Les deux dernières équations exigent qu'on ait :

$$M_1 = 0, \qquad N = 0.$$

Il ne reste donc que la première qui se réduit à :

$$(C - A)\sin\theta \cos\theta\, \psi'^2 + C \sin\theta\, \psi'\varphi' = L_1. \qquad (1)$$

Le couple appliqué est invariable par rapport au temps ; son axe est dirigé suivant la ligne des nœuds.

Par exemple, le corps est pesant ; son poids est P, la distance de son centre d'inertie au point fixe O est l; on a :

$$L_1 = Pl \sin\theta,$$

$$(C - A)\cos\theta\, \psi'^2 + C\psi'\varphi' = Pl. \qquad (1')$$

On arrive immédiatement à l'équation (1) en appliquant le principe énoncé au § 523.

Connaissant les vitesses ψ' et φ', calculons les vitesses suivant les axes principaux d'inertie, en nous souvenant que le corps est de révolution autour de Oz. On a d'après les formules générales, ou simplement par l'inspection de la figure 375 :

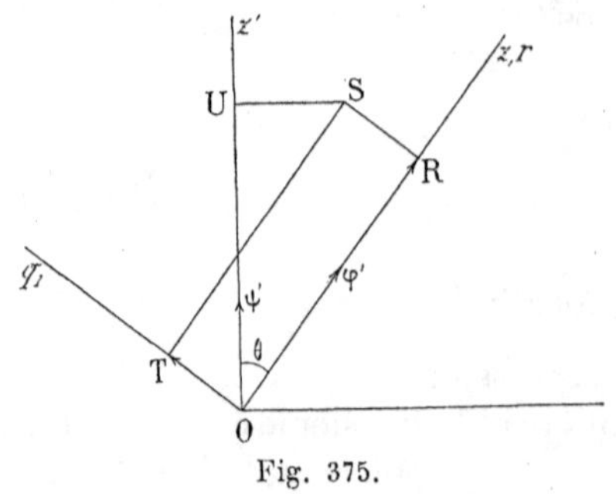

Fig. 375.

$$q_1 = \psi' \sin \theta, \quad r = \varphi' + \psi' \cos \theta.$$

Soit :

$$\overline{OR} = Cr = C(\varphi' + \psi' \cos \theta),$$

$$\overline{OT} = Aq_1 = A\psi' \sin \theta.$$

Le vecteur $\overline{OS}$, résultant des vecteurs $\overline{OT}$ et $\overline{OR}$, représente le *moment angulaire*. Cherchons la vitesse de son extrémité S.

Le point S décrit une circonférence de rayon $\overline{US}$ avec une vitesse ψ' : sa vitesse est donc $\overline{US} \cdot \psi'$:

$$\overline{US} = \overline{OR} \sin \theta - \overline{OT} \cos \theta = Cr \sin \theta - Aq_1 \cos \theta,$$

$$\overline{US} = C \sin \theta(\varphi' + \psi' \cos \theta) - A\psi' \sin \theta \cos \theta.$$

Écrivons que la vitesse du point S est égale au couple appliqué :

$$(C - A) \sin \theta \cos \theta \, \psi'^2 + C \sin \theta \, \varphi' \psi' = L_1.$$

C'est l'équation (1).

532. Discussion de la formule. — La vitesse de précession ψ' est toujours très petite vis-à-vis de la vitesse propre φ'.

On peut donc, pour un corps pesant, réduire les formules à :

$$r = \varphi', \qquad C\psi'\varphi' = C\psi' r = Pl.$$

Cela revient à confondre le point S et le point R (fig. 375).

D'où les lois suivantes :

1° Pour un corps donné, la vitesse de précession est sensiblement indépendante de l'inclinaison θ de l'axe de révolution sur la verticale.

2° La vitesse de précession ψ' est en raison inverse de la vitesse de rotation propre φ', ou, ce qui revient au même, de la vitesse de rotation r autour de l'axe de révolution.

3° ψ' et φ' sont de même signe. Cela suppose bien entendu que le couple est positif, c'est-à-dire qu'il tend à mener OT sur OR.

4° Le mouvement de précession est effectivement représenté par le roulement l'un sur l'autre de deux cônes circulaires, l'un fixe, l'autre lié au corps. L'arête de contact étant axe instantané de rotation, il faut prendre pour axes des cônes les droites Oz' et Oz, et déterminer les ouvertures en choisissant pour génératrice de tangence la résultante des vecteurs ψ' et φ', ou, si l'on veut, ψ' et r (fig. 376).

5° La précession est, toutes choses égales d'ailleurs, proportionnelle au couple Pl.

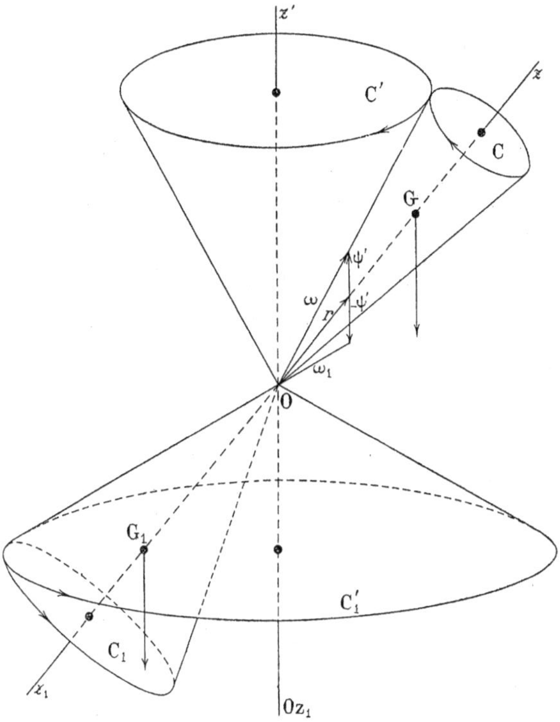

Fig. 376.

533. **Gyroscope.** — Pour vérifier ces propositions, on se sert du *gyroscope*. C'est (fig. 377) un disque de plomb P normal à un axe AA et qu'on met en rotation avec une ficelle. Les pointes de l'axe AA tournent dans des crapaudines creusées aux extrémités des vis V, V', traversant le cercle rigide CC. Un second cercle C'C', à angle droit du premier, protège le disque contre les chocs et permet de le lancer plus aisément.

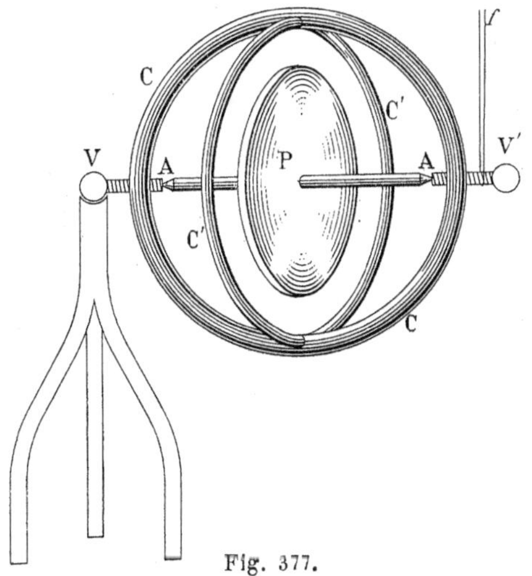

Fig. 377.

Nous conseillons d'utiliser les gyroscopes qu'on trouve dans les bazars pour la somme de 1 à 2 francs. L'étudiant les modifiera de manière à les appliquer aux nombreuses expériences qui suivent. Nous blâmons la manie d'appareils infiniment coûteux pour répéter des expériences vulgaires; il est vrai que si ces expériences amusent les enfants et font la tranquillité des parents, elles sont profondément ignorées des physiciens d'une certaine école. Quant aux professeurs de Mécanique rationnelle de nos Facultés, rien n'est curieux comme de voir un gyroscope entre leurs mains. Ils ne savent par quel bout le prendre et se demandent à quoi ça sert[1].

On lance le disque, on pose la tête de l'une des vis sur un support, on abandonne l'autre vis sans impulsion, l'axe faisant avec la verticale un angle quelconque θ, pouvant prendre toutes les valeurs depuis 0 jusqu'à une limite inférieure à π.

La précession a le sens ci-dessus déterminé; il semble que le tore roule sur un cône situé *au-dessus* de lui. La précession est indépendante de θ comme sens et sensiblement comme grandeur.

La figure 376 représente en G le centre de gravité; en r et ψ' les vitesses. On a construit les deux cônes de roulement. Celui qui a Oz pour axe est naturellement de très petite ouverture, ce qui signifie qu'un très grand nombre de tours autour de Oz n'amènent qu'une petite rotation autour de Oz'.

Pour lâcher le gyroscope sans impulsion, on peut suspendre la vis V' à l'aide d'un fil qu'on brûle pour commencer l'expérience.

534. Changement de sens de la précession. — Soudons au gyroscope une tige sur laquelle se déplace un contrepoids (fig. 379).

[1] Pour lancer commodément le gyroscope, on vissera sur une table une pièce de feuillard S (fig. 378) suffisamment large pour résister aux pressions latérales. On percera un trou dans la table pour recevoir une des vis V du gyroscope. L'autre s'appuiera

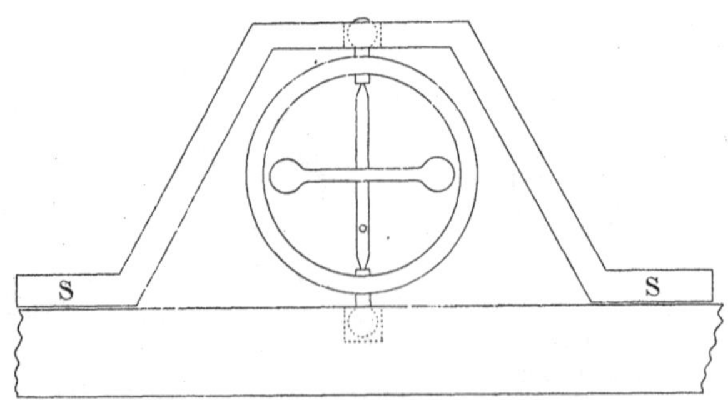

Fig. 378.

contre le fond d'un logement ménagé dans la pièce S. Par ce moyen on ne risquera pas de fausser le gyroscope, ni de l'arrêter entre ses doigts. Du reste, ce procédé de lancement est employé dans les foires pour les toupies qui abattent les quilles.

Nous pouvons faire passer le centre d'inertie d'un côté du point de suspension à l'autre côté : suivant les cas, la précession est dans un sens ou dans l'autre.

L'expérience devient très élégante par l'artifice suivant. Un cornet C est disposé de manière que, plein de sable, il amène le centre d'inertie du côté où il se trouve, et que le centre d'inertie passe de l'autre côté quand le cornet s'est vidé.

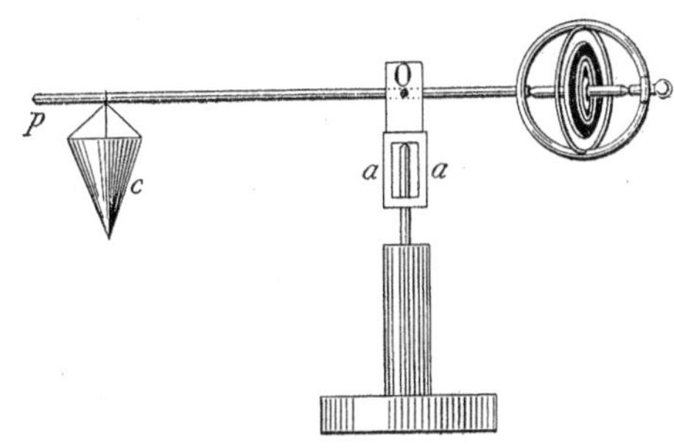

Fig. 379.

On le remplit, on lance le disque, on abandonne le système à lui-même, tout en laissant le sable s'écouler par le bas du cornet. La précession est dans un sens; elle diminue, s'annule quand le centre d'inertie passe sur l'axe de suspension O, change de sens et croît.

Quand le centre d'inertie est en G_1 (fig. 376), tout se passe comme si le cône C_1 roulait *à l'intérieur* du cône fixe C'_1 qui est encore au-dessus de lui. La génératrice de contact ω_1 s'obtient en composant les vitesses $-\psi'$ et r.

535. **Remarque sur les phénomènes du gyroscope.** — On ne saurait croire quelles absurdités se débitent sur le compte du gyroscope. Le nombre des systèmes proposés pour assurer la stabilité au moyen des *seuls* effets gyroscopiques *et sans aucun autre système compensateur,* prouve que la plupart des gens n'ont jamais vu fonctionner un gyroscope et ne se doutent pas de sa théorie. Ils imaginent que le gyroscope possède la propriété mystérieuse de maintenir indéfiniment fixe son axe de rotation malgré les couples appliqués.

Nous voyons qu'il n'en est rien. La vérité est qu'il réagit d'une manière inattendue sous l'influence des couples qu'on lui applique. Quand on s'imagine qu'il va tomber dans un plan vertical, il se meut au contraire dans un plan horizontal. Du reste nous verrons plus loin qu'il commence effectivement par tomber (§ 537); simultanément il prend un mouvement de précession, d'où un couple qui tend à le relever et qui équilibre le couple dû à la pesanteur.

Mais si on l'empêche de prendre sa vitesse de précession, ce couple ne peut naître : le gyroscope tombe. Assurément il exerce alors sur ses appuis une réaction qui peut être considérable, mais cela ne l'empêche pas de tomber tout de même. L'expérience est très simple : avec une règle arrêtons la précession, l'équilibre devient impossible. *A fortiori* l'équilibre est impossible si on imprime une vitesse de précession du sens contraire au sens qui assure l'équilibre.

Inversement, si on exagère la vitesse de précession, le corps se relève contre l'action de la pesanteur.

Ces deux faits rentrent dans la règle plus générale que *les axes des rotations propres et de précession tendent à se disposer parallèlement et avec des rotations de même sens.*

Par exemple, que le centre d'inertie soit en G ou en G_1, le sens de la précession sera tel par rapport au sens de la rotation propre, que les axes, *en cherchant à se disposer parallèlement avec des vitesses de rotation de même sens,* créent un empêchement à l'action de la pesanteur.

536. **Stabilisation d'une oscillation.** — Un gyroscope porte, soudée à l'un des cercles de garde, une plaque ABCD dont le pourtour AB est un cercle de centre O (fig. 380).

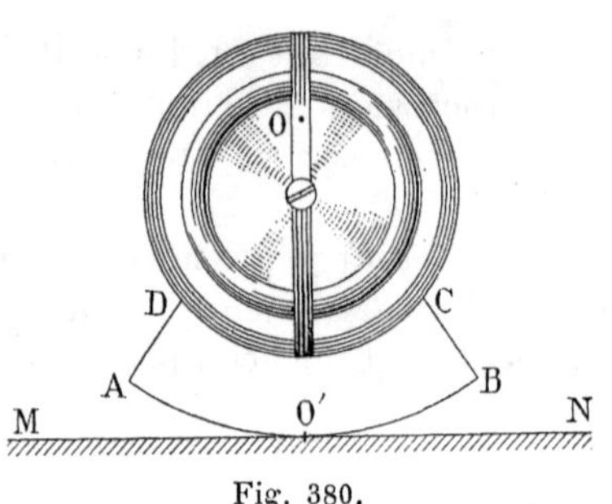

Fig. 380.

L'axe du gyroscope est normal au tableau.

Si le gyroscope ne tourne pas, il ne peut rester en équilibre stable debout sur la plaque AB.

Il existe bien *dans le tableau* une position d'équilibre stable, telle que le point O', qui est de tous les points de la courbe AB le plus rapproché du centre d'inertie, touche le plan horizontal MN. Mais l'équilibre est instable pour les déplacements du centre d'inertie normalement au tableau.

Lançons le disque du gyroscope; on peut alors faire osciller l'appareil debout sur la courbe AB. Il oscille, autour de la position représentée, avec une période qui ne dépend pas de la vitesse de rotation.

Bien entendu, il faut que l'appareil puisse pivoter librement sur le plan MN autour d'un axe vertical, autrement dit, il faut que les mouvements de précession soient possibles. C'est à cette condition que le gyroscope ne tombe pas.

537. **Mouvement avec nutation.** — Reprenons les équations générales sous la forme IV (§ 529) avec les conditions

$$L_1 = Pl \sin\theta, \qquad M_1 = 0, \qquad N = 0.$$

La dernière équation donne :

$$\varphi' + \psi' \cos\theta = r = r_0 = \text{Constante};$$

la projection de la rotation instantanée sur l'axe de révolution du corps est invariable.

Bornons-nous au cas où l'appareil est lâché sans autre vitesse que la rotation autour de son axe de figure. L'inclinaison initiale est θ_0.

L'intégration des deux premières équations IV donne immédiatement :

$$\begin{aligned} A(\theta'^2+\psi'^2\sin^2\theta) &= 2Pl(\cos\theta_0-\cos\theta), \\ A\psi'\sin^2\theta &= Cr_0(\cos\theta_0-\cos\theta), \end{aligned} \tag{1}$$

équations qui déterminent complètement θ et ψ.

Si l'on connaissait θ en fonction du temps, l'une ou l'autre équation donnerait ψ par une quadrature. Occupons-nous donc de déterminer θ. Éliminons ψ' entre les deux équations :

$$A^2\theta'^2\sin^2\theta = 2PlA\sin^2\theta(\cos\theta_0-\cos\theta)-C^2r_0^2(\cos\theta_0-\cos\theta)^2. \tag{2}$$

Le second membre doit être positif pour toutes les inclinaisons admissibles. Cherchons à l'annuler.

Divisons-le par $(\cos\theta_0-\cos\theta)$; il reste :

$$2PlA\sin^2\theta-C^2r_0^2(\cos\theta_0-\cos\theta)=F_1-F_2. \tag{3}$$

Traçons les courbes F_1 et F_2 en fonction de θ; il est évident que $F_1=F_2$, pour une seule valeur de θ comprise entre θ_0 et π (fig. 381). Nous l'appellerons θ_1.

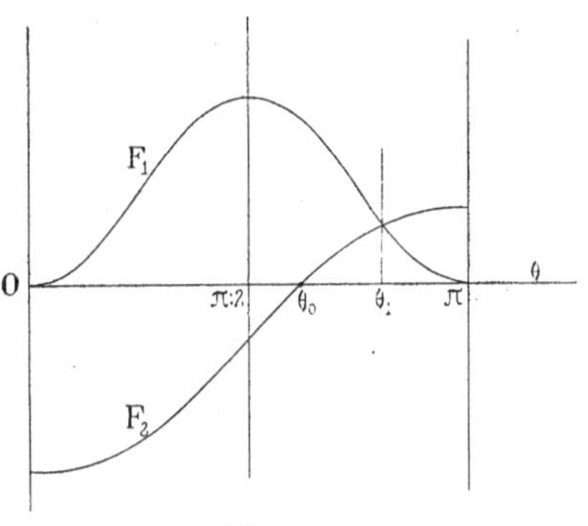

Fig. 381.

L'axe de révolution du corps oscille donc entre les angles θ_0 et θ_1: *c'est en cela que consiste la nutation.*

L'hypothèse que nous lâchons le corps sans autre vitesse que sa rotation autour de son axe de révolution, se traduit par ce résultat que l'une des limites θ_0 est précisément l'inclinaison au moment où nous abandonnons le système à lui-même.

Pour déterminer la période du mouvement de nutation, ramenons l'équation (1) à la forme typique des intégrales elliptiques de première espèce. Nous procédons comme au § 449. Nous pouvons écrire :

$$dt=Ad\theta\sin\theta : \sqrt{[2PlA(1-\cos^2\theta)-C^2r_0^2(\cos\theta_0-\cos\theta)](\cos\theta_0-\cos\theta)}.$$

Posons $a=C^2r_0^2 : 2PlA$; nous avons encore :

$$dt=\sqrt{\frac{A}{2Pl}}\,d\theta\sin\theta : \sqrt{[1-\cos^2\theta-a(\cos\theta_0-\cos\theta)](\cos\theta_0-\cos\theta)}.$$

Le coefficient de $\cos^3\theta$ est 1, le coefficient de $\cos\theta$ est $2a\cos\theta_0$. Appelons ρ la troisième racine ; d'après les propriétés des racines des équations algébriques, on a :

$$\cos\theta_0\cos\theta_1+\rho(\cos\theta_0+\cos\theta_1)=2a\cos\theta_0,$$

$$\rho=(2a\cos\theta_0-\cos\theta_0\cos\theta_1):(\cos\theta_0+\cos\theta_1).$$

Nous pouvons enfin écrire :

$$dt = \sqrt{\frac{A}{2Pl}} \frac{d\theta \sin\theta}{\sqrt{(\cos\theta_0 - \cos\theta)(\cos\theta - \cos\theta_1)(\rho - \cos\theta)}}.$$

Posons : $\cos\theta_0 - \cos\theta = (\cos\theta_0 - \cos\theta_1)\cos^2\varphi,$

$$\cos\theta - \cos\theta_1 = (\cos\theta_0 - \cos\theta_1)\sin^2\varphi,$$

$$d\theta \sin\theta = -2(\cos\theta_0 - \cos\theta_1)\sin\varphi\cos\varphi\, d\varphi.$$

Il vient : $$dt = \sqrt{\frac{2A}{Pl}} \frac{d\varphi}{\sqrt{\rho - \cos\theta}},$$

$$\rho - \cos\theta = \rho - \cos\theta_1 - (\cos\theta_0 - \cos\theta_1)\sin^2\varphi.$$

D'où : $$dt = \sqrt{\frac{2A}{Pl}} \frac{1}{\sqrt{\rho - \cos\theta_1}} \frac{d\varphi}{\sqrt{1 - k^2\sin^2\varphi}};$$

avec les conditions :

$$k^2 = (\cos\theta_0 - \cos\theta_1) : (\rho - \cos\theta_1),$$

$$\frac{1}{\sqrt{\rho - \cos\theta_1}} = \sqrt{\frac{\cos\theta_0 + \cos\theta_1}{2a\cos\theta_0 - 2\cos\theta_0\cos\theta_1 - \cos^2\theta_1}}.$$

En particulier, si θ_0 diffère très peu de θ_1, k^2 est très petit. De plus, a est généralement une quantité très grande devant l'unité. Il reste simplement :

$$\frac{1}{\sqrt{\rho - \cos\theta_1}} = \sqrt{\frac{1}{a}}, \qquad dt = \sqrt{\frac{2A}{Pla}}\, d\varphi.$$

Pour avoir la période, il faut généralement intégrer entre 0 et π et multiplier par deux. Dans le cas où θ_0 et θ_1 sont très voisins, on a :

$$T = \pi\sqrt{\frac{2A}{Pla}} = 2\pi\frac{A}{Cr_0}.$$

538. **Calcul approché.** — En fait, dans le cas particulier étudié, les limites θ_0 et θ_1 sont toujours extrêmement voisines. Écrivons donc :

$$\theta = \theta_0 + \varepsilon,$$

et négligeons tous les termes d'ordre supérieur à ε^2. On a :

$$\cos\theta = \cos\theta_0 - \varepsilon\sin\theta_0,$$

$$\sin\theta = \sin\theta_0 + \varepsilon\cos\theta_0.$$

L'équation (2) du § 537 se simplifie et devient :

$$A^2\left(\frac{d\varepsilon}{dt}\right)^2 = 2PlA\sin\theta_0\varepsilon - C^2r_0^2\varepsilon^2. \qquad (1)$$

Il y a bien un terme $4PlA\varepsilon^2\cos\theta_0$, mais il est négligeable devant le terme en ε^2 que nous conservons; en effet r_0 est généralement très grand.

L'équation (1) a pour intégrale :

$$\varepsilon = \frac{Pl A \sin\theta_0}{C^2 r_0^2}\left[1 + \sin\left(\frac{Cr_0}{A}\,t\right)\right].$$

C'est un mouvement sinusoïdal de période :

$$\frac{2\pi}{T} = \frac{Cr_0}{A}, \qquad T = 2\pi\frac{A}{Cr_0}.$$

L'amplitude est la moitié de l'angle $\varepsilon = \theta_1 - \theta_0$, qui sépare les deux positions pour lesquelles la vitesse de nutation est nulle. Il suffit d'égaler à 0 le second nombre de l'équation (1) pour obtenir ces positions.

Pour déterminer ψ avec la même approximation, utilisons la seconde équation (1) du § 537 simplifiée :

$$A\psi' \sin\theta_0 = Cr_0\varepsilon, \qquad \psi = \frac{Plt}{Cr_0} - \frac{PlA}{C^2r_0^2}\cos\left(\frac{Cr_0}{A}\,t\right).$$

Ainsi, abstraction faite du second terme très petit qui est oscillatoire, la précession se fait avec une vitesse constante. Les oscillations de la précession et de la nutation ont même période ; elles sont décalées l'une par rapport à l'autre de $\pi : 2$.

Cherchons la projection de la trajectoire sur un plan normal à l'axe Oz'.

Supposons que ε et ψ soient les coordonnées rectangulaires d'un point. Nous pouvons poser :

$$\varepsilon = a(1 + \sin nt), \qquad \psi = b(nt - \cos nt).$$

Si on avait $a = b$, ces équations seraient celles d'une cycloïde (§ 85). Comme $a < b$, la cycloïde une fois décrite est diminuée dans un rapport constant parallèlement à l'axe des ε. Du reste cela ne change pas sa forme ; elle présente d'un côté des points de rebroussement, de l'autre des maximums ordinaires.

Mais ε et ψ ne sont pas des coordonnées rectangulaires ; ε peut être considérée comme une coordonnée *radiale*, ψ comme une coordonnée *tangentielle*. La courbe aura donc la forme d'une *épicycloïde ordinaire* (courbe engendrée par un point d'une circonférence qui roule sur une autre circonférence soit extérieurement, soit intérieurement), épicycloïde plus ou moins diminuée dans un rapport constant suivant les rayons (fig. 382).

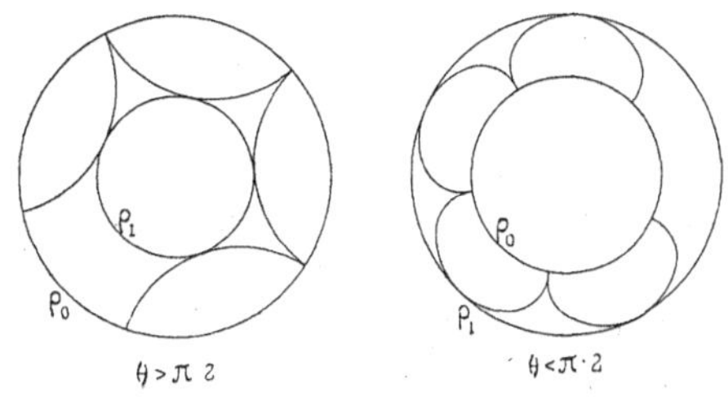

Fig. 382.

La trajectoire du centre d'inertie projetée sur le plan normal à Oz' est donc comprise entre deux cercles de rayons ρ_0 et ρ_1. On a généralement :

$$\rho = l \sin \theta.$$

Les rebroussements sont toujours sur le cercle le plus haut, quand on abandonne le système sans vitesse de précession. *Le corps commence par tomber verticalement.*

Suivant que θ_0 est plus petit ou plus grand que $\pi : 2$, la projection du cercle le plus haut est à l'intérieur ou à l'extérieur de la projection du cercle le plus bas.

Si le corps est abandonné avec une vitesse de précession non nulle, les phénomènes sont analogues aux précédents, mais les épicycloïdes sont *allongées* ou *raccourcies*. Les rebroussements disparaissent; ils sont remplacés dans le second cas par des boucles; dans le premier, la courbe a vaguement la forme d'une sinusoïde.

539. **Manipulation.** — L'inscription du phénomène est facile lorsque les angles θ_0 et θ_1 sont petits. On suspend le gyroscope muni d'une tige par un bout de fil fin, ou mieux par une suspension à la cardan à ressort, telle que celle décrite au § 453. On peut alors utiliser une vitesse r_0 aussi petite qu'on veut et exagérer la nutation. Le cercle ρ_0 sur lequel se trouvent les rebroussements est naturellement extérieur au cercle ρ_1.

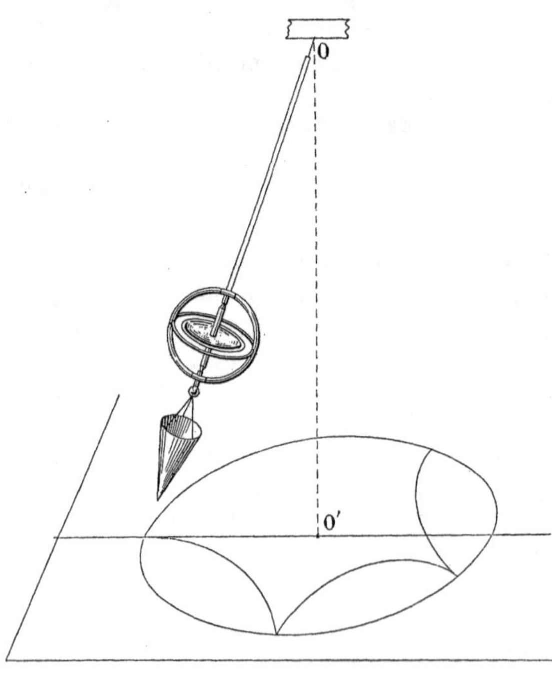

Fig. 383.

On trace aisément la courbe en suspendant au pendule un cornet de sable qui se vide lentement (fig. 383).

Si la vitesse r_0 est très petite, les lignes courbes qui joignent les rebroussements passent sensiblement par la projection du point fixe O.

540. **Couple appliqué au gyroscope; manipulations.** — Annulons l'action de la pesanteur par des liaisons convenables. Le gyro-

scope (fig. 384) est monté sur deux axes qui passent par son centre d'inertie. L'un d'eux est vertical et correspond à l'axe Oz' de la figure 367. L'autre est horizontal et toujours normal à l'axe principal autour duquel tourne le gyroscope ; il correspond à la ligne des nœuds OA de la même figure.

L'appareil permet donc de faire varier à son gré la nutation θ (rotation autour de l'axe horizontal), et la précession ψ (rotation autour de l'axe vertical).

Des caoutchoucs peuvent s'enrouler autour des deux axes et exercer des couples.

Le caoutchouc *ab* exerce un couple de rotation L_1. Le caoutchouc *cd* exerce un couple Z dont l'axe est dirigé suivant Oz'. On a :

$$M_1 = Z \sin\theta, \qquad N = Z\cos\theta.$$

Le couple N modifie seulement la vitesse de rotation autour de l'axe principal Oz : nous n'avons pas à nous en occuper.

Nous supposerons toujours r_0 très grand et par conséquent $\varphi' = r_0$, constant tout le temps de l'expérience, malgré l'action du couple N. Récrivons les deux premières équations (III) du § 529 :

$$\begin{aligned} A\frac{d\theta'}{dt} + (C - A)\sin\theta\cos\theta\,\psi'^2 + Cr_0\sin\theta\,.\,\psi' &= L_1, \\ A\sin\theta\frac{d\psi'}{dt} - (C - 2A)\cos\theta\,.\,\psi'\theta' - Cr_0\theta' &= M_1. \end{aligned} \tag{1}$$

Si r_0 est assez grand, ces équations se réduisent à :

$$Cr_0\sin\theta\,.\,\psi' = L_1, \qquad -Cr_0\theta' = M_1. \tag{2}$$

Les véritables équations sont plus compliquées, puisqu'une partie du système (tout ce qui sert de support au gyroscope) est inerte et ne tourne pas. Mais la discussion et les résultats ne sont pas modifiés de ce chef.

541. **Tourniquet.** — *Au début de l'expérience, le caoutchouc ab est enroulé et exerce un couple dont l'axe est dirigé suivant la ligne des nœuds ; le caoutchouc cd est supprimé.*

1° Supposons d'abord la précession impossible, c'est-à-dire la pièce DD invariablement liée au support SS et celui-ci frottant suffisamment sur la table pour rester immobile. On a donc $\psi' = 0$.

Les équations (1) donnent :

$$A\frac{d\theta'}{dt} = L_1, \qquad -Cr_0\theta' = M_1. \tag{3}$$

La première signifie que le gyroscope tourne autour de l'axe horizontal (nutation), comme s'il n'avait aucune rotation propre. La seconde signifie que la rotation crée un couple M_1, et par conséquent un couple Z qui est annulé par la réaction du support.

Si donc nous abandonnons l'appareil à lui-même, il oscille autour de l'axe horizontal comme s'il n'avait pas de rotation propre. Le caoutchouc s'enroule alternativement dans un sens, puis dans l'autre. L'expérience ne nous apprend rien, puisque la réaction du support est quasiment impossible à mesurer.

2° Rendons libre la pièce DD sur un pivot : les phénomènes sont profondément modifiés. Supposons r_0 assez grand; on a :

$$Cr_0 \sin\theta \,.\, \psi' = L_1, \qquad \theta' = 0.$$

Le gyroscope ne tourne plus autour de l'axe horizontal ($\theta' = 0$); *mais il prend une vitesse de précession* ψ' *autour de l'axe* Oz'. *Le sens du mouvement dépend du signe de* $\sin\theta$.

Tel est le cas limite.

Passons au cas réel, celui où la vitesse propre r_0 est grande, mais insuffisante pour rendre absolument négligeables les autres termes.

Il résulte de la première équation (1) que la précession croît; mais de ce qu'il y a précession, on conclut de la seconde équation (1) :

$$A \sin\theta \frac{d\psi'}{dt} - (C - 2A)\cos\theta \,.\, \psi'\theta' - Cr_0\theta' = 0,$$

qu'il y a également nutation. Du reste, chaque fois que $\sin\theta$ est nul, on retombe sur la première équation (3) : tout se passe comme si le corps n'avait pas de rotation propre.

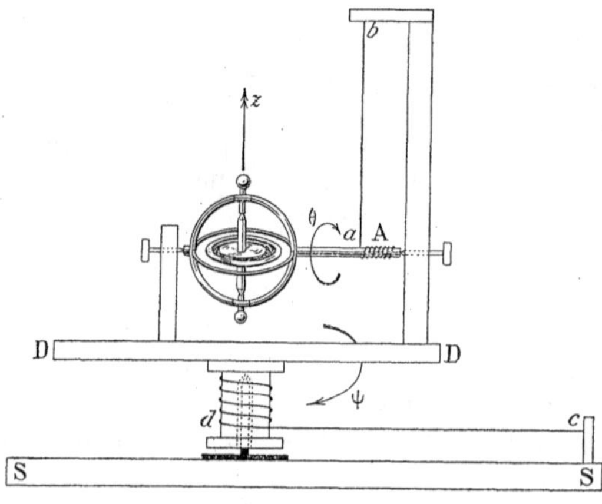

Fig. 384.

D'où les phénomènes suivants qui sont parmi les plus curieux.

Sitôt l'appareil abandonné à lui-même, le gyroscope commence à tourner autour de l'axe horizontal (nutation) dans le sens imposé par la tension du caoutchouc. Le support DD tourne simultanément autour de l'axe Oz' (précession), *dans un sens tel que l'axe de rotation du gyroscope tende à se mettre parallèle à* Oz', *les rotations étant alors de même sens* (règle du § 635).

Cette position atteinte, le support DD s'arrête. Corrélativement ($\sin\theta = 0$) : c'est alors que la vitesse de nutation θ' est maxima.

On dépasse cette position; le support DD se met à tourner en sens inverse ($\sin\theta$ a changé de signe)... Et ainsi de suite. Il y a changement de sens pour la rotation autour de l'axe vertical, chaque fois que l'axe du gyroscope redevient lui-même vertical.

Pour montrer ces phénomènes, on a réalisé une série d'appareils coûteux (tourniquets à tension et à poids de Gruey, ...). Nous ne saurions trop conseiller aux étudiants de construire eux-mêmes l'appareil que nous venons de décrire, en utilisant un gyroscope de bazar. Ils éprouveront un vif plaisir à le modifier et à en étudier les détails : le prix de l'appareil sera de quelques francs.

On prendra le caoutchouc *ab* très mince, de manière que la vitesse de nutation θ' soit toujours petite. C'est nécessaire, parce que le support DD a toujours une inertie relativement grande.

542. **Culbuteur.** — *Au début de l'expérience, le caoutchouc cd est enroulé et exerce un couple d'axe vertical; le caoutchouc ab est supprimé.*

1° Supposons d'abord la nutation impossible; pour cela fixons invariablement les cercles protecteurs du gyroscope au bâti DD. On a $\theta'=0$. Les équations (1) donnent :

$$(C-A)\sin\theta\cos\theta\,\psi'^2+Cr_0\sin\theta\,.\,\psi'=L_1,$$

$$A\sin\theta\frac{d\psi'}{dt}=M_1.$$

La dernière équation ne contient pas r_0. Donc la précession a lieu sous l'influence du caoutchouc *cd*, comme si le gyroscope n'avait pas de rotation propre. La première équation indique l'existence d'un couple L_1 d'axe horizontal qui est détruit par la réaction latérale du pivot sur lequel DD est monté.

L'appareil, abandonné à lui-même, exécute donc des oscillations autour de l'axe vertical, comme si le gyroscope n'avait pas de rotation propre. Le caoutchouc s'enroule alternativement dans un sens, puis dans l'autre, sur le cylindre *d*.

2° Libérons le gyroscope. *Admettons qu'au début de l'expérience son axe soit vertical et qu'il tourne en sens inverse du sens dans lequel le caoutchouc cd entraîne le support.*

L'accélération $d\psi' : dt$ est quasi nulle, *jusqu'à ce que le gyroscope se soit retourné bout pour bout,* son axe se retrouvant vertical et sa rotation étant devenue de même sens que celle que le caoutchouc *cd* imprime au support DD.

La culbute du gyroscope effectuée, le support se lance comme si le gyroscope n'avait pas de rotation propre. Le caoutchouc se déroule d'autour du cylindre formant l'axe vertical; quand il est complètement déroulé, l'énergie cinétique est maxima; le mouvement continue donc, enroulant à nouveau le caoutchouc, mais en sens inverse.

Quand le support arrive à l'extrémité de son oscillation, il s'arrête;

il ne peut rebrousser chemin avant que le gyroscope se soit de nouveau retourné.

Et ainsi de suite : il y a arrêt et culbute du gyroscope à chaque changement de sens de la rotation autour de l'axe vertical.

Retrouvons ce phénomène dans les équations. Soit r_0 très grand; l'équation :

$$Cr_0 \sin\theta \,.\, \psi' = 0,$$

exige que ψ' soit nul, quand $\sin\theta$ ne l'est pas. Une discussion approfondie montre que l'une des solutions de l'équation : $\sin\theta = 0$, correspond à l'équilibre stable, l'autre à l'équilibre instable.

3° Supprimons les caoutchoucs et imprimons à la main des oscillations rapides au support DD autour de son axe vertical. A chaque changement de sens, le gyroscope culbute.

Nous pouvons lui imprimer un mouvement rapide de rotation continue autour de l'axe horizontal, en donnant aux oscillations *d'axe vertical* un rythme convenable.

Les expériences de ce paragraphe se réalisent avec des appareils variés (culbuteur de Hardy, de Gruey, ...). L'appareil que nous avons décrit est le véritable appareil de manipulation, robuste et peu coûteux.

543. **Pendule conique spiraloïde.** — Un gyroscope est attaché, comme l'indique la figure 385, à une corde de caoutchouc de quelques millimètres de diamètre. Au début de l'expérience, le caoutchouc est tordu sur lui-même d'une dizaine de tours par exemple, le gyroscope est lancé et l'appareil est abandonné à lui-même dans la position G.

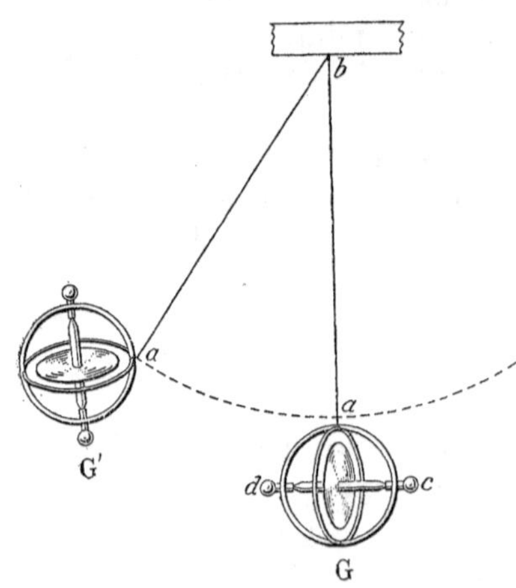

Fig. 385.

Sous l'influence de la torsion du caoutchouc qui agit ici comme le caoutchouc *ab* de la figure 384, le gyroscope tend à s'écarter de la verticale. Il sera donc transformé en un pendule conique. Mais la tendance des axes de rotation au parallélisme incline l'axe de rotation propre du gyroscope : le système se placera donc comme il est représenté en G'. Du reste, dans la rotation autour de la verticale primitive *ab*, le plan du cercle *acd* de la suspension du gyroscope passera toujours par la verticale *ab*.

Le caoutchouc se détordra donc. Mais quand il sera complètement détordu, l'appareil tournera avec une certaine vitesse autour de la verticale *ab* : le caoutchouc se retordra en sens inverse, pendant que diminuera l'amplitude de l'oscillation conique et que, simultanément, l'axe de rotation propre du gyroscope tendra à redevenir horizontal. Pendant la demi-oscillation due à la torsion du caoutchouc, le centre de gravité du gyroscope aura donc décrit sur une surface quasiment sphérique une double spirale l'écartant, puis le rapprochant, de la verticale.

Il recommencera dans la demi-oscillation suivante, mais c'est alternativement le bout *c* ou le bout *d* de l'axe de rotation propre qui se relèvera : la tendance au parallélisme des axes de rotation indique immédiatement le sens de l'inclinaison.

544. Petites oscillations simultanées de précession et de nutation; forces gyroscopiques. — Supposons que θ reste toujours voisin de $\pi : 2$, de manière qu'on puisse poser :

$$\theta = \pi : 2 - \Theta, \qquad \sin\theta = \cos\Theta = 1, \qquad \cos\theta = \sin\Theta = \Theta.$$

Admettons qu'il s'agisse de petites oscillations; laissons de côté toutes les quantités où se trouvent les carrés ou les produits de Θ, ψ, Θ', ψ'.

Reprenons les équations III du § 529. Faisons $N = 0$.

La troisième donne :

$$\varphi' + \psi' \cos\theta = \varphi' + \Theta\psi' = \varphi' = K = \text{Constante}.$$

Grâce à cette relation, les deux premières s'écrivent :

$$-A\Theta'' + CK\psi' = L_1,$$
$$A\psi'' + CK\Theta' = M_1.$$

Appliquons maintenant des couples L_1 et M_1 proportionnels aux variables Θ et ψ.

Le couple L_1 doit avoir son axe dirigé suivant OA (fig. 367), perpendiculairement aux axes Oz, Oz'. Il doit tendre à ramener l'axe de rotation Oz suivant Oz' proportionnellement à $\sin\Theta = \cos\theta$.

Le couple M_1 a son axe à la fois perpendiculaire à Oz et à la ligne des nœuds. Comme Oz est à peu près perpendiculaire à Oz' et que la ligne des nœuds, où qu'elle soit, est rigoureusement perpendiculaire à Oz', l'axe du couple M_1 coïncide très approximativement avec Oz'. Il tend donc à ramener l'axe de rotation dans un azimut invariable, et cela proportionnellement à la variable ψ comptée à partir de la position d'équilibre.

Ceci posé, voici l'expérience très curieuse que nous engageons vivement à répéter; on construira l'appareil soi-même à partir d'un gyroscope de bazar.

Un gyroscope est pourvu d'une pointe et d'un manche AB normal à l'axe de rotation. Des sphères S et S' augmentent les moments d'inertie principaux. Une petite barre *bb* est soudée normalement au manche. Enfin deux caoutchoucs minces *ab* s'attachent à des points fixes *a* et aux extrémités *b* de la barre transversale.

L'appareil a trois degrés de liberté. Le premier dans le tableau, nous le négligeons ; le phénomène est identique à celui du § 408.

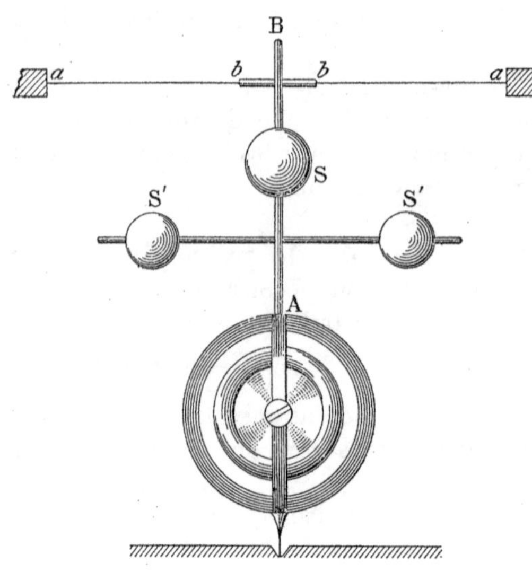

Fig. 386.

Le second normalement au tableau : il correspond à la variable Θ. Le caoutchouc ramène le manche dans le tableau ; l'axe de rotation du disque oscille de part et d'autre du plan horizontal. Quand le disque ne tourne pas, la durée d'oscillation est réglée par la tension des caoutchoucs et par le moment d'inertie de l'appareil par rapport à un axe passant par l'extrémité de la pointe et parallèle au caoutchouc.

Le troisième mouvement indépendant est un mouvement de rotation autour de la verticale ; il correspond à la variable ψ. Grâce à la petite tige *bb*, le caoutchouc ramène l'appareil dans un azimut tel que *bb* lui soit parallèle.

Quand le disque du gyroscope ne tourne pas, la durée d'oscillation est réglée par la tension du caoutchouc, la longueur de la barrette *bb* et le moment d'inertie autour d'un axe vertical.

Lançons le disque du gyroscope, remettons l'appareil en place et écartons de la position d'équilibre normalement au plan du tableau (variable Θ). Immédiatement naît une oscillation autour d'un axe vertical (variable ψ). Et inversement.

Reprenons les notations du § 516 ; les oscillations satisfont aux équations :

$$\Theta'' + B_1\Theta + C\psi' = 0,$$
$$\psi'' + B_2\psi - C\Theta' = 0.$$

Les deux mouvements sont en quadrature :

$$\Theta = \Theta_0 \sin \omega t, \qquad \psi = \psi_0 \cos \omega t.$$

La période du mouvement complexe est :

$$T = \frac{2\pi}{\omega} = \frac{2\pi C}{\sqrt{B_1 B_2}}.$$

Elle est d'autant plus grande que le mouvement du disque est plus rapide. A mesure que le disque s'arrête, elle décroît peu à peu.

L'expérience diffère de la théorie en ce sens que le centre de gravité du système n'est pas immobile; mais, outre qu'il serait possible de le rendre fixe par un montage à la cardan, l'ensemble des phénomènes n'est pas modifié de ce chef.

A la lumière de cette expérience, le lecteur reprendra l'expérience du paragraphe précédent. Il reconnaîtra que c'est en définitive le même phénomène avec cette différence que les oscillations ne sont plus très petites. Le caoutchouc tordu du § 543 joue le rôle du couple résultant de la tension du caoutchouc sur les extrémités de la barrette (variable ψ); c'est la pesanteur qui produit dans le paragraphe précédent le couple ramenant l'axe de rotation du disque dans un plan horizontal.

545. **Phénomènes gyrostatiques dans les navires.** — Imaginons dans un navire une pièce tournant rapidement autour de son axe de figure (armatures des dynamos, gyroscopes systématiquement établis,...). Cherchons les effets du roulis et du tangage.

1° Si l'axe du mobile est dans un plan perpendiculaire à la quille, le tangage n'a pas d'effet. Le roulis produit un couple dont les forces sont appliquées aux coussinets; l'une est dirigée vers l'avant du navire, l'autre vers l'arrière. Si l'axe de rotation est horizontal (fig. 387), ce couple *tend* à faire tourner le navire autour d'un axe vertical, par suite à changer sa direction.

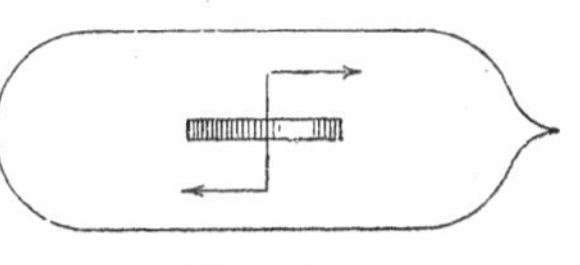

Fig. 387.

Nous sommes dans le cas ordinaire du gyroscope en porte à faux sur son support (§ 533); un couple tend à lui donner de la nutation, il cherche à prendre de la précession.

On peut encore se représenter le phénomène au moyen de l'appareil du § 540 : on tournera la figure 384 de 90°. L'axe du roulis horizontal est alors Oz'. Si le gyroscope est lié au support, nous savons (§ 541, 1°) qu'il naît un couple annulé par la réaction latérale du pivot.

Sur le navire, le couple est annulé par le frottement sur l'eau. Si le navire est petit et l'effet gyroscopique grand, le couple produit une *embardée*.

Mais supposons l'axe du gyroscope libre de se mouvoir autour d'un axe contenu dans le *longitudinal* du navire (plan de symétrie passant par la quille) et normal à la quille (par conséquent autour d'un axe vertical dans la position du navire sur eau tranquille). Si nous faisons tourner le navire autour d'un axe parallèle à la quille, l'axe du gyroscope tendra à se placer lui-même parallèlement à la quille.

Il résulte de là qu'à chaque changement de sens du roulis, le gyroscope culbutera; *mais avant de culbuter, il arrêtera le navire dans sa position inclinée.*

On a proposé un pareil système pour amortir le roulis. Il suffit de ce qui précède pour prouver l'absurdité de ce projet. Outre que le navire subirait des à-coups terribles, au moment du culbutement, il pourrait ne pas se relever à temps et coulerait infailliblement à la seconde lame le prenant dans le sens de son inclinaison actuelle.

Réciproquement, supposons qu'une cause extérieure tende à produire une *embardée*, c'est-à-dire à changer la direction du navire, si l'appareil gyroscopique est lié au navire, il en résultera un roulis.

L'effet gyroscopique stabilise donc la direction. Il a été utilisé dans les torpilles d'Howell. Quand le roulis a lieu, un pendule s'incline, agit sur des gouvernails et ramène la torpille à son azimut primitif. Elle est à nouveau capable de réagir contre une cause modificatrice de direction.

2° Si l'axe du gyroscope est dans le longitudinal (par exemple, arbre de couche tournant rapidement, arbre d'une turbine à vapeur...), le roulis n'a pas d'effet. Le tangage produit un couple d'axe vertical. Réciproquement, toute cause déviatrice de direction, toute gyration du navire produit un effet de tangage.

Il n'y a donc pas à craindre que la présence d'un arbre de couche à rotation rapide rende difficile la gyration du bâtiment; *elle n'a dessus rigoureusement aucun effet.* On démontre du reste, par un calcul numérique, que la quantité dont le navire *lève ou baisse le nez* est absolument insignifiante. Dans les cas les plus favorables, l'effet gyroscopique de gyration enfonce l'arrière et fait saillir l'avant (ou inversement) de quelques millimètres.

546. **Effets gyroscopiques sur les wagons.** — Un train décrit une courbe de rayon R avec une vitesse linéaire v; le rayon des roues est a. Les roues jouent le rôle d'un gyroscope à axe horizontal auquel on impose une précession de vitesse $\psi' = v : R$, autour d'un axe vertical. La vitesse angulaire propre r des roues est fournie par la relation : $ra = v$.

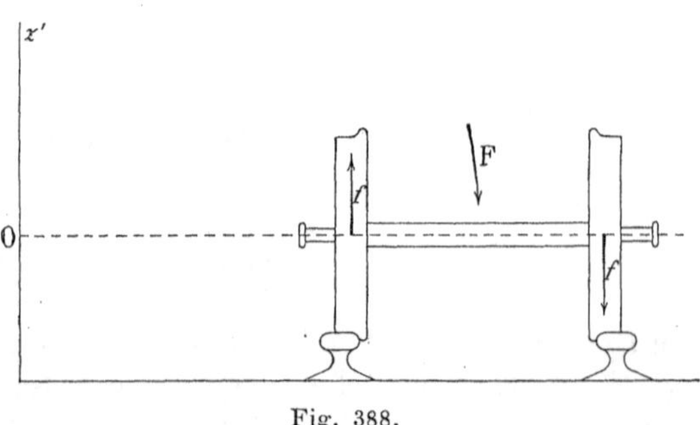

Fig. 388.

Il faut donc imposer un couple d'axe horizontal et parallèle à la voie et de moment (§ 540) : $(\sin\theta = 1), \quad C\psi' r = Cv^2 : Ra.$

Il résulte de ce couple un accroissement de pression sur le rail extérieur, une diminution de pression sur le rail intérieur. Ce couple aide la force centrifuge à culbuter le train.

En effet, nous savons que le gyroscope ordinaire (§ 553), soumis à l'action de la pesanteur, tourne comme s'il roulait sur un cône placé *au-dessus* de lui; le couple qui résulte de l'effet gyroscopique est contraire au couple qui résulte de la pesanteur : il est par conséquent dirigé de manière à relever le gyroscope.

Mais le wagon roule sur un plan qui est *au-dessous* de lui; le couple gyroscopique est donc dirigé de manière à augmenter l'angle avec la verticale (angle de nutation). Le point O représentant l'intersection de l'axe de rotation propre avec l'axe instantané de rotation du train, le couple est dirigé de manière à produire une rotation dans le sens F. Il équivaut aux deux forces *f* : ce qui est la proposition énoncée.

547. **Dérive des projectiles lancés par des armes rayées.** — Les obus et les balles des fusils de précision sont animés d'un vif mouvement de rotation par des *rayures* hélicoïdales tracées sur la surface interne du tube et dans lesquelles pénètre plus ou moins la *ceinture* de plomb ou de cuivre du projectile.

Généralement le projectile tourne *dans le sens des aiguilles d'une montre* pour celui qui le regarde *par l'arrière*. L'expérience prouve alors qu'il sort du plan de tir et *subit une dérive vers la droite.*

On veut quelquefois expliquer ce résultat par des effets gyrostatiques.

Tout le monde accorde que le projectile est incliné sur sa trajectoire comme le montre la figure 389. L'axe du cylindre tend en effet à conserver la direction qu'il a en sortant de l'arme et la trajectoire du centre d'inertie tourne sa concavité vers le bas. Il naît donc de la part de l'air une résistance R qui ne passe généralement pas par le centre d'inertie G.

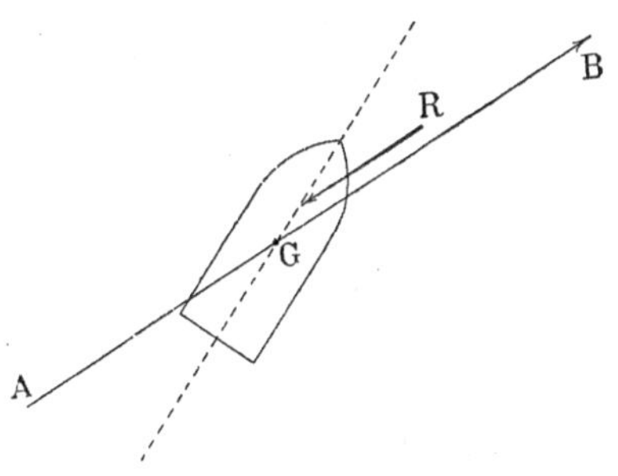

Fig. 389.

Si le point d'application de la force R est *en avant* du centre d'inertie, la pointe du projectile doit *commencer* sa précession *vers la droite* du plan passant par le centre d'inertie et la résistance.

De là à conclure que la dérive est toujours vers la droite, il y a loin. On peut tout au plus conclure que la trajectoire est hélicoïde.

548. **Effets gyroscopiques sur l'axe des turbines Laval.** — Soit un disque D monté sur un axe flexible dont le mouvement est guidé par les paliers PP. Appelons Ω la vitesse propre du disque autour de sa normale AA qui est son axe géométrique de rotation.

Si l'axe réel était rigide, le disque ne pourrait tourner autour de sa normale AA sans tourner simultanément et avec la même vitesse angulaire autour de PP. L'axe étant flexible, on peut concevoir sans contradiction que le disque tourne autour d'une droite invariable AA, le mouvement de l'axe réel s'effectuant, *sans changement de forme apparente*, autour de la courbe sinueuse PBP. Naturellement ce mouvement n'est possible que grâce à des flexions de l'arbre à chaque instant variables.

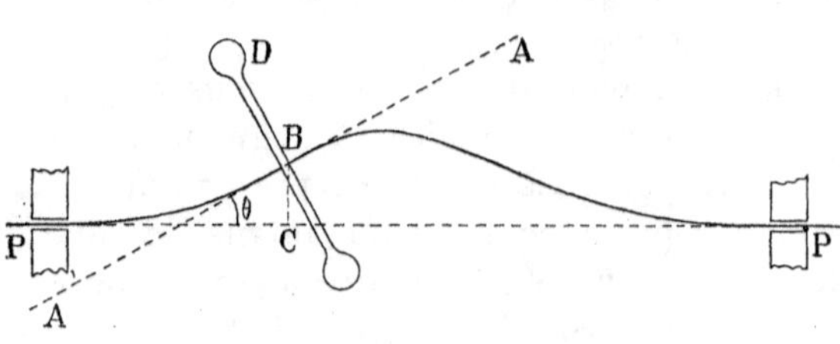

Fig. 390.

En fait, la ligne sinueuse PBP tourne autour de l'axe géométrique PP avec une vitesse de *précession* ψ', de sorte que le mouvement du système est constitué :

1° par cette précession de vitesse ψ' ;

2° par une rotation de vitesse $\Omega - \psi'$ autour de l'axe AA qui décrit un cône dans l'espace.

La vitesse ψ' est une petite fraction de Ω : elle dépend des propriétés élastiques de l'axe, s'annule quand l'axe est rectiligne et croît d'une manière complexe à mesure que l'axe s'écarte de cette forme.

Puisque nous imposons une vitesse de précession ψ' à un corps dont la vitesse propre est Ω, nous créons un couple de redressement (1re équation III du § 529 simplifiée) :

$$C\Omega \sin\theta \, \psi'.$$

Ce couple croît considérablement avec la vitesse Ω ; il croît aussi à mesure que l'axe s'écarte de la forme rectiligne. Pour toutes ces raisons, l'axe d'un disque de grand moment d'inertie, et qui tourne rapidement autour de son axe de révolution, se trouve stabilisé et tend à prendre une forme peu éloignée de la rectiligne. Simultanément, la vitesse ψ' tend à décroître.

La force centrifuge a pour expression :

$$m\psi'^2 a,$$

où m représente la masse du disque, a la distance $\overline{BC}$ de son centre d'inertie à la droite PP. La force centrifuge peut être fort petite.

D'où ce singulier paradoxe : un arbre, qui pour une vitesse de rotation donnée Ω serait brisé par la force centrifuge, pour peu qu'il se déforme (la forme rectiligne est d'équilibre instable), peut supporter cette vitesse sans crainte de rupture s'il porte un disque de suffisant moment d'inertie et *à la condition qu'il soit flexible.* C'est qu'alors la vitesse de précession, la seule qui intervient dans le calcul de la force centrifuge, est beaucoup plus petite que la vitesse Ω, tandis que sans le disque elle lui est quasiment égale.

549. **Précession des équinoxes ; description du phénomène.** — Soit Oz' une perpendiculaire menée *vers le nord* au plan $x'Oy'$ de l'écliptique, plan dans lequel la Terre accomplit son parcours annuel dans le sens de la flèche f' (fig. 391).

Soit Oz l'axe de rotation de la Terre faisant un angle de 23°28′ environ avec Oz'. Soit enfin OA la ligne des nœuds, à la fois perpendiculaire à Oz et à Oz'.

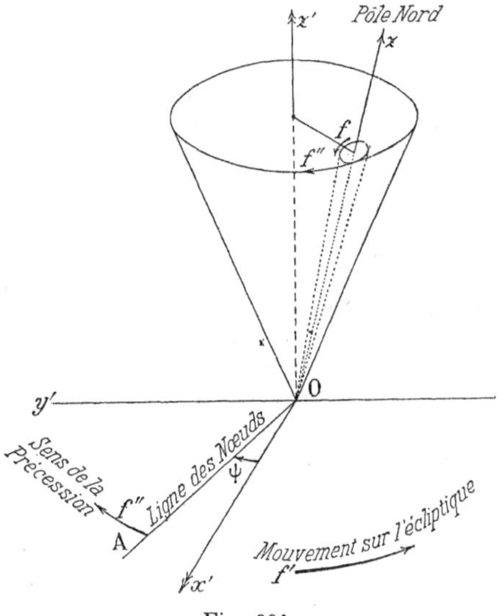

Fig. 391.

L'observation montre que la ligne des nœuds tourne dans le sens rétrograde (sens f'') de manière à faire un tour complet en 26 000 ans. Les sens f' et f'' étant opposés, la Terre revient tous les ans sur la ligne des nœuds (équinoxe du printemps, point γ) en une période plus courte que si la ligne des nœuds était immobile. D'où le nom de *précession des équinoxes* donné au phénomène.

La ligne des nœuds se déplace par an de 50″,2 d'arc ; elle fait donc un tour complet en 26 000 ans environ

$$[(360 \times 3600) : 50{,}2].$$

Tout se passe donc comme si la Terre portait un cône d'angle très petit, ayant pour axe Oz la ligne moyenne des pôles, roulant *à l'intérieur* d'un cône d'axe fixe Oz', de manière qu'en 26 000 ans (c'est-à-dire en 9·522·300 tours environ effectués dans le sens de la rotation propre f) l'axe Oz ait décrit un cercle complet dans le sens f''. C'est dire la petitesse d'ouverture du cône lié à la Terre par rapport au cône fixe dont le demi-angle au sommet est 23° 27′ 10″.

23° 27′ 10″ font 84 430 secondes. Le cône qui roule a donc pour demi-angle au sommet :

$$84\cdot430 : 9\cdot522\cdot300 = 1 : 113 \text{ seconde d'arc.}$$

Or, à la surface de la Terre, une minute d'arc vaut un mille marin, soit 1852 mètres; une seconde vaut 31 mètres environ; 1 : 113 de seconde vaut 27 centimètres. L'axe instantané de rotation de la Terre perce donc la surface terrestre en un point qui décrit autour du pôle moyen, en un jour sidéral, un cercle de 27 centimètres de rayon.

550. **Cause de la précession des équinoxes.** — Comparons au gyroscope (fig. 376). Quand le couple appliqué tend à écarter l'un de l'autre les axes Oz' et Oz, la précession se représente par le roulement de deux cônes extérieurs l'un à l'autre. Ici le roulement se fait entre deux cônes dont l'un est intérieur à l'autre; *donc il existe un couple qui tend à rapprocher les axes* Oz et Oz', c'est-à-dire qui tend à rapprocher l'axe de rotation de la Terre et la normale à l'écliptique.

Ce couple provient de la forme ellipsoïdale de la Terre. Il est évident par raison de symétrie que la position d'équilibre stable correspond à la coïncidence de l'équation terrestre et de l'écliptique. L'action du Soleil (pour ne parler que de cet astre; la Lune intervient davantage) n'a pas une résultante passant par le centre d'inertie de la Terre; en d'autres termes, *il n'existe pas de centre de gravité.* C'est même pour cela que, contrairement à l'usage, nous n'employons jamais l'expression *centre de gravité* et la remplaçons toujours par *centre d'inertie.* Le centre d'inertie de la Terre est un point parfaitement défini; le centre de gravité n'existe pas. Nous avons bien encore affaire à des forces sensiblement parallèles et, *toutes choses égales d'ailleurs,* proportionnelles aux masses; mais, précisément, les choses ne sont pas égales d'ailleurs; les différents points constituant la Terre ne sont pas à la même distance du Soleil. Il n'existe donc plus une résultante passant par le centre d'inertie, comme il arriverait si les forces étaient rigoureusement parallèles et *somme toute* proportionnelles aux masses, auquel cas l'action directrice serait nulle, quelle que soit la forme de la Terre.

Nous avons calculé au § 287 les composantes du couple exercées par une masse très éloignée sur un solide de forme quelconque défini par son ellipsoïde d'inertie. Le couple est, toutes choses égales d'ailleurs, proportionnel à la différence du moment C par rapport à l'axe de révolution et du moment A par rapport à un axe quelconque normal au premier. Il est en raison inverse du cube de la distance; enfin il varie tout le long de l'année. Nul aux équinoxes ($l=0$, $l=\pi$), il est maximum aux solstices.

Reste à donner l'expression du mouvement. Comme il s'agit de quantités extrêmement petites, nous simplifierons considérablement les équations. Nous négligerons les accélérations et poserons :

$$\varphi' = K = \text{Constante};$$

K représente la vitesse angulaire propre. Les équations III (§ 529) réduites à leurs termes essentiels donnent :

$$C \sin\theta\, K\psi' = L_1, \qquad -CK\theta' = M_1.$$

L_1 est le couple qui tendrait à faire varier θ, M_1 est le couple qui tend à faire varier ψ dans le cas où le corps ne tournerait pas.

Remplaçons L_1 et M_1 par leurs valeurs. Ce sont précisément les quantités calculées au § 287 : les notations sont les mêmes aux indices près. On a donc :

$$\psi' = \frac{3}{2Kr^3}\frac{C-A}{C}\cos\theta(1-\cos 2l),$$
$$\theta' = -\frac{3}{2Kr^3}\frac{C-A}{C}\sin\theta \sin 2l. \qquad (1)$$

Le Soleil se déplace par rapport à la Terre avec une vitesse que nous pouvons considérer comme constante. Posons : $l = nt$. L'intégration des équations (1) est immédiate.

En définitive nous trouvons ainsi deux mouvements :

1° une vitesse *uniforme* de précession :

$$\psi' = \frac{3}{2Kr^3}\frac{C-A}{C}\cos\theta.$$

2° une oscillation *très petite* autour des positions moyennes ψ_0 et θ_0, et dont la période est moitié de la révolution du corps agissant :

$$\psi - \psi_0 = -\frac{3}{4Kr^3}\frac{C-A}{Cn}\cos\theta_0 \sin 2l,$$
$$\theta - \theta_0 = \frac{3}{4Kr^3}\frac{C-A}{Cn}\sin\theta_0 \cos 2l.$$

Nous ne pouvons insister davantage.

Il va de soi que toutes les formules précédentes doivent être complétées par le facteur GM, produit de la constante de la gravité par la masse des astres agissant, ici le Soleil et la Lune.

On voit que la connaissance de la précession uniforme permet de calculer le rapport $(C-A) : C$, et par conséquent le rapport $C : A$, des moments d'inertie principaux de la Terre. Connaissant l'aplatissement du sphéroïde et le rapport $C : A$, on a une condition à laquelle doit satisfaire la loi de croissance des densités à l'intérieur du sol. La loi de croissance que nous avons discutée au § 252 concorde bien avec cette condition.

CHAPITRE X

PROBLÈMES DIVERS SUR LE MOUVEMENT DES SOLIDES

Sphère sur un plan incliné ou horizontal.

551. **Chute d'une sphère abandonnée sans vitesse le long d'un plan incliné.** — Galilée établit la loi de la chute des corps en laissant rouler des billes dans une rigole inclinée. Ses expériences étaient d'une précision rudimentaire; aussi bien il ne cherchait pas des résultats exprimables en nombres absolus, notion dont il n'avait aucune idée.

Étudions ce que serait la valeur de g déduite de ces expériences.

Soit F le frottement tangentiel appliqué au point de contact O; soit φ la vitesse du centre d'inertie parallèlement au plan incliné; ω la vitesse de rotation autour d'un axe horizontal, vitesse comptée positivement dans le sens indiqué; soit m la masse, R le rayon, I le moment d'inertie autour d'un axe horizontal passant par le centre d'inertie. On a :

$$m\frac{d\varphi}{dt} = mg\sin\alpha - \mathrm{F}, \qquad \mathrm{I}\frac{d\omega}{dt} = \mathrm{FR}. \tag{1}$$

1° Pur roulement.

La condition est que l'axe instantané de rotation passe par O. Pendant un instant, le point O est immobile; on a :

$$\varphi = \mathrm{R}\omega.$$

Éliminons F entre les équations (1); il reste :

$$\frac{d\varphi}{dt}\left(m + \frac{\mathrm{I}}{\mathrm{R}^2}\right) = mg\sin\alpha.$$

Intégrons :

$$\frac{\varphi^2}{2}\left(m + \frac{\mathrm{I}}{\mathrm{R}^2}\right) = mg(h_0 - h), \tag{2}$$

où $h_0 - h$, est la hauteur verticale dont le centre d'inertie s'est abaissé.

L'équation (2) exprime le théorème des forces vives (§ 291); il s'applique évidemment puisque, le point de contact O étant immobile par rapport au plan incliné, la force F ne travaille pas.

Tout se passe comme si, la force restant la même, la rotation n'existait pas et la masse était augmentée dans un rapport invariable.

L'accélération du mouvement de translation est maintenant :

$$\gamma = g \sin \alpha : (1 + \rho), \qquad \rho = \mathrm{I} : m\mathrm{R}^2.$$

On se tromperait donc grossièrement si l'on voulait tirer de cette expérience une mesure de g, *sans tenir compte du roulement*. L'accélération serait trop petite dans le rapport $1 : (1 + \rho)$.

Pour un cylindre, on a :

$$\rho = 0{,}5, \qquad 1 : (1 + \rho) = 0{,}66.$$

Pour une sphère, on a :

$$\rho = 0{,}4, \qquad 1 : (1 + \rho) = 0{,}71.$$

On peut du reste rendre γ aussi petit qu'on veut, pour un angle α donné : il suffit d'augmenter le moment d'inertie au moyen d'un dispositif analogue à celui représenté par la figure 392.

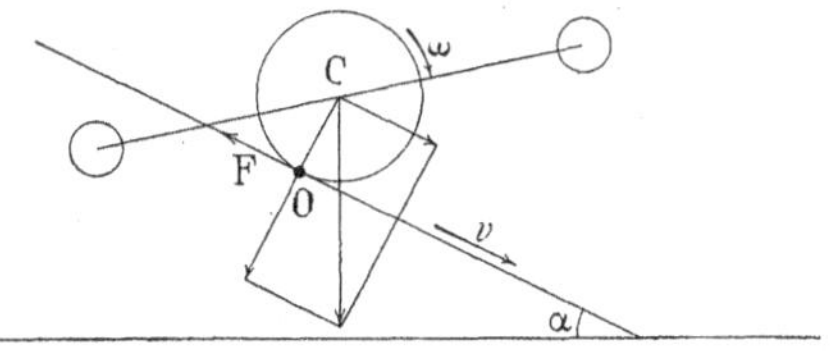

Fig. 392.

Calculons la valeur de F qu'implique la diminution de l'accélération. On trouve immédiatement :

$$\mathrm{F} = mg \sin \alpha \, . \, \rho : (1 + \rho).$$

Si le corps glissait, on aurait (§ 204) :

$$\mathrm{F}_1 = f\, mg \cos \alpha.$$

La condition du roulement sans glissement est évidemment :

$$\mathrm{F} < \mathrm{F}_1, \qquad \mathrm{tg}\, \alpha < f \frac{1 + \rho}{\rho}.$$

Pour un cylindre, on a : $\mathrm{tg}\, \alpha < 3f$;

pour une sphère, $\mathrm{tg}\, \alpha < 3{,}5\, f$.

Si $f = 0{,}14$; on a pour une sphère :

$$\mathrm{tg}\, \alpha < 0{,}49, \qquad \alpha < 26^\circ\, 30'.$$

Le roulement rend le glissement impossible pour des angles qui dépassent la limite indiquée par la condition $\mathrm{tg}\, \alpha_1 < f$.

2° Roulement accompagné de glissement.

Quand le roulement est accompagné de glissement, il faut poser :

$$F = F_1 = fmg \cos \alpha;$$

$$\frac{d\varphi}{dt} = g \sin \alpha - fg \cos \alpha, \qquad I \frac{d\omega}{dt} = fmgR \cos \alpha.$$

Les deux mouvements de translation et de rotation sont uniformément accélérés avec des accélérations différentes. A mesure que α croît, l'accélération du mouvement de translation croît parce que le plan est plus incliné et parce que le frottement agit de moins en moins ; l'accélération du mouvement de rotation décroît pour s'annuler quand le plan est vertical.

Tant qu'il s'agit du déplacement suivant la ligne de plus grande pente du plan, peu importe que le corps soit une sphère, un cylindre, généralement un corps de révolution, pourvu que le mouvement de rotation s'effectue autour d'un axe parallèle au plan et normal à la ligne de plus grande pente.

Dans tout ce qui suit, nous nous bornerons à considérer une sphère.

552. **Équations du mouvement pour le plan incliné.** — Nous supposerons comme précédemment que le frottement de roulement est très petit.

Nous rapportons le mouvement à trois axes ; deux sont pris parallèles au plan incliné, Cx suivant la ligne de plus grande pente, Cy normalement à cette ligne ; le troisième est normal au plan et dirigé au-dessus du plan (fig. 393).

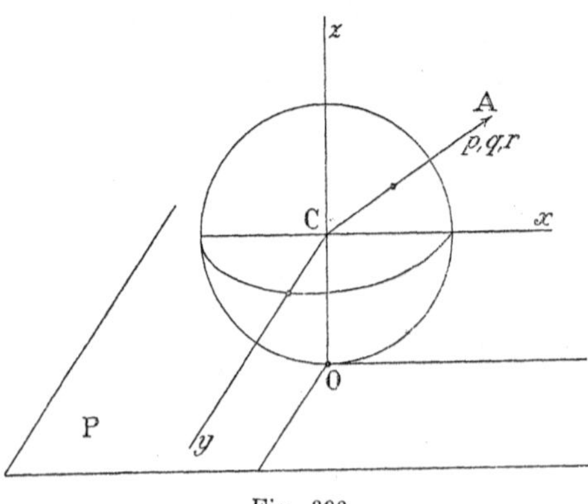

Fig. 393.

Le mouvement de la bille est complètement déterminé, si on connaît à chaque instant le mouvement du centre d'inertie C, l'axe de rotation CA et la grandeur ω de la rotation instantanée.

Nous désignerons par φ la vitesse du centre d'inertie, par u, v, ses composantes suivant les axes Cx, Cy, de directions invariables ; p, q, r, sont les composantes de la rotation instantanée autour des axes Cx, Cy, Cz.

Soit m la masse, R le rayon de la bille. Soit X, Y, les composantes de la force dirigée dans le plan et appliquée au point O de contact avec le tapis.

Transportons toutes les forces au centre d'inertie ; on a :

$$m\frac{du}{dt}=X+mg\sin\alpha,\qquad m\frac{dv}{dt}=Y. \tag{1}$$

Soit A le moment d'inertie de la sphère par rapport à un de ses diamètres. Remarquons que la pesanteur passant par le centre d'inertie ne donne aucun couple par rapport à des axes passant en ce point. Les équations d'Euler (§ 522) donnent :

$$A\frac{dp}{dt}=RY,\qquad A\frac{dq}{dt}=-RX,\qquad r=r_0. \tag{2}$$

Les équations (1) et (2) permettent d'exprimer en fonction du temps les cinq inconnues : u, v, p, q, r, quand on se donne les composantes X, Y de la force (quelconque) appliquée au point O de contact et située dans le plan P. Supposons qu'elle provienne du frottement ; elle a pour grandeur $fmg\cos\alpha$, *quand ce frottement existe.*

Si θ est l'angle que fait la trajectoire du point O avec l'axe des x :

$$X=-fmg\cos\alpha\cos\theta,\qquad Y=-fmg\cos\alpha\sin\theta;$$

elle est en effet dirigée en sens inverse du mouvement du point O de contact avec le tapis.

553. **Conséquences générales des équations précédentes.** — Éliminons X et Y entre les équations (1) et (2). Il reste :

$$\frac{du}{dt}+\frac{A}{mR}\frac{dq}{dt}=g\sin\alpha,\qquad \frac{dv}{dt}-\frac{A}{mR}\frac{dp}{dt}=0.$$

Ces équations sont indépendantes de X et de Y. On vérifiera aisément qu'elles expriment que le mouvement du centre de percussion qui correspond au point O, n'est pas influencé par les forces appliquées au point O. Ce centre est, en effet, sur l'axe Oz, à une distance A : mR au-dessus du centre d'inertie.

Les composantes de la vitesse de ce point parallèlement aux axes sont :

$$u+\frac{A}{mR}q,\qquad v-\frac{A}{mR}p.$$

Lorsque l'inclinaison du plan est assez petite, il y a roulement sans glissement. Les conditions sont :

$$u-Rq=0,\qquad v+Rp=0.$$

Pour qu'il en soit ainsi, il faut, outre un lancement convenable, que l'inclinaison du plan soit assez petite.

On vérifiera que la trajectoire du centre d'inertie est alors une parabole ; tout se passe comme pour un point matériel avec une accélération convenablement diminuée.

Nous ne pousserons pas plus loin l'étude du plan incliné. Nous supposerons maintenant le plan horizontal ; le problème est celui du billard.

554. **Mouvement rectiligne dans le plan horizontal.** — Les vitesses initiales sont supposées telles que le corps décrive une droite que nous prenons pour axe des x. Nous verrons que ce cas correspond au coup de queue horizontal. L'axe de rotation est dirigé suivant Oy; il pourrait du reste être n'importe où dans le plan yOz sans que rien ne fût changé. Nous admettons en effet qu'aucun frottement ne gêne le pivotement; les équations générales donnent $r = r_0$.

Nous n'avons donc à considérer que les quantités u et q.

La force résultant du frottement est elle-même dirigée suivant Ox. Son sens dépend du sens de la vitesse du point de contact O.

Exprimons cette vitesse.

Quand la rotation q est positive, elle amène Oz sur Ox; elle fait donc rétrograder le point O. La vitesse de celui-ci est :

$$U = u - qR.$$

Si $U > 0$, $\qquad X = -fMg$,

$U = 0$, $\qquad X = 0$,

$U < 0$, $\qquad X = fMg$.

1° Le lancement est tel que la bille roule sans glisser : $U_0 = 0$.

La force est nulle, les vitesses u et q sont constantes; le mouvement est uniforme. Nous verrons que cet *état final* se réalise dans tous les cas et même très vite.

Bien entendu, le mouvement n'est uniforme que parce que nous négligeons le frottement de roulement; en fait, la vitesse diminue peu à peu et la bille s'arrête.

2° On lance la bille de manière que le point O rétrograde : $U_0 < 0$.

Au début, les équations du mouvement sont :

$$\frac{du}{dt} = fg, \qquad u = u_0 + fgt;$$

$$A\frac{dq}{dt} = -fgRM, \qquad qR = q_0R - 2{,}5 \,.\, fgt,$$

en introduisant la valeur du moment d'inertie de la sphère par rapport à l'un de ses diamètres :

$$A = 2R^2M : 5.$$

Ainsi, la vitesse du centre d'inertie commence par croître, la vitesse de rotation par décroître. Le centre est animé d'un mouvement accéléré jusqu'au temps T, pour lequel le mouvement du point O relativement au tapis s'annule. On a :

$$u - qR = u_0 - q_0R + 3{,}5 \,.\, fgt = U_0 + 3{,}5 \,.\, fgt;$$

$$T = -U_0 : 3{,}5 \,.\, fg.$$

Les vitesses définitives u_1 et q_1 sont alors devenues :

$$u_1 = \frac{5u_0 + 2q_0R}{7}, \qquad q_1 = \frac{5u_0 + 2q_0R}{7R}.$$

Pour réaliser la condition $U_0 < 0$, comme u_0 est nécessairement positif, il faut que q_0 soit positif et suffisamment grand. Il est donc nécessaire de prendre la bille très haut, par exemple suivant Q_2 (fig. 394). Quand on la prend par le milieu, q_0 est nul; nous sommes déjà hors du cas actuel.

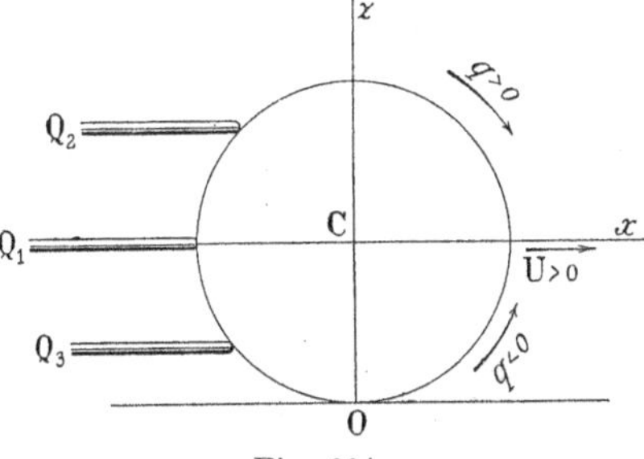

Fig. 394.

3° On lance la bille de manière que le point O avance : $U_0 > 0$.

C'est le cas le plus fréquent :

Les équations du mouvement sont au début :

$$\frac{du}{dt} = -fg, \qquad u = u_0 - fgt;$$

$$R\frac{dq}{dt} = 2{,}5 \,.\, fg, \qquad qR = q_0R + 2{,}5 \,.\, fgt.$$

La vitesse du centre d'inertie décroît; son mouvement est au début uniformément retardé. La vitesse de rotation (qui peut être au début positive, nulle ou négative) croît proportionnellement au temps. Les conditions précédentes durent jusqu'à ce que le mouvement instantané du point O s'annule, ce qui arrive nécessairement, puisque U_0, positif au début, est la différence de deux termes dont l'un décroît et l'autre croît.

Il faut ici distinguer deux cas. Appelons T′ et T les temps pour lesquels s'annulent les vitesses u et U. On a :

$$T' = u_0 : fg, \qquad T = (u_0 - q_0R) : (3{,}5 \,.\, fg).$$

La condition $T' \gtreqless T$ équivaut à : $2{,}5u_0 \gtreqless -q_0R$.

Premier cas.

$$T' > T, \qquad 2{,}5\, u_0 > -q_0R.$$

Le mouvement relatif du point de contact avec le tapis s'annule avant le mouvement du centre d'inertie : *il n'y a pas rétrogradation.* Le mouvement du centre d'inertie est d'abord uniformément retardé; il devient brusquement uniforme tout en conservant le même sens. La vitesse finale est encore :

$$u_1 = \frac{5u_0 + 2q_0R}{7}.$$

Quand on frappe la bille au milieu (position Q_1 de la queue, fig. 394), on est dans ce cas ($q_0 = 0$).

Second cas.

$$T' < T, \qquad 2{,}5u_0 < -q_0R.$$

q_0 doit être négatif; on ne peut réaliser la condition qu'en prenant la bille très bas. Au moment où le centre d'inertie s'arrête, la rotation q subsiste. Elle est encore nécessairement négative, puisque $U_0 > 0$, et que $U = u - qR$, ne s'est pas encore annulé.

La bille rétrograde donc; c'est le *rétro* des joueurs de billard.

Tout ce que nous disons s'applique à un solide de révolution, par exemple à un cylindre droit tournant autour de son axe de figure; nous retrouvons donc ici le phénomène bien connu des enfants qui lancent leur cerceau de manière à le faire revenir auprès d'eux.

Au début de la rétrogradation, on a :

$$fgT' = u_0, \qquad qR = q_0R + 2{,}5u_0.$$

Retournons bout pour bout les axes de coordonnées; nous sommes ramenés au cas 2°. Il suffit de remplacer dans les équations u_0 par 0, q_0R par $-(q_0R + 2{,}5U_0)$. Le mouvement du centre d'inertie est d'abord uniformément accéléré jusqu'à ce que la vitesse relative du point O s'annule; il est ensuite uniforme.

555. **Cas général dans le plan horizontal.** — On tire des équations fondamentales (1) et (2) (§ 552) :

$$\begin{aligned} 2Rq + 5u &= 2Rq_0 + 5u_0, \\ -2Rp + 5v &= -2Rp_0 + 5v_0. \end{aligned} \tag{1}$$

Le mouvement du point de contact O est donné par les équations :

$$U = u - qR, \qquad V = v + pR. \tag{2}$$

Lorsque ce mouvement s'annule, c'est-à-dire quand la bille finit par rouler sans glisser, on a :

$$\begin{aligned} 7u_1 &= 2Rq_0 + 5u_0, \\ 7v_1 &= -2Rp_0 + 5v_0. \end{aligned} \tag{3}$$

Ces équations définissent la vitesse et la direction finales de la bille; elles sont donc immédiatement connues par les conditions initiales, indépendamment de la grandeur du frottement. Quand la bille est parvenue à cet état, son mouvement est rectiligne et uniforme. La grandeur du frottement intervient sur la position de la droite finale et sur le temps que la bille met pour y parvenir.

Appelons Φ la vitesse du point O; appelons θ l'angle que fait avec l'axe des x la direction de cette vitesse, *c'est-à-dire la direction du frottement qui s'exerce au point* O. On a :

$$\Phi = \sqrt{U^2 + V^2}, \qquad \cos\theta = U : \Phi, \qquad \sin\theta = V : \Phi.$$

Les équations du mouvement du centre d'inertie sont donc :

$$\frac{du}{dt} = -fg\cos\theta = -fg\frac{u - qR}{\Phi},$$

$$\frac{dv}{dt} = -fg\sin\theta = -fg\frac{v + pR}{\Phi}.$$

Utilisons les équations (1), (2), (3) ; on trouve :

$$\frac{du}{dt} = -\frac{7}{2}fg\frac{u - u_1}{\Phi},$$

$$\frac{dv}{dt} = -\frac{7}{2}fg\frac{v - v_1}{\Phi},$$

$$\frac{du}{u - u_1} = \frac{dv}{v - v_1}, \qquad \frac{u - u_0}{u_1 - u_0} = \frac{v - v_0}{v_1 - v_0}. \tag{4}$$

On peut écrire l'équation (4) sous la forme :

$$\frac{u - u_1}{u_1 - u_0} = \frac{v - v_1}{v_1 - v_0} = k.$$

D'où :

$$\cos\theta = \frac{u - u_1}{\sqrt{(u - u_1)^2 + (v - v_1)^2}} = \frac{k(u_1 - u_0)}{k\sqrt{(u_1 - u_0)^2 + (v_1 - v_0)^2}}.$$

$$\cos\theta = \frac{u_1 - u_0}{\sqrt{(u_1 - u_0)^2 + (v_1 - v_0)^2}}, \quad \sin\theta = \frac{v_1 - v_0}{\sqrt{(u_1 - u_0)^2 + (v_1 - v_0)^2}}.$$

Donc le frottement de glissement a une direction invariable.

Comme sa grandeur est indépendante de la vitesse, il résulte que *le centre d'inertie de la bille décrit une parabole :*

$$x = u_0 t - fg\cos\theta \cdot \frac{t^2}{2}, \qquad y = v_0 t - fg\sin\theta \cdot \frac{t^2}{2}.$$

On détermine la portion utile de la parabole et les coordonnées de l'extrémité de cette portion, en écrivant que la vitesse a pour composantes u_1, v_1, ou, ce qui revient au même, que la tangente à la parabole est la *direction finale* de la bille.

Les deux cas traités au paragraphe précédent rentrent dans le cas général : la parabole s'aplatit infiniment en une double droite, ou s'ouvre de manière à ne plus être qu'une droite.

556. **Effet du coup de queue.** — Nous définirons la position de la queue par la distance l de son plan vertical avec le plan vertical parallèle xCz passant au centre de la bille, par son inclinaison μ, enfin par sa distance h à l'axe des y. Nous admettrons qu'il n'y a pas glissement de la queue sur la bille, autrement dit qu'il n'y a pas *fausse queue;* cela revient à poser que les forces exercées sur la bille pendant toute la durée du choc sont dans la direction même de l'axe

de la queue. Le choc est défini par l'intégrale de ces forces par rapport au temps ; nous l'écrirons $M\mathfrak{J}$, mettant en facteur la masse de la bille ; $\mathfrak{J}$ est par suite l'impulsion par unité de masse. Nous appellerons ρ^2 le carré du rayon de giration par rapport à un diamètre.

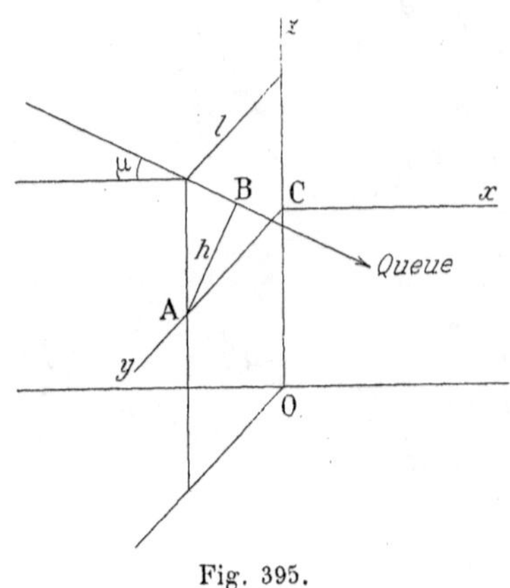

Fig. 395.

Il existe simultanément deux chocs : l'un entre la queue et la bille, l'autre entre le tapis et la bille. Laissons de côté la réaction normale au tapis qui ne pourrait que soulever la bille. L'impulsion due au tapis est une force dirigée en sens inverse du mouvement du point O, mouvement dont la direction est définie par l'angle θ. Elle est à chaque instant proportionnelle à la composante verticale de l'impulsion $M\mathfrak{J}$, multipliée par le coefficient de frottement f. Les composantes de l'impulsion due au tapis sont donc :

$$X_1 = -M\mathfrak{J}f\cos\theta\,\sin\mu, \qquad Y_1 = -M\mathfrak{J}f\sin\theta\,\sin\mu.$$

Nous pouvons maintenant écrire les équations qui expriment les vitesses initiales.

La vitesse du centre d'inertie s'obtient en y transportant toutes les impulsions :

$$\begin{aligned} u_0 &= \mathfrak{J}\cos\mu - \mathfrak{J}f\cos\theta\,\sin\mu; \\ v_0 &= -\mathfrak{J}f\sin\theta\,\sin\mu. \end{aligned} \tag{1}$$

Le moment de l'impulsion par rapport aux axes est égal au produit de la vitesse angulaire par le moment d'inertie :

$$\begin{aligned} \rho^2 p_0 &= -\mathfrak{J}l\sin\mu - \mathfrak{J}fR\sin\theta\,\sin\mu, \\ \rho^2 q_0 &= \mathfrak{J}h + \mathfrak{J}fR\cos\theta\,\sin\mu, \\ \rho^2 r_0 &= -\mathfrak{J}l\cos\mu. \end{aligned} \tag{2}$$

Pour écrire ces équations, le lecteur n'oubliera pas que les rotations positives amènent Oy sur Oz, Oz sur Ox, Ox sur Oy.

Ces équations impliquent l'hypothèse que le mouvement du point de contact O conserve la même direction pendant toute la durée du choc. Elle est légitime parce que toutes les vitesses varient à chaque instant proportionnellement entre elles et proportionnellement à la force élémentaire due à la queue.

Nous pouvons donc calculer l'angle θ comme si le frottement dû au tapis était nul. On aurait dans ce cas :

$$u_0 = \mathfrak{J} \cos \mu, \qquad v_0 = 0;$$

$$\rho^2 p_0 = -\mathfrak{J} l \sin \mu, \qquad \rho^2 q_0 = \mathfrak{J} h, \qquad \rho^2 r_0 = -\mathfrak{J} l \cos \mu;$$

$$U_0 = u_0 - q_0 R = \mathfrak{J}\left(\cos \mu - \frac{5}{2}\frac{h}{R}\right),$$

$$V_0 = v_0 + p_0 R = -\frac{5}{2}\frac{\mathfrak{J} l \sin \mu}{R}.$$

Posons : $$H^2 = l^2 + \frac{1}{\sin^2 \mu}\left(\frac{2R}{5}\cos \mu - h\right)^2;$$

il vient :

$$\cos \theta = \frac{U_0}{\sqrt{U_0^2 + V_0^2}} = \frac{1}{H \sin \mu}\left(\frac{2R}{5}\cos \mu - h\right),$$

$$\sin \theta = \frac{V_0}{\sqrt{U_0^2 + V_0^2}} = \frac{l}{H}.$$

Transportons dans les systèmes (1) et (2) ; il vient :

$$\left.\begin{aligned} u_0 &= \mathfrak{J} \cos \mu - \frac{\mathfrak{J} f}{H}\left(\frac{2R}{5}\cos \mu - h\right), \\ v_0 &= -\frac{\mathfrak{J} f}{H} l \sin \mu; \end{aligned}\right\} \quad (1')$$

$$\left.\begin{aligned} \rho^2 p_0 &= -\mathfrak{J} l \sin \mu - \frac{R\mathfrak{J} f}{H} l \sin \mu, \\ \rho^2 q_0 &= \mathfrak{J} h + \frac{R\mathfrak{J} f}{H}\left(\frac{2R}{5}\cos \mu - h\right), \\ \rho^2 r_0 &= -\mathfrak{J} l \cos \mu. \end{aligned}\right\} \quad (2')$$

On retrouverait évidemment ces mêmes équations en résolvant purement et simplement les systèmes (1) et (2), après avoir exprimé $\cos \theta$ et $\sin \theta$ en fonction des vitesses; mais c'est infiniment plus long. Le procédé de calcul employé est légitime, puisqu'il suppose, comme les équations mêmes, que *le frottement ne change pas de direction pendant toute la durée du choc.*

557. **Coup de queue horizontal.** — Les équations se simplifient beaucoup. Posons $\mu = 0$, $H = \infty$; il reste :

$$u_0 = \mathfrak{J}, \qquad v_0 = 0;$$

$$p_0 = 0, \qquad \rho^2 q_0 = \mathfrak{J} h, \qquad \rho^2 r_0 = -\mathfrak{J} l.$$

Nous sommes donc ramenés au cas particulier du § 554 : *le mouvement est rectiligne.*

Cherchons à quelle hauteur il faut frapper la bille pour qu'elle roule sans glisser. Nous devons avoir :

$$U_0 = u_0 - q_0 R = \mathfrak{J}\left(1 - \frac{5h}{2R}\right) = 0, \qquad h = \frac{2R}{5}.$$

Il faut frapper au-dessus de l'équateur, à une distance verticale de l'équateur égale à 2/5 du rayon ; c'est dire qu'il faut frapper dans le plan horizontal contenant le centre de percussion correspondant au point de contact avec le tapis : c'était du reste évident *a priori*.

Choc des corps; application au billard.

558. **Théorie du choc de deux corps quand on néglige le frottement pendant le choc.** — Nous admettrons l'hypothèse suivante.

Quand deux corps de centres d'inertie C_1 et C_2 se choquent en un point O, il s'exerce pendant un temps très court des forces intenses, égales et opposées F_1 et F_2, suivant la normale aux surfaces au point de contact. L'hypothèse revient à négliger le frottement au point de contact, frottement qui résulte du glissement des corps l'un sur l'autre pendant le choc.

Posons : $\mathfrak{J} = \int F_1 dt$, ou $\int F_2 dt$;

l'impulsion $\mathfrak{J}$ sera prise positivement.

Les mouvements des deux corps sont rapportés à deux systèmes d'axes coïncidant respectivement avec les axes principaux d'inertie pour les centres d'inertie (fig. 396).

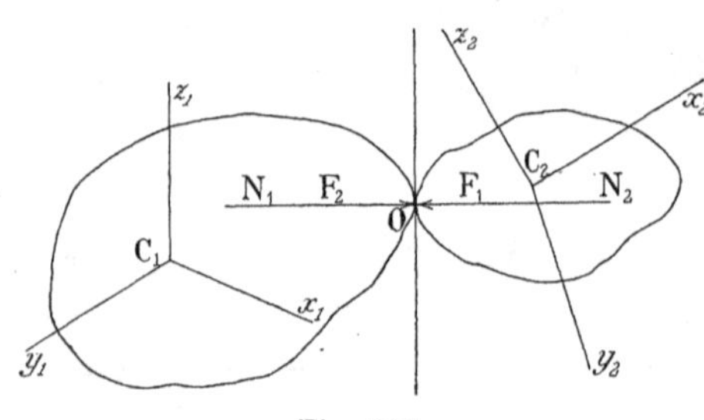

Fig. 396.

Le mouvement du corps C_1 est défini, au moment du choc, par les vitesses u_1, v_1, w_1, du centre C_1, et par les rotations p_1, q_1, r_1, autour des axes C_1x_1, C_1y_1, C_1z_1.

La vitesse du point O de coordonnées x_1, y_1, z_1, a pour composantes (§ 92) :

$$u_1 + (q_1 z_1 - r_1 y_1), \qquad v_1 + (r_1 x_1 - p_1 z_1), \qquad w_1 + (p_1 y_1 - q_1 x_1).$$

De même, le mouvement du corps C_2 est défini, au moment du choc, par les vitesses u_2, v_2, w_2, du centre C_2, et par les rotations p_2, q_2, r_2, autour des axes C_2x_2, C_2y_2, C_2z_2.

La vitesse du point O de coordonnées x_2, y_2, z_2, a pour composantes :

$$u_2 + (q_2 z_2 - r_2 y_2), \qquad v_2 + (r_2 x_2 - p_2 z_2), \qquad w_2 + (p_2 y_2 - q_2 x_2).$$

Pour trouver les changements de mouvement produits par le choc, transportons l'impulsion aux centres d'inertie des deux corps. Appelons α_1, β_1, γ_1, et α_2, β_2, γ_2, les cosinus directeurs de la normale aux surfaces au point de contact, comptée positivement vers l'extérieur.

Nous obtenons le système suivant, en accentuant les quantités après le choc :

$$\begin{aligned} &\mathfrak{J}\alpha_1 + m_1(u'_1 - u_1) = 0, \qquad \mathfrak{J}\alpha_2 + m_2(u'_2 - u_2) = 0, \\ &\mathfrak{J}\beta_1 + m_1(v'_1 - v_1) = 0, \qquad \mathfrak{J}\beta_2 + m_2(v'_2 - v_2) = 0, \\ &\mathfrak{J}\gamma_1 + m_1(w'_1 - w_1) = 0, \qquad \mathfrak{J}\gamma_2 + m_2(w'_2 - w_2) = 0. \end{aligned} \tag{1}$$

Écrivons maintenant les équations d'Euler. Elles se simplifient. Prenons l'équation :

$$A\frac{dp}{dt} + (C - B)qr = L.$$

Multiplions par dt et intégrons pour toute la durée du choc :

$$A\Delta p + (C - B)\int qrdt = \int Ldt.$$

Le second terme du premier membre disparaît, car la durée du phénomène est très petite. Ici les couples sont simplement dus à la force normale ; nous obtenons le système :

$$\begin{aligned} &\mathfrak{J}(y_1\gamma_1 - z_1\beta_1) + A_1(p'_1 - p_1) = 0, \quad \mathfrak{J}(y_2\gamma_2 - z_2\beta_2) + A_2(p'_2 - p_2) = 0, \\ &\mathfrak{J}(z_1\alpha_1 - x_1\gamma_1) + B_1(q'_1 - q_1) = 0, \quad \mathfrak{J}(z_2\alpha_2 - x_2\gamma_2) + B_2(q'_2 - q_2) = 0, \\ &\mathfrak{J}(x_1\beta_1 - y_1\alpha_1) + C_1(r'_1 - r_1) = 0, \quad \mathfrak{J}(x_2\beta_2 - y_2\alpha_2) + C_2(r'_2 - r_2) = 0. \end{aligned} \tag{2}$$

Nous avons treize inconnues, les douze quantités définissant les mouvements après le choc et l'impulsion $\mathfrak{J}$. Le problème est donc indéterminé tant que nous n'aurons pas ajouté une hypothèse supplémentaire.

559. **Corps dénués d'élasticité.** — L'hypothèse est qu'*à la fin du choc les deux points de contact auront même vitesse, suivant la normale commune*. Il n'y a pas à discuter l'hypothèse : c'est une pure définition de ce que nous appelons *corps dénués d'élasticité.*

Mettons-la en œuvre.

Avec nos conventions de signes, elle fournit la relation :

$$\begin{aligned} (u'_1 + q'_1 z_1 - r'_1 y_1)\alpha_1 + (v'_1 + r'_1 x_1 - p'_1 z_1)\beta_1 + \dots \\ + (u'_2 + q'_2 z_2 - r'_2 y_2)\alpha_2 + \dots = 0. \end{aligned} \tag{3}$$

Supposons les douze équations (1) et (2) résolues par rapport à u'_1, v'_1, ..., q'_2, r'_2, ce qui du reste est immédiat ; transportons dans (3). Nous obtenons une équation qui détermine la valeur de l'impulsion $\mathfrak{J}$. Ceci fait, les douze équations (1) et (2) fournissent la valeur de toutes les vitesses après le choc.

560. **Corps plus ou moins élastiques.** — Nous admettrons maintenant que les corps arrivés dans l'état que suppose l'hypothèse précédente (vitesses égales des points de contact suivant la normale commune) réagissent et se repoussent en produisant une nouvelle impulsion de même direction et égale à une fraction ε de celle que nous venons de calculer.

Les corps sont dits *parfaitement élastiques* quand on a $\varepsilon = 1$.

Il y a donc deux temps dans le phénomène ; pendant le premier temps tout se passe comme si les corps étaient privés d'élasticité : l'équation (3) nous permet de calculer l'impulsion. Pendant le second temps, les vitesses reçoivent de nouvelles variations qui sont égales à la fraction ε des premières.

Il est facile d'écrire les équations donnant les vitesses définitives. Montrons comment on procède sur l'une d'entre elles.

Premier temps : $\mathfrak{J}\alpha_1 + m_1(u'_1 - u_1) = 0$;

second temps : $\varepsilon\mathfrak{J}\alpha_1 + m_1(u''_1 - u'_1) = 0$.

Additionnons, il reste :

$$\mathfrak{J}(1 + \varepsilon)\alpha_1 + m_1(u''_1 - u_1) = 0. \tag{1'}$$

Il suffit donc de récrire les systèmes (1) et (2) en accentuant deux fois les quantités déjà accentuées et représentant les vitesses, et en remplaçant $\mathfrak{J}$ par $(1 + \varepsilon)\mathfrak{J}$.

Voici l'une des équations (2′) :

$$\mathfrak{J}(1 + \varepsilon)(y_1\gamma_1 - z_1\beta_1) + A_1(p''_1 - p_1) = 0. \tag{2'}$$

C'est à l'expérience à déterminer dans chaque cas ce que vaut le coefficient ε. Il est clair qu'en posant $\varepsilon = 0$, on retombe sur les corps dénués d'élasticité.

561. **Résultats généraux.** —

1° Puisque les forces qui agissent respectivement sur les deux corps sont à chaque instant égales et de signes contraires, le centre d'inertie du système formé par les deux corps continue à se mouvoir après le choc comme si de rien était.

2° Il est non moins évident, les forces étant à chaque instant dirigées suivant la droite invariable N_1ON_2, que les vitesses des centres d'inertie normalement à cette droite ne sont pas altérées par le choc.

La démonstration analytique est immédiate. Soit λ, μ, ν, les cosinus directeurs d'une droite normale à N_1ON_2 par rapport au système d'axes 1 ; on a : $\alpha_1\lambda + \beta_1\mu + \gamma_1\nu = 0$.

Multiplions les trois premières équations (0) ou (1′) respectivement par λ, μ, ν, et additionnons ; il reste :

$$u_1\lambda + v_1\mu + w_1\nu = u'_1\lambda + v'_1\mu + w'_1\nu = u''_1\lambda + v''_1\mu + w''_1\nu.$$

Il suffit donc, pour connaître en grandeur et direction la vitesse finale du centre d'inertie C_1, de déterminer la vitesse suivant la normale après le choc et de la composer avec la vitesse que possédait auparavant le centre C_1 normalement à cette droite.

3° Si la droite N_1ON_2 passe par C_1, les vitesses de rotation du corps 1 ne sont pas modifiées par le choc : en effet, les couples sont alors nuls par rapport au système d'axes 1.

Même proposition pour C_2.

D'où le corollaire très intéressant. *Dans le choc de deux sphères plus ou moins élastiques, les vitesses de rotation ne sont pas altérées.* Nous utiliserons plus loin ce résultat dans l'étude du *carambolage;* il suppose essentiellement qu'il n'y a pas frottement au point de contact pendant le choc.

562. **Les centres d'inertie se meuvent avant le choc sur la normale au point de contact.** — Ce cas particulier est celui auquel on se réduit généralement dans les traités de Physique. Il admet comme espèce le cas de corps sphériques, homogènes, sans vitesses de rotation. Mais la proposition 3° du paragraphe précédent nous permet de généraliser pour des corps de formes quelconques, animés de rotations quelconques, à la seule condition que leurs centres d'inertie se meuvent avant le choc sur la normale au point de contact.

Appelons φ_1 et φ_2 les vitesses des centres d'inertie. Multiplions respectivement les équations (1) ou (1') par α_1, β_1, γ_1, α_2, β_2, γ_2, et additionnons. Il reste :

$$\mathfrak{J}(\alpha_1^2+\beta_1^2+\gamma_1^2)+m_1[(u_1'\alpha_1+v_1'\beta_1+w_1'\gamma_1)-(u_1\alpha_1+v_1\beta_1+w_1\gamma_1)]=0,$$

$$\mathfrak{J}+m_1(\varphi_1'-\varphi_1)=0, \qquad \mathfrak{J}+m_2(\varphi_2'-\varphi_2)=0; \tag{1}$$

$$(1+\varepsilon)\mathfrak{J}+m_1(\varphi_1''-\varphi_1)=0, \qquad (1+\varepsilon)\mathfrak{J}+m_2(\varphi_2''-\varphi_2)=0. \tag{1'}$$

On verra facilement que l'équation (3) se réduit à :

$$\varphi_1'+\varphi_2'=0,$$

en vertu des relations :

$$\frac{\alpha_1}{x_1}=\frac{\beta_1}{y_1}=\frac{\gamma_1}{z_1}, \qquad \frac{\alpha_2}{x_2}=\frac{\beta_2}{y_2}=\frac{\gamma_2}{z_2},$$

$$\varphi_1'=-\varphi_2'=\frac{m_1\varphi_1-m_2\varphi_2}{m_1+m_2}. \tag{4}$$

D'après nos conventions de signes, les vitesses sont comptées positivement *en sens inverses* (directions positives des normales comptées vers l'extérieur).

On a :

$$\mathfrak{J}=\frac{m_1m_2}{m_1+m_2}(\varphi_1+\varphi_2). \tag{5}$$

Il nous est facile de calculer φ_1' et φ_2'' :

$$\varphi_1''=\varphi_1-\frac{(1+\varepsilon)m_2}{m_1+m_2}(\varphi_1+\varphi_2), \qquad \varphi_2''=\varphi_2-\frac{(1+\varepsilon)m_1}{m_1+m_2}(\varphi_1+\varphi_2). \tag{6}$$

Si les corps sont parfaitement élastiques, on a $\varepsilon = 1$.

Supposons que les corps ont même masse, il reste :

$$\varphi_1'' = -\varphi_2, \qquad \varphi_2'' = -\varphi_1 ;$$

les corps échangent leurs vitesses.

Si les corps de même masse ne sont pas parfaitement élastiques, on a :

$$2\varphi_1'' = -\varphi_2(1+\varepsilon) + \varphi_1(1-\varepsilon), \qquad 2\varphi_2'' = -\varphi_1(1+\varepsilon) + \varphi_2(1-\varepsilon).$$

563. **Perte de force vive dans le choc.** — Il n'y a pas perte de force vive quand les corps sont parfaitement élastiques. Faisons au contraire le calcul dans le cas de corps mous ($\varepsilon = 0$) et dans les hypothèses du paragraphe précédent.

Avant le choc : $2W = m_1\varphi_1^2 + m_2\varphi_2^2$;

après le choc : $2W' = \dfrac{(m_1\varphi_1 - m_2\varphi_2)^2}{m_1 + m_2}$.

Le double de la perte d'énergie est :

$$2(W - W') = \frac{m_1 m_2}{m_1 + m_2}(\varphi_1 + \varphi_2)^2.$$

Ce résultat explique la curieuse expérience que voici. Si on lâche une balançoire de masse m_1 d'une hauteur h et si, au passage par la verticale, elle rencontre une seconde balançoire *molle* de masse m_2 égale, l'ensemble ne remonte qu'à une hauteur $h : 4$. Il semblerait qu'il dût remonter à la hauteur $h : 2$.

Appliquons la formule précédente :

$$m_1 = m_2, \qquad \varphi_2 = 0.$$

$$W_1 = \frac{m_1\varphi_1^2}{2}, \qquad \varphi' = \frac{\varphi_1}{2}, \qquad W' = \frac{m_1\varphi_1^2}{4}.$$

L'énergie cinétique a diminué de moitié ; le pendule ne doit remonter qu'à une hauteur quatre fois moindre, puisque la masse est devenue double.

564. **Carambolages de deux sphères.** — Nous venons de voir (§ 562) que deux sphères égales, homogènes, parfaitement élastiques, dont les centres sont animés de vitesses suivant la droite qui les joint, échangent leurs vitesses au moment du choc, quelles que soient d'ailleurs les vitesses de rotation (3°, § 561).

En particulier, si l'une est au repos, l'autre s'arrête.

Reprenons le cas plus général où les vitesses ne sont pas dirigées suivant la droite qui joint les sphères. Tout ce que nous avons dit subsiste, à la condition de l'appliquer aux composantes des vitesses dirigées suivant la ligne des centres : *ces composantes s'échangeront.*

Quant aux composantes normales à cette ligne, elles subsisteront inaltérées.

En particulier, si l'une des billes est au repos, la composante de l'autre dirigée suivant la ligne des centres devient nulle; *il ne reste que la composante normale à la ligne des centres.*

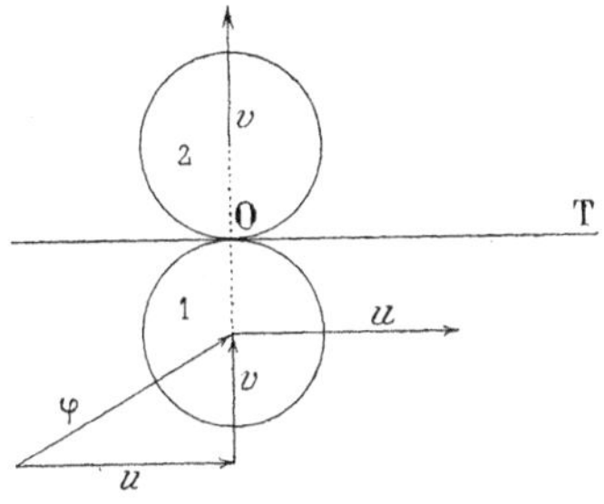

Fig. 397.

Ainsi la bille 1, venant choquer la bille 2 immobile, ira dans le sens de la tangente OT avec la vitesse u, tandis que la bille 2 ira dans le sens de la normale avec la vitesse v. Peu importent les vitesses de rotation, pourvu qu'on néglige le frottement pendant le choc. On suppose de plus que les billes sont parfaitement élastiques : autrement l'échange ne serait pas absolu.

565. **Réflexion sur un mur.** — Une sphère vient choquer un mur sous un angle d'incidence ψ. Nous calculerons les phénomènes en assimilant le mur plus ou moins élastique à une sphère de masse considérable (fig. 398).

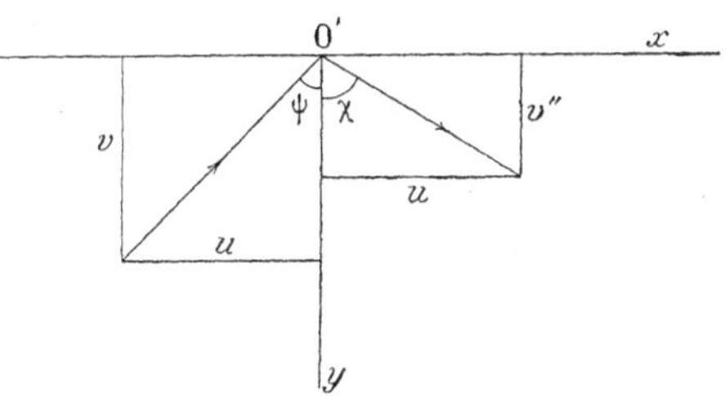

Fig. 398.

D'après la règle générale, la vitesse tangentielle u n'est pas modifiée.

Pour savoir ce que devient la vitesse normale v, appliquons les formules (6) du § 562, en faisant m_2 très grand :

$$\varphi_2 = 0;$$

il reste : $$v'' = v - (1+\varepsilon)v = -\varepsilon v.$$

On a donc, dans la disposition d'axes représentés par la figure 398 :

$$\operatorname{tg}\psi = -\frac{u}{v}, \qquad \operatorname{tg}\chi = \frac{u}{v''} = -\frac{u}{\varepsilon v} = \frac{1}{\varepsilon}\operatorname{tg}\psi. \qquad (1)$$

Comme $\varepsilon < 1$, *l'angle de réflexion est toujours plus grand que l'angle d'incidence, sauf dans le cas limite de deux corps (bille et mur) parfaitement élastiques.*

Mais la formule (1) suppose essentiellement que les frottements pendant le choc sont négligeables; reprenons la question du choc contre la bande en supprimant cette restriction. Nous allons voir que les vitesses de rotation interviennent sur la direction de réflexion.

566. **Réflexion sur la bande en tenant compte du frottement.** — L'angle de réflexion n'est pas égal à l'angle d'incidence parce que les deux composantes de la vitesse sont inégalement modifiées. Nous venons de voir que l'insuffisance d'élasticité augmente l'angle de réflexion, parce qu'elle diminue la composante normale. Or le frottement tend à *modifier* la composante tangentielle (fig. 399).

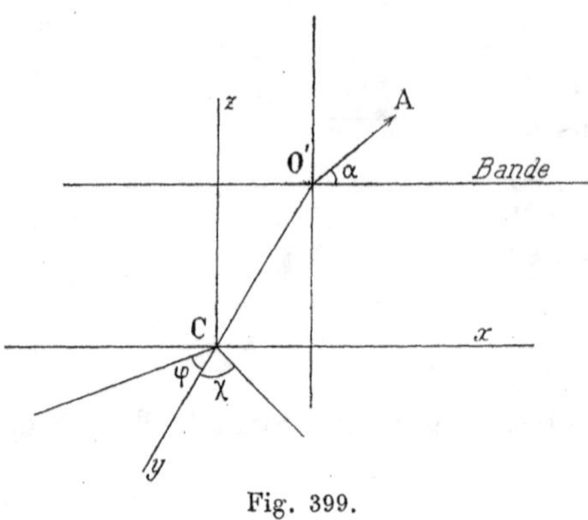

Fig. 399.

Mais il ne faut pas oublier que le frottement s'exerce dans la direction et en sens opposé du mouvement du point de contact O', mouvement qui dépend des rotations. Soit O'A cette direction, située dans un plan vertical et faisant l'angle α avec la parallèle à l'axe des x. Suivant les grandeurs des rotations, la direction O'A peut occuper toutes les positions possibles dans le plan vertical tangent à la bande; de sorte que le frottement ne diminue pas nécessairement la composante tangentielle; il peut l'augmenter dans certains cas, ce qui exagère encore la différence entre $\chi - \psi$.

Admettons que la direction O'A reste invariable pendant toute la durée du contact. Soit f_1 le coefficient de frottement et ε le coefficient par lequel il faut multiplier la vitesse normale avant le choc pour avoir cette vitesse après le choc. Soit φ la vitesse de la bille avant le choc; les composantes de la vitesse initiale sont donc :

$$u = \varphi \sin \psi, \qquad v = -\varphi \cos \psi.$$

L'impulsion normale totale a pour expression :

$$-(1+\varepsilon)v = (1+\varepsilon)\varphi \cos \psi.$$

L'impulsion tangentielle a pour composantes :

$$X = -(1+\varepsilon)f_1\varphi \cos\psi \cos\alpha, \qquad Z = -(1+\varepsilon)f_1 \varphi \cos\psi \sin\alpha.$$

Les équations donnant la vitesse après le choc sont :

$$\begin{aligned} u' &= \varphi \sin \psi - (1+\varepsilon)f_1\varphi \cos \psi \cos \alpha, \\ v' &= \varepsilon\varphi \cos \psi ; \\ \rho^2 p' &= \rho^2 p + (1+\varepsilon)f_1\varphi R \cos \psi \sin \alpha, \\ \rho^2 q' &= \rho^2 q, \\ \rho^2 r' &= \rho^2 r - (1+\varepsilon)f_1\varphi R \cos \psi \cos \alpha. \end{aligned}$$

Puisque l'angle α est constant, calculons-le d'après les vitesses initiales. On a :

$$\Phi \cos \alpha = \varphi \sin \psi + Rr, \qquad \Phi \sin \alpha = -Rp.$$

Φ représente la vitesse du point O' dans le plan tangent à la bande; on vérifiera les signes sur la figure.

$$\Phi^2 = (\varphi \sin \psi + Rr)^2 + R^2p^2.$$

L'angle de réflexion χ est donné par la formule :

$$\operatorname{tg} \chi = \frac{1}{\varepsilon} [\operatorname{tg} \psi - (1+\varepsilon) f_1 \cos \alpha].$$

Si $f_1 = 0$, nous retrouvons bien la formule du paragraphe précédent. Le maximum et le minimum de χ correspondent à :

$$\cos \alpha = \pm 1, \qquad \sin \alpha = 0, \qquad p = 0.$$

La rotation autour de l'axe des x doit être nulle. Le signe dépendra de la valeur relative de Rr par rapport à $\varphi \sin \psi$. Pour r positif, et d'ailleurs quelconque, on a :

$$\operatorname{tg} \chi = \frac{1}{\varepsilon} [\operatorname{tg} \psi - (1+\varepsilon) f_1].$$

Pour r négatif et *assez grand,* on a :

$$\operatorname{tg} \chi = \frac{1}{\varepsilon} [\operatorname{tg} \psi + (1+\varepsilon) f_1].$$

567. **Valeurs numériques de toutes les quantités introduites.** — Coriolis rapporte des expériences dont le principe est très simple et qui permettront de se faire une idée exacte des ordres de grandeur.

VITESSE IMPRIMÉE A LA BILLE.

Il suspend la bille par un fil, frappe en plein avec la queue horizontale, et détermine la remontée pour un coup fort sans excès. Il trouve que la bille remonte : moyennement à une hauteur $h = 1^m,20$, et pour un coup fort à $2^m,50$. Calculons les vitesses correspondantes :

$$\varphi = \sqrt{2gh}; \quad h = 1,20, \quad \varphi = 4^m,86; \quad h = 2,50, \quad \varphi = 7^m,00.$$

Ainsi la vitesse d'une bille au départ peut varier de 0 à 7 mètres; sa valeur moyenne est aux environs de 5 mètres par seconde.

COEFFICIENT DE FROTTEMENT f SUR LE TAPIS.

On tire la bille horizontalement (en l'empêchant de rouler) par un fil qui passe sur une poulie légère et auquel on suspend des poids. On trouve $f = 0,25$ pour du drap fin, $f = 0,30$ pour du drap plus gros ou plus usé.

Cherchons comme application à partir de quelle distance une bille frappée en plein commence à rouler sans glisser (état final). La formule du § 554 donne :

$$T = u_0 : 3{,}5fg = 0^s{,}815,$$

en prenant : $u_0 = 7$ mètres, $f = 0{,}25 = 1 : 4$.

Calculons le chemin alors parcouru :

$$x = \left(u_0 - \frac{fgT}{2}\right)T = (7-1)0{,}815 = 4^m{,}89.$$

La table du billard a $2^m{,}50$ environ de longueur sur la moitié moins de largeur.

Coefficient ε.

On suspend une bille à un fil pour en faire une sorte de pendule. Pour l'équilibre, la bille touche juste la bande. On lâche d'une certaine hauteur h et on détermine à quelle hauteur h' la bille rebondit. Soit φ et φ' les deux vitesses ; on a :

$$\frac{\varphi'}{\varphi} = \varepsilon = \sqrt{\frac{h'}{h}}.$$

On trouve sensiblement : $\varepsilon = 0{,}55$.

Ainsi l'angle de réflexion χ est relié à l'angle d'incidence ψ (en ne tenant pas compte du frottement) par la formule :

$$\operatorname{tg}\chi = 1{,}82 \operatorname{tg}\psi.$$

Si $\psi = 45°$, $\operatorname{tg}\psi = 1$, on a : $\operatorname{tg}\chi = 1{,}82$, $\chi = 61°$ environ.

Ce qui n'empêche pas les pères de famille de donner le billard à leurs fils comme exemple de la loi d'égalité des angles d'incidence et de réflexion.

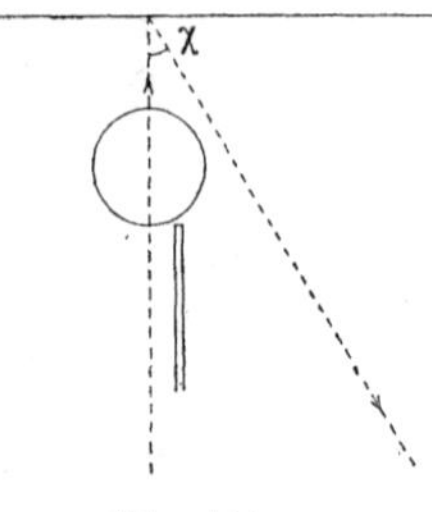

Fig. 400.

Coefficient f_1.

Voici une très curieuse méthode pour déterminer la valeur du coefficient f_1 de frottement pendant le choc sur la bande (fig. 400).

Jouons contre la bande bien perpendiculairement, en donnant le coup de côté et à la hauteur du centre et en plaçant la bille assez près de la bande pour qu'elle y arrive à l'état de glissement. Il sera prudent de la prendre un peu au-dessous du centre.

Ces précautions servent à réaliser les conditions :

$$\psi = 0, \qquad p = 0.$$

On a :

$$\operatorname{tg}\chi = f_1 \frac{1+\varepsilon}{\varepsilon}.$$

On trouve ainsi comme moyenne d'un grand nombre d'expériences : $\chi = 31°$, $f_1 = 0{,}20$.

Toupie.

568. **Équations du mouvement.** — On suppose que la toupie repose *sans frottement* sur un plan horizontal. On utilise une toupie qu'on puisse lancer avec une grande vitesse au moyen d'une ficelle (voir la note du § 533); on la dépose sur une plaque de verre enfumée sur laquelle la pointe trace sa trajectoire.

Soit m la masse totale, N_1 la réaction du plan *qui est normale;* c'est la conséquence de l'hypothèse que le frottement est nul. Nous avons à déterminer, d'une part le mouvement du centre d'inertie, de l'autre les rotations autour de ce point considéré comme fixe.

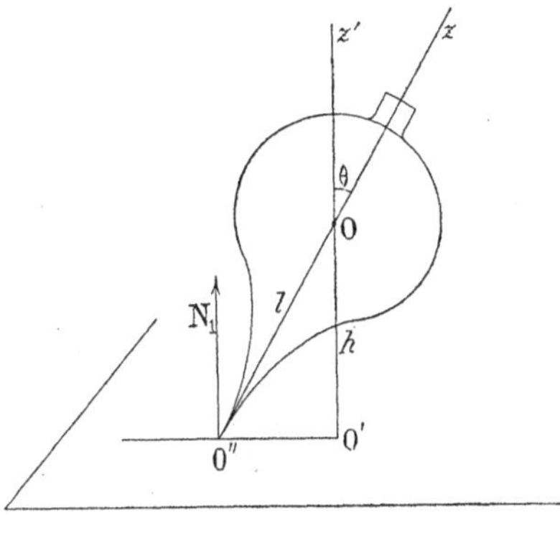

Fig. 401.

Pour trouver le mouvement du centre d'inertie, transportons-y toutes les forces, c'est-à-dire le poids $-mg$ et la réaction normale du plan N_1. Ces forces étant toutes deux verticales, nous concluons que *la projection horizontale de la trajectoire du centre d'inertie est une droite décrite d'un mouvement uniforme.*

Le centre d'inertie se déplace donc dans un plan vertical dans lequel il décrit une certaine courbe. L'équation du mouvement est :

$$m\frac{d^2h}{dt^2} = ml\frac{d^2}{dt^2}(\cos\theta) = N_1 - mg; \qquad (1)$$

h est la hauteur du centre d'inertie au-dessus du plan horizontal.

Nous tirons de là la valeur de la réaction normale :

$$N_1 = mg + ml\frac{d^2}{dt^2}(\cos\theta) = mg - ml\sin\theta\,.\,\theta'' - ml\cos\theta\,.\,\theta'^2.$$

Passons aux équations fixant la rotation.

Il n'existe d'autre couple que celui qui résulte de N_1. Son axe est dirigé suivant la ligne des nœuds, sa grandeur est :

$$N_1 l\sin\theta = mlg\sin\theta - ml^2\sin^2\theta\,.\,\theta'' - ml^2\sin\theta\cos\theta\,.\,\theta'^2.$$

La troisième équation IV (§ 529) donne :

$$\varphi' + \psi'\cos\theta = r = \text{Constante} = r_0. \qquad (2)$$

Le mouvement de rotation autour de l'axe de la toupie est uniforme.

La seconde équation IV devient en intégrant :

$$A\psi' \sin^2\theta + Cr_0 \cos\theta = \text{Constante}. \qquad (3)$$

Enfin comme troisième équation, nous pouvons prendre celle des forces vives :

$$A(\theta'^2 + \psi'^2 \sin^2\theta) + ml^2 \sin^2\theta \,.\, \theta'^2 + 2mgl \cos\theta = \text{Constante}. \qquad (4)$$

Ces deux équations résolvent complètement le problème.

Supposons θ et ψ connus en fonction du temps au moyen de (3) et de (4); l'équation (2) donnera φ'; enfin on pourra calculer la réaction du plan.

569. **Cas où la nutation est nulle.** — Si θ est constant, le centre décrit une droite horizontale d'un mouvement uniforme. Simultanément, la pointe de la toupie décrit, par rapport au centre d'inertie supposé fixe, une circonférence dans le sens de la rotation propre. Le rayon de cette circonférence est $l \sin\theta$. La vitesse angulaire du rayon vecteur O'O'' est ψ'.

La trajectoire tracée par la pointe sur le verre enfumé résulte de la composition de deux mouvements uniformes, l'un circulaire, l'autre rectiligne. C'est une cycloïde allongée ou raccourcie. On peut obtenir comme limites une droite (axe Oz vertical), ou un cercle (centre d'inertie immobile).

A la vérité, il existe toujours de petits festons, dus à la nutation, qui augmentent d'amplitude quand la vitesse de rotation propre diminue. Le centre d'inertie décrit une ligne sinueuse dans un plan vertical.

Cerceau.

570. **Conditions géométriques de roulement.** — Il s'agit d'exprimer que le cerceau (réduit à une circonférence homogène de rayon a) roule sur un plan sans glisser; c'est dire que le point de contact D avec le plan (fig. 402) ne subit aucun déplacement relatif, qu'il appartient par conséquent à l'axe instantané de rotation.

Pour définir la position du cerceau, nous emploierons les coordonnées habituelles. Faisons passer par le centre d'inertie O trois axes *de directions invariables* Ox', Oy', Oz'. L'axe Oz' est normal au plan sur lequel a lieu le roulement. Comme nous prendrons ce plan horizontal, en traitant la question dynamique, Oz' est par conséquent vertical.

L'inclinaison du cerceau est définie par l'angle θ que fait la normale Oz au plan du cerceau avec la verticale : c'est *la nutation*.

Le plan z'Oz coupe le cerceau suivant OB et le plan horizontal x'Oy' suivant OA'.

L'horizontale OA, normale à zOz' et par suite à OA', est *la ligne des nœuds*.

L'angle ψ est la précession.

Menons une droite Ox du centre du cerceau à un point bien déterminé du pourtour : l'angle $\varphi = \overline{AOx}$ mesure la rotation propre.

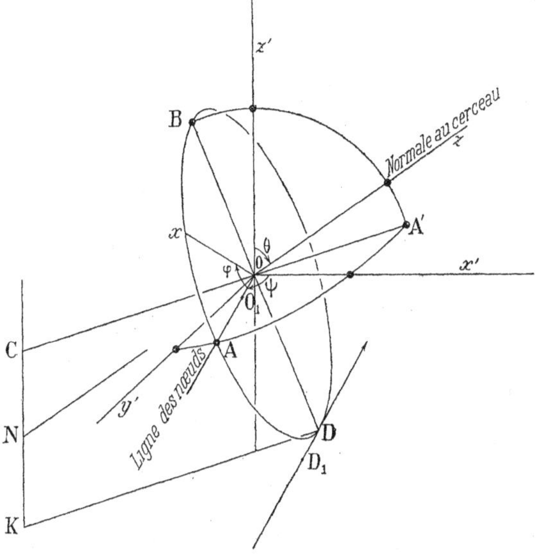

Fig. 402.

Soit r la vitesse de rotation autour de Oz; nous savons qu'on a :

$$r = \varphi' + \psi' \cos\theta.$$

Rappelons enfin que tous les angles sont comptés positivement dans le sens qui amène Ox sur Oy pour l'observateur placé suivant Oz.

Il s'agit d'exprimer que le point de contact instantané D est immobile : c'est la condition de roulement.

Si le centre d'inertie était fixe, le point D viendrait en D_1, parallèlement à la ligne des nœuds, sous l'influence de la vitesse de rotation r. La vitesse linéaire serait :

$$ar = a(\varphi' + \psi' \cos\theta),$$

où a est le rayon du cercle.

Mais le centre d'inertie se déplace. Considérons le plan vertical normal au cerceau et passant par son centre; c'est le plan $Oz'z$, BA'C. Par suite du roulement, le centre d'inertie ne peut avoir que deux déplacements instantanés : l'un dans ce vertical, c'est une rotation autour de DD_1 servant d'axe; l'autre suivant la ligne des nœuds. Le premier mouvement ne change pas la position du point D. Le second donne au point D un mouvement égal et parallèle à celui du centre d'inertie.

Représentons le plan horizontal. Soit C le centre de courbure de la projection horizontale de la trajectoire OO_1 du centre d'inertie; soit $CO = R$ le rayon de courbure (fig. 403).

Le point O ne peut venir en O_1 sans que ψ ne varie (dans l'espèce, ne croisse); l'angle $\overline{OCO_1}$ est précisément égal à $d\psi$. La vitesse linéaire de déplacement horizontal du centre d'inertie (suivant la ligne des nœuds) est donc $R\psi'$.

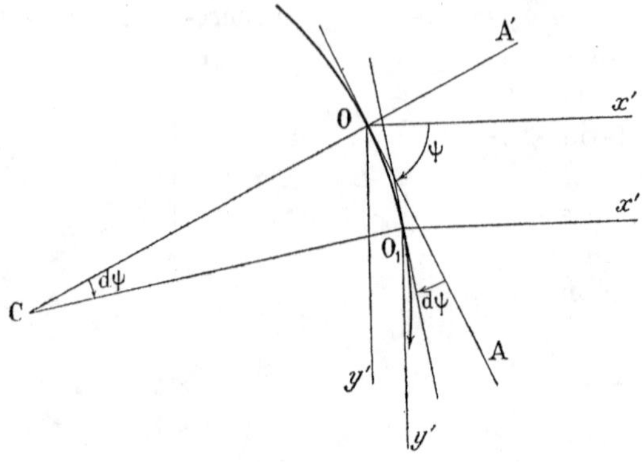

Fig. 403.

Pour que le mouvement du cerceau soit un roulement, il faut donc avoir :

$$a(\varphi' + \psi' \cos\theta) + R\psi' = 0. \qquad (1)$$

571. Équations générales du mouvement. — La marche est la même que pour la toupie, § 568.

Transcrivons les équations d'Euler (§ III de 529) en y posant :

$$A = ma^2 : 2, \qquad C = ma^2;$$

$$ma^2\theta'' + ma^2 \sin\theta \cos\theta \,.\, \psi'^2 + 2ma^2 \sin\theta \,.\, \psi'\varphi' = 2L_1,$$

$$ma^2 \sin\theta \,.\, \psi'' - 2ma^2\theta'\varphi' = 2M_1,$$

$$ma^2 \frac{d}{dt}(\varphi' + \psi' \cos\theta) = N.$$

Reste à évaluer les couples, dont l'un est dû à la réaction du sol. Les composantes de cette réaction sont N_1 et N_2. Pour les déterminer, écrivons les équations du mouvement du centre d'inertie ; pour cela transportons-y toutes les forces.

Les forces verticales sont la pesanteur mg et la réaction verticale du sol N_1. On a donc (fig. 404) :

$$m\frac{d^2h}{dt^2} = -mg + N_1, \qquad h = a\sin\theta;$$

$$N_1 = mg + ma\frac{d^2}{dt^2}(\sin\theta) = mg - ma\sin\theta \,.\, \theta'^2 + ma\cos\theta \,.\, \theta''.$$

La seule force horizontale est la réaction N_2. Écrivons qu'elle produit l'accélération horizontale du centre d'inertie.

Supposons d'abord θ constant; le centre d'inertie a la vitesse horizontale $a(\varphi' + \psi' \cos\theta)$, qui résulte du roulement du cerceau autour de son axe. Le vecteur représentatif de cette vitesse tourne lui-même avec une vitesse ψ'. Pour déterminer l'accélération, nous devons donc chercher la différence géométrique de deux vecteurs, égaux aux infiniment petits d'ordre supérieur près et qui font un angle $\psi'\Delta t$; puis diviser cette différence par Δt. Nous trouvons évidemment un vecteur de longueur :

$$a\psi'(\varphi' + \psi' \cos\theta),$$

et normal à l'un ou l'autre des vecteurs composants.

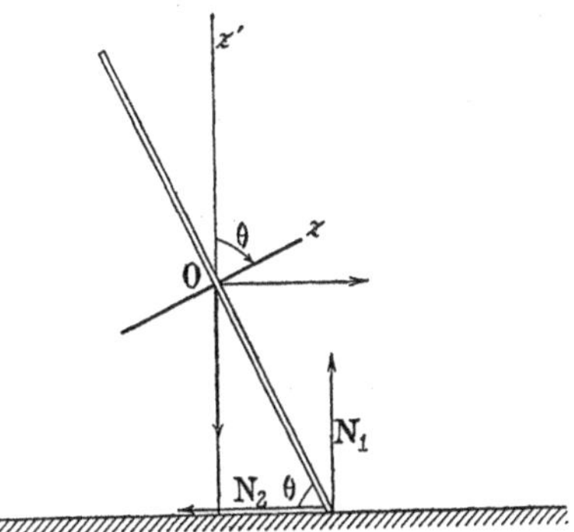

Fig. 404.

Mais l'angle θ est variable, d'où une nouvelle accélération horizontale :

$$ad^2(\cos\theta) : dt^2,$$

dirigée dans la même direction que la précédente.

En définitive, on a :

$$N_2 = -ma\psi'(\varphi' + \psi' \cos\theta) - ma\cos\theta \,.\, \theta'^2 - ma\sin\theta \,.\, \theta''.$$

Nous pouvons maintenant écrire les équations générales du mouvement autour du centre d'inertie.

Conservons les notations L_1, M_1, N, pour les composantes des couples appliqués, celui qui provient de la réaction du sol excepté.

Les forces N_1 et N_2 produisent un couple dont l'axe est dirigé suivant la ligne des nœuds et a pour longueur :

$$a(-N_1 \cos\theta + N_2 \sin\theta) =$$

$$-mag\cos\theta - ma^2 \sin\theta \,.\, \psi'\varphi' - ma^2 \sin\theta\cos\theta \,.\, \psi'^2 - ma^2\theta''.$$

Il faut donc ajouter au premier membre de la première équation deux fois cette quantité changée de signe. Il vient en définitive :

$$3ma^2\theta'' + 3ma^2 \sin\theta\cos\theta \,.\, \psi'^2 + 4ma^2 \sin\theta \,.\, \psi'\varphi' + 2mga\cos\theta = 2L_1,$$

$$ma^2 \sin\theta \,.\, \psi'' - 2ma^2 \,.\, \theta'\varphi' = 2M_1,$$

$$ma^2 \frac{d}{dt}(\varphi' + \psi' \cos\theta) = N.$$

572. **Équilibre du cerceau.** — Cherchons la condition du mouvement permanent. Écrivons : $\theta' = \theta'' = 0$. Supposons qu'il n'existe aucun couple surajouté. La condition d'équilibre est :

$$3a\sin\theta\cos\theta \,.\, \psi'^2 + 4a\sin\theta \,.\, \varphi'\psi' + 2g\cos\theta = 0,$$

$$3a\sin\theta \,.\, \psi'^2 + 4a\,\mathrm{tg}\,\theta \,.\, \varphi'\psi' + 2g = 0.$$

Le cerceau va du côté où il penche. Comme φ' est toujours beaucoup plus grand que ψ', l'équation se réduit pratiquement à :

$$\operatorname{tg}\theta = -\frac{g}{2a\varphi'\psi'}.$$

La vitesse φ' est toujours prise positivement. Le cerceau roule dans le sens D_1D (fig. 402). Sa quantité $a \operatorname{tg}\theta$ étant positive, il faut que ψ' soit négatif. L'angle $x'OA$ diminue (fig. 403) ; ce qui signifie précisément que *le cerceau va du côté où il penche.*

573. **Petites oscillations autour de la position d'équilibre.** — Supposons le couple surajouté nul. Considérons les petites oscillations autour de la position d'équilibre. Posons donc :

$$\theta = (\pi : 2) - \varepsilon, \qquad \sin\theta = 1, \qquad \cos\theta = \varepsilon.$$

Négligeons les quantités petites. Posons $\varphi' = r_0 =$ Constante. Les équations deviennent :

$$-3a\varepsilon'' + 4ar_0\psi' + 2g\varepsilon = 0,$$
$$\psi'' + 2r_0\varepsilon' = 0.$$

La solution est, en laissant de côté une phase arbitraire :

$$\varepsilon = \varepsilon_0 \sin\omega t, \qquad \psi = \psi_0 \cos\omega t;$$
$$\omega = \sqrt{\frac{2g}{3a}}\sqrt{\frac{4ar_0^2}{g} - 1}, \qquad \frac{\psi_0}{\varepsilon_0} = \frac{2r_0}{\omega}. \qquad (1)$$

L'équilibre ne peut être stable, autrement dit le cerceau ne se maintient en équilibre autour d'une trajectoire, que si la période, $T = 2\pi : \omega$, des oscillations est réelle. Il faut pour cela que la vitesse propre r_0 soit assez grande ; on doit avoir :

$$4ar_0^2 > g.$$

La seconde condition (1) donne le rapport des amplitudes des oscillations de précession et de nutation. Leur différence de phase est $\pi : 2$.

La trajectoire du centre d'inertie et par suite du point de contact avec le sol est une sinusoïde. On a très approximativement pour sa courbure :

$$\frac{1}{R} = -\frac{1}{ar_0}\frac{d\psi}{dt} = \frac{\omega\psi_0}{ar_0}\sin\omega t.$$

Soit deux axes : ξ suivant la trajectoire moyenne, η normalement à cette trajectoire. On a sensiblement :

$$\xi = ar_0 t, \qquad \frac{1}{R} = \frac{d^2\eta}{d\xi^2}.$$

D'où :

$$\eta = -\frac{ar_0}{\omega}\psi_0 \sin\omega t = -\frac{ar_0}{\omega}\psi_0 \sin\frac{\omega}{ar_0}\xi.$$

La longueur d'une boucle de sinusoïde est évidemment donnée par les formules :

$$\lambda = ar_0 T, \qquad T = 2\pi : \omega, \qquad \lambda = 2\pi a r_0 : \omega.$$

574. **Direction du cerceau à l'aide du bâton.** — Sans faire de nouveaux calculs, la théorie du gyroscope apprend immédiatement quels sont les phénomènes (fig. 405).

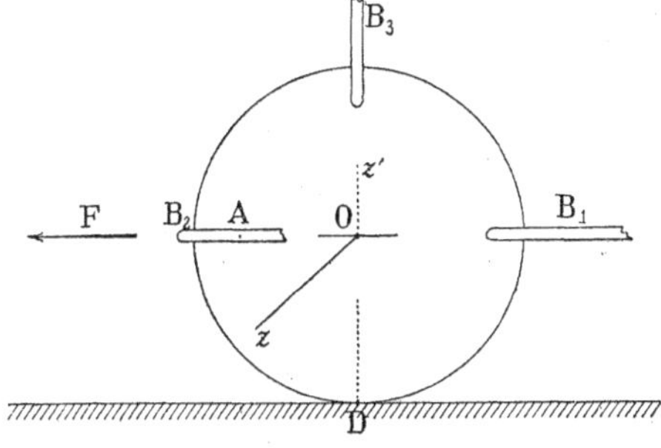

Fig. 405.

Le cerceau est vertical et va dans le sens de la flèche; l'axe de rotation propre est donc horizontal. La ligne des nœuds, à la fois normale à Oz et à Oz', est suivant OA.

On appuie le bâton en B_1 à l'arrière du cerceau et vers l'arrière du tableau. On crée un couple dont l'axe est normal à OA et à Oz; sa notation est donc M_1. Il semble qu'il doive produire une rotation du cerceau autour d'un axe vertical (précession); nous savons qu'il produit au contraire une nutation. Le cerceau s'incline vers l'arrière du tableau; corrélativement, la trajectoire du centre d'inertie devient courbe; le centre de courbure est derrière le tableau.

On appuie le bâton en B_2 à l'avant du cerceau. Même théorie, mais le couple est de signe contraire. Le cerceau s'incline vers l'avant du tableau; corrélativement, la trajectoire du centre d'inertie devient courbe; le centre de courbure est en avant du tableau, ce qui ne laisse pas d'être assez paradoxal.

On appuie le bâton en B_3; on crée un couple de notation L_1. Il semble qu'il doive incliner le cerceau; nous savons qu'il produit une précession. Tout en restant vertical, le cerceau change de direction. La trajectoire du centre d'inertie devient courbe; le centre de courbure est en avant du tableau.

Du reste, on retrouve ces résultats dans les équations. Posons-y $\theta = \pi : 2$, et négligeons les termes petits.

La première donne :

$$4a^2\varphi'\psi' + L_1 = 0;$$

elle correspond à la position 3 du bâton; il doit naître une vitesse de précession ψ'.

La seconde donne : $\quad a^2\varphi'\theta' + M_1 = 0;$

elle correspond aux positions 1 et 2 du bâton; il doit naître une vitesse de chute θ'.

Bicyclette.

575. Conditions géométriques du mouvement (Bourlet). — Nous appellerons *plan moyen* le plan de symétrie du cadre; c'est aussi le plan de symétrie de la roue arrière. Les points A et B (fig. 406) sont les points les plus bas des roues arrière et avant, points de contact avec le sol. Nous admettrons que le plan moyen dont la trace sur le sol est MA passe par le point B, *quelle que soit l'inclinaison du cadre et celle de la roue avant sur le cadre;* proposition très suffisamment exacte, au moins avec la construction ordinaire des bicyclettes.

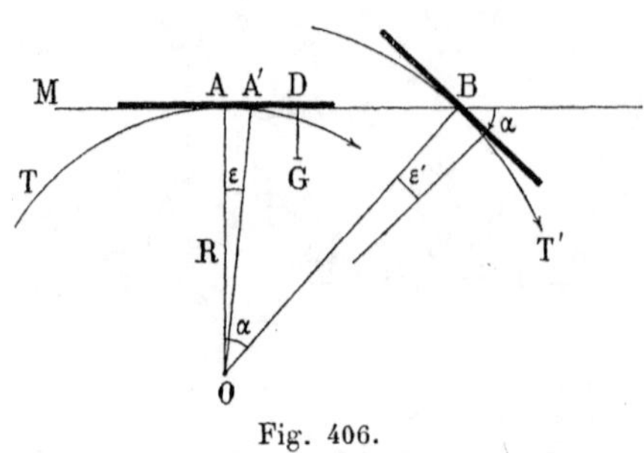

Fig. 406.

Nous poserons $\overline{AB} = a$; α désigne l'angle que fait la trace sur le sol du plan de la roue avant avec la trace du plan moyen.

Les courbes T et T' sont les trajectoires des points A et B. Si l'on connaît T, on trouvera T' en portant sur les tangentes à T, à partir du point de contact A, une longueur constante $\overline{AB} = a$.

Exprimons cette condition en fonction des arcs s et s' des deux trajectoires, comptés à partir d'origines quelconques prises sur ces trajectoires. Appelons x et y les coordonnées de A, x' et y' les coordonnées de B.

On a :
$$x' = x + a\frac{dx}{ds}, \qquad y' = y + a\frac{dy}{ds}; \tag{1}$$

ou les équations équivalentes :

$$\frac{dx}{x'-x} = \frac{dy}{y'-y}, \qquad (x'-x)^2 + (y'-y)^2 = a^2. \tag{2}$$

On a de plus :

$$\frac{dx}{ds}\frac{dx'}{ds'} + \frac{dy}{ds}\frac{dy'}{ds'} = \cos\alpha. \tag{3}$$

Différentions la seconde équation (2), utilisons la première; il vient :

$$(x'-x)(dx'-dx) + (y'-y)(dy'-dy) = 0;$$
$$dx(dx'-dx) + dy(dy'-dy) = 0.$$

Par suite, l'équation (3) conduit à la relation :

$$ds = ds'\cos\alpha.$$

Les équations (1) fournissent, en dérivant par rapport à s et additionnant les carrés :

$$a^2\left[\left(\frac{d^2x}{ds^2}\right)^2+\left(\frac{d^2y}{ds^2}\right)^2\right]=\left(\frac{dx'}{ds}-\frac{dx}{ds}\right)^2+\left(\frac{dy'}{ds}-\frac{dy}{ds}\right)^2;$$

ce qui donne par des transformations faciles (§ 60) :

$$\left(\frac{d^2x}{ds^2}\right)^2+\left(\frac{d^2y}{ds^2}\right)^2=\frac{1}{R^2}=\frac{\operatorname{tg}^2\alpha}{a^2}, \qquad \frac{1}{R}=\frac{\operatorname{tg}\alpha}{a};$$

R est le rayon de courbure de la trajectoire T au point A. Soit O le centre de courbure; il résulte immédiatement de cette formule que l'angle AOB est égal à α et par suite que OB est normal à la trajectoire T'. *L'intersection des deux normales* AO et BO *détermine donc le centre de courbure de la trajectoire* T.

Considérons deux normales très voisines de celles qui correspondent au point O; elles font avec les premières des angles ε et ε'. On a :
$$R\varepsilon=ds, \qquad R'\varepsilon'=ds'; \qquad \varepsilon'=\varepsilon+d\alpha.$$

D'où :

$$\frac{R}{R'}=\frac{ds}{ds'}\left(1+\frac{d\alpha}{\varepsilon}\right)=\cos\alpha\left(1+R\frac{d\alpha}{ds}\right)=\cos\alpha\left(1+\frac{a}{\operatorname{tg}\alpha}\frac{d\alpha}{ds}\right).$$

D'où enfin l'expression de la courbure de la trajectoire T' :

$$\frac{1}{R'}=\frac{\sin\alpha}{a}+\frac{d\alpha}{ds}\cos\alpha,$$

Si α est constant, le point O *est le centre de courbure des trajectoires* T *et* T', *qui sont alors des circonférences concentriques.*

576. **Équation des trajectoires.** — Nous avons montré au § 334 qu'une courbe est définie par les équations :

$$x=\int\cos u\,ds, \qquad y=\int\sin u\,ds,$$

à la condition que la variable auxiliaire u soit reliée au rayon de courbure par la formule :

$$R\,du=ds, \qquad u=\int\frac{ds}{R}.$$

Soit α donné en fonction de s; la trajectoire T a pour équation :

$$x=\int\cos\left(\frac{1}{a}\int\operatorname{tg}\alpha\,ds\right)ds, \qquad y=\int\sin\left(\frac{1}{a}\int\operatorname{tg}\alpha\,ds\right)ds.$$

En particulier, supposons : 1° que α reste toujours petit de manière qu'on puisse confondre l'arc et sa tangente; 2° que le bicycliste incline son guidon avec une vitesse constante : l'angle α est donc proportionnel au temps ou, ce qui revient au même, proportionnel à l'arc (la vitesse V ne changeant pas beaucoup pendant un virage); on posera donc :

$$\operatorname{tg}\alpha = \alpha = ks, \qquad \int \operatorname{tg}\alpha \, ds = \frac{ks^2}{2}.$$

$$x = \int \cos\frac{ks^2}{2a}\, ds, \qquad y = \int \sin\frac{ks^2}{2a}\, ds.$$

La trajectoire T est donc la radioïde aux arcs; elle se calcule au moyen des intégrales de Fresnel. C'est évidemment le virage le plus naturel.

577. **Équation du mouvement (Boussinesq).** — Les équations rigoureuses du mouvement sont assez compliquées. Pour les simplifier, nous ne tiendrons pas compte du mouvement des roues et de la direction; nous admettrons de plus que le centre d'inertie G est dans le plan moyen, à une distance invariable h de la trace de ce plan sur le sol supposé horizontal.

Appelons θ l'inclinaison du plan moyen; nous la compterons positivement quand il penche vers le centre de courbure de la trajectoire T. Prenons l'axe des x presque parallèle à l'arc croissant s décrit par le point A au voisinage du temps considéré; prenons l'axe des y presque normal à cet axe. Appelons x, y, les coordonnées de A; ξ, η, ζ, les coordonnées du centre d'inertie.

Si le plan de la machine était vertical, le centre d'inertie se projeterait en D; posons $\overline{\mathrm{AD}} = b$.

Le point D étant sur la tangente à la trajectoire T, on a généralement :

$$\begin{aligned}
\xi &= x + b\frac{dx}{ds} - h\frac{dy}{ds}\sin\theta, & \xi &= x + bx' - hy'\sin\theta,\\
\eta &= y + b\frac{dy}{ds} + h\frac{dx}{ds}\sin\theta, & \eta &= y + by' + hx'\sin\theta, \quad (1)\\
\zeta &= h\cos\theta, & \overline{\mathrm{DG}} &= h\sin\theta.
\end{aligned}$$

Nous poserons : $x' = \dfrac{dx}{ds}, \qquad x'' = \dfrac{d^2x}{ds^2}, \ldots$

pour abréger l'écriture.

Soit V la vitesse du point A au temps t; on a évidemment :

$$\frac{d}{dt} = \mathrm{V}\frac{d}{ds}.$$

Pour éliminer les réactions du sol qui passent par les points A et B, écrivons l'équation des moments (§ 289) par rapport à la droite AB; nous pouvons simplifier en plaçant l'axe des x exactement sur AB.

Ce n'est pas permis dans les équations (1) que nous aurons à différentier.

Le seul couple existant est dû à la pesanteur, son moment est $mgh \sin\theta$. Il tend à augmenter l'angle θ.

L'équation du mouvement, dont tous les termes sont divisés par mh, est :

$$g \sin\theta - \frac{d^2\eta}{dt^2}\cos\theta + \frac{d^2\zeta}{dt^2}\sin\theta = 0, \qquad (2)$$

qu'il suffit d'expliciter par rapport aux quantités définissant la trajectoire. On a immédiatement, d'après la valeur de ζ et l'hypothèse que h est constant :

$$g \sin\theta - \frac{d^2\eta}{dt^2}\cos\theta - h\frac{d^2\theta}{dt^2}\sin^2\theta - h\left(\frac{d\theta}{dt}\right)^2\cos\theta\sin\theta = 0. \qquad (2')$$

578. **Transformation de l'équation.** — On a :

$$\frac{d\eta}{dt} = Vy' + bVy'' + hVx''\sin\theta + hx'\frac{d\theta}{dt}\cos\theta.$$

Dérivons une seconde fois; il vient :

$$\frac{d^2\eta}{dt^2} = \frac{dV}{dt}y' + V^2y'' + b\left(\frac{dV}{dt}y'' + V^2y'''\right) + h\left(\frac{dV}{dt}x'' + V^2x'''\right)\sin\theta$$
$$+ 2hVx''\cos\theta\frac{d\theta}{dt} + hx'\left[\frac{d^2\theta}{dt^2}\cos\theta - \left(\frac{d\theta}{dt}\right)\sin\theta\right].$$

Cette expression se simplifie grâce aux formules obtenues en dérivant les expressions :

$$x'^2 + y'^2 = 1, \qquad x''^2 + y''^2 = 1 : R^2.$$

On a :

$$x'x'' + y'y'' = 0, \qquad x'x''' + y'y''' + x''^2 + y''^2 = 0,$$
$$V(x''x''' + y''y''') = \frac{1}{R}\frac{d}{dt}\left(\frac{1}{R}\right).$$

Simplifions maintenant grâce à l'hypothèse (légitime, maintenant que toutes les différentiations sont faites) que l'axe des x coïncide avec AB :

$$x' = 1, \qquad y' = 0; \qquad x'' = 0, \qquad x''' = -y''^2,$$
$$Vy''y''' = \frac{1}{R}\frac{d}{dt}\left(\frac{1}{R}\right).$$

On a de plus :

$$y'' = \frac{1}{R}, \qquad Vy''' = \frac{d}{dt}\left(\frac{1}{R}\right).$$

Toutes ces formules sont immédiates; on n'a d'autre peine que de les écrire. On en tire :

$$-\frac{d^2\eta}{dt^2}=-\frac{V^2}{R}\left(1-\frac{h}{R}\sin\theta\right)-b\frac{d}{dt}\left(\frac{V}{R}\right)$$
$$-h\frac{d^2\theta}{dt^2}\cos\theta+h\left(\frac{d\theta}{dt}\right)^2\sin\theta.$$

Il ne reste plus qu'à porter cette valeur dans l'équation des moments. Nous poserons :
$\sin\theta=\theta$, $\cos\theta=1$; nous négligerons : $h\sin\theta : R$; il reste :

$$\frac{d^2\theta}{dt^2}+\frac{b}{h}\frac{d}{dt}\left(\frac{V}{R}\right)=\frac{g}{h}\theta-\frac{V^2}{hR}.$$

Nous simplifierons encore l'équation en posant : $a=R\alpha$, et en remplaçant la vitesse variable par la vitesse moyenne :

$$\frac{d^2\theta}{dt^2}=-\frac{bV}{ah}\frac{d\alpha}{dt}+\frac{g}{h}\left(\theta-\frac{V^2}{ga}\alpha\right). \qquad (3)$$

La discussion de cette très élégante équation fournit la théorie élémentaire de la bicyclette.

579. **Discussion**. —

1° Si α est constant, c'est-à-dire si le guidon est maintenu invariable, la condition d'équilibre est :

$$\frac{V^2}{ga}\alpha=\theta, \qquad \frac{mV^2}{R}=mg\theta.$$

Elle exprime que la résultante de la force centrifuge et de la pesanteur est dans le plan du cadre (plan moyen de la machine); nous aurions pu l'écrire immédiatement.

C'est la formule dont nous nous sommes servis au § 335 pour étudier les conditions du virage et de la construction des pistes dans les vélodromes.

Mais l'équation (3) nous apprend grâce à quelle manœuvre le bicycliste pourra se remettre en équilibre, si la condition précédente ne se trouve pas satisfaite.

2° Remarquons tout d'abord que α peut varier, sans que θ change nécessairement. Il suffit que l'équation :

$$-\frac{d\alpha}{dt}+\frac{ag}{bV}\left(\theta-\frac{V^2}{ga}\alpha\right)=0$$

soit satisfaite. On trouve :

$$\alpha=\frac{ag\theta}{V^2}+ke^{-\frac{Vt}{b}};$$

k est une constante à déterminer par les conditions initiales. Donc on peut toujours revenir, sans changer l'inclinaison du cadre, à une position du guidon qui corresponde à un angle α donné et par conséquent à un rayon de courbure donné pour la trajectoire.

3° Supposons donc qu'on soit *en train de tomber*, c'est-à-dire que pour une raison quelconque θ soit en train de croître. Sa dérivée $d\theta : dt$ est donc positive. Il s'agit de l'annuler. On y parvient en utilisant le terme en $d\alpha : dt$. Il faut créer une dérivée seconde négative et *par conséquent tourner brusquement le guidon vers le côté où l'on se sent jeté;* plus vulgairement dit, *il faut tourner brusquement du côté où l'on tombe.*

Remarquons que l'action sera double; on tend à arrêter la chute (à diminuer et à annuler la dérivée positive $d\theta : dt$ due à la cause étrangère) d'abord parce qu'on agit sur le terme en $d\alpha : dt$, ensuite parce que, α croissant, la parenthèse, qui par hypothèse était nulle (on tombe à partir d'une position d'équilibre), devient négative.

La dérivée $d\theta : dt$ une fois annulée, on revient à la position α du guidon qui correspond au rayon de courbure imposé par la route, au moyen de l'opération 2° qui ne change pas l'inclinaison θ du cadre.

Si l'inclinaison avait eu le temps de varier, on en serait quitte pour exagérer la manœuvre et redresser la machine. On mettrait seulement ensuite un temps et un parcours plus longs à revenir à l'inclinaison normale α du guidon.

De ce que nous pouvons faire une théorie très approchée de la bicyclette sans faire intervenir les forces gyroscopiques résultant de la rotation des roues, il faut conclure (ce qu'un calcul complet démontre) qu'elles interviennent beaucoup moins que la force centrifuge.

CHAPITRE XI

MOUVEMENT RELATIF

Système planétaire.

580. **Lois de Képler et hypothèse de Newton.** — Voici l'énoncé des lois découvertes par Képler plus d'un siècle avant que Newton en donnât l'interprétation, à savoir : *que l'attraction des astres se fait proportionnellement à leurs masses et en raison inverse du carré de leurs distances.*

1° *Les trajectoires de toutes les planètes sont des ellipses dont un des foyers est au Soleil; le rayon vecteur parti du Soleil et aboutissant à la planète balaie des aires qui varient proportionnellement au temps.*

Ce résultat est conforme à la loi de Newton (§ 245), si l'on admet que l'action du Soleil sur une planète l'emporte énormément sur l'action des autres astres de notre système sur cette même planète; ce qui implique que la masse du Soleil est énorme vis-à-vis de la masse des planètes. Bien entendu, les étoiles sont trop éloignées pour avoir une influence sensible.

2° *Les carrés des temps* T *employés pour une révolution par les différentes planètes sont entre eux comme les cubes des grands axes des ellipses.*

Reportons-nous au § 349.

Écrivons que, pendant le temps T, l'ellipse entière est balayée par le rayon vecteur. On a d'après la définition de la constante C (équation (1) du § 349) :

$$2\pi ab = 2\pi a^2\sqrt{1-e^2} = CT.$$

L'identification de l'équation 4 du § 349 et de l'équation différentielle des coniques (2) du § 346 donne :

$$\frac{GM}{C^2} = \frac{1}{a(1-e^2)}, \qquad GM = \frac{4\pi^2 a^3}{T^2}.$$

La masse M du Soleil est naturellement la même pour les différentes planètes ; G est une constante absolue : donc $a^3 : T^2$ a la même valeur pour toutes les planètes.

581. **Mobilité du Soleil.** — Le calcul précédent suppose le Soleil immobile. Il n'en est évidemment pas ainsi ; si le Soleil tire sur la planète, la planète agit sur le Soleil, d'où la nécessité de reprendre la question (fig. 407).

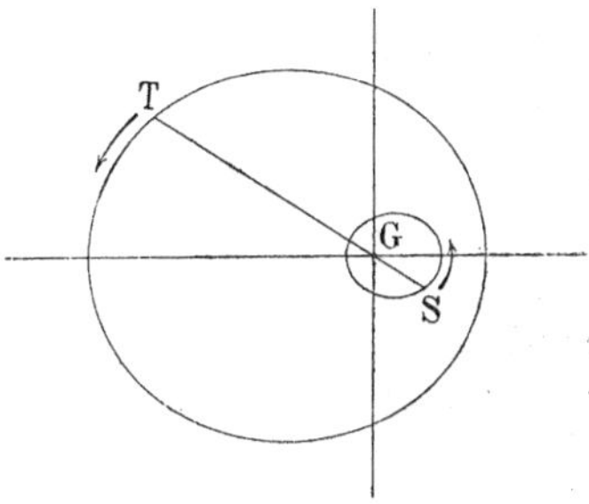

Fig. 407.

Proposons-nous donc le problème suivant : *Deux points matériels* T *et* S *s'attirent en raison inverse du carré de leur distance, et proportionnellement à leurs masses* m *et* M ; *on demande le mouvement relatif par rapport au centre d'inertie commun* G *supposé fixe.*

Posons :

$$\overline{GT} = \rho, \qquad \overline{GS} = \rho', \qquad \overline{TS} = r.$$

On a :

$$m\rho = M\rho', \qquad r = \rho + \rho' = \rho\frac{m+M}{M} = \rho'\frac{m+M}{m}.$$

L'accélération de la Terre est :

$$G\frac{M}{r^2} = \frac{M^3}{(m+M)^2}\frac{G}{\rho^2}.$$

L'accélération du Soleil est :

$$G\frac{m}{r^2} = \frac{m^3}{(m+M)^2}\frac{G}{\rho'^2}.$$

Or ces accélérations passent par le point G qui, par hypothèse, est fixe. La théorie précédente est donc rigoureusement applicable. Par suite la Terre décrit en un temps T une ellipse dont le point G occupe un des foyers et dont le grand axe a est donné par la formule :

$$a^3 = \frac{T^2}{4\pi^2} G \frac{M^3}{(m+M)^2}.$$

Le Soleil décrit dans le même temps T un ellipse semblable à la précédente, dont le point G occupe un des foyers et dont le grand axe a' est donné par la formule :

$$a'^3 = \frac{T^2}{4\pi^2} G \frac{m^3}{(M+m)^2}.$$

Cherchons quelle trajectoire la Terre décrit par rapport au Soleil. Il est évident que c'est une ellipse semblable aux deux précédentes, décrite dans le même temps T, et dont le Soleil occupe un des foyers. Son grand axe est :

$$a+a'=\sqrt[3]{\frac{T^2}{4\pi^2}G\frac{m+M}{(m+M)^{\frac{2}{3}}}}=\sqrt[3]{\frac{T^2}{4\pi^2}G}\,(m+M)^{\frac{1}{3}};$$

d'où :

$$(a+a')^3=\frac{T^2}{4\pi^2}G(m+M).$$

Comparant cette formule à celle du paragraphe précédent, on voit que tout se passe comme si le Soleil était fixe, mais comme si sa masse était $m+M$.

Le calcul précédent est intéressant, parce qu'il nous apprend quelles sont les trajectoires des *étoiles doubles* lorsque les actions des autres astres sont négligeables par rapport à leurs actions mutuelles. Mais il n'était pas nécessaire pour obtenir le résultat énoncé en dernier lieu.

Réduisons en effet le Soleil et la Terre à deux points ; rapportons le mouvement de la Terre à des axes mobiles, *mais de directions constantes,* passant par le centre du Soleil. Le mouvement des axes étant une simple translation, nous savons que l'accélération relative est égale à l'accélération absolue moins l'accélération d'entraînement (§ 95).

Or le Soleil subit une accélération (absolue, qui va jouer le rôle d'accélération d'entraînement) dirigée dans le sens ST et égale à $m : r^2$, tandis que la Terre subit une accélération absolue dirigée dans le sens TS et égale à $M : r^2$. Si nous rapportons le mouvement de la Terre à des axes de direction invariable et passant par le Soleil, l'accélération de la Terre par rapport à ces axes (accélération relative) est égale à la différence des deux accélérations $M : r^2$ et $m : r^2$ qui sont de sens contraires. Cette résultante est donc égale à $(M+m)r^2$; elle est dirigée dans le sens TS.

Donc la Terre décrit autour du Soleil une ellipse dont celui-ci occupe un des foyers ; tout se passe comme si le Soleil était fixe, mais comme si sa masse était augmentée de celle de la Terre.

Il résulte de là que la seconde loi de Képler n'est pas rigoureuse ; la quantité $a^3 : T^2$, n'est pas la même pour toutes les planètes, elle dépend de la masse de la planète considérée. Mais le rapport $m : M$ est une si petite fraction (à peine égale à $1 : 1000$ pour Jupiter, et voisine de $1 : 333\,000$ pour la Terre) qu'on peut le négliger à l'approximation des mesures actuelles.

582. **Équations générales ; fonction perturbatrice.** — Soit une planète de masse m, attirée par le Soleil et par les autres planètes de masses m', m'',... Pour qu'il soit légitime de traiter le Soleil comme fixe, nous devons appliquer à tous les corps du système une accélération égale et opposée à celle qu'exercent sur le Soleil *toutes*

les masses du système. Les équations du mouvement de la planète m, *rapportées à l'unité de masse*, sont :

$$\frac{d^2x}{dt^2} = -\mathrm{GM}\frac{x}{r^3} + \mathrm{G}m'\frac{x'-x}{\delta'^3} + \mathrm{G}m''\frac{x''-x}{\delta''^3} + \dots$$

$$-\mathrm{G}m\frac{x}{r^3} - \mathrm{G}m'\frac{x'}{r'^3} - \dots;$$

et deux autres symétriques. Nous écrivons en abrégé :

$$\frac{d^2x}{dt^2} = -\mathrm{G}(\mathrm{M}+m)\frac{x}{r^3} + \sum \mathrm{G}m'\frac{x'-x}{\delta'^3} - \sum \mathrm{G}m'\frac{x'}{r'^3}. \quad (1)$$

δ', δ'',... sont les distances des masses m', m'',... à la masse m; r', r'',... sont les distances des mêmes masses au Soleil.

Considérons la fonction *dite perturbatrice* :

$$\mathrm{R} = \sum \frac{\mathrm{G}m'}{\delta'} - \sum \mathrm{G}m'\frac{xx'+yy'+zz'}{r'^3}. \quad (2)$$

On vérifie immédiatement que les équations (1) s'écrivent :

$$\frac{d^2x}{dt^2} + \mathrm{G}(\mathrm{M}+m)\frac{x}{r^3} = \frac{\partial \mathrm{R}}{\partial x},$$

et deux autres symétriques. La fonction perturbatrice joue le rôle de potentiel. Nous retrouvons la forme d'équations dont il est parlé au § 351. On conçoit que la fonction perturbatrice puisse être développée en série numérique avec toute l'approximation désirable.

583. **Comparaison des masses du Soleil et des planètes.** — Il est facile de comparer à la masse M du Soleil, la masse m d'une planète qui a un satellite; il suffit de connaître : 1° les grands axes a et a' des orbites de la planète autour du Soleil et du satellite autour de la planète; 2° les durées T et T′ des révolutions sur ces orbites. Tout ce que nous avons dit de la planète par rapport au Soleil pouvant se répéter du satellite par rapport à la planète, on a :

$$\mathrm{GM} = \frac{4\pi^2a^3}{\mathrm{T}^2}, \qquad \mathrm{G}m = \frac{4\pi^2a'^3}{\mathrm{T}'^2}; \qquad \frac{m}{\mathrm{M}} = \left(\frac{a'}{a}\right)^3\left(\frac{\mathrm{T}}{\mathrm{T}'}\right)^2.$$

D'après le paragraphe 581, on doit substituer à cette formule la formule plus exacte :

$$\frac{m+m'}{\mathrm{M}+m} = \left(\frac{a'}{a}\right)^3\left(\frac{\mathrm{T}}{\mathrm{T}'}\right)^2,$$

où m' est la masse du satellite.

Comparons les masses du Soleil et de la Terre qui possède la Lune pour satellite. Les longueurs a et a' mesurées en rayons terrestres sont 24 000 et 60,3 ; les périodes T′ et T sont 27j,32 et 365j,24. On tire de là :

$$\mathrm{M} = 333\,000.$$

Il existe naturellement sur M une incertitude énorme, puisque a est en définitive fort mal connu.

La plupart des planètes ayant des satellites, on peut appliquer cette méthode: pour les autres planètes on utilise les perturbations; nous ne pouvons insister.

On trouve en fonction de la masse terrestre prise pour unité :

MERCURE	VÉNUS	MARS	URANUS	NEPTUNE	SATURNE	JUPITER
0,06	0,80	10	14	17	93	317

Il est bon de présenter les résultats précédents sous une forme concrète.

Supposons les trajectoires circulaires; $GM : a^2$, est la force exercée par le Soleil sur l'unité de masse de la planète, c'est-à-dire l'accélération de celle-ci. Conformément aux résultats bien connus (§ 63), l'accélération est égale à $(4\pi^2 : T^2)a$, produit du carré de la vitesse angulaire par le rayon (force centrifuge). C'est, par définition, le double de la quantité dont la planète tombe sur le Soleil en une seconde.

Comparer les masses du Soleil et de la planète revient donc à comparer l'accélération due au Soleil, agissant sur un point quelconque de la planète, à l'accélération due à la planète, agissant sur un point quelconque de son satellite. C'est encore comparer les quantités dont en une seconde la planète tombe sur le Soleil, et dont le satellite tombe sur la planète dans le même temps.

Jupiter est de beaucoup la plus grosse planète. Sa masse est 317 fois celle de la Terre; la masse du Soleil n'est que 1050 fois plus grande. Comme Jupiter est très éloigné du Soleil, il exerce sur les corps qui passent à proximité de lui des perturbations énormes. Ainsi une comète peut changer de période après son voisinage de Jupiter. On cite la *comète de Lexell,* qui apparut en 1769 et parut se mouvoir dans une orbite elliptique avec une courte période. On ne l'avait jamais aperçue antérieurement. Elle reparut en 1779, et depuis on ne l'a jamais signalée. Or les deux apparitions eurent lieu près de Jupiter, qui vraisemblablement fit à la trajectoire deux modifications inverses en 1769 et 1779.

584. **Étoiles doubles. Mouvements propres des étoiles.** — On connaît un nombre considérable d'étoiles doubles décrivant des ellipses l'une autour de l'autre. Il existe entre la somme $m+m'$ de leurs masses, le demi-grand axe a de leur orbite *relative* et la durée T de leur révolution, la relation (§ 580) :

$$a^3 = \frac{T^2}{4\pi^2} G(m+m'). \qquad (1)$$

Si l'on connaissait leur distance D à la Terre, on pourrait calculer aisément la somme $m+m'$. Soit α l'angle sous lequel on voit de la Terre le demi-grand axe a, supposé normal au rayon visuel ; on a :

$$\alpha D = a.$$

Soit p la *parallaxe annuelle* du couple d'étoiles considéré. C'est l'angle sous lequel l'observateur placé sur ce couple aperçoit le rayon a' de l'orbite terrestre supposé normal au rayon visuel ; on a :

$$pD = a'.$$

Soit enfin M la masse du Soleil, T' la période de la Terre (une année) :

$$a'^3 = \frac{T'^2}{4\pi^2} GM. \qquad (2)$$

Des formules (1) et (2) on tire :

$$\left(\frac{\alpha}{p}\right)^3 : \left(\frac{T}{T'}\right)^2 = \frac{m+m'}{M}.$$

Le rapport T : T' mesure *en années* la durée de la révolution du couple. L'angle α est généralement de l'ordre de quelques secondes. Les parallaxes p sont, dans les cas les plus favorables, de l'ordre de la seconde : 0'',80, pour α du Centaure. On trouve pour les masses des étoiles des multiples de la masse du Soleil. Par exemple, η Cassiopée a une masse 8 fois plus grande que celle du Soleil : elle est pourtant de quatrième grandeur et relativement près de la Terre.

A la question des étoiles doubles, se rattache le problème de *Sirius et de son compagnon.*

On sait qu'un grand nombre d'étoiles sont animées de mouvements propres très petits, qui les déplacent sur la sphère céleste de quelques secondes par an. Ces mouvements semblent uniformes. *Sirius* fait exception à la règle ; son mouvement n'est pas uniforme. On explique ce résultat par l'existence d'un compagnon plus ou moins obscur ; on aurait donc affaire à un système binaire superposant au mouvement rectiligne du centre de gravité un double mouvement elliptique autour de ce centre.

585. **Constante de la gravitation.** — Les masses des astres de notre système sont donc connues *en fonction de la masse de la Terre.* Reste à mesurer celle-ci ou, *ce qui revient au même,* à déterminer la constante G de la loi de la gravitation.

Assimilons la Terre à une sphère composée de couches concentriques homogènes. Nous savons (§ 247) qu'elle attire un point extérieur comme si toute sa masse M était concentrée en son centre. Soit Δ, M, R, la densité *moyenne,* la masse totale et le rayon terrestre, g l'intensité de la pesanteur à la surface ; on a :

$$M = \frac{4}{3}\pi R^3 . \Delta, \qquad g = \frac{GM}{R^2} = \frac{4\pi}{3} G\Delta R ;$$

g et R sont connus. La mesure de G fera donc connaître la densité moyenne Δ et par conséquent la masse totale M.

D'après la définition du mètre, très approximativement réalisée (§ 262), nous avons :

$$2\pi R = 40\,000 \text{ kilomètres} = 4 \,.\, 10^9 \text{ centimètres};$$

$$g = \frac{8}{3} \Delta G \,.\, 10^9,$$

et d'après la valeur de g : $\quad G\Delta = 36{,}79 \,.\, 10^{-8}$.

Newton avait deviné que la densité *moyenne* terrestre était comprise entre 5 et 6. Anticipons sur le résultat des expériences décrites plus loin. On a trouvé : $\Delta = 5{,}53, \quad G = 6{,}65 \,.\, 10^{-8}$.

Cela veut dire que deux sphères au contact, d'un centimètre de diamètre, dont les centres sont par conséquent à 1 centimètre de distance, ayant chacune la masse d'un gramme, s'attirent avec une force de $6{,}65 \,.\, 10^{-8}$ dynes. Si elles sont en un métal de densité 20 (l'or a une densité voisine), l'attraction sera : $1{,}33 \,.\, 10^{-6}$ dynes, soit de l'ordre du millionième de dyne. Ce calcul montre la petitesse des quantités à mesurer. La grande difficulté est cependant moins d'observer des forces aussi petites, que d'éviter les actions perturbatrices de toutes natures.

586. **Expériences de laboratoire.** — Imaginons un fléau très léger FF poli et formant miroir. Il est suspendu à un fil de quartz extrêmement fin AB. Le quartz joint à une ténacité très grande certaines propriétés élastiques qui le rendent précieux (voir Mécanique physique).

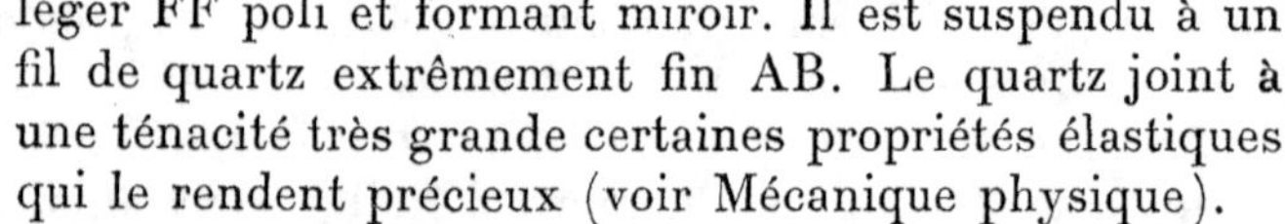

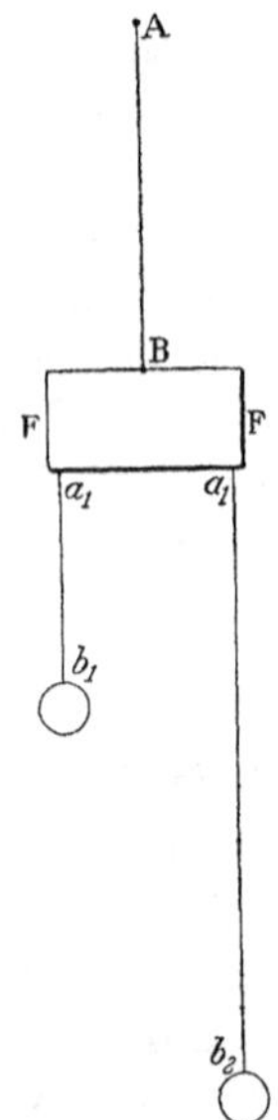

Fig. 408.

Deux petites balles d'or b_1 et b_2 sont suspendues au fléau par deux fils de quartz a_1b_1 et a_2b_2 inégalement longs.

Si on exerce sur les balles b_1, b_2, deux forces dirigées en sens inverses et normalement au plan du tableau, l'équipage tournera d'un angle α à partir de la position d'équilibre, de manière que l'attraction soit équilibrée par la torsion du fil AB.

Si on renverse le sens des forces, le fléau tournera d'un angle 2α.

Ceci posé, l'expérience consiste à placer en avant de b_1 et en arrière de b_2, ou inversement, deux sphères de plomb B_1 et B_2 d'une dizaine de kilogrammes. Les centres de b_1 et B_1 d'une part, de b_2 et B_2 de l'autre, sont dans le même plan horizontal. Les sphères attirent les balles et changent la position d'équilibre de l'équipage, d'un angle α dans un sens ou dans l'autre. Quand on les fait passer simultanément, l'une, de l'avant à l'arrière de b_1, l'autre, de l'arrière à l'avant de b_2, la position d'équilibre du fléau,

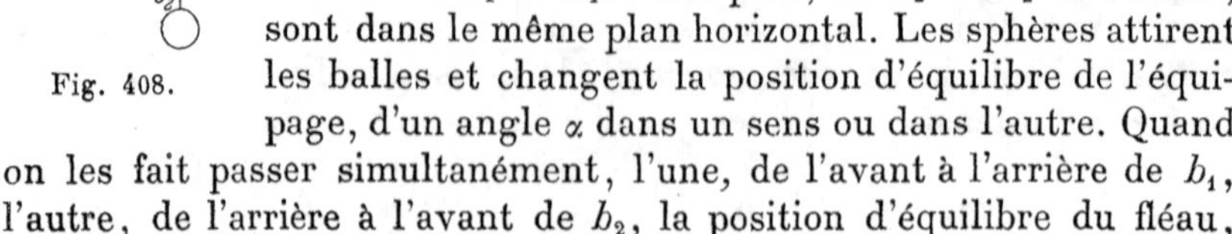

déterminée par réflexion sur le fléau lui-même avec la méthode de Poggendorff (§ 414), change de l'angle 2α.

Sans qu'il soit nécessaire d'insister sur la technique, on conçoit que la détermination en valeur absolue (I, § 20) de la constante de torsion du fil AB, de la longueur du fléau a_1a_2, de la distance moyenne des centres des grosses et des petites sphères, de l'angle 2α, permet de calculer l'attraction en valeur absolue, et par conséquent la constante de la gravitation.

Les sphères b_1 et b_2 et le fléau sont à des niveaux différents, de manière que les attractions de la grosse sphère B_1 sur le fléau et sur la balle b_2 soient négligeables, ainsi que les attractions de la grosse sphère B_2 sur le fléau et sur la balle b_1.

587. **Mouvement général du système planétaire**. — Nous pouvons admettre qu'en raison de leurs distances, les étoiles n'ont aucune action sur notre système planétaire; d'où résulte que son centre d'inertie se déplace d'un mouvement rectiligne et uniforme. Comme cas particulier possible mais improbable, il est immobile.

Ce qui précède suppose que tout se passe comme si les étoiles étaient *en moyenne* régulièrement distribuées sur une sphère dont notre système serait le centre. Dans le cas contraire et comme seconde approximation, on peut admettre que l'accélération γ est à chaque instant la même, en grandeur et direction, pour toutes les masses constituant notre système. Il suffit donc de rapporter leurs mouvements à des axes de directions constantes auxquels nous donnons cette accélération γ, pour que tout se passe comme si l'on avait $\gamma=0$.

En particulier, la résultante des forces correspondant à cette accélération γ, forces mesurées par le produit $m\gamma$ de la masse considérée par l'accélération, est une force qui passe par le centre d'inertie du système entier. Son moment est nul par rapport à toute droite passant par ce point. Le théorème des aires s'applique donc, par rapport à des axes mobiles et de directions constantes passant par le centre d'inertie, comme si les forces extérieures étaient nulles. Le plan du maximum des aires (§ 301) a donc une direction invariable dans l'espace absolu. Pour le définir, on supposera des vecteurs allant du centre d'inertie à toutes les masses élémentaires du système; on considérera les produits des masses par les aires balayées pendant le temps dt; on cherchera le plan pour lequel la somme des projections de ces produits est maxima. *Ce plan est invariable.*

Supposons qu'il n'existe que deux astres, la Terre et le Soleil. Le plan du maximum des aires est le plan des deux orbites elliptiques qu'ils décrivent autour de leur centre d'inertie. A la vérité, il n'en est pas exactement ainsi, parce que les deux astres sont animés de mouvements de rotation; nous n'avons pas le droit de les réduire à des points géométriques.

Mouvements à la surface de la Terre.

588. **Équations générales.** — Nous admettrons que la Terre est animée d'une vitesse de translation constante en grandeur et direction, et d'une vitesse de rotation constante ω autour de la ligne des pôles. L'accélération d'entraînement, accélération d'un point lié aux axes entraînés par la Terre, se réduit donc à une force *centripète* normale à la ligne des pôles et égale à :

$$m\omega \mathrm{R} \cos \lambda,$$

où R est le rayon de la Terre, λ la latitude.

En réalité, la première hypothèse n'est pas absolument exacte ; la trajectoire du centre d'inertie de la Terre est une ellipse sur laquelle sa vitesse linéaire n'est pas constante.

Évaluons l'accélération relative, c'est-à-dire celle qu'il faut appliquer au point mobile pour calculer son mouvement par rapport aux axes entraînés par la Terre.

Nous avons démontré que l'accélération absolue est égale à l'accélération relative, plus l'accélération d'entraînement, plus l'accélération complémentaire. Celle-ci est un vecteur, à la fois perpendiculaire à l'axe instantané et à la vitesse relative, égal à deux fois l'aire du parallélogramme construit sur la vitesse relative et la vitesse angulaire, et dirigé dans le sens où la rotation instantanée tend à faire tourner la pointe de la flèche qui représente la vitesse relative.

L'accélération d'entraînement dirigée suivant le rayon de la Terre ne fera que changer l'intensité de la gravité ; en fait, nous en tenons compte dans l'évaluation de la pesanteur. La pesanteur, c'est la gravité moins l'accélération d'entraînement.

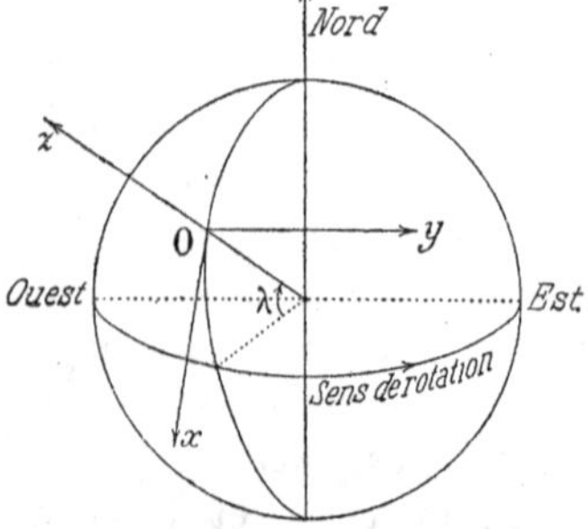

Fig. 409.

En définitive, l'accélération relative est la résultante de la pesanteur et de l'accélération complémentaire changée de signe. L'expression de cette dernière est :

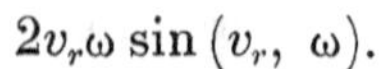

$$2v_r\omega \sin (v_r, \omega).$$

Représentons la Terre (fig. 409). Prenons un système d'axes *à droite :* Oz dirigé vers le Zénith, Oy vers l'Est, Ox vers le Sud.

La rotation terrestre se faisant de l'ouest à l'est, on a en grandeur et en signe :

$$p = -\omega \cos \lambda, \qquad q = 0, \qquad r = \omega \sin \lambda.$$

Les composantes de l'accélération complémentaire sont :

$$J_x = -2\omega \sin\lambda \frac{dy}{dt},$$

$$J_y = 2\omega\left(\sin\lambda \frac{dx}{dt} + \cos\lambda \frac{dz}{dt}\right),$$

$$J_z = -2\omega \cos\lambda \frac{dy}{dt}.$$

Soit X, Y, Z, les composantes de la force qui agit sur le mobile, g l'accélération de la pesanteur. Les équations de son mouvement *par rapport aux axes entraînés* sont :

$$m\frac{d^2x}{dt^2} = 2m\omega \sin\lambda \frac{dy}{dt} + X,$$

$$m\frac{d^2y}{dt^2} = -2m\omega\left(\sin\lambda \frac{dx}{dt} + \cos\lambda \frac{dz}{dt}\right) + Y,$$

$$m\frac{d^2z}{dt^2} = -mg + 2m\omega \cos\lambda \frac{dy}{dt} + Z.$$

589. **Dérivation dans un plan horizontal.** — Montrons qu'un corps, *se déplaçant dans un plan horizontal* avec une vitesse v, est soumis dans l'hémisphère boréal à une force normale à sa trajectoire et dirigée vers la droite de celle-ci. Sa grandeur est :

$$2m\omega v \sin\lambda.$$

En effet, pour calculer la composante de l'accélération complémentaire située dans le plan horizontal, il suffit de considérer la composante $\omega \sin\lambda$ de la vitesse de rotation suivant la verticale du lieu.

Représentons le plan horizontal (fig. 410). Dans notre hémisphère, la rotation $\omega \sin\lambda$ tend à faire tourner dans le sens de la flèche F.

La composante horizontale de l'accélération complémentaire est normale à la vitesse v, égale à :

$$2mv \cdot \omega \sin\lambda,$$

Fig. 410.

et dirigée dans le sens A. Tout se passe donc dans le mouvement relatif, comme si le corps était soumis à une force égale à la précédente et dirigée suivant A', c'est-à-dire *normale à la trajectoire et dirigée vers la droite*.

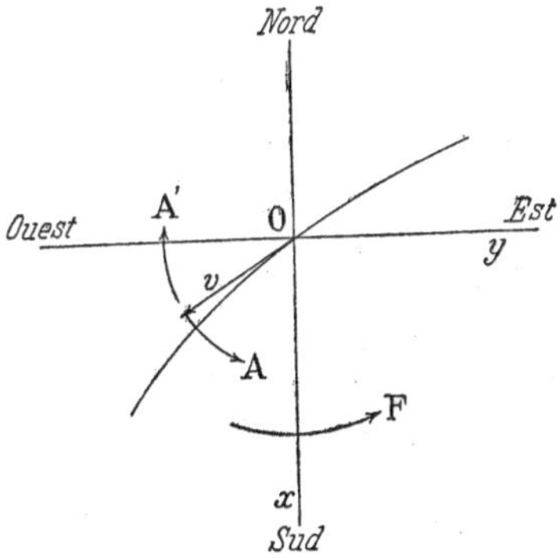

Ce résultat se déduit immédiatement des équations générales dans lesquelles on fait : $X = Y = 0, \quad z = 0.$

La force à laquelle est soumis le corps a pour composantes :

$$2m\omega \sin \lambda \frac{dy}{dt}, \qquad -2m\omega \sin \lambda \frac{dx}{dt}.$$

La résultante a bien la valeur ci-dessus trouvée. Pour déterminer le sens, imaginons que le mobile se déplace suivant Oy; la force se réduit à la composante suivant Ox qui est positive, c'est-à-dire vers la droite de la trajectoire.

La vitesse angulaire ω a la valeur très petite :

$$\omega = \frac{2\pi}{86164} = 7{,}292 \times 10^{-5}.$$

Supposons un train faisant 72 kilomètres à l'heure, soit $20^{\text{m}} = 2000$ cm. à la seconde.

A la latitude 45°, on a :

$$2\omega v \sin \lambda = 0{,}2916 \,.\, \sin \lambda = 0{,}21.$$

La force en question est donc une fraction de la pesanteur égale à :

$$0{,}21 : 980 = 0{,}000{\cdot}2 \text{ environ.}$$

Pour un projectile lancé *sans mouvement de rotation*, il y aurait donc toujours une déviation vers la droite. Si la vitesse par seconde est 600 mètres, la force est environ 0,006 de la pesanteur.

Les vents alizés, qui soufflent du pôle à l'équateur, doivent dévier vers l'ouest. Le Gulf Stream, qui va de l'équateur au pôle, doit dévier vers l'est.

On a prétendu que les fleuves qui coulent dans l'hémisphère nord tendent à dégrader leurs rives droites plus que leurs rives gauches; le fait est douteux.

590. Trajectoire d'un point sur le plan horizontal. — Posons :

$$n = 2\omega \sin \lambda.$$

Les équations du mouvement sont :

$$\frac{d^2x}{dt^2} = n\frac{dy}{dt}, \qquad \frac{d^2y}{dt^2} = -n\frac{dx}{dt}. \tag{1}$$

L'accélération étant toujours normale à la trajectoire, la vitesse est constante. Substituons $ds : v$ à dt; les équations deviennent :

$$\frac{d^2x}{ds^2} = \frac{n}{v}\frac{dy}{ds}, \qquad \frac{d^2y}{ds^2} = -\frac{n}{v}\frac{dx}{ds}.$$

Soit ρ le rayon de courbure. On a :

$$\frac{1}{\rho^2} = \left(\frac{d^2x}{ds^2}\right)^2 + \left(\frac{d^2y}{ds^2}\right)^2 = \frac{n^2}{v^2}, \qquad \rho = \frac{v}{n}.$$

Le rayon de courbure est constant ; *la courbe est un cercle.*
Le point parcourt ce cercle d'un mouvement uniforme.

Posons donc :

$$x = A - \frac{v}{n}\cos(nt - \alpha),$$
$$y = B + \frac{v}{n}\sin(nt - \alpha). \qquad (2)$$

La période est : $T = 2\pi : n$; la longueur de la circonférence est :

$$2\pi\rho = 2\pi v : n.$$

La vitesse est : $2\pi\rho : T = v$. Ce qui est conforme aux données du problème. On vérifiera que les équations (1) sont satisfaites.

Les constantes A, B, α, se déterminent par la condition qu'au temps 0 le mobile soit en un point donné et que sa vitesse ait une direction donnée. Les coordonnées du centre du cercle sont connues, puisqu'on connaît la droite (normale à la vitesse) sur laquelle il doit se trouver, et la longueur du rayon $\rho = v : n$.

On retrouve cette dernière condition en écrivant que la quantité

$$2\omega \sin\lambda \, . \, v = nv$$

joue le rôle de force centripète équilibrant la force centrifuge.

Or la vitesse angulaire du mouvement (2) est n. D'où la condition :

$$n^2\rho = nv, \qquad n\rho = v.$$

Nous avons traité l'exemple précédent comme exercice intéressant. Mais le rayon du cercle trouvé est énorme. Le mobile ne pourra jamais décrire qu'une très petite partie de ce cercle, sinon le plan horizontal cesserait d'être perpendiculaire à la pesanteur en tous les points utilisés : les équations (1) ne seraient plus applicables.

591. **Corps tombant en chute libre**. — Le corps est lâché sans vitesse d'un point de l'axe des z.

Comme les vitesses parallèlement aux axes Oy et Ox sont toujours petites, les équations (2) deviennent :

$$\frac{d^2x}{dt^2} = 0, \qquad \frac{d^2y}{dt^2} = -2\omega\cos\lambda\,\frac{dz}{dt}, \qquad \frac{d^2z}{dt^2} = -g.$$

Comptons les temps à partir du moment où on lâche le corps; il vient :

$$\frac{dz}{dt} = -gt, \qquad z = -\frac{1}{2}gt^2,$$

$$y = \frac{\omega}{3}\cos\lambda\,.\,gt^3 = \frac{\omega}{3}\cos\lambda\sqrt{\frac{8z^3}{g}}\,.$$

Il y a donc une déviation vers l'*est*.

On a fait l'expérience à Freyberg : $\lambda = 51°$, $z = 158$ mètres.

La formule et l'expérience donnent une déviation vers l'est de 28 millimètres par rapport au point indiqué par le fil à plomb immobile.

Voici un problème analogue.

Un corps est lancé verticalement vers le haut avec une vitesse V. Quand il touche à nouveau le sol, sa déviation est :

$$-4\omega V^3 \cos\lambda : 2g^2.$$

On néglige la résistance de l'air. Le signe — indique une déviation vers l'*ouest*.

592. **Pendule de Foucault**. — Considérons un pendule conique peu écarté de la verticale ; les équations sont celles du § 445. Ajoutons l'accélération complémentaire ; les équations deviennent :

$$\frac{d^2x}{dt^2} = -g\frac{x}{l} + 2\omega \sin\lambda \frac{dy}{dt},$$
$$\frac{d^2y}{dt^2} = -g\frac{y}{l} - 2\omega \sin\lambda \frac{dx}{dt}. \qquad (1)$$

L'accélération complémentaire étant normale à la trajectoire, son travail est toujours nul. D'ailleurs l'action de la pesanteur peut être considérée comme dérivée du potentiel :

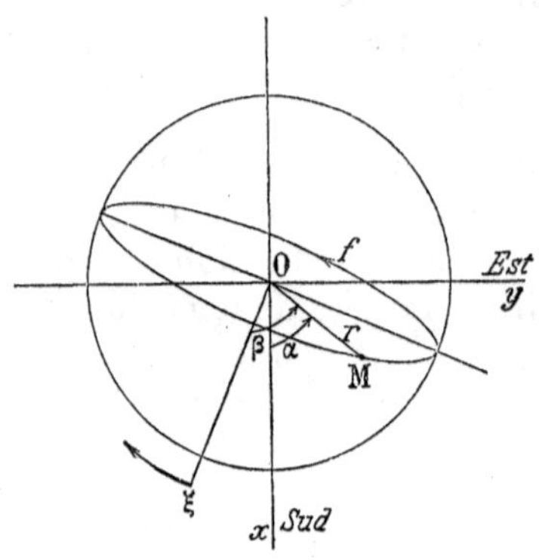

Fig. 411.

$$V = gr^2 : 2l = g(x^2 + y^2) : 2l.$$

L'équation des forces vives en coordonnées polaires (r, α, fig. 411) s'écrit immédiatement :

$$\left(\frac{dr}{dt}\right)^2 + r^2\left(\frac{d\alpha}{dt}\right)^2 = \frac{g}{l}(r_0^2 - r^2); \qquad (2)$$

r_0 représente la distance à partir de la position d'équilibre, à laquelle il faudrait que le mobile parvienne pour que la vitesse devienne nulle. On obtient encore l'équation (2) en multipliant la première équation (1) par dx, la seconde par dy, et additionnant. Remarquons qu'elle est exactement la même que si la Terre ne tournait pas.

Multiplions la première équation (1) par $-y$, la seconde par x, et additionnons ; il vient :

$$\frac{d}{dt}\left(r^2\frac{d\alpha}{dt}\right) = -\omega \sin\lambda \frac{d}{dt}(r^2),$$
$$r^2\frac{d\alpha}{dt} = a - \omega \sin\lambda \,.\, r^2. \qquad (3)$$

Il s'agit d'étudier le mouvement représenté par les équations (2) et (3). Posons :

$$\beta = \alpha + \omega \sin\lambda \,.\, t, \qquad \frac{d\alpha}{dt} = \frac{d\beta}{dt} - \omega \sin\lambda.$$

L'équation (3) devient :

$$r^2 \frac{d\beta}{dt} = a. \tag{3'}$$

Elle exprime que si on prend pour coordonnées polaires r et β, les aires balayées par le rayon vecteur sont proportionnelles au temps.

L'équation (2) devient, *en négligeant les termes en* ω^2 :

$$\left(\frac{dr}{dt}\right)^2 + r^2\left(\frac{d\beta}{dt}\right)^2 = 2\omega \sin\lambda \,.\, r^2 \frac{d\beta}{dt} + \frac{g}{l}(r_0^2 - r^2),$$

et par suite il résulte de (3') :

$$\left(\frac{dr}{dt}\right)^2 + r^2\left(\frac{d\beta}{dt}\right)^2 = -\frac{g}{l} r^2 - \left(2\omega a \sin\lambda - \frac{g}{l} r_0^2\right). \tag{2''}$$

Or, les équations (3') et (2'') sont exactement celles qu'on obtiendrait à partir des équations (1) *privées du dernier terme des seconds membres.* Peu importe la forme du deuxième terme du second membre de l'équation (2''), puisque r_0 est une constante arbitraire; r_0 change simplement de signification.

Donc (3') et (2'') représentent une ellipse immobile d'axes quelconques (§ 340), rapportées à des coordonnées polaires r, β.

Par suite, la trajectoire rapportée aux coordonnées polaires r, α, *est une ellipse immobile par rapport à un axe* $O\xi$ *qui tourne avec une vitesse* $\omega \sin\lambda$, *dans le sens est-sud-ouest-nord.*

C'est ce que signifie la condition :

$$\beta = \alpha + \omega \sin\lambda \,.\, t,$$

puisque les angles β et α sont comptés positivement dans le sens de Ox à Oy, c'est-à-dire dans le sens sud-est-nord-ouest.

Il revient au même de dire que *l'ellipse, invariable de forme, tourne avec une vitesse constante* $\omega \sin\lambda$, *dans le sens est-sud-ouest-nord.*

593. **Expériences.** — Foucault fit ses premières expériences dans une cave avec un pendule long seulement de 2 mètres; c'est dire que le Panthéon est inutile pour la réussite. L'expérience fut répétée au Panthéon avec un pendule de 67 mètres et une sphère pesant 30 kilogrammes. Les oscillations avaient une période de $16^s,42$.

Voici les éléments du calcul :

Latitude 48° 50′ 49″, $\sin\lambda = 0,753$.

Déviation apparente en un jour sidéral : 271°.

Durée du tour entier : $31^h52^m27^s$ temps sidéral,

$31^h47^m15^s$ temps moyen.

Déviation en une seconde sidérale : 11″,29.

Déviation pendant la durée d'une oscillation : 186″.

Le cercle qui servait à repérer la position, ayant 18 mètres de circonférence, le pendule avance de $2^{mm},3$ à chaque oscillation.

594. **Remarques sur l'expérience de Foucault.** — Nous avons démontré au § 451 qu'indépendamment de toute rotation terrestre, l'ellipse décrite par la pointe d'un pendule conique n'est pas invariable *dès que son aire cesse d'être négligeable*. Elle tourne, avec une vitesse proportionnelle à cette aire, dans un sens qui dépend du sens de circulation. Il faut donc, pour que l'expérience de Foucault réussisse, prendre soin d'aplatir l'ellipse autant que possible. Pour cela on maintient le pendule écarté de la verticale à l'aide d'un fil, qu'on brûle pour commencer l'expérience.

Mais les difficultés ne sont pas levées.

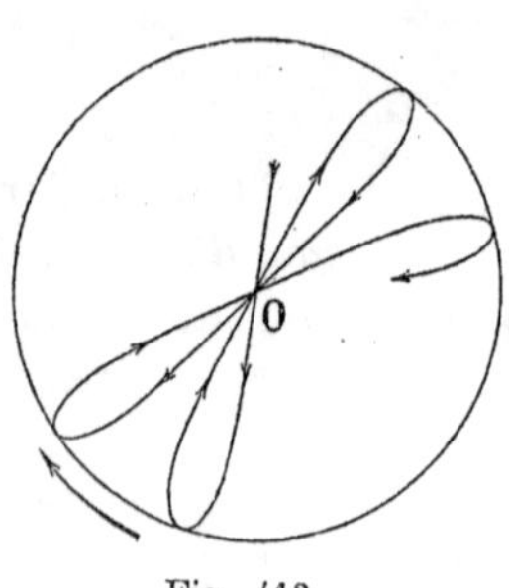

Fig. 412.

Pour que le pendule repasse par la verticale à chaque oscillation, il faut qu'on ait $r = 0$, pour $d\alpha : dt$ différent de 0. Il faut donc que la constante a soit nulle. Les équations (2) et (3) s'intègrent alors immédiatement.

Le rayon vecteur qui va du point O au mobile, tourne toujours dans le même sens, avec une vitesse angulaire $d\alpha : dt$ constante.

Sur cette droite *mobile*, la vibration est très sensiblement :

$$r = r_0 \sin\left(\sqrt{\frac{g}{l}}\, t\right).$$

La courbe décrite prend alors l'aspect représenté par la figure 412.

Malheureusement, ce cas particulier est impossible à réaliser. Il faudrait en effet, non pas seulement brûler le fil, mais encore imprimer une vitesse latérale au départ précisément égale à :

$$\frac{d\alpha}{dt} = -\omega \sin \lambda.$$

Comme on ne le peut pas, la vibration est nécessairement elliptique ; de plus le mobile tourne sur cette ellipse dans le sens marqué par la flèche f (fig. 411).

Si l'amplitude n'est pas très petite, cette ellipse (§ 451) doit tourner dans le sens *est-nord-ouest-sud*, c'est-à-dire en sens inverse du mouvement dû à la rotation de la Terre. *Pour observer le mouvement est-sud-ouest-nord, il faut donc que l'amplitude de la vibration soit très petite. Sinon, comme il est impossible d'obtenir le passage du pendule par la verticale, c'est le phénomène étudié au* § 451 *qui l'emporte ; l'ellipse tourne dans le sens est-nord-ouest-sud.*

595. **Pendule conique.** — Dans un autre cas particulier, les équations (1) du § 592 s'intègrent rigoureusement ; il suffit de poser :

$$x = r_0 \sin nt, \qquad y = \pm r_0 \cos nt.$$

Il s'agit donc d'un pendule conique décrivant une trajectoire circulaire. On trouve pour la vitesse angulaire (aux quantités en ω^2 près) :

$$n = \sqrt{\frac{g}{l}}\left(1 \pm \omega \sin\lambda \sqrt{\frac{l}{g}}\right).$$

La vitesse angulaire du pendule qui tourne dans le sens est-sud-ouest-nord est plus grande que celle du pendule qui tourne en sens inverse.

Ainsi deux horloges, réglées par des pendules coniques exactement de même longueur (§ 453), ne marchent pas de même si les pendules ne tournent pas dans le même sens. L'expérience est relativement facile, en réglant d'abord les horloges pour le même sens de rotation des pendules ; on vérifie ensuite que la marche n'est pas la même quand on intervertit le sens de rotation de l'un d'eux. Au pôle, l'une des horloges avance sur l'autre de 4 secondes par jour, si le pendule régulateur a un mètre de longueur, si par conséquent sa période est de 2 secondes. A la latitude λ, l'avance n'est plus que $4 \sin\lambda$ secondes.

Comme appareil de démonstration, on dispose une horloge réglée par un pendule conique sur un plateau tournant dont l'axe est vertical. On la fait avancer ou retarder en imprimant au plateau un mouvement de rotation. Il est par exemple évident que si le tour est effectué *dans le même sens de la rotation du pendule* et dans le même temps, les aiguilles de l'horloge n'avanceront pas. En allant plus vite, on les fait reculer. *Il importe peu que le point de suspension du pendule participe ou non au mouvement de rotation du plateau.*

596. **Couple résultant des accélérations complémentaires pour un corps qui tourne autour de son axe de révolution.** — Soit $O'z'$ l'axe fixe autour duquel tourne le système d'axes mobiles avec une vitesse uniforme ω. Soit Oz l'axe entraîné passant par le point fixe O' (figures 413 et 414 ; la figure 414 représente le plan STQ de la figure 413). Autour de Oz, la vitesse angulaire propre est r_0, *comptée positivement dans le même sens que la vitesse ω autour de $O'z'$.*

Je vais montrer que *les accélérations complémentaires se réduisent à un couple de moment :* $C\omega r \sin\theta$,
dont l'axe est normal au plan $z'Oz$ et dirigé de manière à écarter l'un de l'autre les axes $O'z'$ et Oz.

C est le moment d'inertie du corps autour de l'axe Oz.

Décomposons la vitesse ω en deux composantes : $\omega \cos\theta$ suivant Oz, $\omega \sin\theta$ suivant OP.

Il est facile de voir que les accélérations complémentaires relatives à la composante suivant Oz sont centripètes, deux à deux égales pour des points symétriques par rapport à l'axe de figure du corps tournant. La résultante est nulle.

Considérons donc la composante $\omega \sin\theta$. Pour deux points M et M′

symétriques par rapport à ST, les accélérations complémentaires forment un couple. L'accélération de M est normale au plan du tableau et dirigée vers l'avant; l'accélération de M′ est normale au plan du tableau et dirigée vers l'arrière (fig. 414).

L'axe du couple résultant est donc perpendiculaire au plan $z'Oz$. Pour calculer son moment, il suffit de prendre la somme des moments de toutes les accélérations par rapport à ST.

Considérons l'élément de volume limité : 1° par deux plans pas-

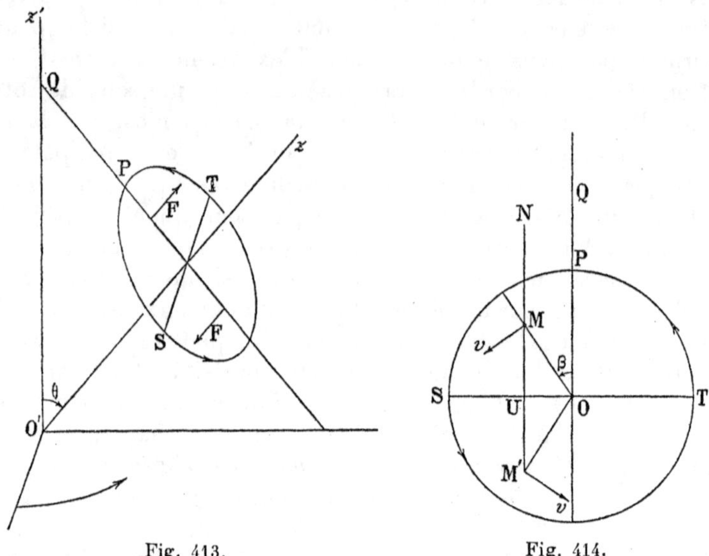

Fig. 413. Fig. 414.

sant par $O'Oz$ et faisant avec $z'O'O$ les angles β et $\beta + d\beta$; 2° par deux cylindres d'axes $O'Oz$ et de rayon R et $R + dR$.

La masse de ce volume est $\rho d\beta \,.\, R dR$, où ρ est le produit de la densité par une certaine fonction de R; sa vitesse est Rr. Le moment de l'accélération complémentaire correspondant est :

$$\rho d\beta \,.\, R dR \,(2Rr \,.\, \omega \sin\theta \,.\, \cos\beta)\, R\cos\beta.$$

Le moment total est :

$$2r\omega \sin\theta \int_0^{R_0} \rho R^3 dR \int_0^{2\pi} \cos^2\beta d\beta = r\omega \sin\theta \int_0^{R_0} 2\pi\rho R^3 dR = Cr\omega \sin\theta.$$

Conséquemment, nous pourrons supposer fixe le système des axes mobiles, à la condition d'ajouter aux forces appliquées un couple de moment :

$$Cr\omega \sin\theta.$$

L'axe de ce couple est normal au plan passant par l'axe de rotation $O'z'$ d'entraînement et par l'axe de rotation propre Oz du corps; il tend à faire tourner le corps de manière que les rotations ω et r soient de même sens.

597. **Barogyroscope.** — Un gyroscope est monté sur couteaux de manière que son centre d'inertie soit très près de la ligue passant par les arêtes. L'équilibre est quasi indifférent. Admettons que lors de l'équilibre l'axe de rotation du gyroscope (non animé d'un mouvement de rotation) soit vertical (fig. 415).

P est le poids, l la distance du centre d'inertie à la ligne des arêtes.

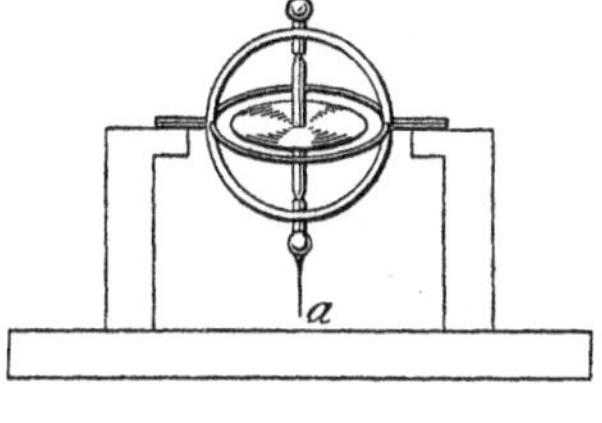

Fig. 415.

Disposons l'appareil de manière qu'il oscille dans le méridien.

Lançons le gyroscope, replaçons-le sur ses couteaux. *L'axe de rotation ne se met plus dans la verticale.* Il est dévié d'un angle ε de manière à se rapprocher de l'axe de rotation de la Terre si les rotations sont de même sens, à s'en éloigner si elles sont de sens contraires. On a :

$$\varepsilon = \frac{Cr\omega \cos\gamma}{Pl}. \qquad (1)$$

En effet, l'axe $O'z'$ du paragraphe précédent est l'axe du monde autour duquel la Terre tourne de l'est à l'ouest; l'angle θ est la colatitude. L'équation (1) exprime l'équilibre du couple dû à la pesanteur :

$$Pl \sin\varepsilon = Pl\varepsilon,$$

avec le couple qui provient des accélérations complémentaires.

Si le plan d'oscillation fait un angle γ avec le méridien, la déviation devient :

$$\varepsilon = \frac{Cr\omega \cos\lambda \cos\gamma}{Pl}.$$

598. **Gyroscope de Foucault.** —

Gyroscope libre. — Supposons un gyroscope libre dans sa précession et sa nutation (c'est-à-dire monté à la cardan) et tel que son centre de gravité soit rigoureusement au point fixe.

Lançons-le et abandonnons-le à lui-même *sous une inclinaison quelconque :* l'expérience montre qu'*il prend un mouvement de précession tel que son axe passe invariablement par le même astre.* Cela signifie qu'il tourne exactement d'un tour autour de l'axe de la Terre en un jour sidéral.

Si nous considérons la Terre comme fixe, l'extrémité supérieure de l'axe semble donc se déplacer dans le sens est-sud-ouest, c'est-à-dire en sens inverse du mouvement réel de la Terre.

Pour avoir l'explication du phénomène, reportons-nous aux §§ 532 et 534. Si le couple appliqué tend à écarter l'un de l'autre les axes Oz et $O'z'$ autour desquels les rotations sont supposées de même sens, la précession est de même sens que la rotation autour de $O'z'$; elle est donnée par la formule :

$$C\psi' r \sin\theta = \text{couple appliqué},$$

c'est-à-dire dans notre cas particulier (§ 596) :

$$C\psi' r \sin\theta = C\omega r \sin\theta ;$$

d'où

$$\psi' = \omega.$$

Mais ici le couple tend à rapprocher les axes Oz et $O'z'$ quand leurs rotations sont de même sens; *donc la vitesse de précession est égale à la vitesse de rotation de la Terre; le sens apparent de la précession est inverse du sens de rotation de la Terre.*

Il faut regarder l'appareil avec un microscope pour vérifier cette précession.

Gyroscope mobile dans le plan méridien.

Si l'axe du gyroscope est mobile seulement dans le méridien, et par conséquent ne peut obéir à sa tendance à la précession, nous savons qu'il doit obéir au couple auquel il est soumis (§ 540) et dont le moment est : $C\omega r \sin\theta.$

Son axe tend donc à se mettre parallèle à l'axe de la Terre et de manière que les rotations soient de même sens. La position à 180° de celle-là est d'équilibre, mais d'équilibre instable. Naturellement il ne se fixe pas instantanément dans sa position d'équilibre; il oscille d'abord autour d'elle. On voit immédiatement que la période de ces oscillations est :

$$T = 2\pi \sqrt{\frac{A}{C\omega r}} .$$

Gyroscope mobile dans le plan horizontal. — L'axe tend à se rapprocher de l'axe de la Terre; il se met par conséquent dans le méridien après une série d'oscillations.

Remarque. — Nous considérons dans ce problème le mouvement relatif. Il est évident qu'on pourrait tout aussi bien considérer le mouvement absolu. En définitive, l'axe du gyroscope, absolument libre de tourner autour d'un point, reste invariable dans l'espace absolu : sa précession absolue est nulle.

Lui imposer de rester dans le méridien, c'est lui imposer une précession par rapport à l'espace absolu. Il naît un couple en vertu du § 540.

599. **Bille dans un tube parfaitement poli.** — Revenons sur le problème déjà traité au § 311 ; un corps est assujetti à glisser dans un tube rectiligne parfaitement poli qui tourne autour de l'origine suivant une loi $\theta = F(t)$. Le lecteur se reportera au § 99.

L'accélération absolue est la résultante :

de l'accélération relative suivant OM' (fig. 220) : $\dfrac{d^2r}{dt^2}$;

de l'accélération d'entraînement tangentielle : $r\dfrac{d^2\theta}{dt^2}$;

— — centripète : $r\left(\dfrac{d\theta}{dt}\right)^2$;

enfin de l'accélération complémentaire : $2\dfrac{dr}{dt}\dfrac{d\theta}{dt}$.

Celle-ci est normale à la vitesse relative et à l'axe de rotation instantanée ; elle est donc dans le plan xOy et normale à OM'.

Écrivons que l'accélération absolue multipliée par la masse (que nous prenons égale à l'unité) est égale à la force appliquée, qui se réduit ici à la réaction *normale* N du tube :

$$\frac{d^2r}{dt^2} - r\left(\frac{d\theta}{dt}\right)^2 = 0, \tag{1}$$

$$N = r\frac{d^2\theta}{dt^2} + 2\frac{dr}{dt}\frac{d\theta}{dt}. \tag{2}$$

La première est précisément celle du § 311.

Écrivons que le travail élémentaire de la liaison $Nrd\theta$ est égal à l'accroissement de la force vive :

$$Nrd\theta = vdv. \tag{3}$$

On a : $$v^2 = \left(\frac{dr}{dt}\right)^2 + r^2\left(\frac{d\theta}{dt}\right)^2,$$

$$vdv = \frac{d^2r}{dt^2}dr + r\,dr\left(\frac{d\theta}{dt}\right)^2 + r^2d\theta\frac{d^2\theta}{dt^2}$$

$$= 2r\,dr\left(\frac{d\theta}{dt}\right)^2 + r^2d\theta\frac{d^2\theta}{dt^2} = rd\theta\left[2\frac{dr}{dt}\frac{d\theta}{dt} + r\frac{d^2\theta}{dt^2}\right],$$

en vertu de l'équation (1); ce qui démontre la relation (3).

CHAPITRE XII

MANIPULATIONS

Nous réunissons dans ce Chapitre les renseignements qui faciliteront l'installation des manipulations.

600. **Esprit dans lequel doivent être faites les manipulations**. — Il ne s'agit pas le moins du monde de créer une installation industrielle, et de confondre deux choses aussi différentes qu'*expérimental* et *technique*. La technique n'est pas du ressort des Facultés ; les professeurs de Faculté ne réussissent guère quand ils s'y essaient ; ils se font moquer d'eux par les ingénieurs, et c'est justice. Nous ne devons chercher qu'à traduire en expériences les théorèmes de la Mécanique *rationnelle* et à en faire comprendre les énoncés.

Une manipulation doit impliquer des mesures et des vérifications numériques. Regarder un phénomène n'est pas une manipulation ; il faut en varier les circonstances et que les résultats se traduisent par des graphiques et des lois.

J'admets qu'on dispose d'une installation de menuiserie et de serrurerie au moins rudimentaire. On doit fabriquer au laboratoire la plupart des appareils. Les professeurs de Mécanique ne dérogent pas en se noircissant les mains ; ils en sont quittes pour se laver, l'expérience finie.

Pour créer un laboratoire d'enseignement de Mécanique, il faut de l'argent, mais peut-être moins qu'on ne l'imagine. Les appareils les plus coûteux sont généralement les plus inutiles. Laissons de côté cette prétention à la précision qui ne trompe personne. Rappelons que les résultats *au millième* se comptent en Physique. N'imitons pas ces physiciens qui font étalonner leurs thermomètres, leurs règles, ... au bureau central des Poids et mesures, quand ils pourraient se contenter d'un thermomètre de 5 francs et d'une règle en bois de quarante sous, sans nuire en rien à la précision réelle de leurs expériences. Rappelons que l'industrie nous livre à bon compte des produits remarquables, fabriqués par séries avec des outillages perfectionnés pour lesquels elle ne lésine pas.

N'ayons pas la superstition des forces énormes. Certains croient que les phénomènes ne sont nets qu'avec des machines de 30 chevaux ou des vitesses de 500 tours à la seconde. Ils prennent des marteaux pilons pour écraser des mouches. Ils auront beau se gonfler, ils ne feront pas la pige au Creusot; leurs efforts de grenouille vont exactement à l'opposé du but qu'ils devraient poursuivre.

601. **Mesure du temps. Horloges.** — On se servira d'horloges comme on en fabrique pour la campagne et qui coûtent environ 40 francs. Leur échappement est à ancre (§ 437); elles sont munies de sonneries inutiles, mais intéressantes par leur mécanisme.

On substituera à leur pendule historié une tige creuse de laiton ou d'acier, sur laquelle se déplacera une lentille de plomb coulée dans un moule de fonte ou de fer facile à obtenir au tour, et dont les moitiés seront fixées par pression à l'aide d'écrou à oreilles. La tige sera graduée en centimètres au laboratoire même. Tenir compte de l'influence de la température sur la longueur du pendule est un luxe non seulement vain, mais propre à donner aux étudiants les idées les plus fausses.

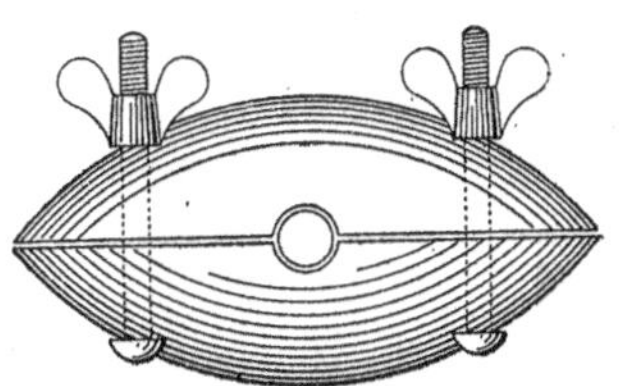

Fig. 416.

L'une des horloges H_1 servira de garde-temps et fournira la seconde, c'est-à-dire jouera le rôle ordinaire d'horloge. On la réglera de manière que son avance ou son retard soit faible; on poussera, si l'on veut, la précaution jusqu'à lui adapter un pendule de sapin vernis et une seconde lentille légère pour faciliter le réglage.

Deux horloges H_2 et H_3 seront disposées à poste fixe pour étudier la méthode des coïncidences (§ 397). On pourra utiliser l'une d'elles H_2 pour envoyer des courants instantanés. Elle portera donc à la partie supérieure du pendule le système dont il est parlé au § 442, et au-dessous du pendule le système dont il est parlé au § 489. A cette horloge, on touchera le moins possible après l'avoir réglée approximativement sur le garde-temps H_1. Ce sera l'étalon pour les enregistrements.

Une quatrième horloge H_4 servira à l'expérience du § 384 pour l'enregistrement de la forme des vibrations pendulaires.

Il sera bon de posséder le pendule de Hipp (prix 125 francs) décrit au § 442; son prix n'est pas très élevé et il est commode pour l'émission de courants instantanés. Il suppléera au besoin l'horloge H_2; on limitera son rôle à l'émission de la seconde dans les appareils enregistreurs (§ 602).

602. **Compte-secondes, métronome.** — Les appareils auxiliaires servant à la mesure du temps sont les *compte-secondes*. On se gar-

dera des modèles de poche soi-disant industriels dont le bon marché est une ruine; on se gardera des compte-secondes *à pointage* qui passent leur temps à se détraquer. Les appareils à peu près convenables, avec remise au zéro, ne coûtent pas moins de 70 francs.

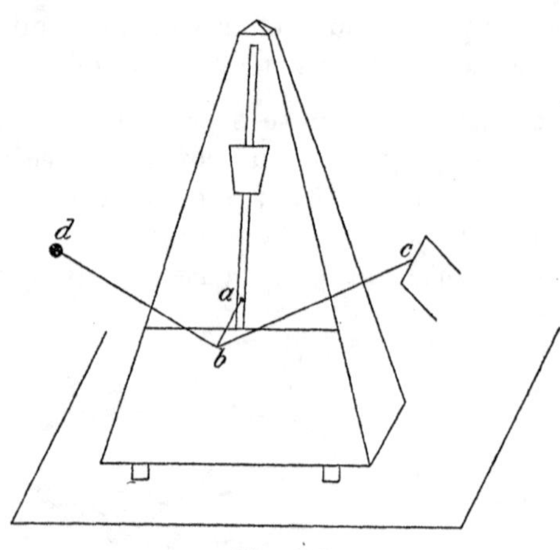

Fig. 417.

Dans une mesure avec un compte-secondes, on doit agir sur le bouton de mise en marche et d'arrêt *toujours dans le même sens;* il faut donc retourner l'appareil après la mise en marche. A cette condition seule, *l'équation personnelle* (§ 396) a chance de rester invariable.

L'étude du métronome est intéressante en elle-même (§ 393); c'est aussi un auxiliaire important. Son prix est modique (au maximum 15 francs). On rejettera avec soin tous les modèles soi-disant perfectionnés, avec sonneries, contacts électriques, ...

Pour utiliser le métronome à produire des contacts, on soudera normalement à sa tige un prolongement *ab*, et normalement à ce prolongement : d'une part un système *bc* portant un pont en fil de cuivre, d'autre part un contre-poids *bd*. Deux godets à mercure, dans lesquels pénétreront les branches du pont à l'une des extrémités de l'oscillation, compléteront le dispositif.

603. **Enregistrement des temps.** — Les enregistreurs usuels à bande de papier et à deux tire-lignes sont très analogues au récepteur Morse, dont ils reproduisent en double la partie électromagnétique. Dans les excellents modèles de Hipp, la régulation se fait au moyen d'un ressort, formé d'une lame métallique, vibrant devant une roue dentée dont il laisse passer une dent à chaque vibration.

Les tire-lignes sont de disposition ingénieuse et à alimentation continue. Malheureusement leur prix (400 francs à deux tire-lignes) ne permet pas d'en avoir plusieurs.

Mais si une grande uniformité du mouvement est commode, elle est loin d'être indispensable, car on ne peut éviter d'enregistrer la seconde; d'où le minimum de deux tire-lignes. Il importe donc que le mouvement soit continu, régulier; il importe beaucoup moins qu'il soit uniforme. Ce qui permet d'employer, pour entraîner la bande de papier, un tournebroche ordinaire par exemple, ou mieux un tournebroche à poids réglé par un pendule conique. Ce sera du reste une excellente occasion pour montrer l'utilisation de ce pendule et faire apprécier sa régularité par une mesure directe.

Quant aux tire-lignes, ceux des boîtes de compas (qu'on se procure isolés dans tous les bazars) font parfaitement l'affaire : il suffit de les maintenir chargés d'encre pendant l'expérience qui ne dure jamais très longtemps. Les électros se trouvent partout ; on les fabriquera au besoin.

Les enregistreurs font généralement passer 1 centimètre de papier par seconde. Dans l'expérience du § 386, ce serait trop peu. Mais rien n'empêche de débiter 10 centimètres par exemple ; nous avons expliqué alors comment on peut opérer.

Voici un exemple de manipulation intéressante.

Un tube d'acier gradué TT est solidement monté sur un axe vertical AA. Deux masses cylindriques ou sphériques de plomb MM se déplacent dessus et sont fixées par des vis de pression V. L'axe enregistre ses tours au moyen du pont P qui frôle les surfaces de mercure contenues dans des nacelles de porcelaine (§ 389).

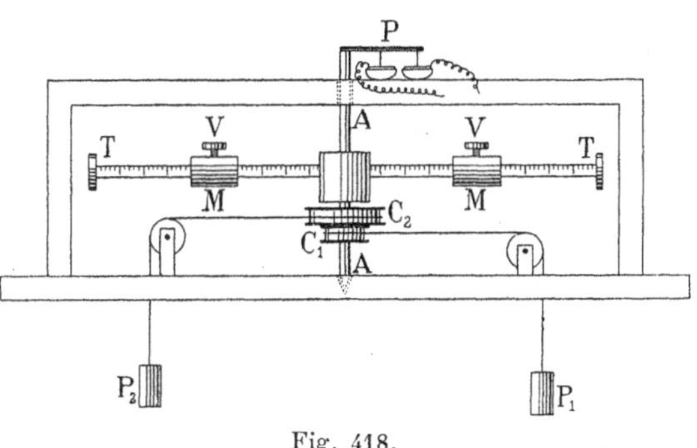

Fig. 418.

L'expérience consiste à entraîner le système au moyen d'un poids P_1 ou P_2, par l'intermédiaire d'une cordelette s'enroulant sur l'une des poulies cylindriques de bois C_1 ou C_2. On fait varier : 1° les poids, 2° le cylindre, 3° la position des masses. On détermine la loi des vitesses croissantes (mouvement à peu près uniformément accéléré), et la loi des vitesses décroissantes quand, la corde s'étant entièrement déroulée, le système ne se trouve plus soumis qu'aux frottements.

On disposera l'appareil assez haut pour avoir une longueur de corde suffisante.

Pour éviter tout accident au cas où les vis V se desserreraient, le tube d'acier est terminé par des buttoirs solides.

604. **Mesure des longueurs**. — Dans bon nombre de mesures, les règles ordinaires en bois du commerce de deux mètres et d'un mètre divisées en centimètres, et les règles plates de 50 et 100 centimètres divisées en millimètres sont largement suffisantes. Il ne faut pas oublier que les divisions sont obtenues avec des outils dont

l'établissement a coûté cher; de sorte que la graduation est infiniment plus précise que le prix ne le ferait supposer. Nous avons signalé au § 414 l'emploi des règles plates, recourbées suivant un cylindre circulaire, pour les mesures d'angles par la méthode de Poggendorff.

On trouve dans le commerce des règles en acier flexible, divisées en millimètres, de 1 et 2 mètres, au prix de 10 et 25 francs.

Pour les petites dimensions, par exemple lorsqu'il s'agit de déterminer le moment d'inertie d'un corps d'après sa forme géométrique, on emploie des palmers dont le prix est d'une vingtaine de francs (variable suivant la précision et l'ouverture; on mesure aisément le 1/100 de millimètre) et des compas d'épaisseur (type artillerie; prix du même ordre).

De petits déplacements sont obtenus à l'aide des vis. L'industrie fournit à très bon compte des vis à filet carré d'une longueur quelconque (deux mètres si on le désire). Des vis à filets carrés plus courtes (20 à 40 centimètres) se trouvent chez tous les quincailliers sous le nom de vis d'établi (§ 414).

605. **Mesure des masses.** — Généralement les balances du type Roberval (prix 10 à 20 francs) sont largement suffisantes. Elles sont sensibles à une fraction de gramme par kilogramme. Leur précision est médiocre; on en est quitte pour opérer par la méthode de double pesée.

Pour certaines expériences où interviennent des masses petites (par exemple pour la détermination du volume d'un fil, § 404), il est bon d'avoir un trébuchet de pharmacien; le prix varie de 50 à 100 francs suivant les dimensions et la précision exigée.

On se procurera aussi une *romaine*. Outre l'intérêt de montrer une des expériences fondamentales de la Statique, les romaines bien construites sont des appareils excellents. On les utilise sur les ports par exemple pour peser des sacs; plus faciles à entretenir et à transporter que les bascules, elles sont tout aussi précises quand il s'agit de charges de l'ordre de 100 kilos.

606. **Mesure des angles.** — Dans toutes les expériences de Mécanique, les angles sont toujours petits et à mesurer en valeur relative. On utilise la méthode de Poggendorff (§ 414).

On trouve chez les opticiens de précision d'excellents miroirs-plans de 2×2 centimètres au prix de 5 francs l'un. Naturellement ils ne sont pas montés. Pour les fixer à l'axe dont on veut déterminer la rotation, il faut se garder de les coller. On leur fait une monture avec un morceau de clinquant que l'on peut coller à la cire, souder, fixer d'une manière quelconque, naturellement après avoir enlevé le miroir.

La figure 419 montre comment un miroir est fixé à l'axe A, au moyen d'un bout de tube fendu, soudé au clinquant et faisant pression autour de l'axe.

Les *viseurs* constituent la partie coûteuse de l'installation. Avec les enregistreurs, c'est le luxe du laboratoire. Je recommanderai les viseurs de la Société Genevoise. suivant l'ouverture (27^{mm} à 40^{mm}), ils coûtent de 140 à 220 francs. Les derniers sont remarquables de clarté. Ils ont tous les réglages; ce sont d'excellents appareils. Un laboratoire convenablement outillé en aura de six à dix.

Fig. 419.

Il suffit d'utiliser des règles en bois courbées (§§ 414 et 604). On les centrera aisément sur l'axe au moyen d'une tige de bois ayant précisément la longueur du rayon. Si ce rayon est d'un mètre, une erreur d'un millimètre sur le centrage ne fait qu'une erreur d'un millième. Si le centrage est bien fait, la règle est toujours au point dans le viseur.

Les très petits angles sont mesurés avec des niveaux à bulle d'air. On peut se servir de niveaux longs avec arc de cercle divisé, pour mesurer l'angle des plans inclinés (45 francs).

Dans certains appareils, on doit mesurer des angles qui ne sont plus très petits (voir par exemple § 604). On trouve en Angleterre des cercles en papier divisés en degrés et dont les diamètres sont de 15, 20, 25 et 30 centimètres. Il suffit de les coller *bien centrés* sur un disque pour le transformer en disque gradué. Naturellement on ne trouve rien de pareil en France. On se fournira donc en Angleterre jusqu'à ce qu'il plaise à nos compatriotes de créer l'outillage nécessaire. Il y en aurait bien pour 200 francs en mettant les choses au mieux : le prix de 4 cuivres gravés à la machine, les reports sur pierre et le tirage en lithographie sur papier couché pour éviter l'action de l'humidité.

607. **Mécanismes.** — Je considère comme une mauvaise méthode d'assommer les étudiants avec les mécanismes considérés *in abstracto*. Les mécanismes isolés ne sont pas matière à manipulations; ils sont morts. Il est stupide de dépenser de l'argent à acheter de coûteux *modèles* de mécanismes quand, pour le même prix, on aurait des appareils *utiles* contenant ces mêmes mécanismes.

Par exemple, un petit tour parallèle avec ses accessoires coûte dans les 600 francs. Pour cette somme, on n'a pas, au prix des catalogues, les *modèles* de la moitié des organes qui y entrent.

Il va de soi que je ne recommande pas d'acheter une locomotive pour la coulisse de Stephenson. Mais dépenser 300 francs pour un modèle de coulisse *en fer* est la chose du monde la plus saugrenue, quand on en peut fabriquer un superbe *en bois* pour 20 : il marchera mal, c'est évident. Mais il n'est pas nécessaire qu'il marche.

D'une manière générale, il faut proscrire les modèles, ou les faire construire par les étudiants eux-mêmes. Il en sera par exemple ainsi pour les divers parallélogrammes.

On se procurera *à bas prix* des axes de bicyclettes, des différentiels d'automobile, ... à la condition de ne pas exiger l'état de neuf qui n'a aucun intérêt.

Les divers outils de menuisier et de serrurier fournissent toute une série de mécanismes *vivants* et bon marché. On trouvera des cardans et des rochets dans les vilbrequins, des roues tangentes dans les crics d'automobile, ...

Qu'on n'oublie jamais la règle fondamentale : *on ne saurait gaspiller en achetant des appareils de mesure; on gaspille toujours en achetant des appareils de démonstration.* Mais comme les fabricants gagnent surtout sur les derniers, ils aiment à en vanter le mérite. D'autant que la paresse du professeur y trouve son compte.

Je fais exception pour les appareils de démonstration *qui donnent lieu à des mesures précises et permettent la discussion expérimentale d'une théorie.* Je citerai comme exemple les *balances* et *bascules* de démonstration qu'on trouvé dans les catalogues allemands. Elles fournissent d'excellentes manipulations.

608. **Poulies.** — Les poulies entrent dans la constitution d'une foule d'appareils qu'on doit construire au laboratoire. La maison Philip Harris, Birmingham vend à des prix modérés des poulies en aluminium sur axe d'acier, d'une mobilité parfaite.

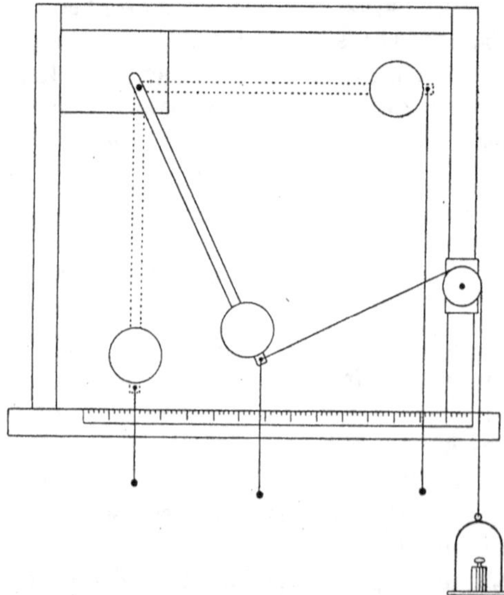

Fig. 420.

Avec une grande poulie, une règle en bois de 2 mètres et quelques accessoires faciles à trouver ou à construire, on établit une excellente machine d'Atwood dont le prix total n'atteint pas 20 francs.

Voici une des rares manipulations de Statique qui donne lieu à des mesures précises (fig. 420).

Il s'agit de montrer que le couple qui ramène un pendule à sa position d'équilibre est proportionnel au sinus de l'élongation θ. Le pendule porte à son extrémité une petite plaque de laiton percée d'un trou dans lequel passe un fil à plomb. Une règle horizontale permet de déterminer, pour toute inclinaison du pendule, la distance horizontale L de ce fil avec sa position lorsque le pendule est abandonné à lui-même. Lorsque le pendule est horizontal (inclinaison $\pi : 2$), cette distance est L_0 ; on a évidemment $\sin\theta = L : L_0$.

Pour déterminer le couple nécessaire à maintenir le pendule dans l'élongation θ, on utilise une poulie qu'on peut fixer à diverses hauteurs sur une verticale. Un fil s'attache à la base du pendule, passe sur la poulie et supporte des poids. On fait varier ces poids de manière que le fil soit normal au pendule, ce qu'on vérifie avec une équerre et qui n'a pas besoin d'être obtenu avec une très grande approximation.

Des mesures simultanées de θ et de la force tangentielle nécessaire à maintenir cette élongation, on déduit la proposition énoncée.

Voici un intéressant complément à la manipulation du § 404.

Nous avons appris à y mesurer *dynamiquement* le couple dû à un fil tordu. Il est bon de retrouver, au moins approximativement, le même résultat par une expérience *statique*. On procède de la manière suivante (fig. 421).

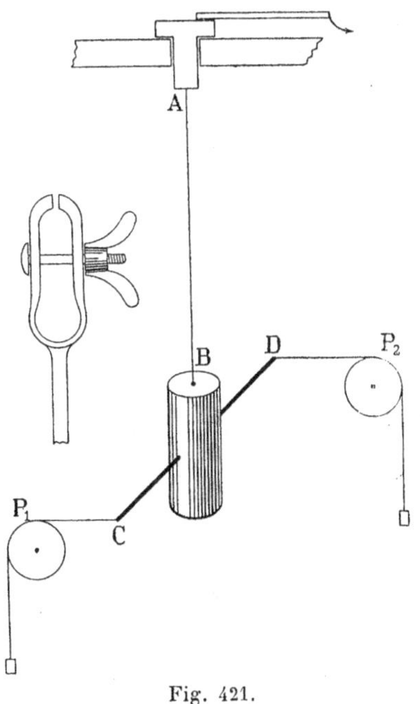

Fig. 421.

Le fil AB supporte un cylindre auquel est fixé le bras horizontal CD. On peut le tordre à la partie supérieure d'un angle connu, de manière que les fils (à coudre) passant sur les poulies P_1 et P_2 soient horizontaux et normaux au bras. Soit π les poids égaux dont alors sont chargés les fils. Le couple qui fait équilibre à la torsion, est $\pi \times \overline{CD}$. Pour déterminer la torsion, on supprime les poids π, le fil métallique se détord ; on ramène le bras CD dans son azimut initial (repéré n'importe comment) par un déplacement angulaire convenable de l'extrémité supérieure : ce déplacement mesure la torsion.

On voit sur la figure les pinces dont il est commode de se servir chaque fois qu'il s'agit de prendre un fil métallique. L'industrie les fournit en acier sous le nom de *pinces à bijoutier*. L'appareil contiendra une de ces pinces en A, une autre en B.

609. **Moteurs, régulateurs, renvois.** — Dans plusieurs expériences (§§ 372 et 306), on doit mettre un axe en rotation. Aujourd'hui le plus simple est d'utiliser de petits moteurs, de préférence à courants continus. Comme la puissance exigée est ordinairement faible, des moteurs de quelques kilogrammètres par seconde (quelques dizaines de watts, § 296) sont largement suffisants. On choisira ceux que l'industrie fournit pour ventilateurs et dont le prix varie de 50 à 100 francs.

Outre ces moteurs déplaçables, on installera à poste fixe un moteur électrique un peu plus puissant (1/2 cheval par exemple) attelé à un volant et réglé par un *régulateur de Watt* (§ 368). Le volant sera une roue de bicyclette dont la jante sera recouverte d'un tuyau de plomb pour augmenter le moment d'inertie. On le calera sur un axe tournant sur *coussinets à billes* (§ 102).

Le régulateur est chargé d'introduire une résistance dans le circuit *de l'anneau* du moteur monté en dérivation; le levier de son manchon est lié à un pont qui, suivant la vitesse, établit ou non la communication entre deux godets à mercure.

Un cône de poulies calé sur l'arbre du volant permet d'utiliser une série de vitesses qu'on modifie légèrement en changeant la hauteur des godets à mercure.

L'utilisation *à distance* de ce mouvement de rotation permettra d'étudier les conditions d'établissement des *renvois* par cordes et poulies (§ 232). On trouve chez les quincailliers des poulies de cuivre montées de manière à pouvoir se visser sur du bois et qui sont très commodes pour les renvois. On installera des embrayages simples et à changement de sens (§ 133).

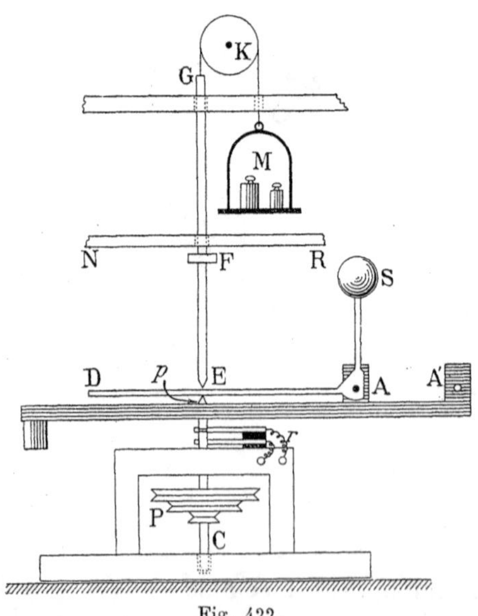

Fig. 422.

On utilisera par exemple l'installation à montrer que la force centrifuge varie proportionnellement au carré de la vitesse angulaire.

Un axe vertical BC porte un bras horizontal BA et un cône de poulies P. Autour de l'axe horizontal A peut tourner le levier coudé DAS terminé en S par une sphère massive.

La tige GFE *centrée* presse sur le levier DA. Elle empêche la force centrifuge de faire basculer le levier tant que la vitesse angulaire ω est inférieure à une certaine limite ω_1. Au-dessus de cette limite, la force centrifuge l'emporte, et l'épaulement F vient butter entre le guide fixe NR.

L'expérience consiste à imposer différentes vitesses constantes et à déterminer les poids P_1 qui permettent au système SAD de basculer. On fait varier le poids P de la tige verticale en en équilibrant une partie par des poids, grâce à l'intermédiaire d'une cordelette et d'une poulie.

L'équilibre étant instable dès que le poids P est inférieur au poids P_1 correspondant à la vitesse imposée, on est immédiatement averti que la condition $P < P_1$ est satisfaite, par la butée de F. On peut encore installer un circuit électrique passant dans deux ressorts r et deux bagues fixées à l'axe BC. La rupture de contact entre le levier DA et la pointe métallique isolée p indique, par la cessation d'une sonnerie, le moment où l'équilibre disparaît.

Pour varier la manipulation, on changera la sphère S. On peut compliquer l'appareil : on peut transporter l'axe A à diverses distances de l'axe DC, en A' par exemple.

610. **Manipulations avec des pendules**. — Je passerai rapidement en revue certaines catégories générales de manipulations.

Toute une série implique l'emploi de pendules constitués par des fils supportant des corps de révolution. On choisira des fils d'acier très fins, analogues aux fils qui servent pour les cordes de mandoline ; ils sont très résistants.

Les sphères s'obtiendront en coulant du plomb dans les boules en laiton que l'industrie fournit pour l'ornementation des lits métalliques.

Voici les manipulations les plus importantes :

1° *Pendule conique pour les petites amplitudes.* On tracera la trajectoire du pendule sur du sable fin. On obtient des ellipses immobiles (§ 446). Il faut donner au fil de suspension la plus grande longueur possible et par suite le suspendre au plafond de la salle.

2° *Grandes amplitudes.* Pour de plus grandes amplitudes (§ 451), il suffit de prendre le fil plus court.

3° *Pendule de Foucault.* On constitue un pendule de Foucault (§ 593) en prenant une boule très lourde et aussi symétrique que possible. Le repérage de l'azimut d'oscillation se fera par un procédé quelconque.

On réalisera une expérience analogue à celle de Foucault en suspendant la sphère par un *cylindre* flexible quelconque que l'on mettra en rotation rapide à sa partie supérieure. On vérifiera que le plan d'oscillation et généralement la trajectoire, quelle qu'elle soit, ne sont pas modifiés par cette rotation.

611. **Manipulations avec une carabine**. — On a pour une centaine de francs des carabines de précision lançant des balles de plomb coniques et portant à deux cents mètres. Leur calibre est 6 millimètres. Elles conviennent fort bien pour les deux expériences fondamentales. On disposera comme cible une plaque de tôle de 5 millimètres d'épaisseur, de 1×2 mètres carrés de surface, recouverte de bois pour éviter les ricochets. On placera l'arme à 20 ou 30 mètres de la cible, plus près si l'espace manque.

Comme pendule balistique, on emploiera un rondin de bois pas trop dur, de 10 centimètres d'épaisseur et de 15 centimètres de diamètre. Il est suspendu par une latte en bois mince tournant autour d'un axe. Des masses permettent d'amener le centre de percussion sur l'axe du rondin. On place l'arme sur un chevalet de tir qui permet de mettre les balles très exactement au centre du rondin. On détermine le déplacement angulaire, soit par le déplacement d'un index léger entraîné par le pendule, soit par toute autre méthode d'observation ou d'inscription. Par exemple, on vise avec une lunette une courte échelle de bois fixée au rondin dans le plan d'oscillation; on arme le pendule d'un pinceau qui se déplace sur un papier, etc...

On recommence l'expérience à différentes distances : connaissant le poids de la balle et les constantes du pendule, on déterminera la vitesse de la balle au moment du choc.

La seconde expérience fondamentale consiste à étudier le recul (fig. 423).

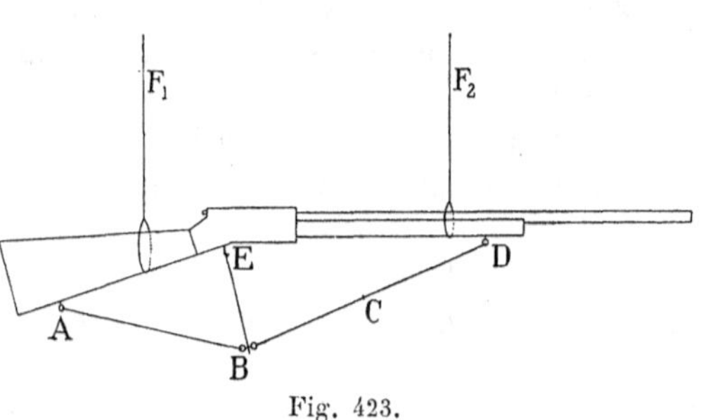

Fig. 423.

L'arme est alors tenue par deux ficelles F_1, F_2, qui s'attachent le plus haut possible au plafond et avec lesquelles elle forme un pendule. On soude à la gachette E un prolongement rigide EB. Un caoutchouc tire suivant AB. Avant d'armer la carabine, on agit sur la gachette au moyen d'un second caoutchouc BC, lié au point D par le fil à coudre CD. Pour tirer le coup, on brûle le fil CD.

Le recul est mesuré par un des procédés énumérés plus haut.

On peut varier l'expérience en modifiant la longueur des ficelles.

612. **Déclenchements séparés par des temps connus.** — Il est souvent utile de produire des déclenchements à des intervalles de temps connus.

Voici la méthode générale; elle nécessite soit un pendule de longueur suffisante, soit une horloge.

A l'extrémité de l'un ou l'autre pendule, on fixe l'appendice de la figure 352 ; on installe dessous les nacelles à mercure. La méthode consiste à *court-circuiter* successivement plusieurs électros qui lâchent aussitôt leurs armatures.

Si le temps qui doit s'écouler entre les déclenchements est une fraction de seconde, on utilise une série de nacelles placées comme dans la figure 424, et successivement rencontrées par le pendule.

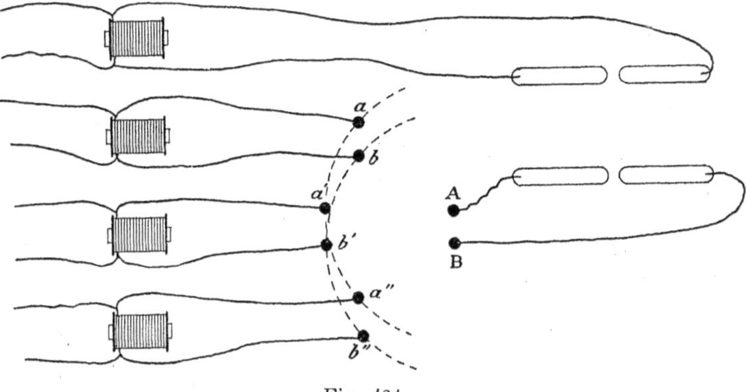

Fig. 424.

Pour qu'elles soient assez écartées, et que par suite le temps soit bien déterminé, on utilise un pendule assez long. Pour augmenter sa durée d'oscillation, on peut employer l'artifice décrit au paragraphe suivant ; on peut encore utiliser un pendule de torsion (barre horizontale portant le pont métallique et oscillant sous l'influence d'un fil métallique vertical, § 403).

Si l'intervalle entre les déclenchements est un nombre entier de secondes, on utilise une seule paire de nacelles situées dans la verticale du pendule d'une horloge. On relie successivement à ces nacelles les courts-circuits des électros. Pour cela on dispose, comme l'indique la figure 424, des plots A, $aa'a''$ ..., B, $bb'b''$ ..., qu'on relie métalliquement. On a largement le temps nécessaire à cette opération entre deux passages du pendule par la verticale.

613. **Métronome photographique (Bouasse et Sarda).** — Dans une infinité d'expériences, il est nécessaire d'imposer à un cliché un mouvement uniforme de vitesse connue. L'appareil suivant est excellent pour les recherches précises et assez simple pour être construit dans tous les laboratoires d'enseignement à l'usage des élèves.

Qu'on imagine un énorme métronome long de trois mètres. Il tourne autour d'un couteau formé par un fer à T, de 60 à 100 centimètres de longueur, dont les extrémités sont dressées à la lime. L'axe de rotation est ainsi bien déterminé. Le couteau repose sur des supports ; l'un est directement encastré dans le mur ; l'autre est soutenu par une pièce coudée également encastrée dans le mur. On n'a pas à craindre son fléchissement, car elle ne supporte à peu près rien; elle impose seulement la direction de l'axe. La pièce de bois AB est raidie par la jambe CD.

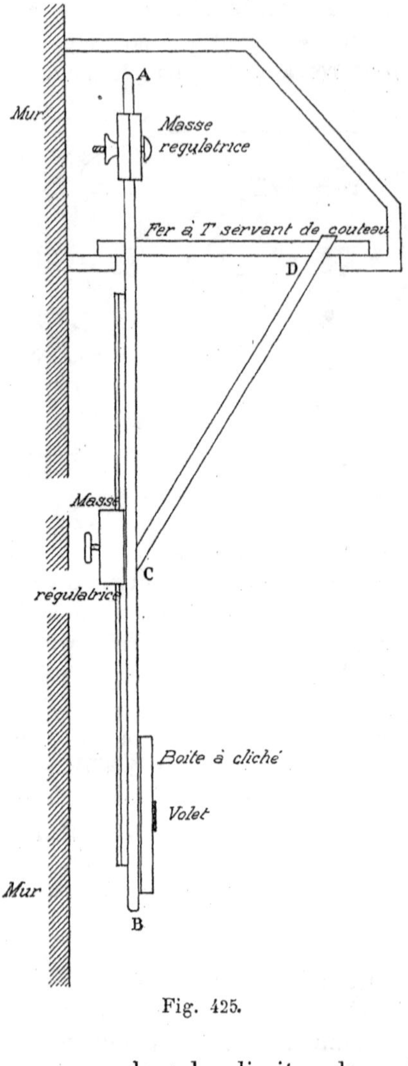

Le métronome porte à sa base une boîte amovible qui contient le cliché. La face avant est percée d'une ouverture d'un centimètre de largeur et limitée par deux circonférences dont le centre est sur l'axe de rotation du métronome. Le cliché (18 × 24) est tenu, le grand côté horizontal, dans un châssis glissant dans la boîte et qu'on manœuvre de l'extérieur à l'aide d'une lamelle flexible de laiton percée de trous équidistants : un clou planté sur AB entre dans ces trous. On peut ainsi placer successivement devant la fenêtre des bandes non impressionnées du cliché et obtenir une douzaine d'épreuves sur chaque plaque.

Fig. 425.

Pour régler la durée d'oscillation, on utilise deux masses, l'une supérieure d'une vingtaine de kilos, l'autre inférieure plus légère. On monte la masse inférieure jusqu'en haut de sa coulisse; on dispose alors la masse supérieure de manière que le centre de gravité soit approximativement sur l'axe de rotation : la durée d'oscillation est alors très grande. Quand on abaisse la masse inférieure, on diminue cette durée jusqu'à quelques secondes; les limites de variation sont donc très écartées. On peut graduer la coulisse inférieure et retrouver très vite la durée dont on a besoin.

A la vérité, la période varie quand on déplace le cliché et son châssis, mais d'une manière insignifiante pour toutes les expériences qui ne sont pas d'une extrême précision.

La tige AB porte à sa base une armature de fer; elle s'applique sur un électro, fixé au mur de manière que l'élongation angulaire soit alors d'une trentaine de degrés. En rompant le circuit de l'électro, on abandonne sans secousse le pendule qui se trouve animé d'un mouvement uniforme au passage par la verticale.

Pour donner une idée de la vitesse linéaire du cliché, soit 2 mètres la distance du milieu de la fenêtre à l'axe de rotation; soit 1 mètre l'élongation initiale θ_0; soit enfin cinq secondes la durée d'oscillation T. On a :

$$\theta = \theta_0 \sin \frac{2\pi t}{T}, \qquad \frac{d\theta}{dt} = \frac{2\pi}{T} \theta_0 \cos \frac{2\pi t}{T}.$$

La vitesse maxima est (en centimètres par seconde) $200\pi : T = 125$ environ. Le centimètre du cliché vaut donc huit millièmes de seconde. Les 24 centimètres du cliché correspondent à $0^s,2$ environ.

Pour les manipulations d'étudiant, on se contentera de déterminer la durée d'oscillation pour les petites amplitudes, de faire la correction pour les grandes amplitudes d'après la connaissance approximative de l'écart angulaire initial, enfin de mesurer à un ou deux millimètres près, ce qui n'a rien de difficile, la distance du milieu de la fenêtre à l'axe de rotation.

Pour des expériences de haute précision, on utilisera la méthode décrite au § 456, qui permet d'inscrire sur le cliché même des repères dont l'équidistance *en temps* est connue.

Quand le pendule a accompli une demi-oscillation, il est immobilisé par un ressort.

On imaginera aisément un appareil qui automatiquement ferme alors le volet. On évite ainsi de voiler le cliché.

Enfin on suppose fixé à l'extrémité inférieure de la lame AB un crochet qui enlève, des temps connus avant le passage par la verticale, une série de ponts rompant des circuits et mettant ainsi en branle le phénomène qu'on veut photographier.

614. **Phénomènes divers à étudier par cette méthode.** — La plupart des phénomènes qu'on peut étudier par cette méthode se rattachent étroitement à la Mécanique Physique (voir tome I de mon Cours de Physique). Je décrirai ici la technique, parce que ce sont d'excellents exercices de Mécanique expérimentale avec lesquels tous les étudiants doivent être familiers.

1° Accélération constante, vitesse de rotation.

Pour déterminer la vitesse de rotation d'un disque, on le perce de trous équidistants suivant une circonférence concentrique à l'axe (fig. 426). Ces trous T passent successivement devant un trou fixe *t* fortement éclairé. Un objectif donne leur image sur le cliché du métronome. Il suffit de déterminer l'écartement des images pour avoir la vitesse angulaire.

Ceci posé, imaginons le disque mis en rotation au moyen d'une ficelle et d'un poids; pour diminuer les frottements, supposons l'axe monté à billes (§ 102). L'expérience consistera à déterminer les vitesses pour des temps connus après l'abandon du système à lui-même. Il suffit d'appliquer la méthode décrite au § 612; on court-circuitera successivement : 1° un électro retenant le disque; 2° l'électro retenant le métronome photographique.

On démontrera par cette méthode : 1° que, pour un poids donné, les vitesses sont proportionnelles au temps qui s'écoule entre le départ et l'inscription, abstraction faite du frottement; 2° que ces vitesses sont

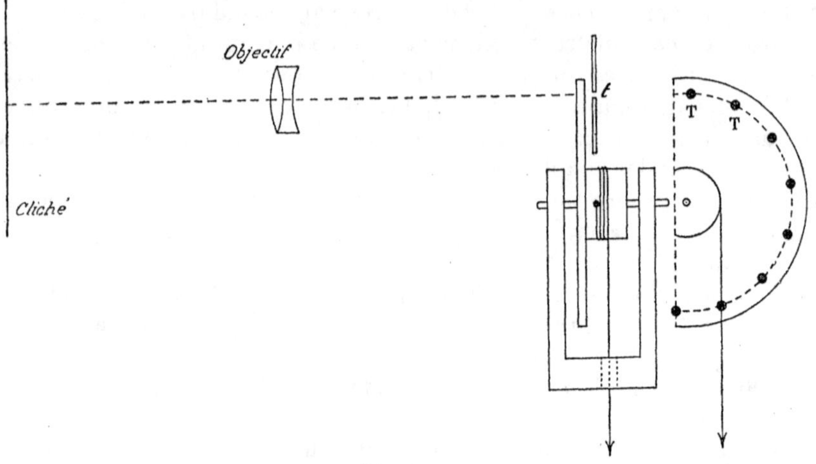

Fig. 426.

proportionnelles au poids, correction faite de la masse supplémentaire entraînée (masse du poids). On pourra calculer le moment d'inertie du disque et comparer le résultat à la mesure directe effectuée par la méthode du § 404. On étudiera, si l'on veut, l'influence du frottement.

2° Vibrations des cordes surchargées.

Voici une intéressante expérience analogue à celle du pendule. Un fil à coudre est fixé à une cheville (fig. 427), passe sur deux chevalets C, sur une poulie P, et est tendu par un poids $\mathfrak{T}$. Il est interrompu en son milieu M par une masselotte de masse μ représentée au-dessous à une plus grande échelle. C'est une petite tige filetée avec deux boulons qui maintiennent des disques en nombre variable; le fil (dont on néglige la masse) s'attache à de petits anneaux terminant la tige.

L'expérience consiste à déterminer la durée d'oscillation en fonction de la tension $\mathfrak{T}$, de la longueur l de chaque portion du fil et de la masse μ. En définitive, pour de petites déformations, nous avons affaire à une masse μ ramenée à sa position d'équilibre par deux forces,

égales au déplacement multiplié par le coefficient $\mathfrak{T} : l$. D'où la durée d'oscillation :
$$T = 2\pi\sqrt{\frac{\mu l}{2\mathfrak{T}}} .$$

Pour déterminer cette durée, on photographie, sur le cliché du métronome, la vibration d'un point du fil déterminé par une fente fine verticale F fortement éclairée. Il faut employer du fil à coudre pour qu'il soit légitime de négliger sa masse devant la masse μ de la surcharge M.

3° Cordes homogènes peu extensibles.

La même technique permet de vérifier la loi des vibrations des

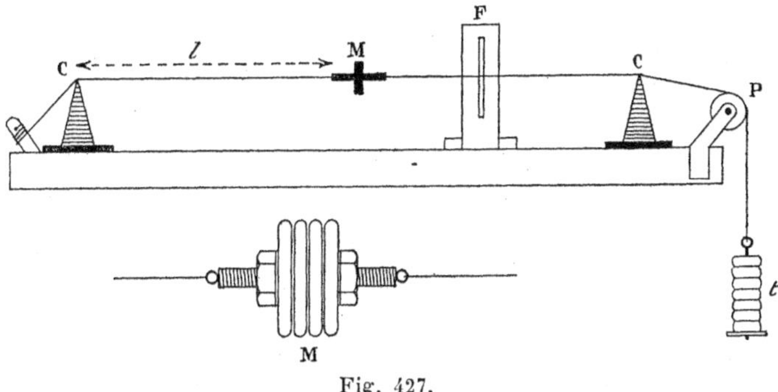

Fig. 427.

cordes homogènes. On utilisera des cordes de mandoline (acier) et des chanterelles de violon (boyau ou soie).

La loi élémentaire est contenue dans la formule :
$$N = \frac{1}{2L}\sqrt{\frac{\mathfrak{T}}{m}} ;$$
$\mathfrak{T}$ est la tension, m la masse par unité de longueur, L la longueur, N la fréquence.

Mais pour de petites tensions, la rigidité de la corde intervient comme un accroissement constant de la tension. Pour de grandes tensions, la corde s'allonge. La longueur L, qui est déterminée par la distance des chevalets, reste invariable ; mais la masse m par unité de longueur diminue. Bref, le quotient $N^2 : \mathfrak{T}$ ne reste pas constant : il commence par décroître, passe par un minimum, puis croît à nouveau.

On vérifie aisément ces lois fondamentales.

4° Cordes homogènes très extensibles (de caoutchouc).

C'est maintenant la masse totale mL qui reste constante. On fait vibrer la même corde en lui imposant des longueurs variables. La loi qui relie la fréquence et la longueur est très compliquée : nous l'étudierons en *Mécanique physique*. Pour l'instant, qu'il nous suffise de signaler l'expérience.

5° Lancement avec un archet.

Dans les expériences précédentes nous déterminons les périodes sans nous attacher à la forme de la courbe inscrite. Au reste, comme nous lâchons la corde pincée entre deux doigts et écartée de la position d'équilibre, et que nous attendons deux ou trois secondes avant de photographier, la courbe est quasiment une sinusoïde. Cela signifie que le point photographié oscille suivant la loi harmonique :

$$\theta = \theta_0 \sin \omega t.$$

Mais nous pouvons modifier cette loi.

Par exemple attaquons la corde (chanterelle de violon) avec un archet. Nous vérifierons que la période de la courbe inscrite est composée de deux fragments de droite; ce qui signifie que chaque point de la corde est animé successivement de deux vitesses constantes, généralement inégales et de sens contraires.

Si la photographie est obtenue pendant l'attaque même de l'archet, nous constaterons en plus une dentelure de la courbe.

6° Lancement avec un plectre.

Le fil F est écarté de sa position d'équilibre au moyen du plectre FOB représenté dans la figure 428, qui tire sur un de ses points vers le

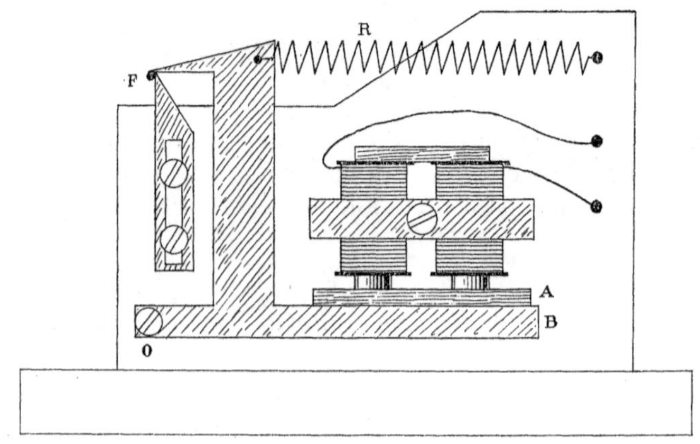

Fig. 428.

bas. Quand le courant de l'électro est rompu, le ressort R agit : le plectre tourne autour de l'axe O, le fil se trouve libéré et commence à vibrer.

On se reportera à la *Mécanique physique* pour l'étude de son mouvement. Qu'il nous suffise de dire que la courbe inscrite, représentant les déplacements d'un point en fonction du temps, possède des points anguleux, au moins pour les premières oscillations.

Peu à peu les angles s'émoussent : la forme tend vers une sinusoïde ; les harmoniques supérieurs s'amortissent plus vite que le fondamental.

7° Lame métallique.

On étudie la fréquence des vibrations d'une lame métallique en fonction de sa longueur, en collant dessus un petit bout de papier léger, percé d'un trou d'aiguille qu'on éclaire fortement et dont on photographie le mouvement avec le métronome (fig. 429).

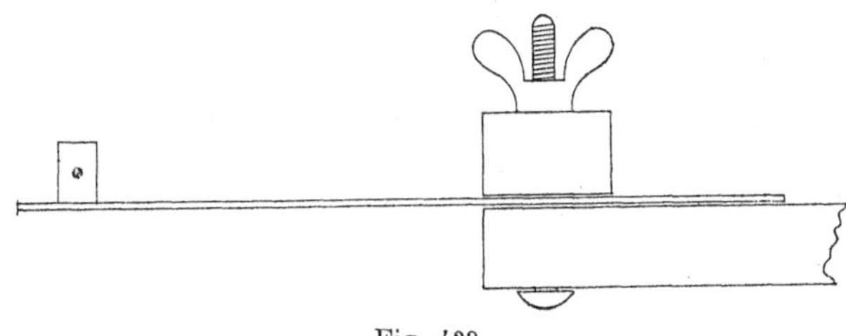

Fig. 429.

La fréquence est en raison inverse du carré des longueurs. On étudie par le même procédé les vibrations d'une anche de tuyau d'orgue ou d'harmonium.

615. **Stroboscopie.** — La stroboscopie est une méthode qui permet de modifier en apparence la période d'un phénomène périodique. Elle est basée sur la définition même du phénomène périodique, de redevenir identique après au nombre quelconque de périodes.

Soit T la période du phénomène que nous pouvons toujours ramener à la variation périodique de forme d'un certain corps. En vertu du théorème de Fourrier, les coordonnées d'un point quelconque de ce corps variable peuvent être mises sous la forme :

$$x = x_0 + x_1 \sin\left(2\pi \frac{t}{T} - \alpha_1\right) + x_2 \sin\left(4\pi \frac{t}{T} - \alpha_2\right) + \ldots,$$

$$y = y_0 + y_1 \sin\left(2\pi \frac{t}{T} - \beta_1\right) + y_2 \sin\left(4\pi \frac{t}{T} - \beta_2\right) + \ldots,$$

$$z = z_0 + z_1 \sin\left(2\pi \frac{t}{T} - \gamma_1\right) + z_2 \sin\left(4\pi \frac{t}{T} - \gamma_2\right) + \ldots;$$

T est la période du phénomène.

Regardons-le à travers un disque, percé de trous équidistants sur une circonférence concentrique à l'axe; il tourne avec une vitesse uniforme telle que les trous passent successivement au même lieu à des intervalles de temps $t + kT'$; k est un nombre entier quelconque.

Soit : $$T' = T + \varepsilon.$$

Nous apercevons le phénomène périodique à des temps :

$$t, \qquad t + T + \varepsilon, \qquad t + 2T + 2\varepsilon, \qquad t + 3T + 3\varepsilon, \ldots,$$

ce qui revient à le voir aux temps :

$$t, \qquad t + \varepsilon, \qquad t + 2\varepsilon, \qquad t + 3\varepsilon, \ldots$$

Pendant le temps $T' = T + \varepsilon$, la phase du fondamental des séries de Fourrier a varié de $2\pi(T+\varepsilon) : T$. Tout se passe comme si elle avait seulement varié de $2\pi\varepsilon : T$. La période *apparente* est le temps Θ nécessaire pour que la phase varie de 2π; on a donc :

$$\Theta : T' = 2\pi : \frac{2\pi\varepsilon}{T}, \qquad \Theta = \frac{TT'}{\varepsilon} = T\frac{T+\varepsilon}{\varepsilon} = T\left(1 + \frac{T}{\varepsilon}\right).$$

Si ε est petit par rapport à T, le quotient $T : \varepsilon$ est grand par rapport à l'unité ; la période semble donc considérablement augmentée.

Le raisonnement précédent ne suppose rien sur le signe de ε.

Si ε est positif $(T' > T)$, on aperçoit successivement des états du phénomène qui correspondent à des temps *croissants*. Si ε est négatif $(T' < T)$, on aperçoit successivement des états du phénomène qui correspondent à des temps *décroissants*.

Pour bien comprendre ce qu'il en est, considérons des gouttes qui se succèdent en un point d'une verticale tous les centièmes de seconde, et qui tombent avec une vitesse d'un mètre à la seconde (par suite, d'un centimètre en un centième de seconde). A un instant quelconque, les gouttes sont donc disposées à un centimètre les unes des autres sur une même verticale. Appelons-les A, B, C, ... en remontant.

Éclairons avec des étincelles se succédant tous les 11 millièmes de seconde, ou à travers un disque percé de trous et permettant de voir à des instants ayant cette équidistance.

Si, au temps 0, nous voyons la goutte A en un certain point de l'espace π, au temps $0{,}010^{s}$ nous y verrions la goutte B. Au temps 0,011, nous verrons la goutte B à un millimètre *au-dessous* de π. Comme rien ne la distingue de A, nous croirons voir la goutte A à un millimètre au-dessous de π. Cette goutte, dont la vitesse réelle est de 1 centimètre en 10 millièmes de seconde, semble donc avoir une vitesse de 1 millimètre en 11 millièmes de seconde.

Éclairons avec des étincelles se succédant tous les 9 millièmes de seconde. Au moment du second éclair, nous voyons B à un millimètre *au-dessus* de π. Mais comme rien ne distingue A de B, nous croirons voir A à un millimètre *au-dessus* de π. La goutte semble donc avoir une vitesse, *de bas en haut*, de 1 millimètre en 9 millièmes de seconde.

Tandis que pour $\varepsilon > 0$ nous voyons les gouttes tomber avec une vitesse ralentie, pour $\varepsilon < 0$ nous les revoyons remonter avec une vitesse d'autant plus grande que ε est plus grand. Il existe évidemment une limite à cette vitesse négative. Aussi bien, le phénomène n'a d'intérêt que si le rapport $\varepsilon : T$ est suffisamment petit.

616. **Application de la stroboscopie.** — Elle sert à étudier commodément les phénomènes périodiques rapides.

n utilisera un disque de laiton *assez lourd*, percé de trous équidistants et monté sur l'arbre d'une petite dynamo (moteur pour ventilateur). S'il y a, par exemple, vingt-quatre trous et si le moteur fait quinze tours à la seconde, la période T' vaut 1/360 de seconde. On modifiera aisément la vitesse, soit en agissant sur le courant, soit en créant des frottements supplémentaires à l'aide d'un frein à corde tel que celui décrit au § 231. La corde s'enroule sur un cylindre de petit rayon monté sur l'arbre du moteur.

On observera, par exemple, les oscillations d'un diapason entretenu électriquement. Pour une vitesse convenable, le diapason paraît immobile. L'expérience est très simple et très curieuse.

On peut déterminer la fréquence du diapason, en mesurant la vitesse angulaire du disque lorsque le diapason paraît immobile. On utilisera pour cela un enregistreur genre Morse (§ 603); il sera bon de monter sur l'arbre du moteur un pignon engrenant avec une roue d'engrenage, afin de réduire la vitesse angulaire dans un rapport connu. A chaque tour de cette roue, un nez ferme un courant électrique qui se traduit par une coche sur la bande de papier de l'enregistreur.

Réciproquement, on peut imposer au disque une vitesse angulaire connue en la maintenant telle que le diapason (étalonné) paraisse immobile.

On peut encore coller sur le disque des secteurs égaux, alternativement noirs et blancs, qui seront éclairés par l'intermédiaire d'un miroir monté sur le diapason. Le dessin paraît immobile, si la période T du diapason correspond exactement à une ou *plusieurs* périodes du phénomène périodique qui consiste ici dans la rotation des secteurs.

Remarque.

La méthode des coïncidences (§ 397) n'est qu'une des formes de la stroboscopie. De la formule :

$$\Delta_1 = nT' = (n+1)T,$$

nous tirons, par élimination de n :

$$\Delta_1 = \Theta = T\left(1 + \frac{T}{\varepsilon}\right), \qquad \text{en posant :} \qquad T' - T = \varepsilon.$$

TABLES DES INTÉGRALES ELLIPTIQUES COMPLETES

$$F = \int_0^{\frac{\pi}{2}} \frac{d\varphi}{\sqrt{1 - k^2 \sin^2 \varphi}} = \int_0^{\frac{\pi}{2}} \frac{d\varphi}{\sqrt{1 - \sin^2 \alpha \sin^2 \varphi}};$$

$$E = \int_0^{\frac{\pi}{2}} \sqrt{1 - k^2 \sin^2 \varphi}\, d\varphi = \int_0^{\frac{\pi}{2}} \sqrt{1 - \sin^2 \alpha \sin^2 \varphi}\, d\varphi;$$

en fonction de l'angle α variant par degré de 0 à 90°.

α	F	E	α	F	E
0°	1 5708	1 5708	**20°**	1 6200	1 5238
1	5709	5707	1	6252	5191
2	5713	5703	2	6307	5141
3	5719	5697	3	6365	5090
4	5727	5689	4	6426	5037
5°	1 5738	1 5678	**25°**	1 6490	1 4981
6	5751	5665	6	6557	4924
7	5767	5649	7	6627	4864
8	5785	5632	8	6701	4803
9	5805	5611	9	6777	4740
10°	1 5828	1 5589	**30°**	1 6858	1 4675
1	5854	5564	1	6941	4608
2	5882	5537	2	7028	4539
3	5913	5507	3	7119	4469
4	5946	5476	4	7214	4397
15°	1 5981	1 5442	**35°**	1 7312	1 4323
6	6020	5405	6	7415	4248
7	6061	5367	7	7522	4171
8	6105	5326	8	7633	4092
9	6151	5283	9	7748	4013

α	F	E	α	F	E
40°	1 7868	1 3931	**65°**	2 3088	1 1638
1	7992	3849	6	3439	1545
2	8122	3765	7	3809	1453
3	8256	3680	8	4198	1362
4	8396	3594	9	4610	1272
45°	1 8541	1 3506	**70°**	2 5046	1 1184
6	8691	3418	1	5507	1096
7	8848	3329	2	5998	1011
8	9011	3238	3	6521	0927
9	9180	3147	4	7081	0844
50°	1 9356	1 3055	**75°**	2 7681	1 0764
1	9539	2963	6	8327	0686
2	9729	2870	7	9026	0611
3	9927	2776	8	9786	0538
4	2 0133	2681	9	3 0617	0468
55°	2 0347	1 2587	**80°**	3 1534	1 0401
6	0571	2492	1	2553	0338
7	0804	2397	2	3699	0278
8	1047	2301	3	5004	0223
9	1300	2206	4	6519	0172
60°	2 1565	1 2111	**85°**	3 8317	1 0127
1	1842	2015	6	4 0528	0086
2	2132	1920	7	3387	0053
3	2435	1826	8	7427	0026
4	2754	1732	9	5 4349	0008
			90°	∞	1 0000

TABLE DES POLYNOMES DE LEGÈNDRE

(PROF. JOHN PERRY)

ψ	P_1	P_2	P_3	P_4	P_5	P_6	P_7
0	1000	1000	1000	1000	1000	1000	1000
1	9998	9995	9991	9985	9977	9967	9955
2	9994	9982	9963	9939	9909	9872	9829
3	9986	9959	9918	9863	9795	9713	9617
4	9976	9927	9854	9758	9638	9495	9329
5	9962	9886	9773	9623	9437	9216	8961
6	9945	9836	9674	9459	9194	8881	8522
7	9925	9777	9557	9267	8911	8476	7986
8	9903	9709	9423	9048	8589	8053	7448
9	9877	9633	9273	8803	8232	7571	6831
10	9848	9548	9106	8532	7840	7045	6164
11	9816	9454	8923	8238	7417	6483	5461
12	9781	9352	8724	7920	6966	5892	4732
13	9744	9241	8511	7582	6489	5273	3940
14	9703	9122	8283	7224	5990	4635	3219
15	9659	8995	8042	6847	5471	3982	2454
16	9613	8860	7787	6454	4937	3322	1699
17	9563	8718	7519	6046	4391	2660	0961
18	9511	8568	7240	5624	3836	2002	0289
19	9455	8410	6950	5192	3276	1347	—0443
20	9397	8245	6649	4750	2715	0719	—1072
21	9336	8074	6338	4300	2156	0107	—1662
22	9272	7895	6019	3845	1602	—0481	—2201
23	9205	7710	5692	3386	1057	—1038	—2681
24	9135	7518	5357	2926	0525	—1559	—3095
25	9063	7321	5016	2465	0009	—2053	—3463
26	8988	7117	4670	2007	—0489	—2478	—3717
27	8910	6908	4319	1553	—0964	—2869	—3921
28	8829	6694	3964	1105	—1415	—3211	—4052
29	8746	6474	3607	0665	—1839	—3503	—4114
30	8660	6250	3248	0234	—2233	—3740	—4101
31	8572	6021	2887	—0185	—2595	—3924	—4022
32	8480	5788	2527	—0591	—2923	—4052	—3876

ψ	P_1	P_2	P_3	P_4	P_5	P_6	P_7
33	8387	5551	2167	—0982	—3216	—4126	—3670
34	8290	5310	1809	—1357	—3473	—4148	—3409
35	8192	5065	1454	—1714	—3691	—4115	—3096
36	8090	4818	1102	—2052	—3871	—4031	—2738
37	7986	4567	0755	—2370	—4011	—3898	—2343
38	7880	4314	0413	—2666	—4112	—3719	—1918
39	7771	4059	0077	—2940	—4174	—3497	—1469
40	7660	3802	—0252	—3190	—4197	—3234	—1003
41	7547	3544	—0574	—3416	—4181	—2938	—0534
42	7431	3284	—0887	—3616	—4128	—2611	—0065
43	7314	3023	—1191	—3791	—4038	—2255	0398
44	7193	2762	—1485	—3940	—3914	—1878	0846
45	7071	2500	—1768	—4062	—3757	—1485	1270
46	6947	2238	—2040	—4158	—3568	—1079	1666
47	6820	1977	—2300	—4252	—3350	—0645	2054
48	6691	1716	—2547	—4270	—3105	—0251	2349
49	6561	1456	—2781	—4286	—2836	0161	2627
50	6428	1198	—3002	—4275	—2545	0563	2854
51	6293	0941	—3209	—4239	—2235	0954	3031
52	6157	0686	—3401	—4178	—1910	1326	3153
53	6018	0433	—3578	—4093	—1571	1677	3221
54	5878	0182	—3740	—3984	—1223	2002	3234
55	5736	—0065	—3886	—3852	—0868	2297	3191
56	5592	—0310	—4016	—3698	—0510	2559	3095
57	5446	—0551	—4131	—3524	—0150	2787	2949
58	5299	—0788	—4229	—3331	0206	2976	2752
59	5150	—1021	—4310	—3119	0557	3125	2511
60	5000	—1250	—4375	—2891	0898	3232	2231
61	4848	—1474	—4423	—2647	1229	3298	1916
62	4695	—1694	—4455	—2390	1545	3321	1571
63	4540	—1908	—4471	—2121	1844	3302	1203
64	4384	—2117	—4470	—1841	2123	3240	0818
65	4226	—2321	—4452	—1552	2381	3138	0422
66	4067	—2518	—4419	—1256	2615	2996	0021
67	3907	—2710	—4370	—0955	2824	2819	—0375
68	3746	—2896	—4205	—0650	3005	2605	—0763
69	3584	—3074	—4225	—0344	3158	2361	—1135
70	3420	—3245	—4130	0038	3281	2089	—1485
71	3256	—3410	—4021	0267	3373	1786	—1811
72	3090	—3568	—3898	0568	3434	1472	—2099
73	2924	—3718	—3761	0864	3463	1444	—2347
74	2756	—3860	—3611	1153	3461	0795	—2559

ψ	P_1	P_2	P_3	P_4	P_5	P_6	P_7
75	2588	—3995	—3449	1434	3427	0431	—2730
76	2419	—4112	—3275	1705	3362	0076	—2848
77	2250	—4241	—3090	1964	3267	—0284	—2919
78	2079	—4352	—2894	2211	3143	—0644	—2943
79	1908	—4454	—2688	2443	2990	—0989	—2913
80	1736	—4548	—2474	2659	2810	—1321	—2835
81	1564	—4633	—2251	2859	2606	—1635	—2709
82	1392	—4709	—2020	3040	2378	—1926	—2536
83	1219	—4777	—1783	3203	2129	—2193	—2321
84	1045	—4836	—1539	3345	1861	—2431	—2067
85	0872	—4886	—1291	3468	1577	—2638	—1779
86	0698	—4927	—1038	3569	1278	—2811	—1460
87	0523	—4959	—0781	3648	0969	—2947	—1117
88	0349	—4982	—0522	3704	0651	—3045	—0735
89	0175	—4995	—0262	3739	0327	—3105	—0381
90	0000	—5000	0000	3750	0000	—3125	0000

TABLE DES MATIÈRES

INTRODUCTION GÉOMÉTRIQUE

CHAPITRE I

Géométrie des masses.

Centres d'inertie (ou de gravité).

Moments d'inertie.

CHAPITRE II

Géométrie des vecteurs.

Réduction générale d'un système de forces.

Moments.

Travail des vecteurs.

Flux des vecteurs.

Fonctions harmoniques.

CHAPITRE III

Géométrie du mouvement.

Cinématique du point.

Composition des translations et des rotations finies et infiniment petites.

Cinématique du solide invariable.

Mouvement relatif.

CHAPITRE IV

Mécanismes.

Galets.

Courbes roulantes.

Cames; profil des dents d'engrenage.

Trains d'engrenage, trains épicycloïdaux.

Excentriques.

Bielles, parallélogrammes, joints.

Embrayages, déclics et encliquetages.

STATIQUE

CHAPITRE I

Principes généraux.

Principe du parallélogramme.

Principe du travail.

Balances.

CHAPITRE II

Applications de la Statique.

Polygones et courbes funiculaires.

Élastique.

Statique graphique.

CHAPITRE III

Frottements.

Adhérence, freins. Mesure du travail.

Raideur et frottement des cordes et courroies.

Frottement de roulement.

CHAPITRE IV

Énergie potentielle.

Attractions en raison inverse du carré des distances.

CHAPITRE V

Figure de la Terre.

Étude géométrique de l'ellipsoïde terrestre.

Attraction des ellipsoïdes.

Figure de la Terre déduite de l'attraction.

Étude des surfaces de niveau autour d'un point.

Attraction sur un point éloigné.

DYNAMIQUE

CHAPITRE I

Théorèmes généraux.

Théorème des forces vives.

Mouvement du centre d'inertie.

Théorème des aires.

Principe du travail virtuel.

Équations de Lagrange.

Théorème de la moindre action.

CHAPITRE II

Dynamique du point.

Chute libre.

Mouvement dans un milieu résistant.

Raccordements.

Attraction proportionnelle à la distance.

Attraction en raison inverse du carré de la distance.

CHAPITRE III

Corps tournant autour d'un axe.

Volants.

Régulateurs.

Équilibre des machines.

CHAPITRE IV

Pendule circulaire.

Mesure de g.

Mesure des couples et des moments d'inertie.

CHAPITRE V

Amortissement et entretien des mouvements oscillatoires.

Frottements.

Équations et fonctions de Bessel.

Entretien d'une oscillation par déplacement de la position d'équilibre ou du centre d'inertie.

Impulsions.

Échappements.

CHAPITRE VI

Pendule conique. Applications.

Utilisation du pendule conique comme régulateur.

Sismographes.

CHAPITRE VII

Oscillations entretenues.

Rappel de quelques propositions d'analyse.

Force imposée sinusoïdale non amortie.

Force imposée sinusoïdale amortie.

Entretien par impulsions discontinues.

CHAPITRE VIII

Résonance.

Systèmes conservatifs d'énergie.

Systèmes à deux degrés de liberté.

www.ingramcontent.com/pod-product-compliance
Lightning Source LLC
LaVergne TN
LVHW011239110826
845149LV00001B/2